Foundations of MEMS

Chang Liu

Electrical and Computer Engineering Department
University of Illinois at Urbana-Champaign

Boston Columbus Indianapolis New York San Francisco Upper Saddle River
Amsterdam Cape Town Dubai London Madrid Milan Munich Paris Montréal Toronto
Delhi Mexico City São Paulo Sydney Hong Kong Seoul Singapore Taipei Tokyo

Authorized translation from the English language edition, entitled Foundations of MEMS, 1st Edition 0131472860 by Chang Liu, published by Pearson Education, Inc, Copyright © 2006.

Pearson International Edition

MEMS의 기초

Foundations of **MEMS**

Chang Liu 지음

최범규 이재영 이희철 임시형 장성필 옮김

역자 소개

최범규 서강대학교 기계공학과 교수
이재영 한동대학교 기계제어공학부 교수
이희철 한국산업기술대학교 신소재공학과 교수
임시형 국민대학교 기계자동차공학부 교수
장성필 인하대학교 전자공학과 교수

MEMS의 기초

발행일 2020년 9월 7일 초판 1쇄
지은이 Chang Liu
옮긴이 최범규 이재영 이희철 임시형 장성필
발행인 김준호
발행처 한티미디어 | **주 소** 서울시 마포구 동교로 23길 67 Y빌딩 3층
등 록 제15-571호 2006년 5월 15일
전 화 02) 332-7993~4 | **팩 스** 02) 332-7995
ISBN 978-89-6421-410-7 (93550)
정 가 35,000원

마케팅 노호근 박재인 최상욱 김원국 | **관 리** 김지영 문지희
편 집 김은수 유채원

이 책에 대한 의견이나 잘못된 내용에 대한 수정정보는 한티미디어 홈페이지나 이메일로 알려주십시오.
독자님의 의견을 충분히 반영하도록 늘 노력하겠습니다.

홈페이지 www.hanteemedia.co.kr | **이메일** hantee@hanteemedia.co.kr

---

저자 서문

전기공학과 기계공학의 통합, 소형화, 통합적인 제작 방법, 다양한 적용 범위, 신속한 혁신, 창의력을 발휘할 광대한 기회 등의 특징을 갖고 떠오르는 연구 및 산업 분야인 초소형 정밀기계(MEMS) 세계에 온 것을 환영합니다. 초소형 정밀기계 기술은 집적 회로 산업으로부터 파생되었다. 즉 반도체 재료, 미세 가공 기술과 장비, 시설 인프라 등이 그것으로부터 유래되었다. MEMS 분야는 지금 전기공학, 기계공학, 재료과학, 마이크로가공과 나노가공, 생명과학, 화학공학, 토목환경공학 등의 많은 분야가 만나는 점이 되고 있다.

MEMS 분야의 학생은 독특한 도전에 직면한다.

첫째, MEMS 기기는 전기공학과 기계공학의 두 분야의 개념을 구체화한다. 성공적인 MEMS 기기는 두 분야의 양상을 조화시키지 않으면 개발될 수 없다. 전통적인 공학 과정으로 훈련받은 독자는 익숙하지 않은 분야의 개념과 경험에 친숙해져야 한다. 예를 들어 반도체 기기 분야에서 훈련받은 전기공학과 학생은 기계적인 굽힘과 응력을 계산할 수 있어야 한다. 한편 기계공학과 학생은 고체물리 재료와 기기, 가공 기술 등의 기초 지식을 가지고 있어야 한다.

둘째, MEMS 기기는 미세 가공 기술을 구체화한다. 이 기술은 많은 학생과 훈련받는 공학도들에게 익숙하지 않은 기본 원리를 가진, 가장 빠르게 발전하는 분야이다. 전기공학의 배경을 가진 독자들조차 집적 회로를 만드는 미세 가공 기술에 반드시 익숙하지는 않다. 그러나 MEMS 기기는 나중에 어떻게 만들어 질지에 대한 생각이 없이는 성공적으로 설계되고 개발되지 못한다. 센서와 액추에이터의 전기기계적인 설계는 과거, 현재 및 미래의 미세 가공 기술의 기회와 한계를 완전히 인지하고 수행해야 한다. MEMS 개발을 위한 상대적으로 초기 단계에 설계, 가공, 재료, 성능 등을 고려해야 한다.

셋째, MEMS의 응용은 전통적인 전기공학과 기계공학 외에 많은 분야를 포함한다. 이것은 생명공학, 화학, 나노기술, 광학공학, 동력과 에너지, 무선통신 등의 다양한 응용 분야에서 학생들과 MEMS 종사자를 위한 홍미진진한 새로운 기회를 제공한다. 특정한 분야의 지식을 이해하고 통찰력을 개발하지 않고는 성공적인 MEMS 연구 과제라도 바람직한 영향력을 줄 수 없다는 것을 깨달아야 한다.

넷째, MEMS 기기의 성능이 시장 진입의 기회를 결정하는 오직 한 요인은 아니다. MEMS 기기와 시스템이 현실 세계에서 생존하고 번성하기 위해서는 현재의 경쟁력 있는 기술에 비해 비용과 성능의 우위를 제공해야 한다. 아무리 소형화 기술이 홍미를 자아낸다고 하더라도 기술의 창조라는 홍분 때문에 경제적이고 사회적인 현실감을 잃어버리면 안 된다. (개발과 소유권의) 비용과 MEMS 기기의 기능은 가능한 재료, 설계, 가공 기술 등의 파라미터를 세심하게 고려해 최적화되어야 한다. 말할 것도 없이 문제를 올바로 인식하고 올바른 해법을 구하기 위해서 MEMS 종사자는 재료, 설계, 제작 방법, 산업계의 동향에 대한 폭넓은 지식 토대를 축적해야 한다.

이런 도전을 염두에 두고, 이 책은 독자가 MEMS 분야에 관한 중요한 지식을 체계적이고 효율적으로 축적하도록 계획되었다. 이 책에서 다루는 주제와 토론의 결과는 과거 7년 동안(1997~2003) 미국 일리노이 주립대학(University of Illinois at Urbana-Champaign)에서 MEMS 과목을 가르치면서 얻은 경험의 결과로 잘 조율되었다. 그 과목은 전기공학과 기계공학을 전공하는 학생들이 수강하였다.

이 책의 4가지 주요 목적은 다음과 같다.

1. 센서와 액추에이터를 포함하여 전기기계 트랜스듀서를 설계하는, 학문 분야의 경계를 넘는 중요한 지식을 얻는다. 결과적으로 독자는 간단한 전기기계적인 기기의 핵심적인 성능 양상을 분석하고 어떤 특별한 설계 임무에 관련된 선택권과 도전을 이해할 수 있어야 한다.
2. MEMS에 관해 전혀 알지 못했던 독자가 가공 과정을 중대하게 판단하고 미래의 응용에 대해 새로운 가공을 종합해 만들 수 있을 정도로 미세 가공 분야에 대한 확실한 기초 지식을 얻는다.
3. 전통적이고 동시에 수반되는 사례의 연구를 통해 MEMS의 일반적인 연습 설계와 가공 과정에 익숙해진다.
4. 집적된 MEMS 기기를 성공적으로 개발하는 데 포함되는, 여러 가지 고려해야 할 항목(설계, 가공, 성능, 강건, 비용 등)을 평가하기 위해 분석적이고 실제적인 요령을 얻는다.

MEMS 공학도를 위한 지식의 3개의 주요 기둥은 설계, 제조, 재료이다. 장이 진행됨에 따라 이들을 점점 더 자세하게 그리고 폭넓게 설명할 것이다. 예를 들어 1장과 2장에서 독자는 변환 원리와 미세 가공 방법의 일반적인 토론을 접할 것이다. 3장에서는

MEMS의 일상 연습에서 일반적으로 자주 만나는 기본적인 전기공학 용어와 기계공학 용어를 다룰 것이다. 4장에서 9장까지는 다양한 센싱 방법과 액추에이션 방법과 그것들의 사용에 대해 검토할 것이다. MEMS 기기의 제작 기술에 대한 좀더 자세한 토론은 사례연구에 삽입하였다. 10장과 11장에서 가장 중요한 두 종류의 미세 가공 기술(부피 미세 가공과 표면 미세 가공)에 대해 포괄적으로 다룰 것이다. 12장에서는 고분자 재료군에 관련된 MEMS 가공에 대해 토론할 것이다.

마지막 4개 장에서는 독자에게 다양한 종류의 지식을 통합하고 실제적인 방법론에 대해 배우는 기회를 총체적으로 제공한다. 13장에서 15장까지는 MEMS 응용의 몇 가지의 주요 부분이 사례연구로 선택된다. 비슷한 응용 목표를 실현하기 위한 다양한 방법이 제시되어 독자가 설계, 재료, 기술의 항목 중에서 다른 조합들에 대해 평가할 수 있을 것이다. 16장에서는 가공 통합과 과제 관리에 관한 실제적인 문제에 대해 토론한다.

'MEMS 개론' 강의를 들은 과거와 현재의 제자들에게 감사하고 싶다. 그들의 충고가 이 책의 구성에 매우 중요했다. 또한 다음에 열거한 일리노이 대학의 연구자와 동료들에게 이 책의 출간 과정에서 보여 준 그들의 격려와 도움에 감사드린다: David Bullen, James Carroll, Jack Chen, Jonathan Engel, Zhifang Fan, Yonggang Huang 교수, David Payne 교수, Kee Ryu, Kashan Shaikh, Edgar Goluch, Loren Vincent, Xuefeng (Danny) Wang, Alex Zhenjun Zhu, Jun Zou 교수. 그리고 집필하는 동안 소중한 통찰력과 사실들을 제공한 다음의 동료들에게도 감사드린다: 캘리포니아주 버클리 대학의 Roger Howe 교수, Richard Muller 교수, Ming Wu 교수, 미시간 대학의 Khalil Najafi 교수, 버지니아 대학의 Ioannis Chasiotis 교수, Dominica Inc.의 Nancy Winfree 박사, 매사추세츠 공과대학의 George Barbastathis.

마지막으로 전기컴퓨터공학과의 학과장인 Richard Blahut 교수와 부학과장인 Narayan Rao 교수에게도 그들의 격려와 지원에 감사드린다.

CHANG LIU
Urbana, IL

강사들에 대한 메모

이 절은 학부 과정이나 대학원 과정의 학생들에게 이 책을 가르치는 강사들에게 도움을 주도록 의도되었다. 강의 자료의 선택과 순서에 대한 저자의 생각을 요약하였다. 이 책을 완전히 활용해 MEMS 주제를 효과적으로 강의하는 데 도움이 되었으면 한다.

이 책의 자료들은 초보자들과 여러 학문 분야의 독자들에게 MEMS의 강의를 쉽게 하도록 만들어졌다. 집필하는 동안 균형 잡힌 접근을 유지하도록 노력하였다.

최우선적으로 이 책은 독자들과 다양한 배경을 가진 학생들의 필요 사항을 균형적으로 맞추었다. 이 책은 여러 학문 분야의 독자들을 위해 쓰여졌으며 그들의 배경에 관계없이 강의실에 있는 모든 학생들을 지적으로 만족시키고 도전하게 한다. 학생들과 독자들은 두 가지의 극심한 느낌(익숙한 주제가 자세히 반복될 때의 지루함과 잘 모르는 주제가 충분히 다루어지지 않을 때의 좌절감)은 항상 피해야 한다. 초기의 학습 곡선을 최소화하기 위해서 가장 중요한 어휘와 가장 자주 사용되는 개념들이 소개된다.

두 번째로 이 책은 MEMS 지식 토대의 세 개의 기둥인 설계, 제조, 재료 간의 균형 잡힌 토론을 보여 준다. 설계, 재료, 가공 방법 간의 교차의 예를 들기 위해 사례연구가 신중하게 선택되었다. 강사는 현존하는 모음집에 붙어 있는 다른 사례를 선택해도 된다.

세 번째로 이 책은 이론과 실제의 균형을 이루었다. 근본적인 개념이 설명되고 본문, 예제, 숙제 할당을 통해 구현된다. 재료, 설계, 가공에 관련된 실제적이고 진전된 주제는 소절 부분에서 토론된다. 이들은 어렵지만 독자로 하여금 주의를 혼란시키지 않도록 길이를 최소한으로 유지한다. 나는 이것이 기준이 되는 모범을 따르고 교실에서의 토론 수준을 넘는 주제를 탐구하고자 하는 학생과 강사를 쉽게 이끌기를 희망한다. 독자들을 위해 이 책에 인용된 참고문헌은 주로 기록 보관된 저널과 잡지에서 가져왔다. 따라서 쉽게 찾아볼 수 있다.

이 책은 처음 읽기 시작해 장을 진행할수록 지식을 논리적으로 축적할 수 있도록 시도한다. 기계적인 설계와 가공과 같은 다수의 중요한 주제들은 여러 번 토론된다. 설계 개념의 견지에서 강사는 학생들을 세 단계로 이끌 수 있다: (1) 기본 개념을 배움, (2) 실제의 경우에 어떻게 쓰이는지를 관찰, (3) 설계 방법의 숙제 문제나 실제 응용 분야에의 적용을 배움. 가공의 견지에서도 세 단계로 이끈다: (1) 예제에서 공정이 어떻게 작용하는지를 관찰하고 사례연구에서 토론되는 공정을 심각하게 분석함, (2) 체계적인 구성으로 공정의 자세한 지식의 토대를 쌓음, (3) 숙제 문제와 다양한 응용을 위한 공정의 종합.

이 책의 장들은 모듈 형식으로 주어진다. 독자들과 강사들은 배경과 관심에 따라 다른 순서를 따를 수 있다. 예를 들면 변환 원리(4 장에서 9 장까지)를 다루기 전에 미세 가공(10 장과 11 장)에 관해 깊이 있는 정보를 검토할 수 있다.

가르치는 동안 그리고 이 책을 집필할 때 직면했던 도전은 어떻게 현존하는 방대한 자료를 가지고 배움에 초점을 흐리지 않고 혁신적으로 통합하는가이었다. 다르게 말하면 학생들은 초점을 빗나가게 하지 않고 새로움에 대한 흥분을 느껴야 한다. 이 책의 내용은 이 목표를 얻기 위해 세심하게 구성하였다. 1 장에서 12 장까지는 비교하기 위한 토대를 제공하기 위해 일관적인 선택으로 몇 개의 대표적인 응용(사례)을 검토하였다. 한 장에서 센싱을 위한 변환 원리를 주로 다룰 때, 관성 센서(가속도 센서와 자이로 센서를 포함한), 압력 센서(음향 센서를 포함한), 유동 센서, 촉각 센서 순서로 다룬다. 많은 가능한 MEMS 응용 중에서 이 네 가지 센서의 주제가 세심하게 선택되었다. 관성 센서와 압력 센서는 잘 확립된 MEMS 의 응용 기기이다. 참고할 만한 좋은 연구 논문들이 많이 있다. 전자공학과 기계공학의 통합을 포괄적으로 다룬 것들이 많이 있다. 유동 센서는 관성 센서 및 압력 센서와 다르다. 그들은 일반적으로 다른 물리적인 변환 원리, 설계, 특성, 방법들을 포함한다. 촉각 센서는 위의 세 개의 다른 센서들보다 더 튼튼해야 한다. 그러므로 독특한 재료, 설계, 가공 문제에 관한 토론을 필요로 한다. 한 장에서 구동을 위한 변환 원리를 주로 다룰 때, 적당한 예가 가능하면, 소변위(직선 또는 각)를 갖는 액추에이터 다음에 대변위를 갖는 액추에이터 순으로 다룬다.

저자는 어떤 주제를 배우는 가장 좋은 방법이 예제와 길잡이 연습을 통한 것이라 믿는다. 이 책이 학생들을 위한 많은 예제와 문제를 제공한다.

숙제 문제들은 설계와 방정식의 사용만을 다루지 않는다. 재료와 공정의 선택을 포함한 MEMS 의 많은 면이 수학적인 공식으로 표현될 수는 없다. 많은 숙제 문제들이 학생들로 하여금 개인적이든지 또는 작은 그룹으로든지 가공 공정에 관해 세심하게 생각하고 참고문헌을 찾아보며, MEMS 의 다양한 면을 탐구하는 도전을 하도록 계획되었다.

숙제 연습의 네 가지 형태(설계, 검토, 제조, 도전)가 있다. 설계 문제는 학생들이 설계와 MEMS 요소를 종합할 수 있는 공식과 개념에 익숙하도록 도와준다. 검토 문제는 어떤 주제를 좀더 넓고 깊게 이해하기 위해 학생들에게 교과서 외의 정보를 찾도록 요구한다. 제조 문제는 학생들이 가공 공정의 다양한 면에 대해 심도 있게 생각하도록 한다. 예를 들어 학생은 어떤 공정에 대해 자세하게 예를 들거나 다른 접근법을 고안하고 평가함으로써 그 공정을 확실히 이해하고 설명하도록 해 준다. 도전 문제는 학생들 간의 경쟁심을 유발하게 한다. 그 문제는 물리학, 설계, 가공, 재료 등을 포함한 많은 인자를 고려함으로써 통합하는 수준에서 생각하는 기회를 제공한다. 도전 문제는 경쟁적이고 최소한 집필하는 이 순간 존재하는 답이 없는 연구 수준의 문제일 수도 있다.

과학과 기술에서의 성공은 좁은 영역에서의 전문적인 기술 이상을 요구한다. 과제를 수행하거나 경력을 쌓기 위해서는 협동 작업과 협력이 필수적이다. 이 책을 통틀어 학생들이 여러 학문 분야의 팀에서 협력할 수 있게 하는 많은 문제들이 있다. 저자는 이 단계에서 다른 학생들과의 사회적이고 기술적인 상호 교류를 통한 협동 작업이 배움의 경험을 향상시키고 미래의 경력에 성공을 준비해 준다고 믿는다.

저자는 당신이 이 책을 즐기기를 희망한다.

저자에 대하여

Chang Liu는 California Institute of Technology에서 1991년에 석사학위와 1995년에 박사학위를 받았다. 그의 박사학위 논문의 제목은 "유체역학에의 적용을 위한 초소형 센서와 액추에이터(The Micromachined Sensors and Actuators for Fluid Mechanics Applications)"이다. 1996년 1월부터 일리노이 주립대학의 미세전자 연구실에 박사후 연구원으로 근무했다. 1997년 1월에 전기컴퓨터공학과의 조교수로 부임하였고 동시에 기계공학과와 산업공학과의 협동 교수도 역임하였다. 2003년에 정년보장을 받은 부교수로 승진하였다.

Liu 박사는 MEMS 분야에 14년의 연구경력을 가지고 있고 저널과 심사받은 학술대회집에 120편의 기술논문을 발표했다. 그는 MEMS, 고체전자학, 전자기계학, 열전달을 포함한 광범위한 주제들을 다루면서 학부 과목과 대학원 과목들을 가르쳤다. 그는 2001년에 MEMS 과목을 개발하고 가르침으로 인해 학교의 "Incomplete List of Teachers"에 오르는 영예를 안았는데 그 과목의 자료가 이 책의 전조가 되었다. 그는 1998년에 MEMS 기술을 이용한 인공 유모(有毛)세포의 개발에 관한 연구계획서로 미국과학재단의 CAREER 상을 받았다. 그는 현재 *IEEE/ASME Journal of MEMS*(ASME에서도 공동으로 후원을 받음)의 주편집자이고 *IEEE Sensors Journal*의 부편집인이다. 그의 연구는 유명한 매스컴에서 인용되었다. Liu 박사는 일리노이 샴페인에 소재하는 IMD (Integrated Micro Devices) 사의 공동 설립자이고 시카고에 소재하는 NanoInk 사의 과학고문이사이다. 2004년에 그는 교수 연구를 위한 University of Illinois College of Engineering Xerox Award를 받았다. 같은 해에 그는 일리노이 주립대학의 고급연구를 위한 연구소에서 큰 형식의 집적 센서 연구를 수행하는 연구 교수로 선출되었다.

역자 서문

MEMS란 마이크로시스템, 마이크로머신, 마이크로메카트로닉스 등의 동의어로서 혼용되고 있으며, 번역하면 초소형 정밀기계 시스템이나 미세 기전 시스템이 된다. 전자현미경에 의하지 않고서는 형체를 알 수 없을 정도로 작은 기계가 공상소설의 영역을 벗어나 이제 현실 공학의 새로운 분야로 정착되고 있다. 한 마디로 말해 개미와 같은 마이크로로봇을 인공적으로 만들어서 미소한 운동이나 작업을 시키려고 하는 것이다. 즉 MEMS는 개미의 눈이나 촉각기관에 해당하는 각종 센서, 뇌나 신경에 해당하는 논리 회로, 팔과 다리에 대응하는 마이크로메커니즘, 그것을 움직이게 하는 마이크로 액추에이터를 하나로 하는 시스템을 일컫는다. 즉 MEMS란 마이크로머신이 느끼고 생각하며 운동하는 지능형 시스템을 말한다.

MEMS 분야는 공학의 새로운 지평을 열어 준 복합적이고 필수적인 학문이다. 초소형 정밀기계 기술은 각종 센서와 액추에이터를 설계하고 제작함으로써 현대의 전자, 기계 제품들에 없어서는 안 될 중요한 부품을 만든다. 수 마이크로미터 수준에서 이루어지는 이러한 공정들은 여태까지와는 다른 접근법을 필요로 한다. 이 책에서는 이러한 최신 공정 기술들과 전통적인 이론들을 함께 다루고 있다. 일례로 미시적인 영역에서는 거시적인 영역에서의 중요한 중력보다는 전기력, 분자 간의 인력 등이 더 중요한 힘으로 작용한다. 따라서 MEMS 영역을 거시적인 영역의 시스템을 단순히 축소시킨 것으로만 해석하는 것은 한계가 있다.

초소형 정밀기계 기술은 근대의 반도체 제작 기술의 발전과 더불어 성장해 왔다. 현재는 나노기술의 등장과 정밀 의료기기와 정보기기의 필요성이 대두됨에 따라 MEMS 분야의 가공 기술이 각광을 받고 있다. 초소형 정밀기계 기술은 전통적인 공학의 두 분야인 기계공학과 전기공학의 지식은 물론 여러 분야의 기술과 기초 지식이 필요하다.

이에 역자는 MEMS 분야에 입문하려는 사람들과 이미 MEMS 분야에 종사하고 있는 사람들이 기초적인 지식을 습득하고 이해하는 데 도움이 되고자 이 책을 번역하게 되었다. 역자는 수년 동안 대학에서 MEMS를 강의해 오고 있으며, 이에 쌓인 경험에 비추어 독자들이 이해하기 쉽도록 원문의 의미를 벗어나지 않는 영역에서 번역하는 데 주력하였다.

이 책은 University of Illinois at Urbana-Champaign의 Chang Liu 교수가 집필한 *Foundations of MEMS*의 초판을 번역한 것이다.

이 책이 갖고 있는 몇 가지 장점을 살펴보면 다음과 같다. 먼저 MEMS 분야의 초심자를 위한 책으로서 학부생의 교재로는 물론 공학자의 기본서로 활용할 수 있다. 특히 각 장마다 수록된 연습문제에는 실제 산업현장에서 있을 수 있는 내용들이 출제되어 있다. 이러한 문제의 해법을 찾는 과정에서 학생들은 실제적인 문제해결 능력을 기를 수 있을 것이다.

Chang Liu 교수는 MEMS 분야의 권위자로서 학생들에게 쉽고 재미있는 강의를 하기로 유명하다. 이 교재에서도 그런 저자의 의도를 곳곳에서 어렵지 않게 찾아볼 수 있다. 어렵고 모호한 표현보다는 쉽고 명확한 용어로 서술하였다. 또한 학생들의 이해를 돕기 위해서 많은 그림과 그래프들을 수록하였다.

아울러 대표적인 융합학문인 MEMS에서의 마이크로 구조의 물리적 기본 원리와 미세 가공 공정을 학습하고 이를 바탕으로 가속도 센서, 압력 센서, 유량 센서, 온도 센서 등의 마이크로 물리 센서와 마이크로 액추에이터, 마이크로 플루이딕스 소자 등을 포함한 다양한 미소 기계 장치의 설계, 제작, 응용 등의 다양한 사례를 다루고 있다.

역자는 이 책을 읽게 될 모든 사람들이 MEMS 분야에 대해 조금이나마 더 이해를 하고, 이를 통해 흥미를 느꼈으면 하는 바람이다.

끝으로, 이 책이 발간될 수 있도록 협력해 주신 한티미디어 및 이공사 편집 담당자분들께 깊은 감사의 말을 전한다. 또 번역이 진행되는 동안 많은 조력을 아끼지 않은 서강대학교의 지능형 재료 및 마이크로시스템 연구실 학생들에게도 감사를 표한다.

2009년 8월

역자 씀

표기 규정

저자의 메모: MEMS 디바이스의 설계는 공학과 물리학의 여러 영역을 포함한다. 기호와 표기법은 이런 영역들에서 독자적으로 전개되어 왔고 그래서 서로 중복되기도 한다. 예를 들면 기호 J는 전기공학에서는 전류 밀도이지만 기계공학에서는 비틀림 관성 모멘트를 나타낸다. 기호 ε은 전기공학에서 유전율이고 기계공학에서는 기계적인 변형률을 의미한다. 이 책에서는 하나의 기호가 여러 개의 다른 변수를 나타내기도 한다. 정확한 상호 관계는 사용 시의 특정한 상황에 따른다. 중복되는 기호가 있는데 서로 다른 분야에서 사용되는 의미는 유지되도록 했다.

a	acceleration
α	volumetric expansion coefficient
α_r	temperature coefficient of resistance (TCR)
α_s	Seebeck coefficient of a single material
B	magnetic field density
β	linear expansion coefficient
C	concentration
C_{ij}	elements of the stiffness matrix
c_{th}	heat capacity
χ	magnetic susceptibility
D	diffusivity
D	electric displacement
d_{ij}	elements of piezoelectric coefficient matrix
γ	shear strain
E_g	bandgap
E	modulus of elasticity, Young's modulus
E	electric field
ε	permittivity, relative permittivity, dielectric constant
ε	radiative emissivity
F	force
f_r	resonant frequency
G	shear modulus of elasticity
G	gauge factor
H	magnetic field intensity
h	Planck's constant
h	convective heat transfer coefficient
I	current
I	moment of inertia
J	current density
J	torsional moment of inertia
k	force constant
k	Boltzmann constant

κ	thermal conductivity
L	length or characteristic length
M	moment or torque
m	mass
μ	mobility of charge carriers
μ	magnetic permeability
μ	dynamic viscosity
m_n^*	effective mass of electrons
M_p^*	effective mass of holes
n	concentration of electrons
ν	Poisson's ratio
ν	kinematic viscosity
N_d	concentration of donor atoms
N_d^+	concentration of ionized donor atoms
N_a	concentration of acceptor atoms
N_a^-	concentration of ionized acceptor atoms
n_o	concentration of electrons under equilibrium
n_i	concentration of electrons in intrinsic material
p	concentration of holes
p_o	concentration of holes under equilibrium
p_i	concentration of holes in intrinsic material
π_{ij}	component of the piezoresistance tensor
q	electric charge
q''	thermal conduction rate
R	resistance
Re	Reynolds number
r	radius of curvature
R_{th}	thermal resistance
ρ	resistivity
ρ_s	sheet resistivity
ρ_{th}	thermal resistivity
sh	specific heat
S_{ij}	elements of the compliant matrix
s	strain
s_i	elements of the strain tensor matrix
σ	electrical conductivity
σ	normal stress
σ	Stefan–Boltzmann constant
τ	torsion stress, shear stress
τ	fluid shear stress
T	moment or torque
T	temperature
T_i	elements of the stress tensor matrix
U	stored electrical energy
u	distance of undercut
V	voltage
V_p	pull-in voltage

차례

소개

CHAPTER 1

1.0 서론

이 장에서는 MEMS의 설계, 제작, 재료의 요구 조건, 응용 등의 토론에 필요한 기본적인 용어와 개념을 포함하여 MEMS 분야의 전반적인 개관을 설명한다.

1.1절에서는 MEMS 분야의 역사와 더불어 미래의 전망에 대해 알 수 있다. MEMS 기술이 어떤 환경과 시기에 시작되었는지를 이해하고 있으면 많은 기술의 특성을 평가하는 데에 도움이 될 것이다. 그러한 내재적인 특성들을 1.2절에 요약하였다.

MEMS 응용의 대부분은 센서와 액추에이터를 포함하는데 이들을 합쳐 트랜스듀서라고 한다.(나머지 MEMS 응용은 수동적으로 번지수가 지정되고 조절되는 수동 미세구조를 포함한다.) 1.3절에서는 에너지와 신호 변환에 대한 광범위한 개념과 실례를 보여 준다. 이 절에서는 센서와 액추에이터를 개발하기 위해 가장 중요한 성능 표준에 대해 토론한다.

기본적인 MEMS의 미세 제작 기법은 2장에서 다룰 것이다.

1.1 MEMS 개발의 역사

집적 회로(IC) 기술이 MEMS의 역사를 논하는 시작점이다. 1971년 당시 최신의 인텔 4004칩은 겨우 2250개의 트랜지스터로 이루어졌다. 1982년에 발표된 인텔 286과 1999년에 발표된 펜티엄 III 프로세서는 각각 12만 개와 2400만 개의 트랜지스터를 보유하고 있었다. 급속도로 발전된 IC 기술은 다른 분야에 잘 들어맞지 않았다. 트랜지스터의 집적 밀도는 12~18개월마다 2배로 증가해 왔다. 이 증가율은 인텔 사의 설립자 중 한 사람인 무어(Gordon Moore)가 관찰하였는데, 그 이름을 본 따 무어의 법칙으로 불린다[1]. 이것은 엄청난 독창력과 결단력이 가져온 업적이다. 왜냐하면 무어의 법칙에서 예견되었던—어떤 면에서는 당연히 그럴 것이라는—경향이 계속되지 않고 그 당시의 기본 물리학이나 공학적으로 부과되는 한계에 빠질 뻔했던 경우가 과거 20~30년 간에 두세 번 정도 있었기 때문이다.

미세 제작(microfabrication) 기술은 전자공학의 기능적 통합과 소형화를 위한 엔진이다. 1960년대 초에서 1980년대 중반까지 집적 회로의 제작 기술은 첫 번째 반도체 트랜지스터의 발명 이래 몇십 년 간의 연구로 빠르게 성숙되었다[2].

오늘날 당연하다고 여기는 과학적이고 공학적인 많은 업적이 미세 공정 기술과 소형화(miniaturization) 분야에서의 괄목할 만한 성장 없이는 불가능했을 것이다. 기하 급수적으로 사용되는 컴퓨터, 인터넷, 휴대폰, 디지털 사진술(획득하고, 저장하고, 변환하고, 화면에 보여 주는), 평판 디스플레이, 플라즈마 TV, 연료 효율 자동차, 인간 게놈 서열(30억 개의 염기쌍을 가진)[3], 신속한 DNA 서열 인식[4], 새로운 재료와 의약품의 발견[5], 디지털 전쟁 등이 그 예이다.

MEMS 분야는 집적 회로 산업에서 진화되었다. MEMS 분야의 태동은 20여 년(1960년대 중반에서 1980년대까지)이 걸렸는데 그 당시에는 활동이 별로 없었다. 예를 들면 비등방성 실리콘 식각이 3차원 형상을 평면 실리콘 기판에 새기기 위해 개발되었다[6]. 학교와 산업체의 실험실에서 개척적인 연구자들은 집적 회로 제작 기술을 이용하여 외팔보, 멤브레인, 노즐 등의 **미세 기계**(micromechanical) 소자를 만들기 시작하였다. 단결정 실리콘과 다결정 실리콘의 압저항성을 포함한 마이크로센서의 중요한 요소가 발견되고, 연구되고, 최적화되었다[7~9]. 이때까지 이 분야를 가리키는 이름이 아직 만들어지지 않았다. 그러나 벌크 미세 가공과 표면 미세 가공 기술은 급속히 성숙되고 있었다[10~12].

초기에 주목할 만한 일들이 많이 일어났다. 1967년 Westinghouse의 Harvey Nathanson이 RGT(resonant gate transistor)라고 하는 새로운 형태의 트랜지스터를 소개하였다[13]. 일반적인 트랜지스터와는 다르게, RGT의 게이트 전극은 게이트 산화물에 고정되지 않고 기판에 대해 움직일 수 있었다. 게이트와 기판 사이의 거리는 정전기력에 의해 조절되었다. 이 RGT가 최초로 선보인 미세 정전기력에 의한 액추에이터이다.

1970년대에 IBM 연구실의 Kurt Petersen과 그의 동료들은 다이어프램형의 실리콘 초소형 압력 센서를 개발하였다. 압저항(piezoresistive) 센서를 장착한 매우 얇은 실리콘 다이어프램을 실리콘 벌크 미세 가공으로 만들었다. 그 다이어프램은 상대 압력에 의해 변형되어 기계적인 응력을 발생시키며 그것을 압저항기에 전달한다. 얇은 다이어프램은 주어진 상대 압력에 의해 큰 변형을 하여 전통적인 멤브레인형 압력 센서보다 큰 감도를 갖는다. 이 센서들은 미세 가공을 통해 한 배치(batch)로 제작되므로 생산 단가를 줄이면서 성능도 균일하게 할 수 있다. 6장에서 이 압력 센서의 설계와 제작에 관해 자세히 다룬다. 혈압 측정과 산업 제어 같은 압력 센서의 응용으로 MEMS 기술이 초창기에 상업적 성공을 거두었다.

오늘날 초소형 압력 센서는 여러 가지 구조와 제작 방법으로 만들어진다. 이 센서들은 정전용량형[14], 압전형[15], 압저항형[16], 전자 공진형[17], 광탐지[18] 기술을 토대로 한다. 집적된 압력 센서의 고급적인 특징들로는 절대 압력 측정을 위한 붙박이 진공[14], 통합 원격 연결[19], 폐회로 제어[20], 오염에 대한 둔감[21], 미세 의료 기기와의 통합을 위한 생체적 합성[22], 가혹하고 높은 온도의 환경에서 적합한 기능을 수행하기 위한 비실리콘 멤브레인 물질(예, 세라믹, 다이아몬드)의 사용[17, 23, 24] 등이 있다.

잉크젯 프린터가 레이저 프린팅에 대한 저가의 대안으로 저비용과 고성능, 천연색 화질의 프린팅을 제공한다. 캐논 사는 열적인 버블 형성을 통해 잉크젯(버블젯)을 개발하였고 HP사는 1978년에 실리콘 미세 가공으로 잉크젯 프린터 노즐을 만들었다. 잉크젯 노즐의 배열로부터 토출된 매우 작은 잉크 방울(drop on demand)은 열에 의해 액체 부피가 팽창됨으로써 버블이 생성된다(그림 1.1 참조). 이 버블이 터지면 다음의 발사를 위해 빈 공간에 잉크가 채워진다. 컬러 잉크젯 프린팅은 감법의 주원색 염료인 시안, 마젠타, 옐로를 이용해서 이루어진다.

실리콘 미세 가공 기술이 잉크젯 프린팅 기술을 가능하게 하였다[25~27]. 실리콘 미세 가공을 이용하여 잉크가 토출되는 노즐의 크기를 줄여 밀도 있게 배열함으로써 고선명도와 현저한 명암비를 이루었다. 히터를 보유한 작은 부피의 공간은 매우 빠른 속도로 온도의 상승(잉크가 토출되는 동안)과 하강을 반복하여 프린팅 속도를 빠르게 한다. 1995년에 카트리지당 노즐의 수가 300개까지 증가하여 잉크 방울의 평균 무게가 겨우 40 ng이었다. 2004년에는 잉크젯 헤드가 열을 이용한 힘, 압전력, 정전기력 등의 다양한 원리로 이루어졌다. 각 방울의 부피가 10 pl 정도이고 잉크젯 프린팅이 1000 dpi의 선명도를 이룩하였다[28].

오늘날 시장에 출시된 많은 잉크젯 프린터는 열을 이용한 잉크젯이고 내열 염료를 사용한다. 다른 잉크젯 원리 또한 가능하다. 예를 들면 Epson 상표의 잉크젯 프린터는 압전형 잉크젯 기술과 특수한 잉크 염료(내열성일 필요가 없으므로)를 사용한다. 압전형 잉크젯 프린터에 사용되는 잉크는 더 빨리 마르기 때문에 종이에 퍼지는 현상을 최소화함으로써 더 높은 선명도를 이룬다.

오늘날 잉크젯 프린터는 레이저젯 프린팅에 비해 유리하다. 오랫동안 잉크 카트리지를 교환하면 비용이 비싸지기는 하지만 잉크젯 프린터가 일반적으로 더 싸다. 이 기술은 문서와 사진 프린팅 이상으로 응용된다. 현재는 유기 화합물[29], 유기 트랜지스터의 요소[30], 생물 분자(DNA 분자의 빌딩블록 같은) 등을 직접 증착하는 데에 사용된다[31].

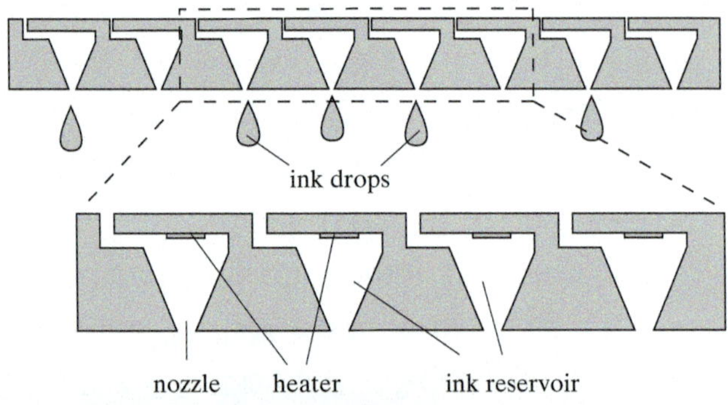

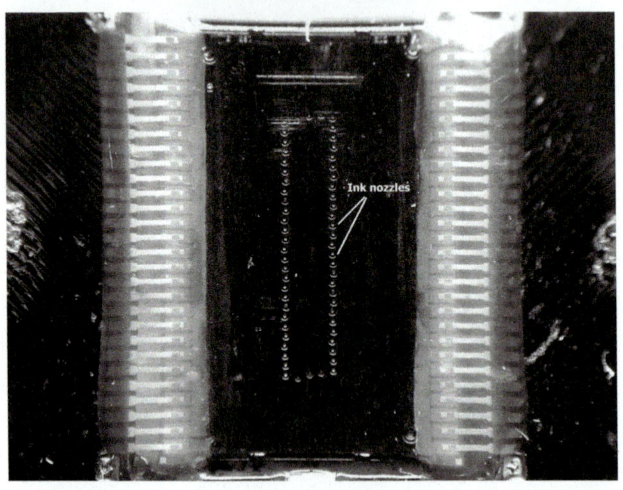

그림 1.1
미세 가공으로 제작된 잉크젯 프린터 노즐. (위) 유체 노즐을 가진 잉크젯 칩의 개략도. (중간과 아래) 상업용 잉크젯 프린터 헤드의 확대 사진과 다수의 노즐을 갖는 실리콘 칩. 칩 위의 집적 회로가 노즐의 분사를 제어한다.

1980년대 후반에 초기의 **미세 가공**(micromachining) 연구자들은 주로 실리콘—벌크 실리콘 기판(단결정 실리콘) 또는 박막 실리콘(다결정 실리콘)—의 사용에 초점을 두었다. 두 가지 형태의 실리콘 모두 집적 회로 공장에서 매우 많이 사용되었기 때문에 쉽게 접할 수 있었다. 벌크 실리콘은 회로의 기판으로, 다결정 실리콘은 트랜지스터 게이트를 만드는 데에 사용되었다. 현수형 외팔보 또는 멤브레인 같은 3차원 기계 구조물은 벌크 실리콘 또는 박막 실리콘으로 만들 수 있다. 1984년에 Petersen은 "기계적인 재료로서의 실리콘"이란 제목의 귀중한 논문을 발표하였다[10]. 이 분야가 빠르게 확장하면서 그 논문이 1990년대 (현재까지도)에 매우 널리 인용되었다.

박막 실리콘을 사용하여 스프링, 기어 체인, 크랭크 등의 표면 미세 가공 기계 구조를 만들었다. 1989년에 캘리포니아의 버클리 대학 연구자들이 최초로 실리콘 표면 미세 가공으로 제작된 모터를 정전기력으로 구동시켰다[32]. 지름이 120 μm보다 작고, 두께가 1 μm인 다결정 로터가 3상 350 V의 구동 볼트로 최대 500 rpm까지 회전할 수 있었다. 이 모터는 그 당시에는 비록 응용이 제한적이었다고 하더라도 과학사회와 일반 대중에게 보다 넓게 MEMS에 대한 흥분된 관심을 불러일으켰다. 그 이후로 다른 구동 원리를 이용한, 매우 다양한 크기(심지어 나노미터 크기까지)의, 매우 큰 토크와 전력을 얻을 수 있는 미세 로터리 모터가 발표되었다[33, 34].

몇 년 후에 **초소형 정밀기계 시스템**(MEMS: microelectromechanical systems)이란 용어가 소개되었다. 이 말은 이 분야에 대한 이름으로 점점 국제적으로 받아들여졌다. 이 이름은 새로운 분야의 크기(마이크로), 실행(전기기계적인 통합), 열망(시스템)을 따왔다. 두 가지의 미묘한 사실이 초보적인 독자를 가끔 곤란하게 한다. 첫째, MEMS 기술에 의해 발표된 많은 연구 결과와 생산품은 더 큰 시스템의 **구성 성분**들이다. 둘째, 이 문구가 유일한 가공과 제작 방법(미세 가공), 기기와 생산품의 새 형식을 구체화한다.

1990년대에 MEMS 분야는 세계적으로 빠르고 역동적으로 성장하였다. 수많은 나라의 정부와 민간 기금 기관에서는 뚜렷한 연구 활동을 지원하였다. 몇몇의 회사에서 초반에 들였던 연구 노력은 결실을 보기 시작하였다. 가장 현저한 예는 자동차의 에어백 전개를 위해 Analog Devices 사에서 제작한 집적 관성 센서와 Texas Instruments 사의 프로젝션 디스플레이용 DLP(Digital Light Processing) 칩이다. 이 둘의 응용에 대해서는 후에 논의하겠다.

Analog Devices 사에서 제작한 ADXL 시리즈 가속도 센서는 현수형 기계 요소와 동일한 기판 위에 통합된 신호 처리 전자 회로로 구성된다. 초창기에는 자동차 시장을 목표로 개발이 이루어졌다[35]. 그 가속도 센서는 과도한 감속을 관찰하고 생명을 위협하는 충돌이 일어날 경우에 에어백 전개를 지시한다. 기계적인 센싱 요소는 4개의 스프링에 의해 지지되며 자유롭게 움직이는 표준 질량이다(그림 1.2). 서로 맞물리는 가지

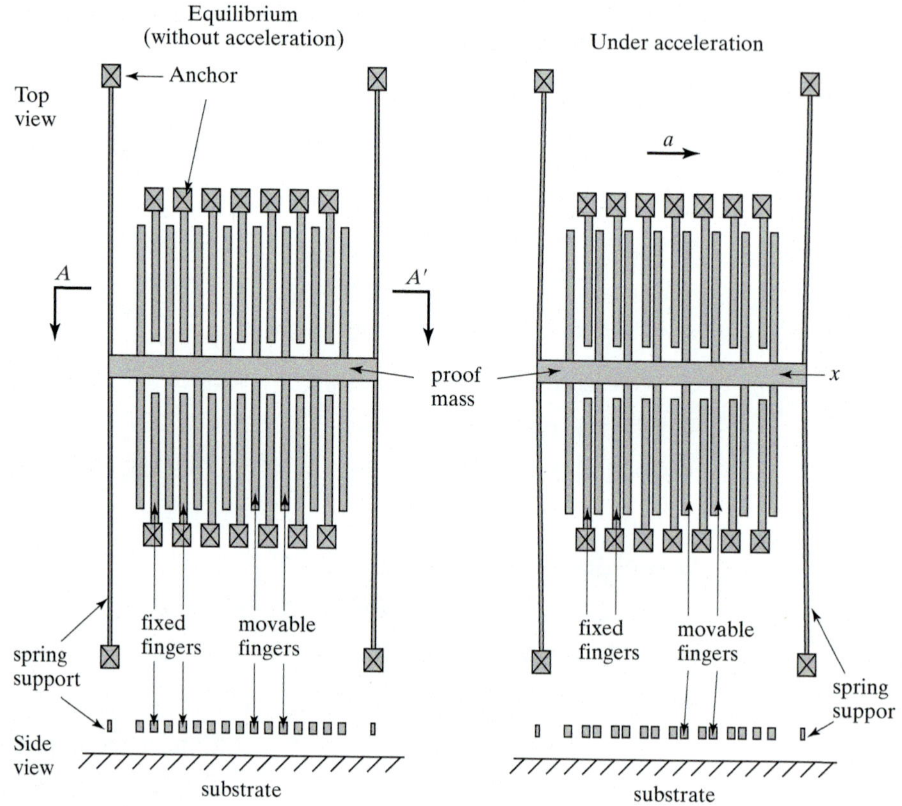

그림 1.2
통합된 가속도계의 기계적인 요소들. (왼쪽) 표준 질량은 가속도 없는 평형 상태에 있다. (오른쪽) 가속도가 가해지면 표준 질량은 고정된 가지에 대해 움직인다.

(finger) 형태로 움직이는 전극이 그 표준 질량에 붙어 있다. 고정된 전극과 움직이는 전극들이 평행하게 연결된 한 떼의 커패시터를 형성하는데 총 정전용량은 그 전극들 사이의 거리에 의존한다. 만약 가속도(a)가 그 칩에 부과되면 표준 질량(질량 m)이 초기 힘($F=ma$)을 받아 구조 틀에 대해 상대적으로 움직인다. 이것이 가지의 거리를 변하게 하여 결국 총 정전용량을 변화시킨다. 그 미세한 양의 정전용량 변화는 온칩 신호 처리 전자 회로를 이용해서 읽는다. 기계 요소와 전자 회로의 통합이 간섭 잡음(표류하는 전자기 방출에 기인하는)을 줄이고 기생 정전용량(긴 도선과 관련되는)을 없애는 데에 매우 중요하다.

MEMS 기술은 주로 고감도와 저잡음의 측면에서 거시적인 전기 기계 센서에 비해 상당한 장점을 제공한다. MEMS의 접근법은 또한 수동 조립 단계를 없애고 대량 제작을 함으로써 각 센서를 소유하는 비용이 줄어든다.

오늘날 다양한 센싱 원리와 제작 기술로 여러 종류의 미세 가공된 가속도 센서를 시장에서 볼 수 있다. 정전용량형[36, 37], 압저항형[38], 압전형[39], 광간섭형[40], 열전달형[41, 42] 등의 가속도 센서가 출시되었다. 통합된 3축 센싱[43], 지진 활동을 관측하는 초고감도(나노-g)[44, 45], 움직이는 질량 제거에 의한 신뢰성 증가[42], 장기 안정을 위한 통합 밀봉[46] 등의 고급화된 특징들이 포함된다.

가속도 센서를 생산하는 기술은 회전 가속도 센서, 즉 자이로스코프[47]를 만들면서 변경될 수 있다. 작은 크기 때문에 MEMS 관성 센서는 아주 좁은 공간에 위치할 수 있어 지능형 필기 도구(글자 인식을 위해 수기 시의 획을 탐지하여 컴퓨터에 전하는 지능펜 같은), 가상 현실 헤드 기어, 컴퓨터 마우스(자이로 마우스), 전자 게임 조절기, 실제로 달린 거리를 계산하는 신발, 컴퓨터가 사고로 떨어지면 하드 디스크의 회전을 정지시키는 휴대용 컴퓨터 등으로 새롭게 응용할 수 있다.

정보 시대에 여전히 이미지와 비디오는 질을 극대화하고 분배 비용을 낮추기 위해 모두 디지털 방식으로 생성되고, 배포되고, 전시된다. 프로젝션 디스플레이는 디지털 멀티미디어 상영, 영화 극장, 가정 엔터테인먼트 시스템을 위한 강력한 도구이다. 전통적인 프로젝션 디스플레이는 액정(LCD) 디스플레이 기술에 근거한 사실상 아날로그이다. 혁신적인 디지털 광 프로젝터[48, 49]인 Texas Instruments 사의 디지털 광 프로세서(DLP)는 각각 독립적으로 구동되고 디지털 미소 거울(DMD)로 불리는 100,000개의 거울로 이루어진 광 변조 칩으로 구성된다. 각 거울은 대략 $10 \times 10\ \mu m^2$의 넓이를 가졌고 $+/-7.5°$ 기울어질 수 있다. 배열된 거울은 광원으로부터 빛을 받는다. 올바른 각일 때 각 거울은 그 빛을 스크린으로 보내고 한 화소를 밝게 한다. 그런 거울의 배열이 프로젝션 스크린에 이미지를 형성한다.

각 거울의 개략도를 그림 1.3에 나다내었다. 각 거울판은 두 개의 비틀림 보에 의해 지지되고 비틀림 축에 대해 회전할 수 있다. 단면도(A-A' 선에 대한)를 보면 전극은 기울의 각도를 조절하기 위해 거울의 밑에 위치한다. 한 전극에 전압이 부과되면 그 거울은 정전기력에 의해 한쪽 방향으로 기울어진다.

거울의 수가 많고 고밀도이기 때문에 행-열의 다중 방식으로 번지가 지정된다. 각 거울을 제어하기 위하여 0.8 μm 이중 금속 CMOS 기술을 이용한 정적 임의 번지 지정 기억(SRAM) 회로가 거울층 밑의 실리콘 기판에 장착된다.

DLP 디스플레이는 투과되는 빛을 이용하는 기존의 LCD 프로젝션에 비해 고화소 충전율(fill factor), 고선명도, 고명암비, 고광효율, 시간에 따른 명암과 색 균형의 안정성 같은 장점을 제공한다. 명심해야 할 것은 DLP와 같이 성공적인 기기는 하룻밤에 이루어진 것이 아니라 오랜 기간 동안의 헌신과 개발의 결과라는 것이다. 사실 DLP는 성공적으로 시작되었으나 초기에는 여러 회사에서 연구 개발 활동이 20여 년 동안 연속적으

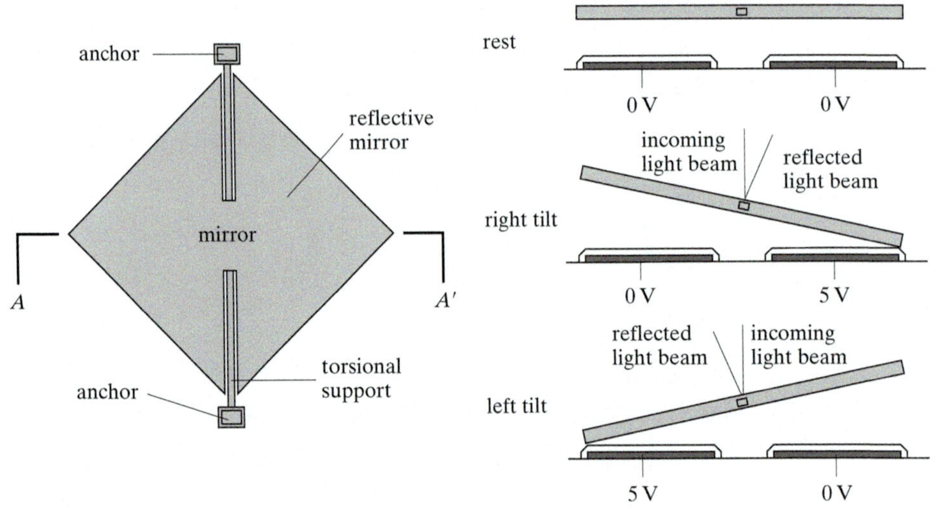

그림 1.3
한 개의 디지털 미소 거울의 구조와 구동 원리를 나타내는 모식도.

로 실패했다.

오늘날 디지털 미소 거울은 이미지 프로젝션 이상으로 활용된다. 그 기술은 광 배열에 의한 합성을 이용한, 적응성 있는 즉석 DNA 미세 배열의 제작[51]뿐 아니라 마스크 만드는 비용을 줄일 수 있는 마스크 없는 신속한 리소그래피[50]에 사용된다. 연속적인 각도 튜닝, 대변위, 더 많은 자유도를 가진, 고급화된 광 스캐닝 거울이 광 통신을 위해 개발되었다(14장).

가속도 센서와 디지털 미소거울 외에 새로운 MEMS 디바이스 부류가 다양한 산업체의 실행에 따라 1990년대에 많이 개발되었다. MEMS 활동으로부터 파생된 몇몇 주요 분야가 정착하게 되었다. 이러한 분야가 표 1.1에 핵심 기술 동력과 더불어 요약되어 있다.

광 MEMS 분야가 1990년대 후반에 빠르게 성장하였다. 전 세계의 연구자들이 경쟁적으로 두 단계의 광 렌즈(그림 1.4a), 회절 격자(그림 1.4b), 조율할 수 있는 광 거울(그림 1.4c), 간섭 여과기, 위상 조절기 등을 포함한 미소 광전자 기계 시스템과 기기(MOEMS)들을 광 디스플레이, 적응 제어 광학, 조율 가능한 여과기, 가스 스펙트럼 분석기, 네트워크 라우터[52] 등에 활용하기 위해 개발하였다. 광 MEMS 분야에 대한 더 자세한 검토는 15장에서 다룬다.

1990년대 후반에 광 MEMS 분야의 대규모의 상업화 활동이 시작되었다. 인터넷과 개인 무선 통신의 빠른 성장 때문에 예견된 대역폭 병목(bandwidth bottleneck)에 의해

표 1.1 MEMS 기술의 대표적인 분야.

Area of research	Perceived drivers of technology
Optical MEMS (See Chapter 15 for details)	Monolithic integration of mechanics, electronics, and optics Unique spatial or wavelength tunability Improved efficiency of optical assembly and alignment accuracy
BioMEMS	Miniaturization (minimal invasion and size matched with biological entities) Rich functional integration within physically small, minimally invasive medical devices
Microfluidics (laboratory-on-a-chip or micro total analysis systems) (See Chapter 13 for details)	Reduced amount of samples and reagents and associated cost Parallel and combinatorial analysis possible Miniaturization, automation, and portability
Radio Frequency (RF) MEMS	Unique performances not found in solid-state RF integrated devices Promises of direct integration of active and passive elements with circuitry
Nano Electromechanical Systems (NEMS)	Unique physical properties due to scaling (e.g., ultra-low mass and ultra-high resonant frequency) Unprecedented sensitivity and selectivity of detection achievable in selected cases

촉진되었다. 그 시기 동안에는 동적 라우팅(routing)을 위해 섬유 묶음들(fiber bundles) 간에 자유 공간에서의 광 연결이 많은 연구자와 회사들의 주된 관심이었다. 전통적으로, 광 신호는 섬유 묶음 사이에서 다음의 세 단계를 거쳐 교환된다. (1) 광 신호를 광 수신기 배열을 이용하여 전자신호로 바꾸고 (2) 채널을 섞어 전기 영역으로 (3) 레이져 다이오드 배열을 이용해 전자 영역의 신호를 다시 광 영역으로 변환한다. 모든 광 연결, 새로운 섬유 연결과 교환 조직이 전통적인 광-전기-광(즉 OEO) 변환의 속도 문제를 해결하는 유망한 해결책을 제공하였다. 그림 1.4(c)에 나타낸 미세 가공된 광 스위치를 이용하면 한쪽의 섬유 묶음에서 광선이 전자 영역과 신호 변환 연결부를 거치지 않고 직접 수신하는 묶음으로 향한다. 많은 독창적인 설계가 새로운 액추에이터와 제작 기술을 이끌었다. 많은 성공적인 생산품이 개발되었으나 대량 생산은 안 되었다. 이 경험이 MEMS 분야의 미래 성장과 고급 기술의 상품화에 대한 가치 있는 교훈을 제공한다[53].

바이오 MEMS는 생물학적 연구, 의학적 진단, 임상적인 조정을 위한 MEMS의 개발과 활용을 포함한다. 소형화와 다양한 기능적 통합 때문에 미소 구조와 미소 기기들이 망막 이식, 달팽이관 이식, 생리적인 센서의 이식, 센서에 의한 지능형 수술 도구 등의 의료 분야에 이용된다.

예를 들면 미세 공정으로 제작된 신경 탐침은 신경생리적인 연구를 도울 수 있다. 신경은 3차원 신경 조직에 있는 축색돌기를 따라 움직이는 날카로운 전기적 파동을 생산한다. 신경조직은 그들의 연결 구조와 신호 처리 기법이 인간에게 대부분 알려지지 않은 매우 복잡한 조직이다. 전통적으로 신경 파동을 기록하기 위해 생물학자들은 하나의 금속선을 신경 조직에 넣는다. 소위 하나의 기록 장치인 이것이 데이터 양을 제한하여

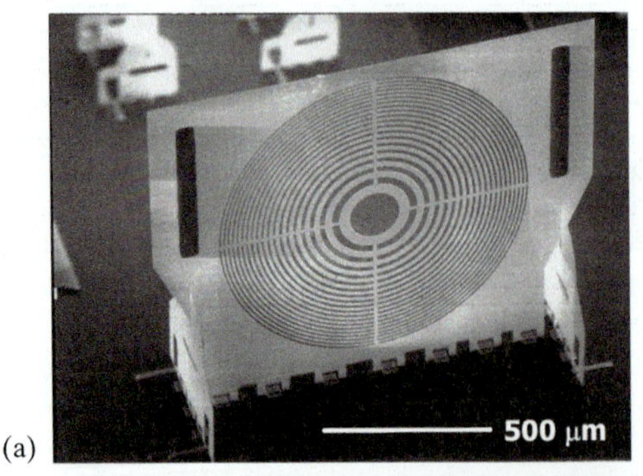

(a)

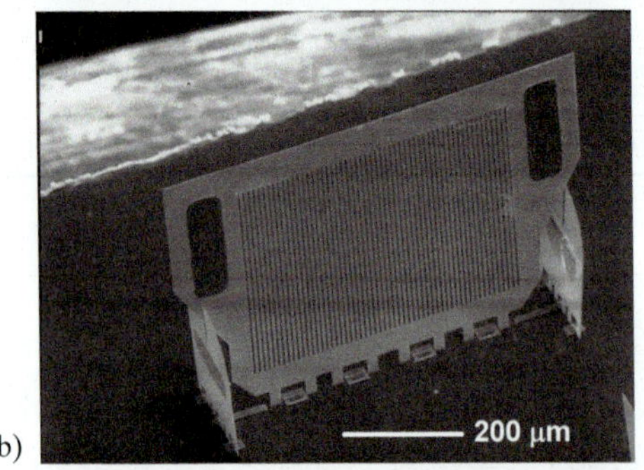

(b)

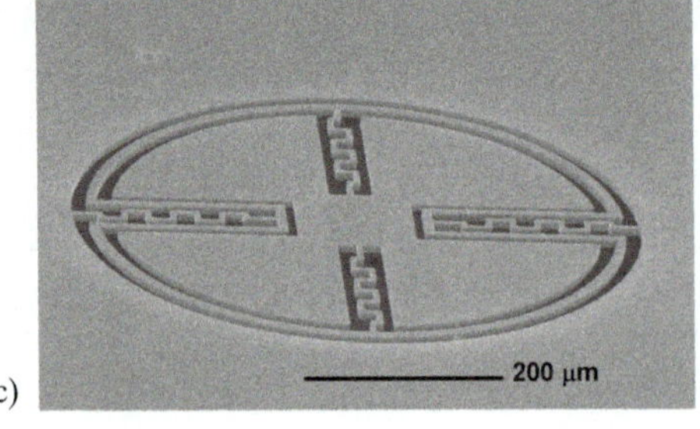

(c)

그림 1.4
미세 가공된 광학 컴포넌트: (a) 쌍렌즈, (b) 수직의 회절 격자, (c) 2축 스캐닝 미소 거울.

생물학적인 발견에 주된 걸림돌이다. 그림 1.5에 나타낸 것처럼 미세 공정으로 제작된 신경 기록 탐침(probe) 배열이 한 단위의 기록 탐침 장치를 대신하여 더 많은 신경 기록 데이터를 생산한다. 여러 개의 기록 장소를 가진 신경 탐침을 현재는 실리콘이나 금속으로 만든다. 정교한 탐침들이 여러 개의 기록 장소, 동시에 수행하는 화학적인 용리와 축적, 액체를 다루기 위한 통합된 펌프와 밸브, 신호 대 잡음비를 향상시키기 위한 통합 회로 등을 제공한다(예를 들면 [54]).

바이오 MEMS 응용의 다른 좋은 예는 정밀하게 정의된 크기(특히 높이)를 가진 약물 주사 바늘 배열이다. 전통적인 약물 주사는 바늘 끝이 신경을 많이 보유하는 피부층에까지 도달하기 때문에 통증을 유발한다. 이 층은 피부 표면 밑의 50~70 μm에 존재한다.

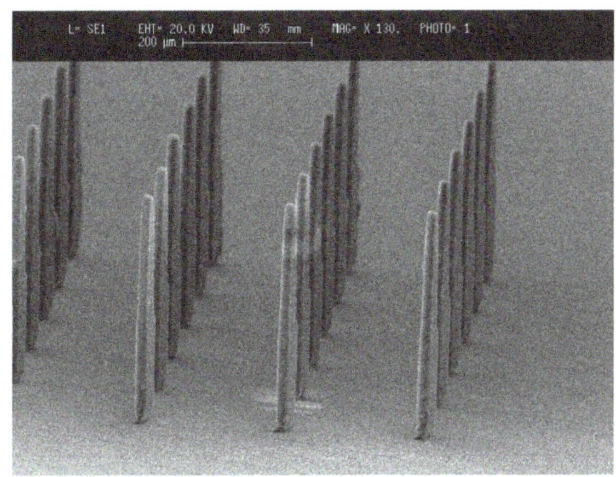

그림 1.5
MEMS 신경 탐침.

이 임계 길이보다 짧은 바늘을 사용하면 신경이 없는 피하 지역에서 약물 주사가 이루어지므로 환자에게 통증을 유발하지 않는다. 다른 종류의 많은 미소 바늘(micro needle) 배열이 과거에 개발되었다[55, 56]. 비록 완전히 개척되어야 할 많은 잠재적인 해결책들이 있지만 연구자들이 재료와 미세 제작 방법을 포함한 중요한 도전을 극복하였다.

MEMS 기술은 또한 즉석 의료 진단과 분산 환경 관리용 자동화 소형 센서 같은 기기들에 사용되는 미소 유체 시스템과 통합된 생물학적/화학적인 처리기(processor)를 가능하게 하였다. 한 예는 세포 조작, 처리, 선별, 채취한 소의 배아의 저장 등을 수행하는 미소 유체 칩이다[57]. 전통적으로 이런 섬세한 절차들은 수동적으로 행해지는데 이는 지루하고 실수하기 쉬운 방식이다. 결과적으로 작업 비용과 제품의 비용을 올리고, 질의 저하와 낭비를 초래한다. 생식을 보조하기 위해 개발된 미소 유체 단말 장치는 각각의 세포에 대해 복잡하고 섬세한 절차를 수행한다. 그림 1.6에 도시된 시스템에서 세포들은 직접적인 탐침보다는 공압을 이용하여 이동되고 정지되고 조작된다. 이렇게 함으로써 세포에 손상을 덜 주며 속도와 효율을 증가시킨다. 미소 유체공학의 원리와 현재 진행되는 연구 활동에 관한 자세한 정보는 13장에 제공된다.

MEMS 기술은 또한 고주파(RF) 통신 칩을 포함하여 집적 회로에 이용되는 혁신적인 소자를 가능하게 한다. 미세 가공된 릴레이, 조율할 수 있는 커패시터, 미소 집적된 인덕터와 솔레노이드 코일, 공진기와 여과기, 안테나 등이 그 예이다(그림 1.7). 이 주제에 대해 좀더 심도 있는 토론은 참고문헌 [58]에 나와 있다.

MEMS 기술을 기반으로 한 탄탄하고 지속 가능한 산업의 기초가 형성되었다.

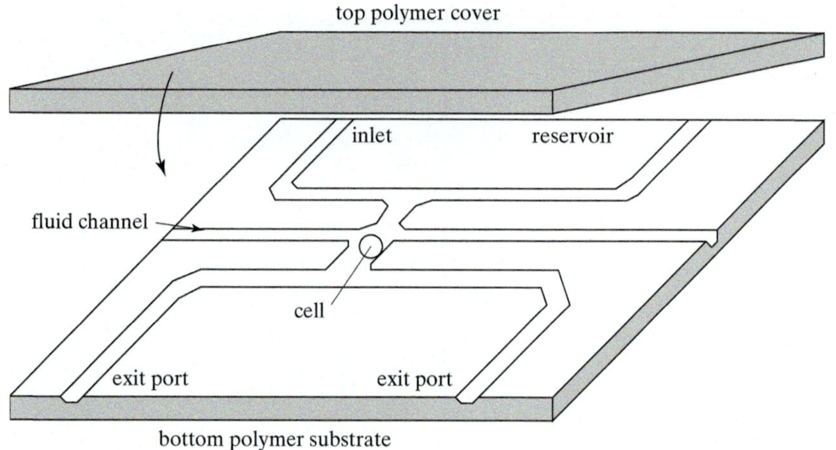

그림 1.6
통합된 세포 조작 칩.

2003년에 MEMS 기술이 공헌한 연간 매출액은 HP사의 잉크젯 프린팅이 6.5억 달러, Epson 사와 Lexmark 사의 잉크젯 프린팅이 합해서 3.53억 달러, Texas Instruments 사의 DLP와 센서들이 6억 달러, Analog Devices 사의 센서들이 1.2억 달러, Freescale Semiconductor 사의 압력 센서와 가속도 센서가 1.08억 달러를 기록하였다. 2000년 이후로 광 MEMS, 미소 유체공학, 바이오 MEMS, 고주파 MEMS 등 MEMS에 관련된 기술에 집중한 소규모의 많은 회사들이 생겨났다.

MEMS 연구자들의 공동체가 매우 빠르게 늘어났다. 매년 2~3개의 대규모 국제 학회가 열린다. 가장 잘 확립된 학회는 IEEE International Conference on Solid-State Sensors, Actuators, and Microsystems(트랜스듀서 학회), IEEE Annual International Conference on Microelectromechanical Systems(MEMS 학회), Eurosensors Conference, IEEE Workshop on Solid-State Sensors, Actuators, and Systems(2년마다 미국 사우스 캐롤라이나 주 Hilton Head Island에서 개최), International Conference on Micro Total Analysis(μTAS) 등이다. 광 MEMS, 액추에이터, 바이오 MEMS, MEMS 상품화 등의 특정한 주제에 관한 많은 학회가 전 세계적으로 개최된다. MEMS 연구자들을 중점적으로 다루기 위한 *IEEE/ASME Journal of Microelectromechanical Systems, Sensors and Actuators*(Elsevier BV에 의한), *Journal of Micromechanics and Microengineering, Lab on a Chip*(Royal Society of Chemistry에 의한) 등의 새로운 저널이 많이 생겨났다. 게다가 다음의 저널들은 마이크로 또는 나노 크기의 기기에 관한 물리학, 응용, 제작 기법 등의 최신 기술을 결집한 논문들을 자주 발표한다: *Science, Nature, Applied Physics*

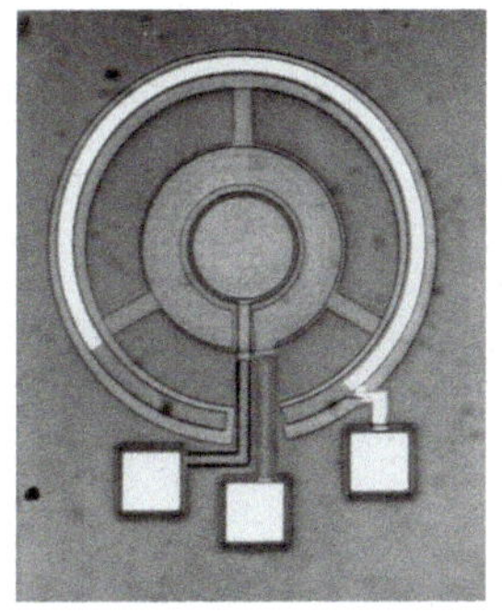
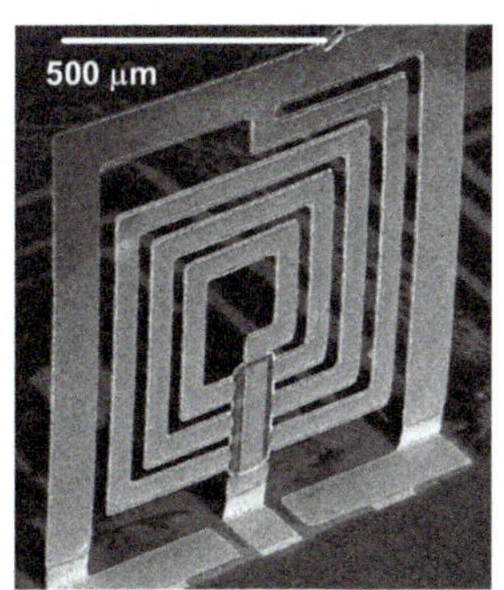

그림 1.7
미세 가공된 조율 가능한 커패시터와 인덕터.

Letters, Journal of Applied Physics, Nano Letters, Analytical Chemistry, Langmuir.

시스템에서 전기와 기계의 결합된 성질에 관한 연구가 미시적 규모의 MEMS 분야에서만 진행된 것은 아니다. 거시적 규모에서도 두 분야—기계전자공학과 전기기계공학—가 수십 년 동안 연구되어 왔다. 그들이 또한 MEMS 연구와 관련된 배경을 제공한다.

앞으로 10~20년 동안, MEMS 연구 분야는 빠르게 성장할 것으로 기대된다. 다음의 몇 가지 면에서 발전이 명백할 듯하다: (1) 여러 학문 분야가 제휴해야 하는 응용 분야에서 증대되는 MEMS의 기능적인 범위; (2) 설계 기법과 제작 기술의 성숙; (3) 감도와 견고함 같은 기계적 성능의 향상; (4) 전기적 기능의 향상, 저비용 회로의 통합, 넓은 면적의 통합; (5) 기능적인 시스템에서 이종 재료의 이음매 없는 통합; (6) 저개발 비용, 저보유 비용.

1.2 MEMS의 내재적인 특징

의심할 여지 없이 MEMS는 미래에 계속해서 주요한 새로운 응용 분야를 개척할 것이다. 기술 발전과 상품화의 이유는 경우에 따라 다르다. 그럼에도 불구하고 MEMS 기기와 미세 공정 기술의 3가지 일반적이고 명백한 장점이 있다. 3M으로 불리는 소형화(miniaturization), 미소 전자학 통합(microelectronics integration), 정밀한 대량 제작(mass fabrication with precision)이 그것이다.

1.2.1 소형화

전형적인 MEMS 기기들의 길이의 규모는 일반적으로 1 μm에서 1 cm까지이다.(그러나 많은 배열을 가진 MEMS 디바이스나 전체의 시스템은 좀더 크다.) 작은 크기는 연한 스프링, 높은 공진 주파수, 낮은 열질량 등 조작상의 많은 장점을 제공한다. 예를 들면 보통 미세 가공된 기기로의(또는 기기로부터의) 열전달은 빠르다. 잉크젯 프린터의 노즐에서 방울이 토출되는 시정수는 약 20 μs 이다. 또한 그들의 작은 크기 때문에 MEMS 디바이스는 생물의학의 응용에 유리하다. 앞에서 토론한 신경 탐침 배열이 좋은 예이다.

그러나 소형화한다고 항상 좋은 것은 아니다. 몇몇의 물리적인 현상들은 크기가 줄어들 때 유리하게 작용하지 않는다. 그러나 거시적 규모에서 잘 작용하지 못했던 어떤 물리적인 현상이 마이크로 규모에서 매우 실제적이고 매력적이 된다. 우리는 이런 관찰 결과를 **규모의 법칙**(scaling law)이라고 부른다. 규모의 법칙은 어떤 물리적 현상이 다른 크기에서는 어떻게 작용하는지를 설명한다. 예를 들면 벼룩은 자신의 크기만큼 여러 번 점프할 수 있는 반면에 코끼리는 전혀 그렇게 할 수 없다. 일반적으로 정성적인 관찰 결과를 다음과 같이 도출할 수 있다: 작은 것일수록 중력에 의해 덜 영향을 받고 소형화는 더 빠른 속도, 고전력 밀도, 고효율을 초래한다.

규모의 법칙을 엄밀히 분서하기 위해서는 먼저 관심 있는 기기의 특성 길이 규모(L로 표현)를 알아야 한다. 예를 들면 외팔보의 길이 또는 원형 멤브레인의 지름은 각 각 그 특성 요소인 L로 나타낸다. 나머지 관련된 물리적인 크기는 특성 길이 규모에 대해 고정된 비율을 가지고 선형적으로 비례한다고 가정한다.

관심 있는 성능 가치(예를 들어 외팔보의 강성 또는 멤브레인의 공진 주파수)가 L의 함수로 표시되고, 다른 크기의 항목들은 L의 분수나 곱으로 표현된다. 그런 후, 그 표현식을 간단히 하여 L의 전체적인 효과를 도출한다.

예제 1.1 스프링 상수의 규모의 법칙

외팔보의 강성은 스프링 상수로 정의한다. 외팔보의 강성을 지배하는 규모의 법칙을 l, w, t로 각각 표현되는 길이, 폭, 두께로 확인하라.

풀이 관심 있는 성능 가치는 스프링 상수이다. 소변위 문제에서 스프링 상수는 다음과 같다.

$$k = \frac{Ewt^3}{4l^3} \tag{1.1}$$

여기에서 E는 영의 탄성 계수이고 크기가 불변인 물성치이다.(3 장에서 이 공식이 어떻게 유도되는지를 복습할 것이다.) l을 L로, w를 αL로, t를 βL로 치환하면—여기에서 α와 β는 상수— 식 (1.1)은 다음과 같이 쓸 수 있다.

$$k = C\frac{L^4}{4EL^3} \propto L \tag{1.2}$$

C는 비례 상수($C=\alpha\beta^3$)이다. 이 규모의 법칙 분석은 외팔보의 크기를 줄이면 작은 스프링 상수를 갖게 된다는 것을 보여 준다.

예제 1.2 면적 대 부피 비율의 규모의 법칙

정육면체의 부피에 대한 표면적의 비율의 규모의 법칙을 유도하라. MEMS 설계를 위한 중요성을 토론하라.

풀이 정육면체의 편리한 특성 길이는 L로 지정된 각 모서리 길이이다. 정육면체의 부피는 L^3이고 총 표면적은 $6L^2$이다. 그러므로 부피에 대한 면적의 비는 다음과 같다.

$$\frac{area}{volume} \propto \frac{L^2}{L^3} = \frac{1}{L} \tag{1.3}$$

L이 작으면 작을수록 부피에 대한 표면적의 비는 커진다. 이 결론은 임의의 3차원 형상을 가진 물체에도 역시 적용 가능한데, 마이크로 규모의 기기 설계에 통찰력을 제공한다. 반데르발스 힘, 마찰력, 표면장력과 같이 표면에 관계되는 힘은 마이크로 규모 물체의 거동에 매우 중요하다. 중력과 같이 부피에 관계되는 힘은 덜 지배적이다.

많은 경우에 몇 개의 성능 양상에 대한 규모의 법칙을 동시에 평가하는 것이 중요하다. 이것이 결합된 성능 지수에 근거한 전체적인 규모의 장점을 결정하는 데 도움을 준다. 예를 들어 Analog Devices 사의 가속도계를 보자. 다음의 핵심 성능 표준은 크기에 따라 변한다: 지지대의 스프링 상수(감도에 관련된), 지지대의 공진 주파수(대역폭에 관계된), 총체적인 정전용량 값(감도에 관련된). 소형화는 일반적으로 연한 지지대, 높은 공진 주파수, 고대역폭을 초래한다. 그러나 그것이 정전용량 값을 줄이고 일반적으로 회로의 복잡성을 증가시킨다(작은 신호를 수용하기 위해서).

최근에 1~100 nm 특성 길이의 전자기계적인 기기의 규모 효과가 전통적인 MEMS의 규모 효과 이상으로 탐구하기 위해 조사되었다[59, 60]. 그와 같은 기기와 시스템을 **나노 전자기계 시스템**(NEMS: nano electromechanical systems)이라고 한다. 많은 NEMS 기기는 나노 튜브[60, 61], 또는 나노 가공된 요소[62] 등의 나노 구조 조립에 의해 만들어진다. 어떤 응용 분야에서는 NEMS가 MEMS에서는 불가능한, GHz범위의 초고도 기계 공진 같은 성능 특성을 제공한다.

NEMS기술은 작은 크기와 독특한 나노 물질의 성질 때문에 화학적 센싱을 위해 추진되고 있다. 나노 크기에서 줄어드는 외팔보의 강성은 특유한 기기의 특성들(화학적으로 기능화된 나노 크기의 틈 같은)과 함께 그런 기기들이 한 개의 박테리아, 세포, 분자, 포논(phonon) 등과의 반응을 탐지하는 곳에 사용될 수 있다는 것을 의미한다.

고주파 기기를 위한 NEMS기술은 유리한 규모의 법칙의 결과로서 적극적으로 추진된다. NEMS기술에 근거한 기계적인 공진기는 한 길이가 10배 또는 100배 큰 기기보다 낮은 힘 상수와 높은 공진 주파수를 가진다. 고주파수의 전자기계적인 공진기와 여과기가 리소그래피에 의해 패턴화된 외팔보에 의해 제작되었다[63, 64]. 예를 들면 1.35 GHz의 공진 주파수와 20,000~50,000의 품질 계수를 가진 NEMS 기계 공진기가 Heisenberg의 불확실성 원리에 의해 부과된 근본적인 양자기계적인 한계를 확인하기 위해 사용되었다[65].

1.2.2 미소 전자학 통합

기계적인 센서와 액추에이터를 전자 프로세서, 제어기 등과 칩 수준에서 이음매 없이 집적하는 능력이 MEMS의 가장 독특한 특징 중의 하나이다. 이 과정의 패러다임이 **모놀리식 집적**(monolithic integration)—여러 가지 부품들을 한 기판에 끊기지 않는, 웨이퍼 수준의 공정 흐름으로 제작—으로 일컬어진다. 모놀리식 공정은 로봇을 이용한 pick and place작업이나 각 부품의 수동 조립 같은 혼성의 조립법을 포함하지 않는다. 정확한 크기와 배치 정밀도는 리소그래피에 의해 보장된다.

비록 모든 MEMS 기기가 모놀리식 집적 형식을 고수하지 않더라도 기계 요소를 함께 모놀리식 집적한 실리콘 회로가 가속도계, 디지털 광 처리기, 잉크젯 프린터 헤드 같은 몇 개의 성공적으로 상품화된 MEMS에 포함되어 있다.

자동차 가속도계의 경우, 집적화 때문에 MEMS 센서가 순수한 기계 생산품보다 상업적인 장점을 많이 갖는다. 시스템 집적화가 신호 경로의 길이와 잡음을 줄여 신호의 질을 향상시킨다.

회로 집적화가 많고 조밀한 센서나 액추에이터의 배열에 번지를 지정하는 유일한 방법이다. 예를 들어 DLP의 경우 각각의 거울은 바로 밑에 묻혀 있는 CMOS 논리 회로에 의해 제어된다. 회로 집적화가 아니면 그렇게 많고 조밀한 배열에서 각 거울의 번지를 지정하는 것이 불가능하다.

모놀리식 집적화의 성능이 주는 이점은 비용, 시장에 출시하는 시간, 변화에 대한 유연성 등과 같은 다른 관심사에 비해 조심스럽게 평가되어야 한다. 16장에서 모놀리식 집적화의 실행에 관한 몇 가지 주의 사항을 서술한다.

1.2.3 정밀한 대량 제작

전통적인 가공 도구로는 재생산할 수 없고, 비효율적이며, 이익이 안 되는 2차원 또는 3차원의 소규모와 정밀도의 특성을 MEMS 기술은 실현할 수 있다. 포토리소그래피와 결합되어 MEMS 기술은 역피라미드 형상의 공동(cavity), 고형상비의 도랑(trench), 웨이퍼 관통 구멍, 외팔보, 멤브레인 등의 유일한 3차원 특성을 실현할 수 있다. 이런 특성들을 전통의 가공이나 제조 방법으로 만드는 것은 매우 어렵고 비효율적이다. 최신 리소그래피 시스템과 기술이 웨이퍼와 배치(batch)를 통틀어 균일함뿐 아니라 세밀하게 정의된 특성을 제공한다.

1.3 디바이스: 센서와 액추에이터

1.3.1 에너지 영역과 트랜스듀서

MEMS 기술은 혁신적인 센서와 액추에이터를 가능하게 한다. 일반적인 용어로 센서는 물리적인 또는 화학적인 현상을 탐지해서 관리하는 디바이스이고 액추에이터는 기계적인 운동, 힘, 또는 토크를 생산하는 디바이스이다. 센싱은 감지하는 에너지 변환 과정으로 넓게 정의되고 액추에이션은 행위를 생산하는 에너지 변환 과정이다.

센서와 액추에이터는 통틀어서 신호나 전력을 한 에너지 영역에서 다른 에너지 영역으로 변환하는 **트랜스듀서**로 일컫는다. 관심 있는 6개의 주 에너지 영역이 있다: (1) 전기적 영역(E), (2) 기계적 영역(Mec), (3) 화학적 영역(C), (4) 방사성 영역(R), (5) 자기적 영역(Mag), (6) 열적 영역(T). 이 에너지 영역들과 이 영역 내에서 자주 나오는 파라미터들이 그림 1.8에 요약되어 있다. 한 시스템 내의 총 에너지는 몇 개의 영역에 공존할 수 있고 적절한 상황에 다양한 영역들 사이로 이동할 수 있다.

센서는 일반적으로 2가지의 기능을 수행한다. 첫째, 센서는 자극 신호를 여러 에너지 영역으로 변환하여 인간이 인지하게 한다. 둘째, 그들은 자극 신호를 전기 영역으로 변환하여 전자 제어기, 기록기, 또는 컴퓨터와 연결(interface)할 수 있다. 예를 들어 열결합 온도센서는 열 신호(온도)를 전기 신호(전압)로 변환하여 전자적으로 읽을 수 있도록 한다. 가끔 하나 이상의 센싱 원리가 변환 작업에 이용되기도 한다. 온도의 변화는 저항의 변화, 유체의 부피 팽창, 물체의 증가하는 방사력, 설계된 염료의 색조 변화, 공진기의 공진 주파수 이동, 커진 화학 반응성 등으로 감지된다. 이 주제에 대한 토론은 5장에서 좀더 다룬다.

특별한 센서와 액추에이션 작업의 에너지 변환 경로가 오직 두 영역만을 포함하지

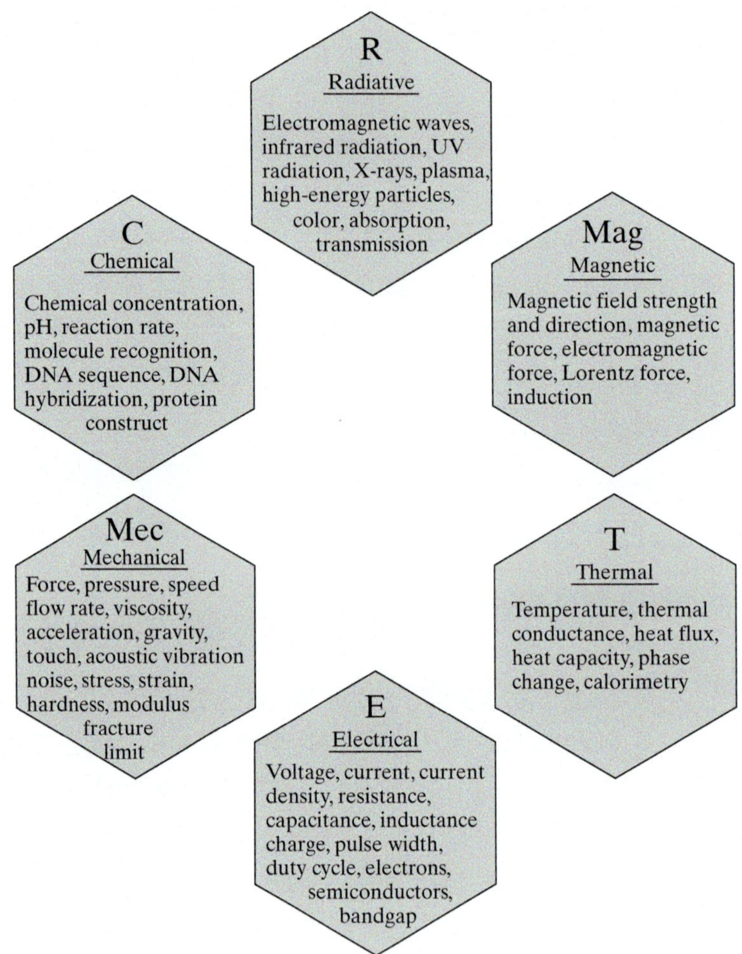

그림 1.8
주 에너지 영역.

는 않는다. 사실, 변환 과정이 여러 영역을 포함하기도 한다. 최소한의 영역을 포함하는 직접적인 변환 경로가 꼭 더 간단한 디바이스, 더 낮은 비용, 더 좋은 성능으로의 변환은 아니다.

에너지와 신호 변환은 많은 연구와 개발을 포함하며 계속되는 혁신의 근원이다. 효과적이고 민감하며 저비용인 센싱 원리를 발견하고 실행하고자 하는 욕구가 과학적이고 기술적인 분야의 경계를 초월한다. 많은 센싱 작업이 한 가지 이상의 방법으로 이루어질 수 있기 때문에 직접적(한 에너지 영역에서 다른 영역으로)으로나 간접적(중간의 에너지 영역을 통해 도약하는)으로 한 센서나 액추에이터의 요구를 성취하는 변환 경로는 본질적으로 무한하다. 각 변환 경로는 다른 센싱 물질, 제작 방법, 설계, 감도, 반응도, 온도 안정성, 교차 감도, 비용 등을 수반한다. 성능, 비용, 제작의 용이성, 견고함, 지적 재산권 등을 참작하여 그 중에서 필요한 것을 취하는 타협을 하여야 한다.

센서와 액추에이터의 개발은 풍부하고 가치 있는 연구 경험이다. 특별한 활용을 위해 새로운 센서 원리를 발명하는 것은 간단한 변환 물질, 고성능, 저비용 제작을 낳는 에너지 변환 경로, 디바이스 설계, 제작 방법의 선택 또는 발명을 포함한다. 이 분야의 풍부함과 연구 개발 활동에 관한 흥미를 예시하기 위해 몇 개의 특정한 센서의 예를 논의하겠다. 많은 경우에 새로운 센싱 방법이 새 디바이스의 성능과 산업화 기회를 초래한다.

가속도 센싱(기계 → 전기 변환) 가속도는 여러 가지 다른 방법으로 감지할 수 있다. 외팔보에 의해 지지되는 미세 가공된 표준 질량이 부과된 가속도하에서 관성력을 체험한다. 그 힘은 지지된 표준 질량을 운동하게 한다. 그 운동은 부과 하중에 의해 저항이 변하는 압저항(기계 → 전기)에 의해 포착된다. 이 변위는 또한 커패시터에 의해 감지된다(기계 → 전기). 이것이 Analog Devices 사의 가속도계의 원리이다. 이 두 가지 방법 모두 운동하는 기계적인 질량을 포함한다. 운동하는 질량 없이 가속도계를 만들 수 있을까? 그렇다. 관성력은 또한 가열된 질량을 움직일 수 있는데 이에 의한 변위가 온도 센서에 의해 포착된다(기계 → 열 → 전기)[42]. 움직이는 공기의 질량을 열로 센싱하는 것은 정전용량에 의한 센싱보다 좋지 않지만 집적 회로와 쉽게 병행하도록 제작할 수 있다. 이것이 저감도용으로 설계된 저비용 가속도 센서(MEMSIC 사에서 제작한)의 원리이다(5장에서 좀더 논의). 움직이는 질량이 필요 없다. 그리하여 기계적 신뢰성에 대한 관심사가 제거된다.

후각 센싱(화학 → 전기 변환) 어떤 분자는 냄새 또는 환경 관리에 관련이 있다. 그들의 존재와 농도를 몇 가지 전략에 의해 얻을 수 있다. 탄소에 기반을 둔 물질은 표면 탄성파 디바이스의 경로에서 특정 분자를 흡수할 수 있도록 설계될 수 있다. 이것이 전기 저항을 변하게 하여(화학 → 전기 직접 변환) 결국 표면 탄성파의 전달 주파수 같은 기계적 성질을 바꿀 수 있다(화학 → 기계 → 전기). 그러나 이 방법들은 일반적으로 정교한 전자 회로나 알고리즘을 포함한다. 좀더 간단하고 직관적인 후각 센서를 만들 수 있다. 화학 분자들의 결합은 또한 특별하게 설계된 화학 화합물의 색을 바꿀 수 있고 이것은 저비용 광전자 다이오드(화학 → 방사 → 전기 변환)[66] 또는 전자 회로 없이 인간에 의해 감지될 수 있다(화학 → 방사). 이 전략에 근거한 센서들은 ChemSensing 사에 의해 제작된다.

DNA 서열 인지(화학 → 전기 변환) DNA 분자는 염기쌍 사슬로 구성되는데 각 쌍은 4개의 가능한 변이—A, C, G, T—를 갖는다. DNA 사슬에서 염기쌍의 서열은 합성 단백질의 암호를 결정한다. 염기쌍 서열을 빠르고 정확하며 비싸지 않게 해독하는 능력은 제약학과 의학에 활용하기 위해서 매우 중요하다[67]. DNA의 상보적 결합을 통하여 염기 서열의 판독을 위한 혁신적인 방법이 매우 다양하다. 특정 DNA 분자는 다른 DNA 띠와 결합하면 빛이 나거나 흐릿하게 나타나는 형광(인식표가 달린) 인식자로 사용되기 위해 화학적으로 변경될 수 있다. 오늘날 가장 널리 실행되는 경우에 화학적 결합 사건은 그들이 전기 영역으로 변환되기 전에 광 신호로 변한다(화학 → 방사 → 전기). 형광 이미지는 고성능의 형광 현미경으로 잡는다.

그러나 형광 이미지는 정교한 현미경을 필요로 하여 휴대용으로 활용하기에는 적당하지 않다. DNA 분자가 금 나노 입자에 붙으면 금 입자의 축적을 통해 교잡이 발생하게 된다. 그러면 결과적으로 광 반사율(화학 → 방사 → 전기)[68]이나 전기 저항(화학 → 전기)[69]을 변하게 한다. 이 감지 방법은 형광을 이용한 방법에 비해 더 좋은 감도와 선택도를 제공한다. 이것은 또한 성가신 형광 이미지 장비가 필요 없다. 그러므로 소형화와 무선 배치에 적합하다. 이 원리가 Nanosphere 사의 기술적인 토대이다.

1.3.2 센서

센서는 물리 센서와 화학/생물 센서의 두 부류로 나눈다. 물리 센서는 힘, 가속도, 압력, 온도, 유량, 음향 진동, 자기장 크기 같은 물리적인 변수를 측정한다. 화학 센서는 화학적인 농도, pH, 생물 분자들의 결합력, 단백질-단백질 상호 작용 등을 포함하는 화학적이고 생물적인 변수를 감지한다.

이 책에서는 물리 센서에 초점을 맞춘다. 정전기, 압저항, 압전기, 열저항, 바이메탈 열굽힘을 포함하여 공통적으로 이용되는 원리들에 대해 탐구할 것이다. 4, 5, 6, 7, 9장에서 이런 원리들을 매우 자세히 다룬다.

많은 센싱 원리가 주어진 적용 분야에 이용될 수 있다. 일반적으로 센서 개발자들은 다수의 변환 경로를 평가하여 성능 표준에 따라 설계한다. 가장 중요한 센서의 특성들은 다음과 같다.

1. 감도. 감도는 입력 자극의 크기와 출력 신호의 크기 사이의 비율이다. 감도 값은 입력 진폭과 주파수, 온도, 바이어싱 수준, 다른 변수들의 함수임을 명심하라. 전기 신호 증폭을 사용하면 증폭의 전후의 감도 값을 구별하는 것이 중요하다.
2. 선형성. 출력 신호가 입력 신호에 비례적으로 변하면 그 응답은 선형적이라고 한다. 센서의 선형 응답은 신호 처리의 복잡성을 완화시킨다.

3. 응답성. 응답성은 또한 정밀도, 해상도, 감지 한계로 알려져 있다. 이 항목은 센서가 확실하게 감지할 수 있는 가장 작은 신호를 의미한다. 이것은 일반적으로 변환 요소와 회로와 관계되는 잡음에 의해 제한된다. 잡음은 올바른 신호를 모호하게 하는 모든 것에 적용된다. 잡음은 그 자체가 다른 신호일 수 있다(간섭). 그러나 대부분의 경우 물리적(가끔 열적) 원천의 '무작위적인' 잡음을 설명하기 위해 이 용어를 사용한다. 조심스럽게 전기적인 차폐 같은 것을 이용하여 간섭 잡음을 수정하거나 없앨 수 있지만 무작위적인 잡음은 어디에나 존재하고 더 근본적인 원천을 갖는다. MEMS 센서에 있는 잡음의 주된 기여는 다음의 근원으로부터 온다.

a. 존슨 잡음은 백색 소음인데 이는 내부의 전자와 입자의 무작위적인 열적 변동 때문에 저항에 의해 생성된 개회로 전압으로 나타낸다. 존슨 잡음의 RMS 값은 $V_{noise}=(4kTRB)^{1/2}$ 이다. 여기에서 k, T, R, B는 각각 볼츠만 상수, 절대 온도, 저항값, Hz로 표시된 대역폭이다. 존슨 잡음의 진폭은 정규 분포를 따른다.

b. 산탄 잡음, 즉 'raindrop-on-a-tin-roof' 잡음은 또 다른 정규 분포이고 백색 소음이다. 이 근원은 전하의 불연속적인 통과 때문에 생기는 전류의 양자의 변화이다. 산탄 잡음은 $I_{noise}=(2qI_{dc}B)^{1/2}$ 으로 계산될 수 있으며 여기에서 q, I_{dc}, B는 각각 전자의 전하량, 직류 전류, Hz로 측정된 대역폭이다.

c. 플리커 잡음 또는 핑크 잡음으로 알려진 1/f 잡음은 전류가 저항기를 통과할 때 전도성이 변동된 결과이다. 그 이름은 1/f 스펙트럼 의존성 특징으로부터 유래한다. 1/f 잡음 기여를 줄이기 위해 센서의 설계를 최적화하는 것이 가능하다[70].

d. 운동에 기반을 둔 많은 MEMS 센서(가속도계와 압력 센서 등의)에서 브라운 운동의 기계적인 교반의 충격하에 있는 미소 구조의 진동인 열적-기계적인 바닥 잡음이 또 다른 근본적인 잡음의 원천이다[71]. 열적-기계적인 잡음은 볼츠만 상수, 온도, Q 인자, 스프링 상수, 공진 주파수, 측정 대역폭의 제곱근에 비례한다[72]. 열 바닥 잡음은 시간 또는 많은 동일한 디바이스를 통한 평균의 전체적 효과로 낮출 수 있다는 것을 명심하라.

4. 신호 대 잡음비(SNR). SNR은 신호와 잡음의 크기 사이의 비율이다.

5. 동적 범위. 동적 범위는 감지할 수 있는 신호의 가장 높은 수준과 낮은 수준 사이의 비율이다. 많은 활용 분야에서 넓은 동적 범위가 바람직하다.

6. 대역폭. 센서는 일정한 신호나 시간에 따라 변하는 신호에 대해 다르게 거동한다. 가끔 센서는 매우 높은 주파수의 신호에 응답하지 못한다. 유효한 주파수 범

위를 대역폭이라 한다.

7. **드리프트.** 드리프트(drift)는 재료의 전기적이고 기계적인 성질이 시간에 따라 변하기 때문에 일어난다. 큰 드리프트를 갖는 센서는 시간이 경과하면서 구조에 쌓이는 응력을 관찰하는 신호처럼 천천히 변하는 신호를 감지하는 데에 성공적으로 쓰이지 못한다.
8. **센서 신뢰성.** 센서의 성능은 특히 거친 조건에 놓여 있으면 시간에 따라 변한다. 예를 들어 군사용으로 개발된 센서는 군사적인 사양(MIL-SPEC)을 만족시켜야 한다. 그와 같은 센서에는 넓은 범위의 온도(−55~105°C)에서 센서의 신뢰성과 믿음이 요구된다. 많은 산업체에서는 센서의 활용을 포함한 확립된 가이드라인과 표준을 보유하고 있다.
9. **혼선 또는 간섭.** 어떤 한 변수를 측정하기 위한 센서가 다른 물리적인 변수에 또한 민감할 수도 있다. 예를 들어 스트레인 센서가 온도와 습도에 유한한 민감도를 가질 수도 있다. 한 특정한 축에 민감한 가속도 센서가 다른 직각 축에 응답할 수도 있다. 실제적인 활용에 있어 센서의 혼선(cross talk)은 최소화해야 한다.
10. **개발 비용과 시간.** 센서 개발 공정에 있어 비싸지 않고 빨라야 한다는 것은 항상 바람직하다. 빠른 시장 출시는 고객 사양과 함께 확립해야 하는 센서의 상품화에 매우 중요하다. 상업적으로 성공한 많은 MEMS 센서는 오랜 시간에 걸쳐 수백만 달러의 비용으로 개발되었다. 비용과 개발 시간을 현재 ASIC 산업에 적합한 수준까지 줄이는 것은 매우 매력적이다.

1.3.3 액추에이터

액추에이터는 일반적으로 에너지를 비기계적인 영역에서 기계 영역으로 변환시킨다. 어떤 특별한 동작을 수행하기 위해 여러 에너지 변환 메커니즘이 있을 수 있다. 예를 들면 정전기력, 자기력, 압전기, 또는 열팽창을 이용하여 기계적인 운동을 발생시킬 수 있다. MEMS에서 공통적으로 사용되는 몇 가지 방법을 4, 5, 7, 8장에서 다루고 표 1.2에 간단히 요약하였다.

공압[73, 74], 형상 기억 합금[75~78], 열팽창[79], 위상 변화[80], 전기화학 반응[81]과 에너지 연소[82~84], 운동 유체에 의한 마찰 항력[85] 등을 포함하여 다른 동작 방법이 많이 있다. 미소 구조는 또한 메조스코픽 드라이버(예를 들어 연동 메커니즘[86])와 결합할 수 있다.

액추에이터의 설계와 선택을 고려할 때 일반적인 기준은 다음과 같다.

1. **토크와 힘 출력 용량.** 액추에이터는 주어진 작업을 위해 충분한 힘과 토크를 제

표 1.2 구동 방법의 비교.

Mechanism	General description	Comments
Electrostatic actuation	Force generated when an applied electric field acts on induced or permanent charges	Electrodes must be conducting materials
Magnetic actuation	Moment and force due to interaction of magnetic domains with external magnetic field lines	Requires magnetic materials and magnetic sources (solenoid or permanent magnets)
Thermal bimetallic actuation	Differential volume expansion of at least two different materials due to temperature change	Requires materials with different thermal expansion coefficients
Piezoelectric actuation	Change of material dimensions due to an applied electric field	Requires high performance piezoelectric materials

공해야 한다. 예를 들어 미소 광학 거울은 광자를 휘게 하는 데에 사용된다. 광자가 가볍기 때문에 거울 액추에이터에 의해 제공되는 약한 수준의 힘도 충분하다. 어떤 경우에는 미소 액추에이터가 유체(공기 또는 물)를 능동적으로 제어하기 위해 그것과 상호 작용을 하도록 사용된다. 그런 액추에이터는 상당한 효과를 생산하기 위해 충분한 힘과 전력을 제공해야 한다.

2. 운동 범위. 액추에이터가 합리적인 조건과 전력을 소비해서 생산할 수 있는 병진 이동 또는 회전 운동은 중요한 관심사이다. 예를 들면 DLP 미소 거울은 15° 범위 내에서 움직여야만 한다. 동적인 네트워크 라우팅을 위해 사용되는 광 스위치에서는 30~45°의 큰 각변위가 요구된다.
3. 동적 응답 속도와 대역폭. 액추에이터는 충분히 빠른 응답을 생산할 수 있어야 한다. 액추에이터 제어 측면에서 보면, 액추에이터 디바이스의 내부 공진 주파수는 최대 가진 주파수보다 커야 한다.
4. 제작의 용이성과 재료의 이용도. MEMS 액추에이터의 잠재적인 비용을 줄이기 위해서 두 가지 중요한 전략이 있다. 하나는 재료와 공정 시간을 줄이는 것이고 다른 하나는 한 개의 배치에 더 많은 기능적인 단위를 생산하기 위해 주어진 공정에 대해 공정 수율을 증가시키는 것이다.
5. 전력 소비율과 에너지 효율. 많은 미소 액추에이터는 소형의 휴대 시스템 플랫폼에 사용되도록 계획된다. 그런 시스템을 위해 유용한 총 전력은 일반적으로 제한된다. 이 경우와 다른 MEMS 응용에 있어서 저전력 액추에이터가 작동 기간을 늘리기 위해 선호된다.
6. 구동 바이어스 함수로서의 변위의 선형성. 변위가 만약 입력 전력 또는 전압에 선형적으로 변하면 제어 전략이 간단하게 된다.
7. 교차 감도와 환경 안정성. 액추에이터는 오랜 기간 동안 온도 변화, 습도의 흡수,

기계적인 크리프(creep)에 대해 안정적이어야 한다. 그러한 액추에이터의 오랜 기간의 안정성이 상업적인 경쟁력과 성공을 확실하게 하는 데에 매우 중요하다. 기계적인 요소가 의도하지 않은 축에 대한 변위, 힘, 또는 토크를 생산할 수도 있다.

8. 풋프린트(footprint). 액추에이터의 풋프린트는 칩이 차지하는 총 면적이다. 액추에이터의 배열이 조밀한 경우에는 각 액추에이터의 풋프린트가 고려해야 할 주안점이 된다.

요약

이 장은 독자들로 하여금 MEMS 기술의 역사와 현재의 응용 경향에 익숙하도록 구성하였다. 소형화와 집적화 제작과 관련된 장점을 검토하였고 센서와 액추에이터가 MEMS 응용의 대부분을 차지한다는 것을 알았다. 센서와 액추에이터를 개발하고 선택할 때 고려해야 할 주안점에 대해 논의하였다. 이 주안점은 MEMS에 기초를 둔 센서와 액추에이터뿐 아니라 그 이상으로 적용될 수 있다.

다음은 이 장과 관련된 주 개념, 사실, 기술 등의 목록이다.

- 미소 전자공학 산업과 MEMS 사이의 관계
- 상업적으로 성공한 대표적인 MEMS 디바이스와 기존의 기술에 비해 그들의 경쟁력 있는 장점
- 가속도계, 디지털 광처리기, 잉크젯 프린터 헤드를 포함하여 상품화에 성공한 MEMS 디바이스들의 기본적인 원리
- 규모의 법칙을 분석하는 절차
- 트랜스듀서의 작동과 관련된 주 에너지 영역
- 센서 개발을 위한 주요 고려 사항
- 센서 잡음의 주 원천과 온도와 측정 대역폭 같은 파라미터와의 관계
- 액추에이터 개발을 위한 주요 고려 사항

문제

문제 1.1: 검토

Kurt Petersen의 논문 "Silicon as a mechanical material"에서 다음의 절을 읽어 보라: I, II, IV, VI, VIII[10]. 이 논문은 도서관이나 인터넷에서 찾을 수 있다.

문제 1.2: 검토

다음의 MEMS 전문 저널과 학술대회집을 도서관이나 인터넷에서 찾아보라: (1) *Sensors and Actuators*, (2) *Proceedings of IEEE Annual International Workshop on Microelectromechanical Systems*, (3) *IEEE/ASME Journal of Microelectromechanical Systems*, (4) *Journal of Micromechanics and Microengineering*.

이 저널과 학술대회집에 있는 논문들은 이 교과서의 범위를 넘는 MEMS 분야의 깊이 있는 지식을 얻기 위해 매우 중요하다. 그러므로 이 자료들을 찾는 것이 중요하다.

특정한 MEMS 분야를 결정하고 이 자료들로부터 **5개**의 논문을 찾아보라. 이 논문들은 최소한 2개의 다른 자료에서 찾아야 하고 발표 날짜는 최소한 5년의 차가 있어야 한다.

이 다섯 개의 논문의 내용을 비교하기 위해 두 페이지 분량으로 요약해 보라. 다음의 형식으로 다섯 개의 참고문헌을 요약하라: 저자, 제목, 발표 출처, 발행 번호, 페이지 번호, 연도. 이 다섯 개 논문의 기술적인 요소들을 비교하고 이 연구들이 서로 어떻게 관계되는지 설명하라. 발표된 다섯 개 기기들의 명세, 가공 기술, 가공 복잡성 중에서 선택해 비교하면 된다. 선택적으로 성능, 비용, 신뢰성, 고객의 주문의 견지에서 MEMS와 다른 경쟁 기술을 비교해도 된다.

문제 1.3: 검토

MEMS 분야에 적절한 전자공학 저널을 인터넷으로 검색하라. 다음과 같은 저널을 참고하라: *Science*, *Nature*, *Applied Physics Letters*, *Journal of Applied Physics*, *Proceedings of the National Academy of Science*, *Nano Letters*, *Langmuir*, *Biomedical Microdevices* (Kluwer), *Lab on a Chip* (Royal Society of Chemistry). 미소 가공, MEMS, 나노 기술에 관련된 논문들은 주로 이 저널들에 실린다.

문제 1.4: 검토

광범위하게 정의된 MEMS 분야에 속한 연구 프로그램을 수행하는 10개의 대학그룹을 웹 검색도구를 사용하여 찾아보라. 그 중 최소 5개 이상의 출처는 당신이 속한 나라나 대륙 이외의 것이어야 한다. 이들 연구그룹 중 4개를 골라 그 그룹의 최신 저널논문을 읽어보라. 그들 연구에서 중요한 점과 다른 논문과의 차별성을 3~4 문장으로 요약하라. 강사에게 그 10개 연구그룹의 온라인 링크가 수록된 결과물을 컴퓨터 상으로 제출하라.

문제 1.5: 검토

세 개의 가속도 센서에 대해 발행된 상품 명세서를 찾아보라.(두 개는 MEMS 기술에 의한 것이고 나머지 하나는 non-MEMS 기술에 의한 것이어야 한다.) 이들 세 개 센서 상품의 성능을 1.3.2절의 기준에 따라 요약하라.

문제 1.6: 검토

두 개의 압력 센서에 대해 발행된 상품 명세서를 찾아보라.(한 개는 MEMS 기술에 의한 것이고 나머지 하나는 non-MEMS 기술에 의한 것이어야 한다.) 이들 두 개 센서 상품의 성능을 1.3.2절의 기준에 따라 요약하라.

문제 1.7: 검토

상용 촉각 센서에 대해 발행된 상품 명세서를 찾아보라. MEMS 기술에 의한 것이 아니어도 좋다. 센서의 성능을 1.3.2절의 기준에 따라 요약하라. 만약 성능 명세서가 발행되지 않았다면 공란으로 남기거나 자신의 지식으로 추측해 보라.

문제 1.8: 검토

두 개의 유동 센서에 대해 발행된 상품 명세서를 찾아보라.(한 개는 MEMS 기술에 의한 것이고 나머지 하나는 non-MEMS 기술에 의한 것이어야 한다.) 각 센서는 서로 다른 이론으로부터 비롯된 것일 수 있다. 이들 두 개 센서 상품의 성능을 1.3.2절의 기준에 따라 요약하라.

문제 1.9: 검토

상용 선형 솔레노이드 액추에이터에 대해 발행된 상품 명세서를 찾아보라. 센서의 성능을 1.3.3절의 기준에 따라 요약하라.

문제 1.10: 검토

생물학적 세포는 살아 있는 동안 팽창, 전단 응력, 인장력을 받는다. 과학자들은 세포 내 힘의 크기를 직접적으로 측정하는 것에 관심이 있다. 크기가 지름 2 μm 이하라고 가정하고 세포 내의 힘의 크기를 측정하는 두 가지 방법을 제시하라.(주의: 측정 장비는 세포 내에 위치해야 하며 신호는 세포막을 투과하여 외부 관측자에게 전달되어야 한다. 인터넷 자료와 과학 보고서를 참고하라.)

문제 1.11: 검토

생물학에서는 센서와 액추에이터 설계에 여러 가지 흥미로운 원리들을 제공한다. 예를 들어 생물의 유모세포 수용기는 동물계에서 흔하게 찾아볼 수 있다. 그들은 척추동물의 청각과 균형감, 곤충과 물고기의 유동 감각 등 많은 기능을 제공한다. 도마뱀붙이(Geckos)의 발은 벽에 단단히 고정되며 동시에 쉽게 떨어지기도 하여 수직 벽과 천장을 쉽게 걸을 수 있도록 한다. 파리는 작은 크기에 비하여 대단한 양 방향성 청력을 가지고 있다. 생물학적 센서와 액추에이터에 대해 논의하고 검토하라. 그것의 성능을 최소 5개의 평가 항목에 대해 같은 성능을 가진 공학적인 장비(있다면)와 비교하라.

문제 1.12: 설계

매달려 있는 다결정질 실리콘 빔에 도핑된 저항이 있다. 이 폴리실리콘의 저항 값은 5000 Ω이다. 0~100 Hz, 0~10 kHz 주파수 대역에서 각각 측정할 때, 저항의 존슨 잡음, 산탄 잡음, 기계 잡음을 계산하라.

문제 1.13: 설계

오래된 저항기의 명목 저항 값은 실온에서 10 kΩ이다. 측정 대역폭이 1 kHz일 때, 실온(27°C)에서 존슨 바닥 잡음을 계산하라. 바이어스 전압은 5 V이다.

문제 1.14: 설계

만약 문제 1.12의 저항에 명목 전압 0.5 V가 인가될 때, 산탄 잡음에 상응하는 등가 잡음 전압을 구하라.

문제 1.15: 설계

식물학자들은 오랜 기간 환경의 변화에 따른 다우림 속의 나무들에 대한 성장 활동을 관찰한다. 연구에서 변수 중 하나는 나무통의 원주이다. 나무통은 매년 성장하는데, 그 크기는 24시간을 주기로 달라진다(줄어들 것이다). 습하고 빽빽한 숲에 있는 나무의 원주를 측정할 수 있는, 신뢰성이 보장되면서 낮은 가격의 센서를 개발하라.(센서의 빈번한 수리와 접근이 제한적이라는 것을 명심하라.) 3~4명의 학생이 하나의 그룹을 만들고 각 그룹 안에서 가장 좋은 방법을 찾아보라. 설계한 것을 발표하고 이 장에서 제시한 기준을 따라 센서의 성능과 가격을 추정하라.

문제 1.16: 설계

물체 또는 액체의 온도를 측정하는 10가지의 다른 방법을 찾아보라. 그것의 에너지 변환 과정을 확인하라. 공학적 센서와 생물학적 센서를 열거해 보라. 선택한 방법의 폭(또는 다양성)을 근거로 등급을 매길 수 있다. 이 방법들은 서로 가능한 한 겹치지 않아야 한다.

문제 1.17: 설계

기계적 외력을 발생시키는 10가지 다른 방법을 찾아보라. 그것의 에너지 변환 과정을 확인하고 2~3문장으로 간결하게 설명하라. 공학적인 액추에이터와 생물학적 액추에이터를 열거해 보라. 선택한 방법의 폭을 근거로 등급을 매길 수 있다. 가능한 한 많은 에너지 영역이 포함되도록 시도하라.

문제 1.18: 설계

액체 내 고체 구의 정적 부력에 대한 측량 법칙(scaling law)을 유도하라. 액체의 밀도는 γ이고, 고체 구는 밀도가 γ_s인 금속으로 만들어졌다고 가정하라($\gamma_s < \gamma$).

문제 1.19: 설계

Analog Devices 사의 가속도 센서를 외팔보 스프링에 붙어 있는 시험 질량(m)으로 설계하라. 이 장에는 외팔보의 스프링 상수에 대한 공식이 언급되어 있다. 아래로 가속도 a만큼 가해졌을 때, 정적 변위에 대한 측량 법칙을 유도하라. 그리고 가속 센서의 공진 주파수에 대한 측량 법칙을 유도하라. 측량 법칙을 이용해 센서의 크기를 줄일 때의 장점과 단점을 설명하라.

문제 1.20: 도전

사전에서 무작위로 5개의 명사를 선택하라. 각 명사는 당신 성의 첫 번째 철자로 시작하여야 한다. 예를 들어 이름이 John Doe인 경우 선택되는 단어는 'D'로 시작해야 한다. 이제 선택한 단어 앞에 micro- 또는 nano-를 추가하고 기술 또는 적용에 대해 잠재적인 유용성을 깊이 생각하라. 각 경우에 적어도 하나의 중요한 연구 화제에 관련시켜 확인하라. 희귀성과 독창성을 기준으로 여러분이 선택한 단어의 등급을 매길 수 있다.

문제 1.21: 도전

세 학생을 한 그룹으로 묶어서 문제 1.19에서 발견한 것을 토의하라. 그 그룹에서 5개의 항목을 토의해서 선택하고 그룹 보고서를 준비하라. 각 항목에 대해서 다음을 토론하라: (1) 일을 하고 있는 현재 단체와 연관성, (2) 이 기술의 독창성과 유용성, (3) 인지된 파급 효과, (4) 기술과 제작의 실용성.

참고문헌

1. Schaller, R.R., *Moore's Law: Past, Present, and Future*. Spectrum, IEEE,

1997. p. 52–59.

2. Riordan, M., *The Lost History of the Transistor*. Spectrum, IEEE, 2004. **41**(5): p. 44–49.
3. Rowen, L., G. Mahairas, and L. Hood, *Sequencing the Human Genome*. Science, 1997. **278**(5338): p. 605–607.
4. Pennisi, E., *Biotechnology: The Ultimate Gene Gizmo: Humanity on a Chip*. Science, 2003. **302**(5643): p. 211.
5. Peltonen, L., and V.A. McKusick, *Genomics and Medicine: Dissecting Human Disease in the Post genomic era*. Science, 2001. **291**(5507): p. 1224–1229.
6. Bean, K.E., *Anisotropic Etching of Silicon*. IEEE Transaction on Electron Devices, 1978. **ED 25**: p. 1185–1193.
7. Smith, C.S., *Piezoresistance Effect in Germanium and Silicon*. Physics Review, 1954. **94**(1): p. 42–49.
8. French, P.J., and A.G.R. Evans, *Polycrystalline Silicon Strain Sensors*. Sensors and Actuators A, 1985. **8**: p. 219–225.
9. Geyling, F.T., and J.J. Forst, *Semiconductor Strain Transducers*. The Bell System Technical Journal, 1960. **39**: p. 705–731.
10. Petersen, K.E., *Silicon as a Mechanical Material*. Proceedings of the IEEE, 1982. **70**(5): p. 420–457.
11. Gabriel, K.J., *Microelectromechanical Systems*. Proceedings of the IEEE, 1998. **86**(8): p. 1534–1535.
12. Angell, J.B., S.C. Terry, and P.W. Barth, *Silicon Micromechanical Devices*. Scientific American Journal, 1983. **248**: p. 44–55.
13. Nathanson, H.C., et al., *The Resonant Gate Transistor*.IEEE Transactions on Electron Devices, 1967. **ED–14**(3): p. 117–133.
14. Chavan, A.V., and K.D. Wise, *Batch-Processed Vacuum–Sealed Capacitive Pressure Sensors*. Microelectromechanical Systems, Journal of, 2001. **10**(4): p. 580–588.
15. Choujaa, A., et al., *AIN/Silicon Lamb-Wave Microsensors for Pressure and Gravimetric Measurements*. Sensors and Actuators A: Physical, 1995. **46**(1–3): p. 179–182.
16. Sugiyama, S., M. Takigawa, and I. Igarashi, *Integrated Piezoresistive Pressure Sensor with Both Voltage and Frequency Output*. Sensors and Actuators A,

1983. **4**: p. 113–120.

17. Fonseca, M.A., et al., *Wireless Micromachined Ceramic Pressure Sensor for High-Temperature Applications*. Microelectromechanical Systems, Journal of, 2002. **11**(4): p. 337–343.

18. Hall, N.A. and F.L. Degertekin, *Integrated Optical Interferometric Detection Method for Microma chined Capacitive Acoustic Transducers*. Applied Physics Letters, 2002. **80**(20): p. 3859–3861.

19. Chatzandroulis, S., D. Tsoukalas, and P.A. Neukomm, *A Miniature Pressure System with a Capacitive Sensor and a Passive Telemetry Link for Use in Implantable Applications*. Microelectromechanical Systems, Journal of, 2000. **9**(1): p. 18–23.

20. Park, J.-S. and Y.B. Gianchandani, *A Servo–Controlled Capacitive Pressure Sensor Using a CappedCylinder Structure Microfabricated by a Three-Mask Process*. Microelectromechanical Systems, Journal of, 2003. **12**(2): p. 209–220.

21. Wang, C.C., et al., *Contamination-Insensitive Differential Capacitive Pressure Sensors*. Microelectro mechanical Systems, Journal of, 2000. **9**(4): p. 538–543.

22. Gotz, A., et al., *Manufacturing and Packaging of Sensors for Their Integration in a Vertical MCM Microsystem for Biomedical Applications*. Microelectromechanical Systems, Journal of, 2001. **10**(4): p. 569–579.

23. Wur, D.R., et al., *Polycrystalline Diamond Pressure Sensor*. Microelectromechanical Systems, Journal of, 1995. **4**(1): p. 34–41.

24. Zhu, X., et al., *The Fabrication of All-Diamond Packaging Panels with Built-in Interconnects for Wireless Integrated Microsystems*. Microelectromechanical Systems, Journal of, 2004. **13**(3): p. 396–405.

25. Boeller, C.A., et al., *High-Volume Microassembly of Color Thermal Inkjet Printheads and Cartridges*. Hewlett-Packard Journal, 1988. **39**(4): p. 6–15.

26. Petersen, K.E., *Fabrication of an Integrated Planar Silicon Ink-Jet Structure*. IEEE Transaction on Electron Devices, 1979. **ED-26**: p. 1918–1920.

27. Lee, J.-D., et al., *A Thermal Inkjet Printhead with a Monolithically Fabricated Nozzle Plate and Self-Aligned Ink Feed Hole*. Microelectromechanical Systems, Journal of, 1999. **8**(3): p. 229–236.

28. Tseng, F.-G., C.-J. Kim, and C.-M. Ho, *A High-Resolution High-Frequency Monolithic Top-Shooting Microinjector Free of Satellite Drops-Part I: Concept,*

Design, and Model. Microelectromechanical Systems, Journal of, 2002. **11**(5): p. 427–436.

29. Carter, J.C., et al., *Recent Developments in Materials and Processes for Ink Jet Printing High Resolution Polymer OLED Displays*. Proceedings of the SPIE-The International Society for Optical Engineering; Organic Light-Emitting Materials and Devices VI, 8–10 July 2002, 2003. **4800**: p. 34–46.

30. Sirringhaus, H., et al., *High-Resolution Inkjet Printing of All-Polymer Transistor Circuits*. Science, 2000. **290**(5499): p. 2123–2126.

31. Hughes, T.R., et al., *Expression Profiling Using Microarrays Fabricated by an Ink-Jet Oligonucleotide Synthesizer*. Nature Biotechnology, 2001. **19**(4): p. 342–347.

32. Fan, L.-S., Y.-C. Tai, and R.S. Muller. *IC-Processed Electrostatic Micro-motors*. In IEEE International Electronic Devices Meeting. 1988.

33. Ahn, C.H., Y.J. Kim, and M.G. Allen, *A Planar Variable Reluctance Magnetic Micromotor with Fully Integrated Stator and Coils*. Microelectromechanical Systems, Journal of, 1993. **2**(4): p. 165–173.

34. Livermore, C., et al., *A High-Power MEMS Electric Induction Motor*. Microelectromechanical Systems, Journal of, 2004. **13**(3): p. 465–471.

35. Eddy, D.S., and D.R. Sparks, *Application of MEMS Technology in Automotive Sensors and Actuators*. Proceedings of the IEEE, 1998. **86**(8): p. 1747–1755.

36. *Yazdi, N., K. Najafi, and A.S. Salian, *A High-Sensitivity Silicon Accelerometer with a Folded-Electrode Structure*. Microelectromechanical Systems, Journal of, 2003. **12**(4): p. 479–486.

37. Yazdi, N., and K. Najafi, *An All-Silicon Single-Wafer Micro-g Accelerometer with a Combined Surface and Bulk Micromachining Process*. Microelectro-mechanical Systems, Journal of, 2000. **9**(4): p. 544–550.

38. Partridge, A., et al., *A High-Performance Planar Piezoresistive Accelerometer*. Microelectromechanical Systems, Journal of, 2000. **9**(1): p. 58–66.

39. DeVoe, D.L., and A.P. Pisano, *Surface Micromachined Piezoelectric Accelerometers (PiXLs)*. Microelectromechanical Systems, Journal of, 2001. **10**(2): p. 180–186.

40. Loh, N.C., M.A. Schmidt, and S.R. Manalis, *Sub-10* cm^3 *Interferometric Accelerometer with Nano-g Resolution*. Microelectromechanical Systems,

Journal of, 2002. **11**(3): p. 182–187.

41. Dauderstadt, U.A., et al., *Silicon Accelerometer Based on Thermopiles*. Sensors and Actuators A: Physical, 1995. **46**(1–3): p. 201–204.

42. Leung, A.M., Y. Zhao, and T.M. Cunneen, *Accelerometer Uses Convection Heating Changes*. Eleck-tronik Praxis, 2001. **8**.

43. Butefisch, S., A. Schoft, and S. Buttgenbach, *Three-Axes Monolithic Silicon Low-g Accelerometer*. Microelectromechanical Systems, Journal of, 2000. **9**(4): p. 551–556.

44. Bernstein, J., et al., *Low-Noise MEMS Vibration Sensor for Geophysical Applications*. Microelectro mechanical Systems, Journal of, 1999. **8**(4): p. 433–438.

45. Liu, C.-H. and T.W. Kenny, *A High-Precision, Wide-Bandwidth Micromachined Tunneling Accelerometer*. Microelectromechanical Systems, Journal of, 2001. **10**(3): p. 425–433.

46. Ziaie, B., et al., *A Hermetic Glass-Silicon Micropackage with High-Density On-Chip Feedthroughs for Sensors and Actuators*. Microelectromechanical Systems, Journal of, 1996. **5**(3): p. 166–179.

47. Lee, S., et al., *Surface/Bulk Micromachined Single-Crystalline-Silicon Micro–Gyroscope*. Micro electromechanical Systems, Journal of, 2000. **9**(4): p. 557–567.

48. Younse, J.M., *Mirrors on a Chip*. Spectrum, IEEE, 1993. **30**(11): p. 27–31.

49. Van Kessel, P.F., et al., *A MEMS-Based Projection Display*. Proceedings of the IEEE, 1998. **86**(8): p. 1687–1704.

50. Savage, N., *A Revolutionary Chipmaking Technique?* In *IEEE Spectrum*. 2003. p. 18.

51. Singh–Gasson, S., et al., *Maskless Fabrication of Light-Directed Oligonucleotide Microarrays Using a Digital Micromirror Array*. Nature Biotechnology, 1999. **17**(10): p. 974–978.

52. Wu, M.C., and P.R. Patterson, *Free-Space Optical MEMS*. In *MEMS Handbook*, J. Korvink and O. Paul, Ed. New York: William Andrew Publishing, 2004.

53. Senturia, S.D. *Perspective on MEMS, Past and Future: The Tortuous Pathway from Bright Ideas to Real Products*. In The 12th International Conference on Solid-State Sensors, Actuators, and Microsystems. 2003. Boston, MA.

54. Chen, J., et al., *A Multichannel Neural Probe for Selective Chemical Delivery at the Cellular Level*. IEEE/ASME Journal of Microelectromechanical Systems (JMEMS), 1997. **44**(8): p. 760–769.

55. Gardeniers, H.J.G.E., et al., *Silicon Micromachined Hollow Microneedles for Transdermal Liquid Transport*. Microelectromechanical Systems, Journal of, 2003. **12**(6): p. 855–862.

56. Park, J.-H., et al. *Micromachined Biodegradable Microstructures*. In *Micro Electro Mechanical Systems. MEMS-03 Kyoto*. IEEE, The Sixteenth Annual International Conference. 2003.

57. Jo, B.H., et al., *Three-Dimensional Micro-Channel Fabrication in Polydimethylsiloxane (PDMS) Elastomer*. IEEE/ASME Journal of Microelectromechanical Systems (JMEMS), 2000. **9**(1): p. 76–81.

58. Rebeiz, G.M., *RF MEMS: Theory, Design, and Technology*. First ed. 2003: Wiley–Interscience. 483.

59. Wong, E.W., P.E. Sheehan, and C.M. Lieber, *Nanobeam Mechanics: Elasticity, Strength, and Toughness of Nanorods and Nanotubes*. Science, 1997. **277**(5334): p. 1971–1975.

60. Huang, X.M.H., et al., *Nanoelectromechanical Systems: Nanodevice Motion at Microwave Frequencies*. Nature, 2003. **421**: p. 496.

61. Liu, J., et al., *Fullerene Pipes*. Science, 1998. **280**(5367): p. 1253–1256.

62. Carr, D.W., et al., *Measurement of Mechanical Resonance and Losses in Nanometer Scale Silicon Wires*. Applied Physics Letters, 1999. **75**(7): p. 920–922.

63. Cleland, A.N., and M.L. Roukes, *External Control of Dissipation in a Nanometer-Scale Radiofrequency Mechanical Resonator*. Sensors and Actuators A: Physical, 1999. **72**(3): p. 256–261.

64. Yang, Y.T., et al., *Monocrystalline Silicon Carbide Nanoelectromechanical Systems*. Applied Physics Letters, 2001. **78**(2): p. 162–164.

65. LaHaye, M.D., et al., *Approaching the Quantum Limit of a Nanomechanical Resonator*. Science, 2004. **304**(5667): p. 74–77.

66. Rakow, N.A., and K.S. Suslick, *A Colorimetric Sensor Array for Odor Visualization*. Nature, 2000. **406**: p. 710–714.

67. Garner, H.R., R.P. Balog, and K.J. Luebke, *The Evolution of Custom Microarray Manufacture*. IEEE Engineering in Medicine and Biology Magazine, 2002.

21(4): p. 123–125.

68. Taton, T.A., C.A. Mirkin, and R.L. Letsinger, *Scanometric DNA Array Detection with Nanoparticle Probes*. Science, 2000. **289**(5485): p. 1757–1760.

69. Park, S.-J., T.A. Taton, and C.A. Mirkin, *Array-Based Electrical Detection of DNA with Nanoparticle Probes*. Science, 2002. **295**(5559): p. 1503–1506.

70. Harkey, J.A., and T.W. Kenny, *1/f Noise Considerations for the Design and Process Optimization of Piezoresistive Cantilevers*. Microelectromechanical Systems, Journal of, 2000. **9**(2): p. 226–235.

71. Gabrielson, T.B., *Mechanical–Thermal Noise in Micromachined Acoustic and Vibration Sensors*. Electron Devices, IEEE Transactions on, 1993. **40**(5): p. 903–909.

72. Manalis, S.R., et al., *Interdigital Cantilevers for Atomic Force Microscopy*. Applied Physics Letters, 1996. **69**(25): p. 3944–3946.

73. Van de Pol, F.C.M., et al., *A Thermopneumatic Micropump Based on Micro-Engineering Techniques*. Sensors and Actuators A: Physical, 1990. **21**(1–3): p. 198–202.

74. Rich, C.A., and K.D. Wise, *A High-Flow Thermopneumatic Microvalve with Improved Efficiency and Integrated State Sensing*. Microelectromechanical Systems, Journal of, 2003. **12**(2): p. 201–208.

75. Wolf, R.H., and A.H. Heuer, *TiNi (Shape Memory) Films on Silicon for MEMS Applications*. Microelectromechanical Systems, Journal of, 1995. **4**(4): p. 206–212.

76. Krulevitch, P., et al., *Thin Film Shape Memory Alloy Microactuators*. Microelectromechanical Systems, Journal of, 1996. **5**(4): p. 270–282.

77. Benard, W.L., et al., *Thin-Film Shape-Memory Alloy Actuated Micropumps*. Microelectromechanical Systems, Journal of, 1998. **7**(2): p. 245–251.

78. Shin, D.D., K.P. Mohanchandra, and G.P. Carman, *High Frequency Actuation of Thin Film NiTi*. Sensors and Actuators A: Physical, 2004. **111**(2–3): p. 166–171.

79. Ohmichi, O., Y. Yamagata, and T. Higuchi, *Micro Impact Drive Mechanisms Using Optically Excited Thermal Expansion*. Microelectromechanical Systems, Journal of, 1997. **6**(3): p. 200–207.

80. Bergstrom, P.L., et al., *Thermally Driven Phase-Change Microactuation*. Microelectromechanical Systems, Journal of, 1995. **4**(1): p. 10–17.

81. Neagu, C.R., et al., *An Electrochemical Microactuator: Principle and First Results*. Microelectromechanical Systems, Journal of, 1996. **5**(1): p. 2–9.

82. Rossi, C., D. Esteve, and C. Mingues, *Pyrotechnic Actuator: A New Generation of Si Integrated Actuator*. Sensors and Actuators A: Physical, 1999. **74**(1–3): p. 211–215.

83. DiBiaso, H.H., B.A. English, and M.G. Allen, *Solid-Phase Conductive Fuels for Chemical Microactuators*. Sensors and Actuators A: Physical, 2004. **111**(2–3): p. 260–266.

84. Teasdale, D., et al., *Microrockets for Smart Dust*. Smart Materials and Structures. **10**(6): p. 1145–1155.

85. Konishi, S., and H. Fujita, *A Conveyance System Using Air Flow Based on the Concept of Distributed Micro Motion Systems*. Microelectromechanical Systems, Journal of, 1994. **3**(2): p. 54–58.

86. Chen, Q., et al., *Mesoscale Actuator Device: micro Interlocking Mechanism to Transfer Macro Load*. Sensors and Actuators A: Physical, 1999. **73**(1–2): p. 30–36.

미세 제작 기술

CHAPTER 2

2.0 서론

MEMS를 처음 배우는 학생은 MEMS 장비를 제조하는 데 사용되는 미세 제작 기술에 대한 두 가지 중요한 사실을 기억해야 한다. 첫째, MEMS 제작은 전통적인 기계 가공이나 제작 공정에서부터 패러다임이 변화되었음을 나타낸다. 여기에는 일반적으로 밀링이나 선반 가공(lathing), 폴리싱, 결합, 용접과 같은 방법이 없다. MEMS를 공부하는 학생들 중 집적 회로 제조 공정에 익숙하지 않은 학생들은 먼저 새로운 제작 공정에 대한 구조와 그것의 독특한 특징, 그리고 그 한계점에 대해 익숙해져야 한다. 둘째, MEMS 제작 기술에 대한 포트폴리오(미세 가공 '도구들')는 빠르게 확장되고 있다. 이 확장을 통해 MEMS 분야는 다양한 물질들, 제작 효율성의 향상, 제조 공정비의 감소 등의 분야에서 발전하고 있다.

2.1절은 실리콘 웨이퍼를 사용한 일반적인 미세 제작의 구조를 나타낸다. 2.2절에서는 집적 회로를 위한 대표적인 공정에 대해서 논의할 것이다. 미세 가공 공정이 IC 산업에서 출발한 것이기 때문에 이에 대한 설명은 매우 중요하다. 이 논의는 실리콘에 기반을 둔 벌크나 표면 미세 가공 공정에 대한 것이다(2.3절). 실리콘 이외의 새로운 재료들이 MEMS 연구 분야에 활발하게 적용되고 있는데, 일부 재료들과 이들과 연결된 제작 공정에 대해서는 2.4절에서 검토한다. 2.5절에서는 미세 제작 공정을 선택할 때 고려해야 하는 주요 사항들에 대해 논의할 것이다.

2.1 미세 공작 기술의 개관

MEMS와 IC 기계들은 일반적으로 단결정 실리콘 웨이퍼 위에서 제조된다. 그림 2.1은

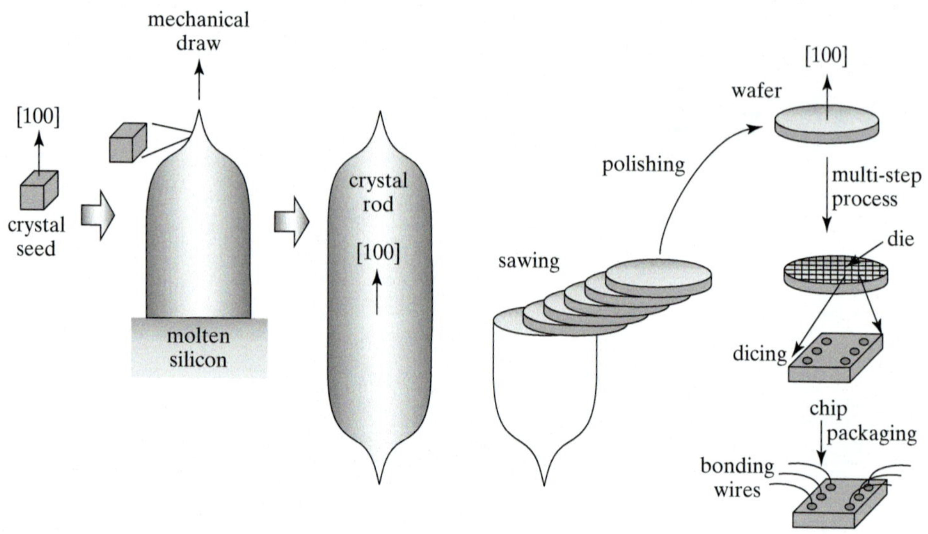

그림 2.1
웨이퍼 공정 단계.

전체적인 공정을 나타낸다. 이것은 웨이퍼들을 생산하여 마침내 개개의 디바이스 칩들을 포장(패키징)하는 과정을 보여 준다.

그러나 단결정의 벌크 실리콘은 자연에 존재하지 않는다. 이것은 어려운 산업 공정을 거쳐서 만들어진다. 단결정의 벌크 실리콘을 만들기 위해서 우리는 완벽한 단결정 실리콘 시드(seed)로 시작해야 한다. 이것을 용융된 실리콘 풀에 담근 후에 천천히 액체 안에서부터 잡아 늘여 빼내야 한다. 실리콘은 대기 중으로 늘여지고 처음 시드와 동일한 결정 구조를 형성하면 결정화된다. 이렇게 하여 다양한 지름과 결정 방향의 길이를 가진 단일 결정 봉을 만들 수 있다. 봉은 얇고 둥그런 조각으로 썰어 내고, 웨이퍼를 형성하기 위해 표면 갈기(polishing)을 한다.

먼지, 입자, 그리고 심지어 물 속의 이온까지도 철저하게 조절되는 클린룸에서 웨이퍼는 다양한 단계의 제조 공정을 거친다. 공기의 청결 정도는 공중에 떠다니는 입자(0.5 μm보다 큰)의 농도에 따라 분류된다. 클린룸의 등급을 규정하는 전형적인 방법에 따르면, 클래스 1의 클린룸은 1입방피트의 대기 공간에 한 개의 입자보다 더 적은입자를 가지고 있는 것을 뜻하며, 클래스 100의 클린룸은 100개의 입자보다 적은 입자가 있어야 함을 뜻한다. 참고문헌에 따르면 일반적인 대기에는 1입방피트에 약 400,000개의 입자가 포함되어 있다고 한다. 일반적으로 말하면 1000, 100, 10, 1, 그리고 0.1 등급의 클린룸은 각각 대략 4 μm, 1.25 μm, 0.7 μm, 0.3 μm, 그리고 0.1 μm보다 작은 제품의 생산을 지원할 수 있다. 최첨단 집적 회로는 1999년부터 0.18 μm보다 작은 선폭을 사용한다.

세척을 위한 물과 화학 용액은 엄중하고 고가의 생산 및 조사 과정을 거쳐야 한다. 물 속에 있는 이온은 아주 미세한 소량이라도 실리콘과 그 위에 직접 정합된 얇은 박막으로 이동한다. 이 이온(예컨대 나트륨 이온)들은 유전체에 갇힌 전하들이 되고, 장치의 성능을 손상시킨다. 무이온수(deionized water) 또는 초순수가 반도체 공정에 사용되는데 이는 18 MΩ의 저항을 가지면 일반 수도 용수가 50 kΩ의 저항을 갖는 것과 크게 비교된다.

정확한 패턴들은 포토리소그래피 기술의(photolithographic) 패턴화 방법을 사용하여 만들어진다. 집광된 빛은 마스크와 image-reduction 렌즈를 통과하며 웨이퍼에 조사된다. 이것은 물체의 사진을 망원 렌즈를 통해 찍고 감광성 필름에 이미지를 기록하는 과정과 유사하다. 이 경우에 촬영되는 물체는 마스크에 해당되고 필름은 감광성 필름으로 코팅된 웨이퍼에 해당된다. 다양한 파장의 빛을 사용할 수 있다. 빛 중에서 높은 에너지의 빛, 즉 작은 파장을 갖는 빛은 더욱 얇은 선을 만든다. 이 경우 해상도는 결국 빛의 회절 한계에 의해 결정된다.

이동 반복(step-and-repeat)이라 불리는 자동화된 포토리소그래피(photolithography) 공정을 사용하면 매우 미세한 고해상도(0.1 μm 이하)의 선을 동일한 웨이퍼 위에 반복하여 그을 수 있다. 이동 반복 공정을 수행하는 기계는 스테퍼(stepper)라고 부른다. 작동 중에 스테퍼는 웨이퍼 위에서 축소된 마스크의 영상을 프린트한다. 웨이퍼는 매우 정확한 거리만큼 옮겨지게 되고, 다시 빛이 노출된다. 주어진 웨이퍼 위에 동일한 기구들이 한 가지 순환으로 제조된다.

이러한 MEMS 공정은 한 번에 한 부분씩 완성하는 전통적인 제조 공정과 다르다. 예를 들어 4인치 지름의 실리콘 웨이퍼는 1×1 cm^{2}의 반복된 유닛을 50개 이상 만들 수 있는 호스트 역할을 한다. 이 경우에 적어도 50개의 디바이스가 각 공정마다 만들어지는 것이다. 8인치 웨이퍼는 같은 공정을 거쳐 대략 314개의 토막(die)을 만들어 낸다. 대량 제조의 효율성을 극대화하려면 디바이스들이 커다란 지름의 웨이퍼에서 제조되어야 한다. 요즘 전 세계적으로 향상된 제조 설비(fabs)를 갖춘 곳에서는 12인치 지름(300 mm)의 웨이퍼가 사용되고 있다. 주어진 공정에서 만족할 만한 성능을 가진 토막의 비율을 공정 생산량(process yield)이라 부른다.

이 조각들은 기계적으로 자르거나 분리하기 쉽도록 서로 일정 거리 떨어져 있다. 토막을 자르고 전기선을 연결하면 칩이 되고, 이를 상품화하기 위해 캡슐 처리를 한다. 개별 토막을 모아 하우징을 만들거나 시스템화하는 공정을 패키징이라고 한다.

이렇게 여러 가지 중요한 방법으로 인해 MEMS 공정과 전형적인 거시적 기계 공정은 다음과 같은 차이를 나타낸다.

1. MEMS와 집적 회로에 중요한 기반이 되는 재료인 실리콘은 기계적으로 잘 깨지고 절단 도구를 사용하여 가공하기가 어렵다.
2. MEMS와 집적 회로는 평면의 결정체 웨이퍼 위에서 만들어진다. 평면성은 단순히 자동화된 웨이퍼 공정을 위한 편의성이 아니다. 리소그래픽 패턴화는 평평한 재료 위에서 이루어져야 하고, 일관된 초점 거리가 확보되어야 하며, 균일성과 분해능이 갖추어져야 한다. 웨이퍼의 평면성은 또한 전체 웨이퍼 표면에서 동일한 결정 방향을 확보하기 위한 것이므로 중요하다.
3. MEMS 칩이나 부품은 일반적으로 너무 작아서 완벽한 이해나 효율적인 취급, 그리고 기존의 로봇 기구들을 사용한 정교한 조립 등이 힘들다.

이 책은 가공되지 않은 웨이퍼에서 제작 기계로 완성되기까지의 공정을 순서대로 설명한다.

2.2 마이크로 전자 회로 제조 공정

MEMS 이전에 개발된 기본적인 집적 회로 공정 기술을 이해하는 것은 미세 가공 공정을 이해하는 데 필요하다. 집적 회로(IC)의 기본 미세 제조 공정에 익숙한 독자들은 이 절을 건너뛰어도 무방하다.

집적 회로의 제조 공정은 일반적으로 이전 예에서 설명한 바와 같이 재료 증착, 재료 제거, 패턴화와 같은 많은 단계를 포함한다. 개별적인 제조 공정의 이치와 기술들은 이 책에 수록되지 않았다. 관심 있는 독자들은 참고문헌 [1]에 나와 있는 회로 분야의 특정 제조 기술에 대한 논의와 참고문헌 [2]에 수록되어 있는 MEMS의 특정 기술들에 대한 설명을 참조하기 바란다.

현대 집적 회로의 빌딩블록인 전계 효과 트랜지스터(FET)를 구현하기 위한 일반적인 미세 제작 공정은 그림 2.2에 나타나 있다. 증착-리소그래피-식각(에칭)의 과정을 주기적으로 반복하여 임의의 복잡한 구조를 갖는 디바이스를 만들 수 있다. 이 독특한 과정에서는 6개의 주요 사이클로 가공된 실리콘 웨이퍼를 MOSFET(metal-oxide-semiconductor field-effect transistor)로 바꾼다. 그림은 30개의 주요한 단계들을 묘사하며 단일 FET 단계에서의 단면도를 보여 준다. 가장 좌측 열의 단계 1.0, 2.0, 3.0, 4.0, 5.0, 6.0, 7.0, 그리고 8.0이 공정에서 주요한 기점이며, 반면에 공정 단계 $x.y$(x=1~7, $y \neq 0$)가 주요한 기점에서 다음 단계로 나아가게 한다.

각 단계의 특징은 명확하게 명시되어 있다. D, L, E, 그리고 M이라는 문자는 각각

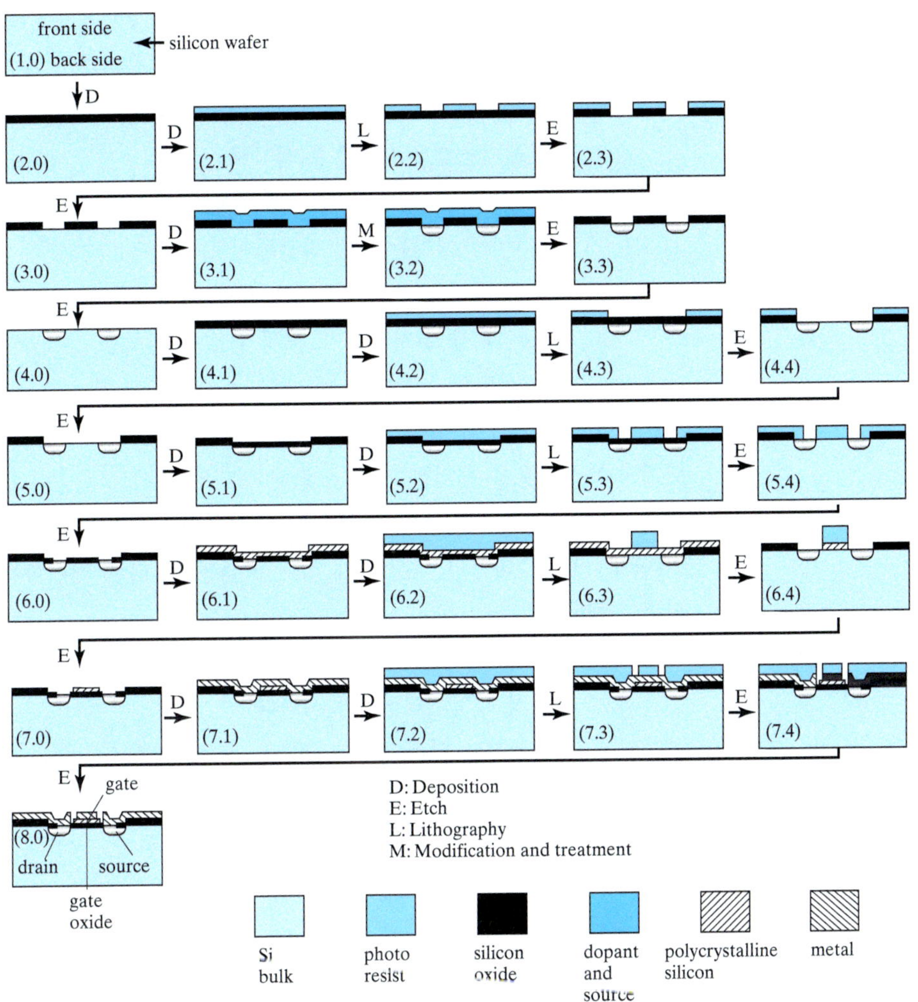

그림 2.2
집적 회로의 제조 공정.

증착, 리소그래피(광 노출과 현상), 식각, 그리고 재료의 수정/처리 과정을 나타낸다.

다음에 각 단계를 간략히 설명한다.

단계 1.0. 그림은 가공되지 않은 실리콘 웨이퍼의 단면을 묘사한다. 웨이퍼의 두께는 표시하지 않았다. 웨이퍼의 뒤편에서 발생하는 재료의 공정 단계도 생략하며 설명을 간단히 하도록 한다.

단계 2.0. 한 개의 산화층을 증착한다. 산화층은 다음 단계(2.1~2.3)를 따라 패턴화된다. 이 산화층은 일시적인 목적으로 사용된다(이 점에 대해서는 추후에 설명한다).

2.1. 감광성(photosensitive) 레지스트 [종종 **포토레지스트**(photoresist) 또는 레지스트라고 부름]는 스핀 코팅에 의해 산화층의 가장 위에 증착된다.

2.2. 감광성 레지스트는 리소그래피 방식으로 빛에 노출되고 현상된다.

2.3. 포토레지스트는 산화층을 식각하는 데 마스크로서 사용된다.

단계 3.0. 포토레지스트는 유기 용매를 사용하여 제거된다. 패턴화된 산화층은 단계 3.1~3.3에서 이루어지는 도핑 작업에서 불순물을 막기 위해 사용된다.

3.1. 약간의 도핑 물질이 포함된 재료를 이용하여 새로운 층을 증착한다.

3.2. 이 웨이퍼를 열처리하며, 도핑 물질이 산화층으로 덮이지 않은 실리콘으로 확산되도록 한다.

3.3. 단계 3.1에서 증착된 도핑 물질을 주는 층을 제거한다.

단계 4.0. 산화층을 제거한다. 많은 단계와 다양한 재료의 층이 관여하며 원형의 웨이퍼(단계 1.0)가 선택된 지점에 도핑 물질이 포장된 웨이퍼로 바뀌게 됨을 주의하라(단계 4.0). 추가적인 과정(단계 4.1~4.4)은 또 다른 패턴화된 산화층을 만들기 위해 수행된다.

4.1. 또 다른 실리콘 산화층을 생성한다.

4.2. 감광성 레지스트를 증착시킨다.

4.3. 레지스트는 리소그래피 기술로 패턴화된다.

4.4. 레지스트를 마스크로 사용하여 산화층을 식각한다.

단계 5.0. 단계 4.2에서 증착된 레지스트는 제거된다. 단계 4.0부터 5.0까지에서 주로 다른 점은 산화층이 도핑되지 않은 지역을 덮고 있다는 것이다. 새로운 산화층이 증착되고 패턴화된다(단계 5.2~5.4).

5.1. 매우 얇은 산화층이 생성된다. 게이트 산화층이라고 불리는 이것은 양질이어야 하며 불순물이나 흠이 없어야 한다.

5.2. 레지스트층이 다시 증착된다.

5.3. 레지스트는 리소그래피 기술로 패턴화된다.

5.4. 레지스트는 게이트 산화층의 선택적 식각을 위한 마스크로 사용된다.

단계 6.0. 단계 5.2에서 증착된 레지스트는 제거된다. 산화층으로 덮이지 않은 활성화 영역은 금속 전도면으로 사용된다. 이때 다결정 실리콘으로 만들어지는 게이트 전극이 증착되고 단계 6.1~6.4에서 패턴화된다.

6.1. 도핑된 다결정 실리콘층이 증착된다.

6.2. 감광성 레지스트층이 증착된다.

6.3. 레지스트는 리소그래피를 이용하여 패턴화된다.

6.4. 다결정 실리콘의 하부의 것을 식각해 내는 것에 이 레지스트는 마스크

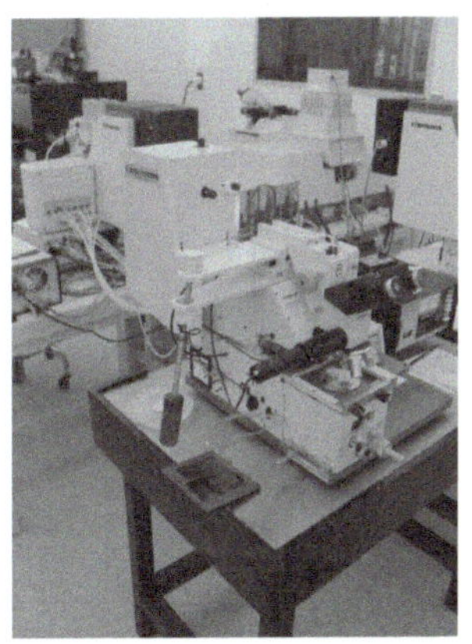
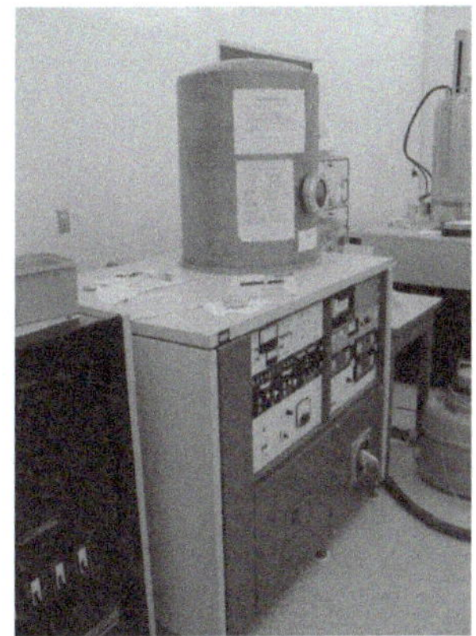
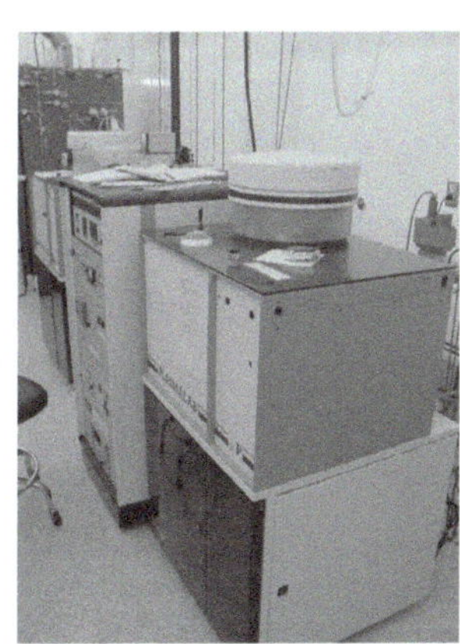

그림 2.3
반도체 공정 장비.

로 작용한다.

단계 7.0. 레지스트는 유기 용매를 사용하여 제거된다. 단계 6.0~7.0이 다른 점은 다결정 실리콘의 추가이다. 각 트랜지스터는 서로 연결되어야 하고 낮은 저항의 금속선을 통해 외부로 연결되어야 한다. 금속선은 단계 7.1~7.3에서 만들어진다.

7.1. 금속층이 증착된다.

7.2와 7.3. 금속은 레지스트로 코팅되고 리소그래피 기술로 패턴화된다.

7.4. 레지스트는 금속을 식각하기 위한 마스크로 사용된다.

단계 8.0. 레지스트는 제거되고 마침내 완전한 FET가 생성된다.

반도체 산업에서 사용되는 공정은 기본적으로 그림 2.2의 다이어그램을 따르지만, 품질 보증, 성능 향상, 수율과 반복 제조의 향상을 위한 상세한 단계들이 포함되어야 한다. 마찬가지로 단계8.0 이후에 더 많은 단계들을 거쳐야 한다. 시작부터 작업이 완료될 때까지 완벽한 공정에는 3개월의 시간이 걸리며 20~40개의 마스크가 사용된다.

리소그래피를 위한 접촉 얼라이너(contact aligner), 금속 박막 증착을 위한 금속 증발기(metal evaporator), 재료 제거를 위한 플라즈마 식각기(plasma etcher) 등의 대표적인 기계들이 그림 2.3에 나타나 있다.

2.3 실리콘 기반 MEMS 공정

MEMS 기구들은 처음에 실리콘 웨이퍼에서부터 개발되었다. 이것은 마이크로 전자공

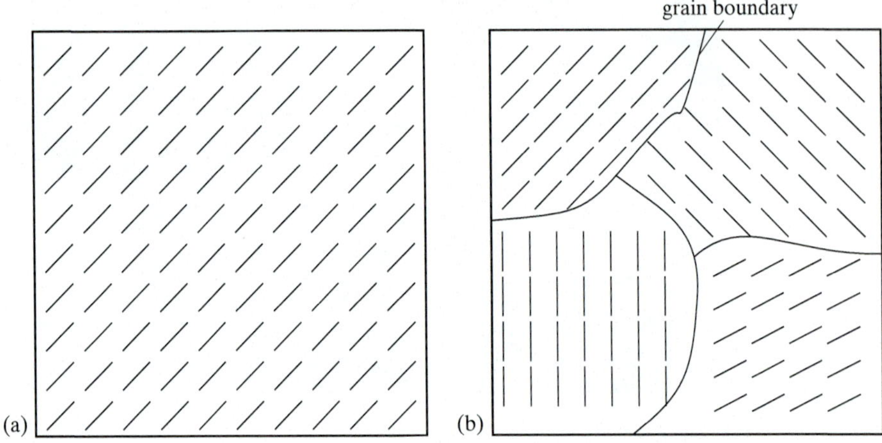

그림 2.4
단결정 실리콘과 다결정 실리콘이 결정 구조.

학 산업이 갖고 있는 성숙한 공정 기술의 활용성과 공정 관리와 품질 관리의 전문성 때문이다.

실리콘은 세 가지 일반적인 형태를 갖는다. **단결정 실리콘**(single-crystal silicon), **다결정 실리콘**(polycrystalline silicon), 그리고 **비정질 실리콘**(amorphous silicon). 단결정 실리콘(SCS) 재료에서는 결정 격자가 전체적으로 균일하게 구성되어 있다(그림 2.4). 단결정 실리콘에는 통상 다음의 세 경우가 있다: (1) 그림 2.1 에 나타난 바와 같이 고온에서 용해시키고 다시 결정화하는 식으로 만든 단결정 실리콘, (2) 특성 방향으로 키운 실리콘 박막, (3) 다결정 실리콘이나 비결정 실리콘을 국부적이거나 전체적인 열처리를 통해 재결정화하여 얻는 단결정 실리콘.

다결정 실리콘 재료(polysilicon, polySi, 또는 poly)는 여러 개의 결정 영역으로 구성된다(그림 2.4). 각각의 영역 안에서 결정 격자는 규칙적으로 정렬되어 있다. 그러나 결정 방향은 이웃 영역과 다르다. 영역의 경계 또는 그레인 경계라고 언급되는 부분은 전기적 전도성, 기계적 견고성, 그리고 화학적 식각 특성을 결정하는 데에 중요한 역할을 한다. 폴리실리콘 재료는 저압 화학 기상 증착(LPCVD) 방법으로 만들거나 비정질 실리콘을 국부 또는 전체적으로 열처리하며 재결정화하여 만든다.

반면에 비정질 실리콘은 결정의 균일성을 보이지 않는다. 비정질 실리콘 필름은 화학 기상 증착(CVD) 방법을 통해 폴리실리콘 증착에 필요한 온도보다 더 낮은 온도에서 증착된다. 온도가 낮아 원자는 고체에 들어가고 나서 자신을 정렬할 만큼 충분한 진동 에너지를 갖고 있지 않다. 비정질 실리콘은 LPCVD 방법을 사용하여 성장시킬 수 있다.(580°C 이상의 온도가 통상적인 수평 저압 반응기에서 증착 시 다결정 실리콘 구조를 만드는 천이 온도이다[3].) 비정질 실리콘은 플라즈마 이용 화학 기상 증착(PECVD: plasma-enhanced chemical-vapor deposition) 방법을 통해서도 만들어질 수 있다.

대표적인 제조 기술 과정으로 **벌크 미세 가공**(bulk micromachining)[4]과 **표면 미세 가공**(surface micromachining)[5]의 두 가지가 있다. 벌크 미세 가공은 빔이나 박막과 같은 어떤 3차원적인 특징을 갖는 기계적인 요소를 형성하기 위해 실리콘 기반 재료의 원형에서 선택적인 제거를 하는 공정이다. 벌크 미세 가공은 웨이퍼 접합과 더불어 더욱 복잡한 3차원 구조를 만들 수 있다. 벌크 미세 가공 기술의 자세한 사항은 10장에서 다루어진다.

벌크 미세 가공 방법을 사용하여 만들어진 대표적인 예로서 미세 가공된 압력 센서가 있다[6]. 이 MEMS 기계의 제조 공정은 그림 2.5에서 3차원 그림으로 단계별로 설명되어 있다. 이것은 두 개의 웨이퍼로 이루어지는데, 아래쪽 웨이퍼는 공동을 형성하기 위해 식각되고 위쪽 웨이퍼는 피막을 만들기 위해 사용된다. 그림을 따라 각 단계별로 다음에 나타낸다.

비록 그림 2.5에 나타난 공정이 처음 공부하는 사람들에게는 다소 지루할 것이다. 하지만 이것도 상당히 많은 단계들을 생략하여 간략화한 공정이다. 생략된 단계들을 열

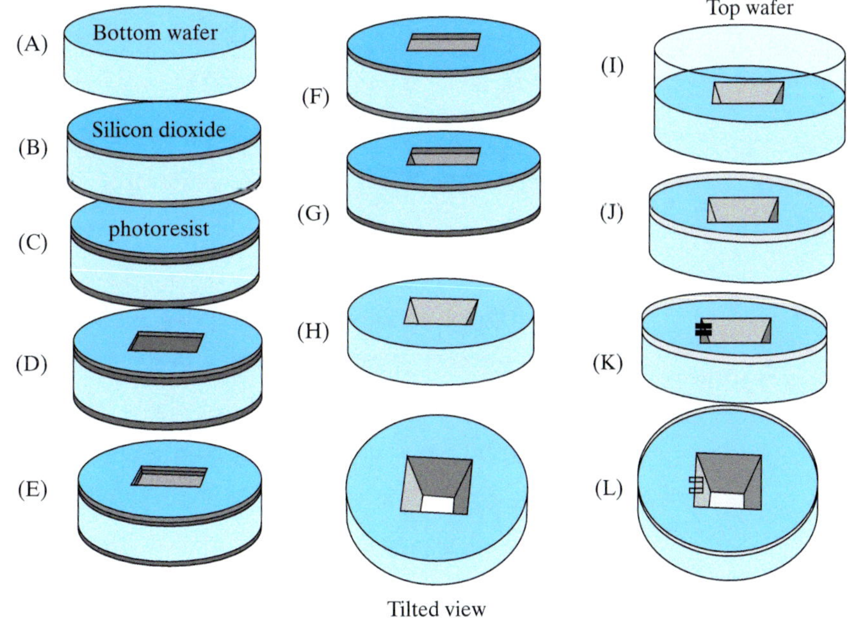

그림 2.5
미세 가공된 압력 센서 공정.

거하면 포토레지스트 코팅, 재생(cure), 노출(exposure), 현상(development), 포토레지스트를 마스크로 하여 하부층을 식각하는 것, 그리고 포토레지스트의 제거 등과 같은 전형적으로 몇 개의 단계들로 구성된 포토리소그래피 단계이다.

단계 A. 공정은 가공되지 않은 실리콘 웨이퍼에서 시작된다. 원하는 공동 모양을 만들기 위해서 웨이퍼는 일정한 결정 방향을 가져야 한다. 공정에서 결정의 방향과 적절성의 표시에 대해서는 3장과 10장에서 논의한다. 웨이퍼는 어느 정도 큰 입자, 더러운 입자, 그리고 보이지 않는 유기체 찌꺼기를 완벽히 제거하기 위해 깨끗이 세척되어야 한다. 기계적 세척과 산화산 세척 등을 결합하여 사용하고 이후에 극도로 순수한 물로 헹군다.

단계 B. 깨끗해진 웨이퍼를 활성화된 산소 가스나 수증기로 가득 찬 고온로에 노출시킨다. 이때 고온 환경으로 공기 중이나 물 분자로부터 분리된 산소 원자가 실리콘과 반응하여 실리콘 이산화물로 된 얇은 필름과 같은 보호막을 형성한다. 이 실리콘 산화물이 웨이퍼의 양쪽 면과 가장자리에서 만들어지는 것을 주의하자.(완벽성을 위해 모든 층의 양면을 그림 2.5에 표시하였다.)

단계 C. 웨이퍼를 고온로에서 꺼내 대기 중에서 냉각시킨다. 이때 고온 과정에 모든 유기 물질이 분해되므로 웨이퍼는 매우 깨끗한 상태이다. 포토레지스트 박막층이 웨이퍼의 전면에 증착된다.(hexamethyldisilazane 또는 HMDS라고 불리는 화학물을 스핀 코팅시키거나 수증기 코팅시켜서 포토레지스트와 산화물 표면 사이의 유착 향상을 돕는다.) 포토레지스트는 전형적으로 스핀 코팅을 사용하여 형성한다. 스핀 코팅은 감광성 폴리머 방울을 고속에서 회전하고 있는 웨이퍼의 위에 분사하여 퍼지게 한다. 이때 포토레지스트층의 두께는 회전 속도에 의해 결정된다. 포토레지스트 박막은 수증기 코팅을 사용하거나 미스트 코팅, 또는 전기 도금[7] 등을 사용할 수도 있다.

웨이퍼는 용매(solvent)의 특성량이 제거되어 포토레지스트(PR)층이 더욱 견고해지도록 대류 오븐에서 굽는다. 이 단계를 일반적으로 '소프트 베이크(soft bake)' 라고 부른다. 이 방법뿐 아니라 습기는 적외선 램프나 진공으로 제거될 수 있다.

단계 D. 포토레지스트는 마스크를 통해 높은 에너지의 방사선(자외선, 전자 빔, 또는 X선)에 노출된다. 레지스트의 화학물과 기계적인 특성을 충분히 바꿀 수 있는 에너지를 가진 이 빛들은 마스크의 패턴에 투과되는 영역이 제한된다. 포토레지스트에는 음성톤(negative-tone) 레지스트(negative resist)와 양성톤(positive-tone) 레지스트(positive resist)의 두 유형이 있다. 빛의 조사는 음 포토레지스트에 교차 중합 반응을 일으킨다. 양 레지스트에서는 방사선이 중합 연결을 파괴한다.

웨이퍼는 **현상액**(developer)에 전체를 담가서 느슨하게 부착된 감광성 폴리머를 제거한다. 양 포토레지스트의 경우 빛에 노출된 영역은 용해된다. 음 포토레지스트의 경우 빛에 노출된 부분만 남게 된다. 단계 C의 소프트 베이크 공정은 현상액에 의해 마구잡이로 포토레지스트가 파괴되는 것을 막기 위한 단계이다.

단계 E. 이렇게 만들어진 포토레지스트를 다시 구워야 한다. 이번에는 소프트 베이크 때보다 긴 시간 동안 높은 온도에서 구워진다. 이 두 번째 굽는 단계를 '하드 베이크(hard bake)' 라고 부르며, 이때에 남아 있는 용해물들을 제거하고 웨이퍼에 남아 있는 포토레지스트를 웨이퍼에 더 강하게 붙게 한다. 하드 베이크의 정도는 다음 단계의 특성에 따라 결정된다.

포토레지스트 마스크는 밑에 있는 층인 실리콘 산화물을 식각조에서 불산(hydrofluoric acid)으로부터 선택적으로 보호하기 위해 사용된다. HF 용해제는 창에 노출된 산화물을 공격하지만 하부 실리콘층과 포토레지스트 마스크를 녹여 내는 비율은 매우 낮아서 무시할 수 있다.

단계 F. 포토레지스트를 상온이나 고온에서 아세톤과 같은 유기 용매를 사용하여 제거한다. 포토레지스트는 화학적으로 HF 식각물에는 안 녹지만 아세톤에 용해된다. 그러나 용매는 산화물과 실리콘을 녹여 내지 않는다.

단계 G. 실리콘 웨이퍼를 습식으로 실리콘 식각액에 담가도 실리콘 산화물은 녹지 않는다. 개방된 산화 영역의 실리콘만이 식각되고, 이로 인해 결정면에 의해 벽면의 모양이 결정되는 공동이 형성된다. 개방된 공간이 주어진 웨이퍼의 두께보다 큰 경우에는 공동이 웨이퍼를 뚫게 될 것이다.

습식 실리콘 식각은 발열 반응으로 온도가 오른다(70~90°C). 식각액은 하드 베이크 포토레지스트를 직접 녹여 내므로 이 단계에서 포토레지스트를 마스크로 사용할 수는 없다.

산화물은 다시 HF 식각액을 사용하여 제거한다.

단계 H. 단계 G를 마감한 웨이퍼는 웨이퍼의 공동이 뚜렷이 보이도록 기울여 놓는다.

단계 I. 앞서 단계 G에서 제조된 웨이퍼의 바닥면에 두 번째 실리콘 웨이퍼를 단단히 붙인다. 여러 가지의 접착 기술이 사용 가능하다(10장 참조). 매우 깨끗한 환경을 조성하여 웨이퍼를 가공하는 것이 매우 중요하다. 이유는 매우 작은 입자라도 웨이퍼의 부착면에 붙게 되면 웨이퍼의 접착이 불량해지기 때문이다.

단계 J. 접착된 위쪽 웨이퍼를 기계적 또는 화학적인 식각으로 갈아 낸다. 위쪽 웨이퍼의 잔여 피막의 두께는 센서의 피막의 두께가 된다. 피막이 얇을수록 센서의 민감도가 높아진다.

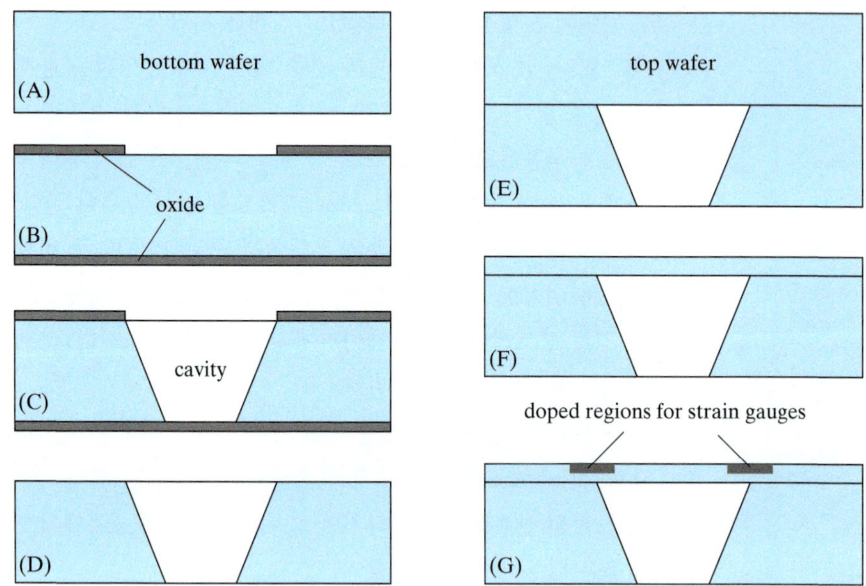

그림 2.6
압력 센서 제조 공정.

단계 K. 이제 이렇게 만들어진 피막 위에 스트레인 센서가 제조된다. 얇은 산화막층이 증착되고 형상이 패턴화된다. 이 형상은 이온 침투를 막는 장벽의 역할을 한다. 실리콘 웨이퍼 면이 에너지가 높은 도핑 이온의 환경으로 도핑이 되고 그 결과 피에조 레지스트를 형성한다. 이것은 적용된 스트레스에 의해 저항값이 달라진다(압력 변화에 의해 피막이 변형되기 때문이다). 이 웨이퍼는 보다 상세한 공동의 모양을 보이기 위해 기울여진다. 묘사를 간결하게 하기 위해 단계 J와 K 사이의 상세한 단계들은 뛰어넘었다.

3차원 공정을 쉽게 그릴 수 있는 소프트웨어가 없기 때문에 연구자들은 종종 단면을 통해 공정을 묘사한다. 그림 2.6은 그림 2.5의 단면으로서 피막과 스트레인이 묘사되어 있다. 중요한 특징과 관계되는 주요 발전 단계를 나타낼 수 있는 단면을 선택한다. 때로는 다중 단면으로 복잡한 과정을 설명하기도 한다.

포토레지스트 스피닝, 노출(exposure), 현상(development), 그리고 제거(removal)와 같은 여러 단계를 포함하는 긴 공정을 설명하기 위해 매우 손이 많이 가는 제도를 해야 한다. 숙련된 엔지니어는 개념적인 단계에서 공정을 단순화하기 위하여 어떤 단계를 생략할 수도 있다. 그러나 이런 접근은 상당한 주의를 필요로 한다. 겉으로 보기에는 일상적인 공정이라도 예측하지 못한 복잡한 방법이 도입 될 수도 있기 때문이다.

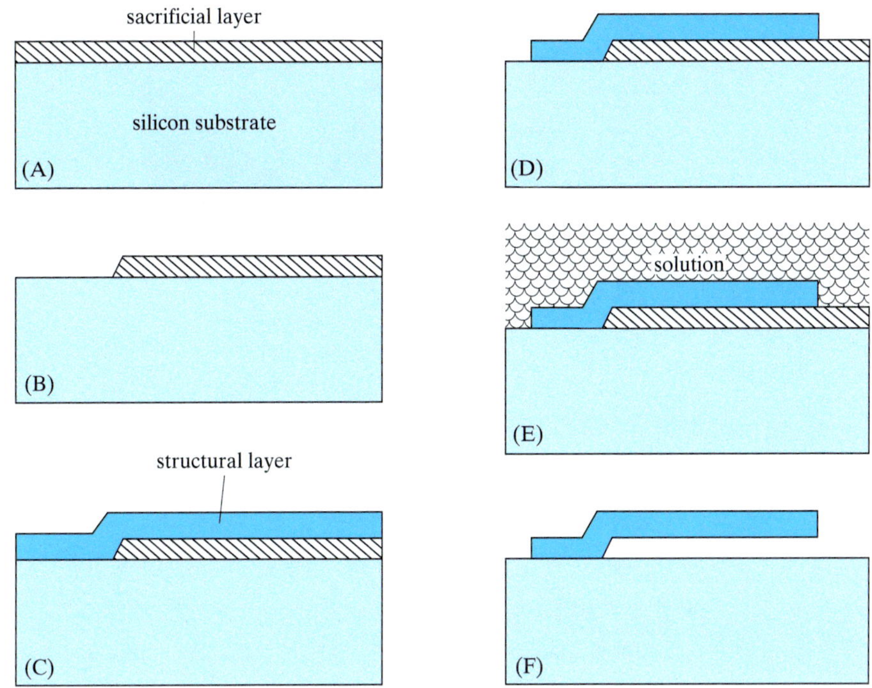

그림 2.7
희생층 표면의 미세 가공.

집적 변위(integrated displacement)나 변위계를 이용하여 우리는 다양한 방법으로 박막 압력계를 제조할 수 있다. 박막은 실리콘, 폴리실리콘, 실리콘 질화물, 실리콘 이산화물, 그리고 폴리머(파릴렌, 폴리이미드, 그리고 실리콘 엘라스토머와 같은) 등의 다양한 재료로 만들어진다. 재질에 따라 민감도, 가용한 피막의 크기, 초과 압력에 대한 저항성, 필름의 시각적 투명도, 동력 범위, 그리고 제조 가격 등의 다양한 특성이 나타난다. 다양한 압력 센서의 예들이 4 장에서 7 장까지 나타나 있다.

MEMS 제조 공정의 두 번째 대표적인 방법은 표면 미세 가공이다. 바탕 재질의 하부 물질의 얇은 층을 제거하여 독립된 기계 요소를 만들 수 있다. **희생층**(sacrificial layer)이라고 불리는 이 공간 층은 표면 미세 가공의 중요한 특징으로 구성된다. 이 공정의 일반적인 개념은 물리학자 리처드 파인만에 의해 제안되었다[8].

그림 2.7은 전형적으로 하나의 구조층과 하나의 희생층을 갖는 표면 미세 가공 공정을 설명하고 있다. 희생층은 우선 증착되고 패턴화된다. 희생층 재질의 위에 구조층을 증착 시키는 것으로 시작된다. 층을 구조화하여 희생층을 선택적으로 구조층의 위에서 자유롭게 제거할 수 있다. 예를 들어 외팔보는 기판의 표면에 희생층으로서 산화층을 만

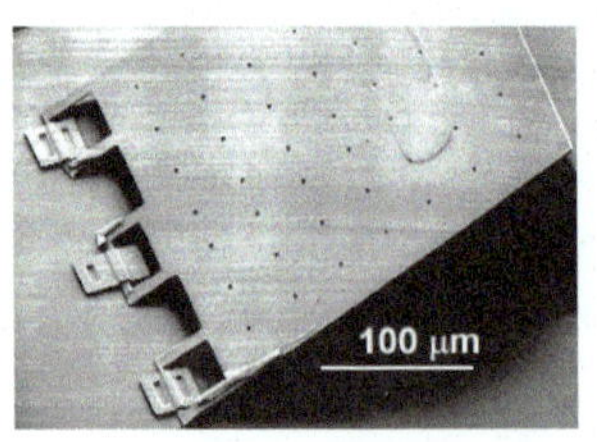

그림 2.8
표면 미세 가공된 힌지 구조.

들고 구조층으로 다결정의 박막을 사용한다. 표면 미세 가공은 미세 기계 구조가 웨이퍼의 전면의 얇은 경계 안에 존재하기 때문에 붙여진 이름이다.

힌지와 같은 미세 구조물에서 구현된 것처럼 표면 미세 기계 요소들은 그림 2.8에 나와 있는 것과 같이 3차원 특징을 형성한다. 표면 미세 가공 기술은 11장에서 더 자세하게 논의된다.

벌크와 표면 미세 가공의 두 공정 부류는 서로 배척 관계로 사용되지 않고, MEMS에서 사용 가능한 유일한 유형의 공정은 아니다. 한 가지 공정으로 구현하기 어려운 복잡한 구조물은 벌크와 표면 미세 가공 공정을 혼합하여 구현하는 경우가 증가하고 있다. 더욱이 이 두 가지 공정은 이들 이외의 웨이퍼 접합, 레이저 가공, 마이크로몰딩, 3차원 조립 등의 공정과 접목하여 다양한 벌크와 박막 재료를 포함할 수 있다.

예를 들어 500~60,000 μm 단위의 두께를 가진 금속 또는 폴리머 3차원 미세 구조물은 그림 2.9에 나와 있는 다이어그램과 같은 LIGA라 불리는 공정으로 만들 수 있다[9]. LIGA는 deep X-ray lithography, 전기 도금(또는 독일어로 *galvo*라 함), 그리고 injection molding(또는 독일어로 *abformung*라 함)과 같은 공정의 머리글자를 딴 단어이다. 이 공정은 싱크로트론 방사선(SR) X선원(약 수천 eV 단위의 입자 에너지)의 에너지 빔으로 만든 매우 두꺼운 포토레지스트[예, PMMA(polymethylmethacrylate)]의 패턴화 작업을 포함한다. 이 포토레지스트는 깊은 수직 벽이나 높은 가로 세로 비율(aspect ratio)을 만드는 데 사용된다. 전기 도금은 공동을 금속으로 채우기 위해서 사용된다. 레지스트를 제거하여 얻어진 금속 조각은 정밀한 금속 부분, 플라스틱 부분의 배치(batch) 제조를 위한 주조용으로 사용될 수 있다. 오늘날 초기의 SR-LIGA는 증가되고 있으며, 경우에 따라 에너지가 적은 자외선(UV)에 기반을 둔 LIGA 공정으로 대체되고 있다. 이 새로운 공정 방법은 UV-LIGA 또는 '가난한 사람들'을 위한 LIGA로 알려져 있다. 왜냐하면 이것은 비싼 SR-LIGA 공정 설비가 필요 없기 때문이다.

기계 요소와 전자 회로 요소의 오놀리식 집적은 아래 접근법에 따라 이루어진다.

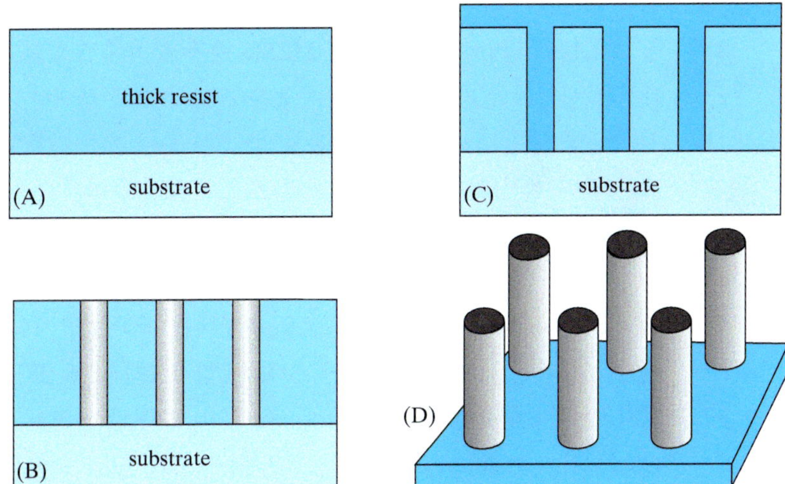

그림 2.9
LIGA 공정의 증명.

1. **후처리 방법**. 이미 회로가 탑재된 반도체 웨이퍼의 표면에서 MEMS 가공을 하는 법(예를 들어 [10] 참조).
2. **전처리 방법**. MEMS 가공을 먼저 하고 IC 가공을 하는 법.
3. **병렬 처리 방법**. MEMS 요소와 IC 요소를 동시에 가공하는 법(예를 들어 [11~14] 참조).

2.4 새로운 재료와 제조 공정

최근에 실리콘 미세 가공 기술은 새로운 재료와 공정 방법의 도입으로 급속하게 증대되고 있다. 반도체 재료인 실리콘은 기계적으로 약하다. 이것은 또한 비싼 데다가 어떤 응용 과정에는 필요하지 않다. 폴리머나 혼합 반도체와 같은 새로운 재료는 이러한 성능적 결함을 메울 수 있다.

폴리머 재료는 MEMS에 잘 융합되는데 그것은 재료의 독특한 특성(예를 들어 생체 적합성, 시각적 투명성), 공정 기술, 그리고 낮은 가격(실리콘과 비교하여) 때문이다. 폴리머 재료는 실리콘 엘라스토머, 파릴렌, 그리고 폴리이미드와 함께 최근에 연구되었다. 폴리머 재료의 사용은 12장에서 언급된다.

많은 센서나 액추에이터들은 외부에 노출되거나, 높은 온도, 넓은 온도 변화, 또는 갑자스런 충격 등과 같은 열악한 조건에서 작동될 때가 있다. 실리콘이나 무기물의 얇은 필름 재료로 만들어진 섬세한 미세 구조물은 이런 응용에 적당하지 않다. 몇 가지 무기물 재료들이 열악한 조건에서의 MEMS 응용 분야에 도입되고 있다. 벌크든 박막의 형태든 상관없이 실리콘 카바이드는 높은 온도의 고체 상태의 기계나 트랜스듀서 분야에서 연구되었다[15~17]. 다이아몬드 박막은 높은 전기 전도성과 내마모성의 장점으로 또한 압력 센서나 전자 주사 현미경 프로브 등의 분야에 잠재력을 갖고 있다[18~20]. GaAs를 포함한 다른 혼합 반도체 재료[21~24]도 연구되고 있다.

새로운 재료 공정 기술이 실리콘 기판이나 다른 재료의 기판 위의 공정을 위해 개발되고 있다. MEMS를 위한 새로운 공정에는 레이저의 지원으로 제거나 증착을 위한 식각[25], 빠른 시편 제도를 위한 스테레오리소그래피[26, 27], 지역적인 전기 화학 증착[28], 광전자 형성(photoelectroforming)[29], 고장방 비율의 심부 반응 이온 식각(deep reactive ion etching)[25], 마이크로밀링[30, 31], 고집속 이온 빔 식각[32], X선 식각[33, 34], 마이크로 전자 방전(microelectrodischarge)[35, 36], 잉크젯 프린팅(금속 콜로이드[37]), 마이크로 접촉 프린팅[38, 39], in situ 플라즈마[40], 잉크젯 몰딩을 포함한 몰딩[41], 세공[42], 스크린 프린팅[43], 전기 화학 용접[44], 화학 기계 표면 광택(chemical mechanical polishing), 그리고 2차원 또는 3차원의 자기 방향성 및 자기 조직 방식[45, 46] 등이 있다.

미세 제조 공정은 또한 나노 전기 기계적 시스템(NEMS)을 구현하기 위한 나노 단위의 해상도를 이룰 수 있다[27, 47]. 나노 범위의 크기나 공간을 가진 신뢰성 있고 경제적인 MEMS 장치의 제조는 새로운 도전과 방법론 등을 가져온다. 전통적인 리소그래피는 100 nm 해상도를 낮은 비용에 구현할 수 없다. 물리, 화학 분야의 연구자들이 포토리소그래피와 다른 다양한 방식으로 나노 구조의 패턴을 만드는 방식을 개발하고 있다. 이 기술들에 관심이 있는 독자들은 nanoimprint lithography[48], 나조 절삭기(nano whittling)[49], 그리고 나노 구형 리소그래피(nanosphere lithography)[50] 등을 읽어보도록 하라.

MEMS 제조를 위한 재료나 기술들은 아직 완성되지 않았다는 사실에 주목하기 바란다. 사실, 집적 회로에 관계된 전통적인 포토리소그래피 기술과 반도체 재료는 급격히 변하고 있다. 롤투롤 인쇄(roll-to-roll printing)와 같은 새로운 기술은 고속 생산을 위해 전자공학의 전 영역, 광전기 발생기, 광전자 디스플레이[51] 등의 분야에 활발히 도입이 시도되고 있다. 유기 폴리머 재료는 타당성[52], 저장[53], 그리고 시각적 표현[54] 등의 분야에서 반도체 재료를 대체해 나가고 있다.

새로운 재료와 공정 방법에 대한 미래는 매우 밝고 흥미진진하다. 미세 가공, 나노 제조, 그리고 마이크로 전자공학적 제조와 같은 제작과 제조 공정 기술은 서로 다른 과학 분야에서 개발되었다. 이들 과학 분야는 사실상 서로 모르는 채로 독립적인 재료와 기반을 구축해 왔다. 그러나 과학과 기술이 마이크로와 나노 단위로 진보하면서 이들 개별 제조 방법은 서로 융합되어 강력한 제조 방법을 만들어 새로운 과학적 연구와 장치가 만들어질 것이다.

2.5 공정을 위해 고려할 사항들

제조 공정을 평가하기 위해 다음의 몇 가지 사항을 고려해야 한다.

1. 재료의 증착이나 식각 시 증착률이나 식각률.
2. 웨이퍼 규모에서의 증착률이나 식각률의 균질성. 식각이나 증착 비율은 종종 실리콘 웨이퍼에서 수행된다. 웨이퍼를 가로지르는 균일성은 특히 산업 공정에서 중요한 척도 중 하나이다.
3. 식각 시간이 지났을 때의 민감도. 정교한 시간 조절을 하는 것보다 불균일적 식각 등으로 식각을 오래 할 경우에도 식각이 진전되지 않은 둔감성이 더 적절하다.
4. 선택적 식각 성능. 식각 선택성은 사용하려는 재료나 다른 재료(마스크나 기판과 같은)에 대한 식각 속도의 비이다. 선택성은 모든 단계마다 높게 유지되어야 한다. MEMS를 공부하는 학생이나 연구자들은 교차 반응(cross reactivity)의 기본에 대한 작업 지식을 증대시켜야 할 것이다. 매우 많은 문헌이 재료와 식각 방법 사이의 포괄적인 반응 관계에 대해 기술하고 있다[55, 56]. 이것들은 초보자에게 훌륭한 참고가 될 것이다. 그러나 재료 식각 특성은 구체적인 실험실 조건과 과정과 절차에 의존하며, 각 실험실과 연구단체에 따라 조절되고 문서화되어 있다.
5. 온도 보합성. 웨이퍼 위의 모든 물질들은 노출 되었든 가리워졌든 온도 보합성이 증착이나 식각의 모든 단계에 고려되어야 한다. 낮은 온도에서 공정을 진행하면 더 많은 재료를 선택할 여유가 있다.
6. 전체 공정 시간과 단계의 수.

예제 2.1 화학물과 온도 보합성

그림 2.5에서의 공정에 관계된 화학물과 온도의 보합성에 대해 논의하라.

풀이 어떤 특별한 재료층에서 행해지는 공정 작업이나 화학적 작업은 그 화학물에 노출된 시간만큼 웨이퍼 위에 존재하는 재료에 영향을 미치게 된다. 미세 제조 공정의 성공적인 진행을 위해 참여 물질과 세척액 그리고 현상액 사이의 상관 반응, 식각 방법, 침전 단계들은 어떤 순서가 가장 좋은지에 대해 주의 깊게 고려되어야 한다. 이상적으로는

표 2.1 교차 반응 표.

Process agents	Etching agents				Deposition methods	
Material	Photoresist developer	Acetone	Hydrofluoric acid (diluted)	Silicon wet etchant	Photoresist spin coating	Thermal oxidation growth
Spin-on photoresist	Yes, low speed erosion	Yes	Compromised integrity	Dissolution	Severe solvent diffusion and thinning	Ashing
Soft-baked photoresist	No	Yes	Compromised integrity	Dissolution	Solvent diffusion and thinning	Ashing
Hard-baked photoresist	No	Yes	No	Dissolution	Moderate thinning	Ashing
Oxide	No	No	Yes	Very slow	No	No
Silicon substrate	No	No	No	Yes	No	Yes, oxidation will occur

각 단계에서 높은 식각 선택성이 존재하도록 제조 방법을 주의 깊게 계획해야 한다.

7. 환경적 침전 요건. 클린룸의 밖에서 행해지는 공정이나 부분적인 단계에서 비용을 절약할 요소들이 많이 있다.
8. 증착과 식각의 분포 형상. 다양한 침전과 식각 형상이 가능하다. 그런데 이는 방법들과 공정 조건에 따라 각기 다르다. 늘상 사용되는 증착 형상은 그림 2.10에 요약되어 있다. 이러한 상호 연관성을 잘 아는 것은 MEMS의 성공적 공정 구성에 매우 중요하다.

요약

이 장에서는 먼저 미세 제조 기술에 대해서 논의하였다. 일반적인 미세 제조에 대한 틀을 소개하였고, 대표적인 마이크로 전자 회로와 실리콘 MEMS 기계를 제작하는 공정에 대해서 알아보았다. 새로운 재료와 공정을 필요로 하는 미래의 응용 분야에 MEMS의 적용이 날로 증대될 것이다. 여기서 우리는 새롭게 등장하는 다양한 재료에 대해 살펴보았고 미래의 MEMS 개발에서의 추가적인 공정 선택에 대한 범위를 논의하였다.

다음은 주요 개념 및 사실, 그리고 이 장에 관련된 기술들을 요약한 것이다.

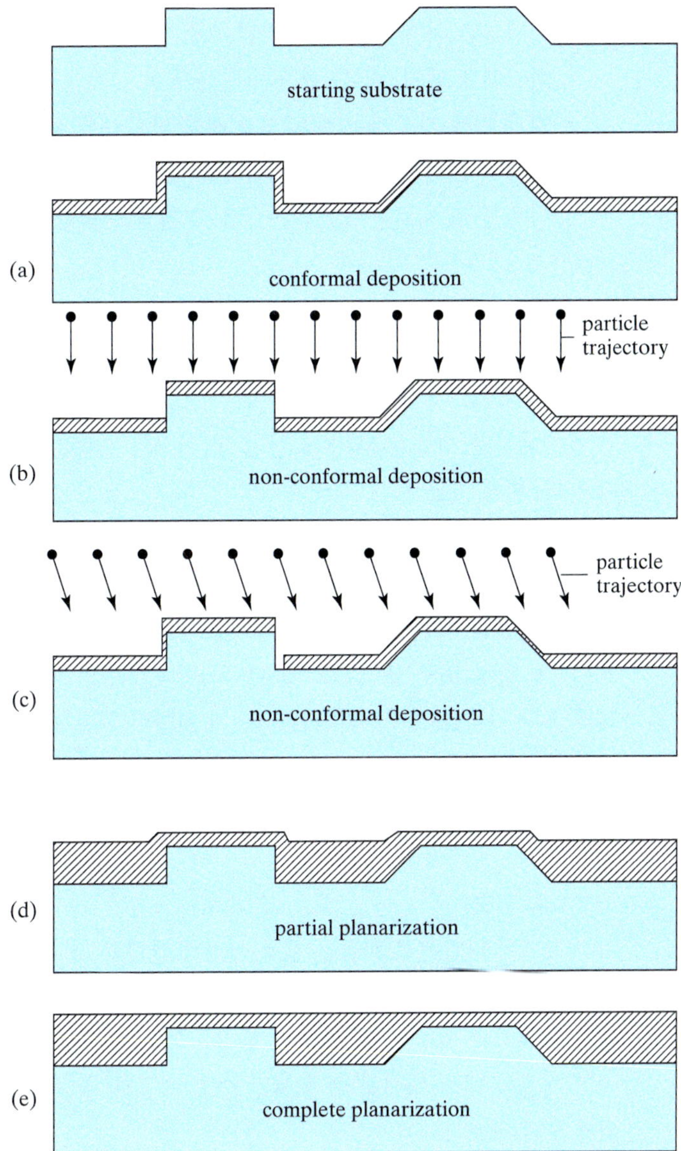

그림 2.10
일반적으로 나타나는 증착 형상.

- 마이크로 전자공학과 MEMS에서 제작되는 평평한 웨이퍼로 실리콘을 사용하는 이유
- 전통적인 제조 방법과 재료, 조작, 도구들을 포함하여 미세 제조 방법 사이의 주

요 차이점

- 미세 제조와 관련된 주요 가격 요소
- 반도체 트랜지스터를 만들기 위한 공정 단계
- 벌크 미세 가공에 의한 압력 센서를 만드는 공정 단계
- 다양한 공정 단계를 포함하여 단면 공정 다이어그램을 그리는 능력
- 다층 구조 재료를 포함하는 공정 흐름을 선택할 때 주의할 사항들

문제

문제 2.1: 검토

이 문제에서 학생들은 MEMS 산업 및 연구와 관련된 장비와 설비의 가격을 조사하여야 한다. 미세 제조 연구 설비를 구축할 목적으로 그림 2.2에 있는 공정을 수행하기 위하여 필요한 모든 장비를 구매해야 한다고 가정하라. 이 과정에서 필요한 주요 장비는 포토레지스트 스핀 코팅기, 접촉 얼라이너(혹은 스테퍼), 금속 증발기, 열적 산화로, 다결정 실리콘을 위한 LPCVD 증착 시스템, 광학 현미경, 플라즈마 식각기, 그리고 표면 프로파일 측정 도구(표면 프로필로미터)이다. 3명의 학생이 한 팀이 되어 판매상으로부터 중고의 가격을 조사하라. 지름 4인치 웨이퍼를 다룰 수 있는 대표적인 시스템들의 가격들을 조사하라. 각 아이템과 제조사, 모델 번호, 장비의 총 가격을 정리한 서류를 작성하라.

문제 2.2: 검토

이전 문제에 나열된 장비들은 제조 공정과 관련된 것이다. 그러나 많은 장비들이 클린룸 환경 작동을 유지하기 위한 장비들과 같이 주목받는 품목이 아니다. 화학 작용과 제품의 안정성 유지를 위한 필수 장비인 탈이온수를 만들기 위한 시스템의 가격을 새 제품과 중고 제품에 대해 조사하라. 공시된 중고 제품과 새 제품의 가격 정보에 대해 판매상의 의견을 들어 보라.

문제 2.3: 제조

MEMS에 마스크 레이아웃 작업과 제조 공정도를 그리는 소프트웨어를 찾고 사용을 위해 컴퓨터에 인스톨하라. xkic(회로 레이아웃용)과 같은 프리웨어를 웹 상에서 찾을 수 있을 것이다. 공정도를 그리기 위해, 워드프로세서나 프레젠테이션 툴과 같은 프로그램에 내장되어 있는 그림 도구를 사용하는 대신에 전용 도면 소프트웨어를 사용해 보라. 이것은 복잡한 형상을 만드는 데 더 좋은 기능을 제공할 것이다.(**힌트:** 강사는 전체 강

의에 대한 일반적인 레이아웃과 그림 도구들을 지정할지도 모른다.)

문제 2.4: 제조

본문 그림 2.6의 압력 센서 제조 공정을 그리고 세부적인 리소그래피 과정을 포함한 각각의 단계를 모두 포함하도록 다이어그램을 확장하라. 이 문제의 목표는 제도 소프트웨어를 확인하고, 익히고, 친숙해지는 데 있다. 경사면과 측벽 부분과 같은 세부적인 것을 포함하여 형상의 윤곽을 정확히 묘사하라.

문제 2.5: 제조

본문 그림 2.7에서 언급한 표면 미세 가공 외팔보의 제조 공정을 그리라. 포토레지스트 스피닝, 현상, 제거를 포함한 모든 세부 단계를 포함시키라. 경사면과 측벽 부분과 같은 세부적인 것을 포함하여 형상의 윤곽을 정확히 묘사하라.

문제 2.6: 제조

이 장의 그림 2.5에 소개된 압력센서의 벌크 미세 가공 공정에서, 실리콘 식각에 마스크로 사용되는 산화물에 무늬를 넣는 데 반드시 포토레지스트층이 사용되어야 하는 이유를 설명하라. 실리콘 식각 마스크 같은 도안이 된 포토레지스트를 사용하여 이러한 공정을 생략할 수 있는가? 왜 그런가?(정량적인 근거와 자료를 찾으라.)

문제 2.7: 제조

그림 2.5에 묘사된 공정에서, 만약 실리콘 질화물이 실리콘 산화물 대신에 사용된다면, 단계 D와 G에서 E와 H로 가기 위한 적절한 화학적 처리 방법은 무엇인가?

문제 2.8: 제조

참고문헌 [57]에 언급된 부유 게이트 트랜지스터(Floating gate transistor)의 단면 공정 흐름을 그리라. 포토레지스트 스핀 코팅, 현상, 스트리핑과 같은 세부 단계를 포함시키되, 회로 제조의 세부 내용은 포함시키지 않도록 하라.

참고문헌

1. Jaeger, R.C., *Introduction to Microelectronic Fabrication*. 2nd ed. Modular series on solid-state devices, ed. G.W. Neudeck and R.F. Pierret. Vol. V. 2002, Upper Saddle River, NJ: Prentice Hall.

2. Sze, S.M., ed. *Semiconductor Sensors*. 1994, Wiley: New York.

3. Kamins, T., *Polycrystalline Silicon for Integrated Circuits and Displays*. 2nd ed. 1998: Kluwer Academic Publishers.

4. Kovacs, G.T.A., N.I. Maluf, and K.E. Petersen, *Bulk Micromachining of Silicon*. Proceedings of the IEEE, 1998. **86**(8): p. 1536–1551.

5. Bustillo, J.M., R.T. Howe, and R.S. Muller. *Surface Micromachining for Microelectromechanical Systems*. Proceedings of the IEEE, 1998. **86**(8): p. 1552–1574.

6. Petersen, K.E., *Silicon as a Mechanical Material*. Proceedings of the IEEE, 1982. **70**(5): p. 420–457.

7. Pham, N.P., et al., *Photoresist Coating Methods for the Integration of Novel 3-D RF Microstructures*. Microelectromechanical Systems, Journal of, 2004. **13**(3): p. 491–499.

8. Feynman, R., *Infinitesimal Machinery*. Microelectromechanical Systems, Journal of, 1993. **2**(1): p. 4–14.

9. Guckel, H., *High-Aspect-Ratio Micromachining via Deep X-ray Lithography*. Proceedings of the IEEE, 1998. **86**(8): p. 1586–1593.

10. Tea, N.H., et al., *Hybrid Postprocessing Etching for CMOS-Compatible MEMS*. Microelectromechanical Systems, Journal of, 1997. **6**(4): p. 363–372.

11. Yi, Y.-W., et al., *A Microactive Probe Device Compatible with SOI-CMOS Technologies*. Microelectromechanical Systems, Journal of, 1997. **6**(3): p. 242–248.

12. French, P.J., et al., *The Development of a Low-Stress Polysilicon Process Compatible with Standard Device Processing*. Microelectromechanical Systems, Journal of, 1996. **5**(3): p. 187–196.

13. Jiang, H., et al. *A Universal MEMS Fabrication Process for High-Performance On-Chip RF Passive Components and Circuits*. In *Technical Digest: IEEE Sensors and Actuators workshop*. 2000. Hilton Head, SC.

14. Oz, A., and G.K. Fedder. *CMOS-Compatible RF-MEMS Tunable Capacitors*. In *Radio Frequency Integrated Circuits (RFIC) Symposium*. 2003.

15. Mehregany, M., et al., *Silicon Carbide MEMS for Harsh Environments*. Proceedings of the IEEE, 1998. **86**(8): p. 1594–1609.

16. Tanaka, S., et al., *Silicon Carbide Micro-Reaction-Sintering Using*

Micromachined Silicon Molds. Microelectromechanical Systems, Journal of, 2001. **10**(1): p. 55–61.

17. Stoldt, C.R., et al., *A Low-Temperature CVD Process for Silicon Carbide MEMS*. Sensors and Actuators A: Physical, 2002. **97–98**: p. 410–415.

18. Wur, D.R., et al., *Polycrystalline Diamond Pressure Sensor*. Microelectromechanical Systems, Journal of, 1995. **4**(1): p. 34–41.

19. Shibata, T., et al., *Micromachining of Diamond Film for MEMS Applications*. Microelectromechanical Systems, Journal of, 2000. **9**(1): p. 47–51.

20. Zhu, X., et al., *The fabrication of All-Diamond Packaging Panels with Built-in Interconnects for Wireless Integrated Microsystems*. Microelectromechanical Systems, Journal of, 2004. **13**(3): p. 396–405.

21. Zhang, Z.L., and N.C. MacDonald, *Fabrication of Submicron High-Aspect-Ratio GaAs Actuators*. Microelectromechanical Systems, Journal of, 1993. **2**(2): p. 66–73.

22. Adachi, S., and K. Oe, *Chemical Etching Characteristics of (001) GaAs*. Journal of Electrochemical Society, 1983. **123**(5): p. 2427–2435.

23. Chong, N., T.A.S. Srinivas, and H. Ahmed, *Performance of GaAs Microbridge Thermocouple Infrared Detectors*. Microelectromechanical Systems, Journal of, 1997. **6**(2): p. 136–141.

24. Iwata, N., T. Wakayama, and S. Yamada, *Establishment of Basic Process to Fabricate Full GaAs Cantilever for Scanning Probe Microscope Applications*. Sensors and Actuators A: Physical, 2004. **111**(1): p. 26–31.

25. Heschel, M., M. Mullenborn, and S. Bouwstra, *Fabrication and Characterization of Truly 3-D Diffuser/Nozzle Microstructures in Silicon*. Microelectromechanical Systems, Journal of, 1997. **6**(1): p. 41–47.

26. Maruo, S., K. Ikuta, and H. Korogi, *Force-Controllable, Optically Driven Micromachines Fabricated by Single-Step Two-Photon Microstereolithography*. Microelectromechanical Systems, Journal of, 2003. **12**(5): p. 533–539.

27. Teh, W.H., et al., *Cross-Linked PMMA as a Low-Dimensional Dielectric Sacrificial Layer*. Microelectromechanical Systems, Journal of, 2003. **12**(5): p. 641–648.

28. Madden, J.D., and I.W. Hunter, *Three-Dimensional Microfabrication by Localized Electrochemical Deposition*. Microelectromechanical Systems,

Journal of, 1996. **5**(1): p. 24–32.

29. Tsao, C.-C., and E. Sachs, *Photo-Electroforming: 3-D Geometry and Materials Flexibility in a MEMS Fabrication Process*. Microelectromechanical Systems, Journal of, 1999. **8**(2): p. 161–171.

30. Friedrich, C.R., and M.J. Vasile, *Development of the Micromilling Process for High-Aspect-Ratio Microstructures*. Microelectromechanical Systems, Journal of, 1996. **5**(1): p. 33–38.

31. Vogler, M.P., R.E. DeVor, and S.G. Kapoor, *Microstructure-Level Force Prediction Model for Micromilling of Multi-Phase Materials*. ASME Journal of Manufacturing Science and Engineering, 2003. **125**(2): p. 202–209.

32. Tseng, A.A., *Recent Developments in Micromilling Using Focused Ion Beam Technology*. Journal of Micromechanics and Microengineering, 2004. **14**(4): p. R15–R34.

33. Feinerman, A.D., et al., *X-ray Lathe: An X-ray Lithographic Exposure Tool for Nonplanar Objects*. Microelectromechanical Systems, Journal of, 1996. **5**(4): p. 250–255.

34. Manohara, M., et al., *Transfer by Direct Photo Etching of Poly(Vinylidene Fluoride) Using X-rays*. Microelectromechanical Systems, Journal of, 1999. **8**(4): p. 417–422.

35. Reynaerts, D., et al., *Integrating Electro-Discharge Machining and Photolithography: Work in Progress*. Journal of Micromechanics and Microengineering, 2000. **10**: p. 189–195.

36. Takahata, K., and Y.B. Gianchandani, *Batch Mode Micro-Electro-Discharge Machining*. Microelectromechanical Systems, Journal of, 2002. **11**(2): p. 102–110.

37. Fuller, S.B., E.J. Wilhelm, and J.M. Jacobson, *Ink-Jet Printed Nanoparticle Microelectromechanical Systems*. Microelectromechanical Systems, Journal of, 2002. **11**(1): p. 54–60.

38. Rogers, J.A., R.J. Jackman, and G.M. Whitesides, *Constructing Single- and Multiple-Helical Microcoils and Characterizing Their Performance as Components of Microinductors and Microelectromagnets*. Microelectromechanical Systems, Journal of, 1997. **6**(3): p. 184–192.

39. Black, A.J., et al., *Microfabrication of Two Layer Structures of Electrically*

Isolated Wires Using Self-Assembly to Guide the Deposition of Insulating Organic Polymer. Sensors and Actuators A: Physical, 2000. **86**(1–2): p. 96–102.

40. Wilson, C.G., and Y.B. Gianchandani, *Silicon Micromachining Using In Situ DC Microplasmas*. Microelectromechanical Systems, Journal of, 2001. **10**(1): p. 50–54.

41. Chen, R.-H., and C.-L. Lan, *Fabrication of High-Aspect-Ratio Ceramic Microstructures by Injection Molding with the Altered Lost Mold Technique*. Microelectromechanical Systems, Journal of, 2001. **10**(1): p. 62–68.

42. Shen, X.-J., L.-W. Pan, and L. Lin, *Microplastic Embossing Process: Experimental and Theoretical Characterizations: 1*. Sensors and Actuators A: Physical, 2002. **97–98**: p. 428–433.

43. Walter, V., et al., *A Piezo-Mechanical Characterization of PZT Thick Films Screen-Printed on Alumina Substrate*. Sensors and Actuators A: Physical, 2002. **96**(2–3): p. 157–166.

44. Jackman, R.J., S.T. Brittain, and G.M. Whitesides, *Fabrication of Three-Dimensional Microstructures by Electrochemically Welding Structures Formed by Microcontact Printing on Planar and Curved Substrates*. Microelectromechanical Systems, Journal of, 1998. **7**(2): p. 261–266.

45. Gracias, D.H., et al., *Forming Electrical Networks in Three Dimensions by Self-Assembly*. Science, 2000. **289**(5482): p. 1170–1172.

46. Whitesides, G.M., and B. Grzybowski, *Self-Assembly at all Scales*. Science, 2002. **295**(5564): p. 2418–2421.

47. Despont, M., et al., *VLSI-NEMS Chip for Parallel AFM Data Storage*. Sensors and Actuators A: Physical, 2000. **80**(2): p. 100–107.

48. Chou, S.Y., P.R. Krauss, and P.J. Renstrom, *Imprint of Sub-25 nm Vias and Trenches in Polymers*. Applied Physics Letters, 1995. **67**(21): p. 3114–3116.

49. Zhang, Y., et al., *Electrochemical Whittling of Organic Nanostructures*. Nano Letters, 2002. **2**(12): p. 1389–1392.

50. Haes, A.J., and R.P.V. Duyne, *A Nanoscale Optical Biosensor: Sensitivity and Selectivity of an Approach Based on the Localized Surface Plasmon Resonance Spectroscopy of Triangular Silver Nanoparticles*. Journal of American Chemical Society, 2002. **124**: p. 10596–10604.

51. Shah, A., et al., *Photovoltaic Technology: The Case for Thin-Film Solar Cells*.

Science, 1999. **285**(5428): p. 692–698.

52. Sirringhaus, H., et al., *High-Resolution Inkjet Printing of All-Polymer Transistor Circuits*. Science, 2000. **290**(5499): p. 2123–2126.

53. Service, R.F., *Electronics: Organic Device Bids to Make Memory Cheaper*. Science, 2001. **293**(5536): p. 1746a.

54. Kim, C., P.E. Burrows, and S.R. Forrest, *Micropatterning of Organic Electronic Devices by Cold-Welding*. Science, 2000. **288**(5467): p. 831–833.

55. Williams, K.R., and R.S. Muller, *Etch Rates for Micromachining Processing*. Microelectromechanical Systems, Journal of, 1996. **5**(4): p. 256–269.

56. Williams, K.R., K. Gupta, and M. Wasilik, *Etch Rates for Micromachining Processing—Part II*. Microelectromechanical Systems, Journal of, 2003. **12**(6): p. 761–778.

57. Nathanson, H.C., et al., *The Resonant Gate Transistor*. IEEE Transactions on Electron Devices, 1967. **ED-14**(3): p. 117–133.

전기적·기계적 필수 개념의 소개

CHAPTER 3

3.0 서론

MEMS 연구 분야는 전기공학, 기계공학, 재료 공정, 그리고 미세 제작을 포함한 여러 분야와 연관되어 있다. MEMS 기구들의 성공적인 설계를 위해서는 수많은 상호 연결점을 고려해야만 한다.

예를 들어 ADXL 가속도계와 같은 초소형 센서를 개발하는 설계자는 전기적인 측면과 기계적인 측면 모두를 고려해야 한다. 전기적 측면의 설계에는 정전용량(capacitance) 값과 신호 처리 회로(예, 아날로그-디지털 변환)가 포함된다. 기계적 설계에는 지지 빔(support beam)의 유연성(flexibility), 역학적 특성, 그리고 빔 내부의 내재 응력(intrinsic stress)이 포함된다.

어떠한 필요에 의해 한 가지 측면의 성능을 강화하면, 다른 측면의 성능을 희생시켜야 하는 경우가 종종 있다. 다양한 설계적 요소가 결합된 다른 예를 살펴보자. 반도체 실리콘의 불순도는 기계적인 작용과 전기적인 작용 모두에 영향을 준다. 기계적인 측면에서 불순도는 압전 저항 민감도(piezoresistive sensitivity)와 온도 민감도(temperature sensitivity)에 영향을 준다. 전기적인 측면에서 불순도는 전기 전도도(electrical conductivity)와 배경 소음(noise floor)을 결정한다. 일례로 도핑 농도를 낮추면, 압전 저항 민감도와 배경 소음이 동시에 증가하게 된다.

이 장에서는 MEMS를 이해하는 데 필수적인 개념과 기술에 대해 다룰 것이다. 간결함과 균형을 유지하기 위해, 가장 중요하고 자주 사용되는 개념만을 설명하였다.

3.1 절에서는 반도체의 결정(crystal)과 도핑 공정(doping process)에 대한 개념을 소개하여, 도핑 농도에 근거한 반도체의 전도도를 결정하는 기본적인

과정들을 소개한다.

3.2절에서는 결정면(crystal plane)과 방향에 대한 규칙(convention)을 다룬다.

3.3절에서는 다양한 재료에서의 응력(stress)과 변형률(strain)의 기본적인 관계에 대해 다룬다.

3.4절에서는 단순한 부하를 받는 탄성 빔(flexural beam)의 굽힘(bending)을 계산하는 과정을 다룬다.

3.5절에서는 단순한 부하를 받는 토션바(torsional bar)의 변형에 대해 다룬다.

3.6절에서는 진성 응력의 근원과 특성화(characterization), 제어(control) 및 보정(compensation) 방법에 대해 설명한다.

3.7절에서는 주기적 부하를 받는 미세 구조물(microstructure)의 기계적인 작용을 다룬다.

3.8절에서는 빔의 힘 상수와 공진 주파수를 활성적으로 조율(tuning)하는 방법을 소개한다.

이 장은 여러 학문 분야의 주제들을 다루고 있다. 이와 관련해서 깊게 공부하고 싶은 독자들은 3.9절에 나온 참고문헌들을 참조하기 바란다.

3.1 반도체의 전도도

모래사장이나 창유리에서 흔히 볼 수 있는 실리콘(silicon, 규소)은 집적 회로를 설계하는 데 사용되는 기판(substrate)으로 매우 적합하다. 실리콘은 반도체라고 불리는 재료의 부류에 속하는데, 이 반도체는 매우 우수한 전기적 특성과 전자 회로에 대한 제어성(controllability)을 갖고 있다. 반도체 실리콘은 MEMS 분야에서 가장 흔히 사용되는 재료이므로, 실리콘의 전기적 특성과 기계적 특성은 매우 중요하다.

반도체는 도체(예, 금속) 및 부도체(예, 유리 또는 고무)와 근본적으로 다르다. 이름대로 반도체의 전도율은 완전 부도체의 전도율과 완전 도체의 전도도 사이의 값을 갖는다. 하지만 이것이 반도체가 현대 전자공학에 중요하게 사용되는 이유를 다 말해 주는 것은 아니다. 더 중요한 것은, 반도체의 전도도가 의도적으로 유도된 불순물, 외부에서 가해 준 전기장, 전하 주입, 환경광, 그리고 온도 변화와 같은 다양한 방법으로 제어 가능하다는 점이다. 이 제어 '수단'들 때문에 반도체 물질들이 많이 이용되는 것이다. 반도체의 응용 사례로는 BJT(bipolar junction transistor), FET(field-effect transistor), 태양 전지(solar cell), 다이오드(diode), 온도 센서, 힘 센서, 화학 물질의 농도 센서(예,

chemical field-effect transistor 또는 ChemFET) 등을 들 수 있다.

반도체의 전도도는 매우 큰 관심사이다. 거시적 저항(macroscopic resistance)과 전기 전도(conductance)는 미시적 전기 전도도(microscopic conductivity)와 관련이 있다. MEMS 분야에서 가장 기초적인 문제 중의 하나는 도핑 농도에 기초를 둔 반도체 실리콘 조각의 전도도를 구하는 것이다. 이 문제가 이 절의 주요 쟁점이다.

이 책은 전하, 전압, 전기장, 전류, 그리고 옴의 법칙(Ohm's law)에 대한 독자의 기본적인 지식을 전제로 하고 있다. 3.9절에 이 주제들을 다룬 교재와 강좌 목록을 넣었다.

3.1.1 반도체 물질

반도체의 독특한 전기적 특성은 원자 구조로부터 나온 것이다. 이 절에서는 반도체 전도도의 근원에 대하여 살펴보자.

규소는 주기율표에서 4족에 속한다. 각 규소 원자는 외곽 전자 궤도에 전자 4개를 가지고 있다. 결과적으로 규소의 결정 격자 안에서 각 규소 원자는 이웃하는 규소 원자들과 4개의 공유 전자들을 갖는다.

규소 원자들은 결정 격자 내에 있다. 원자 간 거리는 원자 간 인력과 척력의 균형으로 결정된다. 고체 안의 규소 원자의 밀도는 절대 온도 300 K에서 5×10^{22} atoms/cm^{3}이다.

규소 원자의 전자 궤도에서 공유 결합을 하고 있는 전자들에 의해서는 전류를 전도하지 않으며, 체적 전도도에 아무런 영향을 미치지 않는다. 반도체 물질의 전도도는 오직 그 체적(벌크) 내에서 자유롭게 움직일 수 있는 전자의 농도와 관련이 있다. 규소 원자와 결합된 한 전자가 벌크형 전류(bulk current)에 기여하려면, 전자 궤도에서 벗어날 수 있는 충분한 에너지를 받아 흥분 상태가 되어야 한다.

공유 결합 전자를 자유 전자로 흥분시키기 위해 필요한 통계적 최소 에너지를 반도체 물질의 **밴드갭**(bandgap)이라고 부른다. 밴드갭은 두 원자 사이의 하나의 공유 결합을 깨는 데 필요한 에너지와 같다. 상온에서 규소의 밴드갭은 약 1.11 eV 혹은 1.776×10^{-19} J이다. 더 자세한 정보를 원한다면, 고체 상태의 전자 기구에 대한 교재를 참고하라[1, 2].

전자들은 격자 진동(예, 온도 상승)과 전자기 복사의 흡수(예, 빛 흡수)를 포함하는 많은 방법에 의해 에너지를 받아 원자들로부터 자유로워질 수 있다. 온도는 체적 내에서 자유 전자 농도의 결정에 큰 역할을 한다. 사실 반도체 실리콘은 전류를 통하게 하는 자유 전자들이 없을 때 절대 영도(0 K)에서 절연 상태가 된다. 고온은 자유 전자 밀도를 높여 더 좋은 전기 전도도를 유발한다.

규소의 경우와 대조적으로, 금속 도체는 금속 결합(metallic bond)으로 연결된 금속 원자들로 이루어져 있는데, 금속 결합은 일반적으로 공유 결합보다 약하다. 전자들은 쉽게 전자 궤도에서 나와 자유 전자가 되어 전류에 기여할 수 있다. 금속에 대한 등가 밴드갭(equivalent bandgap)은 0이다. 따라서 금속 도체의 전도도는 항상 높으며, 온도 변화와 빛 조건에 민감하지 않다.

부도체(insulator)는 이온 결합과 같은 반도체 물질의 결합보다 훨씬 강한 원자 결합을 하고 있다. 다시 말해, 부도체의 밴드갭은 반도체의 밴드갭보다 훨씬 크다. 전자들이 원자 궤도에서 벗어나기 어렵기 때문에, 부도체 물질의 자유 전자 농도와 전도도는 매우 낮다.

규소가 MEMS에서 이용되는 유일한 반도체 물질은 아니다. 게르마늄(germanium), 다결정 게르마늄(polycrystalline germanium), 실리콘 게르마늄(silicon germanium), 갈륨 아세나이드(gallium arsenide, GaAs), 갈륨 나이트라이드(gallium nitride, GaN)와 실리콘 카바이드(silicon carbide, SiC)와 같은 다른 반도체 물질도 이용되고 있다. 이 물질들은 규소와 다른 밴드갭을 가진다[3, 4].

어떤 유기 물질은 반도체적 특성을 가지고 있다. 유기 반도체는 유연하게 휠 수 있는 전자 회로(flexible circuit)와 디스플레이를 위해 연구되고 있다. 일반적으로 유기 반도체는 무기 반도체와는 다른 장치 구조와 제조 방법을 갖는다. 이 주제는 이 교재의 범위를 넘어선다. 신생하고 있는 이 연구 주제에 관심 있는 독자들은 관련된 참고 논문들을 읽어 보라[5~8].

3.1.2 전하 운반자 농도 계산

반도체 물질의 전기 전도도는 체적 내의 자유 전하 입자 수와 전기장 안에서의 전하 입자의 민첩성(agility)에 의해 결정된다. 이 절에서는 자유 전하 운반자(free charge carrier)의 수(혹은 체적 농도)를 결정하는 기본적인 공식에 대해 다룰 것이다.

자유 전하 운반자에는 전자(electron)와 정공(hole), 두 가지 종류가 있다. 공유 결합을 깨고 자유로워진 전자들만이 벌크형 전류를 일으키는 것은 아니다. **정공**이라고 불리는 공유 결합에서 탈출한 전자의 빈 자리는 계속적인 전자의 흐름을 위한 장소로서 벌크형 전류의 흐름을 가능하게 해 준다. 정공은 양전하를 운반한다. 주어진 어떠한 물질에서 전기를 통하게 하는 능력은 전하와 정공이 서로 다르지만, 그 크기는 서로 비슷한 차수를 갖는다.

반도체에서 전자 농도는 n(단위: electrons/cm^3 또는 cm^{-3})으로 나타낸다. 정상 상태(steady-state)와 열적 평형 상태(thermal equilibrium condition, 즉 외부 전류와 환경

광이 없는 상태)에서 전자와 정공의 농도는 보통 n_0와 p_0로 각각 표현된다. 아래첨자 0는 열적 평형 상태의 값들을 가리킨다.

전하 농도의 SI 단위는 m^{-3}이다. 관례적으로 CGS 단위계의 전하 농도(cm^{-3})가 주로 사용된다.

반도체 벌크에는 진성(intrinsic)과 부가(extrinsic)의 두 계열이 있다. 우선 간단한 특성을 지닌 진성 반도체 물질을 다루고자 한다. 이것은 MEMS와 미세 전자 기구에 종종 등장한다.

완벽한 반도체 결정은 그 결정 구조 안에 불순물이나 격자 흠(lattice defect)이 없다. 이런 반도체를 **진성 반도체 물질**(intrinsic semiconductor material)이라고 부른다. 이 물질의 경우 열과 빛을 이용하여 전자와 정공을 발생시킨다. 원자가전자가 열이나 빛으로 충분한 에너지를 받으면, 실리콘 원자를 떠나고 정공을 남긴다. 이 사건을 전자–정공쌍 생성이라고 부른다.

그러나 전자와 정공의 수와 농도는 시간에 제한 없이 증가하지 않는다. 자유 전자와 정공은 도중에 결합하여 에너지를 방출할 수 있다. 재결합(recombination)이라고 불리는 이 과정은 생성 과정(generation process)과 경쟁한다. 정상 상태 조건에서는 생성과 재결합의 비율이 같다.

전자와 정공은 쌍으로 생성되기 때문에 전자 농도(n)는 정공 농도(p)와 같다. 진성 물질의 경우, 전자 농도를 n_i라고 표현한다. 여기서 아래첨자 i는 *intrinsic*을 가리킨다. 방금 설명한 전자 농도와 정공 농도의 관계는 다음과 같이 표현할 수 있다.

$$n = p \equiv n_i \tag{3.1}$$

n_i의 크기는 다음과 같이 밴드갭과 온도의 함수이다.

$$n_i^2 = 4\left(\frac{4\pi^2 m_n^* m_p^* k^2 T^2}{h^2}\right)^{3/2} e^{-\frac{E_g}{kT}} \tag{3.2}$$

식 (3.2)에서 m_n^*, m_p^*, k, T, E_g는 전자의 유효 질량, 정공의 유효 질량, 볼츠만 상수, 절대 온도, 밴드갭을 각각 나타낸다. h는 플랑크 상수를 나타낸다. 예를 들어 상온에서 규소의 n_i는 $1.5\times10^{10}/cm^3$로, 규소 원자의 밀도 $5\times10^{22}/cm^3$보다 훨씬 작은 값이다.

그러나 모든 반도체 조각이 완벽한 진성 반도체인 것은 아니다. 반도체는 보통 우연적으로나 설계에 의해 불순 원자를 가지고 있다. 불순 원자들은 보통 불균형적인 방법으로 전자와 정공의 추가에 기여를 한다. 도핑이라고 불리는 의도적인 불순물의 주입은 진성 반도체를 **부가 반도체 물질**(extrinsic semiconductor material)로 변화시킨다. 불순물은 다양한 방법으로 주입되는데, 가장 잘 알려진 방법은 확산과 이온 주입(ion implantation)

이다. 이들은 재료를 성장시키는 과정에서 반도체의 격자에 침투되기도 한다. 이러한 방식을 인시추 도핑(즉석 도핑, *in situ* doping)이라고 한다.

사람의 땀에서 나오는 나트륨 이온(sodium ion)이 부주의하게 주입되면, 트랜지스터의 성능이 급격하게 저하되는 원인이 된다. 따라서 금속 이온들은 청정실(cleanroom)에서 매우 규칙적으로 배열되어야 한다.

불순물 원자(dopant atom)는 결정 격자 속에 주입될 때 일반적으로 모원자(host atom)에 치환된다. 최외각 전자 껍질에 모원자가 가지고 있는 전자보다 더 많은 외곽 전자를 가진 불순물 원자는 잉여 전자들을 벌크에 주입 혹은 '기증' 할 수 있다. 이온화(ionization)라고 불리는 이 단계는 상온에서 쉽게 일어난다. 이러한 종류의 불순물을 도너(donor)라고 부른다. 예를 들어 실리콘 벌크에 주입된 인 원자(P, phosphorus atom)는 기증자인 도너가 된다. 왜냐하면 인은 최외각 전자 껍질에 전자 5개를 가지고 있는 5족에 속하는데, 인 원자가 이웃하는 4개의 규소 원자와 공유 결합을 하기위해 4개의 원자만이 필요하기 때문이다. 인이 도핑된 실리콘은 상온에서 일반적으로 정공보다 자유 전자를 더 많이 갖는다($n_0 > p_0$). 전자 농도가 정공 농도보다 높으면, 전자를 **다수 운반자**(majority carrier)라고 부르고, 반도체 물질은 **n형 물질**(n-type material)이라고 부른다. 이 명칭과 관련된 규칙을 쉽게 외우려면, 철자 *n*이 *negative*(negative charge, 음전하)를 의미하고 전자의 농도를 나타내는 기호이며, 이런 n형 반도체에서는 전자가 다수 운반자임을 기억하면 된다.

최외각 전자 껍질에 모원자가 가지고 있는 전자보다 더 적은 전자를 가진 불순물 원자는 벌크로부터 전자들을 '받는다.' 이런 종류의 불순물을 억셉터(acceptor)라고 부른다. 예를 들어 실리콘 벌크 내의 보론 원자(B, boron atom)는 최외각 전자 껍질에 전자 3개를 가지는 3족이므로 억셉터이다. 보론으로 도핑된 실리콘은 일반적으로 전자보다 정공을 더 많이 갖는다($n_0 < p_0$). 정공 농도가 전자 농도보다 높을 때, 정공은 다수 운반자이며 이러한 반도체 물질을 **p형**(p-type)이라고 부른다. 철자 *p*는 *positive*(positive charge, 양전하)를 의미하고 정공 농도를 나타내는 기호이며, 이런 p형 반도체에서는 정공이 다수 운반자이다.

도핑된 반도체에서 운반자의 농도(n_0와 p_0)는 n_i와 다르다. 그러나 전자 농도와 정공 농도는 열적 평형 상태에서 다음과 같이 단순한 관계를 갖는다.

$$n_0 p_0 = n_i^2 \tag{3.3}$$

MEMS와 미세 전자공학(microelectronics)에서 도핑된 부가 반도체는 널리 사용된다. 가장 중요한 학습 문제 중의 하나로 이미 알고 있는 불순도로부터 자유 운반자의 농도를 구하는 것이 있다. 다음에서 이의 일반적 과정을 살펴보자.

도너 농도가 N_d이고 억셉터 농도가 N_a인 부가 반도체 물질에 있어, 전자와 정공의 농도는 다음과 같은 과정으로 결정될 수 있다.(일반적으로 N_d와 N_a는 다르다.) 도핑 공정에서는 중성 벌크에 중성 원자를 주입하므로, 벌크의 전하 중성도는 항상 유지된다. 벌크 내의 음전하 농도는 전자와 이온화된 억셉터 원자의 농도(N_a^-)로 구성된다. 벌크 내의 양전하 농도는 정공과 이온화된 도너 원자의 농도(N_d^+)로 구성된다. 이와 같은 전하 중성도의 조건을 다음과 같이 나타낼 수 있다.

$$p_0 + N_d^+ = n_0 + N_a^- \tag{3.4}$$

전자 농도를 계산하기 위해 p_0에 n_i^2/n_0를 대입하고 항들을 재배열하면

$$n_0 - \frac{n_i^2}{n_0} = N_d^+ - N_a^- \tag{3.5}$$

또는

$$n_0^2 - (N_d^+ - N_a^-)n_0 - n_i^2 = 0 \tag{3.6}$$

가 된다.

p_0에 관한 식으로 표현하면 다음과 같다.

$$p_0^2 - (N_a^- - N_d^+)p_0 - n_i^2 = 0 \tag{3.7}$$

반도체의 일반적인 작동 온도에서, 도너와 억셉터는 완전하게 이온화된다고 가정한다. 즉 $N_a^-=N_a$이고 $N_d^+=N_d$이다.

불순물 농도를 알기만 하면, n_0와 p_0는 위의 고차 방정식을 풀면 구할 수 있다. 두 개의 근이 주어지는데, 물리적으로 의미 있는 것을 답으로 취하면 된다.

N_d-N_a의 크기가 n_i보다 훨씬 크다면 n_i^2은 무시할 수 있으므로, 식 (3.6)의 좌변은 간단해질 수 있다. 이 경우, 전자 농도는 다음 식에 근접할 수 있다.

$$n_0 = N_d^+ - N_a^- \tag{3.8}$$

이에 이어서 정공 농도는 식 (3.3)으로 구할 수 있다.

다른 한편으로, 억셉터 농도가 도너 농도보다 훨씬 높고 N_a-N_d가 n_i보다 훨씬 크

다면, 정공의 농도는 식 (3.7)을 이용하여 다음 식에 근접하게 된다.

$$p_0 = N_a^- - N_d^+ \tag{3.9}$$

전자 농도는 식 (3.3)으로 구할 수 있다.

예제 3.1 운반자 농도의 계산

상온에서 열적 평형 상태에 있는 실리콘 기판이 있다. 실리콘은 도핑 농도가 10^{16} atoms/cm^3인 보론으로 도핑되어 있다. 전자와 정공 농도를 구하라.

풀이 상온에서 보론 불순물 원자가 모두 이온화되었다고 가정하자($N_a = N_a^-$). 이온화된 억셉터 원자의 농도($N_a^- = 10^{16}/cm^3$) 차수가 n_i 농도($1.5 \times 10^{10}/cm^3$) 차수보다 6차나 크므로, p_0를 구하기 위해 식 (3.9)를 이용할 수 있다.

$$p_0 = 10^{16}/cm^3$$

따라서 전자 농도의 크기는 다음과 같다.

$$n_0 \approx \frac{n_i^2}{p_0} = 2.25 \times 10^4/cm^3$$

불순물의 농도가 격자 원자의 밀도보다 훨씬 작음에 주목하자.

3.1.3 전도도와 저항

벌크 반도체의 전도도는 전류를 흐르게 하는 능력의 척도이다. 이 절에서는 전자와 정공 두 가지의 운반자 농도를 알고 있을 때 전기 전도도를 구하는 공식을 다룰 것이다. 반도체의 총 전도도는 전자와 정공 두 가지 운반자들이 개별적으로 기여한 전도도의 합이다.

자유 전하 운반자는 전기장의 영향하에서 움직인다. 이러한 형태의 운반자 운송을 **드리프트**(drift)라고 부른다. 주어진 전기장 내에서 드리프트하는 전하 운반자의 민첩성은 벌크의 전도도에 영향을 준다. 그렇다면 자유 전하 운반자는 얼마나 빨리 움직일 수 있을까?

결정 격자 내의 자유 전하 운반자는 균일하고 일정한 전기장 내에 있을 때, 자의적으로 고속에 도달하지 못한다. 오히려 자유 전하 운반자는 격자 내의 원자나 다른 자유 전하 운반자와 충돌하면서 종종 느려지거나 멈추게 된다. 전하 운반자는 충돌 사건 사이에 통계학적 평균 속도($\overline{V}$)에 도달한다. 이 속도의 크기는 국소적 전기장(E)과 운반자 **이동도**(mobility) μ라고 표현되는 운반자의 민첩성을 곱한 값이다. 이동도는 다음과 같이 정의된다.

$$\mu = \frac{\overline{V}}{E} \tag{3.10}$$

단위는 (m/s)/(V/m)=m^2/V·s 이다.

이동도는 도핑 농도와 온도 및 결정 방향에 의해 복잡한 방식[1]으로 영향을 받는다. GaAs 와 같은 특정 물질은 실리콘보다 높은 전자와 정공 이동도를 제공하기 때문에, 고속 전자 회로에 이용된다.

전하 운반자가 계속적인 충돌 사건 사이에서 이동하는 통계학적 평균 거리를 **평균 자유 경로**(mean free path) $\overline{d}$라고 부른다. 계속적인 충돌 사건 사이의 평균 시간은 **평균 자유 시간**(mean free time) $\overline{t}$이다. 평균 속도, 평균 자유 경로 및 평균 자유 시간 사이의 관계는 다음과 같다.

$$\overline{d} = \overline{V} \cdot \overline{t} \tag{3.11}$$

운반자 농도와 그 속도를 안다면 벌크 반도체의 전도도에 관한 식을 유도할 수 있다.

익숙한 옴의 법칙에서부터 시작해 보자. 옴의 법칙은 어떤 물질에 대한 벌크 저항률(bulk resistivity, ρ)이 가해진 전기장과 그에 따른 전류 밀도 J 간의 비례 상수임을 나타낸다.

$$E = \rho J \tag{3.12}$$

전류 밀도(current density)는 전류를 단면적으로 나눈 값이다. 전도도는 저항률의 역수($\sigma = 1/\rho$)이다. 전류 밀도와 가해진 전기장 사이의 관계는 다음과 같이 다시 나타낼 수 있다.

$$J = \sigma E \tag{3.13}$$

전도도(σ)는 다음과 같이 뚜렷하게 정의된다.

$$\sigma = \frac{J}{E} \tag{3.14}$$

J와 E의 관계는 그림 3.1 의 모델을 이용하여 구할 수 있다. 도핑된 반도체로 이루어진 거시적 저항(macroscopic resistor)에 전압 V를 걸어 주면 전류 I가 흐른다. 우선

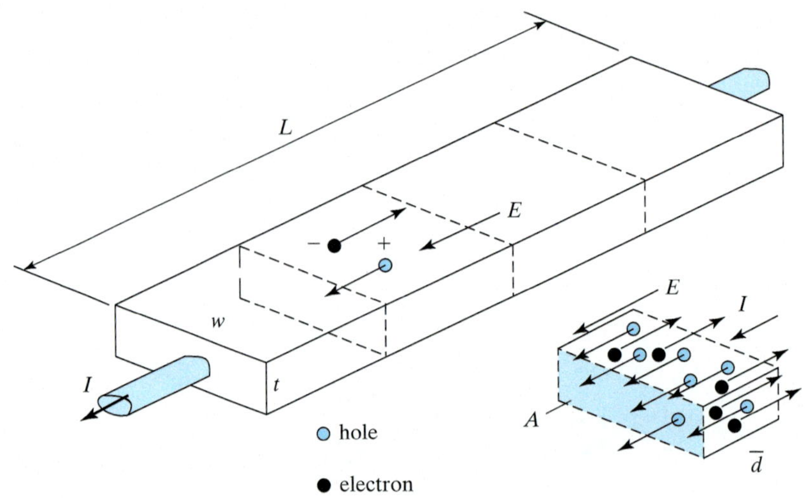

그림 3.1
반도체 저항.

벌크 반도체 저항에서 임의의 해석 상자를 분리하여 생각해 보자. 상자의 길이는 전하 운동 방향과 외부 전기장 방향에 평행하다. 상자의 길이는 의도적으로 벌크($\bar{d}$) 내 전자의 평균 자유 경로로 맞추었다. 상자는 저항 벌크의 한 샘플이므로, 상자의 전류 밀도와 벌크 저항은 같다.

상자의 전류 밀도는 주어진 시간 안에 통과하는 총 전하량을 단면적(A)으로 나눈 값이다. 단위 시간에 상자 부피 안의 총 전하량 Q는 전하 밀도와 상자 부피와 단위 전하 입자의 전하량 q를 곱한 것과 같다. 상자의 길이를 평균 자유 경로로 맞추었기 때문에, 이 전하 입자들은 평균 자유 시간 안에 이 단면을 통과하도록 되어 있다. 단면 A에서의 총 전류 I_A는 단순히 전하량 Q를 평균 자유 시간으로 나눈 값이다.

전자에 의한 전도도는 다음과 같이 유도된다.

$$\sigma_n = \frac{J}{E} = \frac{\frac{I_A}{A}}{E} = \frac{\frac{Q}{A\bar{t}}}{E} = \frac{\frac{(nA\bar{d}q)}{A\bar{t}}}{E} = \frac{n\bar{V}q}{E} = n\mu_n q \qquad (3.15)$$

I_A, A, Q, q는 각각 전류, 샘플 단면적, A와 $\bar{d}$의 곱으로 정의된 부피 안의 총 전류, 단위 운반자의 전하량($q=1.6\times10^{-19}$ C)을 의미한다. μ_n은 전자의 이동도이다.

정공에 의한 전도도는 다음과 같다.

$$\sigma_p = p\mu_p q \tag{3.16}$$

μ_p는 정공의 이동도이다.

총 전도도는 전자와 정공에 의한 전도도의 합이다. 총 저항률은 이동도와 운반자 농도의 함수로 표현할 수 있다.

$$\rho \equiv \frac{1}{\sigma} = \frac{1}{\sigma_n + \sigma_p} = \frac{1}{q(\mu_n n + \mu_p p)} \tag{3.17}$$

저항률이 반도체 실리콘의 물질에 따른 그리고 도핑 정도에 따른 값인 데 반해, 저항 소자(resistor element)의 저항(resistance)은 소자 모양과 관련이 있다. 저항률과 저항 소자의 모양을 알면, 총 저항을 구할 수 있다.

저항은 전류에 대한 전압의 비로 정의된다. 총 전압 강하는 전기장과 길이의 곱이다. 한편, 전류는 전류 밀도와 단면적($A = w \times t$)의 곱이다. 저항은 다음과 같이 표현할 수 있다.

$$R = \frac{V}{I} = \frac{EL}{JA} = \rho\frac{L}{wt} = \frac{\rho}{t}\frac{L}{w} = \rho_s\frac{L}{w} \tag{3.18}$$

ρ_s는 **면적 저항률**(sheet resistivity)이다. 면적 저항률은 저항률을 저항 소자의 두께로, 도핑된 반도체 저항의 경우 도핑된 영역의 두께로 나눈 값이다. 면적 저항률의 단위는 Ω 또는 Ω/□이다. □는 정사각형(square)이라고 부른다. 어떤 저항 소자를 위에서 내려다보았을 때, 그 소자의 패턴이 저항 소자의 두께와 같은 크기의 정사각형 타일(tile)들로 이루어져 있다고 상상해 보자. 저항 소자 전체에 배치하는 데 필요한 정사각형 타일의 개수는 두께에 대한 길이의 비와 같다. 각 타일은 정사각형에 해당된다. 정사각형 기호는 회로 설계자와 회로 제조업자 간의 의사소통을 원활하게 하기 위해 집적 회로 산업에서 발명되었다. 면적 저항은 불순물 농도와 두께에 대한 정보를 담고있어서 설계자가 두께와 같은 상세한 공정보다는 기하학적 배열에 초점을 맞추게 해 준다.

예제 3.2 전도도와 저항의 계산

상온에서 실리콘의 진성 운반자 농도(n_i)는 $1.5 \times 10^{10}/\text{cm}^3$이다. $10^{18}/\text{cm}^3$ 농도의 인으로 도핑된 실리콘 조각이 있다. 실리콘의 전자와 정공의 이동도는 각각 약 1350 cm^2/V-s와 480 cm^2/V-s이다. 도핑된 실리콘의 벌크 저항을 구하라.

풀이 예제 3.1과 동일한 과정을 수행하여 전자와 정공의 농도를 쉽게 구할 수 있다.

$$n_0 = 10^{18}\ \text{cm}^{-3}$$

$$p_0 = \frac{n_i^2}{n_0} = 225\ \text{cm}^{-3}$$

도핑된 실리콘의 저항은 다음의 식에 대입하여 계산한다.

$$\rho = \frac{1}{\sigma} = \frac{1}{q(\mu_n n_0 + \mu_p p_0)}$$

$$= \frac{1}{1.6 \times 10^{-19} \times (1350 \times 10^{18} + 480 \times 225)}$$

$$= 0.0046\frac{V \cdot s \cdot \text{cm}}{C} = 0.0046\frac{V \cdot \text{cm}}{A} = 0.0046\ \Omega \cdot \text{cm}$$

예제 3.3 면적 저항률

예제 3.2에 이어서, 두께가 1 μm인 일정한 도핑층을 갖는 경우, 도핑층의 면적 저항률을 구하라. 저항기는 다음 그림 3.2a의 형상을 가진 도핑층에 의해 정의된다. 저항기의 저항은 얼마인가? 1 mA의 전류가 흐를 때 저항기에 의해 방출되는 열은 얼마나 되는가? 그림 3.2b의 저항기의 저항은 얼마인가?

풀이 면적 저항률은 $\rho_s = \dfrac{\rho}{t} = \dfrac{0.0046(\Omega\text{cm})}{10^{-4}\ (\text{cm})} = 46\ \Omega/\square$ 이다.

저항은 다음의 두 방법으로 계산할 수 있다. 먼저 저항은 저항률과 길이의 곱을 단면적으로 나눈 것과 동일하다. 즉

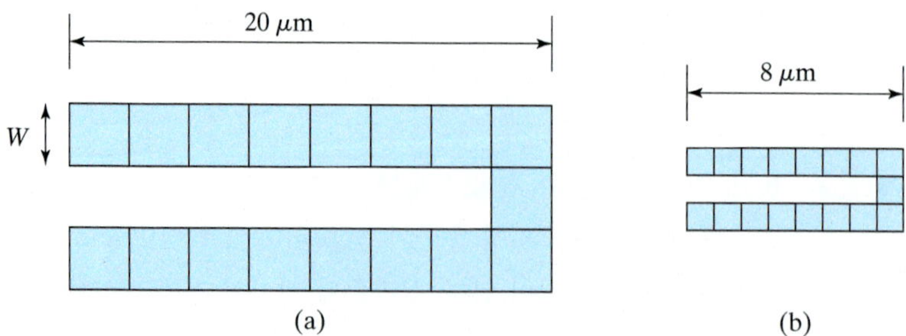

그림 3.2
도핑된 반도체로 만들어진 두 저항의 형상.

$$R = \rho \frac{l}{wt}$$

이다. 두 번째 방법이 이 경우에는 더 간단하다. 저항은 면적 저항률과 정사각형 수의 곱과 동일하다. 모서리를 무시하면, 저항기 안의 정사각형은 모두 15개이다. 총 저항은

$$R = \rho_s \frac{l}{w} \approx 46 \times 15 = 690\ \Omega$$

이다. 바이어스 전류가 1 mA일 때, 옴 가열 파워는

$$P = I^2 R = 0.69\ \text{mW}$$

이다. (b)의 정사각형과 (a)의 정사각형 수가 같으므로, 이들은 같은 저항값, 690 Ω을 가진다.

3.2 결정 평면과 방향성

결정 격자의 규소 원자들은 격자 구조 내부에서 규칙적으로 배열된다. 규소의 물성치(예컨대 영률, 이동도, 압전성)와 화학 식각률은 종종 방향성(orientation)에 의존한다. 그림 3.3은 각기 다른 방향에서의 규소 결정 격자의 단면을 나타낸다. 원자의 충적 밀도가 면의 방향에 따라 확연하게 변하고, 그에 따라 전기 및 기계적 특성과 식각 특성의 이방성(anisotropy)이 발생한다.

결정 격자의 평면과 방향을 정의하기 위해 밀러 지수(Miller Index)라는 통용어가 개발되었다.

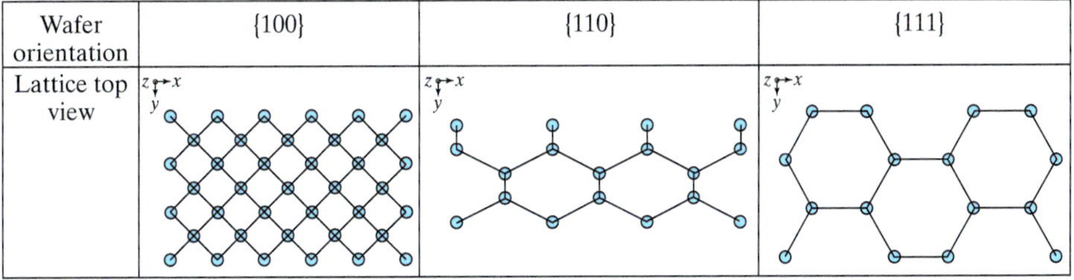

그림 3.3
대표 방향의 실리콘 결정의 격자 단면.

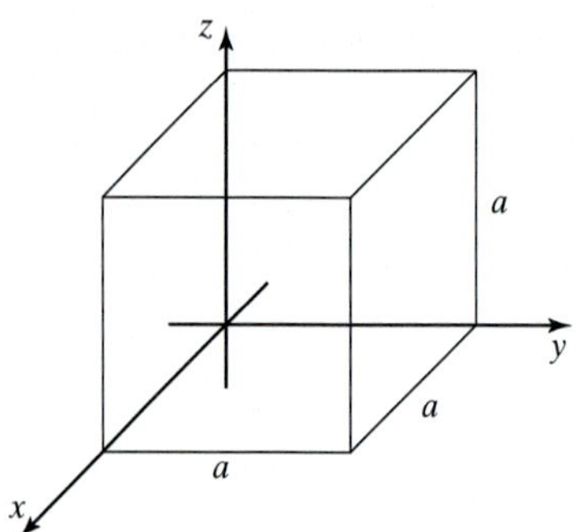

그림 3.4
정육면 격자.

먼저 평면에 이름을 붙여 보자. 결정 평면은 고체의 결정학적 축(main crystallographic axis)과 어떻게 교차하는지에 따라 정의될 것이다. 그림 3.4는 격자 상수를 a로 정의한 직교 좌표계이다. 이와 같은 좌표계의 평면에 밀러 지수를 적용하는 표준적인 방법은 다음에 논의될 것이다.

이 방법은 다음의 기본적인 예로 가장 쉽게 표현할 수 있다. 먼저 그림 3.5에서와 같이 색이 칠해진 한 면을 고려한다. 두 가지 중요한 단계가 포함된다.

단계 1. x, y, z축 절편을 구한다. 이 경우에 x축 절편은 좌표가 $(a, 0, 0)$인 점 $x=a$이다. 평면이 y축과 z축에 평행하므로 이들 두 축의 절편은 존재하지 않는다. 평면이 축에 평행할 때, 평면과 축의 교점은 무한대에 존재한다고 할 수 있다. 그러므로 x, y, z축의 절편은 $\boldsymbol{a}, \boldsymbol{\infty}, \boldsymbol{\infty}$이다.

단계 2. 단계 1에서 찾은 세 절편의 역수를 취하고, 가장 작은 정수들인 h, k, l의 조합으로 만든다. 예를 들어 단계 1 예의 역수는 $1/\boldsymbol{a}$, $1/\infty(=0)$과 $1/\infty(=0)$이 된다. 이 경우에 이 세 값에 $\boldsymbol{a}$를 곱해서 가장 작은 정수들의 조합으로 만든다. (hkl)의 형식에 따라 괄호로 묶은 이들 정수의 조합이 이 평면의 밀러 지수이다. 즉 그림 3.5에서 색으로 칠해진 면의 밀러 지수는 (100)이 된다.

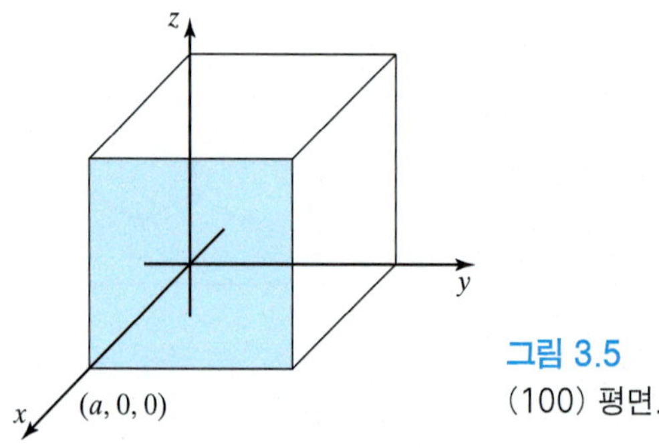

그림 3.5
(100) 평면.

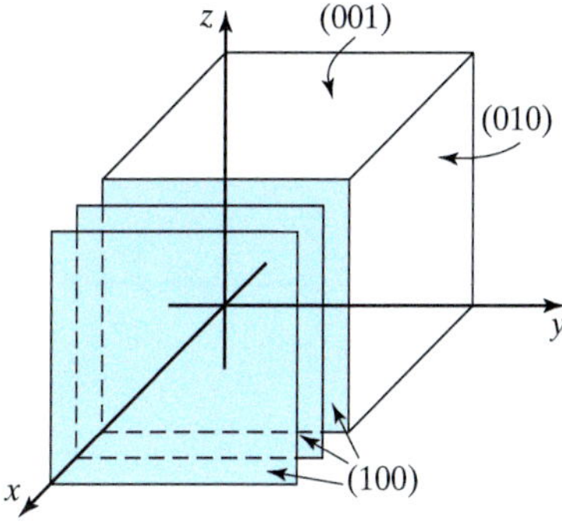

그림 3.6
결정학적 동일 평면.

결정학적 관점에서 볼 때, 격자 내의 많은 평면은 동일하다. 즉 그림 3.5의 칠해진 면에 평행한 면들 역시 (100)이다. 그림 3.6의 세 가지 평면도 모두 (100)이다.

규소 격자는 정방 격자 그룹에 속한다. 정방 격자에서는 물성치가 회전 대칭성(rotational symmetry)을 보인다. 따라서 그림 3.6에서 격자의 평면 (010)과 (001)은 평면 (100)과 물성치의 관점에서 동일하다. 이러한 동일 평면의 그룹을 나타내기 위해서, 정수들의 조합을 괄호 ( ) 대신, { }로 묶는다. 예를 들어 결정 평면 (100), (010)과 (001)은 같은 {100} 그룹에 속한다고 할 수 있다(그림 3.6).

또한 밀러 지수로 결정 격자 내 방향도 나타낼 수 있다. 벡터 방향에 대한 밀러 지수 역시 세 정수의 조합으로 구성될 뿐 아니라, 다음의 두 단계에 의해 결정된다.

단계 1. 많은 경우에, 관심을 가지고 있는 벡터는 좌표계의 원점을 지나지 않는다. 이런 경우에는 원점에서 시작하는 평행 벡터를 찾는다. 평행 벡터의 밀러 지수는 동일하다.

단계 2. 각 성분 간의 관계는 유지하면서, 원점을 지나는 이 벡터의 세 방향 성분을 가장 작은 정수의 조합으로 나타낸다. 예를 들어 그림 3.4의 원점 (0, 0, 0)에서 점 (1a, 1a, 1a)에 이르는 정방체의 대각선은 *X*, *Y*, *Z*의 세 성분으로 구성되는데, 이들은 모두 1a이다. 그러므로 이 대각선의 밀러 지수는 세 정수 (1, 1, 1)로 구성되고, 괄호 [111]로 묶어진다.

정방형 격자에서 밀러 지수 [*hkl*]로 표현되는 벡터는 평면 (*hkl*)과 항상 수직이다.

회전 대칭인 벡터들은 모두가 동일한 벡터 그룹에 속한다. 세 정수로 구성되는 이 벡터들의 그룹은 괄호 { }로 묶어서 표현한다.

MEMS에서 가장 자주 사용하는 규소 결정 평면들을 그림 3.7에 나타내었다. {100}, {110}, {111} 평면 그룹들과 이에 대응하는 결정 방향들 <100>, <110>,

표 3.1
평면, 방향의 단일 요소와 그룹 표기법 요약.

	Single element notation	Family notation
Directions	[*hkl*]	<hkl>
Planes	(*hkl*)	{**hkl**}

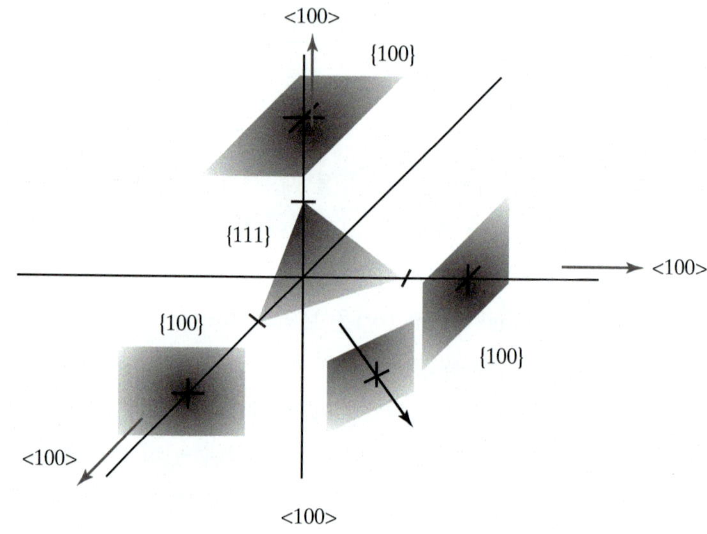

그림 3.7
실리콘의 결정학적 주요 평면의 구분.

<111>의 위치를 주의하여 보자. {111} 평면 그룹의 모든 평면은 (100) 평면을 54.75°의 경사 각도로 교차한다. (110) 평면은 (100) 평면을 45°로 교차한다.

우리는 실리콘 웨이퍼를 구매할 때 표면이 어떻게 '잘렸는가', 즉 표면 벡터에 따라 구매할 수 있다. 경계면에서의 밀도가 상대적으로 낮은 <100> 방향 웨이퍼는 MOS(metal-oxide-semiconductor) 전기 장비에 사용된다. 또한 <100> 방향 웨이퍼는 MEMS 장비의 벌크 실리콘 미세 가공에 유용하게 사용된다. 반면에 <111> 방향 웨이퍼는 <111> 방향으로의 높은 전하 이동성 때문에 BJT 타입의 반도체에 보편적으로 많이 사용된다. 이것들은 MEMS 응용에도 때때로 사용되어 왔다(10장 참조). 집적 전자 회로가 없는 표면 미세 제조 공정은 웨이퍼의 방향성과 무관하게 어느 방향의 웨이퍼로도 가공 가능하다.

3.3 응력과 변형률

이 절에서는 응력(stress)과 변형률(strain)의 기본 개념과 이들의 관계를 다룰 것이다. 독자가 힘(force)과 토크(torque) 개념에 익숙한 것을 전제로 한다.

3.3.1 내력 분석: 뉴턴의 운동 법칙

응력은 기계적 하중에 의해 생긴다. 그러므로 먼저, 하중이 가해지는 조건에 따른 미세 기계적 요소에서의 내력(internal force) 분석 방법을 논의할 것이다.

뉴턴의 세 가지 운동 법칙은 하중이 가해지는 MEMS 장치들의 정역학적, 동역학적 작용 분석의 가장 기초가 된다. 이 세 가지 법칙에 대해 간단히 살펴보자.

뉴턴 법칙	설명
뉴턴의 제 1 운동 법칙 (관성의 법칙)	외력이 가해지지 않는 한, 등속 운동을 하는 모든 물체는 그 운동을 지속한다.
뉴턴의 제 2 운동 법칙	물체의 질량 m과 가속도 a, 그리고 작용하는 힘 F의 관계는 $F=ma$이다. 가속도와 힘은 벡터이다. 힘 벡터와 가속도 벡터는 그 방향이 동일하다.
뉴턴의 제 3 운동 법칙	모든 작용에 대하여 항상 반작용이 있다.

뉴턴 법칙에 의한 결론 중 가장 많이 사용하게 되는 것이 있는데, 이는 정지한 물체에 작용하는 힘과 모멘트(토크)의 벡터 합이 0이며, 이 물체의 일부분에 작용하는 벡터 합도 마찬가지로 0이라는 것이다.

물질 내부의 힘의 분포는 응력과 변형률의 원인이 되는데, 위의 세 법칙들은 이 원인을 분석하는 데 사용된다. 이 분석 과정을 다음의 예를 통해 설명하겠다.

그림 3.8과 같이 벽돌 벽에 깊이 고정된 긴 봉(바)이 있고, 그 끝에 축 방향으로 힘 F가 작용한다고 하자. 봉을 통해서 힘이 벽에 전달되기 때문에, 벽에서는 뉴턴의 제 3 운동 법칙에 따른 반작용이 있을 것이다. 벽은 봉의 왼쪽 면에 어떤 힘을 전달한다. 이 힘을 밝혀 내고 정량화하기 위해 벽을 제거하고 그 대신에 봉에 가해지는 작용으로 대체하자. 이 **자유 물체도**(free-body diagram)를 보면, 정지된 상태를 유지하기 위해 봉에 작용하는 힘의 합력이 0이 되어야 하는데(뉴턴의 제 1 법칙), 그러기 위해서는 벽도 반드시 그 자신이 받고 있는 힘과 크기는 같되 방향은 반대인 축 방향 힘을 봉에 작용해야 함을 알 수 있다.

보이지 않는 힘과 응력을 나타내어 정량화하기 위해 이 방법을 사용할 수 있다. 봉

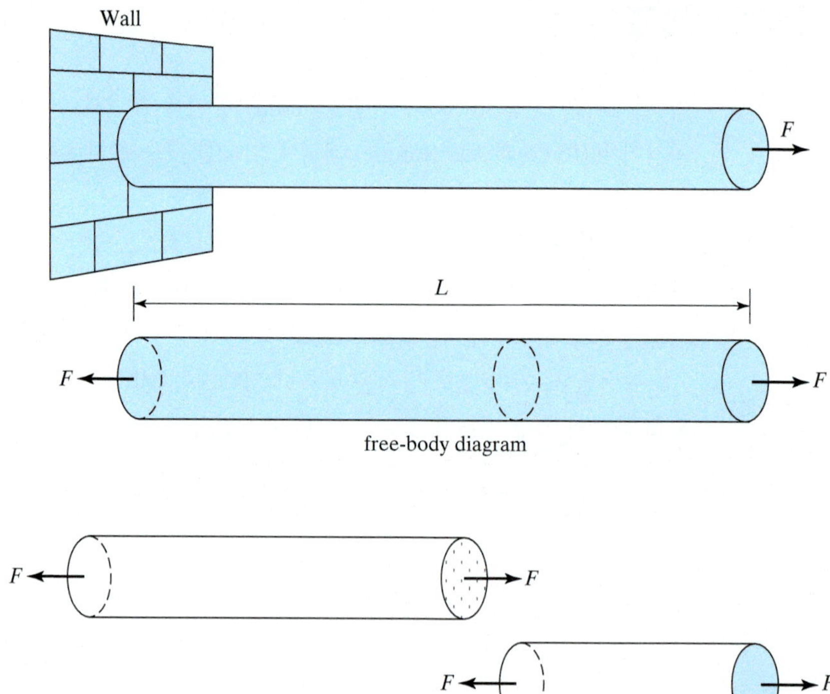

그림 3.8
힘의 평형 분석.

은 힘의 평형을 이루고 있으므로, 봉의 모든 부분들도 평형 상태를 이루어야 한다. 우리는 임의의 관심 부분을 골라서, 봉을 반으로 자를 수 있다.(절단면이 봉의 길이 방향에 대해서 수직이면, 이 면을 단면이라고 부를 수 있다.) 두 부분의 힘을 분석할 때, 한쪽 끝의 조건을 모두 알고 있는 오른쪽 부분부터 분석하면 분석이 보다 쉽다.

봉의 자유로운 한쪽 끝 면에 힘이 작용하므로, 크기는 같고 방향은 반대인 힘이 단면에 작용하게 된다. 자른 부분에는 방향이 반대인 두 개의 면이 존재하게 되는데, 뉴턴의 제 3 운동 법칙이 말하는 바대로, 이 두 면에는 크기가 같고 방향은 반대인 힘과 모멘트가 쌍으로 존재한다. 그래서 비록 표면이 감추어져서 실험적으로 측정할 수 없지만, 크기가 F인 힘이 왼쪽 조각의 오른쪽 끝에 작용하는 것을 알 수 있다.

같은 봉에 축의 수직 방향 힘이 작용하는 경우를 고려해 보자(그림 3.9). 마찬가지로 벽을 상상 속에서 지우고, 봉을 벽에서 분리해 보자. 분리된 봉에 작용하는 힘과 모멘트의 총합은 반드시 0이 되어야 한다. 합력이 0이 되려면, 봉의 벽 쪽에서도 같은 크기, 반대 방향의 힘이 작용해야만 한다. 그러나 힘의 쌍은 F와 L(봉의 길이)의 곱 크기의 토

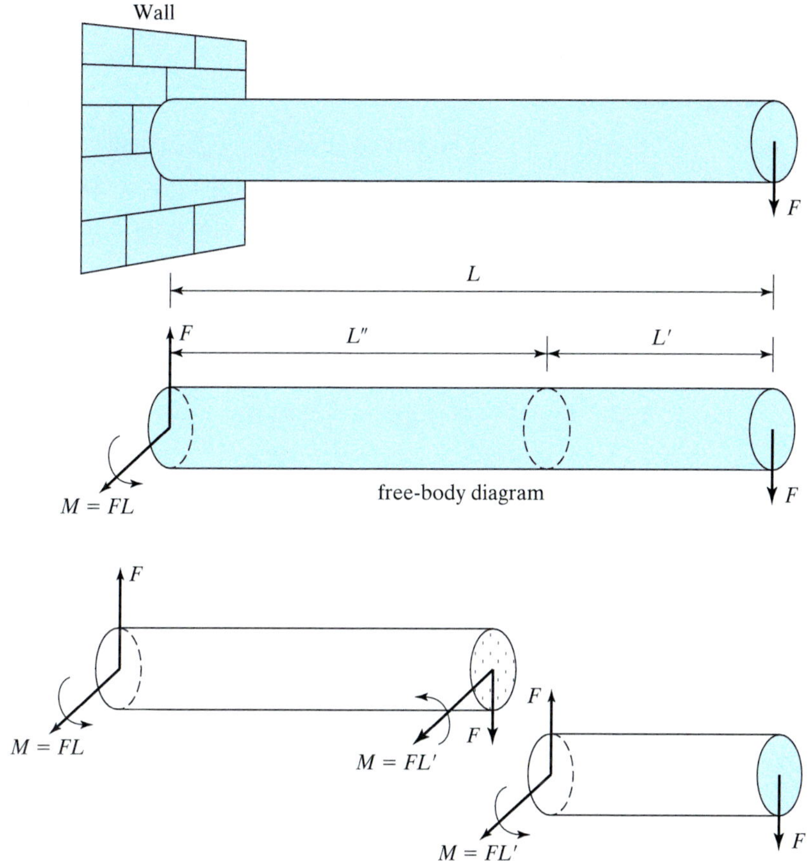

그림 3.9
힘과 모멘트 평형 분석.

크[역학에서는 커플(couple) 혹은 모멘트(moment)라 부르기도 한다]를 발생시킨다. 크기는 $F \times L$이고 방향은 반대인 반작용 토크가 봉의 벽 쪽 끝에도 작용해야 한다.

가상 절단면에서의 반작용 힘과 토크를 계산하기 위해서 한쪽 끝의 조건을 모두 알고 있는 오른쪽 부분에서부터 분석한다. 절단면은 서로 반대의 힘을 겪을 것이며, 또한 힘의 쌍이 빚어 내는 토크의 균형을 겪을 것이다. 이들은 팔 길이 L' 만큼 떨어져 있다.

가상의 절단면의 왼쪽 부분은 뉴턴의 제 3 운동 법칙에 따라 반대 면에 정확히 반대의 힘과 토크를 받게 된다.

$$\sum M = FL - FL' = FL''$$

왼쪽 부분의 토크 합의 크기는 다음과 같으며, 힘(F)과 팔 길이(L'') 곱과 같다. 왼쪽 부분에 작용하는 힘과 토크의 합은 둘 다 0이다.

3.3.2 응력과 변형률의 정의

기계적 응력은 수직 응력(normal stress)과 전단 응력(shear stress) 두 그룹으로 분류된다. 그림 3.10 에 그려진 간단한 예를 통해 먼저 이 두 응력의 정의를 복습해 보자.

수직 응력 분석의 가장 간단한 경우인 축 방향 힘을 받고 있는 단면적이 일정한 봉이 있다고 가정해 보자. 만약 봉을 길이 방향으로 잡아당기면, 봉은 장력을 받게 되고 길이가 늘어날 것이다(그림 3.10).

임의의 부분을 가상적으로 절단하면, 봉의 내부 응력을 생각해 볼 수 있다.

어떠한 단면을 선택하여 자르든지 선택한 단면적 전체에 작용하는 힘이 연속적으로 분포한다. 이 힘의 강도를 응력이라고 부른다. 응력이 단면적에 수직 방향으로 작용하면, 이를 **수직 응력**이라 한다. 일반적으로 σ로 표기하는 수직 응력은 주어진 면적(A)에 작용하는 힘(F)으로 정의한다.

$$\sigma = \frac{F}{A} \tag{3.19}$$

응력의 SI 단위는 N/m^2 또는 Pa이다.

수직 응력은 인장(tensile, 봉을 당기는 경우처럼)일 수도 있고 압축(compressive, 봉을 미는 경우처럼)일 수도 있다. 수직 응력의 극성도 봉 내부의 미소 체적을 분리시켜 정의할 수 있다. 체적이 특정 방향으로 인장되면 인장 응력, 체적이 눌리면 압축 응력이

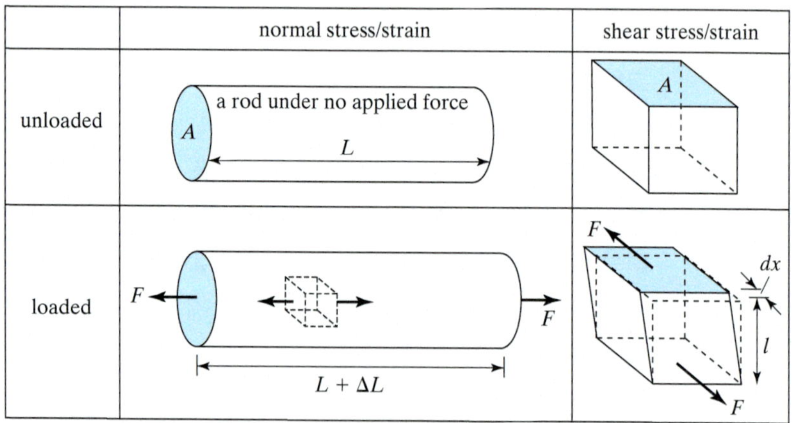

그림 3.10
수직 응력과 전단 응력.

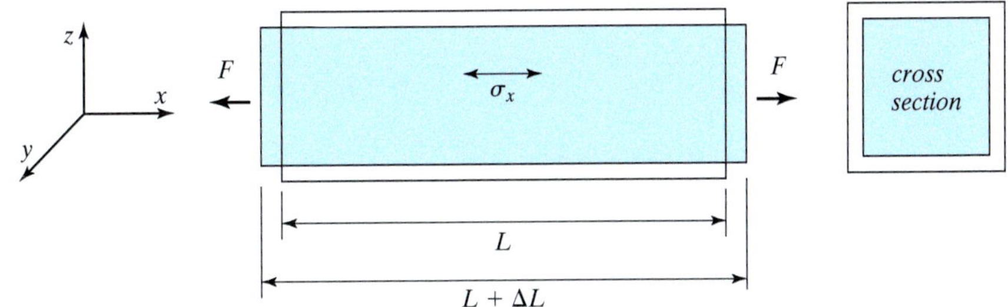

그림 3.11
수직 응력에 의한 봉의 축 방향 인장.

작용하는 것이다.

변형률은 봉의 단위 인장 길이를 의미한다. 이 경우에는 변형률의 방향이 빔의 단면적에 수직이므로 **수직 변형률**(normal strain)이라 부른다. 철 봉의 원 길이를 L_0라고 가정해 보자. 주어진 수직 응력에 의해서 봉은 길이 L로 인장될 것이다. 이 경우 봉에서의 변형률은 다음과 같이 정의된다.

$$s = \frac{L - L_0}{L_0} = \frac{\Delta L}{L_0} \tag{3.20}$$

일반적으로 역학에서 변형률은 ε으로 나타낸다. 그러나 물질의 전기적 유전율(electrical permittivity, dielectric constant)과 혼동하기가 쉽다. 대부분의 경우에 논의의 문맥에 근거하여 분명하게 구분할 수 있다. 그러나 변형률과 유전율이 모두 포함되는 부속 방정식이 있는 압전(piczoelectricity)을 논의할 때에는 혼동을 피하기 위해서 반드시 변형률과 유전율의 표기를 달리하여야 한다. 이 책에서는 이러한 혼란의 가능성을 방지하기 위해서 변형률을 처음부터 끝까지 s로 표기하였다.

실제적으로 x축을 따라 작용한 길이 방향 응력은 그 방향의 인장뿐 아니라 단면적의 감소도 일으킨다(그림 3.11). 이는 물질이 전체 체적과 원자 간의 간격을 일정하게 유지하려 하기 때문이라고 설명할 수 있다. y축, z축 방향의 상대적인 변화는 s_y, s_z로 표현된다. 이러한 일반적인 물질의 특성은 **포아송비**(Poisson's ratio) ν로 설명할 수 있는데, 이것은 가로 방향과 길이 방향의 인장 길이의 비로 정의된다. 즉 다음과 같다.

$$\nu = \left|\frac{s_y}{s_x}\right| = \left|\frac{s_z}{s_x}\right| \tag{3.21}$$

응력과 변형률은 밀접한 관계를 가지고 있다. 작은 변형이 일어날 때 훅의 법칙

(Hooke's law)에 의해 응력과 변형률은 서로 비례한다.

$$\sigma = Es \tag{3.22}$$

비례 상수 E는 **탄성 계수**(modulus of elasticity)이다. 그러나 변형이 보다 크게 일어날 경우에 응력과 변형률의 일반적인 관계는 훨씬 복잡해진다. 보다 자세한 내용은 3.3.3절에서 다루고 있다.

탄성 계수는 **영률**(Young's modulus)이라고도 하는데, 이는 물성치이다. 이는 주어진 물질에 대하여 그 모양이나 기계적 요소의 차원에 상관없이 일정하다. 원자들은 원자력에 의해 결합된다. 만일 원자 간의 힘이 스프링처럼 서로 연결되어 있다고 생각해 보면, 이들이 서로 떼거나 밀거나 할 때 이를 복원하려는 힘이 발생할 것이다. 탄성 계수는 평형 상태에서 원자 사이의 스프링의 강도를 의미한다.

예제 3.4 길이 방향 응력과 변형률

10 mN의 힘으로 원통 모양의 규소 봉의 양쪽 끝을 당긴다. 봉의 길이는 1 mm이고, 두께는 100 μm이다. 봉의 길이 방향 응력과 변형률을 계산하라.

풀이 응력은 힘을 단면적으로 나눠서 계산한다.

$$\sigma = \frac{F}{A} = \frac{10 \times 10^{-3}}{\pi\left(\frac{100 \times 10^{-6}}{2}\right)^2} = 3.18 \times 10^5 \text{ N/m}^2$$

변형률은 응력을 탄성 모듈러스로 나눠서 구한다.

$$s = \frac{\sigma}{E} = \frac{3.18 \times 10^5}{130 \times 10^9} = 2.4 \times 10^{-6}$$

전단 응력은 또 다른 형태의 힘이 가해져도 발생한다. 순수한 전단 응력을 발생시키는 가장 간단한 방법 중 하나가 그림 3.10에 나타나 있는데 이는 입방체의 반대편에 있는 두 면에 짝힘을 가하는 것이다. 이 경우 전단 응력의 크기는 다음과 같이 정의한다.

$$\tau = \frac{F}{A} \tag{3.23}$$

τ의 단위는 N/m^2이다. 전단 응력은 x, y, z 방향으로 입방체 요소가 길어지거나 짧아지는 경향이 없는 대신, 요소의 모양이 변형된다. 그림의 요소는 원래 직각 6면체의 형태에서 비스듬하게 기울어진 평행 6면체로 변형되었다. 전단 변형률 γ는 회전 변형이 일어난 정도로 정의한다.

$$\gamma = \frac{\Delta X}{L} \tag{3.24}$$

전단 변형률은 단위가 없다. 즉 단위 라디안(radian)당 각도의 변형률을 나타낸다. 전단 응력과 변형률은 비례 상수인 전단 탄성 계수(shear modulus of elasticity) G를 가지고 서로 비례한다. G는 간단히 τ와 γ의 비이다.

$$G = \frac{\tau}{\gamma} \tag{3.25}$$

G의 단위는 N/m^2이다. G의 값은 물체의 모양이나 크기가 아닌 물질에 의해 결정된다.

주어진 물질에 대해 E, G와 포아송비는 다음의 관계를 가지고 연결된다.

$$G = \frac{E}{2(1 + \nu)} \tag{3.26}$$

3.3.3 인장 응력과 변형률 사이의 일반적인 관계

다양한 물질 중에서 특히 금속의 인장 응력-변형률의 관계가 이론 및 실험적으로 연구되어 왔다. 식 (3.22)로 표현되는 수직 응력과 변형률의 관계는 매우 작은 범위의 변형에만 적용 가능하다. 보다 넓은 범위의 변형 시 이들의 관계를 이 절에서 논의할 것이다.

응력-변형률 관계를 정의하기 위해서, 보통 인장 실험을 한다. 정확한 제원이 알려진 봉을 준비하는데, 결정 방향성도 정렬하고, 표면도 곱게 처리한 뒤 길이 방향으로 인장력을 가한다. 빔이 부러지기 전까지의 상대적인 변형의 합과 응력을 응력-변형률 그래프로 표현한다.

일반적인 응력-변형률 곡선은 그림 3.12와 같다. 응력과 변형률의 값이 작을 때에는 응력의 값이 변형률에 비례하여 증가하는데, 이때의 비례 상수는 영률이 된다. 이 구간을 탄성 변형 영역이라 한다. 응력을 더 이상 가하지 않으면, 물체는 원래의 형태로 돌아오게 된다. 이때 힘을 가하는 것은 반복적으로 많이 이루어질 수 있다.

응력이 어떤 값을 넘어서게 되면, 물체는 플라스틱 변형 영역으로 넘어가게 된다.

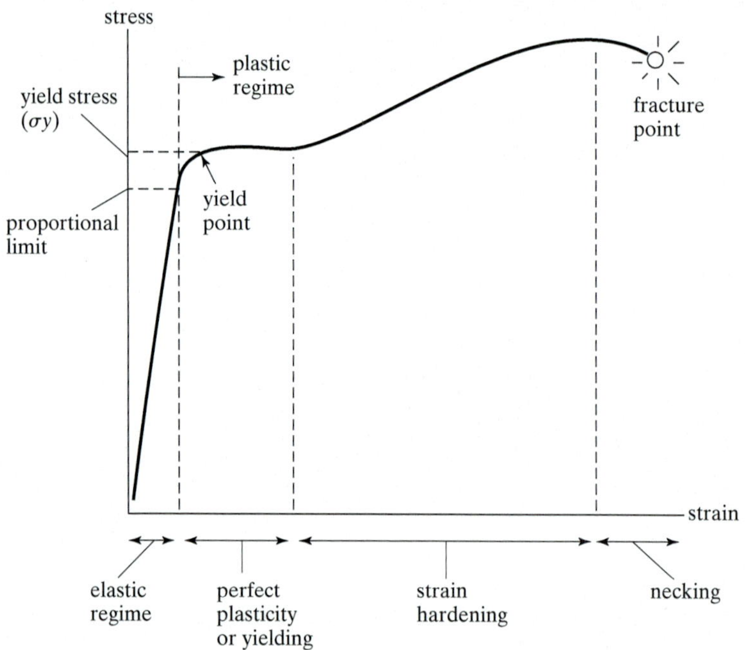

그림 3.12
전단 응력과 변형의 일반적인 관계.

이 영역에서 응력과 변형률은 더 이상 선형적인 관계를 갖지 않는다. 그뿐만 아니라 외력이 사라졌을 때, 물체의 변형이 완전히 회복되지 않는다.

금속으로 된 종이 클립을 약간 휘어 보자. 금세 원래의 모습으로 돌아올 것이다. 만일 클립을 어느 각도 이상으로 휘면, 클립은 원래의 모습으로 돌아오지 않는다. 플라스틱 변형이 일어났다고 말할 수 있다.

물질의 응력-변형률 곡선은 물질의 수축력과 인장력에 대해서 각기 다르게 나타난다 [9]. 응력-변형률 곡선은 중요한 두 지점이 있는데, 항복점(yield point)과 파괴점(fracture point)이 그것이다. 항복점에 이르기 전까지는 물질은 그 탄성을 유지한다. 항복점과 파괴점의 사이에서 시편(specimen)은 플라스틱 변형을 일으킨다. 파괴점에 도달하면, 시편에 비가역적 파단이 일어난다. 물질의 항복점의 y 값은 물질의 **항복 강도**(yield strength)이고, 파괴점의 y 값은 **파괴 강도**(ultimate strength, fracture strength)이다.

대부분의 금속에 대해서 그림 3.12에 표현된 일반적인 관계를 적용할 수 있다. 그렇지만 모든 금속이 이 응력-변형률 관계를 따르는 것은 아니다. MEMS에서 널리 사용되는 실리콘 등의 깨지기 쉬운(brittle) 물질이나 부드러운 고무 같은 여러 다른 물질들에 대한 대표적인 응력-변형률 곡선을 그림 3.13에 나타내었다.

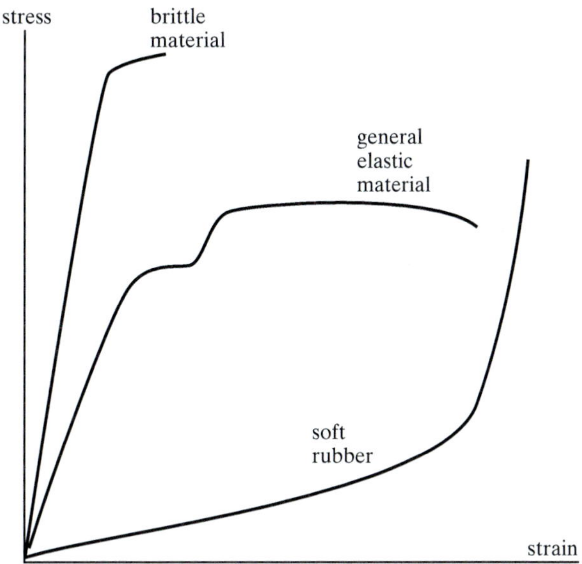

그림 3.13
응력과 변형률의 관계.

강성(strong), 연성(ductile), 탄성(resilient), 강인성(tough) 등 물질의 재료 특성을 묘사하기 위한 정성적인 표현이 존재한다. 이러한 개념들은 응력-변형률 곡선에 관계하여 보다 분명히 설명될 수 있다.

물질의 항복 강도나 최종 강도가 크면, 그 물질은 강하다(strong)고 한다. 따라서 실리콘은 스테인리스강보다 훨씬 강하다.

연성(ductility)은 중요한 물성치이다. 이것은 파괴점 이전의 플라스틱 변형의 정도를 나타내는 척도이다. 물질이 파손되기까지의 플라스틱 변형이 아주 적거나 없는 경우에 그 물질은 '취성(brittle)'이라고 한다. 실리콘은 깨지기 쉬운 물질인데, 비례 한계가 초과되고 나서 아주 적은 인장만 더 가해도 그 인장력을 이겨 내지 못하고 파손된다. 인장 강도는 변형 정도(percent elongation)나 변형 시 축소 면적률(percent reduction in area)로 정량적으로 표현할 수 있다.

강인성(toughness)은 물질이 파손되기 전까지의 에너지 흡수력을 나타내는 역학적 척도이다. 정적인 조건에서, 강인성은 인장 응력-변형률 실험 결과로 결정된다. 이는 파손 전 응력-변형률 곡선 아래 면적으로 강인한 물질은 강도와 연성을 모두 갖추어야 한다.

복원력(resilience)은 물질이 탄성 변형을 일으킬 때의 에너지를 흡수함과 함께 응력이 제거된 뒤에 다시 복원하는 에너지를 갖는 정도를 의미한다.

3.3.4 실리콘과 관련 박막의 기계적 특성

실리콘이나 폴리실리콘, 실리콘 질화물과 같은 취성 재료의 경우, 파괴 응력(fracture stress)과 파괴 변형률(fracture strain)은 설계에 있어서 매우 중요하다. 그러나 단결정 실리콘, 다결정 실리콘, 실리콘의 파괴 응력과 영률과 파괴 변형률에 대한 실험 데이터는 많지 않고 일관성 없이 산재해 있다. 자료가 부족한 이유는 거시적 표본에 비해 미시적 표본을 정확하게 측정하기가 더 어렵기 때문이다. 자료가 분산되어 있는 이유는 보고되지 않았거나 검증(재연)되기 힘든 미세한 요소들에 따라 재료의 특성이 달라지기 때문이다(예를 들어 정확한 재료 성장 조건, 표면 마감, 열처리 과정). 거시적 표본의 경우, 평균 효과로 인해 이들의 변화량이 크지 않다. 그러나 거시적 표본을 통해 얻어진 실험 데이터들은 대부분 미시적 표본에 적용할 수 없다.

파괴 강도(fracture strength)나 품질 계수(quality factor)[10], 피로 수명(fatigue lifetime)과 같은 몇몇 물성은 표본의 크기에 따라 달라진다[11]. 단결정 실리콘이나 실리콘 화합물의 박막과 같은 몇몇 특정한 MEMS 표본에 대한 크기 효과는 널리 연구되어 왔다[12~14]. 예를 들어 한 연구에 따르면 취성 강도는 크기에 따라 달라지는데, 밀리미터 스케일의 시편보다 23~38배 정도 크다고 한다[13]. 실리콘 같은 물질의 파괴 거동은 결함(flaw)이나 기존의 파쇄된 틈(crack)의 영향을 크게 받는다. 작은 단결정 실리콘 구조에서는 대상 실리콘 체적 내에 결함이 거의 없기 때문에 벌크 물질에 비해 큰 탄성 강도(elastic strength)와 변형률을 보일 수 있다.

단결정 실리콘의 영률은 결정의 방향에 따라 정해진다[15]. {100} 단면에서 실리콘의 영률은 [110] 방향에 대해 가장 크고(168 GPa)[14], [100] 방향에 대해 가장 작다(130 GPa). {110} 단면에서는 영률이 [111] 방향에 대해 가장 크다(187 GPa). 전단 계수 또한 결정 방향에 의해 정해진다[15]. 실리콘의 포아송비는 결정의 방향과 측정 배치(measurement configuration)에 따라 0.055에서 0.36까지 비교적 넓은 범위를 가지는데[15] 불행하게도 이에 관한 자료는 매우 분산되어 있다.

폴리실리콘 박막의 경우 영률은 재료 공정의 정확한 조건에 따라 다른데, 이는 실험실마다 성장 조건에 미세한 차이가 있기 때문이다. LPCVD로 증착된 폴리실리콘은 (100) 결을 가진 균일한 원주 모양의 조직을 가진다[16]. 사실, LPCVD 폴리실리콘의 기계적 성질은 원주 모양의 조직 때문에 각도에 따라 변한다. 폴리실리콘의 영률은 120~175 GPa의 범위를 갖는데, 평균 약 160 GPa의 값을 갖는다. 도핑 정도 역시 영률에 영향을 주는 것으로 보인다. 이에 관해 참고문헌[17, 18]에 요약되어 있다. 더욱 중요한 것은 영률이 똑같은 물질, 똑같은 단계, 똑같은 반응로 같은 물리적 접근성 상황에서도 매번 다르게 측정될 수 있다는 사실이다. 문헌에 명기된 물성을 사용하기보다 제조 시에 사용된 가장 적합한 측정 방법을 명기하고 매번 측정할 것을 권한다[18].

폴리실리콘의 포아송비는 0.15～0.36으로 알려져 있으며[18] 일반적으로 0.22를 사용한다.

폴리실리콘의 파괴 강도는 다양한 시편에 대해 (인장, 휨 강도, 나노 압착 등의) 다양한 방법으로 측정되는데 1.0～3.0 GPa의 범위를 갖는다[19]. 폴리실리콘의 파괴 변형률은 온도와 관계가 있는데, 특정 조건까지는 온도가 증가함에 따라 증가한다. 상온에서는 약 0.7%, 670°C에서는 약 1.6%이다. 다결정 재료의 영률과 파괴 강도는 결정의 미세 구조와 측정 장치의 크기에 따라 달라진다[20]. 실험 결과에 따르면 다결정 실리콘의 파괴 강도는 시험 단면의 총면적이 감소함에 따라 증가한다[17].

실리콘 질화물 박막에 대한 결과는 실험마다 다르고 벌크 실리콘 질화물과도 차이가 있다. 한 연구에 따르면 실리콘 질화물의 영률은 254 GPa이고 파괴 강도는 6.4 GPa로서 파괴 변형률은 2.5%라고 한다[21].

박막과 미세 구조의 특성은 이들의 작은 크기 때문에 직접적으로 연구하기가 어렵다. 정확하고 효과적인 측정을 위한 몇 가지 기법과 체계가 개발되었다[11, 20, 22～24]. 몇 가지 경우에 대한 마이크로스케일 구조의 물성이 표본에서 동시에 제조된 마이크로 액추에이터와 센서를 이용할 때 가장 효과적이고 정확하게 연구되었다[11, 25].

많은 MEMS 응용에서는 제조나 배치, 가동 중의 충격 하중이 잠재적으로 영향을 미친다. 실험적인 방법과 분석적 툴(analytical tool) 두 가지 모두를 동원하여 종합적인 가이드라인을 이끌어 내는 것이 중요하다. MEMS 기구의 충격 하중(shock load) 거동에 대한 연구가 이루어졌다[26]. 충격 내구력(shock tolerance)을 증대시키는 한 가지 방법은 폴리머와 같은 연성 재료를 활용하는 것이다. 폴리이미드에 근거한 힌지의 광학 스캐닝 방법은 참고문헌 [27]을 참고하라.

반복된 하중 아래에서는 파괴 강도보다 낮은 응력에서도 미세 구조가 파손될 수 있다[28]. 이 현상은 피로(fatigue)라고 하는데, 일상 생활에서 경험할 수 있다. 예를 들어 종이 클립을 반복적으로 굽혔다 폈다 하면 표면 크랙이 생겨나고 어떤 횟수를 넘어서면 부러지게 된다. 단결정 실리콘 재료와 미세 기계 구조물은 일반적으로 피로 수명이 긴데, 이는 장치의 크기가 작아질수록 크랙을 유발하는 장소들의 수가 줄어들기 때문이다. 단결정 실리콘과 기타 다른 물질의 피로 현상에 대한 실험적 연구는 주로 통제된 기하 구조에 기계적 결함을 인공적으로 만드는 방법으로 수행되었다. 한 연구에 따르면, 단결정 실리콘 표본의 수명은 10^6～10^{11}사이클의 범위를 갖는다[29]. 폴리실리콘 구조의 피로 거동에 대한 연구[30]에 따르면 폴리실리콘 구조의 피로 수명은 약 10^{11}사이클 정도이다. 같은 연구에서 균질 응력이나 집중 응력이 증가할수록 피로 수명은 감소한다는 것을 발견하였다.

MEMS 기구의 종합적인 수명 테스트와 이에 관한 결과는 거의 발표되지 않았고 분산된 자료로 존재한다. 예를 들어 MEMS RF 스위치에 쓰이는 금 외팔보는 7,000,000,000

사이클의 굽힘을 견딜 수 있다[31].

부록 A에 몇 가지 중요한 MEMS 물질의 대표적인 기계적, 전기적 특성이 요약되어 있다.

3.3.5 응력-변형률의 일반적인 관계

3.3.2절에 제시된 수식은 응력과 변형률을 스칼라(scalar)로 취급한다. 그러나 사실 응력과 변형률은 텐서(tensor)이다. 이들의 관계는 응력과 변형률을 벡터(vector)로 취급하는 행렬 형태(matrix form)로 표현될 수 있다. 이 절에서는 응력과 변형률의 일반적인 벡터 표현에 대해 알아본다.

응력과 변형률의 벡터 성분을 가시화하기 위해 물질 내부에서 단위 정육면체를 분리하여 응력이 각 면에 작용한다고 보자. 정육면체를 x, y, z축의 직교 좌표계 위에 놓자. 이후에 밝힐 이유로, x, y, z축은 1, 2, 3번 축으로 각각 표시하기도 한다.

정육면체는 6개의 면이 있으므로 각 면당 2개씩 총 12개의 전단 힘 성분이 존재한다. 모든 성분이 독립적인 것은 아니다. 예를 들어 평행한 면에 대해 같은 축 방향으로 작용하는 각 쌍의 전단 힘 성분은 크기가 같고 방향은 반대이다(뉴턴의 제 1 법칙). 따라서 독립적인 전단 응력 성분이 6개로 감소한다. 그림 3.14에 6개의 전단 응력 성분(τ)이 표현되어 있다. 각 성분은 2개의 아래첨자로 구분되는데, 첫 번째 문자는 응력이 적용되는 면의 수직 방향을 나타내고, 두 번째 문자는 응력이 작용하는 방향을 나타낸다.

토크 균형에 의해, 인접한 두 면이 공유하는 모서리를 향한 두 전단 응력은 같은 크기를 갖는다. 구체적으로 $\tau_{xy}=\tau_{yx}$, $\tau_{xz}=\tau_{zx}$, $\tau_{zy}=\tau_{yz}$이다. 다시 말해서, 서로 수직인 면에서는 항상 크기가 같은 한 쌍의 전단 응력이 존재한다. 따라서 독립적인 전단 응력 성분의 수는 3개로 줄어든다.

정육면체의 각 면에 하나씩, 총 6개의 수직 응력(normal stress) 성분이 존재한다. 평형 상태일 때, 서로 마주 보는 면에 작용하는 수직 응력은 크기가 같고 방향은 반대이다. 따라서 3개의 독립적인 수직 응력 성분이 존재한다(그림 3.13). 수직 응력은 σ와 2개의 아래첨자로 표시된다.

종합해서, 동적 평형 상태의 직교 좌표계에는 3개의 독립된 수직 응력과 3개의 전단 응력이 존재한다(그림 3.14).

각각의 성분마다 2개씩의 아래첨자를 기입하는 것은 상당히 번거롭다. 6개의 독립 성분 표현 방법은 다음과 같이 단순화될 수 있다.

1. 수직 응력 성분 σ_{xx}, σ_{yy}, σ_{zz}는 각각 T_1, T_2, T_3로 단순화한다.
2. 전단 응력 성분 τ_{yz}, τ_{xz}, τ_{xy}는 각각 T_4, T_5, T_6로 단순화한다.

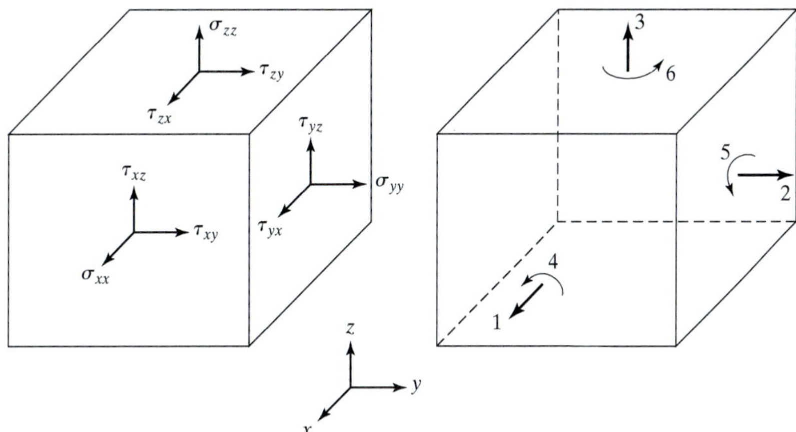

그림 3.14
주요 응력 요소.

이와 유사하게, 3개의 독립 수직 변형률($s_1 \sim s_3$)과 3개의 독립 전단 변형률($s_4 \sim s_6$)이 있다. 응력과 변형률의 일반적인 관계식은 다음과 같다.

$$\begin{bmatrix} T_1 \\ T_2 \\ T_3 \\ T_4 \\ T_5 \\ T_6 \end{bmatrix} = \begin{bmatrix} C_{11} & C_{12} & C_{13} & C_{14} & C_{15} & C_{16} \\ C_{21} & C_{22} & C_{23} & C_{24} & C_{25} & C_{26} \\ C_{31} & C_{32} & C_{33} & C_{34} & C_{35} & C_{36} \\ C_{41} & C_{42} & C_{43} & C_{44} & C_{45} & C_{46} \\ C_{51} & C_{52} & C_{53} & C_{54} & C_{55} & C_{56} \\ C_{61} & C_{62} & C_{63} & C_{64} & C_{65} & C_{66} \end{bmatrix} \begin{bmatrix} s_1 \\ s_2 \\ s_3 \\ s_4 \\ s_5 \\ s_6 \end{bmatrix} \tag{3.27}$$

이를 간략하게 표현하면 다음과 같다.

$$\overline{T} = C\overline{s} \tag{3.28}$$

계수 행렬 C는 강성도 행렬(stiffness matrix)이라고 부른다.

변형률 행렬은 아래와 같이 탄력성 행렬(compliance matrix) S와 응력 텐서(stress tensor)의 행렬 곱(product)으로 표현된다.

$$\begin{bmatrix} s_1 \\ s_2 \\ s_3 \\ s_4 \\ s_5 \\ s_6 \end{bmatrix} = \begin{bmatrix} S_{11} & S_{12} & S_{13} & S_{14} & S_{15} & S_{16} \\ S_{21} & S_{22} & S_{23} & S_{24} & S_{25} & S_{26} \\ S_{31} & S_{32} & S_{33} & S_{34} & S_{35} & S_{36} \\ S_{41} & S_{42} & S_{43} & S_{44} & S_{45} & S_{46} \\ S_{51} & S_{52} & S_{53} & S_{54} & S_{55} & S_{56} \\ S_{61} & S_{62} & S_{63} & S_{64} & S_{65} & S_{66} \end{bmatrix} \begin{bmatrix} T_1 \\ T_2 \\ T_3 \\ T_4 \\ T_5 \\ T_6 \end{bmatrix} \tag{3.29}$$

간략하게 나타내면 다음과 같다.

$$\bar{s} = S\bar{T} \tag{3.30}$$

탄력성 행렬 S는 강성도 행렬 C의 역행렬이다.

$$S = C^{-1} \tag{3.31}$$

강성도 행렬이 C로 표시되고 탄력성 행렬이 S로 표시됨을 주목하라. 이것은 실수가 아니다. 이 기호들은 공학에서 일반적으로 사용된다.

36개의 행렬 성분을 다루기는 상당히 번거롭다. 다행히도 MEMS에서 다루는 상당수의 재료는 강성도와 탄력성 행렬이 단순화될 수 있다. 좌표축이 <100> 방향인 단결정 실리콘의 강성도 행렬은 다음과 같다.

$$C_{Si,<100>} = \begin{bmatrix} 1.66 & 0.64 & 0.64 & 0 & 0 & 0 \\ 0.64 & 1.66 & 0.64 & 0 & 0 & 0 \\ 0.64 & 0.64 & 1.66 & 0 & 0 & 0 \\ 0 & 0 & 0 & 0.8 & 0 & 0 \\ 0 & 0 & 0 & 0 & 0.8 & 0 \\ 0 & 0 & 0 & 0 & 0 & 0.8 \end{bmatrix} 10^{11}\text{Pa} \tag{3.32}$$

예제 3.5 강성도 행렬 활용

강성도 행렬과 탄력성 행렬을 활용하면 3차원 공간에서의 영률과 포아송비에 대한 풍부한 정보를 얻을 수 있다. 강성도 행렬을 이용하여 실리콘의 [100] 방향 영률을 구하라.

풀이 [100] 방향(x축 방향, 축 1)의 영률을 구하기 위해 축 1을 제외한 나머지 방향의 응력 성분을 0으로 놓고, 축 1의 응력에 대한 변형률 행렬만 푼다.

$$T_1 = 1.66 \times 10^{11}s_1 + 0.64 \times 10^{11}s_2 + 0.64 \times 10^{11}s_3$$

$$T_2 = 0 = 0.64 \times 10^{11}s_1 + 1.66 \times 10^{11}s_2 + 0.64 \times 10^{11}s_3$$

$$T_3 = 0 = 0.64 \times 10^{11}s_1 + 0.64 \times 10^{11}s_2 + 1.66 \times 10^{11}s_3$$

위의 식을 T_1과 s_1에 대해 연립하면 다음과 같다.

$$E_{[100]} = \frac{T_1}{s_1} = 1.66 \times 10^{11} - 2\frac{0.64 \times 10^{11}}{1.66 \times 10^{11} + 0.64 \times 10^{11}} 0.64 \times 10^{11} = 130\text{ GPa}$$

이는 [15]의 실험 데이터와 일치한다.

3.4 단순 하중 조건에서 유연한 빔의 휨 분석

MEMS에서 유연한 빔은 종종 스프링 지지 요소로 묘사된다. MEMS 연구자들은 다음과 관계된 필수적인 기법과 일반적인 예제들을 다루게 된다. 즉 단순 하중 조건(simple loading condition)에서 빔의 굽힘(bending)과 내부 응력(internal stress), 공진 주파수(resonant frequency)를 계산할 수 있어야 한다. 이 절에서 다룰 내용은 다음과 같다.

3.4.1 절에서는 기계적 빔의 종류와 지지에 관한 경계 조건을 알아본다.

3.4.2 절에서는 순수 굽힘 조건에서 빔의 길이 방향 응력과 변형률 분포에 대하여 검토한다.

3.4.3 절과 3.4.4절에서는 빔의 변위(deflection)와 스프링 상수에 대한 각각의 계산 과정을 살펴본다.

3.4.1 빔의 종류

빔은 축에 수직인 방향의 힘(force)이나 모멘트(moment) 같은 측면 하중을 받는 구조물이다. 이 책에서는 평면 구조(즉 빔이 단일 평면에 존재하는 것)에 초점을 맞춘다. 또한 모든 하중은 한 평면 위에서만 작용하고 편차도 같은 평면에서 일어난다고 가정한다.

빔은 보통 지지되는 방법을 묘사하여 구분한다. 경계 조건은 빔의 지지부에서의 휨과 경사에 관련이 있다. 모멘트가 한 평면에 의해 제한된 2차원 빔을 생각해 보자. 빔을 따라 위치한 모든 점들은 최대 두 개의 선형 자유도(linear DOF)와 하나의 회전 자유도(rotational DOF)를 갖는다. 3가지 경계 조건이 가능하다.

1. 고정된 경계 조건은 선형 자유도와 회전 자유도 모두를 제한한다. 지지부(support)에서는 어떤 모멘트도 허용되지 않는다. 고정 지지대에서 빔은 이동하거나 회전할 수 없다. 대표적인 예로는 다이빙대와 국기게양대의 지지대를 들 수 있다.
2. 유도된 경계 조건은 두 개의 선형 자유도를 허용하지만 회전 자유도는 허용하지 않는다.
3. 자유 경계 조건은 선형 자유도와 회전 자유도 모두를 허용한다. 빔의 자유 끝단의 점은 이동이나 회전이 가능하다. 대표적인 예로는 다이빙대의 끝단이 있다.

표 3.2 가능한 경계 조건.

Boundary conditions	Number of linear DOF	Number of angular DOF	Example
Fixed (clamped)	0	0	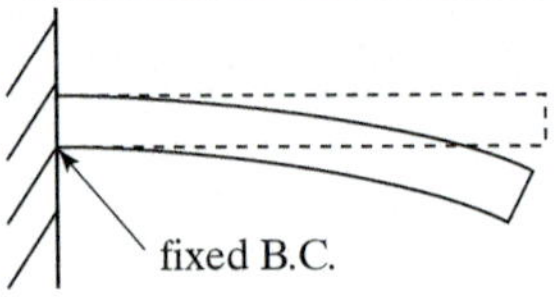 fixed B.C.
Guided	**2**	0	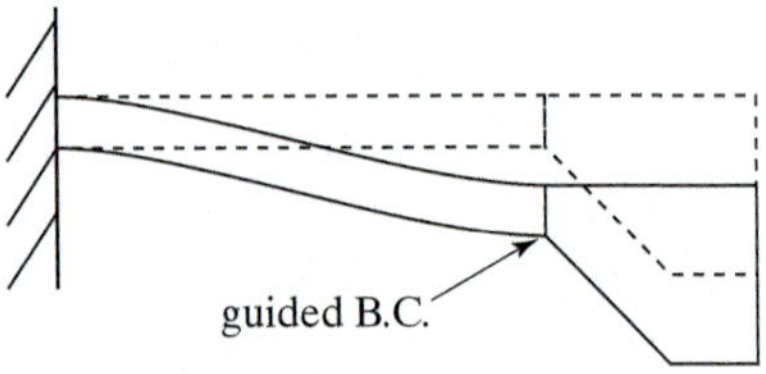 guided B.C.
Free	2	**1**	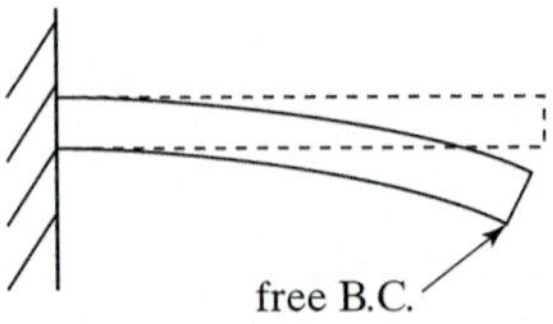 free B.C.

위에서 구분된 세 가지 경계 조건이 표 3.2에 그림으로 표현되어 있다.

유연한 빔은 관련된 두 개의 역학적인 경계 조건의 조합에 의해 구분될 수 있다. 예를 들어 한쪽 끝이 고정(fixed)이고 반대편 끝이 자유(free)인 빔은 편의상 고정-자유 빔(fixed-free beam)이라 부르고, 보통 **외팔보**(cantilever)라고도 한다. MEMS 연구에서 가장 흔히 마주치는 빔의 유형은 고정-자유(외팔보), 고정-고정(다리, bridge), 고정-유도(fixed-guided) 빔이다.

빔과 관련된 경계 조건을 정확하게 규명하는 것이 중요하다. 경계 조건을 이해하고 구분하는 데 가장 좋은 방법은 예제를 통한 방법이다. 그림 3.15에서는 기판에서 일반적으로 마주치는 몇몇 빔의 구조를 보여 준다. 아래에 이 빔들의 경계 조건이 요약되어 있다.

(a) 기판 면에 수평인 고정-자유 외팔보이다. 끝단이 기판에 수직인 방향으로 자유롭게 움직일 수 있다. 자유 끝단의 측면 방향(면 방향)의 움직임은 큰 저항을 갖는다.

(b) 기판 면에 수평인 고정-고정 빔(다리).

(c) 이 빔을 분류하는 방법은 두 가지가 있다. 하나는 기판에 평행하고 중앙에 두껍

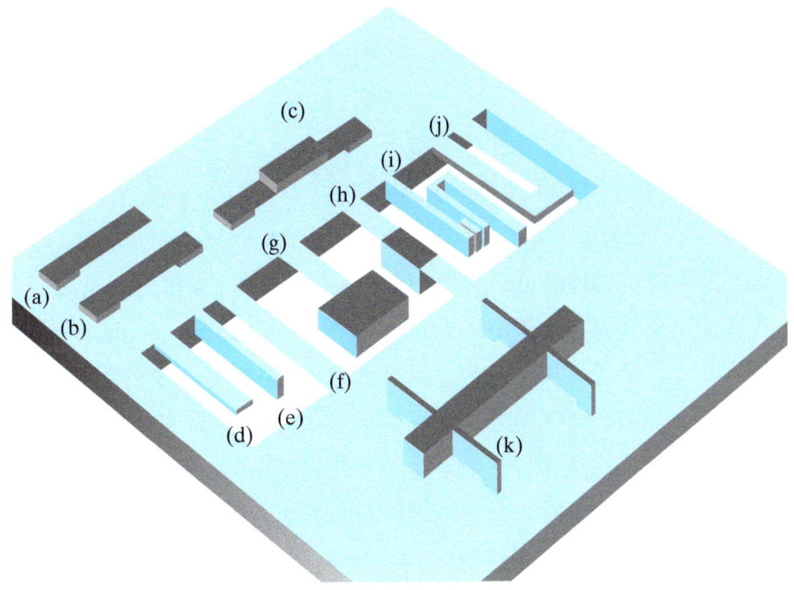

그림 3.15
서로 다른 경계 조건을 가진 다양한 외팔보.

고 단단한 부분이 있는 고정-고정 외팔보로 보는 방법이다. 다른 하나는 중앙부의 단단한 부분을 지지하는 두 개의 병렬 연결된 고정-유도 빔으로 보는 방법이다.

(d) 기판 면에 평행하고, 자유로운 끝단이 기판에 수직 방향으로 움직일 수 있는 고정-자유 외팔보. (a)의 외팔보와 유사한 움직임을 갖는다.

(e) 자유 끝단이 기판 면에 평행하게 움직일 수 있는 고정-자유 외팔보. 두께가 너비보다 크기 때문에 끝단의 기판 면에 수직인 방향의 움직임은 비교적 큰 저항을 갖는다.

(f) 고정-고정 빔(다리).

(g) 끝단에 단단한 물체가 매달려 있는 고정-자유 외팔보. 끝단의 단단한 물체는 두께가 두껍기 때문에 유연한 휨이 없다.

(h) 이 빔은 제작법을 제외하고는 (c)의 빔과 매우 유사하다.

(i) 접힌 형태의 고정-자유 외팔보. 직렬 연결된 여러 개의 고정-자유 빔으로 구성된다. 접힌 외팔보의 끝단은 기판 면에 수평 방향으로 움직일 수 있다. 기판 면에 수직 방향의 움직임은 큰 저항을 갖는다.

(j) 병렬 연결된 두 개의 고정-자유 외팔보. 조합된 스프링은 단일 빔보다 단단하다.

(k) 왕복 운동이 가능한 단단한 물체(rigid shuttle)를 지탱하는 네 개의 고정-유도 빔. 기판 면에 수평하게 움직일 수 있으나 수직 방향의 움직임은 제한된다.

3.4.2 순수 굽힘 시 길이 방향의 변형률

빔이 힘이나 우력(couple)에 의한 하중을 받을 때, 빔 내부에 응력과 변형률이 생기게 된다. 하중은 한 곳에 집중될 수도 있고(concentrated load), 특정 범위에 걸쳐 분산될 수도 있다(distributed load). 이러한 응력과 변형률의 크기를 결정하기 위해서는 빔의 단면에 작용하는 내력(internal force)과 우력(internal couple)을 알아 내야 한다(3.3.1 절 참조).

빔에 작용하는 하중(집중 하중이든 분산 하중이든)은 빔을 휘게 하고 빔의 축을 곡선으로 변형시킨다. 빔의 길이 방향 변형은 빔의 곡률(curvature)과 이의 변형(deformation) 정도를 분석함으로써 알 수 있다. 그러기 위해 그림 3.16에 있는 빔의 일부(A-B)를 생각해 보자. 이 빔은 순수 굽힘(pure bending)이 되어 있다(즉 빔을 따라서 모멘트가 일정하다). 빔이 똑바른 길이 방향의 축(그림의 x축)을 가진다고 가정하자. 빔의 단면은 y축에 대해 대칭을 이루고 있다.

빔의 단면 중 mn이나 pq 같은 절단면은 길이 방향 축에 대해 평평하고 수직이라고 가정한다. 굽힘 변형에 의해 mn과 pq 단면은 xy 평면에 수직인 회전축을 중심으로 서로에 대해 회전한다. 길이 방향 선의 볼록한(하부) 부분은 늘어나고 오목한(상부) 부분은

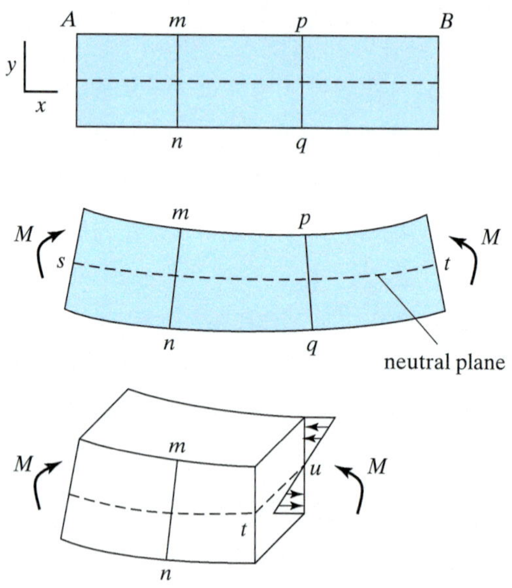

그림 3.16
순수 굽힘 상황에서 빔 조각의 굽힘.

압축된다. 빔의 상부와 하부 사이의 어딘가에 길이가 변하지 않는 면이 있다. 점선 *st*로 표현되어 있는 이 면을 빔의 **중립면**(neutral surface)이라고 부른다. 중립면과 단면이 만나는 *tu*와 같은 교선을 단면의 **중립축**(neutral axis)이라고 부른다. 외팔보가 균질의 물질(homogeneous material)로 이루어져 있고 균일하고 대칭형의 단면을 갖는다면 중립면은 외팔보의 중앙에 위치한다.

대칭이고 균일 매질로 구성된 빔의 경우, 응력과 변형률 분포는 다음의 지침을 따르는 것으로 보인다.

1. 빔 내부의 어느 지점에서나 응력과 변형률의 크기는 중립축으로부터의 거리에 선형적으로 비례한다.
2. 주어진 단면에서의 최대 인장 응력(tensile stress)과 압축 응력(compressive stress)은 외팔보의 최상단과 최하단 표면에서 발생한다.
3. 최대 인장 응력과 최대 압축 응력은 같은 크기를 갖는다.
4. 순수 굽힘에서 최대 응력의 크기는 빔의 길이를 따라 일정하다.

순수 굽힘 모드(pure bending mode)에서 빔 내부의 응력 크기는 다음의 순서를 따라 계산된다. 어떤 지점에서든 분포된 응력은 분포된 힘에 기여한다. 분포된 힘은 이어서 (중립축에 대한) 반작용 모멘트(reaction moment)를 생성한다. 중립면으로부터 거리 h만큼 떨어진 지점의 수직 응력 크기를 $\sigma(h)$로 표기한다. 주어진 미소 면적 dA에 작용하는 수직 힘은 $dF(h)$로 표기한다. 이 힘은 중립축에 대한 모멘트를 만든다. 이 모멘트는 힘 $dF(h)$와 힘-중립면 사이의 거리(즉 팔 길이)의 곱과 같다. 이 모멘트의 면적 적분(area integral)은 다음의 수식에 의해, 가해진 굽힘 모멘트(bending moment)와 같아진다.

$$M = \iint_A dF(h)h = \int_w \int_{h=-\frac{t}{2}}^{\frac{t}{2}} (\sigma(h)dA)h \qquad (3.33)$$

응력의 크기가 h에 비례하고 표면에서 가장 큰 값($\sigma_{\max}$로 표기)을 갖는다는 가정에 의해 위의 식을 다음과 같이 정리할 수 있다.

$$M = \int_w \int_{h=-\frac{t}{2}}^{\frac{t}{2}} \left(\sigma_{\max}\frac{h}{\left(\frac{t}{2}\right)}dA\right)h = \frac{\sigma_{\max}}{\left(\frac{t}{2}\right)}\int_w \int_{h=-\frac{t}{2}}^{\frac{t}{2}} h^2\,dA = \frac{\sigma_{\max}}{\left(\frac{t}{2}\right)}I \qquad (3.34)$$

I 항은 특정 단면에 대한 **관성 모멘트**(moment of inertia)라고 불린다. 최대 길이 방향 변형률은 다음의 수식에 따라 총 토크 M에 관한 함수로 표현된다.

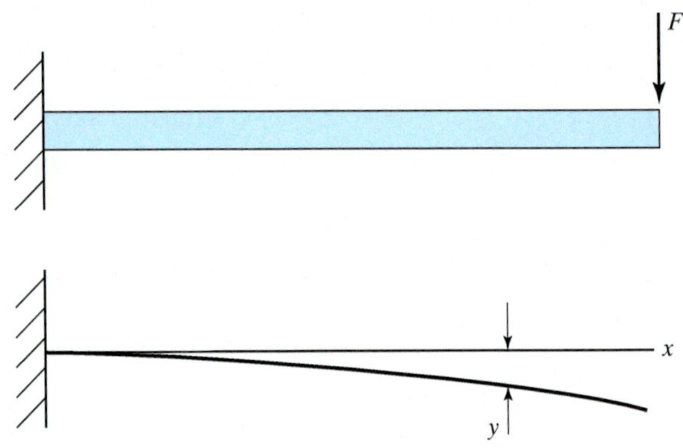

그림 3.17
외팔보의 굽힘을 표현하기 위한 직교 좌표계.

$$s_{\max} = \frac{Mt}{2EI} \tag{3.35}$$

실제의 경우는 사실 이보다 훨씬 복잡하다. 그림 3.17에 표현된 단순 하중 조건에서 모멘트는 빔을 따라 일정하지 않고 전단 응력 성분도 존재한다.

$$s_{\max} = \frac{Mt}{2EI}$$

이 경우에 식 (3.35)는 모든 임의의 단면에 적용될 수 있다. 더 자세한 내용은 6.3.1절을 보라.

3.4.3 빔의 변형

이 절에서는 간단한 하중 조건 아래 생성되는 빔 변형에 대해 분석하는 방법을 다룰 것이다.

작은 변위에 대한 곡률 변화 계산을 위한 보편적인 방법은 빔에 대해 2차 미분식을 푸는 것이다.

$$EI\frac{d^2y}{dx^2} = M(x) \tag{3.36}$$

여기서 $M(x)$는 x의 횡단에서의 굽힘 모멘트를 나타내는 것이며, y는 x의 변위를 나타낸 것이다. x축은 외팔보의 길이 방향을 따른다(그림 3.17).

y와 x의 관계는 2차 미분 방정식을 풀어서 파악한다. 이를 푸는 것은 다음 단계를 따른다.

1. 중립축에 대하여 관성 모멘트를 구한다.
2. 빔의 길이에 따른 힘의 상태와 토크를 구한다.
3. 경계 조건을 확인한다. 해를 결정하기 위해서는 두 개의 경계 조건이 필요하다.

외팔보의 단면적으로 가장 많이 등장하는 직사각형을 보자. 직사각형의 폭과 두께는 w와 t로 표시하며, 중립축에 대한 관성 모멘트는 $I=\frac{wt^3}{12}$로 표현할 수 있다(두께 방향으로 외팔보가 휘어진 경우에 대하여). 만약에 빔의 단면도가 R의 반지름을 가지는 원이면, 관성 모멘트는 $I=\frac{\pi R^4}{4}$로 나타난다.

임의의 x 위치에서의 토크는 3.3.1절에서의 계산 절차를 사용하여 알 수 있다.

사실상 많은 일상적인 MEMS 설계 과정에서, 변형의 형태보다는 미세 구조와 관련한 것이 더 중요하다. 한 점에 집중된 하중이 걸린 경우의 최대 각변위와 길이 변위에 대한 해답은 부록 B에 정리되어 있다.

3.4.4 스프링 상수의 결정

나선 스프링은 우리 일상 생활이나 거대 공학 시스템에서 흔히 찾아볼 수 있다. 마이크로 규모의 장치에서는 나선 스프링을 제조하거나 복합체로 만들기가 쉽지 않다. MEMS에서는 빔들이 자주 스프링 요소를 대신한다. 이러한 마이크로빔은 감지(sensing)와 구동(actuation)을 위한 기계적인 스프링들을 대신하여 역할을 한다. MEMS 장치에서 이러한 빔의 상성도가 설계 시 자주 논의된다.

강성도의 특징은 **스프링 상수**[spring constant 혹은 **힘 상수**(force constant)]로 특징된다. 여기서 우리는 여러 가지 종류의 빔에 대한 스프링 상수를 계산하는 방법에 대해 검토해 볼 것이다.

먼저 스프링 상수에 대한 정의가 필요하다. 여기서 익숙한 나선형 스프링에 대해 정의를 내려 보자(그림 3.18). 나선 스프링에 F의 힘만큼 점 하중을 가하면 x만큼 나선형 스프링이 늘어나게 될 것이다. 변위와 적용된 힘은 익숙한 훅의 법칙의 선형적인 관계를 따른다. 기계적인 스프링 상수는 가해진 힘과 최종 변위의 비로 나타낼 수 있다.

$$k_m = \frac{F}{x} \tag{3.37}$$

외팔보 스프링의 경우, 알고자 하는 힘이 가해진 점의 변위 값을 힘에 대해 나누어,

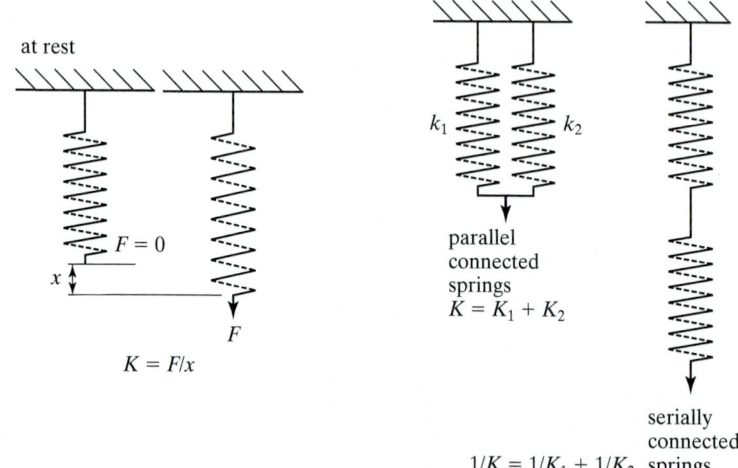

그림 3.18
점하중에 의한 코일 스프링의 기계적 변형.

힘 상수를 일반적으로 표현할 수 있다.

한쪽 끝이 고정되어 있지 않은 외팔보에 점 하중을 가하면 자유로운 끝에서 최대 변위가 나타난다. 양쪽이 고정된 외팔보의 경우, 중앙에 힘이 가해지면 중간이 가장 많이 변형된다.

먼저 MEMS 공정에서 흔하게 등장하는 시나리오 중의 하나인 한 끝이 고정되고 한 끝이 자유로운 사각 단면을 갖는 빔의 힘 상수를 분석해 보자. 그림 3.19에 나와 있는 대로, 외팔보는 길이 l, 폭 w, 두께 t를 갖는다. 빔의 중심선 축을 따른 영률은 E이다.

이 경우 그림 3.19에 나와 있는 바와 같이 넓은 면적에 힘이 가해지고 있다. 변위 계산 과정에 대해서는 부록 B에 잘 설명되어 있다. 빔의 자유로운 한쪽 끝은 θ만큼 휘는 각도를 갖게 되고, θ와 가해진 힘 F와의 관계는 다음과 같다.

$$\theta = \frac{Fl^2}{2EI} \tag{3.38}$$

수직 변위는 다음과 같이 결정된다.

$$x = \frac{Fl^3}{3EI} \tag{3.39}$$

따라서 이 외팔보의 스프링 상수는 다음과 같다.

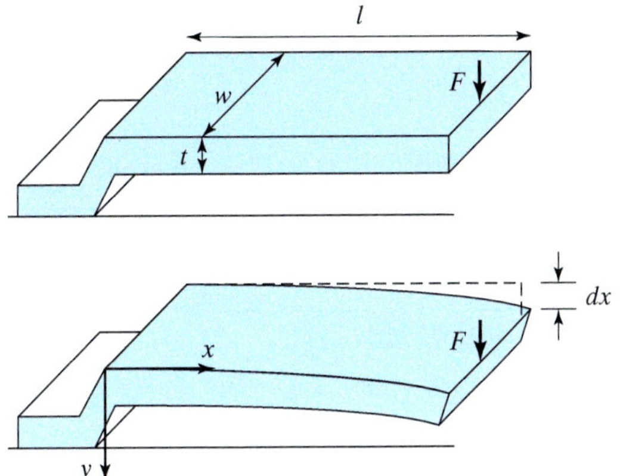

그림 3.19
고정-자유 외팔보 스프링의 개념도.

$$k = \frac{F}{x} = \frac{3EI}{l^3} = \frac{Ewt^3}{4l^3} \quad (3.40)$$

외견상 길이가 늘어나면 힘 상수는 줄어든다. 이는 폭에 비례하며, t^3 항에서 볼 수 있듯이, 두께에 크게 영향을 받는다.

외팔보의 강성도는 굽힘의 방향에 영향을 받는다. 만약 힘이 세로 방향으로 가해진다면, 스프링 상수를 구하기는 매우 힘들 것이다. 빔은 한 방향으로 순응하며 다른 방향으로의 움직임에 저항한다고 말할 수 있다.

예제 3.6 두 빔의 관성 모멘트

길이와 재료가 같은 두 개의 빔이 있다. 하나는 100 μm×5 μm의 단면적을 가지고 있으며 다른 하나는 50 μm×8 μm의 단면적을 가지고 있다. 어떤 빔이 휘는 굽힘에 더 큰 저항력을 가지고 있는가(강성도가 더 큰가)?

풀이 첫 번째 빔의 관성 모멘트는

$$I_1 = \frac{wt^3}{12} = \frac{50 \times 10^{-6} \times (8 \times 10^{-6})^3}{12} = 2.13 \times 10^{-21}\ \text{m}^4$$

이고, 두 번째 빔은 다음과 같다.

$$I_1 = \frac{wt^3}{12} = \frac{50 \times 10^{-6} \times (8 \times 10^{-6})^3}{12} = 2.13 \times 10^{-21}\ \text{m}^4$$

$I_2 > I_1$ 이기 때문에, 두 번째 빔이 식 (3.40)에 따라 강성도가 더 크다.

예제 3.7 빔의 힘 상수 결정

그림 3.20에 나와 있는 (a)와 (b)에 관련된 힘 상수 값들을 구하라.

풀이 (a)는 횡단면의 하중을 가진 한쪽만 고정된 외팔보 빔의 경우를 나타낸다. 이에 적절한 관성 모멘트와 스프링 상수는 다음과 같다.

$$I = \frac{w^3 t}{12}$$

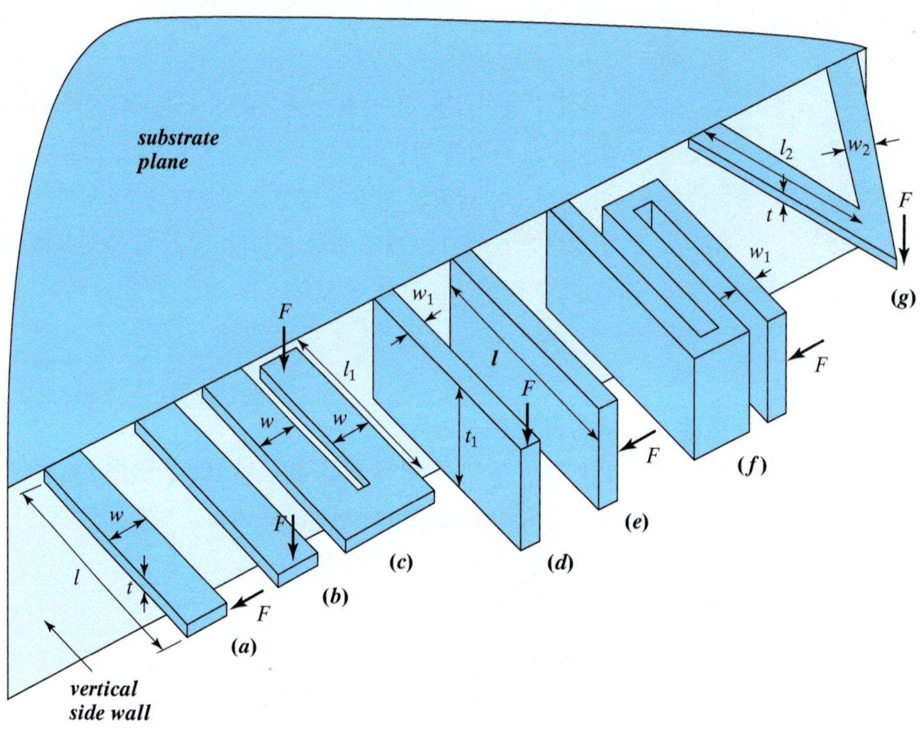

그림 3.20
경우 (a)에서 (g)까지의 스프링 상수를 구하라.

$$k = \frac{F}{x} = \frac{3EI}{l^3} = \frac{Ew^3t}{4l^3}$$

(b)는 기판에 수직으로 하중이 가해진 고정-자유 외팔보를 나타낸다. 이와 관련된 관성 모멘트와 스프링 상수는 다음과 같다.

$$I = \frac{wt^3}{12}$$

$$k = \frac{F}{x} = \frac{3EI}{l^3} = \frac{Ewt^3}{4l^3}$$

많은 응용에서, 두 개나 혹은 그 이상의 스프링들이 연결되어 있는 경우를 볼 수 있다. 이들은 직렬이나 병렬로 연결될 수가 있다. 병렬 연결의 경우, 총 스프링 상수가 시스템에서의 모든 스프링들의 스프링 상수의 합으로 표현된다(그림 3.18). 만약에 다수의 나선형 스프링들이 직렬로 되어 있는 경우, 총 스프링 상수의 역은 각 스프링 상수의 역의 합이 된다.

예제 3.8 병렬 팔을 갖고 있는 외팔보

그림 3.20에 묘사된 (g)의 경우와 관련된 힘 상수를 구하라.

풀이 (g)의 경우, 두 개의 고정-자유 외팔보가 병렬로 구성되어 있다. 이와 관련된 각각의 관성 모멘드는 다음과 같다.

$$I = \frac{w_2t^3}{12}$$

전체적인 힘 상수는 다음과 같다.

$$k = 2\left(\frac{F}{x}\right) = 2\frac{3EI}{l_2^3} = \frac{Ew_2t^3}{2l_2^3}$$

예제 3.9 수직으로 병진하는 판

고정-유도 스프링은 강체 판을 지탱하고 이의 병진을 가능하게 한다. 통상적으로 판은 두 개 또는 그 이상의 빔에 의해 그림 3.21a, b에 나와 있는 것처럼 지지된다. 이 경우,

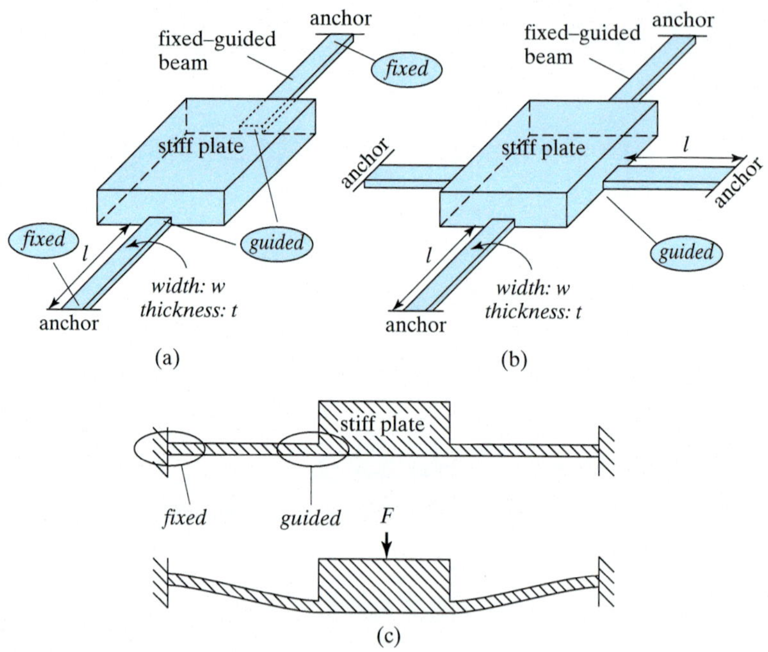

그림 3.21
흔히 접할 수 있는 평면 지지 형상.

스프링의 한쪽은 고정되어 자유도가 모두 제한된다. 다른 스프링의 끝은 수직 방향으로 움직일 수 있으나, 외팔보의 끝이 강체 판에 연결되어 변형될 수 없으므로, 각변위가 일어나지 않는다(그림 3.21c). 이 판의 힘 상수를 구하라.

풀이 단일 고정-유도 빔으로 F의 하중이 가해지는 경우의 스프링 상수를 찾기 위한 기본 공식을 보자. 깊이 l, 폭 w, 두께 t라고 하자. 부록 B를 참고하면 변위 x는 유도된 끝단에서 최대값을 갖고, F와의 관계는 다음의 수식과 같다.

$$x = \frac{Fl^3}{12EI} \tag{3.41}$$

단일 고정-유도 빔의 힘 상수는 다음과 같이 표현된다.

$$k = \frac{12EI}{l^3} \tag{3.42}$$

식 (3.39)에서 확연하게 알 수 있듯이, 같은 치수의 빔의 경우 고정-유도 빔이 고정-자유 외팔보보다 더 강성이 높다.

만약 같은 치수와 힘 상수를 가진 n개의 외팔보들로 지지된 판에 힘이 가해지면 각 스프링들은 총 하중 힘의 $1/n$을 분담할 것이다. 총 힘 상수는 k개의 값을 곱한 nk가 될 것이다.

이들을 모두 고려한 힘 상수는 다음과 같다.

$$k = \frac{F}{x} = \frac{12EI}{l^3} = \frac{Ewt^3}{l^3}$$

두 개의 고정-유도 빔에 의해 지지되는 판에 대한 등가 힘 상수는 다음과 같다.

$$k = 2\left(\frac{Ewt^3}{l^3}\right)$$

네 개의 고정-유도 빔들에 의해 지지된 판에 대한 등가 힘 상수는 다음과 같다.

$$k = 4\left(\frac{Ewt^3}{l^3}\right)$$

3.5 비틀림 변형

빔과 달리, MEMS에 주로 사용되는 외팔보는 선형적 변위나 작은 각도 변화에 사용된다. 그러나 뒤틀림 빔은 매우 큰 각변위를 만들기 위해 종종 사용된다. 미세 거울 장치가 이에 해당한다. 회전을 용이하게 해 주는 비틀림 바(torsional bar)에 의해 거울판이 지지된다.

원형 단면적을 갖는 바로서 양 끝에 T만큼의 토크가 가해진 경우를 살펴보자. 그 바의 모든 단면적이 같고, 모든 단면적에 같은 내부 토크 T가 가해지기 때문에 이 바를 순수 비틀림 상태에 있다고 말한다. 축 방향으로 비틀려도 원형 단면이 변하지 않는다는 것을 입증할 수 있다. 다시 말해, 모든 단면 형상은 평면과 원형으로 남아 있고 모든 반지름은 변하지 않는다. 더욱이, 만약 그 바의 한 끝과 다른 쪽 끝 사이의 회전되는 각이 작다면, 그 기둥의 길이나 반지름은 변하지 않는다.

바의 변형에 대한 시각적 이해를 돕기 위해, 고정된 위치에 있는 바의 왼편 끝을 상상해 보자. 토크 T가 가해짐에 따라서 오른편 끝이 작은 각도 ϕ로 비틀린다고 생각하자.

이러한 회전으로 인하여 바 표면의 길이 방향 직선은 나선형 곡선이 된다. 비틀린 각도는 바의 축을 따라 변하고, 중간의 단면적에서 보면 $\phi(x)$의 값이 왼쪽 끝의 0에서 오른쪽 끝의 ϕ 값을 갖는다. 각 $\phi(x)$는 각 끝단 사이에서 선형적으로 변한다. 오른쪽 끝의 점 a는 d만큼 변형된 새로운 점 a'으로 움직인다.

비틀림은 바를 통하여 전단 응력을 유도한다. 응력 분포는 반지름 방향 대칭성(radial symmetry)을 갖는다. 전단 응력의 크기는 단면적의 중심에서는 0이고 바의 외부 표면에서는 최대 크기를 가지게 된다. 바에서의 최대 응력은 τ_{max}로 나타낼 수 있다. 최대 전단 변형률은 다음과 같이 표현된다.

$$\gamma_{max} = \frac{d}{L} \tag{3.43}$$

응력의 크기는 중심에서의 반지름 거리에 선형적으로 비례한다. 반지름 방향을 따른 전단 응력의 분포는 그림 3.22에서 단면 위에 표시되어 있다.

토크와 최대 전단 응력의 관계는 임의 지역에서의 주어진 토크 균형에 의해 구할 수 있다.

$$T = \int\left(\frac{r}{r_0}\tau_{max}\right)dA \cdot r = \frac{\tau_{max}}{r_0}\int r^2\,dA \tag{3.44}$$

면적분 $\int r^2\,dA$는 **비틀림 관성 모멘트**(torsional moment of inertia)라 불리며 J로 나타낸다. 원형 빔의 단위 면적은 $dA=2\pi r dr$이며, 따라서 다음과 같다.

$$T = \frac{\tau_{max}}{r_0}\int 2\pi r^3 dr = \frac{\pi r_0^4}{2}\frac{\tau_{max}}{r_0} \tag{3.45}$$

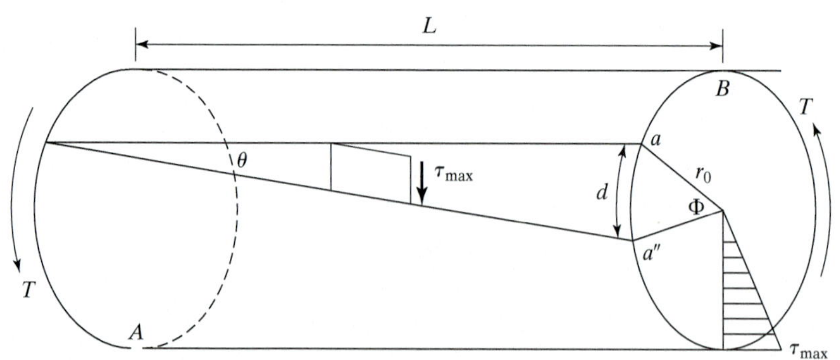

그림 3.22
원형 단면을 가진 바(실린더)의 비틀림 변형.

최대 전단 응력의 크기는 다음과 같다.

$$\tau_{max} = \frac{Tr_0}{J} \tag{3.46}$$

지름 r_0를 가지는 원의 비틀림 관성 모멘트는 다음과 같다.

$$J = \frac{\pi r_0^4}{2} \tag{3.47}$$

AB 구획 범위 내의 비틀린 바의 총 각변위는 다음과 같이 계산된다.

$$\Phi = \frac{d}{r_0} = \frac{L\theta}{r_0} = \frac{L}{r_0}\frac{\tau_{max}}{G} = \frac{LTr_0}{r_0 GJ} = TL/JG \tag{3.48}$$

미세 기계 장치의 경우에는 직사각형의 단면을 갖는 비틀린 바에 대한 문제가 자주 나온다. 이러한 비틀린 바의 관성 모멘트는 다음과 같다(폭은 $2w$로 표현되며, 두께는 $2t$로 표현할 수 있다).

$$J = wt^3\left[\frac{16}{3} - 3.36\frac{t}{w}\left(1 - \frac{t^4}{12w^4}\right)\right] \text{ for } w \geq t \tag{3.49}$$

각 측면의 길이가 $2a$인 사각형의 단면을 갖는 빔의 관성 모멘트는 다음과 같다.

$$J = 2.25a^4 \tag{3.50}$$

예제 3.10 비틀림 바의 변형

힘 F($F=10\ \mu$N)가 가해지는 매달린 빔이 그림 3.23에 나타나 있다. 외팔보 빔의 휨에 의한 굴절은 무시하고, 빔의 끝에서의 수직 변위를 구하라. 빔은 $L=40\ \mu$m, $l=200\ \mu$m, $w=5\ \mu$m, $t=2\ \mu$m이고, 빔의 영률은 $E=150$ GPa이다. 포아송비는 0.3이다.

풀이 첫째로 탄성의 전단 응력 계수를 구하고 빔의 비틀림 관성 모멘트를 구한다. 다음과 같이 간략히 구한다.

$$G = E/2(1 + 0.3) = 57.7 \text{ GPa}$$

$$J = 6.2 \times 10^{-25} \text{ m}^4$$

토크의 식, $T=FL$을 휨 각도의 식에 대입하여 풀면 다음과 같은 식을 얻을 수 있다.

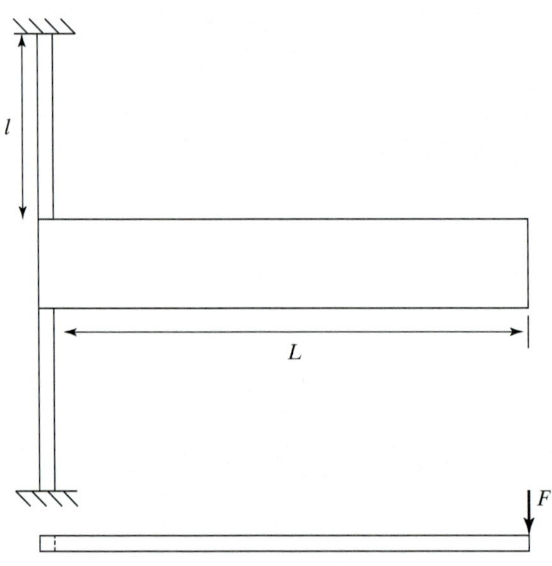

그림 3.23
비틀림 지지 외팔보.

$$\phi = \frac{Tl}{2JG} = \frac{FLl}{2JG}$$

각 값들을 대입하여 풀면 다음과 같다.

$$\Phi = 1.13 \text{ rad} = 65°$$

외팔보의 자유 선단에서의 수직 변위는 각변위와 외팔보의 길이의 곱이다.

$$d_{torsional} = \phi L = \frac{TlL}{2JG} = \frac{FL^2 l}{2JG}$$

3.6 내재 응력

많은 박막 물질은 실내 온도와 외력이 존재하지 않는 상황에서도 내부 응력이 존재한다. 이런 현상을 내재 응력(intrinsic stress)이라 부른다. MEMS와 관련된 박막 물질(폴리실리콘, 실리콘 질화물, 그리고 다양한 금속 박막 등)은 내재 응력을 보여 준다[32]. 내재 응력의 크기는 박막의 두께에 따라 동일하거나 또는 불균일하다. 만약 응력 분포가 불균

그림 3.24
내재 응력으로 휘어진 마이크로 척도의 기구들.

일하다면, 응력 구배가 존재한다고 말한다.

내재 응력은 MEMS 장치에서 중요한데, 이것이 변형—과도한 경우의 손상으로 표면의 평활도에 영향을 주거나, 기계적 요소의 강인함에 영향을 끼침—을 일으킬 수 있기 때문이다. 예를 들면 마이크로 광학 응용 분야의 거울 표면의 평평함은 광학적 성능을 만족시키기 위해 필요하다. 내재 응력은 거울 표면을 휘게 하거나, 광학적 성질을 변화시킬 수도 있다. 내재 응력이 존재하기 때문에 구부러진 외팔보 구조물이 그림 3.24에 나와 있다.

내재 응력은 멤브레인의 기계적 행동에 영향을 끼치기도 한다. 그림 3.25에 나타낸 것과 같은 격막(diaphragm)에서 멤브레인에 인장 응력이 가해졌을 때 멤브레인은 평평해진다. 조여 있는 멤브레인에 과도한 인장 응력이 가해지면 파손의 원인이 될 수 있다. 반면에 압축 응력이 존재한다면 박막은 휘어질 것이다.

내재 응력의 근원과 행동 양식은 널리 연구되어 왔다[33, 34]. MEMS 구조물과 관련하여 많은 경우에 내재 응력은 증착(deposition) 과정이나 사용 시의 온도 차이에 기인한다. 박막 물질은 종종 높은 온도에서 기판 위에 증착한다. 증착하는 동안에, 분자들은 평형한 간격으로 박막에 속하게 된다. 하지만 MEMS 장치를 증착 체임버(chamber)에서 꺼내면, 온도가 변하게 되어 박막의 물질이 기판보다 빠르게 또는 느리게 수축하게 된다. 주먹구구식으로 보면, 박막에서의 내재 응력은 박막이 기판보다 축소되려 할 때는 전단 응력이다. 압축 응력은 박막이 기판보다 더 커지게 한다.

내재 응력은 증착 박막의 미세 구조에 기인한다. 예컨대 산소 원자가 실리콘 격자

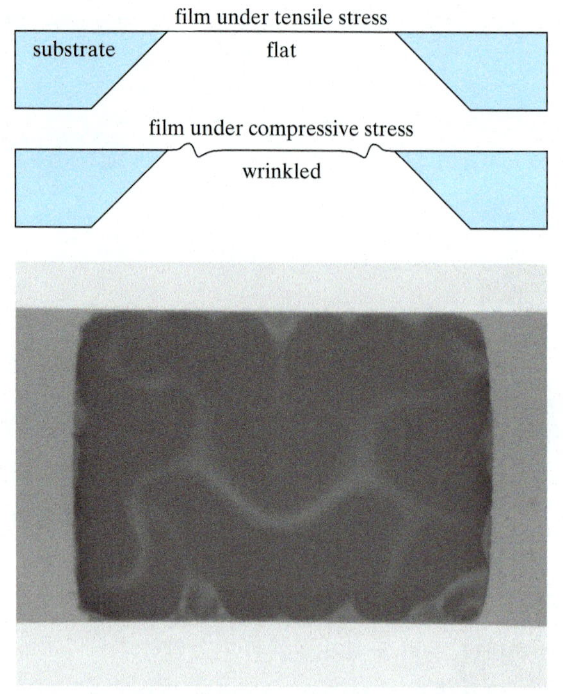

그림 3.25
인장 응력을 받아 긴장된(taut) 멤브레인과 압축 응력을 받아 휘어진(warped) 멤브레인의 단면. 휘어진 멤브레인의 광학적인 현미경 사진(micrograph)을 보라.

구조에 열산화 과정 동안 끼어들면, 이는 산화막에 압축성 내재 응력을 만든다.

앞서 말한 고유 응력의 원인 외에도, 재료의 상 변화와 도핑 물질과 같은 불순한 원자들의 혼합들이 포함된 다른 메커니즘도 있다.

어떤 경우에는 구부러짐이 바람직하고 의도적으로 이루어진다. 내재 응력이 사용되어 독특한 기구 구조를 이루는 평면을 이탈하는 변형을 유도하는 식의 시나리오에 많은 응용 사례가 있다.

통상적으로 사용되는 내재 응력으로 휘는 빔을 이용한 시나리오에는 두 개 이상의 적층된 미세 구조가 포함된다(그림 3.26). 제 1층에는 내재 응력이 없는 두 층의 외팔보를 생각해 보자. 제 2층이 인장 응력을 받으면, 빔은 제 2층의 방향으로 휘게 된다(그림 3.26b). 그러나 제 2층이 압축 응력을 받으면, 빔은 제 1층 방향으로 구부러진다(그림 3.26c).

서로 다른 내재 응력을 갖는 두 층의 외팔보의 휨을 계산하는 데 사용할 방정식을 논의하자. 간단히 하기 위해, 두 개의 층은 같은 길이(l)와 두께(w)를 갖는다고 가정하자. 각 층의 두께, 내재 수력 응력, 그리고 영률을 t_i, σ_i, 그리고 E_i(i=1 또는 2)로 표시한다.

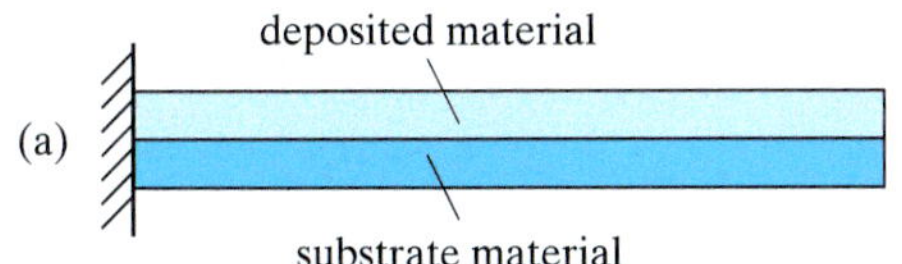

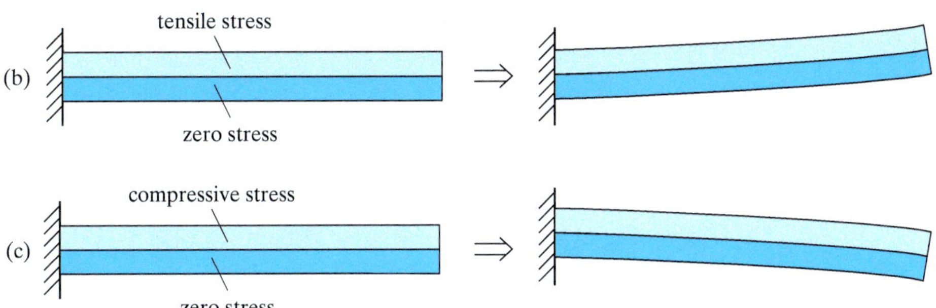

그림 3.26
기계적인 내재 응력에 의해 휘어진 빔.

아래첨자는 제 1층과 2층을 가리킨다.

먼저 중립축의 위치는 다음 식으로 결정된다.

$$\bar{y} = \frac{\frac{1}{2}(E_1 t_1^2 + E_2 t_2^2) + E_2 t_1 t_2}{E_1 t_1 + E_2 t_2} \tag{3.51}$$

거리는 하부 층의 최하부에서부터 측정한다. 유효 유연 강성도는 다음 식으로 계산된다.

$$I_{eff}E_0 = w\left(E_1 t_1\left(\frac{t_1^2}{12} + \left(\frac{t_1}{2} - \bar{y}\right)^2\right) + E_2 t_2\left(\frac{t_2^2}{12} + \left(\frac{t_2}{2} + t_1 - \bar{y}\right)^2\right)\right) \tag{3.52}$$

외팔보에 작용하는 휨 모멘트는 다음과 같다.

$$M = w\left[\left(\frac{t_1^2}{2}\right)\left((\sigma_1(1 - \nu_1) - E_1\frac{t_1\sigma_1(1 - \nu_1) + t_2\sigma_2(1 - \nu_2)}{E_1 t_1 + E_2 t_2}\right)\right] +$$

$$w\left[\left(\frac{t_2^2 + t_1 t_2}{2}\right)\left((\sigma_2(1 - \nu_2) - E_2\frac{t_1\sigma_1(1 - \nu_1) + t_2\sigma_2(1 - \nu_2)}{E_1 t_1 + E_2 t_2}\right)\right] \tag{3.53}$$

휘어진 빔의 곡률 반지름 R은 다음과 같이 주어진다.

$$R = \frac{I_{eff}E_0}{M} \tag{3.54}$$

만약 고정-자유 외팔보가 단일 물질로 만들어졌다면, 이 외팔보에는 내재 응력 또는 내재 응력에 의한 구부러짐이 없다. 이러한 가정은 내재 응력이 두께 전체에 균일하게 분포되어 있을 때만 유효하다. 단일 물질에도 존재하는 내재 응력의 구배는 많은 수의 얇은 층이 쌓여 만들어진 외팔보처럼 단일 물질의 외팔보도 휘어지게 하는 원인이 된다.

원하지 않는 내부휨을 최소화하는 데는 다음의 세 가지 전략이 있다: (1) 고유하게 내재 응력이 없거나 매우 작은 내재 응력을 갖는 물질을 사용, (2) 증착 조건을 조절하거나 제어하여 응력을 조정하고 재료 공정 파라미터에 내재 응력이 영향받는 물질을 사용, (3) 응력으로 인한 휨을 보상하기 위한 다층 구조 사용.

MEMS에서 응력이 없는 물질 중 하나는 단결정 벌크 실리콘(SCS)이다. SCS는 완전한 격자 간격 분포를 가지고 있는 균질(homogeneous) 물질이다. 폴리머 물질은 무기 박막보다 상대적으로 작은 내재 응력을 가지고 있다고 알려져 있다. 둘째로 폴리머 물질의 증착 온도가 일반적으로 낮다. 파릴렌(Parylene)은 증착(chemical vapor deposition) 방법으로 실내 온도에서 증착되는 폴리머 물질인데, 사실상 응력이 거의 '0' 이다[35].

폴리실리콘과 실리콘 질화물같이 표면 미세 가공용 물질에 있어 내재 응력은 불가피하다(10장). 비록 응력에 자유로운 물질을 생산하는 기술이 존재하지만, 그 과정이 일반적으로 섬세하고, 특정 기계를 사용해야 하는 복잡한 공정의 제어가 필요하다. 가장 좋은 방법으로는 허용 레벨까지 내부 유도 응력 휨을 최소화하는 것이다. 일반적으로 실리콘 질화물 또는 다결정 실리콘에서의 내재 응력은 압력, 가스 혼합, 그리고 성장률을 조작함으로써 최소화할 수 있다[36].

종종 층에 쌓이는 내재 응력은 재료 가공으로는 완전히 제거할 수 없다. 구부러짐을 야기하는 내재 응력으로부터 자유로운 미세 구조물을 생산하는 것은 조심스럽게 선택된 물질, 응력, 두께의 응력 보상층을 추가함으로써 아직까지는 가능하다. 예를 들면 그림 3.27에 나와 있는 두 층의 빔에서 인장 응력이 가해진 상부 층과 압축 응력이 가해진 하부 층이 빔의 구부러짐을 유발한다. 전체적인 변형은 이론적으로는 맨 윗부분에 또 다른 압축 응력 물질 층을 추가함으로써 '0' 이 될 때까지 감소시킬 수 있다.

물질의 내재 응력은 물질의 증착 상태에 매우 의존적이다. 주어진 공정 흐름도에서 내재 응력의 정확한 크기는 특별히 계획된 테스트 구조와 테스트 프로토콜(protocol)을 사용함으로써 실험적으로 측정된다[37, 38]. 응력을 측정하기 위한 일반적인 기술은 한 쪽 면에 관심 있는 박막을 함유한 둥근 원판(웨이퍼와 같은)을 사용하는 것이다(그림 3.28)[39]. 박막의 응력을 판(plate)의 곡률(bowing)로부터 유도할 수 있다. 고전적인 방

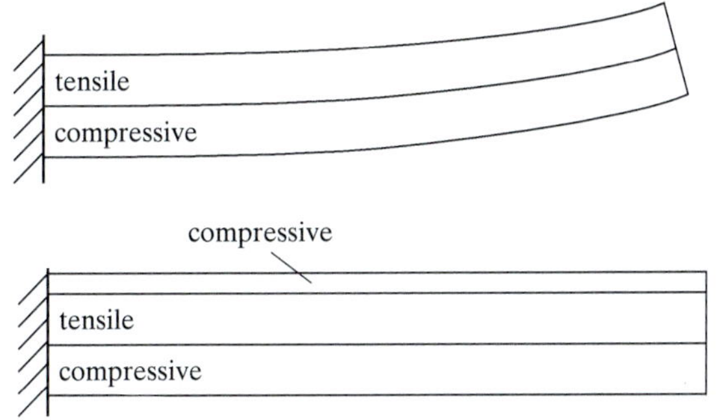

그림 3.27
응력 보상 방법.

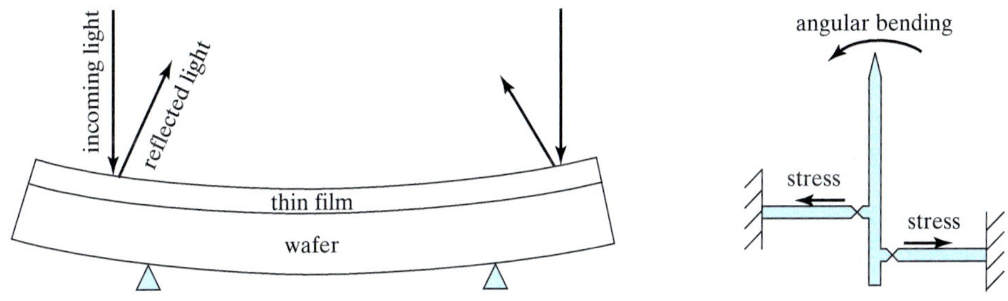

그림 3.28
내재 응력을 측정하는 실험 방법.

정식(스토니 공식이라 불리는)은 기판이 얇고, 전기적으로 등방적이며, 박막이 없을 때는 완전히 평평한 조건에서 유도되었다[39]. 단일 박막의 경우에, 기판의 곡률(C)은 다음과 같이 표현된다.

$$C = \frac{1}{R} = \frac{6(1 - \nu)\sigma h}{Et^2} \tag{3.55}$$

R은 곡률 반지름, ν는 기판의 포아송비, σ는 박막을 향한 응력, t는 기판의 두께, 그리고 h는 박막의 두께이다. 박막 물질은 반드시 한쪽 면에만 존재해야 한다. 만약 증착 과정에서 양쪽 면의 코팅을 해야 한다면, 한쪽 면의 물질은 조심스럽게 제거되어야 한다.

이러한 방법은 단지 전체 웨이퍼 면적에 걸친 전체적인 평균 응력 레벨을 측정한다. 대부분의 경우에 웨이퍼의 응력 분포는 균일하지 않다. 웨이퍼의 국소 부분 내의 응력은 정밀한 공정 제어를 요구한다. 공정 감시에 필요한 표면 미세 가공 및 벌크 미세 가공으로 제작된 시험 구조물에 주로 사용된다. 검사 장치 중 하나를 그림 3.28에 나타내었다. 이는 두 개의 편이 되어 당기는 빔에 부착된 얇은 박막 다이얼로 떠 있는 구조이다. 이 두 개의 수평으로 당기는 빔이 내재 응력이 생기면 토크를 유발하여 어떤 값만큼 다이얼을 회전시킨다.

3.7 공진 주파수와 품질 계수

주기적 가진 상황에서 기계적 구조물이 보여 주는 변위에 대한 전형적인 주파수 스펙트럼이 그림 3.29에 나타나 있다. 저주파에서 변위는 상수로 남는다. 이것은 거의 가진되지 않아 일정한 하중이 가해지는 경우 나타나는 저주파 반응이다. **공진 주파수**(resonant frequency, f_r)나 그 근처에서 기계적 진동의 크기는 급격하게 증가한다. 공진의 첨두의 날카로운 정도는 **품질 계수**(quality factor, Q)라는 용어로 특징지어진다. 공진 첨두가 급격할수록, 품질 계수는 더 커진다. 공진 주파수에서의 크기의 증대는 이용 가치가 높다. 마이크로센서 또는 액추에이터(actuator)를 공진 주파수에서 작동시키면 민감도나 작동하는 범위를 증가시킬 수 있다. 하지만 공진은 기계적 요소의 자체 파손을 유발할 수도 있다.

공진 주파수를 넘어선 주파수에서, 진동 폭은 감소한다(롤오프라 불림). 물리적으로 간단하게 설명하면, 관성으로 만들어진 기계적 구조들은 공진 주파수 이상의 주파수들

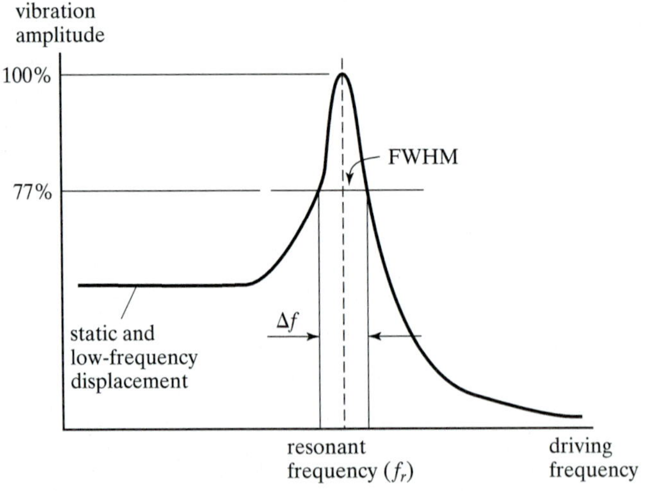

그림 3.29
입력 주파수의 함수로 된 진동의 진폭의 관계를 보여 주는 전형적인 응답 스펙트럼.

에서 작동 입력을 주지 못한다.

공진 첨두의 급격함을 보여 주는 품질 계수는 여러 방식으로 정의될 수 있다. 에너지의 관점에서 보면 이는 시스템에 저장된 총 에너지와 진동의 각 사이클에서 손실되는 에너지의 비율이다. 각 사이클에서 잃어버린 에너지가 적을수록, 품질 계수는 더 커진다. 에너지 손실은 일반적으로 다음과 같은 것들을 포함한다: (1) 앵커를 통해 기판으로 소실되는 기계적 에너지, (2) 주변 매질(예, 공기)에 의한 기계적 댐핑(damping), 그리고 (3) 열탄성(thermal elastic) 에너지 소실(TED) 또는 내부 마찰.

이와 같이 미세 장치의 품질 계수를 증가시킬 방법은 여러 가지가 있는데, 작동 압력의 저하[10, 40], 작동 온도의 조절[10], 표면 거칠기 향상[41], 열적 어닐링(thermal annealing)의 방법(600%의 향상이 [42]에 보고되었음), 경계 조건의 수정[43, 44] 등이다. MEMS 기구의 품질 계수는 마이크로나 나노 스케일의 공진기를 통해 수백[45]에서 최고 10,000[44~46]에 이르는 것이 입증되었다.

기계적 공진은 공진 구조물 주위의 공기나 액체로 된 매질의 존재로 크게 상쇄될 수 있다. 지나치게 상쇄된 경우의 공진 곡선은 공진 피크가 전혀 안 나타날 수도 있다. 만약 공진 구조물이 물리적으로 정지한 물체에 근접해 있다면, **압착된 박막 상쇄**(squeezed film damping) 현상으로 큰 공진 상쇄가 일어날 수 있다. 압착된 박막 공진 상쇄는 일상 생활에서도 관찰될 수 있다. 만약 한 장의 종이를 평평한 탁자 위에 떨어뜨린다면, 그 종이는 종이와 탁자 윗면 사이의 잡힌 공기에 의해 발생한 공기 쿠션으로 미끄러진다.

수학적으로 품질 계수는 절반의 에너지(또는 77%의 크기)에 있는 두 주파수들의 간격인 FWHM(full width at half maximum)과 관련되어 있다. 공진 주파수와 FWHM의 비가 품질 계수로 주이진다.

$$Q = \frac{f_r}{\Delta f} \tag{3.56}$$

공진 주파수 값은 공학 설계에서 자주 등장한다. 기계적 공진 시스템의 간단한 예는 질량이 m인 물체와 힘 상수가 k인 스프링으로 이루어진 독립된 시스템이다. 이 시스템의 공진 주파수가 다음과 같이 주어지는 것을 증명하는 것은 어렵지 않다.

$$\frac{1}{2\pi}\sqrt{\frac{k}{m}}$$

다양한 경계 조건과 하중 조건에서 외팔보의 공진 주파수를 계산하는 방정식은 부록 B에 나타나 있다. 대부분의 경우에 첫 번째 정현파(harmonics)가 가장 중요한 것이다.

기계적 요소의 공진 주파수는 크기가 축소되어 m 값이 급격히 감소함에 따라 일반적으로 증가한다. 공진기의 규모가 축소되어 감에 따라, 공진 주파수의 범위는 수 MHz[46]에서 수십 MHz[44]가 되고, 더 크게는 GHz[41] 범위까지도 성공할 수 있다.

공진 주파수가 공진기의 크기 함수이므로, 온도의 변화에 대하여 민감하다. 온도 안정화는 주파수 안정화를 요구하는 공진기에 매우 중요하다. 온도 안정화는 온도 보상을 통해 얻어진다[47].

부가적으로 미세 공진기의 공진 주파수는 증대 물질(레이저 또는 집속 이온 빔 식각을 사용하여) 또는 국지적으로 증착된 물질을 사용하여 정밀하게 조정할 수 있다[48].

예제 3.11 공진 주파수

SiC 박막 물질을 사용한 기계적 공진기(고정-고정 또는 양단이 클램프된)가 있다. 공진기의 길이(L), 너비(W), 그리고 두께(T)는 각각 1.1 μm, 120 nm, 그리고 75 nm이다. 공진 주파수가 실험적으로 구했을 때 1.014 GHz, 영률이 700 GPa이었다고 가정할 때, 공진기에 사용한 SiC 물질의 밀도를 구하라.

풀이 부록 B에 있는 표에 따라 공진 주파수를 위한 방정식은

$$f_n = \frac{22.4}{2\pi}\sqrt{\frac{EIg}{wL^4}}$$

이고, 분포된 힘 w는 다음과 같이 주어진다.

$$w = \frac{\rho(WLT)g}{L} = \rho g W T$$

공진 주파수를 위한 방정식을 다음 식에 대입하면

$$f_n = \frac{22.4}{2\pi}\sqrt{\frac{EIg}{\rho g W T L^4}} = \frac{22.4}{2\pi}\sqrt{\frac{EWT^3 g}{12\rho g W T L^4}} = \frac{22.4}{2\pi}\sqrt{\frac{ET^2}{12\rho L^4}} = 8.6\times 10^5\frac{T}{\sqrt{\rho}L^2}$$

ρ는 다음과 같이 된다.

$$\rho = \left(\frac{8.6\times 10^5}{f_n}\frac{T}{L^2}\right)^2 = 52.66^2 = 2773 \text{ kg/m}^3$$

3.8 스프링 상수와 공진 주파수의 능동 조율

빔이나 멤브레인의 스프링 상수나 공진 주파수와 같은 기계적 특징은 변형률을 도입함으로써 바뀔 수 있다. 이 절에서는 외팔보의 성질을 조율하는 것을 제시하여 방법론을 설명하고자 한다.

외팔보에서 세로 방향의 변형률은 축 방향 또는 가로 방향으로 힘을 가하여 유발한다. 이 두 경우에 대해 따로따로 논의할 것이다.

먼저 축 방향 장력은 스프링 상수와 공진 주파수를 바꿀 수 있다. 이것은 바이올리니스트가 줄(string)의 팽팽함을 조절함으로써 그것의 음을 조율하는 것과 유사하다. 길이 방향 조절 힘은 측면의 전기적 힘 또는 열팽창에 의해 생성한다.(그 증거로 공진 주파수의 변조는 고정-고정 외팔보의 내재 응력을 추정하는 데 사용 가능하다[49].) 길이 방향의 변형률이 ε_s 일 때, 외팔보의 공진 주파수는

$$w = w_0\sqrt{1 + \frac{2L^2}{7h^2}\varepsilon_s} \tag{3.57}$$

이고, 여기서 w_0, h, 그리고 L은 각각 조율되지 않은 공진 주파수, 빔의 두께, 그리고 빔의 길이이다.

외팔보의 힘 상수와 공진 주파수는 가로 방향으로 작용하는 힘을 이용하여 조율할 수 있다. 이러한 경우를 설명하기 위해, 다이빙대 끝에 서서 가볍게 튀어오르는 어린아이를 생각해 보자. 수평면 아래로 다이빙대가 내려가 있다고 가정하자. 어린아이는 다이빙대가 기계적으로 딱딱해졌다고 느낄 것이다.

이제 어른이 다이빙대 끝에서 끌어당기고 있다고 상상해 보자. 어린아이는 이와 같이 능동적으로 당김 힘이 작용할 때 다이빙대가 더 부드러워졌다고 느낄 것이다(주어진 무게에 대하여 더 많이 다이빙대가 변하기 때문이다). 다시 말해, 어린이가 느끼기에 다이빙대는 더 부드러워졌을 것이다. 빔의 반대 방향 내에 힘 단위의 엇갈림이 힘을 복원했을 때, 빔은 언제든지 부드러워지는 결과를 가져온다. 존재하는 힘 상수가 k에서 k_{eff}로 변한다. 가로축에는 전기적[50, 51], 열적[52], 또는 자기적으로 힘을 가할 수 있다.

3.9 추천 강의와 교재 목록

장래의 공부나 연구, MEMS 분야의 발전을 위해 더 포괄적인 지식의 기초를 쌓고 싶어 하는 독자들을 위해, 15개의 유익한 강의 목록과 대표적인 초급자용 교재를 소개하고자 한다. 이 강의와 교재에서 논의하는 정보들은 MEMS와 상당히 깊은 관련이 있다.

기계공학

1. 재료역학[9]
2. 탄성 이론[53]
3. 진동 분석[54]
4. 열전달[55]
5. 유체역학[56]

전기공학

1. 전기 및 전자 회로의 기초[57]
2. 장과 파장[58]
3. 일반적인 전기 회로 디자인
4. 반도체와 고체 장치의 물리학[2]
5. 집적 회로 디자인[59]
6. 전기역학[60]

미세 공정

1. 집적 회로 공정[61]
2. MEMS 공정[62, 63]

재료과학

1. 재료공학, 물성, 그리고 가공 기술 등의 다른 분야에 대한 폭넓고 포괄적인 논의[64]
2. 다결정 실리콘의 물성[16]

요약

이 장은 MEMS 장비를 개발할 때 종종 사용되는 주요한 전기적 그리고 기계적 면의 일반적인 개관을 제공하였다. 이 장의 목적은 여러 배경을 가진 독자들이 일반적인 수준에 이르도록 돕는 것이다. 그리고 그들이 중요 이슈와 주요한 분석 과정에 대해 알게 되도록 돕는 것이다. 독자들은 각각의 개별 주제에 대해 더 잘 이해할 수 있도록 책을 읽기를 권장한다.

다음의 목록은 이 장과 관련된 중요 개념, 사실, 그리고 기술을 요약한 것이다.

- 반도체에서 두 종류의 전하 운반자의 기원(origin).
- 도핑 농도를 알 때, 외부 물질 내에 있는 정공과 전자 농도의 계산 과정
- 반도체 표본의 전도도와 저항률을 찾기 위한 과정.
- 저항과 면적 저항 사이의 관계와 차이.
- 결정면과 방향에 대한 일반적인 명명법.
- 수직 응력과 변형률의 개념.
- 전단 응력과 변형률의 개념.
- 수직 응력과 변형률과 해석의 다양한 영역 사이의 관계.
- 빔과 관련된 경계 조건의 파악.
- 주어진 힘이 있는 외팔보 빔에서 끝 부분의 변위를 계산하기 위한 과정.
- 기계적 빔과 관련된 힘 상수를 계산하기 위한 과정.
- 비틀림 바의 비틀림 휨을 계산하기 위한 절차.
- 내재 응력의 근원.
- 내재 응력에 의해 야기되는 구부러짐을 줄이기 위한 방법.
- 어떤 경계 조건에 있는 빔의 공진 주파수를 계산하기 위한 계산식.

문제

문제 3.1: 검토

실리콘의 격자 상수가 5.43 Å인 단결정 실리콘의 원자의 체적 농도(원자 수/cm^3)와 비중(밀도)을 계산하라.

문제 3.2: 검토

단결정 실리콘의 탄력성 행렬을 작성하라.

문제 3.3: 설계

금으로 만든 저항 하나를 히터로 사용하고 있다. 저항의 두께는 0.1 μm이며 폭은 1 μm이다. 총 저항이 50옴이 되기 위해서 필요한 저항의 길이는 얼마인가?(**힌트**: 문헌, 핸드북, 참고자료에서 금의 고유 저항을 찾아보라.)

문제 3.4: 설계

길이 100 μm, 폭 2 μm, 두께 0.5 μm의 인으로 도핑된 실리콘 저항이 있다. 도핑 농도는 10^{17} atoms/cm^3이다. 전자 이동도(μ_n)는 도핑 농도의 함수이며, 대략적으로 1350 cm^2/(V·s)

이다. 정공 이동도는 대략적으로 480 $cm^2/(V \cdot s)$이다. 상온에서 열평형이 이루어졌을 때 전자와 정공의 농도는 어떻게 되는가? 재료의 저항률과 총 저항을 찾아보라.

문제 3.5: 설계

저항이 붕소로 도핑되어 있다고 가정하고 문제 3.4를 계산해 보라. 이 경우 정공이 주요 운반자가 될 것이다.

문제 3.6: 설계

문제 3.4를 인의 도핑 농도를 10^{11} atoms/cm^3로 가정하고 다시 계산해 보라.

문제 3.7: 설계

실리콘 웨이퍼가 붕소 이온 주입과 열처리로 도핑되어 있다. 이온 주입은 1회에 10^{14} atoms/cm^2로 처리되었다. 도핑 부분의 깊이는 고에너지 이온의 관통 깊이와 열처리 과정에서의 열확산에 의하여 결정된다. 접합 깊이가 1 μm라고 가정하고 도핑층의 깊이에 따른 농도가 균일하다고 가정할 때, 도핑 농도는 얼마인가?

문제 3.8: 설계

붕소로 도핑된 실리콘 저항은 50 Ω/□의 면적 저항을 갖는다. 저항의 길이와 폭이 각각 10 μm, 0.5 μm일 때, 저항의 전체 저항을 구하라. 두께가 0.3μm일 경우, 저항률과 붕소의 도핑 농도는 얼마인가? 상온에서 열평형이 이루어졌을 때, 주요 운반자의 농도는 얼마인가?

문제 3.9: 설계

아래의 색칠된 평면 {110}, {111}, {210}의 명칭을 부여하는 세부적인 단계에 대하여 논하라.

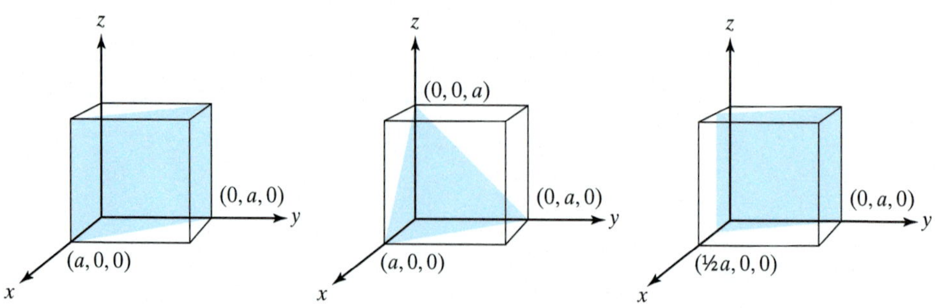

문제 3.10: 설계

x축과 z축에 의해 만들어진 평면과 평행한 두 개의 평면을 가정하고, 이러한 평면들의 밀러 지수가 모두 (010)이 됨을 증명하라.

문제 3.11: 설계

(111) 평면이 (100) 평면과 경사 각도 54.75°로 교차하는 것을 보이라.

문제 3.12: 설계

크기 U의 축 방향 힘이 벽면에 고정된 막대에 가해지고 있다. 고정된 끝 부분과 단면 A에서의 반력과 토크를 구하라.

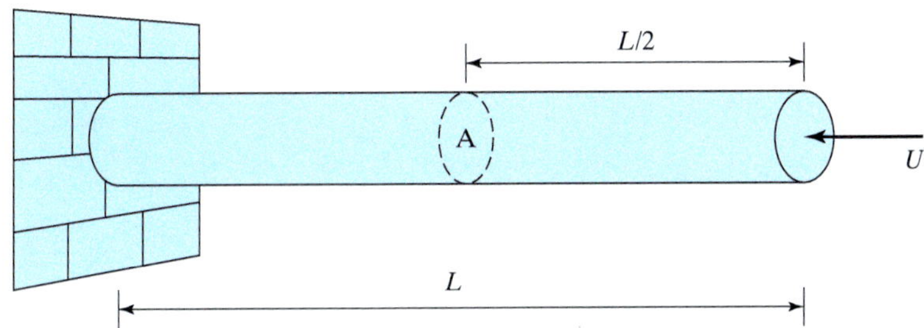

문제 3.13: 설계

두 개의 독립된 방향의 힘 U와 F가 한쪽 끝이 벽면에 고정된 막대에 가해지고 있다. 고정된 끝 부분과 단면 A에 가해지는 반력과 토크를 구하라. 조합된 힘에 의한 전체 작용은 두 힘이 각각 작용하였을 때의 선형 합과 같다고 가정한다.

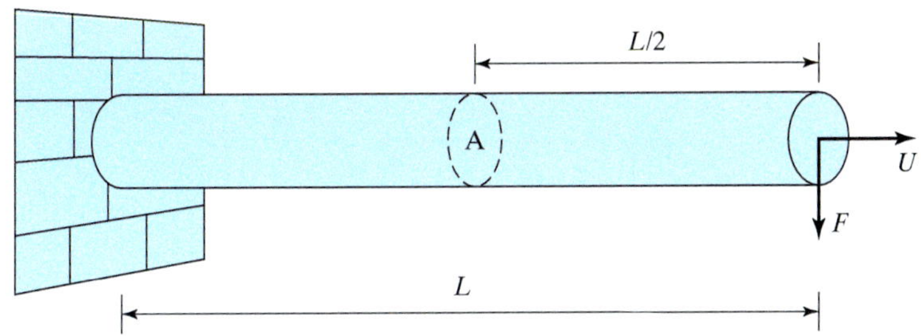

문제 3.14: 설계

크기 M의 토크가 한쪽 끝이 벽면에 고정된 막대에 가해지고 있다. 고정된 끝 부분과 A 단면에 가해지는 반력을 구하라.

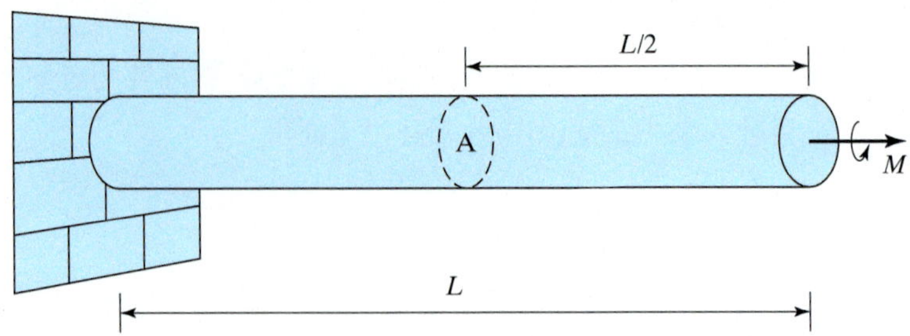

문제 3.15: 설계

가느다란 실리콘 빔이 길이 방향의 인장 응력을 받고 있다. 힘의 크기는 1 mN이고, 단면적은 20 μm×1 μm이다. 영률은 축 방향으로 120 GPa이다. 빔의 상대적인 길이 변형을 퍼센트로 구하라. 실리콘의 파손 변형률이 0.3%일 때 빔을 파손시키기 위한 힘의 크기는 얼마인가?

문제 3.16: 설계

부피 1 cm^{3}의 실리콘 입방체가 표면에 놓여 있다. 1 mN의 힘이 수직 방향으로 가해지고 있을 때, 힘이 가해진 방향의 응력의 크기와 종류를 구하라.

문제 3.17: 설계

실리콘 막대의 폭이 5 μm, 두께가 1 μm라고 가정하자. 최대 파손 변형률이 0.2%, 영률이 140 GPa이라고 할 때, 길이 방향으로 가해질 수 있는 최대 응력을 구하라.

문제 3.18: 설계

아래 그림에 있는 외팔보 빔의 관성 모멘트를 구하라. 빔의 재료는 단결정 실리콘이다. 길이 방향의 영률은 140 GPa이다.

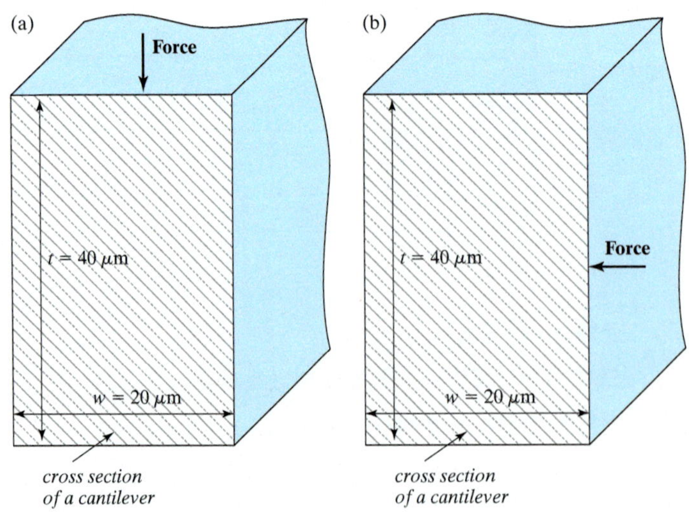

문제 3.19: 설계

문제 3.18에 있는 빔에서 외팔보의 길이 방향으로 힘이 가해졌을 때 힘 상수를 구하라. 이 경우 빔의 길이는 800 μm이다.

문제 3.20: 설계

상온에서 길이가 100 μm, 폭이 5 μm, 두께가 1 μm인 단결정 실리콘 막대가 있다. 막대는 P 농도가 10^{16} atoms/cm^{3}로 균일하게 도핑되었다. 실리콘 막대의 전기 저항과 관성 모멘트를 구하라. 실리콘 막대의 영률은 150 GPa이고, 파손 변형률은 0.2%이다. 길이 방향으로 1 mN이 가해졌을 때 길이의 변화량은 얼마인가?

문제 3.21: 설계

단결정 실리콘의 열팽창 계수는 약 2.6×10^{-6}/°C이다. 상온에서 10°C가 증가하였을 때 빔의 길이와 단면적은 변할 수 있다. 측방향 변형과 관계된 길이 방향의 변형률을 계산하고, 길이 방향의 등가 응력을 구하라(단면적의 변화를 고려하라). 이러한 온도 변화에 의한 저항값의 변화율은 얼마인가(저항률은 일정하다고 가정하라)? (**주의:** 실제로는 격자 구조의 간격 변화에 의해 저항률이 변한다.)

문제 3.22: 설계

휘어진 막대의 관성 모멘트에 대한 규모의 법칙(scaling law)은 무엇인가? MEMS 센서와 어떤 관계가 있는가? MEMS 액추에이터와는 어떤 관계가 있는가?

문제 3.23: 설계

예제 3.7의 (d), (e), (f)의 경우와 관련된 힘 상수의 수학적인 표현을 구하라.

문제 3.24: 설계

양 끝에서 비틀림 힘을 받는 막대의 중간에 레버가 붙어 있다. 힘 $F=1$ μN이 레버의 끝에서 작용하고 있다. 비틀림 힘을 받는 막대의 회전 방향의 변형 각도를 계산하라. 이때 레버의 휘어지는 정도는 고려하지 않도록 하고, L은 1000 μm, w는 10 μm, t는 10 μm로 하며, 빔은 다결정 실리콘으로 한다.(**힌트:** 문헌이나 핸드북에서 영률과 포아송비를 찾아보라.)

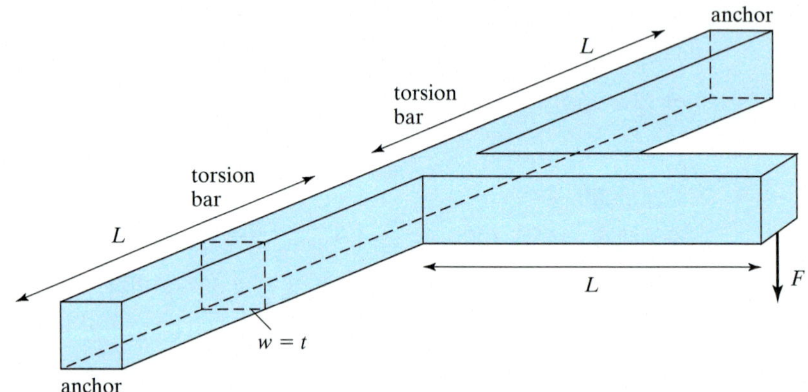

문제 3.25: 설계

고정-고정 막대의 중앙에 힘이 가해지고 있는 경우를 단면적이 같고 길이가 절반인 고정-선도 막대 2개가 평행으로 연결되어 있는 경우로 근사화할 수 있음을 증명하라.

문제 3.26: 설계

폭 20 μm에 힘 상수 10 N/m를 가지고 공진 주파수 10 kHz를 가진 단결정 실리콘 고정-자유 외팔보 빔을 만들고자 한다. 요구되는 길이와 두께를 구하라. 영률은 120 GPa이고, 밀도는 2330 kg/m^{3}이다. 아래의 선택 사항 중 답을 고르고 선택에 대한 이유를 설명하라.

1. 길이=6.4 mm, 두께=351 μm
2. 길이=2.9 mm, 두께=75.7 μm
3. 길이=143 mm, 두께=3.65 mm
4. 보기 중 답 없음

참고문헌

1. Streetman, B.G., *Solid State Electronic Devices*. 4th ed. Prentice Hall Series in Solid State Physical Electronics, ed. J. Nick Holonyak. 1995, Englewood Cliffs, NJ: Prentice Hall.
2. Muller, R.S., T.I. Kamins, and M. Chan, *Device Electronics for Integrated Circuits*. 3rd ed. 2003: John Wiley and Sons.
3. Mehregany, M., et al., *Silicon Carbide MEMS for Harsh Environments*.

Proceedings of the IEEE, 1998. **86**(8): p. 1594–1609.

4. Stoldt, C.R., et al., *A low-Temperature CVD Process for Silicon Carbide MEMS*. Sensors and Actuators A: Physical, 2002. **97–98**: p. 410–415.

5. Rogers, J.A., *Electronics: Toward Paperlike Displays*. Science, 2001. **291**(5508): p. 1502–1503.

6. Blanchet, G.B., et al., *Large Area, High Resolution, Dry Printing of Conducting Polymers for Organic Electronics*. Applied Physics Letters, 2003. **82**(3): p. 463–465.

7. Sundar, V.C., et al., *Elastomeric Transistor Stamps: Reversible Probing of Charge Transport in Organic Crystals*. Science, 2004. **303**(5664): p. 1644–1646.

8. Mantooth, B.A., and P.S. Weiss, *Fabrication, Assembly, and Characterization of Molecular Electronic Components*. Proceedings of the IEEE, 2003. **91**(11): p. 1785–1802.

9. Gere, J.M., and S.P. Timoshenko, *Mechanics of Materials*. 4th ed. 1997, New York: PWS Publishing Company.

10. Yasumura, K.Y., et al., *Quality Factors in Micron- and Submicron-Thick Cantilevers*. Microelectromechanical Systems, Journal of, 2000. **9**(1): p. 117–125.

11. Van Arsdell, W.W., and S.B. Brown, *Subcritical Crack Growth in Silicon MEMS*. Microelectromechanical Systems, Journal of, 1999. **8**(3): p. 319–327.

12. Wilson, C.J., and P.A. Beck, *Fracture Testing of Bulk Silicon Microcantilever Beams Subjected to a Side Load*. Microelectromechanical Systems, Journal of, 1996. **5**(3): p. 142–150.

13. Namazu, T., Y. Isono, and T. Tanaka, *Evaluation of Size Effect on Mechanical Properties of Single Crystal Silicon by Nanoscale Bending Test Using AFM*. Microelectromechanical Systems, Journal of, 2000. **9**(4): p. 450–459.

14. Yi, T., L. Li, and C.-J. Kim, *Microscale Material Testing of Single Crystalline Silicon: Process Effects on Surface Morphology and Tensile Strength*. Sensors and Actuators A: Physical, 2000. **83**(1–3): p. 172–178.

15. Wortman, J.J., and R.A. Evans, *Young's Modulus, Shear Modulus, and Poisson's Ratio in silicon and Germanium*. Journal of Applied Physics, 1965. **36**(1): p. 153–156.

16. Kamins, T., *Polycrystalline silicon for Integrated Circuits and Displays*. 2nd ed. 1998: Kluwer Academic Publishers.

17. Sharpe, W.N., Jr., et al., *Effect of Specimen Size on Young's modulus and Fracture Strength of Polysilicon*. Microelectromechanical Systems, Journal of, 2001. **10**(3): p. 317–326.

18. Chasiotis, I., and W.G. Knauss, *Experimentation at the micron and Submicron Scale*. In *Interfacial and Nanoscale Fracture*, W. Gerberich and W. Yang, Eds. 2003, Elsevier. p. 41–87.

19. Bagdahn, J., W.N. Sharpe, Jr., and O. Jadaan, *Fracture Strength of Polysilicon at Stress Concentrations*. Microelectromechanical Systems, Journal of, 2003. **12**(3): p. 302–312.

20. Tsuchiya, T., et al., *Specimen Size Effect on Tensile Strength of Surface-Micromachined Polycrystalline Silicon Thin Films*. Microelectromechanical Systems, Journal of, 1998. **7**(1): p. 106–113.

21. Sharpe, W.N., *Tensile Testing at the Micrometer Scale (Opportunities in Experimental Mechanics)*. Experimental Mechanics, 2003. **43**: p. 228–237.

22. Johansson, S., et al., *Fracture Testing of Silicon Microelements In Situ in a Scanning Electron Microscope*. Journal of Applied Physics, 1988. **63**(10): p. 4799–4803.

23. Pan, C.S., and W. Hsu, *A Microstructure for In Situ Determination of Residual Strain*. Microelectromechanical Systems, Journal of, 1999. **8**(2): p. 200–207.

24. Sharpe, W.N., Jr., B. Yuan, and R.L. Edwards, *A New Technique for Measuring the Mechanical Properties of Thin Films*. Microelectromechanical Systems, Journal of, 1997. **6**(3): p. 193–199.

25. Haque, M.A., and M.T.A. Saif, *Microscale Materials Testing Using MEMS Actuators*. Microelectromechanical Systems, Journal of, 2001. **10**(1): p. 146–152.

26. Srikar, V.T., and S.D. Senturia, *The Reliability of Microelectromechanical Systems (MEMS) in Shock Environments*. Microelectromechanical Systems, Journal of, 2002. **11**(3): p. 206–214.

27. Miyajima, H., et al., *A Durable, Shock-Resistant Electromagnetic Optical Scanner with Polyimide-Based Hinges*. Microelectromechanical Systems, Journal of, 2001. **10**(3): p. 418–424.

28. Ritchie, R.O., *Mechanism of Fatigue-Crack Propagation in Ductile and Brittle Solids*. International Journal of Fracture, 1999. **100**: p. 55–83.

29. Muhlstein, C.L., S.B. Brown, and R.O. Ritchie, *High-Cycle Fatigue of Single-Crystal Silicon Thin Films*. Microelectromechanical Systems, Journal of, 2001. **10**(4): p. 593–600.

30. Sharpe, W.N., and J. Bagdahn, *Fatigue Testing of Polysilicon—A Review*. Mechanics and Materials, 2004. **38**: p. 3–11.

31. Chan, R., et al., *Low-Actuation Voltage RF MEMS Shunt Switch with Cold Switching Lifetime of Seven Billion Cycles*. IEEE/ASME Journal of Microelectromechanical Systems (JMEMS), 2003. **12**(5): p. 713–719.

32. Hu, S.M., *Stress-Related Problems in Silicon Technology*. Journal of Applied Physics, 1991. **70**(6): p. R53–R80.

33. Doerner, M., and W. Nix, *Stresses and Deformation Processes in Thin Films on Substrates*. CRC Critical Review Solid States Materials Science, 1988. **14**(3): p. 225–268.

34. Nix, W.D., *Elastic and Plastic Properties of Thin Films on Substrates: Nanoindentation Techniques*. Materials Science and Engineering A, 1997. **234–236**: p. 37–44.

35. Harder, T.A., et al. *Residual Stress in Thin Film Parylene-C*. In *The Sixteens Annual International Conference on Micro Electro Mechanical Systems*. 2002. Las Vegas, NV.

36. Mastrangelo, C.H., Y.-C. Tai, and R.S. Muller, *Thermophysical Properties of Low-Residual Stress, Silicon-Rich, LPCVD Silicon Nitride Films*. Sensors and Actuators A: Physical, 1990. **23**(1–3): p. 856–860.

37. Askraba, S., L.D. Cussen, and J. Szajman, *A Novel Technique for the Measurement of Stress in Thin Metallic Films*. Measurement Science and Technology, 1996. **7**: p. 939–943.

38. Chen, S., et al., *A New In Situ Residual Stress Measurement Method for a MEMS Thin Fixed–Fixed Beam Structure*. Microelectromechanical Systems, Journal of, 2002. **11**(4): p. 309–316.

39. Von Preissig, F.J., *Applicability of the Classical Curvature-Stress Relation for Thin Films on Plate Substrates*. Journal of Applied Physics, 1989. **66**(9): p. 4262–4268.

40. Cheng, Y.-T., et al., *Vacuum Packaging Technology Using Localized Aluminum/Silicon-to-Glass Bonding*. Microelectromechanical Systems, Journal of, 2002. **11**(5): p. 556–565.

41. Huang, X.M.H., et al., *Nanoelectromechanical Systems: Nanodevice Motion at Microwave Frequencies*. Nature, 2003. **421**: p. 496.

42. Wang, K., et al. *Frequency trimming and Q-Factor Enhancement of Micromechanical Resonators via Localized Filament Annealing*. In *Solid State Sensors and Actuators, 1997. Transducers '97 Chicago, International Conference*. 1997.

43. Wang, K., et al. *Q-Enhancement of Microelectromechanical Filters via Low-Velocity Spring Coupling*. In *Ultrasonics Symposium, IEEE Proceedings*. 1997.

44. Wang, K., A.-C. Wong, and C.T.-C. Nguyen, *VHF Free-Free Beam High-Q Micromechanical Resonators*. Microelectromechanical Systems, Journal of, 2000. **9**(3): p. 347–360.

45. Bannon, F.D., J.R. Clark, and C.T.-C. Nguyen, *High-Q HF Microelectromechanical Filters*. Solid-State Circuits, IEEE Journal of, 2000. **35**(4): p. 512–526.

46. Cleland, A.N., and M.L. Roukes, *External Control of Dissipation in a Nanometer-Scale Radiofrequency Mechanical Resonator*. Sensors and Actuators A: Physical, 1999. **72**(3): p. 256–261.

47. Hsu, W.-T., J.R. Clark, and C.T.-C. Nguyen. *Mechanically Temperature-Compensated Flexural-Mode Micromechanical Resonators*. In *Electron Devices Meeting, IEDM Technical Digest. International*. 2000.

48. Joachim, D., and L. Lin, *Characterization of Selective Polysilicon Deposition for MEMS Resonator Tuning*. Journal of Microelectromechanical Systems, 2003. **12**(2): p. 193–200.

49. Chen, S., et al., *A New In Situ Residual Stress Measurement Method for a MEMS Thin Fixed–Fixed Beam Structure*. IEEE/ASME Journal of Microelectromechanical Systems (JMEMS), 2003. **11**(4): p. 309–316.

50. Yao, J.J,. and N.C. MacDonald, *A Micromachined, Single-Crystal Silicon, Tunable Resonator*. Journal of Micromechanics and Microengineering, 1995. **6**(3): p. 257–264.

51. Adams, S.G., et al., *Independent Tuning of Linear and Nonlinear Stiffness Coefficients [Actuators]*. Microelectromechanical Systems, Journal of, 1998. **7**(2): p. 172–180.

52. Syms, R.R.A., *Electrothermal Frequency Tuning of Folded and Coupled Vibrating Micromechanical Resonators*. Microelectromechanical Systems, Journal of, 1998. **7**(2): p. 164–171.

53. Timoshenko, S., and J. Goodier, *Theory of Elasticity*. 3rd ed. 1970, New York: McGraw-Hill.

54. Meirovitch, L., *Elements of Vibration Analysis*. 1986: McGraw-Hill.

55. Incropera, F.P., and D.P. DeWitt, *Fundamentals of Heat and Mass Transfer*. 5th ed. 2002, New York: Wiley.

56. White, F.M., *Fluid Mechanics*. 4th ed. 1999, New York: McGraw-Hill.

57. Irwin, J.D., and D.V. Kerns, *Introduction to Electrical Engineering*. 1995: Prentice Hall.

58. Rao, N.N., *Elements of Engineering Electromagnetics*. 6th ed. Illinois ECE Series. 2004: Prentice Hall.

59. Gray, P.R., et al., *Analysis and Design of Analog Integrated Circuits*. 4th ed. 2001: John Wiley and Sons.

60. Woodson, H.H., and J.R. Melchier, *Electromechanical Dynamics Part I: Discrete Systems*. 1968: John Wiley and Sons.

61. Jaeger, R.C., *Introduction to Microelectronic Fabrication*. 2nd ed. Modular series on solid-state devices, ed. G.W. Neudeck and R.F. Pierret. Vol. V. 2002, Upper Saddle River, NJ: Prentice Hall.

62. Kovacs, G.T.A., *Micromachined Transducers Sourcebook*. 1998, New York: McGraw-Hill.

63. Madou, M.J., *Fundamentals of Microfabrication: The Science of Miniaturization*. 2nd Ed. 2002: CRC Press.

64. Callister, W.D., *Materials Science and Engineering, An Introduction*. 4th ed. 1997, New York: John Wiley and Sons.

정전기적 센싱과 액추에이션

CHAPTER 4

4.0 서론

이 단원을 시작하면서, MEMS의 센서와 액추에이터에서 일반적으로 사용되는 변환(transduction) 원리에 대해서 살펴볼 것이다. 이 장은 정전기적 센싱과 액추에이션의 원리와 방법에 대해서 초점을 맞추고 있다. 4.1절에서는 정전기적 변환의 상대적인 장점과 단점에 대해서 요약할 것이다. 4.2절과 4.3절에서는 정전기 변환의 대표적 장치인 평행판과 집적된 빗살형 구동기에 대해서 간단히 소개할 것이다. 각각의 변환기에 대해서, 센서와 액추에이터 등을 포함한 구체적인 응용 분야에 대해서 토론할 것이다.

이 외의 다른 센서와 액추에이터의 원리(열, 압전 저항, 압전 에너지 변환)는 5장부터 7장까지 토론할 것이다.

4.1 정전기적 센서와 액추에이터 개론

커패시터는 양쪽에 서로 반대의 전하를 띠고 있는 두 개의 도체에 대해 일반적으로 정의된다. 그것은 센서나 액추에이터로 사용할 수 있다. 만약 부여된 작용으로 두 개의 도체 사이의 거리나 상대적인 위치가 변한다면, 정전용량(capacitance value)이 변할 것이다. 이것이 위치의 정전용량성 혹은 정전기적(electrostatic) 센싱의 기초를 제공한다. 반면에 만약 전압 혹은 전기장이 두 도체 양단에 걸리게 될 경우, 정전기적 힘이 두 물체 사이에서 발현될 것이다. 이것을 정전기적 액추에이션이라고 정의한다.

정전기적 힘은 큰 규모의 기계를 구동시키는 데는 거의 사용되지 않는다. 그러나 미세 기기들은 큰 부피에 대한 표면적 비율이 크고 일반적으로 질량이 작아서 정전기적 힘을 통해 **표면에 작용하는 힘**을 유발하여 미세 액추에이션(microactuation)에 매우 매력적인 후보가 된다.

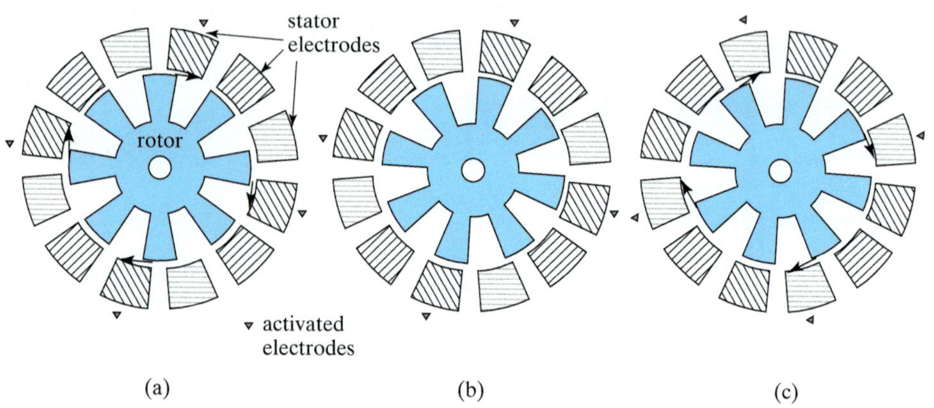

그림 4.1
정전기적 마이크로모터.

정전기로 작동되는 마이크로모터는 MEMS 액추에이터의 초창기 모델들 중 하나였다[1]. 그림 4.1에 나타나 있는 바와 같이 허브가 있는 기판(substrate)에 장착된 회전자(rotor) 바깥쪽으로 고정자(stator)라고 불리는 고정된 전극으로 구성되어 있다. 고정자는 전기적으로 동시에 바이어스되는 네 개의 전극의 조합으로 이루어져 있다. 다른 패턴으로 구분된 3개의 그룹들이 그림 4.1에 나타나 있다.

정전기 모터의 구동 원리를 설명하기 위해서, 회전자가 임의의 위치에 있을 때부터 시작해 보자. 고정자 전극의 한 그룹을 먼저 바이어스시킨다. 그림에서는 때에 맞추어 바이어스된 전극을 전극 옆에 있는 화살표로 표시하였다. 이 그룹에게 근접한 고정자 전극들 사이에는 상호 대향되는 전기장이 발생되고, 가장 가까운 회전자 이가 전극에 정렬된다. 정전기적 인력이 발생하여 고정자 전극과 회전자 이가 정렬된다. 그때의 토크 값은 정적 마찰력(static friction)을 이겨 내기에 충분 할 정도의 전압(100 V)을 가할 때, 피코 뉴턴미터(pico Nm) 정도이다. 회전자가 살짝 움직여 그림 4.1b와 같은 형상을 만든다. 그러면 전극의 바이어스가 다른 그룹으로 옮기고(그림 4.1c), 이것이 같은 방향으로 회전을 유발한다. 이러한 회전자의 지속적인 회전은 고정자의 전극을 그룹별로 연속적으로 변화시킴으로써 발생한다. 정전기 모터의 미세 가공은 11장에서 깊게 다루어질 예정이다. 이러한 정전기 액추에이터에 관련된 연구들이 더 큰 출력과 토크를 내기 위한 새로운 설계들을 제안하고 있다([2] 참조).

이 장에서는 정전용량성 센서와 액추에이터의 원리와 지배 방정식에 대해서 논하고자 한다. 정전기적 센싱과 액추에이션의 주요 장점을 아래에 요약하였다.

1. **단순성.** 센싱과 액추에이션의 원리는 상대적으로 구현하기가 쉽다. 단지 두 개의 전도성 평면만을 요구한다. 특별한 기능성 재료를 필요로 하지 않는다. 다른 센싱 방법(압전 저항, 압전 센싱 같은)이나 다른 액추에이션 방법(압전 액추에이션)은 증착, 패턴화, 특수 압전 소재의 조합 등을 요구하는 것을 볼 때 매우 간단하다.
2. **저전력.** 정전기적 액추에이션은 전류보다는 전압 차에 의존한다. 이러한 방법은 일반적으로 낮은 주파수에서 에너지 효율적이라고 인정되고 있다. 이것은 전류가 전혀 없는 정전기 상황에서 더욱 뚜렷하다. 고주파에서는 시간과 주파수에 의존적인 변위 전류(displacement current)인 $i(t)$가 시간에 따라 변하는 바이어스 전압 $V(t)$에 의해 발생된다. 이러한 전류의 크기는 $i(t)=C\frac{dV(t)}{dt}$이다. 커패시터에 전달되는 순간적인 전력은 $p(t)=i(t)\cdot V(t)$로 표현된다.
3. **빠른 응답성.** 정전기적 센싱과 액추에이션은 높은 동적 응답 반응 속도를 갖는데, 이때 천이 속도는 방전과 충전의 시정수에 의존하며, 좋은 전도체의 경우 매우 빠르다. 예를 들어 디지털 마이크로 거울 디스플레이(DMD)에서 거울의 스위칭 속도는 8비트 그레이 레벨 디스플레이 경우인 21 μs보다 작다.

정전기적 액추에이션과 센싱의 상대적인 단점에 대해 주의해야 한다. 정전기 액추에이터에 고전압을 가하는 것이 약점이다. DMD 거울은 $\pm 7.5°$를 기울이기 위해서 25 V 정도의 전압이 필요하다. 합체화된 광학 거울(monolithically integrated optical mirror)을 9° 기울이기 위해서는 150 V의 바이어스 전압이 필요하다[3]. 수십 마이크로미터를 움직이기 위해서 선형 정전기적 액추에이터가 수백 볼트의 정전기를 필요로 하는 것은 비일비재하다. 높은 전압은 전기적 복잡성(높은 전압을 공급해야 된다는 점에서)과 재료의 호환성 문제를 야기한다. 부도체와 기계적으로 연결되어 있는 전극에 DC 운전을 하면 전하가 충전된다. 이렇게 충전된 전하가 작동성을 변화시킬 것이다.

정전용량성 전극의 기하학적 형태는 크게 두 부류로 나뉜다. 평행한 판으로 이루어진 커패시터와 집적된 핑거형(빗살 구동) 커패시터가 그것이다. 평평한 판과 빗살 구동의 정전용량은 일반적으로 pF보다 작은 정도이다. 정전용량성 센서의 경우, 노이즈나 소스와의 간섭에 대해서 fF 정도의 정전용량 변화를 측정하기 위해서 매우 정교하게 설계해야 한다[4].

정전용량성 액추에이터는 경우에 따라 서로 반대 되는 전극 사이의 정전기적 인력을 이용하기도 한다. 같은 극을 가해서 발생하는 척력은 그다지 많이 사용되지 않는다[5, 6]. 그러나 이것의 예는 집적된 핑거 시스템의 경우 18개의 핑거에 20 V를 가해 0.5 μm까지 수직으로 부상시키는 것이 입증되었다.

정전용량성 장치에서 사용되는 전극은 대부분 전하를 빨리 소산시킨다. 그러나 경우에 따라 자체적으로 전하가 충전되어 있거나 쌍극자가 분포한 것을 사용하기도 한다. 일렉트릿(electret)이라 불리는 이러한 부도체는 테플론(Teflon)이나 PMMA(poly-methyl-methacrylate) 같은 유기 중합체로 이루어져 있다[7]. 이 일렉트릿은 표면의 전체[7, 8]나 국부적 위치[9]에 전자를 주입하여 10^{-4} C/m^2 이상의 표면 전하 밀도를 충전할 수 있다.

4.2 평행판 커패시터

4.2.1 평행판의 정전용량

평행판 형태의 커패시터는 정전기적 센서와 액추에이터의 가장 기본적인 형태이다. 이러한 커패시터는 이름이 의미하는 것처럼 서로 평행하게 바라보고 있는 두 개의 도체판으로 이루어져 있다. 광의적으로 보면, 여기에 사용되는 두 개의 판은 반드시 정확하게 평행하거나 완전한 평면일 필요는 없다.

평행판 정전기적 액추에이션을 이용한 대표적인 응용 사례는 Texas Instruments[10]에서 제작한 DMD 칩이다. 이 DMD 칩은 마이크로 거울(micromirror)이나 이진 광학 스위치로 이루어져 있다. 각각의 거울은 비틀리는 경첩(hinge)에 대해서 회전하는 특성을 갖는 반사판으로 구성된다. 두 전극은 비틀리는 경첩의 각각의 면을 절반 정도 덮는 반사판 아래에 장착된다. 이로써 평형판 커패시터들이 완성되는데 하나는 하부에 부착된 전극 사이에 장착되고 하나는 거울 표면 위에 장착된다. 하부 전극 아무 곳에서나 전압을 가하면 거울 장치는 정전기적 인력으로 ±7.5° 기울어져 주입되는 빛을 반사시킨다.

그림 4.2에 묘사된 단순한 평행판 커패시터를 살펴보자. 이러한 두 개의 판이 겹쳐 만드는 면적은 A이고, 간격은 d이다. 두 판 사이에 존재하는 매개체의 상대 유전율을 ε_r이라고 표기한다. 실 유전율은 $\varepsilon=\varepsilon_r\varepsilon_0$라 표기한다. 여기서 ε_0는 진공의 유전율을 의미한다($\varepsilon_0=8.85\times10^{-14}$ F/cm).

두 판 사이의 정전용량 C는 다음과 같이 정의한다.

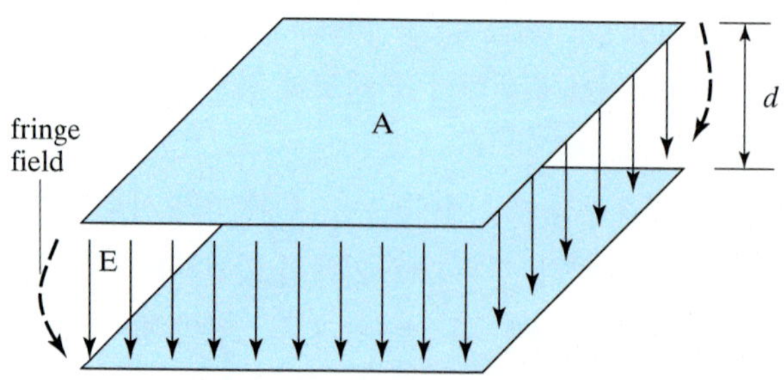

그림 4.2
표면은 A, 간격은 d인 평행판 커패시터.

$$C \equiv \frac{Q}{V} \tag{4.1}$$

여기서 Q는 저장된 에너지를, V는 전위를 의미한다. 이러한 커패시터에 의해서 저장된 전기 에너지 U는 다음과 같이 표현된다.

$$U = \frac{1}{2}CV^2 = \frac{1}{2}\frac{Q^2}{C} \tag{4.2}$$

평행판 커패시터의 경우, 전기장은 서로 평행하고 두 면이 중첩되어 나타나는 평면에 수직이다. 주변으로 나가는 전자장선은 전극판의 경계 밖의 표면에 존재한다. 주변장의 선(fringe field line)은 원래 3차원 형태이고, 설계를 정확하게 하기 위해서는 반드시 고려되어야 한다. 이 책에서는 이러한 주변에 있는 장에 대해서 생략하기로 한다.

가우스의 법칙에 의하면, 1차(primary) 전기장의 크기 E는 다음과 같이 연관되어 있다.

$$E = Q/\varepsilon A \tag{4.3}$$

전압의 크기는 전기장과 두 판의 거리(d)의 곱이다. 평행판 커패시터의 정전용량은 다음과 같다.

$$C \equiv \frac{Q}{V} = \frac{Q}{E \cdot d} = \frac{Q}{\frac{Q}{\varepsilon A}d} = \frac{\varepsilon A}{d} \tag{4.4}$$

이러한 정전용량은 A에 비례하고 d에 반비례한다. 또한 유전율 ε의 함수이다.

두 개의 평행판은 직교로 움직이거나 평행하게 움직이는 방식으로 작동될 수 있다. 이 책에서는 수직축을 따라서 두 판이 움직이는 상황에 대해서 중점적으로 다루고자 한다.

평행판 커패시터는 물리적으로나 화학적 혹은 생물학적인 센서 등에 두루 쓰이는 플랫폼이다. 이러한 커패시터의 정전용량을 측정하기 위해서, 유전율이나 A 혹은 d의 변화를 측정해야 한다. 유전율은 온도나 매개체의 습도[11]에 따라서 변할 수 있다. 유전율에 대한 정전용량의 변화는 그 사이에서 발생하는 물과 공기 혹은 생물학적 입자 등을 특성화할 때도 사용한다. 예를 들어 진핵세포의 DNA는 각 세포들이 1 kHz의 전기장을 통과할 때 DNA 양과 정전용량이 비례하는 관계를 이용하여 측정한다[12]. 중첩된 면적과 표면과 판 사이의 거리는 접촉력, 정압[13], 음파 등의 동압[14], 가속력[15] 등에 의해서 조절된다.

이러한 커패시터는 힘이나 변위(만약 커패시터 판 중 하나가 고정되어 있거나 형태가 변할 때)를 생성하는 액추에이터로 사용된다. 한 평면이 벽에 고정되어 있고, 다른 쪽은 기계적인 스프링에 의해서 매달려 있는 한 쌍의 전극을 살펴보자. 두 평행판 사이에 전압을 가하면, 정전기적 인력이 발생한다. 이러한 힘의 크기는 저장된 전기 에너지 V_s를 관심 차원의 변수로 미분한 구배와 같다. 힘의 크기에 대한 표현은 다음과 같다.

$$F = \left|\frac{\partial U}{\partial x}\right| = \frac{1}{2}\left|\frac{\partial C}{\partial x}\right|V^2 \tag{4.5}$$

여기서 x는 관심 있는 차원적 변수이다. 만약 판이 자신의 면과 수직으로 움직인다면, 전극 사이의 틈이 변할 것이다. 이 힘의 크기를 다시 표현하면 다음과 같다.

$$F = \left|\frac{\partial U}{\partial d}\right| = \frac{1}{2}\frac{\varepsilon A}{d^2}V^2 = \frac{1}{2}\frac{CV^2}{d} \tag{4.6}$$

식 (4.5)의 일반적 차원 좌표 x를 d로 치환하여 얻었다.

일정한 바이어싱 전압이 가해지면, 전극 사이의 갭 d가 증가하므로 정전기력이 급격히 감소한다. 따라서 이 정전기력은 좁은 범위에 작용하는 힘이다. 이 갭은 마이크로미터 단위일 때 가장 효과적으로 발현된다.

액추에이터를 위해 가해지는 전압의 상한값은 유전 매질의 항복 전압(breakdown voltage)이다. 만약 그 매개체가 공기라면, 그러한 항복 전압은 파셴 선도—틈을 줄였을 때 항복 전압이 얼마나 증가되는지를 예측하는—로 예측된다. 이것은 MEMS 정전용량성 장치 설계에 좋은 축소화 규칙이다.

예제 4.1 정전용량 계산하기

두 개의 고정된 평행 평판 사이의 공기 갭 커패시터를 생각해 보자. 정지 시(바이어스가 없을 때) 두 판의 거리는 $x_0=100\ \mu\text{m}$이고 평면의 면적은 $A=400\times400\ \mu\text{m}^2$이다. 두 판에 존재하는 매개체는 공기이다. 이러한 두 판 사이에 걸리는 바이어스 전압은 $V=5$볼트이다. 이때 정전용량과 인력 F를 구하라. 또한 만약 면적의 반이 물로 채워져 있다면 정전용량은 얼마나 되는가?

풀이 정전용량을 찾기 위해서 아래 식을 사용한다.

$$C = \varepsilon_r\varepsilon_0\frac{A}{x_0} = 14.17\times10^{-15}\ \text{F}$$

이러한 힘은 아래의 식을 이용하여 구할 수 있다.

$$F = \frac{\partial V}{\partial d} = \frac{1}{2}\frac{CV^2}{x_0} = 1.8 \times 10^{-9}\,\mathrm{N}$$

만약 전극 면적의 반이 물로 채워져 있고 나머지 반은 공기라면, 각각의 반은 따로 생각할 수 있다. 총 정전용량은 병렬로 연결되어 있는 두 개의 커패시터로 이루어져 있다. 상온에서 물의 상대 유전율은 76.6이다. 그러므로 절반이 물로 되어 있는 커패시터의 정전용량은

$$C_{water} = \varepsilon_r \varepsilon_0 \frac{A/2}{x_0} = \frac{76.6 \times 8.854 \times 10^{-12} \times 80{,}000 \times 10^{-12}}{100 \times 10^{-6}} = 542.6 \times 10^{-15}\,\mathrm{F}$$

이고, 절반이 공기로 채워져 있는 커패시터의 정전용량은 C_{air}=7.08×10^{-15} F이다.

그러므로 총 정전용량은

$$C = C_{air} + C_{water} = 549.6 \times 10^{-15}\,\mathrm{F}$$

이다.

4.2.2 바이어스하에서 정전기 액추에이터의 평형 위치

많은 정전기 센서와 액추에이터들은 적어도 스프링에 의해서 지지되고 있는 변형될 수 있는 한 개의 판이 개입된다. 이러한 센서와 액추에이터 등을 설계할 때 중요한 것은 바이어스된 전압에서 얼마만큼 변위가 생기는지 결정하는 것이다. 이 절에서는 정적(DC), 준정적(낮은 주파수) 바이어스 상태에서 평형 상태의 변위를 계산하는 방법에 대해서 논의하고자 한다.

기계적인 스프링으로 지지되는 이동 가능한 판을 갖는 평평한 커패시터가 그림 4.3에 나와 있다. 윗부분의 판은 스프링 상수 K_m을 갖는 스프링에 의해서 고정되어 있다. 정지 상태에서는 인가된 전압, 변위, 그리고 기계적인 복원력이 모두 0이다. 중력은 이 작은 기계의 정적 분석에서는 큰 역할을 하지 못하는데, 그 이유는 판의 질량이 매우 작아 중력은 감지할 수 있을 정도의 정적인 변위를 일으키지 못하기 때문이다.

전압을 가하면, 정전기력이 발생한다. 이동 가능한 판이 출발 위치에 있을 때 가해지는 힘 $F_{electric}$의 크기는 다음과 같이 주어진다.

$$F_{electric} = \frac{1}{2}\frac{\varepsilon A}{d^2}V^2 = \frac{1}{2}\frac{CV^2}{d} \tag{4.7}$$

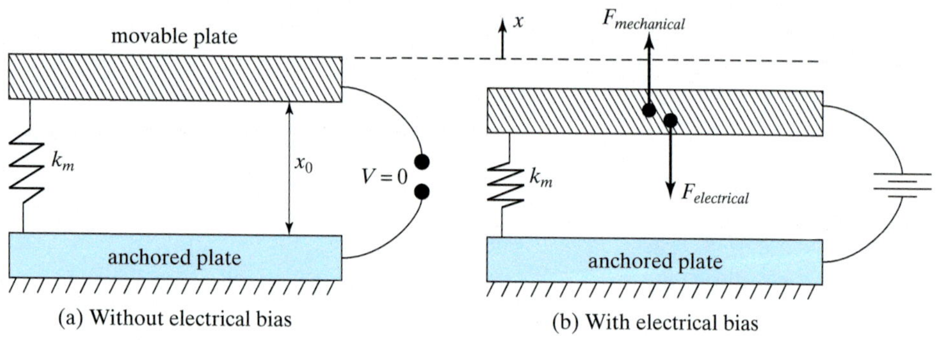

그림 4.3
결합 전기기계 모델.

이 힘은 갭을 줄이는 경향을 가져, 변위와 기계적인 복원력을 증가시킨다. 정적 평형 상태에서, 기계적인 복원력은 정전기력과 크기는 같고 방향은 반대로 작용한다.

정전기적 액추에이터의 상황에서는 매우 흥미롭다. 정전기력의 크기는 변위의 함수이다. 사태를 복잡하게 하는 것은, 정전기력이 스프링 상수를 바꾸는 것이다. 2장에서 토의한 것과 같이, 정전기력이 기계적 복원력과 반대 방향에서 적용된다면, 스프링은 실제로 부드러울 것이다. 전기력의 구배(gradient)는 전기적 스프링 상수로 정의할 수 있다.

$$k_e = \left|\frac{\partial F_{electric}}{\partial d}\right| = \left|-\frac{CV^2}{d^2}\right| = \frac{CV^2}{d^2} \tag{4.8}$$

이와 같이 전기적 스프링 상수의 크기는 위치(d)와 바이어싱 전압(V)에 따라 변한다. 반면에 기계적 스프링 상수(k_m)는 작은 변위에는 변하지 않는다.

이 구조의 유효 스프링 상수는 기계적 스프링 상수에서 전기적 스프링 상수를 뺀 값이다.

바이어스 전압 V에서 스프링으로 지지되는 전극 판의 평형 변위를 유도해 보자. x축이 틈이 커지는 방향을 가리킬 때 평형 상태에서의 결정된 변위를 x라고 하자(그림 4.3). 변위 x에서, 전극 사이의 틈은 $d+x(d+x < d)$가 된다. 평형 상태에서의 정전기력은 다음과 같다.

$$F_{electric} = \frac{1}{2}\frac{\varepsilon A}{(x_0 + x)^2}V^2 = \frac{1}{2}\frac{C(x)V^2}{(x_0 + x)} \tag{4.9}$$

기계적 복원력의 크기는 다음과 같다.

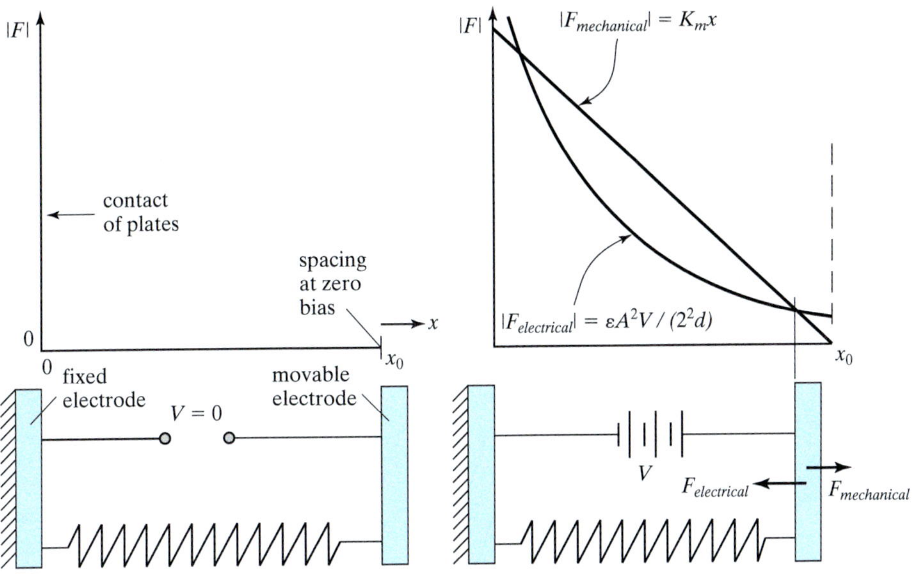

그림 4.4
평판 사이 공간의 함수인 전기적 힘과 기계적 힘의 크기.

$$F_{mechanical} = -k_m x \tag{4.10}$$

x에서 $F_{mechanical}$과 $F_{electrical}$의 크기를 같게 놓고, 항들을 재배열하면 다음을 얻는다.

$$-x = \frac{F_{mechanical}}{K_m} = \frac{F_{electrical}}{K_m} = \frac{C(x)V^2}{2(x_0 + x)K_m} \tag{4.11}$$

두 판 사이의 평형 거리는 x에 관한 2차 방정식을 풀어 구한다.

평형 위치의 분석은 그래프적으로 가시화된다. 먼저 가로축은 두 판 사이의 공간으로, 세로축은 기계적, 전기적인 힘의 크기로 한 좌표계(또는 역으로)를 세운다. 판이 x축의 원점에 있을 때 고정되어 있다면, 원점에서 x_0만큼 떨어졌을 때는 움직일 수 있는 상태이다.

기계적 복원력을 나타내는 곡선과 전기력을 나타내는 곡선은 전극의 위치 함수로 그려진다(그림 4.4). 기계적 복원력($F_{mechanical}$)은 고정된 바이어스 전압 V일 때, 그 위치에 따라서 선형적으로 변한다. 반면에 전기력($F_{electrical}$)은 식 (4.9)에 의하여 비선형적으로 변한다.

위의 도해에 의하면, 두 곡선의 교차점이 두 개가 존재한다. 그것은 식 (4.11)의 근에 해당한다. 각 교차점에서 전기력과 기계적 힘은 동일하다. 그러므로 교차점의 수평 좌표는 이러한 움직일 수 있는 판의 평형 위치를 나타낸다. 비록 몇몇의 교차점이 가능할지라도, 그것들 중 하나만이 실제에서 나타날 수 있다는 사실을 주목해야 한다. 특히 정지된 위치에서 가장 가까운 해가 일반적으로 실제 해이다.

이러한 그래프적 방법은 바이어스 전압이 바뀔 때 평형 위치를 추적하는 데 사용하기도 한다. 3개의 바이어스 전압인 V_1, V_2, V_3에서의 액추에이터의 평형 위치는 그래프로 표현될 수 있다(그림 4.5). 전압이 증가될수록, 전기력에 부합하는 곡선이 위쪽으로 옮겨진다. 그러므로 x 좌표에서의 교차점은 정지된 위치에서 점점 멀어진다.

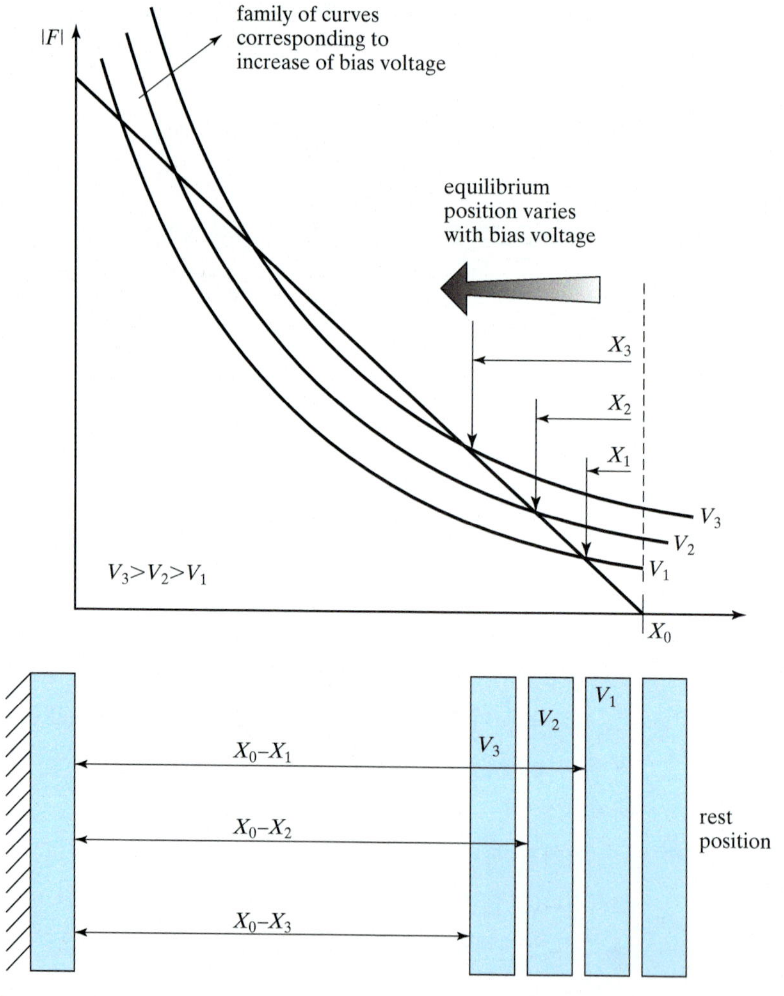

그림 4.5
세 개의 바이어스 전압하에서 전기적 힘과 기계적 힘의 균형.

4.2.3 평행판 액추에이터의 당김 효과

특정 바이어스 전압에서, 기계적 힘과 전기력을 나타내는 두 곡선의 교차점이 한 점에서 접선적으로 교차하게 된다(그림 4.6). 이 교차점에서는 전기력과 기계적 복원력이 서로 균형을 이루고 있다. 더욱이 전기적 스프링 상수(교차점에서의 기울기)는 기계적 스프링 상수와 같다. 즉 유효 스프링 상수는 0이 된다(극도로 부드러운 상태). 이것은 특수한 상태이므로 조심스럽게 다루어야 한다. 이러한 상태를 일으키는 바이어스 전압을 **풀인 전압**(pull in voltage) 혹은 V_P라고 부른다.

만약 이러한 바이어스 전압이 V_P 이상 증가한다면, 두 곡선은 더 이상 교차점을 가

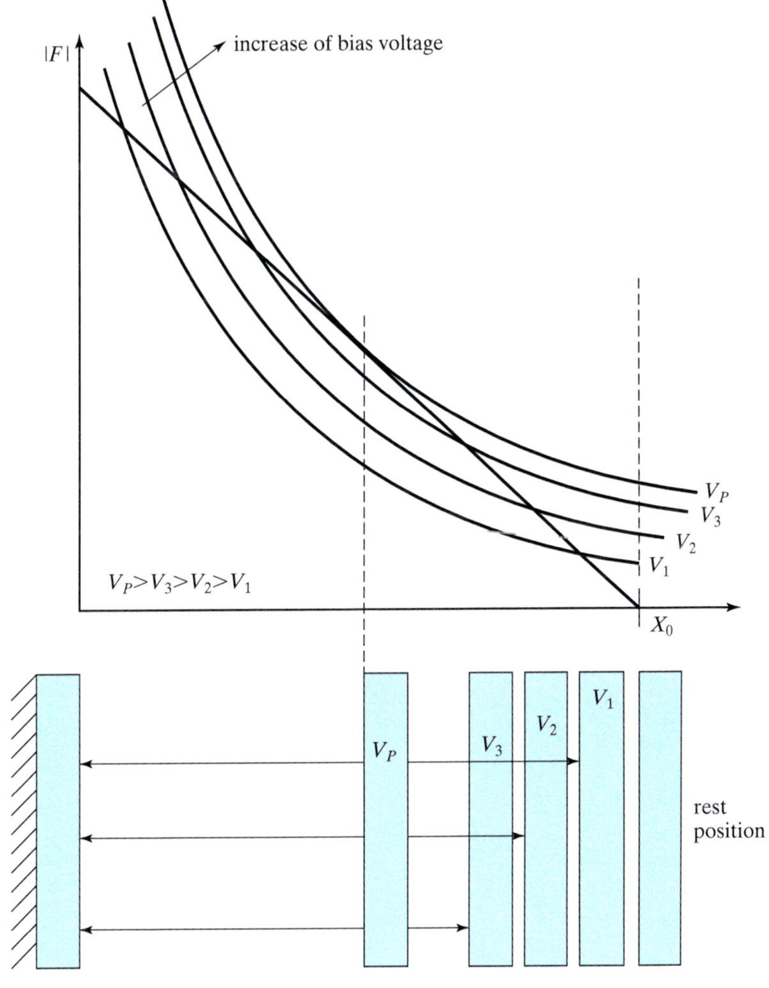

그림 4.6
풀인 전압에서 전기적 힘과 기계적 힘의 균형.

지지 않는다. 그러므로 평형 상태의 해는 사라지게 된다. 실제로 정전기력은 계속해서 증가하는 데 비하여, 기계적 복원력은 선형적으로만 증가하게 되므로 기계적 복원력이 정전기력을 따라잡을 수 없다. 그러므로 두 판은 기계적 접촉력과 전기력이 서로 균형을 이룰 때인 접촉순간까지 서로에 대해서 당겨질 것이다. 이러한 상태를 당김(pull in 혹은 snap in)이라고 부른다.

그러므로 이러한 당김 상태를 유도하기 위해 필요한 전압과 변위는 정전기적 액추에이터를 설계할 때에 매우 중요하다. 비록 당김 효과가 그래픽을 이용하였을 경우 꽤 쉽게 설명 가능하나, 해석적인 모델은 정확한 전압과 위치를 제공해야 한다. 그러므로 그림 4.3에 묘사한 간단한 스프링이 장착된 전극 시스템에 대해서 살펴볼 것이다.

풀인 전압에서, $|F_{electrical}|$과 $|F_{mechanical}|$ 곡선 사이에 교차점이 하나 존재한다. 전기력과 기계적 힘의 크기는 같다. 이 두 개의 힘을 풀고 항들을 재배열하면 다음과 같은 식을 얻을 수 있다.

$$V^2 = \frac{-2k_m x(x + x_0)^2}{\varepsilon A} = \frac{-2k_m x(x + x_0)}{C} \tag{4.12}$$

두 전극 사이의 공간이 줄어들 때 x 값은 음수가 된다. 또한 교차점에서의 두 곡선의 기울기는 서로 동일하다. 다시 말해 다음과 같다.

$$|K_e| = |K_m| \tag{4.13}$$

전기적 스프링 상수는 다음과 같이 표현된다.

$$k_e = \frac{CV^2}{d^2} \tag{4.14}$$

이는 식 (4.12)에서 유도된 표현을 대입하여 다시 쓸 수 있다. 이 과정은 전기력 상수에 대한 새로운 표현을 준다.

$$k_e = \frac{CV^2}{(x + x_0)^2} = \frac{-2k_m x}{(x + x_0)} \tag{4.15}$$

식 (4.13)을 만족시키는 유일한 해 x는 다음과 같다.

$$x = -\frac{x_0}{3} \tag{4.16}$$

위에서 전개한 방정식은 정지된 위치에서부터 평행한 판의 상대적 변위는 풀인 전압일 때 간격의 정확히 3분의 1 값이 됨을 알려 준다. 이 임계 변위는 실제 기계적 힘 상수와 실제 풀인 전압에 상관없이 맞다.

당김 상태일 때의 전압은 식 (4.12)에 식 (4.16)에서 구한 거리를 대입함으로써 쉽게 구할 수 있다.

$$V_p^2 = \frac{4x_0^2}{9C} k_m \tag{4.17}$$

결과적으로 풀인 전압은 다음과 같다.

$$V_p = \frac{2x_0}{3}\sqrt{\frac{k_m}{1.5C_0}} \tag{4.18}$$

실제에서는 풀인 전압과 문턱값 거리가 이런 이상적 상황에서 구한 계산 값과 다르다. 이상적 모델과 다른 이유는 다음 두 가지이다. 첫 번째, 주변 정전용량(fringe capacitance)이 정전기력의 표현을 변형시킨다. 두 번째, 기계적인 스프링이 작용하는 복원력은 변위가 클 때 선형적 모델로 예측했던 것과 달라진다.

다양한 자유도와 이력 현상(hysteresis)을 갖는 시스템에 대하여 당김 현상을 포괄적으로 분석할 수 있다[16, 17]. 좀더 복잡한 경우들, 예컨대 비틀릴 수 있는 지지대를 기반으로 한 회전적 정전기 액추에이터의 당김 효과나, 복잡한 프로파일을 갖는 전극들(예를 들어 외팔보나 막)의 당김 효과 등이 연구되어 왔다[19, 20].

예제 4.2 평형 위치 계산

평행판 커패시터가 한쪽은 고정되고 다른 쪽은 선도된 외팔보 빔에 의해서 고정되어 있다. 그 각각의 길이, 폭, 두께는 l, w, 그리고 t라고 쓰도록 하자(그림 4.7). 재료는 영률이 120 GPa(l=400 μm, w=10 μm, t=1 μm)인 폴리실리콘이다. 두 판의 틈 x_0는 2 μm 이다. 또한 그 판의 면적은 400 μm × 400 μm 이다.

0.4 V가 걸릴 때 수직적 변위를 구하라. 또한 0.2 V일 때의 변위도 구하라.

풀이 표준 해석 과정은 세 단계로 이루어진다.

단계 1. 액추에이터와 관련된 기계적 스프링 상수를 구한다.

일단 고정-선도 빔의 모델을 이용하여 기계적 스프링 상수를 구한다. 각 빔에 가해지는 힘 F에 의해 수직적 변위는 다음과 같다.

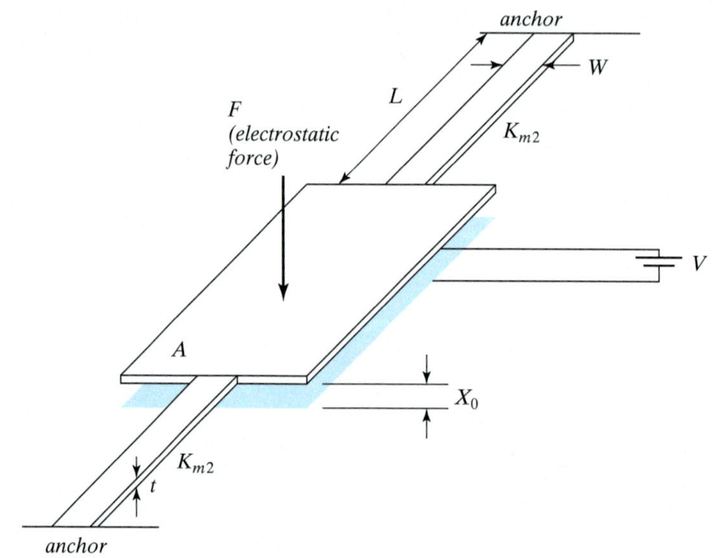

그림 4.7
두 개의 고정-선도 빔이 지지하고 있는 정전기적 액추에이터 평판.

$$d = \frac{Fl^3}{12EI}$$

그러므로 기계적 스프링 상수는 다음과 같다.

$$K_m = \frac{F}{d} = \frac{12EI}{l^3} = \frac{Ewt^3}{l^3} = \frac{120 \times 10^9 \times 10 \times 10^{-6} \times (1 \times 10^{-6})^3}{(400 \times 10^{-6})^3} = 0.01875 \text{ N/m}$$

판이 평행하게 연결된 두 개의 빔에 의해서 고정되었기 때문에, 전체 스프링 상수는 분리된 두 개의 스프링 상수를 더한 값이 된다.

$$K_m = 0.0375 \text{ N/m}$$

이것은 다소 '부드러운' 지지임을 알 수 있다.

단계 2. 풀인 전압을 구한다.

평형 상태의 위치를 결정하기 위해, 풀인 전압을 먼저 구해야 한다. 만약 풀인 전압보다 가해진 전압이 더 크다면, 두 개의 판은 서로 붙을 것이다. 따라서 일단 정적 정전용량 C_0를 구해 본다.

$$C_0 = \frac{8.85 \times 10^{-12}(\text{F/m}) \times (400 \times 10^{-6})^2}{2 \times 10^{-6}} = 7.083 \times 10^{-13}\,\text{F}$$

그러므로 풀인 전압은 다음과 같다.

$$V_p = \frac{2x_0}{3}\sqrt{\frac{k_m}{1.5C_0}} = \frac{2 \times 2 \times 10^{-6}}{3}\sqrt{\frac{0.0375}{1.5 \times 7.083 \times 10^{-13}}} = 0.25\ (\text{volts})$$

따라서 0.4 V의 전압이 걸렸을 때, 그 판은 이미 당김 상태에 도달하였고 그러므로 두 전극 사이의 공간은 0이 된다.

단계 3. 0.2 V를 걸었을 경우에 대해 다시 계산한다.

0.2 V를 걸었을 경우에는 당김 상태에 도달하지 않는다. 수직적 평형 상태의 위치를 알기 위하여 다음과 같은 식을 사용한다.

$$V^2 = \frac{-2k_m x(x + x_0)^2}{\varepsilon A} = \frac{-2k_m x(x + x_0)}{C}$$

이것을 x에 대해서 다시 쓸 수 있다.

$$x^3 + 2x_0x^2 + x_0^2x + \frac{V^2\varepsilon A}{2k_m} = 0$$

$$x^3 + 4 \times 10^{-6}x^2 + 4 \times 10^{-12}x + 7.552 \times 10^{-19} = 0$$

이 방정식의 해는 수치적으로나 해석적으로 모두 풀 수 있다.

$$x^3 + ax^2 + bx + c = 0$$

의 해석적 해는 다음을 대입함으로써 풀 수 있다.

$$y = x + a/3$$

해는

$$y = A + B$$

혹은

$$x = A + B - \frac{a}{3}$$

이다. A와 B 항은 각각 다음과 같다.

$$A = \sqrt[3]{\frac{-q}{2} + \sqrt{Q}}$$

$$B = \sqrt[3]{\frac{-q}{2} - \sqrt{Q}}$$

여기서

$$q = 2\left(\frac{a}{3}\right)^3 - \frac{ab}{3} + c$$

이고

$$Q = \left(\frac{p}{3}\right)^3 + \left(\frac{q}{2}\right)^2$$

여기서

$$p = \frac{-a^2}{3} + b$$

이다. 3차 다항식에서 다음과 같은 3개의 해가 유도된다. 이러한 문제에서 수학적으로 가능한 해는 다음과 같다.

$$x_1 = -2.45 \times 10^{-7}\,\mu\text{m},\ x_2 = -1.2 \times 10^{-6}\,\mu\text{m},\ \text{and}\ x_3 = -2.5 \times 10^{-6}\,\mu\text{m}$$

하지만 뒤의 두 수는 답이 아니다. 왜냐하면 x_2는 이미 당김 범위에 들어가 있기 때문이고, x_3는 초기 전극 사이의 폭을 넘어섰기 때문이다.

당김은 회로에 쇼트가 나거나, 아크 방전, 혹은 표면 결합에 의해서 되돌릴 수 없는 손상을 일으킨다. 당김 접촉에 의한 전기적 쇼트는 전극에 부도체를 증착시킴으로써 막을 수 있을 것이다.

당김 현상은 평행한 커패시터 액추에이터의 변위가 그것의 한계 최대 간극(full-gap)까지 가는 것을 막아 준다. 그 변위는 초기 틈의 1/3까지로 제한되기 때문이다. 최대 간극 액추에이션은 많은 응용 분야에서 정전기적 액추에이터를 구동할 때에 바람직하다. 아래에 나올 최근의 연구에서는 적절한 기계적 설계와 전기적 제어를 통한 최대 간극 포지셔닝을 가능하게 한다.

직렬 커패시터 피드백을 포함한 동적 제어 방법을 사용[21]
지렛대 액추에이터[22] 또는 높이가 조절 가능한 판 설계[23]
전압 대신에 전류를 사용하는 방법[24]

4.3 평행판 커패시터의 응용

평행판 커패시터는 다양한 센싱과 액추에이션에 넓게 응용되곤 한다. 4가지 대표적인 물리적 센서와 평행판 액추에이터들을 이 절에서 다룰 것이다. 몇몇의 사례 연구가 소개될 것이다. 미세 제조 기술에 대해서 친숙하지 않은 독자들은 10장과 11장을 참조한 후 이 장에서 다루게 될 제조 과정에 대해서 살펴보라.

4.3.1 관성센서

뉴턴의 두 번째 법칙에 의하면, 질량(m)을 갖는 물체에 가속도(a)를 가하게 되면 그것의 계에 대해 상대적으로 관성력 ma가 발생하게 된다. 이 관성력은 정전용량성 전극 간격으로 바꿀 수 있을 것이다. 이것은 정전기적 가속도 센서의 기본 구동 원리이다. 사례 4.1에서 사용되는 기계적인 구조물은 외팔보 빔이다. 사례 4.2에서는 토션바(torsional bar)가 사용된다.

예제 4.3 정전용량 센서 응답

면적 A가 $100\times100\ \mu m^2$인 평행한 커패시터는 4개의 외팔보 빔에 의해서 고정된다. 그 판은 두께 $t=2\ \mu m$인 다결정 실리콘으로 만들어진다. 그 판의 바닥과 기판 사이의 거리는 $d=1\ \mu m$이다. 각 외팔보 빔은 길이(l) 400 μm, 폭(w) 20 μm, 두께(t) 0.1 μm이다. 가속도가 1 g일 때의 상대적 정전용량의 변화를 구하라.

풀이 판의 무게는 다음과 같다.

$$m = \rho AT = 2330 \times (100 \times 10^{-6})^2 \times 2 \times 10^{-6} = 46.6 \times 10^{-12}\,\text{kg}$$

가속도가 a일 때 판에 작용하는 힘은 다음과 같다.

$$F = ma = 46.6 \times 10^{-12}\,\text{N}$$

다결정 실리콘의 영률을 150 GPa라고 하자. 이때 4개의 지지 빔(고정-유도)의 스프링 상수는 다음과 같다.

$$k = 4 \times \left(\frac{12EI}{l^3}\right) = \frac{48 \times 150 \times 10^9 \times \dfrac{20 \times 10^{-6} \times (0.1 \times 10^{-6})^3}{12}}{(400 \times 10^{-6})^3} = 0.0001875\ \text{N/m}$$

가속도가 가해지는 상황에서의 정적 변위는 다음과 같다.

$$\delta = \frac{F}{k} = 0.248\ \mu\text{m}$$

가해지는 힘이 0일 때 정전용량은 다음과 같다.

$$C_0 = \varepsilon \frac{A}{d} = \frac{8.85 \times 10^{-12} \times (100 \times 10^{-6})^2}{1 \times 10^{-6}} = 88.5 \times 10^{-15}\ \text{F}$$

변위가 일어난 후의 정전용량은 다음과 같다.

$$C = \varepsilon \frac{A}{d - \delta} = \frac{8.85 \times 10^{-12} \times (100 \times 10^{-6})^2}{(1 - 0.248) \times 10^{-6}} = 117.7 \times 10^{-15}\ \text{F}$$

정전용량의 상대적 변화는 다음과 같다.

$$\frac{C - C_0}{C_0} \times 100\% = 33\%$$

미세 가공된 두 종류의 가속도 센서에 대해서 검토해 보자. 모두 신호 처리를 위한 집적 회로를 포함한 실리콘 웨이퍼로 이루어져 있다. 두 경우 모두 미세 가공 과정은 IC 공정과 보합성이 있다. 생산 공정상의 가격 효율과 센서의 성능을 극도로 높이기 위해서 이러한 보합성은 매우 중요하다. 가속도 센서의 경우, 전자 회로와 변환기 요소가 동시에 또는 상보적인 공정 단계로 제조되는 정도는 실용성이나 특정 설계의 시장 경쟁력을 결정한다.

사례 4.1 평행판 정전용량성 가속도계

가장 초기 버전의 완전히 집적된 정전용량성 가속도 센서는 집적된 MOS 측정 회로가 있는 웨이퍼 위에 표면 미세 가공하여 제작되었다[15]. 이 센서는 금속 도금된 산화물 외팔보로 이루어져 있다. 그 외팔보는 표준 질량(proof mass)가 달린 선단에 0.35 μg 두께로 금 도금이 되어 있다. 외팔보의 길이, 폭, 두께는 각각 108 μm, 25 μm, 0.46 μm이다. 반대편 전극은 깊게 도핑된 p형 실리콘으로 이루어져 있다. 실리콘 표면에서 특정 방향으로 성장시킨 실리콘층에 의해 커패시터의 갭(C_B)이 결정된다.

표면 미세 가공 공정은 열 산화물을 외팔보 구조물로서 그리고 특정 방향으로 성장시킨 실리콘을 희생층으로 사용함으로써 전개된다(그림 4.8). 그 과정은 n형 실리콘 웨이퍼 (100)을 깔고 시작한다. 붕소로 깊게 도핑된 영역(농도 $10^{20}/cm^3$)이 산화층을 도핑 장벽(단계 b)으로서 사용함으로써 만들어진다. 단계 a와 b 사이에서, 산화물 성장, 증착, 포토레지스트의 패턴화, 그 후 산화물 식각, 포토레지스트의 제거 등과 같은 구체적인 과정이 생략되었다. 저항률이 0.5 Ωcm인 특정 방향으로 성장시킨 실리콘층은 전체 웨이퍼 위에서 5 μm 정도의 두께로 자라난다(단계 c). 다른 산화층은 증착되고 패턴화되고(단계 d) 비아홀을 식각하기 위한 마스크를 형성한다(단계 e). 그 후 도핑을 위한 장벽을 형성한다(비아홀의 경사 위에 드레인, 소스, 전기적 전도 경로를 형성하기 위해서, 단계 f). 100 keV의 에너지로 $5\times10^{14}/cm^2$의 선량(dose)의 이온을 주입함으로써 도핑이 행해진다. 비아홀을 식각하는 동안, 깊게 도핑된 영역이 더 이상 침투당하지 않게 된다. 왜냐하면 식각액이 깊게 도핑된 영역에서의 식각률을 줄이기 때문이다.(이 주제에 대한 더 깊은 논의는 10장에서 다룰 것이다.)

이후 산화 경계층은 제거된다(단계 f). 이 작업 이후, 또 다른 두터운 산화층을 성장시키는데, 그 산화층은 게이트를 제외한 다른 영역에서 부도체, 외팔보, 식각 장벽의 역할을 한다(단계 g). 새로운 금속층이 증착되고 패턴화된다. 그것은 하부 p^+ 전극과 산화 외팔보의 상부 전극, FET(field-effect transistor)의 게이트 사이를 전기적으로 상호 연결한다(단계 i). 금속막은 40 nm 두께의 금 위에 20 nm의 두께의 Cr으로 이루어져 있다. 이러한 Cr은 금과 기판 사이의 접착력을 증가시키기 위해서 사용된다. 마지막으로 산화 외팔보 바로 아래에 붙어 있는 에피택셜 실리콘을 제거하기 위해서 습식 실리콘 식각(wet silicon etch)이 행해진다(단계 j).

금속과 산화 박막 사이에 발생한 내재 응력으로 개방된 외팔보는 자연적으로 휘게 된다. 외팔보의 끝에서 약 1.5° 정도 위쪽으로 휘게 된다. 만약 그러한 빔이 가속도를 받게 된다면, 고정되어 있던 방향으로부터 점점 변형될 것이다. 이러한 이유 때문에, 외팔보의 표면은 기판과 완전히 평형을 이루지 못한다. 휘어진 외팔보와 도핑된 측정 전극 사이의 정전용량은 부분 조각을 맞추는 방식으로 외팔보의 횡방향 부분들이 정전용량의 증가에 기여하는 것을 합산하여 계산한다. 주변 정전용량을 무시하면 총 정전용량은 다음과 같이 표현할 수 있다.

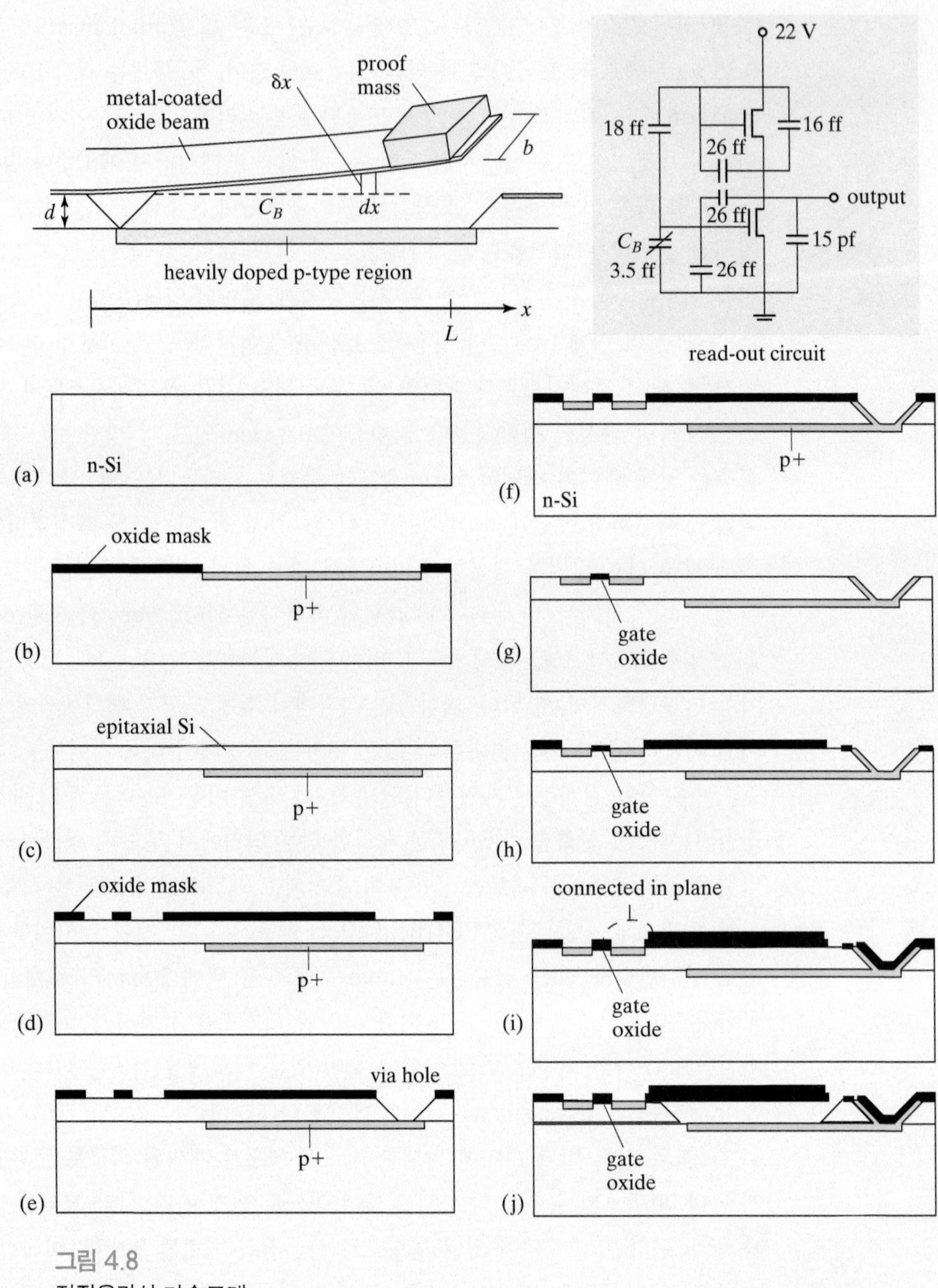

그림 4.8
정전용량성 가속도계.

$$C_B = \int_0^L C_x\, dx = \int_0^L \frac{\varepsilon_0 b}{d + \delta x} dx \tag{4.19}$$

여기서 L과 b는 각각 외팔보의 길이와 폭을 의미한다. 또한 ε_0는 공기(매개체)의 유전율이다. 이 방정식의 다른 항들은 그림 4.8에 잘 나타나 있다. 이러한 빔의 곡률을 구하는 방법은 외팔보의 다른 영역과 관계된 변형 강성도 때문에 더 복잡해진다—프루프 매스가 놓여진 영역은 좀더 두꺼워서 강체로 생각할 수 있기 때문이다.

이 정전용량의 변화는 상대적으로 간단한 임피던스 변환기를 사용하여 측정할 수 있다. 이러한 센서는 2.2 mV/g 정도의 가속도를 받을 때, 빔의 변위가 68 nm/g로 반응한다. 이러한 외팔보의 기계적 공진 주파수는 22 kHz이다.

이러한 센서는 초기에 개발되었으며, 실리콘과 실리콘 관련 박막을 이용하였다. 11장에서 다른 물질과 다른 과정을 이용하여 이러한 센서를 제작하는 과정에 대해서 다룰 것이다.

사례 4.2 비틀림 평행판 정전용량성 가속도계

앞에서 설명한 센서는 기계적, 전자적인 부품들을 서로 혼합함으로써 제작하였다. 하지만 이러한 방법은 항상 가능한 것도 아니며, 항상 장점이 있는 것도 아니다. 재료와 공정의 보합성이 항상 일괄 제작에서 문제로 제기된다. 예를 들어 산화물과 금속으로 혼합된 빔은 원치 않은 내재 굽힘(intrinsic bending)을 유발한다.

사례 4.2는 기계적인 요소에 집적 회로를 구현하는 다른 전략을 나타낸다[25]. 연구자들은 전자 회로의 표준적인 공정이 끝난 실리콘 웨이퍼에 표면 미세 가공으로 센싱 요소를 부착하는 기술을 개발하였다.

오랜 시간 동안 고온에 회로가 있는 실리콘 웨이퍼를 노출시키면 회로의 활성 지역(예를 들어 소스나 드레인)에 있는 도핑 물질이 확산될 수 있다. 이것은 전자적 특성을 비가역적으로 변화시킬 것이며 심각한 경우 장치를 손상시킬 것이다. 그러므로 표면 미세 가공된 구조물 윗부분은 상대적으로 낮은 온도에서 증착되고 제작되어야 할 것이다. 사례 4.1에서 사용하였던 산화 구조적 층(oxide structural layer)은 높은 온도에서 증착이 가능하므로 이 경우에는 적합하지 않다.

그러한 새로운 장비는 비틀림 바에 의해서 고정되는 니켈을 얹은 판으로 형성된

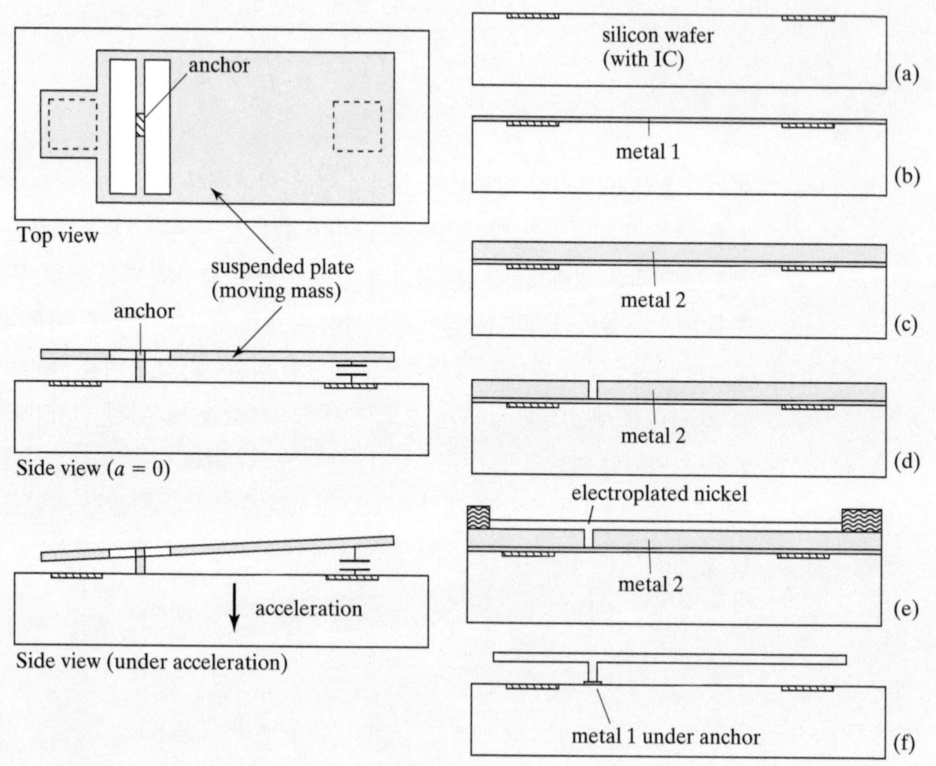

그림 4.9
가속도계로 사용되는 표면 미세 가공된 평행판 커패시터의 개략도.

다. 상대 전극은 기판 표면에 있다(그림 4.9). 이 판의 무게는 회전축을 기준으로 비대칭적으로 분포되어 있으므로, 이 기판의 수직축을 향해 작용하는 가속도는 위쪽 판을 이리저리로 요동시킬 것이다.

위쪽 판의 총 무게는 형상에 따라 결정된다. 면적이 1×0.6 mm^2, 두께가 5 μm 인 니켈 판이 사용된다. 다양한 가속 범위를 만족시키는 기구들이 제작 가능하다. 이러한 센서의 동적 성능을 늘리기 위해서 다양한 특성을 가지는 많은 부품들을 같은 형판으로 만들 수 있다. 25 g 장치의 경우, 토션바의 폭은 8 μm, 길이는 100 μm, 두께는 5 μm 이다. 이렇게 매달려 있는 판의 질량은 6.9×10^{-7} g 이다. 이러한 정전용량은 정지 상황에서 대략 150 pF 정도이다.

IC 제조를 마친 실리콘 웨이퍼를 가지고 이 공정을 시작한다. IC 웨이퍼에 붙어 있는 전도된 전극 조각들을 하부 전극으로 사용한다(단계 a). 먼저 금속 1 인 전도층을 기판 표면에 증착시킨다(단계 b). 이것은 이후의 도금을 위한 시드층으로 사용된다.

두 번째 전도층(금속 2)을 증착, 패턴화하여 하부 전극 패턴을 만든다(단계 c). 이러한 두 금속층의 두께는 5 μm 이다. 그 다음, 포토레지스트를 증착, 패턴화하여 금속층 1 에 조사되는 창을 만든다(단계 d). 개방된 창에 이루어진 니켈의 도금을 이동 가능한 판으로 만든다(단계 e). 이러한 도금된 니켈의 두께는 이동 가능한 판과 토션바의 두께에 따라 결정된다. 금속 희생층을 식각한 후, 포토레지스트를 제거한다. 또한 맨 아래에 있는 시드층 또한 식각시킨다. 단, 고정 장치 밑에 있는 금속층 1 은 제거하지 않도록 주의하라(단계 f). 식각과 증착을 포함한 이 모든 공정은 상온에서 행하여져야 한다.

센서의 반응은 군사적 혹은 자동차 산업의 요구에 따라 넓은 온도 범위(−55~125°C) 안에서 캘리브레이션을 시킨다. 이 온도 범위 안에서 200 ppm/°C 까지 조정될 수 있다. 이러한 정전용량 센싱은 온도 민감성이 상대적으로 작으므로, 다른 센싱(예를 들면 압전 저항)보다 더 강점이 있다.

4.3.2 압력 센서

압력 센서는 자동차 시스템, 산업 공정 제어, 의학적 진단과 감시, 그리고 환경의 감시 등에서 광범위하게 사용된다. 압력 센서의 민감도를 결정하는 첫 번째 요소는 격막(membrane)의 두께이다. MEMS 기술을 사용하면 전통적인 기계 가공으로 얻을 수 있는 것에 비해 격막을 매우 얇게 만들 수 있다. 격막 두께의 균일성은 미세 제조(microfabrication) 공정을 사용하여 매우 좋게 만들 수 있다. 압전 저항 센싱에 근거한 압력 센서가 많이 쓰인다(5 장 참조). 그러나 정전용량성 센싱(capacitive sensing)에 근거한 압력 센서 또한 광범위하게 사용된다. 격막에 근거한 압력 센서는 병렬의 정전용량성 센싱에 더할 나위 없이 적합하다. 정전용량성 압력 센서는 압전 저항 압력 센서보다 압력 민감도가 크고, 온도의 민감도는 낮다. 그리고 전력 소비가 줄어드는 이점이 있다. 5 장에서 논의되는 압전 저항 압력 센서는 자기 일관성(self-consistent)이 있고 대향 전극이나 보합 단면(matching surface)에 의존하지 않는다.

여기서 독특하고 혁신적인 디자인과 제작 과정을 설명하기 위해 두 가지 압력 센서의 예를 들어 살펴보고자 한다. 사례 4.3 은 압력의 기준을 제공하기 위한 밀폐된 체임버를 갖는 정전용량성 압력 센서에 할애하였다. 이것은 벌크 미세 가공(bulk micromachining)과 웨이퍼 결합(waferbonding) 기술을 사용하여 만들어진다. 사례 4.4 는 벌크 미세 공정과 표면 미세 가공(surface micromachining)의 결합에 의해 만들어진 음향 센서(acoustic sensor)를 다룬다.

사례 4.3 평행판형 격막 압력 센서

격막 압력 센서는 격막 사이의 압력 변화를 감지할 수 있다. 일반적으로 두 개의 압력 포트가 필요하다. 간단한 압력 센서의 디자인과 사용을 위해서, 종종 절대 압력 센서가 요구될 수 있다. 이러한 센서에서 격막의 한쪽 끝에서의 기준 압력은 통합된다. 한 가지 일반적인 선택은 완전 밀폐하여 기준 전압을 0(진공)으로 주는 것이다.

완전 밀폐 진공으로 일괄 처리된 체임버를 갖는 압력 센서는 다음에 설명된다 [26]. 진공의 사용으로 공동 안으로 밀려 들어오는 공기를 제거하고 포획된 공기의 팽창으로 인한 대역폭의 증가를 피할 수 있다. 연구자들에 따르면 이 장치는 −25~85°C의 온도 범위에 걸쳐 해상도(resolution)를 지속해야만 한다. 그러나 진공 포장과 집적 회로와의 종합은 매우 도전적인 주제이다.

센서 단면도는 그림 4.10의 마지막 단계에 제시되어 있다. 불순물이 첨가된 실리콘으로 만들어진 격막은 압력 센싱 요소와 한 개의 전극으로 사용된다. 대향(counter) 전극은 바닥의 회로 기판 위에 패턴을 형성한 금속 막으로 구성되어 있다(이 경우 유리로 만들어졌음). 제작 과정은 미세 가공 실리콘 격막이 유리 기판으로 변경되는 곳에서부터 발전한다. 이 과정은 (100) 실리콘 웨이퍼에서 시작한다(단계 a). 산화물 마스크가 증착되고 패턴이 만들어져서(단계 b), 실리콘을 습식 비등방 식각(wet anisotropic etching)하는 동안(KOH 용액을 사용) 화학적인 방어체로 사용된다(단계 c). {111} 표면의 경사를 갖는 9 μm 깊이의 움푹 들어간 구역이 만들어진다(단계 d). 또 다른 산화물층을 정규 코팅(conformal coating)으로 성장시킨다. 증착된 산화물은 포토리소그래피(photolithography)로 패턴이 만들어진다(단계 f).

공동과 함께 웨이퍼 전체에 걸쳐 포토레지스트 막을 증착시키는 것은 쉬운 문제가 아니다. 스핀 코팅된 레지스트층의 균등성이 표면의 기하 구조(surface topology)로 결정되기 어렵기 때문이다. 더욱이 포토리소그래피 노출 도구의 이상적인 초점판(focus plane)으로부터 9 μm 이격된 공동의 바닥에 빛을 노출시키는 것은 선폭(line-width)의 해상도를 감소시킨다. 공정을 진행하는 동안 웨이퍼의 기하 구조가 다른 부분에 포토리소그래피가 적용되면 항시 각별한 주의를 기울여야 한다.

붕소를 확산시키는 단계는 1175°C에서 이루어진다(단계 g). 이것은 15 μm 두께의 도핑 영역을 형성한다. 다음에 산화층을 벗겨 내고 성장시키고 다른 산화층을 형성하기 전에 패턴을 만들어야 한다(단계 h). 두 번째 산화층은 다음의 붕소 산란 단계에서 격막의 두께가 되는 도핑 영역을 정하기 위해 사용된다(단계 i). 유전성의 절연체를 만들기 위해 실리콘 산화층이 증착되고 패턴이 만들어진다(단계 j). 연구자는 산화물에 있

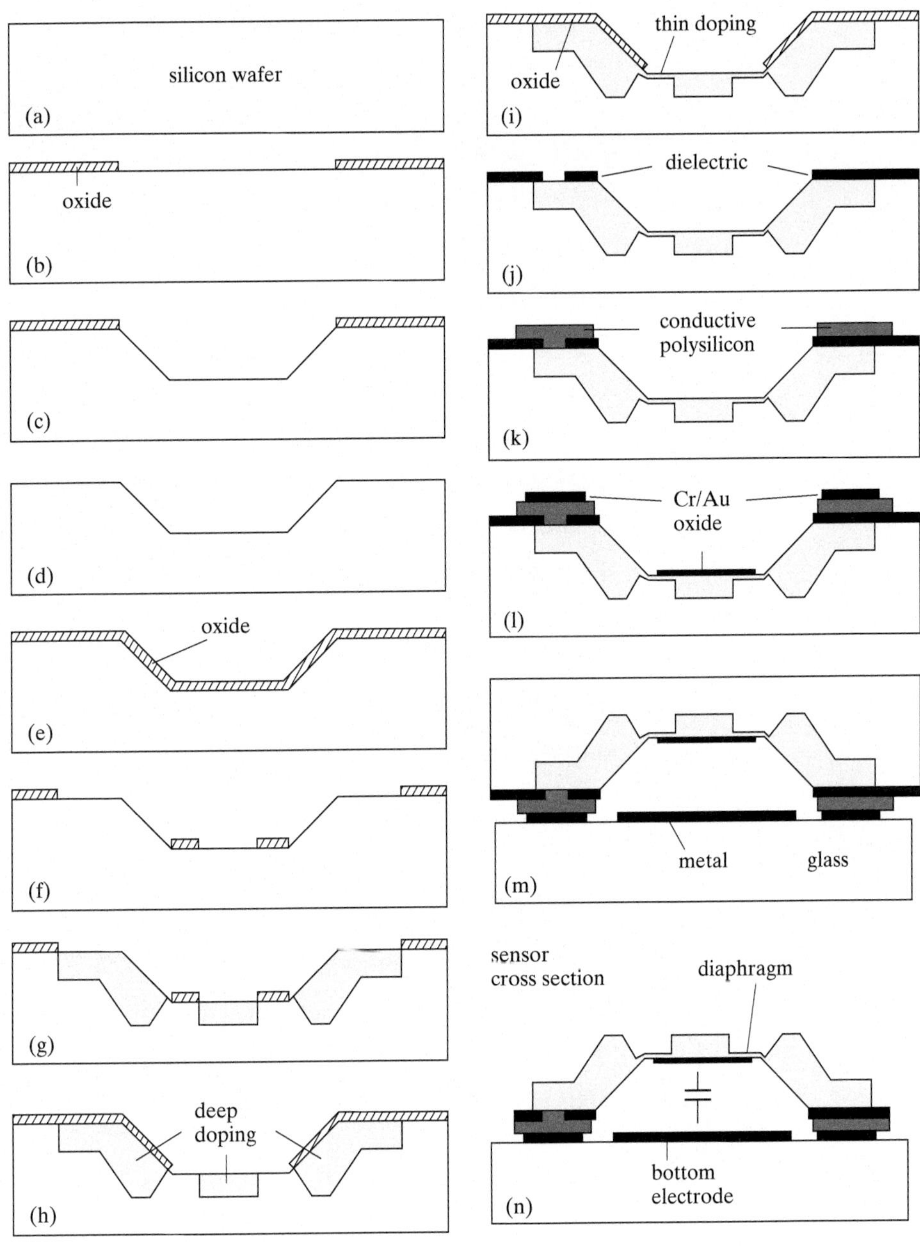

그림 4.10
밀봉된 공동을 이용한 압력 센서의 제조 과정.

는 구멍을 통해 패턴을 만드는데, 이는 이후에 폴리실리콘이 붕소로 도핑된 지역에 접촉하여 격막과 전기적으로 접촉하도록 한다(단계 k). 폴리실리콘에 불순물을 첨가하기 위해 950°C 에서 짧은 확산 공정이 진행된다. 이후 표면의 평활도를 증대시키기 위한 화학적, 기계적 광내기 작업(CMP)을 수행한다. 이 단계는 후에 밀봉 단계에 도움이 된다.

금속층(크롬과 금으로 구성된)이 증착되고 패턴화되는데 이는 금으로 접한 웨이퍼의 앞쪽에 만든다(단계 l). 그 다음에 공동 바닥에 산화층이 증착되고 패턴화되어 위쪽 격막이 하부 전극과 접촉할 때 전기적인 격리를 시키도록 한다. 연구자들은 이 웨이퍼를 뒤집어 Ti-Pt-Au 층으로 코팅된 유리 웨이퍼 위에 단단히 붙인다. 웨이퍼를 유리에 붙이는 음극 결합(anodic bonding)을 위해 400°C 의 진공(1×10^{-6} torr)에서 30분 간 가열한다(단계 m). 실리콘 웨이퍼의 뒷면을 비등방 실리콘 식각액으로 용해하여 도핑되지 않은 실리콘을 깎아 내어 격막을 만든다(단계 n).

큰 간격으로 인해 센서도 넓은 동적 측정 영역(500~800 torr)에 매우 높은 해상도(25 mtorr, 즉 바다에서 1 ft 높이 차이 정도)를 보일 수 있는데 이는 판독과 디지털 보정을 거쳐서 이루어진다. 이 기구는 압력 민감도를 25 fF/torr 또는 3000 ppm/torr 정도로 갖는다.

또 다른 대안으로, 진공에서 화학 증착을 통해 각 정공을 전략적으로 배치하여 공동을 밀봉할 수 있다[27]. 밀폐가 되었든 되지 않았든, 정전용량성 압력 센서는 표면 미세 가공을 사용하여 만들어질 수 있다[28].

사례 4.4 격막형 정전용량성 콘덴서 마이크로폰

다음으로 음파가 공기나 액체를 통해 나아갈 때 생성되는 음파의 압력을 측정하기 위한 압력 센서인 콘덴서 마이크로폰(condenser microphone)에 대하여 논의하고자 한다. 음파는 진동하는 압력 파이다. 소리의 세기에 대한 고전적인 정의는 dB(데시벨)로 표현되는 소리 압력 레벨(SPL: sound pressure level)이다. SPL 에 대한 표현식은 식 (4.20)과 같다.

$$\mathrm{SPL} = 20\log\left[\frac{p_1}{p_0}\right] \tag{4.20}$$

여기에서 p_1은 소리의 압력이고 p_0는 기준 압력이다. 보편적으로 받아들여지는 일반적인 기준 압력은 없다. 그러나 0.0002 microbar(2×10^{-5} N/m^2)의 압력이 공기 음향학에서 일반적으로 사용되고 있고, 물 속의 노이즈 음향학에서는 오래 전부터 사용되어 왔다.

콘덴서 마이크로폰은 평행판 커패시터와 1개의 고체판(판막이라 불리는)이 들어

온 음향파에 의해 움직이게 되어 있고 다른 판은 음향이 투과되도록 되어 있다. 다공성 판은 판의 변형을 줄여 준다. 이 두 개의 전극 사이에서 형성되는 커패시터는 들어오는 음파에 반응해서 커패시터의 값을 변화시킬 것이다. 커패시터와 전자 집적 회로의 모놀리식 조합이 고해상도와 소형화를 이루기 위한 관건이다.

논문 [29]에서 논의된 콘덴서 마이크로폰은 사례 4.3에서와 같이 웨이퍼의 결합(bonding) 과정이 없다. 마이크로폰의 개략적인 도표는 그림 4.11의 마지막 단계에 나타내었다. 기계적 관점으로 보면, 이 소자는 폴리이미드로 만들어진 구멍난 판으로 구성되어 있고 구멍이 없는 판도 같은 물질로 만들어졌다. 금속 전도성 박막이 두 판 사이를 연결한다. 커패시터가 기판 위의 집적 회로(on-chip IC)에 전기적으로 연결되어 있다.

이 소자의 제작 과정은 표면 미세 가공과 벌크 미세 가공 단계가 조합된 것이다. 이 공정은 완전히 제조된 전자 집적 회로를 갖고 있는 실리콘 웨이퍼를 가지고 시작한다. 작동하는 기구 지역은 p형의 에피택셜 층으로 되어 있다. n-채널과 p-채널의 전계 효과 트랜지스터(FET)도 같은 기판에서 만들어지고 트랜지스터 두 개는 각각의 웨이퍼를 단면으로 볼 때 양 끝에 보이게 설치하였다(단계 a). 이 웨이퍼는 반도체를 덮는 보호 산화 유전 물질로 덮이게 된다.

복합 금속 박막(크롬, 백금, 크롬의 층으로 구성되어 있다)이 증착되고 포토리소그래피 방법으로 패턴화된다. 빛으로 패턴을 만들 수 있는 폴리이미드층이 증착되고 패턴화되는데 이는 하부의 금속 박막 위로 덮인다. 연구자들은 백금층에서 주변의 산화층 하부와 폴리이미드의 상부 사이에 형성된 기구층의 접합을 증대시키려 크롬층을 쓰고 있다(단계 b). 폴리이미드 위에 알루미늄층이 증착되고 그것의 두께가 이후의 평행판 커패시터의 간격을 만들어 낸다(단계 c). 알루미늄 위에 복합 금속 박막(Cr/Pt/Cr)이 전도판(conducting plate)을 형성하기 위해 구멍들을 형성하며 증착되고 패턴이 만들어진다(단계 d).

또 다른 폴리이미드층이 그 위에 증착되고 패턴을 만드는데 이것은 구멍이 많이 난 전극판의 밑으로 적당한 레지스트레이션을 갖는다(단계 e). 다음에 웨이퍼의 후면 위에 크롬층을 증착시키고 패턴을 만든다. 그 크롬층은 이후 단계에서 쓰이는 깊이 반응하는 이온 식각 과정에서 충분한 선택성을 갖도록 해 준다. 이 이온 식각은 웨이퍼의 후면을 관통시키고 첫 번째 크롬/백금/크롬의 혼합층의 후면을 노출시킨다(단계 f). 그 후 알루미늄층은 식각되어 없어지고 결과적으로 소자 재료공정은 끝나게 된다(단계 g).

완성된 소자에서 판막은 20 MPa의 고유 인장 응력을 보이는데 이는 판막을 유지하기 위해 이상적인 값이다. 판막의 두께는 1.1 μm인 반면에 후면의 두께는 15 μm이다. 커패시터의 간격은 3.6 μm이다. 격막의 크기는 2.2 mm×2.2 mm이고 소리 구멍과 구멍들 사이의 공간은 각각 30×30 μm^2와 80 μm이다.

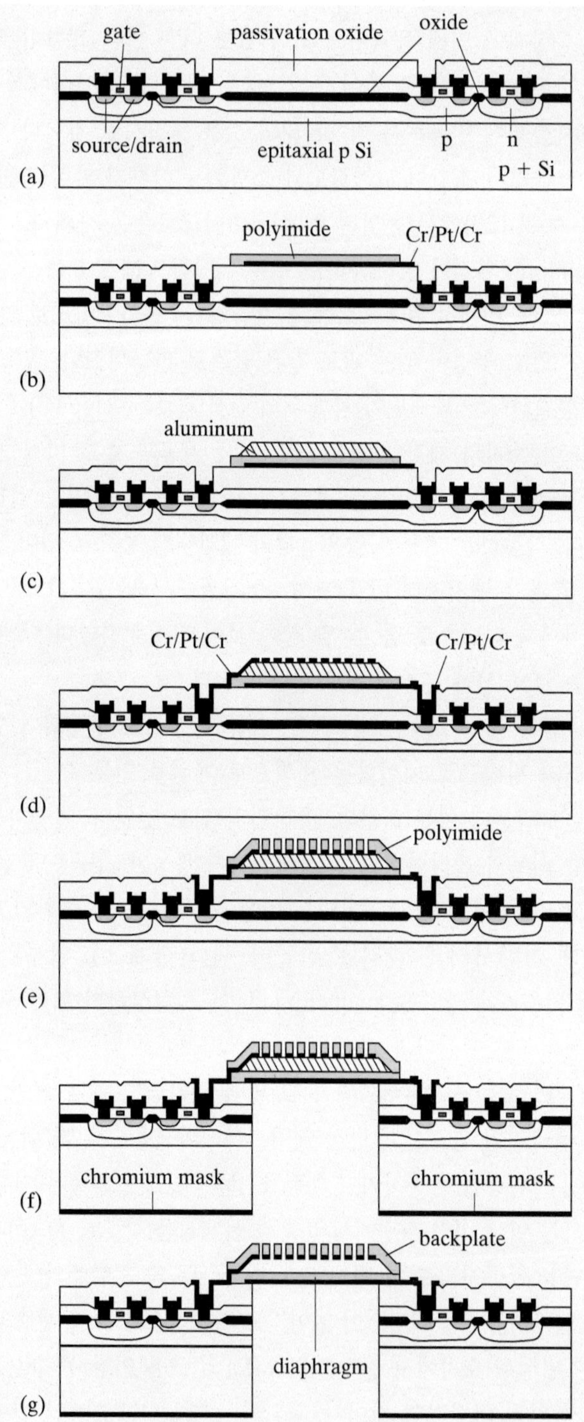

그림 4.11
콘덴서 마이크로폰의 제조 과정.

전자 회로는 딕슨(Dickson)형의 DC-DC 전압 변환기와 MOS 버퍼 증폭기를 갖는다. 전압 변환기는 2단계 오실레이터에서 제공되는 전하를 펌핑한다. 전압 변환기는 1.9 V의 공급 전압에 대하여 14.3 V의 전압을 출력한다. 집적 마이크로폰은 1.9 V의 공급 전압과 27 kHz의 대역폭에 대해서 29 mV/Pa의 민감도를 가진다.

과거에는 일종의 대안으로 압력과 음향 신호에 대한 정전용량성 센서를 표면 미세 가공 공정을 사용하여 만들었다(예를 들어 참고문헌 [30]).

4.3.3 유동 센서

유동 센서는 특정 위치의 유체 속도, 체적 유동비, 벽에서의 전단 응력(shear stress), 압력 등을 측정하기 위한 장치들에 넓게 퍼져 있다. 마이크로 집적 유동 센서는 MEMS 분야에서 처음부터 매우 활발한 연구 영역이었다. 미세 가공된 유동 센서는 다음과 같은 장점이 있다: (1) 크기가 작고 관심 있는 유동장을 최소로 방해한다. (2) 기계적인 요소들 또는 회로의 집적에 따르는 높은 민감도를 갖는다. (3) 균일한 성능과 함께 넓은 배열로 센서를 작동할 수 있는 잠재력이 있다. 사례 4.5는 유동의 전단 응력 센서에 초점을 두어 설명한다.

사례 4.5 정전용량성 경계층 전단 응력 센서

유체의 유동은 고체 표면을 지나서 경계층에 유입되고, 그 안에서 유동의 속도는 감소된다. 경계층 안에서 속도는 벽 표면의 길이(y)에 따라 변한다. 전단 응력은 경계에서 속도의 기울기에 유체의 점성(viscosity)을 곱한 것으로 정의된다.

$$\tau_w = \mu \frac{du}{dy} \tag{4.21}$$

μ는 kg/(m·s) 단위의 역학적 점성이다.

전단 응력 센서는 경계 유동의 밑에서 임계 유체 유동 조건을 유발한다. 이 조건들은 기존의 방법으로는 측정하기 어렵다. 전단 응력의 면적 적분은 항력(drag force)이 된다. 전단 응력 정보는 난류 유동장의 능동적인 제어를 위해, 유체의 끌림(drag)을 능동적으로 감시하거나 끌림을 감소시키는 데 사용될 수 있다.

유체의 전단 응력을 측정하기 위한 기술은 두 부류로 나눌 수 있다: 직접적인 측

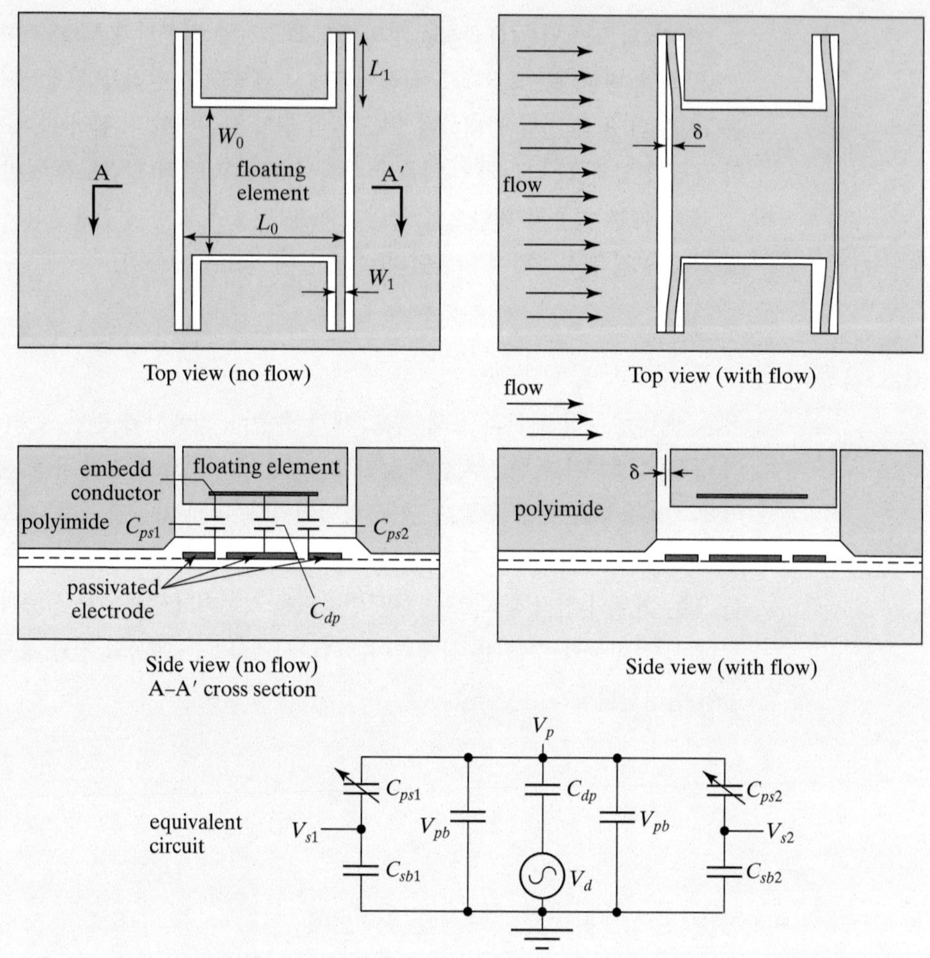

그림 4.12
부유체 전단 응력 센서.

정과 간접적인 측정. 이 두 가지 일반적인 기술은 고온 열선/열판(hot-wire/hot-film) 유속계(간접적인 측정)와 부유체(floating-element) 기술(직접적인 측정)이다.

부유체 전단 응력 센서는 처음에 MEMS 전단 응력 센서로 개발되었다[31]. 이것은 항력을 측정함으로써 국소적인 전단 응력의 크기를 직접적으로 결정한다. 그림 4.12에 나와 있는 것과 같이 정지한 부유체는 벽의 표면 위에 평평하게 설치된다. 판 위에 작용하는 전단력(항력)에 의한 부유체의 변위는 판의 변위로 변환되고, 정전기(여기에서 논의된), 압전 저항6 장), 압전기(7 장), 그리고 광학 센싱을 포함한 다양한 기술에 의해 측정될 수 있다.

정전용량성 부유체는 각각의 길이(L_1), 너비(w_1), 그리고 두께(t_1)에 대하여 네 개의 고정-선도 외팔보에 의해 정지되어 있는 판(면적은 $W_0 \times L_0$)으로 구성되어 있다. 그 판은 강체라고 가정한다. 분배된 항력은 외팔보뿐만 아니라 각 요소에도 적용된다.

주어진 유동의 전단 응력 τ_w에서 떠 있는 판에서 동작하는 분배된 힘 P와 고정되고 유도된 네 개의 빔에서 동작하는 분배된 힘 q(N/m)는 다음과 같이 주어진다.

$$P = \frac{1}{2}\tau_w W_0 L_0 \tag{4.22}$$

그리고

$$q = \tau_w W_1 \tag{4.23}$$

총 변화를 측정하기 위해 $P/4$의 힘이 분배된 하중을 따라 고정-선도 빔의 끝에서 점 하중이 가해진다고 가정한다. 결합된 힘에 대해서 총 변위는 각각에 적용된 힘에 대한 변위의 선형적인 합이다.

전자 회로적 측정은 정전용량의 변화를 읽어서 한다. 세 개의 산화 보호막을 입힌 전극은 계측기의 아래에 있는 웨이퍼의 표면위에 위치한다. 그리고 얇은 전도체는 폴리이미드에 묻혀 있다. 가운데에 있는 구동 전극과 양 옆에 대칭적으로 위치한 계측 전극 사이에 연결된 정전용량은 부유물의 움직임에 의해 수정된다. 정전용량의 변화는 짝이 맞추어진 칩 위에 구성된 결합 모드의 MOSFET 쌍과 계측 전극을 연결하여 변환된다.(주변 정전용량은 무시하였다.) 구동 전압 V_d는 C_{dp}를 통하여 판(V_p)과 연결된다. 계측 정전용량은 C_{ps1}과 C_{ps2}는 다음의 식에 따라 판 δ의 편향에 대하여 선형적으로 변한다.

$$C_{ps1} = C_{ps0}\left[1 - \frac{\delta}{fW_s}\right] \tag{4.24}$$

그리고

$$C_{ps2} = C_{ps0}\left[1 + \frac{\delta}{fW_s}\right] \tag{4.25}$$

출력 전압의 표현식은 다음과 같이 주어진다.

$$V_{s1} - V_{s2} = \left[\frac{C_{ps1}}{C_{ps1} + C_{sb}} - \frac{C_{ps2}}{C_{ps2} + C_{sb}}\right]V_p \tag{4.26}$$

이 공식은 출력 전압과 변위 사이의 선형적인 관계를 나타낼 수 있도록 확장될 수 있다.

$$V_{s1} - V_{s2} = -\left[\frac{C_{ps0}}{C_{sb}}\right]\left[\frac{C_{dp}}{C_{dp} + C_t}\right]\left[\frac{2V_d}{fW_s}\right]\delta \tag{4.27}$$

MOS 회로와 함께 실리콘 웨이퍼에 대한 소자를 위한 제작 과정은 이미 설명하였다. 대기중에서 750 nm 두께로 실리콘 이산화물의 화학적 증착과 1 μm 폴리이미드층에 대하여 웨이퍼 전체가 감싸졌다. 폴리이미드는 패시베이션된 전극들과 실리콘-이산화물 층에서 응력에 의한 파손을 없애기 위해 제조된 희생층 사이에 첨가된다. 3 μm 두께의 알루미늄층은 희생층으로 증발되어 사라진다. 이것은 포토리소그래피를 써서 패턴화한다. 1 μm 두께의 폴리이미드층은 다시 코팅되고 교정된다. 그 다음으로 30 nm 두께의 크롬층을 증발시켜 전극이 떠 있게 한다. 30 μm 두께의 폴리이미드층은 7번의 코팅 단계로 만들어진다. 알루미늄층은 최고층의 위에 증착되고 판과 외팔보로 나타내기 위한 폴리이미드를 식각하기 위해 마스크로서 존재한다. 너무 깊게 식각을 하면 층이 뚫리므로 주의해야 한다. 알루미늄은 인산, 초산, 질산, 그리고 물의 혼합물을 사용하여 제거된다. 500 μm×500 μm의 부유층의 요소를 만드는 데 약 2시간이 소요된다.

각각의 지지대는 1 mm의 길이, 10 μm의 폭, 30 μm의 두께를 지닌다. 폴리이미드의 영률은 4 GPa이다. 외팔보는 폴리이미드판에서의 잔류 응력(residual stress) 때문에 축 방향의 인장 응력을 나타낸다. 상세한 유체역학 정교화가 통상 발생하는 소음인 40 dB에 대하여 52 μV/Pa의 민감도를 증명하기 위해 수행되었다.

4.3.4 촉각 센서

또 다른 평행 정전용량성 센서의 예로 로봇에 적용하기 위한 중요 요소인 촉각 센서[32]를 들 수 있다. 촉각 정보를 정확하게 측정하기 위해, 촉각 센서는 반드시 높은 집적도와 되도록이면 다수의 축들에서의 높은 민감도를 가져야 한다. MEMS 기술은 소형화와 기능의 통합에 대한 기초를 제공한다. 사례 4.6에서 다축에서 입력되는 힘을 측정할 능력이 있는 촉각 센서에 대하여 논의할 것이다. 이 소자는 다수의 전극들과 커패시터들을 사용한다.

사례 4.6 다축 정전용량성 촉각 센서

이 경우, 두 개의 축에서 직각 접촉과 전단 접촉을 측정할 능력이 있는 간결한 센서가

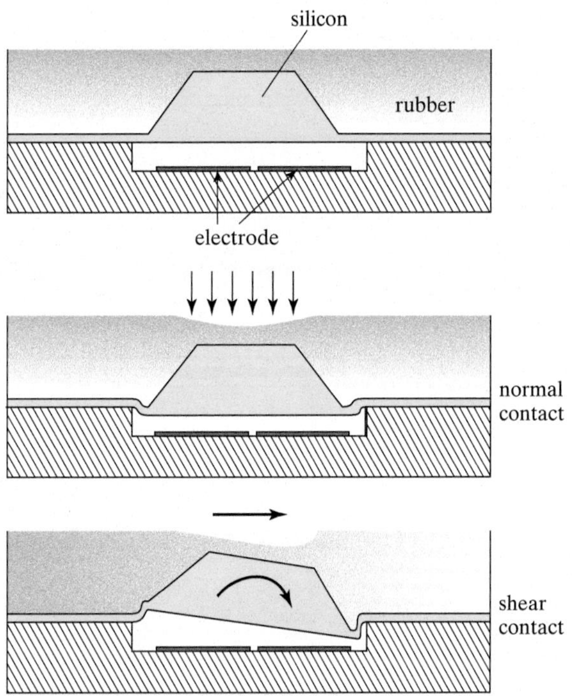

그림 4.13
차동형 촉각 센서로 사용되는 벌크 미세 가공된 평행판 커패시터의 개략도.

만들어졌다[32]. 평행판 커패시터는 유리와 실리콘 웨이퍼를 접착시킴으로써 형성된다(그림 4.13). 원뿔 모양에 위가 평평하게 솟은 메사 실리콘이 두께 t와 반지름 a인 환형 실리콘 격막(membrane)에 의해 매달려 있다. 유리판은 전극의 패턴이 새겨지도록 구덩이가 형성되었다. 각각 넓이가 L^2인 네 개의 전극들은 사각형의 배치로 배열된다. 네 개의 커패시터들은 네 개의 전극들과 매달려 있는 판 사이에서 형성된다. 이것들은 $C_1 \sim C_4$로 표시된다.

만약 수직 힘이 회로판에 직각으로 가해졌다면, 가동 매체의 질량과 밑바닥의 전극들 사이의 거리는 네 개의 모든 커패시터에 대하여 균일하게 감소될 것이다. 정전용량의 변화는 다음 식과 같이 변위와 관련되어 있다.

$$\Delta C = \frac{\varepsilon_r \varepsilon_0 L^2}{d^2} \Delta d \tag{4.28}$$

그러나 만약 전단 응력이 실리콘의 질량에 회전 운동을 일으키는 데에 사용된다면, 네 개의 커패시터에 대해 정전용량의 변화는 서로 달라진다. 두 개의 정전용량은

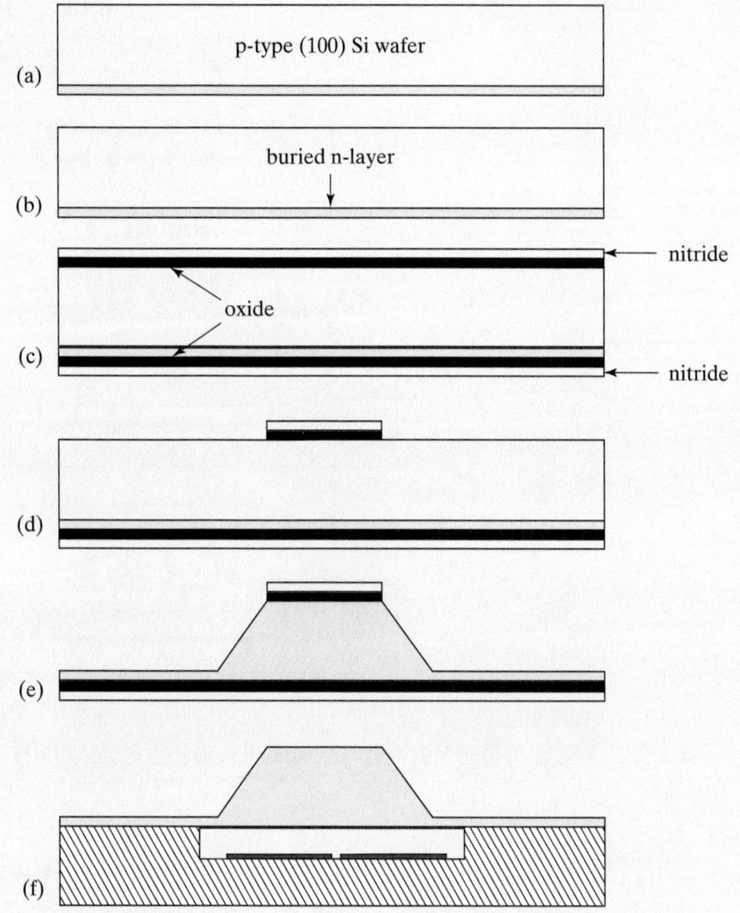

그림 4.14
촉각 센서의 제조 과정.

증가하는 반면에 다른 두 개의 정전용량은 거의 같은 정도로 감소할 것이다. 경사각(θ)이 있을 때 기울어진 판의 커패시터의 총 정전용량은 다음과 같이 예측된다.

$$C_\theta = \frac{\varepsilon_r \varepsilon_0 L^2}{d + 0.5\,\theta L} \tag{4.29}$$

실리콘 부분의 제조 공정은 양면이 다듬어진 표준 p형 <100> 실리콘 웨이퍼로부터 시작한다(그림 4.14a). 모든 표준 IC 공정은 앞면에서 수행된다. 첫 번째로, 밑에 묻힌 3.5 μm 깊이의 n형 층은 도핑하여 형성한다. 그 다음, 6 μm 두께의 n형 에피택셜 실리콘층을 성장시킨다(그림 4.14b). 묻혀진 n형 층과 에피택셜 층은 유연성이 있는 격막이 되어 두께를 결정한다. 깊은 p형 확산 도핑(diffusion doping)은 각각의 커패시터 전극을 전기적으로 고립시켜 놓고 수행된다. 실리콘 산화물로 층을 증착한 다음에 실리콘 질화물을 양면에서 성장시킨다. 후면에 있는 실리콘 질화물과 실리콘 산화물은 습식 비등방 식각을 할 때 식각하는 마스크로 쓰기 위해 패턴화한다(그림 4.14d). 식각 후에 격막의 가장 위의 접촉면은 습식 비등방 실리콘 식각으로 만들어진다(그림 4.14e). 그 다음, 실리콘 질화물과 산화물 층은 습식 화학 식각액을 사용하여 제거한다. 그 후, 실리콘 웨이퍼는 바닥에 전극이 새겨진 영역(깊이 3 μm)이 있는 유리 웨이퍼와 접착된다. 양극의 결합은 1000~1200 V의 전압 편향과 함께 400°C에서 이루어진다.

적용된 보정 힘에 대한 센서 출력이 특징적으로 나타난다. 0~1 g의 범위에서 수직 힘은 0.13 pF의 정전용량 변화를 일으키는 반면, 전단 응력은 0.32 pF의 정전용량 변화를 일으킨다. 정전용량 변화는 이 범위 안에서의 보정 힘에 선형적으로 비례한다.

4.3.5 평행판 액추에이터

평행판 커패시터는 미세 액추에이터(microactuator)로도 사용될 수 있다. 대개 전극 면에서 수직의 선형 변위 또는 회전의 변위를 이용하게 된다. 정전기 미세 액추에이터를 디자인하고자 하면, 움직임의 범위와 사용 가능한 힘 사이의 균형을 기억해 두는 것이 중요하다. 평행판 정전용량성 액추에이터로 얻을 수 있는 변위의 양은 초기에 정의한 간격에 의해 제한된다. 초기 간격을 크게 하면, 움직임은 길게 늘릴 수 있지만 구동력은 작아진다. 광학적 적용에 사용되는 액추에이터의 예가 15장에 나와 있다.

평행판 액추에이터는 스크래치 구동 액추에이터(SDA: scratch-drive actuator)라 불리는 소자를 사용함으로써 긴 범위의 평면 움직임을 얻는 것이 가능하게 되었다[33~35]. SDA의 원리는 그림 4.15에서 볼 수 있다. 각각의 SDA는 가장자리를 따라 축의 안쪽에 끼워진 평행판으로 구성되어 있다. 전압 바이어스를 적용하지 않았을 때, 그 평행판은 회로 기판과 평행이다. 바이어스 전압이 적용되어 있을 때, 평행판의 가장자리는 회로 기판과 접촉한다(그림 4.15b). 바이어스 전압을 점차 증가시키면 위쪽의 판과 밑의 회로 기판 사이의 접촉면은 증가한다. 이것은 종종 '찝기(zipping)' 운동으로 언급된다(그림 4.15c). 기운 축으로부터 가장자리를 향해 찝기 운동이 진행되면서, 찝기 운동이 유발하는 측면 힘이 마찰력을 초과하면 중심축이 회전하며 '미끄러지도록' 한다. 바이어스 전압을 제거하면 평행판 커패시터는 수평으로 되돌아간다. 그러나 그 판은 장착된 중앙축으로 동일 평면 상에서 조그만 변위만큼 이동하게 된다. 빠른 속도로 주기적으로 반복되는 액추에이터는 높은 속력의 선형 변위를 얻기 위한 스크래치 구동의 원인이 된다. SDA 구동의 속도는 낮은 속도 범위에서의 주파수에 선형적으로 비례하며

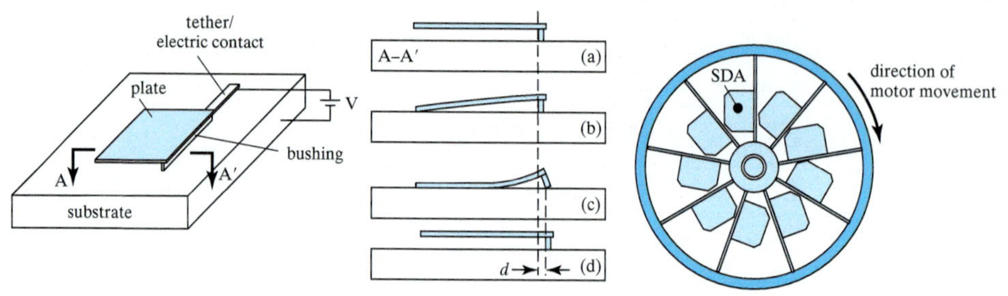

그림 4.15
스크래치 구동 액추에이터의 작동 원리.

활성화 주파수가 1000 kHz일 때 80 μm/s에 도달할 수 있다. SDA의 선형 출력 힘은 전압의 최고값이 68 V에서 112 V까지 증가할 때 10 μN부터 60 μN까지 크게 증가한다고 알려져 있다. SDA의 최대 출력 힘은 100 μN에 이른다[34]. 병진 운동 장치나 회전 장치를 조합한 SDA 액추에이터를 사용하여 연구자들은 연속적인 회전 모터를 구현했다고 한다[36](그림 4.15).

SDA 액추에이션의 세 번째 단계에서는 부싱의 끝단에서 큰 회전 변위를 명확히 볼 수 있다. 이런 방식으로 정전기 구동은 이 찝기 방식으로 큰 회전 변위를 생성하게 된다. 이 능력은 크고 기판 이상의 회전 변위를 생성하는 데 유용하다[37](15장 참조).

4.4 깍지낀 핑거 커패시터

서로 직면하고 있는 평면 전극을 통해 평행판 커패시터가 감지하고 작동을 생성하는 것과 달리 또 다른 커패시터는 전극의 옆면을 통해 정전용량을 생성시키는 데 활용된다. 이러한 커패시터에는 평행판 커패시터와 비교되는 또 다른 제조 및 운전 모드가 있다. **깍지낀 핑거**(IDT: interdigitated finger)들을 갖고 있어 커패시터는 가장자리 결합 길이를 늘린다(그림 4.16)[38]. 두 세트의 전극이 같은 평면에서 평행하게 배치되어 기판에 위치한다. 일반적으로 핑거 모양의 한 세트의 전극은 칩에 고정되는 반면에 두 번째 세트는 떠서 1축 이상으로 움직일 수 있다. 깍지낀 핑거는 빗 모양에서 치아와 같이 구성되어 있다. 이러한 구성은 일반적으로 콤드라이브(comb drive) 장치라 한다.

그림 4.16의 일반적인 구성과 같이, 핑거 두 세트는 같은 평면에 있고 그들의 콤 핑거는 중첩된 거리 l_0를 표시한다. 핑거의 길이는 L_c로 나타낸다. 간단하게 하기 위해 양쪽 세트의 핑거가 모두 두께(t)와 너비(w_c)가 같다고 가정하라. 그리고 고정된 핑거와 바로 옆의 움직이는 핑거 사이의 거리를 d라 가정하자. 핑거의 두께는 전도성 박막의 것에

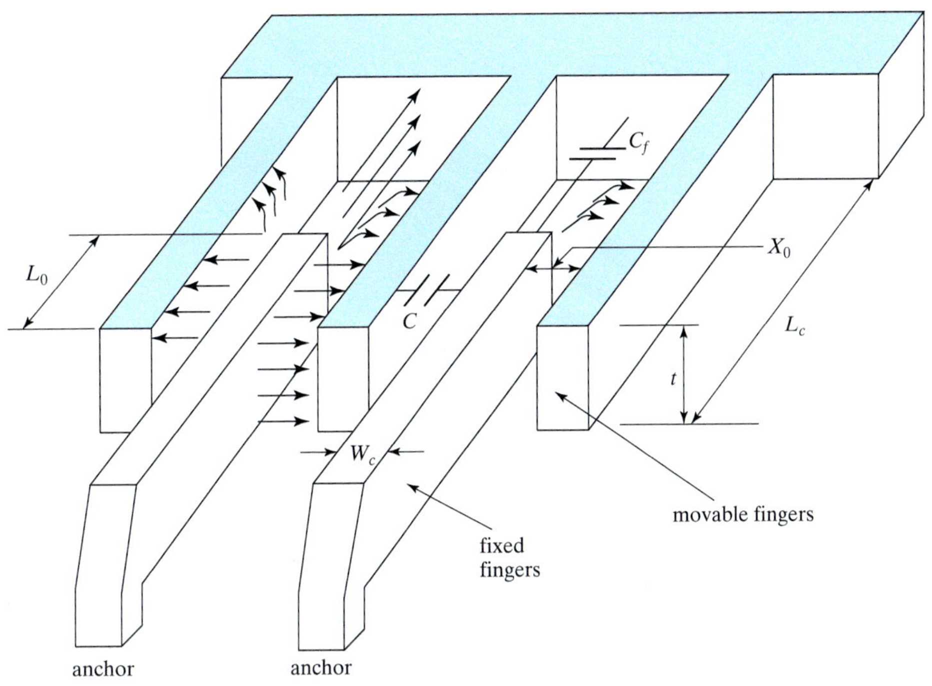

그림 4.16
콤드라이브의 센서와 액추에이터에 대한 투시도.

해당한다.

한 쌍의 전극 핑거 사이의 정전용량은 중첩된 지역에서의 수직 표면과 주변 정전용량에 의해 결성된다. 다중 핑거의 정전용량은 개별 정전용량이 병렬 연결된 것이다. 따라서 총 정전용량은 인근의 핑거들에 의해 부여된 정전용량의 총합이다.

중첩된 지역의 콤 핑거의 반대 벽들은 평행한 커패시터를 형성하고 이 역시 정전용량 C에 기여한다(그림 4.16). 두 개의 근접하게 이웃한 핑거 사이의 C의 크기는 다음과 같다.

$$C = \varepsilon_r \varepsilon_0 \frac{l_0 t}{d} \tag{4.30}$$

주변 정전용량 C_p는 예측하기가 힘들다. 이는 주변 정전용량을 평가하기 위한 간단한 해석적 공식이 없기 때문이다. 주변 정전용량을 평가하는 가장 정확한 방법은 유한 요소 방법(FEM)이다[39](그림 4.17). 그러나 유한 요소 분석은 시간을 요구하여, 설계 변수에 영향을 줄 수 있는 방안을 즉각 주지 못한다. 주변 정전용량을 평가하는 단순한

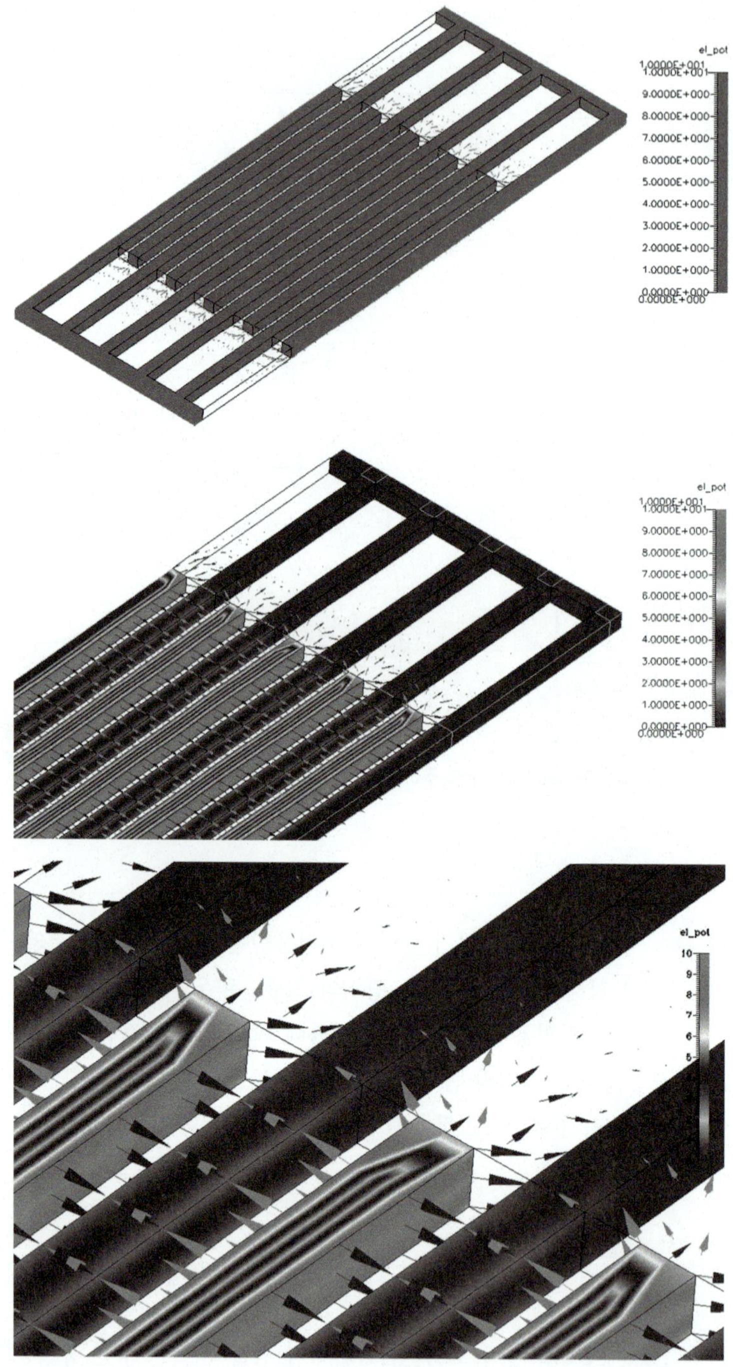

그림 4.17

두 종류의 핑거 사이에 분포된 전기장의 3단계 표현. 시뮬레이션은 CFDRD라는 소프트웨어를 사용하였다.

방법은 중복 영역에서 전개되는 정전용량의 고정 분율로 가정하는 것이다[40]. 그러나 이것은 완전하게 정확하지 않고 비례 상수는 전극의 제원에 의존한다.

이 책에서 주변 정전용량은 C_f 항으로 뭉뚱그려져서 사용된다. 센서의 힘 민감도나 액추에이터의 힘을 계산할 때, 주변 정전용량의 영향도 특별한 경우를 제외하고는 보통 무시한다.

두 가지 형태는 자주 등장하는 것인데, 두 세트의 빗살의 기계적 현수성(suspension)으로 상호 상대적인 운동에 따른다. 첫째 형태는 수직형 콤드라이브 장치로 그림 4.18에 나타내었고, 이 중 가능한 자유 핑거가 빗살의 길이 축의 수직 방향으로 움직인다. 아날로그 디바이스 사에서 만든 에어백을 위한 가속도계는 수직형 콤드라이브 형태를 사용하였다(1장 참조).

단일 고정된 핑거와 두 개의 이웃하는 움직이는 핑거에 집중하자. 앞서의 분석을 따르면 각 핑거 쌍에는 관련된 두 개의 주요 정전용량이 있다. 핑거 왼쪽 면에 있는 것을 C_{sl}이라 하며, 오른쪽 면에 있는 것을 C_{sr}이라 한다. 다행히도 이 두 정전용량은 다음과 같다.

$$C_{sl} = C_{sr} = \frac{\varepsilon_0 l_0 t}{x_0} \tag{4.31}$$

자유 핑거가 x만큼 떨어져 움직이면 이 두 커패시터의 정전용량 값은

$$C_{sl} = \frac{\varepsilon_0 l_0 t}{x_0 - x} \tag{4.32}$$

와

$$C_{sr} = \frac{\varepsilon_0 l_0 t}{x_0 + x} \tag{4.33}$$

가 된다.

전체 정전용량 값은 다음과 같다.

$$C_{tot} = C_{sl} + C_{sr} + C_f \tag{4.34}$$

수직형 콤이 센서로 사용될 때 거리 민감도 (S_x)는 C_{tot}를 x에 대해 미분하여 구할 수 있다. 다시 말하면 다음과 같다.

$$S_x = \frac{\partial C_{tot}}{\partial x} \tag{4.35}$$

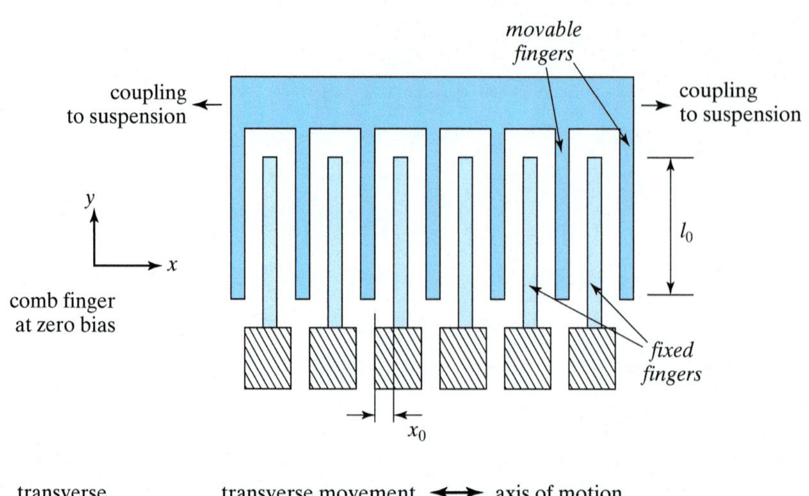

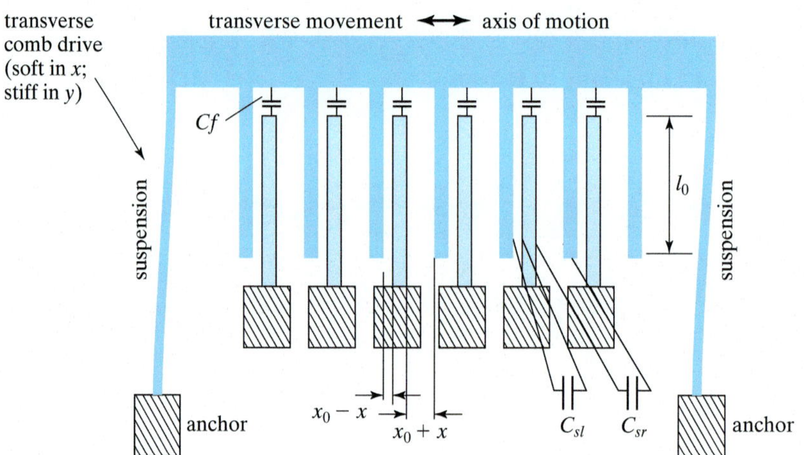

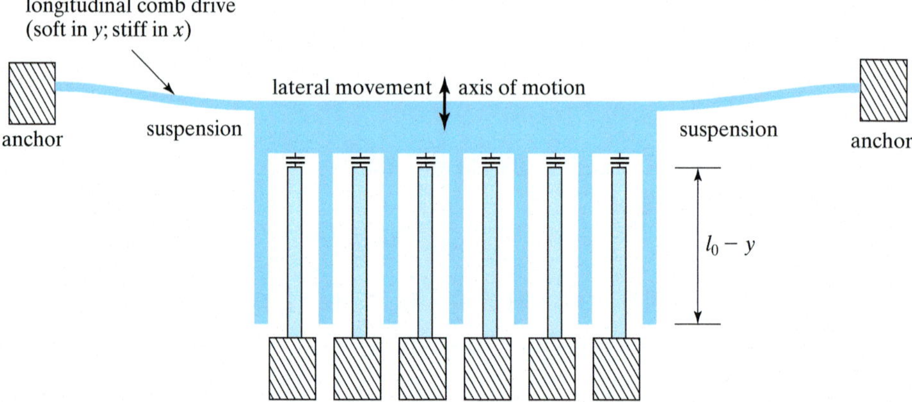

그림 4.18
(a) 콤드라이브, (b) 수직형 콤드라이브, (c) 수평형 콤드라이브이 개략도.

만약 수직형 콤이 액추에이터로 사용된다면 힘의 크기는 x 방향으로의 전체 에너지를 미분하여 계산할 수 있다.

$$F_x = \left|\frac{\partial U}{\partial x}\right| = \left|\frac{\partial}{\partial x}\left(\frac{1}{2}C_{tot}V^2\right)\right| \tag{4.36}$$

콤드라이브 장치의 두 번째 유형은 수평형 콤드라이브라고 불린다(그림 4.18c). 상대적 운동의 방향은 핑거의 길이 방향이고 이는 부유 상태의 핑거에 의해 가능하다. 측면 모멘트 y에 의해 단일 핑거와 관련된 정전용량은 다음과 같이 변한다.

$$C_{sl} = C_{sr} = \frac{\varepsilon_0(l_0 - y)t}{x_0}$$

y 방향으로 C_{tot}을 미분하여 얻어진 거리 민감도는 다음과 같다.

$$S_y = \frac{\partial C_{tot}}{\partial y} \tag{4.37}$$

콤드라이브의 주변 전기장과 관련된 제한적인 모델이 있다. 초기의 연구는 수평형 콤드라이브의 이동 민감도를 주변 정전용량을 고려하여 정확히 계산해 내는 것을 밝혔다. 그러나 수평형 콤드라이브의 근사 모델은 FEM 계산 결과를 데이터 피팅해서 얻어졌다[39].

$$\frac{dC}{dy} = C_1 + C_2\tanh(C_3 + C_4y) + C_5(L_f - y)^{-2}$$

만약 수평형 콤드라이브가 액추에이터로 사용된다면, 힘은 전체 에너지를 y축에 대해 미분하여 계산할 수 있다.

$$F_y = \frac{\partial E}{\partial y} = \frac{\partial}{\partial y}\left(\frac{1}{2}C_{tot}V^2\right) \tag{4.38}$$

이전의 연구는 주변의 전기장이 고려될 때 힘에 대한 압축된 표현을 나타내었다. 참고문헌 [41]에 따르면, 주변 정전용량을 고려한 각각의 주변 요소에 대한 전체 힘은 다음과 같다.

$$F = \frac{V}{2}\left[2\varepsilon_0\frac{V}{\pi}\left\{\ln\left(\left(\left(\frac{w_c}{x_0}+1\right)^2 - 1\right)\left(1+\frac{2x_0}{w_c}\right)^{1+\frac{w_c}{x_0}}\right) + \frac{2\pi t}{x_0}\right\}\right] - 2(x_0 + w_c)\frac{\varepsilon_0 V^2}{2\pi l_0} \tag{4.39}$$

그러나 이 공식은 그것의 타당성을 실험적인 데이터로써 입증하지 못한다.

센싱과 액추에이션의 특징은 핑거 쌍에 연결된 기계적인 지지부에 강하게 영향을 받는다. 기계 설계 주제가 연구되어 왔다. 예를 들어 부유시켜 굴곡이 생기는 설계는 응력 강도를 최소화하면서 변형을 크게 발생시킬 수 있도록 최적화될 수 있다[42].

동일 평면 상 수직형 및 수평형 콤드라이브는 MEMS에서 널리 사용된다. 그러나 이 두 가지 대표적인 것과 다른 특징과 형상을 갖는 콤드라이브 커패시터들이 많이 나타났다. 어떤 콤드라이브는 처음에 같은 면에 위치해 있더라도 수직적인 거리를 만들기 위해서 설계되었다. 이것은 주변 정전용량 장을 활용하여 만들어졌다[6]. 이 부상력은 작지만 광학 상 조율 등의 응용 분야에 효과적으로 사용될 수 있다. 반사면이 움직이는데 단지 한 개의 파장만 필요하다.

일반적인 면에 존재하지 않는 콤 핑거는 처음에 면 이탈 힘이나 모멘트를 만들기 위해서 사용될 수 있다. 면을 벗어나 정렬되어 있는 콤 핑거는 새로운 공정 과정에 따라 제작되거나, 면에 속한 핑거를 응력으로 휘어서 면에서 들리도록 하여 제조한다. 몇 개의 응용 분야는 15.2.3에서 설명한다[43, 44]. 예를 들어 1.8 μm 변위가 가능한 광학적 모듈레이터는 15 V 기준 전압으로 제품화되었다[45].

거의 모든 현존하는 콤 핑거는 넓이에 비해 긴 길이 비율을 가졌고 위와 옆에서 볼 때 직사각형의 모양을 갖는다. 반대의 형상도 가능하다. 곡면의 형상을 가진 콤드라이브 핑거[46]는 최대 힘이나 향상된 선형성, 또는 힘과 변위를 설계한 형상과 같은 중요한 장점을 제공할 수 있다[47].

4.5 콤드라이브 장치의 응용

콤드라이브 장치는 여러 종류의 센서와 동력 장치에 사용된다. 콤드라이브 가속 센서와 선형 액추에이터들은 아래에서 논의한다.

4.5.1 관성 센서

콤드라이브를 기초로 한 관성 센서는 다양한 방법으로 구현될 수 있다. 아날로그 디바이스 사에서 만든 ADXL은 최초의 MEMS 센서를 대표하는 것으로서, 동일 평면 상의 수직형 콤드라이브 핑거를 기초로 하여 만들어진 것이다. 원조 ADXL 가속기는 오직 단일 평면 축에서의 가속을 측정할 수 있다. 다른 민감한 축(기판에 대해 수직으로 지시되어 있는)을 가진 가속 센서는 사례 4.7에서 검토한다. 이것은 기판의 수직 방향으로 핑거의 움직임을 사용한다.

사례 4.7 콤드라이브 가속도계

수직 콤 가속 센서는 관성 질량이 두 개의 비틀림 바로 지지되는 프레임을 갖고 있다 [48]. 변환 원리는 사례 4.2와 유사하며, 단 한 가지 차이가 있는데, 그것은 전극 배치이다. 사례 4.2에서 평행 커패시터는 움직이는 질량과 기판 사이에서 생성되었다. 이 경우, 두 개의 콤 핑거가 평면을 서로 이탈하여 움직이도록 되어 있다(그림 4.19). 이때 정전용량은 전극 사이에 겹치는 면적의 변화로 결정된다.

작은 각변위에 대해서는, 각변위(θ)에 의한 정전용량 변화를 다음과 같이 나타낼 수 있다.

$$\Delta C \cong \frac{n\varepsilon_r l_f}{d}(2l_m + l_f)\theta \tag{4.40}$$

여기서 l_m, l_f, d, n은 각각 관성 질량의 길이, 센싱 핑거의 길이, 갭 거리, 그리고 센싱 핑거의 수이다. 뒤틀린 각도는 토크 M에 의해 다음과 같이 표현된다.

$$\theta = \frac{Ml_m l_b}{4\alpha G t {w_b}^3} a \tag{4.41}$$

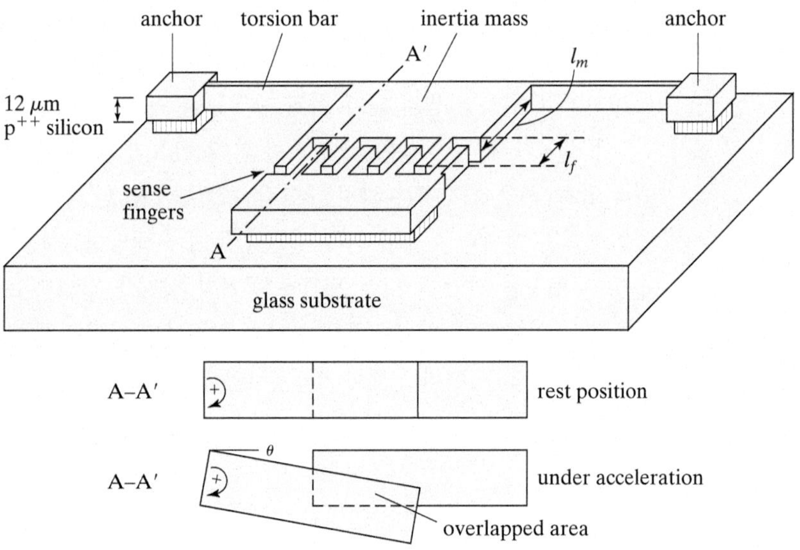

그림 4.19
토션 가속 센서.

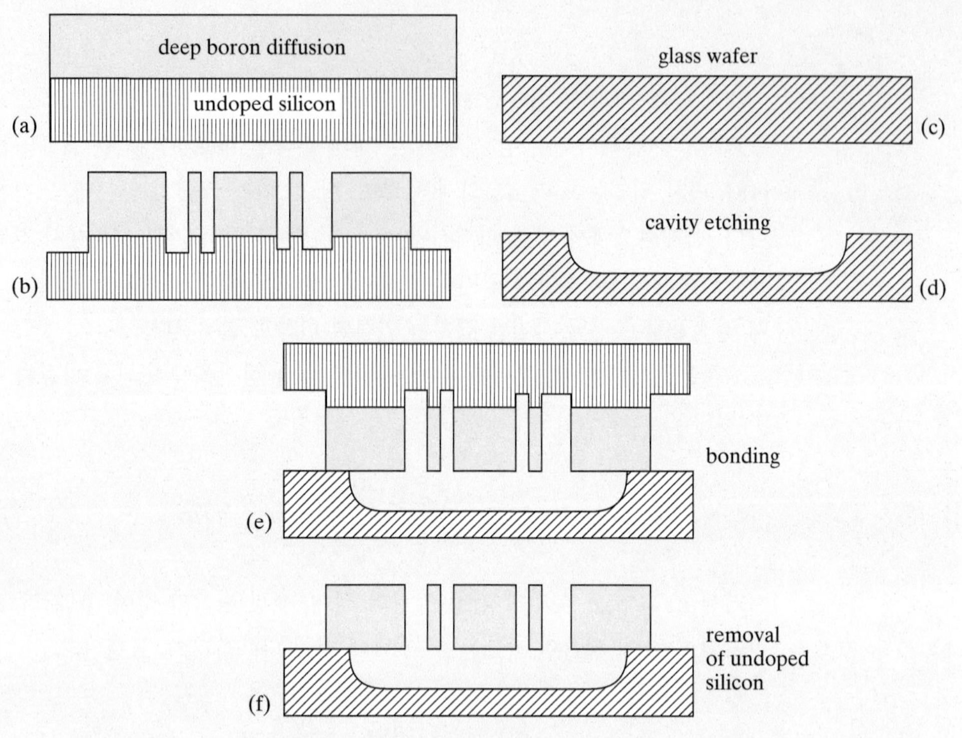

그림 4.20
토션 가속 센서의 제작 과정.

위의 식에서 a는 가속도이고, α는 비틀림 빔의 사각형 표면적을 고려한 보상 계수(0.281)이다. 뒤틀림 빔의 길이, 폭과 두께는 l_b, w_b, t로 나타내었다.

이 장치의 제작 과정은 IC 집적화를 할 필요가 없기 때문에 비교적 간단하다. 원형(prototype)을 제작하는 과정은 그림 4.20에 나타나 있다. 그림 4.20a에 나타낸 것처럼 실리콘 웨이퍼는 상판 전극 판들의 두께에 해당하는 12 μm 길이만큼 붕소로 강도 있게 도핑을 하였다. 니켈 도금은 핑거와 질량을 정의하도록 길이 도핑된 지역을 통해 깊은 반응을 일으키는 이온 식각이 침투하지 못하도록 하는 마스크에 쓰인다(그림 4.20b). 유리 시편이 그림 4.20d에서와 같이 정해진 지역에 공동(cavity)을 만들기 위해 식각되었다. 실리콘 웨이퍼와 유리가 그림 4.20e와 같이 접합된다. 도핑되지 않은 실리콘층은 실리콘 식각액에서 용해된다(그림 4.20f). 식각 용액은 특징적으로 유리와 깊게 도핑된 실리콘을 침범하지 않는다. 움직이는 콤 핑거의 둑(bank) 밑의 오목한 공동은 핑거가 더 큰 범위로 변위를 보이게 하고 공기 역학적 감쇠를 줄인다.

평행판 커패시터들과 비교한 결과, 근접한 두 개의 핑거 세트 사이의 정전용량 값이 작다. 그러나 콤 짝들의 수가 증가함으로써 더욱 큰 정전용량과 힘을 얻을 수 있다. 이러한 센서는 게인이 15 mV/fF인 스위칭된 정전용량 집적 회로를 사용하여 테스트 되었다. 이 장치의 민감도는 300 mV/g 이다.

예제 4.4 가속도계의 민감도

그림 4.21은 표면이 미세 가공된 가속도계를 나타내고 있다. 프루프 매스는 두 개의 길이 L과 폭 w, 그리고 두께 t를 가진 외팔보들로 지지되어 있다. 콤 핑거들은 서로 중첩된 부분의 길이 l_0, 두께 t와 간격 d로 되어 있다. 가속 민감도를 구하기 위한 식을 유도하라(정전용량의 변화를 가해진 가속도의 함수로 표현).

풀이 표준 질량(proof mass)은 y 방향으로 강한 운동 저항을 겪는다. 이는 지지되는 빔들의 세로 방향 안에 있기 때문이다.

지지되는 외팔보들은 두께보다 폭이 넓다. 그렇기 때문에 x축 방향으로의 움직임에 대한 저항이 z축에서의 저항보다 크다. 센서는 z축을 따라 가속에 대한 민감도가 가장 크다. 그림 4.22는 센서의 변형된 모양을 나타내고 있다.

프루프 매스의 질량은 두 부분, 즉 층별 질량 셔틀(proof mass shuttle)과 콤 핑거로 이루어져 있다. 질량과 함께 관련된 힘 상수는 개개의 고정-유도 외팔보의 힘 상수의 2배이다.

$$k = 2 \times \frac{12EI}{L^3}$$

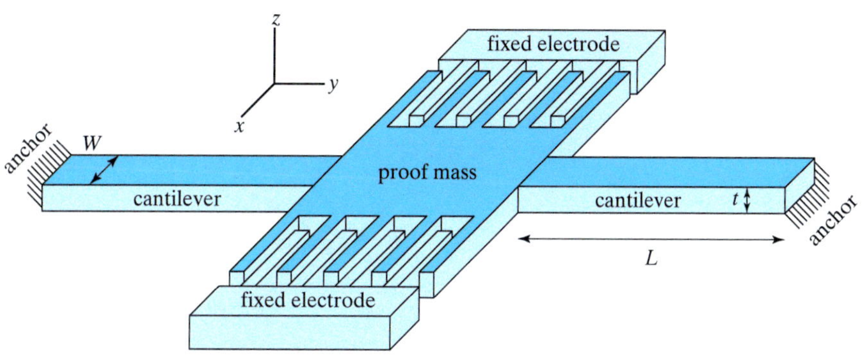

그림 4.21
기판에 수직인 축에 민감성을 가지고 있는 평면에서 벗어난 가속도계.

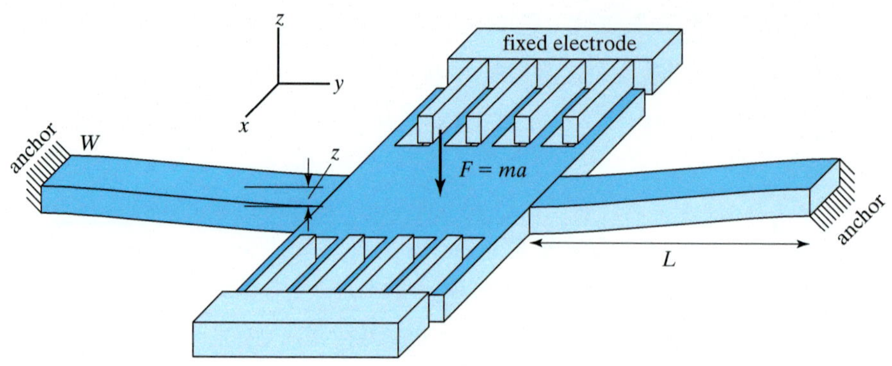

그림 4.22
센서의 변형된 형상.

정지된 총 정전용량은 8개의 고정된 전극에 의해 결정되며 그리하여 16개의 수직 벽 커패시터들이 된다. 총 정전용량의 값은 다음과 같다.

$$C(t) = 16\left(\frac{\varepsilon_0 l_0 t_0}{d}\right)$$

z축에서의 변위 z는 유효 두께(t)를 변화시킨다. z 변위로 인한 정전용량은

$$C(t) = 16\left(\frac{\varepsilon_0 l_0 (t_0 - z)}{d}\right)$$

이고, 여기서 수직 변위인 z는 가해진 가속도 a의 함수이다.

$$z = \frac{ma}{\frac{24EI}{L^3}} = \frac{maL^3}{24EI}$$

a에 대한 정전용량의 상대적인 변화 값은 다음과 같다.

$$\frac{\partial C}{\partial a} = \frac{\partial}{\partial a}\left(16\left(\frac{\varepsilon_0 l_0\left(t_0 - \frac{maL^3}{24EI}\right)}{d}\right)\right) = \frac{2\varepsilon_0 l_0 m L^3}{3dEI}$$

4.5.2 액추에이터

콤드라이브 액추에이터는 평면 내(in-plane)나 표면(out-of-plane)의 변위를 발생시킬 때 주로 사용된다. 변위의 크기는 DC나 준정상 바이어스가 걸린 상황에서 항상 제한된다. 여기서는 두 가지의 광범위한 운동을 보이는 수평형 콤드라이브를 살펴보자. 사례 4.8에서는 큰 변위가 상대적으로 큰 콤드라이브 핑거를 사용하여 발생한다. 그러나 사례 4.9에서는 톱니바퀴의 맞물림에 의해서 회전(혹은 선형) 변위를 발생시킨다.

사례 4.8 광학적 스위칭을 위한 콤드라이브 액추에이터

큰 변위를 보이는 정전기적 액추에이터는 광섬유 통신 시스템에서 1×4 광학 스위치를 인식하기 위해 쓰인다[49]. 액추에이터는 측면 콤드라이브 장치로 구동되는 4개의 선형 단계로 되어 있다(그림 4.23). 이러한 액추에이터는 설계된 빛의 경로의 안이나 밖으로 거울을 움직일 수 있게 한다. 거울을 빛의 경로에 이동시켜, 광섬유에서 나온 빛이 4개의 수광 채널로 반사되게 할 수 있다. 일반적인 섬유나 렌즈를 가지고 660 nm 빛을 사용할 때, 4 mm 거리 간격으로 빛의 빔을 집속하면, 140 μm 지름을 갖는 원 안에 빛에너지의 98%를 받을 수 있다. 그러므로 각각의 액추에이터는 최소한 140

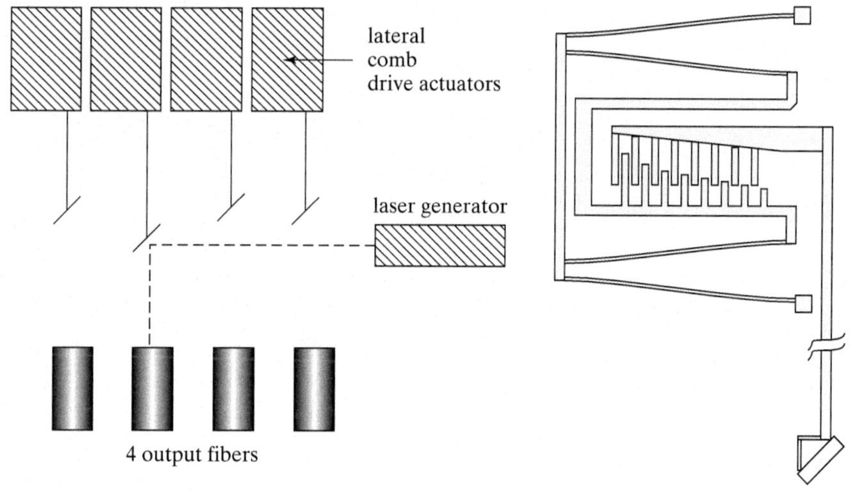

그림 4.23
미세 가공된 광학 스위치.

μm의 거리를 움직여야 하고, 4채널의 액추에이터들은 4 mm 경로 안에 들어맞아야 한다.

그러므로 적절한 편향과 힘을 창출하는 면적 효율이 뛰어난 콤드라이브 액추에이터가 필요하다. 선형적인 빗살 모양의 콤드라이브가 좋은 수단이 된다. 톱니 사이의 간격은 콤 핑거 세트를 따라서 다양하다. ±1 μm 안에서 편향 방법을 사용함으로써 반복하여 측정할 수 있다. 길이가 같은 콤의 경우, 걸리는 전압이 150 V 이하로 100 μm 정도의 변위를 이룬다. 비슷한 형태이지만, 톱니가 선형적으로 증가하는 형태의 액추에이터의 경우, 앞의 길이가 같은 콤인 상황보다 변위가 더 커진다.

사례 4.9 큰 변위를 유발하는 콤드라이브 액추에이터

빗살이 세로 형태이든 가로 형태이든 간에, 콤드라이브에서 변위는 다소 제한적이다. 그러나 설계를 잘 하면 기계적인 부품들이 좀더 큰 변위를 갖게 할 수 있다. 예를 들어 움직이는 범위가 제한적인 콤드라이브들은 콤 한 가닥의 움직임이 stick-release 메커니즘이나 기어와 서로 연결되어 있을 때, 큰 각이나 선형 변위를 이루도록 할 수 있다. 정전기 액추에이션 원리를 사용하지 않는 다양한 방법들이 15.2.2절에 있으니 참고하기 바란다.

Sandia National Laboratories에 있는 연구원들이 개발한 기어열(gear train) 메커니즘에 대해서 살펴보자(그림 4.24). 기어열은 공진기 1, 2라고 명명한 두 개의 측면 콤드라이브에서 추진력을 얻는다. 공진기 1과 공진기 2는 증폭된 출력 축과 평행하게 연결된 측면 콤 핑거들로 이루어져 있다. 공진기 1과 2는 x축과 y축 방향으로 기어 A를 조정한다. x축과 y축의 상이 고정되어 있기 때문에, 기어 A는 타원 궤적을 따르게 된다. 그러므로 기어 A는 간헐적으로 기어 B와 만나게 되고, 그러한 기어 B가 한 방향으로만 돌 수 있도록 한다. 기어 B는 기어열을 통해서 선형 슬라이더를 선형적으로 움직일 수 있게 한다.

요약

이 장에서는 정전기 센싱과 액추에이션을 다루었다. 아래에 이 장과 연관된 주요 개념, 사실, 그리고 기술을 요약해 놓았다.

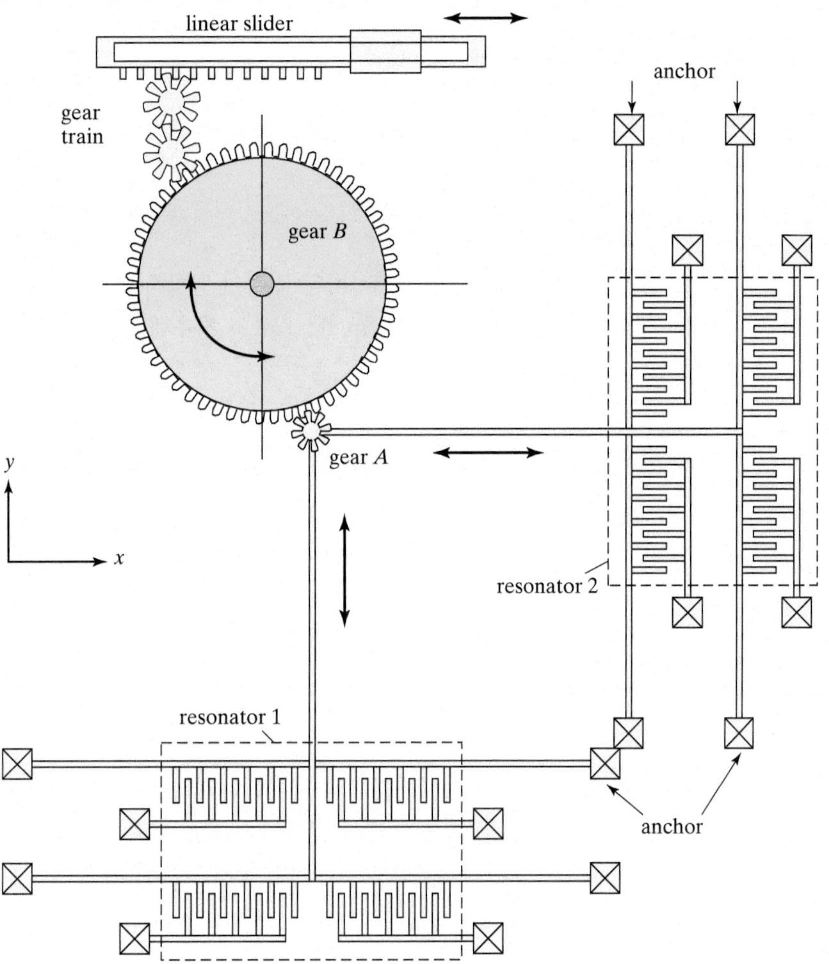

그림 4.24
미세 가공된 기어의 운동 작용.

- 두 타입의 정전용량성 전극 배열
- 평행한 두 커패시터 사이에서 작용하는 정전용량과 힘을 추정하는 공식
- 한 판을 스프링으로 고정했을 때의 두 평평한 커패시터 전극 사이의 평형 위치를 계산하는 과정
- 당김 효과의 개념
- 평행판 커패시터 작동 특성에 당김 효과가 미치는 영향
- 풀인 전압과 당김 거리를 추정하는 과정

- 깍지낀 핑거 커패시터 구성의 차이와 최대 변위, 선형/각에서의 변위, 출력 힘에 대해서 상대적인 장점과 단점

문제

문제 4.1: 설계

평행한 판으로 구성된 커패시터의 면적이 $100 \times 100\ \mu\text{m}^2$이다. 전극 사이의 물질이 공기일 때, 두 판의 간격이 $1\ \mu\text{m}$, $0.5\ \mu\text{m}$인 경우에 대해 정전용량 값을 구하라.

문제 4.2: 설계

길이 l, 폭 w, 두께 t의 외팔보 빔에 대하여 각 차원(길이, 폭, 두께)이 1/1000로 줄어들었을 때 아래에서 틀린 것은 무엇인가?

1. 힘 상수는 줄어들며, 빔은 더 유연해진다.
2. 공진 주파수는 증가한다.
3. 파괴 강도가 감소한다.
4. 부피에 대한 표면적 비가 증가한다.

문제 4.3: 설계

두 개의 평행한 커패시터 판의 면적이 $1\ \text{mm}^2$이고, 전극 사이의 물질은 공기로 간격은 $1\ \mu\text{m}$이다. 판 한 개는 고정되어 있고, 다른 하나는 힘 상수 1 N/m의 기계적 스프링에 달려 있다. 두 개의 판 사이에 전압이 가해지지 않았을 경우 두 판 사이의 정전용량은 얼마인가?

1. $C_0 = 8.85 \times 10^{-12}$ f
2. $C_0 = 8.85 \times 10^{-9}$ f
3. $C_0 = 8.85 \times 10^{-6}$ f
4. $C_0 = 0$ f

문제 4.4: 설계

4개의 실리콘 지지 빔으로 고정된 평행판으로 된 커패시터가 아래 그림과 같이 있다. 상판의 면적은 $1 \times 1\ \text{mm}^2$이다. 4개의 지지 빔은 각각 길이 $500\ \mu\text{m}$, 폭 $5\ \mu\text{m}$, 두께 $0.3\ \mu\text{m}$이다. 평행판으로 된 커패시터가 느끼는 힘 상수 K_m은 얼마인가?(**주의**: 그림은 비율이 맞추어져 있지 않다.) 실리콘의 영률은 120 GPa이다.

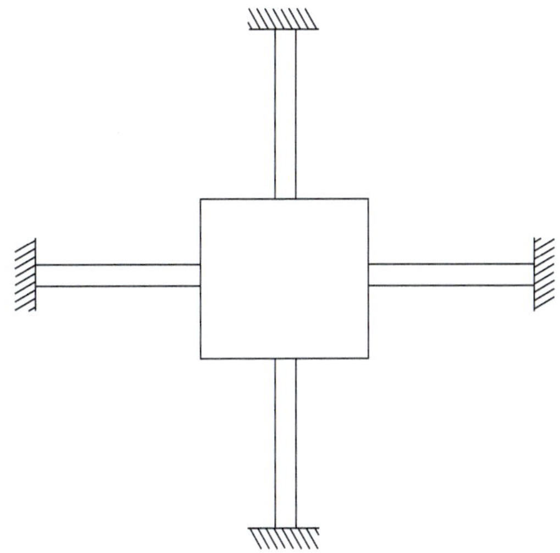

1. 0.1 N/m
2. 0.4 N/m
3. 0.00013 N/m
4. 0.00052 N/m
5. 0.00003 N/m

문제 4.5: 설계

문제 4.4의 지지 빔의 길이가 0.25 mm가 된다면(이전 길이의 절반), 아래 문장 중 옳은 것은 무엇인가?

1. 풀인 전압이 4배 증가한다.
2. 빔의 위치 변화가 $x_0/6$를 초과하면 전극이 닿는다.
3. 전극이 닿는 순간의 전기적 힘 상수(k_e)가 8배 증가한다.
4. 공진 주파수가 증가한다.

문제 4.6: 설계

문제 4.4에 주어진 조건에 따르면, 바이어스 전압이 0.3 V일 때, 두 전극 사이의 간격은 얼마인가? 원래 간격은 1 μm이다.

문제 4.7: 설계

수직형 콤드라이브 장치의 x 방향의 변화에 대한 정전용량의 반응성을 수학적으로 유도하라. 반응성의 증가를 위한 전략을 최소한 2가지 논하라.

문제 4.8: 설계

수직형 콤드라이브 장치의 y 방향의 변화에 대한 정전용량의 반응성을 수학적으로 유도하라. 반응성의 증가를 위한 전략을 최소한 2가지 논하라.

문제 4.9: 설계

사례 4.1에 묘사된 실리콘 산화물 외팔보에 대해, 실리콘 산화물 위의 금속 박막을 무시할 때 외팔보의 공진 주파수를 구하고, 결과를 자료집에 있는 공진 주파수와 비교하라.

문제 4.10: 검토

사례 4.1에 언급된 센서에 대하여, 외팔보의 자유 끝단에서의 최소 변위에 대한 민감도를 결정하라.

문제 4.11: 설계

사례 4.1의 실리콘 산화물과 금속이 혼합된 외팔보가 안정 상태에 있을 때(바이어스 전압이 0인 경우)를 생각해 보자. 내부 응력에 의한 휨은 빔의 양 끝단에서의 높이 차이 $\delta(x)$를 유발한다. 휘어진 빔은 곡률 R의 곡선 모양으로, 끝단의 각도가 1.5°라고 가정한다. 모재와 빔 사이의 총 정전용량을 유도하라.

문제 4.12: 제조

사례 4.1의 실리콘 산화물 외팔보의 제조 공정에서, 단계 (j)에서 사용된 이방성 실리콘 식각액의 단결정 실리콘과 식각액에 노출된 다른 모든 물질들에 대한 식각률을 찾아라. 실리콘 식각액에 노출된 취약한 모든 물질을 식별하라. 참고문헌 [50]의 표를 사용하라.

문제 4.13: 설계

사례 4.2에서 주변 정전용량은 무시하고, 바닥 전극의 면적을 계산하라.

문제 4.14: 설계

사례 4.2에 주어진 정보를 이용하여, 가속도 1 g에서의 비틀림 평판의 수직 변위의 최대값을 구하라.(**힌트**: 비틀림 막대 변위 분석을 사용하라.)

문제 4.15: 설계

사례 4.1에서 논의된 가속도 센서에서 온도에 대한 민감도의 원인을 설명하라.

문제 4.16: 검토

사례 4.3의 압력 센서는 지름 1 mm의 막을 가지고 있다. 두 전극 사이의 정확한 간격을 계산하기 위해 공정도에서 주어진 정보를 사용하라. 5% 이내로 정확해야 한다. 정전용량 값을 구하라.

문제 4.17: 검토

문제 4.19와 관련하여 물질의 상대 가격과 공정 계산을 위한 계산표를 작성하라. 재료 준비와 공정, 리소그래피를 위한 인시를 고려하라. 3~4명의 학생이 한 그룹이 되어 이 과제를 그룹으로 완료하라.

문제 4.18: 설계

사례 4.4에서 언급된 장치에서, 정전용량은 얼마인가? 커패시터의 면적이 증가한다면 작동과 제조에 어떤 영향을 끼치는가?

문제 4.19: 설계

사례 4.5의 전단 응력 센서에서, 주어진 전단 응력에서의 변위 d를 수학적 표현으로 유도하라. 이때 외팔보에 가해진 항력은 무시한다. 다시 말해, 부유 평판에 가해지는 항력만을 고려하도록 한다. 위에서 구한 수학적 표현을 바탕으로, 민감도를 증가시키기 위한 3가지 전략을 규명하고, 각 전략과 관계된 제조 과정에 미치는 영향을 논의하라.

문제 4.20: 설계

사례 4.6에서 논의된 촉각 센서의 동작에 대한 식 (4.28)과 (4.29)를 유도하라.

문제 4.21: 제조

사례 4.1에 묘사된 실리콘 산화물 외팔보의 제조 공정에 관해, 낮은 압력의 화학 증기 증착을 통해 실리콘 질화물 외팔보를 얻고자 할 때, 변경해야 하는 단계는 무엇인가? 위 과정의 영향을 받는 식각 방법은 무엇인가?

문제 4.22: 제조

3~4명씩 한 그룹이 되어 미세 제조 공정을 이용한 완전 진공을 만드는 다양한 방법에 대하여 논의하라. 이런 실제적인 방법이 어떻게 사례 4.3과 같이 진공 기준을 내장한 압력 센서를 제작하는 데 사용되는지 논의하라.

문제 4.23: 제조

사례 4.3의 장비를 제작하는 단계 (n)에서, 노출된 모든 물질 위의 실리콘 웨이퍼를 용해시키는 데 사용된 식각액의 식각 선택성에 대해 논의하라. 위 과정의 잠정적인 예방책과 공정의 안정성 증가를 위한 하나 이상의 방법에 대해 논의하라.

문제 4.24: 제조

사례 4.4의 마이크로폰 제조 공정에 대한 단계 (g)에서, 식각액과 식각액에 노출된 다른 모든 물질을 구분할 수 있는 식각률 선택에 대해 논의하라.

문제 4.25: 도전

그림 4.4와 식 (4.11)에 그림과 수치적으로 주어진 자주 사용되지 않는 평형점에 도달하기 위한 실제적인 정전기 액추에이터를 어떻게 만들지 논의하라.

문제 4.26: 도전

XY 플랫폼을 200 μm×200 μm의 크기로 구상해 보자. 플랫폼은 두 축에 대해서 5 μm씩 독립적으로 이동할 수 있어야 하며, 사용되는 전압은 최소화되어야 한다. 3~4명으로 구성된 팀을 만들고, 해석적 디자인과 장치 설계, 제조 공정을 수행하라.

문제 4.27: 도전

문제 4.26의 과정을 반복하되, 작동 전압을 36 V 미만으로 제한하고 시도해 보라.

문제 4.28: 도전

문제 4.26을 반복하되, 이번에는 장치 위에 9개의 예리한 팁(STM과 나노리소그래피에 사용됨)을 집적해 보라.

문제 4.29: 도전

문제 4.26을 반복하되, 이번에는 6개의 전선이 감지와 작동을 위해 플랫폼에 연결되도록 하라. 예를 들어 전선은 플랫폼 위의 나노리소그래피 팁에 주소를 할당하도록 사용될 수 있을 것이다. 전선은 기계적인 받침 없이 만든다면, 기계적으로 복잡한 빔 디자인이 될 수 있다.

문제 4.30: 도전

*XY*축 이동 스테이지는 소자 정렬과 스캐닝에 광범위하게 사용된다. 평면 정렬 스캐닝

을 위한 칩 위에 *XY*축 이동 스테이지 구축과 관련된 이슈에 대해 고려해 보자. 이것은 2 mm×2 mm의 이동 범위를 갖는 덮개판이 있어야 한다. 10 μm 이하의 실리콘 왕복 평판을 움직이기 위해 정전기 액추에이터가 사용되며 사용 전압은 200 V 이하이다. 콤드라이브와 받침대가 500 μm의 실리콘 웨이퍼로 깊이 반응 이온 식각 공정을 통해 만들어졌다고 가정하고, 최소 줄 간격과 공간이 5 mm라고 가정할 때, 실제적인 디자인이 충분한 힘과 힘 상수, 100 Hz의 공진 주파수를 낼 수 있을지 결정하라.

참고문헌

1. Fan, L.-S., Y.-C. Tai, and R.S. Muller, *IC-Processed Electrostatic Micromotors*. Presented at IEEE International Electronic Devices Meeting, 1988.

2. Livermore, C., et al., *A High-Power MEMS Electric Induction Motor*, Microelectromechanical Systems, Journal of, 2004. **13**: p. 465–471.

3. Greywall, D.S., et al., *Crystalline Silicon Tilting Mirrors for Optical Cross-Connect Switches*, Microelectromechanical Systems, Journal of, 2003. **12**: p. 708–712.

4. Kung, J.T., and H.-S. Lee, *An Integrated Air-Gap-Capacitor Pressure Sensor and Digital Readout with Sub-100 Attofarad Resolution*, Microelectromechanical Systems, Journal of, 1992. **1**: p. 121–129.

5. Lee, K.B., and Y.-H. Cho, *Laterally Driven Electrostatic Repulsive-Force Microactuators Using Asymmetric Field Distribution*. Microelectromechanical Systems, Journal of, 2001. **10**: p. 128–136.

6. Tang, W.C., M.G. Lim, and R.T. Howe, *Electrostatic Comb Drive Levitation and Control Method*, Microelectromechanical Systems, Journal of, 1992. **1**: p. 170–178.

7. Zou, Q., et al., *A Novel Integrated Silicon Capacitive Microphone-Floating Electrode "Electret" Microphone (FEEM)*, Microelectromechanical Systems, Journal of, 1998. **7**: p. 224–234.

8. Hsieh, W.H., T.-Y. Hsu, and Y.-C. Tai, *A Micromachined Thin-Film Teflon Electret Microphone*. Presented at Solid State Sensors and Actuators, Transducers '97 Chicago. International Conference, 1997.

9. Jacobs, H.O., and G.M. Whitesides, *Submicrometer Patterning of Charge in*

Thin-Film Electrets, Science, 2001. **291**: p. 1763–1766.

10. Van Kessel, P.F., et al., *A MEMS-Based Projection Display*, Proceedings of the IEEE, 1998. **86**: p. 1687–1704.
11. Dokmeci, M., and K. Najafi, *A High-Sensitivity Polyimide Capacitive Relative Humidity Sensor for Monitoring Anodically Bonded Hermetic Micropackages*, Microelectromechanical Systems, Journal of, 2001. **10**: p. 197–204.
12. Sohn, L.L., et al., *Capacitance Cytometry: Measuring Biological Cells One-by-One*, Proc. National Academy of Sciences, 2000. **97**: p. 10687–10690.
13. Mastrangelo, C.H., X. Zhang, and W.C. Tang, *Surface-Micromachined Capacitive Differential Pressure Sensor with Lithographically Defined Silicon Diaphragm*, Microelectromechanical Systems, Journal of, 1996. **5**: p. 98–105.
14. Hall, N.A., and F.L. Degertekin, *Integrated Optical Interferometric Detection Method for Micromachined Capacitive Acoustic Transducers*, Applied Physics Letters, 2002. **80**: p. 3859–3861.
15. Petersen, K.E., A.S. Hartel, and N.F. Raley, *Micromechanical Accelerometer Integrated with MOS Detection Circuitry*, IEEE Transactions on Electron Devices, 1982. **ED-29**: p. 23–27.
16. Nemirovsky, Y., and O. Bochobza-Degani, *A Methodology and Model for the Pull-In Parameters of Electrostatic Actuators*, Microelectromechanical Systems, Journal of, 2001. **10**: p. 601–615.
17. Rocha, L.A., E. Cretu, and R.F. Wolffenbuttel, *Analysis and Analytical Modeling of Static Pull-In with Application to MEMS-Based Voltage Reference and Process Monitoring*, Microelectromechanical Systems, Journal of, 2004. **13**: p. 342–354.
18. Degani, O., et al., *Pull-In Study of an Electrostatic Torsion Microactuator*, Microelectromechanical Systems, Journal of, 1998. **7**: p. 373–379.
19. Loke, Y., G.H. McKinnon, and M.J. Brett, *Fabrication and Characterization of Silicon Micromachined Threshold Accelerometers*, Sensors and Actuators A: Physical, 1991. **29**: p. 235–240.
20. Osterberg, P., et al., *Self-Consistent Simulation and Modelling of Electrostatically Deformed Diaphragms*. Presented at Micro Electro Mechanical Systems, MEMS '94 Proceedings, IEEE Workshop, 1994.
21. Chan, E.K., and R.W. Dutton, *Electrostatic Micromechanical Actuator with*

Extended Range of Travel, Microelectromechanical Systems, Journal of, 2000. **9**: p. 321–328.

22. Hung, E.S., and S.D. Senturia, *Extending the Travel Range of Analog-Tuned Electrostatic Actuators*, Microelectromechanical Systems, Journal of, 1999. **8**: p. 497–505.
23. Zou, J., C. Liu, and J. Schutt-aine, *Development of a Wide-Tuning-Range Two-Parallel-Plate Tunable Capacitor for Integrated Wireless Communication System*, International Journal of RF and Microwave CAF, 2001. **11**: p. 322–329.
24. Nadal-Guardia, R., et al., *Current Drive Methods to Extend the Range of Travel of Electrostatic Microactuators Beyond the Voltage Pull-In Point*, Microelectromechanical Systems, Journal of, 2002. **11**: p. 255–263.
25. Cole, J.C., *A New Sense Element Technology for Accelerometer Subsystems*. Presented at Digest of Technical Papers, 1991 International Conference on Solid-State Sensors and Actuators, 1991.
26. Chavan, A.V., and K.D. Wise, *Batch-Processed Vacuum-Sealed Capacitive Pressure Sensors*, Microelectromechanical Systems, Journal of, 2001. **10**: p. 580–588.
27. Liu, C., et al., *A Micromachined Flow Shear Stress Sensor Based on Thermal Transfer Principles*, IEEE/ASME Journal of Microelectromechanical Systems (JMEMS), 1999. **8**: p. 90–99.
28. Jin, X., et al., *Fabrication and Characterization of Surface Micromachined Capacitive Ultrasonic Immersion Transducers*, Microelectromechanical Systems, Journal of, 1999. **8**: p. 100–114.
29. Pederson, M., W. Olthuis, and P. Bergveld, *High-Performance Condenser Microphone with Fully Integrated CMOS Amplifier and DC–DC Voltage Converter*, Microelectromechanical Systems, Journal of, 1998. **7**: p. 387–394.
30. Ladabaum, I., et al., *Surface Micromachined Capacitive Ultrasonic Transducers*, Ultrasonics, Ferroelectrics and Frequency Control, IEEE Transactions on, 1998. **45**: p. 678–690.
31. Schmidt, M.A., et al., *Design and Calibration of a Microfabricated Floating-Element Shear-Stress Sensor*, Electron Devices, IEEE Transactions on, 1988. **35**: p. 750–757.

32. Chu, Z., P.M. Sarro, and S. Middelhoek, *Silicon Three-Axial Tactile Sensor*, Sensors and Actuators A: Physical, 1996. **54**: p. 505–510.

33. Akiyama, T., and K. Shono, *Controlled Stepwise Motion in Polysilicon Microstructures*, Microelectromechanical Systems, Journal of, 1993. **2**: p. 106–110.

34. Akiyama, T., D. Collard, and H. Fujita, *Scratch Drive Actuator with Mechanical Links for Self-Assembly of Three-Dimensional MEMS*, Microelectromechanical Systems, Journal of, 1997. **6**: p. 10–17.

35. Akiyama, T., D. Collard, and H. Fujita, *Correction to Scratch Drive Actuator with Mechanical Links for Self-Assembly of Three-Dimensional MEMS*, Microelectromechanical Systems, Journal of, 1997. **6**: p. 179.

36. Donald, B.R., et al., *Power Delivery and Locomotion of Untethered Microactuators*, Microelectromechanical Systems, Journal of, 2003. **12**: p. 947–959.

37. Chiou, J.-C., and Y.-C. Lin, *A Multiple Electrostatic Electrodes Torsion Micromirror Device with Linear Stepping Angle Effect*, Microelectromechanical Systems, Journal of, 2003. **12**: p. 913–920.

38. Tang, W.C., T.C.H. Nguyen, and R.T. Howe, *Laterally Driven Polysilicon Resonant Microstructures*, Sensors and Actuators A, 1989. **20**: p. 25–32.

39. Judy, M.W., *Micromechanisms Using Sidewall Beams*. In Ph.D. Thesis, Electrical Engineering and Computer Science Department. Berkeley, CA: University of California at Berkeley, 1994, p. 273.

40. Fedder, G.K., *Simulation of Microelectromechanical Systems*. In Ph.D. Thesis, Electrical Engineering and Computer Science Department. Berkeley, CA: University of California at Berkeley, 1994, p. 298.

41. Johnson, W.A., and L.K. Warne, *Electrophysics of Micromechanical Comb Actuators*, Microelectromechanical Systems, Journal of, 1995. **4**: p. 49–59.

42. Pisano, A.P., and Y.-H. Cho, *Mechanical Design Issues in Laterally-Driven Microstructures*, Sensors and Actuators A: Physical, 1990. **23**: p. 1060–1064.

43. Conant, R., *Thermal and Electrostatic Microactuators*. In Electrical Engineering and Computer Sciences. Berkeley: University of California at Berkeley, 2002.

44. Krishnamoorthy, U., D. Lee, and O. Solgaard, *Self-Aligned Vertical*

Electrostatic Combdrives for Micromirror Actuation, Microelectromechanical Systems, Journal of, 2003. **12**: p. 458–464.

45. Lee, A.P., et al., *Vertical-Actuated Electrostatic Comb Drive with In Situ Capacitive Position Correction for Application in Phase Shifting Diffraction Interferometry*, Microelectromechanical Systems, Journal of, 2003. **12**: p. 960–971.

46. Jensen, B.D., et al., *Shaped Comb Fingers for Tailored Electromechanical Restoring Force*, Microelectromechanical Systems, Journal of, 2003. **12**: p. 373–383.

47. Ye, W., S. Mukherjee, and N.C. MacDonald, *Optimal Shape Design of an Electrostatic Comb Drive in Microelectromechanical Systems*, Microelectromechanical Systems, Journal of, 1998. **7**: p. 16–26.

48. Selvakumar, A., and K. Najafi, *Vertical Comb Array Microactuators*, Microelectromechanical Systems, Journal of, 2003. **12**: p. 440–449.

49. Grade, J.D., H. Jerman, and T.W. Kenny, *Design of Large Deflection Electrostatic Actuators*, Microelectromechanical Systems, Journal of, 2003. **12**: p. 335–343.

50. Williams, K.R., K. Gupta, and M. Wasilik, *Etch Rates for Micromachining Processing—Part II*, Microelectromechanical Systems, Journal of, 2003. **12**: p. 761–778.

열 센싱과 액추에이션

CHAPTER 5

5.0 서론

이 장에서는 미세 가공된 열 센서와 액추에이터의 개발에 속하는 설계, 재료, 제작에 대한 문제들을 다룬다. 열 센서란 두 가지 뜻을 내포하고 있다: (1) 온도 및 열과 같은 열 특성을 측정하기 위한 센서와 (2) 열전달 원리를 기반으로 한 센서. 일반적인 열전달 원리들은 5.1절에서 설명한다. 5.2절은 물질의 열팽창에 근거한 센서와 액추에이터에 할애한다. 좀더 자세히 설명하면, 열 바이모프(bimorph) 형태에 근거한 센서와 액추에이터, 그리고 단일 물질로 만들어진 구조의 열팽창을 기반으로 한 액추에이터에 중점을 둔다. 5.3절과 5.4절에서는 온도 측정을 위한 두 가지 메커니즘, 곧 열전대와 저항성 온도 센서(열저항)를 다룬다. 마지막으로 5.5절에서는 열 센서의 응용 사례를 검토한다.

5.1 개요

5.1.1 열 센서

온도와 열의 측정은 널리 실행되고 있고 다양한 원리들을 이용해 이루어질 수 있다. 이 장에서는 MEMS 영역에서 고유하게 널리 사용되고 있는 원리들을 논의하는 것에만 초점을 맞춘다. 여기에는 (1) 열 바이모프 센서(5.2절), (2) 열전대(5.3절), (3) 열저항 센서(5.4절) 등이 포함된다.

온도 측정은 열 작용을 분석하는 데에만 유용한 것이 아니다. 전도, 대류, 복사를 통한 열전달 과정은 물체 사이의 간격이나 매질의 전달 속도, 물질과 매질의 특성과 같은 물리적 변수에 따라 달라진다. 많은 측정 업무들이 거리[1], 가속도[2], 유속[3], 물질 특성[4]을 포함한 다양한 값을 통해 달성된다.

5.1.2 열 액추에이터

마이크로 단위의 장치와 구조물은 열을 부여하거나 제거해서 구동시킬 수 있다. 온도 분포의 변화는 열팽창[5], 수축, 상변화를 통해 기계적인 변위나 힘의 발생을 일으킨다. 마이크로 구조물의 온도는 (빛을 포함한) 전자기파를 흡수하거나, 옴 가열(줄 가열), 전도와 대류 가열로 인해 증가될 수 있다. 냉각의 경우 전도 소산, 대류 소산, 복사 소산, 능동적 열전기 냉각에 의해 이루어질 수 있다.

열 구동은 상업적 MEMS 제품에 이용된다. 많은 잉크젯 프린터는 요즘 액체 잉크의 열팽창을 이용해 잉크 방울을 분출한다. 그림 5.1에 열 잉크젯 프린터의 노즐의 개략도가 나와 있다. 이것은 개구부를 갖는 미세 가공된 유체 체임버로 구성되어 있다. 마이크로히터가 공동 안의 기판에 매립되어 있다. 전기의 펄스가 히터의 온도를 상승시키고 이것이 생성한 기포가 액체 잉크를 눌러서 잉크 방울을 방출한다. 냉각 시에 증기 기포는 응축되고 공동도 다시 다음 발사를 위해 잉크로 충전된다.

미세 제작 방법을 사용하기 때문에 잉크의 부피와 열용량은 작다. 따라서 액체의 가열과 냉각은 빠른 속도로 이루어질 수 있다. 상용화된 다수의 잉크 카트리지에서 증기 기포가 발생하는 데 1 μs 이하의 시간이, 분출되는 데는 15 μs가 걸린다. 공동이 다시 채워지는 데는 어림잡아 24 μs 정도 걸린다.

신뢰할 만한 잉크젯 노즐의 성공적인 설계에는 전기적, 기계적, 열적 관점들이 포함된다. 예를 들어 공동 내 최대 압력은 표면의 최고 온도가 약 330°C인 채로 14기압에 이를 수 있다. 기포가 형성되는 양압과 음압(캐비테이션 압력)이 모두 매우 높기 때문에 시간이 지나면서 재료층에 금이 갈 수 있다. 이는 특별한 설계를 요구한다. 반복되는 열팽창과 수축으로 인해 틈이 벌어지기 시작하는 현상을 제거하기 위해 히터는 열팽창 계수가 거의 0에 가까운 특수 산화 금속으로 제작된다.

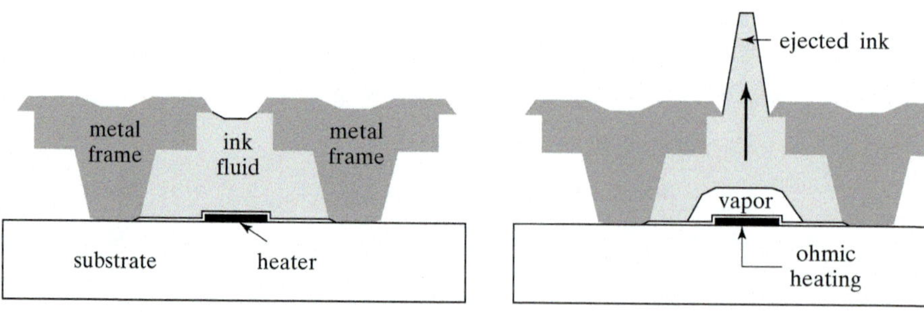

그림 5.1
잉크 분출의 원리.

5.1.3 열전달 기초

온도는 마이크로 단위에서 원자 진동의 활성도로 나타난다. 열전달은 물질 내에 온도 구배가 있을 때라면 언제든지 발생한다. 열 액추에이터와 센서를 성공적으로 설계하기 위해서는 관련된 열전달 과정들을 숙지해야 한다.

열이 한 지점에서 다른 곳으로 이동하는 데에는 네 가지의 가능한 메커니즘이 있다.

1. **열전도**(thermal conduction)는 온도 구배가 있을 때 고체 매질을 통한 열전달이다.
2. **자연(수동) 열대류**[(natural(passive) thermal convection)는 열이 표면에서 정지해 있는 유체 체적으로 전달되는 것이다. 유체 내의 온도 구배는 부력을 통해 국지적인 유동을 일으킨다. 유체 체적의 활동은 열전달을 용이하게 한다.
3. **강제 열대류**(forced thermal convection)는 움직이고 있는 유체 체적으로의 열전달이다. 유체 체적의 활동은 자연 대류에 비해 열전달을 증가시킨다.
4. **복사**(radiation)는 진공이나 공기중으로 전자기파 복사가 전파되면서 열을 잃거나 얻는 과정을 나타낸다.

네 가지 열전달 기구에 있어 열전달률과 온도 구배에 관련된 지배 방정식들은 다음과 같다.

$$\text{열전도: } q_{cond}'' = -k \tag{5.1}$$

$$\text{자연대류와 강제대류 열전달: } q_{conv}'' = h(T_s - T_\infty) \tag{5.2}$$

$$\text{복사 열전달: } E = \varepsilon\sigma T_R^4 \tag{5.3}$$

위 방정식에서 q_{cond}''은 주어진 축(x로 표기된)을 따라 일어나는 전도 열유속(W/m^2)이며 κ는 열전도율, q_{conv}''은 대류 열유속(W/m^2), h는 대류 열전달 계수(W/m^2K), T_s와 T_∞는 각각 표면과 유체의 온도, E는 복사도 곧 단위 면적당 복사에 의해 방출되는 에너지의 속도(W/m^2)이며, T_R은 표면의 절대 온도(K), σ는 슈테판-볼츠만 상수[$\sigma = 5.67 \times 10^{-8}$ W/(m^{2}K^4)), ε은 그 값의 범위가 $0 \le \varepsilon \le 1$인 복사율이다.

대류 열전달 계수는 표면의 형상, 유체의 속도, 점도, 열확산율에 의해 영향을 받는다. 일반적인 대류 열전달 계수 값들을 표 5.1에 요약해 놓았다.

이러한 네 가지 열전달 원리들은 우리 일상생활 어디서나 찾아볼 수 있다. 전기 화로 위에 있는 냄비에서 물이 끓고 있는 경우에 대해 열이 흐르는 경로를 생각해 보자. 가열 코일에 전기가 흘러 발생한 열은 결국 일정한 상온이라고 가정한 주위의 대기로 사라진다. 주 열전달 경로와 열유속의 방향은 화살표의 방향과 같다(그림 5.2).

가열 코일에서 발생한 열은 처음으로 냄비 벽을 통과해 이동하여 그 안의 물에 도

표 5.1 대류 열전달 계수의 일반적인 값들.

	$h(W/m^2 \cdot k)$	
Natural convection	Gases	2–25
	Liquids	50–1000
Forced convection	Gases	25–250
	Liquids	100–20,000
Convection with phase change (boiling or condensation)		2500–100,000

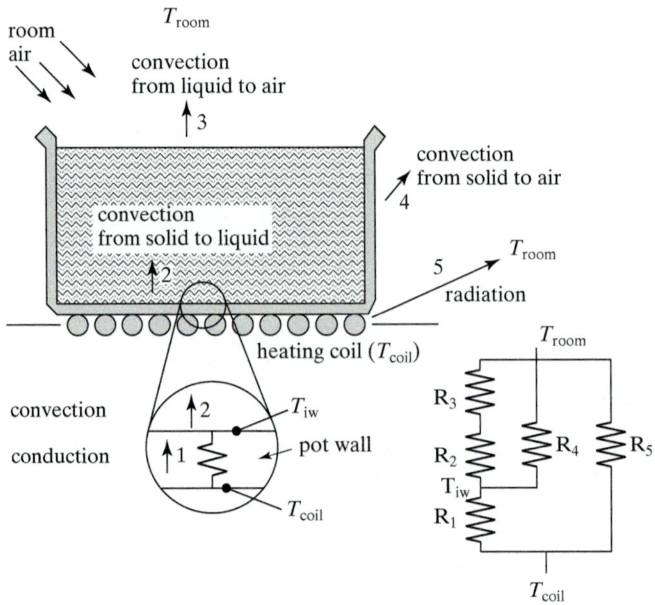

그림 5.2
냄비를 가열할 때의 열전달 과정.

달한다. 냄비 바닥에서의 열전달은 열전도를 통해 일어난다. 열이 일단 냄비의 안쪽 벽에 도달하면 액체 안으로의 열전달이 시작된다. 벽에 가장 가까이 있는 액체가 데워지면서 상승하기 시작하면 열을 냄비 벽에서 물 안쪽으로 옮겨 가는 자연 대류가 시작된다. 만약 냄비 안의 액체가 교반되면, 냄비의 안쪽 벽에서 액체로의 열전달이 자연 대류에서 강제 대류로 바뀌면서 좀더 강력해질 수 있다.

물의 위쪽은 공기에 노출되어 있다. 만약 이 바깥쪽의 공기가 움직이지 않는다면, 열은 물에서 공기로 자연 대류를 통해 전달된다. 반면에 공기가 움직이고 있다면(예를 들어 팬으로 저어 준다면), 열은 강제 대류를 통해 뜨거운 액체에서 공기로 이동하게 된다.

한편 그 주변에 서 있는 사람은 가열 코일에서 열기가 나오는 것을 느낄 것이다. 열이 복사를 통해 공기를 통과하여 전달되었다고 말할 수 있다. 가열 코일이 상당한 고온이라고 가정해 보면, 복사를 통한 열전달은 꽤 강할 것이다. 복사를 통한 열소산은 틀림없이 물을 가열하는 에너지 효율을 감소시킬 것이다.

이와 같이 간단한 예만 하더라도, 열전달 경로는 상당히 복잡하다. 그림 5.2에 나타난 열전달 경로는 단순화 된것으로 여러 가지 열전달 원리의 차이를 극명히 나타내 준다. 사실 이 경우에 부수적인 여러 2차적인 열전달 경로들이 있다. 예를 들어 냄비의 바깥쪽 벽에서 공기로 복사와 대류를 통해 열이 소실된다. 여기서 물체의 온도는 공간적으로 불연속적이라고 고려했지만 사실 온도 프로파일은 연속적으로 변한다.

열의 흐름은 온도가 다른 두 점 사이에서 일어나게 되어 있다. 매질 혹은 물체의 두 점 사이에서 열을 전달시키는 능력은 **열저항**(thermal resistance)에 의해 정량화된다. 두 점 사이의 열저항이 클수록 단열이 잘 일어나며 주어진 온도 차이에서의 열전달률(열구동력)이 작다.

열저항 개념은 열전달과 전류의 유사점을 살펴보면 쉽고 올바르게 이해할 수 있다. 온도 차이는 열의 흐름과 전달의 구동력이다. 두 점 사이의 온도 차이는 열의 흐름을 일으키는데, 이는 전압이 전하의 조직화된 운동(전류)을 일으키는 것과 매우 유사하다. 전기 저항은 전압과 전류의 비로 정의되는데, 마찬가지로 열저항은 온도 차이와 열흐름의 비로 정의된다.

그림 5.2는 물을 가열하는 예와 관련하여 등가의 열저항 네트워크를 보여 준다. 열은 코일(T_{coil})과 주변(T_{room}) 사이에서 전달된다. 각 열저항 요소의 아래첨자는 다이어그램에 나타난 열전달 경로와 관련된다.

여기서는 열전도 과정에 관련된 열저항에 대해 논의하는 데 초점을 맞추자. 마이크로 구조물의 열저항 값은 매질의 열적 성질뿐만 아니라 그것의 크기에 영향을 받는다.

전도 열저항의 해석적 표현은 1차원 열전달에서 가장 간단하다. 빔과 같이 일정한 단면적으로 세로로 긴 물체의 전도 열저항은 쉽게 계산할 수 있다.

길이가 l, 일정한 단면적 A, 열저항이 $\rho_{th}(=1/\kappa)$인 세로로 긴 봉에서 양 끝의 온도차가 ΔT일 때 이를 통과하는 열흐름은 다음과 같이 주어진다.

$$q_{cond} = q_{cond}'' \cdot A = -kA\frac{\Delta T}{l} \tag{5.4}$$

열과 전기의 유사성을 이용하면, 열저항은 다음과 같다.

$$R_{th} = \left|\frac{\Delta T}{q_{cond}}\right| = \frac{1}{\kappa}\frac{l}{A} = \rho_{th}\frac{l}{A} \tag{5.5}$$

길이가 l, 단면적이 A, 전기 저항률이 ρ인 전기 저항의 경우를 생각하면, 전체 저항은 다음과 같다.

$$R = \rho \frac{l}{A} \tag{5.6}$$

식 (5.5)와 (5.6)이 매우 유사한 형태를 지니고 있음은 분명하다.

2차원 열전도체(예를 들어 중앙에서 가열되는 멤브레인)와 3차원(예를 들어 중앙에서 가열되고 있는 입체)의 경우 유효 열저항은 추정하기가 훨씬 더 어렵다. 이런 경우들에는 전산 수치 해석적 시뮬레이션이나 직접적인 실험적 방법이 요구된다. 5.4절에서 미세 가공된 저항성의 온도 센서와 관련되어 실험적으로 열저항을 측정할 수 있는 방법론을 다룰 것이다.

대류및 복사 과정과 관련된 열저항에 대한 정보는 다른 곳에서 찾을 수 있다[6]. 대류에 의한 열전달에서 열전달 계수는 기하학적 형상과 유속의 형태의 따라 달라진다. 복사로 인한 열손실과 관련된 열저항은 실제적으로 온도에 대한 함수이다.

예제 5.1 떠 있는 다리의 열저항

공중에 떠 있는 양단 고정보의 중앙에 저항 히터가 있다. 보는 질화 규소로 만들어졌으며 금속 리드는 알루미늄으로 만들어졌다. 히터에 의해 발생하는 열저항의 값을 구하라. 보의 너비는 10 μm, L=100 μm, 알루미늄의 두께(t_m)와 질화 규소의 두께(t_b)는 모두 0.2 μm이다. 만약 히터에 입력되는 전력이 1 mW라면, 실리콘 몸통의 온도가 27°C에서 머무를 때 주변의 정상 온도는 얼마인가?

풀이 히터는 병렬로 연결된 네 개의 열저항으로 기저틀에 연결되어 있는데, 그 중 두 개는 금속층에, 두 개는 실리콘(규소) 보에 포함되어 있다. 기저틀은 다리보다 훨씬 큰 열용량을 가지고 있으므로 온도가 일정하다고 가정할 수 있다. 열흐름은 히터와 기저 사이에서 일어난다.

알루미늄과 질화 규소의 열전도는 각각 240과 5 W/mK이다. 각 금속 열저항에 관련된 열저항 값은 다음과 같다.

$$R_m = \rho_{th,m} \frac{L}{W_m t_m} = \frac{1}{240} \times \frac{200 \times 10^{-6}}{0.2 \times 10 \times 10^{-12}} = 4.17 \times 10^5 \text{ K/W}$$

각 질화 규소 보와 관련된 열저항은 다음과 같다.

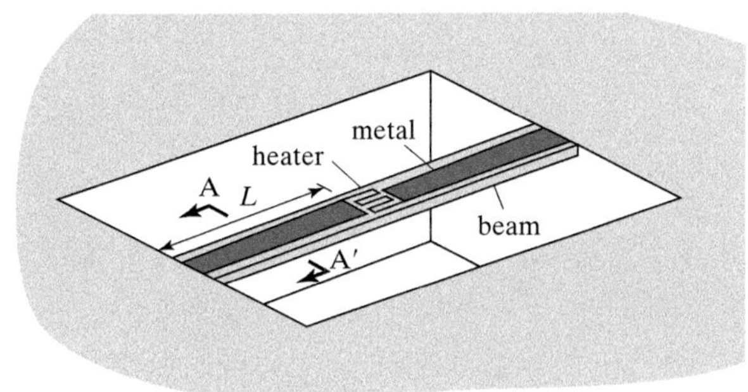

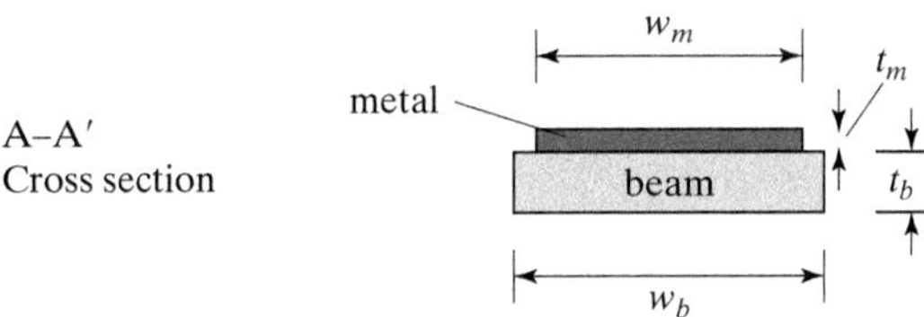

$$R_{SiN} = \rho_{th,SiN}\frac{L}{W_{SiN}t_{SiN}} = \frac{1}{5} \times \frac{200 \times 10^{-6}}{0.2 \times 10 \times 10^{-12}} = 2 \times 10^{7}\ \mathrm{K/W}$$

네 개의 저항이 병렬로 연결되어 있으므로 총 열저항 R은 다음과 같이 찾을 수 있다.

$$\frac{1}{R} = \frac{2}{R_m} + \frac{2}{R_b}$$

총 저항은 다음과 같다.

$$R = 2.042 \times 10^{5}\ \mathrm{K/W}$$

만약 복사에 의한 열손실과 다리에서 대기 중으로의 전도/대류를 무시한다면, 발생된 열 (1 mW)은 모두 다리를 통해 전도된다. 그러므로 네 개의 병렬 저항으로부터의 총 열유속은 0.1 mW이다. 따라서 히터와 틀 사이의 온도 차이는 다음과 같다.

$$\Delta T = R \times 0.0001\ \mathrm{W} = 20.4\ \mathrm{K}$$

많은 장치에서 마이크로 구조물의 온도의 상승 또는 하강 속도는 매우 중요하다. 잉크젯 프린터의 가열 속도와 냉각 속도는 최대 인쇄 속도를 결정한다. 열저항은 열 센서와 액추에이터의 동적 반응 속도에 영향을 준다.

저장된 열에너지(Q)와 온도 변화 사이의 관계는 다음과 같다.

$$Q = sh \cdot m \cdot \Delta T = C_{th} \cdot \Delta T \tag{5.7}$$

여기서 sh(J/kgK)는 **비열**(specific heat), 곧 어떤 물체의 온도를 1°C 혹은 1 K 증가시키는 데 필요한 단위 질량당 열량이다. C_{th}(J/K)란 용어는 열과 전기의 유사성에서 전기 용량에 해당하는 **열용량**(heat capacity)을 뜻한다. 마이크로 구조물의 가열이나 냉각에 관련된 시상수에 대한 일반적인 표현은 다음과 같다.

$$\tau = R_{th}C_{th} = R_{th} \cdot sh \cdot m \tag{5.8}$$

마이크로 구조물의 작은 질량이 시상수를 감소시키는 것을 유리하게 한다.

5.2 열팽창에 근거한 센서와 액추에이터

열팽창은 어떤 물질에나 존재하는 반응이다. 반도체, 금속, 유전체 물질로 만들어진 구조물의 크기와 부피는 온도가 상승하면 증가할 수 있다. 보통 α로 나타내는 **부피 열팽창 계수**(TCE: volumetric thermal expansion coefficient)는 온도 변화 정도와 상대적인 부피 변화 사이의 비율이다.

$$\alpha = \frac{\frac{\Delta V}{V}}{\Delta T} \tag{5.9}$$

선형 팽창 계수(linear expansion coefficient)는 물체의 온도 변화에 따른 한 방향으로의 변화만을 나타낸다.

$$\beta = \frac{\frac{\Delta L}{L}}{\Delta T} \tag{5.10}$$

부피 및 선형 팽창 계수는

$$\alpha = 3\beta \tag{5.11}$$

과 관련이 있다.

대표적인 유기 및 무기 물질의 선형 열팽창 계수는 표 5.2에 요약되어 있다. 표면적으로 대다수 고체 물질의 열팽창 계수가 작다. 팽창 정도는 온도의 상승과 관련된 실제

표 5.2 일반적인 물질의 선별된 열적 성질.

Material	Thermal conductivity (W/cmK)	Linear temp. coefficient of expansion
Aluminum	2.37	25
Aluminum oxide	0.36	8.7
Aluminum oxide	0.46	–
Carbon	0.016	–
Carbon	23	–
Cr	0.94	6
Cu	4.01	16.5
GaAs	0.56	5.4
Ge	0.6	6.1
Au	3.18	14.2
Si	1.49	2.6
SiO_2 (thermal)	0.0138	0.35
SiN (silicon)	0.16	1.6
Polyimide (Dupont PI 2611)	–	3
Polysilicon	0.34	2.33
Ni	0.91	13
Ti	0.219	8.6

적 값에 의해 제한되어 있다. 예를 들어 100°C까지 온도를 올리면 1 mm의 길이를 가진 실리콘 외팔보는 $2.6\times10^{-6}\times100\times10^{-3}=2.6\times10^{-7}$ m$=0.26$ μm 만큼 늘어난다.

실리콘 질화물이나 다결정 실리콘 필름과 같은 얇은 박막 물질의 경우, 열팽창 계수와 같은 열 특성은 특성 프로세스, 기구, 열처리 이력 등에 크게 영향받은 재료의 정확한 구성에 의존한다. 문헌들에 나타난 열적 속성과 관련된 데이터는 꽤 넓은 범위의 분산이 있다. 게다가 표 5.2에 있는 많은 데이터들은 거시적인 물질에서 수집한 것이어서, 미시적인 샘플을 다룰 때에는 기준으로만 이용 가능하다. 통상 사용되는 금속의 대표적인 열적 속성은 표 5.3에 요약되어 있다.

액체와 공기의 열팽창을 이용한 액추에이터는 오랫동안 개발되어 왔다[5, 7]. 대다

표 5.3 얇은 막 금속의 열적 및 전기적 성질.

Material	Resistivity ($\mu\Omega$cm)	Thermal conductivity (W/cm$K$)	TCR (ppm/°C)	Coefficient of thermal expansion (ppm/K)
Aluminum (Al)	2.83	2.37	3600	25
Chromium (Cr)	12.9	0.94	3000	6.00
Copper (Cu)	1.72	4.01	3900	16.5
Gold (Au)	2.40	3.18	8300	14.2
Nickel (Ni)	6.84	0.91	6900	13
Platinum (Pt)	10.9		3927	8.8

수 액체의 열팽창 계수는 고체의 열팽창 계수보다 훨씬 크다. 40°C 이상의 물에서 α의 값은 대략 400 ppm/K이다. 몇몇 특별한 공학적 유체는 심지어 α보다 큰 값을 지닌다. 예를 들면 3M 작동 유체의 부피 열팽창 계수는 0.16%/K의 범위 안에 포함된다[5].

공기의 열팽창은 마이크로채널 내의 액적을 이동시키는 데 사용된다. 예를 들면 섭씨 수십 도로 가열된 100 nL 정도의 폐색된 공기는 7.5 kPa 정도의 공기 압력을 일으킨다[7].

온도로 인해 야기되는 가스의 열팽창은 이상 기체 방정식에서 유도된다. 이상 기체에서 부피와 온도 간의 관계는

$$PV = nRT = NkT \tag{5.12}$$

에 의해 주어진다. 이때 P는 절대 압력, V는 부피, T는 절대 온도, n은 몰수, N은 분자 수, R는 일반 기체 상수(R=8.3145 J/molK)이며 k는 볼츠만 상수(1.38066×10^{-23} J/K)이다. k와 R 사이의 관계는

$$k = R/N_A \tag{5.13}$$

이다 이때 N_A은 아보가드로 수이다($N_A=6.0221\times10^{23}$).

열전도율, 저항률, TCR, 그리고 공통적으로 금속 물질에 적용되는 열팽창 계수는 표 5.3에 요약되어 있다.

5.2.1 열 바이모프 원리

바이메탈의 열적 영향은 센싱과 액추에이션에 공통적으로 사용되는 방법이다. 이런 메커니즘에서는 마이크로 구조체 내의 온도 변동이 기계적 빔(beam)의 횡단 변위로 나타난다.

열 바이모프(bimorph)는 두 가지 물질로 구성되어 있으며 세로 방향으로 한 개의 기계적 요소처럼 동작한다.(종종 열 바이모프 액추에이터는 물질의 두 개 층 이상으로 구성되기도 한다. 그러나 여기에서는 단지 두 개의 층을 가진 구조체만 다루기로 한다.) 그림 5.3은 물질 1과 2로 두 개의 층으로 구성된 빔으로 같은 길이를 가지지만 열팽창 계수(CTE)가 다르다($\alpha_1 > \alpha_2$). 아래첨자는 각 층의 물질을 의미한다. 마찬가지로 두 개 층의 영률(탄성 계수), 두께, 폭 역시 E_i, w_i,t_i(i=1 또는 2) 같이 명시한다. 두 단면의 길이는 ΔT의 균일한 온도 상승에 대하여 서로 다르게 변한다. 두 층의 물질이 접촉면에서는 강하게 결합되어 있기 때문에 빔은 CTE의 값이 작은 물질로 구성되어 있는 쪽으로 곡선을 만들게 된다. 따라서 횡단형 빔의 휨이 형성된다.

다음으로 바이메탈 빔의 변위를 측정하기 위한 공식을 분석해 보자. ΔT만큼의 일

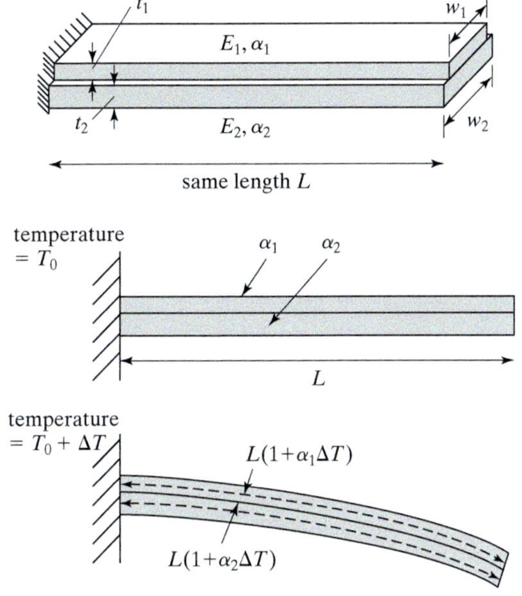

그림 5.3
열적 바이메탈의 휨($\alpha_1 > \alpha_2$).

정한 온도 변화 아래에서는 빔이 휘어지며 L에 해당하는 호의 길이를 가진 호의 단면 모양을 가정한다. 호의 곡률 반지름 r은 다음과 같이 계산할 수 있다.

$$\frac{1}{r} = \frac{6w_1w_2E_1E_2t_1t_2(t_1 + t_2)(\alpha_1 - \alpha_2)\Delta T}{(w_1E_1t_1^2)^2 + (w_2E_2t_2^2)^2 + 2w_1w_2E_1E_2t_1t_2(2t_1^2 + 3t_1t_2 + 2t_2^2)} \quad (5.14)$$

r로 표현된 곡률 반지름을 가진 원의 단면에 해당하는 호의 각을 θ로 두자. 그 값은 다음 식에 의해 결정된다.

$$\theta = \frac{l}{r} \quad (5.15)$$

곡률 반지름을 찾는 즉시 그림 5.4와 같이 삼각법에 의해 빔 끝 부분의 수직 변위를 결정할 수 있다.

외팔보의 끝 부분에서 변화된 수직 변위는 다음과 같이 된다.

$$d = r - r\cos\theta \quad (5.16)$$

만약 전체의 휜 각이 작다면, 수직 변위의 크기는 식 (5.16)의 $\cos\theta$를 테일러 급수

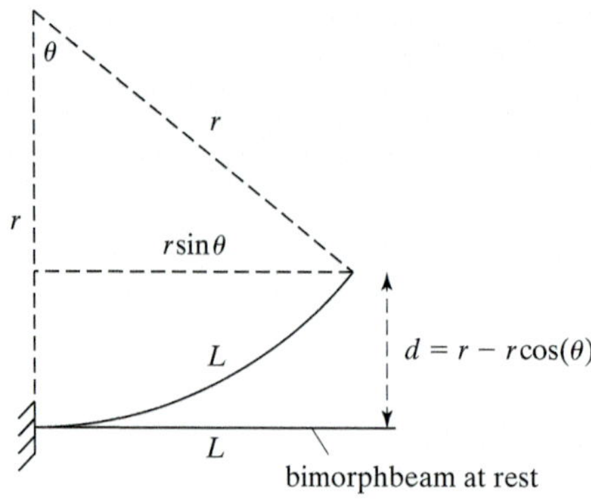

그림 5.4
굽은 빔의 구조.

전개에 의해 처음의 두 항으로 대체함으로써 평가할 수 있다.

$$d = r - r\left(1 - \frac{1}{2}\theta^2 + O(\theta^4)\right) \approx \frac{1}{2}r\theta^2 \tag{5.17}$$

예제 5.2 바이모프 액추에이터의 변위

바이모프 외팔보 빔은 서로 다른 길이의 두 개 층으로 구성된다. 상위 층은 알루미늄(물질 2)으로 구성되어 있으며 하위 층은 실리콘 질화물(물질 1)로 구성되어 있다. 두 층의 폭은 20 μm이다. 점 A와 B 사이 선분의 길이는 100 μm이며 점 B와 C의 선분 길이도 그와 같다. 알루미늄과 실리콘 질화물의 영률은 각각 E_2=70 GPa과 E_1=250 GPa이다. 알루미늄과 실리콘 질화물의 단면 두께가 각각 t_2=0.5 μm와 t_1=1 μm이다. 알루미늄과 실리콘 질화물의 열팽창 계수는 각각 α_2=25 ppm/°C와 α_1=3 ppm/°C이다. 통상적인 실내 온도(20°C)에서는 외팔보가 직선이다.

실내 온도에서 20°C 이상으로 일정하게 빔에 열이 가해질 때 외팔보의 곡률 반지름을 구하라. 또한 이러한 조건하에 빔의 끝 부분에서 수직 변위의 양을 결정하라.

풀이 합성된 빔은 두 개의 구획으로 구성되어 있다. 열 바이모프 영향에 의해 선분의 지점 A와 B에서 곡률의 휨이 발생한다. B와 C의 지점에 의한 구획 부분은 한 층의 물질로만 구성되어 있다. 이 구간에서는 곡률의 휨이 발생하지 않지만 B 지점에서 발생하는 각도의 휨을 따른다.

구간 A-B에 대해 곡률 반지름을 표현하면 다음과 같다.

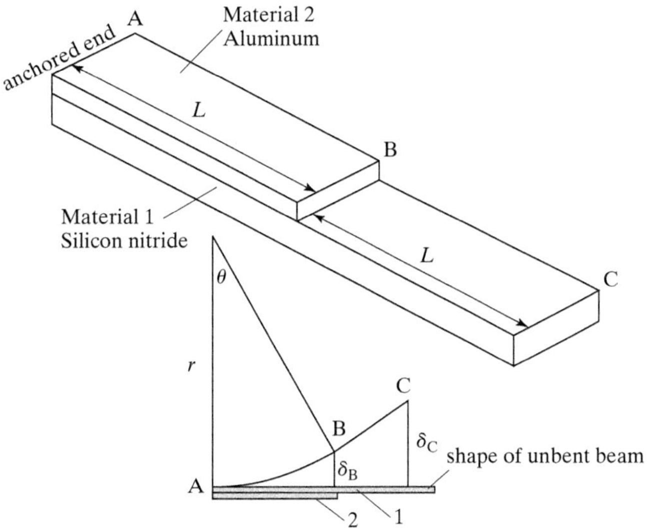

$$\frac{1}{r} = \frac{6w_1w_2E_1E_2t_1t_2(t_1 + t_2)(\alpha_1 - \alpha_2)\Delta T}{(w_1E_1t_1^2)^2 + (w_2E_2t_2^2)^2 + 2w_1w_2E_1E_2t_1t_2(2t_1^2 + 3t_1t_2 + 2t_2^2)}$$

$$= \frac{6(400 \times 10^{-12})(70 \times 250 \times 10^{18})0.5 \times 10^{-12}(1.5 \times 10^{-6})(22 \times 10^{-6})20}{2.5 \times 10^{-11} + 1.225 \times 10^{-13} + 7(4 \times 10^{-12})}$$

$$= \frac{1.386 \times 10^{-8}}{5.3 \times 10^{-11}} = 260.9\text{m}^{-1}$$

구간 A-B의 곡률 반지름은

$$r = 0.00383 \text{ m}$$

이다. 곡선 부분에 의해 생성된 각은

$$\theta = \frac{L}{r} = \frac{0.0001}{0.00383} = 0.026 \text{ rad} = 1.49°$$

이고 B 지점에서의 수직 변위는

$$\delta_B = r - r\cos(\theta) = 1.3 \times 10^{-6} \text{ m}$$

이며 C 지점에서의 수직 변위는

$$\delta_C = \delta_B + L\sin(\theta) = 3.9 \times 10^{-6}\ \mathrm{m}$$

이다.

열 바이모프 변위는 센싱과 액추에이션의 목적으로 사용이 가능하다. 이것은 사실상 많은 가정용 전자기계의 자동 온도 조절 장치 메커니즘이다. 전통적인 자동 온도 조절 장치는 나선형의 바이모프 금속 코일로 구성되어 있다. 코일의 빔 끝은 수은의 방울을 담을 수 있는 실링된 유리 병의 형태로 전기적 릴레이에 부착되어 있다. 주변의 온도가 변화될 때 코일 경사 끝과 수은 낙하의 제동기 동작은 교대로 난방과 냉각 회로 내에서 전류 흐름을 규제한다.

마이크로머신의 바이모프 온도 센서의 몇몇 예는 5.5절에서 토의한다. 이 절의 나머지 부분에서는 열 바이모프 액추에이터에 집중하고자 한다.

액추에이터의 구성에 따라 열적 이종 물질 빔은 각도 및 선형적 변위를 생산할 수 있다. 이것은 현재 우리가 살펴보고 있는 정전기 액추에이션과 열 액추에이션 사이의 비교를 이끌어 낼 수 있어 흥미롭다. 정전기 및 열 바이메탈 액추에이션 방식은 MEMS에서 공통적으로 사용하고 있는 방법이다. 각각의 방법에 따른 이점과 불리한 점을 표 5.4에 요약해 두었다.

열적 바이메탈 액추에이터는 아래에서 검토하도록 한다. 두 액추에이터 모두 마이크로 물체를 운송하는 데 사용된다. 사례 5.1의 액추에이터는 제어 목적을 위해 통합된 회로로 구성하지 못하는 반면에 사례 5.2의 액추에이터는 온칩(on-chip) 전자공학을 통해 구성할 수 있다.

표 5.4 정전기 및 열 바이모프 액추에이션의 특성.

	정전기 액추에이션	열 바이모프 액추에이션
이점	1. 낮은 주파수에서 낮은 전력으로 2. 높은 반응 속도	1. 비교적 큰 범위의 이동을 가능하게 함 2. 동등한 변위를 구현 시 작은 액추에이터 접지면 사용
불리한 점	1. 상대적으로 작은 작동 범위	1. 보통~높은 전력 작동을 위한 전류가 저항 열로 발산함
	2. 큰 힘과 변위를 생산하기 위한 큰 면적과 접지면의 요구	2. 일정한 시간 내 낮은 반응 속도는 열적 가열과 소산에 의해 영향을 받음

사례 5.1 바이모프 인공 섬모 액추에이터

마이크로 전자공학을 이용한 제조에서는 웨이퍼로부터 분리되어 떨어진 작은 물체의 운송 및 집합 시 일반적으로 집중적이면서도 비효율적인 노동력이 든다. 생산 라인에서 운송하고 효과적으로 방향성을 가지기 위해 작은 칩에 적용할 기술이 필요하다. 생물학적인 섬모를 본뜬 열 액추에이터의 배열은 평면에서 작은 물체를 운반하고 이송하기 위해 최근에 발달되었다[8]. 그림 5.5에 나와 있는 바와 같이 물체가 평면에서 나온 섬모의 배열에 의해 지지된다. 이러한 액추에이터는 두 개의 그룹으로 나누어지는데 각각의 위상에 따라 활성화된다. 일정한 시간의 주파수 내에서 액추에이터의 두 그룹의 섬모에 전력이 공급된다.

사이클의 시작 시 액추에이터의 두 그룹은 작은 물체를 상승시켜 들어올린다(그림 5.5a). 처음에 한 그룹이 작동하여 낮아진다(그림 5.5b). 다른 그룹이 낮아지며 이로 인해 운송하는 물체가 약간 앞으로 이동한다(그림 5.5c). 먼저 하강한 그룹은 상승 위치로 돌아가서 다시 물체를 약간 이동시킨다(그림 5.5d). 액추에이터의 두 번째 그룹이 다음으로 상승하면서 시스템은 처음 배치로 돌아오게 된다. 첫 번째 그룹에 속하는 액추에이터들은 하나의 사이클을 완성하기 위해 놓여진다(그림 5.5e). 각 사이클마다 물체는 짧은 거리를 얻어 이동하게 된다. 물체의 장거리 운송은 이와 같은 사이클을 반복하여 얻을 수 있다.

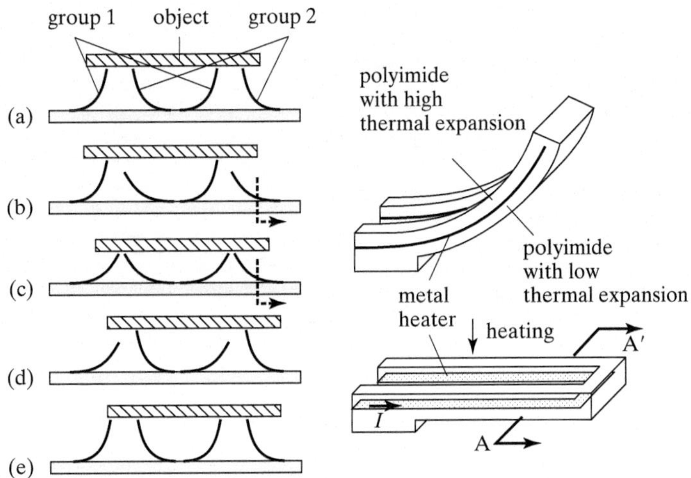

그림 5.5
물체의 수송을 위한 인공 섬모.

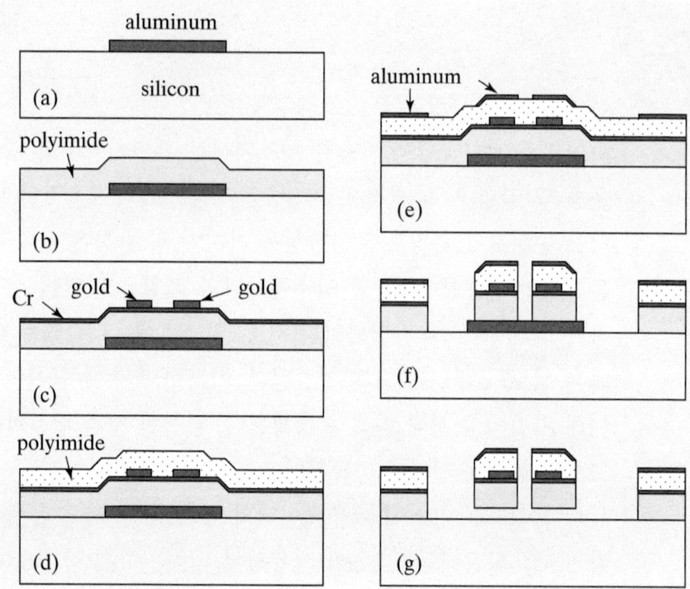

그림 5.6
A-A′ 단면에 표현된 제조 과정.

각 섬모는 곡선 형태의 바이모프 외팔보로, 길이가 500 μm, 너비가 100 μm, 두께가 6 μm 이다(그림 5.5). 외팔보를 위에서 보면 접혀진 전선 루프를 볼 수 있다. 각 전선 루프와 관련된 전선 저항은 30~50 Ω 이다. 단면은 3개의 층, 즉 열팽창 계수가 높은 폴리이미드층, 금 히터, 열팽창 계수가 낮은 다른 폴리이미드층으로 구성된다. 금속층뿐만 아니라 폴리이미드층도 휴식 상태에서 섬모 끝을 250 μm 상승시키기 위해 인장 진성 응력을 나타낸다. 저항에 전류가 흐르면 금층과 폴리이미드층은 가열된다. 상부 폴리이미드층이 더 큰 열팽창 계수를 가지므로 외팔보는 아래로 구부러진다. 큰 변위를 얻을 수 있다. 예를 들어 각 액추에이터에 33 mW의 전력 손실에 해당하는 22.5 mA의 작동 전류를 내보내면, 250 μm의 수직 방향 변위와 동반되는 80 μm의 수평 방향 변위를 얻을 수 있다.

제조 과정은 순수한 실리콘이나 유리 기판에서 수행할 수 있다. 4개의 마스크 제조 과정(그림 5.6)은 희생층으로 사용되는 1.6 μm 두께의 얇은 알루미늄 필름을 증착시키는 것으로 시작된다(단계 a). 폴리이미드층은 스핀 코팅으로 제작되고 2.2 μm 두께의 필름을 형성하게 된다(단계 b). 얇은 금속 필름 패턴(200 nm 두께의 금과 100 nm 두께의 니켈)은 증발 작용으로 형성되고 습식 식각으로 패턴을 형성하게 된다(단계 c). 금과 폴리이미드의 접착은 니켈 접착층을 사용함으로써 상당히 향상된다. 연구자들은 다른 폴리이미드층을 3.6 μm 두께로 다시 코팅하였다(단계 d).

이 폴리이미드층은 패턴을 형성할 필요가 있다. 한 가지 선택 사항은 감광성 폴리이미드를 사용하는 것이다. 연구자들은 이 방법을 사용하지 않았다. 가능성 있는 이유로 적합한 TCE 값을 가진 감광성 폴리이미드를 찾을 수 없다는 것을 생각할 수 있다.

대신에 폴리이미드층은 증착된 후 식각에 의해 패턴을 형성하게 된다. 플라즈마 식각이 잘라내는 부분을 최소화하기 위한 최상의 과정으로 결정되었다. 이 폴리이미드층을 패턴화하기 위해, 보호층으로 마스크하는 작업이 필요하다. 얇은 금속 필름과 감광 저항체는 모두 보호층으로 사용될 수 있다. 그러나 감광 저항체는 충분한 식각 선택도를 주지 못한다. 결과적으로 상부 폴리이미드는 얇은 금속 필름층으로 코팅된다. 얇은 금속층은 광감음에 의해 패턴화되거나 식각된다(단계 e). 그런 다음 폴리이미드 빔을 뚜렷하게 하기 위해 산소 플라즈마를 이용하여 폴리이미드층의 연속 식각을 위한 마스크로 사용한다(단계 f). 희생층은 폴리이미드 빔을 개방하기 위해 제거된다(단계 g).

각 액추에이터당 4 mW의 전력으로 2.4 mg의 실리콘 기판을 27~500 μm/s 속도로 운송하는 섬모 배열을 성공적으로 증명하였다.

사례 5.2 물체 이송을 위한 바이모프 액추에이터

섬모 액추에이터는 사이클의 상당한 부분 동안 하강 위치에 머물러 있다. 사례 5.1에서 논한 섬모 운송 칩은 한 개의 섬모가 하강 위치를 유지하려면 일정한 전력 입력이 요구된다. 이것은 전력 손실이 상당함을 의미한다.

연구자들은 이후에 2차원 평면에서 물체를 이송하기 위한 개선된 열 액추에이터를 개발하였다[9](그림 5.7). 혓바닥 모양의 섬모 액추에이터는 얇은 필름 형태의 전극판과 금속 저항 히터로 구성된다. 열팽창 계수가 다른 두 가지 물질은 모두 폴리머이다. 한 폴리머는 TCE 값이 2.0 ppm/°C인 PIQ-L200이다. 다른 폴리머는 TCE 값이 54 ppm/°C인 PIQ-3200이다. 금속 필름은 두 폴리머층 사이에 끼여 있으면서 히터와 병렬 커패시터의 전극 한 개의 역할을 한다. 상대 전극은 기판 표면에 놓여 있다.

각 섬모의 플랩(flap)은 물질 안의 진성 응력 때문에 전력이 없을 때 평면에서 떨어져서 굽어 있다. 저항열을 가하면, 플랩은 기판 표면 쪽으로 구부러진다. 섬모를 아래로 내리기 위해 일정한 전류를 사용하는 대신에, 정전기적 액추에이터를 사용하여 플랩 위치를 잡을 수 있다. 플랩이 기판 평면과 평행일 때 전극에 아주 근접하기 때문

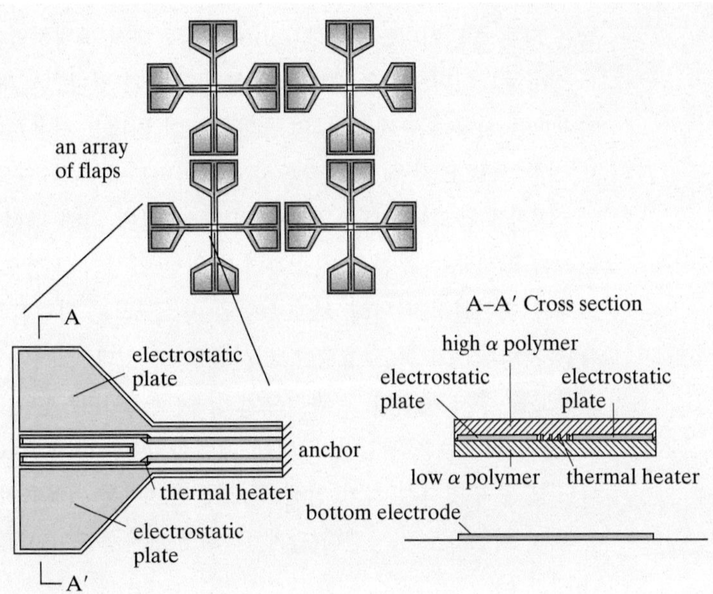

그림 5.7
폴리이미드 열 액추에이터.

에 정전기력의 크기가 최대가 된다. 정전기력은 전력을 거의 소비하지 않고 정위치를 유지하기에 충분한 에너지이다.

이후에 그룹은 열 조종기의 구조를 변화시켜서 기판 위에 CMOS 제어 회로와 함께 통합하였다[10]. 각 액추에이터의 디자인은 이전 세대보다 상당히 간단해졌다—정전기적 고정을 위한 전극이 사라졌는데, 이는 아마도 큰 접지면을 가진 병렬 커패시터를 CMOS 칩 위에 통합하는 데 비용이 많이 들기 때문일 것이다. 히터는 각 1 kΩ 저항의 Ti-W 히터 저항들로 되어 있다. 35~38 mW의 DC 입력 전력이 수직으로 95 μm, 수평으로 17 μm의 변위를 일으킨다. 섬모 배열은 여러 형태의 실리콘 조각들에 대해 선형과 대각선 이행, 밀집·중심·회전장의 조종을 수행하도록 프로그램되었다.

5.2.2 단일 물질 열 액추에이터

열 바이모프 굽힘은 평면 밖의 선형 변위나 각도 변위를 만드는 데 편리하다. 층으로 된 열 바이모프 물질이 수직 표면에 쌓여 있다면 평면 안에서도 변위가 가능하다. 그러나 그러한 적층 구조의 제조 과정은 상대적으로 더 어렵다.

굽힘 빔 형태의 전열 액추에이터를 이용하여 내평면 운동을 일으키기 위한 단일 물

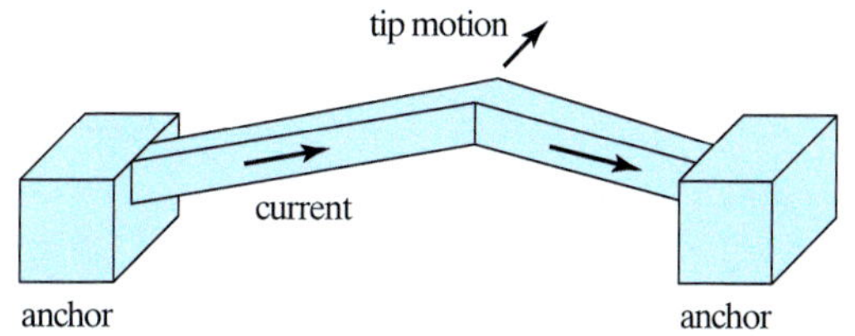

그림 5.8
굽힘 빔 형태의 전열 액추에이터.

질 상의 열 액추에이터를 시현했다[11]. 대표적인 굽힘 빔 액추에이터가 그림 5.8에 나타나 있다. 굽힘 빔은 정해진 농도로 도핑된 실리콘으로 제조되어 저항 히터로 사용되기도 한다. 굽힘 빔을 통과하는 전류는 두 개의 가지를 확장시켜서 횡단 방향으로 팁 운동을 일으킨다. 빔은 12 V보다 작은 작동 전압으로 1~10 nN 크기의 최대 출력 힘을 일으킬 수 있다. 79 mW의 입력 동력에서 10 μm 크기의 정적 변위가 길이 410 μm, 너비 6 μm, 두께 3 μm의 빔에서 입증되었다.

단일 물질 상의 열 액추에이터의 다른 구조들은 사례 5.3에서 알아본다.

출력 힘은 다수의 액추에이터를 병렬로 연결하여 더 증가시킬 수 있다[12].

사례 5.3 측방향 열 액추에이터

측방향으로 움직이는 몇 가지 열 액추에이터는 같은 전도 물질로 이루어진 두 개의 팔(arm)을 가진 마이크로 구조물의 비대칭적 열팽창에 근거한다. 이 두 개의 팔은 화력과 열팽창이 다르므로 전류가 흐를 때 측방향 팽창이 다르게 된다. 다음의 두 가지 전략이 입증되었다(그림 5.9).

1. 액추에이터는 단면적은 같지만 길이는 다른 두 개의 빔으로 구성되어 있을 수 있다[13]. 긴 팔은 전기 저항과 열저항이 큰 것과 관련이 있다. 루프로 같은 전류를 흘려 보내면 긴 팔이 더 높은 온도와 큰 팽창을 일으켜서 긴 팔의 끝이 짧은 팔 쪽으로 구부러지게 된다. 500 μm 길이의 긴 팔과 300 μm 길이의 짧은 팔을 가진 액추에이터를 시험하였다. 빔의 너비와 두께는 각각 2.8 μm, 2 μm이다. 14 V의 바이어스 전압하에서 9 μm만큼의 큰 측방향 변위가 입증되

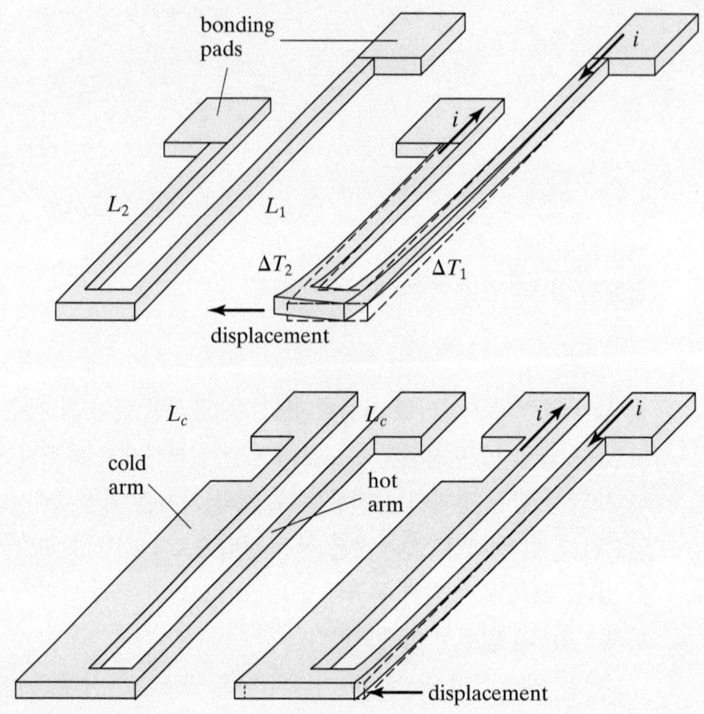

그림 5.9
측방향 열 액추에이터.

었다. 팔의 비저항, 탄성 계수(영률), 포아송비(Poisson's ratio), 밀도는 각각 5×10^{-6} Ωcm, 150 GPa, 0.066, 232 kg/m^3이다.

2. 액추에이터가 길이는 같으나 단면적이 다른 두 개의 빔으로 구성되어 있을 수 있다[14~17]. 단면적이 작은 팔을 hot arm이라고 부른다. 단면적이 큰 팔은 cold arm이라고 부른다. 전류가 같을 때, hot arm은 높은 온도에 이르면서 더 큰 선형 팽창을 하게 된다. 2.5 μm 너비와 240 μm 길이의 hot arm과 16 μm 너비와 200 μm 길이의 cold arm을 가진 액추에이터는 2 μm 두께의 폴리실리콘층의 경우 3 V와 3.5 mA에서 16 μm의 변위를 일으킬 수 있다. 모델링이 수행되었다[17]. 큰 힘을 발생시키기 위해 열 액추에이터와 다양한 광정렬 장치를 포함한 응용장치를 함께 연결할 수 있다[15].

5.3 열전대

1823년에 독일 물리학자 제백(Seebeck)은 두 가지 물질 사이의 접합 부분이 실온 이상으로 증가할 때 두 개의 다른 물질을 포함한 전선 루프에서 전압이 발생함을 발견하였다(그림 5.10a와 b). 루프가 닫혀 있다면 전압이 전류를 유지할 수 있다.(사실 전압은 전류가 근처의 자기 나침반을 편향할 수 있을 때에만 알려졌다.)

다른 물질로 되어 있는 두 전선이 한 점에서 접합하여 **열전대**(thermal couple)를 구성한다. 열전대는 결합되어 있는 감지 접합점과 기준 접합점 사이의 온도차를 측정하는 데 가장 흔히 사용된다. 열전대는 또한 두 접합 부위 사이의 온도차로부터 전기를 발생시키는 데에도 사용된다.

제백은 쉽게 구할 수 있는 반도체 ZnSb와 PbS를 포함한 다양한 물질들을 시험해 보았다. 온도차 ΔT가 가해졌을 때, 전압 ΔV가 동반된다. 그는 열린 회로의 전압이 온도 차이에 선형적으로 비례함을 발견하였다. 이 열린 회로 전압과 온도 차이의 비율이 제백 계수이다.

$$\alpha_s = \frac{\Delta V}{\Delta T} \tag{5.18}$$

α_s는 두 가지 물질의 조합에서 유일한 열전대의 **제백 계수**(Seebeck coefficient)이다. 제백 계수는 열전 동력 혹은 열동력이라고도 불린다.

열전대는 왜 반드시 두 가지 물질을 포함해야 하는가? 한 개의 금속 조각에서도 접합점 사이에서 온도 차이가 있을 때 이론적으로 전기가 발생할 수 있다고 하지만, 다른 도체 물질 조각이 전압을 보내거나 전달해야 하기 때문에 이 전압은 쉽게 측정되거나 사용될 수 없다. 도체 물질이 시험 중인 도체 물질과 같다면, 두 조각의 제백 전압이 상쇄되므로 기준 접합점에서 전압차가 없을 것이다. 결과적으로 기준 접합점에서 열린 회로의 전압을 발생시키는 데에는 다른 두 개의 물질이 사용되어야 한다.

제백 계수는 사실 개개의 금속 요소와 연관이 있다. 그림 5.10에서 열전대의 두 가지 구성물질(a와 b)의 제백 계수를 각각 α_a와 α_b로 표기하면, 열전대의 제백 계수는 다음과 같이 정의된다.

$$\alpha_{ab} = \alpha_a - \alpha_b \tag{5.19}$$

비록 열전대가 무제한으로 많은 물질의 조합으로 구성될 수 있지만, 가장 널리 사용되는 열전대는 제한되어 있고 특성화되어 있다. α_a와 α_b의 차이는 가능한 한 커야 한다. 흔히 접할 수 있는 몇 가지 산업용 열전대의 구성 물질과 물성을 표 5.5에 나타내었다.

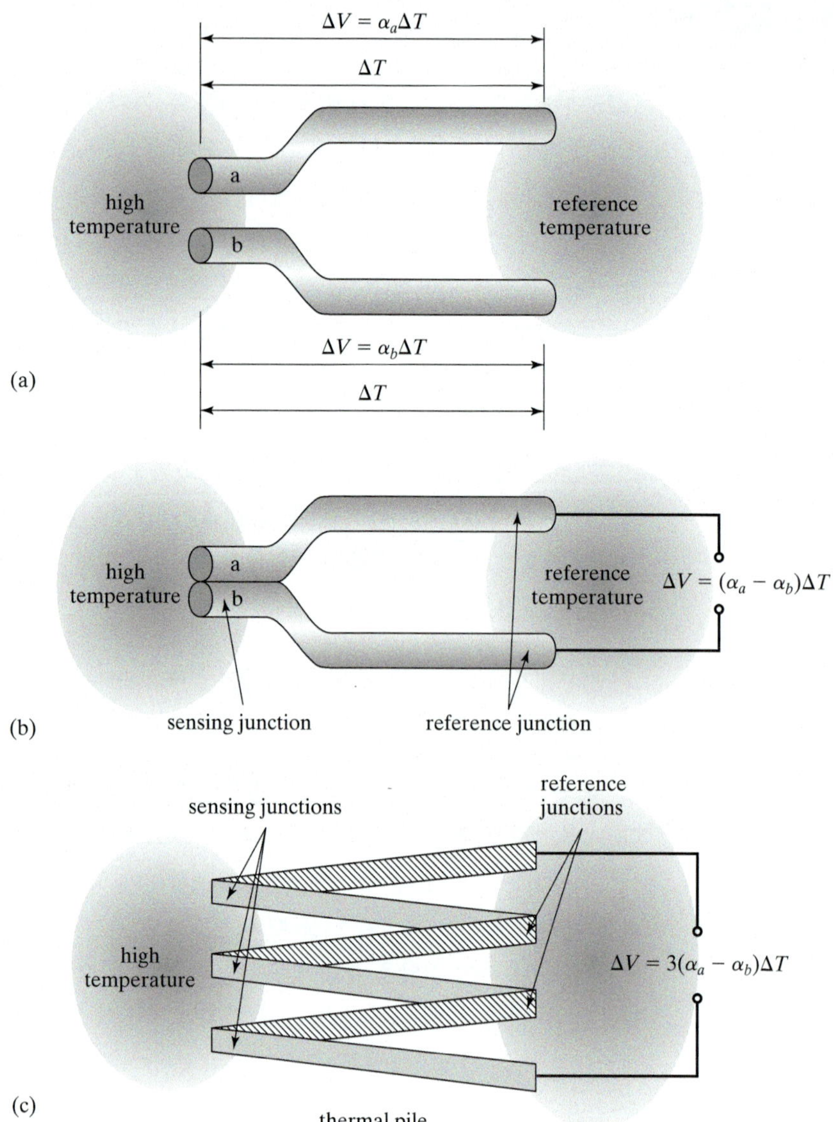

그림 5.10
열전대 구성 요소.

열전대는 열저항과 다른 온도 측정 방법에 비해 몇 가지 두드러진 장점이 있다. 열전대는 오프셋과 오프셋 드리프트 없이 출력을 일으킨다. 빛을 제외하고는 어떠한 물리적, 화학적 신호로부터 방해를 받지 않는다. 열전대는 어떠한 전기적 바이어스도 요구하지 않으며 자체발전(self-powered)이된다.

표 5.5 일반 산업용 열전대 물질의 제벡 계수.

Type	Metal 1	Metal 2	Temperature range (°C)	Sensitivity (μV/°C); comment
E	Chromel	Constantan	−270–900	68; high sensitivity, non-magnetic
J	Iron	Constantan	−210–1200	55; low temperature range
K	Chromel	Alumel	−270–1250	41; low cost, general purpose
T	Copper	Constantan	−270–400	55; low temperature range
R	Platinum	Rhodium 13% Rhodium	−50–1450	10; low sensitivity, high cost, suitable for high temperature measurement
S	Platinum	Rhodium 6% Rhodium	−50–1450	10; same as R type

반도체 물질은 종종 금속에서 관찰할 수 있는 것보다 큰 열전 효과를 보여 준다 [18]. 비축퇴(non-degenerate) 실리콘의 경우, 제벡 계수는 3가지 주요 효과로부터 유도된다: (1) 온도가 증가하면서 도핑된 실리콘이 더 진성(intrinsic)으로 된다, (2) 온도가 증가하면서 전하 운반자들이 더 큰 평균 전압을 얻으면서 반도체의 차가운 부분 위에 전하가 쌓이게 된다(charge buildup), (3) 실리콘 조각 내에서의 온도 차이가 뜨거운 곳에서 차가운 곳으로 포논(phonon)의 흐름을 일으킨다. 음향 포논에서 전하 운반자로의 운동량 전달이 특정한 조건하에서 일어날 수 있다.

도핑된 단결정 실리콘[19]과 다결정 실리콘[20, 21]은 열전대를 구성하는 데 좋은 재료이다. 제벡 계수의 값은 다양한 도핑 농도와 도펀트 유형에 의해서 특성화된다.

실리콘의 제벡 계수는 도핑 레벨과 전도성의 함수이다. −1000 μV/K의 레벨에서 단결정 실리콘의 경우에 해당하는 제벡 계수는 앞의 표에 제시된 다양한 금속보다 그 값이 훨씬 크다. 다결정 실리콘의 경우, 제벡 계수는 전체 저항 값이 10 $\mu\Omega$m일 때 100 μV/K 정도이다. 실용적인 설계 목적을 위해 제벡 계수는 편리하게 전기 저항의 함수로 근사화할 수 있다. 그 함수는

$$\alpha_s = \frac{26k}{q}\ln(\rho/\rho_0)$$

이다. 이때 ρ_0는 기준 저항으로 5×10^{-4} Ωcm이며 k는 볼츠만 상수이고 q는 전기소량이다.

열전대에서 나오는 출력 전압은 멀티 열전대의 끝과 끝에서 정렬되어 있는 부분의 냉·온 접합점으로 연결되어 있을 때 증가한다. 이러한 형상을 **열전퇴**(thermal pile, 그림 5.10c)라고 한다. 이는 높은 출력 전압을 공급하기 위해서 많은 배터리를 함께 정렬하는

것과 유사하다. 출력 전압은 한 열전대의 값에 시스템 내의 열전대의 수를 곱한 것과 동일하다.

미세 가공된 열전대는 다양한 물질을 기초로 하여 온도 탐지를 위해 만들어진다[8]. 예를 들면 표면의 미세 가공된 스캐닝 열전대 탐지기는 열전쌍의 물질인 Ni(니켈)과 W(텅스텐)의 조합(연결당 제벡 계수는 22.5 μV/K), 크로멜과 알루멜(연결당 37.5 μV/K) 등을 이용해 만든다[22]. 열전대 탐침은 금-니켈(접합부 14 μV/K)과 금-백금(접합부 5 μV/K)의 접합을 이용하여 만들어졌다. 많은 경우에 열전 동력은 해당 벌크 값보다 작다[23].

제벡 효과가 많은 열전 효과 중 하나에 불과하다는 것은 주목할 만하다. 제벡 효과가 발견된 지 10년 후, 프랑스 과학자인 펠티에(Peltier)에 의해 유사한 현상이 발견되었다. 그는 고체를 통해 흐르는 전류가 물질의 한쪽 면에서부터 반대쪽 면으로 열을 전달할 수 있음을 발견하였다. 펠티에 효과의 원리는 이후에 렌츠(Lenz)에 의해 설명되었다. 전류의 흐름에 의해 두 도체의 접합부에서 열이 흡수되거나 발생한다. 렌츠는 또한 비스무트-안티몬 접합부에서 물방울이 얼거나, 전류의 방향을 바꿈으로써 얼음이 녹는 것을 보여 주었다.

펠티에의 열전 장치에서 물질의 한쪽 면에서 다른 면으로 열을 운반하는 것은 전하 캐리어의 흐름이었다. 특정 물질에서 전류를 따라 흐르는 열의 비율은 펠티에 계수(Peltier coefficient), Π라고 알려져 있다. 사실 펠티에 계수와 제벡 계수는 다음과 같이 연관되어 있다.

$$\Pi = \alpha_s T \tag{5.20}$$

여기에서 T는 절대 온도이다.

5.4 열저항

저항 값은 아래와 같이 비저항(resistivity) ρ와 길이 l, 단면적 A의 함수로 주어진다.

$$R = \rho \frac{l}{A} \tag{5.21}$$

비저항과 크기는 모두 온도의 함수이다. 결과적으로 저항 값은 온도에 민감하다. **열저항**(thermal resistor)은 적용 가능한 온도 민감도를 가진 전기적 저항이다.

열저항의 저항 R은 아래의 관계식과 같이 주위의 온도와 관련이 있다.

$$R_T = R_0(1 + \alpha_R(T - T_0)) \tag{5.22}$$

여기에서 R_T와 R_0는 각각 온도 T와 T_0에서의 저항이다. α_R은 **저항의 온도 계수**(TCR: temperature coefficient of resistance)라고 불린다. 이 식은 적당한 온도 범위에서 유효하다. 온도차가 더 커지면 R_T의 정확한 표현을 위해 비선형 항이 필요하게 된다.

열저항은 금속이나 반도체를 이용해서 만들 수 있다. 두 경우 모두 저항의 크기는 온도에 따라 달라진다. 비저항은 두 가지 경우 모두 온도에 따라 달라지지만, 이러한 변화의 법칙은 금속과 반도체에서 상당한 차이가 있다. 금속 저항의 경우, 온도 상승은 격자(lattice)의 진동을 강화시키고, 따라서 전하 캐리어의 이동을 방해한다. 반도체의 경우, 온도는 격자의 간격에 영향을 주고, 따라서 전하 캐리어의 유효질량과 운동성에 영향을 준다. 반도체의 열저항에서 비저항-온도의 관계는 도핑 농도와 첨가되는 불순물의 종류에 의해 영향을 받는다.

금속은 이러한 과정이 단순하기 때문에 열저항으로 활용된다. 백금은 비저항과 온도의 관계가 매우 선형적이기 때문에 열저항으로 폭넓게 사용된다. 백금은 온도 계수(39.2×10^{-4}/K)가 상당히 큰 데 반해 비저항은 작다. 기준 저항으로 사용하기 위해서는 백금의 가로세로비가 커야 하기 때문에 마이크로디바이스에서의 사용이 제한된다.

서미스터(thermistor)는 일반적으로 반도체 열저항체(thermoresistor)를 뜻한다. 반도체 서미스터는 비저항이 크고 소형화하기 쉽다는 장점을 가진다. 반면에 반도체의 비저항은 금속의 그것보다 대체로 낮다. 도핑된 폴리실리콘은 종종 온도에 민감한 저항 요소로 사용된다. 온도 계수는 불순물의 농도에 의해 결정된다[24]. 도핑된 p형의 폴리실리콘의 경우 $10^{18}\sim10^{20}$ cm^{-3}의 농도에서 0.1%/°C~0.4%/°C의 온도 계수를 갖는다[25].

예제 5.3 열저항체의 저항

p형 단결정 실리콘으로 만들어진 열저항의 기준 저항(R_0)이 2 kΩ이다. 저항의 온도 계수가 100 ppm/°C라고 가정한다. 장치의 온도가 상온보다 50°C 높을 때의 저항 값을 구하라.

풀이 주어진 온도 계수에 의해, 상온보다 50°C 높을 때의 저항 값은 다음과 같다.

$$R = R_0(1 + \alpha_R \Delta T) = 2000 \times (1 + 100 \times 10^{-6} \times 50) = 2010\ \Omega$$

저항의 온도 계수는 온도 제어 장치를 이용해서 저항의 온도를 높이면서 저항 값을 측정하는 방법으로 손쉽게 측정할 수 있다. 온도 평형을 유지하기 위해 장치의 온도를 작은 증분으로 서서히 높이면서 온도 상승 사이에 충분한 시간을 주어야 한다. 이 실험에서 저항에 걸리는 전압과 전류를 낮게 유지함으로써 전기적 열량의 영향을 줄인다.

열저항체의 저항을 측정하는 데 사용되는 전류와 전압이 열을 발생시킬 수 있다. 이러한 현상을 **자기가열**(self-heating)이라고 부른다. 전류 I에 의해 저항에서 발생하는 열량은 다음과 같다.

$$P = I^2R \tag{5.23}$$

측정 전류에 의한 자기가열은 저항의 온도와 저항 값에 영향을 준다.

자기가열 조건에서 저항의 온도와 저항 값은 유입된 열과 유출된 열의 비에 의해 영향을 받는다. 발생된 열에너지는 전도와 대류에 의해 방출된다. 대류에 의한 방출열이 지배적일 때는 자기가열 저항을 이용해서 대류에 의한 열손실과 유량을 측정할 수 있다. 이것이 열선 풍속계의 기초이다. 사례 5.6을 참고하라[3]. 유동이 없을 때, 가열되는 저항선의 온도는 정상상태의 값에 도달한다. 저항선이 흐르는 유체와 접해 있을 때, 대류로 인한 열손실이 발생해서 온도가 떨어진다. 측정 요소의 온도 변화는 실시간 저항 값 측정으로 추정할 수 있다. 이와 유사하게 자기가열 효과를 이용해서 유동 경계층의 전단응력을 측정할 수 있다(사례 5.7)[26, 27].

열저항의 저항 값은 전류-전압(I-V) 특성으로부터 쉽게 얻을 수 있다. 옴의 법칙에 의하면, 저항에 흐르는 전류는 가해진 전압에 따라 선형적으로 증가한다. 선형 전류-전압 곡선에서 I-V 특성 곡선의 기울기는 저항 값의 역수를 의미한다.

자기가열이 일어나면 저항 값이 변한다. 따라서 I-V 곡선의 기울기가 변하게 된다. 온도 계수가 양수일 때, 가해진 전력량에 따라 저항 값이 증가한다. 온도 계수가 양수인 열저항의 대표적인 I-V 곡선이 그림 5.11에 제시되어 있다. I-V 곡선의 기울기는 높은 전력량에 의한 자기가열에 의해 감소한다. 반면에 온도 계수가 음수일 때, I-V 곡선의 기

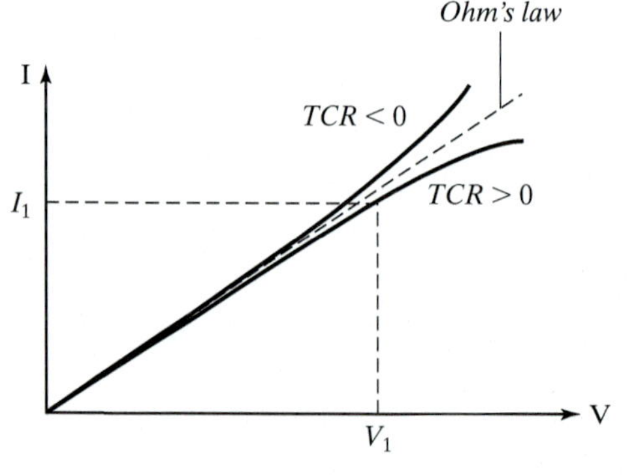

그림 5.11
열저항의 I-V 특성.

울기는 높은 전력량에서 증가한다.

저항에서 I-V 곡선의 구부러진 정도는 저항의 단열과 관계가 있다. 두 개의 동일한 열저항이 있을 때, 주어진 전력에 의한 자기가열에 의해 단열이 잘 된 저항이 더 높은 온도에 도달하고 높은 저항 값을 갖는다. 반면에 단열이 잘 되지 않은 저항은 더 낮은 온도에서 온도 평형이 이루어진다. 이 경우 I-V 곡선의 구부러진 정도가 작다.(이산 벌크 저항의 I-V 곡선의 구부러짐이 거의 관찰되지 않는 이유는 이러한 저항이 일반적으로 전혀 단열되어 있지 않기 때문이다.)

5.5 응용

열전달 법칙을 이용하면 가속도, 위치, 변위, 유량 등 다양한 물리적 변수를 측정할 수 있다. 이 절에서 대표적인 예들을 논의한다.

5.5.1 관성 센서

현존하는 대부분의 가속도계는 시험 물체의 움직임을 감지하는 데 피에조 저항이나 커패시턴스 측정 법칙을 이용한다. 피에조 저항 가속도계는 상당한 온도 영향을 받는 반면, 커패시턴스 가속도계는 전자파 방해에 의한 문제점을 갖고 있다. 반면에 열가속도계는 변위를 온도 변화나 열유동으로 변화시킨다. 아래에서 두 가지 열가속도계의 예를 논의한다. 하나는 움직이는 물체를 이용하고(사례 5.4) 다른 하나는 움직이지 않는 물체를 이용한다(사례 5.5).

사례 5.4 열전달 원리를 이용한 가속도계

그림 5.12에 움직이는 실리콘 물체를 이용한 열가속도계의 원리가 제시되어 있다 [28]. 이 장치는 온도가 T인 (발열 저항으로 구성된) 열원과 온도가 T_0인 방열판으로 구성된다. 열전퇴(thermal pile) 원리를 이용한 두 개의 온도 센서가 열원을 기준으로 대칭을 이루고 있다. 열원과 온도 센서는 얇은 박막 위에 위치해 있는데, 이는 패키지 프레임(package frame)으로의 측면 열유동을 제한한다. 얇은 박막은 열저항을 증가시켜서 전력 낭비 없이 충분한 온도에 도달할 수 있도록 한다.

그림에서 측면 열유동은 Q_1으로 표현되어 있다. 열원에서 발생하는 열은 또한 공기층을 통해 위쪽에 매달려 있는 물체로 전달된다(Q_3). 또한 열은 공기의 전도에 의해

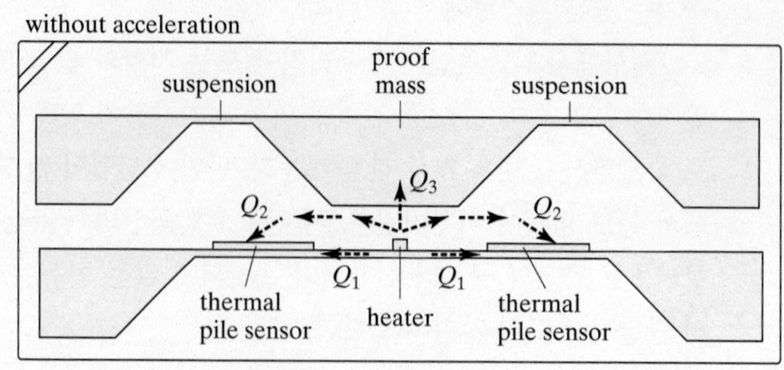

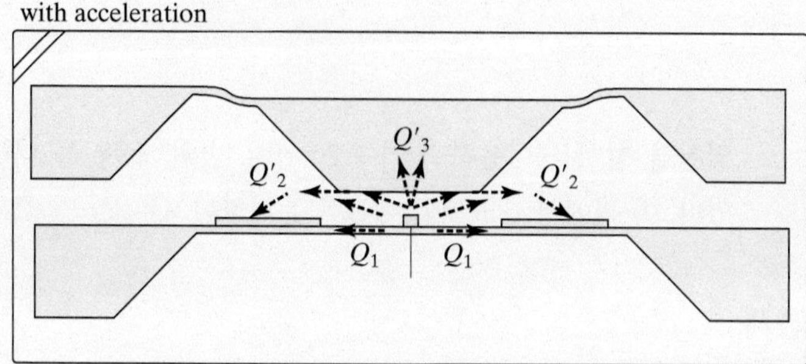

그림 5.12
움직이는 물체를 이용한 열가속도계의 원리.

열전퇴 센서(thermal pile sensor)로 전달된다(Q_2). 가속도가 0일 때 열전퇴 센서의 온도는 주어진 열방출량에 따라 특정한 정상상태 온도에 도달한다.

외부 가속도는 시험 물체와 열원 사이의 상대 거리를 변화시킨다. 그림 5.12와 같이 거리가 줄어들었을 때, 열유속 Q_2, Q_3가 Q_1에 비해 상대적으로 증가하고, 정상상태 온도 분포와 열전퇴에서 측정되는 온도가 변화된다.

논문에는 박막의 주어진 위치에서의 온도가 시험 물체와 박막 사이의 거리에 대한 함수로 유도되었다. 그러나 정확도는 입증되지 않았다. 이 장치의 온도 민감도는 상대적으로 낮다. 저자에 의하면 시험 물체가 없을 경우 열전퇴의 출력은 20~100℃의 온도 범위에서 1%밖에 변하지 않았다. 물질 선택과 설계로 개선될 수 있는 여지가 충분히 남아 있다. 센서의 민감도는 9~25 mV/g, 측정 범위는 상대적으로 좁은 0.4~0.8 g, 주파수 응답은 300 Hz까지이다.

사례 5.5 움직이는 질량이 없는 열가속도계

대부분의 MEMS 가속도계는 움직이는 질량 물체를 이용한다. 이러한 독립 구조는 독특한 제조 공정을 필요로 하는데, 이는 집적 회로 공정에서 구현이 쉽지 않다. 따라서 MEMS 가속도계에 크고 경제적인 IC 산업 기반을 활용하는 것을 방해한다. 버팀목 없는 구조는 다루거나 포장하는 데에도 어려움이 많다.

만약 가속도계를 버팀목 없는 구조 없이 제작할 수 있다면 집적 회로 공정과의 호환성을 증가시키고 견고하게 만들 수 있기 때문에 이는 매우 중요하다.

움직이는 물체가 없는 간단한 가속도 센서가 개발되었다(그림 5.13). 장치는 전열 히터와 히터 기준 대칭으로 위치한 두 개 이상의 온도 센서로 구성되어 있다[29]. 칩은 내부에 공기가 있고 외부와 밀폐된 패키지 안에 위치해 있다. 정지 상태에서 뜨거운 공기 주머니의 공간상 분포가 대칭적이기 때문에 두 개의 온도 센서는 동일한 온도를 감지한다. 세라믹 패키지에 가속도가 적용되면 칩이 적용된 가속도의 방향으로 서서히 움직인다. 공기 덩어리는 관성 때문에 뒤에 처지면서 공기의 온도 분포를 비대칭으로 만든다. 두 개의 온도 센서에서 측정된 값은 적용된 가속도의 크기에 의한 온도 차이에 의해 달라진다.

이 원리는 마이크로 공정 기술[2]과 CMOS 신호 처리 집적 회로를 이용하여 구현되었다[30]. 열원과 센서는 기존의 신호 제어 및 처리 회로와 함께 반도체 기판에 제조된다. 열원과 온도 센서 제도 공정은 집적 회로 공정과 호환성이 높다. 움직이는 물체는 더 이상 필요하지 않다.

이러한 종류의 첫 번째 마이크로 공정 장치[2]의 민감도는 지구의 중력을 기준으로 특성화되었다. 중력 방향에 대한 장치의 민감도 축의 방향을 바꿈으로써 장치의 출력은 선형적으로 변화한다. 장치의 등가 잡음은 대기압, 20 mW 열원에 대해 0.5 mg 이다. 이 가속도계의 민감도는 아래에 주어진 그라스호프 수(Grashof number) Gr에 선형적으로 비례한다.

$$Gr = \frac{a\rho^2\chi^3\beta(\Delta T)}{\mu^2} \tag{5.24}$$

여기에서 a는 가속도, ρ는 가스 밀도, χ는 길이, β는 열팽창 계수, ΔT는 열원의 온도, μ는 점성 계수이다.

이후의 연구에서 민감도에 미치는 가스 매질의 압력에 의한 영향이 밝혀졌다[31]. 낮은 압력 범위에서 압력에 대한 제곱의 영향이 밝혀졌다. 높은 압력에서는 열원과 센

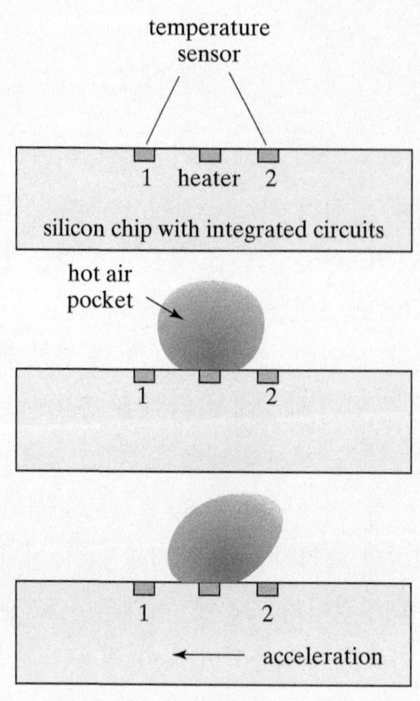

그림 5.13
열전달을 이용한 가속도계 원리.

서의 거리에 따를 최적의 민감도가 얻어졌다. 장치가 높은 압력에서 밀봉되었을 때 민감도가 천 배 가량 증가했다.

이와 유사하게 설계된 센서가 다른 연구자들에 의해 고안되었는데[30], 가속도와 기울기에 대해 동작 범위 수백 Hz에서 민감도가 115 μV/g(열전퇴 구조)와 25 μV/g(서미스터 구조)로 측정되었다. 존슨 잡음(열잡음) 기저(floor)는 다음과 같이 추정된다.

$$V_n = \sqrt{4kTRB} \tag{5.25}$$

여기에서 k, T, R, B는 각각 볼츠만 상수, 온도, 저항, 관심 대역폭이다. 열전퇴 장치에서 저항은 64 kΩ이고 잡음 전압은 32.6 nV/$\sqrt{\text{Hz}}$이다. 서미스터 장치의 경우, 저항이 4 kΩ이고 잡음은 8.14 nV/$\sqrt{\text{Hz}}$이다.

5.5.2 유동 센서

질량 유동 전달과 열전달은 복잡하게 얽혀 있다. 열전달을 이용한 유동 센서는 매우 흔하다. 열원의 대류 열전달 효과를 이용해서 유량을 측정하는 열선 풍속계(hot-wire anemometer)에 대해 논의할것이다(사례 5.6). 반면에 기판 위에 놓여 있는 열선부(hot wire element)는 전단 응력의 발생을 측정할 수 있다. 열전달 법칙을 기반으로 하는 미세 가공된 전단 응력 센서의 겉면은 사례 5.7에서 논의 한다. 또한 이 장치에 대한 논의로 미세 가공된 구조와 연관된 열저항을 측정하는 실험 기술에 대한 설명이 가능하다.

사례 5.6 열선 풍속계

열선 풍속계(HWA)는 유체 흐름의 속도를 측정할 수 있는 잘 연구된 기술이다. 이것은 저항 히터와 온도 센서로서 작동하는 열소자로 이용된다. 자기가열 체계로 편향된 온도와 열저항 장치의 저항 값은 유체가 흐르는 속도에 따라 변한다.

HWA는 낮은 가격과 빠른 응답(kHz 범위에서), 작은 크기와 적은 잡음의 특성을 갖는다. 기존의 HWA 센서들은 백금과 텅스텐으로 만들어진 얇은 선을 지지대(support prong)에 부착하여 개별적으로 조립된다. 이 선들은 필요한 치수를 얻을 때까지(보통 수 mm 길이와 수 μm의 지름을 갖는다.) 얇게(예를 들어 산성 용액에서 식각으로) 만들어진다. 이러한 공정을 통해 만들어진 센서의 부분은 쉽게 다루어질 수 있도록 전기적 접촉을 이용하는 긴 측정기에 장착된다. 그림 5.14는 완성된 기기이다. 그러나 기존의 HWA는 2가지 중요한 약점을 갖는다. 첫째, 조립물과 조립 과정은 파손되기 쉽고 일관된 성능을 보이지 못한다. 둘째, 유체장의 분포를 측량하기 위해 대규모 HWA의 조합을 만들어 내기가 거의 불가능한 정도로 어렵다.

참고문헌 [32]에서 논의된 연구는 HWA에 대한 비용을 줄이기 위해, 효과적인 열선 풍속계 제조와 조립을 위해, 그리고 잘 휠 수 있는 기판에 배열된 HWA를 생산

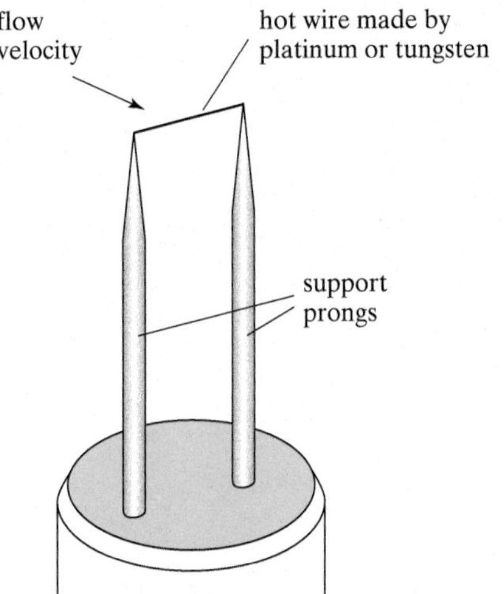

그림 5.14
기존의 열선 풍속계 그림.

하기 위해 진행되었다.

두 개의 전략적 접근은 다음의 목적을 달성하기 위해 이루어졌다. 첫째, HWA 센서들은 3차원적 조립법에 의한 표면 미세 가공(surface micromachining)을 이용하여 만들어졌다. 이것은 상대적으로 긴 식각 시간과 복잡한 공정 과정이 요구되는 다량의 미세 가공법을 이용하기 위한 전략적 방법이다. 기판 위의 모든 물질들은 긴 기간 동안(보통 실리콘 웨이퍼들을 식각하는 데 걸리는 많은 시간) 습식 식각(wet etching)을 견디도록 요구되기 때문에 이방성 식각 재료를 이용한 다량의 식각은 물질의 호환성에 대한 문제점을 자주 드러낸다. 참고문헌 [32]에서 연구된 이러한 방법은 더욱 능률적인 조립을 가능하게 하고 HWA들의 넓은 배열을 구성하도록 한다. 둘째로 열선들은 다결정 실리콘 대신 얇은 막의 금속(metal)으로 만들어진다. 이것은 다량의 실리콘(기판에서) 사용에 대한 비용을 절감할 수 있고 얇은 막(열선으로서)을 필요로 하지 않는다. 실리콘 도핑과 다량의 식각 과정을 거치지 않음으로써, 조립 과정이 더 효과적임을 알 수 있다.

새로운 탈평면 풍속계의 개략도가 그림 5.15에 나타나 있다. 열소자는 기판에서부터 지지대의 길이에 따라 미리 결정된 높이까지 높여졌다. 열소자가 속도 경계층의 바닥으로부터 멀리 상향됨으로써 열소자는 더 큰 유체 흐름 속도에 노출되고 더 좋은 민감도를 보여 준다. 이 열소자는 지지대들을 통해 전기적으로 연결된다.

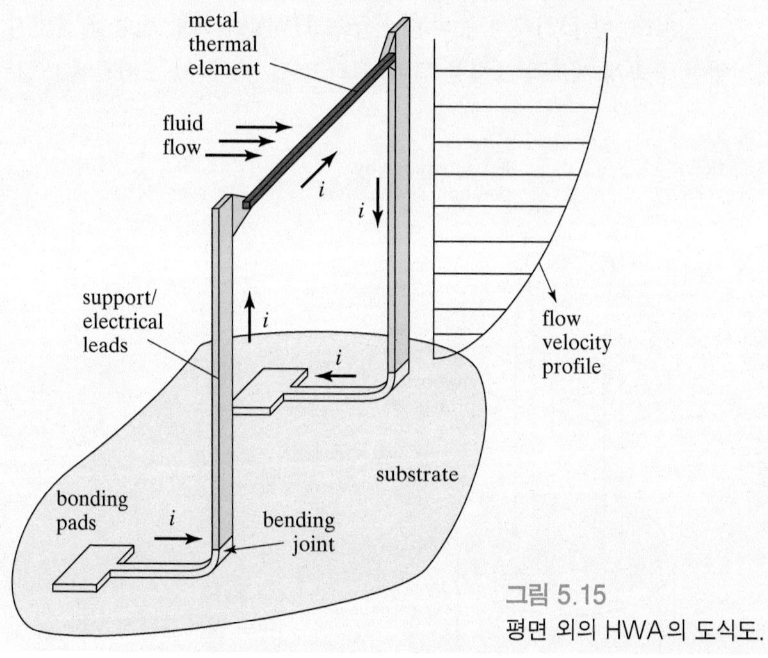

그림 5.15
평면 외의 HWA의 도식도.

이 열선은 온도에 민감하게 반응하는 얇은 막의 금속으로 만들어진다. 폴리이미드 지지대가 쓰인 이유는 이것이 단면적과 열전도율을 높이지 않고 구조적 강도를 필요로 하는 열선을 제공해 주기 때문이다. 폴리이미드의 열전도율은 금속(니켈, 표 5.2 참조)에 비해 그 크기의 제곱 배 정도로 낮다.

여기서 얇은 폴리이미드 막의 두께는 2.7 μm 이다. 만약 두께가 이 수치보다 작다면, 기계적 강도는 낮아질 것이다. 반면에 두께가 더 커지면, 가중된 열적 질량(thermal mass)에 의해 HWA의 응답 주파수가 감소하는 문제점이 생긴다.

이러한 조립 과정은 11장과 참고문헌 [33]에서 자세히 논의된 플라스틱 변형 마그네틱 조립화(PDMA)라고 불리는 3D 조립법을 이용한다. 이 방법에 대해 알아보자. PDMA 과정은 회로 기판에 금과 알루미늄 같은 연성 금속 재료로 만들어진 외팔보 빔으로 고정된 미세 가공 구조의 표면을 이용한다. 이 마이크로 구조는 퍼멀로이와 같이 도금된 강자성체의 부분에 부착된다. 외부의 자기장을 형성함으로써, 강자성체 물질은 자기를 띠게 되고 평면 밖의 마이크로 구조물을 휘게 하는 외부의 자기장과 상호 작용한다. 만약 휘는 정도가 심하다면, 외팔보 지지부의 힌지들은 소성 변형을 하게 되고 그 결과로 비록 자기장이 없음에도 불구하고 영구적으로 굽은 마이크로 구조를 갖는다. 이러한 과정은 매우 효율적일 뿐만 아니라 웨이퍼 영역에서도 동일하게 구현될 수 있다.

전체적인 조립 과정은 그림 5.16에 나타내었다. 시작 웨이퍼는 실리콘이다. 그러나 그 과정은 공정 과정의 전체적인 온도가 낮게 유지되면 유리나 폴리머 기판 위에서도 쓰일 수 있다. 첫째, 크롬/구리/티타늄 금속 더미는 그림 5.16a의 희생층으로서 증발되거나 패턴화된다. 10 nm 두께의 크롬 필름은 접착층으로서의 역할을 한다. 250 Å 두께의 티타늄 필름은 2500 Å 두께의 구리 필름의 산화 과정을 줄인다. 2.7 μm 두께의 광으로 한정하는(photo-definable) 폴리이미드(HD-4000)는 방적되고, 리소그래피를 통해 패턴화되며, 그림 5.16b에서처럼 350°C에서 2시간 동안 회복된다. 이 폴리이미드층은 끝의 갈라진 부분의 지지부와 열선의 한 부분을 형성하나, Cr/Pt/Ni/Pt 필름은 그림 5.16c에서처럼 열적 요소를 형성하기 위해 증발되거나 패턴화된다. 접착부 층의 얇은 Cr 필름의 두께는 200 Å이다. 800 Å의 두꺼운 Ni 저항은 Pt가 상대적으로 안쪽의 높은 온도에 존재하므로 작용하는 동안 Ni의 산화 가능성을 줄이기 위해 사용되는 두 개의 두꺼운 200 Å Pt 필름 사이에 포개져 있다. 저자들은 그림 5.16d와 같이 5000 Å 굵기의 Cr/Au 필름을 증발시키거나 식각시킨다. 이것은 열선 필라멘트의 전기성을 띠는 납뿐만 아니라 기계적 굽힘 요소로서 역할을 하기 위해서이다. 이것들은 그림 5.16e의 4 μm 굵기의 퍼멀로이 필름을 외팔보 지지부의 갈라진 끝에 도금

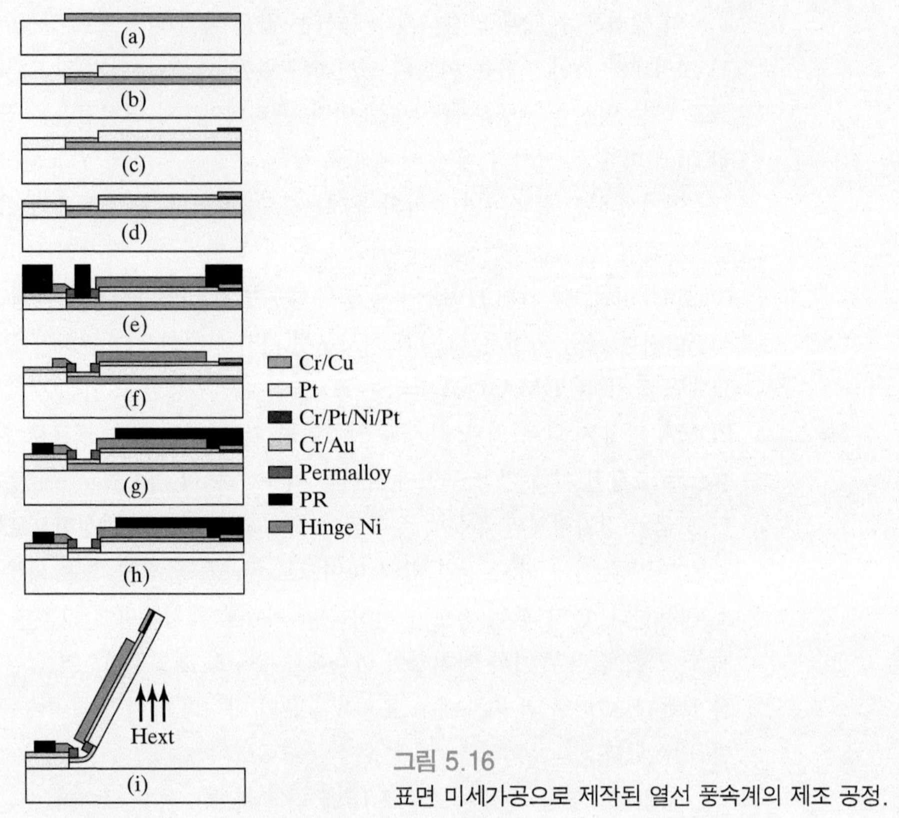

그림 5.16
표면 미세가공으로 제작된 열선 풍속계의 제조 공정.

시킨다.

희생층의 방출은 선택적으로 얇은 구리 막을 제거하기 위해 빙초산과 과산화수소를 포함한 용액을 이용함으로써 수행된다. PDMA 조립은 기판의 바닥면에 800가우스 강도의 영구적인 자기장을 위치시킴으로써 그림 5.16i처럼 전체 센서를 들어올리기 위해 수행된다. 이 과정을 끝내기 위해서 칩은 이온이 없는 물로 세척하고 건조시킨다.

Au 층과 폴리이미드층 간의 유착은 장치의 완전한 상태를 위해서 매우 중요하다. 적절한 유착 없이는 폴리이미드와 금 막이 PDMA 조립 과정 중 분리될 수 있다. 유착을 향상시키기 위한 한 방법으로 Cr을 유착층으로서 사용하였고, 철의 침전 전에 산소의 반응성 이온 식각 (RIE)을 이용함으로써 폴리이미드층을 다룬다. Cr은 유착층의 선택을 가능하게 한다. 그리고 RIE 처리는 유착을 강화시킨 폴리이미드 표면 위에 친수성 구조를 만든다. Ti는 화학적 식각 재료에서의 좋은 안정성과 높은 전기적 저항을 갖기 때문에 처음에 Au와 열선의 유착 물질로 사용되었다. 그러나 충분한 유착을

표 5.6 물질 특성.

	TCR (ppm)	Resistivity (Ω-cm) $\times 10^{-6}$	Thermal conductivity k (W/cm°C)
Tungsten	4500	4.2	1.73
Platinum	3927	10.6	0.716
Nickel	6900	6.84	0.91
Polyimide (PI 2611)	—	—	0.001 ~ 0.00357

제공하지 못했다.

특정한 적용에서, 고속 흐름에서 HWA가 작동할 수 있는 것과 같이 굽은 힌지를 강화할 수 있다는 장점을 가질 수 있다. 이 기계적 강도는 그림 5.16g에서처럼 침전된 철들에 의해 강화될 수도 있다.

이 장치에 사용되는 재료들의 열적, 전기적 특성은 표 5.6에 정리되어 있다. 폴리이미드의 열전도율을 제외한 모든 수치들은 참고문헌 [34]에서 볼 수 있다. 폴리이미드의 열전도율은 HD 마이크로시스템의 생산 가이드라인에서 참조하였다. 공기의 속도 센서의 정상상태(steady-state) 반응은 일정한 전류와 온도의 조건에서 실험적으로 20 m/s까지 나타났다. 10 kHz까지의 주파수 응답은 작은 열적 질량으로 입증되었다.

사례 5.7 열전달 응력 센서

경계층 내에서의 흐름 응력은 직접적인 혹은 간접적인 방법으로 측정할 수 있다. 응력센서는 직접적인 측정 방법을 기반으로 앞 장에서 다루었다. 다음 장들에서는 그 밖의 위치 감지법에 근거한 응력 센서들이 다시 소개될 것이다.

유체에서의 응력의 간접 측정은 열전달 법칙으로 할 수 있다. 이 사례 연구는 디자인, 제조, 그리고 미세 가공된 간접적 응력 센서 표면의 특성을 시험할 것이다[35]. 이 센서는 속도 경계층의 바닥의 기판에 위치한 저항체로 이루어져 있다. 이 저항체에 의해 발생하는 열은 대류에 의한 유체와 전도에 의한 기판에서 잃게 된다. 열을 얻은 저항체에서 유체의 흐름으로 단위 시간당 열을 잃는 비율은 경계층의 속도 구배에 따라 다르다.

뜨거워진 소자는 유체의 열 구배를 만들기도 한다. 열 경계층은 열 구배가 유체 내에 존재함으로써 특성을 갖는다. 열 경계층 내에서는 유체의 온도가 뜨거워진 소자

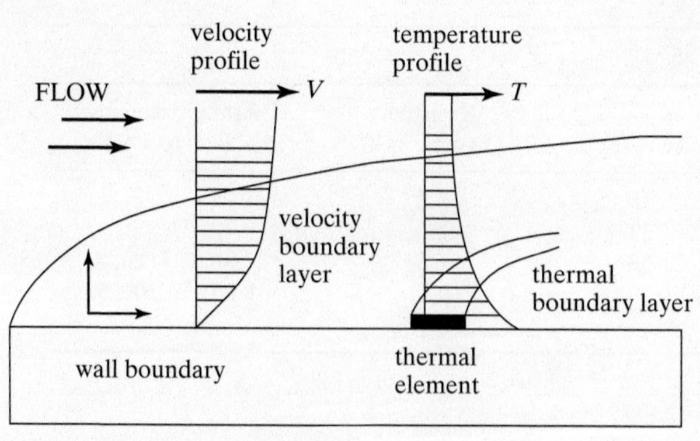

그림 5.17
속도와 열 경계층.

로부터 멀어짐에 따라 평균 유량에서의 온도에 도달할 때까지 감소한다. 일반적인 열, 속도 경계층의 구배는 그림 5.17에 나타나 있다.

일정한 전원 공급에서 저항의 열적 평형 상태는 유체가 열을 잃는 비율에 영향을 받는다. 응력과 뜨거워진 저항의 온도 사이의 수식적 관계는 다음의 몇 가지 가정에서 얻을 수 있다: (1) 열소자의 열 경계층은 속도 경계층 내에 존재한다. (2) 범위 내의 직접적인 열전달은 무시할 수 있다. (3) 자연 대류의 영향은 강제적 대류에 비해 매우 작다.

저항체의 온도는 이것의 순간 저항(instantaneous resistance)으로부터 얻어진다. 온도 T에서 저항 R은 다음의 식으로 표현된다.

$$R = R_0\,(1 + \alpha(T - T_0)) \tag{5.26}$$

R_0는 T_0 온도에서의 저항 값이고, α는 저항의 TCR이다.

옴 가열을 위한 입력 전력의 일부는 유동으로 전달되고, 나머지는 기판을 통해 소멸된다. 전력 관계식은 다음과 같다.

$$i^2R = \Delta T(A(\rho\tau)^{1/3} + B) \tag{5.27}$$

A는 $0.807A_eC_p^{1/3}k_T^{1/3}/L^{1/3}\mu^{1/3}$, B는 기판으로의 열전도에 의한 열손실을 나타낸다. 여기서 A_e는 열소자의 실효 면적이고, C_p는 유체의 열용량, k_T는 유체의 열전도도, L은 저항체의 stream-wise 길이, μ는 점도를 나타낸다. 주어진 응력과 입력 전력에서 더 큰 B 값과 더 작은 온도차(ΔT)를 얻을 수 있다. 따라서 기판으로의 열손실도가 커짐에 따라 낮은 감도와 추출의 한계를 나타낸다. 기판으로의 열손실을 최소화하도록 설계해야 한다.

그림 5.18은 응력 센서의 정면도와 측면도이다. 가열과 열감지 소자는 인으로 도핑된 폴리실리콘으로 구성되어 있다. 저항은 너비 2 μm, 두께 0.45 μm이다(길이 범

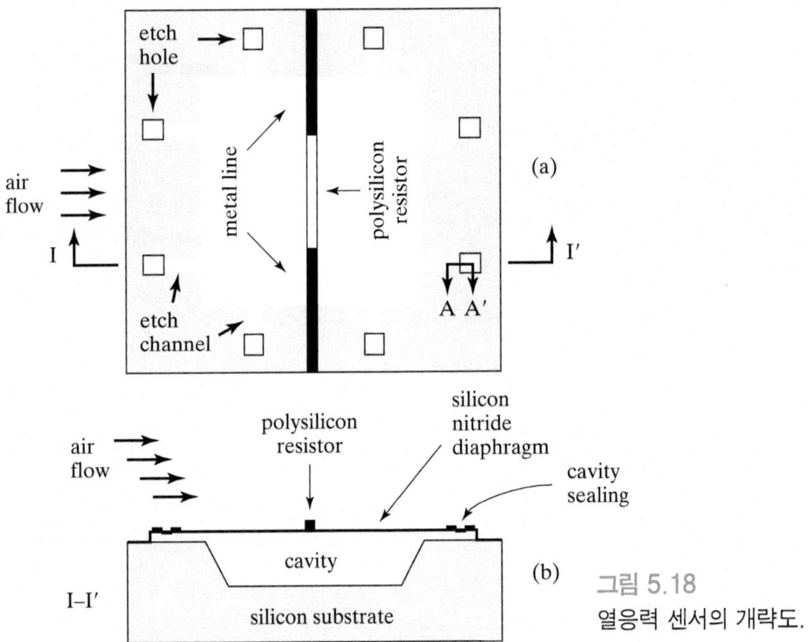

그림 5.18
열응력 센서의 개략도.

위는 20~200 μm이다). 저항체들은 위에서 언급된 저항체의 길이 범위 내에서 방 온도의 조건 아래 1.25~5 kΩ의 보통의 저항들을 통해 일정하게 50 Ω/□의 낮은 저항값으로 도핑된다. 각각의 저항체는 보통 넓이가 200×200 μm^2이고 두께가 1.5 μm인 공동(cavity) 격막(diaphragm)의 중앙에 위치한다. 2개의 금속을 입힌 와이어는 각각 10 μm의 너비로 폴리실리콘 저항과 외부의 전기 기기를 연결한다.

센서의 탁월한 특징은 다이어프램으로 벽과 기판 사이의 공간에서의 열전도를 최소화하는 진공 공동의 꼭대기에 놓여 있다. 이 벽면은 공동의 바닥과 약 2 μm 떨어져 있고 공동 내부에서 300 mtorr 이하의 압력을 받는다. 이 설계 특성은 가열되는 소자와 기판 간 단열 상태를 효과적으로 제공할 수 있다는 것이다.

열의 고립은 공동의 깊이를 늘림으로써 기판과 다이어프램 사이의 열저항을 강화시켜 더 향상시킬 수 있다. 그러나 이것은 제작 과정을 복잡하게 만들 수 있다.

미세 가공 제작 과정은 그림 5.19에 나타나 있다. 첫째, 0.4 μm 실리콘 질화물층은 LPCVD(low-pressure chemical vapor deposition)에 의해 증착된 후 공동의 모양과 위치를 정하기 위해 빛으로 식각된다. 각각의 공동은 200×200 μm^2의 사각 창으로 실리콘 질화물은 SF_6의 강산에서 플라즈마 식각을 하고 그림 5.19의 단계 1에서 실리콘 기판 밑에 노출시킴으로써 제거된다. 실리콘은 필요한 깊이를 만들기 위해 플라즈마 식각 또는 빛을 이용한 습식 식각으로 식각한다. 실리콘 질화물 표면에서부터

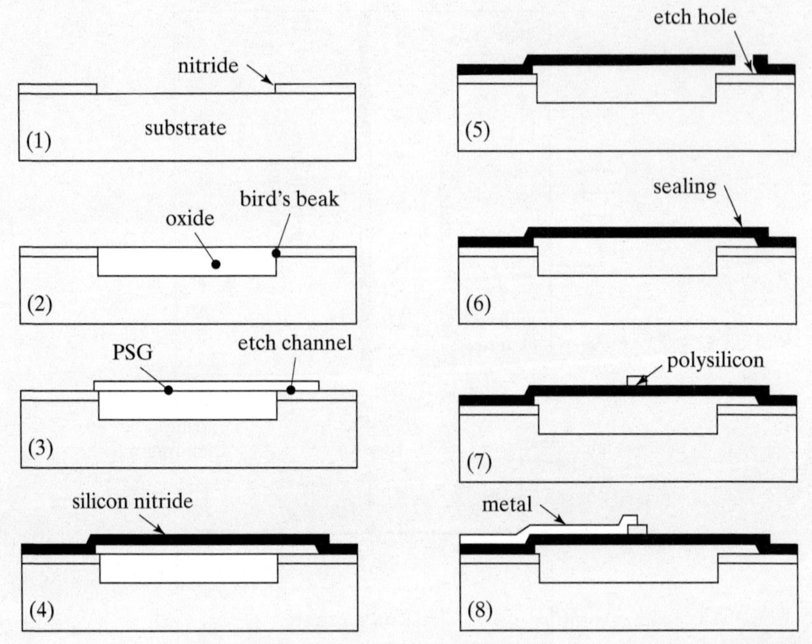

그림 5.19
제작 과정.

실리콘 표면 바닥까지의 각 공동의 이상적인 깊이는 0.73 μm로 조심스럽게 조절된다.

식각된 도랑 부분은 그림 5.19 단계 2의 성장한 열산화막으로 채운다. 열산화막 과정 동안, 산소 분자들이 노출된 창에서 실리콘과 재반응을 하여 실리콘이 산화실리콘으로 바뀐다. 실리콘/산화실리콘의 접촉면은 기판 쪽으로 더 움직이게 된다. 이 산화 과정의 마지막에 본래의 실리콘 표면 밑의 산화물에 의해 전체 산화물 두께의 44%가 생긴다.

열산화는 자기 제어 방식의 과정이다. 산화물의 두께가 두꺼워짐에 따라 산소 원자는 산화물을 통과하여 매립 산화물과 실리콘의 경계점까지 도달하기가 더 어려워진다. 산업현장에의 실제 과정 동안, 실리콘 산화물 두께는 약 1.3 μm이다.

따라서 1.3 μm 두께의 실리콘 산화물은 1050°C에서 4시간 안에 열산화막을 이용하여 키워져야 한다. 약 0.73 μm, 또는 56%의 산화물 두께는 공기와 실리콘의 경계에서 생성된다. 이것은 공동의 깊이가 0.73 μm로 설계되어야 하는 이유이다.

그런 다음 희생층으로 사용할 500 nm의 LPCVD PSG(phosphosilicate glass)를 비선택적으로 증착시킨다. 기판은 한 시간 동안 950°C에서 열처리된다. 그런 다음 PSG 층은 식각 공동을 덮는 희생층과 식각 채널들을 뚜렷하게 나타내기 위해 사진식각공정(photolithography)을 이용하여 패턴화된다(그림 5.19 단계 3). 벗겨진 PSG는 20초 내에 완충된 플루오르화수소산으로 부식되면서 식각된다.

감광성 물질을 제거한 후에 1.2 μm 두께의 저응력 실리콘 질화물 막처럼 증착된다(그림 5.19 단계 4). 실리콘 질화물은 PSG 희생층의 밑부분을 드러내기 위해서 SF6 플라즈마를 이용해 선택적으로 제거된다. PSG 희생층과 열산화물은 모두 20분 내에 플루오르산화수소(49%)으로 완전히 식각된다. HF 용액 또한 실리콘 질화물을 식각시키지만, 약 40 Å/min의 느린 속도로 진행된다.

식각 후 기판은 빈 공동 내부의 HF를 외부 확산으로 제거하기 위해 초순수(deionized water, DI water)에서 1시간 동안 철저하게 세척된다. 그 다음에 공동 안의 물은 7 krpm의 속도로 기판을 회전 건조하여 제거한다. 그 후에 공동 안의 수분을 증발시키기 위해 한 시간 동안 120℃에서 대류 오븐으로 굽는다. 이 단계는 고진공 상태에서 질화물 증착을 시작하기 전에 남아 있는 수분을 완벽하게 제거한다.

두 번째 LPCVD 실리콘 질화물층(400 nm 두께)은 진공 상태에서 공동을 막기 위해 약 300 mTorr(0.04 Pa), 850℃에서 증착이 된다. 구운 이후에도 공동에 여전히 물 분자가 존재하기 때문에, 증착을 시작하기 전에 30분 동안 600℃의 질소 환경에서 증착실이 세척된다.

앞쪽에서의 실리콘 질화물의 증착이 식각 채널 내부보다 더 뚜렷하다. 식각 공동 입구에서의 증착 단면이 그림 5.20에 나타나 있다. 낮은 진공 상태에서 두 증착면이 결국 만나게 되어 공동을 영구히 막아 버린다. 이 밀봉 작업은 밀봉 물질(실리콘 질화물, 폴리실리콘, LPCVD 산화물)과 식각 공동의 배열 상태의 영향을 나타내기 위해 실험적으로 연구되었다[36].

저항을 형성하기 위해 450 nm의 LPCVD 폴리실리콘층이 620℃에서 증착된다. 이 온도에서 증착된 폴리실리콘 필름은 600 Å 크기의 낱알 결정으로 완전히 결정화된다. 폴리실리콘 도핑은 총 40 keV의 에너지에서 1×10^{16} cm^2 양의 인광체로 이온

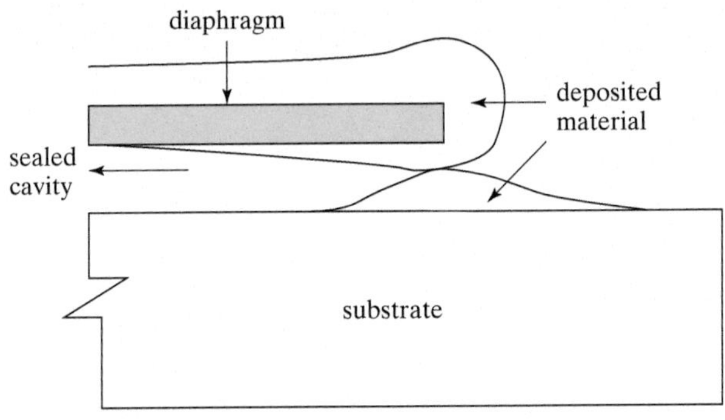

그림 5.20
식각 공동 입구의 단면을 가까이서 본 모습(그림 5.18에 설명된 밀봉된 식각 채널 개방면의 단면 A-A′)

주입을 해서 이루어진다. 그런 다음 기판은 불순물을 활성화하고 직접 증착된 폴리실리콘 물질 안의 진성 응력을 감소시키기 위해, 1시간 동안 1000°C에서 열처리된다. 측정된 폴리실리콘의 표면 저항은 50 Ω/□이다. 그 다음에 폴리실리콘은 패턴화되고 플라즈마는 각각의 저항을 형성하도록 식각된다. 감광성 물질을 제거한 후에, 다른 100 nm의 LPCVD 실리콘 질화물층은 폴리실리콘 저항에 보호막을 입히기 위해 증착된다. 이 필름은 공기 중에서 폴리실리콘 저항의 자연 산화로 인해 저항이 장기적으로 드리프팅(drifting)하는 것을 막아 주는 역할을 한다.

접점의 구멍은 마지막 층의 실리콘 질화물을 통과하여 폴리실리콘 저항에 연결되도록 플라즈마를 통해 도금되고 절삭된다. 최종적으로 도선 도입을 위한 알루미늄이 씌워지고 도금된다.

그림 5.21은 장치들의 결합된 형상을 확대하여 나타낸 것이다. 공동의 면적은 200×200 μm^{2}이고, 저항의 길이는 40 μm이며 그 폭은 2 μm이다. 공동은 진공 상태에서 유지되고 있기때문에 격판은 외부의 대기압의 의해 구부러진다. 그 결과 광학적 간섭 패턴(뉴턴 환)은 현미경을 통해서만 볼 수가 있다. 그림 5.22는 폴리실리콘 저항을 전자 현미경을 통해 촬영한 것이다.

센서의 정적 및 동적 상태 내의 포괄적 측정이 이루어졌다. 유체의 흐름에 대한 반응들이 계측되었고 이론적 모델들과 일치되었다. 일정한 전류의 편향 내 센서의 반응 주기는 9 kHz이다.

유사한 구조를 가지지만 다른 물질(예, 얇은 막의 파릴렌과 열저항체인 금속)로

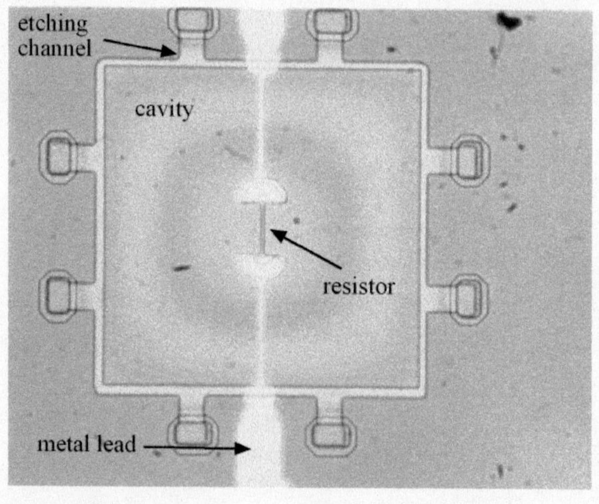

그림 5.21
밀봉 공동을 지닌 전단 응력 센서의 광학 현미경 촬영 사진.

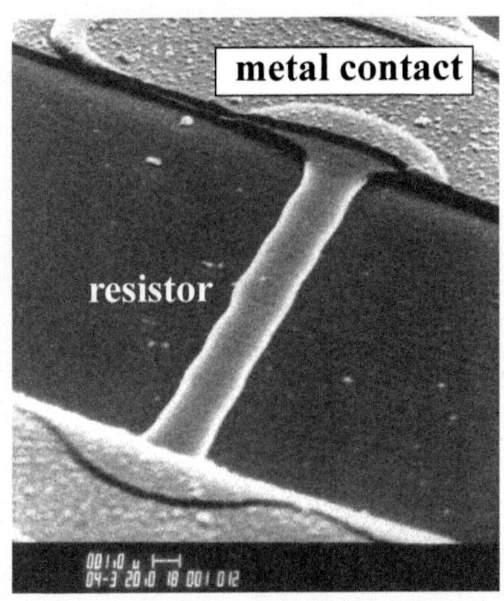

그림 5.22
폴리실리콘 저항을 스캐닝한 전자 현미경 사진.

이루어진 전단 응력 센서가 만들어졌다[37].

우리는 I-V 특성들을 실험적으로 열저항체와 연결하여 열저항을 측정하는 것이 가능하다는 것에 대해 이미 언급하였다. 이 절에서는 전단응력 센서와 변형체를 이용하여 이 과정을 실증하려고 한다.

전단 응력 센서 중 하나를 포함하는 세 가지 저항 요소들의 I-V 특성들은 실험적으로 측정하였다. 그림 5.23에 세 가지 요소들의 구조체가 요약되어 있다. 첫 번째 요소인 1형 장치는 앞에서 언급된 정확한 전단 응력 센서이다. 이 장치는 큰 기판에서 2 μm의 거리만큼 떨어진 얇은 격판으로 구성되어 있다. 공동은 낮은 압력에서 밀폐되어 있다. 두 번째 장치인 2형 장치는 첫 번째 장치와 전반적으로 동일하나 공동 안에 작은 구멍을 가지고 있다는 점이 다르다. 그래서 공동은 대기압 아래에 위치해 있다. 세 번째 히터는 상온의 전체 기판 위에 정확히 위치해 있다.

그림 5.24에 열저항의 네트워크 개략도를 나타내었다. 저항 가열에 의해 생성된 열에너지는 기판의 아래, 위의 공기로 배출된다. 열의 일부는 주위의 대기로 직접 빠

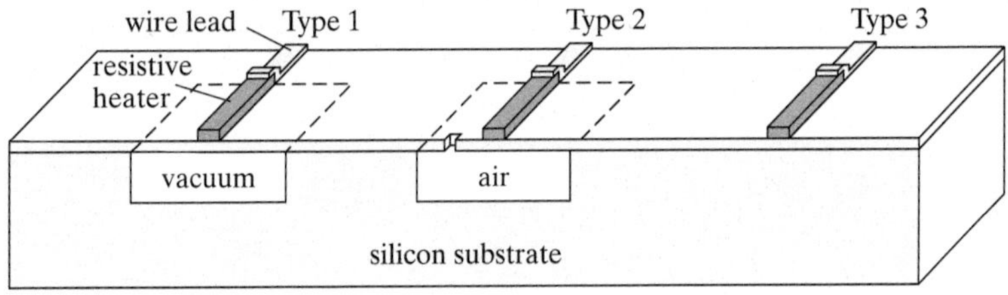

그림 5.23
다른 단열 구조에서의 세 가지 센서.

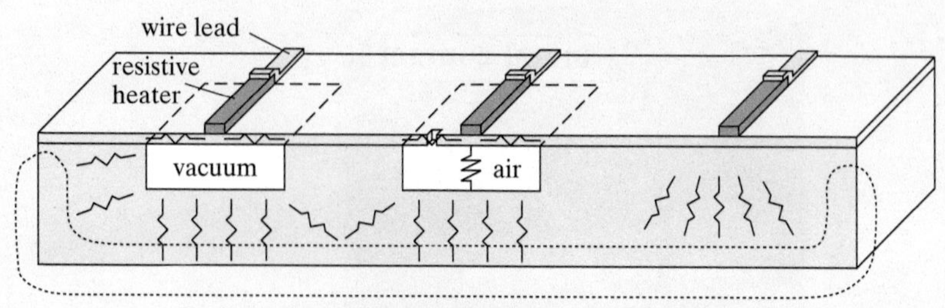

그림 5.24
열의 유입 경로를 묘사하는 열저항망의 분산 개략도.

져 나간다. 이 세 가지의 경우 공기 중으로 빠져 나가는 열의 양은 똑같다. 열전달의 두 번째 경우는 기판으로 빠져 나가는 것이다. 1형 장치의 경우, 열은 반드시 얇은 판으로 먼저 전달된다. 공동은 열전달을 위해 낮은 온도에서의 적은 공기 분자들로 잘 밀폐되어 있기 때문에 공동을 통해 기판으로 전달되는 열전달은 최소화된다. 2형 장치의 경우에는 열이 공동과 기판 안의 공기 분자들을 통해 전달될 수 있다. 2형 장치와 연결된 열저항은 1형 장치에서의 열저항보다 작을 것으로 여겨진다. 히트싱크(heat sink)로 여겨지는 세 번째 경우는 기판으로 바로 열이 전달된다. 열저항은 세 가지의 경우 중에서 제일 작을 것이라고 추측된다.

열 저항 요소의 I-V 특성들은 그것과 관련된 열저항을 결정하는 데에 사용될 수 있다. 이제 실질적인 실험 결과를 검토해 보도록 하겠다. 대표적인 세 저항의 전류-전압 특성들이 그림 5.25에 나타나 있다. 1형과 2형 장치의 경우, 높은 입력 전력 값에 따른 I-V 곡선의 곡률은 명백하다. 직선에서의 편차는 저항의 변화로 인해 생기는데, 이것은 측정 편차 내에서 발생하는 저항 열에 의해 야기된 것이다. 첫 번째 경우에서 곡률의 양은 두 번째 경우에서보다 더 크다. 3형 저항의 측정 범위에서 거의 선형 관계를 보이는데 이는 자기가열 효과는 중요하지 않다는 것을 의미한다.

저항과 적용된 옴의 가열 힘의 관계를 I-V 특성으로부터 발견할 수 있다. 다음의 과정은 I-V 특성 관계를 온도와 가해진 출력 간의 관계로 변형시킨다.

I-V 곡선을 따라 찍힌 각 데이터는 전류 I_d, 전압 V_d에 일치된다. 측정된 각 지점에서 수평의 좌표(전압)와 수직의 좌표(전류)의 비는 순간적인 저항을 나타낸다. 즉 다음과 같다.

$$R_d = \frac{V_d}{I_d} \tag{5.28}$$

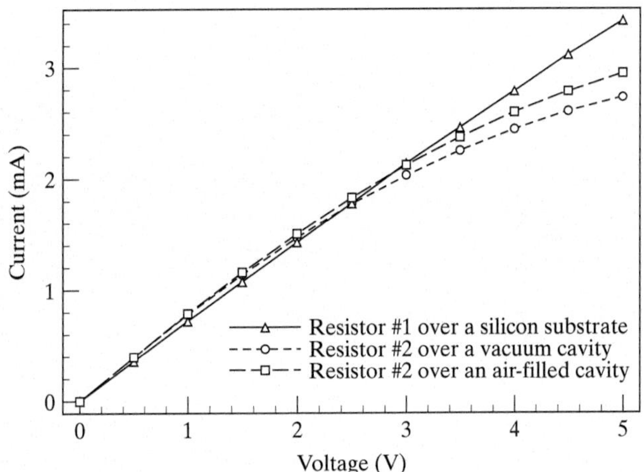

그림 5.25
세 가지 경우의 I-V 특성들.

반면에 이 두 축의 결과는 아래 식에 따른 입력 전력에 대한 그림을 만들어 낸다.

$$P_d = V_d I_d \tag{5.29}$$

그러므로 I-V 특성 곡선은 저항과 입력 값 간의 관계(*R* 대 *P* 곡선)를 나타내는 곡선으로 포인트 매칭(point by point)을 할 수 있다(그림 5.26). 온도와 입력된 전력에

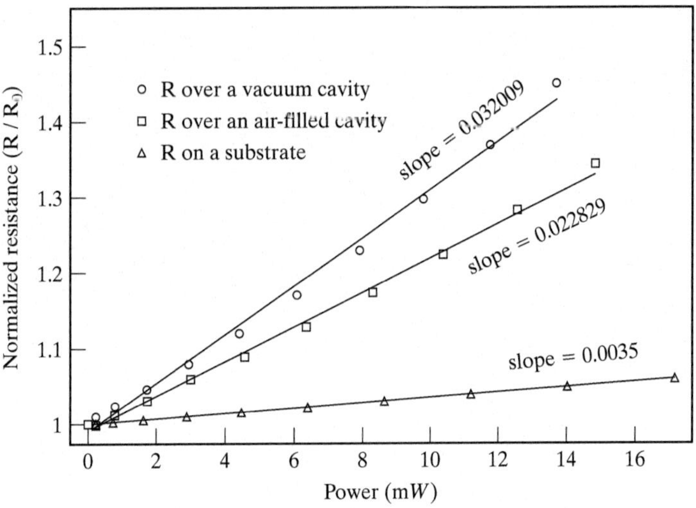

그림 5.26
저항 대 전력.

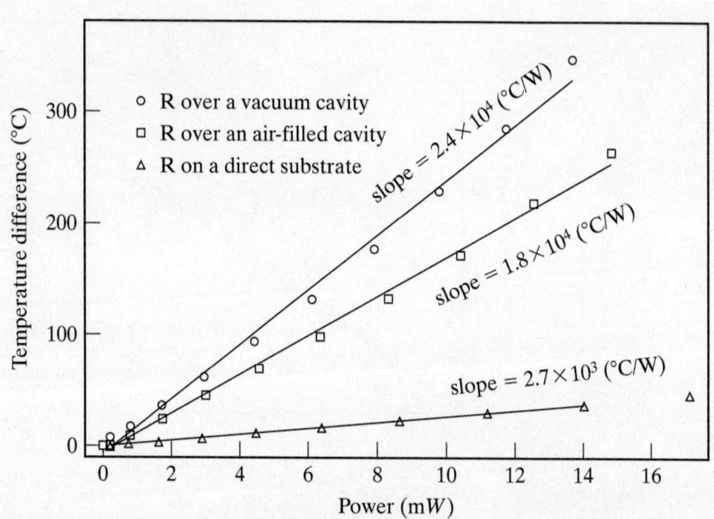

그림 5.27
온도 대 입력 전력.

따라 저항은 증가하며, 그러므로 선형 *R-P* 곡선을 기대할 수 있다. 자기가열 효과가 커지면 커질수록 곡선의 기울기도 커지게 된다. 이것은 진공 공동의 단열 조건에서 1형 장치가 보여 주는데, 저항이 최대로 상승되어 나타난 것은 완벽한 열적 단열을 의미한다.

만약 열저항의 TCR 값이 알려져 있다면 장치의 온도는 그것의 저항 측정으로부터 추정될 수 있다. 저항과 대기 간의 온도 차이는 다음 식에 따라 기록된 저항으로부터 추정된다.

$$\Delta T_d = \frac{\dfrac{R_d - R_0}{R_0} - 1}{\alpha_r} \tag{5.30}$$

그러므로 *R-P*(저항-전력) 선도는 온도와 입력 전력 값의 관계를 나타내는 *T-P* 선도로 나타낼 수 있다(*T-P* 선도, 그림 5.27). *T-P* 선도의 기울기는 각 경우의 열저항 값과 일치한다.

2형 장치와 연결된 열저항은 3형 장치의 저항보다 6.6배가 크다. 이것은 얇은 막(membrane)이 불필요함을 의미한다. 1형과 연결된 열저항이 3형에서의 열저항보다 8.9배 더 크다는 것에서 진공 밀봉의 이점을 확인할 수 있다.

5.5.3 적외선 센서

열 센서는 특히 적외선 스펙트럼에서의 방사능 검출에 매우 유용하다. 이 절에서는 야시경, 환경 모니터링, 생의학적 진단, 그리고 비파괴 실험을 포함한 군 및 일반 생활에의 적용에 핵심 기술인 미세 가공된(micromachined) 적외선 검출기에 대해 논의할 것이다. IR 방사선 검출기는 크게 광자(photonic) 검출과 열검출의 두 분야로 나눌 수 있다. 광검출 센서는 8~14 μm 파장의 IR 방사선을 흡수하는 매우 작은 에너지 밴드갭(bandgap, 0.1 eV)을 가진 물질로 만들어져 있다.[8 μm와 14 μm 파장의 광자(photon) 에너지는 각각 0.15 eV와 0.089 eV이다.] 그러나 작은 밴드갭을 갖는 검출기들은 열잡음에 영향을 받기 쉽다. 이와 같은 센서들은 복잡하고 무거워서 일반적으로는 극저온의 환경에서 냉각된다. 대부분의 군 및 일상생활에 사용되는 적외선 센서들은 극저온 냉각 액체를 들고 다녀야 하는 번거로움이 있다.

이러한 결함의 해결에 초점을 둔 IR 센서의 또 다른 분야는 광열 가열에 근거한 것으로, 일반적으로는 열흡수기를 이용하여 적외선을 열로 전환시킨다. 흡수된 열은 흡수기와 운반기의 온도를 상승시킨다. 온도의 상승은 높은 TCR 값과 적합한 단열에서의 열저항 이용 등의 많은 방법으로 알 수 있다. 이것은 **볼로미터**(bolometer)라고 불리는 적외선 센서의 큰 부류를 구성한다[38, 39]. 또한 온도 상승은 열전대[40]와 열팽창 빔(thermal bimetallic beams)의 기계적인 이동을 이용하여 알아낼 수 있다[39].

열 바이메탈 빔에 근거한 센서는 피에조 저항[41], 축전용량(그림 5.28), 그리고 광학적 변형 기술[42]을 포함한 구부러짐을 검출하는 방법을 기준으로 세분된다. 이러한 측정 원리는 극저온으로 냉각된 적외선 검출기로서 유사한 크기의 잡음-등가 온도의 차이(NETD)를 제공한다(3 mK)[43, 44]. IR 흡수기와 관련된 바이메탈 빔은 반드시 큰

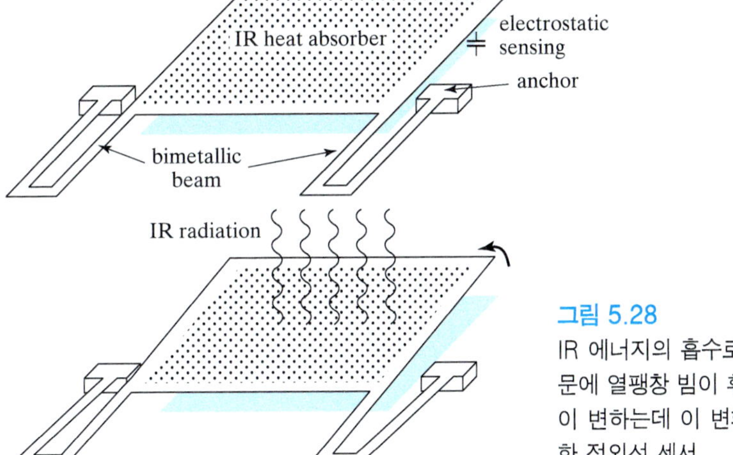

그림 5.28
IR 에너지의 흡수로 인한 온도 변화때문에 열팽창 빔이 휘게 되어 정전 용량이 변하는데 이 변화의 감지를 기초로 한 적외선 센서.

열저항, 다시 말해 긴 길이와 작은 단면적을 가진다. 미세 가공 기술은 이러한 센서 분류를 구현하는 데 이상적이다. 이론적 한계에 가까운 측정을 위해, 열 바이메탈 빔은 잡음, 단열, 반응 속도에 대해 최적화되어야 한다.

열흡수에 의해 야기된 구부러짐은 여러 방식으로 보고되었다. 열 바이메탈 빔을 사용한 적외선 센서와 광학적 해독에 대해 사례 5.8에서 논의한다.

사례 5.8 적외선 센싱을 위한 바이메탈 구조

독특한 광학적 해독 능력을 가진 마이크로 광기계적(microoptomechanical) 적외선 수신기는 FPA(focal plane array)를 이용한다. 배열의 각 픽셀은 그림 5.28에 보이듯 바이메탈 외팔보 빔과 큰 평판으로 이루어져 있다[44]. 각 외팔보 빔은 입사된 IR 복사의 흡수에 의해 온도가 상승하고, 이로 인해 바이메탈의 각도 변형이 일어난다. 광학적 시스템은 FPA의 모든 외팔보 빔의 변형을 동시에 측정하고 변형된 판에 의해 반사된 이미지를 투영하는 데 사용된다. 이러한 배열을 이용해서, IR 영상은 가시광선 스펙트럼으로 곧바로 투영된다. 직시(direct-view) 광학적 해독에는 전기적 납선이 필요하지 않다.

각 픽셀은 두 층(실리콘 질화물과 금)으로 만들어진 평판으로 구성된다(그림 5.29). 실리콘 질화물 물질은 8~14 μm 범위에서 흡수 최고점을 가지며, 금보다 낮은 열전도율과 열팽창 계수를 가진다. 반면에 금은 가시광선의 반사물로 사용된다. 외팔보의 총 길이는 200 μm이다.

지지 빔을 설계할 때에는 여러 주요한 성능을 균형적으로 고려해야 한다.

1. 흡수기와 기판 사이의 단열은 가능한 한 커야 한다.
2. 유입량이 없을 때 외팔보를 최대한 평평하게 유지하기 위해 필름의 잔류 응력에 의한 굽힘이 최소화되어야 한다.
3. 온도 변화에 대한 변형의 민감도는 가능한 한 커야 한다.

열저항에 대한 설계 측면에서 더 자세히 검토해 보자. 각 픽셀을 디자인함에 있어, 각 픽셀의 높은 열저항은 주어진 IR 플럭스(q[W/m^2])와 면적 A에서 각 빔의 온도 상승을 최대화하는 데 중점을 두어야 한다. IR 에너지가 100% 흡수된다고 가정하면, 온도 상승은 다음과 같다.

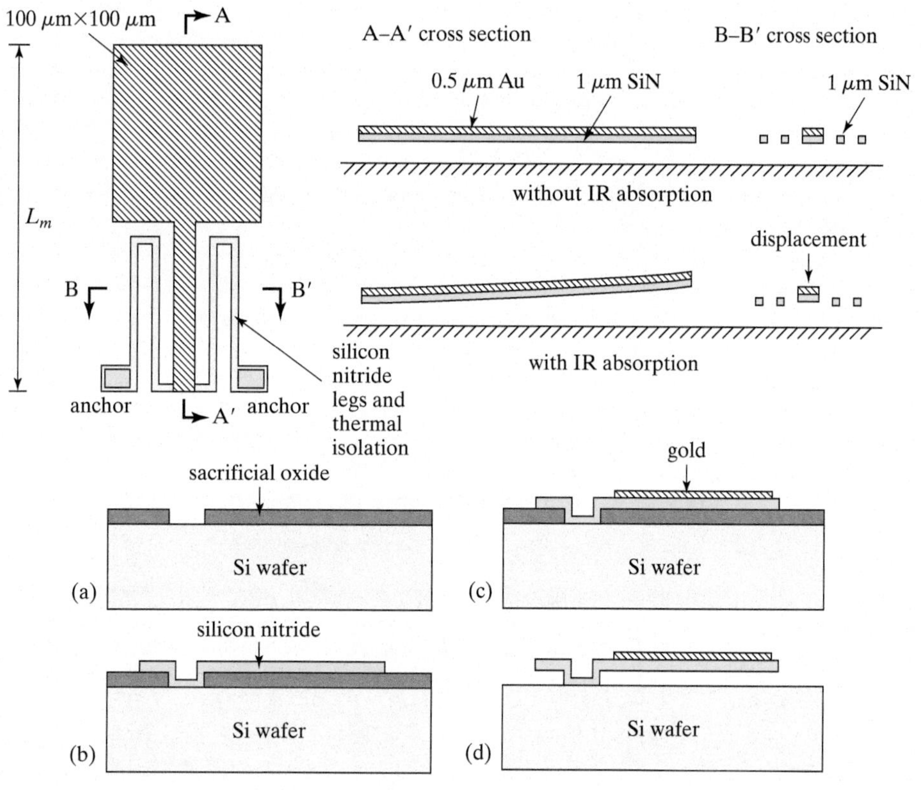

그림 5.29
적외선 열센서.

$$\Delta T = (qA)R_T \tag{5.31}$$

R_T는 각 흡수판과 관련된 유효 열저항이다. IR 흡수기로부터 외부로의 열저항은 병렬로 연결된 세 부분으로 이루어진다: (1) 외팔보와 관련된 열저항($R_{T,l}$), (2) 주변 공기를 통한 열전도($R_{T,g}$), (3) 복사와 관련된 열저항($R_{T,r}$).

외팔보는 실리콘 질화물로 만들어졌고, 어떠한 금속도 포함하지 않는다. 따라서 $R_{T,l}$은 다음과 같다.

$$R_{T,l} = \rho_{\text{SiN}} \frac{l}{wt}$$

여기서 l, w, t는 각각 외팔보의 길이, 너비, 그리고 두께이며, ρ_{sin}는 열저항률이다.

가스 전도에 의한 열손실은 픽셀의 동작 환경을 진공으로 함으로써 최소화할 수 있다.

복사와 관련된 열저항률은 복사 에너지 손실이 앞면과 뒷면에서 동시에 일어난다는 사실을 반드시 고려해야 한다. 복사 에너지가 측정의 목표이므로, 복사에 의한 열저항은 반드시 고려되어야 한다. 박막과 관련된 유효 열저항은 다음과 같다.

$$R_{T,R} = \frac{\Delta T}{EA} = \frac{\Delta T}{\sigma(\varepsilon_{top} + \varepsilon_{bottom})A\Delta T^4} = \frac{1}{\sigma(\varepsilon_{top} + \varepsilon_{bottom})A\Delta T^3}$$

간략화된 제작 과정이 그림 5.29에 표현되어 있다. 공정 과정은 10~20 Ωcm의 고유 저항을 가진 붕소가 도핑된 실리콘 웨이퍼에서 시작한다. 첫 번째 과정은 희생층인 5 μm 두께의 PSG 막을 증착시키는 것이다. 희생층은 패턴화되고 식각된다(그림 5.29). 작은 응력의 실리콘 질화물층이 1 μm 두께로 증착되고 패턴화된 후, 0.5 μm 두께의 금 필름이 열증착된다. 10 nm 두께의 크롬층이 금과 실리콘 질화물 사이에 점착력을 증가시키기 위해 증착된다. PSG 층이 빔을 독립시키기 위해 제거된다.

금과 크롬의 얇은 층이 잔류 인장 응력으로 인해 외팔보를 평판 밖으로 10 μm로 밀어내는 것이 발견되었다. 이것은 광학적 FPA 배열을 초점 밖으로 이동시키기 때문에 바람직하지 않다. 고유 굽힘을 제거하거나 최소화하기 위한 많은 방법이 있다. 문헌에서 논의된 한 아이디어는 실리콘 질화물의 침전 방법을 다양하게 하여 사실상 다른 형태와 고유 응력을 지닌 두 개의 독특한 층으로 구성하는 것이다[44]. 바닥층은 금/크롬 층의 응력을 보상하기 위해 강한 인장 응력을 가진다. 비록 이 방법이 이론적으로는 가능하지만, 금과 크롬의 굵기와 막응력이 작동하는 동안 변화되기 때문에 실제로 사용하는 것은 어렵다.

5.5.4 기타 센서들

여기서 우리는 검출을 기초로 한 열전달의 기능과 전력을 예증하기 위해 두 개의 특별한 응용들에 대해 논의하고자 한다. 먼저 데이터 저장과 복구를 위한 통합된 열제어와 온도 센싱 요소를 가진 마이크로외팔보에 초점을 맞춘다(사례 5.9). 그런 다음 파릴렌 박막의 CVD 증착을 위한 끝점 검출기에 대해 알아보자(사례 5.10).

사례 5.9 데이터 저장과 복구를 위한 외팔보

원자 현미경 외팔보의 배열은 열기계적 쓰기와 열을 이용한 읽기를 조합하는 데 사용

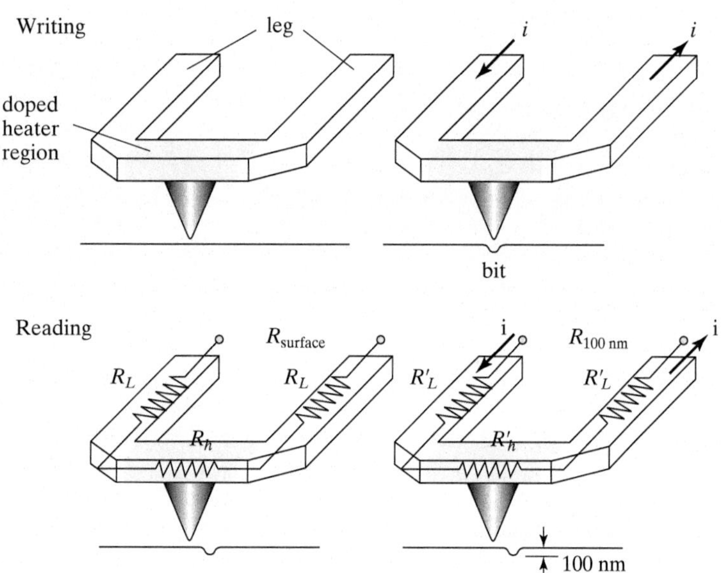

그림 5.30
열에 근거한 데이터 읽기의 원리.

된다[46~48]. 디지털 정보는 표면 위상적인 특징으로서 저장될 수 있다. 예를 들면 움푹 들어간 표면은 디지털 상태를 나타내고, 표준 높이의 표면은 다른 상태를 나타낸다. 날카로운 스캐닝 탐침 팁을 가지고 쓰는 것은 데이터 저장 공간의 잠재적으로 높은 밀도(250 nm의 점 간격을 지닌)와 높은 쓰기 속도(100 kHz보다 더 큰 열펄스 주파수와 2.4 mm/s보다 큰 팁 운송 속도)를 제공한다. 비트 쓰기는 350°C에 달하는 외팔보를 가지고 비트 쓰기를 위해 얇은 PMMA 필름에서 이루어져 왔다(그림 5.30). 참고문헌 [47]에 나타낸 쓰기는 1 μm 두께와 70 μm 길이의 두 개의 다리를 지닌 실리콘 외팔보를 사용하였다. 열은 레이저나 통합된 저항 히터를 통해 제공될 수 있다. 팁의 저항 히터 영역은 팁 지역이 가볍게 도핑된 외팔보 다리의 무거운 이온 부식에 의해 형성된다.

쓰기를 위해 사용된 히터 외팔보에는 저항의 온도 종속성을 이용한 열 되읽기 센서 기능이 추가된다. 그 원리에 대해 알아보자. 일정한 높이의 표면을 지나면서 검출함에 따라 일정한 히터의 전력이 SPM 탐침에 전송되는 것으로 추측된다. SPM 탐침으로부터 나온 열은 팁, 팁-기판 공기 매개체, 그리고 기판을 통해 전도된다. 팁 끝에서부터 기판까지의 거리(열 흡수원을 고려한)는 팁이 기판 표면을 가로질러 이동함에 따라 변한다. 팁이 평평한 위상을 가진 영역 위를 바로 공중정지하고 있을 때, 팁 끝과 기판 사이의 거리는 오히려 작아진다. 하지만 팁이 구멍 바로 위에 위치해 있을 때, 팁과 기판의 거리는 증가한다. 증가된 거리는 큰 열저항으로 변형되고, 따라서 팁과 외팔보의 온도가 높아진다.

장치의 전기 저항, 기계적 강도, 공진 주파수, 그리고 열전달 특징은 두 다리의 길이와 단면에 의해 결정된다. 긴 다리는 기생 열저항 R_L을 증가시키고(원하지 않음), 기계적 스프링 강도를 감소시키고(원함), 공진 주파수를 낮추며(원하지 않음), 열저항과 열반응 시간을 증가시킨다(원하지 않음). 광학적 디자인은 충분히 정확한 모델에 근거한 교차점의 고려 사항을 반드시 만족시켜야 한다.

데이터 기록을 위해 최적화된 외팔보가 데이터 읽기를 위해 최적화될 필요는 없다. 이러한 작업은 데이터 읽기와 쓰기를 위해 외팔보를 실시간으로 최적화하는 데 목적이 있다. 깊이가 100 nm인 비트의 데이터 기록을 위한 외팔보의 민감도는 특성화되었다. 열적 읽기 민감도는 수직 변위로 보았을 때 4×10^{-4}/nm만큼 높고, 각 외팔보의 저항은 5.1 kΩ이다.

사례 5.10 파릴렌 증착을 위한 공정 관리

파릴렌(poly-para-xylylene)의 화학적 증기 증착 과정은 잘 정립되어 있다. 파릴렌은 유전체의 폴리머 물질인데 실온에서 화학적 증기 증착 방법으로 증대시킬 수 있다. 그것은 특히 매우 낮은 바늘 구멍 밀도를 가진 등각 코팅 물질이다. 몇 가지 예를 들어보면, 파릴렌은 미세 유체 회로, 미세 주입기, 그리고 밸브/펌프와 같은 미세 전자기계 장치를 제조하기 위해 사용되어 왔다. 필름이 기계적 구조로서의 기능을 하기 위해 사용되기 때문에, 두께는 센서와 액추에이터의 성능을 결정하는 중요한 변수가 되었다.

증착 두께를 예측하고 제어하기는 어렵다. 두께를 제어하는 방법은 이합체 물질의 제어된 양으로 증착 시스템에 미리 부하를 가하는 것이다. 파릴렌 증착 두께를 정확히 모니터링하기 위한 원위치에서의 말단 감지기가 필요하다.

필름 두께를 위한 후보 센서는 음파 공진기인데, 이것의 공진 주파수는 증착된 물질이 가하는 질량에 따라 변한다. 이것은 일반적으로 증착된 얇은 금속 필름의 두께를 모니터링하는 데 사용된다. 하지만 이 방법은 잠재적으로 큰 증착 두께와 무거운 질량 부하를 가진 파릴렌에서 덜 이상적으로 작동한다. 공명기를 작동시키고 주파수 편이를 설명하기 위한 센서는 복잡한 전자공학을 요구한다.

파릴렌 센서의 개략도를 그림 5.31a와 b에 나타내었다[49]. 센서는 가열 요소와

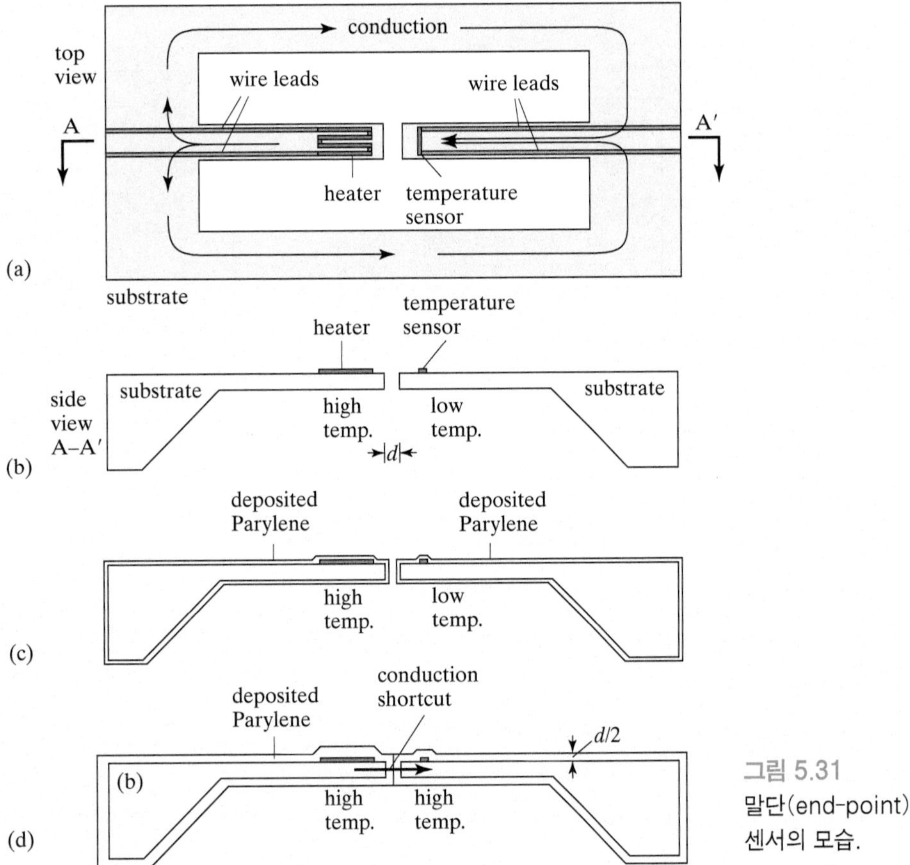

그림 5.31
말단(end-point) 센서의 모습.

온도 센서로 이루어진다. 히터와 온도 센서는 두 개의 다이빙-보드 형태의 외팔보 빔의 말단에 위치해 있다. d로 표현된 두 외팔보 빔 말단 사이의 거리는 마스크 도면에 잘 정의되어 있다. 미세 가공 기술을 이용하면 공백의 크기는 정확히 정의될 수 있다.

파릴렌은 전형적인 증착 압력 범위인 20 ~ 40 mtorr의 낮은 압력 환경에서 증착된다. 열린 공백을 가진 센서가 진공 상태에 위치할 때, 공백을 통한 열전도는 무시할 수 있다. 파릴렌이 등각형 안에서 증착될 때, 외팔보의 두 말단 사이의 거리는 점차적으로 감소한다(그림 5.31c). 파릴렌의 두께가 $d/2$에 달할 때, 두 파릴렌의 앞면이 만나면서 공백을 채우고 열전도 경로를 완성하게 된다(그림 5.31d). 공백이 열전도 매체인 파릴렌으로 채워지면서, 열이 첫 번째와 두 번째 전달 모드로 전달될 수 있다. 히터에 의해 발생한 열은 이제 '열지름길'을 가지게 되고 열센서에 도달하게 된다. 열전달 특징의 이러한 변화는 과정의 마지막을 추론하기 위해 사용된다. 공백 d를 가진 단일 센서는 파릴렌의 두께가 $d/2$에 달할 때 나타낼 수 있다.

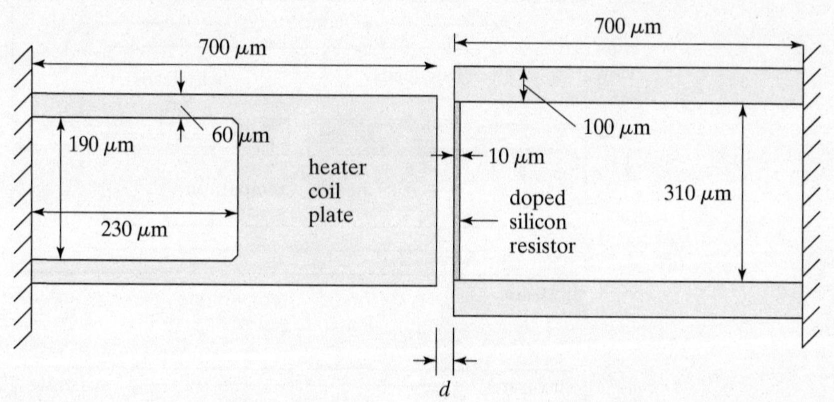

그림 5.32
히터와 열저항으로 이루어진 전형적인 센서의 치수.

미세공정기술은 말단감지기와 같은 성공적인 실행을 위해 필수적이다. 광학적 식각과 미세 가공은 외팔보 빔을 가늘고 얇아지게 하면서 히터에서 기판으로의 열전달을 감소시킨다. 이것이 두 번째 열전달 모드와 관련된 시상수를 증가시키면서 첫 번째 전달 모드의 발현이 쉽게 감지되도록 한다. 이것은 또한 필요 없는 열손실과 전력 소비를 줄인다. 게다가 광학적 식각은 공백 거리 d를 정확히 정의하기 위해 매우 중요하다.

전형적인 센서의 구조를 그림 5.32에 나타내었다. 외팔보 빔의 두께는 40 μm이다. 온도 센서와 히터와 관련된 유효 열저항의 값은 실리콘의 열전도성을 149 W/m·K로 가정했을 때 1.3×10^7 W/K이다. 일반적으로 말하면 얇고 좁은 빔을 사용하는 것은 열저항을 증가시키는 데 유리하다. 하지만 남은 외팔보 지지대 빔을 구부릴 수 있는 내재 응력을 나타낸다. 굽힘은 실리콘 빔이 몹시 얇다면 공백 공간(d)과 비교했을 때 매우 중요해질 수 있다. 이것은 히터와 센서 사이의 유효 거리를 변경할 수 있다. 반면에 빔이 몹시 얇다면, 히터와 온도 센서와 관련 있는 열전달은 줄어들 것이다. 이 장치는 작동하는 데 더 많은 전력을 필요로 할 것이다.

내재 응력에 의한 공백 공간의 변형을 피하기 위해, 단결정 실리콘이 외팔보 빔으로 사용되었다. 단일결정 실리콘 물질은 매우 작은 내재 응력을 지닌다. 빔의 두께는 공정 과정 중에 조심스럽게 제어된다.

실리콘 빔 위에 위치한 패턴화된 금속 저항은 가열과 전송을 수행한다. 저항의 온도 상수(TCR)는 0.14%/°C로 밝혀졌다. 오랜 시간 동안 전력이 히터에 가해지면, 센서의 기판은 높은 온도로 가열될 것이다. 물체의 가열과 관련된 시상수가 처음으로 고려된다. 전력을 더하기 위한 서미스터(thermistor)의 저항 값은 그림 5.33에 나와 있

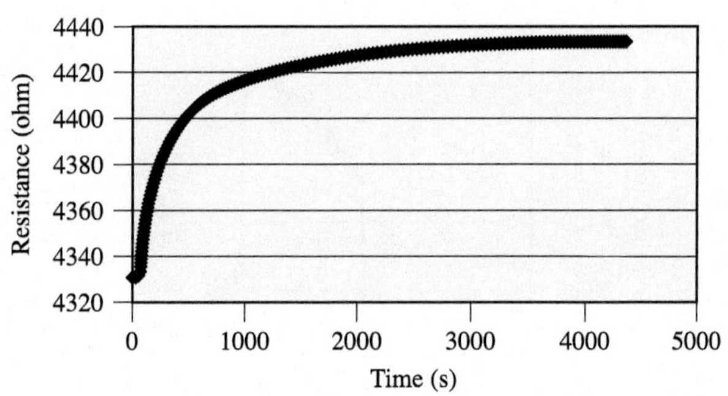

그림 5.33
히터에 적용되는 단위 입력 전력에 따른 대표적인 온도 센서의 저항 변화. x축은 시간을 나타낸다. 전체 플롯의 길이는 10분 동안 지속된다.

다. 입력 전압의 크기는 5 V이다. 작동(ON) 상태 동안의 입력 전력은 0.1 W이다. 이것은 가열과 냉각 과정에서 적용된 시상수가 각각 336.8초와 145초임을 보여 준다.

일정한 크기(5 V)와 신호 주기(5 s)의 사각파 신호가 작동하는 동안 주기적으로 가해졌다. 참고문헌[49]에 따르면 신호 주기의 평균 간격은 5분이다. 기본적인 작동 시간 동안 여러 개의 출력 피크가 기록되었다. 틈이 좁혀지기 이전과 이후에 일반적인 피크의 형태는 달랐다. 틈이 끝나기 이전에 피크에서 선택된 전형적인 파동 형태는 그림 5.34에 나와 있다. 전력이 갑자기 증가할 때 센서의 저항은(그러므로 온도 또한) 약 수백 초의 측정된 시상수에 따라서 지수함수적으로 증가한다. 전력이 끊긴 다음에는 저항 값이 점차 원래의 값으로 돌아간다.

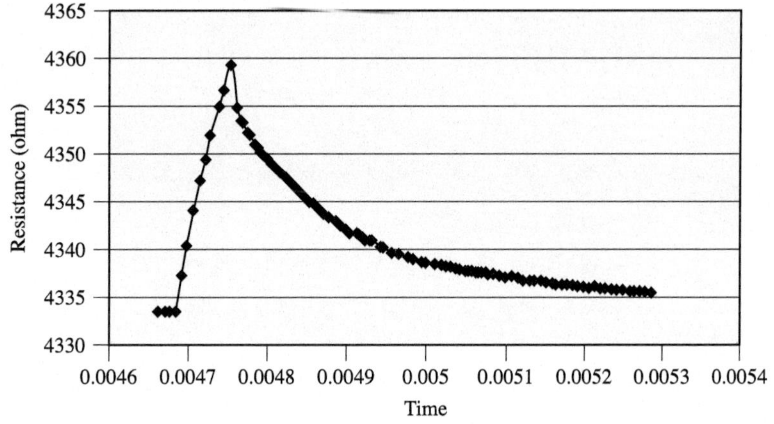

그림 5.34
히터에 가해지는 단위 전력에서의 저항의 증가와 감소. 이것은 틈이 연결되기 전에 얻어졌다.

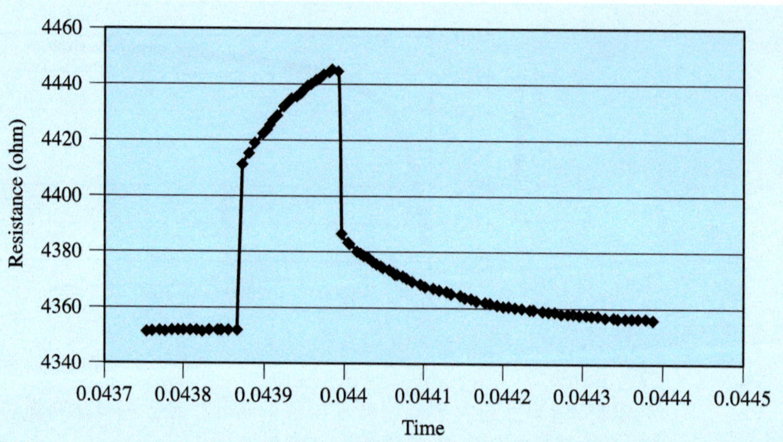

그림 5.35
히터에 가해지는 단위 전력에서의 저항의 증가와 감소. 이것은 틈이 봉해진 이후에 얻어졌다.

마지막 5초 동안의 피크에 대한 대표적인 플롯이 그림 5.35에 나타나 있다. 온도 센서의 저항이 갑자기 전력의 적용에 따라서 바뀌는 것은 분명하다. 이 빠른 변화는 열 신호가 파릴렌에 의해 연결되는 틈에서 온도 센서로 직접 전달된다는 사실에 분명한 이유가 있다. 이때 저항 변화의 비율은 작아지며 이것은 물체 가열의 영향이 끝났음을 의미한다. 전력이 끊긴 이후에 저항은 다시 물체 가열의 영향이 확인 되기 전에 감소한다.

요약

여러분은 다음의 개념과 사실을 반드시 숙지하여야 하며 다음의 분석을 수행할 수 있어야 한다.

- 주요 온도 측정 방법의 물리적 특성과 일차 수학 방정식 묘사: 열적 빔의 굽힘, 열전대, 그리고 열저항.
- 열전도의 세 가지 유형과 그들의 지배 방정식
- 전도, 대류, 복사에 따른 열저항성의 정의
- 마이크로 구조에서의 전도성 열저항의 계산
- 단순한 지형에서의 열 바이메탈의 굽힘 계산
- 열저항의 저항에 대한 온도 계수의 실험적 계산 과정

- 옴 가열 열저항체에 대한 열저항 값을 직접적으로 얻는 방법
- 열전대 측정에 대한 원리

문제

특별한 지시가 없는 경우 아래의 표에 있는 변수 값을 사용하라.

Category	Parameter	Value
Young's modulus	Silicon	120 Gpa
	Silicon nitride	385 Gpa
	Gold	57 GPa
Fracture strain	Silicon	0.9%
	Silicon nitride	2.0%
Thermal expansion coefficient	Gold (Au)	14.2 ppm/°C
	Aluminum (Al)	25 ppm/°C
	Nickel	13 ppm/°C
	Silicon and polysilicon	2.33 ppm/°C
Density (kg/m^3)	Silicon	2330
	Silicon nitride	3100
ε_0	8.854×10^{-12} F/m	

문제 5.1: 검토

대류와 복사의 경우 열저항의 해석적 표현을 유도하라.

문제 5.2: 설계

같은 길이의 두 가지 요소로 만들어진 합금 외팔보 빔이 있다. 위 부분의 금속(재료 2)은 금이며 아랫부분의 금속(재료 1)은 SCS, 즉 단결정 실리콘이다. 두 부분의 너비는 10 μm이다. 두 부분의 길이는 모두 1 mm이다. 금과 실리콘의 영률은 각각 E_2=57 GPa, E_1=150 GPa이다. 금과 실리콘의 두께는 각각 t_2=0.5 μm와 t_1=1.5 μm이다. 금과 실리콘의 열팽창 계수는 α_2=14 ppm/°C와 α_1=2.33 ppm/°C이다. 빔이 상온에서 20°C로 균등하게 가열될 때 외팔보 빔의 곡률 반지름을 구하라. 이 조건 아래에서 빔의 끝을 자유롭게 할 때 수직 변위의 크기를 정하라.

문제 5.3: 설계

열전대 형태는 다음과 같이 두 금속선이 연결되어 있다. 1번 지점은 2번과 3번 지점보다 온도가 높다. 세 가지 금속이 사용 가능하다: (1) 크로멜(chromel), 제벡 계수 =30 μV/K; (2) 알루멜(alumel), 제벡 계수 =−11 μV/K; 그리고 (3) 철(iron), 제벡 계수=10 μV/K.

다음 중 어느 구문이 옳은가? 어느 것이 가장 좋은 온도 민감도를 주는가? 분석 단계를 보이라.

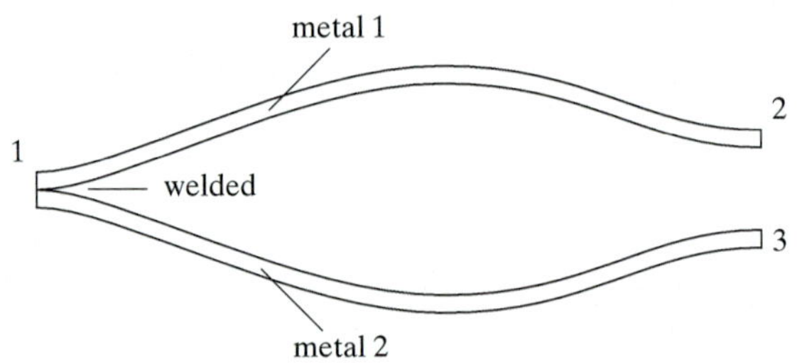

1. 금속 1= 크로멜, 금속 2= 크로멜, 60 μV/K의 최대 가능한 열전대 민감도를 발생시킨다.
2. 금속 1= 알루멜, 금속 2= 크로멜, 30 μV/K의 최대 가능한 열전대 민감도를 발생시킨다.
3. 금속 1= 철, 금속 2= 알루멜, 21 μV/K의 최대 가능한 열전대 민감도를 발생시킨다.
4. 금속 1= 크로멜, 금속 2= 알루멜, 41 μV/K의 최대 가능한 열전대 민감도를 발생 시킨다.

문제 5.4: 설계

1 mm 길이의 금-실리콘 혼합 빔(고정-자유)에서 빔이 상온보다 10도 높게 가열되고 있을 때, 빔의 끝에서의 수직 변위가 20 μm이다. 만약 온도가 30°C로 상승할 경우 각도와 수직 변위를 구하라. 굽힘 곡률 반지름은 다음 식으로 계산한다.

$$k = \frac{1}{r} = \frac{6w_1w_2E_1E_2t_1t_2(t_1 + t_2)(\alpha_1 - \alpha_2)\Delta T}{(w_1E_1t_1^2)^2 + (w_2E_2t_2^2)^2 + 2w_1w_2E_1E_2t_1t_2(2t_1^2 + 3t_1t_2 + 2t_2^2)}$$

답을 구하는 분석 단계를 보이라.(힌트: θ가 작을 때, cos(θ) 함수를 근사화하려면는 테일러 급수를 사용하라.]

1. 수직 변위 =60 μm, 각도 변위 =6.8°
2. 수직 변위 =49 μm, 각도 변위 =2.3°
3. 수직 변위 =49 μm, 각도 변위 =15°
4. 수직 변위 =60 μm, 각도 변위 =15°

문제 5.5: 설계

TCR 값으로 세 개의 열 저항 폴리 실리콘이 (1) $\alpha = 1000$ ppm/°C, (2) $\alpha = 2000$ ppm/°C, 그리고 (3) $\alpha = -1000$ ppm/°C 와 같다고 가정하자. 이 세 개의 저항에서 I-V 측정이 수행되었다. 다음의 I-V 와 R-P 선도(A 부터 F 까지) 중 어느 것이 옳은가? 해석 과정을 보이라.

1. A
2. B
3. C
4. D
5. E
6. F

문제 5.6: 설계

주어진 온도 변화 ΔT 에서 바이메탈 외팔보 빔에 의해 발생되는 출력의 해석적 표현을 유도하라.

문제 5.7: 설계

축방향 길이가 100 μm 인 알루미늄 막대기가 균일한 온도 변화를 갖는다고 가정하자. 온도는 대기로부터 20°C 상승된다. 측면 연장(lateral elongation)된 양을 계산하라. 만약 한쪽 끝에서 온도가 20°C 상승하고 다른 쪽에서는 대기 온도로 그대로 유지된다면 어떤 온도 변화가 발생할 것인가?

문제 5.8: 설계

사례 5.1 의 참고문헌 [9]에서 논의된 외팔보의 수직 변위를 추정할 수 있는 해석적 표현을 전개하라. 비록 변위가 크고 선형 모델이 더 이상 적용되지 않더라도, 선형 모델을 적용해 보고 그것을 실험 결과와 비교하라.

문제 5.9: 제조

사례 5.1 에서 마스크(mask)가 필요한 각 단계의 마스크 패턴을 도시하라. 저항, 외팔보, 조인트와 같은 각 요소의 그림은 상세히 그릴 필요 없이 논문에 제시된 정보에 따라 스케일링이 가능하도록 간략히 나타내라.

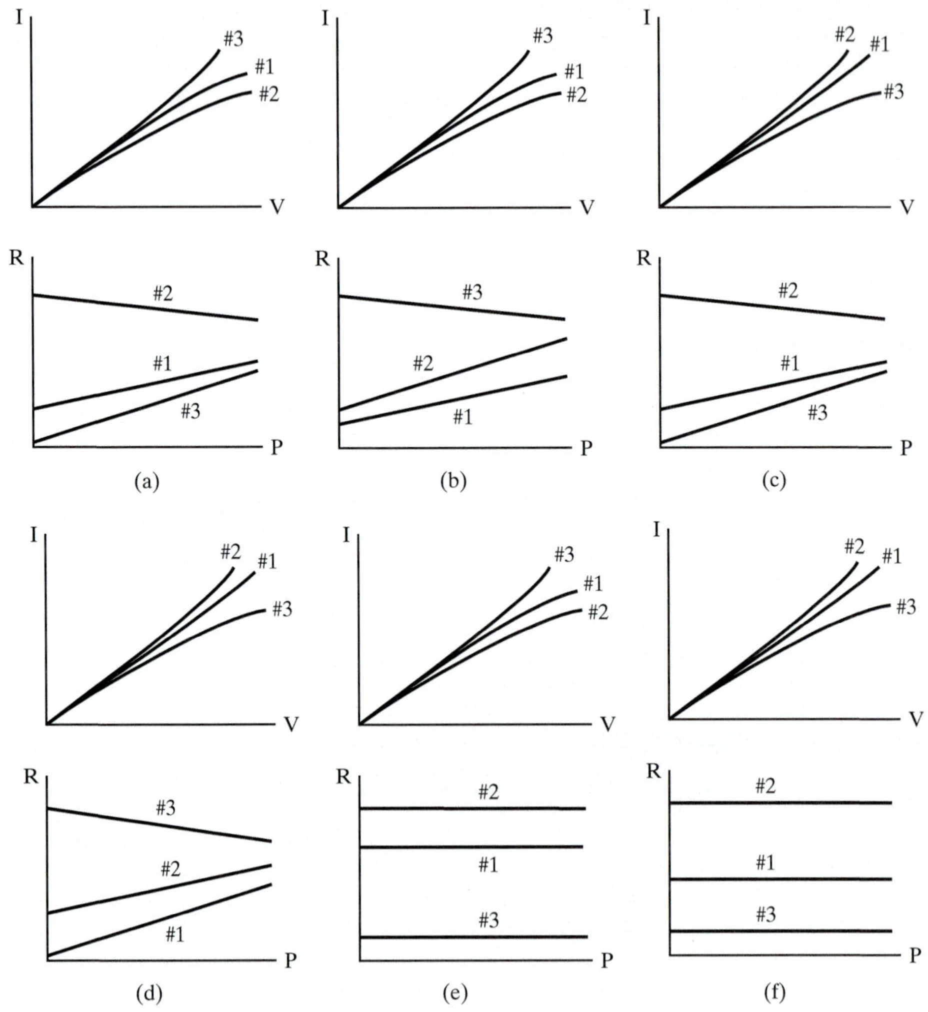

문제 5.10: 제조

사례 5.1 에서 앵커(anchor) 영역에서의 유동을 보여 주는 공정 과정의 횡단면을 도시하라[9].

문제 5.11: 설계

사례 5.2 에서 정전기 힘과 아래 방향으로 바이메탈의 처짐(flap)을 유지하는 데 필요한 전압을 구하라. 이때의 형상은 참고문헌 [9]의 형상을 사용하라.

문제 5.12: 제조

사례 5.2에서 참고문헌 [10]의 그림 5.5에 따른 공정 과정을 상세하게 도시하라.

문제 5.13: 제조

사례 5.2에서 각각의 처짐(flap)의 상세한 공정 과정의 횡단면을 도시하라. 각 단계에서의 식각제(etchant 혹은 development agent) 그리고 다른 물질 사이의 식각 비율의 선택도를 구하라.

문제 5.14: 설계

사례 5.3에서 폴리실리콘이 구조층으로 사용되었다. 폴리이미드 PIQ-3200(사례 5.2에서 사용된)을 구조층으로 사용하여 측면 액추에이터(lateral actuator)를 알 수 있는 공정 과정을 전개시킬 수 있는가? 관련된 설계 문제는 무엇인가? 면에서 고유 굽힘의 발생 없이 가열 요소를 포함시킬 수 있는 방법은 무엇인가?

문제 5.15: 제조

사례 5.3에서 14 V가 가해질 때 암(arm)에 가해지는 전체 전력이 얼마인지 구하라. 관련된 설계 요소는 참고문헌 [13]에 나타나 있다.

문제 5.16: 도전

사례 5.3에서 두 개의 암(arm)이 다른 길이를 가지고 있지만 동일한 횡단면을 가지는 경우, 열응력의 팽창에 의한 수평적 굽힘을 계산하는 분석적 공식을 유도하라[13]. 그 공식을 실험 결과와 비교하라.

문제 5.17: 설계

사례 5.6에서 만약 어떤 가열 부분의 길이가 1 mm라면, 이 가열 부분이 높게 위치할 때 열저항을 결정하라. 지지 빔의 여러 층에 대한 특성이 고려될 것이며 두 개의 빔에 의해 가열 요소는 고정될 것이다. 다음 4개의 물질에 대해 계산하라. 폴리이미드, 전기 도금된 퍼멀로이, 백금, 그리고 니켈.

문제 5.18: 제조

사례 5.5에서 집적 회로의 칩 구성을 완전히 통합할 수 있는 히터와 센서에 의한 공정 과정을 전개하라. 히터와 센서는 열손실을 줄일 수 있는 높은 저항력을 가지는 다리에 의해 매달려 있다. 회로 단계를 보이면서 간략화된 공정 과정을 도시하라.

문제 5.19: 도전

열 측정 원리에 기반을 둔 압력 센서를 설계하라. 이런 센서를 제조하는 과정을 전개하라.

문제 5.20: 제조

사례 5.7에서 왜 폴리실리콘이 열저항으로 사용되는지 그 이유를 말하라. 만약 저항이 금속으로 만들어져 있다면 설계와 공정에서 어떤 변화가 필요해지는가?

문제 5.21: 제조

그림 5.29에 묘사된 공정의 각 단계에서 올바른 식각 산화제와 지시제를 찾고, 또한 그것에 노출되는 물질의 식각 감도를 결정하라.

문제 5.22: 설계

사례 5.8에서 만약 거울에 붙어 있는 접혀진 빔의 내부 굽힘의 크기가 10 μm라면 금속층에서의 내재 응력의 크기는 얼마인지 구하라. 이때 응력은 크롬층에 의해서만 주어진다고 가정하자(예를 들어 금층에 의한 것은 무시하라). 실리콘 질화물에 의한 내재 응력은 0이라고 가정한다.

영률과 두께, 포아송비와 크롬층의 너비는 279 GPa, 10 nm, 0.21, 3 μm이다.

영률과 두께, 포아송비와 실리콘 질화물층의 너비는 385 GPa, 1 μm, 0.29, 3 μm이다.

문제 5.23: 설계

사례 5.9에서 논의된 열적 센싱 원리를 기본적인 센싱 원리로 사용하여 가속도계를 설계하라. 이것의 민감도를 구하는 분석 방정식을 고안하라. 저항의 민감도는 사례 5.9에 주어졌다고 가정한다. 종합적이고 실제적이며 견고한 공정 과정을 도시하라.

문제 5.24: 설계

사례 5.10에서 논의된 파릴렌의 끝점 센서의 설계를 언급하라. 히터와 온도 센서가 위치한 두 개의 빔과 관련된 열저항 값을 계산하라.

문제 5.25: 도전

사례 5.9에서 논의된 열 센서 원리를 사용하여 배열된 촉각 센서를 설계하라. 실제적이고 독립적이며 능숙한 방법을 전개하라. 공정 과정을 전개하라. 촉각 센서는 최종 표피로 엘라스토머(elastomer) 재질을 반드시 포함하여야 한다[예를 들어 폴리디메틸실록산(polydimethylsiloxane)이나 파릴렌]. 10×10 촉각 픽셀 배열(전자를 제외하고)에서 소비되는 전력에 대해서 논의하라.

문제 5.26: 도전

현재의 파릴렌 두께 모니터의 대안적 설계를 전개하라. 참고문헌 [49]와 비교하여 센서의 장점과 단점을 상대적으로 비교하라.

문제 5.27: 도전

저가의 믿음직한 지문 센서 기술을 검토하라. 열 센서 기술에 근거하여 지문 센서 기술을 논의하고 상대적인 이득과 단점을 논의하라. 장비의 공정 과정을 전개하라. 장비에서 수행되는 특성들을 논의하라.

참고문헌

1. Vettiger, P., et al., *Ultrahigh Density, High-Data-Rate NEMS-Based AFM Storage System*. Microelectronic Engineering, 1999. **46**(1–4): p. 101–104.
2. Leung, A.M., Y. Zhao, and T.M. Cunneen, *Accelerometer Uses Convection Heating changes*. Elecktronik Praxis, 2001. **8**.
3. Chen, J., et al., *Two Dimensional Micromachined Flow Sensor Array for Fluid Mechanics Studies*. ASCE Journal of Aerospace Engineering, 2003. **16**(2): p. 85–97.
4. Engel, J.M., J. Chen, and C. Liu. *Development of a Multi-Modal, Flexible Tactile Sensing Skin Using Polymer Micromachining*. In *The 12th International Conference on Solid-State Sensors, Actuators and Microsystems*. 2003. Boston, MA.
5. Yang, X., C. Grosjean, and Y.-C. Tai, *Design, Fabrication, and Testing of Micromachined Silicone Rubber Membrane Valves*. Microelectromechanical Systems, Journal of, 1999. **8**(4): p. 393–402.
6. Incropera, F.P., and D.P. DeWitt, *Fundamentals of Heat and Mass Transfer*. 5th ed. 2002, New York: Wiley.
7. Handique, K., et al., *On-Chip Thermopneumatic Pressure for Discrete Drop Pumping*. Analytical Chemistry, 2001. **73**(8): p. 1831–1838.
8. Ataka, M., et al., *Fabrication and Operation of Polyimide Bimorph Actuators for a Ciliary Motion System*. Microelectromechanical Systems, Journal of,

1993. **2**(4): p. 146–150.

9. Suh, J.W., et al., *Organic Thermal and Electrostatic Ciliary Microactuator Array for Object Manipulation*. Sensors and Actuators A: Physical, 1997. **58**(1): p. 51–60.

10. Suh, J.W., et al., *CMOS Integrated Ciliary Actuator Array as a General-Purpose Micromanipulation Tool for Small Objects*. Microelectromechanical Systems, Journal of, 1999. **8**(4): p. 483–496.

11. Que, L., J.-S. Park, and Y.B. Gianchandani, *Bent-Beam Electrothermal Actuators—Part I: Single Beam and Cascaded Devices*. Microelectromechanical Systems, Journal of, 2001. **10**(2): p. 247–254.

12. Lott, C.D., et al., *Modeling the Thermal Behavior of a Surface-Micromachined Linear-Displacement Thermomechanical Microactuator*. Sensors and Actuators A: Physical, 2002. **101**(1–2): p. 239–250.

13. Pan, C.S., and W. Hsu, *A Microstructure for in situ Determination of Residual Strain*. Microelectromechanical Systems, Journal of, 1999. **8**(2): p. 200–207.

14. Guckel, H., et al. *Thermomagnetic Metal Flexure Actuators*. In *Solid-State Sensor and Actuator Workshop,* 1992. 5th Technical Digest, IEEE. 1992.

15. Comtois, J.H., and V.M. Bright, *Applications for Surface-Micromachined Polysilicon Thermal Actuators and Arrays*. Sensors and Actuators A: Physical, 1997. **58**(1): p. 19–25.

16. DeVoe, D.L. *Thermal Issues in MEMS and Microscale Systems*. Components and Packaging Technologies, IEEE Transactions on [see also Components, Packaging and Manufacturing Technology, Part A: Packaging Technologies, IEEE Transactions on], 2002. **25**(4): p. 576–583.

17. Huang, Q.-A., and N.K.S. Lee, *Analysis and Design of Polysilicon Thermal Flexure Actuator*. Journal of Micromechanics and Microengineering, 1999. **9**: p. 64–70.

18. Van Herwaarden, A.W., et al., *Integrated thermopile sensors*. Sensors and Actuators A (Physical), 1990. **A22**(1–3): p. 621–630.

19. Geballe, T.H., and G.W. Hull, *Seebeck Effect in Silicon*. Physical Review, 1955. **98**(4): p. 940–947.

20. Von Arx, M., O. Paul, and H. Baltes, *Test Structures to Measure the Seebeck Coefficient of CMOS IC Polysilicon*. Semiconductor Manufacturing, IEEE

Transactions on, 1997. **10**(2): p. 201–208.

21. Sarro, P.M., A.W. van Herwaarden, and W. van der Vlist. *A Silicon–Silicon Nitride Membrane Fabrication Process for Smart Thermal Sensors*. Sensors and Actuators A: Physical, 1994. **42**(1–3): p. 666–671.

22. Li, M.-H., J.J. Wu, and Y.B. Gianchandani. *Surface Micromachined Polyimide Scanning Thermocouple Probes*. Microelectromechanical Systems, Journal of, 2001. **10**(1): p. 3–9.

23. Luo, K., et al., *Sensor Nanofabrication, Performance, and Conduction Mechanisms in Scanning Thermal Microscopy*. Journal of Vacuum Science & Technology B: Microelectronics and Nanometer Structures, 1997. **15**(2): p. 349–360.

24. Schafer, H., V. Graeger, and R. Kobs, *Temperature Independent Pressure Sensors using Polycrystalline Silicon Strain Gauges*. Sensors and Actuators, 1989. **17**: p. 521–527.

25. Kanda, Y., *Piezoresistance Effect of Silicon*. Sensors and Actuators A: Physical, 1991. **28**(2): p. 83–91.

26. Huang, J.B., et al., *Improved Micro Thermal Shear-Stress Sensor*. IEEE Transactions on Instrumentation and Measurement, 1996. **45**(2): p. 570–574.

27. Jiang, F., et al. *A Flexible MEMS Technology and Its First Application to Shear Stress Sensor Skin*. In *IEEE International Conference on MEMS*. 1997.

28. Dauderstadt, U.A., et al., *Silicon Accelerometer Based on Thermopiles*. Sensors and Actuators A: Physical, 1995. **46**(1–3): p. 201–204.

29. Dao, R., et al., *Convective Accelerometer and Inclinometer*. In *United States Patents*. 1995, REMEC Inc.: USA.

30. Milanovic, V., et al., *Micromachined Convective Accelerometers in Standard Integrated Circuits Technology*. Applied Physics Letters, 2000. **76**(4): p. 508–510.

31. Mailly, F., et al., *Effect of Gas Pressure on the Sensitivity of a Micromachined Thermal Accelerometer*. Sensors and Actuators A: Physical, 2003. **109**(1–2): p. 88–94.

32. Chen, J., and C. Liu, *Development and Characterization of Surface Micromachined, Out-of-Plane Hot-Wire Anemometer*. IEEE/ASME Journal of Microelectromechanical Systems (JMEMS), 2003. **12**(6): p. 979–988.

33. Zou, J., et al., *Plastic Deformation Magnetic Assembly (PDMA) of Out-of-Plane Microstructures: Technology and Application*. IEEE/ASME Journal of Microelectromechanical Systems (JMEMS), 2001. **10**(2): p. 302–309.

34. Kovacs, G.T.A., *Micromachined Transducers Sourcebook*. 1998, New York: McGraw-Hill.

35. Liu, C., et al., *A Micromachined Flow Shear Stress Sensor Based on Thermal Transfer Principles*. IEEE/ASME Journal of Microelectromechanical Systems (JMEMS), 1999. **8**(1): p. 90–99.

36. Liu, C., and Y.-C. Tai, *Sealing of Micromachined Cavities using Chemical Vapor Deposition Methods: Characterization and Optimization*. Microelectromechanical Systems, Journal of, 1999. **8**(2): p. 135–145.

37. Fan, Z., et al., *Parylene Surface-Micromachined Membranes for Sensor Applications*. Microelectromechanical Systems, Journal of, 2004. **13**(3): p. 484–490.

38. Richards, P.L., *Bolometers for Infrared and Millimeter Waves*. Journal of Applied Physics, 1994. **76**(1): p. 1–24.

39. Eriksson, P., J.Y. Andersson, and G. Stemme, *Thermal Characterization of Surface-Micromachined Silicon Nitride Membranes for Thermal Infrared Detectors*. Microelectromechanical Systems, Journal of, 1997. **6**(1): p. 55–61.

40. Chong, N., T.A.S. Srinivas, and H. Ahmed, *Performance of GaAs Microbridge Thermocouple Infrared Detectors*. Microelectromechanical Systems, Journal of, 1997. **6**(2): p. 136–141.

41. Datskos, P.G., et al., *Remote Infrared Radiation Detection Using Piezoresistive Microcantilevers*. Applied Physics Letters, 1996. **69**(20): p. 2986–2988.

42. Varesi, J., et al., *Photothermal Measurements at Picowatt Resolution Using Uncooled Micro-optomechanical Sensors*. Applied Physics Letters, 1997. **71**(3): p. 306–308.

43. Perazzo, T., et al., *Infrared Vision Using Uncooled Micro-optomechanical Camera*. Applied Physics Letters, 1999. **74**(23): p. 3567–3569.

44. Zhao, Y., et al., *Optomechanical Uncooled Infrared Imaging System: Design, Microfabrication, and Performance*. Microelectromechanical Systems, Journal of, 2002. **11**(2): p. 136–146.

45. Lai, J., et al., *Optimization and Performance of High-Resolution Micro-*

optomechanical Thermal Sensors. Sensors and Actuators A: Physical, 1997. **58**(2): p. 113–119.

46. Mamin, H.J. and D. Rugar, *Thermomechanical Writing with an Atomic Force Microscope Tip*. Applied Physics Letters, 1992. **61**(8): p. 1003–1005.

47. Binnig, G., et al., *Ultrahigh-Density Atomic Force Microscopy Data Storage with Erase Capability*. Applied Physics Letters, 1999. **74**(9): p. 1329–1331.

48. King, W.P., et al., *Design of Atomic Force Microscope Cantilevers for Combined Thermomechanical Writing and Thermal Reading in Array Operation*. Microelectromechanical Systems, Journal of, 2002. **11**(6): p. 765–774.

49. Sutomo, W., et al., *Development of an End-Point Detector for Parylene Deposition Process*. IEEE/ASME Journal of Microelectromechanical Systems (JMEMS), 2003. **12**(1): p. 64–70.

압저항 센서

CHAPTER 6

6.0 서론

압저항성(piezoresistivity)은 초소형 센서의 일반적인 측정 원리이다. 도핑된 실리콘은 알려진 압저항 재료들 중에서 가장 우수한 압저항 반응 특성을 나타낸다[1, 2]. 이 장에서는 우선 6.1절에서 압저항의 원리와 이와 관련된 관계식에 대해 살펴볼 것이다. 그리고 6.2절에서는 단결정 실리콘과 다결정 실리콘 등의 대표적인 압저항 물질들을 검토할 것인데 압저항이란 기계적 성분이 내부 변형에 의해 전기적으로 반응하는 것을 의미한다. 6.3절에서는 여러 가지 힘의 인가 조건에서 빔과 멤브레인의 내부 변형률을 예측하는 방법과 공식을 논의할 것이며, 마지막으로 6.4절에서는 여러 가지 대표적인 압저항 센서의 설계, 제조 공정 및 특성에 대해서 자세히 논의하고자 한다.

6.1 압저항의 원리와 관계식

1856년 켈빈(Kelvin) 경에 의해 처음 발견된 압저항 효과는 센서의 작동 원리로 널리 사용되고 있다. 단순하게 생각하면 전기 저항체는 늘어나거나 변형되면 저항 값이 바뀌게 되는데 이러한 효과는 기계적 영역과 전기적 영역 간의 직접적인 에너지 또는 신호 변환 메커니즘으로 쉽게 사용될 수 있다. 오늘날 압저항은 가속도계, 압력 센서[3], 회전 센서[4], 접촉 센서[5], 유량 센서, 기계적 구조체의 안전 감지 센서[6], 화학/생물 센서 등의 다양한 MEMS 센서의 작동 원리로 사용되고 있다.

길이 l 및 단면적 A를 갖는 저항체의 저항 값은 다음 식으로 주어진다.

$$R = \rho \frac{l}{A} \tag{6.1}$$

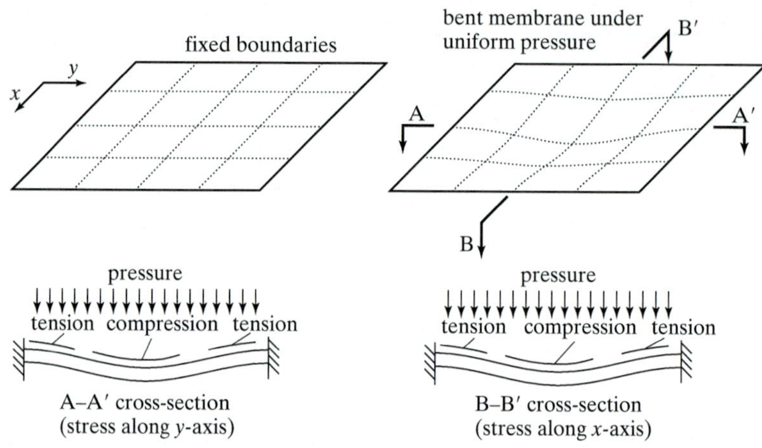

그림 6.1
길이 방향의 응력하에서 저항체의 치수 변화.

이와 같이 저항 값은 벌크 비저항(ρ) 및 치수 값들에 의해 정해진다. 결과적으로 인가된 변형에 따라 저항 값이 변화하는 두 가지 주요 원인이 있다. 첫째는 길이나 단면적 같은 치수가 변형 정도에 따라 변하는 것이다. 치수의 상대적인 변화는 일반적으로 매우 작지만 이해하기 쉬운 요인인데, 길이 방향의 부하에 의해서 횡방향의 변형도 함께 수반된다. 예를 들면 그림 6.1과 같이 저항체의 길이가 증가될 때 단면적은 정해진 포아송 비(Poisson's ratio)에 의해 감소한다. 두 번째는 임의의 재료의 비저항이 변형률의 함수로서 변하는 것인데 이러한 원리에 의한 저항 값의 변화가 치수 변화에 의한 저항 변화보다 훨씬 크다.

엄격한 정의에 의하면 압저항체는 인가된 변형률에 따라 저항이 바뀌는 저항체를 의미한다. 금속 저항체들은 주로 형태 변형 기구에 의해서 저항이 바뀌는데 이러한 저항체를 기술적으로 스트레인 게이지(strain gauge)라고 한다. 반도체 실리콘의 벌크 비저항은 변형률과 함수 관계에 있으므로 실리콘이야말로 진정한 압저항체이다. 이 장에서는 반도체 압저항체와 금속 스트레인 게이지가 함께 논의될 것이다.

반도체 실리콘의 비저항이 인가된 변형율에 따라 변한다는 사실은 꽤 흥미롭다. 비저항이 변형률에 의존하는 이유는 다음과 같이 설명되는데 3장에서의 내용을 복습하면 반도체 재료의 비저항은 전하 운반자의 이동도에 의존한다. 이동도의 공식은 다음과 같이 표현된다.

$$\mu = \frac{qt}{m^*} \tag{6.2}$$

여기에서 q는 단위 전하량, 는 전하 운반자의 충돌 사건 사이의 평균 자유 이동 시간이며, m^*은 결정 격자 내에서 전하 운반자의 유효 질량이다. 평균 자유 이동 시간이나 유효 질량 등은 모두 주어진 물리적인 변형에 따라 변하는 반도체 격자 간의 평균 원자 간격과 관계가 있다. 압저항 효과의 양자물리학적인 설명은 참고문헌 [7]에 자세히 나와 있다.

일반적인 변형하에서의 압저항체의 거시적 거동에 초점을 두면 저항의 변화는 다음 식과 같이 인가된 변형률에 선형적으로 비례한다.

$$\frac{\Delta R}{R} = G \cdot \frac{\Delta L}{L} \tag{6.3}$$

상기 방정식에서의 변형 상수 G는 압저항체의 **게이지 계수**(gauge factor)라고 한다. 상기 방정식에서 G 값의 명백한 관계식을 얻기 위해 풀어 보면 다음과 같다.

$$G = \frac{\frac{\Delta R}{R}}{\frac{\Delta l}{l}} = \frac{\Delta R}{\varepsilon R} \tag{6.4}$$

저항체의 저항 값은 통상적으로 길이 축을 따라 측정된다. 하지만 외부에서 인가한 변형률은 세 개의 주요 벡터 성분을 가질 수 있는데 하나는 저항체의 종방향을 따르는 축이며, 나머지 두 개는 서로 직각으로 배열된 횡방향 축들이다. 압저항 요소는 종방향과 횡방향 변형 성분에 대해서 다르게 거동한다.

종방향의 응력 성분하에서의 측정된 저항 변화는 종방향 압저항이라고 하며, 종방향 변형에 대해 측정된 저항의 상대적인 변화를 **종방향**(longitudinal) **게이지 계수**라고 부른다. 반면에 횡방향으로의 변형 성분에 의한 저항의 변화를 횡방향 압저항이라고 하며 횡방향 변형률에 의해 측정된 저항의 상대적인 변화를 **횡방향**(transverse) **게이지 계수**라고 한다.

압저항 재료의 종방향 및 횡방향 게이지 계수는 서로 다르다. 다결정 실리콘의 횡방향 게이지 계수는 일반적으로 종방향 게이지 계수보다 작은데, 이들의 절대적인 값과 차이는 도핑 형태와 도핑 농도에 따라 변한다[8].

위의 두 가지 변형 성분 중 하나가 주도하는 상황에서도 종방향 및 횡방향 변형은 종종 동시에 일어난다는 것을 알고 있을 필요가 있다. 종방향 및 횡방향 응력 요소하에서의 전체 저항 변화는 아래 식과 같이 각 요소 변화량의 합으로 표현된다.

$$\frac{\Delta R}{R} = \left(\frac{\Delta R}{R}\right)_{longitudinal} + \left(\frac{\Delta R}{R}\right)_{transverse} = G_{longitudinal} \cdot s_{longitudinal} + G_{transverse} \cdot s_{transverse} \tag{6.5}$$

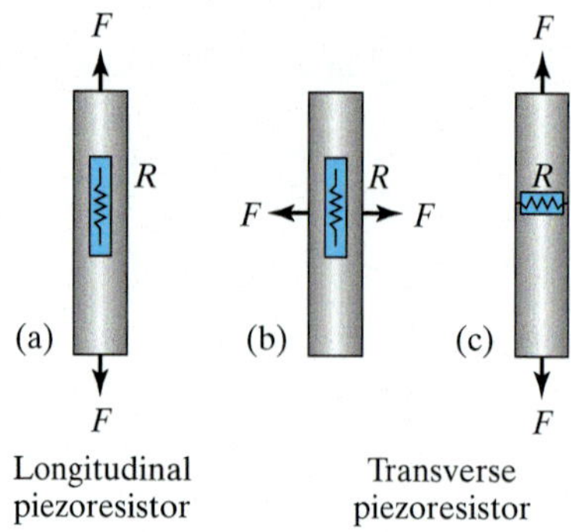

그림 6.2
종방향 및 횡방향 게이지 계수.

압저항 힘 센서는 그림 6.2에 도시한 세 가지 형태의 종방향 및 횡방향 압저항체의 배열들을 이용하고 있다. 저항체 모양으로 나타낸 스트레인 게이지들은 외부 부하가 걸린 막대기의 표면에 붙어 있는 것으로 묘사하였다. 그림에는 다양한 형태의 저항체의 방향과 외부 부하와의 관계가 나타나 있는데 그림 6.2a는 종방향 압저항이 주도하는 경우인 반면에 그림 6.2b 및 6.2c는 횡방향 압저항이 주도하는 경우들에 해당한다.

저항 변화는 주로 휘트스톤 브리지 회로(Wheatstone bridge circuit) 배열을 사용하여 판독한다. 기본적인 휘트스톤 브리지 회로는 루프 형태로 연결된 네 개의 저항체로 이루어져 있다. 입력 전압은 두 개의 저항체에 의해 분리된 두 개의 접합 사이에 인가되어 다른 두 개의 접합부에서 출력이 형성된다. 루프 내의 하나 이상의 저항체는 감지 저항이 되는데 이 저항 값을 측정하고자 하는 값과 관련된 변수에 의해 변화시킨다. 그림 6.3a의 회로에서 한 저항체의 저항 값 R_1은 변형에 의한 변수가 된다. 나머지 저항체들의 저항 값(R_2, R_3, 및 R_4)은 저항체가 고정된 기판 위와 같이 기계적인 변형이 없는 영역에 위치해서 외부 변형에 민감하게 반응하지 않는다.

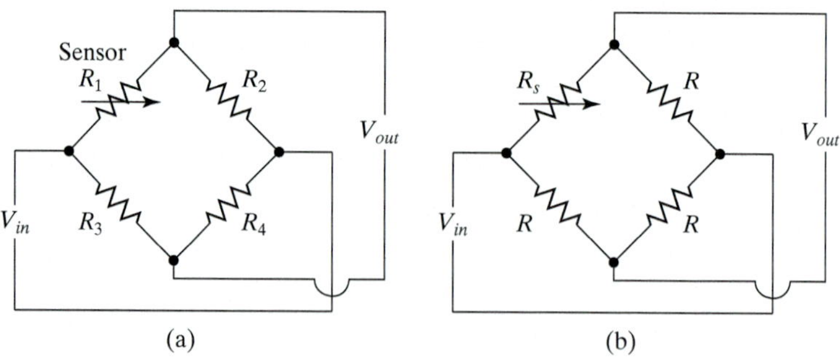

그림 6.3
휘트스톤 브리지 회로.

출력 전압과 입력 전압의 관계는 다음 식과 같다.

$$V_{out} = \left(\frac{R_2}{R_1 + R_2} - \frac{R_4}{R_3 + R_4}\right)V_{in} \tag{6.6}$$

많은 실제적인 응용에서 네 개의 저항체들은 동일한 초기 저항 값을 갖는다. 대표적인 사례인 그림 6.3b의 변수 저항체(센서)의 저항 변화는 다음 식으로 표현될 수 있다.

$$R_s = R + \Delta R \tag{6.7}$$

반면에 다른 세 개 저항체들의 저항 값들은 R을 유지하는데, 외부 출력은 다음 식에 의해 입력 전압에 선형적으로 비례하게 된다.

$$V_{out} = \left(\frac{-\Delta R}{2R + \Delta R}\right)V_{in} \tag{6.8}$$

대부분의 압저항체는 온도에 민감하다. 휘트스톤 브리지 회로는 변화하는 외부 온도에 대한 출력의 영향을 최소화하는 데 효과적이다. 외부 온도의 변화는 동일한 비율로 브리지 내의 모든 저항 값에 대해 변화를 일으킨다. 따라서 온도 변화는 식 (6.8) 우변의 분모와 분자를 동일한 비율만큼 변화시켜 온도 효과는 소거된다.

6.2 압저항 센서 재료

6.2.1 금속 스트레인 게이지

금속 스트레인 게이지는 상업적으로 유용한데 기계적인 요소로 사용되는 금속의 표면을 플라스틱에 접착시킨 금속 피복의 플라스틱 패치 형태로 사용된다. 저항체는 금속 피복층을 선택적으로 식각하는 공정을 통해서 형성된다. 전형적인 스트레인 게이지의 형태가 그림 6.4에 나타나 있는데, 지그재그 모양의 전도체 배열은 제한된 면적에서 전체 저항의 길이와 저항 값을 증가시키는 데 효과적으로 사용된다.

금속 스트레인 게이지를 선택하는 데 적용되는 평가 기준은 정확도, 장기 신뢰도, 반복 내성, 동작 온도 범위, 초기화 용이성, 최대 인장률, 가혹 환경에서의 안정성 등이다. 이러한 요구 조건을 만족시키기 위해서 상업적인 금속 스트레인 게이지는 종종 순수한 박막 금속보다는 잘 조절된 조성의 금속 합금으로 만들어진다.

미세 가공된 센서의 소자 크기는 매우 작아서 개별적인 스트레인 게이지를 소자에 접합시키는 것은 실행하기 어렵다. 대신 스트레인 게이지는 반도체 집적화 공정을 사용하여 기계적인 빔 또는 멤브레인 위에서 제조된다.

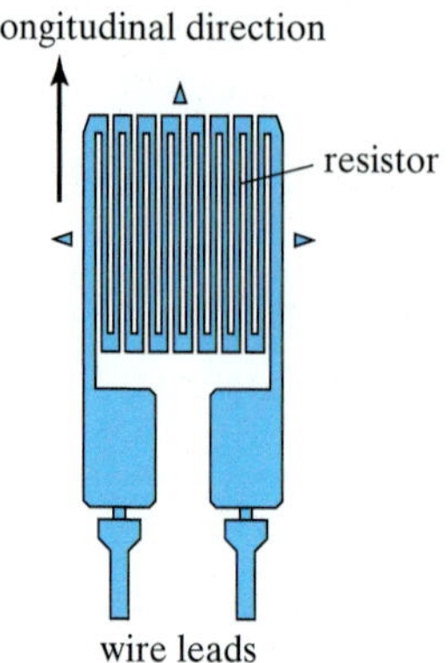

그림 6.4
구불구불한 코일 형태의 스트레인 게이지 센서.

금속 저항체는 일반적으로 휘발 증착법 또는 스퍼터링 증착법으로 증착된 후 패턴화된다. 단원소 금속 박막이 MEMS의 스트레인 게이지로 사용되는데 0.8과 3.0 사이의 게이지 계수를 갖는다. 단원소 금속 박막을 증착하는 원료 물질은 쉽게 구할 수 있으며 제조 공정 또한 비교적 간단하다.

박막 금속으로 만들어진 스트레인 게이지는 압저항 게이지 계수 측면에서는 반도체 스트레인 게이지에 비해 좋지 않다. 하지만 금속 박막 재료는 다양한 응용에서 사용 가능한 특성 값을 나타낸다. 반도체 대신에 금속을 사용하면 도핑을 포함한 장황한 공정 단계를 거칠 필요가 없으며 반도체를 도핑하는 온도보다 훨씬 낮은 온도에서 공정을 진행할 수 있다. 또한 금속은 일반적으로 파손 전에 훨씬 길게 늘어날 수 있다. 이러한 이유들 때문에 금속은 고분자 위에서 공정이 가능하여 고분자 MEMS 소자 분야(예를 들면 접촉 센서[9])에서 사용되며 실리콘 재료에 비해 향상된 기계적 견고성을 제공한다.

6.2.2 단결정 실리콘

반도체 스트레인 게이지는 선택적으로 실리콘을 도핑하여 만들어진다[1, 2, 10]. 도핑 원자로 실리콘의 선택적인 영역을 도핑하는 데 사용되는 대표적인 공정의 모식도가 그림 6.5에 나타나 있다. 저항체의 원하는 형태가 그림 상단에 그려져 있는데, 이 부분을 $10^{15} \sim 10^{18}$ cm^{-3} 범위의 농도로 적절히 도핑하여야 한다. 저항체의 양단은 금속 리드와의 오믹(Ohmic, 비정류) 접합을 형성하기 위해서 $10^{19} \sim 10^{20}$ cm^{-3} 범위의 높은 도핑 농도를 가져야 한다.

실리콘에서 도핑 물질의 확산 현상은 피크의 법칙(Fick's law)을 따르는데 여기에서 농도 C는 시간 t와 공간적인 위치 x의 함수로 표현된다.

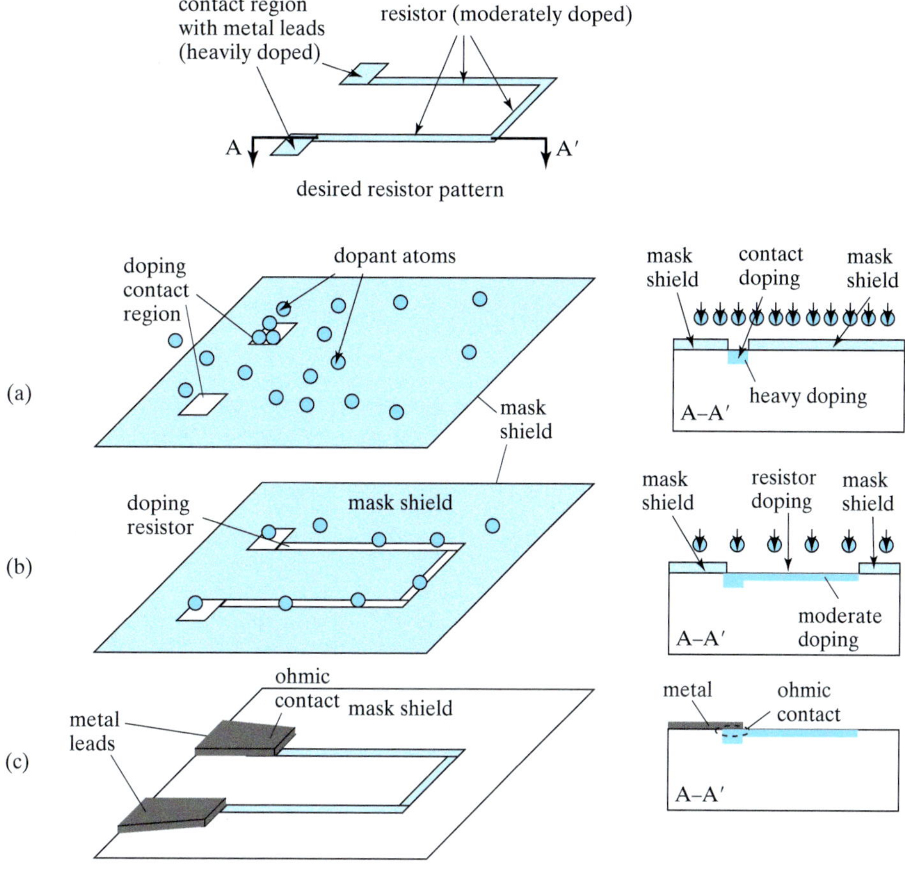

그림 6.5
두 단계의 확산 도핑.

$$\frac{\partial C(x,t)}{\partial t} = -\frac{\partial J(x,t)}{\partial x} = \frac{\partial}{\partial x}\left(D\frac{\partial C(x,t)}{\partial x}\right) \tag{6.9}$$

여기에서 $J(x, t)$는 위치 x 및 시간 t에서 단위 면적당 도핑 물질의 유량이며, D는 도핑 물질의 확산도로서 다음 식에 의해서 온도에 의존한다.

$$D = D_0 \exp\left(-\frac{E}{kT}\right) \tag{6.10}$$

이 식에서 D_0는 cm^2/s의 단위를 갖는 기준 계수이며, E는 eV의 단위를 갖는 활성화 에너지, T는 온도, 그리고 k는 eV/K의 단위로 표현되는 볼츠만 상수이다. 단결정 실리콘 내부에서 붕소 및 인의 D_0는 각각 0.76 및 3.85 cm^2/s이며, E의 값은 각각 3.46 및 3.66 eV이다.

식 (6.9)를 풀면 $C(x, t)$의 해는 아래와 같이 주어진다.

$$C(x,t) = C_s erfc\left(\frac{x}{2\sqrt{Dt}}\right) \tag{6.11}$$

확산 공정에서의 기판 온도 감소는 확산도를 크게 감소시켜 도핑 물질의 공간적 분포를 좁게 한다.

도핑된 단결정 실리콘 압저항체의 압저항 계수는 결정학적 방향의 상대적인 배향성에 영향을 받는다. 순수한 반도체의 결정학적 축에 대해 임의의 방향을 갖는 직교 좌표계에서 전기장 성분 E_i와 전류 밀도 분포 i_i의 관계식은 아래와 같은 대칭적인 비저항 행렬에 의해서 나타낼 수 있다.

$$\begin{pmatrix} E_x \\ E_y \\ E_z \end{pmatrix} = \begin{bmatrix} \rho_1 & \rho_6 & \rho_5 \\ \rho_6 & \rho_2 & \rho_4 \\ \rho_5 & \rho_4 & \rho_3 \end{bmatrix} \begin{pmatrix} i_x \\ i_y \\ i_z \end{pmatrix} \tag{6.12}$$

이것은 행렬 형태로 나타낸 유명한 옴의 법칙(Ohm's law)이다. 일반적인 옴의 법칙 적용에서 비저항은 전기장과 전류 밀도 사이의 관계식에서 스칼라 비례 상수로서 사용된다. 이는 회로 상의 1차원 전도체의 경우에는 맞지만, 3차원적인 단결정 내의 전기 전도에서는 전기장과 전류 밀도의 관계가 항상 동일한 비저항의 비례 상수로 주어지지는 않는다.

비저항 성분들의 변화(ρ_i, $i=1\sim6$)와 인가된 응력 및 변형률의 관계를 알아보기 위해서는 우선적으로 3장에서 배운 3차원적인 구조는 여섯 개의 독립적인 응력 성분을 갖는다는 것을 고려해야 한다. 이들은 세 개의 수직 응력들(σ_{xx}, σ_{yy} 및 σ_{zz})과 세 개의 전단 응력들(τ_{xy}, τ_{yz} 및 τ_{zx})로 이루어져 있다. 이들의 표기법은 '$\sigma_{xx} \to T_1$, $\sigma_{yy} \to T_2$, $\sigma_{zz} \to T_3$, $\tau_{yz} \to T_4$, $\tau_{xz} \to T_5$ 및 $\tau_{xy} \to T_6$'과 같은 식으로 더욱 간단하고 압축된 형태가 될 수 있다. 여섯 개의 독립적인 비저항 행렬 성분들인 ρ_1에서 ρ_6까지는 여섯 개의 응력 성분과 관계된다.

실리콘의 경우 x, y, 및 z축들을 실리콘의 <100> 결정축들에 배열한다면 행렬 방정식 형태로 표현되는 비저항과 응력의 관계식은 아래와 같다.

$$\begin{pmatrix} \Delta\rho_1/\rho_0 \\ \Delta\rho_2/\rho_0 \\ \Delta\rho_3/\rho_0 \\ \Delta\rho_4/\rho_0 \\ \Delta\rho_5/\rho_0 \\ \Delta\rho_6/\rho_0 \end{pmatrix} = [\pi][T] = \begin{bmatrix} \pi_{11} & \pi_{12} & \pi_{12} & 0 & 0 & 0 \\ \pi_{12} & \pi_{11} & \pi_{12} & 0 & 0 & 0 \\ \pi_{12} & \pi_{12} & \pi_{11} & 0 & 0 & 0 \\ 0 & 0 & 0 & \pi_{44} & 0 & 0 \\ 0 & 0 & 0 & 0 & \pi_{44} & 0 \\ 0 & 0 & 0 & 0 & 0 & \pi_{44} \end{bmatrix} \begin{pmatrix} T_1 \\ T_2 \\ T_3 \\ T_4 \\ T_5 \\ T_6 \end{pmatrix} \tag{6.13}$$

여기에서 ρ_0는 응력을 받지 않은 결정의 등방성 비저항 값이며, π_{ij}는 압저항 텐서의 성분들을 의미하는데, 세 개의 독립된 압저항 행렬 성분 값(π_{11}, π_{12} 및 π_{44})들이 존재한다.

단결정 실리콘의 압저항 계수들은 상수가 아니며 도핑 농도[11, 12], 도핑 형태[11, 12] 및 기판 온도[2, 12]에 영향을 받는다. π 행렬의 다른 성분 요소들(π_{11}, π_{12} 및 π_{44})은 온도 및 도핑 농도에 다르게 영향을 받는다. 도핑된 p형 및 n형 실리콘에서 압저항 계수의 값은 증가하는 온도 및 도핑 농도에 따라 감소한다. 특정한 도핑 농도 및 도핑 형태를 갖는 단결정 실리콘에 대한 π_{11}, π_{12} 및 π_{44}의 값들은 실험적으로 구해져 있다. 선택된 도핑 농도에 대한 몇 가지 전형적인 값들이 표 6.1에 나열되어 있다.

그러나 결정학적 축에 대한 임의 배향의 카르테시안(Cartesian) 계를 사용하면 $[\pi]$ 행렬에서의 계수 성분들은 모두 영이 아닐 수 있다[13]. 실리콘의 경우 x, y 및 z축들이 <100> 방향과 정렬하지 않는다면 행렬의 π 성분들은 변하게 된다.

표 6.2는 일반적으로 자주 일어나는 경우인 압저항체가 <100>, <110>, 또는 <111> 방향을 향할 때의 실질적인 종방향 및 횡방향 압저항 계수를 요약한 것이다[2, 14].

표 6.2의 각각의 경우에 해당하는 실질적인 압저항 게이지 계수는 압저항 계수와 인가된 변형 방향으로의 탄성 계수(Young's modulus)의 곱으로 결정된다. 2장에서 학습하였듯이 실리콘의 탄성 계수 또한 결정학적 방향의 함수이다.

고정밀 센서 응용에서 압저항 민감도는 상수 값이 아니라는 것을 유념해야 한다. 만약 필요하다면 식 (6.3)에 이차 교정항이 추가되어야 한다[2, 11]. 그러나 이러한 고려는

표 6.1 몇몇 도핑 값에 대한 단결정 실리콘의 압저항 계수 값들.

Piezoresistance coefficient (10^{-11}Pa^{-1})	n-type (resistivity = 11.7 Ωcm)	p-type (resistivity = 7.8 Ωcm)
π_{11}	−102.2	6.6
π_{12}	53.4	−1.1
π_{44}	−13.6	138.1

표 6.2 일반적인 저항체 배열에 대한 종방향 및 횡방향 게이지 계수 공식.

Direction of strain	Direction of current	Configuration	Piezoresistive coefficient
<100>	<100>	Longitudinal	π_{11}
<100>	<010>	Transverse	π_{12}
<110>	<110>	Longitudinal	$(\pi_{11} + \pi_{12} + \pi_{44})/2$
<110>	$<1\bar{1}0>$	Transverse	$(\pi_{11} + \pi_{12} - \pi_{44})/2$
<111>	<111>	Longitudinal	$(\pi_{11} + 2\pi_{12} + 2\pi_{44})/2$

이 장에서 다루고자 하는 범위를 넘어서는 것이다.

예제 6.1 종방향 및 횡방향 압저항성

종방향 압저항체가 실리콘 캔틸레버의 고정단(fixed end) 근처에 위치하며 상부 표면에 분포되어 있다. 캔틸레버는 <110> 방향을 가리키고 있으며, 압저항체는 p형으로 도핑하여 7.8 Ω·cm의 비저항을 갖는다. 압저항체의 종방향 게이지 계수를 구하라.

풀이 종방향 압저항 계수는 다음과 같이 계산할 수 있다.

$$(\pi_{11} + \pi_{12} + \pi_{44})/2 = \frac{(6.6 - 1.1 + 138.1) \times 10^{-11}}{2} = 71.8 \times 10^{-11}\text{Pa}^{-1}$$

단결정 실리콘에서 <110> 방향의 탄성 계수는 168 GPa이므로 실질적인 게이지 계수는 다음과 같이 계산된다.

$$G = 71.8 \times 10^{-11}(1/\text{Pa}) \times 168 \times 10^{9}(\text{Pa}) = 120.6$$

실리콘 압저항체를 설계할 경우 적절한 도핑 농도를 선택하여야 한다. 성공적으로 설계하기 위해서는 적절한 저항 값, 게이지 계수의 최대화, 온도 효과의 최소화 등의 요구를 잘 만족시켜야 한다. 도핑 농도는 이러한 세 가지 주요 성능들에 영향을 미친다. 스트레인 게이지 계수는 도핑 농도의 함수이며, 저항의 온도 계수(TCR)는 외부 온도 변화에 대한 영향을 최소화하기 위하여 가능한 한 작아야 하는데 도핑된 실리콘으로 만들어진 압저항체에 대해서 TCR은 도핑 농도의 함수이다(5.4절 참조).

6.2.3 다결정 실리콘

다결정 실리콘은 단결정 실리콘에 비해 MEMS 압저항체 응용에 있어서 다양한 기판의 사용 이외에 여러 장점을 갖는다[8]. 하지만 다결정 실리콘은 압저항성의 성질을 갖지만 단결정 실리콘에 비해서는 훨씬 작은 압저항 게이지 계수를 가진다. 다결정 실리콘의 게이지 계수는 기판 면에 대한 저항체의 방향성이 아닌 성장 및 열처리 조건에 의해 결정된다. n형 및 p형 다결정 실리콘의 게이지 계수는 도핑 농도에 크게 영향을 받는다(그림 6.6). 도핑 농도에 따른 압저항 게이지 계수의 변화는 단조로운 곡선을 따르지 않는데, p형 다결정 실리콘의 경우는 10^{20} cm^{-3} 근처, n형 다결정 실리콘의 경우는 3×10^{19} cm^{-3} 근처의 특정한 도핑 농도에서 게이지 계수의 최대값에 도달한다.

6.3 기계적 요소의 응력 분석

인가된 힘 또는 토크에 대하여 기계적 요소에서의 응력 및 변형률 분포를 분석하는 것은 중요하다. 부하 조건은 구조체의 한 영역에 점 형태로 작용하는 힘의 경우와 같이 단순할 수도 있으며, 불균일한 분포 형태로 토크와 힘이 동시에 적용되는 것과 같이 복잡할 수도 있다. 이 책에서는 이러한 과정을 보여 주기 위해서 단순한 경우를 사용할 것이다. 내부 응력 분포를 분석하는 일반적인 과정은 3장에서 소개한 자유체 분리(free-body isolation) 기술을 사용한다.

6.3.1 구부러진 캔틸레버 내의 응력

3장에서 단순히 구부러진 빔의 종방향 응력 분포에 대해서 논의하였는데, 이 절에서는 자유단(free end)에 횡방향의 집중된 힘을 받는 캔틸레버를 고려해 보고자 한다. 이러한

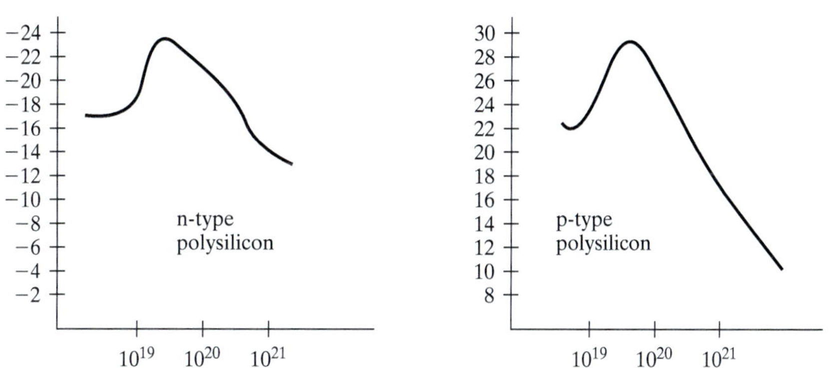

그림 6.6
다른 도핑 형태에서 도핑 농도에 따른 다결정 실리콘의 게이지 계수[15].

상황은 MEMS 설계에 있어서 자주 직면하게 되는데, 횡방향의 힘은 종방향 변형과 전단 변형을 함께 일으킨다. 여기에서는 전단 변형에 대해서는 고려하지 않고자 한다.

종방향 응력 분포의 정량적인 묘사가 그림 6.7에 나타나 있다. 자유단에 집중된 힘을 횡방향으로 인가하면 빔의 길이를 통한 토크 분포는 불균일해져서 자유단에서는 영이 되며 고정단(fixed end)에서 최대가 된다. 특정 단면에 대해 종방향 응력의 부호는 중립축(neutral axis)을 가로지르면서 변하는데, 단면의 특정 점에서의 응력 값은 중립축과의 거리에 선형적으로 비례한다.

개별적인 단면적과 관련된 최대 응력의 양은 자유단까지의 거리에 대해 선형적으로 비례하여 증가하며, 상부 및 하부 표면에서 최대값을 갖는다. 따라서 일반적으로 압저항체는 고정단 근처와 캔틸레버의 상부 표면에 위치한다.

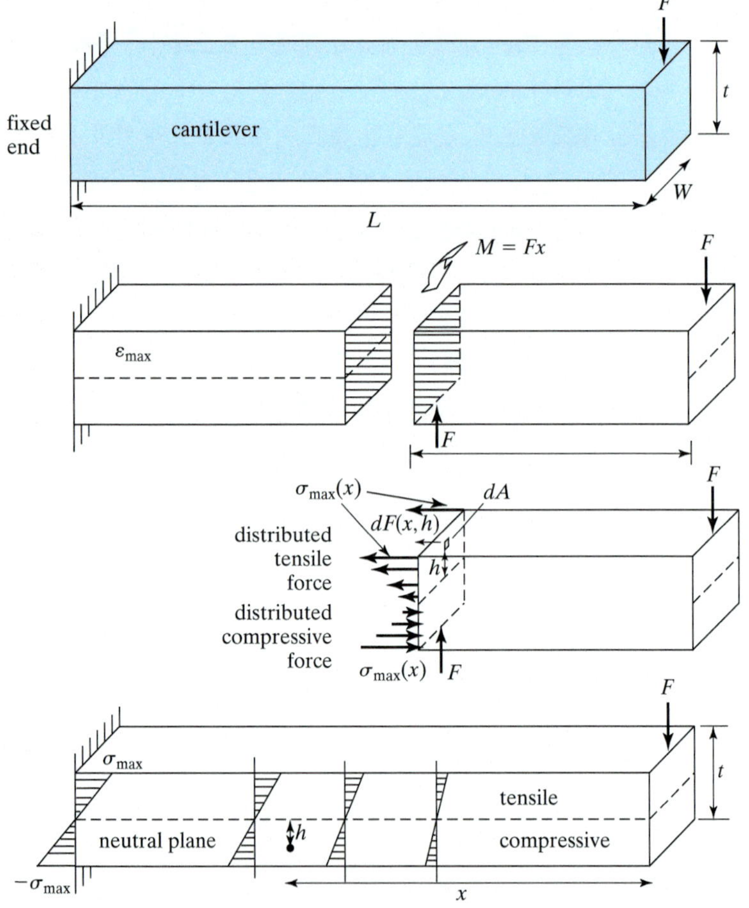

그림 6.7
균일한 대칭 캔틸레버 빔에서의 응력 분포.

정량적으로 캔틸레버의 길이에 따른 임의의 위치에서의 응력 양은 3장에서 논의된 것과 유사한 과정을 거쳐서 계산된다. 캔틸레버의 길이는 L이며, 자유단에서 시작하여 고정단 쪽으로 향하는 x축에서 x 위치는 자유단으로부터의 거리이다. 어떤 단면 x 위치에서 중립축까지의 거리가 h인 지점의 수직 응력을 $\sigma(x, h)$로 표기하자. 한 단면적에 대해 반응하는 전체 반응 토크는 단순히 주어진 면적 dA에 작용하는 수직힘인 $dF(x, h)$에 힘과 중립면 사이의 거리만큼 곱한 값의 면적 적분이 된다.

$$M = \iint_A dF(x,h)h = \int_w \int_{h=-\frac{t}{2}}^{\frac{t}{2}} (\sigma(x,h)\,dA)h \tag{6.14}$$

응력의 양이 h에 비례하며, 표면에서 최대값을 갖는다는 가정하에 어떤 주어진 단면적에서의 토크 평형 방정식은 다음과 같다.

$$M = \int_w \int_{h=-\frac{t}{2}}^{\frac{t}{2}} \left(\sigma_{\max}(x) \frac{h}{\left(\frac{t}{2}\right)} dA \right) h \tag{6.15}$$

캔틸레버 전체에서 최대 변형은 $x=L$인 고정단에서 일어난다. 사실 일반적인 설계 업무에서는 고정단의 최대 응력 및 변형률을 구하는 것이 최대 관심사이다. 최대 변형률은 전체 토크 $M(x)$의 함수로서 표현된다.

$$s_{\max} = \frac{M(x)t}{2EI} = \frac{FLt}{2EI} \tag{6.16}$$

실제로 압저항체는 언제나 유한한 길이와 두께를 가지는데 만약 압저항체를 실리콘 빔에 도핑을 하여 형성한다면 압저항체 성분은 표면 밑에 놓이게 된다(그림 6.8a). 반면에 압저항체를 다결정 실리콘 또는 금속 박막으로 형성한다면 압저항 성분은 표면 위에 놓이게 된다(그림 6.8b). 두 경우에 저항체가 캔틸레버의 고정단에서 출발하는 유한한 길이를 덮는다.(저항체를 통한 응력은 사실 길이 및 두께에 대해 불균일하며, 이러한 불균일성은 정밀한 분석에 의해 설명된다.) 만약 압저항체가 캔틸레버의 상부 표면 근처에 상대적으로 박막으로 위치하며 캔틸레버의 길이에 비해 짧다면 저항체의 응력은 식 (6.16)에 나와 있는 것처럼 단일 값의 근사값으로 생각할 수 있다.

두꺼운 압저항체는 설계와 제조를 복잡하게 하여 바람직하지 않은데, 두 가지 시나리오가 그림 6.8의 c와 d에 묘사되어 있다. 식 (6.16)에 의해 주어진 근사값은 도핑이나

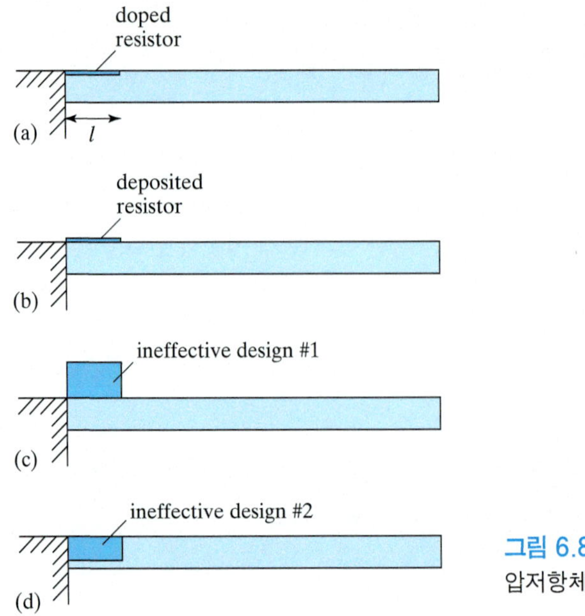

그림 6.8
압저항체를 가진 캔틸레버의 설계.

증착으로 형성한 압저항체의 두께가 빔의 두께에 비해 상대적으로 크다면 맞지 않게 된다. 그림 6.8d에서 캔틸레버 빔의 도핑된 압저항체는 표면 밑으로 꽤 깊이 형성되어 있다. 만약 도핑된 영역이 중립축 아래까지 걸친다면 중립축 밑의 압저항체는 실제로 감도를 감소시킨다. 극단적인 경우인 전체 두께를 도핑하여 압저항체를 형성할 경우 압축 및 인장 영역에 의한 저항 변화는 서로 효과를 상쇄시킨다.

만약 캔틸레버 표면 위에 놓여 있는 증착된 압저항체가 빔의 두께보다 두껍게 놓여 있다면 압저항체는 단면적의 추가된 부분으로 고려되어서 내부 응력 분석은 다시 실시되어야 하며, 중립축의 위치도 변하게 된다. 즉 식 (6.16)의 *EI* 항은 압저항과 빔 재료 모두를 고려하여야 한다.

전기적인 관점에서 두꺼운 저항체는 감소된 저항을 보이기 때문에 소자 작동에서 단점으로 작용한다. 또한 도핑 또는 증착 공정에 있어서 더 긴 공정 시간을 요구한다.

예제 6.2 최대 응력점

<100> 결정축으로 뻗어 있는 단결정 실리콘 캔틸레버를 고려해 보자. A부터 J까지 10개의 점이 캔틸레버 위에 분포하고 있으며, 빔의 길이(l), 두께(t) 및 폭(w)은 각각 100 μm, 10 μm, 및 6 μm이다. 만약 캔틸레버 끝에 1 mN의 힘이 작용한다면 캔틸레버에서 최대 응력 값은 얼마인가? 그림의 여러 가지 하중 조건들에 대해 최대 응력이 발생하는 점은

어디인가?

풀이 첫째 경우는 축방향으로 힘이 인가될 때인데, 캔틸레버의 길이를 따라 모든 단면적에 작용하는 힘은 일정하다. 결과적으로 점 A에서 J까지 응력은 모두 똑같으며 응력 값은 다음과 같이 계산된다.

$$\sigma_{case1} = \frac{F}{A} = \frac{0.001}{10 \times 10^{-6} \times 6 \times 10^{-6}} = 1.6 \times 10^{7}\,\text{N/m}^2$$

둘째 경우에 A, B, C 및 E 점들에서의 응력이 최대값이 되는데, A, B 및 C는 인장 응력을 받고, E는 압축 응력을 받는다. 최대 응력 값은 아래와 같다.

$$\sigma_{\max} = \frac{Mt}{2I} = \frac{Flt}{2I} = \frac{Flt}{2\frac{wt^3}{12}} = \frac{6Fl}{wt^2} = \frac{6 \times 0.001 \times 100 \times 10^{-6}}{10 \times 10^{-6} \times (6 \times 10^{-6})^2} = 1.6 \times 10^{9}\,\text{N/m}^2$$

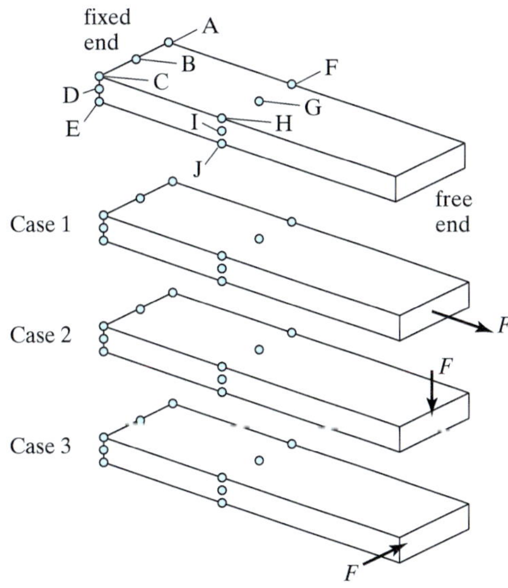

셋째 경우에서는 C, D 및 E 점들이 가장 큰 응력을 느끼는데 A 점의 응력은 C, D, E 점들과 절대값은 동일하나 부호가 반대이다. 최대 응력 값은 다음과 같이 계산할 수 있다.

$$\sigma_{\max} = \frac{Mw}{2I} = \frac{Flw}{2I} = \frac{Flw}{2\frac{w^3t}{12}} = \frac{6Fl}{tw^2} = \frac{6 \times 0.001 \times 100 \times 10^{-6}}{6 \times 10^{-6} \times (10 \times 10^{-6})^2} = 10^{9}\,\text{N/m}^2$$

예제 6.3 힘의 인가에 의한 저항 변화

단결정 실리콘으로 만든 캔틸레버는 길이 방향이 [100] 결정축 방향이며, 확산 도핑에 의해서 만든 압저항체는 50의 종방향 게이지 계수를 갖는다. 캔틸레버 빔의 길이(l), 두께(t), 및 폭(w)은 각각 200 μm, 5 μm 및 20 μm이다. 만약 캔틸레버 끝에서 길이 방향으로 100 μN의 힘이 가해진다면 저항 변화율은 어떻게 될 것인가?

풀이 이 경우 응력 값은 어떠한 특정 단면적에서도 다음의 동일한 값을 갖는다.

$$\sigma = \frac{F}{wt} = \frac{100 \times 10^{-6}N}{100 \times 10^{-12}\text{m}^2} = 1\ \text{MPa}$$

저항체의 길이 방향을 따르는 탄성 계수는 130 GPa이므로, 변형률은 다음과 같다.

$$s = \frac{\sigma}{E} = 0.00077\%$$

저항의 상대적인 변화량은 다음과 같다.

$$\frac{\Delta R}{R} = Gs = 0.038\%$$

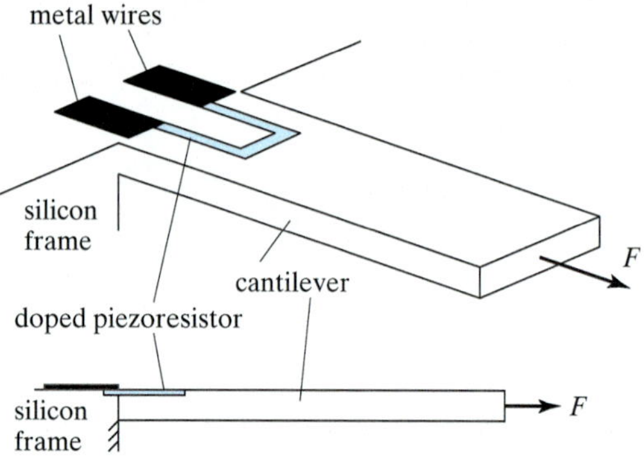

예제 6.4 힘의 인가에 의한 저항 변화

단결정으로 이루어진 캔틸레버에 압저항체를 확산에 의해서 형성하였는데 종방향 게이지 계수가 50이다. 도핑 영역의 깊이는 0.5 μm보다 작으며, 캔틸레버의 길이, 폭, 및 두께는 각각 200 μm, 20 μm 및 5 μm이다. 만약 캔틸레버 빔 중앙에 100 μN의 힘이 인가된다면 저항체의 변화 분율은 어떻게 될 것인가?

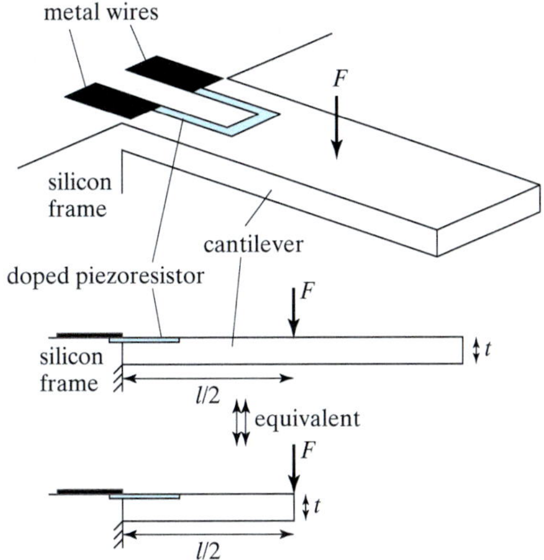

풀이 힘이 가운데에 가해지면 작용점부터 자유단까지의 캔틸레버는 하중이나 변형을 경험하지 않는다. 그러므로 캔틸레버 고정단에서의 최대 응력을 분석할 목적으로 대체 시스템을 생각할 수 있는데, 이는 캔틸레버의 길이가 반이 되며 힘이 자유단 끝에 가해지는 것이다.

저항체는 어떤 깊이 및 길이에 퍼져 있는데 그 깊이는 캔틸레버에 비해 매우 작다. 캔틸레버에서 응력 분포는 균일하지 않으나 고정단 상부 표면에서의 균일한 응력을 가정하면 최대 변형률은 아래와 같이 표현된다.

$$s_{\max} = \frac{Mt}{2EI} = \frac{F\frac{l}{2}t}{2EI} = \frac{Flt}{4EI} = 0.019\%$$

저항의 상대적인 변화량은 다음과 같다.

$$\Delta R/R = Gs = 0.95\%$$

6.3.2 멤브레인 내의 응력

멤브레인도 종종 초소형 미세 센서에서 사용되는데 멤브레인은 본질적으로 2차원 구조이므로 캔틸레버 빔의 경우보다 응력 분석이 복잡하다. 이 절에서는 한 면에 균일한 분포 압력을 가하는 멤브레인 부하의 가장 간단한 경우를 검토하고자 한다.

균일한 압력 p를 인가할 때 멤브레인 변위의 관련 방정식은 다음과 같다.

$$\frac{\partial^4 w}{\partial x^4} + 2\frac{\partial^4 w}{\partial x^2 \partial y^2} + \frac{\partial^4 w}{\partial y^4} = \frac{p}{D} \tag{6.17}$$

여기에서 w는 멤브레인의 위치(x, y)점에서의 수직 변위이다. D 항은 멤브레인의 견고성을 나타내는데 탄성 계수(E), 포아송 비(ν) 및 재료의 두께(t)의 함수로서 아래와 같다.

$$D = \frac{Et^3}{12(1-\nu^2)} \tag{6.18}$$

고정된 경계를 갖는 정사각형 멤브레인의 경우는 멤브레인 변위의 2차원적인 분포와 x축에 따른 종방향 응력이 그림 6.9에 도시되어 있다. 여러 가지 중요한 정량적 관찰 결과는 다음과 같다.

1. 최대 변위는 격막의 중앙 부분에서 얻어진다.
2. 최대 응력은 두 개의 마주 보는 변의 중앙점과 멤브레인의 중심에서 관찰된다. 변에서의 응력과 중심의 응력은 서로 반대 부호를 갖는다. 이러한 높은 응력 값을 갖는 위치는 멤브레인의 변형을 감지하는 압저항 센서의 위치로서 선호된다.

많은 응용 예에서 최대 변위와 최대 응력은 관심사인데, 이들은 경험식을 사용하여 계산할 수 있다. 균일한 압력 p를 받는 직사각형 격막($a\times b$의 치수를 가짐) 중심에서의 최대 변위(w_{center})는 다음과 같이 주어진다.

$$w_{center} = \frac{\alpha p b^4}{Et^3} \tag{6.19}$$

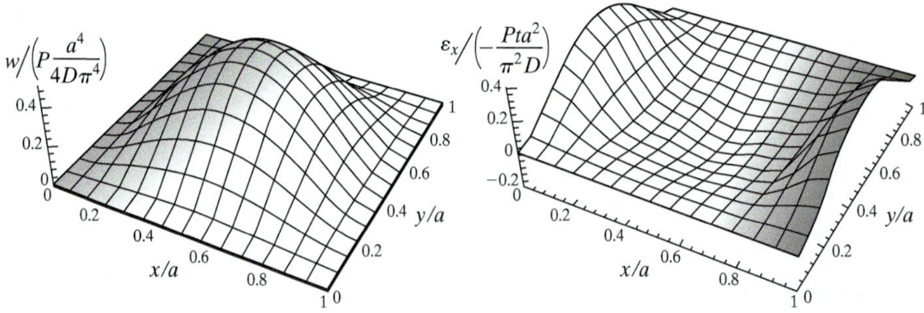

그림 6.9

정량화된 변위(왼쪽)와 x축 상의 정량화된 응력(오른쪽).

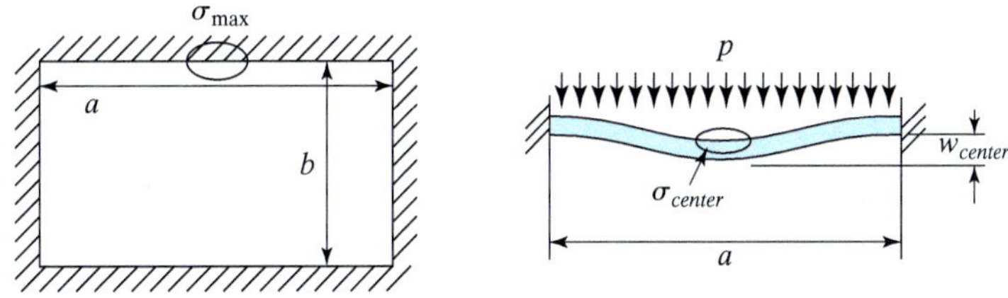

a/b	1.0	1.2	1.4	1.6	1.8	2.0	∞
β_1	0.3078	0.3078	0.3078	0.3078	0.3078	0.3078	0.3078
β_1	0.1386	0.1386	0.1386	0.1386	0.1386	0.1386	0.1386
α	0.0138	0.0138	0.0138	0.0138	0.0138	0.0138	0.0138

그림 6.10
균일한 응력하에서 직사각형 판의 구부러짐.

비례 상수 α의 값은 a와 b의 비율에 의해서 결정되는데 그림 6.10에 기재된 표에 나열해 놓았다. 긴 변의 중심점에서의 최대 응력(σ_{max}) 및 면의 중심에서의 응력(σ_{center})은 아래와 같으며, 이 식들의 β_1 및 β_2 또한 표에 함께 기재되어 있다.

$$\sigma_{max} = \frac{\beta_1 p b^2}{t^2} \tag{6.20}$$

$$\sigma_{center} = \frac{\beta_2 p b^2}{t^2} \tag{6.21}$$

포아송 비와 내부 응력이 존재하여 고려할 필요가 있다면 변위 및 응력 분석은 꽤 복잡해진다. 주어진 포아송 비와 응력에 근거하여 분포된 압력하에서 정사각형 멤브레인의 변위를 계산하는 분석식은 참고문헌 [16]에서 찾아볼 수 있다. 또한 복잡한 부하조건이나 다양한 모양을 갖는 멤브레인의 변위와 응력 분포를 풀기 위해서는 유한 요소법을 이용한 컴퓨터 시뮬레이션도 사용할 수 있다.

6.4 압저항 센서의 응용

최근에 압저항 센서는 다양한 센서 응용 분야에서 사용되고 있다. 몇 개의 대표적인 사례들에 대해 논의하고자 하는데 이들의 독특한 소자 설계, 제조 방법 및 필요한 특성 사양 등을 설명할 것이다.

6.4.1 관성 센서

가속도가 인가되면 교정 질량(proof mass)은 관성력을 경험하게 되어 교정 질량에 연결된 기계적 지지 요소가 변형되어 응력 및 변형이 생성된다. 응력의 양을 측정함으로써 가속도의 값을 유추하는 것이 압저항 가속도계의 기본 동작 원리이다.

앞으로 두 가지 사례를 검토할 것인데 첫 번째 사례(사례 6.1)는 기계적인 지지대를 습식 실리콘 식각을 사용하여 만들며 두 번째 사례(사례 6.2)는 건식 실리콘 식각을 사용한다. 두 경우 모두 압저항체는 도핑된 단결정 실리콘으로 만들어진다.

사례 6.1 단결정 실리콘 압저항 가속도계

미세 가공된 스트레인 게이지의 초기 모델은 로일런스(Roylance)와 에인절(Angell)에 의해서 1979년에 개발되었다[17]. 이것은 심장 판막의 움직임을 측정하는 생의학 임플란트에 사용되었다. 이러한 응용은 100 Hz의 밴드폭에 대해 약 0.01 g의 감도 그리고 작은 센서 크기를 요구한다.

이 센서는 견고한 교정 질량이 말단에 붙어 있는 캔틸레버로 구성되어 있다(그림 6.11). 캔틸레버의 기저(base)부에 위치한 압저항체는 p형으로 도핑하여 100 Ω/□의 표면 비저항을 갖는 저항체로 이루어져 있다. 이 캔틸레버는 <110> 결정 방향을 가리키고 있다. 이러한 특별한 결정학적 방향의 일치는 습식 실리콘 식각을 사용하여 캔틸레버와 교정 질량을 정의할 때 필요하다. 습식 실리콘 식각 기술은 10장에서 논의될 것이다.

주어진 가속도 a에 대해 교정 질량이 느끼는 힘은 다음과 같다.

$$F = m \times a$$

이 힘은 교정 질량에 대해 전체적으로 균일하게 발생하지만 힘에 의해 발생하는 모멘트를 계산할 목적으로 이 힘은 교정 질량의 중심에 집중된다고 가정하고자 한다. 빔의 고정단에서 느끼는 모멘트는 다음과 같이 표현된다.

$$M = F\left(l + \frac{L}{2}\right)$$

식에서 캔틸레버에 작용하는 관성력 분포는 교정 질량의 기여분에 비교하여 무시된다는 것을 알 수 있다. 종방향 변형률의 최대값은 캔틸레버 기저의 상부 표면에서 발생하며 그 값은 아래와 같다.

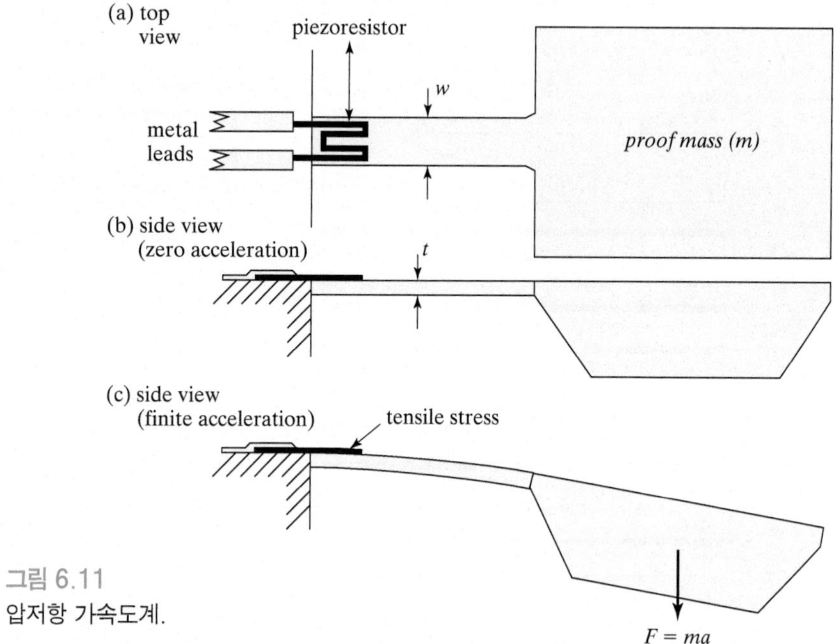

그림 6.11
압저항 가속도계.

$$s_{\max} = \frac{Mt}{2EI} = \frac{F\left(l + \frac{L}{2}\right)t}{\frac{Ewt^3}{6}} = \frac{6F\left(l + \frac{L}{2}\right)t}{Ewt^3}$$

이 압저항체는 어느 정도 깊이와 두께를 가지며 저항체의 응력 분포는 균일하지 않다. 만약 이 저항체가 캔틸레버에 비해 상대적으로 얇고 짧다면 저항체의 응력은 균일하여 $s_{\max}$를 갖는다고 가정하여도 무리가 없다.

여기에서 변형률 $\varepsilon_{\max}$은 저항체의 종방향 방향으로 인가되어 결과적으로 저항의 상대적인 변화량은 다음과 같다.

$$\frac{\Delta R}{R} = G \cdot s_{\max} = \frac{6GF\left(l + \frac{L}{2}\right)}{Ewt^2} = \left(\frac{6Gm\left(l + \frac{L}{2}\right)}{Ewt^2}\right)a$$

이 가속도계는 실리콘 기판 위에서 가공되며 두 장의 7740 Pyrex 유리 기판을 소자의 밀봉을 위해 이 실리콘 기판 양면에 양극 접합법(anodic bonding)으로 부착한다. 실리콘 교정 질량이 움직일 공간을 확보하기 위해 공공(cavity) 부분을 유리 기판 쪽

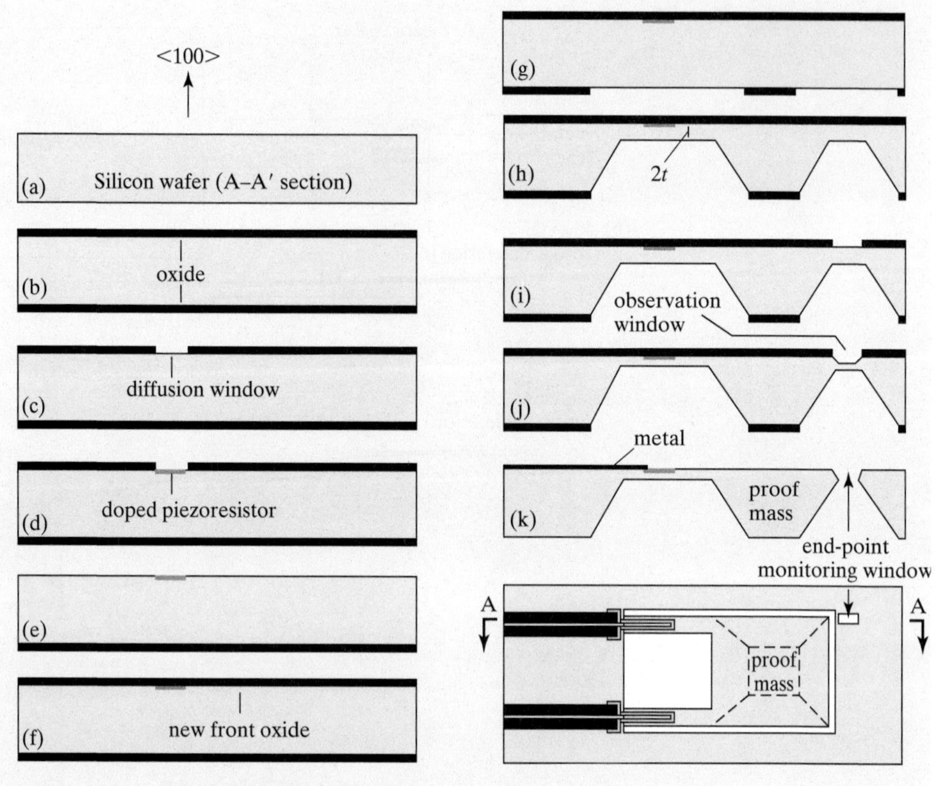

그림 6.12
표준 질량을 갖는 실리콘 캔틸레버의 공정 순서도.

에 등방성으로 식각하여 형성한다. 교정 질량의 변위는 교정 질량과 연결되며 지지대의 가장자리에 확산법으로 형성한 압저항체를 사용하여 감지한다. 이 소자의 전체적인 치수는 $2 \times 3 \times 0.6$ mm^3 이다.

제조 과정은 n형의 (100) 실리콘 기판에서 시작된다(그림 6.12). 첫째 공정은 기판 양면에 1.5 μm 두께로 실리콘 산화물을 열산화법으로 성장시키는 것이다(b 과정). 전면의 산화층은 사진감광법으로 패턴화하는데 이것은 아래에 있는 실리콘을 노출하여 확산 도핑 창을 열어 놓기 위해서이다(c 과정). 열린 확산창 영역의 노출된 실리콘은 100 Ω/□의 표면 비저항을 갖는 압저항체를 형성하도록 도핑된다(d 과정). 두 번째 창은 금속 리드와의 전기적 접촉부(10 Ω/□의 표면 비저항) 형성을 위한 도핑 영역을 정의하기 위해 열린다. 전면의 산화층은 후면 산화층을 그대로 둔 채 선택적으로 제거된다(e 과정). HF와 같은 습식 식각 욕조에서 전면의 산화층만 제거하기 위해서 후면의 산화층은 습식 식각 전에 감광제로 덮어 보호한다.

산화층을 다시 기판의 양면에서 성장시키며(f 과정), 전면 산화층은 후면 산화층이 사진감광법으로 패턴화될 때 보호된다(g 과정). 이러한 패턴은 실리콘의 노출 영역을 형성한다. 비등방성 식각 용액에서 벌크 실리콘은 식각된다(h 과정). 이 식각 과정은 캔틸레버 영역에서 남아 있는 기판 두께가 빔의 원하는 두께의 거의 두 배가 될 때까지 진행하고 멈춘다.

전면의 창이 열리고(i 과정), 식각은 다시 시작된다(j 과정). 전면 및 후면의 식각률은 개략적으로 동일하므로 바람직한 두께에 도달하면 관찰 창이 관통된다(k 과정). 이러한 관통은 기판이 식각 용액에 담겨 있는 동안 광학 센서를 사용하여 관찰될 수 있다.

이 공정 과정에서는 식각 시간 계산과 더불어 조심스럽게 관찰하면서 두께를 조절하였는데 기판 전체에 대한 식각 불균일성과 시간에 따라 변하는 식각률 성질 등에 의해서 어려움을 겪는다. 하지만 이러한 조절법은 멤브레인의 바람직한 두께를 식각 시간에 의해서만 조절하는 것보다는 훨씬 쉽고 오차를 줄일 수 있다.

이 소자는 심장 가속도를 직접 측정하였는데 0.001 g까지 가속을 감지할 수 있었다. 저자들이 보고한 바에 의하면 ±200 g의 감지 범위, 50 $\mu V/gV_{supply}$의 감도, 10%의 이탈축(off-axis) 감도와 −0.2∼−0.3%/°C의 압저항 온도 계수 및 2330 Hz의 공진 주파수를 갖는다. 상대적으로 낮은 주파수는 감도를 증가시키기 위해서 큰 교정 질량을 사용하였기 때문이다.

사례 6.2 벌크 미세 가공된 단결정 실리콘 가속도계

기판 면 안에 감도 축을 가지며 벌크 미세 가공법으로 제조된 가속도 센서가 선보였다[18]. 제조 공정에서는 표준 질량과 잘 정의된 수직 벽을 갖는 좁은 캔틸레버 빔을 제조하기 위해서 심도 반응성 이온 식각(deep reactive ion etching, 이하 DRIE) 기술을 사용하였다. DRIE 법은 후면 식각 및 기판 보호와 관련된 제조 문제점들을 함께 해결해 준다.

그림 6.13은 이 소자의 개략도로서, 지느러미 모양의 표준 질량이 높은 종횡비를 갖는 지지대에 연결되어 있는데 지지대 측면에 압저항 센서가 형성되도록 이온 침입시켰다. 기판 표면에 있는 금속 전도층이 측면에 위치한 저항체와 연결되며, 이 압저항체는 수직에서 약 31°로 기울인 이온 침입 공정으로 형성된다. 이 소자에서는 두 개의

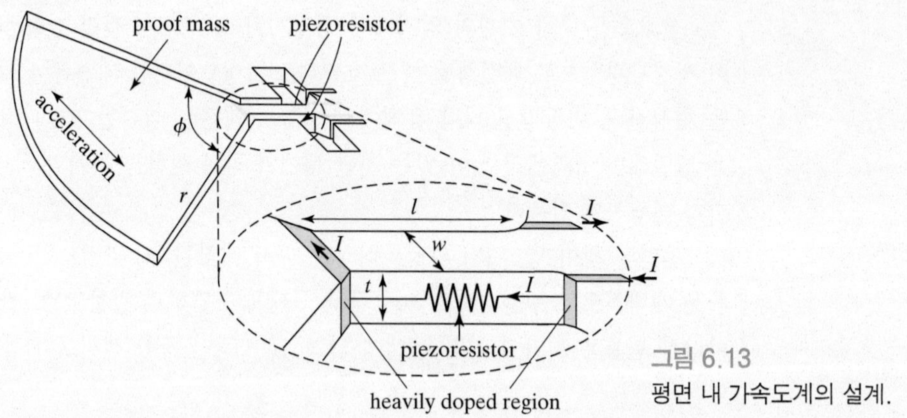

그림 6.13
평면 내 가속도계의 설계.

교정 질량이 두 개의 능동 휘트스톤 브리지 성분을 형성하도록 채택되었는데, 그림 6.13에는 한 개만 도시하였다. 이 두 개의 교정 질량은 회전에 대한 브리지 반응을 소거하기 위해서 서로 반대 방향으로 향해 있다. 잘 조절된 온도 계수와 동일한 형태의 저항 성분을 갖는 휘트스톤 브리지를 구성함으로써 온도 보상 기능 또한 갖고 있다.

저자들은 참고문헌 [18]에서 a의 가속도에 의해 발생하는 추정된 변형률을 다음과 같이 계산하였다.

$$\varepsilon = \frac{4\rho r^3 \sin(\phi/2)}{Ew^2} a \tag{6.22}$$

여기에서 r은 방사형 표준 질량의 반지름, ϕ는 표준 질량의 방사 각도이며 w는 지지대의 길이이다.

제조 공정은 실리콘-온-절연체(silicon-on-insulator, 이하 SOI) 기판에서 시작하는데, 이 기판은 표준 실리콘 기판을 산화, 접합 및 연마하여 준비한다. 이 SOI 기판은 두 개의 얇은 표면층을 갖고 있는데 하나는 0.5 Ω·cm 비저항을 가지도록 인으로 도핑된 (100) n형 실리콘층(S 층)으로 30 μm 두께를 가지며, 다른 하나는 그 아래에 놓여 있는 1.2 μm 두께의 실리콘 산화물층(I 층)이다. 우선 높은 농도로 도핑된 p형 영역이 전기적 접촉을 위해 형성된다(그림 6.14b). 저온 산화물(low temperature oxide, 이하 LTO) 박막이 증착된 후 사진감광법으로 패턴화되는데(그림 6.14c), 이는 DRIE 공정을 위한 마스크로 작용한다(그림 6.14d). 이 식각 공정에 의한 산화물의 식각 속도는 매우 낮아 기판 내부에 매복된 산화물(buried oxide)층을 만나면 식각의 진행은 실질적으로 정지한다.

일반적으로 이온 침입 공정은 기판에 수직으로 이온을 유입시켜 진행하는데, 이

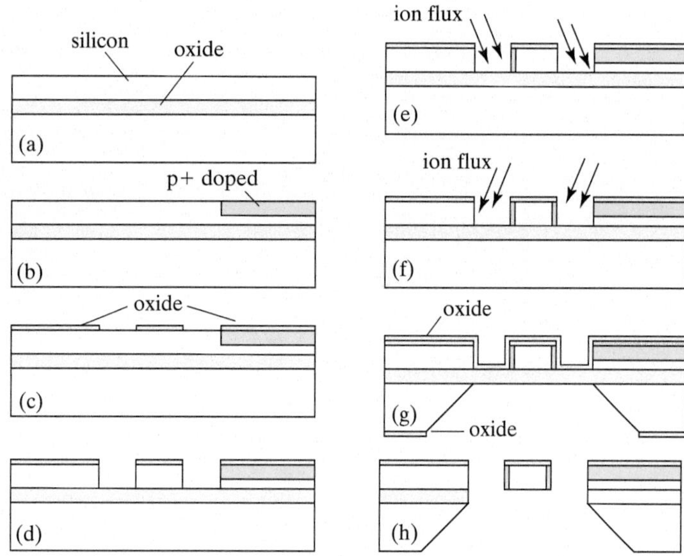

그림 6.14
그림 6.13의 A-A′ 단면을 기준으로 도시한 공정 순서도.

럴 경우 이온들은 들어오는 이온들의 방향 선상에 수직으로 놓여 있는 표면에만 침입하게 된다. 그림 6.13의 지지대 측면에 이온을 침입시키기 위해서는 기판을 이온의 유입 방향에 기울여 놓아 사선 방향으로 이온이 들어와서 측면에 이온들이 충돌하게 하여야 한다. 여기에서는 양쪽 측면에 이온을 도핑하기 위해 이온 침입 공정을 두 번 실시한다(그림 6.14e 및 f). 이때 측면은 도핑으로 인하여 2~10 kΩ/□의 표면 비저항을 가진다. 도핑 물질은 센서 주변에 전기적 누설 경로가 형성되는 것을 막기 위하여 감광 마스크로 정의된 지지대 영역 부근에만 한정시킨다. 그림 6.14c에서 형성한 LTO 박막이 도핑 물질로부터 지지대의 상부 영역을 보호한다. 그러고 나서 이 기판은 다시 LTO 층으로 덮이는데(그림 6.14g), 이는 후속의 습식 실리콘 식각 공정 중에 기판의 전체 전면을 보호하기 위함이다. 습식 식각의 진행은 실리콘에 비해 매복된 산화물층의 낮은 식각 속도에 의해 정지된다. 그러고 나서 LTO 층 및 매복 산화물층은 실리콘을 손상시키지 않는 불산 용액에 의해서 제거된다(그림 6.14h).

이 센서는 0.3 mV/g의 감도와 100 Hz에서 0.2 mg/의 분해능을 보이는데 이 값들은 정전 및 압저항 원리에 기반을 둔 시판되는 가속도계와 견줄 만한 데이터 수치이다.

6.4.2 압력 센서

미세 가공된 압력 센서는 미세 가공 기술의 초기 응용 제품 중 하나이다. 높은 감도와 균일성 등을 포함한 몇 가지 중요한 특성 때문에 이는 상업적으로 매우 성공하였다.

초기 MEMS 제품인 얇은 변형 격막(diaphragm)을 갖는 벌크 미세 가공된 단결정 실리콘 압력 센서는 오늘날에도 여전히 관련 시장을 주도하고 있다. 그림 6.15는 압력 센서의 한 사례인데[3], 압저항체가 네 변의 중심에 있다. 이러한 압저항체의 위치는 격막을 가로지르는 압력의 균일한 차이에 의해서 격막이 휠 때 최대 인장 응력 영역에 해당한다.

네 개의 압저항체는 전체 휘트스톤 브리지 배열로 연결되어 있으며, <110> 결정학적 방향을 따라 배열되어 있다. 각각의 압저항체는 2 kΩ의 저항을 가지며 표면 비저항은 150 Ω/□이다. 완벽한 기능을 갖춘 신호 처리 유닛으로 두 개의 신호 증폭기, 보상 회로 및 두 가지 형태의 출력(주파수와 전압)이 연결되어 있다. 이 휘트스톤 브리지 배열에서 압저항체의 온도 민감도는 서로 상쇄된다.

압저항체를 포함하고 있는 격막은 실리콘 벌크 미세 가공 공정으로 만들어지며, 압저항체 영역은 실리콘 격막을 선택적으로 도핑함으로써 형성된다.

미세 제조 공정을 사용하여 격막의 두께는 약 25 μm 이하로 정확하게 조절될 수 있다. 이러한 센서 칩은 4 mV/mm Hg의 감도, 전체 범위 내에서 0.4%보다 작은 비선형성을 가지며, 온도 민감 계수는 −20~110°C의 범위에서 0.06%/°C보다 작다.

최신 기술의 미세 가공된 압력 센서는 빠르게 진보하고 있으며, 벌크 및 표면 미세 가공 기술이 사용될 수 있다. 표면 미세 가공 공정을 사용한 대표적인 압력 센서의 예가 사례 6.3에서 논의된다.

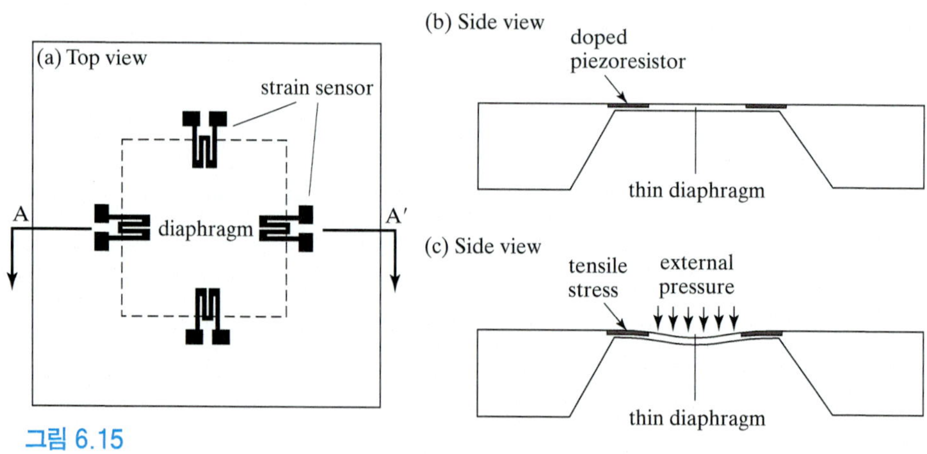

그림 6.15
압력 센서.

사례 6.3 표면 미세 가공된 압저항 압력 센서

표면 미세 가공된 압력 센서가 실리콘 질화막을 이용한 멤브레인과 다결정 실리콘 변형 센서를 이용하여 개발되었다[19, 20]. 앞에 언급한 벌크 미세 가공된 압력 센서와 비교하여 실리콘 질화물 박막의 두께는 훨씬 얇으며, 잘 조절될 수 있다. 감소된 두께는 식 (6.20)에 나타나 있듯이 주어진 크기의 멤브레인에 동일한 압력 차이를 가할 때 더 큰 응력을 발생시킨다.

이 센서는 작은 갭(gap)만큼 기판으로부터 떠 있는 멤브레인으로 구성되어 있는데(그림 6.16), 여덟 개의 압저항 센서가 설계에 포함되어 있다. 이 중 네 개의 저항체는 멤브레인 네 변의 중심에 있는데, 이들은 멤브레인이 밑으로 휘게 되면 인장 응력을 경험한다. 반면에 또 다른 네 개의 저항체는 격막의 중심에 위치하여 밑으로 휘는

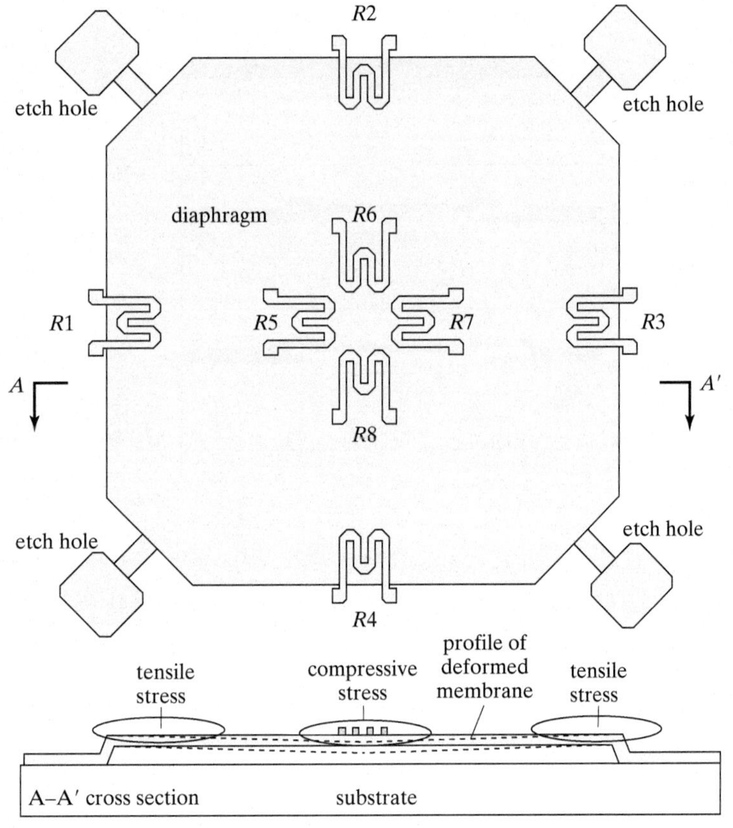

그림 6.16
표면 미세 가공된 압력 센서의 상부 및 단면도.

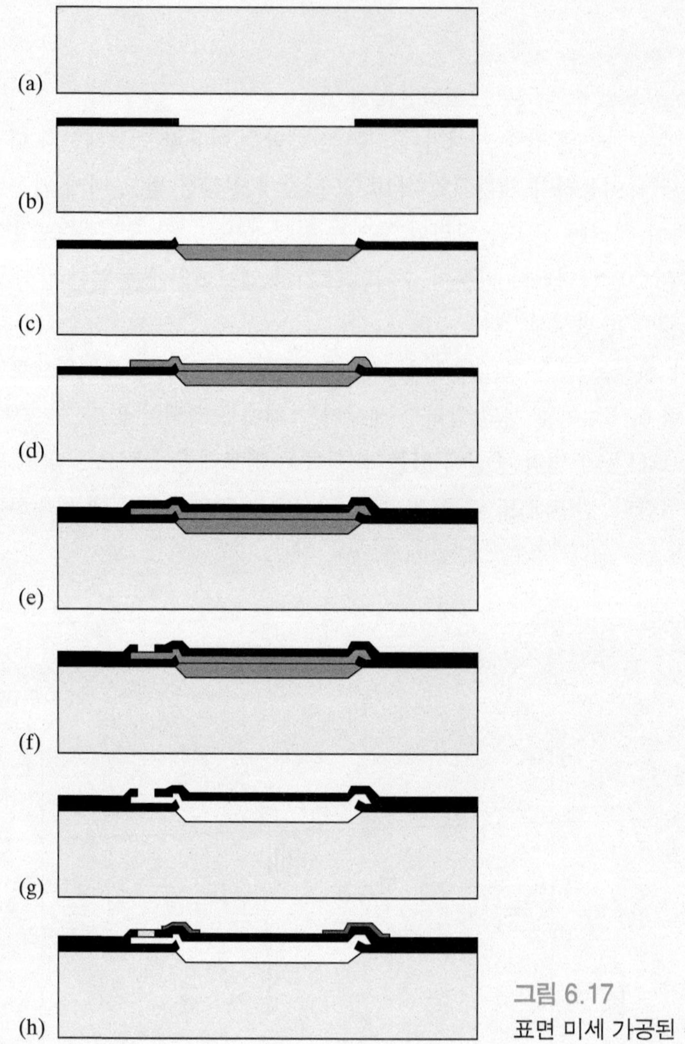

그림 6.17
표면 미세 가공된 센서의 제조 공정 순서도.

멤브레인의 경우 압축 응력을 받게 된다. 주어진 멤브레인의 굴곡에 대해 변에 위치한 저항체들($R_1 \sim R_4$)의 저항 변화와 중심부에 위치한 저항체들($R_5 \sim R_8$)의 저항 변화는 서로 반대 방향이므로 이 두 그룹을 휘트스톤 브리지 회로 내에서 하나로 연결하여 감도를 높일 수 있다.

그림 6.17에 나와 있는 소자 제조 공정은 앞에서 논의한 열전달에 의한 유량 전단 응력 센서(사례 5.7)의 공정과 유사하다. 공중에 떠 있는 멤브레인은 실리콘 질화물로 만들었으며(그림 6.17e), 희생 산화물층은 식각 용액이 들어갈 수 있는 접근 채널(access channel)을 통해 제거되며 그 결과 공동(cavity)이 형성된다(그림 6.17g).

각 접근 채널의 노출된 부분은 화학 기상 증착법에 의한 박막으로 봉해진다. 그리고 다결정 실리콘이 증착되고 사진감광법으로 패턴화된다(그림 6.17h). 마지막으로 와이어 리드로 사용될 금속 박막이 증착되고 패턴화된다.

이 제조 공정은 시간이 많이 걸리며 화학적으로 손상을 주는 실리콘 습식 식각을 포함하지 않고 있다. 표면 미세 가공 공정은 집적 회로와 더욱 호환성이 있다. 하지만 다결정 실리콘의 게이지 계수는 단결정 실리콘보다 작다. 고분자에 기반을 둔 표면 미세 가공된 센서도 개발되었다(12.3절 참조).

6.4.3 접촉 센서

접촉 센서는 접촉력을 측정하고 표면의 형상이나 굴곡을 분석하는 데 사용한다. 미세 가공된 접촉 센서는 고밀도 감지의 가능성을 제공한다. 다양한 감지축을 갖는 미세 가공된 실리콘 접촉 센서는 사례 6.4에서 논의된다. 금속 스트레인 게이지와 고분자 재료를 이용한 또 다른 압저항 접촉 센서는 12장에서 논의될 것이다.

사례 6.4 다양한 감지축의 압저항 접촉 센서

인간은 물체의 복잡한 접촉 인지를 통하여 정교한 업무들을 수행한다. 손 끝이 물체와 접촉하면 분포된 접촉 응력이 발생한다. 접촉점에서의 응력장은 세 개의 요소들을 포함하는데 하나는 수직 응력 요소이며 다른 두 개는 평면 상의 전단 응력 요소이다.

4096개의 성분 요소를 갖는 접촉 이미지 어레이(array)가 개발되었다. 센서의 기계적 요소는 벌크 미세 가공 기술을 사용하여 만들어졌다[5]. 각각의 요소는 식각된 영역 위에 네 개의 브리지에 의해 공중에 떠 있는 중심판으로 구성되어 있어서 큰 범위의 수직 구동 변위를 확보할 수 있다(그림 6.18). $R_1 \sim R_4$로 표기된 다결정 실리콘 압저항체는 각각의 브리지에 포함되어 있다. 압저항체는 하프 브리지 형태의 저항 회로에서 변수들로 작용한다. 세 응력 요소들의 직접적인 측정은 $R_1 \sim R_4$의 저항 변화를 측정함으로써 동시에 추출될 수 있다.

저자들은 분석 연구와 기계 감지 특성의 유한 요소 컴퓨터 시뮬레이션을 동시에 수행하였다. 각 압저항체의 반응은 각각의 응력 요인들에 의해 인가된 반응의 합이 된다.

인가된 순수 전단 응력에 의한 센서 구조의 반응은 구조의 최종적인 변형이 주로 브리지의 축방향 변형에 의한 것이라고 가정하여 예측한다. 중심판의 작은 수평상 움

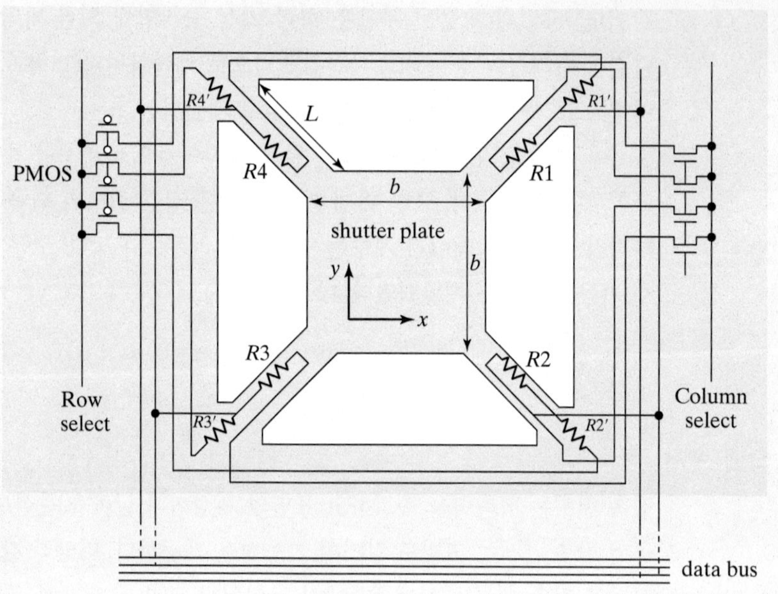

그림 6.18
압저항 접촉 센서.

직임에 의한 수평상 전단 응력 τ에 의해 브리지 요소에 인가된 전단 응력(s_τ)은 다음과 같이 구할 수 있다.

$$s_\tau = \frac{b^2}{2\sqrt{2}(EA)}\tau$$

여기에서 b는 중심판 한 변의 길이이며 E와 A는 브리지의 탄성 계수 및 단면적이다. EA 항은 브리지의 완고도(stiffness)로서 구성층 각각의 완고도의 합이 된다. 이 브리지는 실리콘 질화물, 실리콘 산화물 및 다결정 실리콘 층들로 구성되는데, 여기에서 실리콘 질화물, 실리콘 산화물 및 다결정 실리콘 층의 단면적은 각각 10.2, 12 및 1.6 μm^2이다.

수직 응력의 인가는 중심판의 수직 변위를 일으키는데, 수직 응력 σ_n에 대한 브리지의 종방향 변형률은 다음과 같다.

$$s_n = \frac{b^2 L}{2(EA)\delta}\sigma_n$$

여기에서 L은 브리지의 길이이며, δ는 판의 수직 변위이다.

각각의 압저항체(R_i, $i=1\sim4$)는 동일한 액면 저항 값을 갖는 기준 저항(R_i')들과 연결되어 있는데, 각각의 압저항체와 기준 저항 조합은 하프 브리지를 형성하여 데이터 버스에 출력 전압을 제공한다.

이 센서는 보상 MOS 회로, 즉 CMOS 집적 회로가 존재하는 실리콘 기판 위에 배열되었다. 두 개의 개선된 공정 단계가 최종적으로 독립 구조로 서 있게 되는 센서 구조체의 내부 응력 상태를 조절하기 위해 CMOS 회로 공정에 추가되었다.[역주: 구조체의 과도한 내부 응력은 구조체를 초기에 위 또는 아래로 휘게 할 수 있다.] 개선된 첫 번째 단계는 공정 초기에 진행된다. 인장 응력(300 MPa)을 받는 0.35 μm 두께의 실리콘 질화물을 저압 화학 기상 증착법(LPCVD)을 사용하여 실리콘 기판 위에 증착하는데, 이 층은 독립 구조 중심판의 하부층 및 브리지를 형성한다. 두 번째 개선은 최종 제조 공정에서 진행하는데, 인장 응력(200 MPa)을 받는 0.6 μm 두께의 실리콘 질화물을 플라즈마 화학 기상 증착법(PECVD)을 사용하여 증착한다.

제조 공정에서 CMOS 부를 완성한 후에 중심판 및 브리지의 센싱 구조는 85°C에서 벌크 실리콘 습식 용액[16 g/l 실리콘이 녹아 있는 물에 대한 5 wt% TMAH(tetramethyl ammonium hydroxide) 용액]을 사용하여 하부에 있는 실리콘 기판으로부터 완화시킨다. 실리콘이 미리 녹아 있는 TMAH 용액이 EDP나 KOH 대신 사용되었는데 CMOS 회로의 표준 전극인 알루미늄 접촉 패드에 대한 낮은 식각률 때문이다. 최종적으로 이 다이(die)는 전기적으로 패키징되어 접착성 후면 재료를 갖는 탄성 중합체 고무층으로 덮인다.

어레이 및 개별적인 요소의 기계적 특성을 측정하기 위해서 칩을 반도체 미세 탐침 측정기(microprobe station) 위에 올려 놓고, 전면 고분자 표면에 공기 압축을 가하여 어레이에 균일한 압력을 가한다. 수직 응력에 대한 개별 센서의 반응은 압력을 천천히 가함으로써 생성된다. 수직 응력 민감도는 증폭을 거쳐서 1.59 mV/kPa로 측정되었다. 인가된 전단 응력 센서에 대한 개별 요소의 반응은 고분자에 부착된 기계적인 판 구조체의 수평 변위에 의해 결정되는데, 측정된 전단 응력 감도는 0.32 mV/kPa이었다.

다른 측정 모드(수직 및 전단 응력) 사이의 신호 혼선이 측정 보정 연구에서 관찰되었다. 약간의 전압 신호가 순수한 수직 응력을 인가할 때 전단 응력 축에서 기록되었다. 이 잘못된 수직 응력에 대한 평균값은 순수한 전단 응력의 2.1%에 해당한다. 마찬가지로 수직 응력의 오류가 순수 전단 응력을 인가할 때 발생하였다.

위에 놓여 있는 탄성 중합체의 잔류 압축에 의한 변환 이력(hysteresis)이 보정되어야 한다. 센서에 부하가 없는 상태에서 78 kPa의 최대 수직 응력 수준까지 20초 동안 인가한 후에 부하를 제거하였는데 부하가 없는 상태에서 2.1 kPa 수직 응력에 해당하는 3.3 mV가 측정되었다.

중심판의 공진 주파수는 고분자의 부착으로 변한다. 고분자를 부착한 중심판의 공진 주파수는 부하를 인가한 후 재빨리 부하 탐침을 제거함으로써 실험적으로 측정할 수 있다. 측정된 기계적 공진 주파수는 102 Hz이었다.

센서의 온도 민감도는 탐침 기판의 온도를 변화하여 측정하였는데, 센서 출력은 여러 온도 값들에 대하여 기록되었다. 수직 응력의 증폭되지 않은 온도 계수는 −0.83 mV/°C인데, 수직 응력 측정에 있어서 −0.52 kPa/°C에 해당한다.

6.4.4 유량 센서

미세 구조는 유량을 감지하는 응용에 사용될 수 있다. 작은 물리적 크기는 측정 도중의 유동장에 의한 충격을 감소시킨다. 미세 구조 주변의 유속은 떠 있는 구성 성분에 대하여 부력[21, 22], 견인력[23], 운동량[24, 25]을 전할 수 있다. 이러한 힘들은 미세 구조를 변형시켜서 부양 구조나 지지 구조체의 응력 변화를 일으킨다. 이러한 구조체에 전략적으로 위치시킨 압저항체의 저항 변화를 측정함으로써 구조체의 휘어진 정도를 유추할 수 있다.

여기에서 전단 응력 센서와 유속 센서를 검토할 것인데, 사례 6.5에서는 기판 접합 기술을 사용하여 만든 유량의 전단 응력 센서의 설계 및 제조에 대해 논의할 것이며, 사례 6.6은 표면 미세 가공과 3차원 어셈블리(assembly)를 사용하여 만든 운동량 전달 유속 센서이다.

사례 6.5 압저항 유량 전단 응력 센서

공중에 떠 있는 구조의 전단 응력 센서는 하나의 판(120 μm 폭과 140 μm 길이)과 네 개의 지지대(각각 10 μm 폭과 30 μm 길이)들로 구성되어 있다[26]. 지지대들은 판과 저항체를 기계적으로 받쳐 주는 역할을 한다. 중심판의 상부와 지지대의 길이에 평행한 유속은 공중에 떠 있는 판 상부에 전단 응력을 발생시킨다.

이 판은 견고한 상태로 움직인다고 가정하자. 유속의 방향은 지지대들에 평행하도록 하여 전단 응력이 지지대의 종방향을 따라서 견인력을 형성한다. 지지대 중 두 개는 압축 응력을 경험하며, 나머지 두 개는 인장 응력을 받게 된다. 저항의 변화는 단결정 실리콘의 압저항 성질에 의해서 발생한다.

중앙판에 작용하는 힘은 네 개의 지지대를 통해서 동일하게 나누어지는데 각각의 지지대에 미치는 종방향 응력은 다음과 같다.

$$\sigma = \frac{\tau A_p}{4A_t} \tag{6.23}$$

여기에서 A_p는 중앙판의 면적이며, A_t는 지지대의 단면적이다. 따라서 지지대 저항의 변화는 다음과 같이 계산할 수 있다.

$$\frac{\Delta R}{R} = Gs = G\frac{\tau A_p}{4EA_t} \tag{6.24}$$

중심판과 지지대는 저농도로 도핑된 5 μm 두께의 n형 실리콘층으로 만들어지며 또 다른 실리콘 표면으로부터 1.4 μm 가량 떠 있다. 센서의 제조는 두 실리콘 기판(기판 #1 및 기판 #2)의 공정으로 구성된다. 제조 공정 순서는 10~20 Ω/□의 표면 비저항을 갖는 기판 #1 위에 1.4 μm 두께의 실리콘 산화물을 성장시킴으로써 시작된다(그림 6.19b). 공중에 부양된 구조 아래에 놓이게 될 실리콘 산화물은 패턴화되어 플라즈마 식각법에 의해 식각된다(그림 6.19c).

소자 기판인 기판 #2(그림 6.19d)는 고농도(약 10^{20} cm^{-3})로 붕소가 도핑된 영역(p^+ 영역) 위에 5 μm 두께의 저농도로 도핑된 n형 에피택셜 영역으로 구성되어 있다. 이 두 기판을 접합시키는데(그림 6.19e), 접합 과정은 우선적으로 10분 동안 3:1의 H_2SO_4:H_2O_2 용액을 사용하는 결합 표면의 수화, 탈이온화(DI)수 세척 및 스핀 건조를 포함하는 산화 전처리 세척 공정을 거친 후 상온에서 두 기판의 표면 접합, 70분 동안 건조 산소 분위기에서 1000°C의 고온 열처리 과정 순으로 진행된다.

그리고 이 소자 기판은 KOH 이방성 식각 용액에 실리콘 기판을 녹여 고농도로 도핑된 층까지 식각하여 얇게 한다(그림 6.19f). 이 식각은 높은 식각 선택성을 갖는 고농도로 도핑된 영역에서 자동적으로 멈춘다. 아세트산:질산:불산(HNA)의 8:3:1 혼합 용액이 에피택셜 층에 도달할 때까지 고농도로 도핑된 층을 선택적으로 식각하는데 사용된다(그림 6.19g).

확산 도핑은 고농도로 도핑된 실리콘 영역을 제공하기 위해 수행되며(그림 6.19h), 금속 박막을 증착 및 패턴화하여 전기적 접촉부를 형성한다. 금속과 고농도로 도핑된 영역은 오믹 전기적 접합을 형성한다(그림 6.19i). 산화물층을 소자 기판 상부에 증착하여 전도 및 부식 환경에서 소자를 보호한다(그림 6.19j).

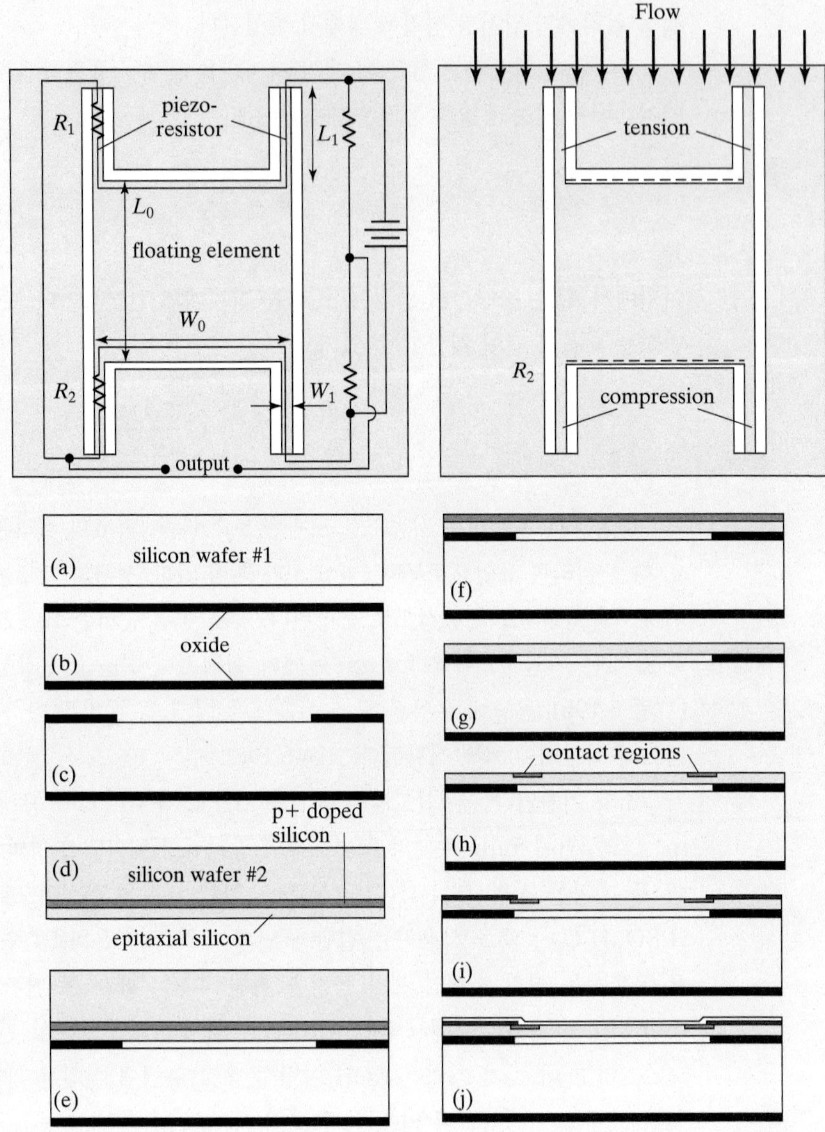

그림 6.19
압저항 전단 응력 센서.

이 센서는 13.7 μV/V-kPa의 전체 감도를 나타내었으며, 1~100 kPa의 전단 응력 범위에서 2200~6600 psi의 고압과 190~220°C의 온도를 20시간 이상 견딜 수 있었다.

사례 6.6 금속 압저항 유속 센서

기계적 신호 수신의 기능을 가진 유모세포(haircell)는 여러 동물에게서 발견된다. 유모세포는 신경세포에 부착된 섬모로 이루어져 있다. 입력 자극에 의한 섬모의 기계적 변위는 신경세포를 자극하여 출력 신호를 발생시킨다. 단순한 기계적 변환 원리로 보이는 이 유모세포는 척추 동물의 소리 청취나 균형 감지, 어류의 옆줄과 같은 유속 감지, 곤충류의 유속 및 진동 감지 등에 작용한다. 생물의 유모세포를 모방한 인공 유모세포(artificial haircell sensor, 이하 AHC) 센서가 공학적인 센서 응용을 수행하기 위해서 모듈로서 개발되었다. 이러한 생물학적 개념에 근거한 유속 센서가 아래서 논의될 것이다.

고분자 섬모를 기반으로 하는 AHC의 개념도가 그림 6.20에 나타나 있다[27]. 이 AHC는 기판에 고정되어 서 있는 수직 빔(인공 섬모)으로 이루어져 있다. 스트레인 게이지는 기판과 섬모 사이, 즉 빔의 기저부에 위치해 있다. 이 스트레인 게이지는 섬모의 길이를 따라 놓여 있는 두꺼운 폴리이미드(polyimide) 후판 위에 니크롬(NiCr) 박막 저항체를 증착하여 형성하였다. 다른 물체와 직접적으로 접촉하는 접촉력(접촉 센서로 작용) 또는 흘러가는 유체의 흐름에 의한 견인력(유속 센서로 작용) 등과 같은 외부 힘이 수직으로 서 있는 빔에 가해지면 빔은 꺾이게 되어 수직 스트레

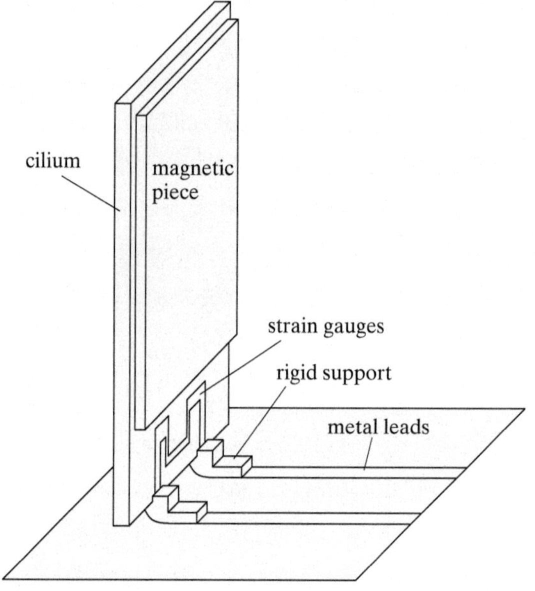

그림 6.20
인공 유모세포 요소의 개략도.

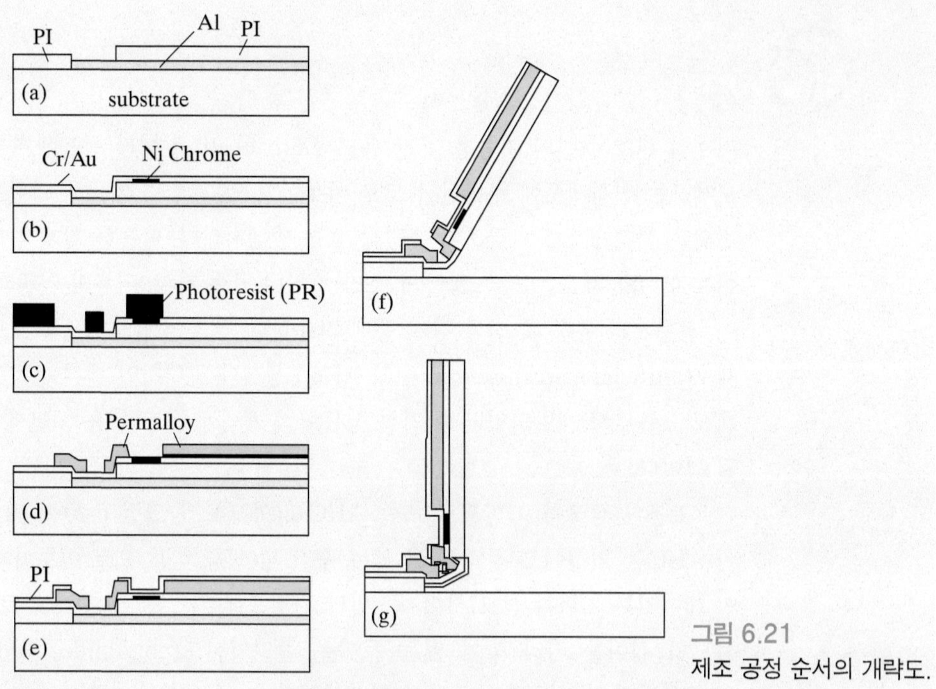

그림 6.21
제조 공정 순서의 개략도.

인 게이지 안의 종방향 변형을 형성한다.

이 소자는 소자 설계 및 제조 공정에서 기발한 두 가지 측면을 가지고 있다. 첫째는 수직의 섬모가 고분자 재료로 만들어져서 기계적인 내구성을 갖는 것이며, 둘째는 섬모가 웨이퍼 단위로 공정을 진행할 수 있는 효과적인 3차원 어셈블리를 이용하여 만들어진 것이다.

제조 공정은 금속 및 고분자 증착 과정의 연속으로 이루어져 있다(그림 6.21). 우선 0.5 μm 두께의 알루미늄 희생층이 증발 증착되어 기판 위에 패턴화된다. 그러고 나서 5.5 μm 두께의 감광 폴리이미드(HD-4000, HD 마이크로시스템사 제품)를 스핀 코팅한 후 사진감광법으로 패턴화한다(그림 6.21a). 이 폴리이미드는 1 Torr 질소 진공 분위기에서 350℃의 온도로 2시간 동안 건조 처리한다. 이는 공정에서 사용하는 가장 높은 온도이다. 스트레인 게이지로 사용될 75 nm 두께의 NiCr 층이 전자 빔 증발법에 의해 증착된 후에 전기적 리드 및 구부러지는 연결부(hinge)로 쓰일 0.5 μm 두께의 Au/Cr 증발 증착막이 올라간다(그림 6.21b). 저자들은 패턴화된 감광제로 도금 몰드(mold)를 만들었으며(그림 6.21c), Au/Cr 층을 씨앗층으로 약 5 μm 두께의 퍼멀로이(Permalloy)를 도금하였다(그림 6.21d). 마지막 표면 미세 가공 공정은 퍼멀로이 섬모와 NiCr 스트레인 게이지에 대한 보호 코팅으로 쓰일 폴리이미드 박막을 올

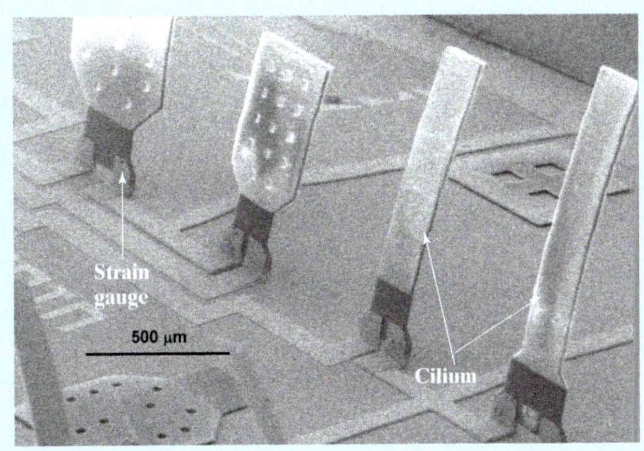

그림 6.22
다른 높이 및 폭을 갖고 제조된 유모세포 어레이의 전자 현미경 사진. 제조된 소자는 600 μm에서 1.5 mm까지의 섬모 길이를 갖는다.

리는 것이다(그림 6.21e).

섬모 구조를 자유롭게 하기 위해서 하루 이상 TMAH 용액에서 알루미늄 희생층을 식각한다. 이 샘플은 외부 자기장이 인가되는 도금 욕조에서 조심스럽게 세척되어 놓여진다. 이 자기장은 퍼멀로이와 반응하여 섬모를 기판의 평면 밖으로 세운다(그림 6.21f 및 g).

다른 섬모와 스트레인 게이지 형상을 갖는 AHC 배열이 그림 6.22에 나타나 있다. 이러한 배열은 일련의 제조 공정이 효과적으로 진행되었음을 보여 준다. 고분자 기판 위에서 수행되었으므로 전체적으로 제조법은 온도가 350°C 이상을 넘지 않는다. 실리콘, 유리, 캡톤(kapton) 박막 등이 이러한 소자의 제조 공정 기판으로 사용되었다. 측정된 스트레인 게이지의 저항은 1.2~3.2 kΩ이었으며 증착한 NiCr 박막의 TCR 측정값은 −25 ppm/°C인데, 이것은 매우 작아서 공기 유속 측정 시에 풍력 요인에 영향을 주지 않는다.

요약

다음은 이 장과 관련된 주요 개념, 사실 및 기술 등에 대해서 나열한 것이다.

- 실리콘 재료의 압저항 원리
- 금속 재료의 압저항 원리

- 실리콘 압저항에 미치는 도핑 농도의 영향
- 실리콘 압저항에 미치는 기판의 결정학적 방향성의 영향
- 실리콘에 대한 종방향 및 횡방향 부하 조건에서의 게이지 계수의 정의
- 실리콘 압저항체와 게이지 계수에 대한 온도의 영향
- 종방향 및 횡방향 압저항체의 차이점
- 휘트스톤 브리지 회로 출력의 분석
- 단순한 횡방향 힘 부하 조건에서 캔틸레버 빔의 각 영역의 응력을 분석하는 방법
- 균일하게 압력을 인가할 때 멤브레인 각 영역에서의 응력의 상대적인 양 및 부호
- 캔틸레버에 단순히 힘을 가하였을 때 저항의 상대적 변화를 분석하는 과정

문제

문제 6.1: 설계

아래 그림은 도핑된 실리콘 압저항체를 갖는 캔틸레버를 도시한 것이다. 빔의 너비는 w이며, 전체 저항체는 분포된 응력을 받는다고 가정하자. 힘 F에 반응하는 전단 응력과 수직 응력을 고려하여 저항 변화에 대한 분석적인 관계식을 구하라. 탄성 계수가 120 GPa고, L 및 l은 각각 400 μm 및 40 μm이며, w 및 t는 각각 20 μm 및 10 μm일 때, 가해진 힘 F가 1 mN이라고 한다면 수직 응력 및 변형률에 의한 상대적인 저항 변화는 얼마인가?

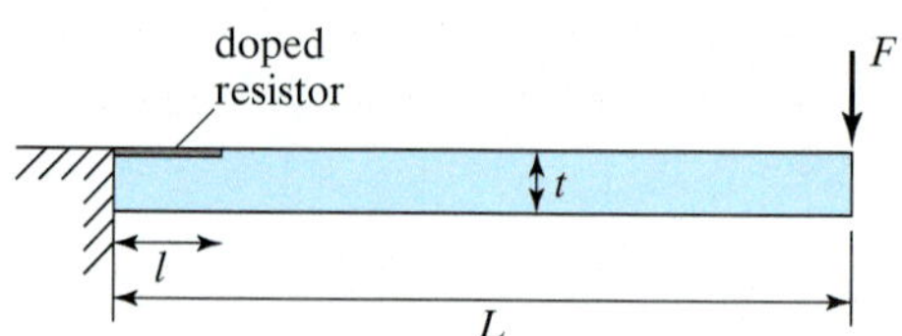

문제 6.2: 설계

단결정 실리콘 빔 위에 놓여 있는 압저항체를 어느 정도의 농도로 캔틸레버 전체 두께를 도핑함으로써 만들었다고 가정하자. 수직의 힘이 캔틸레버 빔 자유단에 인가되며, 힘 부하 조건은 문제 6.1과 동일하다. 이 경우 저항의 변화에 대해 논하라. 금속 와이어의 유한한 두께 효과는 무시되어야 한다.

문제 6.3: 설계

문제 6.1의 경우에 저항체의 길이(l)를 네 배만큼 증가시킬 경우의 장점 및 단점을 논하라.

문제 6.4: 설계

폭 w를 갖는 아래의 캔틸레버를 고려해 보라. F의 함수로서의 저항 변화의 분석 관계식을 구하라.

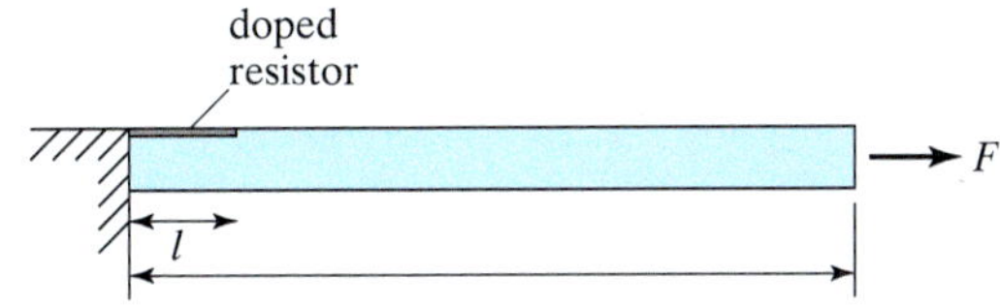

문제 6.5: 설계

실리콘 질화물 빔의 길이는 100 μm, 폭은 5 μm, 두께는 0.5 μm이다. 빔이 파괴되려면 빔의 자유단에 얼마만큼의 힘이 가해져야 하는가? 실리콘 질화물의 파괴 변형률은 2%이며, 탄성 계수는 385 GPa이다. 분석 과정을 전개하라.

1. 16 MN
2. 16 mN
3. 16 μN
4. 0.16 mN
5. 위의 어떠한 값도 아님

문제 6.6: 설계

아래 그림은 확산된 압저항체를 갖는 단결정 실리콘 캔틸레버 빔을 나타낸다. 종방향 게이지 계수 G_l은 20이며, 횡방향 게이지 계수 G_t는 10이다. 센서 근처의 최대 종방향 변형률이 1%일 때 압저항체의 저항 변화를 구하라.

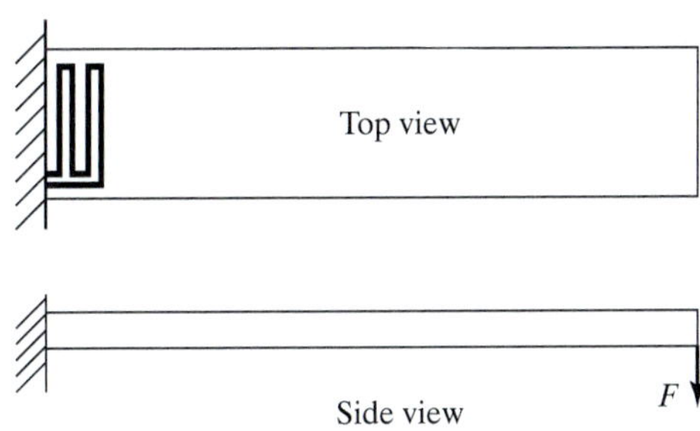

1. $\Delta R/R=0.2$
2. $\Delta R/R=0.1$

문제 6.7: 설계

실리콘 캔틸레버의 길이는 200 μm 이고, 폭은 5 μm 이며, 두께는 0.5 μm 이다. 1 μN 의 힘이 빔의 중앙(절반 길이 부분)에서 횡방향으로 가해질 때 고정단 및 고정단으로부터 x=l/4 위치에서의 최대 인장 응력을 구하라. 종방향을 따른 실리콘의 탄성 계수는 160 GPa 이다.

문제 6.8: 설계

<110> 방향의 종방향을 갖는 실리콘 캔틸레버에 횡방향 힘을 인가하였다. 이 캔틸레버는 길이가 200 μm 이고, 폭은 20 μm 이며, 두께는 1 μm 이다. 저항체의 길이는 20 μm 이다. 10 μN 의 힘이 인가될 때 저항체의 저항 변화율을 계산하라.

문제 6.9: 설계

<100> 방향을 가리키는 두 개의 지지대를 가진 실리콘 캔틸레버를 고려해 보라. 힘 F 를 가할 때 상대적인 저항의 변화율에 대한 관계식을 유도하라. 저항체는 길이를 따라서 균일하게 도핑되어 있다. 각각의 캔틸레버 지지대는 길이 L, 폭 W 및 두께 t 를 갖는다. 각각의 지지대를 따라가는 저항체는 길이 L, 폭 w 및 두께 t_p 를 갖는다. (힌트: 두 개의 지지대를 연결하는 수평 바(bar)와 관련된 기계적인 변형과 저항은 무시한다.]

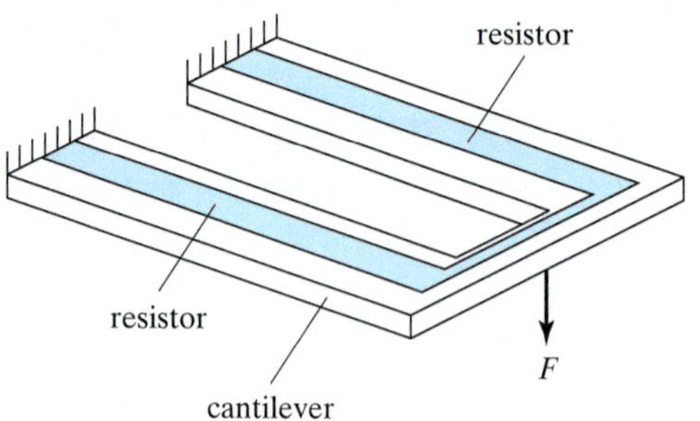

문제 6.10: 설계

네 개의 압저항체를 갖는 정사각형의 멤브레인이 아래에 그려져 있다. R_1 저항 및 R_4 저항은 마주 보는 두 변의 중심에 위치하며, R_2 저항 및 R_3 저항은 멤브레인의 중심에 놓여 있다. 멤브레인 한 변의 크기는 b 이고, 두께는 t 이다. 멤브레인을 가로질러 p 의 압력 차이가 가해질 때, (a) 및 (b)에서 묘사한 두 개의 휘트스톤 브리지 배열에서 출력 전압의 관계식을 구하라.

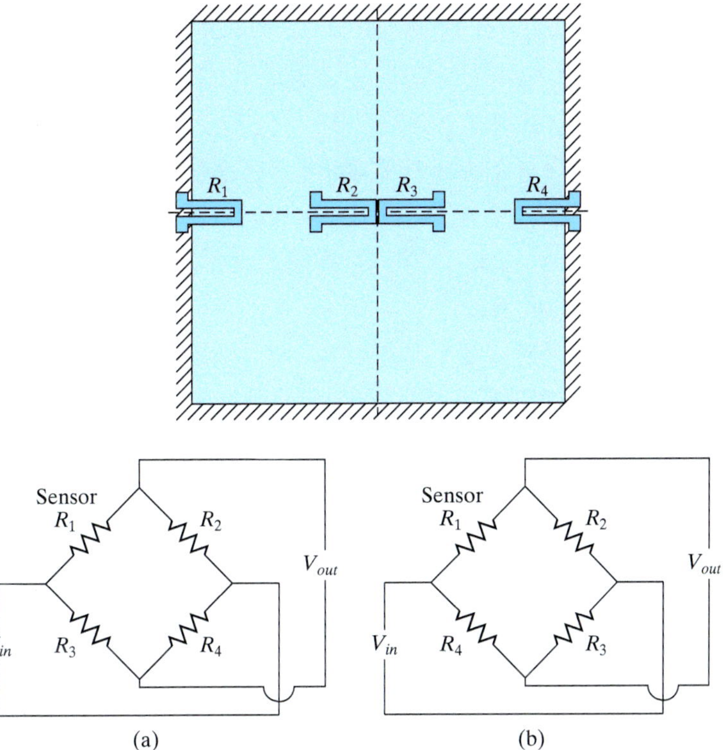

문제 6.11: 검토

사례 6.1에서 언급한 가속도 센서의 지지대의 두께, 길이 및 폭은 참고문헌에 주어져 있지 않았다. 이 세 가지 설계 변수들을 파악하기 위하여 사례 6.1 및 참고문헌에서 제공된 정보를 사용할 수 있는가? 이 실리콘 캔틸레버 지지대의 치수를 구하는 방법을 설명하라.

문제 6.12: 설계

사례 6.2에서 논의한 구조에 대하여 입력 가속도에 대한 저항 변화를 나타내는 분석 표현식을 유도하라. 참고문헌에서 유도한 식과 이 결과를 비교하라.

문제 6.13: 제조

사례 6.2에서 언급한 구조에 대해서 빔 너비를 현재 값의 1/3로 감소시킬 경우의 장점 및 단점은 무엇인가?

문제 6.14: 설계

사례 6.3에서 언급한 압력 센서에 대하여 변 상의 저항체의 길이를 멤브레인 전체 길이의 1/4까지 증가시킬 때의 장점 및 단점은 무엇인가? 변 상의 저항체의 길이를 멤브레인 전체 길이의 1/2까지 증가시킬 경우의 장점 및 단점은 무엇인가?

문제 6.15: 설계

사례 6.4의 접촉 센서에 대하여 전단 응력 및 수직 응력하에서 단일 압저항체의 반응에 대한 관계식을 완성하라.

문제 6.16: 제조

사례 6.4의 고분자 보호 커버는 탄성 중합체를 접착면에 붙여서 제공한다. 그러나 개별적인 중앙판에 대한 고분자의 점착성은 조절하기 힘들다. 이 사례와 비슷한 기능성을 가지면서도 실리콘 부품을 고분자와 집적하는 개선된 방법을 갖는 접촉 센서의 대안 설계 및 공정에 대하여 논하라.

문제 6.17: 검토

사례 6.4에서 EDP 또는 KOH가 아닌 TMAH를 실리콘 식각 용액으로 선택한 이유를 논하라. 문헌에서 믿을 만한 근거를 찾아보라.

문제 6.18: 설계

사례 6.5의 경우 평면 상 단면 유속(in-plane cross flow, 종방향 축에 수직인 유속)과 평면 외 단면 유속(out-of-plane cross flow, 수직 방향으로 편평한 판에 충격을 주는 유속)의 감도는 각각 무엇인가?

문제 6.19: 도전

사례 6.6에서 언급한 인공 유모세포 센서는 직사각형 단면적을 갖는 섬모로 이루어져 있다. 효율적인 미세 제조 공정으로 높은 종횡비의 고분자 섬모를 세우는 방법을 논하라. 인공 유모의 변위가 높은 감도로 감지될 수 있도록 센서의 여러 요소들을 서로 연결하여 집적화할 수 있는가?

참고문헌

1. Smith, C.S., *Piezoresistance Effect in Germanium and Silicon*, Physics Review, 1954. **94**: p. 42–49.
2. Kanda, Y., *Piezoresistance Effect of Silicon*, Sensors and Actuators A:

Physical, 1991. **28**: p. 83–91.

3. Sugiyama, S., M. Takigawa, and I. Igarashi, *Integrated Piezoresistive Pressure Sensor with Both Voltage and Frequency Output*, Sensors and Actuators A, 1983. **4**: p. 113–120.
4. Gretillat, F., M.-A. Gretillat, and N.F. de Rooij, *Improved Design of a Silicon Micromachined Gyroscope with Piezoresistive Detection and Electromagnetic Excitation*, Microelectromechanical Systems, Journal of, 1999. **8**: p. 243–250.
5. Kane, B.J., M.R. Cutkosky, and T.A. Kovacs, *A Traction Stress Sensor Array for Use in High-Resolution Robotic Tactile Imaging*, Microelectromechanical Systems, Journal of, 2000. **9**: p. 425–434.
6. Hautamaki, c., et al., *Experimental Evaluation of MEMS Strain Sensors Embedded in Composites*, Microelectromechanical Systems, Journal of, 1999. **8**: p. 272–279.
7. Geyling, F.T., and J.J. Forst, *Semiconductor Strain Transducers*, The Bell System Technical Journal, 1960. **39**: p. 705–731.
8. French, P.F., and A.G.R. Evans, *Piezoresistance in Polysilicon and Its Applications to Strain Gauges*, Solid-State Electronics, 1989. **32**: p. 1–10.
9. Engel, J., J. Chen, and C. Liu, *Polymer-Based MEMS Multi-Modal Sensory Array*. Presented at 226th National Meeting of the American Chemical Society (ACS). New York, NY: 2003.
10. Toriyama, T., and S. Sugiyama, *Analysis of Piezoresistance in p-type Silicon for Mechanical Sensors*, Microelectromechanical Systems, Journal of, 2002. **11**: p. 598–604.
11. Yamada, k., et al., *Nonlinearity of the Piezoresistance Effect of p-type Silicon Diffused Layers*, IEEE Transactions on Electron Devices, 1982. **ED-29**: p. 71–77.
12. Tufte, O.N., and E.L. Stelzer, *Piezoresistive Properties of Silicon Diffused Layers*, Journal of Applied Physics, 1963. **34**: p. 313–318.
13. Kerr, D.R., and A.G. Milnes, *Piezoresistance of Diffused Layers in Cubic Semiconductors*, Journal of Applied Physics, 1963. **34**: p. 727–731.
14. Senturia, S.D., *Microsystem Design*. Kluwer Academic Publishers, 2001.
15. French, P.J., and A.G.R. Evans, *Polycrystalline Silicon Strain Sensors*, Sensors and Actuators A, 1985. **8**: p. 219–225.

16. Maier-Schneider, D., J. Maibach, and E. Obermeier, *A New Analytical Solution for the Load-Deflection of Square Membranes*, Microelectromechanical Systems, Journal of, 1995. **4**: p. 238–241.

17. Angell, J.B., S.C. Terry, and P.W. Barth, *Silicon Micromechanical Devices*, Scientific American Journal, 1983. **248**: p. 44–55.

18. Partridge, A., et al., *A High-Performance Planar Piezoresistive Accelerometer*, Microelectromechanical Systems, Journal of, 2000. **9**: p. 58–66.

19. Liu, J., *Integrated Micro Devices for Small-Scale Gaseous Flow Study*. In Electrical Engineering. Pasadena, CA: California Institute of Technology, 1994, p. 169.

20. Lee, W.Y., M. Wong, and Y. Zohar, *Pressure Loss in Constriction Microchannels*, Microelectromechanical Systems, Journal of, 2002. **11**: p. 236–244.

21. Svedin, N., et al., *A New Silicon Gas-Flow Sensor Based on Lift Force*, Microelectromechanical Systems, Journal of, 1998. **7**: p. 303–308.

22. Svedin, N., E. Kalvesten, and G. Stemme, *A New Edge-Detected Lift Force Flow Sensor*, Microelectromechanical Systems, Journal of, 2003. **12**: p. 344–354.

23. Schmidt, M.A., *Wafer-to-Wafer Bonding for Microstructure Formation*, Proc. IEEE, 1998. **86**(8): p. 1575–1585.

24. Fan, Z., et al., *Design and Fabrication of Artificial Lateral-Line Flow Sensors*, Journal of Micromechanics and Microengineering, 2002. **12**: p. 655–661.

25. Svedin, N., E. Stemme, and G. Stemme, *A Static Turbine Flow Meter with a Micromachined Silicon Torque Sensor*, Microelectromechanical Systems, Journal of, 2003. **12**: p. 937–946.

26. Shajii, J., K.-Y. Ng, and M.A. Schmidt, *A Microfabricated Floating-Element Shear Stress Sensor Using Wafer-Bonding Technology*, Microelectromechanical Systems, Journal of, 1992. **1**: p. 89–94.

27. Chen, J., et al., *Towards Modular Integrated Sensors: The Development of Artificial Haircell Sensors Using Efficient Fabrication Methods*. Presented at IEEE/RSJ International Conference on Intelligent Robots and Systems. Las Vegas, NV: 2003.

압전 센싱 및 액추에이션

CHAPTER 7

7.0 서론

압전 재료는 센서와 구동기 모두에 사용할 수 있다. 이 장에서는 우선 7.1절에서 압전성의 원리와 기본적인 설계 방법에 대해서 소개할 것이다. 그리고 7.2절에서는 몇 가지 대표적인 압전 재료들의 성질에 대해서 살펴볼 것이며, 마지막으로 7.3절에서는 여러 가지 기계 및 전기적 구조 배열에 바탕을 둔 센서 및 구동기의 사례에 대해서 논의하고자 한다.

7.1 소개

7.1.1 배경

압전성은 재료에 기계적인 응력을 가하면 전하 또는 전위차가 발생하는 것으로 19세기 후반에 발견된 성질이며, 이러한 물리적인 현상을 **압전 효과**(direct effect of piezoelectricity)라고 한다. 역으로 같은 재료에 전기장을 인가하면 기계적인 변형 또는 힘이 발생하는데 이 현상은 **역압전 효과**(inverse effect of piezoelectricity)라고 부른다.

약 1000 V/cm 정도의 전기장을 압전성을 갖는 석영 막대의 양 끝에 인가하면 10^{-7} 정도의 변형률이 발생하는데, 반대로도 에너지가 변환하므로 작은 변형률로 큰 전기장을 발생시킬 수 있다.

1880년 피에르 퀴리(Pierre Curie)와 자크 퀴리(Jacques Curie)는 로셸염과 석영으로 이루어진 자연석에서 실험적으로 압전 효과를 발견하였다. 1881년에 헤르만 한켈(Hermann Hankel)은 '누르다'라는 의미를 가진 그리스어인 'piezen'에서 압전성(piezoelectricity)이라는 용어를 제안하였다. 1893년에는 윌리엄 톰슨(William Thomson)이 압전성의 이론에 대한 논문을 출간하였는데 이 논문에서 압전 효과를 나타내는 물질이 역압전 효과도 일으킬 수 있다는 사실을 수학적으로 가정하였고 실험적으로 증명하였다.

압전 현상은 우선적으로 석영 진동 결정과 수중 음향 탐지기에 적용되어 발전되어 왔다. 1921년 월터 캐디(Walter Cady)는 통신 시스템에 적용 가능한 석영 결정에 의해 제어되는 발진기와 좁은 대역폭의 석영 결정 필터를 발명하였다[1]. 제2차 세계대전의 발발은 압전 분야의 급격한 성장을 가져왔는데 잠수함을 감지하는 수중 음향 탐지 등의 군사적인 목적에 자주 사용되었다. 1950년대에는 공학적으로 매우 중요한 압전 세라믹 재료인 바륨-티탄산염($BaTiO_3$)와 납-지르코늄-티탄산염($PbZrO_3$-$PbTiO_3$, PZT)이 인공적으로 합성되었다. 이러한 재료들은 자연에서는 발견되지 않는 것들로서 인공적으로 합성한 후 큰 압전 효과를 띠게 하기 위해서 특정 방향으로 전기적으로 배향해야 한다. 1958년에는 석영 재료 또한 인공 합성이 가능해졌다.

역사적으로 잘 알려진 압전 센서의 응용 분야로는 축음기 픽업, 마이크로폰, 음향 모뎀, 수중 음향 영상기, 그리고 의학용 제품 등이 있다. 압전성과 응용에 대한 내용은 참고문헌 [2]에 잘 정리되어 있다.

최근에 압전 재료는 박막 형태로 MEMS 센서와 구동기에 많이 사용되고 있는데, 온칩(on-chip) 탄성 변환기[3], 유체 및 입자의 이송 및 제어를 위한 펌프나 밸브[4, 5], 가속도계[6, 7], 마이크로스피커와 마이크로폰[8, 9], 미세 거울[10], 화학 센서[11] 분야 등에서 활발히 연구되고 있다.

압전 재료의 중요한 성질들은 주로 결정학적 구조에서 비롯한다. 압전 결정은 미세한 결정사슬 도메인(domain)들의 군집체로 생각할 수 있다. 전체 압전 결정의 거시적인 거동은 개별적인 미세 결정들의 거동과 확연히 다른데 이는 각 결정들의 방향성 분포 때문이다. 이웃하는 결정 도메인들 사이의 분극 방향은 90° 또는 180°만큼 다를 수 있어서, 전체 재료를 통하여 임의의 방향으로 불규칙하게 배열되어 있다면 외부로 나타나는 순수한 분극 성분과 이에 의한 압전 효과는 전혀 나타나지 않는다. 압전 결정을 특정한 한 방향으로 배열하는 것을 **배향**(poling)이라고 하는데 이는 높은 온도에서 한 방향으로 강한 전기장을 가하는 것이다. 이 과정에서 인가된 전기장의 방향과 유사한 분극 방향을 가진 도메인들은 성장하면서 크기가 증가하게 되며, 이 재료는 전기장의 방향으로 길어진다. 전기장이 제거되어도 도메인들은 배열되었던 방향과 유사한 방향으로 고정된 채로 남겨져서 압전 결정은 잔류 분극과 영구 변형의 성질을 띤다.

배향 처리는 결정 제조의 마지막 단계이며, 이후에 결정이 압전 효과를 부분적으로나 전체적으로 잃게 되는 탈분극화(depolarized)가 일어나지 않도록 취급에 주의하여야 한다. 압전 결정은 기계적, 전기적, 또는 열적 기구에 의해서 탈분극화될 수 있는데 탈분극화의 작동 기구는 다음과 같다.

압전 결정의 배향된 전기장의 방향과 반대 방향으로 강한 전기장을 인가하면 압전체를 탈분극화할 수 있다. 탈분극화에 필요한 전기장의 크기는 재료의 품질, 전기장에 노출된 시간 및 온도 등에 의존하는데, 대략적으로 200~500 V/mm의 직류 전기장이 임계 값이 된다. 교류 전기장은 배향된 전기장의 방향과 반대되는 1/2 사이클 동안 탈분극화 효과를 가질 수 있다.

압전체에 가해진 기계적인 응력이 도메인들의 방향성을 교란하여 쌍극자들의 배열을 파괴할 정도로 크다면 기계적인 탈분극화가 발생할 수 있다. 기계적인 응력에 대한 안전한 경계 값도 재료의 품질에 크게 의존한다.

또한 압전체를 특정한 임계 온도 이상으로 가열하면 내부의 미세 결정체들의 진동이 커지면서 도메인들이 무질서해지고 이에 따라 재료가 탈분극화된다. 이러한 임계 온도를 **퀴리점**(Curie point) 또는 **퀴리 온도**(Curie temperature)라고 한다. 압전체의 안전한 동작 온도는 대략 0C°와 퀴리 온도의 중간 정도가 된다.

압전체의 성질은 시간에 따라 변하는데 이는 흥미로운 현상이다. 압전 재료의 성질은 자발 에너지 감소의 자연스러운 진행에 의해 시간이 지남에 따라서 저하되는데 압전 성질의 감소 속도는 복합 재료의 첨가 또는 시간 효과의 가속화 등을 통해서 조절할 수 있다.

많은 압전 재료들 내에서 이온들의 이동은 여러 가지 문제점을 일으켜서 구동기로 사용될 때 장기 신뢰성에 문제를 준다. 또한 직류 조건에서 작동하는 압전 구동기를 설계할 때는 전기적 누설의 측면을 함께 고려하여야 한다.

7.1.2 압전 효과의 수학적인 고찰

압전 재료는 결정질이다. 압전성은 미세적으로 결정 내의 이온 전하들 간의 변위차에 의한 분극 또는 전기장의 생성에 의해서 발생한다. 압전 결정에 압축 또는 인장 응력이 가해지면 각자의 도메인 내에 있는 음전하와 양전하 중심 사이의 간격이 변하면서 순 분극이 나타난다. 이에 따라 결정 표면에서 측정 가능한 단락 회로의 전압 차이가 발생한다. 압축 응력과 인장 응력은 서로 반대 극의 전기장을 형성한다.

역으로 외부의 전기장은 양전하와 음전하 중심 사이에 힘을 작용시켜 재료의 탄성 변형을 유발하여 전기장의 방향과 크기에 의존하는 치수 변화를 만든다.

모든 천연 및 인공 합성 결정들이 압전성을 나타내는 것은 아니다. 결정은 대칭성에 따라 32개로 나누어질 수 있는데 중심대칭(centrosymmetric) 결정은 결정의 중심을 통과하는 모든 축을 따라 대칭인 결정이다. 이러한 결정은 32개 중 11개로 양전하와 음전하의 위치가 응력에 의해서 공간적으로 분리되지 않으므로 압전 성질을 나타내지 않으며, 나머지 21개 결정 중 20개가 압전 성질을 나타내는 결정이 된다.

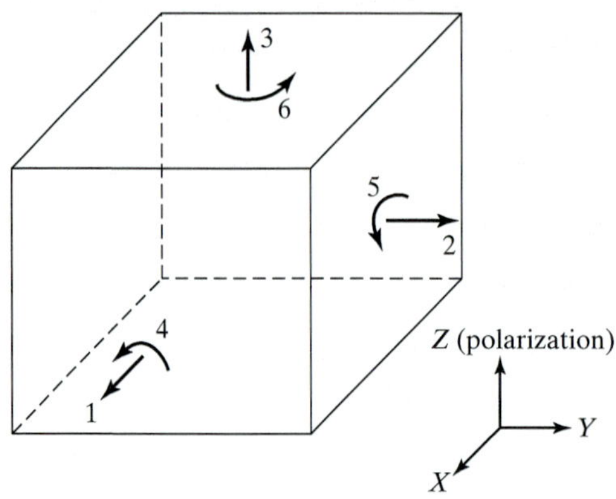

그림 7.1
직교 좌표계에서의 압전 결정의 개념도.

압전 효과는 강한 방향 의존성을 갖는데 압전과 분극 관계에서는 우선적으로 결정 방향에 대한 표기법을 정의할 필요가 있다. 일부 재료에서는 자연적인 또는 자발적인 분극이 나타나기도 하지만 압전 재료는 강한 압전 효과를 나타내기 위해서 특정 방향으로 인위적으로 배향시킬 필요가 있다. 양의 분극 방향은 일반적으로 직교 좌표계의 *X*, *Y* 및 *Z*의 결정학적 축에서 *Z*축으로 사용하며(그림 7.1), *X*, *Y* 및 *Z*의 축에 따른 응력 요소는 각각 첨자 1, 2 및 3으로 표기하므로 배향축은 언제나 축 3이 된다. 이러한 축들에 대한 전단 응력(shear stress) 및 전단 변형률(shear strain)들은 4, 5, 6 등의 첨자로 명기한다.

압전 결정에서의 전기적인 분극(*D*)과 인가되는 기계적인 응력(*T*)의 관계를 나타내는 결합 방정식은 다음과 같다.

$$D = dT + \varepsilon E \tag{7.1}$$

여기에서 d는 **압전 계수 행렬**(piezoelectric coefficient matrix), ε은 유전율 행렬, 그리고 E는 전기장이다. 전기적인 분극은 전기장의 인가와 기계적인 부하에 의해서 발생할 수 있으므로 이 식과 같이 전기장을 포함하는 항목을 포함시켜 전기적 분극에 대한 보편적인 식으로 나타낼 수 있다.

전기장이 존재하지 않는 곳에서는 식 (7.1)의 우변 두 번째 항이 제거될 수 있다.

완전한 행렬 형태로 표현된 일반적인 결합 방정식은 다음과 같이 나타낼 수 있다.

$$\begin{bmatrix} D_1 \\ D_2 \\ D_3 \end{bmatrix} = \begin{bmatrix} d_{11} & d_{12} & d_{13} & d_{14} & d_{15} & d_{16} \\ d_{21} & d_{22} & d_{23} & d_{24} & d_{25} & d_{26} \\ d_{31} & d_{32} & d_{33} & d_{34} & d_{35} & d_{36} \end{bmatrix} \begin{bmatrix} T_1 \\ T_2 \\ T_3 \\ T_4 \\ T_5 \\ T_6 \end{bmatrix} + \begin{bmatrix} \varepsilon_{11} & \varepsilon_{12} & \varepsilon_{13} \\ \varepsilon_{21} & \varepsilon_{22} & \varepsilon_{23} \\ \varepsilon_{31} & \varepsilon_{32} & \varepsilon_{33} \end{bmatrix} \begin{bmatrix} E_1 \\ E_2 \\ E_3 \end{bmatrix} \tag{7.2}$$

$T_1 \sim T_3$는 축 1, 2 및 3과 평행하는 수직 응력들이며 $T_4 \sim T_6$은 전단 응력들이다. 전기적 변위(D_i), 응력(T_j), 유전율(ε_i), 그리고 전기장(E_j)의 단위는 각각 C/m², N/m², F/m 및 V/m이다. 압전 상수의 단위는 응력의 단위를 전기적 변위의 단위로 나눈 것으로서 아래와 같은 관계식을 갖게 된다.

$$[d_{ij}] = \frac{[D]}{[T]} = \frac{[\varepsilon][E]}{[T]} = \frac{\frac{F}{m}\frac{V}{m}}{\frac{N}{m^2}} = \frac{Columb}{N} \tag{7.3}$$

역압전 효과도 비슷한 행렬 형태의 결합 방정식으로 나타낼 수 있다. 이 경우에는 전체 변형률이 인가 전기장과 기계적인 응력에 관계하므로 다음과 같이 표현할 수 있다.

$$s = ST + dE \tag{7.4}$$

여기에서 s는 변형률 벡터이며 S는 컴플라이언스(compliance) 행렬이다.

식 (7.4)는 아래와 같이 완전한 행렬 형태로 확장할 수 있다.

$$\begin{bmatrix} s_1 \\ s_2 \\ s_3 \\ s_4 \\ s_5 \\ s_6 \end{bmatrix} = \begin{bmatrix} S_{11} & S_{12} & S_{13} & S_{14} & S_{15} & S_{16} \\ S_{21} & S_{22} & S_{23} & S_{24} & S_{25} & S_{26} \\ S_{31} & S_{32} & S_{33} & S_{34} & S_{35} & S_{36} \\ S_{41} & S_{42} & S_{43} & S_{44} & S_{45} & S_{46} \\ S_{51} & S_{52} & S_{53} & S_{54} & S_{55} & S_{56} \\ S_{61} & S_{62} & S_{63} & S_{64} & S_{65} & S_{66} \end{bmatrix} \begin{bmatrix} T_1 \\ T_2 \\ T_3 \\ T_4 \\ T_5 \\ T_6 \end{bmatrix} + \begin{pmatrix} d_{11} & d_{21} & d_{31} \\ d_{12} & d_{22} & d_{32} \\ d_{13} & d_{23} & d_{33} \\ d_{14} & d_{24} & d_{34} \\ d_{15} & d_{25} & d_{35} \\ d_{16} & d_{26} & d_{36} \end{pmatrix} \begin{bmatrix} E_1 \\ E_2 \\ E_3 \end{bmatrix} \tag{7.5}$$

여기에서 기계적인 응력이 존재하지 않는다면($T_{i,i=1,6}=0$), 변형률은 다음 식과 같은 관계식을 갖는다.

$$\begin{bmatrix} s_1 \\ s_2 \\ s_3 \\ s_4 \\ s_5 \\ s_6 \end{bmatrix} = \begin{pmatrix} d_{11} & d_{21} & d_{31} \\ d_{12} & d_{22} & d_{32} \\ d_{13} & d_{23} & d_{33} \\ d_{14} & d_{24} & d_{34} \\ d_{15} & d_{25} & d_{35} \\ d_{16} & d_{26} & d_{36} \end{pmatrix} \begin{bmatrix} E_1 \\ E_2 \\ E_3 \end{bmatrix} \tag{7.6}$$

주어진 압전 재료에 대해서 역압전 효과에 의한 변형률과 전기장을 연결하는 d_{ij} 요소는 압전 효과의 분극과 응력을 연결하는 d_{ij} 요소와 동일하다는 것을 주목할 필요가 있다. 이 d_{ij} 요소의 단위는 식 (7.6)으로부터 확인할 수 있는데 (m/m)/(V/m)=m/V=C/N과 같다.

기전 결합 계수(electromechanical coupling coefficient) k는 구동기의 작동에서 얼

마나 많은 전기적 에너지가 기계적 에너지로 변형되었는지를 나타내는 척도이다.

$$k^2 = \frac{energy\_converted}{input\_energy} \quad (7.7)$$

이 관계식은 전기에서 기계로의 에너지 변환뿐만 아니라 센서의 작동 과정에서 사용되는 기계적 에너지가 전기적 에너지로 변형되는 경우에도 유효하다. 상수 k는 재료의 고유 상수이지만 시료의 형태나 진동 모드에 따라 변한다.

7.1.3 캔틸레버 형태의 압전 구동 모델

압전 구동기는 종종 압전 감지와 구동 목적으로 캔틸레버(cantilever)와 멤브레인(membrane)이 결합된 형태로 사용된다. 이러한 압전 구동기의 일반적인 모델은 다소 복잡한데 정확한 해석을 위해서 유한 요소법을 사용하여야 한다. 두 개의 층으로 이루어진 압전 구동기에 대한 분석 모델은 잘 정립되어 있다. 따라서 두 층 중 한 층이 압전 재료인 압전 캔틸레버 구동기의 해석을 이 장에서 다루고자 한다.

이층 구조를 갖는 압전 캔틸레버의 수직 변위(displacement, 위치의 변화)는 하나의 압축된 공식으로 나타낼 수 있다. 그림 7.2와 같이 한 층은 압전 물질이며 다른 한 층은 탄성체로 되어 있으며 한쪽 끝은 고정된 캔틸레버에 대해 고려해 보자. 이 두 층이 똑같은 길이를 가질 때 압전에 의해 휘어지는 굴곡의 곡률(curvature)을 계산할 수 있는 압축 모델은 다음과 같은 가정하에서 성립된다.

1. 유도된 응력과 변형률은 축 1, 즉 캔틸레버의 길이 방향의 축을 따라 이루어진다.
2. 변형 전에 직선 빔(beam) 축에 수직을 이루고 있었던 단면은 변형에 의한 굴곡 후에도 구부러진 축에 수직을 이루며 모양 또한 바뀌지 않는다.

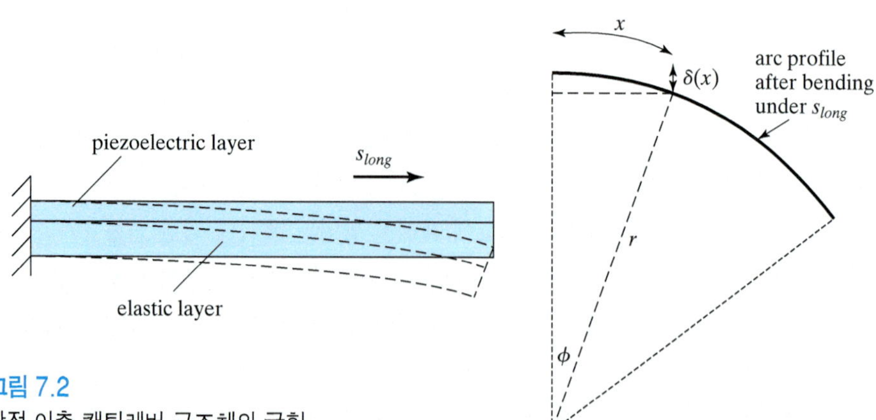

그림 7.2
압전 이층 캔틸레버 구조체의 굽힘.

3. 굴곡 후에 빔의 곡률은 빔 전체에서 일정하다.
4. 전단 효과는 매우 작다.
5. 내부 응력에 의한 빔 곡률은 무시할 수 있다.
6. 빔의 두께는 압전에 의해 유도된 곡률보다 훨씬 작다.
7. d_{33}의 영향과 전왜(electrostriction) 효과와 같은 이차적인 효과는 무시한다.
8. 포아송 비는 모든 박막에서 동일하다.

압전층이 수평의 길이 방향인 s_{long}의 변형률을 가질 때 빔은 원주(arc) 형태로 구부러진다(그림 7.2). 이 곡률의 반지름은 다음 식으로 계산할 수 있다.

$$\frac{1}{r} = \frac{2|s_{long}|(t_p + t_e)(A_pE_pA_eE_e)}{4(E_pI_p + E_eI_e)(A_pE_p + A_eE_e) + (A_pE_pA_eE_e)(t_p + t_e)^2} \tag{7.8}$$

이 식에서 A_p와 A_e는 각각 압전층과 탄성층의 단면적이며, E_p와 E_e는 압전층과 탄성층의 탄성 계수를 의미하며, t_p와 t_e는 압전층 및 탄성층의 두께를 나타낸다.

일단 곡률의 반지름을 구하면 캔틸레버의 임의의 위치 x에서의 수직 변위는 다음 식과 같이 계산된다.

$$\delta(x) = r - r\cos(\phi) \approx \frac{x^2 d_{31}E_3(t_p + t_e)A_eE_eA_pE_p}{4(A_eE_e + A_pE_p)(E_pI_p + E_eI_e) + (t_e + t_p)^2 A_eE_eA_pE_p} \tag{7.9}$$

휘어진 압전 이층 구동기의 자유로운 끝 부분에서 얻을 수 있는 힘의 크기는 이 부분이 변형 전의 상태로 돌아가는 데 필요한 힘과 평형을 이룬다. 이 변형은 다음 식에 의해 힘에 비례하므로

$$\delta(L) = F/k \tag{7.10}$$

이 힘의 크기는 다음 식과 같이 나타낼 수 있다.

$$F = \delta(x = L)k \tag{7.11}$$

일반적으로 압전 센서와 구동기는 두 층 이상으로 이루어져 있다. 다양한 기법들이 단순 하중 또는 임의의 하중에 대한 해석 연구에 사용되고 있다[12~16].

예제 7.1 압전 빔의 구부러짐

500 μm 길이의 캔틸레버 형태 압전 구동기가 ZnO 압전막과 다결정 실리콘의 이층 구

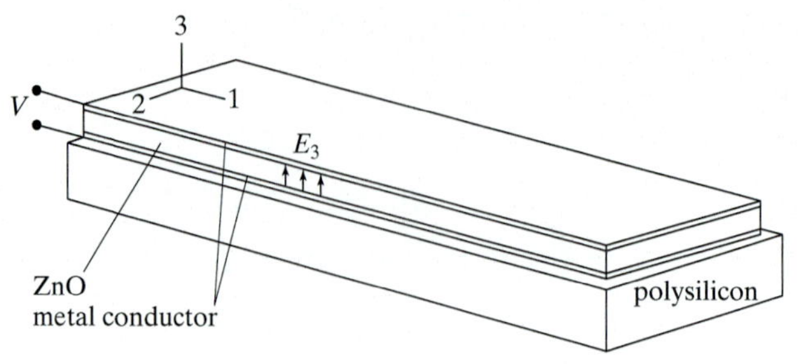

그림 7.3
이층 압전 액추에이터.

표 7.1 각 층의 치수 및 재료 상수.

	ZnO	Polysilicon
Width (μm)	20	20
Thickness (μm)	1	2
Young's modulus (GPa)	160	160
Piezoelectric coefficient (pC/N)	5×10^{-12}	N/A

조로 이루어져 있다(그림 7.3). 이 두 층의 폭, 두께 및 재료 상수는 표 7.1에 나열되어 있다. 인가 전압이 10 V일 경우에 캔틸레버 빔 끝에서의 수직 변위와 가로 방향으로의 힘을 구하라.

풀이 여기에서 분극 방향, 즉 축 3은 캔틸레버 표면에 수직이며 축 1은 빔의 방향과 일치한다. 전기장은 축 3을 따라 인가되며, 유도되는 응력의 방향은 축 1이다.

빔의 길이 방향으로의 응력은 S_1으로 나타내며, 식 (7.6)에 따라 길이 방향으로의 응력 s_{long}은 전기장 E_3와 다음과 같은 관계식을 갖는다.

$$s_{long} = s_1 = d_{31}E_3 \tag{7.12}$$

이 s_{long}에 대한 관계식을 이용하면 식 (7.8)을 다음과 같이 다시 쓸 수 있다.

$$\frac{1}{r} = \frac{2d_{31}(t_p + t_e)(A_pE_pA_eE_e)E_3}{4(E_pI_p + E_eI_e)(A_pE_p + A_eE_e) + (A_pE_pA_eE_e)(t_p + t_e)^2} \tag{7.13}$$

여기에서 E_3는 축 3으로의 전기장이며 이는 캔틸레버 기판에 수직인 방향이다.

빔의 끝 부분에서 일어나는 최대 수직 변위는 식 (7.9)를 사용하여 아래와 같이 계산할 수 있다.

$$\delta(x=l) = \frac{l^2 d_{31} E_3 (t_p + t_e) A_e E_e A_p E_p}{4(A_e E_e + A_p E_p)(E_p I_p + E_e I_e) + (t_e + t_p)^2 A_e E_e A_p E_p} =$$

$$\frac{(500 \times 10^{-6})^2 \cdot 5 \times 10^{-12} \cdot \dfrac{10}{1 \times 10^{-6}} \cdot (3 \times 10^{-6}) \cdot A_e E_e A_p E_p}{4((20 \times 10^{-12}) \cdot 160 \times 10^9 + (40 \times 10^{-12}) \cdot 160 \times 10^9)(E_p I_p + E_e I_e) + (3 \times 10^{-6})^2 A_e E_e A_p E_p}$$

여기에서

$$(E_p I_p + E_e I_e) = 160 \times 10^9 \frac{20 \times 10^{-6} \cdot (10^{-6})^3}{12} + 160 \times 10^9 \frac{20 \times 10^{-6} \cdot (2 \times 10^{-6})^3}{12}$$
$$= 2.4 \times 10^{-12}\,\text{Nm}^2$$
$$A_e E_e A_p E_p = (20 \times 10^{-12}) \cdot 160 \times 10^9 \cdot (40 \times 10^{-12}) \cdot 160 \times 10^9 = 20.48\,\text{N}^2$$

이며 그러므로 다음과 같다.

$$\delta(x=l) =$$

$$\frac{(500 \times 10^{-6})^2 \cdot 5 \times 10^{-12} \cdot \dfrac{10}{1 \times 10^{-6}} \cdot (3 \times 10^{-6}) \cdot A_e E_e A_p E_p}{4((20 \times 10^{-12}) \cdot 160 \times 10^9 + (40 \times 10^{-12}) \cdot 160 \times 10^9)(E_p I_p + E_e I_e) + (3 \times 10^{-6})^2 A_e E_e A_p E_p}$$

$$= \frac{7.68 \times 10^{-16}}{9.216 \times 10^{-11} + 1.83 \times 10^{-10}} = 2.79 \times 10^{-6}\,\text{m}.$$

7.2 압전 재료의 성질

반도체 재료들은 미세 회로나 MEMS 공정에 사용되므로 이들에 대한 압전성 여부를 검토해 볼 필요가 있다. 실리콘과 게르마늄 같은 단원소 반도체들은 중심대칭 결정 구조를 가지므로 압전 거동을 보이지 않는다. III-V 족(GaAs 등) 또는 II-VI 족(CdS 등) 화합물 반도체들은 공유결합과 이온결합이 혼재된 결정을 형성하여 비대칭 결정 구조를 가지므로 압전 성질을 나타낸다. 하지만 이들은 가격이 비싸며, 매우 낮은 압전 계수를 가지므로 이상적인 압전 재료가 아니다.

일반적으로 사용되는 압전 재료의 종류와 성질을 표 7.2에 요약하였다. 선택된 재료들의 압전 계수에 관한 내용은 다음 하부 절에서 자세히 다룰 것이다. 박막 형태의 압전 성질은 벌크(bulk) 형태에서 측정한 값과 다를 수 있다는 것에 유의하자[17]. 최근에 새로운 압전 재료를 개발하는 기술이 빠르게 진행되고 있다[2, 18].

다양한 압전 재료와 그들의 대표적인 성질에 대해서 살펴보자.

표 7.2 선택된 압전 재료들의 성질.

Material	Relative permittivity (dielectric constant)	Young's modulus (GPa)	Density (kg/m^3)	Coupling factor (k)	Curie temperature (°C)
ZnO	8.5	210	5600	0.075	**
PZT-4 ($PbZrTiO_3$)	1300–1475	48–135	7500	0.6	365
PZT-5A ($PbZrTiO_3$)	1730	48–135	7750	0.66	365
Quartz (SiO_2)	4.52	107	2650	0.09	**
Lithium tantalate ($LiTaO_3$)	41	233	7640	0.51	350
Lithium niobate ($LiNbO_3$)	44	245	4640	**	**
PVDF	13	3	1880	0.2	80

7.2.1 석영

자연 상태의 압전 재료인 석영 결정의 가장 친숙한 용도는 시계에서의 공진기이다. 석영 결정 발진기에서 작은 석영판은 양쪽 면에 금속 전극이 입혀져 있다. 종을 치면 울리는 것처럼 석영판도 '울리는데' 매우 높은 주파수로 울리면서 기계적 공진 주파수에서 전극판 사이에 교류 전압을 형성한다. 석영 결정이 발진기에 사용될 때 피드백에 의해 석영 결정은 계속 울리도록 에너지가 공급되고 발진기의 출력 주파수는 석영 결정에 의해 정확하게 제어된다. 석영이 압전 효과를 나타내는 유일한 결정은 아니지만 석영의 발진기 주파수는 외부 온도 변화에 매우 둔감하므로 이러한 응용에서 독보적으로 사용된다. 석영 결정 발진기는 10 kHz 부터 200 MHz 이상의 출력 주파수를 만들 수 있는데 일반적으로는 $1/10^7$의 오차 정확도를 가지며, 잘 조절된 환경에서는 $1/10^{11}$의 놀라운 오차 정확도를 가질 수 있다.

석영 재료의 성질은 잘 알려져 있으며, 석영의 컴플라이언스 행렬, 압전 계수 행렬 및 유전 상수는 아래와 같다.

$$s = \begin{bmatrix} 12.77 & -1.79 & -1.22 & -4.5 & 0 & 0 \\ -1.79 & 12.77 & -1.22 & 4.5 & 0 & 0 \\ -1.22 & -1.22 & 9.6 & 0 & 0 & 0 \\ -4.5 & 4.5 & 0 & 20.04 & 0 & 0 \\ 0 & 0 & 0 & 0 & 20.04 & -9 \\ 0 & 0 & 0 & 0 & -9 & 29.1 \end{bmatrix} \times 10^{-12}\ m^2/N \quad (7.14)$$

$$d = \begin{bmatrix} -2.3 & 2.3 & 0 & -0.67 & 0 & 0 \\ 0 & 0 & 0 & 0 & 0.67 & 4.6 \\ 0 & 0 & 0 & 0 & 0 & 0 \end{bmatrix} \times 10^{-12}\ \mathrm{C/N} \tag{7.15}$$

$$\varepsilon_r = \begin{bmatrix} 4.52 & 0 & 0 \\ 0 & 4.52 & 0 \\ 0 & 0 & 4.52 \end{bmatrix} \tag{7.16}$$

7.2.2 PZT

납-지르코늄-티탄산염[$Pb(Zr_xTi_{1-x})O_3$, 이하 PZT]계는 매우 높은 압전 결합 계수를 갖는 다결정 세라믹 형태로 널리 사용된다. PZT라는 용어는 이러한 부류의 압전 재료에 널리 사용되는 명칭이다. PZT 재료는 제조 방식에 따라 다양한 형태와 성질을 나타낸다. PZT 제조사는 그들의 생산품에 특허명을 사용하는데 예를 들어 PZT-4, PZT-5, PZT-6 및 PZT-7은 각각 Fe, Nb, Cr 및 La를 소량 첨가한 제품들이다[19].

일반적으로 PZT는 벌크 형태보다는 박막 형태가 미세 제조 기술에 적합하다. PZT 박막 재료를 제조하는 다양한 방법으로는 스퍼터링법, 레이저 증발법, 제트 몰딩, 그리고 정전 스프레이 증착법 등이 있다[20]. MEMS에서 박막 PZT 재료를 제조하는 데 가장 널리 사용되는 방법 중 하나는 졸-겔 증착법인데, 이 방법을 사용해서 꽤 두꺼운 박막 두께(~7 μm)까지 단일 증착 또는 반복 증착을 통해서 쉽게 얻을 수 있다[4, 6].

스크린 프린팅이라 불리는 공정 기술을 사용하면 한 번의 프린팅으로 훨씬 두꺼운 박막을 얻을 수 있는데[3, 21, 22], 압전 결합 계수는 벌크 재료에서 얻을 수 있는 값에 비하면 훨씬 낮은 최대 50 pC/N을 나타낸다. 스크린 프린팅 잉크는 수 μm 이하 크기의 입자로 이루어진 상업용 PZT 분말과 결합제인 리튬-카보네이트와 비스무트 산화물 등을 포함하고 있다. 스크린 프린팅 공정 후에 증착된 재료는 건조되며 최종적으로 조밀화를 위하여 높은 온도에서 구워진다. 졸겔 증착 공정은 지속적으로 발전되어 왔는데 일반적인 0.1 μm의 단층 증착 공정을 반복하여 미세 구멍이 전혀 없는 12 μm 두께와 140~240 pC/N 범위의 d_{33} 압전 계수를 갖는 미세 구멍이 전혀 없는 PZT 박막이 구현되고 있다[3].

대표적인 PZT 재료의 성질들은 아래와 같은데 우선 $Pb(Zr_{0.40},Ti_{0.60})O_3$에 대한 d 행렬은 다음과 같다.

$$d_{ij} = \begin{pmatrix} 0 & 0 & 0 & 0 & 293 & 0 \\ 0 & 0 & 0 & 293 & 0 & 0 \\ -44.2 & -44.2 & 117 & 0 & 0 & 0 \end{pmatrix} \mathrm{pC/N} \tag{7.17}$$

상 경계 조건인 $Pb(Zr_{0.52},Ti_{0.48})O_3$의 d 행렬은 다음 식으로 표현된다.

$$d_{ij} = \begin{pmatrix} 0 & 0 & 0 & 0 & 494 & 0 \\ 0 & 0 & 0 & 494 & 0 & 0 \\ -93.5 & -93.5 & 223 & 0 & 0 & 0 \end{pmatrix} \text{pC/N} \tag{7.18}$$

수중 음파 응용을 위해서 개발된 특별한 PZT 재료인 PZT-4에 대한 컴플라이언스, 압전 계수, 그리고 비유전율 행렬은 각각 아래와 같다.

$$s = \begin{bmatrix} 12.3 & -4.05 & -5.31 & 0 & 0 & 0 \\ -4.05 & 12.3 & -5.31 & 0 & 0 & 0 \\ -5.31 & -5.31 & 15.5 & 0 & 0 & 0 \\ 0 & 0 & 0 & 39 & 0 & 0 \\ 0 & 0 & 0 & 0 & 39 & 0 \\ 0 & 0 & 0 & 0 & 0 & 32.7 \end{bmatrix} \times 10^{-12}\ \text{m}^2/\text{N} \tag{7.19}$$

$$d = \begin{bmatrix} 0 & 0 & 0 & 0 & 496 & 0 \\ 0 & 0 & 0 & 496 & 0 & 0 \\ -123 & -123 & 289 & 0 & 0 & 0 \end{bmatrix} \times 10^{-12}\ \text{C/N} \tag{7.20}$$

$$\varepsilon_r = \begin{bmatrix} 1475 & 0 & 0 \\ 0 & 1475 & 0 \\ 0 & 0 & 1300 \end{bmatrix} \tag{7.21}$$

PZT-5A에 대한 컴플라이언스, 압전 계수 및 비유전율 행렬은 다음과 같이 표현된다.

$$s = \begin{bmatrix} 16.4 & -5.74 & -7.22 & 0 & 0 & 0 \\ -5.74 & 16.4 & -7.22 & 0 & 0 & 0 \\ -7.22 & -7.22 & 18.8 & 0 & 0 & 0 \\ 0 & 0 & 0 & 47.5 & 0 & 0 \\ 0 & 0 & 0 & 0 & 47.5 & 0 \\ 0 & 0 & 0 & 0 & 0 & 44.3 \end{bmatrix} \times 10^{-12}\ \text{m}^2/\text{N} \tag{7.22}$$

$$d = \begin{bmatrix} 0 & 0 & 0 & 0 & 584 & 0 \\ 0 & 0 & 0 & 584 & 0 & 0 \\ -171 & -171 & 374 & 0 & 0 & 0 \end{bmatrix} \times 10^{-12}\ \text{C/N} \tag{7.23}$$

$$\varepsilon_r = \begin{bmatrix} 1730 & 0 & 0 \\ 0 & 1730 & 0 \\ 0 & 0 & 1730 \end{bmatrix} \tag{7.24}$$

7.2.3 PVDF

폴리비닐리덴-플루오라이드(PVDF: polyvinylidenfluoride)는 $(-CH_2-CF_2-)_n$의 단량체 사슬로 이루어진 합성 불소계 고분자이다. 이 재료는 압전, 초전(pyroelectric), 그리고 강유전(ferroelectric) 성질을 나타내며 화학 약품에 대한 안정성, 기계적인 유연성, 그리고 생체 적합성 등의 장점을 갖고 있다[23]. PVDF의 압전 효과에 대한 모델은 잘 정립되어 있다[24].

얇게 펼쳐진 PVDF 박막은 유연하며 초음파 에너지 변환기로 사용하기에 적합하다. 이 탄소 골격의 고분자 재료는 PVDF 분말이 녹아 있는 묽은 용액 상태로 스핀 코팅 공정을 통해서 박막으로 입혀질 수 있다. 대부분의 압전 재료와 마찬가지로, 증착 후 후속 공정은 박막의 성질에 크게 영향을 미친다. 예를 들어 가열이나 기계적인 연신 과정은 압전 효과를 증가시키거나 감소시킬 수 있다. PVDF도 다른 대부분의 압전 박막과 마찬가지로 큰 압전 효과를 위해서 증착 후에 특정한 한 방향으로 분극시킬 필요가 있다.

PVDF의 d 행렬은 다음과 같다.

$$d = \begin{bmatrix} 0 & 0 & 0 & 0 & <1 & 0 \\ 0 & 0 & 0 & <1 & 0 & 0 \\ 20 & 2 & -30 & 0 & 0 & 0 \end{bmatrix} \mathrm{pC/N} \tag{7.25}$$

7.2.4 ZnO

ZnO 재료는 RF 또는 DC 스퍼터링, 이온 도금, 화학 기상 증착법 등 다양한 방법을 사용하여 성장시킬 수 있다. MEMS 분야에서 ZnO 박막은 마그네트론 스퍼터링[25, 26]을 이용하여 여러 기판 위에 기판에 대해 수직인 c축(Z축)으로 정렬되게 성장시킬 수 있다. 이 경우 ZnO는 배향 없이 자발적으로 c축으로 분극이 형성된다.

대면적의 두꺼운 ZnO 박막을 사용하기 위해서는 내부 응력을 줄일 필요가 있다[27]. 증착 직후의 ZnO 박막은 135 MPa와 1 GPa 사이의 상당히 큰 압축 내부 응력을 가지는데[7], 이 응력은 열에 의한 어닐링(예를 들어 500°C에서 5분 가량) 과정을 거쳐서 80~100 MPa의 범위까지 크게 감소한다.

ZnO 박막의 상부 전극으로는 알루미늄이 자주 사용되는데, 알루미늄은 KOH, $K_3Fe(CN)_6$, 물(1 g:10 g:100 ml)의 혼합 용액을 이용해서 식각할 수 있다. ZnO 재료는 아세트산:인산:물(1 ml:1 ml:80 ml)의 혼합 용액에서 빠른 속도로 식각된다[28].

ZnO의 압전 계수 행렬은 다음과 같이 표현할 수 있다.

$$d = \begin{bmatrix} 0 & 0 & 0 & 0 & -11.34 & 0 \\ 0 & 0 & 0 & -11.34 & 0 & 0 \\ -5.43 & -5.43 & 11.37 & 0 & 0 & 0 \end{bmatrix} \mathrm{pC/N} \tag{7.26}$$

그러나 이 행렬의 정확한 수치는 공정 조건과 결정학적 균일성(단결정 또는 다결정) 등에 따라서 변한다.

예제 7.2 ZnO 압전 힘 센서

ZnO 박막 커패시터가 그림 7.4와 같이 캔틸레버 빔의 고정된 끝 부분에 위치하고 있으며, ZnO 박막은 상하 전도성 박막 사이에 샌드위치 형태로 쌓여 있다. 전체 빔의 길이는 l인데, 두 부분으로 나누면 A 부분은 l_A의 길이를 갖는 압전 재료가 있는 부분이며 B 부분은 l_B의 길이를 갖는 압전 재료가 없는 부분이 된다. 이 소자가 힘 센서로 사용될 때, 인가된 힘 F와 유도된 전압 사이의 관계식을 구하라.

풀이 증착된 ZnO의 c축(축 3)은 일반적으로 증착된 기판에 수직으로 배향한다. 이 수직 방향 힘은 압전 요소에서 가로 방향(축 1 방향)의 인장 응력을 만드는데 이 응력은 다시 c축 방향으로의 전기장과 출력 전압을 생성한다. 이 힘에 의한 전단 응력 성분은 무시할 수 있다.

압전체의 길이 방향으로의 응력은 실제로 균일하지 않으며 위치에 따라 변하지만, 단순하게 가로 방향의 응력은 모든 부분에서 일정하고 고정된 끝 부분의 최대 응력과 동일하다고 가정하자. 캔틸레버의 길이 방향으로 유도된 최대 응력은 다음 식과 같이 계산할 수 있다.

$$\sigma_{1,\max} = Mt/(2I) = Flt_{beam}/2I_{beam}$$

응력 요소 $\sigma_{1,\max}$은 축 1과 평행하다.

식 (7.2)에 의해 축 3 방향으로의 출력 전기 분극은 다음과 같다.

$$D_3 = d_{31}\sigma_{1,\max}$$

전체적인 출력 전압은 다음과 같으며

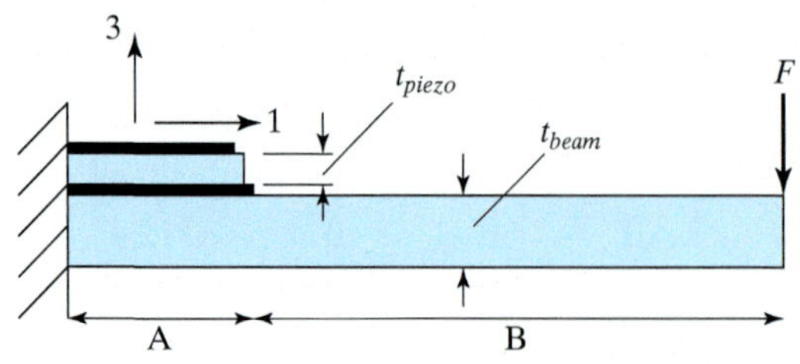

그림 7.4
압전 힘 센서.

$$V = E_3 t_{piezo} = \frac{D_3 t_{piezo}}{\varepsilon} = \frac{Flt_{beam}t_{piezo}d_{31}}{2\varepsilon I_{beam}}$$

여기에서 t_{piezo}는 압전체의 두께에 해당한다.

예제 7.3 ZnO 압전 구동기

예제 7.2와 동일한 캔틸레버가 구동기로서 사용될 때, 압전 커패시터에 대한 구동 전압이 V_3일 경우 빔의 끝 부분에서의 수직 변위를 유도하라.

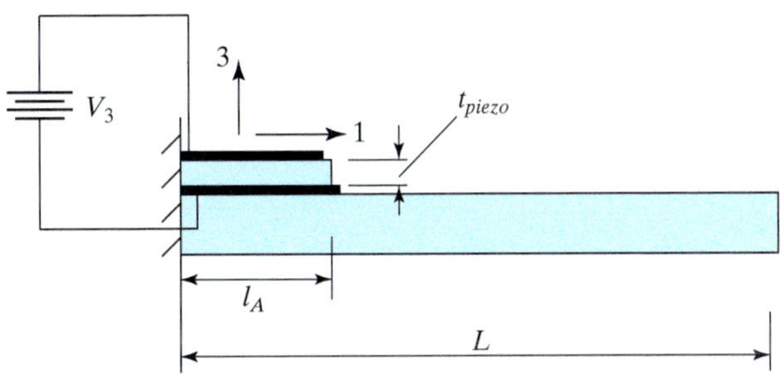

풀이 인가 전압에 의한 축 3 방향으로의 전기장은 다음과 같다.

$$E_3 = \frac{V_3}{t_{piezo}}$$

인가된 전기장은 축1 방향으로의 가로 변형을 유발하는데, 식 (7.5)를 사용하여 다음과 같이 계산할 수 있다.

$$s_1 = E_3 d_{31}$$

A 부분은 원주 형태로 휘어지는데 인가 전압에 대한 곡률 r은 식 (7.13)에 의해서 얻어진다.

A 부분 끝에서의 변위 $\delta(x=l_A)$는 예제 7.1에서 사용한 바와 비슷한 방법으로 풀이하면 된다. 압전 커패시터 끝에서의 각(angular)변위는 다음과 같다.

$$\phi(x = l_A) = \frac{l_A}{r}$$

B 부분은 구부러지지 않고 직선을 유지하므로 빔의 끝 부분에서의 수직 변위는 다음과

같이 계산할 수 있다.

$$\delta(x = l) = \delta(x = l_A) + l_B \sin[\phi(x = l_A)]$$

예제 7.4 ZnO 압전 구동기

캔틸레버 위의 ZnO 박막 구동기에서는 두 전극이 동일 면 위에 위치해 있다. 빔과 압전체의 크기는 예제 7.2와 동일할 때 인가 힘에 대한 출력 전압을 계산하라. 이 구조가 구동기로 사용되어 두 전극 사이에 전압이 걸릴 경우 응력 요소는 어떻게 될 것인가?

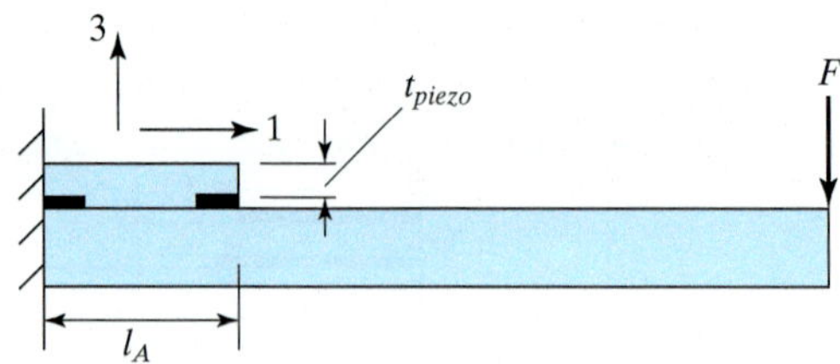

풀이 가해지는 힘은 두 개의 응력 성분을 만드는데 하나는 수직 응력 T_1이며 다른 하나는 전단 응력 T_5이다. 출력 전기장은 압전 효과 관계식에 의해서 응력과 다음과 같은 관계를 갖는다.

$$\begin{bmatrix} D_1 \\ D_2 \\ D_3 \end{bmatrix} = \begin{bmatrix} d_{11} & d_{12} & d_{13} & d_{14} & d_{15} & d_{16} \\ d_{21} & d_{22} & d_{23} & d_{24} & d_{25} & d_{26} \\ d_{31} & d_{32} & d_{33} & d_{34} & d_{35} & d_{36} \end{bmatrix} \begin{bmatrix} T_1 \\ T_2 \\ T_3 \\ T_4 \\ T_5 \\ T_6 \end{bmatrix} + \begin{bmatrix} \varepsilon_{11} & \varepsilon_{12} & \varepsilon_{13} \\ \varepsilon_{21} & \varepsilon_{22} & \varepsilon_{23} \\ \varepsilon_{31} & \varepsilon_{32} & \varepsilon_{33} \end{bmatrix} \begin{bmatrix} E_1 \\ E_2 \\ E_3 \end{bmatrix}$$

외부의 전기장이 존재하지 않는다면 위 관계식 우변의 두 번째 항의 E_1, E_2 및 E_3는 0이 되어 다음 식과 같이 단순화된 형태로 쓸 수 있다.

$$\begin{bmatrix} D_1 \\ D_2 \\ D_3 \end{bmatrix} = \begin{bmatrix} 0 & 0 & 0 & 0 & -11.34 & 0 \\ 0 & 0 & 0 & -11.34 & 0 & 0 \\ -5.43 & -5.43 & 11.37 & 0 & 0 & 0 \end{bmatrix} \begin{bmatrix} T_1 \\ 0 \\ 0 \\ 0 \\ T_5 \\ 0 \end{bmatrix} \times 10^{-12}$$

그러므로 다음과 같이 된다.

$$D_1 = -11.34 \times 10^{-12} \times T_5$$

$$D_3 = -5.43 \times 10^{-12} \times T_1$$

외부 전압은 축 1의 분극과 다음과 같은 관계식을 갖는다.

$$V_1 = \frac{D_1}{\varepsilon} \times l_A$$

이 소자가 구동기로 사용될 때 외부 응력을 구해 보자. 전압 V가 가로 방향으로 인가되고, 두 전극 사이의 거리를 l_A라고 하면 전기장의 크기는 다음과 같다.

$$E_1 = \frac{V}{l_A}$$

인가된 전기장은 축 1을 따라 가로 방향의 변형을 유발하며, 이 변형률은 다음 식으로 계산된다.

$$\begin{bmatrix} s_1 \\ s_2 \\ s_3 \\ s_4 \\ s_5 \\ s_6 \end{bmatrix} = \begin{bmatrix} s_{11} & s_{12} & s_{13} & s_{14} & s_{15} & s_{16} \\ s_{21} & s_{22} & s_{23} & s_{24} & s_{25} & s_{26} \\ s_{31} & s_{32} & s_{33} & s_{34} & s_{35} & s_{36} \\ s_{41} & s_{42} & s_{43} & s_{44} & s_{45} & s_{46} \\ s_{51} & s_{52} & s_{53} & s_{54} & s_{55} & s_{56} \\ s_{61} & s_{62} & s_{63} & s_{64} & s_{65} & s_{66} \end{bmatrix} \begin{bmatrix} T_1 \\ T_2 \\ T_3 \\ T_4 \\ T_5 \\ T_6 \end{bmatrix} + \begin{pmatrix} d_{11} & d_{21} & d_{31} \\ d_{12} & d_{22} & d_{32} \\ d_{13} & d_{23} & d_{33} \\ d_{14} & d_{24} & d_{34} \\ d_{15} & d_{25} & d_{35} \\ d_{16} & d_{26} & d_{36} \end{pmatrix} \begin{bmatrix} E_1 \\ E_2 \\ E_3 \end{bmatrix}$$

외부 응력이 인가되지 않을 때 T_1에서 T_6까지 모두 0이므로 변형률을 계산하기 위한 단순화된 행렬 관계식은 다음과 같다.

$$\begin{bmatrix} s_1 \\ s_2 \\ s_3 \\ s_4 \\ s_5 \\ s_6 \end{bmatrix} = \begin{pmatrix} 0 & 0 & -5.43 \\ 0 & 0 & -5.43 \\ 0 & 0 & 11.37 \\ 0 & -11.34 & 0 \\ -11.34 & 0 & 0 \\ 0 & 0 & 0 \end{pmatrix} \begin{bmatrix} E_1 \\ 0 \\ 0 \end{bmatrix} \times 10^{-12} = \begin{bmatrix} 0 \\ 0 \\ 0 \\ 0 \\ S_5 \\ 0 \end{bmatrix}$$

식에서 어떠한 가로 방향으로의 변형률 성분도 이 방법으로 얻어지지 않음을 알 수 있다.

예제 7.5 ZnO 압전 구동기

예제 7.4와 비슷한 구조를 가진 압전 변환기의 끝 부분에서의 변위 식을 유도하라. 예제

7.4와 다른 점은 구조체의 전극들이 ZnO 재료를 배향시키기 위해 사용된다는 것이다. 따라서 축 3이 빔의 길이 방향으로 위치하게 되며, 전압 V는 두 개의 전극 사이에 인가된다.

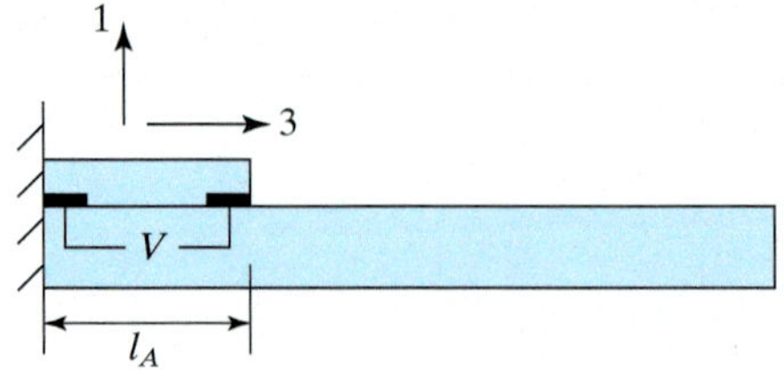

풀이 빔의 길이 방향인 가로 축으로의 전기장은 다음과 같다.

$$E_3 = \frac{V}{l_A}$$

인가된 전기장은 다음 식에 의해서 가로 방향으로의 변형을 유발한다.

$$\begin{bmatrix} s_1 \\ s_2 \\ s_3 \\ s_4 \\ s_5 \\ s_6 \end{bmatrix} = \begin{pmatrix} 0 & 0 & -5.43 \\ 0 & 0 & -5.43 \\ 0 & 0 & 11.37 \\ 0 & -11.34 & 0 \\ -11.34 & 0 & 0 \\ 0 & 0 & 0 \end{pmatrix} \begin{bmatrix} 0 \\ 0 \\ E_3 \end{bmatrix} \times 10^{-12}$$

즉 다음과 같다.

$$s_3 = d_{33} E_3$$

식 (7.8)에서 s_{long} 대신 s_3를 대입하면 되며, 그 후의 풀이 과정은 예제 7.3에서 수행한 것과 유사하다.

7.2.5 기타 재료들

또 다른 박막 압전 재료인 알루미늄 질화물(aluminum nitride, AlN)은 압전 계수가 ZnO보다 낮아 자주 사용되지는 않는다. 알루미늄 질화물의 d 행렬은 다음과 같다.

$$d_{ij} = \begin{pmatrix} 0 & 0 & 0 & 0 & 4 & 0 \\ 0 & 0 & 0 & 4 & 0 & 0 \\ -2 & -2 & 5 & 0 & 0 & 0 \end{pmatrix} \text{pC/N} \tag{7.27}$$

리튬-니오베이트(lithium niobate, $LiNbO_3$)와 바륨-티탄산염(barium titanate, $BaTiO_3$) 등은 MEMS 분야에서 잘 안 쓰이지만, 음향 통신 분야에서는 널리 사용된다. $LiNbO_3$의 결합 행렬은 다음과 같다.

$$d_{ij} = \begin{pmatrix} 0 & 0 & 0 & 0 & 68 & -42 \\ -21 & 21 & 0 & 68 & 0 & 0 \\ -1 & -1 & 6 & 0 & 0 & 0 \end{pmatrix} \text{pC/N} \tag{7.28}$$

$BaTiO_3$의 성질은 결정학적 상태에 의존하여 단결정과 다결정의 압전 특성이 다르게 나타난다. 따라서 단결정 벌크 $BaTiO_3$의 d 계수 행렬은 다음과 같으며

$$d_{ij} = \begin{pmatrix} 0 & 0 & 0 & 0 & 392 & 0 \\ 0 & 0 & 0 & 392 & 0 & 0 \\ -34.5 & -34.5 & 85.6 & 0 & 0 & 0 \end{pmatrix} \text{pC/N} \tag{7.29}$$

다결정 벌크 $BaTiO_3$의 d 계수 행렬은 아래와 같이 표현된다.

$$d_{ij} = \begin{pmatrix} 0 & 0 & 0 & 0 & 270 & 0 \\ 0 & 0 & 0 & 270 & 0 & 0 \\ -79 & -79 & 191 & 0 & 0 & 0 \end{pmatrix} \text{pC/N} \tag{7.30}$$

7.3 응용

압전 재료는 마이크로센서와 구동기에 폭넓게 사용된다. 지금부터는 관성 센서, 압력 센서, 접촉 센서 및 유량 센서에 대한 압전 재료의 응용을 다루고자 한다. 그리고 압전 구동기의 두 가지 사례에 대해 살펴보고, 압전 MEMS 소자와 관련된 설계, 재료 및 제조의 문제점에 대해서 논하고자 한다.

7.3.1 관성 센서

현재 상업적인 MEMS 가속도계는 주로 정전 또는 압저항 감지 방법에 기반을 두고 있다. 압전 센서는 다소 복잡한 재료와 제조 공정을 요구하지만, 압전 가속도 센서는 꾸준히 연구되고 있다. 이 절에서는 캔틸레버에 교정 질량이 있는 구조(사례 7.1)와 멤브레인 위에 교정 질량이 있는 구조(사례 7.2) 등 두 가지 센서에 대해 다루고자 한다. 사례 7.1의 센서는 표면 미세 가공 기술을 이용하여 만들어지는 반면에 사례 7.2의 센서는 벌크 미세 가공 기술을 사용한다.

MEMS 기술에 압전 재료를 적용하는 것은 쉽지 않은데, 그 첫 번째 이유는 압전 박막의 미세 구조를 제어하기 위해서는 세심한 조건 확립과 이를 위한 공정 장비가 필요하기 때문이다. 두 번째 이유는 대부분의 압전 박막이 화학적으로 반응하기 쉽기 때문인데, 따라서 후속 공정에서 압전막이 손상받지 않도록 조심해서 다루어야 한다.

사례 7.1 캔틸레버 압전 가속도계

압전 센서의 응용 중 하나는 미세 가공 기술을 이용한 가속도계이다. 이 우수한 특성의 소자는 버클리에 있는 캘리포니아 공과 대학의 한 연구팀에 의해서 보고되었다[7]. 그림 7.5는 이 센서의 전체적인 개념도를 나타낸다. 교정 질량은 고정되어 있지 않은 캔틸레버 빔의 끝에 달려 있으며, 캔틸레버 빔은 ZnO 기능성 압전 재료 등 여러 층으로 구성된다. PZT 재료가 큰 압전 계수를 나타내지만 더 큰 유전 상수와 이에 따른 정전용량을 가지므로 PZT 대신 ZnO를 사용하여 제조하였다.

압전층은 상부 전도층인 백금과 하부 전도층인 폴리실리콘 사이에 샌드위치 형태로 쌓여 있으며 이는 예제 7.2와 유사한 구조이다. 수직의 가속도는 캔틸레버를 휘게 하여 캔틸레버의 길이 방향으로, 즉 축 1에 가로 방향의 응력을 발생시켜서, ZnO 박막을 기판의 수직 방향으로 분극이 일어나게 한다.

예제 7.2의 단순한 분석은 여기에서 적용되지 않는데, 이는 교정 질량과 압전층이 길이와 두께에 따라 다르게 분포되어 있기 때문이다. 응력의 분포 또한 길이 방향으로 균일하지 않다. 그러나 응력은 축 1에 가해지며 전기적인 분극은 축 3에서 측정되므로 출력 전압은 d_{31}에 비례한다. 압전 계수 d_{31}의 값은 이 경우에 2.3 pC/N인데,

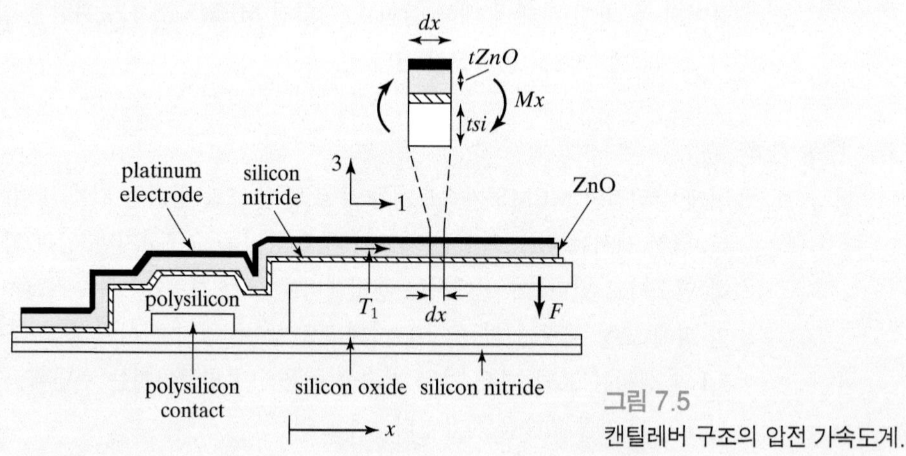

그림 7.5
캔틸레버 구조의 압전 가속도계.

이 소자 특성의 모델링은 참고문헌 [13]에 자세히 나와 있다.

제조 과정을 간략히 설명하면, 절연체로 실리콘 산화물과 실리콘 질화물을 차례로 실리콘 위에 증착한다. 인이 도핑된 폴리실리콘 박막을 증착하고 가속도계의 하부 전극으로의 전기적 접촉 영역을 정의하기 위해서 반응성 이온 식각법(reactive ion etching, 이하 RIE)을 이용하여 패턴화한다. 여기에서 금속 대신에 폴리실리콘을 사용한 것은 후속 공정에서 더 높은 공정 온도를 사용할 수 있어서 공정 유연성이 증가되기 때문이다. 다음에 희생층으로 쓰일 2 μm 두께의 인규산염 유리(phosphorsilicate glass, 이하 PSG)를 LPCVD 방법으로 증착하고 캔틸레버 하부 지역을 정의하기 위해서 패턴화한다. 2 μm 두께의 두 번째 실리콘층은 실리콘 기판 표면, 첫 번째 폴리실리콘층 및 PSG 희생층을 전체적으로 덮는다. 이 실리콘층은 감광제 마스크를 사용하여 RIE 공정으로 패턴 된다.

실리콘의 RIE 과정에서 PSG를 포함하는 실리콘 산화물과 실리콘 질화물은 상대적으로 식각 속도가 느려서 오랜 시간 식각해도 크게 손상되지는 않는다. 그러나 하부의 폴리실리콘층은 과도하게 식각될 수 있으므로 조심해야 한다. 최종적으로 마스크로 사용한 감광제는 아세톤으로 제거한다.

LPCVD 법에 의해 실리콘 질화물층을 웨이퍼 전면에 얇게 증착하는데 이 층은 뒤에 입혀질 ZnO 박막의 높은 수축 잔류 응력을 완화하기 위한 응력 보정의 역할을 한다. 이 층의 두께는 ZnO 박막의 실질적인 응력 및 두께에 따라 결정된다.

다음에 ZnO 박막을 RF 마그네트론 스퍼터링에 의해서 리튬이 첨가된 ZnO 타깃으로부터 0.5 μm의 두께로 증착하며 이어서 0.2 μm 두께의 Pt 상부 전극 박막을 스퍼터링 방법으로 증착한다. ZnO 박막의 응력은 급속 열처리 과정에 의해서 감소한다. ZnO 압전 커패시터를 구성하는 세 개의 층은 정교한 패턴 형성을 위해 이온 밀링법으로 패턴 식각된다. 하부에 있는 PSG 희생층은 HF 용액에 의해 제거되는데 식각 과정 동안 패턴화된 ZnO 커패시터는 감광제에 의해서 보호된다. ZnO의 상부가 Pt로 뒤덮여 있지만 Pt 박막에 미세한 구멍이 있을 수 있으며 옆면이 용액에 대해 노출되어 있으므로 ZnO 커패시터의 보호는 반드시 필요하다.

이 소자는 측정 결과 0.95 fC/g의 감도와 3.3 kHz의 공진 주파수를 나타내었다.

사례 7.2 멤브레인 압전 가속도계

가속도계의 두 번째 예는 압전 감지 재료로 ZnO 대신 높은 압전 계수를 갖는 PZT를

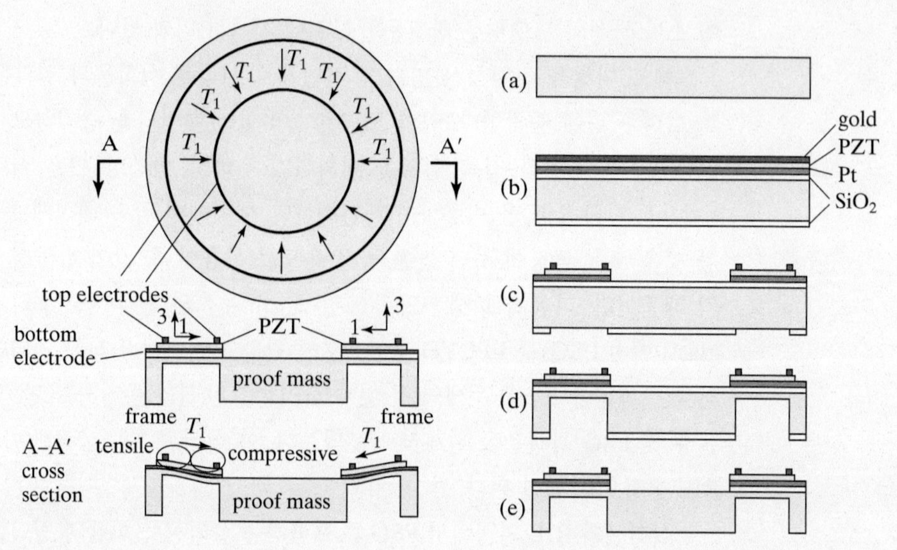

그림 7.6
멤브레인 구조의 압전 가속도계.

사용한 경우이다[6]. 이 구조는 앞선 사례와는 다르게, 센서의 중심부에 교정 질량이 있고 이를 떠받치는 대칭 원형의 얇은 막으로 구성된다(그림 7.6). 동그란 고리 모양의 대칭 설계는 높은 공진 주파수와 횡방향 가속도의 미감지 등 수직 방향 가속도계로서 바람직한 기계적인 특성을 제공한다.

세 개의 고리 모양의 전극이 이 소자에서 쓰이는데, 두 개의 전극 고리는 멤브레인의 위에 위치하며, 하나의 하부 전극 고리는 PZT 고리의 하부에 위치한다. 소자 동작을 위한 하부 전극과 상부 전극들 사이의 전기장에 의해 압전 배향이 이루어진다. 출력 전압은 두 개의 상부 전극 사이에서 측정된다.

교정 질량의 수직 변위는 방사형의 응력을 유도하며, 이 방사형의 응력 성분은 두 개의 중심 대칭 전극 고리 사이에 방사형의 전기장을 형성한다. 교정 질량의 수직 변형은 복잡한 방사형의 응력 분포를 일으킨다. 예를 들어 멤브레인이 수직 아래로 움직이면 교정 질량 근처 부근의 안쪽에서는 압축 응력이 발생하고 원형 바깥 부분의 틀 근처에서는 인장 응력이 발생한다.

동그란 고리 모양의 멤브레인은 인가된 가속에 의해서 수직으로 변형한다. 이 고리 모양 구조에서의 응력 요소는 방사형으로 분포한다. 이 구조는 다른 구조들과 달리 소자 전체에 대해 단일 좌표계가 사용되어 소자 단면에 좌표계를 적용하면 축 1은 방사 방향이며 축 3은 기판에 수직인 방향이 된다.

PZT의 압전 계수 행렬의 일반적인 형태는 아래와 같이 표현된다.

$$d_{ij} = \begin{pmatrix} 0 & 0 & 0 & 0 & d_{15} & 0 \\ 0 & 0 & 0 & d_{24} & 0 & 0 \\ d_{31} & d_{32} & d_{33} & 0 & 0 & 0 \end{pmatrix} \text{pC/N}$$

방사 방향을 따르는 응력 성분 T_1은 축 3 방향으로의 전기적 분극의 출력을 $D_3 = d_{31}T_1$의 관계식에 따라 생성한다.

방사 응력의 부호는 테두리에서 교정 질량까지 위치에 따라 변하여 이 영역들의 PZT 재료는 서로 반대 방향의 분극으로 배향된다. 이런 식으로 이 영역들에서의 출력 전압은 서로 상쇄되지 않고 더 커지게 된다. 만약에 이 압전 소자가 주로 자발 배향에 의존한다면 전체 재료를 통틀어 같은 분극 방향을 가져서 다르게 응력을 받은 지역이라 할지라도 같은 부호의 전압 출력을 나타내어 서로 상쇄된다.

이 소자의 제조 공정은 실리콘 웨이퍼에서 출발하는데(a 과정), 그 위에 실리콘 산화물, 백금, PZT 박막과 금 전극을 차례로 입힌다. 방사형의 상부 전극은 금으로 만들고 하부 전극은 백금으로 형성하며(b 과정), 하부 전극은 PZT 재료를 소자 내에서 배향시키는 데 사용된다. 그리고 웨이퍼 후면에 패턴화된 실리콘 산화물을 마스크로 하여 심층 RIE(deep reactive ion etching)를 수행한다(d 과정). 전면의 실리콘 산화물을 패턴화함으로써 공정을 마무리짓는다(e 과정).

이 MEMS 센서는 출력단을 10 mV/pC의 증폭도와 10 pF 피드백 커패시터를 갖는 전하 증폭기와 연결하여 측정하는데, 측정 결과 3.7~35 kHz의 주파수 범위에서 0.77~7.6 pC/g의 감도가 측정되었다. 넓은 주파수 범위에서 높은 감도를 갖는 것은 유한 요소법을 적용한 전산 모사와 최적화 노력 때문인 것으로 판단된다. 하지만 이 원형 고리의 구조 설계는 공간적인 결정학적 방향과 탄성 계수가 위치에 따라 변하므로 단순한 분석 공식에 의한 거동 모델링을 이 소자에 적용하는 것은 적절하지 않다.

7.3.2 음향 센서

마이크로폰을 만들기 위해 미세 가공 기술을 활용하는 것에 대한 관심이 증대되고 있다. MEMS에 기반을 둔 마이크로폰은 치수 제어 정밀성, 소형화, 칩 상에서 구동 회로와의 집적화, 배열화, 일괄 공정에 의한 저가격의 가능성 측면에서 기존의 기술에 비해 장점을 갖는다. 따라서 최근 실리콘 질화물, 실리콘, 고분자 유기 박판(예를 들면 파릴렌[28])을 사용하는 압전 마이크로폰이 연구되고 있다. 칩 상 회로에 집적화된 센서는 증폭 전에 0.92 mV/Pa의 감도를 보였다[8]. 두 가지 사례를 살펴볼 것인데 사례 7.3은 변환 재료로서 PZT를 이용한 멤브레인 형태의 음향 센서에 관한 것이며, 사례 7.4는 ZnO를 이용한 캔틸레버 형태의 음향 센서이다. 두 센서 모두 벌크 미세 가공 공정을 사용하여 만들어진다.

사례 7.3 PZT 압전 음향 센서

베른슈타인과 동료들은 수중 음향 영상기로서 압전 변환기의 배열을 사용하였다[3]. 이 영상기는 광학계의 CCD 영상기를 닮았는데 8×8의 음향 영상 배열로 이루어져 있다. 그림 7.7은 각 영상 단위 소자의 단면도를 나타낸다. 졸-겔로 증착한 PZT 압전 박막을 미세 가공한 실리콘 박판 위에 증착하였으며 각 멤브레인의 크기는 0.2 mm에서 2 mm까지 변화시켰다.

PZT 압전 박막은 두 개의 전극에 샌드위치 형태로 쌓여 있으며 압전막 형성을 위한 졸-겔 공정이 소자 제조을 위한 전체 공정 수순도에 포함되므로 주목할 필요가 있다. 실리콘 웨이퍼(그림 7.8a)를 산화시킨 후에 패턴화를 실시하고, 후면 벌크 미세 가공을 실시할 영역을 제외한 전체 웨이퍼에 붕소를 도핑한다(그림 7.8b). 남아 있는 산화물을 모두 제거한 후 저온의 산화물(LTO: low-temperature oxide)층을 LPCVD 법을 이용하여 증착한다. 그러고 나서 50 nm 두께의 Ti 및 300 nm 두께의 Pt 층을 차례로 하부 전극으로 증착하는데 여기에서 Ti 층은 Pt와 산화물층 간의 접착력을 향상시키기 위한 역할을 한다(그림 7.8c). 이어서 졸-겔 PZT 박막을 증착하는데 졸-겔 용액은 빙초산(glacial acetic acid) 용매에 납-아세테이트-트리하이드레이트(lead acetate trihydrate), 지르코늄-프로폭시드(zirconium n-propoxide), 티타늄-이소프로폭시드(titanium iso-propoxide)를 녹여서 제조한다. 스핀 코팅을 한 후 용매를 증발시키기 위해 150°C로 가열하고, 잔류 유기물을 제거하기 위해 400°C로 온도를 높인다. 층의 밀도를 높여서 후속 수축을 막기 위해서 600°C로 열처리한다(그림 7.8d). 졸-겔 용액

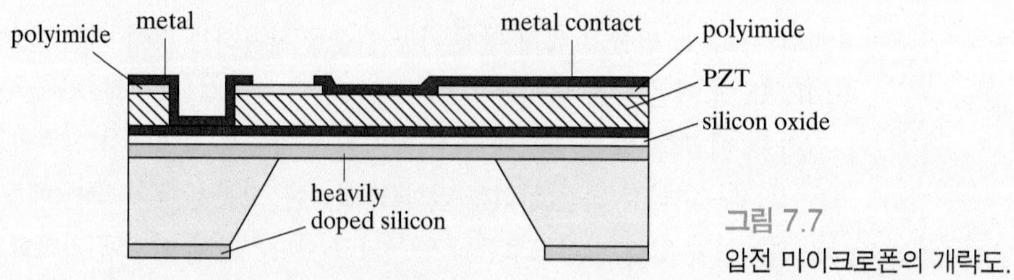

그림 7.7
압전 마이크로폰의 개략도.

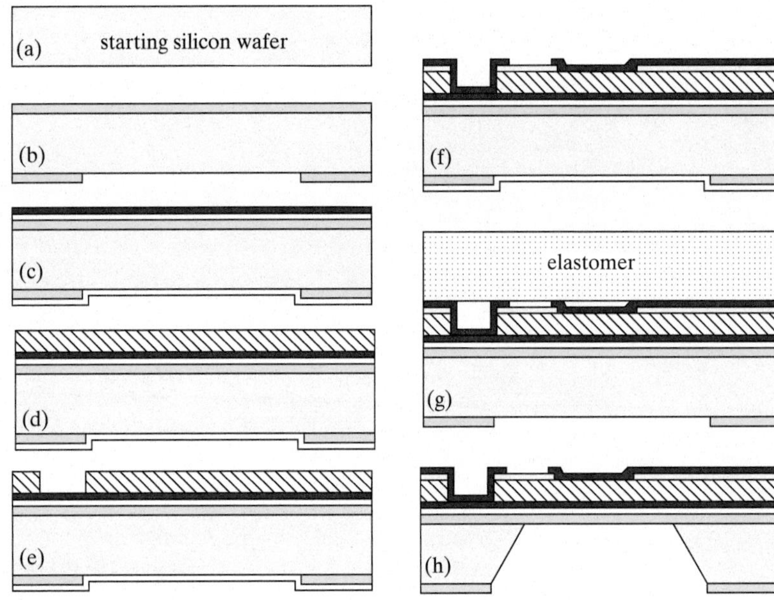

그림 7.8
제조 공정.

의 자세한 제조법은 이에 관한 논문에 기재되어 있다. 이 PZT 막은 상온에서 2분 동안 36 V의 DC 전압으로 배향되어 1400의 상대 유전율과 246 pC/N의 d_{33} 압전 계수를 갖는다.

이 PZT 막은 완충된 불산(buffered hydrogen fluoride, 이하 BHF)과 염산(HCl)을 포함하는 용액으로 습식 식각을 통하여 패턴화된다(그림 7.8e). BHF는 수성 불화암모늄(ammonium fluoride, NH_4F)과 수성 불산(HF)의 혼합액이다[29]. 그러고 나서 상부 전극의 증착 및 패턴화가 이루어지는데 상부 전극은 2 μm 두께의 폴리이미드(polyimide) 절연층에 의해서 PZT로부터 분리된다(그림 7.8f). 웨이퍼 후면의 공동 생성은 비등방성 식각 용액에 의한 벌크 미세 가공에 의해서 이루어지는데 이 과정 동안 상부 구조는 실리콘 엘라스토머(silicone elastomer) 커버로 보호한다(그림 7.8g). 실리콘의 식각 공정 전에 후면의 LTO 산화물은 제거된다.

사례 7.4 ZnO 압전 마이크로폰

두 번째 사례는 압전 캔틸레버 마이크로폰 및 마이크로스피커 겸용 소자이다[9]. 이

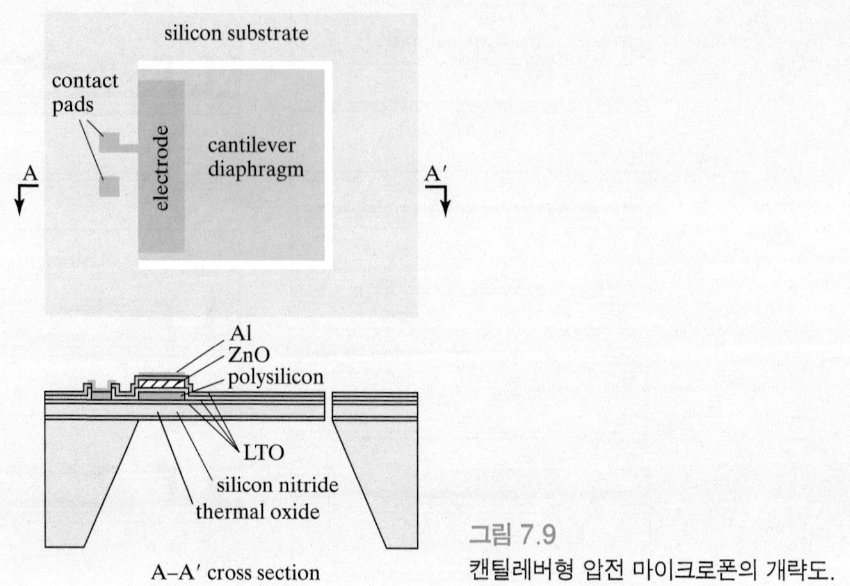

그림 7.9
캔틸레버형 압전 마이크로폰의 개략도.

예는 이 소자의 독특한 변환 원리, ZnO 재료의 선택, 일련의 공정 수순에 습식과 건식 실리콘 식각을 함께 포함시킨 점 등의 이유로 선택되었다.

사례 7.3의 경우는 네 개의 모든 면이 고정된 미세 가공된 판을 사용하였다. 이 사례는 컴플라이언스 측면에서 캔틸레버 마이크로폰을 선택하였다(그림 7.9). 캔틸레버 구조는 멤브레인에 잔류하는 내부 응력이 없어 890 Hz 공진 주파수에서 20 mV/μbar의 큰 감도를 갖는 마이크로폰을 제조할 수 있게 한다. 역으로 이 소자가 구동기로 사용되면 음향 출력이 발생할 수 있는데 4 V 구동 전압과 890 Hz의 공진 주파수에서 75 dB의 음압을 얻을 수 있다.

캔틸레버의 크기는 2 mm×2 mm이고 전체 두께는 4.5 μm이며, ZnO 박막은 캔틸레버 위에 위치한다. 제조 공정은 <100> 실리콘 웨이퍼에서 시작하는데 0.2 μm의 실리콘 산화물을 열산화법에 의해서 성장시키고, 그 위에 LPCVD 법으로 0.5 μm의 실리콘 질화물을 입힌다. 이 질화물은 835°C의 온도와 300 mtorr의 압력에서 증착되며, 화학 기상 원료로는 디클로로실란(DCS: dichlorosilane, SiH_2Cl_2)과 암모니아를 6:1의 비율로 혼합한 가스를 사용하였다. 비등방성 실리콘 식각이 웨이퍼의 후면에서 실시되는데 실리콘이 모두 제거되고 실리콘 산화물이 노출되면 식각이 멈춘다. 이렇게 형성된 멤브레인은 다소 크고 얇아 깨지기 쉬우므로 웨이퍼의 전면에 후속 공정을 실시할 때 조심하여야 한다. 후속 공정을 견디기 위한 충분한 기계적 강도를 제공하기 위해 0.5 μm 두께의 두 번째 실리콘 질화물층을 앞선 원료 가스를 4:1로 혼합해서 사용하여 실리콘 웨이퍼 양면에 증착하였다.

그러고 나서 0.2 μm 두께의 LPCVD 폴리실리콘 전극을 기판 위에 증착한다. 이 폴리실리콘의 패턴 식각 과정에서 마스크 역할을 할 감광제를 웨이퍼 전면에 코팅하고 사진 공정을 통하여 패턴화한다. 폴리실리콘의 RIE 과정에서 하부에 있는 실리콘 질화물에 대한 식각 선택비(식각 속도의 비율)가 높지 않으므로 실리콘 질화물이 두 번의 증착으로 1 μm 두께이지만 과잉으로 식각되지 않도록 주의하여야 한다. 다음에는 절연층인 LPCVD LTO 박막을 전면에 증착하고, 폴리실리콘의 응력을 완화하고 첨가물을 활성화하기 위해서 950°C에서 25분간 어닐링 처리를 거친다. 그런 다음에 0.5 μm 두께의 ZnO 박막을 RF 마그네트론 스퍼터링법을 사용하여 증착하는데 이 ZnO 층은 또 다른 0.3 μm의 LTO 층으로 덮인다. 전기적인 접촉을 위한 창이 접촉 패드 지역에 만들어진다.

상부 전극인 알루미늄 막이 스퍼터링으로 증착되고 사진 식각법으로 패턴화되면 이 웨이퍼는 개별적인 소자를 만들기 위한 조각(die)으로 잘게 잘라진다. 절단 공정 과정에는 웨이퍼 후면은 진공으로 고정되며 전면에서 불순 입자와 열이 발생하므로 멤브레인이 견디기 힘들 수도 있다. 따라서 이 과정 전에 멤브레인을 기계적으로 강화시키기 위해서 0.5 μm 알루미늄을 후면에 증착하는 것도 선택 사항이 될 수 있다. 조각난 상태에서 LTO, 실리콘 질화물 및 멤브레인 위의 알루미늄 등을 각각 불산, 플라즈마 식각, 그리고 $K_3Fe(CN)_6$ 및 KOH를 포함하는 습식 식각액으로 패턴화한다.

7.3.3 접촉 센서

접촉 센서의 연구 목적은 인간 피부가 갖는 넓은 대역폭과 넓은 구동 범위에서 갖는 공간 분해능과 감도를 모사하여 접촉력 또는 압력을 양적으로 측정하려는 것이다. 사례 7.5는 압전 접촉 센서에 관한 내용이다.

사례 7.5 고분자 압전 접촉 센서

이 접촉 센서는 전기적인 잡음과 임피던스 불일치를 감소시키기 위해서 금속-산화물-반도체 전계 효과 트랜지스터(metal-oxide-semiconductor field-effect transistor, 이하 MOSFET) 증폭기를 하부 표면의 압전 PVDF 박막과 직접 연결시켜 이차원적으로 배열하였다[30]. 이 MOSFET 증폭기는 각자의 택셀(taxel, tactile pixel의 합성어)에

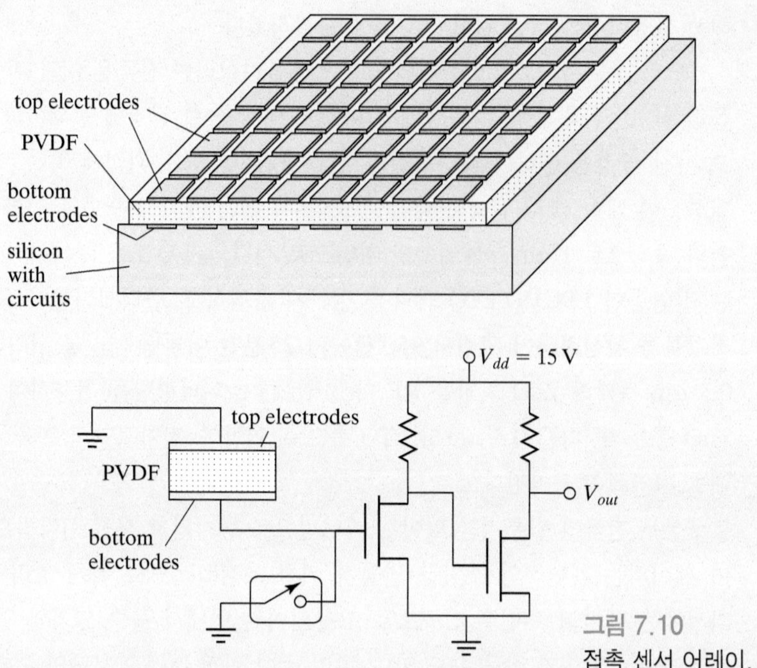

그림 7.10
접촉 센서 어레이.

대해 분리되어 있지만 동일하게 제조되며 높은 입력 임피던스(10^{12} Ω) 전압 측정 능력을 가능하게 한다.

어른의 손가락 끝보다 작은 접촉 센서를 구현하기 위해서 9.2 mm×7.9 mm의 치수를 갖는 실리콘 집적 회로가 설계 및 제조되었다. 시작품은 MOSIS(Metal-oxide-semiconductor Implementation System) 주문 제조 서비스에 의해서 완성되었다. IC 면적의 많은 부분이 MOSFET 증폭기와 출력 회로를 위해서 할당되었는데, 8×8 택셀 배열이 5.3 mm×5.3 mm 면적에서 제조되었다.

그림 7.10은 단면도를 포함하는 센서 어레이의 개략도를 나타낸다. 연속적이며 배향된 PVDF 박막이 실리콘 칩 전면에 붙어 있으며, 6 μm 두께의 우레탄(urethane) 유연 코팅층을 스핀 코팅에 의해 PVDF 박막 위에 증착하였다. 400 μm×400 μm의 크기를 갖는 개별적인 택셀 전극들은 300 μm의 거리를 두고 이웃하는 전극과 분리되어 있다.

이 연구는 수직 응력만을 측정하는 데 중점을 두지만, 고분자 압전 재료를 이용한 접촉 센서의 최근 연구 결과는 각 응력 성분에 대한 반응 특성을 측정할 수 있을 정도로 발전되었다[31, 32].

7.3.4 유량 센서

압전 원리를 이용한 유량 센서는 재료의 증착이나 최적화에 일반적으로 더 큰 노력이 들지만 압저항 유량 센서와 비슷한 형태로 만들어질 수 있다. 유체 요소에 의한 전단 응력 센서를 압전 방식을 이용하여 만든 사례가 있다[33]. 여기에서는 압전 원리를 기반으로 하는 유속 센서에 대해서 논하고자 한다(사례 7.6).

사례 7.6 압전 유속 센서

압전 감지에 기반을 둔 부피 유속 센서가 참고문헌 [34]에 발표되었는데, 유량 채널을 가지며 고분자 재료 위에 압전 박막을 집적화하였기에 이 소자를 사례 연구로 선택하였다.

이 센서는 두 위치(두 흐름의 방향)에서 수압 제한 채널에 연결된 압전 측정기를 갖는 두 개의 압전 압력 센서로 이루어져 있다. 채널을 따르는 압력의 차이와 부피 유속은 베르누이의 정리에 의해서 관계식을 가지므로 압전 센서를 이용해 측정된 압력 차이는 유속에 대한 정보를 제공한다. 이 소자는 30~300 μl/h 범위의 유속을 측정하도록 설계되었는데 10 mm의 채널 길이와 67 μm의 유속 반지름에서 $R_h=60$ mbar/(ml/h)의 유속 저항을 갖도록 제한된다.

압력 센서는 동그란 고리 모양의 ZnO를 포함하는 폴리이미드 멤브레인으로 이루어져 있는데, 이 멤브레인의 지름은 1 mm이며 그 두께는 25 μm이다. 변형의 공간적 분포는 고리 전체를 통해 균일하지는 않지만 평균적인 변형률은 100 mbar의 압력에 대해 6.8×10^{-5}로 측정되었다. 연속적인 원형의 멤브레인보다 고리 모양이 사용되었는데, ZnO 재료는 이 멤브레인이 변형될 때 동일한 방사형의 응력 부호를 갖는 영역에 위치한다.

이 소자는 실리콘 웨이퍼에서 제조되는데(그림 7.11), 우선 50 μm 깊이의 채널을 웨이퍼 표면에서 RIE 공정에 의해서 식각하며(b 과정), 초음파 드릴을 사용하여 유체의 상호 연결 구멍을 뚫는다(c 과정). 다음으로 판매되고 있는 상업용 열압착 폴리이미드 시트(UPILEX@ VT)를 식각된 실리콘 표면에 50~100 bar의 압력과 300°C의 온도에서 접착시킨다(d 과정). 밀봉된 웨이퍼 위에 금 전극을 증발 증착시켜 평면의 폴리이미드 멤브레인 위에서 패턴화하고(e 과정), 플라즈마 화학 기상 증착법(PECVD: plasma-enhanced chemical vapor deposition)에 의해 실리콘 산화물 절연층을 증착하였다. 여기에서 LPCVD 증착법을 사용하지 않은 이유는 폴리이미드가 견디기에 증착 온도가 높기 때문이다. 그러고 나서 1 μm 두께의 ZnO 박막을 소결된

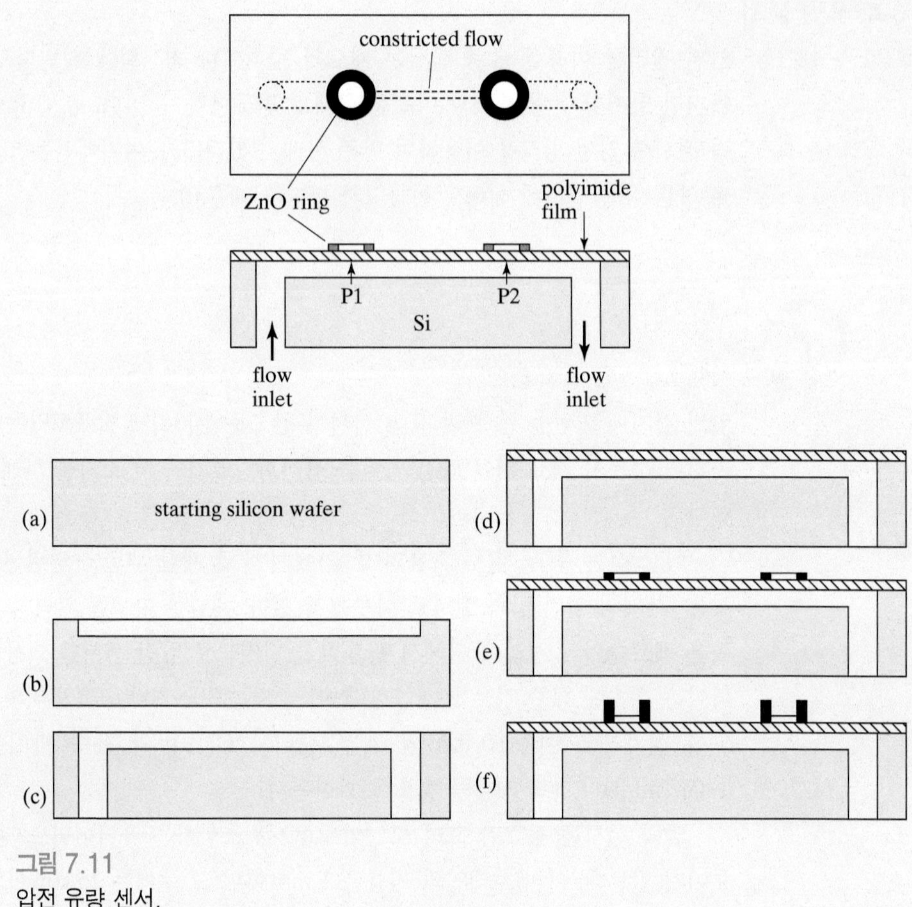

그림 7.11
압전 유량 센서.

ZnO 타깃으로부터 RF 마그네트론 스퍼터링법을 사용하여 증착한 후 두 번째 절연층을 코팅한다. 마지막으로 알루미늄 전극을 리프트-오프(lift-off) 공정을 이용하여 패턴화하는 데(f 과정), 리프트-오프 공정은 패턴을 형성할 때 ZnO를 포함하는 하부 구조에 손상을 줄 수 있는 습식 식각을 포함하지 않는 장점이 있다.

측정된 유량 센서의 평균 압력 민감도는 8 mV/mbar이며 유속 부피의 범위는 1 nl부터 10 nl까지이다.

7.3.5 표면 탄성파

적절한 전기적 인가를 통해서 압전 재료는 벌크 또는 박막에서 탄성파를 진행하게 할 수 있다. 가장 일반적인 탄성파의 두 가지 형태는 표면 탄성파(surface acoustic wave,

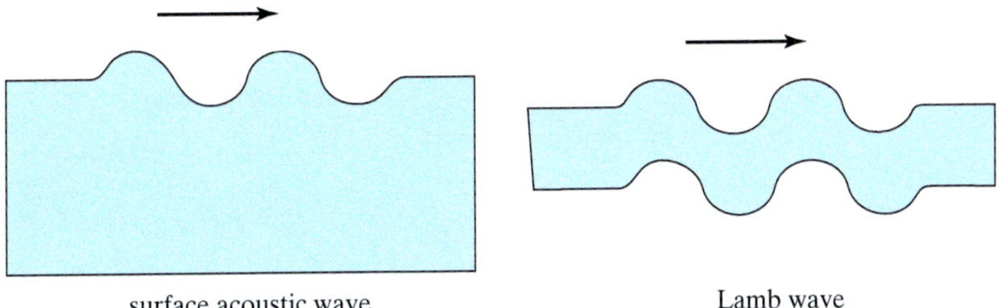

그림 7.12
표면 탄성파(SAW 파)와 유연판 탄성파(Lamb 파).

이하 SAW 파)와 유연판의 탄성파(또는 Lamb 파)이다(그림 7.12). SAW 파는 시료의 어느 정도의 두께에서만 진행하는 반면, Lamb 파는 재료의 얇은 판 전체에서 일어난다.

표면 탄성파는 빗살 모양 구동 전극을 사용하여 진행시킬 수 있다. 압전 벌크 재료(예를 들면 PZT) 위에서 SAW 파가 진행하는 원리는 그림 7.13에 설명되어 있다. 전극들은 상호 교차 형태로 배열되어 있는데 이 전극 핑거(finger)들 사이에 교류를 걸어 주면 이웃하는 전도체 사이에 전계 선속이 발생한다. SAW 파 발생기에서는 전계 선속이 축 1에 평행하며, E_1의 영향에 의해서 기계적인 응력은 다음 식과 같이 표현될 수 있다.

$$\begin{bmatrix} s_1 \\ s_2 \\ s_3 \\ s_4 \\ s_5 \\ s_6 \end{bmatrix} = \begin{pmatrix} d_{11} & d_{21} & d_{31} \\ d_{12} & d_{22} & d_{32} \\ d_{13} & d_{23} & d_{33} \\ d_{14} & d_{24} & d_{34} \\ d_{15} & d_{25} & d_{35} \\ d_{16} & d_{26} & d_{36} \end{pmatrix} \begin{bmatrix} E_1 \\ E_2 \\ E_3 \end{bmatrix} = \begin{pmatrix} 0 & 0 & d_{31} \\ 0 & 0 & d_{32} \\ 0 & 0 & d_{33} \\ 0 & d_{24} & 0 \\ d_{15} & 0 & 0 \\ 0 & 0 & 0 \end{pmatrix} \begin{bmatrix} E_1 \\ 0 \\ 0 \end{bmatrix} = \begin{bmatrix} 0 \\ 0 \\ 0 \\ 0 \\ s_5 \\ 0 \end{bmatrix} \tag{7.31}$$

이 기계적인 응력은 축 2를 따라 작용하는 모멘트에 해당한다. 이 벌크 격자에 대한 교란은 탄성파가 진행함으로써 사라진다.

이 탄성파는 축 1을 따라 진행하여 수신 측의 전극들로 향한다. 파가 진행함에 따라 표면뿐만 아니라 고체 내부에서도 상호 작용이 일어난다. 일단 이 파가 수신 전극에 도달하면 아래 식에 의해서 축 1에서 전기적 분극으로 변형된다.

$$\begin{bmatrix} d_1 \\ d_2 \\ d_3 \end{bmatrix} = \begin{bmatrix} 0 & 0 & 0 & 0 & d_{15} & 0 \\ 0 & 0 & 0 & d_{24} & 0 & 0 \\ d_{31} & d_{32} & d_{33} & 0 & 0 & 0 \end{bmatrix} \begin{bmatrix} 0 \\ 0 \\ 0 \\ 0 \\ T_5 \\ 0 \end{bmatrix} = \begin{bmatrix} d_{15}T_5 \\ 0 \\ 0 \end{bmatrix} \tag{7.32}$$

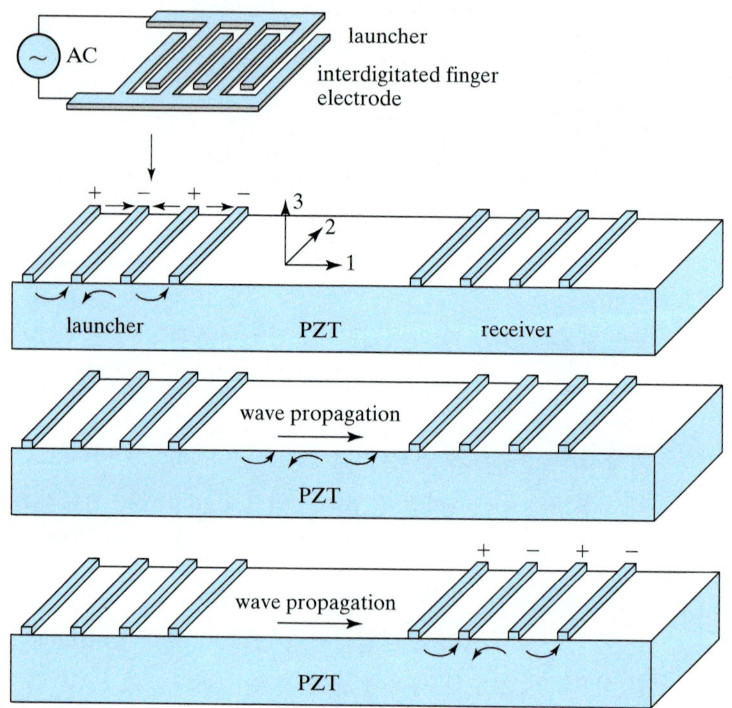

그림 7.13
SAW 파의 생성 및 진행.

이 표면 탄성파는 화학 센서부터 환경 모니터링, 전기 회로, 표면과 접촉하는 유체의 이송[4] 등 다양한 기능 및 응용이 가능한데[35], 0.255 μl/min의 유속까지 유체를 펌핑할 수 있는 소자가 선보이고 있다. 진폭과 주파수 같은 전달 특성은 밀도, 유량, 벌크 표면과 접촉하는 입자 또는 유체의 분자량에 의해 영향을 받는다. 이에 따라 표면 탄성파는 송신 전극과 수신 전극 사이의 영역에서 발생하는 물리적 또는 화학적 현상을 폭넓게 측정하는 데 사용될 수 있다[26].

요약

이 장은 압전, 재료 및 소자 설계 간의 상관관계를 다루었다. 압전 센서 및 구동기와 관련된 정보는 무척 광범위하기에 한 개 장에 담는 것이 불가능하지만, 이 분야에 관심 있는 독자들에게 연구의 시발점을 제시하고자 의도하였다.

이제 독자들은 다음의 개념 및 사실들을 숙지하고 있어야 한다.

- 압전 효과의 기원
- 압전성을 갖는 재료의 결정학적 성질
- 압전 효과를 표현하는 관계식
- 역압전 효과를 표현하는 관계식
- 일반적으로 사용되는 압전 재료와 주요 성질들
- 캔틸레버 빔 구조를 기반으로 하는 압전 센서의 정량 해석
- 캔틸레버 빔 구조에 기반을 둔 압전 구동기의 해석
- 멤브레인 구조에 근거하는 압전 센서 및 구동기의 설계 문제와 관련된 정성적 이해
- 표면 탄성파 소자의 기능적 원리

문제

문제 7.1: 검토

식 (7.6)에서 보여 준 역압전 효과의 관계식으로부터 압전 계수의 단위가 C/N으로 주어짐을 증명하라.

문제 7.2: 설계

PZT 재료에 대해서 순수한 토크를 형성하기 위한 방법에는 어떠한 것들이 있는가? 각 방법에서 전극들의 위치에 대한 개념도를 함께 도시하라. 단, 축 3이 기판 표면에 수직으로 정렬한다고 가정하라.

문제 7.3: 설계

압전 힘 센서가 다음 그림과 같은 구조를 갖는다고 할 때, 힘이 그림에 주어진 방향으로 가해진다고 하면 출력 전압의 표현식은 무엇인가?

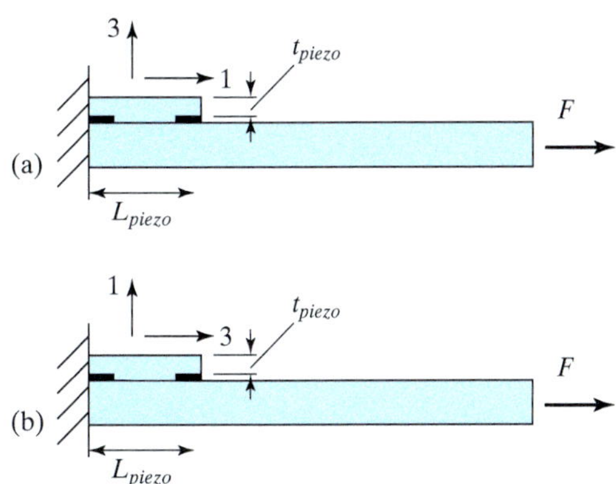

문제 7.4: 설계

압전 구동기가 아래 그림과 같은 구조를 갖고 있다. 만약 전압을 전극 사이에 인가한다면 캔틸레버 끝에서의 결과적인 선형 변위에 대한 관계식은 무엇인가?

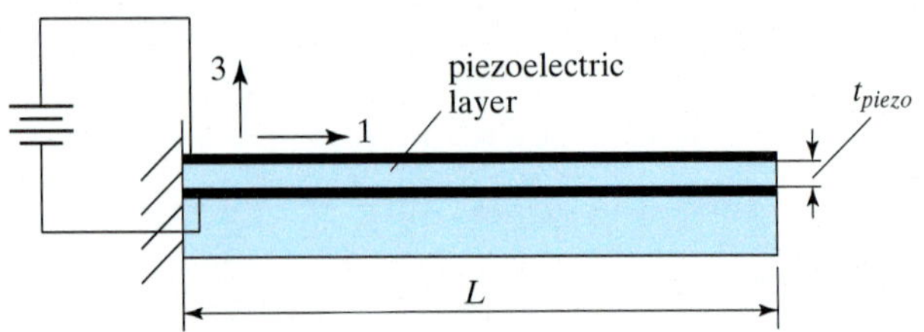

문제 7.5: 설계

문제 7.4에 도시한 압전 구동기에서 인가 전압을 고정시켰다. 만약 압전층의 두께가 탄성층의 두께에 비해 5%에서 100%로 연속적으로 변할 때 압전층의 두께에 따른 출력 힘과 출력 변위에 대해서 관계식을 도출하라.

문제 7.6: 설계

아래 그림의 압전 소자에서 캔틸레버 끝에서의 수직 변위를 나타내는 관계식을 구하라.

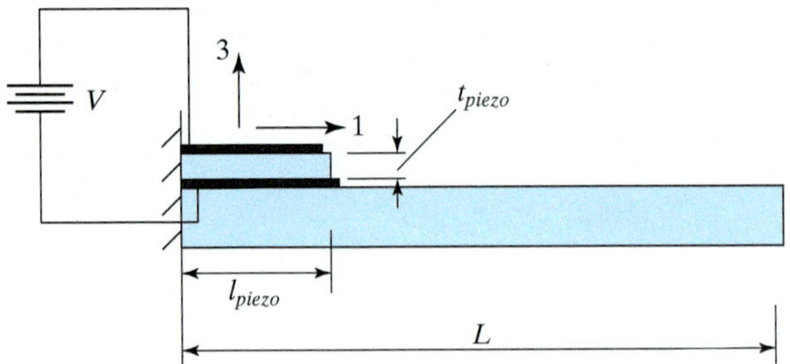

문제 7.7: 분석

그림 7.2의 이층 압전 캔틸레버의 두 층이 똑같은 폭을 갖고 있다고 할 때 식 (7.9)를 더 단순한 형태로 줄여서 표현하라.

문제 7.8: 제조

자세한 사진 식각 공정과 웨이퍼 후면 공정을 포함하여 사례 7.1과 관련된 단면의 공정 수순도를 완성하라. 재료의 각 식각 과정에서 식각 물질에 의해서 식각하고자 하는 재료와 노출된 재료의 식각 선택비를 조사하라.

문제 7.9: 도전

5.5.4절에서 논의한 압저항 전단 응력 센서[36]와 유사한 설계 원리를 갖는 유체의 부유 요소에 대한 전단 응력을 측정하는 압전 센서의 설계를 완성하라. 제조 공정의 설계와 대표적인 단면에서의 자세한 공정 수순도를 나타내는데, 사진 식각 공정이 자세히 포함되도록 하라. 재료의 각 식각 과정에서 식각 물질에 의해서 식각하고자 하는 재료와 노출된 재료의 식각 선택비를 조사하라.

문제 7.10: 검토

사례 7.2의 단면에서 교정 질량이 아래로 내려갔을 때, 응력의 부호와 전기적인 분극을 나타내는 개념도를 도시하라. 교정 질량이 위로 향했을 경우도 비교해서 도시하라.

문제 7.11: 제조

사례 7.2의 경우에 만약 멤브레인이 단결정 실리콘이 아닌 LPCVD 실리콘 질화물로 만들어질 경우 변경된 제조 공정 수순도를 도시하라. 사진 식각 공정이 자세히 포함되도록 하라. 재료의 식각 과정에서는 그 과정 동안 식각 물질에 의해서 식각하고자 하는 재료와 노출된 재료의 식각 선택비를 조사하라.

문제 7.12: 설계

사례 7.3의 음향 센서 사례에서 p의 균일한 인가 압력하에서 센서의 출력 반응에 대한 관계식을 유도하라. 샌드위치 전극 구조가 높은 감도에 적합한 구조인가? 적어도 하나의 변경한 구조와 이에 따르는 설계, 성능 및 제조 과정에 대해서 생각해 보라.(힌트: 이 음향 센서는 균일한 압력에서 고정된 경계 조건을 갖는 원형 멤브레인이다.)

문제 7.13: 제조

사례 7.3에서는 멤브레인층으로 불순물이 도핑된 실리콘을 사용하였는데, 성능을 향상시키기 위해서 실리콘 질화물 같은 매우 얇은 박막을 멤브레인층으로 사용할 수 있다. 200 nm 두께의 실리콘 질화물 박막을 사용한 비슷한 형태의 소자를 구현하는 제조 공정을 설계하라. 자세한 사진 식각 공정은 생략해도 무방하다.

문제 7.14: 검토

사례 7.5에서는 상업용 PVDF 연속 시트를 사용하였다. 여기에서는 픽셀들 간의 상호 감지 교란이 발생한다. 사례 7.5의 수직 픽셀들 간의 상호 감지 교란을 예측하라. 예를 들어 수직 힘이 한 픽셀에 인가되면 이웃하는 픽셀들의 출력은 어떻게 나타나는가?

문제 7.15: 설계

사례 7.5의 예에서 전단 부하에 대한 감도의 관계식은 무엇인가?

문제 7.16: 도전

만약 PVDF 픽셀들이 기계적으로 분리될 수 있다면 상호 감지 교란을 크게 줄일 수 있을 것이다. CMOS 회로 상에 분리된 PVDF 픽셀 배열을 만들 수 있는 재료와 공정 기술을 제안해 보라.

문제 7.17: 설계

큰 폭의 변형을 요구하는 광학 소자는 주로 두꺼운 구동층과 거울층에 의한 미세 거울의 경직성에 의해 변위의 한계를 갖는다. 만약 이 경직성이 감소한다면 초점 거리의 큰 변화를 얻을 수 있을 것이다. 정전 방식으로 구동하는 소자는 풀인(pull-in) 효과와 전극 간 간격에 의해서 구동 변위 범위의 제한을 갖는다.

참고문헌 [10]에서는 압전 구동기가 광선의 방향을 변화시키는 데 사용되었다. 기본 구조는 후면 실리콘 웨이퍼 식각에 의해서 완화된 원형 멤브레인으로 이루어져 있는데, 멤브레인의 상부 표면 위에는 홍채 모양의 PZT 압전 구동층이 위치한다. 절연층은 ZnO 및 전극을 벌크 기판으로부터 격리시킨다. 면 상에서의 배향(poling) 구조는 압전 계수 d_{33}을 사용하는데, 압전 계수 d_{33}의 크기는 d_{31} 크기의 약 두 배이다. 700 V의 전압을 인가할 경우 중심부에서 얻을 수 있는 미세 거울의 최대 변위는 대략 7 μm이다.

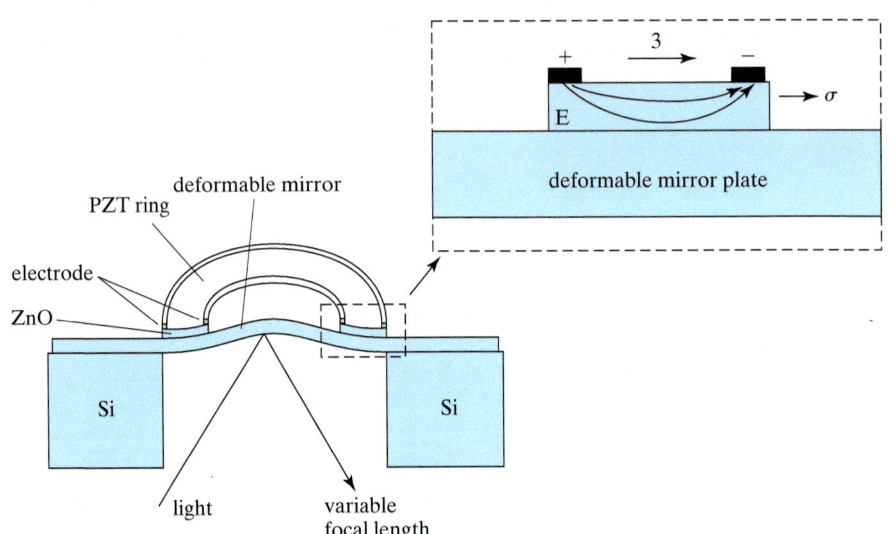

문제 7.18: 검토

사례 7.2와 7.6에서의 압전 부하 멤브레인의 설계를 비교하면서 기계적인 설계의 주요 차이점을 논하라. 소재 증착 및 제조 공정의 어려움 측면에서의 장단점을 나열하라.

문제 7.19: 도전

대부분의 압전 구동기는 피스톤 운동, 즉 기판에 수직인 캔틸레버 변위를 만든다. 압전 구동을 사용하여 미세 구조체가 기판 표면에 평행한 면 상에서 움직일 수 있는 설계를 제안해 보라. 그리고 실질적인 제조 방법에 대해서도 함께 제안해 보라.

참고문헌

1. Cady, W.G., *Piezoelectricity: An Introduction to the Theory and Applications of Electromechanical Phenomena in Crystals*, 2d ed. New York: Dover, 1964.
2. Ikeda, I., *Fundamentals of Piezoelectricity*. Oxford University Press, 1996.
3. Bernstein, J.J., et al., *Micromachined High Frequency Ferroelectric Sonar Transducers*, Ultrasonics, Ferroelectrics and Frequency Control, IEEE Transactions, 1997. **44**: p. 960–969.
4. Luginbuhl, P., et al., *Microfabricated Lamb Wave Device Based on PZT Sol-Gel Thin Film for Mechanical Transport of Solid Particles and Liquids*, Microelectromechanical Systems, Journal of, 1997. **6**: p. 337–346.
5. Li, H.Q., et al., *Fabrication of a High Frequency Piezoelectric Microvalve*, Sensors and Actuators A: Physical, 2004. **111**: p. 51–56.
6. Wang, L.-P., et al., *Design, Fabrication, and Measurement of High-Sensitivity Piezoelectric Microelectromechanical Systems Accelerometers*, Microelectromechanical Systems, Journal of, 2003. **12**: p. 433–439.
7. DeVoe, D.L., and A.P. Pisano, *Surface Micromachined Piezoelectric Accelerometers (PiXLs)*, Microelectromechanical Systems, Journal of, 2001. **10**: p. 180–186.
8. Ried, R.P., et al., *Piezoelectric Microphone with On-Chip CMOS Circuits*, Microelectromechanical Systems, Journal of, 1993. **2**: p. 111–120.
9. Lee, S.S., R.P. Ried, and R.M. White, *Piezoelectric Cantilever Microphone and Microspeaker*, Microelectromechanical Systems, Journal of, 1996. **5**: p. 238–242.

10. Mescher, M.J., M.L. Vladimer, and J.J. Bernstein, *A Novel High-Speed Piezoelectric Deformable Varifocal Mirror for Optical Applications*. Presented at Micro Electro Mechanical Systems, 2002. The Fifteenth IEEE International Conference. 2002.

11. Vig, J.R., R.L. Filler, and Y. Kim, *Chemical Sensor Based on Quartz Microresonators*, Microelectromechanical Systems, Journal of, 1996. **5**: p. 138–140.

12. Tadmor, E.B., and G. Kosa, *Electromechanical Coupling Correction for Piezoelectric Layered Beams*, Microelectromechanical Systems, Journal of, 2003. **12**: p. 899–906.

13. DeVoe, D.L., and A.P. Pisano, *Modeling and Optimal Design of Piezoelectric Cantilever Microactuators*, Microelectromechanical Systems, Journal of, 1997. **6**: p. 266–270.

14. Smits, J.G., and W. Choi, *The Constituent Equations of Piezoelectric Heterogeneous Bimorphs*, Ultrasonics, Ferroelectrics and Frequency Control, IEEE Transactions. 1991. **38**: p. 256–270.

15. Elka, E., D. Elata, and H. Abramovich, *The Electromechanical Response of Multilayered Piezoelectric Structures*, Microelectromechanical Systems, Journal of, 2004. **13**: p. 332–341.

16. Weinberg, M.S., *Working Equations for Piezoelectric Actuators and Sensors*, Microelectromechanical Systems, Journal of, 1999. **8**: p. 529–533.

17. von Preissig, F.J., H. Zeng, and E.S. Kim, *Measurement of Piezoelectric Strength of ZnO Thin Films for MEMS Applications*, Smart Materials and Structures, 1998. **7**: p. 396–403.

18. Muralt, P., *Ferroelectric Thin Films for Microsensors and Actuators: A Review*, Journal of Micromechanics and Microengineering, 2000. **10**: p. 136–146.

19. Tressler, J.F., S. Alkoy, and R.E. Newnham, *Piezoelectric Sensors and Sensor Materials*, Journal of Electroceramics, 1998. **2**: p. 257–272.

20. Lu, J., et al., *Microstructure and Electrical Properties of Pb(Zr, Ti)O3 Thick Film Prepared by Electrostatic Spray Deposition*, Sensors and Actuators A: Physical, 2003. **108**: p. 2–6.

21. Chen, H.D., et al., *Development and Electrical Characterization of Lead*

Zirconate Titanate Thick Films on Silicon Substrates. Presented at Applications of Ferroelectrics, ISAF '94, proceedings of the Ninth IEEE International Symposium. 1994.

22. Walter, V., et al., *A Piezo-Mechanical Characterization of PZT Thick Films Screen-Printed on Alumina Substrate*, Sensors and Actuators A: Physical, 2002. **96**: p. 157–166.

23. Manohara, M., et al., *Transfer by Direct Photo Etching of Poly(vinylidene flouride) Using X-rays*, Microelectromechanical Systems, Journal of, 1999. **8**: p. 417–422.

24. Brei, D.E., and J. Blechschmidt, *Design and Static Modeling of a Semiconductor Polymeric Piezoelectric Microactuator*, Microelectromechanical Systems, Journal of, 1992. **1**: p. 106–115.

25. Yamamoto, T., T. Shiosaki, and A. Kawabata, *Characterization of ZnO Piezoelectric Films Prepared by rf Planar Magnetron Sputtering*, Journal of Applied Physics, 1980. **51**: p. 3113–3120.

26. Wenzel, S.W., and R.M. White, *A Multisensor Employing an Ultrasonic Lamb-Wave Oscillator*, Electron Devices, IEEE Transactions. 1988. **35**: p. 735–743.

27. Zesch, J.C., et al., *Deposition of Highly Oriented Low-Stress ZnO Films*. Presented at Ultrasonics Symposium, 1991. Proceedings, IEEE. 1991.

28. Niu, M.-N., and E.S. Kim, *Piezoelectric Bimorph Microphone Built on Micromachined Parylene Diaphragm*, Microelectromechanical Systems, Journal of, 2003. **12**: p. 892–898.

29. Inagaki, Y., and M. Shimizu, *Resource Conservation of Buffered HF in Semiconductor Manufacturing*, Semiconductor Manufacturing, IEEE Transactions. 2002. **15**: p. 434–437.

30. Kolesar, Jr., E.S., and C.S. Dyson, *Object Imaging with a Piezoelectric Robotic Tactile Sensor*, Microelectromechanical Systems, Journal of, 1995. **4**: p. 87–96.

31. Domenici, C., and D. De Rossi, *A Stress-Component-Selective Tactile Sensor Array*, Sensors and Actuators A: Physical, 1992. **31**: p. 97–100.

32. Domenici, C., et al., *Shear Stress Detection in an Elastic Layer by a Piezoelectric Polymer Tactile Sensor*, Electrical Insulation, IEEE Transactions [see also Dielectrics and Electrical Insulation, IEEE Transactions], 1989. **24**: p. 1077–1081.

33. Roche, D., et al., *Piezoelectric Bimorph Bending Sensor for Shear-Stress Measurement in Fluid Flow*, Sensors and Actuators A: Physical, 1996. **55**: p. 157–162.

34. Kuoni, A., et al., *Polyimide Membrane with ZnO Piezoelectric Thin Film Pressure Transducers as a Differential Pressure Liquid Flow Sensor*, Journal of Micromechanics and Microengineering, 2003. **13**: p. S103–S107.

35. White, R.M., *Surface Elastic Waves*, Proceedings of the IEEE, 1970. **58**: p. 1238–1276.

36. Shajii, J., K.-Y. Ng, and M.A. Schmidt, *A Microfabricated Floating-Element Shear Stress Sensor Using Wafer-Bonding Technology*, Microelectromechanical Systems, Journal of, 1992. **1**: p. 89–94.

자기 액추에이션

CHAPTER 8

8.0 서론

자계를 이용한 센싱과 구동은 일상 생활에서 가장 폭넓게 사용하는 에너지 변환 원리들 중 하나이다. 이 장에서는 주로 영구 자석과 전자기 코일 등을 사용하는 마이크로 자기 구동기의 디자인과 제조 방법에 초점을 맞춘다. 8.1절에서는 마이크로 크기의 자기 구동에 과련된 기본 원리를 살펴본다. 8.2절에서는 칩 위의 전자기 시스템을 이루는 여러 구성 소자들의 대표적인 제조 과정에 대해 알아볼 것이다. 8.3절에는 자기를 이용한 6가지 예시가 나와 있다.

자계를 이용한 센싱과 구동은 서로 밀접한 연관성이 있다. 실제로 마이크로 구동기를 위한 많은 물질과 구성 요소들 그리고 제조 방법 등은 자기 센싱과 디스크 저장 산업에서 시작되었다. 자기적인 센싱의 좋은 예가 참고문헌 [1]에 잘 나타나 있다.

8.1 기본 개념과 원리

8.1.1 자화와 자계 관련 용어

자기장은 자장 영역에서 자기 물질의 내부 자기 분극을 유발한다. 이 현상을 **자화**(magnetization)라고 부른다.

자기 물질의 한 조각은 자구(magnetic domain)로 만들어진다. 각각의 자구는 자기 쌍극자로 구성된다. 자기 물질의 내부 자화의 강도는 자구 배열의 범위에 의존한다. 만약 이 자구들이 배열되어 있다면, 자구는 자기 물질 안의 순 내부 자기장에 기여하게 된다.

자기학은 수백 년 간 연구되어 왔다. 연구자들과 실제 자계를 이용하는 사람들은 개념과 단위를 혼합하여 사용하여 왔다. 어떤 사람은 SI 단위계를 따르는 반면에 다른 사람은 CGS 단위계를 기반으로 사용하여 왔다. 이 절에서 이 내용을 다루는 주요 목적 중 하나는 여러 용어들에 대한 단위를 분명하게 하는 것이다.

자장의 세기(magnetic field intensity, *H*)는 자기 물질 외부에 구동 자장의 영향을 나타낸다. 전통적인 SI 단위는 A/m이다. CGS 단위계의 전통적인 단위는 에르스텟(oersted)이다(1 A/m$=4\pi/10^3$ Oe).

다른 이름으로 **자계 밀도**(magnetic field density, *B*)라고 불리는데 이는 자기 물질 내부에 유도되는 전체 자계로 표현된다. 전체 자계는 유도 자계와 내부 자화의 영향으로 설명된다. *B*는 자기 유도(magnetic induction) 또는 자속 밀도(magnetic flux density)로서 자주 언급된다. *B*의 크기는 SI 단위계(Tesla, Wb/m^2) 또는 CGS 단위계(Gauss, 1 T$=10^4$ Gauss)로 표현된다. 전통적인 SI 단위계에서 Weber는 V·s이고 Tesla는 V·s/m^2가 된다.

보통 자기 물체에 가해지는 자장의 밀도는 다음과 같다.

일반 냉장고의 자석: 100~1000 Gauss
자기 공명 영상법(MRI)에 사용되는 희토류 자석: 1~2 T
자기 저장 매체: 10 mT 또는 100 Gauss
지구 자기장(적도 근처): 1 Gauss

*B*와 *H*의 관계는 다음과 같은 식으로 표현될 수 있다.

$$B = \mu_0 H + M = \mu_0(H + \chi H) = \mu_r \mu_0 H \tag{8.1}$$

여기서 μ_0는 진공에서의 자기 투자율이고[SI 단위:Henry/meter 또는 Wb/(A·m)], μ_r은 자기 물질의 비투자율이며, *M*은 내부 자화이다. 자화율(magnetic susceptibility) χ는 μ_r-1로서 정의된다. χ가 양수이고 수치가 작은 자기 물질은 **상자성**(paramagnetic), χ가 음수이고 수치가 작은 자기 물질은 **반자성**(diamagnetic)이다. 상자성과 반자성 물질의 비투자율은 거의 1에 가깝다.

강자성 물질(ferromagnetic material 철, 니켈, 코발트, 희토류 물질 등)의 경우, 비투자율은 매우 크다. 철이 강자성 물질의 대표적인 예이기 때문에 이름에 '철의', '철분을 함유한' 이란 뜻의 ferro를 덧붙여 명명하였다. 강자성 물질은 MEMS 구동 응용에 자주 사용된다. 다음 몇 절에서는 강자성체의 자화에 초점을 둘 것이다.

*B*와 *H* 사이의 선형 관계는 *H*의 특정 구역에서만 성립된다. 강자성체의 전체 자화 곡선은 그림 8.1에 나와 있다. 그림에서 몇 가지 주목할 만한 특징들이 있다.

1. 외부 유도 자계가 특정한 수준에 도달한 후에, 자화는 **포화 자화**(saturation

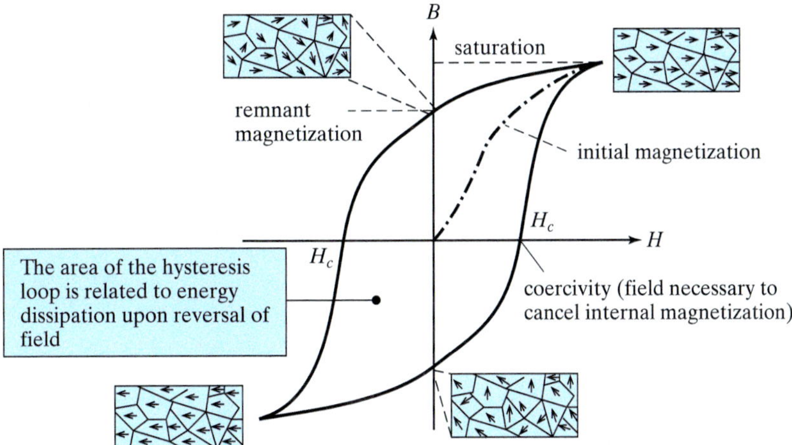

그림 8.1
자화 이력 곡선.

magnetization)라고 불리는 포화점에 도달할 것이다. 그 포화는 자기 물질 안의 이용 가능한 모든 자구들이 서로서로 정렬되었을 때의 상황을 말한다.

2. 강자성 물질은 외부 자장이 제거되면 자화의 일부분을 잃게 될 것이다. H가 제거된 뒤에 유지되는 포화 자화의 부분은 물질의 **잔류 자기**(remnance, 또는 잔류 자화)라고 불린다.

3. 보자력(coercivity)은 최소한 한 번 포화에 도달한 뒤에 자화를 0으로 만드는 데 필요한 역자계(reverse field)를 말한다.

4. 이력 곡선에 의해 둘러싸인 영역은 자기 물질에 저장된 자기 에너지의 양을 나타낸다.

강자성체는 **경자성체**(hard magnet)와 **연자성체**(soft magnet) 두 가지로 분류한다. '경(hard)' 은 외부 자장이 0인 상황에서도 특정 자기 분극이 유지되는 자성체를 의미한다. 이와 다르게 '연(soft)' 강자성체는 매우 작은 잔류 자기를 갖고, 외부 자장이 가해질 때에만 내부 자화가 나타나게 된다.

경자성체와 연자성체의 차이는 B-H 이력 곡선의 형태를 보면 쉽게 설명될 수 있다. 그림 8.2에서 왼쪽에 있는 곡선은 **영구 자석**(permanent magnet)과 같은 경자성체 물질의 곡선을 보여 준다. 영구 자석 물질은 큰 잔류 자장뿐만 아니라 형성된 자계를 바꾸거나 없애기 위하여 보다 더 큰 역자계나 입력 에너지를 필요로 한다. 오른쪽의 곡선은 연자성체 물질의 이력 곡선을 보여 준다. 예를 들어 트랜스포머의 코어는 연자성체 물질로

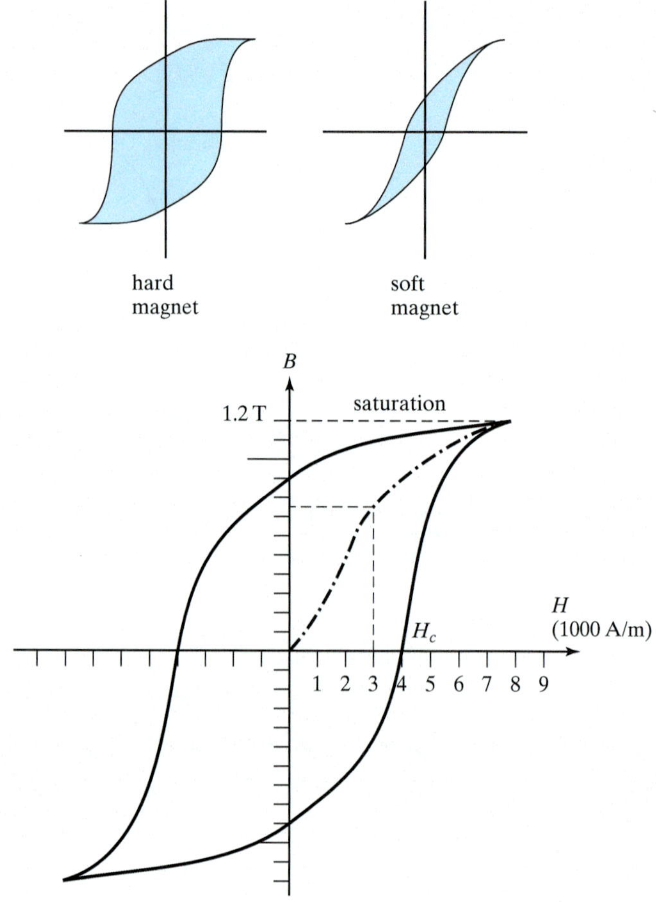

그림 8.2
경자성과 연자성 물질의 대표적인 자화 이력 곡선.

만들어져야 한다. 작은 저장 에너지는 높은 효율, 낮은 전력 소비, 그리고 급속한 변환을 이끈다.

예제 8.1 자화 이력 곡선

다음에 주어진 두 유도 자계에서 포화 자화를 여러 번 거친 뒤 강자성 물질의 내부 자화 ($\chi\mu_0 H$)를 구하라.(그림 8.2의 이력 곡선을 이용): (a) 3000 A/m(첫 번째 자화), (b) 10,000 A/m. 이 자석에 의해 표면에서 측정된 유도 자계를 계산하라.

풀이 유도 자계가 3000 A/m일 때, 전체 자화는 0.75 Tesla이다. 자계의 밀도는 구동 자계와 연관된다.

$$\mu_0 \times 3000\ \text{A/m} = 0.00377 \frac{Wb}{A \cdot m} \frac{A}{m} = 0.00377\ \text{Tesla}$$

내부 자화 $\chi\mu_0 H$는 0.75-0.00377= 0.746 Tesla이다.

유도 자계가 10,000 A/m일 때, 내부 자화는 1.2 Tesla이다. 자계의 밀도는 구동 자계와 연관된다.

$$\mu_0 \times 10{,}000\ \text{A/m} = 0.00377 \frac{Wb}{A \cdot m} \frac{A}{m} = 0.01257\ \text{Tesla}$$

그러므로 내부 자화 $\chi\mu_0 H$는 1.2−0.01257=1.187 Tesla이다.

구동 자계가 제거되었을 때, 0.9 Tesla의 잔류 자계는 물체 표면에 나타난다. 자기력선이 자기 물질과 둘러싼 환경과의 경계에서 연속적이기 때문에, 공기에서 자속 밀도는 0.9 T라고 가정할 수 있다. 공기 중에서 자기력은 다음과 같다.

$$H = \frac{B}{\mu_0} = \frac{0.9}{1.257 \times 10^{-6}} = 716 \times 10^3\ \text{A/m}$$

이 값은 강자성체가 자화되기 위해 필요한 9000 A/m의 외부 자장보다 훨씬 더 큰 값이 된다.

8.1.2 초소형 자기 구동기의 원리

몇몇 중요한 자계를 이용한 구동 원리들에 따르면, 자계는 힘, 토크, 또는 미세 구조물의 변위를 만들어 내는 데 사용할 수 있다[2]. 구동 자계는 전류를 운반하는 도선, 인덕터 코일, 자성 물질, 또는 자왜 물질 등을 포함하는 많은 요소들에 응용될 수 있다.

이 절에서는 전류를 운반하는 도선과 자화된 자성체와의 자기적 상호 작용을 이해하기 위한 공식에 대해 토론한다.

로렌츠 힘을 이용한 구동기는 전류를 흐르는 도체와 외부 자계 사이의 상호 작용을 이용한다(그림 8.3). 단위 전하 q를 움직이게 하는 로렌츠 힘은 다음과 같이 주어진다.

$$\vec{F} = q\vec{v} \times \vec{B} \tag{8.2}$$

여기서 $\vec{v}$는 전하의 속도이며, 힘의 크기는 다음과 같다.

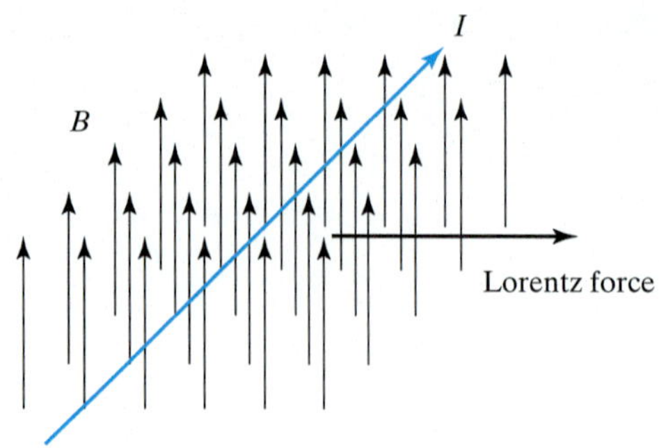

그림 8.3
자기장 내부에서 전류가 흐르는 도선에 발생하는 로렌츠 힘.

$$F = qvB \sin \theta \tag{8.3}$$

여기서 θ는 속도와 자계 사이의 각을 말한다($\theta < 180°$). 힘의 방향은 연상 기호 절차에 의해 쉽게 결정된다. 오른손을 펼치라. 양전하의 속도 방향과 엄지를 일치시키라. 그리고 자기장 방향으로 검지를 향하게 하라. 그러면 손바닥은 힘의 방향을 가리키게 된다. 힘은 전하의 속도와 자기장에 직각을 이루게 된다.

예제 8.2 전류를 운반하는 도선에서의 로렌츠 힘

도선의 직교 방향으로 1 T의 균일한 자계가 형성되었을 때, 10 mA의 전류가 흐르는 100 μm 길이의 금속 도선에 작용하는 힘을 계산하라.

풀이 주어진 시간 동안 전류가 흐르는 도선에는 움직이는 전하 입자들이 무수히 많다. 이 중 대전된 하나의 전하에 의한 힘은 쉽게 구할 수 있다. 전체 도선에 걸리는 힘을 구하기 위해, 주어진 모멘트에서 도선에 존재하는 입자의 수와 전체 힘을 계산하기 위하여 입자들의 속도를 구할 필요가 있다.

전류는 초당 도선의 단면을 통해 통과하는 양전하의 수를 말한다. 전하가 도선의 전체 길이를 가로지르는 데 걸리는 평균 시간인 l/v의 시간 안에 도선 안의 모든 전자는 도선의 단자를 통해 통과하게 된다. 도선의 끝 부분에 관한 한, nq 전하를 가지는 총 입자들은 l/v초 안에 통과하게 된다. 그러므로 전류의 표현식은

$$I = \frac{nq}{\left(\frac{l}{v}\right)} \tag{8.4}$$

이고, 식을 다시 나열하면 다음과 같다.

$$nqv = Il \tag{8.5}$$

전체 로렌츠 힘은 각 캐리어에 작용하는 힘과 전체 캐리어 수를 곱한 것과 같다.

$$F = n(qvB\sin\theta) = IlB\sin\theta = 1\mu N \tag{8.6}$$

예제 8.3 단위 분석

SI 단위계에서 예제 8.2의 로렌츠 힘을 표현하는 단위를 확인하라.

풀이 SI 단위계에서 F의 단위는 Newton이다. 식 (8.6)의 우변 항의 단위에서

$$[IlB\sin\theta] = A\cdot m\cdot Tesla = A\cdot m\cdot\frac{Wb}{m^2} = A\cdot m\cdot\frac{V\cdot s}{m^2} = \frac{A\cdot V\cdot s}{m}$$

이다. A와 V의 곱은 전력의 단위(W)이고, W와 s의 곱은 일의 단위(N·m)이기 때문에, 우변 항의 등가 단위는 Newton이다.

자기 구동기는 영구 자석과 외부 DC 자계 사이의 상호 작용의 결과로서 발생할 수 있다. 고전적인 예는 잘 알려진 자기 컴퍼스이다(그림 8.4). 자기 컴퍼스에 사용된 영구 자석은 경자성체 타입의 강자성 물질이다. 만약 내, 외부의 자기력선이 일렬로 정렬되었다면 어떠한 힘이나 토크도 컴퍼스의 자침에 영향을 미치지 않을 것이다. 컴퍼스 자침은 내부 자화 방향이 지구의 자기력선과 정렬되지 않을 때, 토크(자계 토크라 불린다)를 경험하게 된다. 이 토크는 내부 자계가 외부 자기력선과 일렬로 될 때까지 자침을 회전하게 한다. 이 상호 작용의 원리는 마이크로 크기의 센서와 구동기로 응용을 넓힐 수 있다. 실제로 영구 자석을 수동적으로 부착하여 사용한 마이크로 자기 구동기[3]와 집적화된

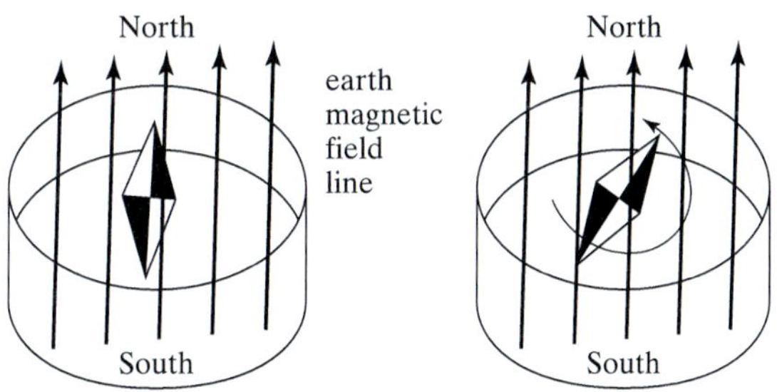

그림 8.4
자기 컴퍼스의 정자기(magnetostatic) 구동.

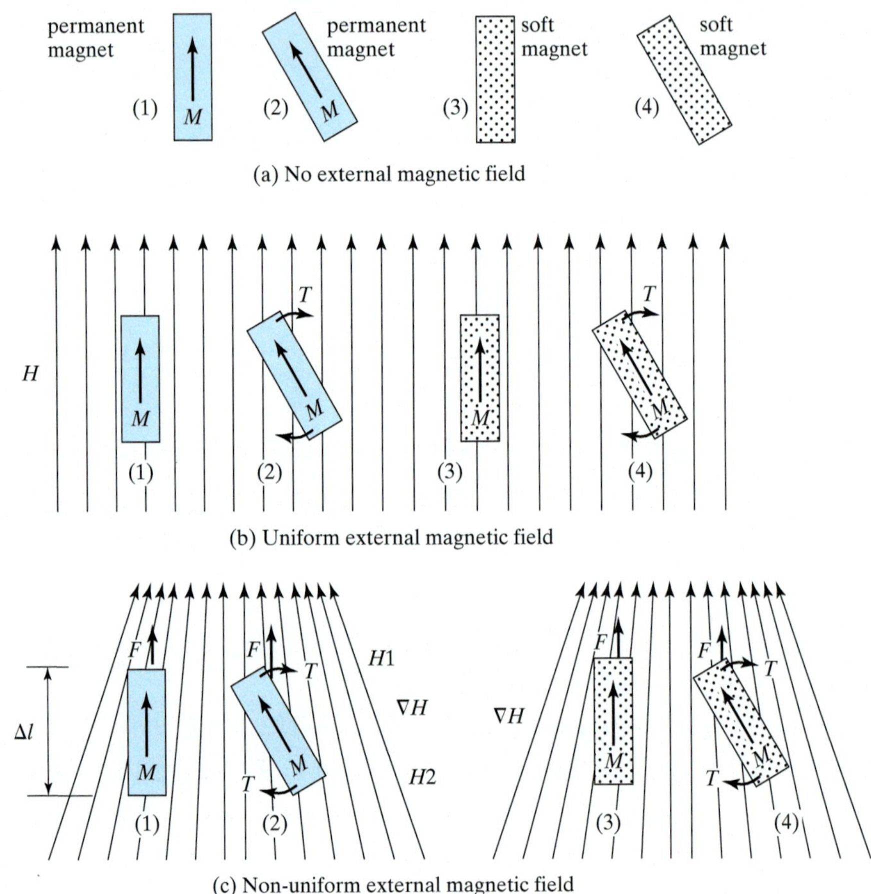

그림 8.5
자기장 안에서의 자화 상태와 힘 상태. 실질 자기력(F)과 모멘트(T)는 각 바이어싱 상태에서 각 자석 조각에 대해 가리킨다.

영구 자석을 사용한 마이크로 자기 구동기[4]가 이미 개발되었다.

자계가 발생된 방법에는 상관없이, 외부 자계는 크게 두 종류로 나눌 수 있다: 공간적으로 **균일 자계**(uniform magnetic field)와 기울기를 가지는 **불균일 자계**(non-uniform magnetic field). 자석의 종류(경자성/연자성)와 자계의 초기 방향성(자기력선에 정렬 또는 비정렬)에 따라, 실질 힘과 토크가 발생한다.

자계의 이와 같은 두 가지 형태에서 경자성체와 연자성체의 상호 작용이 그림 8.5에 나타나 있다. 두 개의 경자성(영구 자석) 자성체(1, 2)와 연자성 자성체(3, 4)가 예로서 사용되었다. 그들의 초기 방향성은 다르다. 자석 1과 3은 내부 자화가 외부 자기력선과 평행하게 정렬되어 있다. 자석 2와 4는 의도적으로 정렬되지 않았다.

그림 (a)로 묘사된 상황에서 외부 자계는 존재하지 않는다. 영구 자석은 극성을 갖고, 반면에 연자성 자성체 물질은 극성을 갖지 않는다. 어떠한 자석도 자계 구동력(H)의 부족으로 실질적인 힘이나 모멘트를 경험하지 못한다.

그림 (b)의 상황에서는 공간적으로 균일한 자계가 공급되어 있다. 자계가 연자성 자성체 물질(3, 4)을 분극화하여 그들은 자화가 되었다. 경자성 자성체 물질(1, 2)는 이미 자화가 되었다. 비록 실제에서 약간의 변화가 있을지라도, 경자성 자성체 물질의 내부 자화의 강도는 외부 자계에 의해 변하지 않는다고 가정한다.

내부 자화가 외부 자장과 평행할 때 총 힘과 모멘트는 발생하지 않는다(1, 3). 하지만 만약 내부 자화가 외부 자장과 각을 이루고 있다면, 자기 물질은 토크를 받게 된다(2, 4). 하지만 총 힘은 받지 않는다.

자석 2와 4의 내부 자계가 외부 자계와 평행하게 놓인 것이 아니라, 오히려 그들의 길이 방향의 축을 따라 배열되어 있음을 유념하라. **형태 이등방성**(shape anisotropy)은 자화와 잔여 자화의 방향을 결정하는 데 중요한 역할을 한다. 예를 들어 강자성체 물질이 긴 형상비의 막대 모양으로 되어 있다면, 막대의 축 방향에 대한 유도 자계의 방향에 상관없이 내부 자화는 보통 막대의 세로 방향이 중점일 것이다.(유사하게 매우 얇은 평판 형태의 강자성체 물질은 심지어 유도 자계가 평판 표면의 직교 방향과 나란히 정렬되어 있더라도 평판 표면의 직교 방향보다 평면 방향에 강한 자화 현상이 일어난다.) 이 현상은 자구 영역과 정렬되기 위해 요구되는 에너지와 관련이 있다. 간단히 말하면, 이들 자성체의 축 방향이나 평면 방향에 따라 자화하기 위해서는 에너지가 더 적게 필요하다.

그림 (c)의 상황에서 일정하지 않은 자계가 존재한다. 다시 두 개의 연자성 자성체 (3, 4) 물질이 자화되었다. 만약 내부 자화가 외부 자기력선과 평행하다면, 실질적인 힘이 자성체(1, 3) 위에 실현될 것이다. 반대로 내부 자화가 외부 자기력선과 어떤 각을 이루며 놓였다면, 그 자성체는 실질적인 힘과 토크(2, 4)를 경험하게 된다.

이 세 가지 상황(그림 a, b, 그리고 c)하에서 각 자성체의 힘과 토크에 대한 요약이 표 8.1에 나와 있다.

다음으로 임의의 외부 자계 안에 있는 자성체의 실질적인 힘과 토크를 분석하기 위

표 8.1 자기력과 토크의 존재.

	Case a				Case b				Case c			
Pieces	**1**	**2**	**3**	**4**	**1**	**2**	**3**	**4**	**1**	**2**	**3**	**4**
Net force	0	0	0	0	0	0	0	0	F	F	F	F
Net torque	0	0	0	0	0	T	0	T	0	T	0	T

하여 체계적으로 접근해 보자.

실제 목적을 위해, 내부 자화 M으로 자화된 자성체 물질은 충전된 자기 쌍극으로서 간주될 수 있다. 간단히 말해서, 자화된 자성체는 서로 반대의 극성을 가진 두 개의 단극자를 포함한다고 가정해 보자. 각 단극자에 작용하는 힘은 다음과 같은 식으로 표현될 수 있다.

$$F = M(wt)H \tag{8.7}$$

여기서 w와 t는 각각 횡단면의 폭과 두께이고 H는 바이어스된 자계의 세기이다. 그 힘은 내부 자화의 크기, 외부 구동 자계뿐만 아니라 자성체의 횡단면 넓이에 비례한다.

자화된 물질의 실질적인 힘은 두 단극자의 힘들의 벡터 합이다.

그림 (b)에서 외부 자계는 균일하고 자기력선은 직선이다. H의 크기는 어디에서나 동일하기 때문에 어떤 자성체도 실질적인 힘을 경험하지 못한다.

공간적으로 균일하지 않은 자계의 경우(그림 c), 두 극의 힘은 H의 크기가 다르기 때문에 동일하지 않다. 그러므로 실질적인 힘이 발생한다(즉 그림 c의 모든 부분에 대해서). 실질적인 힘은 다음과 같다.

$$F = M(wt)\Delta H \tag{8.8}$$

여기서 ΔH는 두 단극자에서 구동 자계의 차이이다. ΔH의 크기는 자기력선 방향의 두 극들의 거리와 같다. 그리고 자계의 기울기($\partial H/\partial l$)는 다음과 같다.

$$\Delta H = \Delta l \frac{\partial H}{\partial l} \tag{8.9}$$

회전 토크(T)는 만약 내부 자화와 외부 자기력선이 정렬되어 있지 않다면, 외부 자계와 자화된 자성체 사이에서 발생한다. 사실 자성체의 두 단극자에서 발생된 힘이 같은 선을 따라 정지해 있지 않다면, 토크는 발생될 것이다. 예를 들어 그림 (b)의 경우에 자석 2와 4는 실질적인 힘이 0일지라도 토크를 경험한다. 토크의 크기는 힘의 크기와 힘의 두 라인 사이의 거리와의 곱과 같다. 만약 자화된 물질이 자유롭게 회전을 한다면, 각 변위를 초래한다. 큰 각변위 각(180°)은 2.25 μm 두께의 휨이 가능한 다결정 실리콘 보에 연자성체 물질을 붙임으로써 달성되었다[5].

앞장에서 정전기적, 열적, 그리고 압전 구동에 대해서 살펴보았다. 자기적 구동을 이용하는 이유가 무엇인가?

자기적 구동의 장점 중 하나는 정전기적, 열적, 압전 구동에서 반드시 사용해야 할 전기선을 제거할 수 있는 가능성이다. 이것은 패키징과 사용의 복잡성을 극단적으로 줄일 수 있다. 자기적 MEMS 구동기는 실제로 제한이 없는 동작을 할 수 있게 해 준다. MEMS를 기초로 한 자기 물질로 만들어진 마이크로 날개가 그 예시를 보여 주었다. 그것은 날개에 어떠한 전기선도 붙이지 않고 날 수 있는 힘을 발생시켰는데(165 μg 날개를 들어올릴 수 있는), 이는 회전하는 자계(500 Hz)에 의해 전력이 제공되었다[6]. 미세유체 채널과 함께 집적된 마이크로 자기적 휘저음 막대기는 전압이나 전류를 제공하기 위한 전선이 없이 믹싱과 펌핑을 가능하게 할 수 있다[7].

둘째로 비교적 큰 자계가 인간이나 환경에 피해나 손상을 주지 않고도 자유 공간에 존재할 수 있다. 이와 대조적으로 자유 공간이나 유전체에서 큰 전계는 유전체 항복 또는 감전사 같은 문제를 일으킨다.

더구나 마이크로 크기의 부품에 상당한 양의 힘과 토크를 발생시키기에 충분한 크기의 외부 자계는 수동적인 영구 자석에 의해 제공될 수 있다. 그러한 자석은 비용이 극히 싸고 작동 기간 동안에 전력을 소비하지 않는다.

8.2 마이크로 자기적 소자의 제작

자기적 구동기는 독특한 재료와 독특한 구조를 포함한다(즉 솔레노이드). 마이크로 자기적 시스템의 대표적인 소자를 위한 재료 준비와 제작 기술에 대해 알아보자.

8.2.1 자기 재료의 증착

비록 센서와 구동기를 실현하기 위하여 마이크로 기계 구조에 작은 자기 재료를 부착시킬 수 있을지라도[3], 이 공정은 일반적으로 매우 비효율적이다. 자기 재료의 모놀리식 집적이 더 정확하고 폭넓게 실용화되었다.

마이크로디바이스 응용을 위한 강자성체 물질의 증착에 대한 가장 기본적인 기술은 **전기 도금**(electroplating)이다. 원하는 자기 물질의 성분이 되는 이온들로 구성된 화학적 용액은 웨이퍼 전해조로 사용된다. 금속 증착을 위한 부분(웨이퍼)은 전기 도금 공정 동안 전해조 안에 놓인 반대 전극에 대하여 음극으로 바이어스된다.

자기력은 식 (8.7)에서 본 것처럼 자기 요소의 단면적과 관련된다. 일반적으로 큰 힘과 큰 토크를 발생시키기 위해서는 큰 두께의 강자성체를 필요로 한다. 5 μm 이상의 두께를 얻기 위해서는 전기 도금 공정이 다른 박막 증착 공정들(스퍼터링과 같은)보다 비교적 유리하다. 전기 도금 속도는 공급해 주는 전류 밀도를 조절함으로써 가능하다. 전류 밀도가 커질수록, 전기 도금 속도는 더 빨라진다. 물론 높은 전류 밀도에서는 열 발생과 표면 거칠기의 증가 등 부정적인 요인이 발생하여 실제로는 전류 밀도의 증가에 제한이 있다.

많은 경우에 웨이퍼는 전도성이 좋지 못하다. 이러한 상황에서 웨이퍼의 표면에는 음극 바이어싱을 제공하기 위하여 얇은 금속층을 입히게 된다. 이 얇은 막을 **시드층**(seedlayer)이라고 부른다. 보통의 경우 대체적으로 시드층 금속으로는 구리, 알루미늄, 금 등이 사용된다. 시드층 금속과 기판 사이에 접착력을 증가시키기 위하여 보통 얇은 두께의 크롬이나 티타늄 금속층이 자주 사용된다.

전형적인 시드층을 이용한 전기 도금 과정의 흐름은 그림 8.6에 나와 있다. 먼저 기판에 금속 시드층 형성을 위하여 금속이 증착된다. 강자성 물질 박막의 패턴화를 위해, 몰드 전기 도금 방법이 사용된다(그림 8.6a). 패턴화된 포토레지스트와 같은 박막 형태의 절연층으로 만들어진 몰드가 증착되고 패턴화된다(그림 8.6b). 웨이퍼를 전기 도금 용액에 담근다(그림 8.6c). 시드 금속층은 전기 도금 전해조에 노출되고, 이 노출된 부분을 따라 금속이 전기 도금되며 몰드를 따라 성장하게 된다(그림 8.6e). 그런 다음, 전기 도금을 위한 몰드는 선택적으로 제거된다. 전기 도금 공정은 도금 시간에 따라, 몰드의 높이보다 약간 낮거나(그림 8.6d) 약간 더 높은 두께를(그림 8.6e) 얻을 수 있게 된다. 도

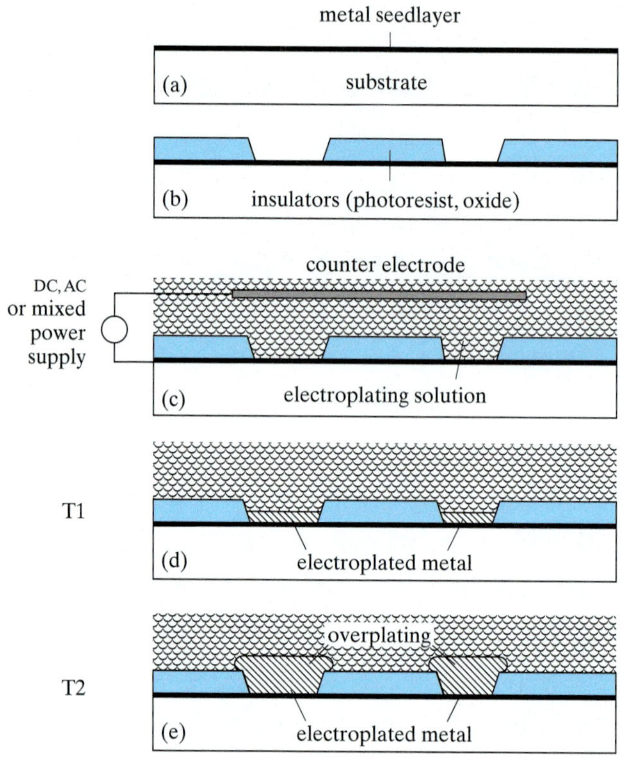

그림 8.6
자성 재료의 전기 도금 공정.

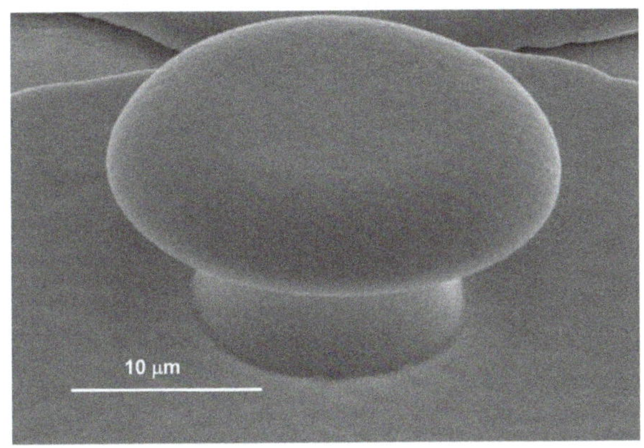

그림 8.7
전기 도금 몰드가 제거된 후 나타난 버섯 모양의 전기 도금된 금속.

금된 금속의 두께가 몰드의 높이를 넘을 때, 측면으로 성장하게 되는 경향이 있다. 이 성질은 그림 8.7과 같이 버섯 같은 독특한 모양의 금속 구조를 만들 때 사용될 수 있다.

많은 자성 재료들과 공정은 자기 저장 산업을 위해 개발되어 왔다. 전기 도금에 의해 증착할 수 있는 재료의 유형은 폭넓게 자리하고 있다. 퍼멀로이(Permalloy)라고 불리는 니켈-철 합금은 높은 투자율(500~1000), 연자성 성질(보자력 1~5 Oe), 높은 자기 저항률과 낮은 자기변형(자계가 가해졌을 때 물질의 치수를 변화시키는 성질)을 갖기 때문에 폭넓게 사용된다[8]. 다른 재료(연자성 재료[9, 10], 영구 자석, 폴리머 기반의 자성 재료)와 성질(보다 큰 투자율, 보자력)은 특정 응용을 위해 필요하다. NiFe와 CoNiMnP를 포함한 두 가지 대표적인 재료를 위한 전기 도금 전해조의 구성과 적절한 공정 매개변수들은 표 8.2에 요약되어 있다.

전기 도금뿐 아니라 두꺼운 자성 재료를 구현하기 위한 다른 제조 공정들도 이용할 수 있다. 그와 같은 공정 중 하나가 상업적으로 이용할 수 있는 페라이트 자기 물질이 다른 농도로 혼합된 폴리머 공정이다[15]. 비자성 매질에 매달린 자성 물질 입자로 구성된 자성 폴리머 합성물은 벌크 스케일에서 미세 가공 응용까지 임의의 특성을 가진 자성 물질을 융합할 수 있는 능력을 제공한다. 패턴화된 폴리머 자기 필름은 스크린 인쇄 기법 또는 고분자 복합 재료가 감광성이라면, 사진 석판술에 의한 스핀 코팅 기법을 사용하여 만들어 질 수 있다.

8.2.2 자기 코일의 설계와 제조

요즘 온칩(on-chip) 집적된 솔레노이드에 커다란 관심이 집중되고 있다. 그들은 전자기

표 8.2 대표적인 자성 재료를 위한 전기 도금 전해조 구성.

Magnetic material	Electroplating solution composition	Amount (gram/liter)
$Ni_{80}Fe_{20}$, Permalloy (other alternative recipes have also been suggested for achieving different processes and functional characteristics [9, 11, 12])	$NiCl_2 \cdot 6H_2O$, Nickel (II) chloride hexahydrate	39.0
	$NiSO_4 \cdot 6H_2O$, nickel sulfate	16.3
	H_3BO_4, boric-acid powder (e.g., Fisher A74-500)	25.0
	Sodium saccharin, for stress adjustment	1.5
	NaCl, sodium chloride	25.0
	$FeSO_4 \cdot 7H_2O$, ferrous sulfate crystal	1.4
	Note: The solution should have a pH value between 2.7 and 2.8. To lower pH, drop in a small amount of diluted HCl. Ideal current density: 8–12 mA/cm^2.	
CoNiMnP permanent magnet [13, 14]	$CoCl \cdot 6H_2O$	24
	$NaCl \cdot 6H_2O$	24
	$MnSO_4 \cdot H_2O$	3.4
	NaCl	23.4
	$B(OH)_3$	24
	$NaH_2PO_2 \cdot xH_2O$	4.4
	Sodium lauryl sulfate	0.2
	Schchain	1.0
	Note: Cobalt anodes were used to avoid hypophosphite oxidation. Current density is 10–20 mA/cm^2.	

적 근원, 코일 구동기, 인덕터, 원격 측정 코일, 집적 회로를 위한 트랜스포머로 사용될 수 있다. 전통적인 가공에 의한 솔레노이드는 강자성 코어 주위로 감겨진 도선을 수반한다(그림 8.8). 하지만 미세 가공 공정으로 만들어진 소자들에서는, 이와 같이 코어 주위로 도선을 감는 방법은 매우 작은 크기와 자동화된 기계의 부족 때문에 실용화되기가 매우 힘들다. 대신에 전자석의 널리 알려진 제조 형태는 공기를 코어로 사용한 단층의

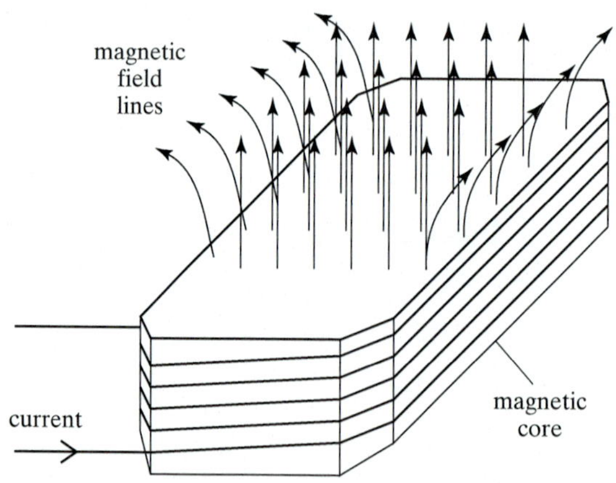

그림 8.8
솔레노이드 자석의 자기력선 분포.

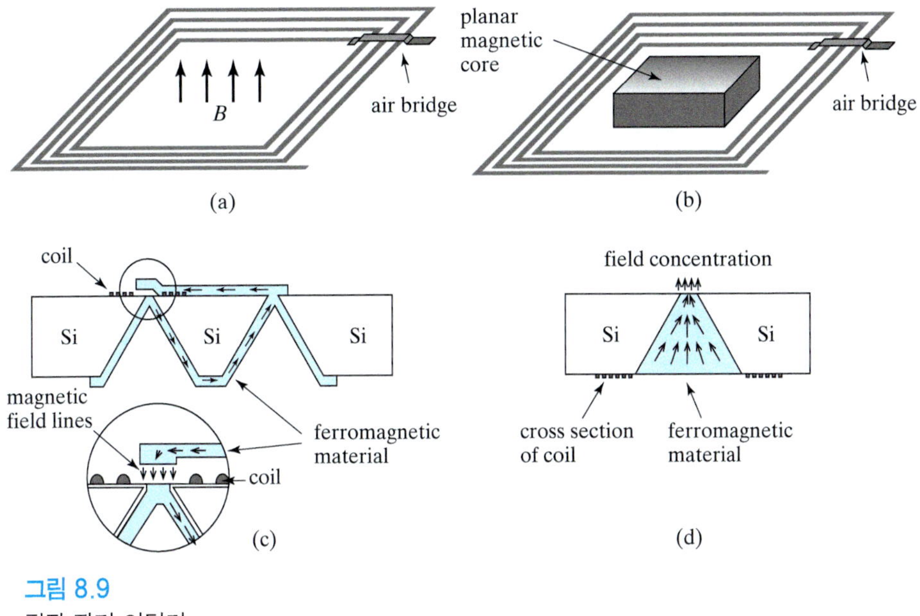

그림 8.9
평판 자기 인덕터.

평면 코일이다(그림 8.9a). 그러한 코일은 자기 코어가 없고 코일의 중심에서 도선이 측면으로 멀리 떨어지면서 퍼지기 때문에 강력한 자속 밀도를 만들어 낼 수 없다.

좀더 효과적인 전자석 코일은 집적된 코어를 만들고 그 주위에 코일로 둘러싼 형태이다. 그러한 코일은 자기 코어의 방향에 따라 자기력선이 기판에 수직인 것과 평행한 것 두 종류로 분류할 수 있다. 공정 방식과 재료에 대한 내용은 참고문헌[10, 16]에서 찾아볼 수 있다.

강자성 코이를 집적화한 미세 솔레노이드의 많은 구현 기술들이 그림 8.9에 표현되어 있다. 평면 코일에 고투자율 자성 재료를 전기 도금한 간단한 설계는 단일층 자기 코일의 성능을 향상시킨다(그림 8.9b). 하지만 자기장의 강한 분산이 지속되기 때문에 성능 향상은 그리 크지 않다. 자기력선이 포함되고 또한 집중되기 위해, 혁신적인 구조와 제조 공정이 필요하다. 예를 들어 비등방성 식각을 사용하여 만들어진 경사진 표면을 이용하여 웨이퍼를 관통하는 자기 코어가 만들어질 수 있다(그림 8.9c). 말굽 자석과 비슷한 전자석이 웨이퍼의 양면에 자기 코어 재료를 형성함으로써 만들어질 수 있다[17]. 이는 200 mN의 구동력이 80 mA의 구동 전류와 320 mW의 전력을 발생시키는 것을 보여 준다. 자속 밀도는 코어의 단면적을 줄임으로써 향상시킬 수 있다(그림 8.9d).

그림 8.9의 모든 솔레노이드는 단일층의 도선을 포함하고 있다. 여러 권선수를 갖는 코일은 쌓음(stacking)으로써 만들 수 있다(그림 8.10). 그 공정은 금속 코일층을 증

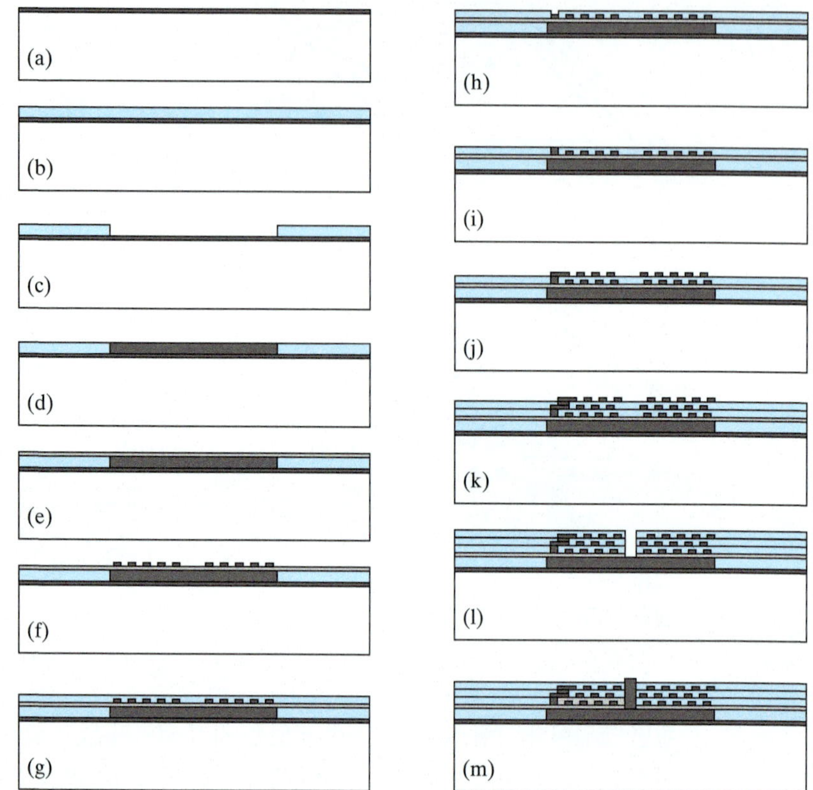

그림 8.10
다층 평면 코일에 대한 공정 흐름.

착하는 것과 유전 물질을 쌓는 것, 유전 물질을 평탄화하는 것, 그리고 그러한 순서를 반복하는 것을 포함한다. 이론적으로 이러한 공정은 무한하게 반복될 수 있다. 실제로는 유한한 공정 시간과 품질의 잠재적 하락, 그리고 층(layer)의 증가 수에 따른 표면 거칠기에 따라 쌓는 층수는 제한된다.

3차원 코일이 비평면 표면을 포함하여 다양한 기판 표면에서 제조되었다. 이는 실린더 위 미세 접촉 프린팅 방식에서[18], 3차원 조립 방식[19], 레이저 리소그래피[20], 유체 자기 조립[21], 그리고 심지어 본딩 와이어에 의해서 형성된 전도성 루프 형성 방식등 다양한 제조 기술로 제조되었다.

내부 자화 자기 코일도 또한 잘 만들어질 수 있다. 전통적인 여러 권선수의 코일을 위한 공정 흐름이 그림 8.11에 나와 있다. 기본 공정은 3가지의 주요 단계로 이루어져 있다: 바닥 전도층의 증착과 패턴 형성(그림 8.11a), 자기 코어뿐 아니라 코일 기둥의 전

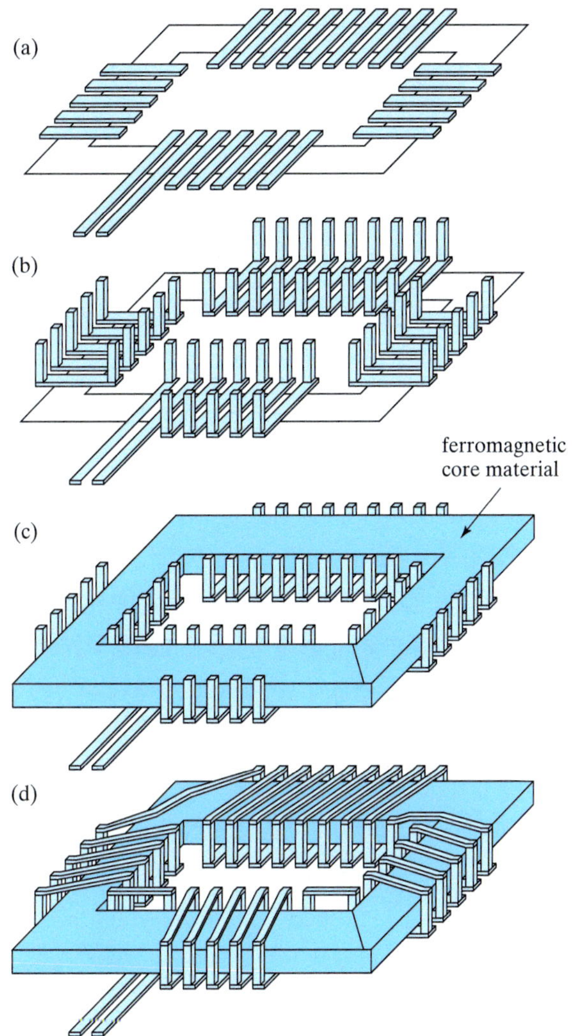

그림 8.11
3차원 마이크로코일의 제조 공정.

기 도금(그림 8.11b, c), 그리고 상위 전도층의 증착과 패턴 형성(그림 8.11d).

8.3 MEMS 자기 구동기의 사례 연구

마이크로 자기 구동기는 자기 근원과 마이크로 구조의 유형에 따라 분류될 수 있다.

자기장의 근원은 영구 자석, 집적된 전자기 코일(유코어 또는 무코어), 또는 외부 솔

표 8.3 자기 구동기의 종류와 그에 상응하는 사례들.

	Source of field			
On-chip microstructure	Stationary permanent magnet source	External solenoid source	Integrated electromagnetic coil source	Hybrid source
Permanent magnet		Case 8.5		
Soft ferromagnetic material		Case 8.2	Case 8.1	Case 8.6
Integrated coil	Case 8.3 and Case 8.4			

레노이드가 될 수 있다. 근원의 여러 유형이 혼합된 방식으로 사용될 수도 있다.

칩 위에 위치한 동력을 발생시키는 마이크로 구조는 다음 유형들중에서 한 가지가 될 수 있다: 영구 자석(경자성 강자성체), 연자성 강자성체, 또는 집적된 전자기 코일(유코어 또는 무코어).

전반적으로 12가지의 조합이 가능하다. 이 절에서는 모든 가능한 종류의 사례에 대한 자세한 관찰은 하지 않을 것이다. 오히려 6개의 대표적인 사례들의 전형적인 문제점과 해결책 등을 검토하게 될 것이다. 앞에서 언급한 분류 방법에 의한 관련 사례들이 표 8.3에 요약되어 있다.

자기 구동기는 다른 동작 모드(정전 구동, 열적 구동, 압전 구동)와 결합되거나 또는 위치 제어를 위하여 센서들과 집적화될 수 있다[22].

사례 8.1 자기 모터

첫 번째 예는 집적된 고정자와 코일이 있는 평면 가변 자기 저항 자기 마이크로모터이다[23](그림 8.12). 고정자는 집적된 전자석으로 만들어져 있다. 반면에 회전자는 연자성체 재료로 만들어진다. 모터는 두 개의 돌출된 극세트를 가지는데, 자극 주위에 둘러싸인 여기 코일을 가지는 고정자에 한 세트 그리고 회전자 위에 또 다른 한 세트를 가진다.

위상 코일이 여기될 때, 여기된 고정자의 자극에 가장 가까이에 위치한 회전자의 극은 고정자의 극을 끌어당긴다(그림 8.12a, b). 회전자의 회전으로 인하여 회전자의 극은 고정자의 극과 정렬된다. 여기된 위상 코일이 정지하게 되고, 다음 위상이 계속적인 동작을 위해 여기된다. 이 디자인에서 모든 위상의 감겨진 극은 가까이에 있는 극 경로가 최대한 짧은 길이가 될 수 있도록 하기 위해 반대 되는 극성과 쌍으로 정렬

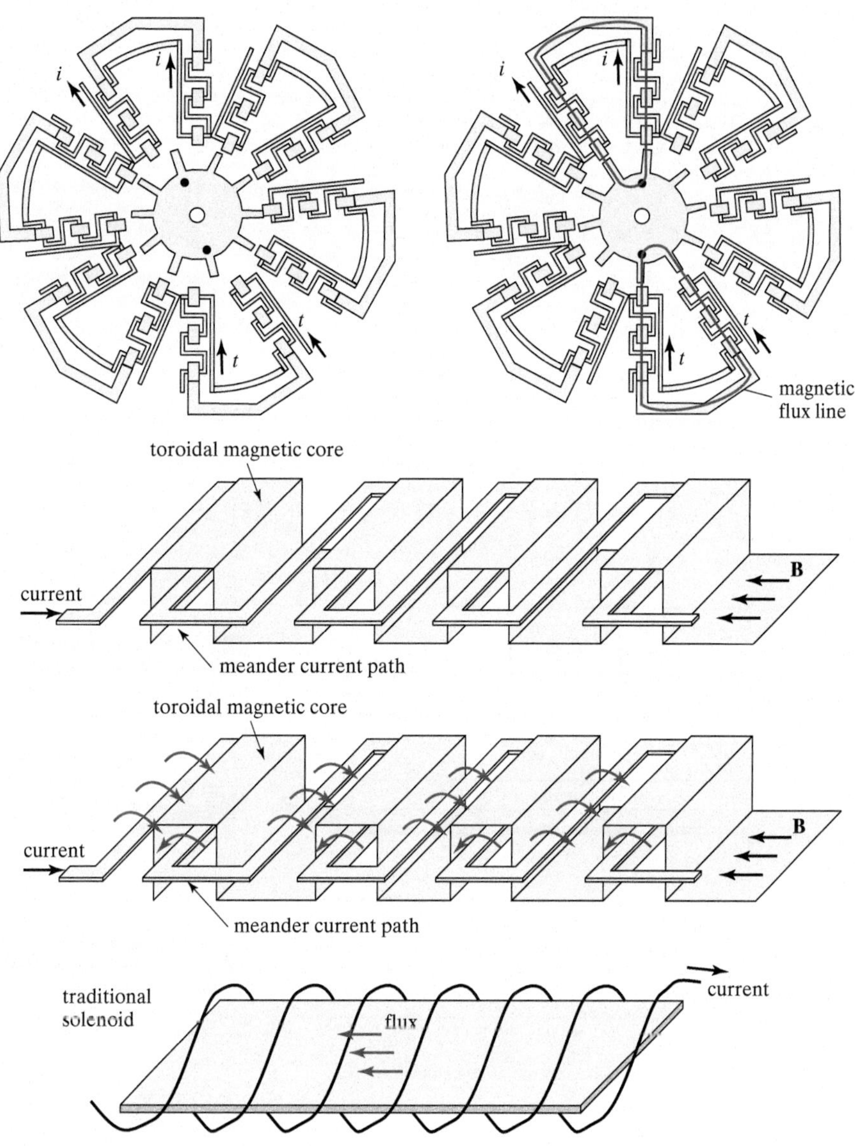

그림 8.12
가변 자기 저항 자기 마이크로모터.

된다. 고정자 코일은 한 개 또는 그 이상의 세트로 정렬되고 위상은 계속적인 회전자의 회전을 유도하기 위하여 순서적으로 여기된다.

로터는 두께가 40 μm 이고 지름이 500 μm 이다. 고정자를 포함한 칩 위에 미세 조립되거나 전기 도금에 의해 집적된 방식으로 제조된다. 500 mA 의 전류가 각 고정자에 공급될 때, 12°의 회전(한 번의 움직임)이 발생한다. 고정자에 3상의 200 mA 전류 펄스가 공급될 때, 회전자의 회전은 전원 공급 장치에 의한 주기와 위상 발화 순서에 의해 속도 및 방향이 조절된다. 500 rpm의 속도까지 연속적인 회전자의 운동을 볼 수 있었다. 500 mA 동작 전류에서 모터의 예상 토크는 3.3 nN-m로 계산된다.

자기 선속 발생을 위한 모터에서 집적화된 환상 굽이형 인덕터가 사용된다[12, 23].다층의 자기 코어는 평면 굽이 도체 주위를 '둘러싼다'(그림 8.12c). 이러한 구성은 보편적인 인덕터의 자기 코어와 도선의 역할을 상호 교환한 결과로서 간주될 수 있다(그림 8.12d). 제조 공정은 산화된 실리콘 웨이퍼에서 시작된다(그림 8.13). 200 nm 두께의 티타늄 박막이전기 도금을 위한 시드층으로 증착된다(단계 b). 폴리이미드 (Dupont PI-2611)는 자기 코어의 바닥층을 위한 전기 도금 몰드를 형성하기 위하여 웨이퍼 위에 스핀 코팅된다. 네 번의 코팅과 경화 과정을 통하여 12 μm 두께의 두꺼운 폴리이미드층을 얻게 된다(단계 c). 이 폴리이미드 위에 알루미늄 금속 박막이 증

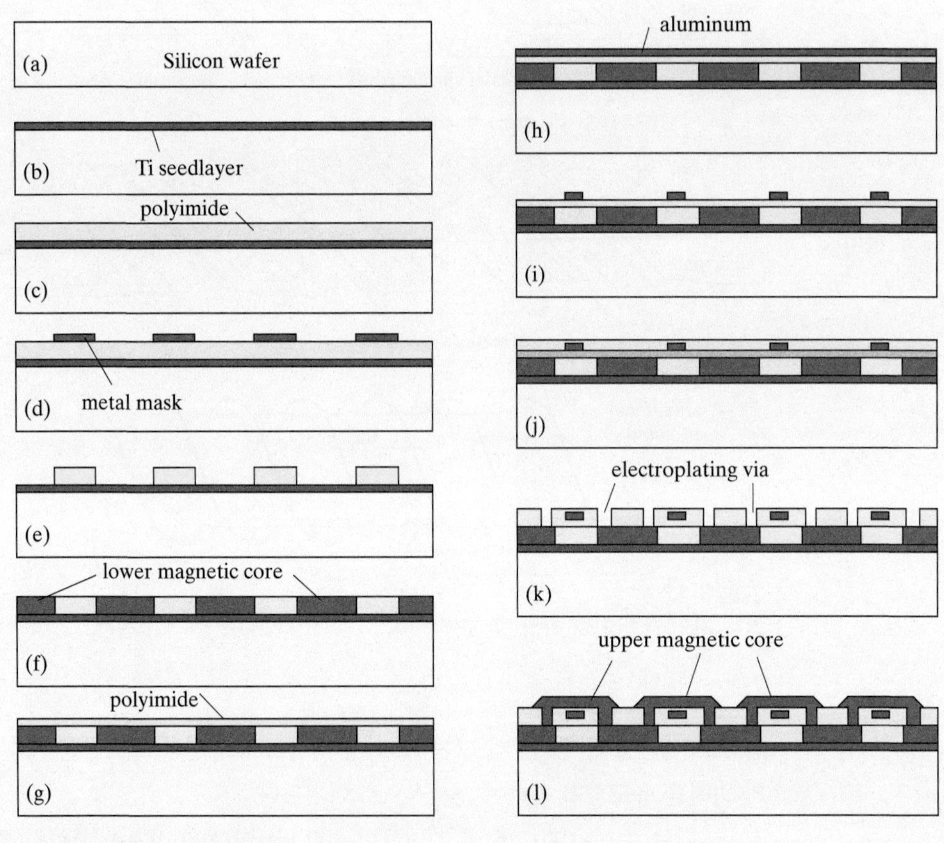

그림 8.13
환상 굽이형 자기 코일의 제조 공정.

착되고 감광막이 코팅된 후 사진 평판 기술로 패턴화된다. 감광막은 알루미늄 식각을 위한 마스크(습식 식각 용액에서)로서 쓰이고, 식각된 알루미늄 박막은 폴리이미드를 식각하기 위한 마스크(산소 플라즈마에서)로 쓰인다(단계 d). 전기 도금된 니켈-철 퍼멀로이는 폴리이미드의 열린 공간을 채우며 성장시키게 된다(단계 f). 상세한 공정 매개변수는 참고문헌 [12]에 설명되어 있다.

다른 폴리이미드층은 바닥 자기 코어를 절연시키기 위해 스핀 코팅된다(단계 g). 7 μm 두께의 금속층(알루미늄 또는 구리)은 폴리이미드 절연층 위로 증착되고 패턴화된다(단계 i). 또 다른 폴리이미드가 웨이퍼를 평탄화하기 위해 그리고 굽이 도체를 절연하기 위하여 패턴화된 금속 위에 스핀 코팅된다(단계 j). 폴리이미드는 이전에 했던 것과 같은 절차를 사용하여 패턴화된다(단계 k). 비아홀은 바닥 자기 코어로 향하는 모든 길을 열어 두고, 전기 도금 공정은 위쪽의 자기 코어를 형성하기 위해 수행된다(단계 l).

사례 8.2 자기 보 구동

정전기적, 열적, 압전 구동기와 비교하여 자기 구동의 독특한 성능 특성들 중의 하나는 **토크**(torque)를 발생시킬 수 있으며 또한 큰 각변위를 얻을 수 있는 능력이다. 예를 들어 큰 각변위—90° 수준의 그리고 수 밀리미터의 수직 변위—는 10 kA/m의 자기장 아래서 얻을 수 있다[5].

한 구동기가 공기 역학적 제어를 위해 개발되었다[24]. 그 구동기는 한쪽 끝은 고정되고 다른 쪽 끝은 자유로운 두 개의 외팔보에 의해 한쪽 면이 지지되는 단단한 플랩으로 구성된다. 각 플랩은 다결정 실리콘(지지 구조로서)과 전기 도금된 강자성 재료(이 구동기의 경우는 퍼멀로이)로 만들어진다. 측단면이 그림 8.14a에 나와 있다. 외부 자장이 존재할 때, 내부 자화는 강자성체 부분 안에 형성된다. 이 상황은 그림 8.5(c)의 조각 4에 의해 경험한 것과 비슷하다. 단일 플랩의 실험적 특성은 65°까지의 각변위를 얻을 수 있다는 것을 보여주기 위해 수행되었다.

내부 자화의 크기는 포화 자화와 같은데 준비된 재료에서는 거의 1.5 T이다. 내부 자화 벡터의 방향은 비등방성 형상을 따라 플랩의 판 안에 놓인다(그림 8.14b).

균일하지 않은 자계에서 토크와 힘이 마이크로플랩 위에 형성된다.(힘 요소는 분석에서 무시된다.) 자기 토크와 각변위는 복잡하게 관련되어 있다. 주어진 각변위 θ에서 자기 토크의 크기는 다음 식과 같이 근사화된다.

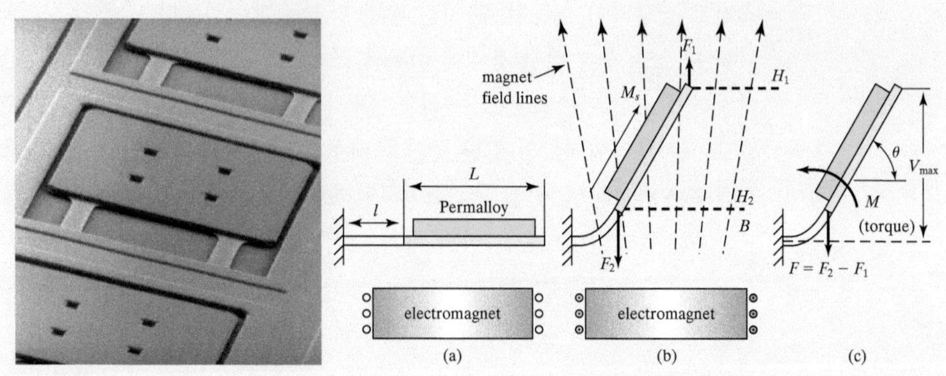

그림 8.14
플랩 자기 구동기.

$$M_{mag} = FL\cos(\theta) = M_s(WTH_1)\,L\cos(\theta) = M_s V_{magnet} H_1 \cos(\theta) \quad (8.10)$$

순수한 토크 아래에서 휨 굽힘 보의 공식(부록 B 참조)에 따라 각변위는 다음의 식에서처럼 자기 토크와 연관된다.

$$\theta_{\max} = \frac{M_{mag} l}{EI} \quad (8.11)$$

두 방정식을 풀이하면서 자기 토크와 각변위의 크기를 구할 수 있다. 지지하고 있는 보의 끝에서 최고 수직 변위(전체 평판의 끝이 아닌)는 다음과 같다.

$$y_{\max} = \frac{M_{mag} l^2}{2EI} \quad (8.12)$$

자기 구동기의 제작 공정은 그림 8.15에 나와 있다. 공정은 구조층(LPCVD 다결정 실리콘)과 희생층(LPCVD 산화층)과 연관된 높은 온도 때문에 실리콘 웨이퍼 위에서 수행된다. 첫 번째로 LPCVD 산화층이 증착되고 패턴화된 다음 다결정 실리콘이 증착되고 패턴화된다(단계a). 금속 시드층이 증착되고, 그 다음 전기 도금 몰드를 위해서 감광막이 스핀 코팅되고 패턴화된다(단계 b). 전기 도금은 감광막이 덮지 않고 있는 영역에서 이루어지는데 감광막의 두께에 의해 결정된 높이까지 이루어진다(단계 c). 그 다음 감광막이 제거된다(단계 d). 연속해서 희생층(산화층)이 HF 용액으로 제거된다(단계 e).

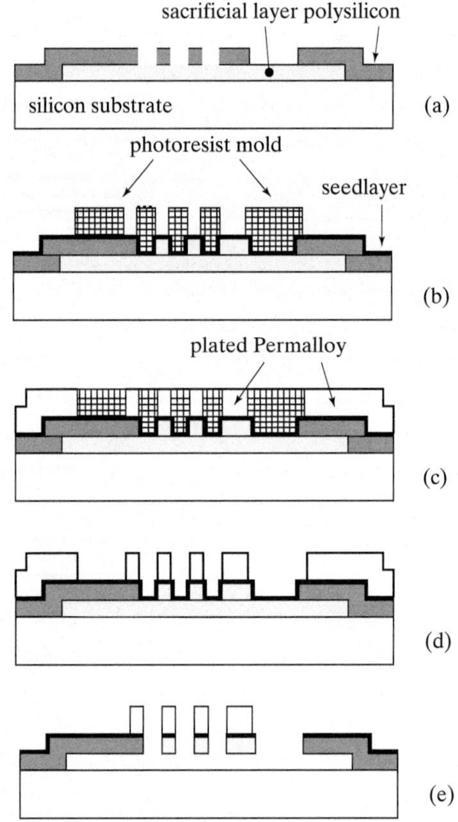

그림 8.15
제조 공정.

사례 8.3 로렌츠 힘 구동에 의한 판 비틀림

한 축 회전이 가능한 동적 코일을 가진 전자기적 광학 주사 거울에 대해 알아보자. 거울판은 폴리이미드 필름 사이에 알루미늄 리드 선을 가진 다층 폴리이미드 필름으로 구성된 비틀림 경첩 구조에 의해 지지된다(그림 8.16). 거울은 한쪽 면이 광학적 반사를 위해 평평하고 반대쪽 면에는 평면 코일이 있는 평면의 미세판으로 구성된다. 두 개의 영구 자석이 자기력선이 거울 면과 평행하고 비틀림 경첩에 직교하는 구조로 거울의 한쪽 면에 놓인다. 전류가 코일을 통과할 때, 로렌츠 힘이 발생되어 거울에 회전 토크를 발생시키게 된다. 토크의 방향은 입력 전류의 방향에 의해서 결정된다.

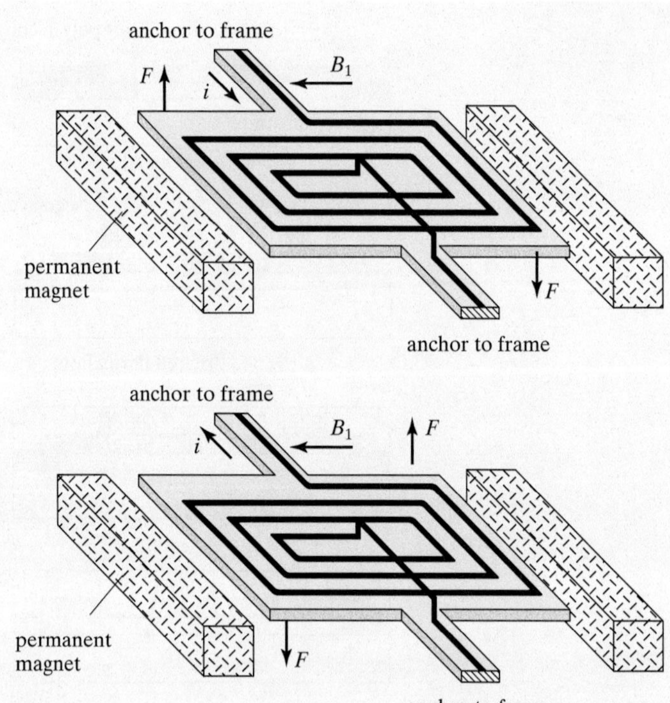

그림 8.16
미세 거울의 도식도.

구동기에 발생하는 토크의 크기는 다음과 같이 표현된다.

$$T = iB_1l_1l_2n \tag{8.13}$$

여기서 i는 전류이고 B_1은 영구 자석에 의해 만들어진 자기장, l_1은 자석의 끝과 평행한 코일의 평균 길이, l_2는 경첩과 수직인 방향의 도선 사이의 평균 거리, 그리고 n은 코일의 감은 수이다.

거울 경첩은 2500 g까지의 충격 내구력을 증가시키기 위해 폴리이미드 물질로 만들어진다[25]. 경첩의 크기는 주파수 응답 범위로 결정된다. 빠른 주사 거울과 느린 주사 거울은 다른 기하학적 규정을 이용하여 만들어진다. 20 mA의 전류로 구동되는 주사 거울은 1.7 kHz의 공진 주파수에서 1° 또는 72 Hz의 공진 주파수에서 60°의 각도로 회전한다. 최소 13,000시간의 수명을 갖고 있는 것으로 판명되었다.

비슷한 원리를 사용한 거울 배열(그러나 보다 더 정교한 구성)은 참고문헌 [26]에 기록되어 있다.

사례 8.4 온칩 인덕터를 사용한 다축 평판 비틀림

두 축을 따라 회전할 수 있는 또 다른 미세 거울을 알아보자. 거울은 그림 8.17a에 나와 있는 것처럼 두 축에 회전 자유도를 제공하는 회전 짐벌 안에 매달려 있다. 4개의 전기 도금된 평면 전자기 코일이 하나의 거울이 각 사분면을 차지하는 거울의 뒷면에 위치해 있다. 각 코일을 통해 흐르는 전류는 자기 쌍극자를 발생시킨다. 희토류 재료

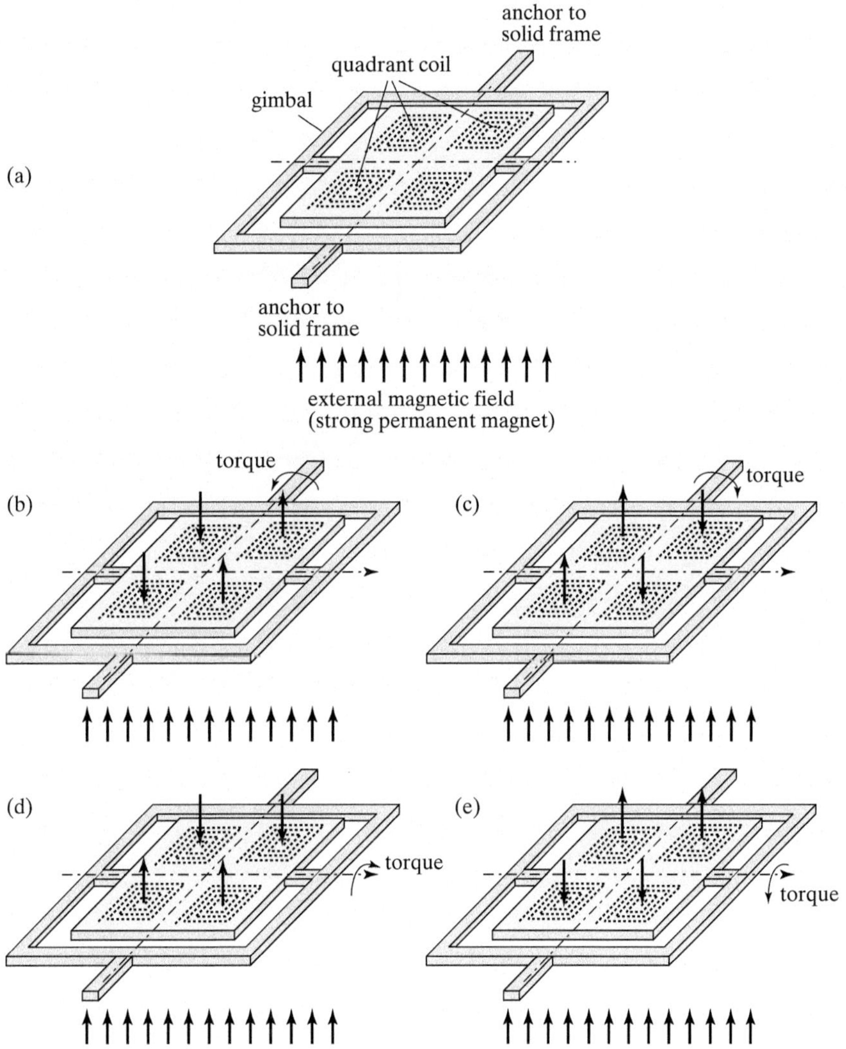

(a)
anchor to solid frame
quadrant coil
gimbal
anchor to solid frame
external magnetic field (strong permanent magnet)

(b) torque

(c) torque

(d) torque

(e) torque

그림 8.17
두 축으로 회전할 수 있는 광학 미세 거울.

를 기반으로 한 강한 영구 자석은 거울판 아래에 위치해 있다. 외부 자장과 함께 쌍극자의 극성을 기초로 끌어당기는 힘과 밀어내는 힘이 야기된 자기 쌍극자와 영구 자석과의 상호 작용하에 각 코일에서 작용한다.

인접한 두 코일(최소한 한쪽에 의해서 연결된)이 같은 방향으로 바이어스된다면, 회전 토크가 발생하게 된다. 토크를 발생시키기 위한 4가지 서로 다른 가능성이 있다(그림 8.17b~e). 이들 코일의 선택적인 동작은 매우 선택적인 방법으로 두 축을 따라 결합된 각변위를 발생시킨다. 이 동작은 고정된 영구 자석에 의해 제공된 전자장의 강한 공급하에 전기적으로 제어된다. 영구 자석은 바이어싱을 위한 전력 소비를 제거하고, 비교적 큰 거리와 큰 변위 각으로 동작할 수 있게 한다. 큰 자기장 H는 각 평면 코일에 의해 만들어진 전자장은 상대적으로 약하다는 사실을 보상한다.

사례 8.5 양방향 자기 보 구동기

양방향 보 형태의 자기 구동기에 대해 알아보자(그림 8.18)[4]. 실리콘 보의 끝에서 영구 자석 배열은 자기 배열의 수직자기 이방성을 이용하여 수직 자기 구동기를 만들기 위하여 전기 도금된다. 영구 자석 디자인(큰 평면에 반대로 여러 개의 수직 기둥)에 있어서 배열 형태의 채택은 전기 도금된 CoNiMnP 필름과 보의 평면에 수직인 내부 자화 사이에 잔류 응력을 억제하기 위해서이다.

상업적인 인덕터는 양방향 구동기를 동작하기 위해 전자석으로 사용한다. 보에 작용하는 자기력은 다음 식과 같이 표현된다.

$$F = V \cdot M_s \cdot \frac{\partial H}{\partial z} \tag{8.14}$$

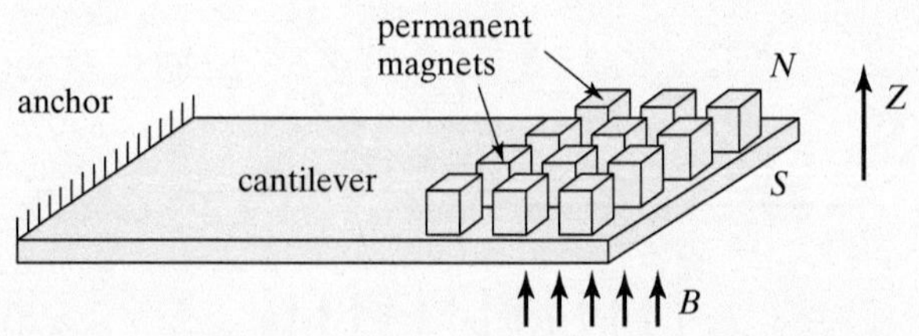

그림 8.18
양방향 자기 구동기.

여기서 V는 자기 물질의 체적이고 M_s는 자석의 자화율이다. 큰 힘을 발생시키기 위해 기울기를 증가시킬 수 있도록 공간적으로 흩어져 있는 자기장을 사용하는 것이 유리하다.

전기 도금 필름에 작용하는 힘은 100 mA의 입력 전류에서 50 μN이다. 그 결과 88 μm의 변위가 생긴다. 외팔보는 길이가 6 mm, 너비가 1 mm, 두께가 13 μm이다. 최대 변위는 142 mW의 전력소비에서 80 μm이다.

영구 자석은 전기 도금된다. 전기 도금 공정 동안, 공급되는 자기장은 표면에서 측정되어 3900 Gauss의 자속 밀도를 가진 영구 자석에 의해 제공된다. 바이어스는 30~40 kA/m에서 87.6 kA/m까지 자기 보자력을 향상시킨다. 잔류 자화는 50~80 mT에서 170~190 mT까지 향상된다.

사례 8.6 위치 고정용 하이브리드 자기 구동기

하이브리드 자기 근원을 가지는 자기 구동기는 유지 가능하고 쌍안정(bistable)의 전기 스위치를 구현하기 위해 사용되어 왔다[27].

MEMS 기술은 스위치와 계전기를 실현하기 위해 사용되어 왔으며, 기술의 다양성이 연구되어 왔다. 예를 들어 정전기적 구동기는 온, 오프 상태의 스위치를 유지하기 위해 일정한 전압 바이어스를 요구한다. 쌍안정 래치 구동 스위치는 스위치가 온, 오프 상태로 고정될 때가 아니라 온에서 오프 또는 오프에서 온으로 변화되는 순간에만 전력을 소비하기 때문에 중요하다. 이 특징은 이 스위치를 전력 방해에 민감하도록 만든다.

쌍안정 자기 스위치의 구조와 원리는 그림 8.19에 나타나 있다. 보는 비틀림 지지대에 의해 기판 표면 위로 올려져 있다. 보는 윗부분이 연자성 강자성체 물질(이 경우 퍼멀로이)로 되어 있고, 바닥(전기적 접촉 목적)은 전도도가 높은 금속층(금)으로 되어 있다. 공급되는 자기장은 평판 코일(온칩)과 영구 자석(오프칩)의 두 근원에 의해 기여된다. 평판 코일은 보 밑으로 임베디드 된다. 실리콘 뒷면에 위치하는 영구 자석은 일정한 자기장 H_0를 제공한다.

보의 길이는 폭과 두께보다 훨씬 더 크다. 보가 외부 자장에 의해 자화될 때, 내부 자화(M으로 표현됨)는 비등방성 형태에 따라 항상 길이 방향으로 정렬된다. 내부 자화(M)와 외부 자기장의 상호 작용은 토크를 발생시킨다. 하지만 내부 자화는 보와 외부 자기장 사이의 초기 배열에 따라 두 개의 고정된 방향을 가진다. M의 방향에 따라서 토크는 시계 방향이나 반시계 방향이 될 수 있다. 온과 오프 상태와 일치하는 두 각의 위치는 고정된다.

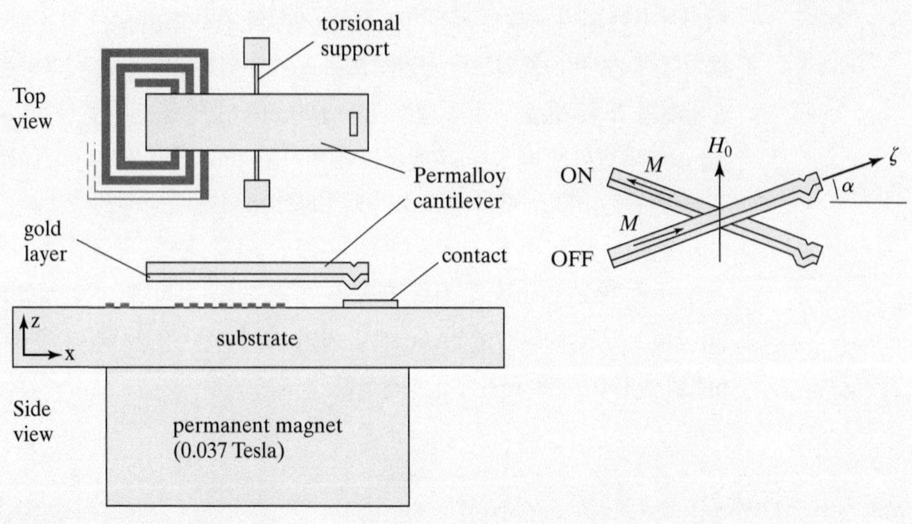

그림 8.19
쌍안정 자기 스위치.

스위치의 독특한 디자인에서 양방향 자화는 순간적으로 두 번째 자기장의 사용에 의해 거꾸로 될 수 있다는 점이다. 이것은 토크와 스위치의 위치가 작은 전류를 공급함으로써 스위칭을 할 수 있다는 것이다. 이와 같은 목적을 위하여, 보와 외부 자석 사이에 위치해 있는 평판 코일은 외부 자석에 의해 발생된 자기장을 보상하기 위해 자기장을 발생시키는 데 사용된다. 영구 자석은 다음 스위칭이 생길 때까지, 이 위치로 보를 고정하게 된다.

공급된 토크의 크기는 다음과 같이 표현된다.

$$\tau = M \times B_0 = \mu_0 M \times H_0 \tag{8.15}$$

길이가 600 μm, 폭이 10 μm, 두께가 1μm, 그리고 영률이 200 GPa인 비틀림 보에서 굽힘이 α=1.6°인 자기 토크는 8.4×10^{-10} N·m이다. 이것은 비틀림 경첩에 의해 만들어진 탄성 복원력보다 4.7배 더 크다.

평판 자석은 M의 방향을 바꾸기 위해서 얼마나 충분한 자기장을 만들어 낼 수 있을까? 평판 코일은 X와 Z축 둘 다 가리키는 자기력선을 발생시킨다. X축의 자기장은 스위칭에 관여한다. 계산적이고 분석적인 접근을 사용하면, X축의 자기장을 온과 오프의 보 위치에 대해 알 수 있다. 평균 자기장 강도는 영구 자석($\mu_0 H_0 \sin\alpha$)에 의해 만들어진 외부 자장의 X축 성분보다 큰 0.001~0.002 Tesla이다.

최고 DC 전류는 500 mA보다 크다. 480만 사이클로 동작하는 수명 테스트는 200 μA의 온 전류와 함께 접촉 영역에 어떤 손상도 관찰되지 않는 것을 보여 준다.

요약

여러분은 다음의 개념과 사실을 이해해야 한다.

- 내부 자화와 외부 자기장의 관계
- 경자성체 물질과 연자성체 물질의 자기 이력 곡선
- MEMS에서 공통적으로 사용된 자성 재료의 성질과 준비 방법
- 웨이퍼 준비 절차와 전기 도금을 위한 장비 설치
- 자기장 안에 있는 자화된 자성 재료 조각에서의 자기력 분석
- 자기장 안에 있는 자성 재료 조각에서의 자기 토크 분석
- 자성 재료 조각을 움직이는 보의 굽힘각 분석
- 하나 또는 여러 권선수를 가진 자기 코일의 디자인과 제조 방법

문제

문제 8.1: 검토

식 (8.1)에서 단위(SI 단위계로)의 일치성을 증명하라.

문제 8.2: 검토

식 (8.8)의 단위의 일치성을 증명하라.

문제 8.3: 검토

Tesla의 단위가 $kg/(s^{s}A)$임을 증명하라.

문제 8.4: 검토

식 (8.14)의 단위의 일치성을 증명하라.

문제 8.5: 설계

비틀림 막대에 의해 지지된 영구 자석 재료의 한 부분(1 Tesla의 포화 자화를 가진다)은 외부 자장하에 놓여 있다. 정지 상태에서 자석 물질이 수평면 상에 있다. 자기력선은 수직방향으로 향하고 있다. 자석 조각은 자기장에 대하여 임의의 한 각도로 바뀌게 된다. 자석 조각 막대는 길이가 400 μm이고, 두께가 30 μm이며, 폭이 30 μm이다. 두 개의 비틀림 막대는 막대 길이의 중간에서 서로 연결되어 있다. 각각의 막대는 다결정 실리콘

으로 만들어져 있다. 각 막대의 치수는 300 μm(길이), 5 μm(폭), 1 μm(두께)이다. 굽힘각 $\theta(\theta < 90°)$ 20°와 45°의 두 값에 대하여 외부 자장(H)의 크기를 구하라. MUMPS 공정을 이용한 다결정 실리콘의 전단 탄성 계수가 69 GPa임을 가정하라.

문제 8.6: 설계

폭과 두께가 2 μm이며 길이가 1 mm인 다결정 실리콘 도선의 양쪽 끝이 고정되어 있다. 공급된 가로 방향의 자기장이 0.1 T일 때, 도선에 발생하는 최대 변위를 구하라. 1 mA의 DC 전류가 도선에 공급된다.

문제 8.7: 설계

여러 번 도선이 감긴 솔레노이드에 의해 발생된 자기장을 구하라. 감겨진 수는 200이고, 코어의 단면적은 200 μm×50 μm이다. 10 mA의 전류가 도선에 공급된다. 도선의 지름은 10 μm이다.

문제 8.8: 설계

평판 자기 코어에 코일을 10번 감은 평면 인덕터에 의해서 발생하는 자기장을 구하라. 자기 코어는 지름이 100 μm이고 100 μm의 높이를 가진다. 전류는 10 mA이다. 도선은 처음 지름이 110 μm에서 시작하여 20 μm씩 증가하며 감긴다. 도선의 폭와 두께는 16 μm와 10 μm이다. 당신의 가정을 분명하게 제시하라.

문제 8.9: 제조

사례 8.2의 예와 비슷하게 자기 플랩 구동기의 제조 공정을 설명하라. 하지만 구조층 재료로 폴리이미드를 사용하라. 보는 어떤 고유 휨을 없애기 위하여 다층의 폴리이미드로 구성될 수도 있다.

문제 8.10: 설계

사례 8.3에서 알려진 전류와 B를 기초로 하여 거울의 각변위 크기를 계산하기 위한 해석적인 공식을 유도하라.

문제 8.11: 설계

사례 8.3에서 언급한 공정과 사례 8.4의 자기 구동기의 구성으로부터 얻은 영감을 이용하여 구동기 장치를 설계하라. 적합한 부품과 재료를 설명하며 새로운 장치의 전방 개략도와 단면을 그리라. 동작 원리를 설명하라. 간단한 공정 흐름으로 주요 공정 단계를 설명하라.

문제 8.12: 설계

두 개의 인접한 코일이 같은 방향으로 H가 바이어스되고, 다른 두 개는 바이어스되지 않을 때, 사례 8.4의 구동기에 의해 발생된 토크의 해석적 표현을 유도하라. 0.3 T의 자기장과 100 mA의 전류하에서, 원하는 각변위는 30°이다.

문제 8.13: 설계

사례 8.5에서 보에 작용하는 힘(59 μN)을 기반으로 수직 변위의 크기를 구하라.

문제 8.14: 설계

사례 8.5에서 경험한 자기장 기울기의 크기를 계산하라.

문제 8.15: 제조

사례 8.5의 양방향 자기 구동기의 상세한 제조 공정에 관해 설명하라. 상세한 석판술 단계를 포함시키라.

문제 8.16: 제조

사례 8.6에서 언급한 스위치의 상세한 제조 공정을 그리고 설명하라. 단계마다 포함된 모든 재료를 나타내라. 사진 석판술 단계의 세부 사항을 포함시키라.

참고문헌

1. Ripka, P., *Magnetic Sensors and Magnetometers*. Norwood, MA: Artech House, 2001.

2. Niarchos, D., *Magnetic MEMS: Key Issues and Some Applications*, Sensors and Actuators A: Physical, 2003. **109**: p. 166–173.

3. Wagner, B., M. Kreutzer, and W. Benecke, *Permanent Magnet Micromotors on Silicon Substrates*, Microelectromechanical Systems, Journal of, 1993. **2**: p. 23–29.

4. Cho, H.J., and C.H. Ahn, *A Bidirectional Magnetic Microactuator Using Electroplated Permanent Magnet Arrays*, Microelectromechanical Systems, Journal of, 2002. **11**: p. 78–84.

5. Judy, J.W., R.S. Muller, and H.H. Zappe, *Magnetic Microactuation of Polysilicon Flexure Structures*, Microelectromechanical Systems, Journal of, 1995. **4**: p. 162–169.

6. Miki, N., and I. Shimoyama, *Soft-Magnetic Rotational Microwings in an Alternating Magnetic Field Applicable to Microflight Mechanisms*, Microelectromechanical Systems, Journal of, 2003. **12**: p. 221–227.

7. Lu, L.-H., K.S. Ryu, and C. Liu, *A Magnetic Microstirrer and Array for Microfluidic Mixing*, Microelectromechanical Systems, Journal of, 2002. **11**: p. 462–469.

8. Mallinson, J., *Magnetoresistive Heads—Fundamentals and Applications*. New York: Academic Press, 1996.

9. Taylor, W.P., et al., *Electroplated Soft Magnetic Materials for Microsensors and Microactuators*. Presented at International Conference on Solid State Sensors and Actuators, Transducers '97. Chicago: 1997.

10. Park, J.Y., and M.G. Allen, *A Comparison of Micromachined Inductors with Different Magnetic Core Materials*. Presented at Electronic Components and Technology Conference, 46th proceedings 1996.

11. Leith, S.D., and D. T. Schwartz, *High-Rate Through-Mold Electrodeposition of Thick NiFe MEMS Components with Uniform Composition*, Microelectromechanical Systems, Journal of, 1999. **8**: p. 384–392.

12. Ahn, C.H., and M.G. Allen, *A New Toroidal-Meander Type Integrated Inductor with a Multilevel Meander Magnetic Core*, Magnetics, IEEE Transactions, 1994. **30**: p. 73–79.

13. Liakopoulos, T.M., W. Zhang, and C.H. Ahn, *Micromachined Thick Permanent Magnet Arrays on Silicon Wafers*, Magnetics, IEEE Transactions, 1996. **32**: p. 5154–5156.

14. Cho, H.J., S. Bhansali, and C.H. Ahn, *Electroplated Thick Permanent Magnet Arrays with Controlled Direction of Magnetization for MEMS Application*, The Electro-Chemical Society (ECS), 2000.

15. Lagorce, L.K., O. Brand, and M.G. Allen, *Magnetic Microactuators Based on Polymer Magnets*, Microelectromechanical Systems, Journal of, 1999. **8**: p. 2–9.

16. Ahn, C.H., and M.G. Allen, *Micromachined Planar Inductors on Silicon*

Wafers for MEMS Applications, Industrial Electronics, IEEE Transactions, 1998. **45**: p. 866–876.

17. Wright, J.A., Y.-C. Tai, and S.-C. Chang, *A Large-Force, Fully-Integrated MEMS Magnetic Actuator*. Presented at International Conference on Solid State Sensors and Actuators, Transducers '97. Chicago: 1997.

18. Rogers, J.A., R.J. Jackman, and G.M. Whitesides, *Constructing Single- and Multiple-Helical Microcoils and Characterizing Their Performance as Components of Microinductors and Microelectromagnets*, Microelectromechanical Systems, Journal of, 1997. **6**: p. 184–192.

19. Zou, J., et al., *Development of Three-Dimensional Inductors Using Plastic Deformation Magnetic Assembly (PDMS)*, IEEE Transactions on Microwave Theory and Techniques, 2003. **51**: p. 1067–1075.

20. Young, D.J., et al., *A Low-Noise rf Voltage-Controlled Oscillator Using On-Chip High-Q Three-Dimensional Coil Inductor and Micromachined Variable Capacitor*. In Technical Digest, IEEE Solid-State Sensor and Actuator Workshop. Hilton Head, SC: 1998.

21. Scott, K.L., et al., *High-Performance Inductors Using Capillary Based Fluidic Self-Assembly*, Microelectromechanical Systems, Journal of, 2004. **13**: p. 300–309.

22. Bhansali, S., et al., *Prototype Feedback-Controlled Bidirectional Actuation System for MEMS Applications*, Microelectromechanical Systems, Journal of, 2000. **9**: p. 245–251.

23. Ahn, C.H., Y.J. Kim, and M.G. Allen, *A Planar Variable Reluctance Magnetic Micromotor with Fully Integrated Stator and Coils*, Microelectromechanical Systems, Journal of, 1993. **2**: p. 165–173.

24. Liu, C., et al., *Out-of-Plane Magnetic Actuators with Electroplated Permalloy for Fluid Dynamics Control*, Sensors and Actuators A: Physical, 1999. **78**: p. 190–197.

25. Miyajima, H., et al., *A Durable, Shock-Resistant Electromagnetic Optical Scanner with Polyimide-Based Hinges*, Microelectromechanical Systems, Journal of, 2001. **10**: p. 418–424.

26. Bernstein, J.J., et al., *Electromagnetically Actuated Mirror Arrays for Use in 3-D Optical Switching Applications*, Microelectromechanical Systems, Journal of, 2004. **13**: p. 526–535.

27. Ruan, M., J. Shen, and C.B. Wheeler, *Latching Micromagnetic Relays*, Microelectromechanical Systems, Journal of, 2001. **10**: p. 511–517.

CHAPTER 9

센싱과 액추에이션 요약

9.0 서론

마이크로센서와 구동기를 개발하는 사람들은 많은 선택과 장애에 직면한다. 센싱과 구동 방법을 선택하기 위해서는 수행 능력, 안정성, 신뢰성, 전력 소모, 장치의 비용과 복잡성, 개발 비용, 그리고 소유 비용 등 많은 요소들을 고려해야 한다. 센싱과 구동 메커니즘이 모든 선택 기준에 충족되도록 결정하기는 힘들다. 종종 연구 단계에서는 고려할 필요가 없었던 동작 온도 안정성 같은 것들이 상품화 단계에서는 중요한 문제로 떠오르기도 한다. 에너지 변환 방법이나 물질을 선택할 때에도, 첫 번째나 두 번째로 우선적인 기준들이 반드시 고려되어야 그 능력이 발휘된다. 올바른 원리와 물질을 선택하는 능력은 독자의 경험과 함께 성장한다. 선택은 정확한 과학이 아니라 개인적 기초에 따라 다루어져야만 한다. 8.1 절에서 다양한 주요 센싱과 구동 방법의 1차 비교가 몇 가지 일반적인 기준에 따라 제시되었다.

3장에서 6장까지 언급한 센싱 방법들은 가장 일반적인 것들이다. 하지만 다른 에너지 변환의 원리들이 특정한 응용 분야에 사용된다. 이러한 에너지 변환의 원리들은 어떤 수행 능력의 기준을 향상시키며 또한 장치의 복잡성을 감소시킨다. 이 장에서는 몇 가지의 다른 센싱 원리들을 9.1 절로부터 9.4 절을 통해서 살펴볼 것이다. 이와 같은 센싱 원리들은 몇몇의 연구 단체와 산업체 연구소 등에서 시범을 보였거나 상품화하여 사용해왔다. 관심 있는 독자들은 이러한 주제들과 관련된 논문을 읽어 보는 것도 좋을 것이다. 그 외의 다른 구동 방법에 대한 논의는 이 책의 범위를 넘어선다. 관심 있는 독자들은 1장을 참고하기 바란다.

9.1 주요 센싱과 구동 방법들의 비교

정전기적 센싱, 열적 센싱, 압저항식 센싱, 압전식 센싱들을 비교하여 그 장단점들을 표 9.1에 요약하였다. 종종 센싱 원리의 선택은 단지 민감도만을 고려하지는 않는다. 잡음에 영향을 받는 민감도는 단지 많은 고려 대상 중 하나일 뿐이다.

정전기적 구동, 열적 구동, 압전식 구동, 그리고 자기적 구동들의 장단점들을 표 9.2에 요약하였다.

표 9.1 다양한 구동 방식의 비교.

	Advantages	Disadvantages
Electrostatic sensing	• Simplicity of materials • Low-voltage, low-current operation • Rapid response	• Large footprint of device necessary to provide sufficient capacitance • Complexity of readout electronics • Sensitive to particles and humidity
Thermal sensing	• Simplicity of materials • Elimination of moving parts	• Relatively large power consumption • Generally slower response than electrostatic sensing
Piezoresistive sensing	• High sensitivity achievable • Simplicity of materials (metal strain gauge)	• Requires doping of silicon to achieve high-performance piezoresistors • Sensitive to environmental temperature changes
Piezoelectric sensing	• Self generating—no power necessary	• Complex material growth and process flow • Cannot sustain high-temperature operations

표 9.1 다양한 센싱 방식의 비교.

	Advantages	Disadvantages
Electrostatic actuation	• Simplicity of materials • Fast actuation response	• Trade-off between magnitude of force and displacement • Susceptible to pull-in limitation
Thermal actuation	• Capable of achieving large displacement (angular or linear) • Moderately fast actuation response	• Relatively large power consumption • Sensitivity to environmental temperature changes
Piezoelectric actuation	• Fast response possible • Capable of achieving moderately large displacement	• Requires complex material preparation • Degraded performance at low frequencies
Magnetic actuation	• Capable of generating large angular displacement • Possibility of using very strong magnetic force as bias	• Moderately complex processes • Difficulty to form on-chip, high-efficiency solenoids

9.2 터널링 센싱

전자의 터널링은 높은 민감도 때문에 중요한 변위 변환기로서 연구되어 왔다[1]. 일반적인 환경에서 전류는 공기나 유전체 같은 절연체를 통과하지 못한다. 전자들은 절연체와 전도체 간의 일함수 차이에 상응하는 에너지 장벽을 뛰어넘기 위해서 반드시 충분한 에너지를 얻어야 한다(그림 9.1). 그러나 두 전극 간 거리가 나노 크기(예, 1 nm)의 간격에 도달하면, 전자는 터널링이라 불리는 양자역학의 원리에 의해 에너지 장벽을 뛰어넘을 수 있다.

한 정점과 반대쪽 면 사이의 터널링 전류는 일반적으로 다음과 같이 표현된다.

$$I \propto V \exp^{\left(-\beta\sqrt{\phi}z\right)} \tag{9.1}$$

여기서 V는 바이어스 전압, β는 변환 요소로서 보통 $10.25(\mathrm{eV})^{-1/2}/\mathrm{nm}$의 값을 갖는다. ϕ는 eV의 단위를 갖는 터널 장벽 높이이고, z는 전도면들 사이의 간격이다(일반적으로 1 nm 정도). 전류의 크기는 nA의 단위를 갖는다. 어떤 연구에서는, 금 전극의 경우에 장벽의 높이가 전극들의 청결함에 따라 0.05~0.5 eV라는 것을 밝혀 내었다[2, 3].

Φ와 z의 일반적인 값에서, 전극 간 간격이 Å 단위로 변할 때마다 전류 값은 단위의 차수가 변화한다. 터널링 전류의 1% 변동은 0.003 Å의 변위와 상응한다. 만약 터널 전류 내의 산탄 잡음에 의해 측정이 어려워진다면, 최소의 측정 가능한 변위는 1.2×10^{-5} $\text{Å}/\sqrt{\text{Hz}}$가 될 것이다. 이러한 민감도는 전극들의 측면의 치수와는 관계가 없다. 그 이유는 터널링이 주어진 간격에서 각 측면의 면 위의 단 하나의 금속 원자만 요구되기 때문이다.

터널링 현상은 원자적 분해능을 갖는 표면을 특성화하는 데 사용되어 왔다. 최초로 발명된 터널링 주사 현미경은 IBM 사의 Heinrich Rohrer와 Gerd Karl Binning에 의해 만들어졌다. 이 STM은 일반적인 원자 지름의 1/25 정도의 해상도로 매우 정밀하게 스캐닝할 수 있는데, 이는 최고 성능의 전자 현미경보다 몇 차원 높은 크기의 해상도를 가졌다고 볼 수 있다. STM의 중요성은 매우 빠르게 인식되었고, 반도체 과학, 야금학, 전

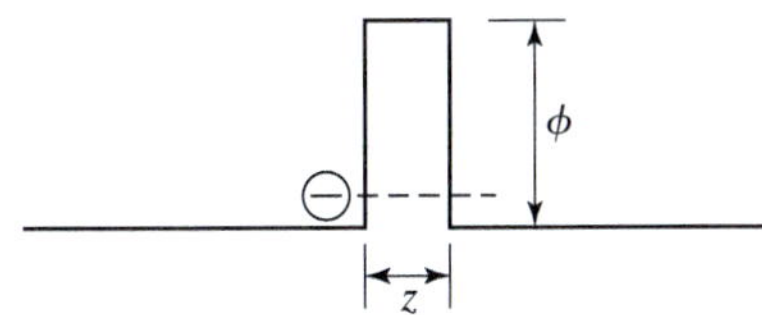

그림 9.1
전자 터널링 현상.

기화학, 그리고 분자생물학 같은 다양한 분야에서 사용되었다. STM과 SPM(Scanning Probe Microscope) 장치에 관한 논의는 14장에서 찾을 수 있을 것이다.

터널링 현상에 근거한 센서들은 여러 분야에 응용하기 위하여 개발되어 왔다. 그 센서들은 작은 장치 면적에서의 매우 큰 전류-변위 이득과 높은 해상도를 제공한다. 터널링 현상은 두 전도체들 사이의 간격을 감지하고, 차례로 간격을 변하게 한 원인이 된 어떤 물리적 현상을 감지하는데 이용되었다. 응력 센서[3], 적외선 센서[4, 5], 자력계[1], 가속도계[2, 3, 6], 그리고 압력 센서[1] 등을 포함한 터널링 현상을 기초로 한 센서들에 관한 논문들이 발표되었다. 변위(1 kHz에서 2×10^{-11} Å/$\sqrt{\text{Hz}}$, [2]), 힘(10^{-11} N/$\sqrt{\text{Hz}}$, [3]), 적외선 흡수(25 Hz에서 3×10^{-10} W/$\sqrt{\text{Hz}}$, [4]), 그리고 가속도에 대한 높은 민감도를 얻게 되었다. 높은 민감도의 움직임 센서들은 지진활동 감시를 위해 개발되었다. 터널링 원리를 이용한 가속도 센서들은 주파수 10 kHz에서 1×10^{-7} g/$\sqrt{\text{Hz}}$의 민감도를 가진다는 것이 증명되었고[2], 이는 변위 민감도 2×10^{-4} Å/$\sqrt{\text{Hz}}$와 부합한다. 이 민감도는 정전용량 측정으로 할 수 있는 것보다 3차나 더 큰 크기를 갖는다. 저주파수(1 kHz 이하)에서는 1/f 잡음이 지배한다. 고주파수에서는 산탄 잡음과 존슨 잡음이 지배한다. 하나의 예를 사례 9.1에 나타내었다.

비록 터널링 센싱이 매우 민감하다 해도, 실험주의자들에게 3가지의 중요한 도전 과제를 남겨 주었다—잡음, 간섭성, 기구의 복잡성. 예전 실험에서 볼 수 있듯이, 터널링을 이용한 센서들은 매우 민감해서 큰 건물의 공기 청정 시스템이나 사람들이 몇 층 떨어진 복도를 다닐 때 발생하는 떨림 같은 기대하지 않았던 방해까지 잡아 낸다. 높은 민감도는 공정의 복잡성, 포장, 회로 설계에서의 추가적인 가격도 초래한다.

터널링을 이용한 센서들의 긴 기간 동안의 안정성 또한 주요 관심거리이다. 예를 들면 터널 전류는 이론적으로 긴 시간에 걸쳐서 브라운 운동이나 환경과의 화학 반응에 의해 위치가 재배열된 두 금속 원자들 사이에서 발생한다. 물 분자같이 흡수된 원자들의 이동 또한 터널링 특성에 예상치 못한 방향으로 영향을 줄 것이다. 긴 기간 동안 유동하게 하는 다른 가능한 원인들로는 기계 미세 구조의 기계적 특성들(예, 처짐이나 열팽창)과 회로의 전기적 특성들의 변화도 포함된다. 예전에 연구들은 센서나 패키지의 기계적 특성 중의 온도 계수가 저주파수(0.1 Hz 이하)에서 95%의 잡음을 발생시켰다고 주장한다[3].

최상의 수행 능력을 위해서, 터널링을 이용한 장치들은 폐회로 상태에서 동작해야만 한다. 여기에는 몇 가지 이유가 있다: (1) 큰 전류-변위 이득 때문에, 장치가 만약 개회로 상태에서 동작한다면 측정 범위가 제한된다. (2) 공기 중에서 오랜 시간에 걸쳐 터널링 장벽의 높이가 크기의 1차수만큼씩 변화하여 개회로의 민감도에 영향을 준다. 폐회로 제어는 보통 터널링 전류를 전압으로 변환하고 보정된 신호를 구동기에 전달함으로써 이루어진다. 수많은 회로 설계 방법은 집적 회로와 함께 구현되는 폐회로 제어에 대하여 그 가치가 확인되어 왔다[3, 6].

터널링 전극들 사이의 간격을 제어하기 위하여 사용되는 전기 기계적 구동기의 특성들은 터널링 센서 시스템의 수행에 가장 명확한 제한을 내포하고 있다. 구동기는 반드시 적당한 대역폭, 동작 범위, 그리고 정밀도를 가져야 한다.

사례 9.1 터널링 가속도계

그림 9.2는 폐회로 형태에서 간격을 제어하기 위한 활성화된 정전용량 구동기를 이용한 터널링 가속도계를 나타낸다[7]. 이 장치는 두 층의 실리콘과 한 층의 유리로 구성되어 있다. 그림 9.2에서 실리콘 2로 나타낸 첫 번째 실리콘층은 집적화된 터널링 탐침을 장착시킨 표준 질량을 가지고 있다. 질량은 빔에 의해 받쳐진다. 그림 9.2에서 실리콘 1로 나타낸 두 번째 실리콘층은 고정되어 있고 첫 번째 실리콘의 표준 질량 윗면에 평행판 커패시터의 형태로 되어 있다. 커패시터는 자기 테스트와 폐회로 간격 제어를 위해 가속을 발생시키는 데 사용된다.

표준 질량의 활성 면적은 $400 \times 400\ \mu m^2$이다. CMOS 회로에서는 비선형 가변저항으로서 터널링 장치가 사용된다. 저항은 터널링 거리에 따라 변화한다. 회로의 세 가지 변화된 형태가 개발되었다. 이러한 회로들은 다른 단계의 전력 소비와 바닥 잡음을 제공한다[6].

가속도계는 125 mV/g의 민감도, 2.5 kHz의 대역폭, 그리고 30 g의 동작 영역을 가지고 있다. 1/f 잡음과 등가의 가속은 $1\ mg/\sqrt{Hz}$이다. 1달 이상의 동작 기간 동안 드리프트는 0.5% 이하이다.

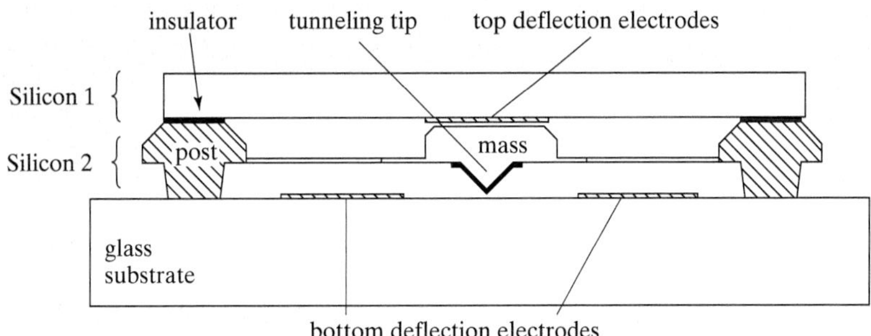

그림 9.2
터널링 가속도계.

9.3 광학적 센싱

광학적 센싱이란 각이나 병진된 변위들을 빛의 세기나 위상으로 변화시키는 것이다. 광학적 센싱은 MEMS 센서의 응용에 많은 이점을 제공한다.

1. 미세 구조들의 움직임에 관한 광학적 의문은 전기적 바이어싱 및 센싱과 관련된 전도성 와이어의 필요성을 제거한다. 이 점은 광학이 많은 배열의 디바이스들의 번지수를 지정할 때에 특히 중요하다. 이 패키징 복잡성의 감소로 인한 절약 액수는 몇 가지 선택된 경우에 있어서는 매우 엄청나다.
2. 나중에 보겠지만, 광학적 센싱은 또한 매우 높은 민감도와 많은 경우에 있어서 다양성을 제공한다. 매우 높은 민감도의 광학적 측정 장치는 저비용의 규격품을 얻게 해 준다.

확실히 광학적 센싱은 모든 경우에 적용될 수는 없다. 한 예로 몇몇의 응용 분야들은 유한한 패키지 크기 때문에 외부나 내부의 광원의 사용을 제한한다. 광학적 위치 센싱은 몇 가지의 구성 형태로 얻을 수 있다. 몇 가지의 주요 구성을 9.3.1절에서부터 9.3.3절까지 다루었다.

9.3.1 광도파로를 이용한 센싱

빛은 사람이 만든 광도파로를 통해 이동할 수 있다. 광섬유는 저가, 고효율 광도파로의 형태이다. 광섬유는 일반적으로 내부 코어와 외부 덮개로 이루어져 있다. 코어 쪽의 경계에서 빛의 전반사가 발생하도록 코어와 덮개의 굴절률은 차이를 갖는다. 따라서 빛의 흐름은 물리적으로 좁은 코어 영역에 존재하게 되고, 이는 광섬유가 휘었더라도 거의 손실이 없게 빛이 통과하게 한다.

광섬유는 많은 센서들의 기초를 이룬다[8]. 광섬유를 이용한 센싱은 광섬유 내의 빛의 위상과 강도가 광섬유의 휨이나, 광섬유가 받는 기계적 응력, 온도[9], 표면에서의 광 특성들, 그리고 화학적 혹은 생체적 존재들에 의한 간섭[10, 11]의 함수라는 사실을 이용한다. 예를 들어 광섬유가 구부러질 때의 센싱의 원리를 설명하기 위하여 그림 9.3에서 광섬유의 일부분을 보여 주고 있다. 만약 광섬유가 곧다면(응력이 가해지지 않은 상태), 빛은 정해진 광학적 경로 길이를 따라 통과할 것이고 이는 광섬유의 물리적 길이와는 다르다. 그러나 만약 광섬유가 기계적으로 구부러진다면, 새로운 실질적인 광학적 길이는 광섬유의 출력 끝에서 빛의 위상과 강도를 변화시킨다. 이러한 원리는 다양한 센서 응용 분야에서 사용되어 왔다[12, 13].

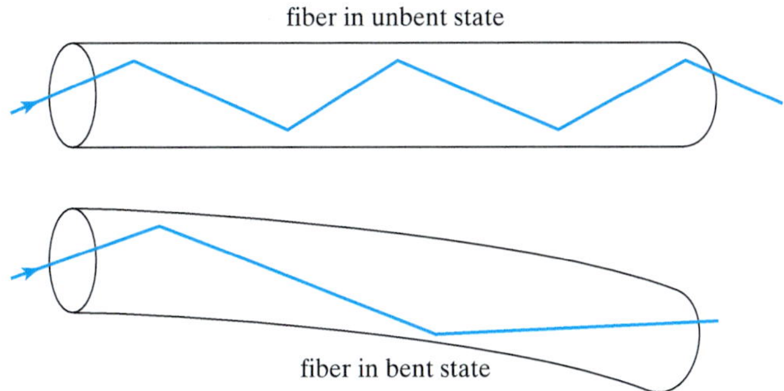

그림 9.3
광섬유 감지.

광섬유들은 높은 온도에서 유리 재질의 물질을 당김으로써 형성된다. 길이 방향으로의 마이크로채널[14]과 비원형 코어[15] 같은 향상된 특징들은 빛과 상호 작용하는 새로운 길을 소개한 것이라고 볼 수 있다.

칩 위에 집적된 광도파로들을 이용한 센싱 또한 가능하다. 집적된 광도파로를 이용한 가속도계는 선형 안내 구조로 패턴화된 산화 규소와 질화 규소 박막을 혼합하여 만들어졌다. 안내 부분은 나머지 부분이 골조 위에 있는 동안 표준 질량의 위에 위치한다. 가속에 의하여 유도된 변위는 골조에 대하여 표준 질량 위의 광도파로를 이동시켜서 빛의 커플링 계수를 변화시킨다[16]. 증명된 측정 한계는 0.17 μm이고, 이는 양의 가속도에서 1.7 dB/g, 음의 가속도에서 2.3 dB/g과 부합된다.

9.3.2 자유 공간에서의 빛의 흐름 센싱

자유 공간에서의 빛의 흐름은 물체의 위치를 감지하거나 위치를 변화시키는 원인이 되는 현상을 찾는 데 사용될 수 있다. 가장 간단한 구성은 외팔보의 뒷면 같은 미세 구조의 반사면에 광선을 반사시키는 것이다(그림 9.4). 반사된 광선은 포토다이오드 안이나 영사막으로 향하게 된다. 만약 외팔보에 각변위가 발생하였다면, 반사된 지점은 움직일 것이다. 반사된 지점의 변위는 외팔보가 휘어진 정도에 비례할 것이다. 특히 반사된 지점이 움직인 거리는 각변위와 외팔보와 스크린 사이의 거리의 곱과 같다. 반사된 지점의 변위는 다음과 같이 표현될 수 있다.

$$d = 2\theta \cdot L \tag{9.2}$$

여기서 L은 시험 중인 장치와 광감지기 사이의 거리이다. 각변위는 거리 L에 의해 증폭

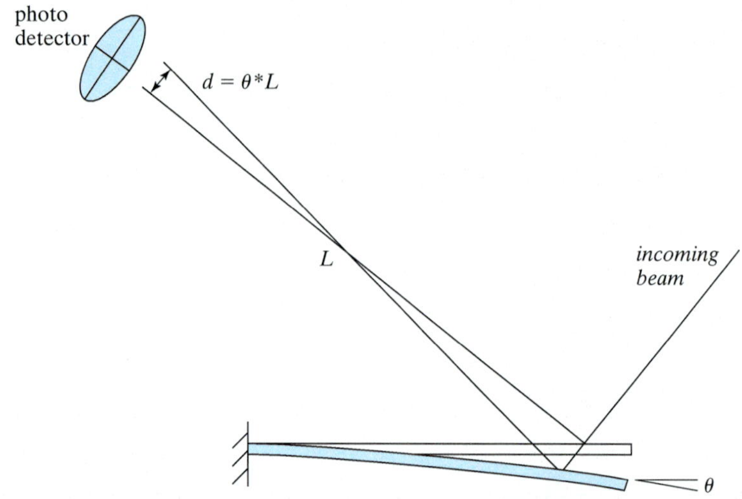

그림 9.4
민감한 위치 감지 방법으로서의 광학 지레.

되기 때문에 이 원리는 일반적으로 '광학 지레(optical lever)' 라고 알려져 있다.

9.3.3 광학 간섭 측정을 이용한 위치 센싱

외팔보의 변위를 측정하기 위한 가장 민감한 광학 기술 중의 하나가 간섭 측정이다(interferometer). 광학 간섭은 기준체와 동체 사이의 상대적 움직임에 대한 매우 정확한 측정을 제공한다. 간섭 측정은 마이컬슨의 간섭 측정[17], Febry-Perot의 구멍[18], 또는 회절 격자와 같이 서로 맞물린 핑거[19, 20] 등을 포함하여 많은 형태를 취할 수 있다. 변위 해상도는 0.01 Å이거나 그 이하여야 한다. 광학 간섭 변환기는 모든 현실적인 잡음 소스의 고려와 함께 전자 터널링 변환기와 동등한 위치 해상도를 얻을 수 있다.

광학적 측정은 외부의 발광 소자와 수광 소자를 요구한다. 많은 경우에 있어서 광학적 측정은 실제 센싱 방법에 상관없이 미세 기계 장치의 정밀한 특성을 위하여 이상적이다. 정전기적 방법과 광학 간섭 방법에 의한 변위 센싱의 비교가 이루어졌다[21, 22]. 다른 예로 광학 간섭 측정은 자동차의 응용을 위하여 각가속도의 응답을 특성화하는 데 사용되었다[23].

광학 간섭 측정을 기초로 한 센서의 몇 가지 예들은 다음에 논하기로 한다. 보통은 회절의 발생을 위한 격자의 역할이 크다. 이러한 응용에는 가속도계(사례 9.2), 외팔보 변위 센서(사례 9.3), 그리고 압력 센서(사례 9.4)가 포함된다.

사례 9.2 간섭 측정 가속계

나노-g 해상도의 가속도 센서는 벌크 실리콘의 미세 가공된 표준 질량으로 구성되어 있는데 이 표준 질량은 맞물려 있는 핑거 형태로 표준 질량과 기판에 교대로 연결되어 있다[20]. 핑거의 기하학적 구조는 위상에 민감한 광학 회절 격자를 형성하는데 이는 입사한 균일한 광학 빔을 두 핑거 세트의 비교 변위에 의존하는 세기를 가지는 여러 차로 반사한다(그림 9.5). 동적 핑거들의 비교 변위가 0인 곳인 평형 위치에서, 짝수 차수들의 강도들은 최대값을 갖는다. 중앙의 0차 요소로부터 2차 요소들의 공간적인 분리는 $\lambda D f_g$이고, 여기서 f_g는 격자의 공간 주파수이다. D는 관찰 거리이고 λ는 입사 빔의 파장이다.

동적 핑거들에 $\lambda/4$만큼의 변위가 발생하였을 때, 중앙 빔의 스팟은 사라지고 에너지는 두 개의 1차 요소들과 다른 홀수 차의 요소들 사이로 나눠진다.

기계적인 편향은 0차 모드 스팟, 1차 모드 스팟, 또는 두 모드들 사이의 차이의 세기를 측정함으로써 결정될 수 있다. 회절 모드들의 세기는 다음에 주어진 식과 같이

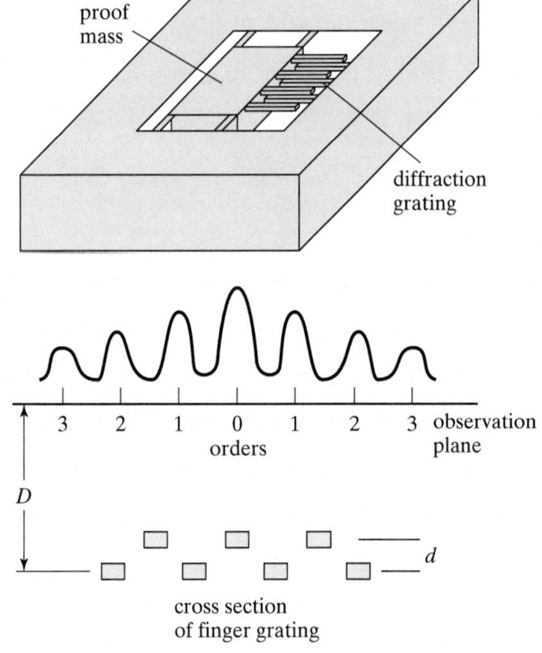

그림 9.5
회절 격자를 기초로 한 변위 센서의 원리.

두 핑거 세트들 사이의 외평면 상쇄(d)에 의존한다.

$$I(d) = I_0 \sin^2\left(\frac{2\pi d}{\lambda}\right) \tag{9.3}$$

여기서 λ는 빛의 파장이다. 간섭 측정계를 사용하면 외팔보의 변위가 10 Hz에서 0.003 Å까지 될 수 있음을 알 수 있다.

설계에 있어서 50개의 핑거들(각각은 175 μm의 길이와, 6 μm의 너비, 그리고 20 μm의 두께를 갖는다)은 3 μm의 간격으로 분리되어 있다. 표준 질량에 붙은 핑거들은 기판에 붙은 핑거들과 125 μm 정도 겹쳐져 있고, 레이저가 집중되는 겹쳐진 영역의 면적은 450 μm×125 μm이다.

광원은 670 nm의 파장과 5 mW의 집중 렌즈를 가진 레이저 다이오드이다. 80 Hz의 공진 표준 질량은 40 ng/$\sqrt{\text{Hz}}$의 등가 잡음 가속도와 주파수 40 Hz에서 85 dB의 동작 범위를 갖는다. 이는 터널링 센싱의 수치보다 더 낫진 않더라도 최소한 동등한 수준이다.

잡음의 주원인들로는 광감지기의 산탄 잡음, 외팔보의 열기계적 잡음, 레이저 강도 잡음, 레이저 위상 잡음, 레이저 1/f 잡음, 저항의 존슨 잡음, 감지 회로의 전기적 잡음, 그리고 전체 시스템의 기계적 진동 등이 있다. 기본적인 잡음 요소들에 대해서는 참고문헌[24]에 기술되어 있다. 장치의 측정된 잡음(0.02 Å)은 예측된 열기계적 잡음[25] 및 산탄 잡음과 크게 비교된다. 잡음의 중요한 문제는 아마도 레이저의 강도 변화일 것이다. 만약 레이저의 강도 변화가 감지되고 감소되었다면, 바닥 잡음은 레이저의 강도를 더욱 낮출 수 있다.

사례 9.3 광학적 간섭 위치 센싱을 위한 외팔보

외팔보가 집적된 간섭계는, 10 Hz~1 kHz의 대역폭에서 약 0.02 Å의 잡음(rms)을 갖는 원자 현미경 탐침들의 변위에 대한 보고로 증명된다[19]. 수정된 2차원의 격자들은 생물학적 및 화학적 감지의 응용을 위해 만들어진 두 이웃한 빔들[26]의 미세한 비교 변위를 측정하기 위해 사용될 수 있다.

외팔보의 일부는 맞물림식 핑거들의 모양으로 미세 가공된다(그림 9.6). 한 세트의 핑거들은 이동 가능한 외팔보에 붙어 있는 반면, 그에 대응하는 세트는 장치의 뼈대에 고정되어 있다. 외팔보가 빛에 노출되면, 핑거들은 위상에 민감한 회절 격자를 형성하

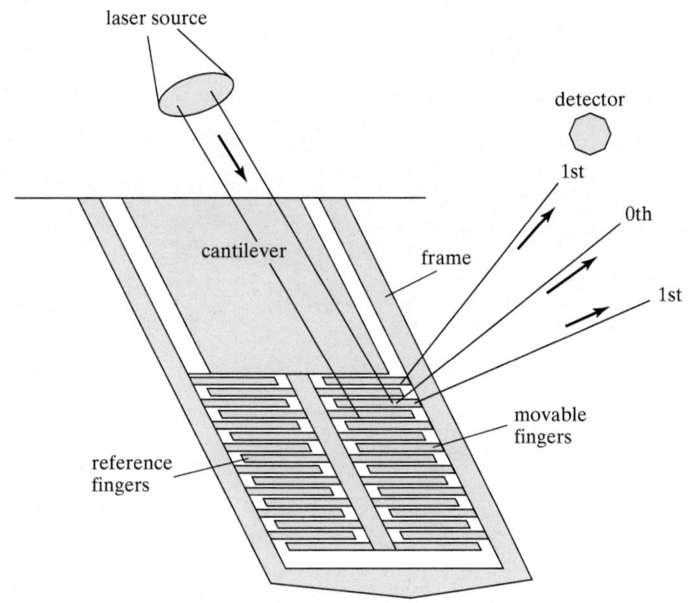

그림 9.6
맞물려진 형상의 외팔보.

게 되고, 팁의 변위는 회절된 모드들의 강도를 측정함으로써 결정된다. 힘이 외팔보에 작용하게 되면, 외팔보의 바깥 부분에 연결된 교차하는 핑거들만이 수직으로 변위한다. 남아 있는 핑거들의 세트나 참조 핑거들은 외팔보의 안쪽 부분에 붙어 있게 되어 고정된 채로 남는다.

광원(파장 670 nm인 레이저 다이오드)과 표준 포토다이오드들이 핑거들을 통과하는 빛으로 사용된다. 회절로부터 두드러진 반사 모드는 0차 모드이다. 팁이 변위함에 따라, 참조 핑거와 동적 핑거들로부터 반사된 빛 사이의 간섭은 0차 모드의 세기를 감소시키는 반면에 1차 모드는 강화시킨다. 외팔보가 λ/4 의 크기로 변위될 때, 0차 모드는 최소가 되고 1차 모드는 최대가 된다. 외팔보의 변위는 0차 모드, 1차 모드, 또는 두 모드 간의 차이의 강도를 측정함으로써 알 수 있다.

사례 9.4 간섭 측정 센싱 방식의 멤브레인 변위 센서

음향 센서들은 이전 장에서 설명한 것처럼 많은 원리에 근거할 수 있다. 이번에는 두

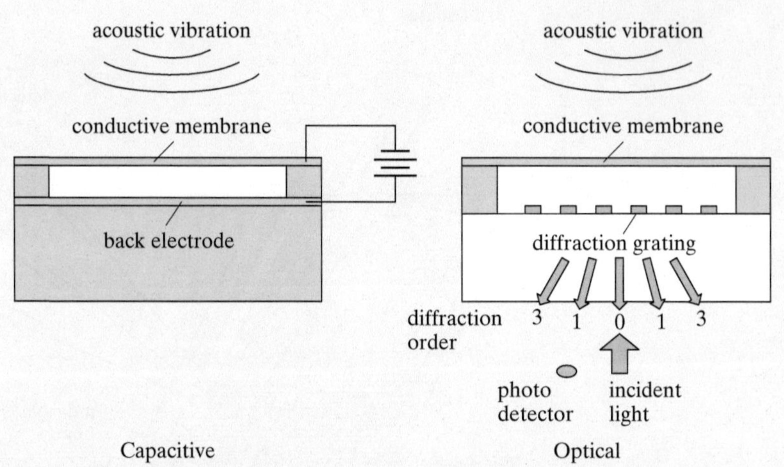

그림 9.7
정전용량 감지기와 광학적 감지기.

종류의 표면 미세 가공된 커패시터들을 비교한다: 하나는 정전용량 센싱에 근거한 것이고, 다른 하나는 음향 센싱에 기초를 둔 것이다.

정전용량 방식의 미세 가공된 음파 센서(CMUT: capacitive micromachined acoustic sensor)는 압전 센서를 대체할 수 있는 것으로 설명되어 왔다[27]. CMUT 장치(그림 9.7)는 금속을 코팅한 질화 규소 멤브레인으로 구성되어 있다. 수신 모드에서 멤브레인에 충돌한 음파들은 멤브레인의 변위를 야기한다. 멤브레인과 밑에 깔려 있는 반대 전극 사이의 정전용량은 그 결과로서 변화한다. 멤브레인 변위 Δx에 반응하여 CMUT의 출력 전류 i는 다음과 같이 주어진다.

$$i = w_a V_{bias} C \frac{\Delta x}{d_0} \tag{9.4}$$

여기서 w_a는 음파의 각주파수이고, V_{bias}는 전압의 DC 바이어스, C는 CMUT의 정전용량, 그리고 d_0는 멤브레인과 기판 사이의 간격이다. 출력 전류는 주파수에 비례한다. 그래서 저주파 영역에서 상대적으로 낮은 수행 능력을 보인다. 제조 공정은 매달려 있는 전도성 멤브레인을 만들기 위한 표면 미세 가공 공정을 포함한다. 기생 정전용량들은 측정에 영향을 줄 것이다.

다른 방식으로, 멤브레인의 변위가 광학적 간섭계를 이용하여 측정될 수 있다. 광학적 회절 격자가 멤브레인의 변위를 측정하기 위해 표면 미세 가공 방법으로 집적되어 있다[28]. 장치는 그림 9.7에 도식적으로 나타나 있다. 기판은 광학적 투과를 위해 투명한 재질(석영)로 만들어져 있다. 반사 멤브레인과 격자 전극은 위상에 민감한 회절 격자를 형성한다. 멤브레인 아래에 있는 격자가 간섭성 광원에 의해서 투명 기판을 통해 조사되었을 때, 반사된 계는 특별한 반사(또는 0차)에 더하여 홀수의 회절 차수들로 나뉘게 된다. 입사 광선의 일부는 전극 격자를 통과하고, 멤브레인으로부터 반사된다. 이는 회절된 빛과 반사된 빛들 사이에 간섭을 생성하고, 회절된 차수들의 세기를 변화시킨다. 작은 변위인 Δx를 위한 출력 강도는 다음과 같이 얻어진다.

$$i = RI_{in}\frac{4\pi}{\lambda_0}\Delta x \tag{9.5}$$

여기서 R은 광학적 감지기의 응답이고, i_{in}은 입사광의 강도이다.

이 방법을 사용하여, 광학적 감지기는 DC에서 2 MHz까지의 범위에서 매우 높은 민감도(2×10^{-4} Å/$\sqrt{\text{Hz}}$)를 얻기 위하여 사용될 수 있다. DC에서 응답을 얻기 위해서는 내부 공간이 반드시 진공으로 봉인되어야 할 것이다.

9.4 전계 효과 트랜지스터(FET)

집적된 많은 회로 요소들은 센싱의 응용을 위하여 사용 가능하다. 예를 들면 트랜지스터, 다이오드, 저항 같은 고체 상태 소자들이 온도에 민감한 특성을 보인다는 것은 잘 알려져 있다. 간접적으로 이러한 장치들은 온도 센서로서 이용될 수 있다. 전계 효과 트랜지스터(FET)와 같은 전계 효과 소자들은 또한 전계의 세기에 영향을 받는데, 이는 고정된 전위차를 갖는 움직이는 두 전극들 사이의 거리에 대한 함수이다. 이와 같이 FET는 가속도[29], 압력(민감도=0.1 mA/bar)[30], 그리고 음파(민감도=0.1~1 mV/Pa)[31]를 측정하는 데 이용될 수 있다.

여기에 더하여, 많은 집적 회로 소자들의 전기적 특성들은 기계적 응력에 영향을 받을 수 있다. 장치의 활성 영역에서 가해진 응력과 변형률은 에너지 밴드 구조를 변화시킨다. 이는 응력과 변형률이 반도체 물질의 압저항성을 야기하는 원리와 유사하다. 여기서 사례 9.5의 FET 에너지 변환에 근거한 가속도계에 대하여 살펴보도록 하자.

사례 9.5 FET의 게이트를 이용한 변위

먼저 FET 트랜지스터가 어떻게 작동하는지 알아보자. FET의 단면도는 그림 9.8에

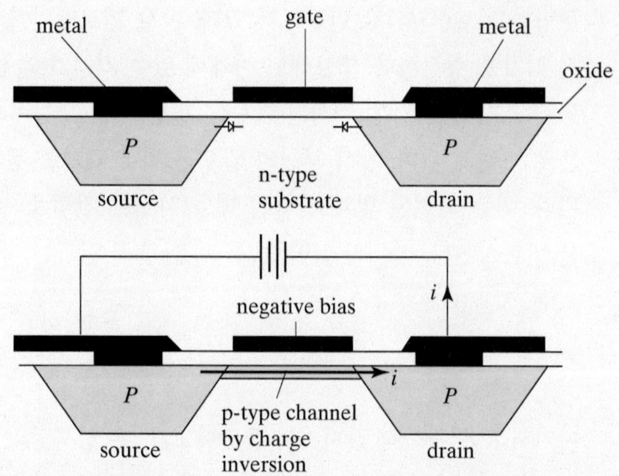

그림 9.8
일반 트랜지스터의 동작 원리.

나타내었다. FET는 세 가지 전기적 단자들로 이루어져 있다: 소스, 드레인, 그리고 게이트. 소스와 드레인 사이에 흐르는 전류는 게이트에 가해진 전위에 의하여 제어된다. n형 기판의 경우, 다수 전하 캐리어는 전자이다. 다결정 실리콘 게이트에 전압이 인가되지 않으면, 소스와 드레인 영역 사이의 전류는 마치 두 개의 다이오드가 서로 등을 맞대고 있는 경우와 같아서 최소가 된다. 소스와 드레인 사이의 바이어스와 무관하게, 다이오드들 중에 하나는 항상 역바이어스되고 전류 흐름의 용량을 제한하게 될 것이다. 게이트에 강력한 역바이어스를 가하면 게이트 바로 아래 영역에서 부분적으로 주전하 캐리어의 극성이 반전된다. 간단히 말하면, 정공들은 바이어스 전압에 의해 표면으로 끌려가게 된다는 것이다. 반전된 극성의 영역을 채널이라 부른다. 이것은 소스와 게이트 사이의 전류 흐름을 돕는다.

소스와 드레인, 게이트에 어떤 일정한 전압을 걸어 주면 소스와 드레인 사이의 전류는 다음과 같다.

$$I_D = \frac{\overline{\mu} Z C_i}{L}\left[(V_G - V_T)V_D - \frac{1}{2}V_D^2\right] \tag{9.6}$$

여기서 $\overline{\mu}$는 전하 캐리어의 이동도이고, Z와 L은 채널의 너비와 길이, C_i는 유전체(게이트 산화물과 공기 매개체를 포함)의 단위 면적당 정전용량, V_G는 게이트와 소스의 전압차, V_D는 게이트와 드레인의 전압차, V_T는 FET의 문턱 전압이다.

이러한 전기적 소자들의 기계적인 센싱 능력을 살펴보는 것은 흥미롭다. 왜냐하

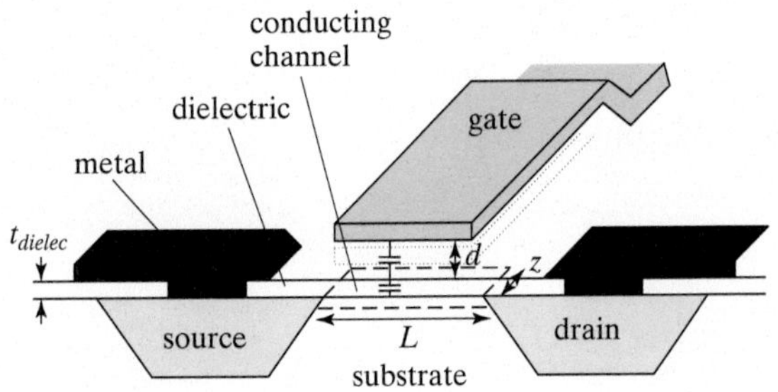

그림 9.9
위치 센싱 원리.

면 이 소자들은 기생 용량을 최소화하며 전기적인 신호 처리와 논리 회로를 직접적으로 연결시켜 기계적인 센싱을 할 수 있기 때문이다. 또 다른 이점은 이들 센서의 제조 공정이 집적 회로와 양립할 수 있으며 IC 파운드리로 제조 가능하기 때문이다.

전계 효과 트랜지스터에 근거한 가속도 센서는 참고문헌 [29]에 설명되어 있다. 가속도계의 지진(seismic) 질량은 FET의 게이트이다. 따라서 게이트와 채널 사이의 거리는 가해진 가속에 대한 함수로서 변화한다(그림 9.9). 이 거리는 CMOS FET에서의 전형적인 산화물 유전체층과 동등하다. 결과적으로 트랜지스터의 문턱 전압 V_T의 값은 변화한다.

C_i와 V_T의 두 항들은 게이트와 채널 사이의 공간에 대한 함수이다. 이러한 두 항들과 간격 a 사이의 관계는 다음 식에서 나타난다.

$$C_i = \frac{1}{\dfrac{1}{C_{dielec}} + \dfrac{1}{C_{media}}} = \frac{1}{\dfrac{t_{dielec}}{\varepsilon_{diele}} + \dfrac{a}{\varepsilon_{media}}} \tag{9.7}$$

$$V_T = \Phi_{ms} + 2\Phi_F - \frac{Q_i}{C_i} - \frac{Q_d}{C_i} \tag{9.8}$$

여기서 아래첨자 *dielec*과 *media*는 유전체(예, 게이트 산화물)와 매개체(예, 플로팅 게이트와 유전체 사이의 진공이나 공기)에 할당된 값들을 나타낸다. ε과 t 항들은 유전 상수와 층들의 두께이고, Φ_{ms}는 게이트와 반도체 사이의 일함수 차, Φ_F는 플랫 밴드 전압, Q_i는 유전체 재질에 묶이는 전하(단위 면적당), 그리고 Q_d는 채널에 축적된 전하이다.

가속도 센서는 두께 2 μm인 네 개의 외팔보 스프링이 지지하는 부유하는 질량을 이용한다. 지지대의 길이는 290~350 μm의 범위를 갖고, 너비는 모두 5 μm이다. 중앙 판의 크기는 $350\times350\sim300\times300\ \mu m^2$이다. 이와 같은 설계에서 기계적 민감도는 11.5~4.6 nm/g이다. 질량과 기판 사이의 간격은 1 μm이다. 변위가 일어나지 않은 상태에서 문턱 전압은 10 V이다. 채널들은 5 μm 길이와 10 μm 너비를 갖는다.

9.5 무선 주파수의 공진 센싱

많은 센싱 응용에서, 신호들은 전압과 전류의 크기로 표현된다. 하지만 신호들은 또한 주파수 변조라고 불리는 방법으로 출력 신호들의 주파수로 표현될 수 있다. 예를 들면 전압이나 주파수 출력으로 압저항 센서들을 실현할 수 있다[32]. 주파수 변조의 가장 중요한 이점들 중 하나는 잡음에 대한 고면역성이다. 이 설계의 단점은 신호 처리 전자 회로가 주파수 영역으로 표현된 신호들을 해석해야 하기 때문에 더욱 복잡해진다는 것이다. 사례 9.6에서 압력 센서의 출력이 신호들의 주파수로 부호화되는 것을 알아볼 것이다.

사례 9.6 압력 센서의 공진 모드

다음 예는 수동 무선 공진의 원격 측정법에 근거한 압력 센서를 설명한다[33]. 저온 동시 소성 세라믹(LTCC: low-temperature cofireable ceramic)으로 만들어진 압력에 민감한 멤브레인은 나선형의 평면 인덕터로 덮여 있다. 인덕터의 가운데 접촉 패드는 반대편 전극 면과의 사이에 정전용량이 큰 커패시터를 형성하기 위하여 의도적으로 매우 크게 만들어졌다. 만약 압력이 변화한다면, 멤브레인은 변위할 것이고, 그에 비례하여 정전용량 값은 변화할 것이다. 인덕턴스 값 또한 멤브레인의 휘어짐 때문에 변화될 것이다. 공진 회로의 공진 주파수는 압력 P와 연관되며 정전용량은 다음 식과 같이 표현될 수 있다.

$$C_s(P) = C_0\sum_{i=0}^{\infty}\frac{1}{2i+1}\left(\frac{2d_0}{t_g + 2t_m\varepsilon_r^{-1}}\right)^i \tag{9.9}$$

여기서 C_0는 압력이 0일때의 정전용량, d_0는 압력 P에서의 멤브레인의 변위, t_g와 t_m은 간격의 크기와 멤브레인의 두께이다. 그리고 ε_r은 멤브레인의 비유전 상수이다. d_0의 크기는 압력과 관계되며 다음과 같이 표현될 수 있다.

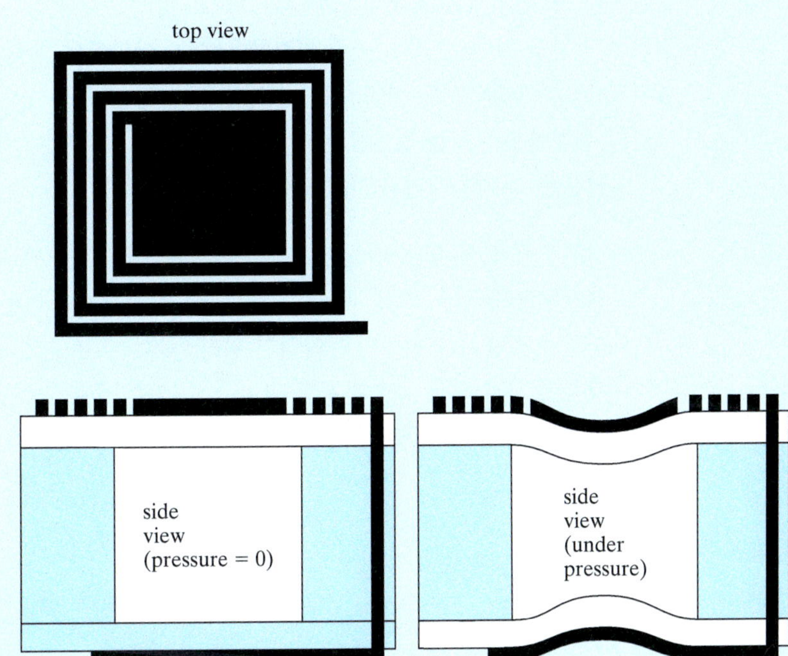

그림 9.10
RF 공진 감지를 이용한 압력 센서 원리.

$$\frac{d_0}{t_m} + 0.488\left(\frac{d_0}{t_m}\right)^3 = \frac{3P(1-\nu^2)}{16E}\left(\frac{a}{t_m}\right)^4 \quad (9.10)$$

여기서 a는 멤브레인의 반지름, E는 영률, 그리고 ν는 포아송 비이다.

전형적인 센서의 측정 민감도와 정확성은 각각 −141 kHz/bar 와 24 mbar이다.

요약

이 장의 목적은 두 가지이다. 첫째로 이 장에서는 전 단원들에서 논의된 센싱 원리들을 비교하였다. 같은 센싱 임무도 수많은 변환 원리들을 사용함으로써 구현될 수 있었다. 성공적인 센싱 방법을 위한 선택은 경우에 따라 다르다. 각각의 방법에 따른 중요한 장점들과 단점들을 나타내었다.

이 장의 두 번째 목적은 몇 가지 유망한 센싱 원리들을 강조한 것이다. 이러한 원리들은 주요 측면에서의 정전식, 압전식, 그리고 압저항식 센싱과 비교하여 상당한 수행 능력의 장점을 보여 주었다. 종종 이것들은 다른 방법에서 얻을 수 없는 단순함과 저비용의 장점을 제공하기도 한다. 이러한 방법들은 많은 응용 분야에서 사용되고 있지만, 그들의 성능이 장담하는 것만큼 넓게 사용되지 않고 있다.

여러분은 다음의 개념과 사실을 이해해야 한다.

- 정전용량 센싱, 압저항 센싱, 그리고 압전 센싱에 관련된 주요 장점과 단점
- 정전용량 구동기, 압전 구동기, 그리고 열적 구동기와 관련된 주요 장점과 단점
- 터널링에 근거한 센싱의 물리적인 원리
- 광학적 간섭 위치 센싱의 광학 원리
- 전계 효과 트랜지스터의 정성적 동작 분석

문제

문제 9.1: 제조

사례 9.1 에서 세 층 각각에 대한 자세한 제조 공정을 그리라. 각각의 단계에 포함된 모든 재질들을 뚜렷하게 표시하라.

문제 9.2: 검토

4, 5, 6, 7, 9 장에서 다룬 모든 가속도 센서들을 검토하라. 이러한 센서들을 (1) 민감도, (2) 제작의 간단함, (3) 온도에 대한 민감도 측면에서 순서를 정하라. 각각의 디자인에 대해서 최소한 하나씩의 장점과 단점을 확인하라.

첫째로 이 문제에 대하여 조사되는 모든 소자들의 실체를 밝히라. 각 소자들에 대하여 사례 번호와 장 번호를 정확하게 쓰라. 그리고 그 소자들에 순서대로 번호를 붙이라. 주어진 세 가지 기준에 따라 그것들의 순서를 정하라. 각각의 구분에 따라 최고와 최악에 대하여 당신의 선택 과정에 대해 설명하라.

문제 9.3: 검토

멤브레인 압력 센서, 유량 속도 센서, 그리고 외팔보 변위 센서 중에서 하나 이상의 센서 형태를 조사하여 문제 9.2 의 과정을 반복하라.

문제 9.4: 설계

광학 기준은 길이가 100 μm 인 외팔보의 수직 변위를 측정한다. 수직 변위 t 는 각변위 q

와 일치한다. 광학 기준의 길이는 1 mm이다. 원반 모양의 4분원 광감지기는 반지름이 1 cm이다. 이러한 구성을 가지고 측정 가능한 변위의 범위를 구하라.

문제 9.5: 설계

사례 9.2에서 회절된 빔의 강도와 적용된 가속도 사이의 분석적인 관계를 유도하라. 가속도에 대한 민감도를 향상시키기 위한 설계 전략 등을 쓰라.

문제 9.6: 검토

사례 9.2에서 다른 축으로 적용된 가속도의 간섭성을 최소화하기 위하여 사용되어지는 간단한 디자인 방법을 확인하고 설명하라.(**힌트**: 그림 9.5 참조.)

문제 9.7: 설계

광학 센싱 사례, 가상적인 압저항 센싱 사례, 그리고 가상적인 정전용량 센싱 사례 중에서, 민감도를 사례 9.3에 나온 구조의 자유로운 끝단에서 단위 변위당 퍼센트 변화로 나타낼 수 있는 분석적 표현을 유도하라. 정전용량 센싱에서 간격의 크기는 d_0이다.

문제 9.8: 제조

정전용량 센싱과 광학적 센싱에 근거한 멤브레인 음향 센서(사례 9.4)의 제조 공정을 그리라. 사진 인쇄술의 상세한 과정은 생략해도 된다. 광학 센싱이 정전용량 센싱 방법에 비하여 공정과 물질을 단순화하는 것을 최소한 한 가지 이상의 방향에서 토론하라.

문제 9.9: 도전

사례 9.4의 음향 센서와 사례 9.6의 공진 센싱 구조를 모두 고려하라. 사례 9.6에서와 유사한 전자 회로 센싱 구조와 사례 9.4에서의 기계적 미세 구조를 이용하여 표면 미세 가공된 압력 센서의 설계와 제조 공정에 대해 토론하라. 각각의 단계에서 물질의 양립성에 대해서도 토론하라.

문제 9.10: 도전

앞의 몇 단원이나 다른 도서에서라도 토론된 어떤 구동에 근거하여 칩 표면에 수직으로 가능한 최대의 변위를 갖는 구동기를 설계하라. 하나의 구동기는 50 μm×50 μm을 넘지 않는 칩 공간을 차지해야 하고, 이 영역으로 연결할 수 있게 하는 도선은 차지하는 공간에서 제외한다. 구동기는 반드시 미세 제작에 적당한 실제 재질을 이용해야 한다. 허용할 수 있는 전압, 전류, 그리고 입력 전력의 최대 한계가 있는데, 이는 첫째로 요구되는 조건이다. 전압, 전류, 그리고 전력의 한계는 100 V, 0.2 A, 그리고 300 mW이다.

문제 9.11: 도전

최대의 각변위를 얻기 위한 설계를 목표로 하여 문제 9.10을 반복하라.

문제 9.12: 도전

수직 병진 운동하에서 최대의 힘을 얻을 수 있는 설계를 목표로 문제 9.10을 반복하라.

문제 9.13: 도전

학생 3~4명을 한 그룹으로 하여 문제 9.10, 9.11, 또는 9.12를 풀라. 집단 내의 경쟁에 참여하라.

참고문헌

1. Grade, J., et al., *Progress in Tunnel Sensors*. Presented at Technical Digest, Solid-State Sensor and Actuators workshop. Hilton Head, SC: 1996.
2. Kenny, T.W., et al., *Micromachined Silicon Tunnel Sensor for Motion Detection*, Applied Physics Letters, 1991. **58**: p. 100–102.
3. Kenny, T.W., et al., *Wide-Bandwidth Electromechanical Actuators for Tunneling Displacement Transducers*, Microelectromechanical Systems, Journal of, 1994. **3**: p. 97–104.
4. Kenny, T.W., et al., *Micromachined Infrared Sensors Using Tunneling Displacement Transducers*, Review of Scientific Instruments, 1996. **67**: p. 112–128.
5. Grade, J., et al., *Wafer-Scale Processing, Assembly, and Testing of Tunneling Infrared Detectors*. Presented at International Conference on Solid State Sensors and Actuators, Transducers '97. Chicago: 1997.
6. Yeh, C., and K. Najafi, *CMOS Interface Circuitry for a Low-Voltage Micromachined Tunneling Accelerometer*, Microelectromechanical Systems, Journal of, 1998. **7**: p. 6–15.
7. Yeh, C., and K. Najafi, *Micromachined Tunneling Accelerometer with a Low-Voltage CMOS Interference Circuit*. Presented at 1997 International Conference on Solid-State Sensors and Actuators, Chicago, IL: 1997.

8. E. Udd, *Fiber-Optic Sensors*. In Wiley Series in Pure and Applied Optics. S.S. Ballard and J.W. Goodman, Eds. John Wiley and Sons, 1991.

9. Maurice, E., et al., *High Dynamic Range Temperature Point Sensor Using Green Fluorescence Intensity Ratio in Erbium-Doped Silica Fiber*, Lightwave Technology, Journal of, 1995. **13**: p. 1349–1353.

10. Mignani, A.G., and F. Baldini, *In-vivo Biomedical Monitoring by Fiber-Optic Systems*, Lightwave Technology, Journal of, 1995. **13**: p. 1396–1406.

11. Michie, W.C., et al., *Distributed pH and Water Detection Using Fiber-Optic Sensors and Hydrogels*, Lightwave Technology, Journal of, 1995. **13**: p. 1415–1420.

12. Knowles, S.F., et al., *Multiple Microbending Optical-Fiber Sensors for Measurement of Fuel Quantity in Aircraft Fuel Tanks*, Sensors and Actuators A: Physical, 1998. **68**: p. 320–323.

13. Luo, F., et al., *A Fiber-Optic Microbend Sensor for Distributed Sensing Application in the Structural Strain Monitoring*, Sensors and Actuators A: Physical, 1999. **75**: p. 41–44.

14. Mach, P., et al., *Tunable Microfluidic Optical Fiber*, Applied Physics Letters, 2002. **80**: p. 4294–4296.

15. Kopp, V.I., et al., *Chiral Fiber Gratings*, Science, 2004. **305**: p. 74–75.

16. Plaza, J.A., et al., *BESOI-Based Integrated Optical Silicon Accelerometer*, Microelectromechanical Systems, Journal of, 2004. **13**: p. 355–364.

17. Rugar, D., H.J. Mamin, and P. Guethner, *Improved Fiber-Optic Interferometer for Atomic Force Microscopy*, Applied Physics Letters, 1989. **55**: p. 2588–2590.

18. Stephens, M., *A Sensitive Interferometric Accelerometer*, Review of Scientific Instruments, 1993. **64**: p. 2612–2614.

19. Manalis, S.R., et al., *Interdigital Cantilevers for Atomic Force Microscopy*, Applied Physics Letters, 1996. **69**: p. 3944–3946.

20. Loh, N.C., M.A. Schmidt, and S.R. Manalis, *Interferometric Accelerometer with Nano-g Resolution*, Microelectromechanical Systems, Journal of, 2002. **11**: p. 182–187.

21. Annovazzi-Lodi, V., S. Merlo, and M. Norgia, *Comparison of Capacitive and Feedback-Interferometric Measurements on MEMS*, Microelectromechanical Systems, Journal of, 2001. **10**: p. 327–335.

22. Jensen, B.D., et al., *Interferometry of Actuated Microcantilevers to Determine Material Properties and Test Structure Nonidealities in MEMS*, Microelectromechanical Systems, Journal of, 2001. **10**: p. 336–346.

23. Annovazzi-Lodi, V., et al., *Optical Detection of the Coriolis Force on a Silicon Micromachined Gyroscope*, Microelectromechanical Systems, Journal of, 2003. **12**: p. 540–549.

24. Yaralioglu, G.G., et al., *Analysis and Design of an Interdigital Cantilever as a Displacement Sensor*, Journal of Applied Physics, 1998. **83**: p. 7405–7415.

25. Gabrielson, T.B., *Mechanical-Thermal Noise in Micromachined Acoustic and Vibration Sensors*, Electron Devices, IEEE Transactions on, 1993. **40**: p. 903–909.

26. Savran, C.A., et al., *Fabrication and Characterization of a Micromechanical Sensor for Differential Detection of Nanoscale Motions*, Microelectromechanical Systems, Journal of, 2002. **11**: p. 703–708.

27. Jin, X., et al., *Fabrication and Characterization of Surface Micromachined Capacitive Ultrasonic Immersion Transducers*, Microelectromechanical Systems, Journal of, 1999. **8**: p. 100–114.

28. Hall, N.A., and F.L. Degertekin, *Integrated Optical Interferometric Detection Method for Micromachined Capacitive Acoustic Transducers*, Applied Physics Letters, 2002. **80**: p. 3859–3861.

29. Plaza, J.A., et al., *New FET Accelerometer Based on Surface Micromachining*, Sensors and Actuators A: Physical, 1997. **61**: p. 342–345.

30. Svensson, L., et al., *Surface Micromachining Technology Applied to the Fabrication of an FET Pressure Sensor*, Journal of Micromechanics and Microengineering, 1996. **6**: p. 80–83.

31. Kuhnel, W., *Silicon Condenser Microphone with Integrated Field-Effect Transistor*, Sensors and Actuators A: Physical, 1991. **26**: p. 521–525.

32. Sugiyama, S., M. Takigawa, and I. Igarashi, *Integrated Piezoresistive Pressure Sensor with Both Voltage and Frequency Output*, Sensors and Actuators A, 1983. **4**: p. 113–120.

33. Fonseca, M.A., et al., *Wireless Micromachined Ceramic Pressure Sensor for High-Temperature Applications*, Microelectromechanical Systems, Journal of, 2002. **11**: p. 337–343.

CHAPTER 10

벌크 미세 가공 기술과 실리콘 비등방성 식각

10.0 서론

이 장에서는 벌크 미세 가공(bulk micromachining) 기술에 대한 논의에 초점을 맞춘다. 10.1절에서는 주요 용어에 대해 알아본다. 10.2절에서는 실리콘의 비등방성 습식 식각에 대해 논의한다. 간단한 사례를 시작으로 복잡한 것까지 그 수준을 넓혀 나간다. 10.3절부터 10.6절까지는 플라즈마 식각(plasma etching), 반응성 이온 식각(reactive ion etching), 비등방성 습식 식각(isotropic wet etching), 가스 상태 식각(gas phase etching)에 대해 알아본다. 자연발생 산화층은 실리콘 위에 공통적으로 발생하는 물질 형태로, 미세 가공 공정에 영향을 미친다. 10.7절에서 자연 발생 산화층과 관련된 동작 및 공정 기술을 논한다. 웨이퍼 접합은 좀더 정교한 미세 구조를 만들기 위해 벌크 식각과 함께 자주 사용되는 기술이다. 그러한 하이브리드 공정은 10.8절에서 자세히 논한다. 10.9절에서 매달린 빔과 판, 매달린 얇은 멤브레인의 두 가지 형태의 구조를 만들기 위한 공정 기술을 체계적으로 검토한다.

10.1 소개

벌크 미세 가공은 MEMS 공정의 중요한 부류이다[1]. 벌크 미세 가공 공정에서 기판(벌크)의 한 부분이 자유롭게 움직일 수 있는 기계 구조(빔과 멤브레인 같은) 또는 독특한 3차원 구조(움푹 패인 구조, 웨이퍼 관통 구멍, 메사 구조)를 만들기 위하여 제거된다. 벌크 미세 가공은 실리콘, 유리, 갈륨비소, 그리고 그 밖의 관심 물질에 적용될 수 있다. 이 장에서는 실리콘 기판의 벌크 미세 가공에 초점을 둔다.

식각 물질의 상태에 따라 벌크 실리콘 식각 공정은 크게 습식 식각과 건식 식각의

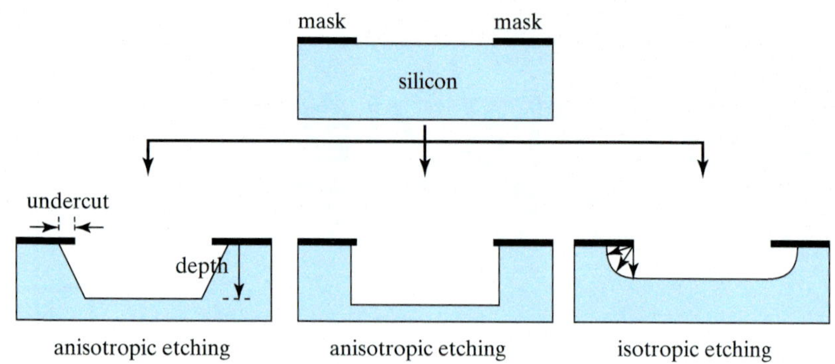

그림 10.1
등방성 식각과 비등방성 식각의 정의.

두 가지로 분류된다. 습식 실리콘 식각 공정은 액체 화학 용액을 실리콘과 접촉하여 사용한다. 건식 식각 공정은 물질 제거를 위하여 플라즈마(이온화된 기를 함유한 높은 에너지의 기체)또는 기체 상태 식각제를 사용한다.

벌크 실리콘 식각은 식각률의 3차원 분포와 식각된 미세 구조물의 윤곽에 따라 분류될 수 있다. 벌크 습식 식각의 식각률은 결정 방향에 의존한다. 벌크 건식 식각의 식각률은 웨이퍼의 방향에 의존한다. 만약 모든 방향의 식각률이 동일하다면, 식각은 **등방성**(isotropic)이라고 말한다. 만약 식각률이 방향에 따라 다르다면, 식각은 **비등방성**(anisotropic)이라고 말한다. 등방성과 비등방성 벌크 식각에 의해 만들어진 움푹 패인 구조(cavity)의 대표적인 단면은 그림 10.1에 나타나 있다.

그림 10.1과 같이, 식각 활동은 마스크의 열린 구간을 통해 노출된 지역으로 제한되지 않는다. 중요한 물질의 제거가 마스크 지역 밑에서도 발생한다. 이와 같이 옆 방향의 물질 제거를 기술 용어로 **언더컷**(undercut)이라 한다. 언더컷은 매달린 기계 구조를 만들기 위해 요구된다. 특정 응용을 위해 언더컷은 바람직하지 못하고 적절한 마스크 설계와 주의 깊은 공정 제어를 통하여 최소화되어야 한다.

다음은 벌크 미세 가공 공정과 식각 용액을 선택할 때 고려해야 할 주요 사항들의 목록이다.

1. **식각률**(etch rate). 물질의 제거 속도는 중요하다. 더 높은 식각률은 더 짧은 식각 시간과 더 큰 제조 처리량의 장점을 가져온다.
2. **식각률 선택도**(etch rate selectivity). 선택도는 식각 목표 물질과 마스크층과 같은 의도하지 않은 물질 사이의 식각률의 비를 말한다. 선택도의 비는 가능한 한

커야 한다. 예를 들어 식각 용액은 이상적인 상황에서 마스크 물질을 식각하지 말아야 한다.

3. **공정 온도**(process temperature). 벌크 물질과 식각 용액의 온도는 매우 깊게 연관되어 있다. 높은 온도의 공정단계는 재료의 선택에 제한을 준다. 많은 시스템에서 식각률은 온도에 의존적이다.
4. **웨이퍼 전체의 식각 균일도**(etch uniformity across a wafer). 대개 식각률은 웨이퍼 전체 표면에 있어서 균일하지 않다. 특히 웨이퍼 크기가 클 때, 균일한 식각률을 얻기 위해서는 복잡한 공정 제어가 필요하게 된다.
5. **시간 초과 식각에 대한 민감도**(sensitivity to over-time etch). 웨이퍼 전체에 대한 식각률의 차이 때문에 웨이퍼에 있는 어떤 구조물들은 다른 구조물들에 비하여 빨리 식각이 끝난다. 이와 같이 빨리 끝난 구조물들은 웨이퍼에 있는 다른 구조물들 모두가 목표하는 점까지 도달하도록 식각 용액에 견뎌야 한다. 시간 초과 식각은 피할 수 없다. 시간 초과 식각에 둔감한 안정된 공정이 항상 요구된다.
6. **식각액의 안전성과 비용.** 어떤 식각액은 흡입되거나 피부에 닿을 때 매우 위험하게 된다. 각 식각액과 관련된 물질 안전성 문제를 아는 것이 매우 중요하다. 주어진 생산품의 물질 안전 보건 자료(MSDS)를 항상 참고하고, 엄격하게 지켜야 한다.
7. **표면 마무리와 결함.** 다양한 식각 방법과 다양한 재료는 표면 평탄 정도와 결함 밀도가 달라지는 결과를 야기한다. 평탄도는 여러 소자와 재료 성능의 관점에서 중요하다. 예를 들어 단결정 실리콘 미세 구조의 균열 강도는 그 구조를 형성하기 위해 사용된 식각액에 의해 영향을 받는다[2]. 실제적으로 다양한 식각 방법 및 조건과 관련된 평탄도의 정도뿐만 아니라, 평탄도를 향상시키는 방법이나 필요하다면 인위적으로 표면을 거칠게 만드는 방법에 대해서도 알고 있어야 한다.

일반적인 벌크 식각액과 식각 방법에 관련된 성질들이 표 10.1 에 요약되어 있다.

10.2 비등방성 습식 식각

10.2.1 소개

실리콘 비등방성 습식 식각 기술은 과거 20년 이상에 걸쳐서 개발되어 왔다[3~5]. 그것은 다양한 공정이 가능하고, 오목한 구조들(즉 멤브레인이 같이 있거나 또는 멤브레인이 없는 구조의 공동), 볼록한 구조들(즉 피라미드 모양의 팁과 메사 구조들), 그리고 매달려 있는 기계 구조들을 만드는 데 사용될 수 있기 때문이다. 이 공정은 실리콘 압력 센

표 10.1 벌크 식각 용액의 성질과 방법.

	EDP	Alkali-OH	TMAH	Gas phase	Plasma etch	HNA
Dry/wet	Wet	Wet	Wet	Dry	Dry	Wet
Isotropic/ Anisotropic	Anisotropic	Anisotropic	Anisotropic	Isotropic	Anisotropic or isotropic	Isotropic
Etch rate on <100> Si (μm/min)	0.3–1.25	0.5–1	0.3–1	1–10 per pulse/cycle	0.5–2.5	0.5–1
Etch rate on silicon nitride (nm/min)	Very low	Very low	1–10	Low	100–400	Very low
Etch rate on doped silicon	Low on highly doped Si	Low on highly doped Si	Low on highly doped Si	Not sensitive to doping	Not sensitive to doping	Selectivity dependent on mixing ratio
Etch rate on silicon oxide	Low	Low, but higher than that of EDP	Low	Very low	Low	Moderate
Cost	Moderate	Low	Low to medium	Moderate to high	Moderate to high	Low

서, 가속도계, 신경 정보 저장용 탐침, 그리고 원자 현미경용 탐침 등을 포함하여 많은 상업적 상품들을 성공적으로 제조하는 데 사용되어 왔다.

오늘날 실리콘 비등방성 식각을 보완하거나 대체하기 위하여 새로운 공정이 개발되고 있다. 예를 들어 DRIE(deep reactive ion etching) 공정은 높은 수직의 형상비와 독특한 수직의 벽 형태를 제공한다. 그리고 더 좋은 물질 선택도도 제공한다. 폴리머 기판과 같은 새로운 재료들이 매우 자주 사용된다.

새로운 물질들과 공정들이 개발됨에도 불구하고, 실리콘 비등방성 습식 식각은 MEMS 제조에 있어서 매우 중요한 기술로 남아 있다. 어떤 형태들(피라미드 형태의 융기와 반전된 피라미드 형태의 공동과 같은)은 실리콘으로 단지 비등방성 습식 식각 기술만으로 형성할 수 있다. 식각 방법은 독특한 3차원 구조 형태와 성질(즉 매우 평탄한 {111}로 기울여진 표면)을 제공한다. 습식 식각 시스템의 비용은 건식 식각을 위해 요구되는 것보다 훨씬 저렴하다. 따라서 이 장의 많은 부분에서 이 주제를 다루고 있다.

현저하게 벌크 식각 단계를 나타내는 공정을 이용하여 만들어진 구조들의 몇 가지 예를 살펴보자. 습식 비등방성 식각 공정은 초기 MEMS의 상업용 생산품 중 하나인 멤브레인 기반의 실리콘 압력 센서를 실현하기 위해 사용되어 왔다[6]. 이 소자의 제조 공정은 몇 가지 주요 단계로 구성되어 있다(그림 10.2). 이 공정은 실리콘의 앞 {100} 표면에서 시작된다. 그 다음 실리콘 웨이퍼의 양면에 열산화막을 성장시킨다(그림 10.2a). 감광형 폴리머(감광막)층이 웨이퍼의 앞면에 회전 도포된다. 그런 다음에 감광막은 사진

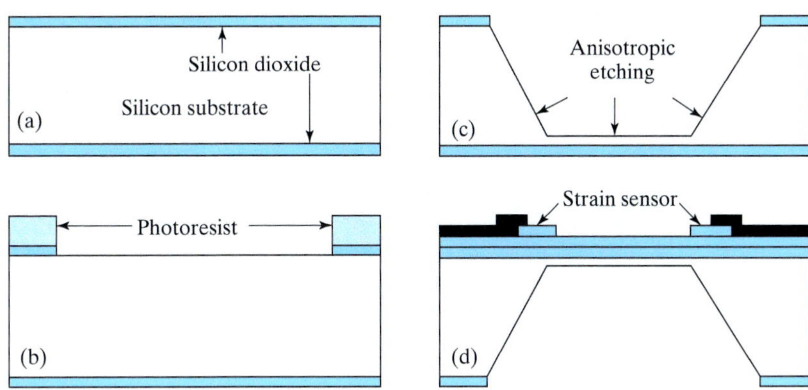

그림 10.2
압력 센서의 형성.

인쇄 기법에 의해 패턴화되고 현상된다. 감광막의 패턴은 플루오르화수소산(HF) 용액을 이용하여 산화막으로 전사된다(그림 10.2b). 감광막은 산화막이나 실리콘을 공격하지 않는 아세톤을 사용하여 선택적으로 제거된다. 산화막은 습식 비등방성 식각 동안 마스크로서 사용된다. 일정한 식각 시간 후의 웨이퍼 단면 윤곽은 {111} 방향으로 경사진 측벽과 바닥 면이 {100} 면으로 구성된 공동을 보여 준다(그림 10.2c). 식각은 멤브레인이 원하는 두께로 되었을 때 멈추게 된다. 변형률 센서는 단결정 실리콘 멤브레인의 특정한 위치에 단결정 실리콘 멤브레인을 도핑하거나[6] 또는 도핑된 다결정 실리콘을 증착하고 패턴화함(그림 10.2d)으로써 형성된다.

또 다른 응용의 예로서 실리콘 벌크 미세 가공 공정이 매달린 형태의 외팔보와 그림 10.3에 나타낸 것처럼 원자 현미경 탐침의 튀어나온 팁을 만들기 위해 사용된다. 이 소자의 상세한 제조 공정은 14장에서 논의한다.

비등방성 식각은 2차원의 마스크 모양에서 3차원 형상을 만들어 낸다. 3차원 윤곽은 다양한 결정면들로 구성되고 시간이 지남에 따라 다양한 형태로 진화하고 있다. 독특한 기하학적 특징을 가진 3차원 미세 구조는 어떻게 형성될까? 10.2.2~10.2.5절을 통해 기하학적 변형 규칙을 검토함으로써 이 질문에 대한 답을 찾을 수 있을 것이다.

10.2.2 비등방성 식각의 규칙—가장 간단한 사례

첫째로 가장 간단한 사례를 검토하도록 하자—마스크가 가장자리가 <110> 방향으로 배열된 직사각형이나 정사각형의 형태 열린 구간(open window)을 포함하고 있을 때, <100> 방향의 실리콘 기판에서 식각된 구멍의 형태(그림 10.4a).

그림 10.3
비등방성 식각에 의해 형성된 외팔보 빔.

실리콘 웨이퍼가 실리콘 습식 식각 용액에 잠길 때, 열린 구간을 통해 노출된 원자층은 우선적으로 식각된다. 습식 비등방성 식각 용액은 결정 평면에 따라 식각률이 매우 다른 특징을 보인다(9.3.5절에 상세히 나옴). 일반적으로 실리콘의 <111> 방향이 모든 결정 방향들 중에서 식각률이 가장 느리다.

식각률이 결정 방향에 의존하는 이유에 대해서는 추측은 존재하지만 아직 정확히 이해를 하지 못하고 있다. 습식 비등방성 식각액은 먼저 실리콘 표면을 산화시킴으로써 실리콘을 제거하고(식각액 안의 산화제 성분 사용), 그런 다음 실리콘 산화층(산화층 식각 성분 사용)을 제거하기 때문에 식각률의 차이는 산화율의 차이에 의해 발생하는 것으로 믿어지고 있다. 하지만 실험적 데이터와 반응률 분석과 관련된 직접적 증거가 보고되지는 않았다.

미시적으로 식각률의 차이는 다양한 방향성을 가진 표면 위에서 실리콘 원자의 원자 결합 에너지와 관련되어 있다. 각기 다른 실리콘 표면에서의 원자들은 서로 다른 이웃한 원자의 개수, 결합 에너지, 제거를 위한 어려움 정도와 연관되어 있다.

이 단계에서는 실리콘의 식각률이 결정 방향에 따라 다르며, <100>과 <110> 방향에서의 식각률이 <111> 방향보다 훨씬 빠르다는 것을 이해하는 것으로 충분하다. 어떤 높은 지표를 갖는 결정 방향에서 식각률이 보다 더 크다.

결정 격자의 식각률 분포 이해와 더불어 식각 형태의 진행 상황을 알아보도록 하자. 마스크 열린 구간의 중앙을 관통하는 실리콘 웨이퍼의 단면에 초점을 맞출 것이다(그림 10.4). 맨 위층의 원자는 서로 밀접하게 모여 있으며 모두가 <100> 방향을 바라보고 있다. 하나의 대표적인 원자인 그림 10.4b의 원자 A는 <100> 방향의 식각률에 따라 제거된다.

원자의 첫 번째 층이 제거됨으로써, 마스크 열린 구간의 가장자리를 따라서 있는 원

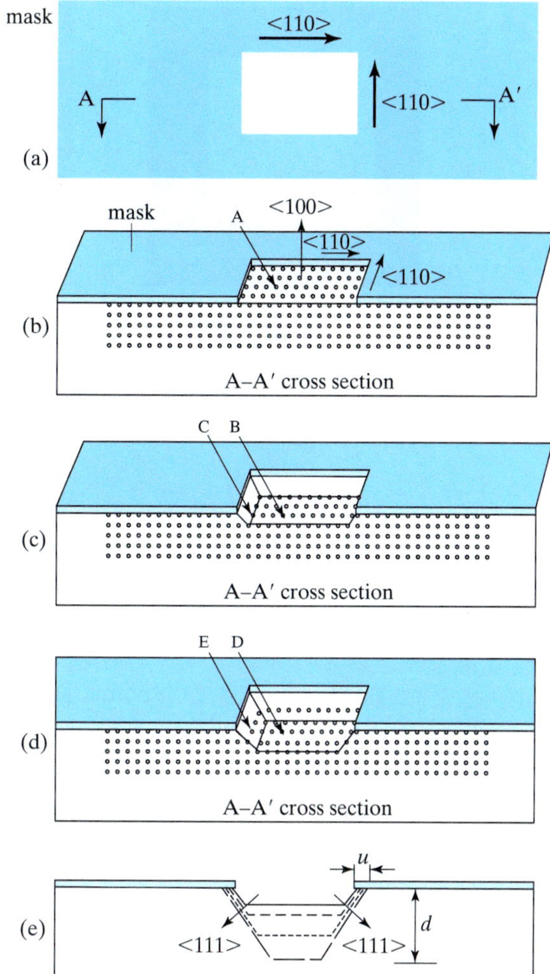

그림 10.4
식각 형태의 전개.

자들은 <100>과 다른 방향으로 노출된다(그림 10.4c). 식각된 층의 중간에 있는 원자(즉 원자 B)는 같은 평면에 위치한 <100> 방향을 향하는 원자들에 의해서 측면에 위치되어 지기 때문에 <100> 방향으로부터만 식각될 수 있다. 가장자리에 있는 원자(즉 원자 C)는 원자 B보다 큰 결합 강도를 가진다. 원자 C와 관련된 보다 더 높은 결합 강도는 A-A′ 단면에서 원자 C가 딱딱한 측면에서 180° 이상의 입체각을 갖는다는 사실에서 이해할 수 있다. 대조적으로 원자 B는 단지 180°의 입체각을 가지고 있다.

원자의 두 번째 층이 제거된 후에(그림 10.4d), 경사면에서의 한 대표적인 원자(원

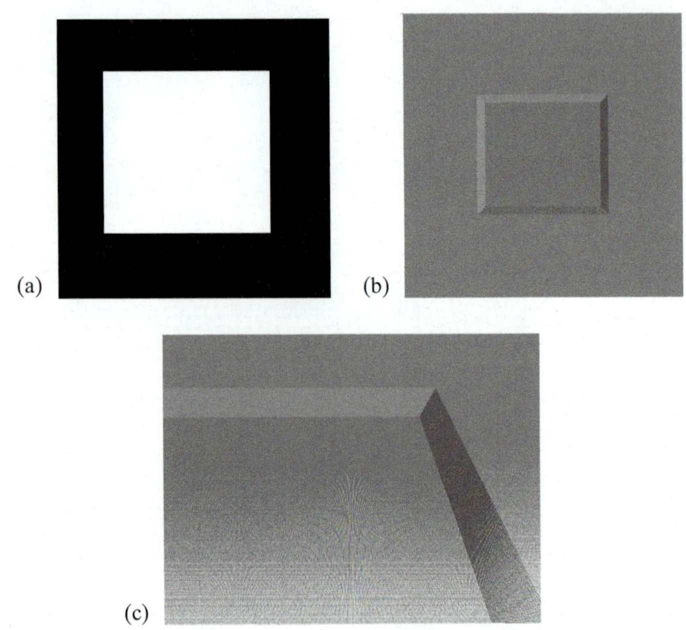

그림 10.5
시뮬레이션 소프트웨어를 사용하여 만들어진 이미지들.

자 E)는 <111> 방향을 향하는 원자들에 의해 측면에 위치해 있다. 예를 들어 원자 E를 제거하기 위해 요구되는 에너지는 원자 D를 제거하기 위해 필요한 에너지보다 크다. 결론적으로 {111} 경사면의 식각률은 바닥면의 식각률보다 더 느리다.

식각 과정으로서, 공동의 단면 윤곽은 그림 10.4e에 나와 있는 것처럼 변한다. 점선은 식각 윤곽의 진행을 나타낸다. 공동의 깊이는 <100> 방향의 식각률에 따라서 식각 시간과 더불어 증가하게 된다. 가장자리에서 시작되어서 경사진 {111} 표면이 형성된다. {111} 평면의 중간에 놓인 원자들은 다른 <111> 방향을 바라보는 원들에 의해 측면에 위치하므로 매우 느리게 식각된다.

컴퓨터 시뮬레이션 프로그램은 그림 10.5a에 나와 있는 마스크와 더불어 3차원 식각 형태를 시각적으로 설명하는 데 사용되고 있다(그림 10.5). 실리콘 원자의 몇 개 층이 제거된 후 웨이퍼의 평면도는 그림 10.5b에서 보여 준다. 모서리들 중 하나를 확대한 공동의 투시도가 그림 10.5c에 나타나 있다. 모서리는 {111} 평면과 바닥 {100} 평면에 의해 정의된다.

만약 웨이퍼의 두께가 마스크의 열린 구간의 크기보다 더 크고 식각 공정이 오랜 시간 계속된다고 가정한다면, {100} 표면은 결국 사라지고 네 개의 {111} 평면이 만나

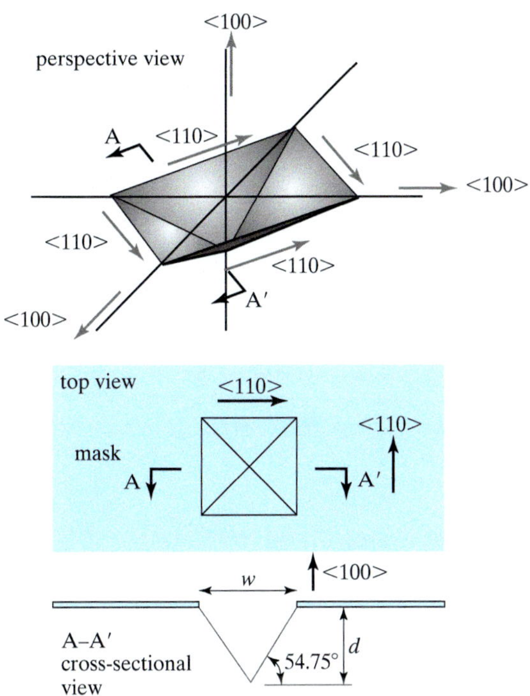

그림 10.6
식각된 공동의 단면 형태.

게 될 것이다.

정사각형의 열린 구간에서 공동은 어떤 완벽한 한 점(perfect point)에서 끝나게 될 것이다. 직시각형의 열린 구간의 경우, 공동은 바닥면에서 칼날 능선(knife-edge) 형태로 끝나게 될 것이다. 실제적으로 마스크는 비이상적이기 때문에 완벽한 한 점은 거의 생기지 않는다.

정사각형의 열린 구간으로부터 형성된 공동의 모식도는 그림 10.6에 나와 있다. 만약 {111} 표면의 식각률을 무시한다고 가정하면 언더컷은 존재하지 않게 된다. {111}과 {100} 면 사이의 각은 54.7°이다. 이 경우 열린 구간의 폭(w)과 최종 식각 깊이(d)는 $d=(w/2)\tan 54.7°$와 같은 관계가 있다.

4개의 {111} 경사면으로 구성된 반전 공동의 전자 주사 현미경 사진이 그림 10.7에 나타나 있다.

일단 {100} 밑면이 없어지면 식각 시간을 초과해도 공동의 형태는 크게 변하지 않는다. 실제로 특별한 경우로서 만약 {111} 평면의 식각률이 완전히 무시된다면 그 형태

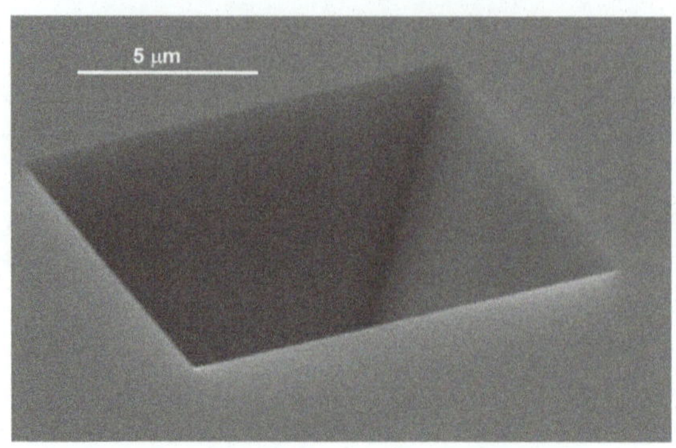

그림 10.7
반전된 공동의 SEM 현미경 사진.

는 화학적 식각이 아무리 오래 진행되더라도 공동의 형태에는 더 이상 변화가 없을 것이다. 느린 식각률의 {111} 평면으로 둘러싸인 3차원 형태를 **SLSP**(self-limiting stable profile)라고 부른다. SLSP에 도달하기 전 상태를 **과도 형태**(transitional profile)라고 하고, 이 상태는 시간이 경과함에 따라 변화를 받게 된다(즉 그림 10.4c). 과도 형태는 얼마나 빠르게 변하는지에 따라서 다시 세분될 수 있다. **불안정 과도 형태**(unstable transitional profile)는 시간에 따라 급격하고 복잡한 방법으로 변화하고, 반면에 **안정 과도 형태**(stable transitional profile)는 느리고 예측 가능하게 변한다.

형태의 세 가지 부류가 표 10.2에 요약되어 있다.

SLSP 형태는 특별히 생산과 제조에 있어서 관심이 집중된다. SLSP는 초과 시간 식각에 대부분 영향을 받지 않는다.

실제에 있어서 웨이퍼 두께는 마스크의 열린 구간 폭과 비슷하거나 보다 더 작을지도 모른다. 마스크 열린 구간의 폭, 웨이퍼 두께(t), 그리고 식각 시간(T)에 의존하여 네 가지 안정 형태(STP 또는 SLSP 형태로)가 결과적으로 정해진다. 이 형태들은 두 가지

표 10.2 실리콘 비등방성 습식 식각의 3차원 형태의 종류.

Type of profile		Definition
Transitional profile	Unstable transitional profile (**UTP**)	A three-dimensional etching profile that consists of fast-etching, high-index planes (e.g., {211}, {411}, etc.)
	Stable transitional profile (**STP**)	A three-dimensional profile that consists of only {100}, {110}, and {111} planes
Self-limiting stable profile (**SLSP**)		A three-dimensional profile that consists of only {111} planes

종류로 분류할 수 있다: 구멍 뚫린 웨이퍼 또는 구멍이 뚫리지 않는 막힌 공동(blind cavity). 막힌 공동은 한 점, 선, 또는 {100} 평면에서 끝날 수 있다. 조건들과 결과가 표 10.3에 요약되어 있다. <100> 방향의 식각률은 $r_{<100>}$로 나타낸다.

예제 10.1 실리콘 비등방성 식각

정사각형의 마스크 열린 구간이 실리콘 웨이퍼의 공동을 만드는 데 사용된다. 웨이퍼의 두께가 500 μm(t)이고 열린 구간은 한 변의 길이가 1 mm(w)라고 가정하자. {100} 표면의 식각률은 2 μm/min(T)이다. {111} 표면의 식각률은 무시하라. 만약 식각 시간이 $t/r_{<100>}$보다 더 길 경우 웨이퍼 뒷면의 열린 구간의 크기를 계산하라.

만약 반전된 점과 함께 막힌 공동을 형성하기 원한다면 웨이퍼의 두께는 얼마이어야 하는가?

풀이 먼저 SLSP 형태의 웨이퍼를 관통하는 열린 구간이 형성되는지 검사해보자. 첫째 다음의 식을 얻을 수 있다.

$$2t/\tan(54.7°) = 0.714 \text{ mm}$$

열린 구간의 폭이 $2t/\tan(54.47°)$보다 크기 때문에, 식각은 막힌 공동 대신에 웨이퍼를 관통하는 구멍을 만들 것이다. 웨이퍼 뒷면의 열린 구간의 폭은 다음과 같다.

$$w - 2t/\tan(54.7°) = 1 - 0.714 = 0.286 \text{ mm}$$

만약 반전된 점과 함께 막힌 공동이 형성되기를 원한다면, 다음 관계를 만족시켜야 한다.

$$w < 2t/\tan(54.7°)$$

이 식을 재배열하면 다음을 얻을 수 있다.

$$t > \frac{w \tan(54.7°)}{w} = 0.7 \text{ mm}$$

이전 분석은 <111> 방향의 어떤 식각도 무시하였다. 하지만 실제로 {111} 표면은 어느 정도의 식각률을 보인다. 유한한 언더컷과 더불어 반전된 피라미드형 공동의 형태는 그림 10.8에 나타나 있다. 전체 식각 시간 T 동안, 측면 언더컷 거리 u는 다음과 같다.

표 10.3 식각 형태.

If $T \geq \frac{t}{r_{<100>}}$	If $w > 2t/\tan(54.7°)$ The SLSP profile is a through-wafer hole.	Profile at any $\infty > T \geq \frac{t}{r_{100}}$ 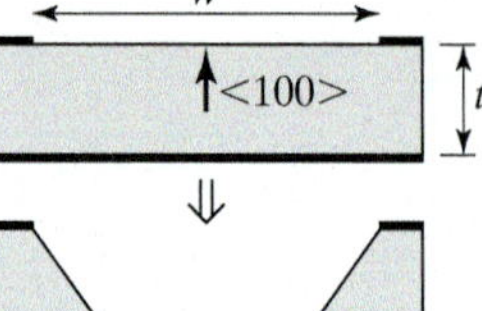
	If $w \leq 2t/\tan(54.7°)$ The SLSP profile is a blind cavity ending at a point (if the mask opening is a square) or a line (if the opening is a rectangle).	Profile at any $\infty > T \geq \frac{t}{r_{100}}$ 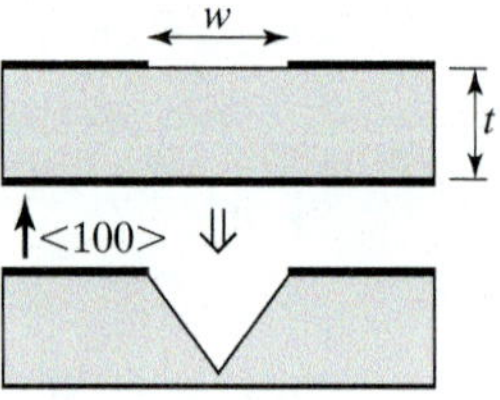
If $T < \frac{t}{r_{<100>}}$	If $w > 2T \cdot r_{<100>}/\tan(54.7°)$ This STP profile is a blind cavity ending at a {100} plane. This profile can be used to produce a thin silicon membrane with controlled thickness.	Profile at any $T < \frac{t}{r_{<100>}}$. The term d is the vertical etching depth. In this case, $d < Tr_{<100>}$. 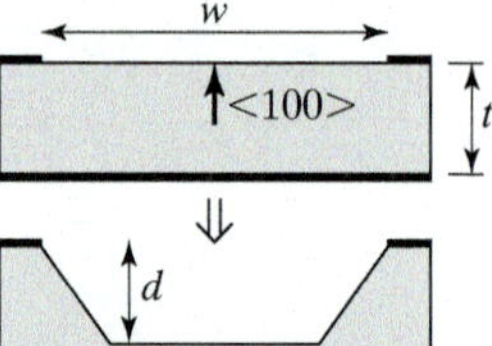
	If $w \leq 2T \cdot r_{<100>}/\tan(54.7°)$ The SLSP shape is a blind cavity ending at a point or a line. The self-limiting depth is $d' = \frac{w \cdot \tan(54.7°)}{2}$.	Profile at any $\frac{t}{r_{<100>}} T \geq \frac{w \cdot \tan(54.7°)}{2r_{<100>}}$. 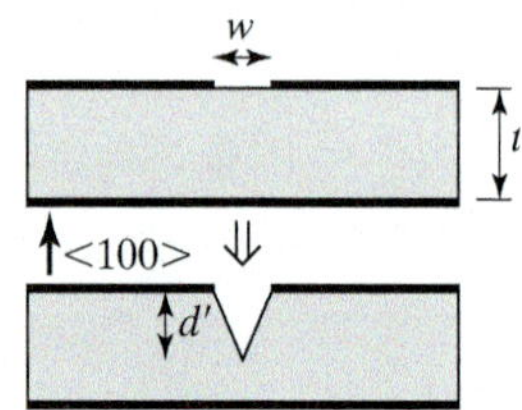

$$u = \frac{r_{<111>} \times T}{\sin(54.7°)} \tag{10.1}$$

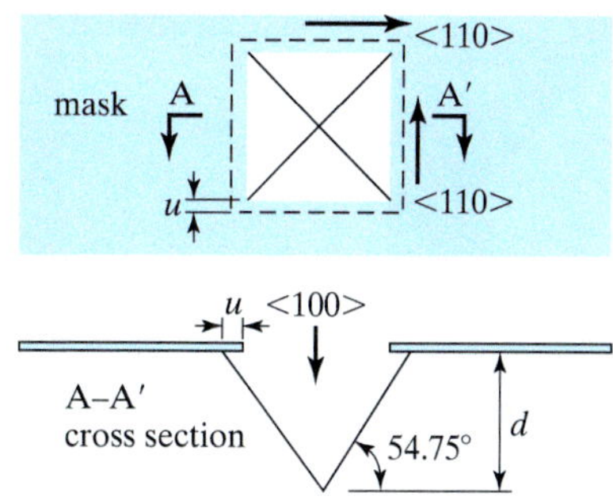

그림 10.8
식각된 공동의 단면도.

반전된 SLSP 형태의 막힌 공동의 경우, 언더컷은 시간이 지남에 따라 깊이를 변화시킨다.

10.2.3 비등방성 식각의 규칙—복잡한 구조들

이전 절에서 매우 간단하고 공통적으로 접하는 사례를 살펴보았다: 실리콘 웨이퍼의 {100} 표면에서 가장자리가 <110> 방향으로 정렬된 직사각형 형태 또는 정사각형 형태의 열린 구간을 갖는 마스크들. 이제부터는 마스크 모양의 제한을 극복하기 위한 분석의 복잡성을 증가시킨다. 첫째 열린 구간의 가장자리가 비간섭 직선이어야 한다는 제한을 제거한다. 다음으로 가장자리가 <110> 방향과 평행해야 한다는 제한도 제거한다.

규정 사항을 검토하는 대신 컴퓨터 시뮬레이션에 의해 예견된 실제 식각 사례를 나타낸 예를 관찰해 보자[7]. 두 개의 독립된 마스크 패턴으로부터 각각의 진행되는 식각 형태가 그림 10.9에 나타나 있다. 마스크에서 두 열린 구간은 매우 다르다. 하지만 충분히 긴 식각 시간(즉 170분) 후에 가장자리들이 <110> 방향으로 정렬된 막힌 STP의 공동 형태와 매우 비슷한 3차원 형태를 갖게 된다(그림 10.9h).

식각은 최초로 마스크된 특정 지역 아래에서 발생한다는 것을 주목하라. 예를 들어 B에서 늘려진 빔 아래의 물질은 말단에서 식각이 시작되면서 점차적으로 제거된다.

식각 규칙은 마스크 패턴의 모퉁이가 어떻게 변형되는지를 추적함으로써 쉽게 알 수 있다. 모퉁이는 **볼록한 모퉁이**(convex corner)와 **오목한 모퉁이**(concave corner)의 두 가지 형태가 있다[8]. **볼록한 모퉁이**에서 마스크된 지역의 입체각은 180°보다 작다. **오목한 모퉁이**에서는 마스크된 지역의 입체각이 180°보다 크다. 그림 10.9a의 실선 화살표는 오목한 모퉁이를 가리킨다. 반면에 볼록한 모퉁이는 점선 화살표로 나타내었다.

볼록한 모퉁이들에서는 가장 빨리 식각되는 면들이 마스크된 영역 아래에서 전개되

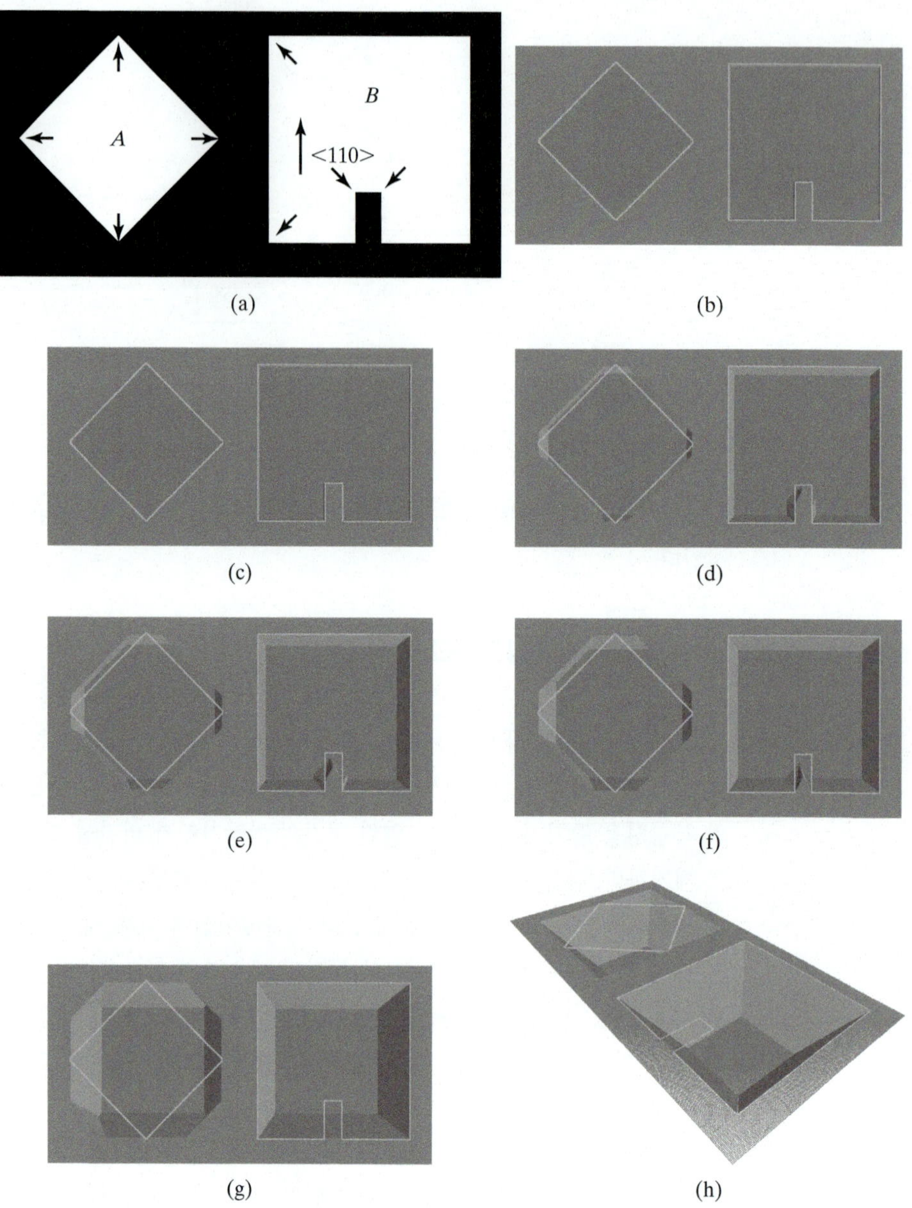

(a) (b) (c) (d) (e) (f) (g) (h)

그림 10.9
식각 형태의 전개. 프레임 (a)는 마스크의 평면도이다. 프레임 (b)에서 (h)까지는 5, 10, 20, 40, 50, 80, 그리고 170분 식각 후 공동의 평면도 또는 투시도이다.

는 3차원 형태들을 결정한다. 오목한 모퉁이들에서는 가장 느리게 식각이 되는 면들이 3차원 형태들을 결정한다. 다시 말하면, 볼록한 모퉁이들은 {211} 면과 {411} 면처럼

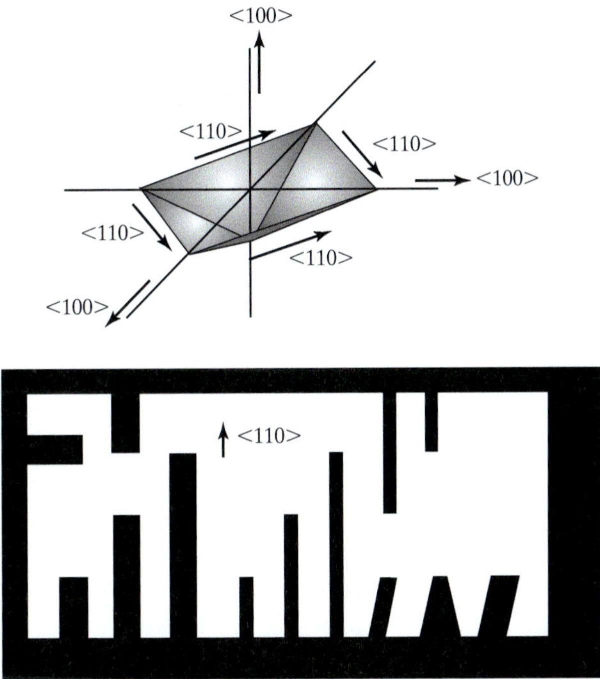

그림 10.10
비등방성으로 식각된 공동 위의 매달린 빔의 투시도.

빠르게 식각되는 면들을 노출하면서 급속하게 언더컷되는 경향이 있다. 오목한 모퉁이들에서는 {111} 면과 같이 느리게 식각되는 면들이 전개되며 궁극적으로 압도하게 된다.

언더컷은 매달린 미세 기계 구조들을 만드는 데 이용될 수 있다. 예를 들어 B를 열어 둔 마스크는 만약 미스크가 모든 습식 식각 공정을 통해서 이겨 낼 만큼 충분히 화학적, 기계적으로 견고하다면 매달린 외팔보가 결과로서 나타날 것이다(그림 10.10). 외팔보의 물질은 마스크층의 물질과 동일하다. 외팔보는 실리콘 질화물, 실리콘 산화물, 그리고 과도핑 실리콘을 포함한 다양한 물질로 만들어진다. 만약 어떤 물질이 좋은 식각 선택도를 보인다면 외팔보의 재료로 사용될 수 있다. 실리콘 기판과 중요한 마스크 재료에 대한 다양한 식각 용액의 식각률을 참고문헌 [9, 10]에서 발견할 수 있다.

예제 10.2 식각 형태의 예측

이전 예에서, 튀어나온 외팔보는 <110> 방향과 평행하였다. 하지만 외팔보가 <110> 방향을 가리키지는 않는다. 또한 그 외팔보의 모양은 직사각형 형태가 아닐 수 있다. 아래의 마스크로부터 나타나는 안정된 식각 형태를 결정하라.

풀이 각기 다른 식각 시간 간격에서 예측되는 식각 형태는 그림 10.11과 같다. 늘려진 빔 아래의 물질들은 볼록한 모퉁이로부터 시작하여 언더컷된다. 프레임 (a)부터 (g)까지는 UTP 공동을 묘사하고 있다. 충분히 오랜 식각 시간[즉 프레임 (h)와 (i)에서 180분] 후에 4개의 {111} 경사진 면과 한 개의 {100} 밑면으로 경계가 지어진 막힌 STP 형태의 공동이 형성된다.

어떤 경우에 있어서, 마스크의 열린 구간은 뚜렷하게 볼록한 모퉁이와 오목한 모퉁이를 식별하기 어렵게 만드는 곡선으로 된 경계로 구성될 수도 있다. 이러한 조건하에서 정확하게 UTP 형태를 예측한다는 것은 어렵고 불필요하다. 반면에 그러한 마스크 패턴으로부터 유래된 STP와 SLSP 형태는 쉽게 결정될 수 있다. 우선 그림 10.12에 나와 있는 마스크에 대한 진행되는 식각 형태를 관찰하여 보자. 이 마스크는 5개의 열린 패턴을 가지고 있는데 이 중 2개는 경계가 곡선으로 되어 있다.

다양한 시간 간격에서의 식각 형태가 그림 10.13에 나와 있다. 프레임 (a)에서 (j)까지는 식각이 진행된 지 5, 10, 20, 40, 50, 70, 105, 125, 230, 310분이 흐른 후의 식각 형태를 나타내고 있다. 프레임 (k)는 310분이 흐른 후 STP, SLSP 공동이 있는 웨이퍼의 투시도이다. 프레임 (l)은 (k)와 비슷하지만, 단면이 나타나 있다. 충분히 긴 식각 시간 후에, 곡선으로 경계를 이룬 두 열린 구간은 {111} 면들로 경계가 지어진 SLSP 공동으로 나타난다.

어떤 주어진 열린 구간으로부터 만들어진 SLSP 형태는 UTP 형태의 분석을 진행할 필요 없이 직접적인 방법으로 찾을 수 있다.

앞으로 분석을 간단히 하기 위하여, **FSLC**(footprint of self-limiting cavity)를 SLSP 공동과 웨이퍼의 앞면과의 교선으로 정의한다. 만약 웨이퍼의 앞면이 {100} 면이라면, FSLC를 결정하기 위한 절차는 다음을 따른다.

1. 마스크 열린 구간의 연속적인 경계의 맨 왼쪽, 맨 오른쪽, 맨 위쪽, 맨 아래쪽 점이나 선을 찾으라.
2. 맨 왼쪽과 맨 오른쪽 점을 통과하는 수직 <110> 방향의 선을 그리라.
3. 맨 위쪽과 맨 아래쪽 점을 통과하는 수평 <110> 방향의 선을 그리라.
4. FSLC는 단계 2와 3에서 발견된 4개의 선에 의해 경계를 이루는 영역이 된다.

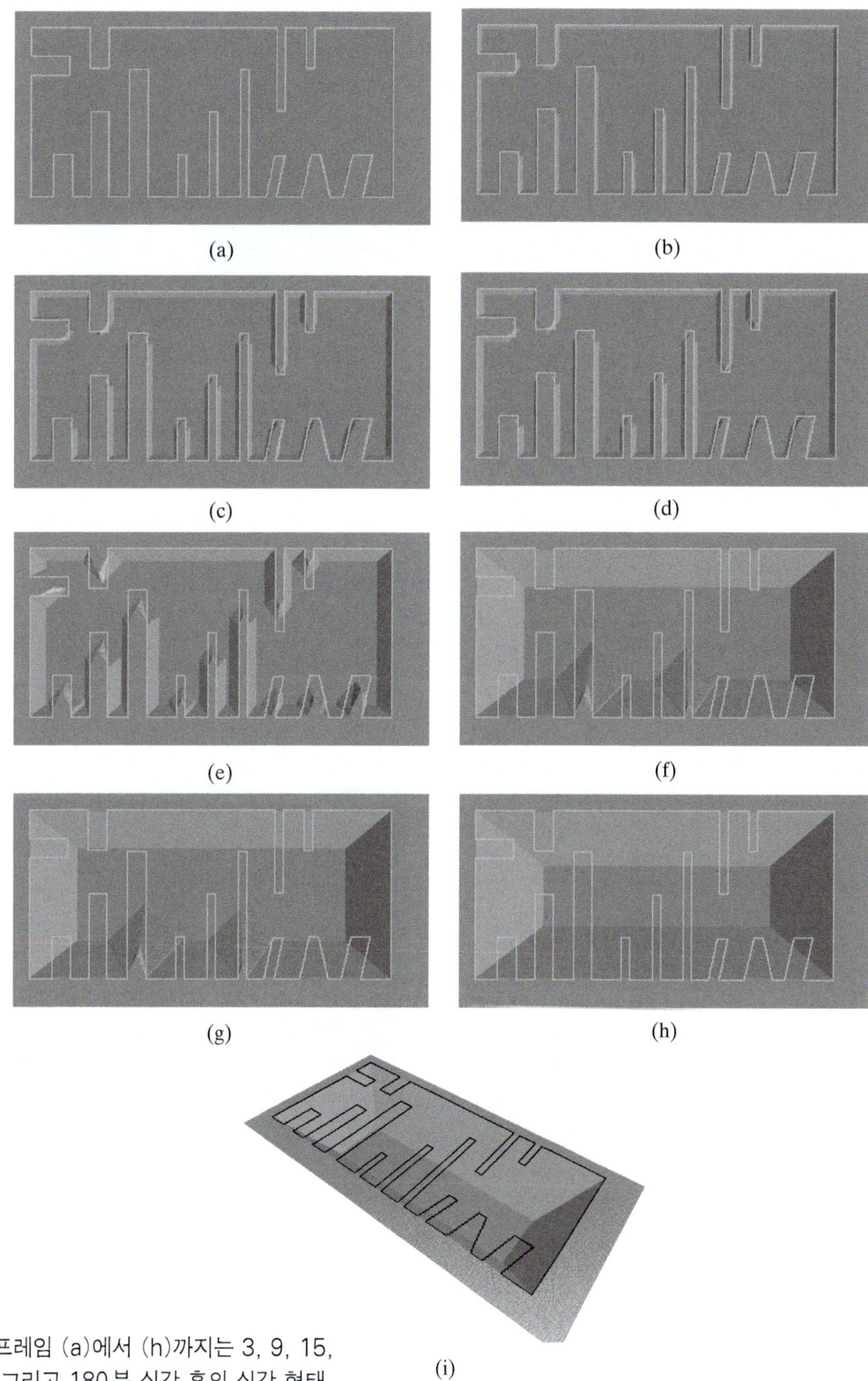

그림 10.11
식각 형태의 전개. 프레임 (a)에서 (h)까지는 3, 9, 15, 24, 36, 60, 120, 그리고 180분 식각 후의 식각 형태를 묘사한다. 프레임 (i)는 180분에서의 식각 형태 투시도를 나타낸다.

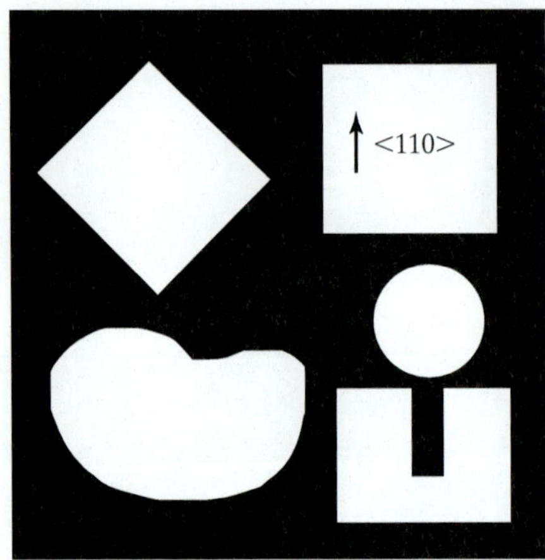

그림 10.12
마스크.

예제 10.3 공동 형태의 인식

어떤 일정한 식각 시간 후에 나타나는 실리콘 웨이퍼의 앞면에 대한 모식도와 함께 하나의 마스크가 아래에 주어져 있다. 이 특정한 순간에 식각된 공동의 형태를 식별하라.

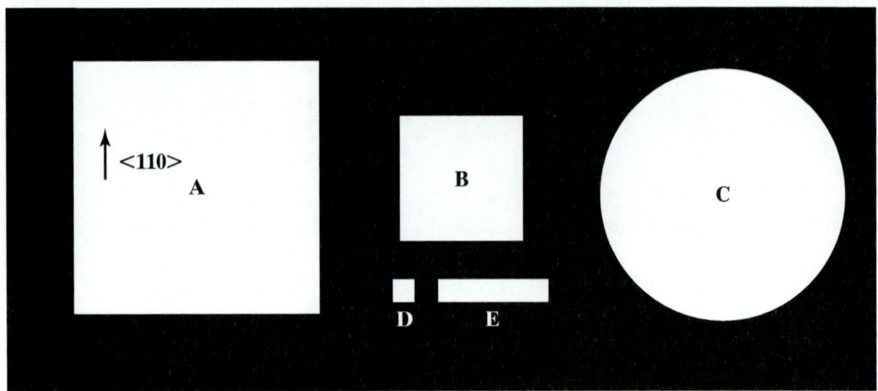

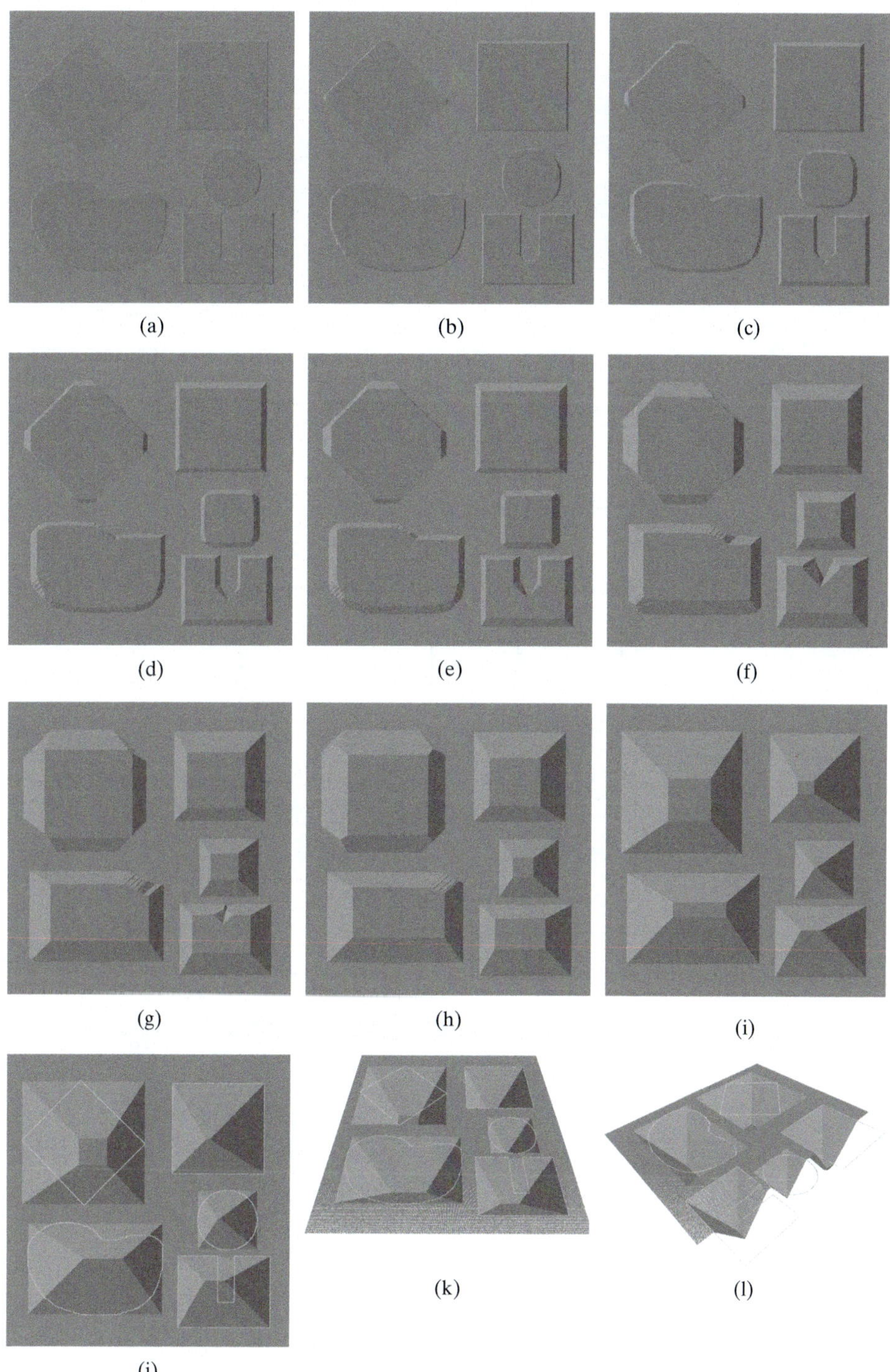

그림 10.13
다양한 시간 간격에서의 식각 형태.

답:

열린 구간 A: 안정 과도 공동(STP)

열린 구간 B: 안정 과도 공동(STP)

열린 구간 C: 빠른 식각과 높은 지표를 갖는 면들로 이루어진 불안정 과도 공동(UTP)

열린 구간 D: 한 점에서 끝나는 SLSP

열린 구간 E: 한 선에서 끝나는 SLSP

예제 10.4 FSLC의 분석

그림 10.14에 묘사된 마스크 패턴에서 열린 구간의 FSLC를 예측하라.

풀이 이 마스크는 많은 열린 구간으로 구성된다. 식각 형태의 진행은 그림 10.15에서 보여 준다.

지금까지 마스크의 투명한 열린 구간으로부터 3차원 식각 형태의 진행을 논의해 왔다. 만약 마스크가 크고 투명한 배경 위에 불투명한 부분으로 구성되어 있다면 어떻게 되겠는가? 이런 경우, 식각 형태는 항상 불안정적이고 과도적일 것이다. 빠르게 식각되는 면이 형태를 지배한다. 두 가지 독립적 형태(정사각형, 원)를 포함한 마스크의 예로부터 이 사례에서 식각 형태가 어떻게 진행되는지 고찰해 보도록 하자(그림 10.16).

만약 사용된 마스크가 구멍보다는 오히려 조각(patch)이라면, 튀어나온 구조가 형성될 것이라는 결론을 얻는다. 돌출된 부분은 불안정한 과도기적 형태일 것이고, 만약 충분히 오랜 식각 시간이 주어진다면 결국 사라질 것이다.

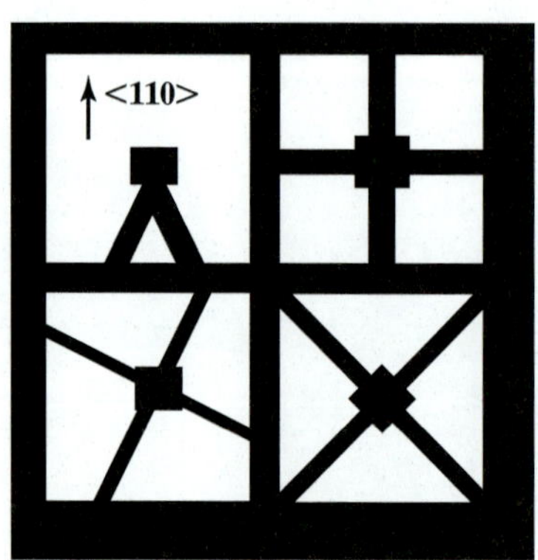

그림 10.14
마스크.

(a) (b)

(c) (d)

(e) (f)

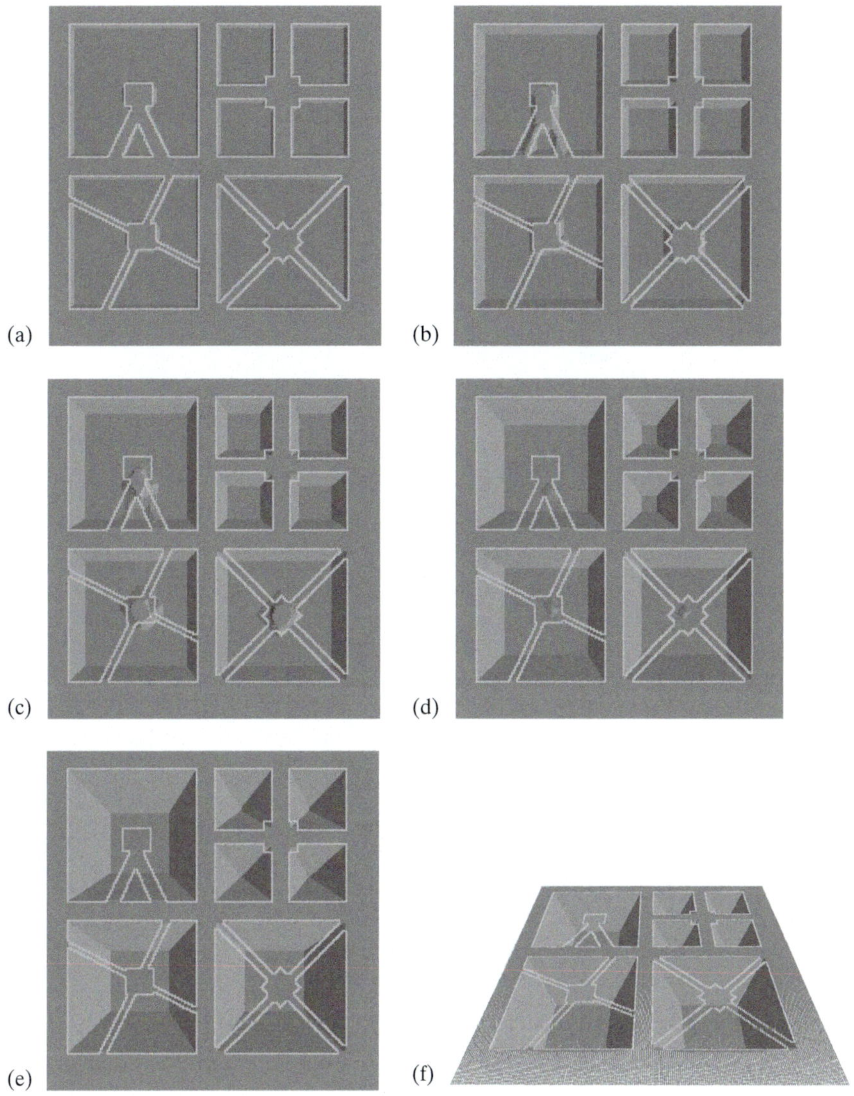

그림 10.15
식각 형태의 전개. 프레임 (a)에서 (e)까지는 5, 20, 30, 50, 그리고 70분에서의 식각 형태를 보여 준다. 프레임 (f)는 70분에서의 투시도이다.

예제 10.5 모퉁이 보상

다음 패턴들(A와 B)과 주어진 웨이퍼 방향에 대하여 UTP 식각 형태를 예측하라.

풀이 다양한 시간 간격에서 웨이퍼의 평면도는 그림 10.17에 나와 있다. 둥근 모퉁이

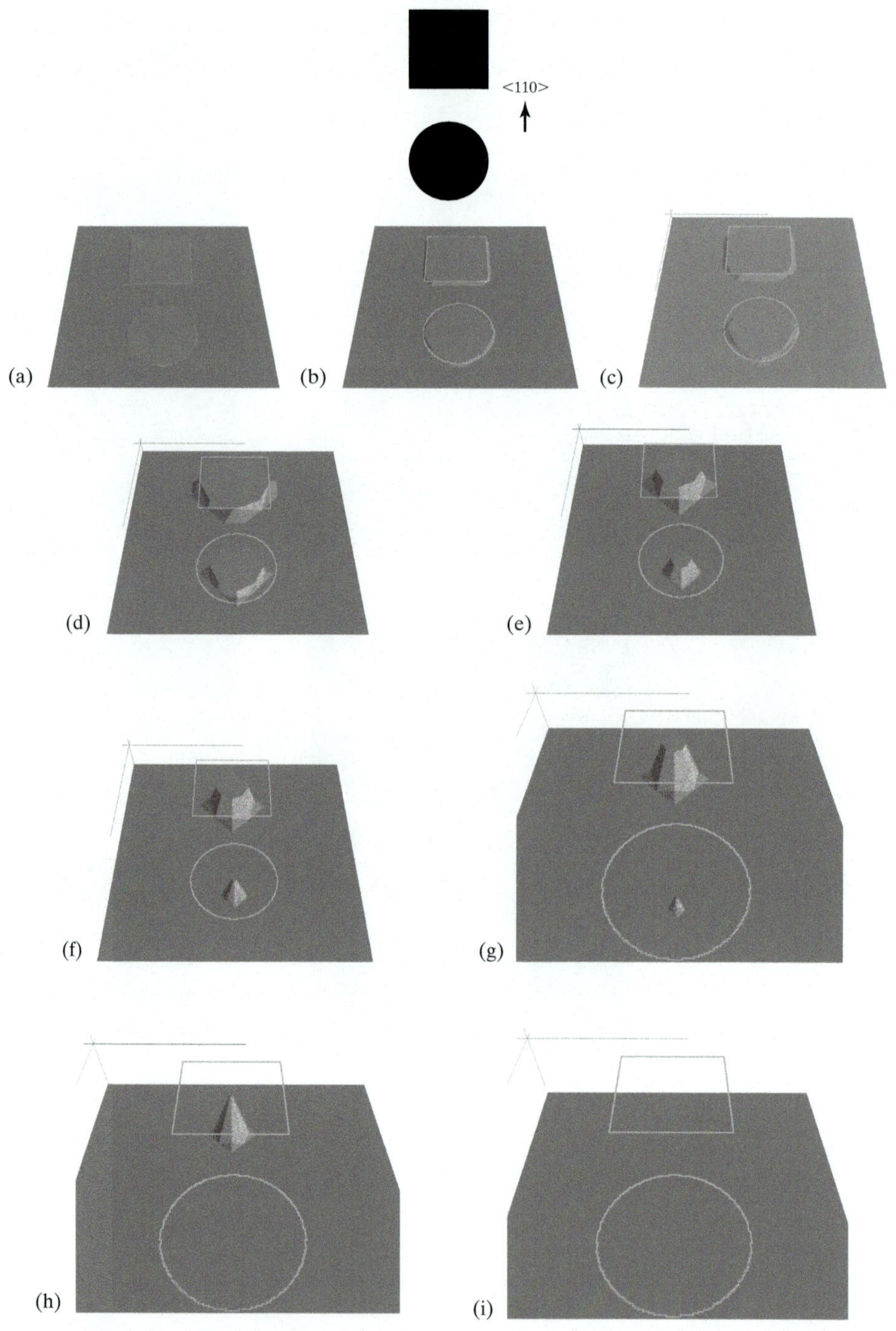

그림 10.16

식각 형태의 전개. 프레임 (a)에서 (i)까지는 5, 15, 25, 50, 90, 110, 120, 150, 그리고 200분이 지난 후의 식각 형태를 묘사한다.

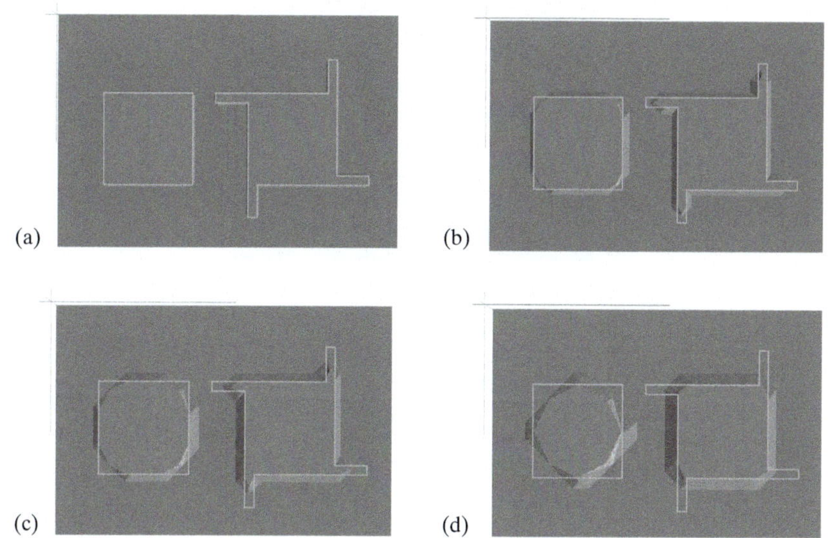

그림 10.17
두 마스크 패턴으로부터 메사 형태의 전개. 프레임 (a)에서 (d)까지는 5, 20, 30, 그리고 39분 후의 식각 형태와 상응한다.

를 가진 메사 구조가 형성된다. 주어진 식각 깊이와 식각 시간(예, 39분)에서 패턴 B 아래 둥근 모퉁이는 패턴 A 아래의 것보다는 덜 손상된다. 패턴 B의 정사각형 모퉁이로부터 늘려진 빔은 모퉁이가 둥글게 되는 것을 지연시키고 원하는 깊이를 가지며 둥근 형태 대신에 날카로운 형태의 모퉁이들을 만들어 내는 데 사용된다. 이런 일반적인 기술을 **모퉁이 보상**(corner compensation)이라고 부른다.

비록 <100> 방향의 실리콘 웨이퍼가 주로 사용되었을지라도, 다른 방향을 가진 웨이퍼도 사용 가능하다. 예를 들어 <111> 방향을 가진 실리콘의 습식 식각은 유용하고 신비로운 기하 형태를 만들어 낼 수 있다[11]. 경사진 결정학적인 절단 형태를 가진 웨이퍼들 또한 많이 사용된다[12].

10.2.4 고립된 패턴들로부터 식각 형태의 상호 작용

이전 절에서 마스크의 독립된 열린 구간들을 일반적으로 서로서로 떨어지게 위치시켜서 그들의 식각 형태가 서로 방해하지 않도록 하였다. 그러한 구조는 서로 고립되는 것으로 간주되고 식각의 진행은 서로 독립적이 된다. 나란히 놓여진 두 개의 고립된 다각

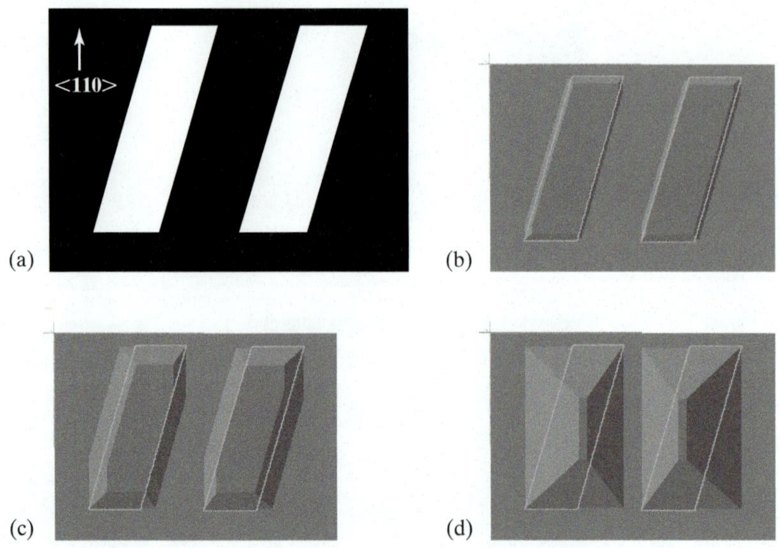

그림 10.18
식각 형태의 전개. 프레임 (a)는 마스크이다. 프레임 (b)에서 (d)까지는 10, 60, 200분 후에 발생하게 된다.

형을 살펴보도록 하자. 그들의 FSLC 외곽은 겹쳐지지 않는다. 식각되는 공동의 진행은 그림 10.18에 나타나 있다.

비교를 위하여 두 다각형이 좀더 가까이 붙어 있는 경우를 고려해 보자. 그러한 경우 FSLC의 외곽은 서로 겹쳐지게 된다. 식각되는 형태의 진행은 그림 10.19에서 설명되는 것처럼 완전히 달라진다. 50분이 지난 후에, 두 공동의 가장자리는 서로 합쳐지게 된다. 많은 시간이 흐른 뒤, 두 고립된 열린 구간으로부터 형성된 공동들은 서로 연결된 SLSP 실체를 형성하기 위해 융합하게 된다.

10.2.5 디자인 방법론의 요약

비등방성 식각 과정은 독특한 3차원 형태들과 매달린 기계 요소를 만들기 위해 사용된다. {100} 실리콘 웨이퍼 위의 마스크 패턴으로부터 유래된 UTP, STP, 그리고 SLSP 형태를 예측하기 위한 규칙을 논의하였다. 어떤 주어진 일정한 시간에서의 식각 형태는 마스크 방향, 웨이퍼 두께, 열린 구간의 크기, 그리고 다양한 결정 방향들에서의 식각률 등에 의존한다.

마스크 모양과 식각 시간에 의존하여, 3차원 구조의 세 가지 형태는 불안정 과도, 안정 과도, 그리고 자기 제한 안정을 형성한다.

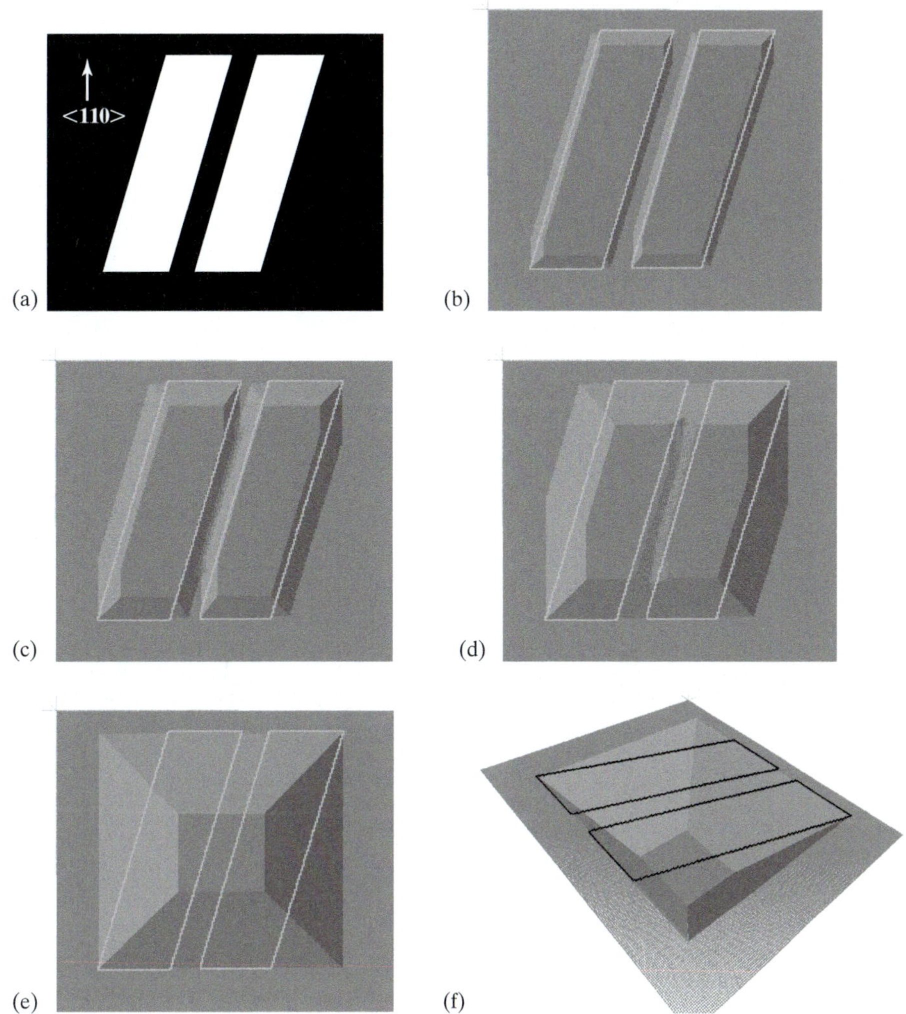

그림 10.19
식각 형태의 전개. 프레임 (a)는 마스크의 평면도이다. 프레임 (b)에서 (e)까지는 시간이 30, 50, 90, 그리고 190분 후의 식각 형태를 보여 준다. 프레임 (f)는 190분에서 식각된 공동의 투시도이다.

불안정 과도 형태는 독특한 3차원 모양을 만들기 위해 사용된다. 하지만 공정 제어는 어렵다[8].

안정 과도 형태와 자기 제한 안정 형태(SLSP)들은 초과 시간 식각에 내성이 있고, 공정 매개변수의 다양성과 불확실성에 대하여 안정적이기 때문에, 제조 공정에서 선호되는 편이다. SLSP 형태는 가장 안정적이다.

10.2.6 습식 비등방성 식각을 위한 화학 약품

EDP(ethylene diamine pyrocatechol)는 자주 사용되는 비등방성 식각 용액이다. 이 식각 용액은 때때로 EPW(ethylenediamine pyrocatechol and water)라 불리기도 한다. <100>과 <111> 방향의 식각률은 35:1 또는 그 이상이 된다. <100> 실리콘 방향에서의 식각률은 0.5~1.5 μm/min 정도이다. 실리콘 질화물(LPCVD)과 실리콘 산화물에 대한 식각률은 거의 무시할 만하다. 실리콘 산화물에서의 식각률은 1~2 Å/min이고 실리콘 질화물은 1 Å/min 이하이다. 한편으로 이 EDP는 열적으로 성장한 실리콘 산화물에 대해서 매우 높은 선택도를 가지기 때문에 실리콘 산화물이 마스크로서 사용된다. 반면에 매우 얇게 자연 적으로 산화된 실리콘 산화물은 완전히 제거되지 않으면 식각 시 방벽 역할을 하게 된다.

식각은 EDP 증기의 독성 때문에 화학 배기 시설(chemical fume hood)에서 자주 수행된다. 화학 용액은 식각 공정 동안 90~100°C로 가열된다. 증기의 증발은 식각의 용액의 농도와 식각률을 바꾸게 될지도 모른다. 일정한 농도를 유지하기 위해 증발된 수증기는 위쪽의 수랭식 시설로 응결시키고, 다시 플라스크로 떨어뜨린다. 퇴조 장치(reflux system)라 불리는 이 시스템은 그림 10.20에 나타나 있다.

KOH(potassium hydroxide)는 EDP를 저비용으로 대신할 수 있다. KOH 식각 용액은 약한 발열 반응으로 물과 고체 KOH를 섞음으로써 연구실에서 쉽게 만들 수 있다. 식각 특성은 KOH의 농도와 용액의 온도에 의존한다. 가장 많이 사용되는 농도는 20~40 wt%이다. <100>과 <111>에 대한 식각률은 매우 높다(심지어 EDP보다 높다). 실리콘 질화물(LPCVD)에 대한 식각률은 무시된다. 하지만 실리콘 산화물(열적 성장)의 식각률은 EDP에 의한 실리콘 산화물의 식각률보다 더 큰 14 Å/min이다.

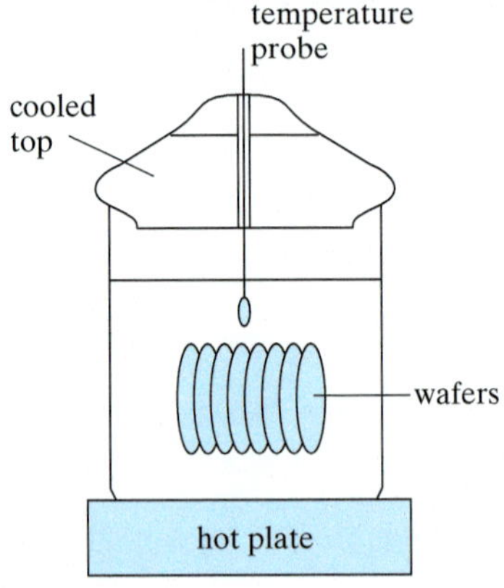

그림 10.20
습식 비등방성 식각 환류 시스템.

실리콘이 붕소(boron)나 인(phosphors)으로 과도핑되었을 때, 실리콘의 식각률은 EDP와 KOH 두 경우 모두 크게 감소한다. 식각률 감소의 정도는 도핑 농도의 함수로서 이들 두 화학 물질에 대해서 서로 다르다[5, 13]. 붕소의 도핑 농도가 $7\times10^{18}\ \mathrm{cm}^{-3}$보다 클 때, EDP의 식각률은 50배 정도 감소한다. 그러므로 과도핑된 실리콘은 과도 식각 시 **식각 중단층**(etch stop layer)으로 사용 가능하다.

보통 습식 식각은 웨이퍼에서 전기적 바이어스 없이 그리고 일반적인 주위 환경 조명 조건하에서 수행된다. 하지만 전기적, 광학적 활성화는 새로운 식각 반응을 소개할 때 사용된다. 예를 들어 펄스된 전압에 의한 양극화는 p-n 접합의 식각 반응을 이용한다[14]. 광전 전기화학 식각 중단 기술(PHET: photovoltaic electrochemical etch stop technique)은 실리콘 산화물 보호층의 전기화학적 성장을 기반으로 한다. 이 방법은 외부적으로 다루기 쉬운 식각 중단 제어 방법을 제공하며 이는 따로 도핑 과정이 필요하지 않다[15].

TMAH(tetramethyl ammonium hydroxide)는 대체할 수 있는 실리콘 식각 용액이다. 이 용액은 EDP와 KOH가 발견된 이후에 발견되었다[16]. TMAH는 IC 금속층의 금속인 알루미늄에 대하여 매우 느린 식각률을 가지고 있다. 그렇기 때문에 TMAH는 알루미늄 도선의 리드가 있는 웨이퍼를 식각하기 위해 사용된다. 만약 실리콘이 TMAH 용액으로 미리 용해된다면, 알루미늄의 식각률은 더 감소하게 된다. 하지만 용해된 실리콘은 더 큰 표면 거칠기(roughness)를 보이는 것으로 알려져 있다. TMAH는 또한 과도핑된 실리콘에서도 식각률이 감소한다($10^{20}\ \mathrm{cm}^{-3}$에서 10배 감소, $2\times10^{20}\ \mathrm{cm}^{-3}$에서 40배 감소). 실리콘 산화물에서 식각률은 낮다(0.05~0.25 nm/min). TMAH는 (1) <100>과 <111> 방향의 식각률이 KOH와 EDP만큼 높지 않고, (2) 최종 표면의 거칠기가 EDP의 경우보다 일반적으로 나쁘다는 단점이 있다.

결정 방향에 대한 식각률 분포는 실험적인 방법을 사용하여 결정될 수 있다. 각기 다른 표면의 결정 방향을 갖는 표본을 준비하고 각 표본을 하나하나 식각하여 식각률을 결정하는 대신, 주어진 평면에서 모든 방향을 따른 식각률은 그림 10.21에 나와 있는 수레바퀴 마스크 패턴과 같은 특별한 패턴을 사용하여 결정될 수 있다. 패턴은 전체 360°를 일정한 θ 각도의 오프셋으로 나눈 슬릿 열린 구간으로 구성된다.

화학 용액에서 식각은 언더컷 때문에 슬릿의 폭을 넓게 만든다. 각 슬릿의 넓혀진 폭의 양은 슬릿의 길이 방향 가장자리와 수직인 방향의 식각률과 비례한다. 그림 10.21의 바닥 부분은 슬릿의 넓혀짐을 설명하는데, 이는 방사선들의 길이의 축소로 바뀐다(즉 d_r의 변화).

수레바퀴 패턴으로부터 식각 형태의 컴퓨터 시뮬레이션 진행은 그림 10.22에 나타나 있다. 식각된 바퀴의 실제 결과는 그림 10.23에 나타나 있다.

그림 10.21
수레바퀴 마스크 패턴.

수레바퀴 패턴은 식각률의 정성적이고 직접적인 시각적 표현을 제공하지만 결과에서 정량적인 정확성은 부족하다. 각 분해능은 제한되어 있다. 최소의 각증분은 마스크 분해능과 수레바퀴 패턴의 크기에 의존한다.

높은 각분해능을 가지는 식각률 표를 얻기 위한 대체적인 방법이 개발되었다. 그것은 각 오프셋의 증가분(참고문헌 [7]에서 1°)을 가진 일련의 독립적인 직사각형 형태의 구멍을 포함하는 마스크를 사용한다(그림 10.24a). 비교적 짧은 시간(5~10분) 동안의 식각에 의하여 UTP 언더컷 공동의 특정 가장자리들은 직사각형의 긴 변에 평행하다. 그러므로 특정한 방향과 관련된 식각률은 긴 변을 따라서 발생하는 옆 방향 언더컷의 양을 측정함으로써 얻을 수 있다(그림 10.24b). 단일 직사각형 형태의 열린 구간과 그 아래에 있는 공동의 확대된 모습이 그림 10.24c에 나와 있다. 1°의 분해능을 가진 극성 식각률 표가 EDP를 사용한 실리콘으로부터 얻어져 있다(그림 10.25).

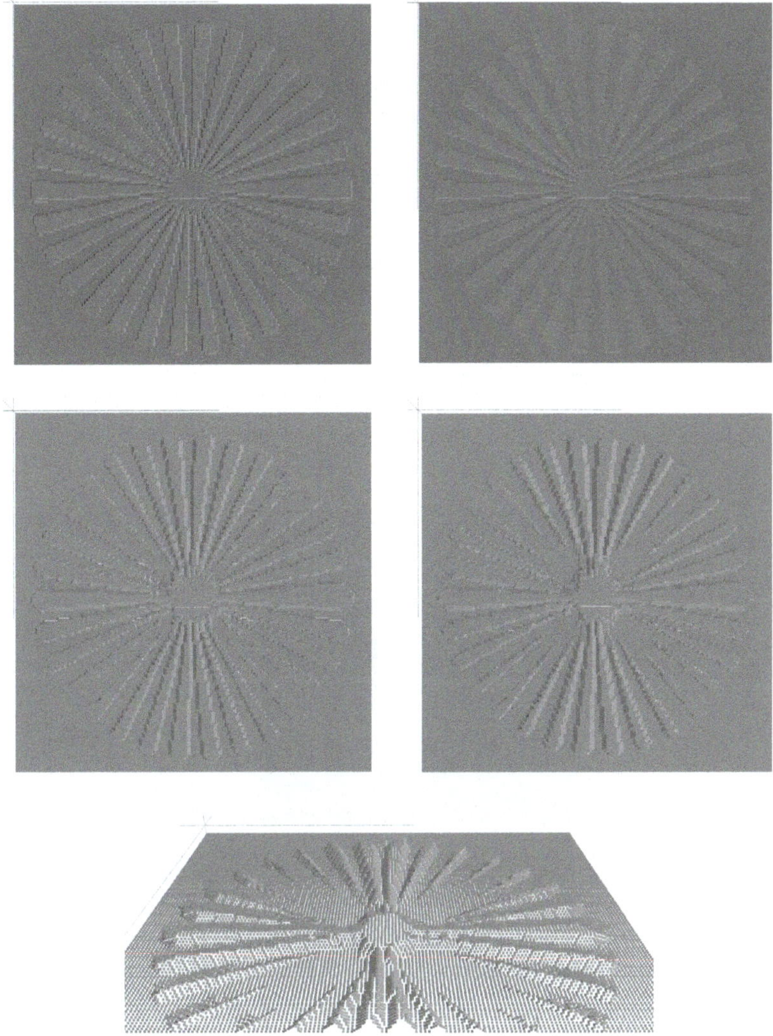

그림 10.22
시뮬레이션 소프트웨어에 의해 만들어진 이미지 순서.

10.3 실리콘의 건식 식각—플라즈마 식각

기판과 박막 재료의 가스 상태 식각(gas phase etching)은 플라즈마 식각 기술을 이용하여 수행될 수 있다. 플라즈마는 가스의 이온화와 분열이 일어나게 하는 그리고 산화제와 환원제 같은 화학적으로 활성화된 종을 만들어 내는 일종의 방전이다. 두 개의 병렬 전극 사이에 공급된 고전압의 RF 교류 신호는 플라즈마를 발생시키기 위해 자주 사용된

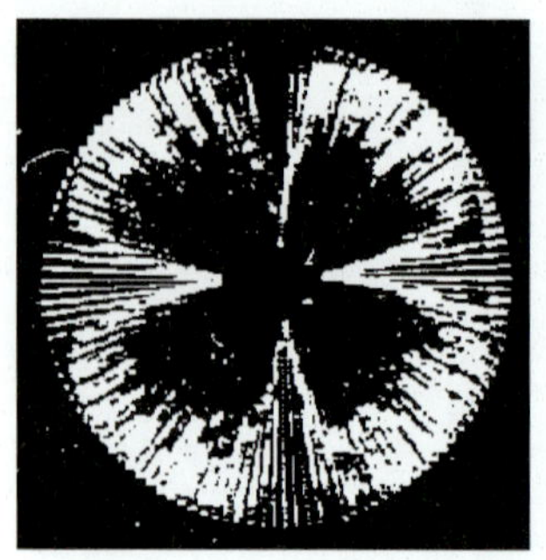

그림 10.23
수레바퀴 패턴으로부터의 식각 결과.

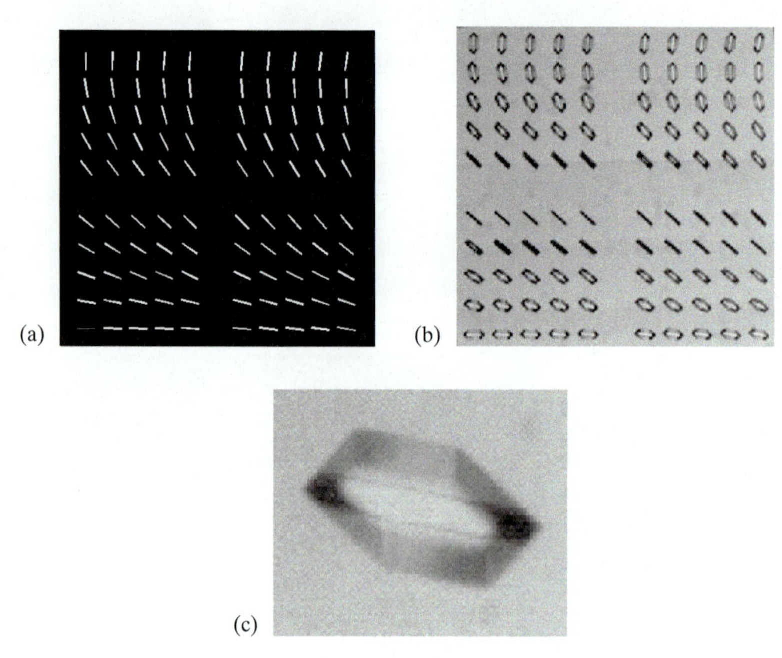

그림 10.24
EDP 식각률 표에 대한 식각 실험과 시뮬레이션.

다. 물론 직류 전원도 사용 가능하다. 높은 전기장은 가스 분자를 이온화하여 활성화된 물질을 만들어 낸다. 다른 가스들 그리고 그 가스들의 혼합 비율에 따라서 독특한 식각 특성과 형태를 이끌어 낸다. 공통적으로 사용되는 식각 가스들과 그와 상응하는 재료들은 표 10.4에 요약되어 있다.

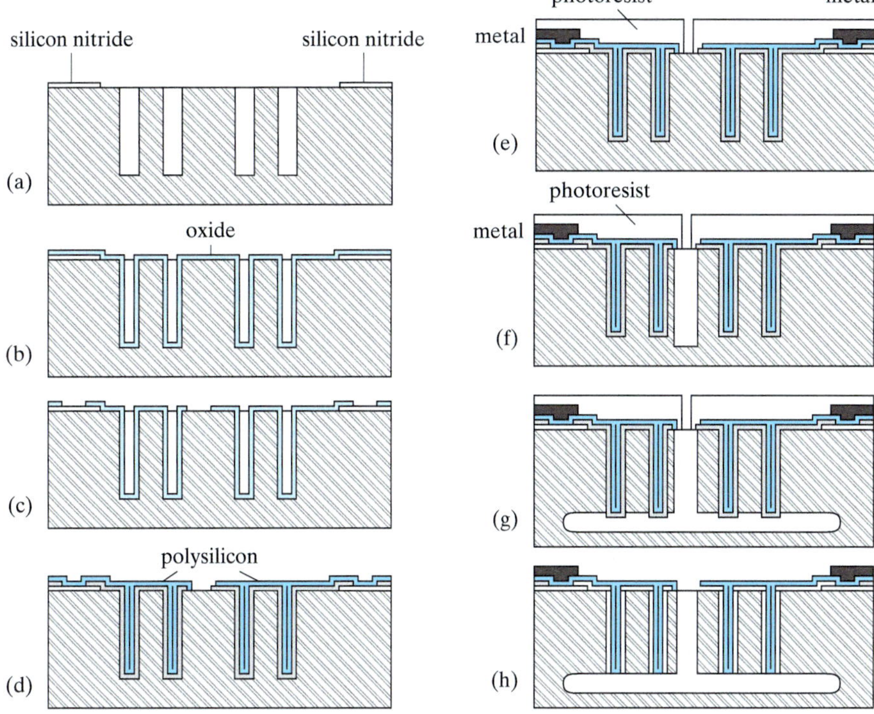

그림 10.25
HARPSS 공정 흐름.

표 10.4 일반적인 가스 상태의 식각 가스와 부산물.

Materials to be etched	Candidate gases	Result products
Si, SiO_2, Si_3N_4	CF_4, SF_6, NF_3	SiF_4
Si	Cl_2	$SiCl_2$, $SiCl_4$
Al	BCl_3, CCl_4, $SiCl_4$, Cl_2	$AlCl_3$, Al_2Cl_6
Organic solids (photoresist)	Oxygen, O_2+CF_4	CO, CO_2, H_2O
Refractory metals	CF_4	WF_6

반응의 두 가지 형태(화학적 식각과 물리적 식각)는 웨이퍼와 가스 경계면에서 발생할 수 있다. 화학적으로는, 활성화 이온 물질은 실리콘이나 박막 재료들과 반응을 하여 가스 형태의 화합물을 형성하여 가스 순환을 통해 밖으로 배출된다. 물리적으로는, 이온화된 물질들이 웨이퍼 쪽으로 가속화된다. 이 물질들은 기판과 충돌하여 원자들을

제거한다. 일반적으로 물리적 식각은 방향성과 비등방성 특성이 보다 더 강한 반면에 화학적 식각은 등방성 특징을 나타내며 재료에 대한 선택도가 매우 높다.

만약 웨이퍼를 고정하는 전극이 접지되어 있다면, 그 식각을 **플라즈마 식각**(plasma etching)이라고 부른다. 만약 웨이퍼가 고정되어 있는 전극에 AC 바이어스가 공급된다면, 이 식각을 **반응성 이온 식각**(reactive ion etching)이라고 부른다. 플라즈마 식각과 비교해 볼 때, 반응성 이온 식각은 물리적인 경향이 좀더 강하고 식각률의 분포는 비등방성 특징을 보다 더 잘 나타낸다.

가스 상태 플라즈마 식각은 비등방성 실리콘 습식 식각을 보완하는 대안이다. 플라즈마 식각은 웨이퍼가 습식 화학 용액들에 접촉할 필요가 없다. 그렇기 때문에 플라즈마 식각은 세척 공정 단계가 매우 간단하다. 플라즈마 식각은 마스크 재료에 대하여 여러 선택을 제공한다. 또한 공정 온도가 매우 낮은 장점이 있다. 일반적으로 말해서, 비록 오랜 시간의 플라즈마 식각 공정이 웨이퍼의 온도를 증가시킬지라도, 웨이퍼는 가열되지 않는다.

플라즈마 식각의 측벽 형태는 습식 비등방성 식각의 측벽 형태와는 다르다. 사실상 플라즈마 식각에 있어서 수직 측벽의 비등방성은 공정 압력, DC 바이어스 전압, 입력 전력, 그리고 사용되는 화학 물질을 포함하는 몇 가지 공정 매개변수들을 조절함으로써 어느 정도의 범위 안에서 제어될 수 있다.

10.4 DRIE

DRIE(deep reactive ion etching)는 RIE 공정의 특별한 경우이다. 이는 거의 수직인 벽의 형태를 가지면서 매우 깊고 높은 형상비를 얻을 수 있는 식각 기술이다. 현재 이 기술은 Robert Bosch GmbH와 Texas Instruments 사가 소유하고 있는 특허를 기초로 하고 있다[17, 18]. 높은 형상비를 유지하면서 계속해서 깊은 식각을 수행할 수 있는 핵심은 식각의 깊이를 작은 깊이 단위로 조금씩 증가시키면서 식각 공정을 수행하는 것이다. 이러한 접근 방법은 식각 공정 단계 다음에 보호층의 증착 단계를 포함하는 사이클을 계속적으로 반복해서 진행하는 방법이다. 억제층은 공동의 모든 벽 위에 억제 단계 동안 증착된다. 다음 식각 단계 동안 억제층은 이온 충격에 의해 트렌치의 바닥으로부터 선택적으로 제거되는 반면에 측벽에 남아 있는 억제층은 식각을 방해한다. 공정 매개변수들이 소자들의 표면 형태와 기계적 성능을 결정하는 중요한 역할을 한다[19].

DRIE 실리콘 식각은 공정 장치의 높은 비용에도 불구하고 급속한 인기를 얻고 있다. DRIE 공정은 빠른 식각률과 수직 측벽, 상온 공정 능력, 그리고 마스크를 쉽게 3차원 구조물에 만드는 데 사용할 수 있는 능력들을 제공한다. 식각 선택도는 중요한 장점이다. DRIE 공정에서는 마스크로서 감광막, 실리콘 산화물, 그리고 금속 등을 사용할 수 있다. 이에 더하여 웨이퍼 크기에서의 식각 균일도는 일반적으로 보통의 RIE 식각보다 매우 향상된다.

이러한 강력함에도 불구하고 DRIE 기술 하나만으로는 단지 수동적인 3차원 부품밖에 만들 수 없다. 이러한 이유 때문에, 미세 구조의 전기적, 기계적 복잡성을 향상시키기 위해서는 DRIE를 다른 공정 방법들과 혼합하여 사용해야 한다. DRIE 기술은 매우 다양한 형태의 새로운 기하학적 구조들(예로서 미세 주사 바늘, 빗살형 핑거[20, 21, 22])을 만들기 위하여 비등방성 식각을 포함한 여러 공정 방법들과 함께 사용된다.

실리콘이 아닌 다른 물질들, 예를 들면 압전 물질들(예로서 석영, PZT)[23], 내열유리[24], 상업적으로 이용 가능한 PMMA[25]와 같은 물질들에도 DRIE 공정을 사용할 수 있다.

예제 10.6 HARPSS 공정

단결정 및 다결정 실리콘을 이용하여 고형상비를 얻을 수 있는 MEMS 기술 중의 하나가 HARPSS(high aspect-ratio combined poly- and single-crystal silicon)이다[26]. 이 공정으로 High-Q 공진기, 가속도계, 그리고 각속도계 등을 만들 수 있다. 이 공정이 개발된 이후에 TRiP(trench-refill polysilicon)라고 부르는 비슷한 관련 공정이 개발되었다[27]. HARPSS 공정의 핵심 단계는 그림 10.25에 나타나 있다. 첫째로 실리콘 웨이퍼에 실리콘 질화물이 증착되고, 그 후에 사진 인쇄 기술을 거쳐 패턴화된다. 질화물은 효과적으로 전기적 절연의 성질을 제공한다. 감광막 또는 산화물은 깊이가 100 μm이고 폭이 6 μm인 수직 홈을 만들기 위해 DRIE 공정을 위한 마스크로서 사용한다(단계 a). LPCVD 공정에 의한 실리콘 산화물층은 실리콘 웨이퍼 전체에 증착된다(단계 b). 그 증착은 비교적 트렌치의 열린 구간에 균일한 두께로 이루어진다. 물론 트렌치 바닥에 증착된 실리콘 산화물의 두께가 트렌치 밖의 개방된 표면에 증착된 실리콘 산화물의 두께보다 더 얇다. 웨이퍼는 감광막으로 스핀 코팅된다. 감광막은 사진 인쇄술로 패턴화되고, 그 다음 식각 단계에서 마스크로 사용된다(단계 c). 앵커 열린 구간은 다결정 실리콘층이 실리콘 질화물층에 강한 접합 강도를 가지고 증착될 수 있도록 실리콘 질화물 구조물 위로 개방된다. 그런 다음 감광막은 제거된다. 여기서 주의할 것은 다음 단계에서 고온 공정이 수행되기 때문에 트렌치 바닥의 감광막을 완전히 제거해야 한다는 점이다. 남아 있는 감광막은 산화관을 오염시킬 수 있고, 소자의 성능을 감소시킨다.

붕소로 도핑된 LPCVD 다결정 실리콘층이 증착된다(단계 d). 다결정 실리콘은 마스크로서 감광막을 사용하여 패턴화된다(단계 e). 또 다른 감광막의 층이 스핀 코팅되고 패턴화되어서 열린 구간을 형성하여 DRIE 식각 공정을 통하여 실리콘이 제거될 것이다(단계 f).원하는 깊이의 식각이 이루어진 후에 SF_6 반응성 가스를 사용하여 등방성 플라즈마 식각 공정이 수행된다. 플라즈마 식각은 각 방향으로 25 μm 정도의 옆 방향의 언더컷이 이루어진다(단계 g). 수직 다결정 실리콘 전극과 반대 전극(벌크 실리콘) 사이의 간격으로 두께가 결정되는 산화막은 HF 용액을 사용하여 제거된다(단계 h).

10.5 등방성 습식 식각

가장 일반적으로 사용되는 실리콘 등방성 습식 식각 용액은 HNA이다. 이 식각 용액은 적어도 3개의 산으로 구성되어 혼합된 화학 용액인데 여기서 영문자 H는 플루오르화수소산을, N은 질산을, 그리고 A는 아세트산을 나타낸다[28]. 이 3가지 주요한 성분의 다양한 혼합비로 HNA를 만들 수 있는데 이 혼합비에 따라 실리콘의 식각률이 달라지며 마스크층에 대한 식각 선택도도 달라진다. 이 HNA 식각 용액은 HF를 포함하고 있기 때문에 대략 300 Å/min의 식각률로 산화물을 비교적 빠르게 식각한다.

10.6 기체 상태의 식각 용액

XeF_2 또는 BrF_3와 같은 기체 상태의 식각 용액을 사용하는 실리콘 식각은 습식 식각과 플라즈마 식각을 보충하는 대안적인 식각 공정으로서 이용된다[29, 30]. 상온에서 XeF_2는 고체 상태로 존재하고 BrF_3는 액체 상태로 존재한다. 100 mtorr의 압력이 가해질 때, 활성화된 가스를 만들기 위하여 XeF_2는 승화시키고 BrF_3는 기화시킨다. 이 가스들은 실리콘(단결정 형태이거나 다결정 형태의)과 매우 잘 반응하며 심지어 상온에서도 잘 반응하는데 이 반응의 결과로서 등방성 식각 형태의 구조를 만들어 낸다. 반면에 기체 상태의 식각 용액은 실리콘 산화물, 금속, 그리고 감광막을 포함하는 일반적인 마스크 물질에 대해 무시할 수 있는 식각률을 가지고 있다[10].

이 공정의 반응 부산물은 HF 증기를 포함하기 때문에 주의가 요구된다. 만약 공기 중으로 우연히 방출하게 되면 수증기에 흡수되어 고농축 HF 산이 포함된 공기 방울이 형성될 수 있기 때문이다.

벌크 실리콘 식각률은 매우 높다. 식각률은 일반적으로 단위 시간당 식각 깊이로 표현하지 않는다. 오히려 식각은 반응 주기 안에 고정된 양의 식각 작용제의 주입에 의해 결정되기 때문에 식각률은 주기당 마이크로미터(μm/cycle)로 표현된다. 실질적인 식각률은 20~50 μm/cycle 만큼 높게 할 수 있다.

10.7 자연 산화물

실리콘 산화물 박막층은 실리콘이 상온의 주변 산소와 습기가 존재하는 상태에 놓여 있거나 저장되어 있다면 불가피하게 자연적으로 실리콘 표면에 형성된다. 이 물질의 층은 산화 성장 온도가 낮기 때문에 두께가 매우 얇다. 하지만 실리콘 식각 용액이 실리콘 산화물에 대하여 낮은 식각률의 특성을 보인다면 이와 같은 얇은 산화막도 중요한 식각 장벽이 될 수 있다. 실리콘 식각이 예측대로 잘 진행되도록 보장하기 위해서는 비등방성 습식 식각 또는 플라즈마 식각 단계 전에 자연 산화물을 제거하는 것이 일반적인 실험 자세이다.

자연 산화물의 두께는 아주 작아서 종종 박막 두께 측정 기구를 통해서 자연 산화물의 존재를 발견하지 못한다. 실질적인 실험실에서 자연 산화층의 존재 유무를 결정하는 기술은 물방울의 구슬 형태 시험(water-beading test)이다. 깨끗한 실리콘 표면은 소수성인 반면에 산화 실리콘 표면은 친수성이다. 표면의 소수성/친수성 성질은 기판 표면 위에 물방울을 떨어뜨리고 떨어진 물방울의 형태를 관찰함으로써 빠르고도 값싸게 결정될 수 있다(그림 10.26). 물방울이 소수성 기판 위에서는 쉽게 구슬 모양으로 만들어지고 또 기판을 기울였을 때 물방울은 잘 굴러간다. 반면에 물방울이 친수성 산화물 표면 위에서는 균등하게 퍼지게 된다.

자연 산화층은 몇 초의 짧은 시간 동안 저농도(예로 5%)의 HF 수용액 속에 담금으로써 쉽게 제거될 수 있다.

10.8 웨이퍼 접합

웨이피와 웨이퍼 접합(wafer to wafer bonding)은 서로 다른 물질, 다른 표면 형태, 그리고 서로 다른 기능적 특성을 갖는 웨이퍼들을 결합해서 특징 있는 구조를 형성하기 위

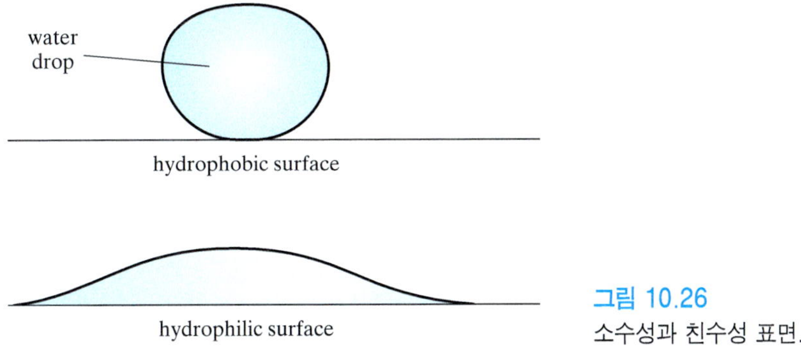

그림 10.26
소수성과 친수성 표면.

표 10.5 대표적인 접합 기술.

	Representative materials	Comments
Anodic bonding [33, 34]	Glass to silicon; oxide to silicon	Performed under 400°C with electric field present (e.g., 1.2 kV) Works well in atmosphere or vacuum
Fusion bonding [35–37]	Silicon to silicon	Very sensitive to surface defects and particles
Low-temperature adhesive bonding [38]	Many possibilities of substrates and materials	Representative adhesive layers include photoresist, polymer adhesive, spin-on glass adhesive
Eutectic bonding [36]	Gold to silicon	Processing temperature is between 450–550°C
Low-temperature silicon direct bonding [39]	Silicon to silicon	Temperature of bonding is below 110°C It may be followed by long-term storage or high-temperature treatment, during which the bonding energy increases
Solder bonding	Many possibilities of substrates	It uses low melting-temperature metals such as indium [40], aluminum [41], or others
Mechanical bonding	Many possibilities	Examples include microriveting [42] and micromechanical Velcro [43]

해 사용되는 다목적 기술이다[31, 32].

접합 공정은 동작 온도에 따라 상온 접합, 저온 접합(<100°C), 그리고 고온 접합(>100°C)으로 분류될 수 있다. 웨이퍼 접합은 직접(어떤 중간 접합 매개체 없이), 또는 간접(중간에 접합층을 사용)적으로 이루어질 수 있다. 접합은 기계적 접촉 힘, 분자 인력, 또는 정전기력에 의해 시작될 수 있다. 접합 기술의 몇 가지 중요한 형태가 표 10.5에 요약되어 있다.

웨이퍼는 접합 후 화학적으로 또는 기계적으로 변형된다. 예를 들어 기계적 연마나 화학적 식각에 의해 원하는 두께로 얇아질 수 있다. 웨이퍼 대 웨이퍼 전사는 표면 평탄화를 이루는[44], 거울과 같은 소자를 만드는[45], 멤브레인을 만들기 위한[46, 47], 심지어 큰 장치를 만들 수 있는 기술임을 증명하였다[48].

웨이퍼 접합과 전사 공정을 사용하여 만들어진 MEMS 센서의 특별한 예를 살펴보도록 하자. MEMS 초창기에, 접합 기술은 밀봉된 공동(기준 압력으로 사용되는) 형태의 실리콘 기반 압력 센서를 만들기 위해 1985년 Lucas NovaSensor 사에 의해 성공적으로 사용되었다. 제조 공정은 그림 10.27에 설명되어 있다. {100} 실리콘 웨이퍼(그림에서 웨이퍼 #2)는 {111} 표면에 의해 경계가 이루어진 공동을 형성하기 위해 비등방성 식각 용액으로 식각된다. 두 가지 가능한 SLSP의 형태가 나란히 보인다—반전 피라미드 공동과 웨이퍼 관통형 구멍. 그런 다음 다른 웨이퍼인 웨이퍼 #1은 웨이퍼 #2의 윗면에 접합된다. 웨이퍼 #1은 원하는 두께로 연마되는데 이 두께는 압력을 감지하는 멤

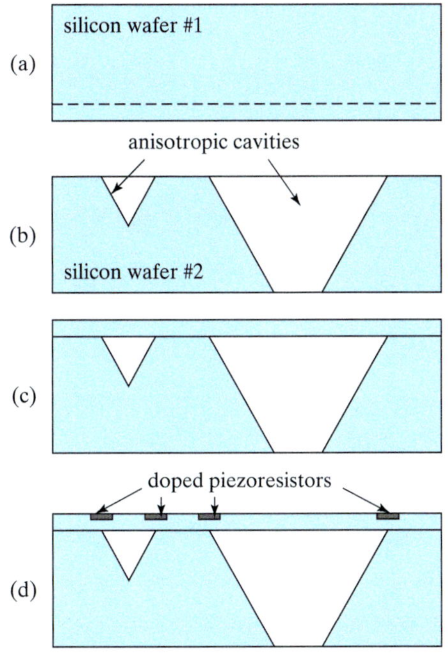

그림 10.27
실리콘 벌크 식각과 접합을 사용한 절대, 차동 압력 감지 멤브레인을 만들기 위한 제조 공정.

브레인의 두께에 의해 결정된다. 멤브레인의 변위를 감지하기 위한 압저항을 형성하기 위하여 선택적으로 도핑을 실시한다. 막힌 공동을 사용한 압력 센서는 절대 압력 센서이고 반면에 웨이퍼를 관통하는 구멍을 이용하는 압력 센서는 상대 압력 센서인데 이는 멤브레인 양쪽의 압력의 차이를 측정한다. 어떠한 방법으로든 단결정 실리콘을 이용하여 매우 크고 아주 얇은(대략 1 μm 미만), 그리고 평평한 멤브레인을 만드는 것은 불가능하다.

대부분의 접합 공정은 웨이퍼 단위로 수행된다. 하지만 다이 수준의 또는 소자 수준의 접합도 수행될 수 있다[36, 41].

10.9 사례 연구

이 절에서 매달린 빔과 멤브레인 같은 구조물의 두 가지 중요한 부류의 여러 대표적인 제조 공정에 대하여 토론한다. 각각의 부류에 대하여 다른 디자인과 제조 공정의 선택 등을 비교하는 것은 중요하다. 그 비교는 철저한 조사로 수행한다는 의미가 아니라 미세 제조 공정의 많은 가능성에 대한 도입을 말하는 것이다.

10.9.1 매달린 빔과 판

매달린 빔과 판은 많은 재료와 다양한 기하학적 구조로 만들어질 수 있다. 대표적인 매달린 구조와 기판 구조에 대한 부분 목록이 그림 10.28에 나와 있다. 미세 구조는 한 빔/판 조각과 한 기판 조각을 선택함으로써 만들어진다. 판 구조를 위한 물질로는 단결정

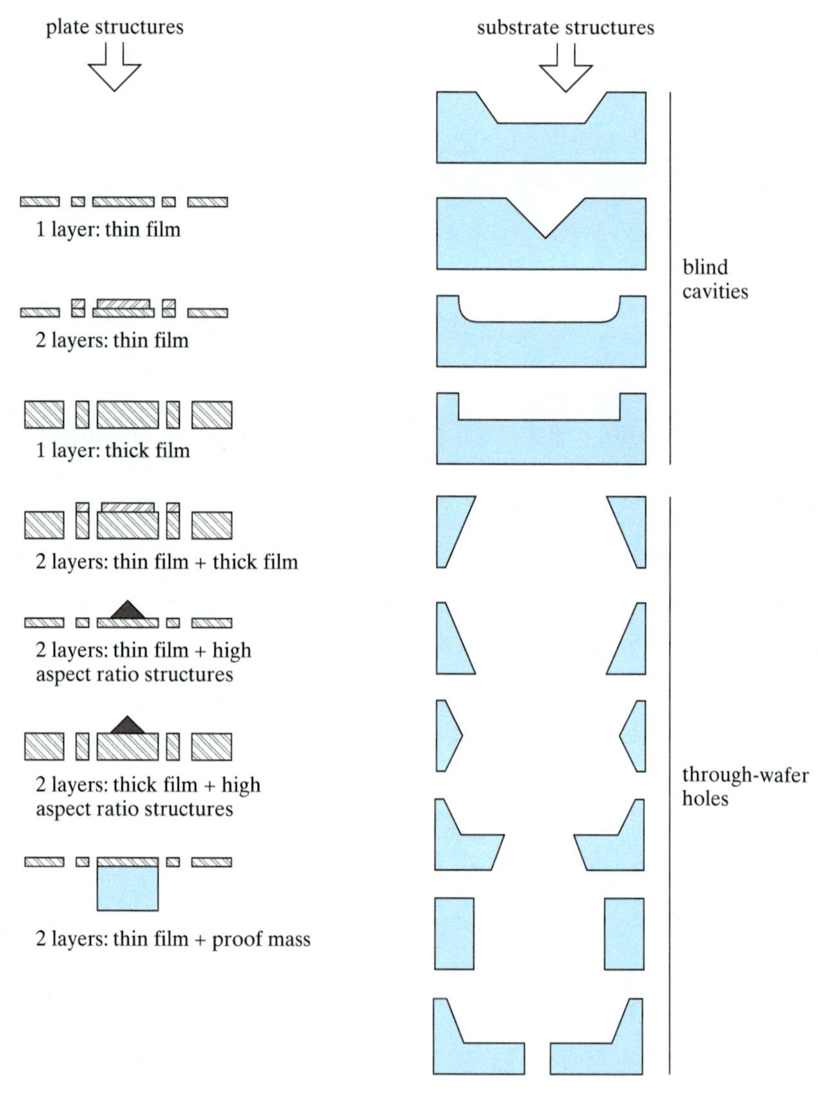

그림 10.28
가능한 부유물과 기판 구조의 목록.

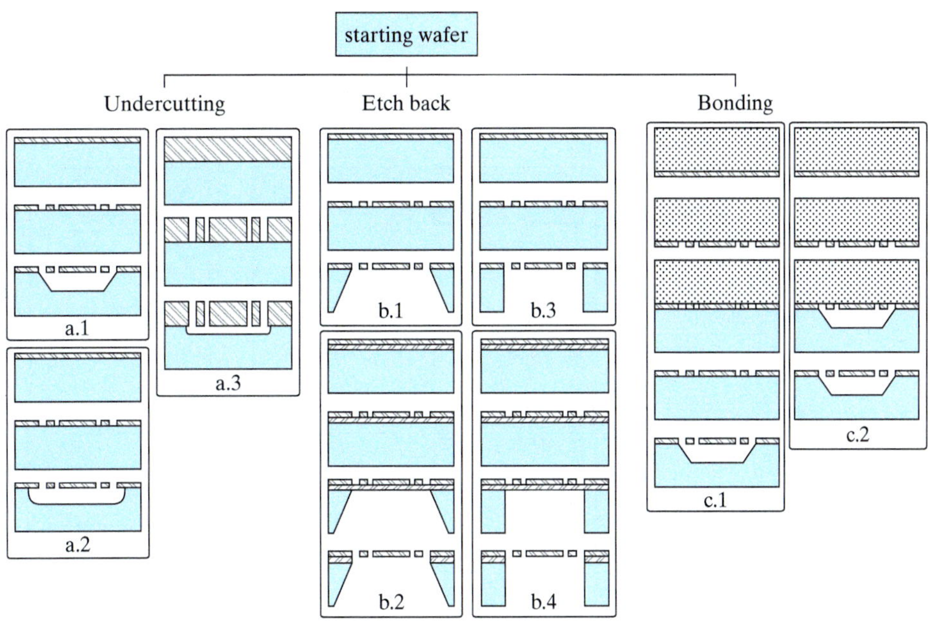

그림 10.30
벌크 미세 가공에 의해 판을 형성하기 위한 대표적인 방법.

실리콘(다양한 도핑 수준을 가질 수 있음), 실리콘 질화물, 실리콘 산화물, 다결정 실리콘, 폴리머, 그리고 금속 등이 될 수 있다.

많은 일반적인 제조 공정들이 재료, 기판, 실리콘의 수직 형태, 그리고 층의 구성 등에 따라 이용 가능하다. 몇 개의 대표적인 제조 공정의 부류가 그림 10.29에 나타나 있다. 이러한 방법은 3가지 주요 부분으로 분류된다: 매달린 구조의 언더컷, 에치백(etch back), 그리고 웨이퍼 접합과 구조 전사를 포함한 공정.

10.9.2 매달린 멤브레인

매달린 멤브레인은 MEMS에서 자주 사용된다. 그에 관련된 응용 분야를 몇 가지만 열거하면, 압력 센서, 음파 센서, 음파 구동기, 그리고 광학 거울 등이 있다.

다양한 재료, 크기, 그리고 두께를 가진 멤브레인을 만들기 위한 많은 제조 기술들이 있다. 몇 가지 일반적인 방법들이 그림 10.30에 나타나 있다. 그 기술은 몇 가지 부분으로 분류된다—습식 실리콘 식각, 건식 플라즈마 식각, 웨이퍼 접합과 전사, 그리고 멤브레인 접합. 각 부분에 있어서 몇 가지의 수행 전략이 있다.

왜 비슷한 구조를 만들기 위해 그렇게 많은 다른 선택들이 필요한가? 그 공정들의

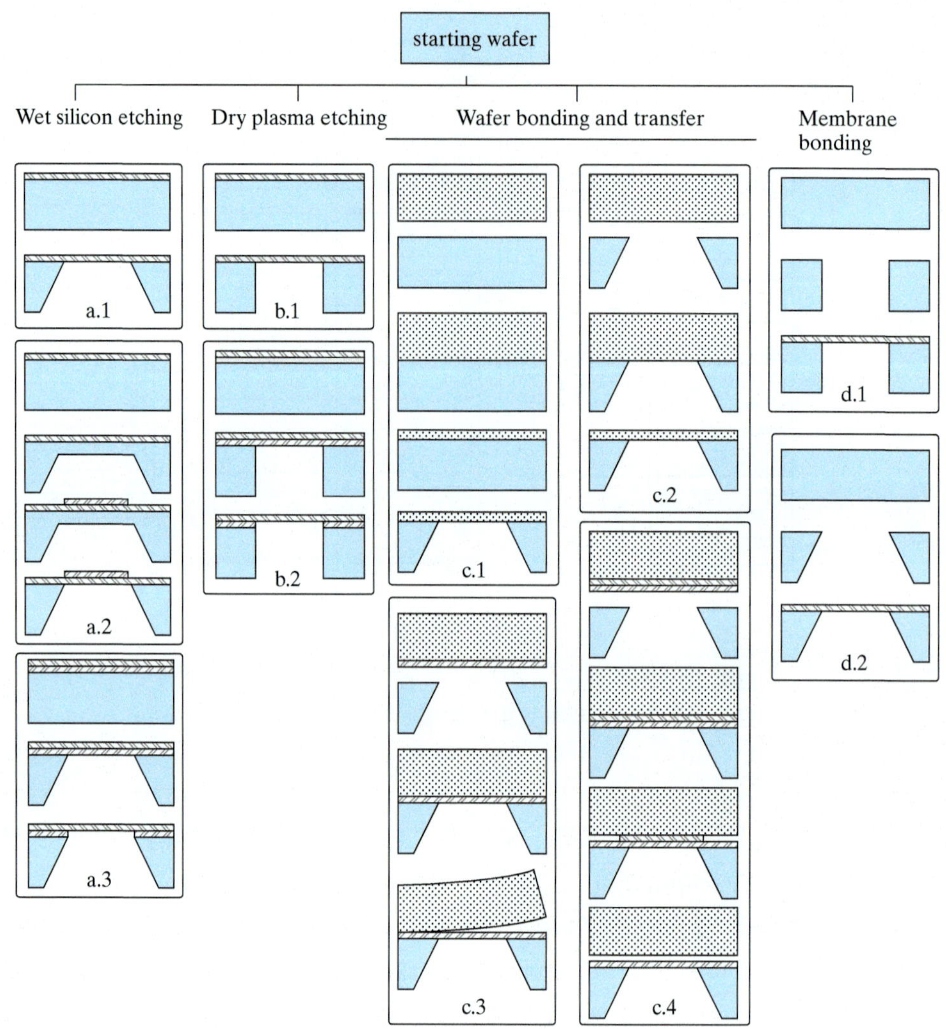

그림 10.30
멤브레인 제조를 위한 일반적인 전략.

상대적 장점을 논하기 위해 몇 가지 특정한 공정을 평가해 보자.

첫 번째 예로서, 매우 얇은 멤브레인(1 μm 이하)이 요구된다. 박막은 본질적으로 압저항이 될 필요는 없다. 선호되는 공정은 LPCVD 실리콘 질화물을 사용한다. 그림 10.30의 a.1 라인의 공정은 <100> 방향의 실리콘 웨이퍼에서 시작된다(그림 10.31). 실리콘 질화물 막은 LPCVD 공정을 사용하여 성장된다. 실리콘 질화물 박막은 인장 고유 응력을 가진다. 실리콘 질화물 박막의 두께는 일반적으로 1.5 μm보다 얇다. 더 두꺼

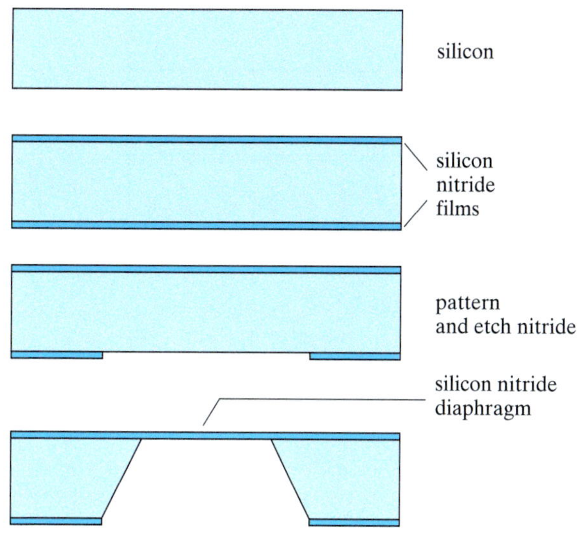

그림 10.31
실리콘 질화막을 형성하기 위한 방법.

운 박막은 일반적으로 사용되지 않는다. 왜냐하면 LPCVD 질화막을 그 두께로 성장시키기 위해서는 너무 오랜 시간이 소비되기 때문이다. 웨이퍼 뒷면의 실리콘 질화물 박막은 감광막을 마스크로 사용하여 이온 반응성 식각을 사용함으로써 사진 인쇄술로 패턴화된다. 네 면이 <110> 방향과 평행을 이루는 열린 구간이 실리콘 질화물 안에 형성된다. 그 웨이퍼는 공동이 웨이퍼의 다른 면에 도달할 때까지 실리콘 식각 용액에 담겨있다.

실리콘 멤브레인은 많은 이유로 실리콘 질화물 멤브레인을 반대함으로써 요구된다. 만약 원하는 멤브레인 두께가 1.5 μm를 초과한다거나 도핑된 실리콘으로 만들어진 압저항이 멤브레인 안에 내장된다면, 이것은 사실이다.

실리콘 멤브레인을 만들기 위한 대표적인 공정은 <100> 방향의 앞면을 갖는 실리콘 웨이퍼에서 시작된다(그림 10.32). 이 공정 또한 그림 10.30의 a.1 라인에 나타나 있다. 실리콘 산화물은 웨이퍼 위에 성장된다. 웨이퍼 뒷면의 산화물 박막은 사진 인쇄술로 패턴화되고 HF 용액으로 식각된다. 실리콘 웨이퍼를 식각시키기 위해 EDP 또는 KOH가 사용된다. 식각률은 보정되고, 웨이퍼의 두께는 정확하게 측정된다. 공정 시간을 조절함으로써, 목표 두께를 가진 실리콘 멤브레인이 형성될 수 있다. 그런 다음 웨이퍼는 산화물을 제거하기 위해 HF 용액에 담긴다.

하지만 이 공정은 STP 공동을 이용하고, 초과 시간 식각에 안정되지 못하며, 공정 매개변수의 불확정성을 피할 수 없다. 이 공정은 1 μm 이하의 두께를 갖는 멤브레인 제

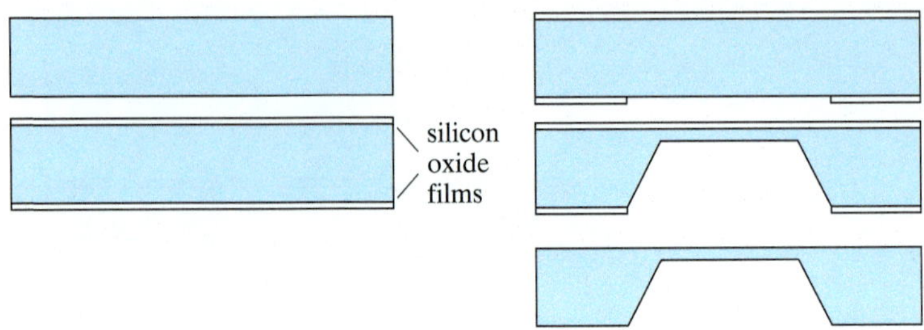

그림 10.32
실리콘 멤브레인을 형성하기 위한 방법.

작 공정에는 사용하기가 어렵다.

어떻게 하면 좀더 공정 안정성을 가지면서 실리콘 멤브레인을 만들 수 있을까? 그림 10.30의 a.1 라인의 또 다른 공정은 과도핑된 실리콘이 비등방성 습식 식각에서 식각 속도를 느리게 한다는 사실을 이용한다(그림 10.33). 실리콘 웨이퍼는 확산 도핑이나 이온 주입 방법을 사용하여 웨이퍼 앞면이 도핑된다. 웨이퍼는 불순물 원자가 실리콘 격자 안에 제대로 합병되도록 하기 위해 높은 온도에서 가열된다. 이 공정은 10^{20} cm^{-3}의 범위에서 도핑 농도를 갖는 과도핑된 실리콘층을 만들 수 있다. 층의 두께는 정확하게 조절될 수 있다. 이 농도에서 비등방성 식각 용액에 의한 식각률은 35배 또는 그 이상으로 감소된다. 그런 다음 웨이퍼의 양면을 산화시키거나 실리콘 질화물 박막을 사용하여 보호한다. 산화막 또는 질화막은 실리콘이 노출될 수 있는 열린 구간을 뒷면에 만들기 위하여 패턴화된다. 앞면의 과도핑된 실리콘이 노출될 때까지 웨이퍼를 관통하는 비등방성 식각을 수행한다. 만약 산화물이 사용된다면, 박막은 HF를 사용하여 제거될 수 있

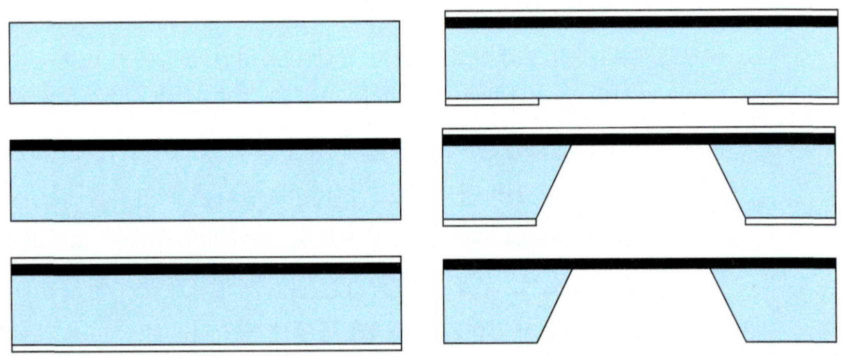

그림 10.33
과도핑된 실리콘을 사용한 방법.

다. 또한 만약 실리콘 질화물이 사용된다면 박막은 180°C의 H_3PO_4 용액을 사용하여 선택적으로 제거될 수 있다.

이 마지막 공정은 공정의 안정성과 수율을 향상시키기 위해 높은 선택도의 장점을 보인다. 하지만 멤브레인이 고농도로 도핑되어 있기 때문에 효과적인 압저항을 이끌어내기란 불가능하다.

요약

이 장에서는 벌크 미세 제조 기술에 대해 알아보았다. 실리콘의 비등방성 습식 식각은 MEMS 분야에서 가장 특징적이고 자주 사용되는 공정이다. 10.3절에서는 마스크의 복잡성의 증가 정도와 함께 2차원 마스크에서 3차원 식각 형태로 모양 전사를 하기 위한 규칙을 토론하였다. 또한 다른 식각 기술에 대해서도 소개하였다.

여러분은 다음의 개념과 사실을 이해해야 한다.

- 비등방성과 등방성 식각의 정의
- 습식 실리콘 비등방성 식각, 플라즈마 식각, DRIE, 등방성 습식 식각, 가스 상태 식각 등을 포함한 일반적인 습식과 건식 식각 용액과 관련된 식각 형태
- 실리콘 비등방성 습식 식각을 사용할 때의 마스크 전사 규칙
- 식각 동안 주어진 시간에서 식각 형태의 종류
- 마스크 형태와 연관된 FSLC 분석 방법
- 매달린 빔을 구현하기 위한 일반적인 제조 방법
- 매달린 멤브레인을 구현하기 위한 일반적인 제조 방법

문제

문제 10.1: 설계

실리콘 웨이퍼는 두께가 500 μm이고 앞면은 {100} 면이다. 마스크는 크기가 알려지지 않은 직사각형의 열린 구간으로 구성되어 있다. 열린 구간의 변은 <110> 방향과 평행하다. 웨이퍼 를 관통하는 식각 후에 열린 구간(50 μm×80 μm)이 웨이퍼의 다른 면에 형성된다. 마스크의 열린 구간의 크기를 구하라. 언더컷 비율은 무시된다.

문제 10.2: 설계

만약 {111} 면의 식각률이 {100} 면의 식각률의 1/100일 경우, 문제 10.1을 반복하라.

문제 10.3: 제조

웨이퍼를 관통하는 구멍이 다음 그림과 같다. 10 μm의 열린 구간이 웨이퍼의 앞면에 형성되기를 원한다. <100> 방향의 웨이퍼가 비등방성 식각을 기반으로 제조된다. 웨이퍼 뒷면의 열린 구간 *W*의 크기를 구하라. <111> 면의 식각률은 무시된다.

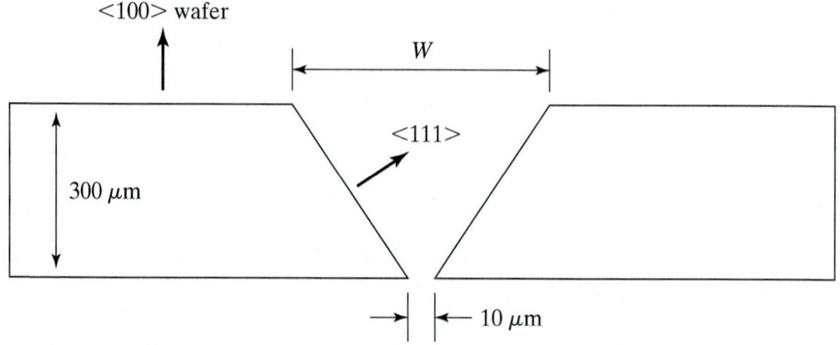

1. 222 μm
2. 435 μm
3. 745 μm
4. 377 μm

문제 10.4: 제조

그림 10.34 에서 마스크의 중심판 아래 실리콘이 완전히 언더컷되는지를 증명하라.

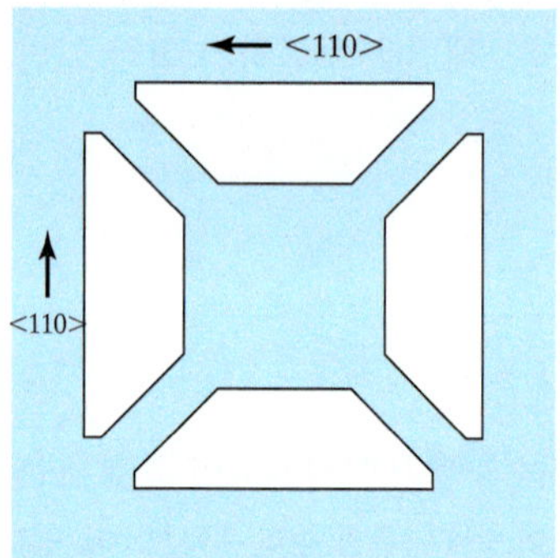

그림 10.34
압저항 촉각 센서를 위한 식각 마스크.

문제 10.5: 설계

비등방성 실리콘 식각은 마이크로리터 유량 저장소의 역할을 하는 반전된 피라미드를 만들기 위해 사용된다. 마스크층은 실리콘 질화물이다. 비등방성 식각 용액은 EDP이다. 다음 마스크 중에 어떤 것이 매우 큰 저장 용량을 구조를 만들어 내겠는가? 모든 그림은 같은 크기로 그려져 있다.

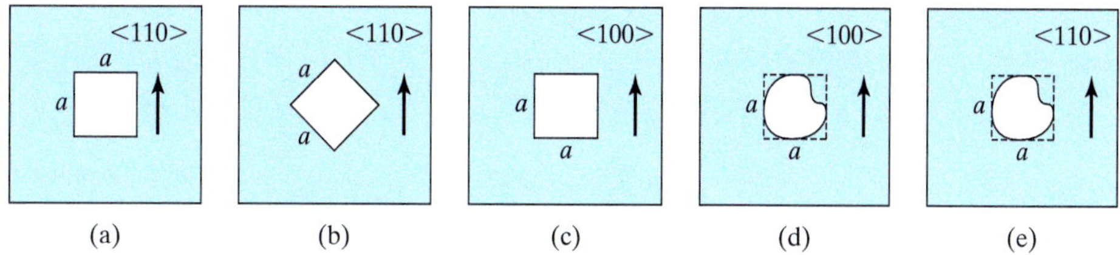

1. a
2. b와 c
3. e
4. b와 d
5. a와 c
6. a, c, 그리고 d

문제 10.6: 설계

밑에 나타낸 마스크는 실리콘 안에 비등방성으로 식각된 공동을 만들기 위해 사용된다. 웨이퍼의 윗면은 {100} 면이다. 최초 마스크 아래의 측면 언더컷을 고려하여 한 시간 동안의 식각이 이루어진 후에 웨이퍼의 앞면에서 열린 구간의 크기는 얼마인가? <111> 방향에서의 식각률은 0.05 μm/min, <100> 방향에서의 식각률은 1 μm/min으로 가정하라.

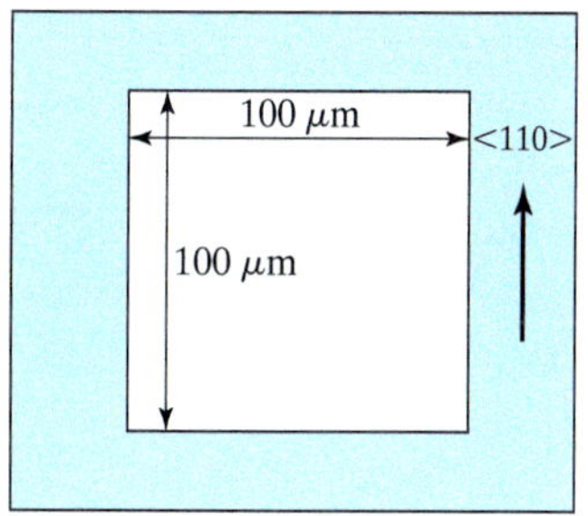

1. 100 μm×100 μm
2. 103.6 μm×103.6 μm
3. 103 μm×103 μm

4. 101.7 μm×101.7 μm
5. 102 μm×102 μm
6. 107.3 μm×107.3 μm

문제 10.7: 설계

SLSP 형태의 평면도와 단면도를 그리라. <111> 방향의 식각률은 없다고 가정하라.

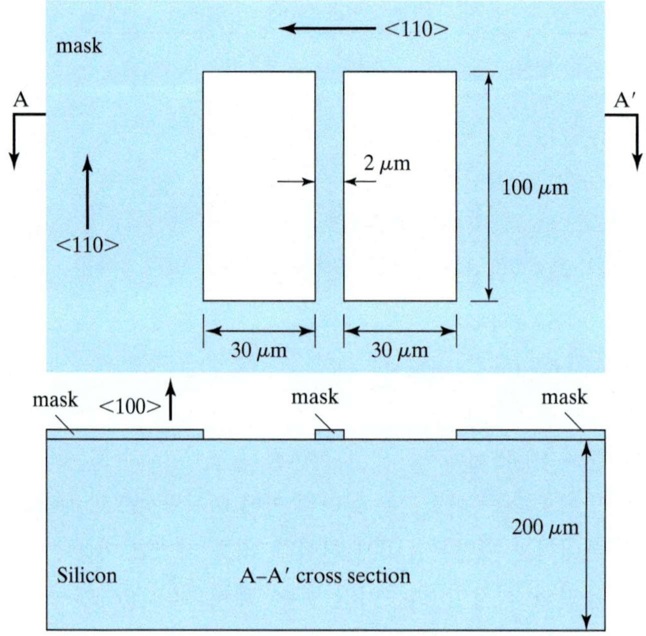

문제 10.8: 설계

SLSP 식각된 형태의 평면도와 단면도를 그리라. <111> 방향의 식각률은 <100> 방향의 식각률의 1/100이라고 가정하라.

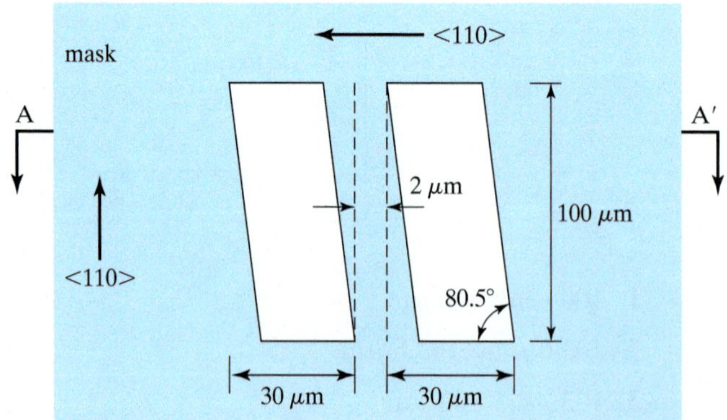

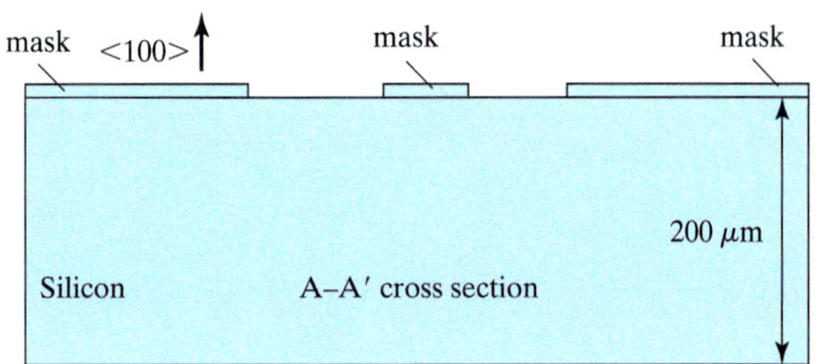

문제 10.9: 설계

SLSP 형태의 평면도와 단면도를 그리라. <111> 방향의 식각률은 없다고 가정하라.

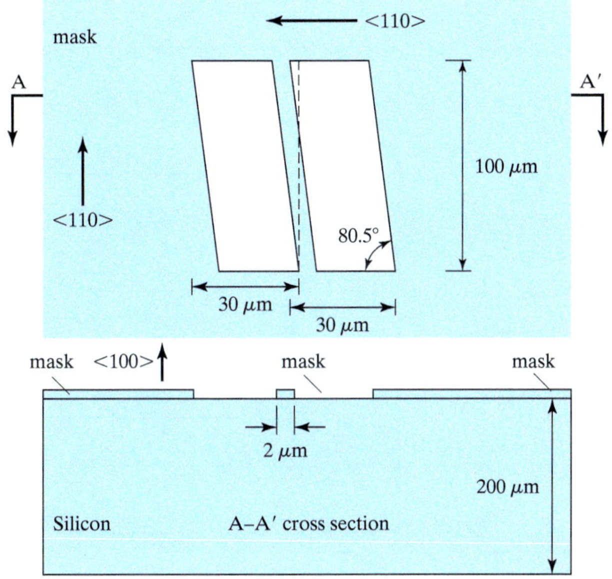

문제 10.10: 설계

SLSP 식각 형태의 평면도와 단면도를 그리라. <111> 방향의 식각률이 0이라고 가정하라.

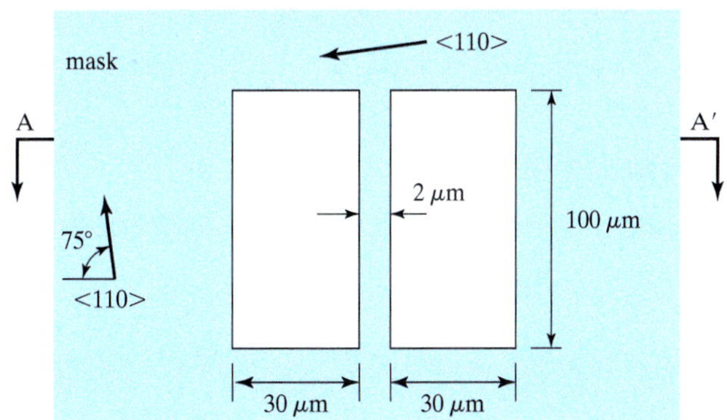

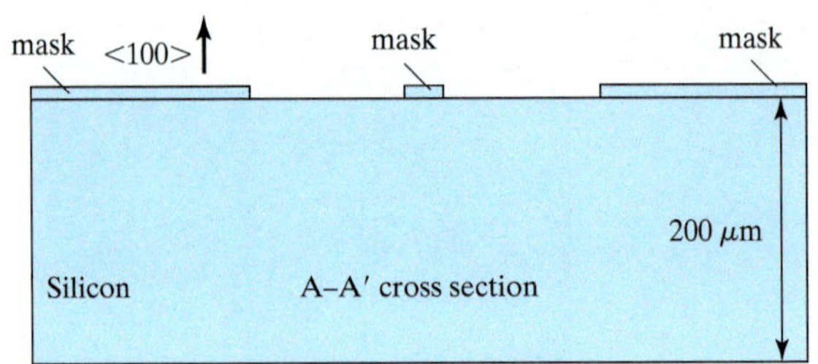

문제 10.11: 설계

컴퓨터 시뮬레이션을 사용하여 마스크를 그리고 SLSP 형태를 시뮬레이트하라. 웨이퍼의 두께는 열린 구간보다 훨씬 크다고 가정하라. L=100 μm 가정하라.

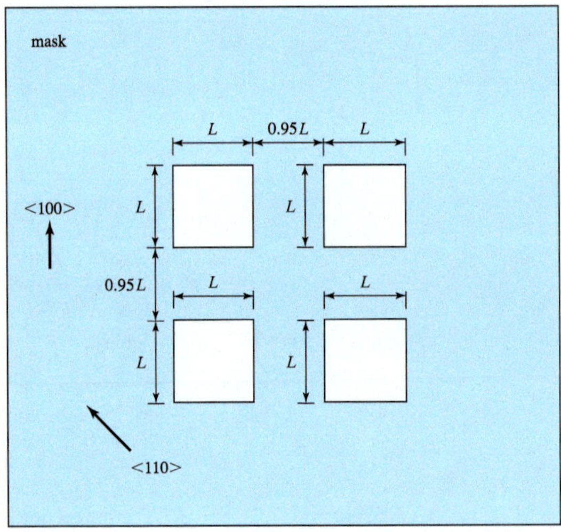

문제 10.12: 설계

제조 공정 동안 잘못된 정렬은 비등방성 실리콘 식각의 결과에 영향을 미칠 수 있다. 한 변의 길이가 100 mm인 정사각형의 열린 구간은 <110> 방향으로 정렬되어 있다고 하자. 각도의 잘못된 정렬은 기계적인 오류에 의해서 발생할 수 있거나 또는 웨이퍼 제조 공정 과정에서 웨이퍼의 결정 방향을 잘못 식별함으로써 발생할 수 있다. 각오차가 5°라고 가정하자. 각 변에서 언더컷의 크기는 얼마인가?

문제 10.13: 설계

SLSP 식각 구조의 식각 형태의 평면도와 단면도를 그리라. <111> 방향에서 식각률이 0이라고 가정하라.

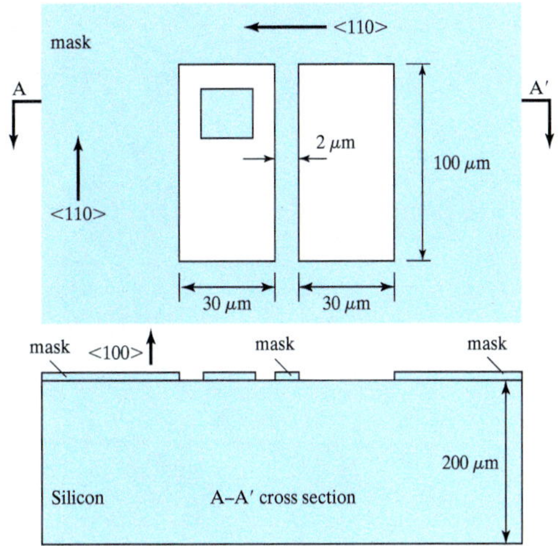

문제 10.14: 설계

SLSP 식각 구조의 평면도와 단면도를 그리라. <111> 방향의 식각률이 없다고 가정하라.

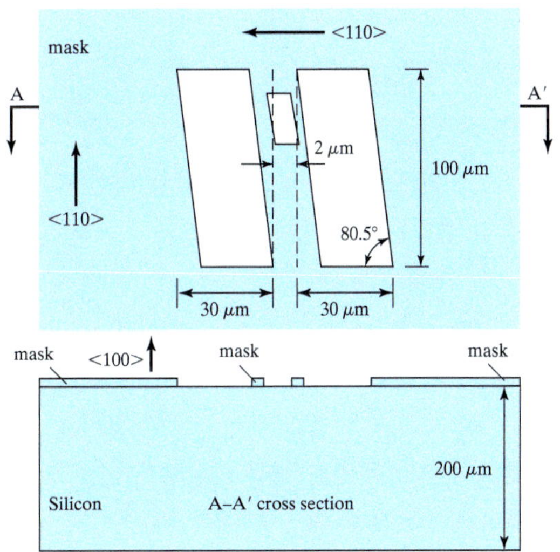

문제 10.15: 제조

그림 10.35에 나와 있는 융기 형태의 배열을 만들기 위한 마스크와 3차원의 형태 전개를 결정하라. 기울어진 면은 {111} 면과 보다 더 높은 지표의 면들로 구성되어 있다.

그림 10.35
팁 식각 결과.

문제 10.16: 설계

만약 마스크의 모서리가 <110> 방향 대신 <100>으로 정렬되어 있다면 예제 10.2의 최종 식각 형태는 무엇인가? 마스크와 공동의 형태를 선으로 그리라(평면도).

문제 10.17: 제조

그림 10.31에 나와 있는 방법들 중 얼마나 많은 방법들이 크기가 1×1 mm이고 두께가 200 μm인 실리콘 질화물 멤브레인의 윗면에 위치한 다결정 실리콘 압저항을 만들기 위해 적당하다고 생각되는가? 다결정 실리콘 저항은 확실히 멤브레인에 위치되어 있고 멤브레인의 일부분을 덮고 있는데, 금속 도선 리드와 연결된다. 모든 가능한 제조 방법 중에 비용, 공정 수율, 제한 요소의 견지에서 장점과 단점을 말하라.

문제 10.18: 제조

그림 10.31에 나와 있는 방법들 중 얼마나 많은 방법들이 두께가 200 nm인 실리콘 질화물 멤브레인을 만들기 위해 적당하다고 생각되는가? 왜 다른 방법들은 실패하는지 그 이유를 설명하라. 모든 가능한 제조 방법 중에 비용, 공정 수율, 제한 요소의 견지에서

장점과 단점을 말하라.

문제 10.19: 제조

그림 10.31에 나와 있는 방법들 중 얼마나 많은 방법들이 두께가 1 μm이고 크기가 1×1 mm인 파릴린(Parylene) 멤브레인을 만들기 위해 적당하다고 생각되는가? 왜 다른 방법들은 실패하는지 그 이유를 설명하라. 모든 가능한 제조 방법 중에 비용, 공정 수율, 제한 요소의 견지에서 장점과 단점을 말하라.

참고문헌

1. Kovacs, G.T.A., N.I. Maluf, and K.E. Petersen, *Bulk Micromachining of Silicon*. Proceedings of the IEEE, 1998. **86**(8): p. 1536–1551.

2. Yi, T., L. Li, and C.-J. Kim, *Microscale Material Testing of Single Crystalline Silicon: Process Effects on Surface Morphology and Tensile Strength*. Sensors and Actuators A: Physical, 2000. **83**(1–3):p. 172–178.

3. Bean, K.E., *Anisotropic Etching of Silicon*. IEEE Transaction on Electron Devices, 1978. **ED 25**: p. 1185–1193.

4. Seidel, H., et al., *Anisotropic Etching of Crystalline Silicon in Alkaline Solutions, I. Orientation Dependence and Behavior of Passivation Layers*. Journal of Electrochemical Society, 1990. **137**(11): p. 3612–3626.

5. Seidel, H., et al., *Anisotropic Etching of Crystalline Silicon in Alkaline Solutions II. Influence of Dopants*. Journal of Electrochemical Society, 1990. **137**(11): p. 3626–3632.

6. Sugiyama, S., M. Takigawa, and I. Igarashi, *Integrated Piezoresistive Pressure Sensor with Both Voltage and Frequency Output*. Sensors and Actuators A, 1983. **4**: p. 113–120.

7. Zhu, Z., and C. Liu, *Micromachining Process Simulation Using a Continuous Cellular Method*. IEEE/ASME Journal of Microelectromechanical Systems (JMEMS), 2000. **9**(2): p. 252–261.

8. Hubbard, T.J., and E.K. Antonsson, *Emergent Faces in Crystal Etching*. Microelectromechanical Systems, Journal of, 1994. **3**(1): p. 19–28.

9. Williams, K.R., and R.S. Muller, *Etch Rates for Micromachining Processing*. Microelectromechanical Systems, Journal of, 1996. **5**(4): p. 256–269.

10. Williams, K.R., K. Gupta, and M. Wasilik, *Etch Rates for Micromachining Processing—Part II*. Microelectromechanical Systems, Journal of, 2003. **12**(6): p. 761–778.

11. Oosterbroek, R.E., et al., *Etching Methodologies in Silicon Wafers*. Microelectromechanical Systems, Journal of, 2000. **9**(3): p. 390–398.

12. Strandman, C., et al., *Fabrication of 45-deg Mirrors Together with Well-Defined v-Grooves Using Wet Anisotropic Etching of Silicon*. Microelectromechanical Systems, Journal of, 1995. **4**(4): p. 213–219.

13. Raley, N.F., Y. Sugiyama, and T.V. Duzer, *(100)-Silicon Etch-Rate Dependence on Boron Concentration in Ethylenediamine-Pyrocatechol-Water Solutions*. Journal of Electrochemical Society, 1984. **131**(1): p. 161–171.

14. Wang, S.S., V.M. McNeil, and M.A. Schmidt, *An Etch-Stop Utilizing Selective Etching of N-type Silicon by Pulsed Potential Anodization*. Microelectromechanical Systems, Journal of, 1992: p. 187–192.

15. Peeters, E., et al., *PHET, An Electrodeless Photovoltaic Electrochemical Etchstop Technique*. Microelectromechanical Systems, Journal of, 1994. **3**(3): p. 113–123.

16. Landsberger, L.M., et al., *On Hillocks Generated During Anisotropic Etching of Si in TMAH*. Microelectromechanical Systems, Journal of, 1996. **5**(2): p. 106–116.

17. Douglas, M.A., *Trench Etch Process for a Single-Wafer RIE Dry Etch Reactor*. 1989, Texas Instruments Incorporated: US patent # 4,855,017.

18. Laermer, F., and A. Schilp, *Method for Anisotropic Plasma Etching of Substrates*, in *US PTO*. 1996, Robert Bosch GmbH: US patent 5,498,312.

19. Chen, K.-S., et al., *Effect of Process Parameters on the Surface Morphology and Mechanical Performance of Silicon Structures After Deep Reactive Ion Etching (DRIE)*. Microelectromechanical Systems, Journal of, 2002. **11**(3): p. 264–275.

20. Gardeniers, H.J.G.E., et al., *Silicon Micromachined Hollow Microneedles for Transdermal Liquid Transport*. Microelectromechanical Systems, Journal of, 2003. **12**(6): p. 855–862.

21. Lee, S., et al., *Surface/Bulk Micromachined Single-Crystalline-Silicon Micro-Gyroscope*. Microelectromechanical Systems, Journal of, 2000. **9**(4): p.

557–567.

22. Lee, S., S. Park, and D.-I. Cho, *The Surface/Bulk Micromachining (SBM) Process: A New Method for Fabricating Released MEMS in Single Crystal Silicon*. Microelectromechanical Systems, Journal of, 1999. **8**(4): p. 409–416.

23. Wang, S.N., et al., *Deep Reactive Ion Etching of Lead Zirconate Titanate Using Sulfur Hexafluoride Gas*. Journal of Americal Ceramic Society, 1999. **82**(5): p. 1339–1341.

24. Li, X., T. Abe, and M. Esashi, *Deep Reactive Ion Etching of Pyrex Glass Using SF6 Plasma*. Sensors and Actuators A: Physical, 2001. **87**(3): p. 139–145.

25. Zhang, C., C. Yang, and D. Ding, *Deep Reactive Ion Etching of Commercial PMMA in and Discharges*. Journal of Micromechanics and Microengineering, 2004. **14**(5): p. 663–666.

26. Ayazi, F., and K. Najafi, *High Aspect-Ratio Combined Poly and Single-Crystal Silicon (HARPSS) MEMS Technology*. Microelectromechanical Systems, Journal of, 2000. **9**(3): p. 288–294.

27. Selvakumar, A., and K. Najafi, *Vertical Comb Array Microactuators*. Microelectromechanical Systems, Journal of, 2003. **12**(4): p. 440–449.

28. Petersen, K.E., *Silicon as a Mechanical Material*. Proceedings of the IEEE, 1982. **70**(5): p. 420–457.

29. Warneke, B., and K.S.J. Pister, *In situ Characterization of CMOS Post-Process Micromachining*. Sensors and Actuators A: Physical, 2001. **89**(1–2): p. 142–151.

30. Yao, T.-J., X. Yang, and Y.-C. Tai, *BrF3 Dry Release Technology for Large Freestanding Parylene Microstructures and Electrostatic Actuators*. Sensors and Actuators A: Physical, 2002. **97–98**: p. 771–775.

31. Schmidt, M.A., *Wafer-to-Wafer Bonding for Microstructure Formation*. Proc. IEEE, 1998. **86**(8): p. 1575–1585.

32. Tsau, C.H., S.M. Spearing, and M.A. Schmidt, *Fabrication of Wafer-Level Thermocompression Bonds*. Microelectromechanical Systems, Journal of, 2002. **11**(6): p. 641–647.

33. Albaugh, K.B., P.E. Cade, and D.H. Rasmussen. *Mechanisms of Anodic Bonding of Silicon to Pyrex Glass*. In *Solid-State Sensor and Actuator*

Workshop, 1988. Technical Digest, IEEE. 1988.

34. Chavan, A.V., and K.D. Wise, *Batch-Processed Vacuum-Sealed Capacitive Pressure Sensors*. Microelectromechanical Systems, Journal of, 2001. **10**(4): p. 580–588.

35. Shimbo, M., et al., *Silicon-to-Silicon Direct Bonding Method*. Journal of Applied Physics, 1986. **60**(8): p. 2987–2989.

36. Cheng, Y.T., L. Lin, and K. Najafi, *Localized Silicon Fusion and Eutectic Bonding for MEMS Fabrication and Packaging*. Microelectromechanical Systems, Journal of, 2000. **9**(1): p. 3–8.

37. Mehra, A., et al., *Microfabrication of High-Temperature Silicon Devices Using Wafer Bonding and Deep Reactive Ion Etching*. Microelectromechanical Systems, Journal of, 1999. **8**(2): p. 152–160.

38. Field, L.A., and R.S. Muller, *Fusing Silicon Wafers with Low Melting Temperature Glass*. Sensors and Actuators A: Physical, 1990. **23**(1–3): p. 935–938.

39. Tong, Q.-Y., et al., *Low Temperature Wafer Direct Bonding*. Microelectromechanical Systems, Journal of, 1994. **3**(1): p. 29–35.

40. Singh, A., et al., *Batch Transfer of Microstructures Using Flip-Chip Solder Bonding*. Microelectromechanical Systems, Journal of, 1999. **8**(1): p. 27–33.

41. Cheng, Y.-T., L. Lin, and K. Najafi, *A Hermetic Glass-Silicon Package Formed Using Localized Aluminum/Silicon-Glass Bonding*. Microelectromechanical Systems, Journal of, 2001. **10**(3): p. 392–399.

42. Shivkumar, B., and C.-J. Kim, *Microrivets for MEMS Packaging: Concept, Fabrication, and Strength Testing*. Microelectromechanical Systems, Journal of, 1997. **6**(3): p. 217–225.

43. Han, H., L.E. Weiss, and M.L. Reed, *Micromechanical Velcro*. Microelectromechanical Systems, Journal of, 1992. **1**(1): p. 37–43.

44. Spiering, V.L., et al., *Sacrificial Wafer Bonding for Planarization After Very Deep Etching*. Microelectromechanical Systems, Journal of, 1995. **4**(3): p. 151–157.

45. Niklaus, F., S. Haasl, and G. Stemme, *Arrays of Monocrystalline Silicon Micromirrors Fabricated Using CMOS Compatible Transfer Bonding*. Microelectromechanical Systems, Journal of, 2003. **12**(4): p. 465–469.

46. Bang, C.A., et al., *Thermal Isolation of High-Temperature Superconducting Thin Films Using Silicon Wafer Bonding and Micromachining*. Microelectromechanical Systems, Journal of, 1993. **2**(4): p. 160–164.

47. Yun, C.-H., and N.W. Cheung, *Fabrication of Silicon and Oxide Membranes Over Cavities Using Ion-Cut Layer Transfer*. Microelectromechanical Systems, Journal of, 2000. **9**(4): p. 474–477.

48. Yang, E.-H., and D.V. Wiberg, *A Wafer-Scale Membrane Transfer Process for the Fabrication of Optical Quality, Large Continuous Membranes*. Microelectromechanical Systems, Journal of, 2003. **12**(6): p. 804–815.

표면 미세 가공

CHAPTER 11

11.0 서론

표면 미세 가공 방법들은 MEMS에서 널리 사용되고 있다. 이름에서 알 수 있듯이, 표면 미세 가공 공정들은 기판의 표면 근처에 위치하는 미세 구조들을 만드는 역할을 한다. 벌크 미세 가공과는 다르게, 표면 미세 가공은 벌크 기판의 물질들을 제거하거나 식각하지는 않는다.

공중에 떠 있는 미세 구조들을 만들기 위한 핵심 기술은 희생층 식각이다. 11.1절에서는 다결정 실리콘을 이용한 정전기적 미세 모터를 예로 들어 일반적인 희생층 식각 기술들에 대하여 설명할 것이다. 미세 모터에 대한 복잡성이 증가하는 정도에 따라 발전 세대를 설명한다.

많은 물질들이 표면 미세 공정의 후보 물질이 될 수 있다. 11.2절에서 구조층 물질과 희생층 물질들의 선택 기준에 대하여 설명할 것이다.

희생층 식각은 종종 액체 용액들 속에서 진행된다. 떠 있거나 움직일 수 있는 많은 미세 기계적 구조물들은 특별한 설계와 절차가 없으면 건조 과정에서 견뎌 내지 못한다. 건조 과정과 관련된 실패들과 그 수정 방법들에 대해서는 11.3절에서 검토한다.

표면 미세 가공된 구조들은 후처리 조립 공정을 도입함으로써, 견고한 3차원 소자들을 형성하는 데 이용될 수 있다. 대표적인 조립 기술들이 11.5절에서 설명된다.

표면 미세 가공 공정은 벌크 미세 가공 공정보다 집적 회로 제작에 더 밀접하게 관련되어 있으며 양립한다. 최근에 상업적인 MEMS 소자들은 파운드리에서 점점 더 많이 만들어지고 있다. 11.6절에서 파운드리 공정들의 이용과 관계된 적절한 이슈들에 대한 개요를 다룬다.

11.1 기초적인 표면 미세 가공 공정들

11.1.1 희생 식각 공정

매달린 외팔보 빔을 형성하기 위한 간단한 두 층의 희생 식각 공정이 그림 11.1에 설명되어 있다. 여기서 만들고자 하는 떠 있는 구조는 기판의 한쪽 끝에 고정된 고정-자유 외팔보이다. 제조 공정은 실리콘 웨이퍼 위에 희생 물질을 증착하면서 시작된다(그림 11.1a). 희생 물질은 사진 인쇄술에 의해서 정의되고 패턴화된다(그림 11.1b). 그런 다음 구조층의 박막이 증착되고 패턴화된다(그림 11.1c 와 d). 희생 물질은 이상적으로 구조층을 위하여 기계적으로는 단단한 지지대 역할을, 화학적으로는 안정적인 지지대 역할을 하여야 한다. 다시 말하면, 희생층은 공정 과정 동안 신뢰성 있는 플레이스홀더(place holder)로서 역할을 할 필요가 있다. 희생 물질은 위에 덮인 구조층을 자유롭게 하기 위하여 나중에 선택적으로 제거된다(그림 11.1e). 만약 희생층 식각이 습식 화학용액 안에서 진행된다면, 최종 구조물을 만들기 위하여 구조물에 남아 있는 액체 성분은 반드시 제거되어야 한다(그림 11.1f).

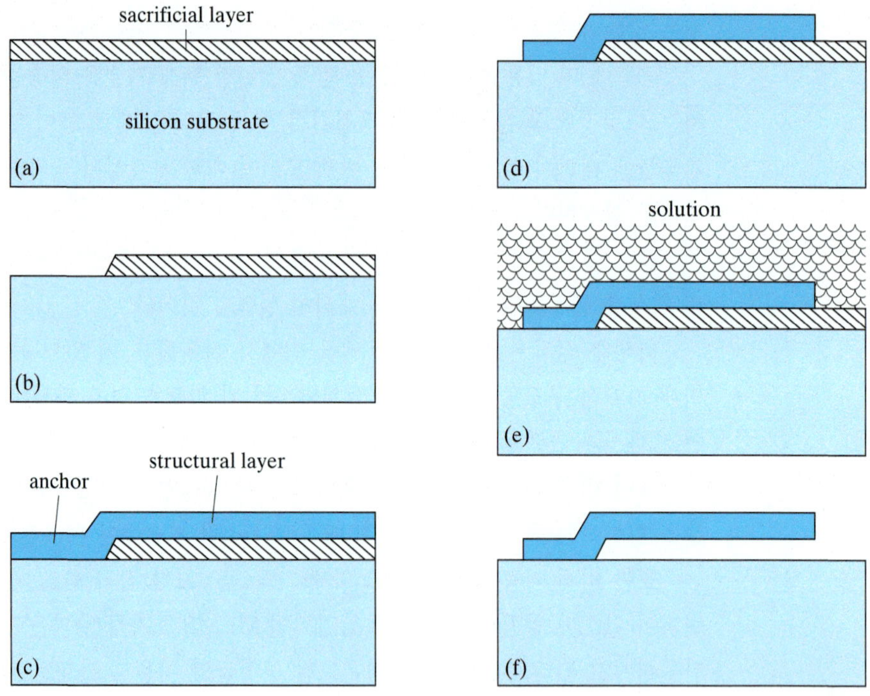

그림 11.1
희생층 식각 공정의 도식적 그림.

11.1.2 미세 모터 제조 공정—첫 번째 방법

11.1.2절에서 11.1.4절까지는 정전기적 모터를 만들기 위한 세 가지의 완성된 표면 미세 가공 공정들에 대하여 살펴볼 것이다. 미세 모터의 상세한 동작 원리들에 대해서는 4장을 참조하기 바란다. 제조 공정은 여러 구조층들과 희생층들의 증착, 패턴화, 그리고 식각을 포함하고 있다. 주요 수행 목표로는 마찰력 감소와 마모 저항 등이 있다.

이 절에서는 일반적인 공정들에 대해 알아볼 것이다. 1.3절에서 회전자와 기판 사이의 접촉 면적을 감소시키게 해 주는 공정에 대하여 설명하였다. 1.4절에서는 마찰 계수가 작은 측면 베어링을 이용함으로써 측벽 마찰과 마모를 줄이는 좀더 복잡한 설계에 대하여 검토하였다.

기본적인 모터 제조 공정은 그림 11.2에서 보여 준다. 공정은 실리콘 웨이퍼에서부터 시작된다. 벌크 가공 공정이 포함되어 있지 않기 때문에, 웨이퍼의 방향은 중요하지 않다. 웨이퍼에는 처음에 LPCVD 실리콘 산화물 같은 희생 박막이 증착된다.(이 경우에 박막이 웨이퍼의 양면을 다 덮게 된다. 그러나 단지 앞면의 물질들만이 제조 결과와 관련이 있다.)

다음 단계에는 다결정 실리콘과 같은 구조 물질이 웨이퍼 위에 증착된다(그림 11.2b). 이 경우에 구조층은 회전자를 형성하게 된다.

그림 11.2c에서 포토레지스트 박막은 웨이퍼의 앞면을 덮게 된다. 현상과 큐어링 공정을 거친 후에 포토레지스트는 다음에 진행될 반응성 이온 식각 공정의 마스크 역할

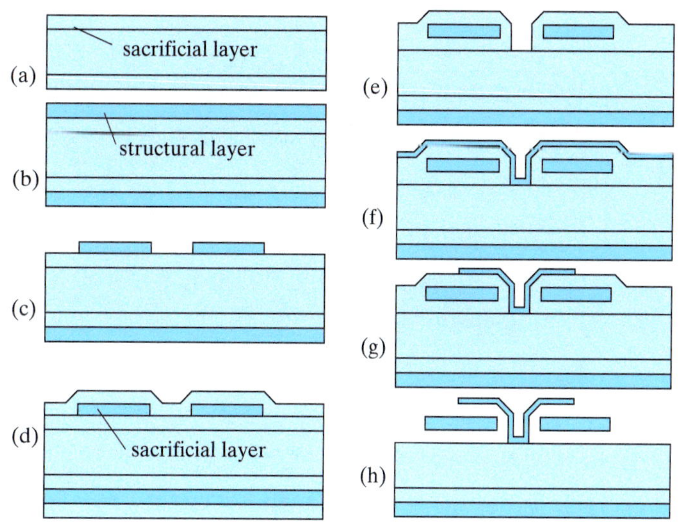

그림 11.2
평면 정전기적 모터의 제조 공정.

을 하게 되는데 이 반응성 이온 공정을 통하여 포토레지스트에 있는 패턴이 다결정 실리콘 구조층으로 전사하게 된다. 그런 다음, 포토레지스트는 산소 플라즈마(건식 식각)나 유기 용제(습식 식각)에 의해서 제거된다.

웨이퍼는 또 다른 형태의 산화물 희생층으로 덮인다(그림 11.2d). 증착된 박막은 수평 면들이나 수직 측벽들에도 일정한 두께로 증착된다. 비록 이 경우에는 LPCVD 실리콘 산화물이 편리한 선택일지라도 두 번째 희생층의 물질은 앞의 것과 다를 수 있다. LPCVD 실리콘 산화물은 스텝 커버리지와 온도 호환성을 제공한다.

다음으로 만들어지는 것은 회전자의 측면 병진 운동을 제한하는 중앙의 허브이다. 허브는 또한 회전자가 기판에서 벗어나는 것을 막아 준다. 허브를 만들기 위해서, 기판까지 열려지는 앵커 창문을 만든다(그림 11.2e). 이 앵커 창문은 사진 인쇄술과 두 희생층을 통과하는 습식 화학 식각으로 만들어진다. 그리고 두 번째의 구조층 물질(그림 11.2f)이 열린 창문을 통하여 기판에 단단하게 증착된다.

포토레지스트 박막은 두 번째 구조층 위에 스핀 코팅되고 패턴화와 현상 공정을 통하여 두 번째 구조층을 정의한다(그림 11.2g). 마지막으로 두 희생층은 HF 식각 용액에 담금으로써 제거된다.

회전자가 완성된 소자의 그림에서 떠 있는 것처럼 보이지만(그림 11.2h), 이는 중력하에서 기판으로 쉽게 떨어지고, 넓은 면이 접촉된 형태가 된다. 만약 웨이퍼가 적절하게 건조되지 않았다면 아마 회전자는 기판에 딱 달라붙게 될 것이다.

11.1.3 미세 모터 제조 공정—두 번째 방법

앞에서 논의된 제작 공정은 기초적인 미세 모터의 제작에 유용하다. 그러나 그것의 구조와 수행 능력은 최적의 것과는 약간 거리가 있다. 그림 11.2에서 보여 준 설계의 한 가지 중요한 단점은 바로 마찰력 제어의 부족이다. 마찰력을 낮추는 방법들 중 하나는 회전자와 기판의 접촉 면적을 줄이는 것이다. 그러한 특징을 살리는 공정에 관하여 계속해서 알아보자. 그림 11.3에 그림으로 설명되어 있다.

먼저 실리콘 웨이퍼 위에 절연된 유전 박막이 증착된다(그림 11.3a). 간결함을 위해 그림에서 앞면에만 물질이 증착된 것처럼 보이는 것에 주의하라.(몇 단계 동안 뒷면에도 물질이 증착되었다는 것을 독자들은 염두에 두고 있어야 한다.) 그림 11.3b에서 희생층이 증착된다. 그림 11.3e에서 보여 주는 측면도처럼 만들기 위해 두 세트의 사진 인쇄술과 식각 단계가 수행된다. 첫 번째 단계에는 희생층을 포토레지스트로 코팅하고, 패턴화와 포토레지스트 현상을 통하여 포토레지스트가 희생층 두께의 일부를 제거하기 위한 마스크로서 사용되는 단계가 포함된다(그림 11.3d). 포토레지스트층은 벗겨지고 다

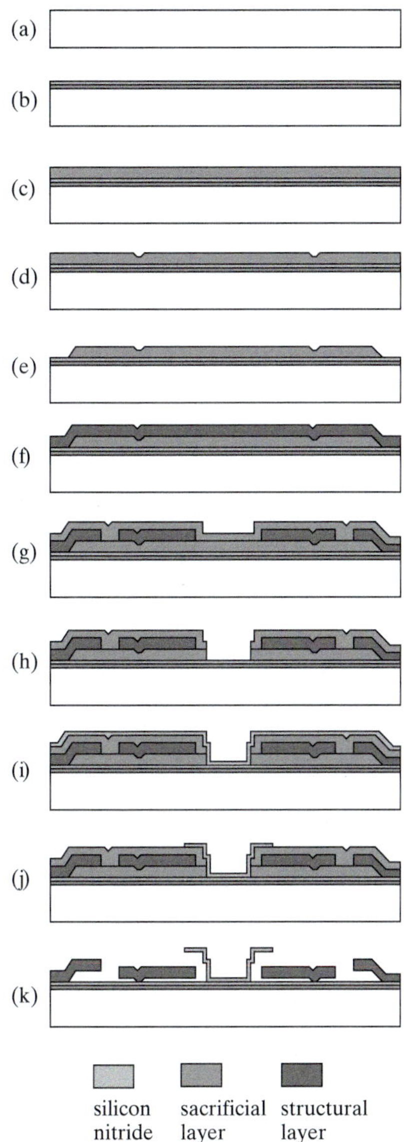

그림 11.3
미세 모터 제조 공정.

른 새로운 포토레지스트층으로 대체된다. 새로운 반복 공정 단계—포토레지스트 코팅, 패턴화, 포토레지스트 현상—가 다시 수행된다. 이번에는 노출된 희생층의 두께 전체가 식각된다(그림 11.3e).

그림 11.3d에서 그림 11.3k까지의 공정 단계는 11.1.2절에서 논의되었다. 한 가지

차이는 두 번째 구조층(허브를 위한)이 다결정 실리콘 대신 실리콘 질화물이라는 것이다. 그림 11.3에서 회전자를 자유롭게 하기 위해서 희생층은 완벽하게 제거된다. 회전자는 기판과 그림 11.3c에서 모양이 정해진 오직 작은 돌기에서만 접촉한다는 것에 주목하라. 유효 접촉 면적은 앞선 사례와 비교하여 많이 감소되었다—이 특징은 마찰력과 회전자가 기판에서 달라붙을 가능성을 감소시킨다.

회전자와 허브가 항상 빈틈없이 접촉되는 것은 아니다. 회전자와 허브는 두 번째 희생층의 두께에 의해 결정되는 같은 평면 상의 간격에 의해 분리되어야 한다. 고속으로 회전 중일 때, 마치 댄서의 허리 주위를 훌라후프가 도는 것처럼, 회전자는 허브의 구속 조건 내에서 흔들릴 것이고, 새로운 접촉 포인트가 발생할 것이다.

11.1.4 미세 모터 제조 공정—세 번째 방법

회전자와 허브 간의 접촉은 부가적인 마찰과 마모를 발생시킨다. 이러한 문제에 대한 한 가지 해결책은, 실리콘 질화물 중에 접촉면들을 만듦으로써 회전자와 허브 사이의 마찰 계수를 감소시키는 것이다.

측벽 실리콘 질화물의 베어링 구조를 집적하는 공정은 그림 11.4에 나타나 있다. 실리콘 웨이퍼는 처음에 실리콘 산화물과 실리콘 질화물로 구성된 유전 장막으로 코팅된다(그림 11.4a). 다결정 실리콘 기초 평면이 증착되고(그림 11.4b), 다음으로 첫 번째 희생층의 증착과 패턴화가 행해진다(그림 11.4c). 두 번째의 다결정 실리콘 구조층이 균일하게 같은 두께로 증착된다(그림 11.4d). 산화물 희생층과 다결정 실리콘층은 사진 인쇄술에 의해서 패턴화되고 식각된다. 실리콘 질화물층은 수직이나 수평적 면들에 균일한 두께를 이루면서 증착된다(그림 11.4f).

그 다음, 전체적으로 반응성 이온 식각 공정이 행해진다. 물리적 식각이기 때문에 식각률은 수직 방향이 수평 방향보다 더 크도록 공정 변수들이 설계된다. 앞면의(허브 바닥과 회전자의 앞면과 같은) 실리콘 질화물이 제거되는 동안, 수평 방향의 실리콘 질화물은 남아 있다(그림 11.4g).

첫 번째 희생층의 제어된 측면 언더컷을 만들기 위하여 일정 시간 동안 습식 식각이 수행된다(그림 11.4h). 이 단계 후에, 희생층 물질이 균일한 두께로 증착된다. 이 희생층은 위에 걸쳐 있는 구조의 아랫부분까지도 포함한 모든 면을 덮는다(그림 11.4i). 포토레지스트가 스핀 코팅되고 패턴화된 후 허브 영역의 바닥 부분이 노출된다. 열려진 창 내부의 희생 물질은 아래에 놓여 있는 다결정 실리콘층에 접촉할 수 있도록 식각된다(그림 11.4j). 허브를 이루는 또 다른 실리콘 질화물층이 증착되고 패턴화된 후(그림 11.4k), 회전자를 자유롭게 해 주기 위해 전체적인 희생 식각이 수행된다.

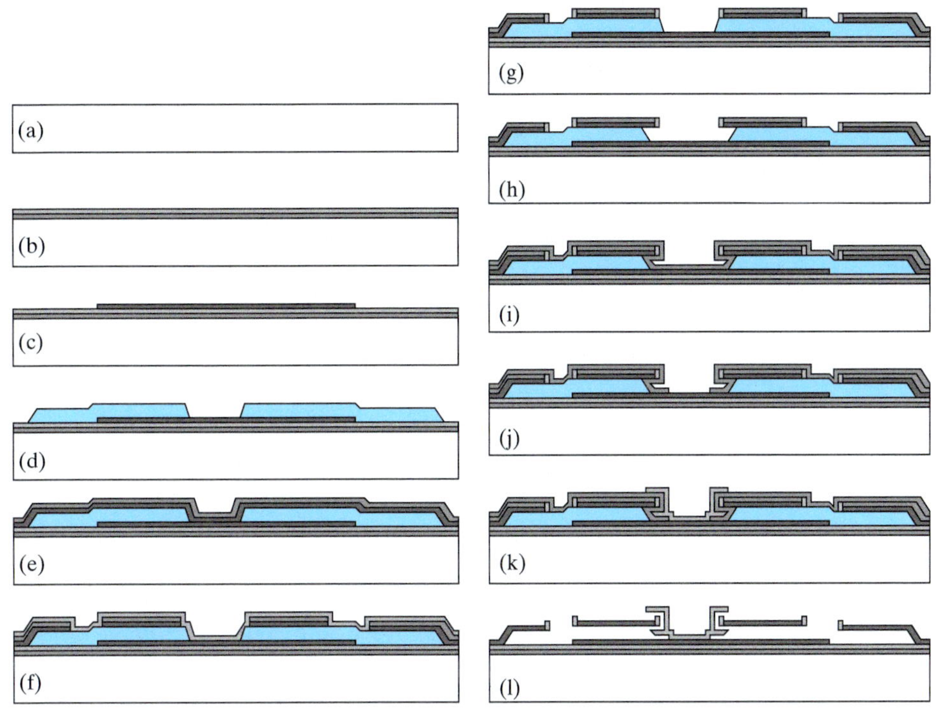

그림 11.4
측벽에 마찰을 줄이는 코팅층을 가지는 모터.

그림 11.4l에서 보여 주는 완성된 모터의 단면은 허브 측벽에 마찰 제어 박막이 포함되어 있다. 그림 11.4h에서 만들어진 언더컷 지역에 증착된 실리콘 질화물은 회전자가 기판 표면에 내려앉는 것을 방지한다.

11.2 구조층의 물질들과 희생층의 물질들

구조층 물질과 희생층 물질들에 대한 선택 가능한 많은 후보군의 물질들이 있다. 물질들의 선택은 각각 소자의 응용에서 특별하게 요구되는 조건에 따라 달라진다. 이 절에서는 먼저 구조층과 희생층들을 위한 좋은 후보 물질들이 어떤 특성을 가져야 하는가에 대한 일반적인 기준들에 대하여 평가할 것이다. 다결정 실리콘, 산화물, 그리고 실리콘 질화물의 박막들에 논의를 집중할 것이다. 폴리머나 금속 등을 포함한 다른 물질 군들에 대해서는 11.2.3절에서 논의될 것이다.

11.2.1 물질의 선택 기준

기본적인 두 층 공정에 있어서 구조층과 희생층 물질을 선택하기 위해서는 다음과 같은 몇 가지 필수적인 요구 조건들이 있다.

1. 희생층 물질 위에 구조층 물질을 증착할 때에는 어떤 방법으로도 절대로 희생층 물질이 녹거나, 용해되거나, 깨지거나, 붕괴되거나, 또는 불안정해지거나 혹은 파괴되어서는 안 된다.
2. 구조층을 패턴화하기 위하여 이용되는 방법이 절대로 희생층이나 기판 위에 존재하는 어떠한 층도 공격해서는 안 된다.
3. 희생층을 제거하기 위하여 이용되는 방법은 절대로 구조층이나 기판을 공격하거나, 용해 혹은 파괴해서는 안 된다. 희생층 물질의 언더컷 식각률은 적당히 높아야 한다.

가장 잘 입증된 물질의 쌍은 다결정 실리콘(구조층으로서)과 인규산 유리(PSG: phosphosilicate glass, 희생층으로서)이다. 이 물질 시스템은 앞에서 언급한 세 가지 기준을 만족시킨다. PSG는 다결정 실리콘층이 증착될 때 견뎌 낼 수 있다. 다결정 실리콘은 플라즈마 식각으로 패턴화될 수 있는데, 이 식각은 PSG와 산화물을 감소된 식각률로 식각한다. PSG와 산화물은 HF 산성 용액을 이용한 습식 식각 방법으로 제거될 수 있는데 이 식각 방법은 PSG에는 매우 높은 언더컷 식각률을 보여 주지만 실리콘에는 최소의 식각률을 나타낸다.

많은 표면 미세 가공 공정은 여러 층의 구조층과 희생층을 포함한다. 구조층과 희생층 물질들을 선택할 때에는 많은 일반적 요소들이 고려되어야 한다. 이러한 요소에는 (1) 식각률과 식각 선택도, (2) 달성 가능한 층의 두께, (3) 물질의 증착 온도, (4) 구조층의 고유 응력, (5) 표면의 매끄러움, 그리고 (6) 물질들과 공정들의 비용 등이 포함된다. 이러한 요소들 중 몇 가지 논점들은 아래에 훨씬 상세하게 논의되고 있다.

식각률과 식각 선택도. 희생층 물질을 식각하는 동안, 구조층과 희생층 물질은 모두 식각 물질에 노출된다. 희생층과 구조층에 대한 식각 물질의 식각률은 각각 r_{sa}와 r_{st}로 표기된다. 식각 선택도는 r_{sa}와 r_{st}의 비율로서 정의되는데 가능한 한 높아야 한다.

여러 층이 구초층과 희생층을 포함한 소자들에 있어서, 물질들과 식각 물질, 그리고 식각 조건들에 대한 바람직한 선택은 공정의 각각의 단계에서 그리고 모든 단계에서 가능한 한 높은 식각 선택도를 유지할 수 있도록 노력해야 한다.

포괄적이고 신뢰성 있는 식각 표를 만들기 위해서는 많은 시간과 노력이 요구될 것이다. 초보자들을 위한 좋은 출발점은 식각률 데이터에 대한 논문을 발표하는 것이다. Williams와 그의 동료들은 논문들[1, 2]에서 53가지의 물질들과 35가지의 식각 방법

간의 상호 반응성에 대하여 다루었다. 그러나 식각률은 많은 요소들에 영향받을 수 있다는 것에 주의해야 한다.

만약 동일한 선택도를 가지고 경쟁하는 두 공정 중에서 선택해야 한다면, 높은 r_{sa}를 가진 쪽이 좋다. 만약 어떤 한 공정이 희생 물질에 대해서는 식각률이 낮고, 다른 물질들에 대해서는 높은 식각률을 갖는다면, 선택에는 또 다른 부가적인 요소가 고려되어야 할 것이다.

달성 가능한 층의 두께. 쌓을 수 있는 층의 두께의 범위가 넓은 물질들이 항상 선호된다. 많은 응용 분야에서 매우 두꺼운 박막을 원한다. 하지만 박막 구조에서 실제적으로 구현되는 물질의 두께는 몇 가지 요소에 의해서 결정된다. 물질의 두께는 종종 다음과 같은 몇 가지 원인들 중 하나에 의해 제한된다: 유한한 증착률과 과도한 공정 시간, 고유의 물리적·화학적 한계, 또는 두꺼운 막과 관련된 받아들일 수 없는 응력. 예를 들면 10 μm 두께의 다결정 실리콘 박막을 성장시키는 데 걸리는 시간은 약 10~15시간 정도인데 이는 이론적으로 구현한 것이고 실제로는 비용이 너무 많이 요구된다. 어떤 물질들에 있어서 두께가 클 경우, 응력과 응력으로 인한 구부러짐이 수용할 수 없는 영역까지 도달하기도 한다. 예를 들면 LPCVD 실리콘 질화물은 2 μm 이상의 두께로 성장시키기가 쉽지 않다. 긴 공정 시간은 제쳐 두고서 매달린 실리콘 질화물 멤브레인의 경우, 두께가 한계점에 달한다면 그 자체의 고유 장력에 의해 깨져 버릴지도 모른다.

물질 증착 온도. 항상 저온에서 성장 가능한 고품질의 물질들이 요구된다. 어떤 층의 증착이나 변형과 관련하여 발생하는 고온은 밑에 있는 층을 위하여 물질들의 선택을 제한할 수 있다. 미세 기계 요소들이 신호 처리 회로 칩에 집적될 때의 증착 온도와 관련하여 특별한 주의가 요구된다. 오랜 기간 동안 고온에 노출되는 것은 도펀트의 외부 확산을 야기하고 그것에 의해 트랜지스터에 돌이킬 수 없는 피해를 입힐 것이다.

표면의 매끄러움. 미세 기계 구조층의 윗면과 아랫면의 매끄러움은 여러 경우에 있어서 고려해야 할 사항이다. 거친 표면이 접착력을 감소시키기 위하여 요구될지 모른다. 반면에 부드러운 표면이 광학적 반사도를 높이기 위하여 또는 라디오 주파수 신호의 손실을 감소시키기 위하여 또는 공진 품질 계수를 증가시키기 위하여 사용될 수도 있다.

11.2.2 저압 화학 기상 증착(LPCVD)에 의한 박막

구조층과 희생층 물질을 증착하기 위하여 널리 사용되는 방법은 **화학 기상 증착법**(CVD: chemical vapor deposition)이다. CVD 증착실 안에서, 고체 박막은 증기의 압축이나 고체상태 반응 부산물들의 부착에 의해 웨이퍼 위에 형성된다. 물질의 성장은 일반적으로 입자들의 유입이나 반응 가스들의 누수를 막기 위해 봉인된 증착실 내에서 이루어진다.

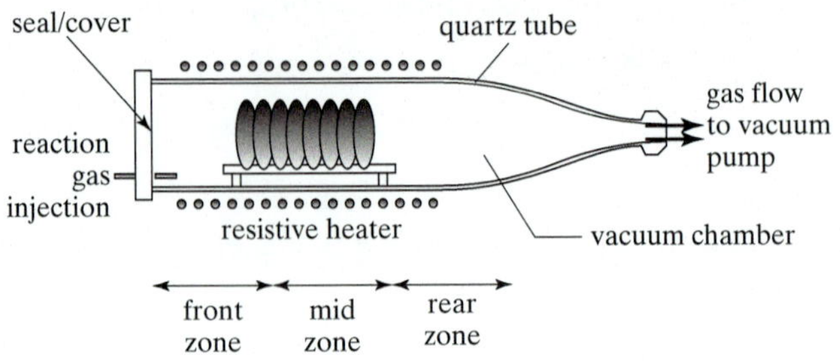

그림 11.5
LPCVD 증착실. 성장의 균일도를 증가시키기 위하여 다양한 온도 영역이 사용된다.

반응 에너지는 열이나 플라즈마 전력에 의해 제공된다. 만약 에너지가 열에 의해서만 제공되고, 낮은 공정 압력(예, 수백 mtorr)하에서 공정이 진행된다면 그 공정은 **저압 화학 기상 증착법(LPCVD:** low-pressure chemical vapor deposition)이라고 불린다. 만약 에너지가 플라즈마 전력에 의해서 제공된다면 그 공정은 **강화 플라즈마 화학 기상 증착법(PECVD:** plasma-enhanced chemical vapor deposition)이라고 불린다.

LPCVD 공정에서 웨이퍼들은 유동하는 공정 가스들로 채워진 증착실 안에 놓인다(그림 11.5). 증착실은 일반적으로 높은 증착 온도를 유지하기 위해 석영으로 만들어진다. 일반적인 압력의 범위는 200~400 mtorr(1 torr=1 대기 압력의 1/760)이다.

MEMS에 사용되는 세 가지의 주요 LPCVD 물질들이 있다: 다결정 실리콘, 실리콘 질화물, 그리고 실리콘 산화물. LPCVD 다결정 실리콘과 산화물들은 집적 회로 산업에서 확립되었다. 자연적으로 이러한 두 물질은 MEMS에서 사용된 첫 물질들이었다. 여러 사람들 중에서도 캘리포니아 버클리 대학의 Howe와 Muller 교수는 이들 두 물질의 기계적 특성들과 공정 지침을 확립시킨 선구자들이다. LPCVD 다결정 실리콘 물질은 집적 회로 제조에 널리 이용되고 있다. 일반적으로 도핑된 다결정 실리콘은 트랜지스터의 게이트, 전도체와 저항 등으로 이용된다. 도핑되지 않은 LPCVD 산화물은 종종 제작된 칩을 보호하기 위하여 칩 위에 증착된다.

LPCVD 다결정 실리콘 다결정 실리콘은 실란 가스(SiH4)들을 분해함으로써 약 580~620°C에서 증착된다[3]. 반응 공식은 $SiH_4=Si+2H_2$이다. 압력이나 기체 유량, 온도와 같은 공정 변수들은 미세 구조를 결정한다. 그러므로 이 변수들이 다결정 실리콘 박막의 전기적, 기계적 특성들을 결정한다[4, 5]. 예를 들면, 580°C 이하의 증착 온도에서는 비결정형 실리콘이 수평의 LPCVD 시스템에서 형성될 것이다[6].

도핑은 단지 전기적 특성뿐만 아니라 기계적 특성에도 영향을 미친다(예, 다결정 실리콘의 응력[7]). 다결정 실리콘의 도핑은 두 가지 방법에 의해서 이루어질 수 있다. 첫째는 도펀트 원자들이 확산이나 이온 주입에 의하여 비도핑된 다결정 실리콘에 결합될 수 있다는 것이다. 두 번째로는 도펀트 원자들이 포함된 추가적인 가스들을 유입함으로써 LPCVD를 성장시키는 동안에 같은 장소에서 도펀트 원자들이 결합될 수 있다는 것이다.

LPCVD 실리콘 질화물 LPCVD 실리콘 질화물은 절연체이고, 일반적으로 장력의 고유 응력 특성을 가지고 있다. 이 실리콘 질화물은 약 800°C에서 실란 가스(SiH_4)나 디클로로실란($SiCl_2H_2$)이 암모니아(NH_3)와 반응하여 증착된다. 실란의 경우에 있어서 반응 공식은 $3SiH_4+4NH_3=Si_3N_4+24H$이다. 화학량론적으로 실리콘 질화물의 화학식은 Si_3N_4이다. 하지만 만약 가스의 농도가 화학량론적인 조건에서 벗어나면, 결과로 화학식 Si_xN_y의 질화물 막이 형성된다.

LPCVD 실리콘 이산화물 LPCVD 산화물은 비교적 낮은 온도, 예를 들면 약 500°C에서 실란과 산소가 반응함으로써 증착된다. 반응 공식은 $SiH_4 + O_2 \rightarrow SiO_2+2H_2$이다. 만약 반응 동안 추가적인 가스의 유입이 없다면, 산화물은 도핑되지 않고 **저온 산화물**(LTO: low temperature oxide)이라고 불린다. 실란과 산화물의 결합에 추가적인 가스인 수소화인(PH_3)이 사용되었을 때, 인 원자들이 LTO에 유입될 것이다. P-도핑된 산화물의 특별한 형태를 **인규산 유리**(PSG: phosphosilicate glass)라고 부른다. P 원자의 결합은 HF 산성 용액 내에서 산화물의 식각률을 증가시킨다. 4 wt% 인을 포함한 PSG의 식각률은 농축된 HF 식각 용액(40%)에서 1 μm/min 이상의 식각률에 이를 수 있다. PSG 물질은 고온(예, 900°C 이상)에서 부드러워지고 흐름이 다시 시작되는 물질로 잘 알려져 있으며, 이와 같은 특성은 매끄럽고 둥근 형태의 계단형 모서리를 만들 수 있게 해 준다.

산화물 희생층은 자주 액체 형태의 식각제에 의해서 제거된다. 하지만 HF 증기를 이용한 산화물 건식 식각 방법 또한 보고된 바 있다[8].

공정 변수 제어 공정 변수들(가스 혼합비, 유량, 압력과 온도 등을 포함한)은 LPCVD 박막의 전기적, 기계적, 그리고 열적 특성에 영향을 준다.

공정 변수들은 LPCVD 구조층 박막의 열적 특성에 영향을 준다. 예를 들면 LPCVD 박막의 열전도도가 연구되어 있다[9~11]. 저응력의 실리콘 질화물의 열전도도와 다른 열적 특성들은 참고문헌 [12]에 조사되어 있다. 한 포괄적인 조사[13]는 입자의 크기, 농도, 그리고 도펀트의 형태가 다결정 실리콘의 열전도도에 미치는 영향을 보여 준다.

공정 변수는 또한 LPCVD 박막의 고유 응력에 영향을 미친다. LPCVD 물질들의 응력은 장력이나 압축력이다. 그 응력의 크기는 공정 온도, 온도가 상승하는 동안의 온도 변화 형태, 가스의 구성물, 그리고 막의 두께 등을 포함하는 다양한 요소들에 의해 결정된다. 일반적으로 실리콘 질화물 박막은 장력의 응력을 보여 준다. 이 응력은 공정 변수와 가스 구성을 변화시킴으로써 낮출 수 있다[12]. 다결정 실리콘 박막의 응력은 산화물이나 실리콘 질화물과 비교하면 크기 면에서 낮다. 응력은 일반적인 열처리[3, 14, 15]나 빠른 열처리[16, 17]에 의해서 감소시킬 수 있다.

대체 방법들 실리콘 질화물, 다결정 실리콘, 그리고 실리콘 산화물은 LPCVD와 다른 방법들을 이용하여 증착될 수 있다. 앞에서 논의된 LPCVD 증착 공정은 웨이퍼 크기의 전체적인 증착이었다. 다결정 혹은 비정질 실리콘은 저항성 발열로 미세 구조체들을 가열함으로써 부분적 화학 기상 증착 방법(CVD)을 이용하여 성장된다[18]. 그러한 사례에서 CVD 성장은 가열된 요소들에 의해서만 발생한다.

CVD 방법에 의한 희생층 산화물의 두께는 유한한 증착률 때문에 실질적인 한계가 있다. 만약 더 두꺼운 산화물이 필요하다면, 다른 형태의 산화물이 사용될 수 있다. 예를 들면 SOG(spin-on glass)는 희생층 물질로서 사용되었다[19].(이것은 또한 구조 물질로서도 사용되었다[20].)

PECVD 방법을 이용하여 실리콘, 산화물, 그리고 실리콘 질화물 등이 또한 증착될 수 있다. LPCVD와 비교해서, PECVD 방법은 보다 더 낮은 공정 온도에서 진행된다. 불행하게도 낮은 온도는 또한 물질의 낮은 밀도와 식각에 대한 감소된 저항 특징을 의미한다.

다른 방법으로, 다결정 실리콘과 같은 박막 물질들은 상업용 타깃을 스퍼터링함으로써 형성할 수도 있다. 스퍼터링 공정은 상온에서 수행 가능하다.

11.2.3 다른 표면 미세 가공 물질들과 공정들

실리콘 게르마늄(SiGe)이나 다결정 게르마늄 같은 다른 LPCVD 물질들이 최근에 MEMS의 실용적인 구조층 물질들로서 사용되고 있다. SiGe는 MEMS 응용 분야에서 활발하게 연구되고 있다. 왜냐하면 실리콘 게르마늄의 낮은 공정 온도(450°C, 다결정 실리콘의 580°C와 비교됨)는 다양한 기판 물질에서 MEMS의 공정을 가능하게 하며, CMOS와 양립할 수 있는 가능성을 증가시키기 때문이다[21~23]. SiGe의 성장률은 또한 다결정 실리콘에 비하여 크다. 다결정 게르마늄은 저온 증착 온도(< 350°C)와 실리콘 MEMS에서 사용되는 박막 물질에 대하여 뛰어난 식각 선택도를 제공한다[24].

반도체 물질과 그와 관련된 박막들뿐 아니라, 다른 종류의 물질들이 또한 구조층과 희생층 물질로 이용된다. 이러한 물질들은 폴리머와 금속 박막 등을 포함한다. LPCVD

물질들과 비교해 보면, 폴리머와 금속들은 훨씬 낮은 온도에서 그리고 더 단순한 장비를 이용하여 증착되고 공정이 이루어진다.

오늘날 MEMS에서 자주 사용되는 폴리머들은 12장에서 다루어진다. 폴리머 물질들은 스핀 코팅, 증기 코팅, 분무 코팅, 그리고 도금 등을 포함한 다양한 방법에 의해서 증착될 수 있다. 폴리머들은 구조층의 물질로 사용될 수 있고, 반도체 박막에서는 이용할 수 없는 고유한 기계적, 전기적, 화학적 특성들을 제공한다.

희생층으로서의 폴리머 박막은 건식 식각(예, 산소 플라즈마 식각)이나 아세톤과 같은 강력한 유기 용제로 제거될 수 있다. 다양한 폴리머들을 위한 독특한 제조 공정들이 이용되고 있다. 예를 들면 파릴렌 희생층을 제거하기 위한 하나의 방법은, 먼저 파릴렌을 탄소로 변화시키고, 그런 다음 탄소는 산소와 반응시켜 고체 탄소를 탄화산화물 가스로 변화시켜 제거한다는 것이다[25]. 이 공정은 액체 상태 식각과 이에 따른 건조 공정으로 인하여 발생하는 점착 문제를 피한다.

기본적인 금속들(금, 구리, 니켈, 알루미늄, 그리고 금속 합금을 포함하는)은 희생층이나 구조층으로 이용이 가능하다[26~31]. 얇은 금속 박막(예, 1 μm 이하)은 증발이나 스퍼터링으로 증착시킬 수 있다. 두꺼운 금속층(예, 2 μm 이상)은 전기 도금을 이용하여 만들 수 있다.

실리콘(단결정이나 다결정 형태 모두)조차도 희생층 물질로 이용될 수 있다. 실리콘 희생층 식각은 XeF_2나 BrF_3와 같은 가스 상태의 식각제를 이용하여 이루어진다[32, 33].

예제 11.1 두 층의 표면 미세 가공 공정에서 물질의 선택

네 가지의 희생층 물질들(CVD 산화물, 포토레지스트, 파릴렌, 그리고 금속)과 다섯 가지의 구조층 물질들(CVD 다결정 실리콘, CVD 실리콘 질화물, 금속, 포토레지스트, 파릴렌) 간의 일반적인 양립성에 대해 토론하라. 얼마나 많은 조합이 두 층의 공정에서 구조층-희생층 물질의 조합 쌍으로 사용 가능하겠는가?

답: 열거된 구조층과 희생층 물질들 간의 양립성은 표 11.1에 요약되어 있다. 전체적으로 총 열 가지의 사용 가능한 물질의 쌍이 있다.

11.3 희생층 식각의 가속

넓은 면적의 희생층 판을 제거하거나 혹은 매우 길거나 막힌 채널들 안에서 희생층 물

표 11.1 희생층과 구조층의 가능한 조합. 'No'는 일반적으로 불가능한 조합을 나타낸다.

	Sacrificial layer			
Structural layer	CVD PSG or thermal oxide	Photoresist	Parylene	Metal
LPCVD polysilicon	OK	No, deposition temperature too high for resist	No, deposition temperature too high for Parylene	No, many metals cannot sustain the high temperature of LPCVD polysilicon
LPCVD silicon nitride	OK	No, deposition temperature too high for resist	No, deposition temperature too high for resist	No, deposition temperature too high for resist
Metal	OK[1]	OK[2]	OK[3]	OK (if different metals)
Photoresist	No, HF etching solution may attack resist	No, structural layer and sacrificial layer are etched simultaneously	No, all methods for etching Parylene (including dry etching) attack the resist structural layer	OK
Parylene	OK	OK, organic solvents may attack resist but not Parylene	N/A	OK

1 어떤 산화물 식각제(농축된 HF 같은)는 어떤 금속을 공격할 수 있다.
2 증발된 금속은 웨이퍼의 온도를 증가시켜 폴리머의 일부가 녹게 할 수 있다. 주의 깊은 공정 제어가 요구된다.
3 파릴렌(희생층으로서)은 산소 플라즈마를 이용하여 제거되어야만 하는데, 이는 어떤 금속을 산화시킬 수도 있다.

질을 제거하는 것은 매우 많은 시간을 소모할 수 있다. 작은 차원(넓은 면적의 판에서의 두께, 그리고 채널들의 경우에는 단면)으로 인하여, 새로운 식각 용액들과 부산물들의 이동률은 식각이 진행됨에 따라 감소한다.

길고 막힌 채널 내에서 희생층 물질의 습식 화학 식각에 대한 화학적 이동 특징들이 PSG(희생층 물질로서 실리콘 질화물)[34]와 포토레지스트(희생층 물질로서 파릴렌)[35]에 대하여 연구되었다.

넓은 면적의 판의 밑에 있는 희생 물질을 식각하는 전체적인 시간을 줄이기 위한 하나의 전략은 **식각 구멍**(etch hole)이라고 불리는 작은 구멍의 배치이다. 두 개의 외팔보빔에 의해서 지지된 매달린 형태의 미세 가공된 플랩을 주사 전자 현미경으로 찍은 사진이 그림 11.6에 나와 있다. 플랩의 면적은 200 μm×200 μm이다. 각각의 플랩에는 네 개의 식각 구멍이 있는데 이 식각 구멍은 플랩의 내부로부터뿐만 아니라 모서리로부터 희생 언더컷을 야기한다. 이는 요구된 식각 시간을 크게 줄이는 효과를 가져온다. 다결정 실리콘에서의 식각 구멍에 대한 미세 사진을 그림 11.7에서 보여 준다. 대부분의

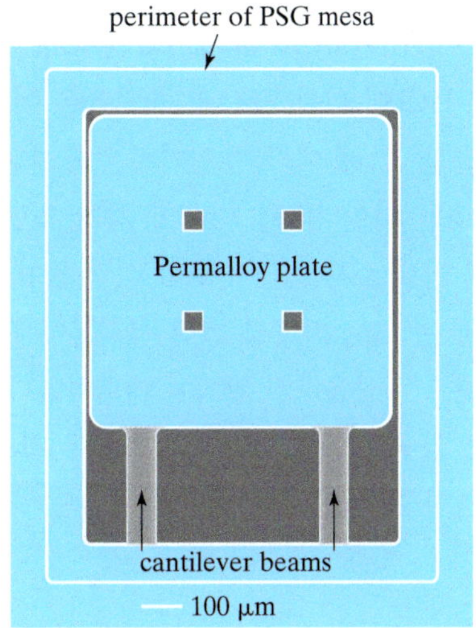

그림 11.6
표면 미세 가공된 자계 구동기.

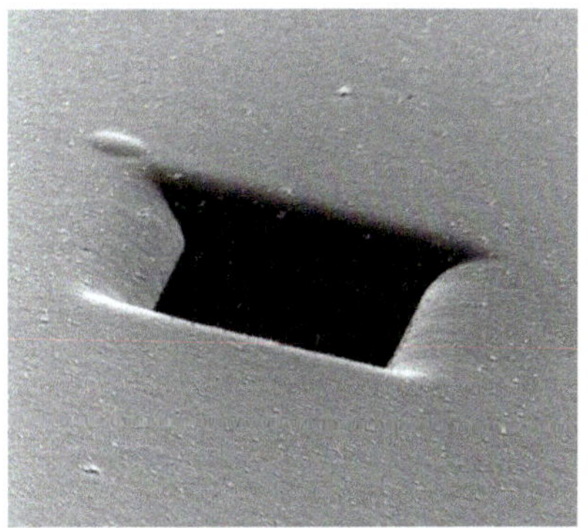

그림 11.7
식각 구멍의 SEM 사진.

경우에 식각 구멍들은 수행 능력에 나쁜 영향을 줄 수 없을 정도로 작다.

하지만 어떤 응용 사례에서는 식각 구멍이 소자의 수행 능력에 어느 정도의 영향을 가할 수도 있다. 예를 들면 광학 반사기 위에 있는 식각 구멍은 회절뿐만 아니라 반사율의 감소를 야기한다[36]. 식각 구멍들이 선호되지 않거나 허가되지 않은 사례에서는 다른 식각 방법이나 물질들이 필요하게 된다. 가능성 있는 많은 기술들이 과거에 증명되었다. 다음의 물질들은 극도로 빠른 식각률과 높은 선택도를 가진 것으로 보고되었다: (1) 과분기 폴리머(HBP: hyper branched polymer)와 같은 수지 형태의 폴리머[37], (2) ZnO 박막. 2%의 HCl에 의한 ZnO의 식각률은 어떤 거품 형성 없이 1000 Å/s를 초과한다. 만약 희생 물질이 금속이라면, 언더컷은 활발한 전기적 바이어스와 함께 전기 분해 작용에 의해 가속될 것이다[38]. 더욱이 자기 조립 단분자층(self-assembled monolayer)은 넓은 면적의 미세 소자를 습식 화학 식각 없이 만드는 데 사용될 수 있다[39].

연구자들은 또한 다공성 실리콘(지름이 10~50 nm이며 막을 관통하는 구멍이 있는)을 구조층으로 사용하기 위하여 개발하였다. 이 구멍들은 거시적으로 보이는 식각 구멍들의 도움 없이도 빠르게 아래쪽에 있는 희생층을 제거할 수 있다[40, 41]. 이 구멍들은 나노 단위의 크기를 갖기 때문에, 수행 능력에 최소한의 영향을 미친다.

11.4 점착과 반점착 방법들

희생 물질의 제거는 고속의 식각, 구성의 단순성, 그리고 일반적으로 좋은 선택도 때문에 종종 습식 화학 용액을 이용하여 이루어진다. 식각이 이루어진 다음 자연적으로나 강제적으로 웨이퍼나 칩을 건조하는 것이 필수적이다. 그러나 건조 공정이 항상 단순하지는 않다. 그림 11.8에 그러한 상황이 설명되어 있다.

액체가 증발을 통하여 점점 제거됨에 따라, 미세 구조의 표면은 공기에 노출된다. 매달린 미세 구조의 아래에 붙잡힌 액체는 탈출하는 데 더 오랜 시간이 걸릴 것이다. 표면 장력은 액체와 공기 경계면에 접하는 방향으로 붙잡힌 액체와 공기의 경계에서 발생한다. 거시적인 소자들에서는 표면 장력을 무시할 수 있고 어떤 중요한 변형을 야기하지

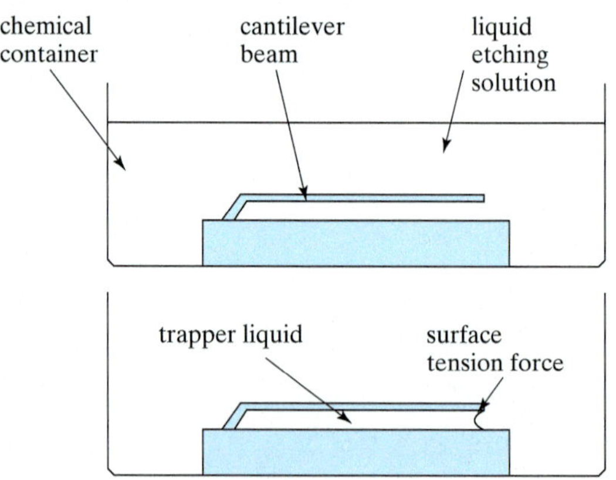

그림 11.8
건식 식각의 도식적 그림.

도 않는다. 하지만 미세 크기의 소자들은 종종 부드러운 구조물을 사용하거나 작은 간격을 가지는 구조물을 포함하기 때문에, 표면 장력이 표면 미세 구조물을 매우 심각하게 변형시킬 수 있다. 기판과의 접촉도 자주 발생한다.

선택적 물질 시스템들의 결합 표면 에너지들의 특성에 대한 자세한 연구들이 수행되어 왔다[42]. 매달린 구조와 기판 사이의 접촉은 돌이킬 수 없는 피해를 가져올 수 있다. 접촉하자마자 강한 분자력(예, 반데르발스 힘)은 인력을 강화시킨다. 더군다나 고체 교락이 새로운 반응 부산물들의 존재로 인하여 있을 가능성이 크다.

미세 구조의 이러한 실패 모드를 **점착**(stiction)이라 하는데, 이는 *sticking*과 *friction*을 합친 합성어이다.

점착 문제를 해결하기 위하여 많은 실용적인 방법들이 개발되고 있다. 이러한 방법들은 다음 네 가지 접근 방식 중에서 하나를 취한다.

1. 고체-액체 경계면의 화학적 성질을 변경함으로써[43] 모세관 인력의 제거
2. 예를 들어 용액의 온도를 높이거나[44] 또는 표면 접촉 면적을 줄임으로써[45] 발생하는 과도한 접착력의 방지
3. 국부적으로 또는 전체적으로 다양하고 효과적인 입력 형태를 이용한[46, 47] 기판에 달라붙는 구조물 형성;
4. 예를 들면 내재 응력으로부터 발생하는 휘는 성질을 이용함으로써[48] 접촉을 방해하기 위하여 미세 구조물에 반작용력을 제공

이러한 접근 방법들 중에서 두 가지의 대표적인 방법들이 다음 단락에서 자세히 논의된다.

액체-공기 경계면과 관련된 유익하지 못한 표면 장력은 초임계 유체 건조법을 이용하여 회피할 수 있다. 이러한 기술은 생물학 분야의 형태학 연구에서 구조의 붕괴와 변형을 피하면서 섬세한 생체 조직을 탈수하기 위하여 처음으로 개발되었다. 용매 물질의 일반적인 상태 그림을 관찰함으로써 공정을 조사해 보자(그림 11.9). 세 가지 상태—고체, 액체, 그리고 기체—는 독자들에게 이미 잘 알려진 것들이다. 여기에 추가하여 초임계 상태는 높은 압력과 온도에서 발생한다.

초임계 상태를 이용한 전형적인 건조 공정은 그림 11.9에 묘사되어 있다. 움직임이 자유로운 미세 구조들을 포함한 칩은 액체 안에 담가지고 적당한 압력(대기압 대신에)과 상온에 놓인다. 이러한 시작 조건은 상태 그림에서 점 1로 표시된다. 압력 상수가 유지되는 동안 액체의 온도는 증가한다. 용매는 액체 상태에서 초임계 상태로 바뀐다(점 2). 그런 다음, 초임계 유체의 압력을 떨어뜨리면 초임계 유체가 증기로 바뀌게 된다(점 3). 액체에서 초임계 유체로의 변형과 초임계 유체에서 증기로의 변형은 가상적으로 0

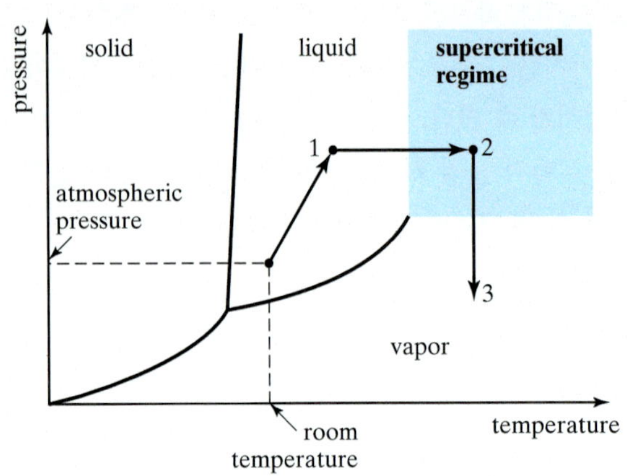

그림 11.9
이산화탄소의 초임계 건조.

의 표면 장력을 갖는다.

스틱션은 결합 에너지를 줄이기 위하여 미세 구조 위와 기판에 소수성 코팅을 함으로써 감소시킬 수 있다. 표면들은 소수성 자기 조립 단분자층(SAM: self-assembled monolayer)을 형성하기 위하여 자기 조립하는 긴 사슬 분자로 종결된다[43, 49]. 또 다른 방법으로, 플라즈마 방법으로 증착되는 플루오르화 탄소 물질들(테플론과 같은)이 사용될 수 있다[50].

소수성 표면 처리에 관해서는 안티스틱션 코팅을 넘어서 많은 응용 분야가 발견된다. 예를 들면 소수성으로 패턴화된 영역의 이용은 표면 결합 에너지를 감소시키고 웨이퍼 크기의 소자들을 희생 습식 식각 방법 없이 몰드로부터 들어올려지게 하기도 한다[39]. 부분적인 소수성 변형은 또한 자기 구성 방식의 작은 부분들이 자동적으로 조립하도록 한다[51, 52].

11.5 3D MEMS의 조립

표면 미세 가공은 벌크 미세 가공과 비교해 보면 매우 효율적이다. 그러나 표면 미세 구조는 일반적으로 기판에 매우 가깝게 위치한다. 2차원 표면 미세 기계 구조가 아닌 3차원 구조를 현실화하기 위한 많은 흥미로운 해결책들이 지난 10년 동안 제안되고 연구되어 왔다.

회전하는 힌지에 연결된 미세 구조는 표면 미세 가공 공정을 이용하여 실현되었다(그림 11.10). 힌지는 평면 형태의 미세 구조를 기판 평면에 대하여 똑바로 서게 한다

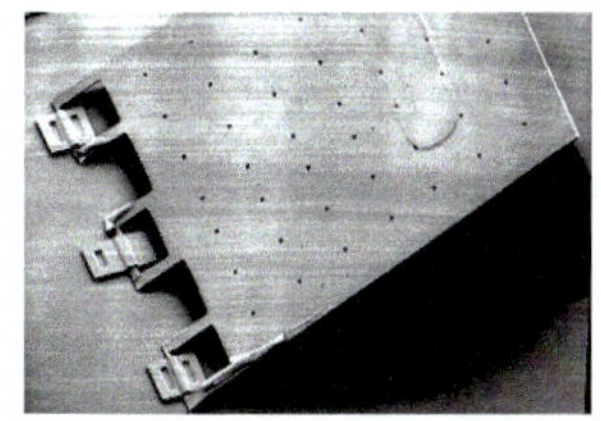

그림 11.10
기판에서 떨어져 회전하는 힌지가 있는 미세 구조물.

[53].

구조층 물질로서 다결정 실리콘을 그리고 희생층 물질로서 산화물을 사용하는 힌지의 제조 공정은 다음과 같다. 먼저 희생층 1이 LPCVD를 이용하여 증착되었다(그림 11.11a). 또 다른 박막인 구조층 1이 증착되었고(그림 11.11b) 사진 석판술적으로 패턴화되었다(그림 11.11c). 그러나 다른 희생층인 희생층 2가 다시 증착되어 구조층을 전체적으로 일정한 두께로 덮는다(그림 11.11d). 감광막이 코팅되고 패턴화된다. 이 패턴화된 감광막은 두 희생층을 통과하는 기판 접속 구멍을 구현하기 위한 마스크로 사용된

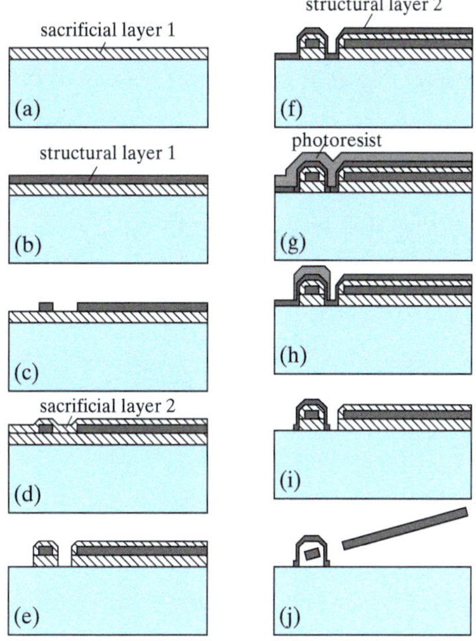

그림 11.11
3차원의 힌지를 만들기 위한 제조 공정.

다(그림 11.11e). 또 다른 구조층인 구조층 2가 증착되어 앞 단계에서 만들어진 구멍을 채운다(그림 11.11f). 웨이퍼는 감광막으로 스핀 코팅되어 덮어진 다음 사진 석판술적으로 패턴화된다(그림 11.11g). 남아 있는 감광제는 힌지의 덮개를 결정하기 위한 마스크로 이용된다(그림 11.11i). 힌지 덮개에 대하여 자유롭게 움직일 수 있는 구조층을 만들기 위하여 전체적인 희생층 식각이 이루어진다.

이러한 일반적인 공정은 더 복잡한 소자를 만들기 위해 수정될 수 있다. 예를 들면 수직 미세 풍차가 과거에 만들어진 적이 있다[54].

힌지와 연결된 소자들은 일반적으로 매우 작고, 효율적으로 수동 조작하는 것이 불가능하다. 힌지 구조는 다양한 수단들과 다양한 동력들을 이용하여 평면 외적으로도 움직일 수 있다. 이 수단과 동력들은 다음을 포함한다: (1) 세척하는 동안 유체의 교란을 이용한 병렬 조립, (2) 미세 조작자를 이용한 직렬 조립[55], (3) 평면 외적으로 지레에 의해 움직이는 미세 구조층에 생겨난 응력을 이용한 병렬 조립, (4) 폴리머나 땜납 물질들의 상태 변화에 의해 발생하는 표면 인장력[56~58], (5) 외부 자계를 이용한 병렬 조립[59] 또는 열적으로 생성된 기포들(100°C로 상승된 온도와 10 torr의 저압력에서)로부터 발생되는 열적 운동 에너지에 의한 병렬 조립[60]. 정전기적 또는 열적 구동기를 이용한 조립 또한 증명되었다(예, 참고문헌 [61]). 그러나 이 방법은 더욱 복잡한 구성과 더 큰 표면적을 요구한다.

평면을 벗어난 각변위를 이루어 내는 어떤 방법이라도 반드시 높은 수율과 효율(평행 구동)을 가져야 한다. 또한 구동을 시키기 위한 어떤 칩 위에서의 메커니즘에서도 반드시 최소의 칩 면적을 차지해야 한다. 그러한 두 방법이 아래에 논의되어 있다. 모두 조립을 위한 구동력으로서 자계 토크를 이용한다. 사례 11.1에서, 회전은 표면 미세 가공된 힌지에 의하여 가능하다. 사례 11.2에서, 회전은 연성 금속으로 제작된 유연하게 휘어지는 외팔보에 의하여 이루어진다.

사례 11.1 자계가 지원하는 3차원 조립

이제부터 자계 구동을 이용한 힌지가 달린 플랩들을 배치(회전)하기 위한 방법을 논의한다[59]. 도금된 퍼멀로이 물질이 힌지가 달린 플랩에 붙어 있다. 희생층 식각과 건조 후, 플랩은 기판 평면에 놓인다. 외부 자계가 가해질 때, 퍼멀로이는 자화가 진행되어 자화의 세기가 M으로 되는데, 이는 토크를 발생시키기 위하여 외부 자계와 상호 작용을 한다. 유도된 토크는 플랩이 플랩의 기저에 대하여 평면 외적으로 회전하게 한다.

자기력을 이용한 힌지가 달린 구조물의 조립은 몇 가지 장점이 있는데, 이는 칩 크기에서의 고효율 또는 웨이퍼 크기의 평행 구동 그리고 실제 구동을 위한 최소 칩 전용 면적 등이다. 광범위한 자계는 많은 소자들을 동시적으로 지정할 수 있다. 퍼멀로이는 미세 플랩의 면적과 겹치기 때문에, 구동 메커니즘은 최소의 부가적인 칩 면적을 차지한다.

기계적 토크의 크기는 다음과 같이 표현될 수 있다.

$$T_m = Mw_m t_m l_m H_{ext} \cos\theta, \tag{11.1}$$

여기서 l_m, w_m, 그리고 t_m은 각각 퍼멀로이의 길이, 폭, 그리고 두께이고, θ는 플랩과 기판 사이의 각변위를 나타낸다. 자화의 크기는 또한 θ에 따라 결정된다. 변위가 작을 때, 퍼멀로이 물질은 부분적으로 자화된다. θ가 증가함에 따라, M도 점점 포화 자화 M_s에 근접한다. 이러한 응용 작동에서, 큰 변위를 얻을 수 있는 영역이 주요 관심 대상이다. 단순하게 분석했을 때, 자성 물질은 자화의 세기가 $M=M_s$으로 일정한 세기를 갖는 것으로 간주한다.

기계적으로 안정적인 3차원 조립(그림 11.12에 보이는 구조처럼)을 구현하기 위하여, 서로 근접해 있는 플랩들은 반드시 광범위한 자계 내에서 비동시적인 구동을 해야 한다. 플랩의 각변위를 제어하기 위한 설계 목적은 두 형태의 기술들을 사용하여 이루어졌다. 첫 번째 방법은 자성 물질의 부피가 T_m의 크기를 결정하고, 결과적으로 주어진 H_{ext} 내에서 소자의 변위를 결정한다는 것이다. 두 번째 방법은 외팔보 빔의 선적 메커니즘이 자유 플랩이 평면 외적으로 회전함에 따라 한편으로는 자유 플랩에 저항력을 제공한다는 것이다. 외팔보 빔의 단단함(혹은 스프링 상수)은 플랩의 각변위를 결정할 것이다. 보다 더 단단한 스프링은 미세 구조에 더 큰 저항력을 제공한다. 따라서 원하는 각변위를 얻기 위해서는 더 큰 H_{ext}가 필요할 것이다. 이러한 두 방법을 이용하여, 각각의 힌지 요소들은 H_{ext}가 0부터 최대 크기까지 점점 증가함에 따라 정해진 순서에 따라 들어 올려질 수 있을 것이다.

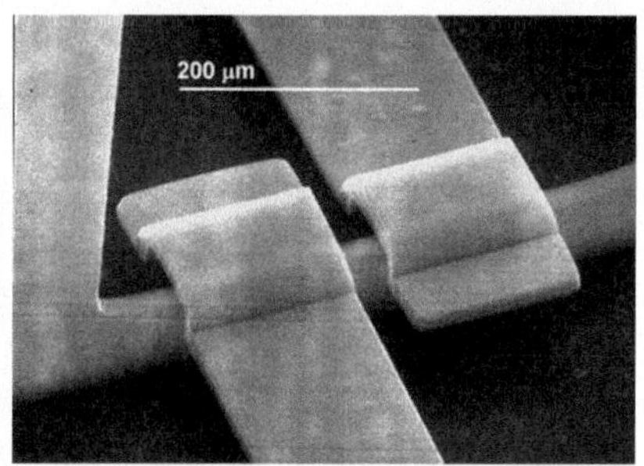

그림 11.12
조립된 3차원 미세 구조물.

사례 11.2 가소성 변형 자기 조립(PDMA)

힌지를 이용한 조립 방법은 몇 가지 측면에서 향상될 수 있다. 이것은 여러 층의 구조층과 희생층을 요구한다. 반면에 수직적 플랩들과 기판 사이에 좋은 전기적 연결을 이루기가 어렵다. 가소성 변형 자기 조립(PDMA: plastic deformation magnetic assembly)이라고 불리는 공정은 이러한 두 가지 문제를 다루기 위하여 사용되고 있다.

유연하게 휘어지는 부분을 가지는 미세 가공된 평면 플랩은 필수 단계들을 설명하기 위한 한 예제로서 사용된다(그림 11.13). 기본적인 PDMA 공정은 세 가지 단계로 구성되어 있다[62]. 첫 단계에서는 평면 플랩이 제작되고 한 자성 물질이 플랩 위에 증착된다(그림 11.13a). 그런 다음, 평면 플랩은 기판으로부터 자유로워진다(예, 희생층 식각을 이용하여).

평면 플랩 위의 자성 물질은 외부 자계에 의해 자화될 것이다. 그 결과 자성물질에 토크가 발생되어 평면 플랩을 구부려서 기판으로부터 멀어지게 한다(그림

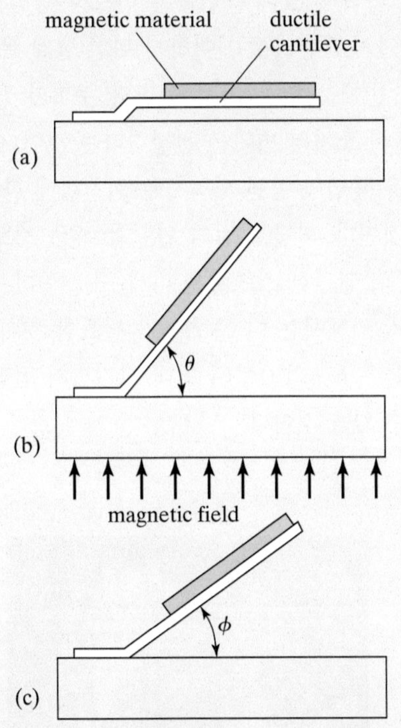

그림 11.13
PDMA 방법의 주요 세 형태.

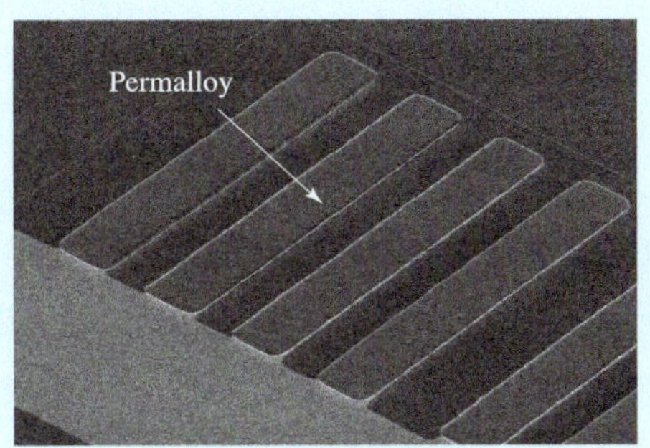

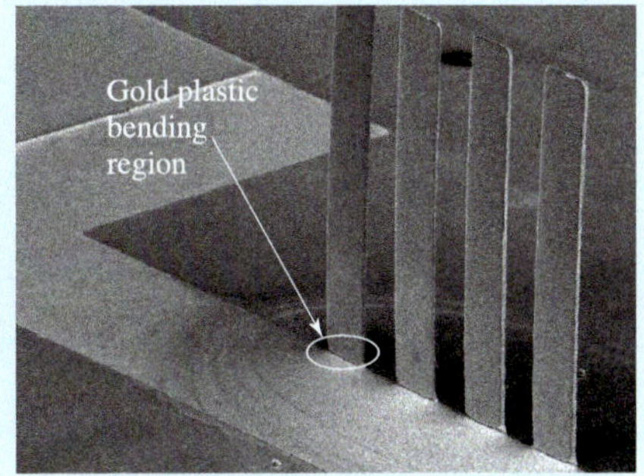

그림 11.14
미세 구조물의 조립 전과 후의 현미경 사진.

11.13b). 평면 플랩의 휘어지는 각도(θ)는 H_{ext}와 함께 증가한다.

만약 유연한 부분이 연성 재질로 만들어졌다면, 가소성 변형 상태로 휘어질 수 있어서 평면 플랩은 H_{ext}가 제거된 후에도 기판 위로 어떤 안식각(ϕ)(예, 90°)에서 그 위치를 유지한다. ϕ의 크기는 움직이는 동안 저장된 탄성 에너지의 감소에 의해 야기되는 구부러짐 이완 때문에 보통 θ의 최대값보다는 작다.

공정은 매우 효율적이고 배열된 미세 장치들을 얻을 수 있다(그림 11.14). 이러한 기술은 다른 응용 분야들 사이에서도 평면 외부의 흐름을 감지하는 센서들을 만드는 데 이용되어 왔다[63]. 자세한 설명은 5 장의 5.5.2 절에서 찾을 수 있을 것이다.

11.6 파운드리 공정

미세 가공 공정은 관례적인 연구와 개발 시설에서만 수행되는 것이 보통이었다. 하지만 이와 같은 형태는 오히려 비용이 많이 드는 접근법이다. 최근에는 MEMS 영역에서 산업화를 위한 활동이 증가하고 있으며, 파운드리 서비스 업체와 그들의 생산 능력이 빠르게 성장하고 있다. 어떤 파운드리 업체들은 이용자들이 한 작업의 비용을 분담할 수 있도록 하고 있다.

그러한 파운드리 공정에서, 하나의 웨이퍼는 여러 다이(die)로 나뉘는데 이 다이들은 각각의 이용자들로부터 설계된 소자를 나타낸다. 그러므로 한 웨이퍼의 모든 다이들은 같은 공정 흐름을 거쳐야만 한다. 이 파운드리는 임의의 재질과 복잡성을 갖는 공정 순서와 구조물을 고안할 능력을 잃을지라도 공정 비용과 공정 시간은 상당히 감소된다.

모놀리식으로 집적된 기계적 그리고 전자적 요소들을 갖는 MEMS 소자들은 다음의 세 가지 형태의 설비들로 만들어질 수 있다: (1) IC 중심의 파운드리, (2) MEMS 중심의 보다 새로운 파운드리, 그리고 (3) 전용 생산 라인과 주문 생산의 가능성이 아주 큰 연구 실험실.

IC 중심의 파운드리들은 기존의 확립된 회로 공정 흐름을 따른다. 교체는 기술적으로 어렵고 비용이 터무니없이 비싸다. 일반적으로 미세 기계 요소들의 집적은 기존의 확립된 파운드리 공정의 흐름을 엄격하게 따라야만 한다. MEMS 제품을 개발하기 위하여 IC 중심의 파운드리 공정을 사용하는 것은 물질들이나 공정들에 있어서 약간의 제한이 있을 수 있다.

두 번째 형태의 파운드리는 전문적인 MEMS 공정을 제공한다. 이와 같은 파운드리는 MEMS에 특화된 물질들과 공정들을 제공함으로써, 더욱 많은 융통성과 다양성을 제공한다. MUMPS(Multi-User MEMS Processes)는 MEMS 중심 파운드리의 대표적인 초기 예이다. MUMPS 공정은 많은 이용자들이 하나의 일괄 공정의 제조 비용을 분담할 수 있는 다중 이용자 파운드리 공정이다.

표준 MUMPS 공정은 세 가지 다결정 실리콘층을 사용한다: 두 개의 산화물 희생층과 하나의 금속층. 층들과 그들의 두께들은 공정 흐름의 발생 순서에 따라 표 11.2에 요약되어 있다. MUMPS 공정에 의해 성장된 다결정 실리콘의 영률과 파괴 강도는 참고문헌 [64]에 상세히 논의되어 있다.

이와 비슷한 공정 흐름을 이용하여, 다양한 구조물(가속도계, 미세 모터, 미세 유체 채널, 조정 가능한 거울, 커패시터, 그리고 인덕터 등)들이 만들어질 수 있다. 층을 이루고 있는 구조와 두 가지 가능한 응용 분야에 대하여 그림 11.15에 나타내었다.

파운드리 공정은 설계자에 의해 진행되지 않기 때문에, 설계자들이 자신들의 의도에 대하여 파운드리 기술자들과 대화하는 것이 아주 중요하다. 설계 목적에 대하여 대화하는 방법은 표준 마스크 디자인 템플릿을 이용하는 것이다. 어떤 소프트웨어 프로그램은 층들의 이름뿐만 아니라 채색 계획과 모습을 표준화하는 선택적인 파운드리 서비스를 위하여 지원 소프트웨어나 장치가 내장된다.

표 11.2 MUMPS 파운드리 공정에 포함된 물질들.

Material name	Deposition temperature °C	Thickness (μm)
Silicon nitride	800	0.6
Poly 0	600	0.5
1st oxide sacrificial	500	2
Poly 1	600	2
2nd oxide sacrificial	500	0.75
Poly 2	600	1.5
Metal (Au)	Room temperature	0.5

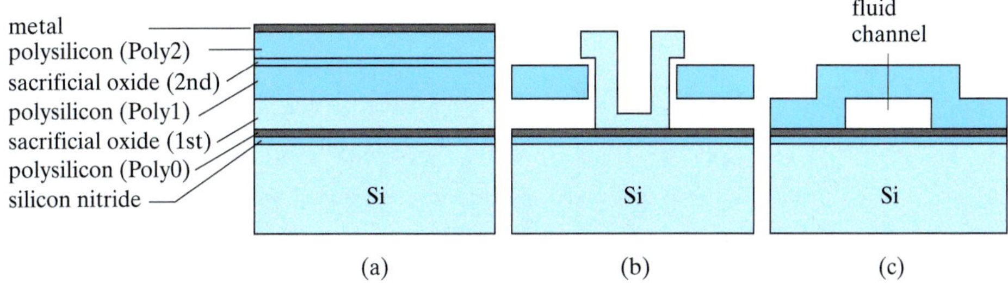

그림 11.15
MUMPS 공정. (a) 패턴과 식각이 없는 일반적으로 쌓여진 층들. (b) 모터. (c) 미세 채널.

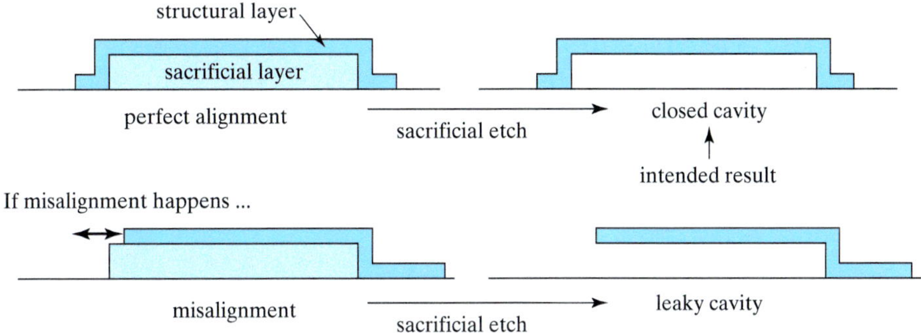

그림 11.16
설계 규칙의 설명.

미세 제조 공정들은 선폭 정의, 인쇄 정합, 증착 두께, 그리고 식각 깊이 등에 관하여 결코 100% 정확한 것은 아니다. 소자의 실패는 그와 같은 불완전성으로부터 기인할 수 있다. 특히, 만약 설계자와 공정을 담당하는 사람이 다른 경우라면 더욱 그러할 수 있다. 겉으로 보기에는 사소한 공정 불안정성이 치명적인 소자의 실패를 야기하는 원인이 될 수 있다. 예를 들면 여러 층의 구조층이 항상 완벽한 인쇄 정합으로 정렬되는 것은 아니다. 그림 11.16은 '사소한' 정렬 오류 실수가 한 소자, 즉 막힌 공동을 만드는 데 완전히 실패하는 원인이 될 수 있다는 가능한 시나리오를 나타낸다. 결정적인 정렬 오류로 인하여, 의도된 막힌 공동이 열린 공동으로 될 수 있다.

이러한 실패를 막기 위하여, 파운드리 서비스들은 이용자들이 일반적으로 알려진 실패 상태를 피할 수 있도록 **설계 규칙**(design rule)을 제공한다. 이러한 규칙들은 파운드리에서 수집된 통계나 사례 자료를 토대로 안전한 허용 범위를 제공한다.

요약

이 장에서는 표면 미세 가공 기술에 대해 알아보았다. 표면 미세 가공 기술과 이전 장에서 다루었던 벌크 미세 가공 기술은 MEMS 공정에서 자주 함께 사용된다. 이 장에서는 가장 잘 알려진 물질 시스템인 구조층 물질로서 다결정 실리콘과 희생층 물질로서 산화물 시스템에 근거하여 희생층 가공 기술에 대해서 알아보았다. 미세 모터를 구현하기 위한 기술적으로 실현 가능한 복잡성을 예시하기 위하여 세 가지의 공정 기술에 대하여 논의하였다. 그 외 다른 대체 물질들에 대해서도 간략하게 논의하였다. 그런 다음, 스틱션과 희생층 언더컷의 가속 등을 포함한 소자 제조 공정과 관련된 주요 문제점들에 대하여 알아보았다.

이 장에서 소개되었던 주요 개념들과 사실들, 그리고 해석적 기술들이 다음에 열거되어 있다.

- 기본적인 두 층 구조의 표면 미세 가공 공정
- 미세 모터를 구현하기 위한 미세 가공 공정 기술의 사용
- 다결정 실리콘과 산화물에 대한 일반적인 식각제들의 식각률 선택도
- 한 제조 공정에서 세 층까지의 구조층을 가지는 구조층과 희생층에 대한 일반적인 물질 선택 기준
- 다결정 실리콘, 실리콘 질화물, 산화물, 감광제, 금속들(예, 금)에 대한 증착 조건들과 식각 방법들
- 일반적으로 사용되는 안티스틱션 방법들
- 올바른 구조층과 희생층 물질과 최대화된 선택도를 가지는 식각제를 선택함으로써 성공적인 표면 미세 가공 공정 흐름을 종합할 수 있는 능력

문제

문제 11.1: 설계

금으로 구성된 매달린 외팔보가 실리콘 질화물로 보호막이 코팅된 실리콘 기판 위에 위치하고 있다. 실리콘 질화물층은 LPCVD 방법으로 증착되었다. 희생층 물질로서는 실리콘 산화물이 사용되었다. 참고문헌 [2]에 열거된 물질들 중 구조층과 기판을 공격하지 않으면서 희생층을 식각할 수 있는 방법들이 얼마나 많은지를 말하고 선택한 답들에 대하여 이유를 설명하라.

문제 11.2: 설계

어떤 표면 미세 가공 공정이 평평한 실리콘 웨이퍼의 표면에 구조층으로서 LPCVD 다결정 실리콘을 사용한다. 희생층의 두께로는 5 μm가 필요하다. 이 희생층 물질이 만족시켜야 할 모든 조건들을 열거하라. 이와 같은 목적을 위하여 사용될 수 있는 물질이 있는지에 대하여 토론하라.[공정 온도 양립성, 식각 화학적 양립성, 수용할 수 있는 증착 시간(전체 6시간 이내), 그리고 수용할 수 있는 식각 시간 등을 만족시키는 모든 가능한 희생층 후보 물질들을 참고문헌 [2]의 물질 표 중에서 고려하라. 다결정 실리콘과의 온도 양립성이 의문시되는 물질을 열거하는 것도 허용된다.]

문제 11.3: 제조

일반적인 표면 미세 가공 공정이 아래 그림에서 두 층의 구조층 물질과 두 층의 희생층 물질을 사용하여 설명되어 있다. 이 경우에 기판은 실리콘이며 #1의 구조층 물질은 다결정 실리콘이고 #2의 구조층 물질은 파릴렌이어야 한다.

(a) 다음에 열거된 물질들 중에서 #1과 #2의 희생층 물질로 사용 가능한 것을 고르라: LPCVD 실리콘 질화물, LPCVD 실리콘 산화물, 감광제, 그리고 증발된 금 박막. 각각의 물질을 선택한 이유를 간략하게 설명하라.(**힌트**: 요구 조건에 충족되는 물질이 없을 수도 있다.)

(b) 참고문헌 [2]에 있는 식각 양립 표를 사용하여 공정 양립성을 제공하는 다른 물질들의 가능한 조합들을 찾으라.(참고문헌 [2]에 논의된 물질로 선택을 제한하라.)

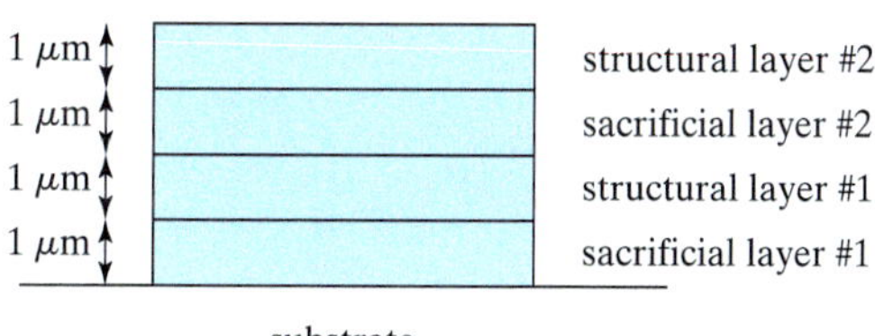

문제 11.4: 제조

일반적인 표면 미세 가공 공정이 아래 그림에서 두 층의 구조층 물질과 두 층의 희생층 물질을 사용하여 설명되어 있다. 이 경우에 기판은 실리콘이며 #1의 희생층 물질은 금이고 #1의 구조층 물질은 파릴렌이다.

(a) 다음에 열거된 물질들 중에서 #2의 희생층 물질과 #2의 구조층 물질로 사용 가능한 물질들의 조합에 대하여 말하라.

희생층 물질의 선택: LPCVD 실리콘 산화물, 감광제, 그리고 증발된 금 박막
구조층 물질의 선택: LPCVD 실리콘 질화물, LPCVD 실리콘 산화물, 그리고 증발된 금 박막
열거된 물질을 선택한 이유를 간략하게 설명하라.(**힌트**: 요구 조건에 충족되는 물질이 없을 수도 있다.)

(b) 식각 양립 표를 사용하여 공정 양립성을 제공하는 다른 물질들의 가능한 조합들을 찾으라.(참고문헌 [2]에 논의된 물질로 선택을 제한하라.) 감광제의 스핀 코팅과 현상 등을 포함하는 자세한 전체 공정 흐름을 설명하라.(**힌트**: 인터넷에서 다양한 물질들의 증착 온도를 찾아서 설명하고 그것들을 표로 요약하라.)

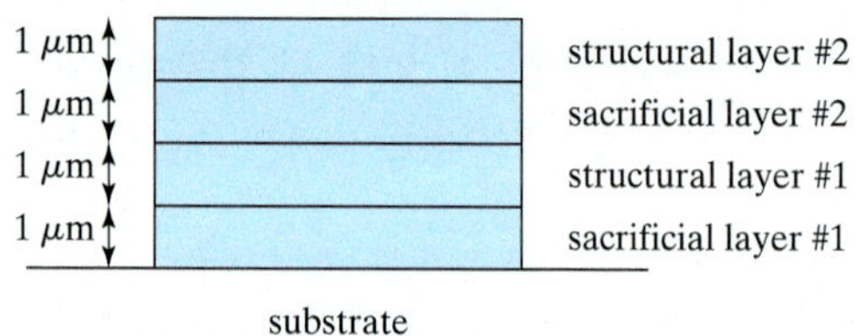

문제 11.5: 제조

일반적인 표면 미세 가공 공정이 아래 그림에서 두 층의 구조층 물질과 두 층의 희생층 물질을 사용하여 설명되어 있다. 이 경우에 기판은 실리콘이며 #1의 구조층 물질은 금이고 #2의 구조층 물질은 파릴렌이다.

다음에 열거된 물질들 중에서 #1과 #2의 희생층 물질로 사용 가능한 물질들의 조합에 대하여 말하라: LPCVD 실리콘 질화물, LPCVD 실리콘 산화물, 그리고 감광제.

열거한 #1과 #2의 희생층 물질을 선택한 이유를 간략하게 설명하라.(**힌트**: 요구 조건에 충족되는 물질이 없을 수도 있다.)

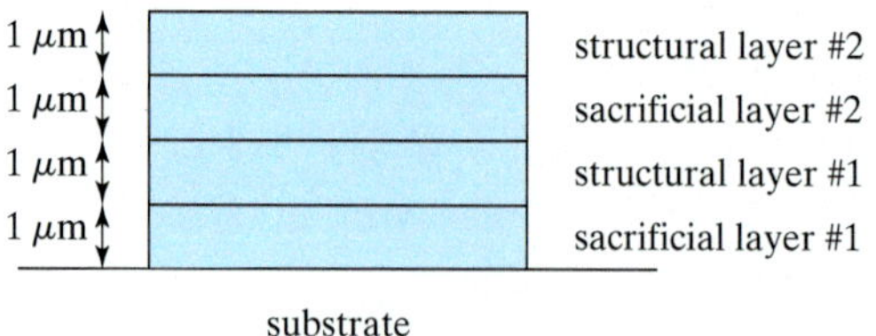

문제 11.6: 제조

일반적인 표면 미세 가공 공정이 아래 그림에서 두 층의 구조층 물질과 두 층의 희생층

물질을 사용하여 설명되어 있다. 이 경우에 기판은 유리이며 #1의 구조층 물질은 다결정 실리콘이고 #2의 구조층 물질은 금이다.

다음에 열거된 물질들 중에서 #1과 #2의 희생층 물질로 사용 가능한 물질들의 조합에 대하여 말하라: LPCVD 실리콘 질화물, LPCVD 실리콘 산화물, 감광제, 그리고 증발된 금 박막. 열거한 #1과 #2의 희생층 물질을 선택한 이유를 간략하게 설명하라.(**힌트**: 요구 조건에 충족되는 물질이 없을 수도 있다.)

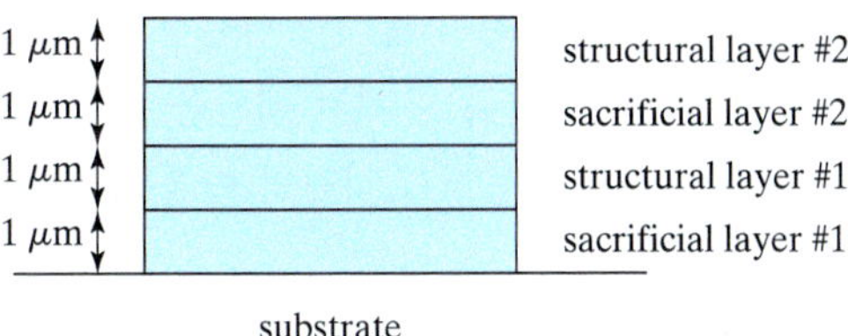

문제 11.7: 제조

아래 그림으로 설명되는 구조를 보고 문제 11.3을 되풀이하라. 여기서 어떠한 증착 공정도 3시간 이상이 걸리면 안 된다.(**힌트**: 문헌이나 인터넷에서 성장률 자료를 찾으라.)

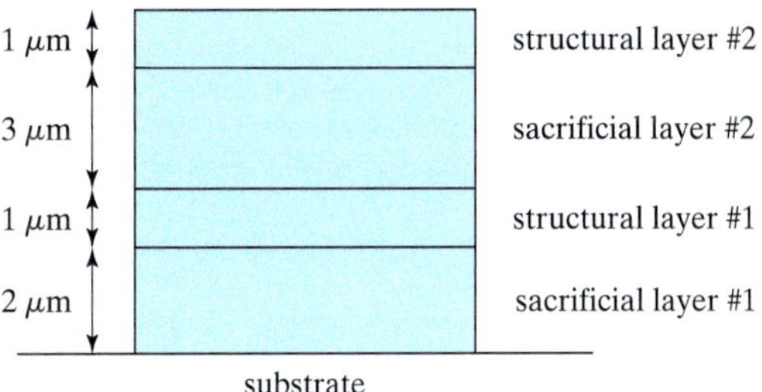

문제 11.8: 설계

어떤 한 마스크 설계 프로그램을 구성하라. 이때 각 층의 이름은 MUMPS 공정에서의 층들의 이름과 일치한다: SIN(실리콘 질화물), Poly0(첫 번째 다결정 실리콘층), PSG1(첫 번째 희생층), Poly1(두 번째 다결정 실리콘층), PSG2(두 번째 희생층), Poly2(세 번째 다결정 실리콘층), 그리고 금속.(교수를 위한 힌트: 기준 템플릿 파일을 정의하고 각 층의 색깔과 채움 형태의 일관성을 위하여 학생들에게 나누어 주라. Xkic과 같은 무료 프로그램을 포함하여 여러 종류의 프로그램을 선택할 수 있다.) 11.1.2절에서 다룬 미세 모터의 마스크 설계를 그리라. 여기서 모터의 지름은 100 μm라고 추정하라. 그 외의 부분에 대한 크기는 그림 4.1로부터 크기를 조정하여 대략적으로 구하라.

문제 11.9: 설계

미세 유체 채널을 만들기 위한 마스크를 그리기 위하여 문제 11.8에서 만들었던 프로그램과 템플릿을 사용하라. 채널은 길이가 500 μm이고 폭이 10 μm이다. 물이 흐를 경우 이 채널과 관련된 유속의 저항을 계산하라. 채널의 높이는 희생층의 두께와 일치하여야 한다.

문제 11.10: 제조

MUMPS 공정을 사용하여 둘레가 다결정 실리콘으로 이루어진 미세 유체 채널을 만들기 위한 공정을 개발하라. 유체가 채널을 통해 흐를 때 실리콘 이외의 물질에는 노출되지 않아야 한다. 제조 공정의 각각의 단계를 그림으로 그려 설명하라. 채널의 높이를 결정하라.

문제 11.11: 제조

MUMPS 공정을 사용하여 Texas Instruments 사의 DLP 장비와 유사한 회전할 수 있는 미세 거울을 가지는 기계 구조를 구현하기 위한 공정을 개발하라. 문제 11.8에서 개발한 템플릿을 사용하여 미세 거울을 만들기 위한 완전한 마스크를 그리라.

문제 11.12: 제조

잉크젯 프린팅을 위하여 MUMPS 공정을 사용하여 대략적인 미세 유체 잉크젯 노즐 배열을 만들 수 있는가? 만약 만들 수 있다면, 설계와 전체적인 공정에 대하여 그리고 설명하라. 완성된 노즐 소자의 단면을 그리라.
만약 만들 수 없다면, 그 이유를 설명하라.(**힌트**: 이 문제에서 잉크 저장소의 집적화는 고려하지 말라.)

참고문헌

1. Williams, K.R., and R.S. Muller, *Etch Rates for Micromachining Processing*. Microelectromechanical Systems, Journal of, 1996. **5**(4): p. 256–269.
2. Williams, K.R., K. Gupta, and M. Wasilik, *Etch Rates for Micromachining Processing—Part II*. Microelectromechanical Systems, Journal of, 2003. **12**(6): p. 761–778.
3. French, P.J., et al., *The Development of a Low-Stress Polysilicon Process Compatible with Standard Device Processing*. Microelectromechanical

Systems, Journal of, 1996. **5**(3): p. 187–196.

4. Kamins, T.I., and T.R. Cass, *Structure of Chemically Deposited Polycrystalline-Silicon Films*. Thin Solid Films, 1973. **16**(2): p. 147–165.

5. Kamins, T.I., *Structure and Propreties of LPCVD Silicon Films*. Journal of Electrochemical Society, 1980. **127**: p. 686–690.

6. Kamins, T., *Polycrystalline Silicon for Integrated Circuits and Displays*. 2d ed. Kluwer Academic Publishers, 1998.

7. Ylonen, M., A. Torkkeli, and H. Kattelus, *In Situ Boron-Doped LPCVD Polysilicon with Low Tensile Stress for MEMS Applications*. Sensors and Actuators A: Physical, 2003. **109**(1–2): p. 79–87.

8. Lee, Y.-I., et al., *Dry Release for Surface Micromachining with HF Vapor-Phase Etching*. Microelectromechanical Systems, Journal of, 1997. **6**(3): p. 226–233.

9. Volklein, F., and H. Balles, *A Microstructure for Measurement of Thermal Conductivity of Polysilicon Thin Films*. Microelectromechanical Systems, Journal of, 1992: p. 193–196.

10. Paul, O.M., J. Korvink, and H. Baltes, *Determination of the Thermal Conductivity of CMOS IC Polysilicon*. Sensors and Actuators A: Physical, 1994. **41**(1–3): p. 161–164.

11. Paul, O., and H. Baltes, *Thermal Conductivity of CMOS Materials for the Optimization of Microsensors*. Journal of Micromechanics and Microengineering, 1993. **3**: p. 110–112.

12. Mastrangelo, C.H., Y.-C. Tai, and R.S. Muller, *Thermophysical Properties of Low-Residual Stress, Silicon-Rich, LPCVD Silicon Nitride Films*. Sensors and Actuators A: Physical, 1990. **23**(1–3): p. 856–860.

13. McConnell, A.D., S. Uma, and K.E. Goodson, *Thermal Conductivity of Doped Polysilicon Layers*. Microelectromechanical Systems, Journal of, 2001. **10**(3): p. 360–369.

14. Guckel, H., et al., *Fine-Grained Polysilicon Films with Built-In Tensile Strain*. Electron Devices, IEEE Transactions on, 1988. **35**(6): p. 800–801.

15. Gianchandani, Y.B., M. Shinn, and K. Najafi, *Impact of High-Thermal Budget Anneals on Polysilicon as a Micromechanical Material*. Microelectromechanical Systems, Journal of, 1998. **7**(1): p. 102–105.

16. Ristic, L., et al., *Properties of Polysilicon Films Annealed by a Rapid Thermal Annealing Process*. Thin Solid Films, 1992. **220**(1–2): p. 106–110.

17. Zhang, X., et al., *Rapid Thermal Annealing of Polysilicon Thin Films*. Microelectromechanical Systems, Journal of, 1998. **7**(4): p. 356–364.

18. Joachim, D., and L. Lin, *Characterization of Selective Polysilicon Deposition for MEMS Resonator Tuning*. Journal of Microelectromechanical Systems, 2003. **12**(2): p. 193–200.

19. Azzam Yasseen, A., J.D. Cawley, and M. Mehregany, *Thick Glass Film Technology for Polysilicon Surface Micromachining*. Microelectromechanical Systems, Journal of, 1999. **8**(2): p. 172–179.

20. Liu, R.H., M.J. Vasile, and D.J. Beebe, *The Fabrication of Nonplanar Spin-On Glass Microstructures*. Microelectromechanical Systems, Journal of, 1999. **8**(2): p. 146–151.

21. Sedky, S., et al., *Structural and Mechanical Properties of Polycrystalline Silicon Germanium for Micromachining Applications*. Microelectromechanical Systems, Journal of, 1998. **7**(4): p. 365–372.

22. Franke, A.E., et al., *Polycrystalline Silicon-Germanium Films for Integrated Microsystems*. Microelectromechanical Systems, Journal of, 2003. **12**(2): p. 160–171.

23. Rusu, C., et al., *New Low-Stress PECVD Poly-SiGe Layers for MEMS*. Microelectromechanical Systems, Journal of, 2003. **12**(6): p. 816–825.

24. Li, B., et al., *Germanium as a Versatile Material for Low-Temperature Micromachining*. Microelectromechanical Systems, Journal of, 1999. **8**(4): p. 366–372.

25. Hui, E.E., C.G. Keller, and R.T. Howe. *Carbonized Parylene as a Conformal Sacrificial Layer*. In Technical Digest, Solid-State Sensor and Actuator Workshop. Hilton Head Island, SC: 1998.

26. Storment, C.W., et al., *Flexible, Dry-Released Process for Aluminum Electrostatic Actuators*. Microelectromechanical Systems, Journal of, 1994. **3**(3): p. 90–96.

27. Zavracky, P.M., S. Majumder, and N.E. McGruer, *Micromechanical Switches Fabricated Using Nickel Surface Micromachining*. Microelectromechanical Systems, Journal of, 1997. **6**(1): p. 3–9.

28. Frazier, A.B., and M.G. Allen, *Uses of Electroplated Aluminum for the Development of Microstructures and Micromachining Processes*. Microelectromechanical Systems, Journal of, 1997. **6**(2): p. 91–98.

29. Zou, J., C. Liu, and J. Schutt-aine, *Development of a Wide-Tuning-Range Two-Parallel-Plate Tunable Capacitor for Integrated Wireless Communication Systems*. International Journal of RF and Microwave CAE, 2001. **11**: p. 322–329.

30. Buhler, J., et al., *Electrostatic Aluminum Micromirrors Using Double-Pass Metallization*. Microelectromechanical Systems, Journal of, 1997. **6**(2): p. 126–135.

31. Kim, Y.W., and M.G. Allen, *Single- and Multi-Layer Surface-Micromachined Platforms Using Electroplated Sacrificial Layers* *1. Sensors and Actuators A: Physical, 1992. **35**(1): p. 61–68.

32. Tea, N.H., et al., *Hybrid Postprocessing Etching for CMOS-Compatible MEMS*. Microelectromechanical Systems, Journal of, 1997. **6**(4): p. 363–372.

33. Yao, T.-J., X. Yang, and Y.-C. Tai, *BrF3 Dry Release Technology for Large Freestanding Parylene Microstructures and Electrostatic Actuators*. Sensors and Actuators A: Physical, 2002. **97–98**: p. 771–775.

34. Liu, J.Q., et al. *In-Situ Monitoring and Universal Modeling of Sacrificial PSG Etching Using Hydrofluoric Acid*. In Proceedings, IEEE Micro Electro Mechanical Systems Workshop (MEMS 93). Fort Lauderdale, FL: IEEE. 1993.

35. Walsh, K., J. Norville, and Y.C. Tai. *Dissolution of Photoresist Sacrificial Layers in Parylene Microchannels*. In Proceedings, IEEE International Conference on Micro Electro Mechanical Systems. Interlaken, Switzerland: IEEE. 2001.

36. Zou, J., et al., *Effect of Etch Holes on the Optical Properties of Surface Micromachined Mirrors*. IEEE/ASME Journal of Microelectromechanical Systems (JMEMS), 1999. **8**(4): p. 506–513.

37. Suh, H.-J., et al., *Dendritic Material as a Dry-Release Sacrificial Layer*. Microelectromechanical Systems, Journal of, 2000. **9**(2): p. 198–205.

38. Selby, J.S., and M.A. Shannon. *Anodic Sacrificial Layer Etch (ASLE) for Large Area Blind Cavity Release of Metallic Structures*. In Technical Digest,

Solid-State Sensor and Actuator Workshop. Hilton Head Island, SC: 1998.

39. Kim, G.M., et al., *Surface Modification with Self-Assembled Monolayers for Nanoscale Replication of Photoplastic MEMS*. Microelectromechanical Systems, Journal of, 2002. **11**(3): p. 175–181.

40. Anderson, R.C., R.S. Muller, and C.W. Tobias, *Porous Polycrystalline Silicon: A New Material for MEMS*. Microelectromechanical Systems, Journal of, 1994. **3**(1): p. 10–18.

41. Dougherty, G.M., T.D. Sands, and A.P. Pisano, *Microfabrication Using One-Step LPCVD Porous Polysilicon Films*. Microelectromechanical Systems, Journal of, 2003. **12**(4): p. 418–424.

42. Mastrangelo, C.H., and C.H. Hsu, *Mechanical Stability and Adhesion of Microstructures Under Capillary Forces. I. Basic Theory*. Microelectromechanical Systems, Journal of, 1993. **2**(1): p. 33–43.

43. Srinivasan, U., et al., *Alkyltrichlorosilane-Based Self-Assembled Monolayer Films for Stiction Reduction in Silicon Micromachines*. Microelectromechanical Systems, Journal of, 1998. **7**(2): p. 252–260.

44. Abe, T., W.C. Messner, and M.L. Reed, *Effects of Elevated Temperature Treatments in Microstructure Release Procedures*. Microelectromechanical Systems, Journal of, 1995. **4**(2): p. 66–75.

45. Yee, Y., et al., *Polysilicon Surface-Modification Techniques to Reduce Sticking of Microstructures*. Sensors and Actuators A: Physical, 1996. **52**(1–3): p. 145–150.

46. Rogers, J.W., and L.M. Phinney, *Process Yields for Laser Repair of Aged, Stiction-Failed, MEMS Devices*. Microelectromechanical Systems, Journal of, 2001. **10**(2): p. 280–285.

47. Gogoi, B.P., and C.H. Mastrangelo, *Adhesion Release and Yield Enhancement of Microstructures Using Pulsed Lorentz Forces*. Microelectromechanical Systems, Journal of, 1995. **4**(4): p. 185–192.

48. Toshiyoshi, H., et al., *A Surface Micromachined Optical Scanning Array Using Photoresist Lenses Fabricated by a Thermal Reflow Process*. Journal of Lightwave Technology, 2003. **21**(7): p. 1700–1708.

49. Kim, B.H., et al., *A New Organic Modifier for Anti-Stiction*. Microelectromechanical Systems, Journal of, 2001. **10**(1): p. 33–40.

50. Man, P.F., B.P. Gogoi, and C.H. Mastrangelo, *Elimination of Post-Release Adhesion in Microstructures Using Conformal Fluorocarbon Coatings*. Microelectromechanical Systems, Journal of, 1997. **6**(1): p. 25–34.

51. Srinivasan, U., D. Liepmann, and R.T. Howe, *Microstructure to Substrate Self-Assembly Using Capillary Forces*. Microelectromechanical Systems, Journal of, 2001. **10**(1): p. 17–24.

52. Whitesides, G.M., and B. Grzybowski, *Self-Assembly at All Scales*. Science, 2002. **295**(5564): p. 2418–2421.

53. Pister, K.S.J., et al., *Microfabricated Hinges*. Sensors and Actuators A: Physical, 1992. **33**(3): p. 249–256.

54. Ross, M., and K.S.J. Pister, *Micro-Windmill for Optical Scanning and Flow Measurement*. Sensors and Actuators A: Physical, 1995. **47**(1–3): p. 576–579.

55. Dechev, N., W.L. Cleghorn, and J.K. Mills, *Microassembly of 3-D Microstructures Using a Compliant, Passive Microgripper*. Microelectromechanical Systems, Journal of, 2004. **13**(2): p. 176–189.

56. Green, P.W., R.R.A. Syms, and E.M. Yeatman, *Demonstration of Three-Dimensional Microstructure Self-Assembly*. Microelectromechanical Systems, Journal of, 1995. **4**(4): p. 170–176.

57. Syms, R.R.A., *Surface Tension Powered Self-Assembly of 3-D Micro-Optomechanical structures*. Microelectromechanical Systems, Journal of, 1999. **8**(4): p. 448–455.

58. Syms, R.R.A., et al., *Surface Tension-Powered Self-Assembly of Microstructures—the State-of-the-Art*. Microelectromechanical Systems, Journal of, 2003. **12**(4): p. 387–417.

59. Yi, Y., and C. Liu, *Magnetic Actuation of Hinged Microstructures*. IEEE/ASME Journal of Microelectromechanical Systems (JMEMS), 1999. **8**(1): p. 10–17.

60. Kaajakari, V., and A. Lal, *Thermokinetic Actuation for Batch Assembly of Microscale Hinged Structures*. Microelectromechanical Systems, Journal of, 2003. **12**(4): p. 425–432.

61. Reid, J.R., V.M. Bright, and J.T. Butler, *Automated Assembly of Flip-Up Micromirrors*. Sensors and Actuators A: Physical, 1998. **66**(1–3): p. 292–298.

62. Zou, J., et al., *Plastic Deformation Magnetic Assembly (PDMA) of Out-of-*

Plane Microstructures: Technology and Application. IEEE/ASME Journal of Microelectromechanical Systems (JMEMS), 2001. **10**(2): p. 302–309.

63. Chen, J., et al., *Two-Dimensional Micromachined Flow Sensor Array for Fluid Mechanics Studies*. ASCE Journal of Aerospace Engineering, 2003. **16**(2): p. 85–97.

64. Sharpe, W.N., Jr., et al., *Effect of Specimen Size on Young's Modulus and Fracture Strength of Polysilicon*. Microelectromechanical Systems, Journal of, 2001. **10**(3): p. 317–326.

폴리머 MEMS

CHAPTER 12

12.0 서론

폴리머 물질은 구조물, 센서, 그리고 액추에이터를 실현하기 위해 MEMS 분야에서 사용이 증가되고 있다. 폴리머와 관련된 전문 용어는 12.1절, 12.2절에 소개되어 있다. 우리는 MEMS 분야에서 일반적인 7가지 형태의 폴리머를 검토할 것이다. 폴리머 물질을 사용한 여러 센서 응용은 독창적인 기술과 도전에 대해 12.3절에서 토론한다.

12.1 소개

폴리머는 대개 작은 분자가 조립된 사슬 분자 구조를 가졌다. 긴 사슬 폴리머는 사슬을 따라 계속되어 반복되는 mer라는 단위로 불리는 구조물로 구성되어 있다. 벌크 폴리머는 수많은 폴리머 사슬로 만들어져 있다. 폴리머 물질의 물리적인 특징은 분자 무게와 폴리머 사슬의 구성뿐만 아니라 사슬 배열 방법에 따라서도 좌우된다.

폴리머는 크게 세 가지 종류로 분류할 수 있다: 섬유, 플라스틱, 탄성 중합체(고무). 이 세 부류의 주요 특징은 표 12.1에 요약되어 있다. 이 중 플라스틱에 속하는 폴리머 재료가 가장 많고 다양하다. 폴리에틸렌, 폴리프로필렌, 폴리염화비닐(PVC), 폴리스티렌, 탄화플루오르, 에폭시, 페놀, 폴리에스테르는 모두 플라스틱으로 분류된다. 서로 다른 판매자에 의하여 생산된 많은 플라스틱 물질은 서로 다른 상품명을 가진다. 예를 들어 아크릴(PMMA: polymethyl methacrylate)은 상품명 Acrylite, Diakon, Lucite 및 Plexiglas로 알려져 있다. 판매자들은 그것들의 물리적, 화학적, 전기적, 그리고 열적 특징과 그것들의 외형을 변화시키기 위해서 폴리머에 첨가제를 넣는다.

그것들의 유래에 따르면 폴리머는 두 부류로 나눌 수 있다: 자연적으로 발생한 폴리

표 12.1 폴리머의 특성.

	Elastomers	Plastics	Fibers
Upper limit of extensibility (%)	100–1000	20–100	<10
Character of stress deformation	Completely and instantaneously elastic	Partly reversible elasticity; delayed elasticity; some permanently set	Some reversible elasticity; some delayed elasticity; some permanently set
Crystallization tendency	Amorphous (in unstressed state)	Moderate to high	Very high
Initial Young's modulus (MPa)	10^5–10^6	10^7–10^8	10^9–10^{10}

머와 합성 폴리머. 자연적으로 발생한 폴리머(이것들은 식물과 동물로부터 발생한다)는 나무, 고무, 솜, 양털, 가죽, 그리고 실크를 포함한다. 합성 폴리머들은 석유 제품으로부터 만들어진다.

폴리머는 온도에 따른 반응을 기준으로 분류된다. **열가소성 폴리머**(thermal plastic polymer, thermalplast)는 재용해될 수 있고 반복적으로 재형상화할 수 있다. 반면에 **열경화성 폴리머**(thermal setting polymer, thermalset)는 한 번 용해되고 과정을 거친 후 영구적인 모양을 갖게 된다.

폴리머 결정의 용해는 고체 물질의 변형에 부합한다. 그것은 정렬된 분자 사슬의 정돈된 구조로부터 매우 임의의 구조를 갖는 점성 유체까지 포함한다. 이 현상은 융해점 온도 T_m에서 열을 가함으로써 발생한다.

폴리머가 탄성체로부터 단단한 상태로 변하는 온도는 유리 전이 온도(glass transition temperature) T_g로 정의된다. 비정형 및 반결정 폴리머에서 유리 전이가 발생하는 데 이는 온도 감소로 인해 분자 사슬의 큰 조각의 이동이 감소되기 때문이다.

폴리머의 기계적인 특성은 여러 주된 측면에서 금속과 반도체와 서로 다르다. 폴리머의 기계적인 특성의 검토는 참고문헌 [1]에서 찾을 수 있다. 몇몇 주목할 점은 아래에 요약되어 있다.

1. 폴리머 물질은 다양한 물질을 포함한다. 각각은 다른 탄성 계수를 가진다. 탄성 계수는 높은 탄성 폴리머 물질에서는 수 MPa 정도로 낮을 것이지만 매우 딱딱한 폴리머 몇몇은 4 GPa로 높다.
2. 폴리머의 최대 인장 강도는 100 MPa 정도이다. 금속과 반도체 물질보다 훨씬 낮다.

3. 많은 폴리머는 점탄성 성질을 보인다. 힘이 작용했을 때, 순간적인 탄성 변형이 발생하고, 점성 및 시간 의존 변형률이 발생한다. 그 결과 많은 폴리머 물질은 일정하게 유지되는 응력하에서 시간 의존 변형을 받는다. 그런 변형은 **점탄성 크리프**(viscoelastic creep)로 불린다.
4. 기계적인 특성은 온도, 분자량, 첨가제(많은 특허기술), 결정도, 그리고 열처리 과정에 영향을 받는다. 특정 폴리머의 기계적인 특성은 좁은 온도 범위에서 극적으로 변할 수 있다. 예를 들면 PMMA(아크릴)는 4°C에서 완전히 취성이지만 60°C에서 극단적인 연성을 가진다. 응력-변형률 관계와 점탄성 성질은 양쪽 모두 온도에 의해서 강한 영향을 받는다.

많은 유기 폴리머들은 절연체이다. 하지만 특정 폴리머들은 흥미롭게 전도성을 보인다. 최근에 전도성 폴리머는 트랜지스터[2], 유기 박막 디스플레이(organic thin-film display)[3], 메모리[4]를 만드는 데 많이 사용되고 있다. 그런 전도성 폴리머는 폴리피롤, 폴리아닐린, 그리고 폴리페닐렌 황화물을 포함한다.

폴리머에서 전하 운반자의 이동성은 여전히 실리콘과 반도체 물질로 구성된 것보다 몇 차수 정도 낮다. 현재 상태에서 폴리머 전기 장치들은 성능 면에서 반도체 전기 장치와 겨룰 수 없다.

폴리머들은 사출 성형, 압출 성형, 열성형, 블로 성형, 기계 가공, 주조, 압축 성형, 회전 성형, 분말 야금, 소결, 분산 코팅, 유동층 코팅, 정전 도장, 캘린더링, 열간 성형, 냉간 성형, 진공 성형, 그리고 기상 증착을 포함한 아주 많은 기술을 사용하여 가공될 수 있다. 많은 기술들이 마이크로 공정과 결합될 수 있다.

12.2 MEMS에서의 폴리머

MEMS를 위한 미세 가공 기술은 집적 회로 공정으로부터 유래되었다. 물론 실리콘은 재료에 있어서 탁월한 선택이 되어 왔다. 최근에 폴리머는 MEMS 응용 분야의 중요하고 새로운 종류의 재료로 부상했다. 폴리머 재료와 관련된 많은 장점이 있다. 첫째로 단결정 실리콘보다 재료의 값이 매우 싸다. 둘째로 많은 폴리머 재료들은 유일한 낮은 가격, 배치(batch) 스타일 공정 및 열 마이크로몰딩, 열세공, 사출 성형과 같은 포장 기술을 허용한다. 폴리머 기판은 한 번에 한 개의 웨이퍼를 찍는 공정 대신에 높은 생산성, 롤투롤(roll-to-roll) 방법으로 가공될 수 있다. 셋째로 특정 폴리머는 실리콘과 실리콘에서 파생된 재료들에서는 얻을 수 없는 특이한 전기적, 물리적, 화학적 특성을 제공한다. 이러한 특성의 예로는 기계적 충격 내구성[5], 생체 적합성, 그리고 생물 분해성[6]이 포함된다.

MEMS에서 폴리머 사용에는 장벽이 있다. 폴리머의 점탄성 거동이 특정 응용에는 바람직하지 않다. 많은 폴리머 재료들은 낮은 유리 전이 온도와 녹는점을 가지고 있다. 낮은 열 안정성은 공정 방법과 잠재적인 응용을 제한한다.

중요한 몇 가지 폴리머 재료들은 최근 MEMS 응용에 소개되어 왔다. 이 재료들에서는 핸들 웨이퍼 또는 점착성 층을 넘어선 용도를 발견하였다. 이것들은 박막 그리고 캔틸레버를 포함한 구조물의 기계적 요소에 사용된다.

다음 목록에는 MEMS의 응용 분야에 성공적이고 폭넓게 사용되어 온 폴리머가 포함되어 있다. 목록에 있는 몇 개의 항목은 폴리머 그룹을 나타내는 동시에 특정 상품을 나타낸다.

1. 폴리이미드
2. SU-8
3. 액정 폴리머(LCP)
4. PDMS
5. 폴리메틸 메타크릴레이트(아크릴, 플렉시글라스 또는 PMMA)
6. 파릴렌(polyparaxylylene)
7. 폴리테트라플루오로에틸렌(테플론), Cytop

이 폴리머에 대한 전기적, 기계적 특성에 관련된 요약은 표 12.2에서 찾을 수 있다. 우리는 12.2.1~12.2.7절을 통하여 이 7가지 재료들의 공정 및 응용에 대하여 논의하여 볼 것이다.

12.2.1 폴리이미드

폴리이미드는 그들의 고리 사슬 결합 구조의 결과로서 뛰어난 기계적, 화학적, 그리고 열적 특성을 보여 주는 폴리머 집합을 대표한다[7]. 벌크 공정을 거친 폴리이미드 요소는 자동차(몇몇 자동차의 스트러트와 새시)부터 전자레인지용 조리 기구까지 폭넓게 사용된다. 폴리이미드는 좋은 절연체로 마이크로 전자공학 산업에 폭넓게 사용된다.

폴리이미드는 방향족 그룹 R과 R′(그림 12.1b) 혼합에 의한 고리 모양의 폴리머에 선구 물질인 폴리아믹(polyamic) 전구체(그림 12.1a)의 탈수소고리화 반응(dehydrocyclization)으로부터 만들어진다. 이 방향족 그룹들은 마지막 폴리이미드의 특성에 영향을 주도록 선정된다. 예를 들면 그림 12.1a에 나와 있는 것처럼 UV 광에 민감한 R″을 포함한 그룹에 폴리아믹산 전구체를 바꿈으로써 광 패턴화 가능한 전구체는 UV 광에 노출된 교차 결합을 만들 수 있다[8].

표 12.2 7개 폴리머 재료의 성질.

	LCP[1]	Polyimide[2]	EPON SU-8[3]	PMMA [1]
Dielectric constant (60 Hz)	2.8	3.5	5.07	3–4
Dissipation factor (60 Hz)	0.004	0.002	0.007	0.02–0.04
Moisture absorption	<0.02%	2.8%	N/A	N/A
Glass transition temperature	145°C	360–410°C	194°C	45°C (isotactic); 105°C (syndiotactic)
Coefficient of thermal expansion	0–30 ppm/°C	20 ppm/°C	20–50 ppm/°C[4]	50–90 ppm/°C
Tensile strength	180 MPa	200–234 MPa	50 MPa	48.3–72.4 MPa
Tensile modulus	7–22 GPa	2.5–4 GPa	4–5 GPa[4]	2.24–3.24 GPa
Elongation at break	1–5%	10–150%	<1%[4]	2.0–5.5%
Density (g/cm^3)	1.4	1.42–1.53	1.2	0.9
Representative patterning methods	Laser, plasma etch	Photo definition, wet etch, plasma etch	Photo definition, plasma etch	Photo definition, plasma etch

	Parylene[5]	Perfluoro-polymers (Cytop[6])	PDMS[7]
Dielectric constant (60 Hz)	2.65–3.15	2.1–2.2	2.7
Dissipation factor (60 Hz)	0.02–0.0002	0.0007	.001
Moisture absorption	0.01–0.06%	<0.01%	0.1%
Glass transition temperature	160°C	−97−108°C[8]	−125°C[9]
Coefficient of thermal expansion	35–69 ppm/°C	125–216 ppm/°C [1]	30 ppm/°C
Tensile strength	45–75 MPa	20–35 MPa[8]	6.2 MPa
Tensile modulus	2.4–3.2 GPa	0.4–1.2 GPa	0.5–1 MPa
Elongation at break	10–200%	200–400%[8]	100%
Density (g/cm^3)	1.1–1.4	2.1	1.05
Patterning	Plasma etch	Plasma etch	Molding, plasma etch (slow)

[1] Vectra LCP, Celanese AG
[2] Kapton, Dupont
[3] Resolution Performance Products, LLC
[4] http://aveclafaux.freeservcrs.com/SU-8.html
[5] Parylene Coating Services Inc.
[6] Cytop, Asahi Glass Co. LTD
[7] Dow Corning, Inc.
[8] Callister, William D., "Materials Science and Engineering: An Introduction," 4th ed., New York: Wiley, 1997.
[9] Neilsen, Lawrence E., "Mechanical Properties of Polymers and Composites," 2d ed., New York: Marcel Dekker, Inc., 1994.

폴리이미드 필름의 기계적인 특성은 참고문헌 [9, 10]에 나와 있다. 경화된 폴리이미드 필름은 부유된 마이크로 공정 폴리이미드 스트링을 사용하여 측정 시 4×10^6~4×10^7 Pa의 고유 응력을 가진다[11]. 더욱이 폴리이미드의 기계적, 전기적 특성은 방향 의존 거동을 보인다. 굴절 지수[12], 절연성 상수[13], 탄성 계수[14], 열팽창 계수[14], 그리고 열전도도[15] 같은 많은 특성은 공정 조건에 따라 변한다.

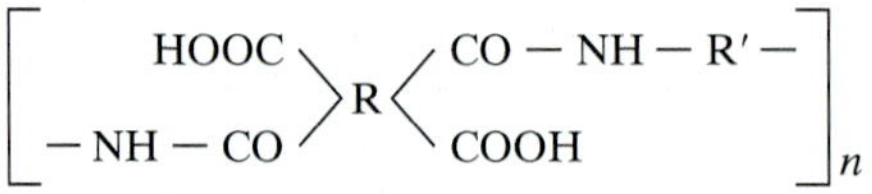

HOOC, CO − NH − R′ −
−NH − CO, R, COOH
$[\ ]_n$

(a)

− N, CO, CO, R, CO, CO, N − R′ −
$[\ ]_n$

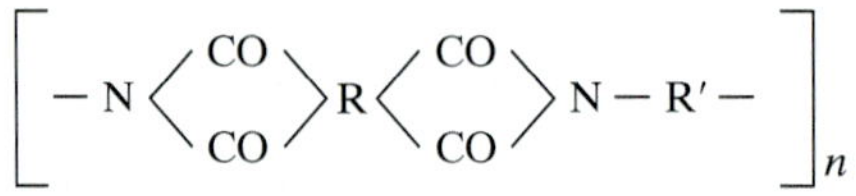

(b)

그림 12.1
폴리이미드 화학. (a) 특정한 최종 특성을 위해 선정된 열적으로 안정한 R과 R′ 그룹을 가진 일반 폴리아믹산 전구체. (b) 이미드화(탈수소고리) 반응 후 결과의 일반 폴리이미드 구조.

폴리이미드는 경화된 판, 반경화된 판이나 점성 용액으로서 상업적으로 구할 수 있다[16]. 전형적으로 상업적인 폴리이미드의 구조(HN 타입 Kapton)는 그림 12.1b 에 나와 있다. MEMS 에서 폴리이미드는 절연막, 기판, 기계적인 요소(멤브레인과 캔틸레버), 유연성 있는 조인트와 링크[17], 점착성 필름, 센서[18], 스캐닝 프로브[19], 그리고 응력 제거층[5]으로 사용된다. 폴리이미드 물질은 (1) 화학적인 안정성, (2) 400°C 이상에서의 열적 안정성, (3) 높은 절연성, (4) 기계적인 강인함과 내구성, 그리고 (5) 재료와 처리 장비의 낮은 가격을 포함한 많은 좋은 특징을 제공한다.

폴리이미드는 센서와 액추에이터에 대한 구조 요소로서 사용할 수 있다. 불행히도 폴리이미드는 전도성뿐만 아니라 변형률도 민감하지 않다. 가령 전도체나 스트레인 게이지 같은 기능적인 물질은 외부적으로 통합될 필요가 있다. 박막 금속 스트레인 게이지는 폴리이미드와 통합되었고, 2∼6 정도의 유효 게이지 인자를 보인다. 대안으로 폴리이미드 물질을 센싱 물질로 변화시키기도 한다. 예를 들면 2∼13 정도의 유효 게이지 인자를 가지는 폴리이미드와 탄소 입자로 구성된 피에조 저항 복합 재료가 선보이게 되었다[16].

12.2.2 SU-8

SU-8 은 1980 년대 말 IBM 에 의해 처음 발명된 음성 반응(negative-tone), 근자외선 포토레지스트이다[20]. 그것의 주된 목적은 두꺼운 광감성 폴리머를 만들기 위한 높은 종횡비의 구조물(>15)을 허용하는 것이다. 포토레지스트의 주요 구성 요소는 EPON® Resin SU-8(Shell Chemical)이다. EPON 수치는 유기 용매에 용해되고(GBL: gamma-butyrolacton), 용매의 양이 점성과 만들 수 있는 두께를 결정한다. 100 μm 두께의 처리된 층을 얻을 수 있는데, 그것들은 마스킹, 몰딩, 그리고 종횡비가 큰 구조물을 낮은 가격에 만드는 새로운 성능을 제공한다. SU-8 리소그래피의 가격은 종횡비가 큰 마이크로 구조물을 구현하기 위한 다른 기술(LIGA 과정과 깊은 반응성 이온 식각과 같은)에 비해 상당히 낮다. SU-8 은 마이크로 유체 장치[21], SPM 프로브[22], 그리고 마이크로니들을 포함한 수많은 마이크로 디바이스에 통합되어 있다. 그것은 또한 미세 가공을 위한 두꺼운 희생층을 제공한다.

12.2.3 액정 고분자(LCP)

액정 고분자(LCP: liquid crystal polymer)는 독특한 구조와 물리적 특성을 가진 열가소성 물질이다. LCP는 다양한 두께의 판으로 상업적으로 구할 수 있다. 처리 과정 동안 액정 상태로 흐를 때 분자의 단단한 조각은 전단 흐름의 방향에서 다른 것 옆으로 정렬된다. 일단 이 방향이 만들어지면 심지어 LCP가 녹는점 온도로 떨어져도 그들의 방향과 구조는 계속된다. 이 특성은 분자 사슬 구조가 고체 상태에서 무작위 방향을 가지는 대부분의 열가소성 폴리머(예를 들어 Kapton)와 구별된다.

독특한 구조 때문에 LCP는 다른 공학적인 폴리머와는 비교될 수 없는 전기적, 열적, 기계적, 화학적인 특성을 제공한다. MEMS에서 사용하는 LCP 필름은 Hoechst Celanese Corporation에서 생산한 Vectra® A-950 방향성 액정 고분자이다[23]. Vectra A-950의 녹는 온도는 280°C이다. 비중은 1.37~1.42 kg/m^{3}이고 분자량은 20,000 g/mol보다 훨씬 크다. 미세 가공에서 흔히 사용되는 화학 물질과 LCP의 호환성은 참고문헌 [23]에 나와 있다. LCP는 상당히 긴 시간과 폭넓은 온도 범위에 걸쳐 강산, 염기 용매에 영향을 받지 않는다. 광범위한 테스트 결과 LCP는 적어도 다음의 공정상 흔한 화학 물질에 의해서는 공격받거나 용해되지 않는다: (1) 아세톤과 알코올을 포함한 유기 용매, (2) Al, Au, 그리고 Cr 금속 식각 물질, (3) 산화물 식각 물질[49% HF, BHF(buffered HF)], 그리고 (4) 보통 포토레지스트와 SU-8 레지스트 현상액.

LCP 필름은 굉장히 안정적이다. 그것들은 PMMA(12.2.5절 참조)보다 나은, 그리고 유리와 비교되는 매우 낮은 습기 흡수율(~0.02%)을 갖고 낮은 습기 투과성을 가진다. 산소, 이산화탄소, 질소, 아르곤, 수소, 그리고 헬륨을 포함한 다른 가스들에 대하여 LCP 또한 평균 이상의 방해 성능을 보인다. 더욱이 LCP를 통해 가스의 침투는 습도, 심지어 높아진 온도에 의해 영향을 받지 않는다(예를 들면 150°C). LCP 물질의 열팽창계수는 작고 예측 가능한 수준으로 공정 과정 동안 제어할 수 있다. LCP 필름 또한 상당한 화학적인 저항을 보여 준다.

LCP는 원래 고밀도 PCB(printed circuit board)에 대한 고성능 기판 물질로서 사용되었다[23]. 레이저 드릴링과 via 채움(저저항 전기 관통-웨이퍼 연결을 위한)을 포함한 LCP에 대한 다양하고 독특한 처리 과정이 개발되었다.

LCP 필름은 그것들의 성능과 안정성 때문에 우주와 군사적인 전자 시스템에 대한 기판으로 사용된다. 예를 들어 그것들은 안테나 같은 라디오 주파수 전자기 요소의 고성능 운반자로서 연구된다. 고주파수 시험으로부터의 결과는 LCP가 0.5~40 GHz에서 상당히 균일한 상대 절연 상수가 3, 그리고 ~0.004의 굉장히 낮은 손실 계수를 가짐을 보여 준다.

최근 몇 년 동안 MEMS에서 사용되는 다른 폴리머 판(폴리이미드 계열에 속하는)인 Kapton과 LCP의 비교는 유용하다. Kapton과 비교해 보면 LCP는 낮은 가격(Kapton의 50~80%)을 가지고 낮은 온도에서 용해 과정을 거칠 수 있다. 결과로서 LCP와 다른 기판의 결합은 더 쉽다. 예를 들면 Kapton은 종종 중간 점착층과 붙는다. 그러나 LCP 필름은 래미네이션에 의해 다른 표면에 직접 결합할 수 있다.

단방향의 분자 방향을 가진 LCP 필름에 대해, 기계적인 특성은 비등방성을 가지고 폴리머 방향에 의존한다. 예를 들면 단방향의 LCP 필름은 길이 방향(즉 분자의 오리엔테이션 방향)보다 횡방향(즉 분자의 오리엔테이션에 수직인 방향)에서 적은 하중을 견딜 수 있다. 만일 필요하다면 좋은 가로와 세로 방향 특성을 가진 두 방향성 필름이 이방성을 바로잡을 수 있다. 단방향 필름은 계층 사이의 결정 방향의 각 오프셋을 갖게 하여 비등방성 필름의 다수의 층을 붙임으로써 만들 수 있다. 두 면의 필름 분자가 반대 각에서 방향을 가질 때 LCP 분자의 방향은 필름의 두께에 따라 변한다. 만일 그 각이 어느 면에서 +45°와 −45°라면 열팽창 계수, 인장 강도, 그리고 탄성 계수 같은 기계적인 특성은 거의 균등하다.

상업적인 LCP 물질은 판 형태로 공급된다. LCP 필름의 두께는 수 마이크로미터부터 수 밀리미터까지 다양할 수 있다. 몇몇은 한 면이나 두 면에 구리를 입혀 공급될 수 있다. 선택적인 구리 금속층은 보통 15~20 μm이다. 이 구리층은 LCP의 녹는점 주변 온도에서 진공 프레스로 래미네이트된다.

12.2.4 PDMS

탄성계는 큰 변형을 견디고 변형 힘 후에 그들의 모양을 회복할 수 있는 물질이다. **PDMS** (polydimethylsiloxane), RTV(room-temperature vulcanized) 실리콘 탄성계에 속하는 탄성 물질은 일반적인 MEMS 응용에 많은 이점을 제공한다. 그것은 광학적으로 투명하고, 전기 절연체이고, 기계적인 탄성이 있고, 가스 침투성이 있고, 생물학적인 적합성이 있다. 재료의 생물학과 의학적인 적합성은 참고문헌 [24]에 나와 있다. PDMS는 마이크로 유체역학에 폭넓게 사용된다. 자세한 사항은 13장을 보라.

주된 공정 방법은 직관적이고 빠르며 낮은 가격의 시제품을 가능하게 하는 몰딩이다. PDMS의 많은 독특한 공정 특성은 주목할 가치가 있다.

1. 경화 단계 동안 PDMS의 부피는 줄어든다. 요구되는 치수를 만들기 위하여 디자인 단계에서 치수의 보정이 수반되어야 한다.
2. 부피 줄어듦과 유연성 때문에, 경화된 PDMS 위의 금속 박막은 크랙이 생기는

경향이 있다. 이는 전기 전도도에 영향을 준다.

3. 표면의 화학적인 특성(점착 에너지 같은)은 혼합 비율에 따라 다양해질 수 있다. 이 변화는 표면에 화학적 또는 전기적 처리를 함으로써 수행될 수 있다.

PDMS는 점성 액체로서 상업적으로 공급된다. 그것은 기판에 주조 또는 스핀 코팅될 수 있다. 불행히도 PDMS 물질은 광 패턴화가 가능하지 않다. 그래서 광감성 레지스트처럼 단순히 스핀 코팅되어 패턴화될 수 없다. UV 경화 PDMS가 개발되었지만[25] 그 기술은 아직 완성되지 못하였다. PDMS 박막을 패턴화하기 위해 플라즈마 식각을 사용하는 것이 가능하다. 하지만 식각 속도는 다소 느리다. 측정된 식각 속도는 대략 800 W 전력과 100 V 바이어스에서 7 nm/min이다. O_2 플라즈마를 가진 PDMS의 식각은 표면과 가장자리를 거칠게 한다[26].

기판에 얇은 PDMS 필름을 패턴화하는 방법은 MEMS 응용에 중요하다. 우리는 사례 12.1에서 정확히 정의된 치수를 가지는 박막 PDMS 패턴을 생성하기 위해 개발된 공정을 논의한다.

사례 12.1 PDMS의 정밀 패턴화

PDMS 패턴화 공정에 대한 기본 원리는 그림 12.2에 도해된 것처럼 스크린 프린팅 방법으로부터 변형되었다.

포토레지스트층은 먼저 유리나 실리콘과 같은 고체 기판 위에 스핀 코팅된다. 그리고 전통적인 리소그래피 공정을 통하여 패턴화된다(그림 12.2, 단계 1). 포토레지스트층의 두께는 회전 속도에 의하여 조절될 수 있다. 점착성이 있는 PDMS 전폴리머(prepolymer) 용액(예를 들어 경화제에 근거하여 10:1의 혼합비를 갖는 다우코닝의 SYLGARD 184)을 웨이퍼의 전면에 붓는다(단계 2). 평평하고 부드러운 고무 칼날은 포토레지스트층 표면 위에 지속적으로 접촉된 상태로 기판 표면을 왔다 갔다 한다(단계 3). 이것은 과도한 PDMS 프리폴리머를 제거시켜 포토레지스트 몰드 사이에 오목 들어간 영역에만 PDMS를 남긴다.

칼날과 포토레지스트 표면의 비이상(非理想)적 접촉 때문에 얇고(<1 μm) 주로 비연속적인 잔여 PDMS 얇은 막이 포토레지스트 부분에 남게 될 것이다(단계 4). 이 얇은 막은 후에 가벼운 기계적 폴리싱 또는 플라즈마 식각을 통해 제거할 수 있다.

오목 들어간 부분의 PDMS가 폴리머화되도록 웨이퍼를 열로 경화시킨다(단계 5). 마지막으로 포토레지스트 몰드를 아세톤을 이용하여 제거한다(단계 6). PDMS 패

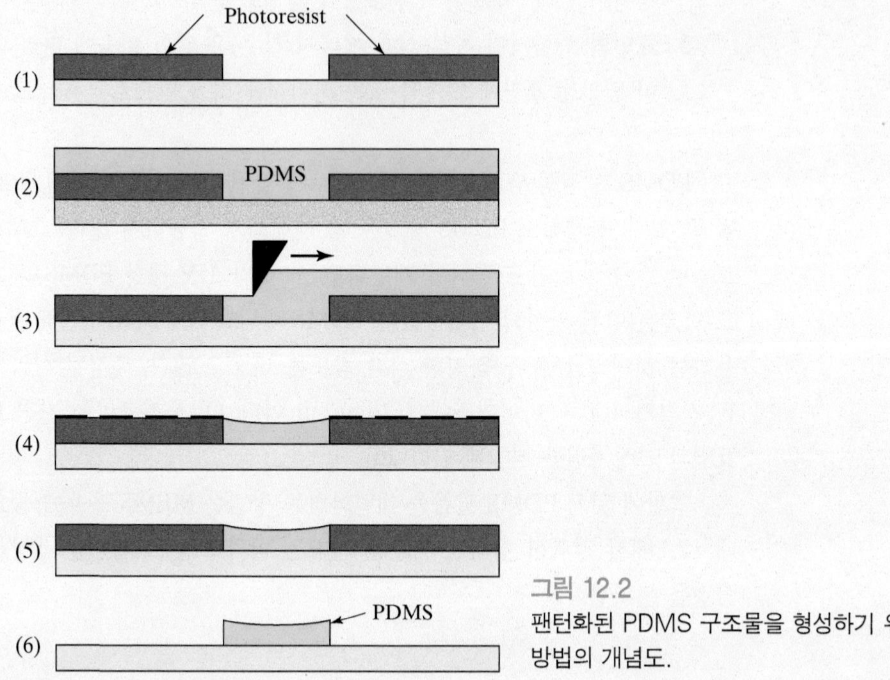

그림 12.2
팬턴화된 PDMS 구조물을 형성하기 위한 방법의 개념도.

턴의 최종 측면 치수는 포토레지스트의 오목한 영역의 치수에 부합된다. 이 기술을 사용함으로써 오링(O-ring)과 같은 미세 가공 구조물을 칩 상에 만들 수 있다(그림 12.3). 더욱이 이 기술은 보 또는 박막에 탄성 마이크로 구조물을 통합하기 위한 표면 미세 가공 공정과 결합될 수 있다[27].

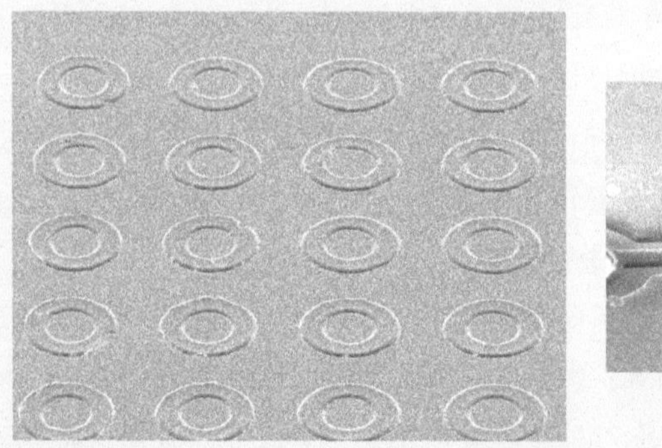

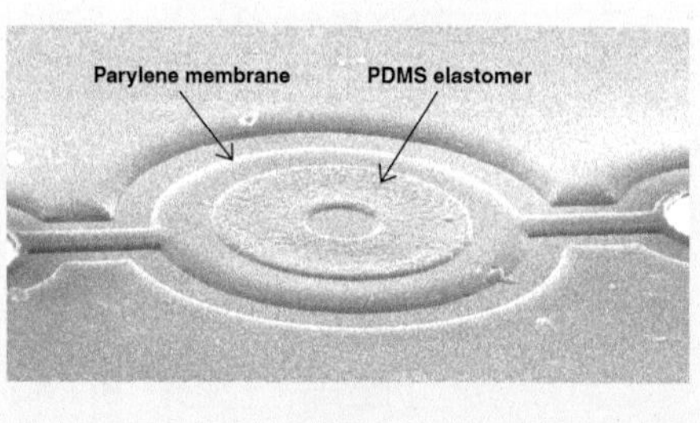

그림 12.3
미세 가공된 PDMS 오링.

12.2.5 PMMA

PMMA는 벌크, 시트, 그리고 회전 코팅 용액 등 다양한 형태로 공급된다. 보통 일반적으로 상품명 아크릴(acrylic)인 PMMA 벌크는 마이크로 유체 디바이스를 만드는 데 사용되어 왔다. 광 패턴화가 가능한 PMMA는 전자 빔과 X선 리소그래피 레지스트로 폭넓게 사용된다. 스핀 코팅된 PMMA는 희생층으로서 사용되고 있으며, PMMA 얇은 필름을 위한 깊은 반응성 이온 식각 공정이 선보여져 왔다[29].

12.2.6 파릴렌

파릴렌(parylene)은 열경화성 수지이다. 이것은 화학 기상 증착(CVD) 공정으로 증착되는 유일한 플라스틱 재료이다. 이 증착 공정은 실온에서 행해진다. 파릴렌 증착 시스템은 진공 증착 체임버에 연결된 소스 체임버로 이루어져 있다. 이합체(二合體)는 소스 체임버 안에서 대략 150℃까지 가열된다. 이것은 기체의 단량체로 승화되고 그 후 진공 체임버로 들어간다. 그리고 진공 체임버 안에서 물체를 코팅한다. 파릴렌의 세 가지 이합체는 파릴렌 C(폭넓게 사용됨), 파릴렌 N(보다 우수한 유전 특성과 관통), 그리고 파릴렌 D(향상된 온도 성능)로 판매되고 있다.

파릴렌 필름은 매우 낮은 내부 응력[30], 실온에서의 증착, 균일 접촉, 화학적 불활성 및 선택적 식각을 포함하여 MEMS의 응용 분야에서 매우 유용한 특성을 갖는다. 파릴렌 코팅은 전기 절연, 화학적 단리(單離), 보존, 그리고 실링에 이상적이다.

파릴렌은 마이크로 유체 채널[31], 밸브[32], 센서(가속도 센서[33], 압력 센서[34], 마이크로폰[35] 및 전단 응력 센서[36] 등)에 사용되어 왔다.

파릴렌 코팅의 두께는 일반적으로 로딩된 이합체(dimer)의 양에 의하여 제어된다. 두께의 모니터와 즉석(in situ) 파릴렌 두께 모니터링을 위한 끝점 검출기(end-of-point detector)가 개발되었다(예를 들면 열전달 원리에 근거한)[36].

12.2.7 탄화플루오르

테플론 그리고 Cytop[37]과 같은 불소 중합체는 강한 C-F 결합으로 인하여 뛰어난 화학적 불활성, 열에 대한 안정성, 그리고 비인화성을 제공한다. 이것들은 표면 코팅, 절연, 비반사성 코팅, 그리고 접착제로 사용될 수 있다. Cytop은 일본 Asashi Glass Company에 의해 상표등록된 재료이다. 이것은 테플론만큼이나 매우 좋은 특성을 나타낸다. 하지만 높은 광학적 투명도 그리고 불소를 첨가한 특정 용매에서 좋은 용해도를 제공한다. 불소 중합체 필름은 회전 코팅 또는 PECVD 방법에 의해 부착될 수 있다. MEMS에서 테플론과 Cytop 필름은 전기 절연, 접착 본딩, 그리고 마찰 감소를 위해 사용되어 왔다.

12.2.8 기타 폴리머

앞서 언급된 일곱 가지의 폴리머에 추가하여, 다수의 폴리머 재료가 기능적 구조층, 유일한 희생층, 점착층, 화학 센서, 그리고 기계적 액추에이터에 사용된다. 이들은 생분해성 폴리머[6], 왁스(파라핀)[38], 그리고 폴리카보네이트를 포함한다. 이 세 종류의 폴리머는 아래에 간단히 검토된다.

생분해성 폴리머 재료는 임플랜트 의학 응용, 약품 주입 기구 및 세포 조직 공학을 위해 개발되고 연구되었다. polycaprolactone, polyglycolide, polylactide 및 poly lactide-co-glycolide 같은 생분해성 폴리머는 MEMS 사용에 의해 증명되었다. 생분해성 폴리머는 열가소성이다. 마이크로 구조는 마이크로 유체 채널, reservoir 및 주사바늘 같은 응용에서 마이크로몰딩에 의해 형성되어 왔다[6, 39].

파라핀은 다른 재료에서는 찾을 수 없는 많은 흥미로운 특성을 제공한다. 예를 들면 낮은 녹는점(40~70°C)을 가지고 있고, 높은 부피 팽창률(14~16%)을 가진다. 파라핀의 녹는점은 녹는점이 다른 파라핀을 섞음으로써 조정할 수 있다. 그것은 상온에서 매우 빠르게 아세톤 같은 유기 용매에 의해 선택적으로 식각될 수 있고, HF와 같은 많은 강산성 용액에 대해 우수한 화학적 안정성을 제공한다.

파라핀의 사용은 많은 흥미로운 에너지 변환 메커니즘과 마이크로 제조 기술을 이끌 수 있다. 큰 스케일에서 최첨단 내시경의 선형 액추에이터에 사용되어 왔다[40]. 작은 스케일에서 파라핀을 기본으로 한 액추에이터는 통합된 가열 기구 내의 캡슐에 싸인 파라핀 조각에 의해 미체 유체 밸브와 펌프에 이용되었다[38, 41]. 왁스는 복잡한 마이크로 구조물을 만들기 위한 몰드에 이용될 수 있다[42].

파라핀은 열증발을 이용하여 증착될 수 있고, 산소와 프레온 14 가스 혼합 기체로 발생되는 플라즈마에 의해 패턴화될 수 있다. 녹는점이 낮기 때문에(Logitech 0CON-195 또는 n-Hextriacotane에서 75°C), 파라핀 증착 후 모든 공정은 저온 공정을 사용해야 하고, 능동 기판 냉각을 해야 한다.

폴리카보네이트는 넓은 범위의 온도에서 좋은 성능 특성을 요구하는 많은 응용에 사용될 수 있는 내구성, 치수 안정성, 투명한 열가소성 특성을 가지고 있다. 상업적인 카보네이트는 기계 등급, 창 등급, 유리 보강재 등급의 세 가지 등급으로 제공된다. 노치가 없는 폴리카보네이트는 높은 충격 강도, 매우 높은 부전도성, 그리고 전기 저항성을 가진다. 폴리카보네이트는 주입 성형, 압출, 진공 성형, 블로 주조 과정이 가능하다. 폴리카보네이트 부분은 쉽게 붙이거나 접합할 수 있다. MEMS에서 폴리카보네이트는 희생 식각[43]이나 주조에 의한 마이크로채널의 마이크로 제조에 이용되어 왔다. 이온 트랙 식각 구멍을 가진 폴리카보네이트 시트는 나노미터 치수와 균일한 구멍으로 인하여 높은 이온 여과 능력을 가진 여과기가 된다[44].

최근 수년간의 노력에도 불구하고, 매크로스케일에서 널리 사용되는 다수의 폴리머 재료는 아직 MEMS 응용에 적용되지 못하였다. 많은 폴리머 재료는 미래에 MEMS에 응용될 수 있다. 가능성이 있는 재료들은 전도성 폴리머[45, 46], 전기 능동 폴리머[47], 폴리피롤[48~50], 광 패턴화 가능 젤라틴[51], 폴리우레탄, 수축 가능한 폴리스티렌 필름[52], 형상 기억 폴리머[53], 그리고 PVDF(polyvinylidene fluoride) 같은 압전 폴리머[54, 55]이다.

앞으로 폴리머 재료를 변화시킬 방법은 무한히 많이 있다. 예를 들어 많은 폴리머 재료의 기능적, 전기적, 그리고 기계적 특성이 나노 입자[56], 탄소 나노튜브 및 나노와이어[57]와 같은 첨가제에 의해 개선됨이 발견되어 왔다.

12.3 대표적인 응용

폴리머 재료의 많은 독특한 물질적 특성과 제조 기술은 수반하는 응용을 검토함으로써 이해할 수 있다. 우리는 박막 폴리머나 폴리머 벌크 기판을 사용하면서 만들어지는 4가지의 센서 장치를 재검토할 것이다. 선정된 액추에이터(예를 들면 실리콘 탄성에 근거한 액추에이터)의 예는 13장에서 논의된다.

12.3.1 가속도 센서

가속도 센서는 다양한 변환 원리를 이용하여 완전하게 또는 부분적으로 폴리머 재료를 사용하여 만들어질 수 있다. 이것들은 일반적으로 폴리머나 마이크로 구조물 위에 기능성 박막을 쌓는 기능을 수반한다.

사례 12.2에서 폴리머 스프링을 이용하는 가속도계의 설계 및 제조 과정을 검토할 것이다. 폴리머는 변환을 위해서가 아니라 구조상의 목적을 위해 사용된다.

사례 12.2 파릴렌 보를 가진 실리콘 가속도계

이제 우리는 폴리머 지지 보를 사용한 미세 가공된 가속도 센서를 논한다[33]. 가속도계는 실리콘 표준 질량(proof mass) 그리고 고종횡비 파릴렌 보를 통합하여 만든다. 우선 폴리머 빔은 파손 없이 큰 변형을 가능하게 하며 충격 방지 성능을 높여 준다. 왜냐하면 파릴렌은 작은 탄 성계수와 실리콘을 대신한 것보다 낮은 스프링 상수를 갖기 때문이다. 낮은 스프링 상수는 민감도를 증가시킨다. 하지만 이것은 어느 정도의 주파수 응답을 감소시킨다.

이 설계에서 파릴렌 보는 10~40 μm 너비에 10~30의 종횡비(높이: 폭)를 갖는다. 하지만 수백 마이크로미터 두께로 파릴렌 필름을 성장시키는 것은 실용적이지 못하다. 게다가 수직 식각을 위한 고종횡비 반응성 이온 식각 공정이 없다.

고종횡비 파릴렌 구조물을 실현하기 위한 대안의 공정이 개발되었다. 이것은 먼저 500 μm 두께의 실리콘 기판에 고종횡비 홈(400 μm 깊이)을 몰드로서 새긴다(그림 12.4b). 이 웨이퍼는 높은 온도에서 산소와 반응하여 산화된다(그림 12.4c). 이 산화된 웨이퍼(2 μm 두께로 균일하게 산화 코팅된)는 파릴렌 증착 체임버 안에 위치한다. 10~20 μm 두께의 얇은 파릴렌 필름은 홈에 완전히 채워진다(그림 12.4d). 전역 플라즈마 식각이 개방된 전면의 파릴렌을 제거하기 위하여 실행된다. 홈 안에 있는 파릴렌 필름은 보존된다. 왜냐하면 유효한 두께가 더 크기 때문이다(그림 12.4e).

웨이퍼는 뒷면 마스크층을 패턴화하기 위해 뒤집어진다. 이때 웨이퍼에 깊은 반응성 이온 식각(DRIE)으로 정의되는 방법이 사용된다. DRIE 공정은 실리콘과 실리콘 산화물 사이에 높은 선택성을 가진다(그림 12.4g). 그리고 산화층에 도달하였을 때 공정을 멈춘다. 끝으로 산화층은 개방된 파릴렌 빔을 위하여 HF 용액으로 제거된다. 파릴렌 필름은 초과 시간 DRIE 식각 공정 이후 살아남을 수 없으므로, 산화층은 효과적으로 파릴렌 필름을 완충한다.

어떠한 활성 감지층(active sensing layer)도 통합되지 않았기 때문에 가속에 반응하는 검사 질량체는 광학적인 방법으로 검출된다. 검사 질량체는 1.75 mm×1.75 mm의 면적을 갖는다. 응답 주파수는 37 Hz로 측정되었다. 예상된 열-기계 잡음 수준은

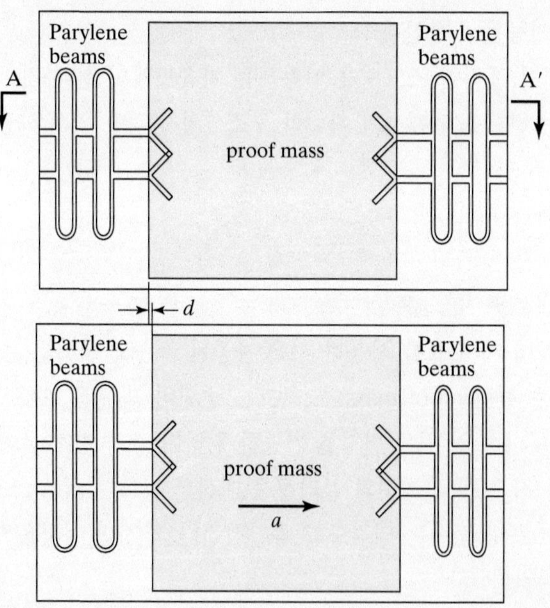

그림 12.4
파릴렌 가속도계.

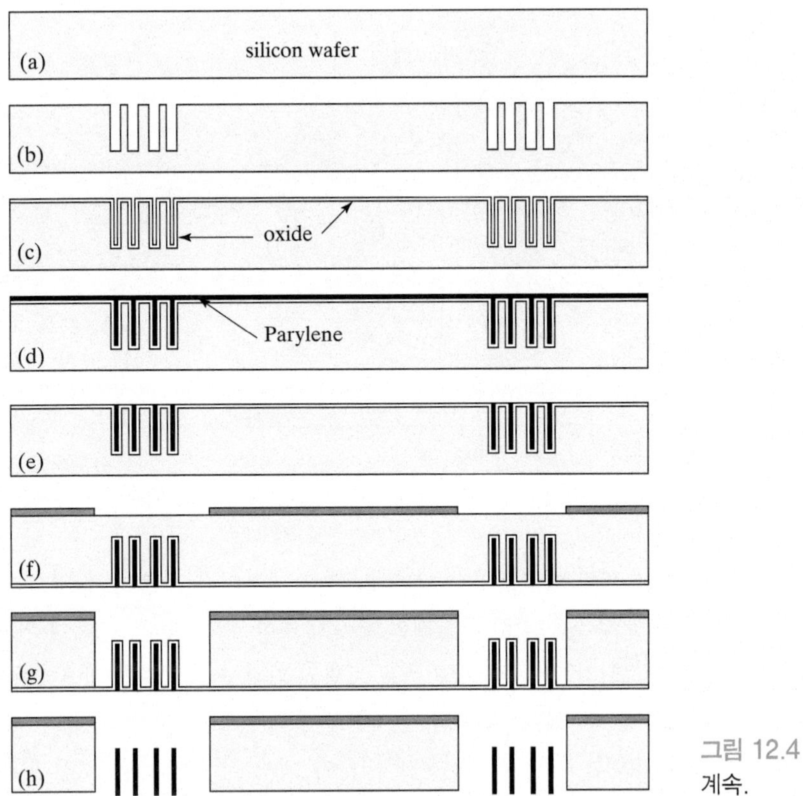

그림 12.4
계속.

25 nm/$\sqrt{\text{Hz}}$이다. 이때 측정된 잡음 스펙트럼 밀도는 45 nm/$\sqrt{\text{Hz}}$이다.

12.3.2 압력 센서

실리콘, 실리콘 질화물 및 폴리실리콘의 박막에 근거한 압력 센서는 앞의 장에서 논의되었다. 우리는 사례 12.3에서 표면 미세 가공된 파릴렌 압력 센서를 논할 것이다. 표면 미세 가공과 스트레인 게이지로서 금속을 사용하면 박막 실리콘이나 기판을 사용할 필요성이 완전히 제거된다. 그래서 개발 비용과 최종 디바이스의 비용을 줄인다.

사례 12.3 파릴렌 표면 미세 가공 압력 센서

표면 미세 가공된 파릴렌 멤브레인의 기본 설계와 통합된 저항이 그림 12.5에 나타나

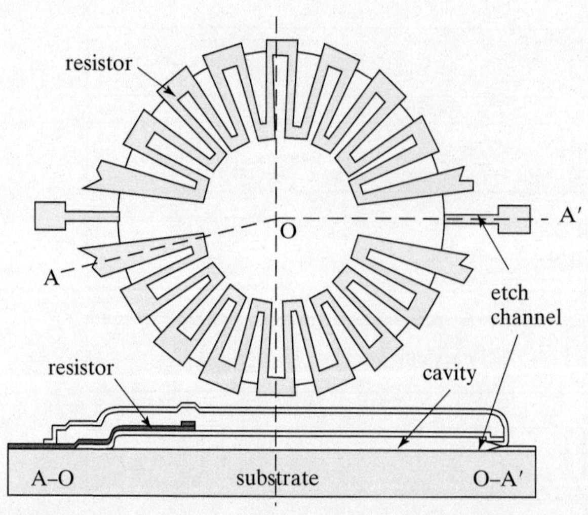

그림 12.5
통합 금속 저항을 가지는 파릴렌 표면 미세 가공된 멤브레인의 평면도와 단면도. 단면도는 A-OA′ 선을 따라서 만들어질 복합도이다.

있다[58]. 원형 멤브레인은 기판의 표면으로부터 0.5~30 μm 정도 위에 있다. 멤브레인의 변위 측정을 위한 스트레인 게이지 저항은 멤브레인 둘레에 위치해 있으며, 그림 12.5에 그려져 있다. 금속 필름은 도핑된 다결정 실리콘을 대신하여 피에조 저항으로서 사용될 수 있다. 하지만 한 가지 단점이 있다면 얇은 금속 필름의 저항 계수(resistivity)는 다결정 실리콘에 비하여 매우 작다는 것이다. 감지할 수 있을 정도로 저항을 높여 주기 위하여(40 Ω 이상) 이 저항기는 번갈아 가는 반지름 방향과 접선 방향 세그먼트를 사용하여 지그재그형이 된다. 이 반지름 방향 세그먼트는 주로 변위 센싱을 위해 사용된다. 수직의 힘 또는 압력이 멤브레인에 가해질 때 변형되며 반지름 방향으로의 평면 응력을 야기한다. 이때 스트레인 게이지 저항의 반지름 반향 세그먼트로 센싱된다.

멤브레인 디바이스는 멤브레인의 두께와 지름, 공동(cavity)의 높이와 박막 저항체의 저항 등을 조절함으로써 설계될 수 있다. 더욱 좋은 설계를 하려면 추가적으로 공정과 성능에 대하여 동시에 고려해야 한다. 예를 들어 멤브레인이 기판 위에서 접히거나 달라붙지 않도록 보호해야 한다. 일반적으로 멤브레인은 작고, 얇고, 깊은 공동의 깊이를 가질수록 바람직하다. 하지만 만약 멤브레인이 매우 작아진다면 깊이 박혀 있는 금속 저항체가 감지할 수 있을 정도의 저항을 수용할 수 있는 충분한 면적이 안 된다.

공동의 깊이를 증가시키는 것은 일반적으로 기판 높이에서 멤브레인의 전기적 연속성에 어려움을 준다. 또한 실제적으로 두꺼운 희생층(20 μm 이상)을 만드는 것에 어려움이 있다.

그림 12.6과 12.7에 그려진 전반적인 공정은 상대적으로 낮은 온도에서 이루어

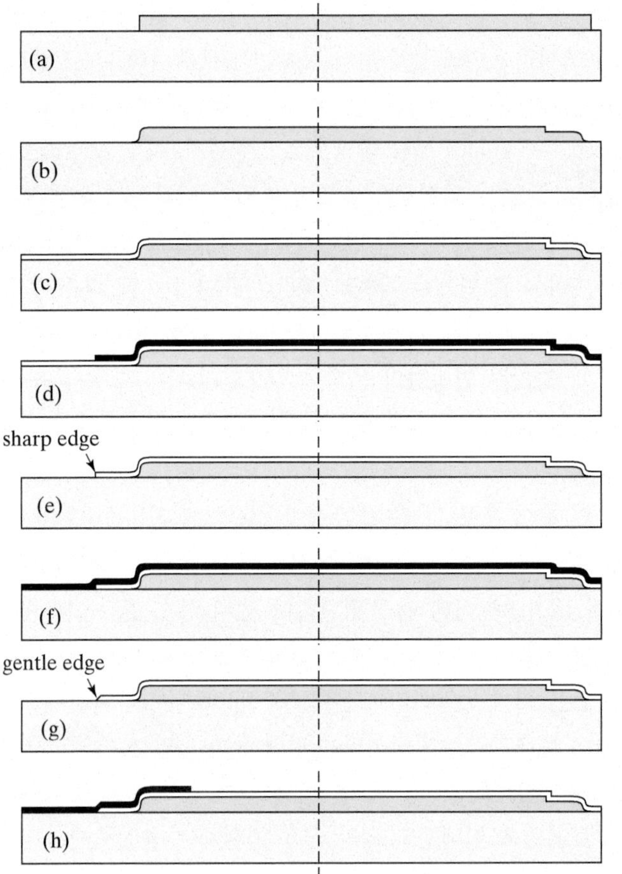

그림 12.6
파릴렌 멤브레인 제작 공정에서 처음 8개의 주요 단계 (a~h).

질 수 있다(120°C 이하). 결과적으로 공정은 실리콘, 유리, 심지어 폴리머를 포함한 다양한 기판 위에서 실행된다.

포토레지스트층은 기판의 전면 표면에서 회전 코팅되며 포토리소그래피 방법으로 패턴화된다(그림 12.6a). 스핀된 포토레지스트는 대류 오븐에서 먼저 60°C에서 5분 동안(에지 비드를 없애기 위해) 그리고 그 후 110°C에서 1분 동안 경화된다. 패턴화된 포토레지스트는 postdevelopment 베이크되는 동안(110°C에서 2분간) 약간 리플로하게 되며 원형 에지는 경사진 에지의 특징을 가지게 된다. 식각/실링 구멍 주변에 포토레지스트를 선택적으로 얇게 할 수 있다(목표 높이 2.5 μm까지)(그림 12.6b). 저자는 별도의 마스크를 사용하여 식각 구멍 지역 주변을 추가적으로 노출시켜 이것을 달성했다. 이것은 선택 단계에서 공동을 실링하기 위해 요구되는 파릴렌의 양을 줄인다.

금속이나 실리콘 산화물에 반해 포토레지스트를 희생층으로 선택하는 주된 이유는 (1) 희생층의 두께가 10~20 μm 범위 안에 비교적 쉽고 빠르게 되며, (2) 포토레지스트 희생층의 모서리는 부드럽게 되어 가벼운 경사를 구현할 수 있기 때문이다.

1 μm 두께의 파릴렌 박막이 웨이퍼 표면 위에 증착된다(그림 12.6c). 파릴렌은 그 후에 150 nm 두께의 알루미늄 박막으로 코팅된다. 이후 포토리소그래피로 패턴화된다(그림 12.6d). 노출된 파릴렌을 제거하고 밑의 딱딱한 기판에 닿기 위해 산소 플라즈마 식각이 사용된다. 이때 박막 알루미늄은 마스크로 사용된다(그림 12.6e).

산소 플라즈마 식각 단계는 기판과 파릴렌 표면 사이에 다소 가파른 전이를 생기게 한다. 이것은 기판과 파릴렌 표면 사이를 박막 금속 배선이 가로지르는 형태로 놓여 있을 때 후에 전기적 연속성의 문제를 일으킨다. 그러므로 금속 식각된 마스크를 떼어 낸 후에, 저자들은 아래에 묘사된 공정을 이용하여 파릴렌의 모서리를 평탄하게 하려는 노력을 했다.

박막 금속의 제거 후 포토레지스트층이 스핀 코팅된다(10초 동안 2500 rpm). 경화와 리플로(64°C에서 5분 후 110°C에서 1분)된 후의 포토레지스트의 윤곽은 파릴렌의 경사(그림 12.6f)에 비해 매우 평탄하다. 전역 산소 플라즈마 식각은 포토레지스트를 식각하기 위해서 수행된다(그림 12.6g). 포토레지스트와 파릴렌 위에서의 산소 플라즈마 식각률은 거의 동일하기 때문에(300 mtorr 압력하에서 350 mW 전력), 평탄하고 리플로된 포토레지스트의 모서리는 평면 표면에 있는 포토레지스트가 제거된 후에 파릴렌으로 옮겨 간다.

폴리머 멤브레인에 임베딩된 박막 금속 저항체는 중심축에서 떨어진, 표면 가까이에 위치해야 한다. 모서리 프로파일이 조정된 후에, 200 nm 두께의 Au(5 nm의 Cr 박막을 밑에 증착한)가 파릴렌 박막 위에 증착되고 패턴화된다(그림 12.6h). 금은 다른 것(예를 들어 Ni, NiCr 및 Al)에 비해 등각 덮힘을 제공하며, 멤브레인의 모서리를 가로지르는 전기적인 연속성을 갖게 한다. 밑에 놓인 파릴렌은 멤브레인이 아래 방향으로 최대 변형할 때 공동의 바닥과 직접 접촉이나 쇼트로부터 금속 저항체를 보호한다. 파릴렌의 다른 층은 금속 저항기를 감싸고, 벗겨지는 것(delamination)과 전기적 쇼트를 방지한다.

짧은 접선의 세그먼트는 리프트오프(lift-off) 공정을 사용하여 금속의 추가적 층으로서 더 두껍게 만들어진다(그림 12.7i).

전체 장치에 8 μm 두께(공칭)의 파릴렌층이 코팅된다(그림 12.7j). 파릴렌은 산소 플라즈마 식각에서 마스크로서 박막 금속(300 nm 두께 Al)을 이용해 패턴화된다. 전역 플라즈마 식각은 새로운 파릴렌 필름에 패턴을 새기기 위해 수행된다. 이것은 식각 구멍의 끝 부분을 드러내고 접촉 패드를 다시 연다(그림 12.7k). 공동 안쪽의 포토

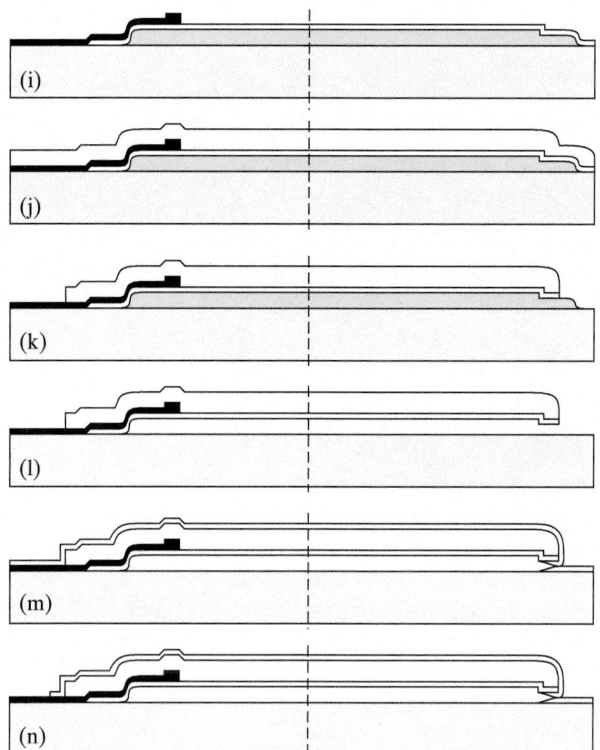

그림 12.7
파릴렌 멤브레인의 제작 공정에서 최종 여섯 단계(i~n).

레지스트 희생층은 아세톤을 이용해 제거된다(그림 12.7l). 이것은 실온에서 3시간(400 μm 지름의 멤브레인)이나 그 이상의 시간 동안(더 큰 멤브레인인 경우) 수행된다. 웨이퍼는 적외선 램프에서 10분간 건조된다. 멤브레인이 붕괴되거나 기판에 부착될 수 있기 때문에 스핀 드라이에 의해 젖은 화학 물질을 제거하는 것은 비실용적이다.

추가적으로 저자는 다른 얇은 파릴렌층을 추가함으로써 공동을 봉인하는 것을 보고하였다(파릴렌의 박막 두께는 약 2 μm). 각각의 식각 구멍의 개구부에서, 파릴렌의 두 표면은 맞은편의 표면에서부터 커질 것이고 마침내는 만나서 공동 내부를 밀폐할 것이다(그림 12.7m). 공동 내부의 압력은 쌓여진 파릴렌이 증착 시의 압력(대략 40 mtorr)에 의해 유지된다. 유감스럽게도 파릴렌 필름이 본딩 패드의 영역에도 놓인다. 저자는 결합 패드 부분을 다시 열기 위해 마스킹(금속 필름으로)과 식각(산소 플라즈마로)의 또 다른 공정을 수행하였다(그림 12.7n).

제조된 장치의 광학 마이크로그래프는 그림 12.8과 같다. 이 장치는 접촉 압력을 성공적으로 측정하였다. 더 많은 분석과 민감도의 향상이 공기나 액체 압력 변화의 측정을 보여주기 위해 필요하다.

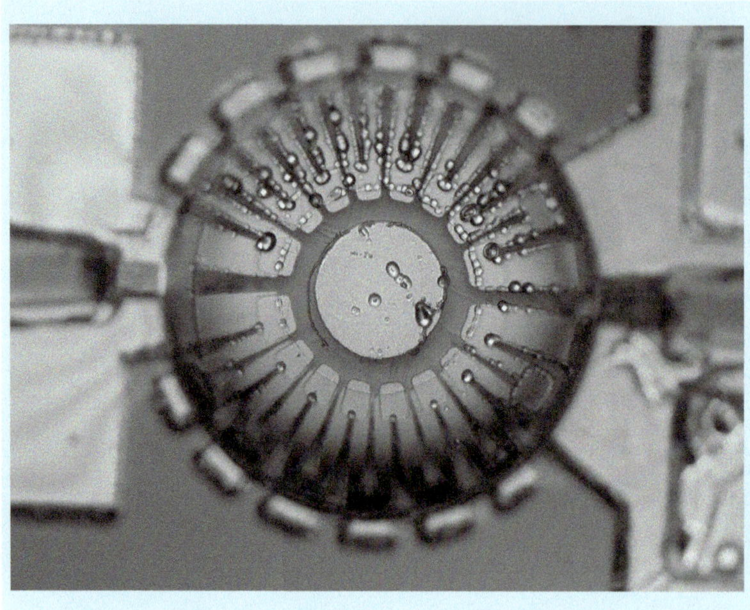

그림 12.8
구불구불한 피에조 저항을 가지는 멤브레인의 광학 현미경 사진. 멤브레인의 직경은 400 μm.

12.3.3 유량 센서

대부분의 미세 가공된 센서는 단결정 실리콘 기판을 이용하여 개발되어 왔다. 실리콘을 사용하여 센서를 만드는 중요한 이유는 피에조 저항 요소가 선택적 도핑에 의해 실현될 수 있다는 사실 때문이다. 그런데 실리콘 장치들은 폴리머와 금속으로 만든 장치와 비교해 볼 때 값비싸고 깨지기 쉽다. 실리콘 빔은 충격이나 접촉이 가해지면 파손되기 쉽다. 폴리머 요소로 만든 유량 센서가 보고된다. 하나의 예로 LCP에 기반을 둔 유량 센서가 이 절에서(사례 12.4) 논의된다.

사례 12.4 LCP 피에조 저항 유량 센서

폴리머 캔틸레버 보로 구성된 유량 센서가 만들어졌다[23]. 그림 12.9를 보면, 유동은 캔틸레버에 모멘트를 가하고 캔틸레버를 휘게 한다. 이것은 캔틸레버의 베이스에서 변형률을 야기한다. 그 변형률은 금속 박막으로 만든 피에조 저항 센서의 전기적 신호를 변환시킨다. 도핑된 실리콘의 게이지 인자는 10~20에 이르는 데 반해 금속 박막의 게이지 인자는 매우 낮아서, 전형적으로 1~5의 범위이다. 그런데 폴리머 필름 장치의 두께와 컴플라이언스의 증가는 금속 필름 스트레인 게이지의 감소된 게이지 인

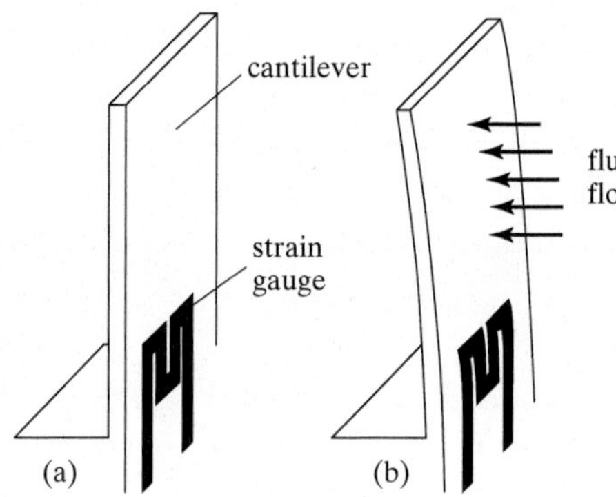

그림 12.9
LCP 폴리머 유량 센서의 개념도. (a) 유량이 없을 때, 캔틸레버는 직선으로 서 있다. (b) 유동이 캔틸레버에 모멘트를 가하고 캔틸레버를 휘게 한다.

자를 보정하는 것으로 보였다. 이것은 민감도에 있어 실리콘으로 만든 장치와 비교해 볼 수 있는 결과이다.

유동 센서에는 너비가 1000 μm이고 길이가 3000 μm인 LCP 캔틸레버 위에 니켈-크롬(NiCr) 스트레인 게이지를 사용한다. 그림 12.10a는 완성된 장치의 마이크로그래프를 보여 준다. 유속이 0~20 m/s인 풍동 테스트에서 그림 12.10b의 2차 곡선 경향에서 보이는 것처럼 속도의 제곱에 비례하는 관계를 나타내었다.

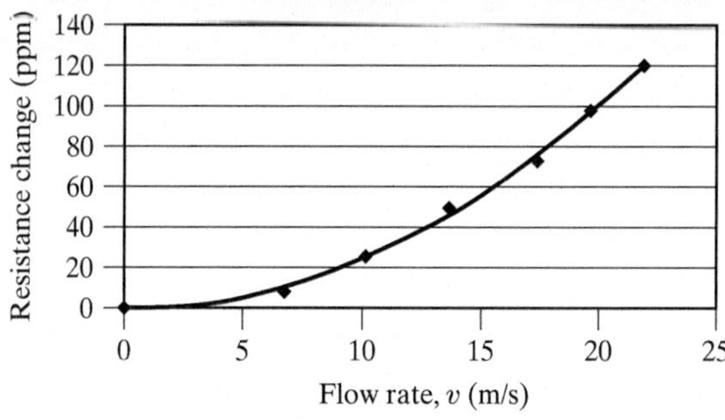

그림 12.10
(a) 캔틸레버 유량 센서의 광학 현미경 사진. (b) 유량의 함수로서 실험적으로 측정된 출력 특성.

12.3.4 촉각 센서

이 책에서 논의된 다양한 센서의 종류(압력, 가속도, 유량, 촉각) 중 촉각 센서는 견실성을 가장 엄격하게 요구한다. 그것들은 직접 접촉과 과도한 하중에 저항할 수 있어야 한다. 견실성을 증가시키는 데에 폴리머를 도입하는 것이 도움이 된다. 다중 모달 촉각 센서의 한 예가 사례 12.5에서 다뤄진다. 또한 PVDF 재료를 이용한 압전 센싱을 기초로 하는 촉각 센서가 만들어졌다[59].

사례 12.5 다중 모달 폴리머 촉각 센서

다중 모달 유연 센서 피부는 생물학적 촉각 피부의 기능을 흉내내어 만들어졌다[60]. 생물학적 피부는 유연하고 튼튼하다. 그것들은 다중의 변수들을 탐지하는 능력을 갖추었다. 흔히 일컫는 다중 모달 유연 센서 피부는 네 가지 변화를 측정할 수 있다: 표면 거칠기, 표면 강도, 온도, 열전도성(그림 12.11).

우리는 선택적으로 절대적인 접촉 힘의 지식을 필요로 하지 않는 강도 센서 디자인에 관한 검토를 하였다. 설명된 강도 센서의 구조는 그림 12.12a에 나와 있다. 그 장치는 두께가 매우 다른 두 개의 멤브레인 접촉 압력 센서로 이루어져 있다. 각각의 멤브레인 센서는 접촉면을 가지고 있다. 이 접촉면의 위에서는 금속 스트레인 게이지가 멤브레인의 변형을 측정한다. 이 두 센서는 충분히 밀접해 있고, 사물에 접촉하였을 때 접촉 압력이 동일하다고 가정된다. 동일한 접촉 압력에서는 얇은 멤브레인이 두꺼운 것보다 변형이 심하다(그림 12.12b).

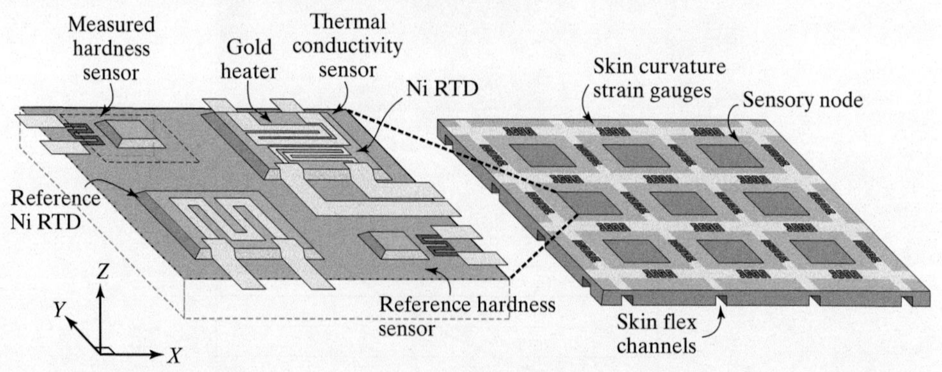

그림 12.11
센서 노드는 4개의 다른 센서를 포함한다: 기준 온도, 열전도도, 접촉력 및 경도 센서.

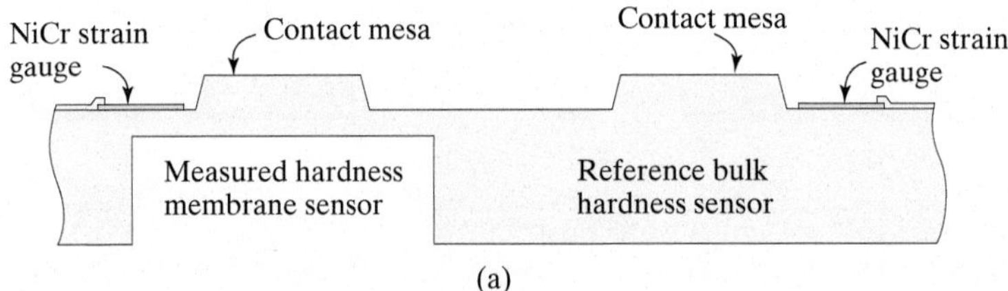

(a)

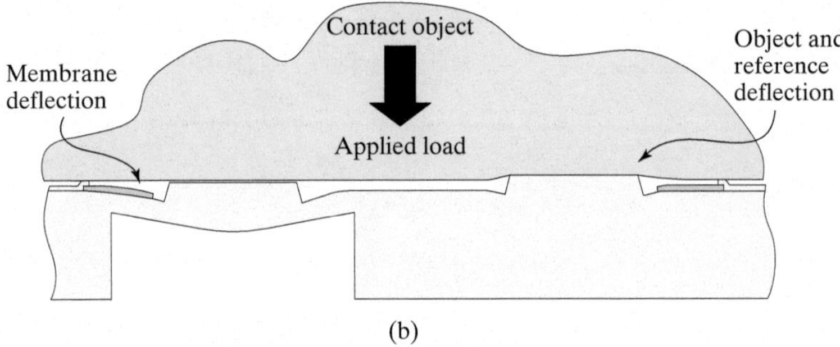

(b)

그림 12.12
(a) 멤브레인과 벌크 경도 센서를 가진 경도 센서의 단면. (b) 물체와 접촉 시 센서는 접촉 물체 경도에 비례한 압력으로 변형된다.

clamped-clamped-plate 이론에 따라서, 얇은 멤브레인의 균일 압력과 최대 변위 관계에 대한 식은 다음과 같다.

$$q_{plate} = \frac{z_{\max}Et^3}{(0.0138)b^4} \tag{12.1}$$

여기서 $z_{\max}$는 다이어그램의 중심에서 최고 수직 처짐이고, q_{plate}는 판에 가해진 압력, b는 사각형 변의 거리, E는 영률, t는 판의 두께이다.

기준 센서는 얇은 디이어프램을 사용하지 않고 있다. 접촉면과 스트레인 게이지는 폴리머 시트 위에 위치한다(그림 12.12a). 접촉면 상의 동일한 압력과 최대 변위 사이의 관계는 다음과 같다.

$$q_{bulk} = \frac{z_{\max}E}{(2.24)\mathrm{a}(1 - \nu^2)} \tag{12.2}$$

여기서 ν는 멤브레인의 포아송비이고, a는 접촉면의 폭, q_{bulk}는 벌크 센서 접촉면에 가해진 압력이다.

센서 표면이 대상과 접촉했을 때, 저항의 변화는 피에조 저항 응답 때문에 두 멤브레인 센서 모두에서 관찰된다(그림 12.12). 접촉된 대상의 강도는 두 센서의 저항값의 상대적 차이와 서로 관련된다. 강도 센서의 측정은 여러 개의 폴리머 샘플을 센

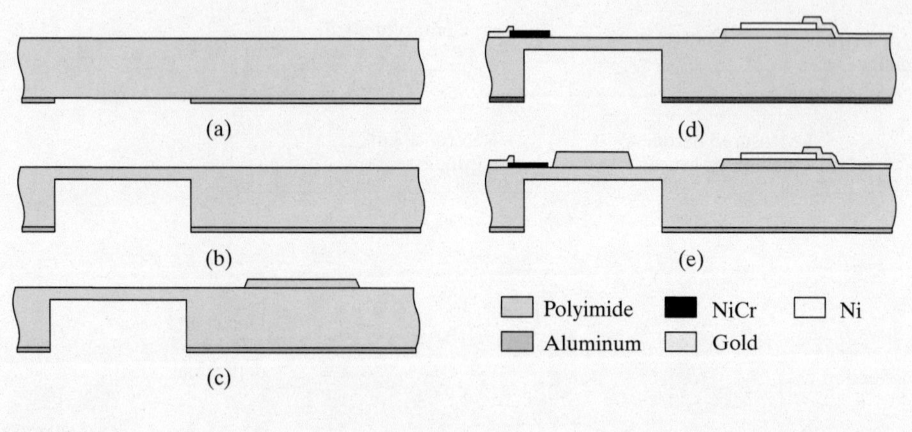

그림 12.13
디바이스 제작 개념도.

서 표면과 접촉하게 위치시켜서 얻을 수 있다. 강도의 범위가 10부터 80까지인 Shore A로 잘 알려진 솔베이트와 폴리우레탄 고무의 기준 샘플의 크기는 5 mm×5 mm의 정사각형으로 잘려지고 센서 표면에 고정 질량을 이용하여 눌러진다.

다중 모달 촉각 센서 제조 공정은 그림 12.13에 그림으로 나타내었다. Dupont Kapton HN200 폴리이미드 한 장이 시작 기판의 역할을 한다. 알루미늄 식각 마스크는 리프트오프를 통해 증착되고 패턴화된다(그림 12.13a). 50 μm 두께의 필름은 300 mtorr O_2와 350 W의 RIE 플라즈마로 얇은 센서 막을 정의하기 위해 40 μm 이하로 식각된다(그림 12.13b). 다음으로 2 μm의 광 패턴화 가능 폴리이미드(HD Microsystems HD4000)층은 꼭대기 외판의 표면 위에서 스핀되고, 온도와 열전도성 센서 위치를 위한 메사(mesa) 플랫폼을 정의하기 위해 패턴화한다(그림 12.13c). 니켈 박막 저항기(100 Å Cr 위의 500 Å Ni)는 접촉면에 놓아 패턴화한다. 그것은 열 민감도 저항기의 역할을 한다. 그러고 나서 750 Å NiCr을 놓고, 리프트오프 방법으로 패턴화하면 힘, 구부러짐, 경도 센서를 위한 스트레인 게이지로 정의된다. 100 Å Cr 위에 1500 Å Au로 이루어진 마지막 금속층은 열에 의해 건조되고 리프트오프된다(그림 12.13d). 마지막 단계는 힘과 강도 센서를 위한 8 μm HD4000 접촉면을 스핀 코팅, 패턴화, 경화하는 것이다(그림 12.13e).

요약

이 장에서는 MEMS에서 널리 사용하고, 높은 성능과 가능성이 증명된 다양한 폴리머를 폭넓게 검토하였다. 독자들이 상기해야 할 것은 검토한 것들이 MEMS를 위한 폴리머의 총 목록은 아니라는 것이다—많이 존재하는 또는 앞으로 있을 재료는 포함시키지 않았다. 이 장을 통해, 독자들에게 폴리머 MEMS 디바이스의 독특한 디자인과 공정에 대해 소개하고, 장차 호기심과 발견을 이끌었으면 한다.

이 장을 마무리하면서, 독자들은 MEMS 기술에서 사용하는 폴리머 재료의 주된 종류를 확인하고, 이러한 폴리머 재료의 일반적인 공정 방법과 조건들을 이해할 수 있어야 한다.

문제

문제 12.1: 제조

서너 명의 학생이 한 팀이 되어 광학적 센싱 이외의 원리를 바탕으로 한 폴리머 가속도계를 디자인하라. 공정 과정 설계를 완료하고 성능을 예측하라. 다른 물질을 바탕으로 한 MEMS 가속도계의 이점과 단점을 요약하라. (힌트: 폴리머 구조층의 기계적 성질에 주목하라.)

문제 12.2: 검토

사례 12.2를 통하여 참고문헌 [33]에 주어진 기하학적 구조와 물질 특성을 기초로 하여 힘 상수와 공진 주파수를 측정하라.

문제 12.3: 설계

설계 영역에서 가장 작은 힘을 가진 스프링에 대한 사례 12.2 센서의 열적인 기계 잡음을 계산하라.

문제 12.4: 제조

산화물 대신 실리콘 질화물로 DRIE 트렌치를 채우고자 할 때 그 과정에서 다른 점이 무엇인지 사례 12.2의 공정 과정을 통하여 토론하라. 실리콘 질화물 대신 산화물을 사용할 때 좋은 점과 나쁜 점은 무엇인가? 이유를 설명하라.

문제 12.5: 설계

사례 12.2에서 민감도 축은 기판 평면에 있다. 사례 12.2처럼 유사한 물질을 사용하지만 기판 평면에 수직인 민감도 축을 가지는 대안적인 가속도 센서를 설계하라. 공정 과정을 자세히 도시하라. 힘은 사례 12.2와 같아야만 한다. 파릴렌의 두께는 10 μm보다 작아야 한다.

문제 12.6: 검토

사례 12.3에서 멤브레인의 지름이 원래 크기의 1/3로 감소할 경우 설계, 재료 및 순서를 생각해 보라. 가장 중요한 변화와 각 목록에서 염려되는 점을 나열하라.

문제 12.7: 도전

더 큰 민감도와 유연성을 달성하기 위해서 PDMS로부터 멤브레인을 만들 수 있는가? 서너 명의 학생이 한 팀이 되어 PDMS로 만들어진 두께가 20 μm인 멤브레인 압력 센서의 설계와 공정 과정을 만들라.

문제 12.8: 검토

사례 12.4에서 유량의 함수인 세로 변형률의 해석 공식을 유도하라. 유량은 캔틸레버의 표면 전체에서 동일하다.

문제 12.9: 도전

사례 12.5에서 금속 스트레인 게이지가 사용된 폴리머 촉각 센서가 있지만 그것들의 게이지 요소는 제한적이다. 폴리실리콘과 단결정 실리콘은 더 큰 게이지 요소를 공급하지만 그것들은 폴리머 기판에 융화성이 없다. 기계적인 유연성과 전기적인 정교화를 동시에 달성하기 위한 실리콘 피에조 저항 요소를 폴리머 기판과 통합할 방법을 연구하고 설계를 수행하라.

문제 12.10: 도전

서너 명의 학생이 한 팀이 되어 MEMS에 사용될 가능성이 있고 이 교재에서는 다루지 않은 폴리머 물질을 찾으라. 화학적인 특성, 기계적인 특성, 그리고 이 폴리머와 연관된 다른 독특한 특성을 설명하라.

문제 12.11: 도전

MEMS 커뮤니티에서 사용되지 않는 폴리머 물질을 밝히라. 화학적인 특성, 기계적인 특성, 그리고 이 폴리머와 연관된 다른 독특한 특성을 설명하라.

참고문헌

1. Callister, W.D., *Materials Science and Engineering, An Introduction*. 4th ed. New York: John Wiley and Sons., 1997.
2. Sundar, V.C., et al., *Elastomeric Transistor Stamps: Reversible Probing of Charge Transport in Organic Crystals*. Science, 2004. **303**(5664): p. 1644–1646.
3. Rogers, J.A., *Electronics: Toward Paperlike Displays*. Science, 2001. **291**(5508): p. 1502–1503.
4. Guizzo, E., *Organic Memory Gains Momentum*. Spectrum, IEEE, 2004. **41**(4): p. 17–18.
5. Miyajima, H., et al., *A Durable, Shock-Resistant Electromagnetic Optical Scanner with Polyimide-Based Hinges*. Microelectromechanical Systems, Journal of, 2001. **10**(3): p. 418–424.
6. Armani, D., and C. Liu, *Microfabrication Technology for Polycaprolactone, A Biodegradable Polymer*. Journal of Micromechanics and Microengineering, 2000. **10**: p. 80–84.
7. Androva, N.A., et al., *Polyimide, A New Class of Thermally Stable Polymers*. Vol. VII., Stamford, CT: Technomic, 1970.
8. Merrem, H.J., R. Klug, and H. Hartner, *New Developments in Photosensitive Polyimides,* in *Polyimides, Synthesis, Characterization, and Applications*. New York, Plenum Press: 1984. p. 919–931.
9. Bhattacharya, P.K., and K.S. Bhosale, *Relaxation of Mechanical Stress in Polyimide Films by Softbaking*. Thin Solid Films, 1996. **290–291**: p. 74–79.
10. Mapplitano, M.J., and A. Moet, *The Mechanical Behavior of Thin-Film Polyimide Films on a Silicon Substrate Under Point Loading*. Journal of Material Science, 1989. **24**(9): p. 3273–3279.
11. Kim, Y.-J., and M.G. Allen, *In Situ Measurement of Mechanical Properties of Polyimide Films Using Micromachined Resonant String Structures*. Components and Packaging Technologies, IEEE Transactions on [see also Components, Packaging and Manufacturing Technology, Part A: Packaging Technologies, IEEE Transactions on], 1999. **22**(2): p. 282–290.
12. Herminghaus, S., et al., *Large Anisotropy in Optical Properties of Thin*

Polyimide Films of Poly (p-phenylene biphenyltetracarboximide). Applied Physics Letters, 1991. **59**(9): p. 1043–1045.

13. Boese, D., et al., *Stiff Polyimides: Chain Orientation and Anisotropy of the Optical and Dielectric Properties of Thin Films*. Materials Research Society Symposium Proceedings, 1991. **227**: p. 379–386.
14. Ho, P.S., T.W. Poon, and J. Leu, *Molecular Structure and Thermal/Mechanical Properties of Polymer Thin Films*. Journal of Physics and Chemistry of Solids, 1994. **55**(10): p. 1115–1124.
15. Kurabayashi, K., et al., *Measurement of the Thermal Conductivity Anisotropy in Polyimide Films*. Microelectromechanical Systems, Journal of, 1999. **8**(2): p. 180–191.
16. Frazier, A.B., *Recent Applications of Polyimide to Micromachining Technology*. Industrial Electronics, IEEE Transactions on, 1995. **42**(5): p. 442–448.
17. Park, K.-T., and M. Esashi, *A Multilink Active Catheter with Polyimide-Based Integrated CMOS Interface Circuits*. Microelectromechanical Systems, Journal of, 1999. **8**(4): p. 349–357.
18. Dokmeci, M., and K. Najafi, *A High-Sensitivity Polyimide Capacitive Relative Humidity Sensor for Monitoring Anodically Bonded Hermetic Micropackages*. Microelectromechanical Systems, Journal of, 2001. **10**(2): p. 197–204.
19. Li, M.-H., J.J. Wu, and Y.B. Gianchandani, *Surface Micromachined Polyimide Scanning Thermocouple Probes*. Microelectromechanical Systems, Journal of, 2001. **10**(1): p. 3–9.
20. Lorenz, H., et al., *SU-8: A Low-Cost Negative Resist for MEMS*. Journal of Micromechanics and Microengineering, 1997. **7**: p. 121–124.
21. El-Ali, J., et al., *Simulation and Experimental Validation of a SU-8-Based PCR Thermocycler Chip with Integrated Heaters and Temperature Sensor*. Sensors and Actuators A: Physical, 2004. **110**(1–3): p. 3–10.
22. Zou, J., et al., *A Mould-and-Transfer Technology for Fabricating Scanning Probe Microscopy Probes*. Nanotechnology, 2004. **14**(2): p. 204–211.
23. Wang, X., J. Engel, and C. Liu, *Liquid Crystal Polymer (LCP) for MEMS: Processes and Applications*. Journal of Micromechanics and Microengineering, 2003. **13**(5): p. 628–633.

24. Belanger, M.-C., and Y. Marois, *Hemocompatibility, Biocompatibility, Inflammatory and in vivo Studies of Primary Reference Materials Low-Density Polyethylene and Polydimethylsiloxane: A Review*. Journal of Biomedical Materials Research, 2001. **58**(5): p. 467–477.

25. Ma, X., et al., *Low Temperature Bonding for Wafer Scale Packaging and Assembly of Micromachined Sensors*. Final Report 1998–99 for Micro Project 98-144, University of California at Davis.

26. Eon, D., et al., *Surface Modification of Si-Containing Polymers During Etching for Bilayer Lithography*. Microelctronic Engineering, 2002. **61–62**: p. 901–906.

27. Ryu, K., et al., *A Method for Precision Patterning of Silicone Elastomer and Its Applications*. IEEE/ASME Journal of Microelectromechanical Systems (JMEMS), 2004. **13**(4): p. 568–575.

28. Teh, W.H., et al., *Cross-Linked PMMA as a Low-Dimensional Dielectric Sacrificial Layer*. Microelectromechanical Systems, Journal of, 2003. **12**(5): p. 641–648.

29. Zhang, C., C. Yang, and D. Ding, *Deep Reactive Ion Etching of Commercial PMMA in* O_2/CHF_3 *and* O_2*/Ar-based Discharges*. Journal of Micromechanics and Microengineering, 2004. **14**(5): p. 663–666.

30. Harder, T.A., et al. *Residual Stress in Thin-Film Parylene-C*. In The Sixteenth Annual International Conference on Micro Electro Mechanical Systems. Las Vegas, NV: 2002.

31. Burns, M.A., et al., *An Integrated Nanoliter DNA Analysis Device*. Science, 1998. **282**(5388): p. 484–487.

32. Wang, X.Q., Q. Lin, and Y.-C. Tai. *A Parylene Micro Check Valve*. In The Twelfth Annual International Conference on Micro Electro Mechanical Systems. Orlando, Florida: 1999.

33. Suzuki, Y., and Y.-C. Tai. *Micromachined High-Aspect-Ratio Parylene Beam and Its Application to Low-Frequency Seismometer*. In The Sixteenth Annual International Conference on Micro Electro Mechanical Systems. Kyoto, Japan: 2003.

34. Fan, Z., et al., *Parylene Surface Micromachined Membranes for Sensor Applications*. IEEE/ASME Journal of Microelectromechanical Systems

(JMEMS), 2003. In press.

35. Niu, M.-N., and E.S. Kim, *Piezoelectric Bimorph Microphone Built on Micromachined Parylene Diaphragm.* Microelectromechanical Systems, Journal of, 2003. **12**(6): p. 892–898.

36. Sutomo, W., et al., *Development of an End-Point Detector for Parylene Deposition Process.* IEEE/ASME Journal of Microelectromechanical Systems (JMEMS), 2003. **12**(1): p. 64–70.

37. Oh, K.W., et al., *A Low-Temperature Bonding Technique Using Spin-On Fluorocarbon Polymers to Assemble Microsystems.* Journal of Micromechanics and Microengineering, 2002. **12**(2): p. 187–191.

38. Carlen, E.T., and C.H. Mastrangelo, *Surface Micromachined Paraffin-Actuated Microvalve.* Microelectromechanical Systems, Journal of, 2002. **11**(5): p. 408–420.

39. Park, J.-H., et al. *Micromachined Biodegradable Microstructures.* In Micro Electro Mechanical Systems. MEMS-03 Kyoto. IEEE, The Sixteenth Annual International Conference. 2003.

40. Kabei, N., et al., *A Thermal-Expansion-Type Microactuator with Paraffin as the Expansive Material (Basic Performance of a Prototype Linear Actuator).* JSME International Journal, Series C, 1997. **40**(4): p. 736–742.

41. Carlen, E.T., and C.H. Mastrangelo, *Electrothermally Activated Paraffin Microactuators.* Microelectromechanical Systems, Journal of, 2002. **11**(3): p. 165–174.

42. Chen, R.-H., and C.-L. Lan, *Fabrication of High-Aspect-Ratio Ceramic Microstructures by Injection Molding with the Altered Lost Mold Technique.* Microelectromechanical Systems, Journal of, 2001. **10**(1): p. 62–68.

43. Jayachandran, J.P., et al., *Air-Channel Fabrication for Microelectromechanical Systems via Sacrificial Photosensitive Polycarbonates.* Microelectromechanical Systems, Journal of, 2003. **12**(2): p. 147–159.

44. Kuo, T.-C., et al., *Gateable Nanofluidic Interconnects for Multilayered Microfluid Separation Systems.* Analytical Chemistry, 2003. **75**: p. 1861–1867.

45. Oh, K.W., C.H. Ahn, and K.P. Roenker, *Flip-Chip Packaging Using Micromachined Conductive Polymer Bumps and Alignment Pedestals for MOEMS.* Selected Topics in Quantum Electronics, IEEE Journal on, 1999.

5(1): p. 119–126.

46. Oh, K.W., and C.H. Ahn, *A New Flip-Chip Bonding Technique Using Micromachined Conductive Polymer Bumps*. Advanced Packaging, IEEE Transactions on [see also Components, Packaging and Manufacturing Technology, Part B: Advanced Packaging, IEEE Transactions on], 1999. **22**(4): p. 586–591.

47. Bar-Cohen, Y., *Electric Flex*. Spectrum, IEEE, 2004. **41**(6): p. 28–33.

48. Smela, E., M. Kallenbach, and J. Holdenried, *Electrochemically Driven Polypyrrole Bilayers for Moving and Positioning Bulk Micromachined Silicon Plates*. IEEE/ASME Journal of Microelectromechanical Systems (JMEMS), 1999. **8**(4): p. 373–383.

49. Jager, E.W.H., E. Smela, and O. Inganas, *Microfabricating Conjugated Polymer Actuators*. Science, 2000. **290**(5496): p. 1540–1545.

50. Lu, W., et al., *Use of Ionic Liquids for pi-Conjugated Polymer Electrochemical Devices*. Science, 2002. **297**(5583): p. 983–987.

51. Yang, L.-J., et al., *Photo-Patternable Gelatin as Protection Layers in Low-Temperature Surface Micromachinings*. Sensors and Actuators A: Physical, 2003. **103**(1–2): p. 284–290.

52. Zhao, X.-M., et al., *Fabrication of Microstructures Using Shrinkable Polystyrene Films*. Sensors and Actuators A: Physical, 1998. **65**(2–3): p. 209–217.

53. Gall, K., et al., *Shape-Memory Polymers for Microelectromechanical Systems*. Microelectromechanical Systems, Journal of, 2004. **13**(3): p. 472–483.

54. Gallantree, H.B., *Review of Transducer Applications of Polyvinylidene Fluoride*. IEEE Proceedings, 1983. **130**(5): p. 219–224.

55. Manohara, M., et al., *Transfer by Direct Photo Etching of Poly(vinylidene fluoride) Using X-Rays*. Microelectromechanical Systems, Journal of, 1999. **8**(4): p. 417–422.

56. Yagyu, H., S. Hayashi, and O. Tabata, *Application of Nanoparticles Dispersed Polymer to Micropowder Blasting Mask*. Microelectromechanical Systems, Journal of, 2004. **13**(1): p. 1–6.

57. Abramson, A.R., et al., *Fabrication and Characterization of a Nanowire/Polymer-Based Nanocomposite for a Prototype Thermoelectric*

Device. Microelectromechanical Systems, Journal of, 2004. **13**(3): p. 505–513.

58. Fan, Z., et al., *Parylene Surface-Micromachined Membranes for Sensor Applications*. Microelectromechanical Systems, Journal of, 2004. **13**(3): p. 484–490.

59. Kolesar, E.S., Jr., and C.S. Dyson, *Object Imaging with a Piezoelectric Robotic Tactile Sensor*. Microelectromechanical Systems, Journal of, 1995. **4**(2): p. 87–96.

60. Engel, J., J. Chen, and C. Liu, *Development of Polyimide Flexible Tactile Sensor Skin*. Journal of Micromechanics and Microengineering, 2003. **13**(3): p. 359–366.

마이크로 유체공학의 응용

CHAPTER 13

13.0 서론

마이크로 유체공학(microfluidics)은 새롭고 학제적인 연구 분야를 대표한다. 이 장에서는 이 흥미로운 연구 분야에 대한 소개를 제공한다. 마이크로 유체 채널, 반응기, 센서, 액추에이터를 위한 재료들은 생화학 유체들과 입자들에 적합해야 하기 때문에, 새 물질들을 조합하고, 실용적이며 효율적이고 저비용으로 감지하고 구동하기 위해 MEMS 개발자들은 이 분야에 도전하고 있다. 13.2절에서 우리는 장치 개발자들에게 적절한 생물학적, 화학적 개념들을 소개할 것이다. 13.3절에서는 마이크로채널에서의 다양한 액체 수송 방법들을 다루고, 13.4절에서는 채널, 밸브 및 센서를 포함하는 몇 가지 중요한 부류들에서 구성 요소들의 설계 및 제조 기술을 검토할 것이다.

13.1 마이크로 유체공학의 동기

의학적인 진단이나 환경 샘플 스크리닝의 응용에 쓰이는 복잡한 화학적, 생물학적 분석 절차들은 전통적으로 고도로 훈련된 직원들에 의해 제한된 연구소에서 행해져 왔다. 이 프로토콜들은 벤치탑 위에서 그리고 시험관과 비커에서 수행된다. 이 벤치탑 실험의 특징은 제한된 접근성, 오랜 선회 시간, 복잡한 재료 흐름의 관리(샘플 수송과 저장)와 고비용이다.

지난 수십 년에 걸쳐, IC 회로들은 전통적인 전자공학의 전망을 바꾸어 놓았다. 구성품 들이 소형화되고, 총체적인 조립 방법을 통해 제조되며, 대량으로 서로 연결될 때, 지수적인 성능 증가와 비용 감소가 발생한다. 우리가 시험관, 비커 및 채널의 크기를 줄일 수 있을까? 우리는 인간의 조정 없이 전적으로 자동화된 형태로, 복잡한 생물학적, 화학적 프로토콜을 수행할 수 있는 통합된 저비용 시스템을 실현할 수 있을까? 이 질문들에 대한 답이 '예' 라면, 마이크로 전자 산업에 실현되어 온 것과 동일한 이익들이 생물, 화학, 의학에도 적용될 수 있을 것이다.

생물학적 화학적 분석을 위한 마이크로 유체 시스템은 '랩온어칩' 또는 '마이크로 토털 분석시스템(μTAS)' 으로서 알려져 있다. 그 분야의 명명은 그것의 영감과 동기를 드러낸다. 'microfluidics' 의 마지막 세 글자 'ics' 는 'microelectronics' 의 마지막 세 글자와 동일하다.

마이크로 전자 회로가 신호 처리와 통신의 혁명을 일으킨 것처럼, 통합되고 소형화된 마이크로 유체 채널과 반응기는 의학적 진단 및 조정[1], 약 발견[2], 환경 모니터링[3], 세포 배양과 생물학적 입자의 조작[4, 5], 가스 조작과 분석(구성 요소의 분리[6~8] 또는 열수송), 열교환[9, 10], 화학적 반응기(힘과 전력 생산을 위한)[11~15], 생물학적 테러 방어에 있어 중요한 변화들을 약속한다.

벤치탑 화학을 대체할 마이크로 유체 플랫폼을 사용할 경우 얻게 되는 몇몇 주요 이점들은 다음과 같다.

1. 마이크로 유체 시스템은 큰 스케일의 체임버와 커넥터를 가진 화학 분석 시스템과 관련된 데드 볼륨(dead volume)을 감소시킨다.
2. 마이크로 유체 시스템은 요구되는 화학적 분석과 솔루션의 양을 감소시키며 비싼 화학 물질과 생물학적 샘플들의 양을 줄임으로써 잠재적으로 비용을 줄일 수 있다.
3. 마이크로 전자 형태의 대량 제조는 복잡한 시스템의 비용을 줄일 것이다. 리소그래피와 병렬 제조는 복잡한 유체 배관과 반응 네트워크를 구축하는 어려움을 줄일 것이다.
4. 마이크로 유체공학은 화학적, 생물학적 발견의 능률을 증가시키기 위해 높은 수준의 다양성과 병렬 작동을 달성할 수 있다.

마이크로스케일 유체 요소들은 생물학적, 화학적 분석 이상의 폭넓은 용도를 가지고 있다. 많은 응용들이 광학 커뮤니케이션[16], 촉각 디스플레이(새롭게 할 수 있는 브라유(Braille) 디스플레이[17]), IC 칩 냉각[18, 19], 그리고 유체 논리[20~22]와 같은 분야들에서 추구되고 있다. 마이크로 유체는 또한 새로운 미세 제조와 나노 제조를 수행하는 데에 사용되어 왔다[23, 24].

이 장에서는 주요한 기본 원리, 구성 요소 및 마이크로 유체공학의 응용을 소개한다. 그것은 생물학적, 화학적 분석 응용을 강조한다.

13.2 생물학의 핵심개념

마이크로 유체 시스템은 세포들과 폴리머(예를 들면 DNA와 단백질들)를 포함하는 생물학적 및 화학적 입자들과 물질들을 다루고 상호 작용을 하기 위해 이용된다. 이 절에서는 설계, 제조와 마이크로 유체 시스템의 기능에 속하는 생물학적, 화학적 핵심 요소의 주요 특성에 대한 간략한 검토를 제시한다.

MEMS 개발자들은 적어도 주요 전문 용어와 생물학과 화학의 개념들에 정통해야 한다. 이것들에 대한 몇몇은 아래에 검토되어 있다. 더 많은 세부 내용들에 관심 있는 독자들은 생물학과 화학 분야에 관한 교재들을 참조해야 한다.

세포 세포(cell)들은 생명의 기본 기능 단위이다. 세포의 기능은 그것이 가지고 있는 유전적인 염기 서열에 의해 정해진다. 기본적인 인간 세포는 유전 암호를 저장하고, 세포 분열에 관한 암호들을 재생하며 그러한 암호에 근거한 단백질 분자를 만들어 낸다. 세포는 유전적인 암호에 근거한 기능적 분화의 충분한 다양성을 개발할 수 있다.

세포는 고도로 정교하며 유연한 세포벽을 통해서 그들의 외부 환경과 통신한다. 세포벽은 선택적으로 두 가지 길로 이온(칼륨과 나트륨 같은)을 지나가게 하는 작은 채널들인 이온 채널들과 연결된 지질 이중층으로 구성되어 있다.

박테리아와 바이러스들은 특별한 세포의 형태이다. 예를 들어 박테리아는 세포핵을 포함하지 않는다. 반면, 바이러스는 분열과 생식 능력을 갖추고 있지 않다. 그것은 단지 주인 세포를 감염한 후에 분열과 생식을 하며 재생 메커니즘을 얻는다.

존재, 인구, 그리고 어떤 세포들의 유전적 다양성은 의학적, 환경적 조건의 표식이다. 세포와 박테리아, 바이러스에 대한 빠른 인식은 의학적 진단, 환경적인 모니터링, 생물학적 테러 예방에 중요하다. 예를 들어 복잡한 생물학적 유체 내의 작은 수의 암 세포의 존재를 빠르고 값싸게 결정하는 능력이 암의 빠른 탐지를 위한 강력한 새로운 무기를 제공할 것이고 치료를 위한 희망을 제공할 것이다.

DNA 생명은 각 세포가 분열 시 그것이 어떻게 작용하는가에 대한 중요한 정보를 다음 세대로 전달할 때만 가능하다. 정보를 전달하는 물질은 분자량 10억의 큰 분자인 디옥시리보핵산(DNA: deoxyribonucleic acid)이라 분리는 폴리머이다. 뉴클레오티드라 불리는 핵산을 구성하는 단위체들은 5개 탄소 당, 질소 함유 염기, 인산 분자(H_3PO_4)의 3가지 다른 부분들로 구성되어 있다. 질소를 포함하는 염기는 시토신(C), 티민(T), 아데닌(A), 구아닌(G)의 4가지이다. 사람의 세포는 총 30억 쌍의 뉴클레오티드 분자 염기를 가지고 있다. 유전자라고 불리는 DNA 사슬의 조각들은 유전자의 뉴클레오티드 배열의 특정 서열에 기반을 둔 단백질들의 생산을 규정한다. 그 암호는 예정된 주요한 단백질의 구조를 세포의 구성 '기계'에 전달한다.

단일 가닥 DNA 분자는 상보적인 서열(A-G, C-T)을 가지고 다른 가닥에 결합할 수 있다. 예를 들어 AAGCCTTAGG의 서열을 가진 10-mer DNA 분자는 적어도 GGATTCCGAA의 서열을 가진 DNA 분자와 강하게 결합한다. 약간의 잘못 짝지어진 두 가닥도 결합할 수는 있지만, 완전히 상보적인 경우만큼 강하지는 않다. 두 개의 잘못 짝지어진 DNA 사슬은 흔히 전기, 열, 또는 변화하는 소금의 농도에 의하여 수행되는 소위 가혹 테스트에서 분리될 수 있다.

DNA 분자들이 단백질 생산을 위해 유전자 정보를 저장하는 동안에, RNA 분자들은 실제로 단백질 합성이 일어나는 리보솜에 이 정보를 수송하는 역할을 담당하고 있다.

합성 DNA는 자동화된 DNA 서열 분석 시스템 기계를 사용하여 시험관 안에서 그리고 칩 위에서 만들어질 수 있다. DNA의 역할은 생명을 조절하는 것을 초월한다. DNA 분자들은 전기 전도체, 기계 결합 인자, 분석 지침 및 액추에이터로 탐구되어 왔다. 예를 들어 DNA 분자들은 그들의 유일한 교배 체계 때문에 인식과 나노스케일 어셈블리에 쓰인다[25].

단백질 만약 DNA가 생명의 기본적인 코드라면, 단백질(protein)은 코드의 의도를 실행하는 대행자이다. 단백질은 자연적 폴리머이다. 그것은 우리 몸의 15%를 구성하고 있으며 정확히 각 몰당 6000~1,000,000그램이 넘는 무게의 분자량을 가지고 있다. 단백질 분자는 α-아미노산의 사슬로 구성되어 있다. 20개 기본 형태의 아미노산이 생명체에서 발견된다. 단백질에서 아미노산의 순서는 기본 구조(primary structure)라고 불리며, 아미노산은 세 개의 문자 코드를 사용하여 간단하게 표시한다. 예를 들어 세 개의 핵산(lysine, alanine, leucine)을 가진 짧은 단백질 조각(폴리펩티드라 불리는)은 lys-ala-leu라는 짧은 기호로 표시된다.

긴 단백질 분자 사슬은 자연에서는 직선을 유지하지 않는다. 사실 단백질 조각들은 상호 작용을 한다. 단백질 구조들의 두 번째 단계는 긴 단백질 분자들의 공간적인 접힘(folding)이다. 이차 구조(secondary structure)는 산소 분자(한 아미노산의 카르보닐기에 있는)와 수소 분자(다른 아미노산의 질소 원자에 붙어 있는) 사이의 수소결합에 의해 종종 결정된다. 그러한 상호 작용은 사슬 내에서 일어나서 α-나선이라 불리는 나선 구조를 형성한다. 이러한 α-나선은 단백질에 탄성을 준다.

긴 단백질 분자는 단백질의 기능들을 결정하는 많이 꼬인 모양으로 나타날 수 있다. 단백질들은 긴 원자 사슬 접힘뿐만 아니라 주요한 아미노 시퀀스로부터 그들의 기능들을 유도한다.

접힌 단백질 분자의 구조들은 특정 조건하에서 분해될 수 있다. 그 과정을 소위 변성(denaturation)이라 부른다. 그것은 열, X선 방사, 또는 핵 방사능 조건에서 일어난다.

어떤 순서 또는 어떠한 길이로 조립될 수 있는 20개의 아미노산을 가진 단백질은 무한한 일차 구조의 가능성을 가진다는 것을 상상할 수 있다. 단백질 분자가 접히는 다양한 방법이 주어진다면 단백질 구조의 다양성과 기능은 훨씬 크게 된다.

자물쇠-열쇠 생물학적 결합 화학과 생물학은 자물쇠-열쇠(lock-and-key) 프로토콜, 즉 화학 결합력과 단백질의 접힘 형상으로부터 나오는 두 개 이상의 인식 물질의 고도로 선택적이며, 자기 조절되는 결합으로 가득 차 있다. 많은 생물학적 결합 작용은 매우 특이적이고 강하다. 그들은 분자 짝의 화학적 인식과 기계적 구성을 허용한다. 그것의 재단 능력, 선택성의 정확성, 그리고 보급된 용도와 같은 선택적이며 자동화된 선택 과정에 상응하는 공학적 과정은 존재하지 않는다. 가장 일반적으로 개발된 생물학적인 결합 프로토콜은 다음과 같다.

항체와 항원 사이의 결합
비오틴(biotin)과 스트렙타비딘(streptavidin) 분자의 결합
DNA 상보 결합

분자 및 세포 표지 특정한 세포들, 생화학적 분자들, 그리고 이온들은 유체 환경에서 존재할 때 너무 작거나 흩어져 쉽게 감지할 수 없다. 생물학적 세포 또는 분자의 위치, 종류, 결합 성질과 환경 조건들(pH, 온도)을 보고하기 위해 특별한 표지들이 자주 사용된다. 표지들은 관심 있는 생물학적 세포 또는 분자에 특이적으로 결합하기 위해 디자인되며, 그들은 그러한 세포나 분자의 시각화, 인식, 선택 및 포획을 허용한다. 표지들은 그 크기와 작동 원리 면에서 다르다. 자주 사용되는 표지들은 형광 입자들과 분자들 그리고 표면 기능화된 구슬들과 자석, 금속, 또는 유전체 재료들을 구성하는 입자들을 포함한다.

형광 표지들은 오늘날 화학과 생물학에 중요한 역할을 하고 있다. 그들은 분자와 세포 수준에서 행동과 조건들을 알려 준다. 그러한 표지들은 여기(excitation)하에서 형광 신호를 내보내는 자연적으로 발생하는 또는 인공적으로 만들어진 분자 구조로 구성된다. 빛의 강도는 화학 결합의 결합과 해리, 온도, pH 및 인접성 등과 같은 관심 있는 많은 상황에 반응하여 활성화, 소멸, 또는 조절될 수 있다. 그러한 분자 프로브들은 다양하게 선택할 수 있고 상업적으로 구입할 수 있다.

아래에 생물학적 표지와 구슬의 몇 가지 사용 예를 제시하였다. 이 예들은 관심 있는 독자들이 더 깊게 공부하기 위한 시작점을 제공한다.

DNA와 단백질 마이크로어레이는 목표 물질과 프로브 물질 사이의 DNA와 펩티드 결합을 보고하기 위해 형광 염료를 사용한다[26].
물 속에 있는 금속 이온의 양은 특별한 DNA 분자를 사용하여 검출할 수 있고 형광 분자에 의해 보고될 수 있다[27].
금속 구슬은 구슬에 결합하는 세포와 분자의 고선택적 포획을 가능하게 한다[28, 29].
기능화된 금속 나노 입자는 분자 결합 현상의 광학적[30], 전기적[31] 보고를 가능하게 하여 형광 현미경이 필요 없게 된다.

13.3 유체역학의 기본 개념

마이크로 유체 시스템의 기본적인 기능은 유체의 운송과 운용이다. 이 절은 기초적인 유체역학의 개념과 설계를 위해 필요한 용어들을 정립한다. 이 절에서 우리는 유체역학의 복잡한 주제를 실제로 자주 쓰이는 마이크로 유체공학의 가장 중요한 개념으로 정제할 것이다. 유체역학에 대해서 좀더 체계적으로 배우기를 원하는 독자들은 유체역학에 대한 고전적인 교재를 참조하기 바란다[32].

13.3.1 레이놀즈 수와 점도

레이놀즈 수(Reynolds number)는 유체역학 분야에서 몇몇 중요한 무차원 수들 중 하나이다. 이것은 다른 매개물, 길이, 그리고 속도를 포함한 유체의 흐름과 열의 이동을 정량화하는 데 사용된다. 유체 매개물에서 한 물체의 레이놀즈 수는 다음과 같이 정의된다.

$$Re = \frac{\rho V L}{\mu} \tag{13.1}$$

레이놀즈 수는 속도(V)와 길이(L)에 비례하고 유체의 점성 계수(μ)에 반비례한다.

실질적으로 사용되는 거의 모든 유체는 자연에서 점성이 있다. 유체의 점성 계수는 전단에 대한 저항성의 특징을 가지며, 유체의 점착성, 응집성, 또는 마찰 특성의 척도이다. 점성 계수에 대한 용어에는 **점성 계수**(dynamic viscosity, μ)와 **동점성 계수**(kinematic viscosity, ν)가 있다. 이 두 용어는 $\nu=\mu/\rho$의 관계가 있다.

점성 계수의 SI 단위는 kg/(m−s) 또는 Pa·s이다. 점성 계수의 CGS 단위는 Poise이다[1 Poise=1 g/(cm−s)=1 Dyne·s]. 전환 계수는 1 kg/(m−s)=10 poise=1000 centipoise(cP)이다. 참고로, 20°C 물의 점성 계수는 대략 1 centipoise(cP)이다.

동점성 계수의 SI와 CGS 단위는 각각 m^2/s와 cm^2/s이다. 동점성 계수의 CGS 단위 cm^2/s는 Stoke(St)라고도 알려져 있다. SI와 CGS 단위 사이의 전환 계수는 1 $m^2/s=$

10,000 St=100 centiStoke이다. 참고로, 20°C 물의 밀도와 동점성 계수는 각각 약 1 g/cm^{3}와 1 cSt이다.

예제 13.1 레이놀즈 수의 계산

다음 두 가지 경우의 *Re*를 구하라: (1) 10,000 cSt의 동점성 계수를 가진 당밀(molasses)로 채워진 수영장에서 수영하는 사람, (2) 1 cm/s의 속도로 물 속(1 cSt의 동점성 계수를 가진)을 헤엄치는 1.8 mm 길이의 올챙이.

풀이 수영하는 사람이 길이가 1.8 m이고 밀도가 높은 액체에서 0.1 m/s의 매우 느린 속도로 수영을 한다고 가정해 보라. 수영하는 사람의 경우의 레이놀즈 수(*Re*)는 다음과 같고

$$Re = \frac{\rho V L}{\mu} = \frac{0.1 \times 1.8}{100} = 0.0018$$

물 속에서의 올챙이의 경우 *Re*는 다음과 같다.

$$Re = \frac{\rho V L}{\mu} = \frac{0.01 \times 1.8 \times 10^{-3}}{0.01} = 0.0018$$

이 두 경우는 똑같은 *Re*를 가지고 있다! 이러한 이유로, 이 둘은 유동 특성에 어떠한 유사성을 가지고 있다. 이 예제는 올챙이가 생물학적으로 우아하게 힘들이지 않고 헤엄을 치는 데에도 불구하고 올챙이가 인지할 수 있는 속도로 물 속에서 헤엄치는 것이 얼마나 힘든 것인가를 보여 주고 있다.

레이놀즈 수는 보통 층류와 난류 사이의 전이를 예측하는 데 사용된다. 만약 유체 흐름의 *Re*가 한계치 아래에 있다면, 그 유체는 **층류**로 설명된다. 다시 말해서 그 유체 흐름은 서로를 방해하지 않는 층으로 설명된다. 만약 유체 흐름의 레이놀즈 수가 한계치보다 크다면, 그 유체는 **난류**가 된다. 이 전이를 설명하기 위해서, 집이나 실험실에서 단순히 수도꼭지를 열어 보라. 흐름의 크기가 커질 때 수도꼭지에서 나오는 물의 흐름을 관찰하라(그림 13.1). 크기(그리고 속도)가 작을 때, 수도꼭지에서 나오는 액체는 안정되고 얇은 층을 이룬다. 수도꼭지가 넓게 열리면, 액체 흐름의 속도는 증가한다. 일정한 속도 이상에서 액체는 난류가 된다.

대개 작은 규모를 다루는 마이크로 유체 시스템에서 레이놀즈 수는 일반적으로 아

그림 13.1
층류와 난류의 비교.

주 작다. 대부분의 마이크로 유체 시스템은 층류 거동에 의해 지배된다고 말할 수 있다.

13.3.2 채널에서의 유체 이동 방법

칩에서 유체를 제어하여 이동하는 방법은 마이크로 유체 시스템을 개발할 때 주요한 관심사이다. 많은 펌핑 방법들이 시연되어 왔다. 유체 구동 힘의 근원은 몇 가지 부류로 나눌 수 있다.

압력의 차이. 압력의 차이는 많은 방법으로 만들어 낼 수 있다(13.3.3절에 자세히 소개되어 있다). 상류의 양의 압력과 하류의 음의 압력 둘 다 유체를 펌핑하는 데 사용될 수 있다. 실험실에서 압력 수두를 만들어 내는 가장 쉬운 방법은 유체 출구의 수위에 비해 상승된 유체 저장소를 사용하는 것이다.

자기유체동역학 효과(magnetohydrodynamic effect). 이 효과는 전기장과 자기장이 존재할 때 전기 전도 유체의 유동이다[33]. MHD 펌프에서, 전기장과 자기장은 유체 채널에 횡단 방향으로 또 서로에 수직이 되어 동시에 적용된다. 전도 유체에의 전기장의 적용은 유체를 자기장에서 이동하게 한다.

전기유체동역학 효과(electrohydrodynamic effect). 이 효과는 유전 유체에 포함되어 있는 전하와 전기장의 상호 작용을 이용한다[34~37]. 전하와 대전된 입자들은 고밀도 이온을 함유하고 있는 액체를 첨가하거나 직접 주입될 수 있다.

자기 유동 펌핑(magnetorhelogical pumping). 이것은 자기 구동 작용을 이용한 자기 유체의 플러그를 이동하는 것을 포함한다. 자기 유체는 나노 크기의 철 자석 입자의 침전물을 포함하는 액체 용액이다[38].

표면 장력 유도 흐름. 표면 장력은 중력이나 구조 복원력과 같은 다른 힘들과 비교해 마이크로 크기에서 비교적 큰 힘이다. 이것은 모세관 속에 액체를 움직이거나 평평한 표면에 액체 방울을 움직이는 데 사용될 수 있다. 예를 들어 액체와 기판 경계면의 표면 장력은 전하를 줌으로써 바꿀 수 있다. 이것은 전기 습윤(electrowetting)이라고 불리는 현상이다[39, 40].

이동 표면 음향파(traveling surface acoustic wave). 이 파는 기판과의 접촉으로 액체를 흘러가게 하는 데 사용될 수 있다[41].

전기 삼투압 효과(EO: electroosmotic effect). 이 효과는 대전된 벽의 채널과 평행한 전기장의 적용에 의해 야기된 체적 액체의 움직임이다. 보다 상세한 내용은 13.3.3 절을 보라.

13.3.3 압력 유동

압력 유동은 단순성과 일반성 때문에 마이크로 유체 채널에서 가장 흔히 나타난다. 높은 압력은 변형되는 멤브레인을 사용하여 칩 상에서 발생될 수 있다. 멤브레인 운동은 형상 기억 합금[42], 피에조 전기[43, 44], 자기정역학[45], 열공압[46], 열팽창[47], 그리고 액체와 기체사이의 상 변화를 포함한 많은 방법[48]으로 만들어질 수 있다. 압력 유동은 또한 채널에서의 기체 발생(그리고 거품 형성)[49, 50], 삼투 교환[51], 미리 비축된 상류 압력 원천과의 교환[52], 원심력[53], 또는 유체의 열팽창에 의해서 만들어질 수 있다. 압력 유동을 만들기 위해서 하류에 진공을 사용하는 것도 또한 가능하다.

멤브레인의 이동이 입구와 출구로 유체를 밀어내기 때문에, 하나의 특정한 방향으로 순 유체 흐름을 달성하기 위해 정류가 필요하다. 단일 멤브레인 펌프는 순 유체 흐름이 하나의 선호 유체 방향으로 일어나도록 하기 위해 일반적으로 체크 밸브나 일방향 디퓨서 밸브(유체 다이오드라 불린다)[44]를 필요로 한다. 다른 방법으로는, 다중의 멤브레인이 간헐 펌핑과 같은 그들 사이의 공간 또는 시간적 차이를 이용할 수 있다[43].

칩 상의 펌프에 대한 기술을 선택할 때는 다음 사항들을 고려해야 한다.

달성할 수 있는 유량
제조의 단순성
제조 비용
제어의 단순성
멤브레인의 강인성
멤브레인과 채널 물질의 생체 적합성
휴대용 시스템에 중요한 에너지 소비

일반적인 경우에 마이크로채널 내에서 용적 유동은 두 끝의 압력 차이와 비례한다. 반지름 r(단위 m)과 길이 L(단위 m)의 원형의 단면적이 있는 파이프에서, 용적 유량 Q는 식 (13.2)에 의해서 압력과 관련이 있다.

$$Q = \frac{\pi r^4}{8\,\mu L}\Delta P \tag{13.2}$$

너비 w와 높이 h의 사각형의 단면적이 있는 파이프에서, 용적 유량과 압력 차이 사이의 관계는 w/h의 비가 비교적으로 클 때 다음과 같이 표현된다.

$$Q = \frac{wh^3}{12\,\mu L}\Delta P \tag{13.3}$$

압력 차이와 용적 유량 사이의 비를 채널의 **유동 저항**(flow resistance)이라고 한다.

대부분의 마이크로채널과 관련된 작은 단면적은 현격한 압력이 어떤 유동을 일으키기 위해 필요하다는 것을 의미한다. 긴 채널은 액체를 안쪽으로 들어가게 하기 위해서 상당한 압력 증강이 필요할 수도 있다. 채널의 압력 증강은 채널과 반응기(reactor)의 박리를 일으킬 수 있다.

유체가 압력차하에서 채널 안에서 움직일 때, 벽 옆의 액체 입자들은 벽에 대해 움직이지 않는다. 경계면에서 액체 분자의 속도는 매끄럽지 않은(non-slip) 경계 조건을 따른다고 말할 수 있다. 유체 입자의 속도는 입자가 벽으로부터 멀리 떨어져 있을 때 증가한다. 벽까지의 거리(y)의 함수로서 속도 u는 그림 13.2에 나와 있다. y의 특정한 범위 밖

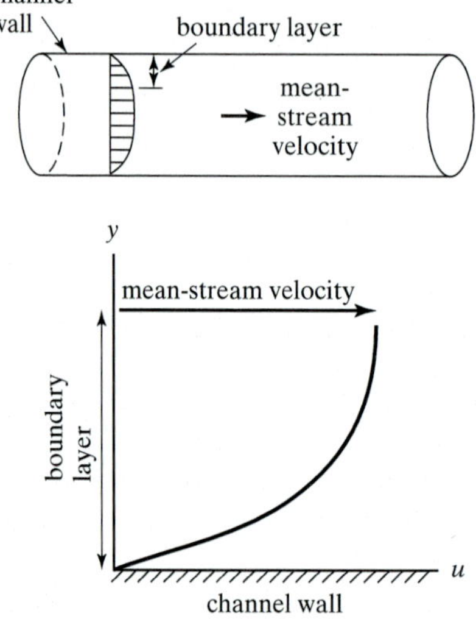

그림 13.2
속도 프로파일.

에서, 속도는 y에 관해서 더 이상 변하지 않고, 평균 유속이라고 불리는 일정한 속도에 도달한다.

흐름 속도의 불균일한 분배는 **유체 전단력**(fluid shear stress)이라는 용어를 만들어 낸다.

$$\tau = \mu \frac{du}{dy} \tag{13.4}$$

경계층 두께(δ)를 추정하기 위한 일반적인 식은 층류 유동하에서 다음과 같고

$$\delta = \frac{5}{\sqrt{Re_x}} x \tag{13.5}$$

난류 유동하에서는(예를 들면 $Re_x > 10^6$) 다음과 같다.

$$\delta = \frac{0.16}{(Re_x)^{1/7}} x \tag{13.6}$$

여기서 Re_x는 지역 레이놀즈 수이고, x는 리딩에지(leading edge)로부터의 거리이다.

낮은 레이놀즈 수 상태(층류 경계층)에서 유체 입자 속도의 분포에 대한 일반적인 관계는 다음과 같다.

$$u_y = f(y) = u_0 \left(\frac{2y}{\delta} - \frac{y^2}{\delta^2} \right) \tag{13.7}$$

예제 13.2 엔진 오일에서의 전단 응력

SAW30 엔진 오일이 거리 h만큼 떨어진 두 판의 상대적인 움직임에 의해 전단력을 받고 있다고 가정하자. 상대적인 움직임의 속도는 V이다. V=3 m/s이고 h=2 cm일 때 오일의 전단 응력을 구하라.

풀이 먼저 공학 검색표에서 점성 계수를 찾으라.

$$\mu = 0.29 \text{ kg/(m} \cdot \text{s)}$$

속도 분포가 거리 y에 선형적인 관계라고 가정하면, 전단 응력은 다음과 같이 구할 수 있다.

$$\tau = \frac{\mu dV}{dy} = \frac{\mu V}{h} = \frac{0.29\ \text{kg/(m}\cdot\text{s)}3\ \text{m/s}}{0.02\ \text{m}} = 43\ \text{kg/(m}\cdot\text{s}^2) = 43\ \text{N/m}^2$$

13.3.4 전기 동적 흐름

대부분의 채널 벽 표면은 약하거나 강한 전해질 용액과 접촉할 때 자발적으로 전기적 극성(electric polarization)을 만든다. 이 전하 발생은 액체/고체 경계면에서의 전기화학 반응으로부터 일어나고, 유리 표면의 경우에 주된 반응은 음으로 대전된 벽(그림 13.3)을 만드는 산성의 실라놀(silanol)기의 양자 이탈(deprotonation)이다. 액체로부터 나온 반대 이온은 벽으로 끌리고 이 반대 이온은 벽 전하를 감싼다. 액체와 벽의 경계면에서 이온의 높은 전기 용량 지역은 **전기 이중층**(electric double layer)이라고 한다. 바깥쪽 층(Gouy-Chapman 층)에서 이온은 움직일 수 있고, 1 nM 농도의 대칭적인 일가 전해물질에 대해 벽으로부터 대략 10 nm인 디바이(Debye) 길이의 차수로 이온의 순 양이온 영역을 형성한다.

전기장이 벽에 평행하게 적용될 때, 액체 쪽의 이온은 전기장에 응답하여 이동할 것이고 이온과 같이 주변의 액체 분자를 끌어올 것이다. 이온을 끄는 것은 채널을 따라서 체적 액체의 순 운동을 야기한다. 이 현상은 **전기 동적 흐름**(electrokinetic flow)이라 불린다.

채널 폭을 가로지르는 속도의 분포는 압력 유동의 경우와는 다르다. 유체의 속도는

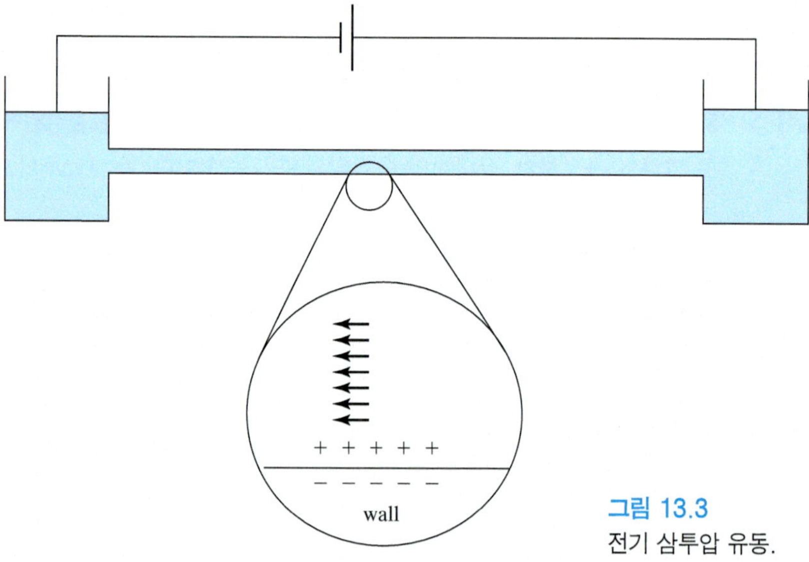

그림 13.3
전기 삼투압 유동.

벽의 점착 경계 조건에서 채널 중앙 근처에서 최대값까지 빠르게 증가한다. 경계층은 이 경우 아주 얇다. 일반적으로 채널 횡단면을 통한 속도 분포가 균일하도록 근사화된다.

전기 삼투압 유동(EOF: electroosmotic flow) 마이크로펌프는 액체를 운반하거나 정압을 만들어 내기 위해 전기 동적 흐름을 이용한다. 모세관은 전기 동적 흐름이 일어나는 많은 평행한 구멍을 형성하는 높은 밀도 입자들로 차 있다. 높은 면적 대 체적비는 높은 압력의 발생을 야기한다. 이것은 수십 ~ 수천 볼트 수준의 인가 전압하에서 20기압 이상의 압력과 수 μl/min의 유량을 발생시킨다[54]. 이러한 펌프는 반드시 이온 전류를 줄이고, 열역학적 효율을 높이고, 요구되지 않은 가열을 없애기 위해 이상적으로 작업 유체로서 초순수(deionized water)을 사용해야 한다. 전극은 일반적으로 마이크로 유체 모세관의 양 끝에 수동적으로 삽입된다. 한편 통합된 평면의 전극은 통합화 수준을 향상시키는 데 사용될 수 있다[55].

전기 삼투 유동 장치에서, 높은 전기장은 전해질 반응을 야기할 수 있고 H_2O를 분해함으로써 산소와 수소 가스를 만들어 낼 수 있다. (1) 가스 발생이 최소화되거나(전극 사이의 거리를 증가시킴으로써 그 전기장의 세기를 줄임), (2) 가스가 채널을 막기 전에 형성된 가스가 성공적으로 빠져 나가도록 하는 것이 매우 중요하다. 그 방법 중 하나는 조건에 맞는 AC 파형을 사용하는 것이다[56].

13.3.5 전기영동과 이전기영동

개별 입자에서의 전기장은 바이오 입자의 운송, 분리, 특성화에 유용하다. 전하 Q와 극성 P가 있는 한 입자의 힘은 다음과 같이 정의된다.

$$\vec{F} = Q\vec{E} + (\vec{P}\cdot\nabla)\vec{E} \tag{13.8}$$

우변의 첫 번째 항은 **전기영동력**(clcctrophoresis force)이고 두 번째 항은 **이전기영동력**(dielectrophoresis force)이다. 균일한 전기장에서 이전기영동력은 사라진다. 단지 순 전하를 가진 입자만이 전기영동을 경험한다. 이 식은 다음과 같이 단순화된다.

$$\vec{F} = Q\vec{E} \tag{13.9}$$

만약에 입자가 순 전하를 띠지 않는다면, 단순화된 이전기영동력의 표현은 다음과 같다.

$$\vec{F} = (\vec{P}\cdot\nabla)\vec{E} \tag{13.10}$$

전기장에서의 전하 입자(두 개의 작은 원)와 중성 입자(큰 원)의 네 가지 대표적인 경우는 그림 13.4에 나와 있다. 입자에 작용하는 순 힘은 화살표로 표시하였다. 대전된 입자는 균일하거나 균일하지 않은 전기장에 있을 때 힘을 경험한다. 중성 입자는 전기장 안

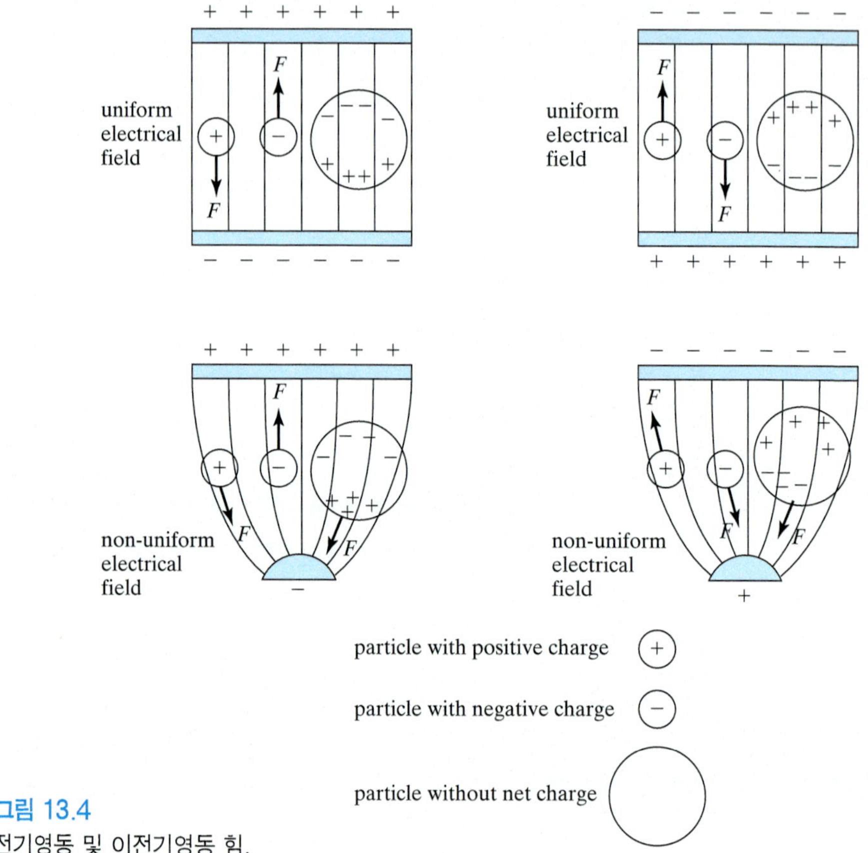

그림 13.4
전기영동 및 이전기영동 힘.

에 있을 때 극성화될 수 있다. 세포와 같은 중성 입자는 균일하지 않은 전기장 안에 있을 때 순 힘을 경험한다. 하지만 이 입자는 균일한 전기장 안에 있을 때는 순 힘을 경험하지 못한다.

전기영동은 크기와 전하에 따라 DNA, 단백질, 그리고 펩티드와 같은 대전된 생물학적 거대 분자를 분리하는 데 널리 이용된다. DNA 분자는 항상 음으로 대전되어 있다. 반면에 단백질은 양으로나 음으로 대전될 수 있다. 통합된 화학 반응 단계들을 가진 마이크로 공정으로 제조된 전기영동 장치가 만들어져 왔다[57].

유체 환경에서 대전된 입자는 일정하고 균일한 전기장에서 정상상태의 속도에 도달한다. 평형 상태에서 전기의 힘과 유체 마찰력 균형은 다음과 같다.

$$F_{elec} = z_i eE = net - charge \times electricfield$$

$$F_{fric} = f_i v_i \tag{13.11}$$

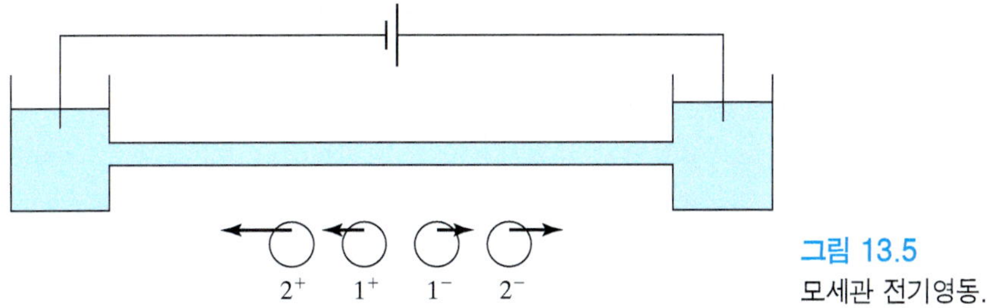

그림 13.5
모세관 전기영동.

마찰 계수는 겔(gel) 구멍의 크기, 입자의 크기, 그리고 전기장의 세기의 함수이다. 이 속도는 다음 관계식에 의해 전기장과 관련되어 있다.

$$v_i = \frac{z_i e}{f_i} E = \mu_i E \qquad (13.12)$$

여기서 μ_i는 물질의 이동성(mobility)을 나타낸다.

모세관 전기영동은 전기영동 분석의 일반적인 형태이다. 이 방법에서 모세관 채널은 관심 있는 분자와의 일정한 비율로 설계된 전기영동 겔 재료로 먼저 채워진다(그림 13.5). 분자의 그룹이 전기장의 안내 아래 겔 매트릭스를 통해 움직임에 따라, 많은 일들이 일어날 수 있다. 일부는 방해받지 않고 움직이고, 일부는 영구적으로 매트릭스에 의해 잡히며, 일부는 잡히지만 나중에 풀린다. CE 채널의 끝에서, 같은 장소와 시간에 시작했던 분자가 다른 시각에 도착한다. 이 방법은 분자 구성 요소와 이와 관련된 농도 분석을 할 수 있게 한다.

이전기영동은 살아 있는 세포와 세포소기관의 특성화와 분리를 위한 통제된 균일하지 않은 AC와 DC 전기장에서 세포의 전기 극성화를 이용한다. DEP는 그들의 극성화에 의한 중성 입자들에서의 균일하지 않은 전기장에 의해 생기는 인력(아니면 반발력)에 의존한다. 이것은 자유롭거나 과도한 전하들에 대한 전기장의 효과를 사용하는 전기영동과는 다르다.

생물학적 구성 물질에 의한 균일하지 않은 전기장에 대한 반응의 기초적인 원인은 적용된 전기장에 의한 극성화에 있다. 세포와 그 구성 요소의 극성화는 다를 수 있다. 극성화 메커니즘(polarization mechanism)에는 2가지 주된 유형이 있다: 체적과 계면(또는 연결된 표면). 각각의 가능한 극성화 메커니즘은 차단 특성 주파수를 가지고 있다. 넓은 주파수 영역에서 생물학적 물질의 반응을 연구하는 것은 특정한 메커니즘이 작동하는 것과 그것의 기여가 얼마나 중요한가를 평가할 수 있게 한다. 더욱이 생물학적 물질의 정확한 생리학적 상태에 대한 다양한 극성 메커니즘의 분명히 큰 민감도가 있다.

이것은 분리를 작동시키고 상당한 감도와 유용성을 분석하는 요소이다. 수년 동안, DEP는 살아 있는 세포와 죽은 세포를 분리하고 혈구의 정상상태를 구별하며 세포의 노화 과정을 특징짓는 데 사용되어 왔다[58].

DEP는 생물학적 세포와 입자를 특징짓거나 물리적으로 조작하기 위해서(예를 들면 trap) 마이크로 유체 장치에 적용되어 왔다[59].

13.4 선택적인 요소의 설계 및 제조

마이크로 유체 칩은 많은 범주의 구성 요소로 만들어졌다. 우리는 이 절에서 가장 중요한 것들 중 2가지를 논의한다. 다른 구성 요소의 범주는 히터, 믹서, 유체 반응기, 그리고 저장소를 포함한다. 이런 요소들의 설계와 제조 방법은 반드시 채널과 밸브에 대한 설계 및 제조와 양립해야 한다.

13.4.1 채널

마이크로 유체 채널은 다른 것들(펌프와 밸브 같은)에 비해서 상대적으로 단순한 형태와 기능에도 불구하고 마이크로 유체 시스템에서 가장 중요한 구성 요소이다. 채널 구성 물질의 선택은 마이크로 유체 시스템의 모든 개발 노력을 위한 시작점이다. 채널 재료와 추후 제조 방법을 결정할 때 고려해야 하는 몇 가지 중요한 점들은 다음과 같다.

1. **채널 벽의 소수성.** 액체는 모세관 작용을 통해 친수성의 벽이 있는 채널에서 자유롭게 움직인다. 이것은 샘플 로딩 및 프라이밍을 간단히 한다. 예를 들어 유리는 많은 액체에 친수성이고 이것의 특성은 잘 알려져 있다. 소수성의 벽이 있는 채널 안으로 액체를 밀어 넣는 것은 상당히 어렵다.
2. **생체 적합성과 화학적 적합성.** 이상적으로 채널 벽은 유체, 입자, 가스에 반응하지 않아야 한다. 비커와 시험관의 구성 물질인 유리는 가장 안정되고 생체에 적합한 물질이어서 생물학과 화학 분야에 종사하는 연구자들이 선호한다. 하지만 유리는 미세 기계 가공 방법들이 부족하다.
3. **공기와 액체로의 채널 구성 물질의 침투성.** 높은 침투성은 상당한 유체의 손실을 야기 할 것이고, 서로 가까이 있는 다수의 채널의 경우에는 상호 오염을 야기할 것이다. 공기나 가스의 침투성은 공기의 탈출과 붙잡힌 공기 방울의 제거에 종종 이용된다.
4. **벽에서의 화학 약품의 체류.** 화학 약품을 보유하는 벽은 계속해서 사용되는 동안에 상호 오염을 야기할 수도 있다.

5. **광학적 투명성(optical transparency).** 광학적으로 투명한 벽은 관찰과 정량 분석을 쉽게한다.
6. **가공 온도.** 낮은 온도에서의 가공은 항상 바람직하다. 높은 온도에서의 가공은 구조와 표면 코팅 물질들의 선택을 좁게 한다.
7. **기능상의 복잡성과 개발 비용.** 채널의 구성 물질은 펌프와 밸브 같은 능동적 구성 요소의 통합에 적합해야 한다. 프로토타입 및 생산에 대한 장벽이 낮아야 한다.

재료는 종종 제조 방법과 성능 항목을 결정한다. 재료의 선택은 달성 가능한 채널의 기하학 형상을 결정하는 데 중요한 역할을 한다. 펌프와 밸브 같은 다른 요소에 대한 재료와 기술은 채널 벽 재료와 생산 과정과 양립해야 한다.

마이크로 유체에 관한 연구는 두 개의 다른 연구 기관에서 시작되었다: MEMS 커뮤니티와 분석화학 커뮤니티. 이 두 커뮤니티는 다른 종류의 물질을 사용하였다.

마이크로 유체 시스템의 개발과 적용 초기에, 채널은 실리콘, 실리콘 산화물, 실리콘 질화물, 다결정 실리콘[60], 또는 금속[61]과 같은 MEMS 연구에서 흔히 찾아지는 무기 재료로 만들어졌다. 제조 과정은 벌크 식각(습식이나 건식 식각), 희생 식각, 웨이퍼-웨이퍼 결합이나 이런 단계의 결합을 포함한다. 몇몇의 대표적인 제조 방법은 그림 13.6에 나와 있다. 이 방법은 다양한 횡단면 모양의 채널을 만든다.

분석화학 커뮤니티에서, 연구자들은 익숙한 물질(유리)과 단순한 제조(웨이퍼 본딩)에 기초를 두고 채널 제조 과정을 발전시켰다.

실리콘을 기초로 하는 마이크로 유체 장치는 정교한 채널 횡단면을 만드는 능력에도 불구하고 많은 문제가 있다. 예를 들어 실리콘은 시각적으로 투명한 물질이 아니다. 특수 유체의 이미지화(imaging)와 트래킹(tracking) 방법이 반드시 개발되어야 한다. 실리콘 마이크로 공정은 화학자와 생물학자가 도달하기 어렵고 값이 아주 비싸고, 빠른 프로토타입을 만들기가 불가능한 것으로 증명된다.

유리 칩은 계면화학, 광학적 투명성, 그리고 상대적으로 제조가 용이해 이상적이다. 성공적인 상업용 제품은 유리 칩을 기초에 두고 시작해 왔다. 한 예는 Agilent and Caliper Technologies에 의해 만들어진 전기영동 칩이다. 하지만 이것은 유리로만 만들어진 마이크로 유체 칩으로 발전된 펌프, 밸브, 그리고 센서를 포함시키는 데 문제가 있다. 유리 칩은 가끔씩 채널 벽의 내부 표면을 기능화하는 것을 어렵게 하면서, 영구적으로 캡슐에 보호된다.

채널의 재료는 몇 년 전부터 급격하게 발전되고 있다. 오늘날 마이크로 유체 채널은 보통 유기 및 무기 재료의 두 가지 범주에 속하는 다음 물질로 만들어진다. 각 범주에 해당하는 대표적인 물질은 아래에 요약되어 있다.

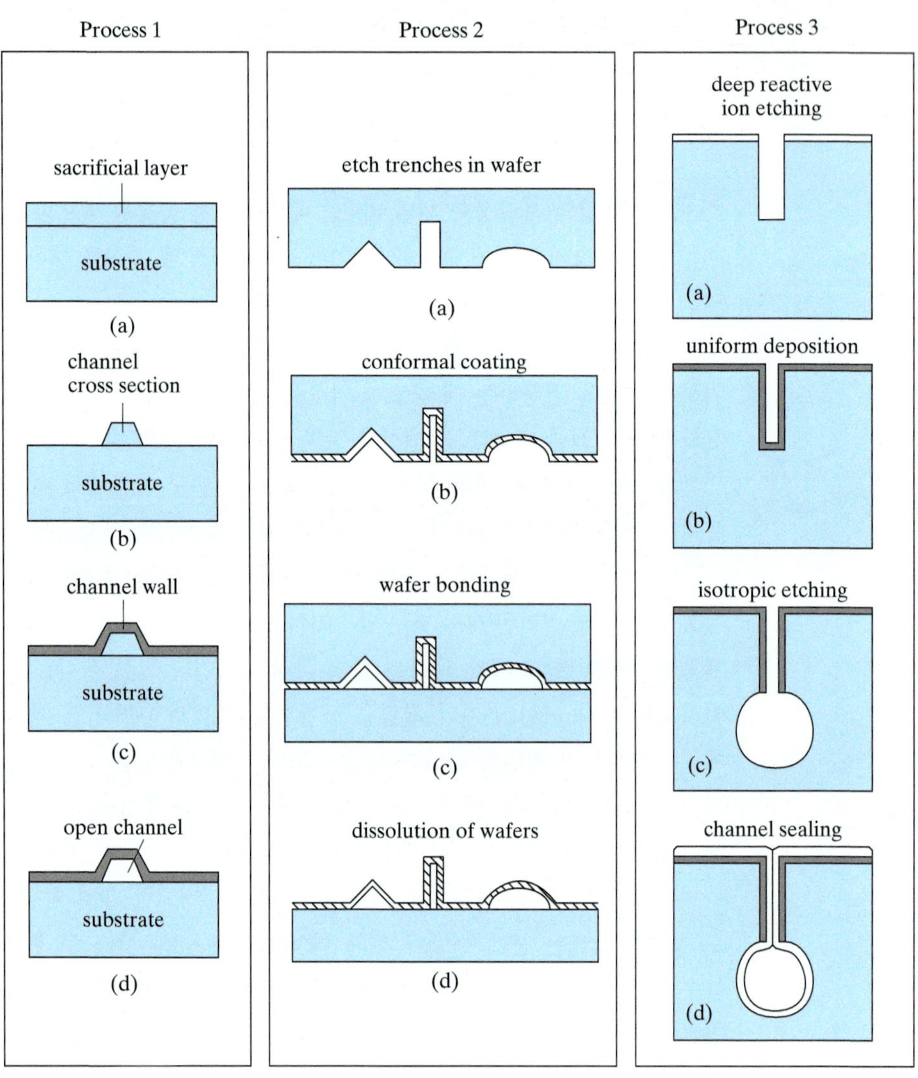

그림 13.6
실리콘 기판 위에 채널의 대표적 제작 공정.

유기 폴리머: 파릴렌(parylene), PDMS(polydimethylsiloxane), 아크릴, 폴리카보네이트, 생물 분해성 폴리머, 폴리이미드

무기 물질: 유리(Pyrex, 특수 유리), 실리콘, 실리콘 산화물, 실리콘 질화물, 다결정 실리콘

표 13.1은 이전에 제시된 기준에 따른 마이크로채널을 위한 몇 개의 대표적인 재료

표 13.1 채널을 만들기 위한 방법 비교.

	Glass–glass bonding	Silicon micro-machining	PDMS bonding	Plastic bonding	Parylene surface micromachining
Hydrophobicity	Hydrophilic	Variable—treatable with coating (e.g., oxide)	Hydrophobic, may become hydrophilic, Unreliable	Variable—treatable with surface treatment	Hydrophobic
Biocompatibility	Excellent	Acceptable	Excellent	Excellent	Moderate
Wall permeability	None	None	High—for organic solvents and gas molecules	Moderate	Low
Retention of chemicals	Low	Low	High (if without special coating)	Moderate	Not known
Optical transparency	Excellent	None	Excellent	Good	Good (if on transparent substrate)
Temperature of processing	High (for fusion bonding)	High	Low	Moderate	Low
Functional complexity and cost	Moderate	High	Low	Moderate	Moderate to high

시스템의 상대적 이점을 비교한다.

다양한 응용을 위한 마이크로 유체 채널에 대한 초기 연구의 몇몇 예는 다음의 경우에 나타나 있다. 유리 마이크로 유체 채널은 사례 13.1과 13.2에서 이야기한다. 사례 13.3에서는 신경 전극과 통합된 실리콘 마이크로채널을 복습한다. 사례 13.4에서는 실리콘 탄성체로 만들어진 채널을 다루고, 사례 13.5에서는 파릴렌으로 만들어진 채널에 대해 논한다.

사례 13.1 가스 크로마토그래피 채널

크로마토그래피는 이동상(mobile phase, 가스, 액체, 임계 유체가 될 수 있다)에 분해되는 샘플을 포함한다. 이동상은 움직일 수 없고 혼합할 수 없는 정지상(stationary phase)을 통해 힘을 받는다. 이 두 상태는 샘플의 구성 성분이 각각의 상에서 다른 용해도를 가지도록 선택된다. 정지상에서 가용성이 큰 성분은, 정지상에서는 용해할 수 없지만 이동상에서는 가용성이 큰 성분보다 이동하는 데 더 오래 걸릴 것이다. 이동성에서의 이런 차이점의 결과로, 샘플 성분은 정지상을 통해 이동할 때 서로 분리될 것이다.

샘플 주입과 칼럼 끝의 검출기에 도달하는 전해질 최고점 사이의 시간은 체류 시간(retention time, t_R)이다. 샘플에서 각 전해질은 다른 체류 시간을 가질 것이다. 칼럼을 통과하여 이동상이 되는 데 걸리는 시간은 t_M이라고 불린다.

1975년에 스탠퍼드 대학의 연구팀은 유리 웨이퍼[6](그림 13.7)로부터 만들어진 통합된 가스 크로마토그래피(GC)를 공개했다. 가스 크로마토그래피 기계는 가스 혼합물 내의 성분을 분리시키고, 가스 종류의 상대적인 농도를 분석한다. 가스 분리 채널은 폭 200 μm와 깊이 40 μm인 반원형의 횡단면을 가진다. 4″ 지름(100 mm)의 웨이퍼에 1.5 m 길이의 채널이 실현되었다. 채널의 벽은 유리로 만들어졌다.

그 시스템은 환경에서 오염 물질과 독성 성분의 화학적 흔적 분석을 하는 데 이용된다. 고체 상태의 물질로 채널을 채우는 대신, 채널의 벽은 흡수 성분의 역할을 한다. 입구와 출구 사이에 적용된 같은 크기의 압력 경사하에서, 다른 가스 분자는 다른 t_R을 보여 준다. 같은 장소와 시간에서 출발한 기체 종류는 서로 다른 시각에 출구에 도착할 것이다.

미세 제조 공정 기술의 발달로, GC 칩은 훨씬 더 소형화될 수 있다. 긴 GC 칼럼은 실리콘, 유리, 그리고 폴리머 물질로 제조된 3차원 채널을 사용함으로써 높은 효율로 패킹될 수 있다[8, 62, 63].

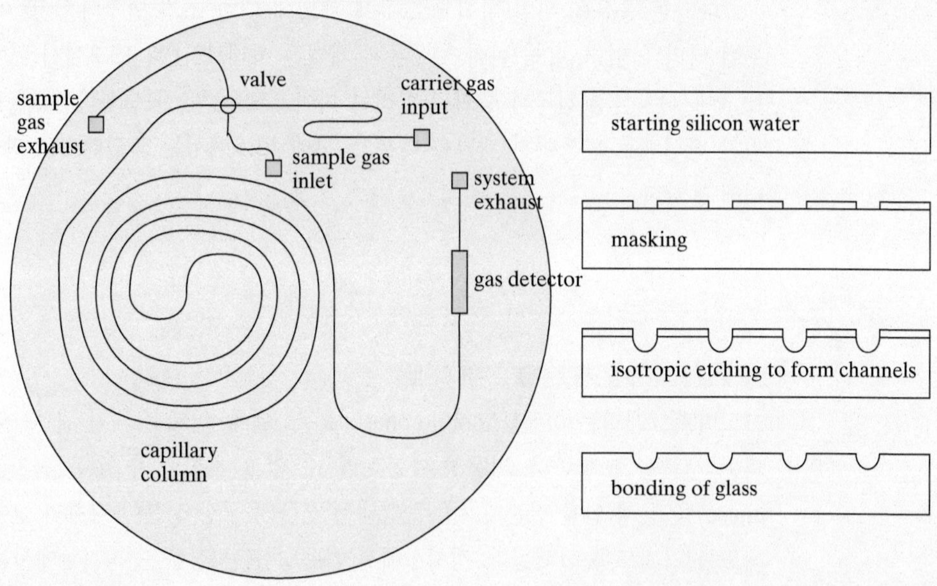

그림 13.7
통합 가스 크로마토그래피 시스템의 개념도.

사례 13.2 마이크로채널에서의 전기영동

액체 샘플에서 다중 종의 전기영동 분해는 분석과 정화를 위한 강력한 기술이다. 전기영동에 대한 앞에서의 논의에 따르면, 다른 종류는 주어진 전기장에서 다른 속도로 이동한다. 전기영동 분리의 효율을 최대화하기 위해서, 그 종들은 긴 샘플 플러그에 퍼지는 것보다 각자에게 가까운 부근에서 시작해야만 한다.

정밀하게 정의된 플러그 크기를 가진 EP 분해는 이중 T 형태의 분사기를 사용함으로써 이루어질 수 있다. 생물학적 분자의 전기 분리를 위한 유리 마이크로칩은 발전되어 왔다[64]. 그 시스템은 버퍼, 전해질, 폐기물, 그리고 전해질 폐기물의 네 개의 포트에 연결된 T 형태 연결로 구성되어 있다(그림 13.8). 이중 T 분사기의 작동 원리는 아래에 설명되어 있고 그림 13.9에 그림으로 나타나 있다.

첫 번째로, 버퍼 용액은 버퍼와 폐기물 포트 사이에 주입된다. 그 다음, 전해질은 전해질과 전해질 폐기물 포트 사이에 주입된다. 정밀한 부피의 전해질 플러그는 두 T 연결사이에 형성된다. EP 전위는 폐기물 포트 쪽의 EP 칼럼을 따라서 움직이는 것을 야기하면서 버퍼와 폐기물 포트 사이에 적용된다. 전해질 플러그 내의 다른 종들은 분리 칼럼의 끝에서 검출된다.

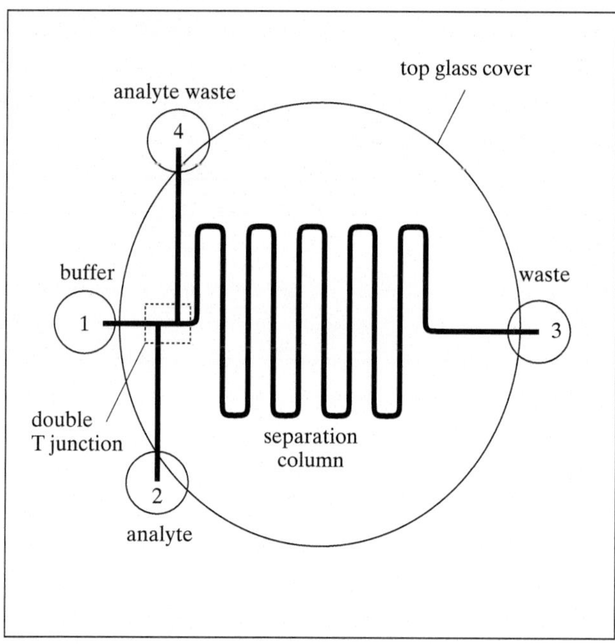

그림 13.8
유리 미세 전자 분리 칩의 개념도.

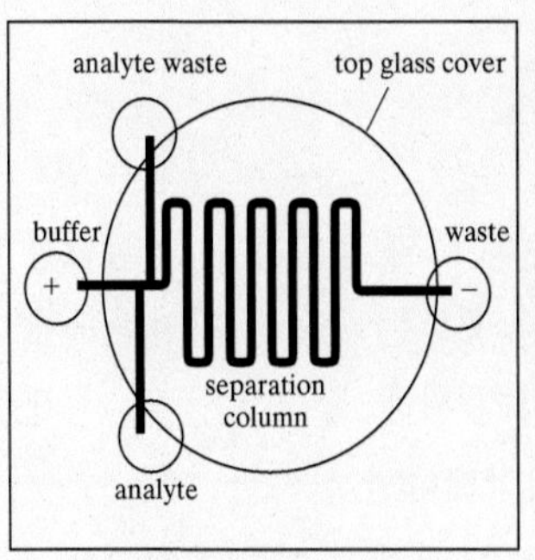

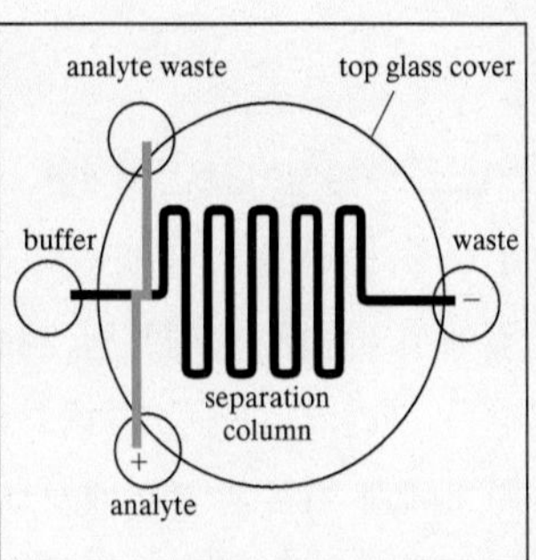

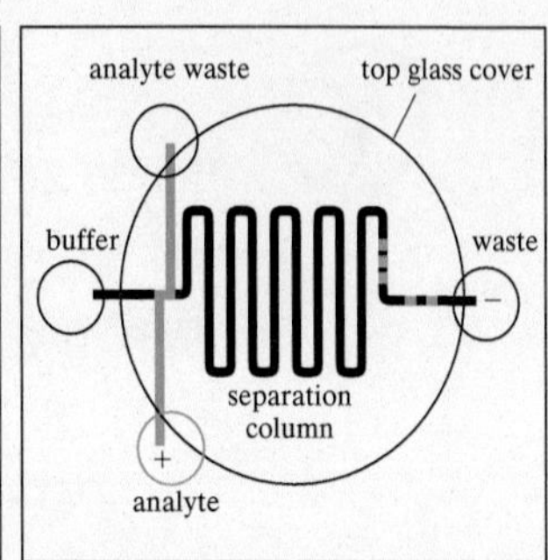

그림 13.9
전자 분리 칩의 작동 원리.

EP 분리 시스템을 구성하는 데 많은 설계와 제조 방법들이 있다. 가장 단순하고 오래된 예 중 하나가 아래에 나와 있다(그림 13.10). 이것은 형식적인 EP 분리 칼럼과 다를 것이 없는 물질인 유리 웨이퍼로 시작한다. Cr 필름은 유리 위에 증착되고, 포토리소그래피로 패턴화된다(단계 b). Cr의 패턴은 채널의 위치와 장소를 정의하기 위해서 사용된다. 유리는 Cr으로 덮이지 않은 부분에서 원하는 깊이만큼 NF_4F와 HF를 포함한 용액을 사용하여 식각된다(단계 c). Cr 마스크가 제거된다(단계 d). 다른 유리 칩이 유리 기판 위에 놓이고 영구적으로 본딩된다. 그러므로 채널은 완전히 유리로 만들어진다. 금속 전극은 외부적으로 포트에 끼워 넣어진다.

유리는 친수성의 표면과 친숙함 때문에 전기화학적으로 선호를 받는다. 같은 시

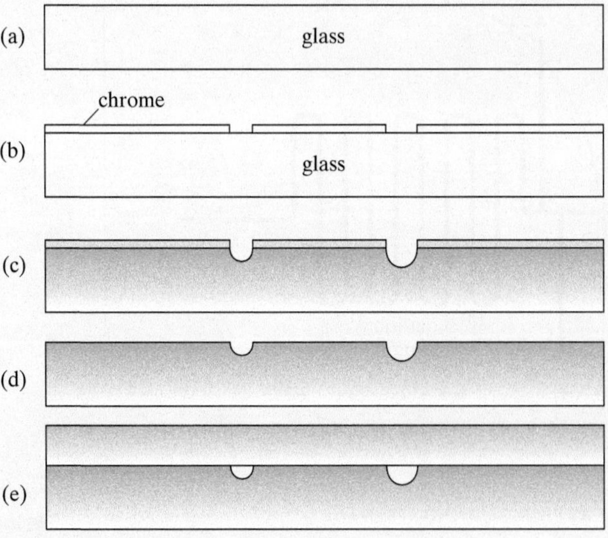

그림 13.10
미세 제조 기술.

스템의 많은 다른 구체화는 다양한 다른 물질과 제조 방법을 사용하면서 만들어질 수 있다. PDMS와 같은 다른 물질로 만들어진 EP 채널은 긴 시간 동안 적절한 기능성을 제공하기 위해서 화학적으로 변화될 필요도 있다.

사례 13.3 채널을 가진 신경 전극

신경생리학(neural physiology)은 인류의 가장 큰 과학적, 의학적 목표 중 하나이다. 신경학적 생리학의 이해는 인류의 삶의 질에 심각하게 영향을 주는 알츠하이머병과 파킨슨병 같은 많은 병의 예방과 치료법을 이끌어 낼 수 있다. 무수한 연결을 가진 복잡한 3차원의 조직에서 수행되는 신경학적 신호 처리를 연구하기 위해서, 신경학적 거동을 이미지화하고 기록하며 영향을 주기 위한 발달된 공학적 도구가 필요하다. 이런 도구 중 하나가 의도적이지 않은 손상을 최소화하고 많은 데이터를 추출하기 위해 작은 크기와 높은 밀도로 만들어진 미세 가공된 신경학적 기록 프로브이다.

미세 가공된 신경 기록 프로브 분야에서 초기의 선구적 연구는 미시간 대학교의 K. D. Wise 교수에 의해 행해졌다. 그의 연구팀은 많은 공학적 가능성을 개발해 왔다.

- 실리콘 기반 신경 기록 프로브의 직선 어레이와 2차원 어레이
- 다중 기록과 자극 사이트를 가지는 기록 프로브
- 기록과 전기 자극 이벤트와 연결하여 화학 약품이 보내지고 신경학적 조직으로부터 수집되는 것을 허용하는 기록 프로브
- 신호 통합성을 보존하기 위해 국부적으로 증폭하고 조절하는 통합 BiCMOS 회로

여기에서 우리는 미세 가공된 신경 프로브에 마이크로 유체 채널을 집어넣은 Wise 연구팀의 대표적인 일에 대해 이야기한다[65]. 이런 프로브들은 용액을 주입하는 데 사용된다. 프로브는 신경계의 조직을 뚫고 들어가기 위해서 충분히 딱딱해야만 한다. 이 경우에 이것은 단결정 실리콘으로 만들어져 있다. 우리는 실리콘 채널의 제조 과정에 초점을 둔다. 채널이 길기 때문에, 임베딩된 희생층을 사용하고 나중에 없애는 것은 실용적이지 않다. 채널의 측면 언더컷 부분은 아주 긴 시간이 걸린다. 또한 채널의 길이 때문에, 채널의 횡단면은 중간에서 낮은 압력 차이(생물학적 조직을 해치는 것을 피하기 위해서) 아래 화학적 용액의 충분한 흐름이 제공될 수 있게 하기 위해서 비교적 커야 한다. 증착 과정은 시간이 오래 걸리기 때문에, 큰 단면을 실현하기 위

해서 증착된 희생층 재료를 사용하는 것은 어렵다.

제조 과정은 단지 하나의 마스크만을 필요로 한다. 이 과정은 <100> 방향 실리콘 웨이퍼로 시작한다(그림 13.11). 앞쪽 표면은 높은 농도로 3 μm 두께의 영역을 형성하기 위해서 도핑된다(그림 13.11b). 그러한 농도는 EDP 같은 비등방성 실리콘 식각 용액의 식각률을 효과적으로 줄이기 위해 충분히 높다. 실리콘 웨이퍼의 전면은 다른 도핑 농도의 실리콘 재료에 반하여 구별하지 못하는 반응성 이온 식각을 이용해

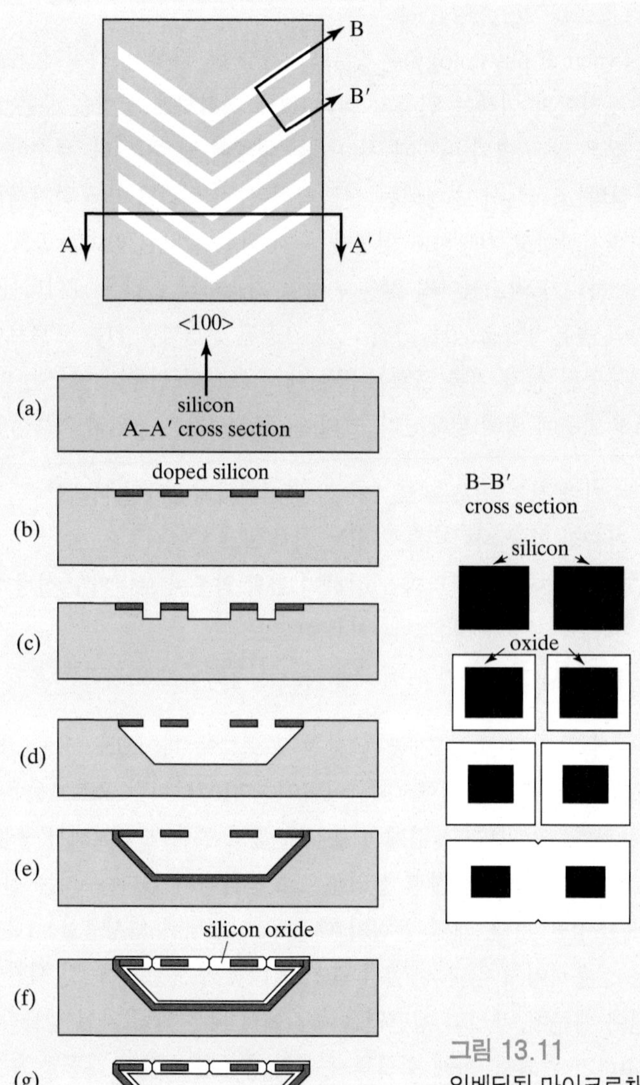

그림 13.11
임베딩된 마이크로채널의 제작 공정.

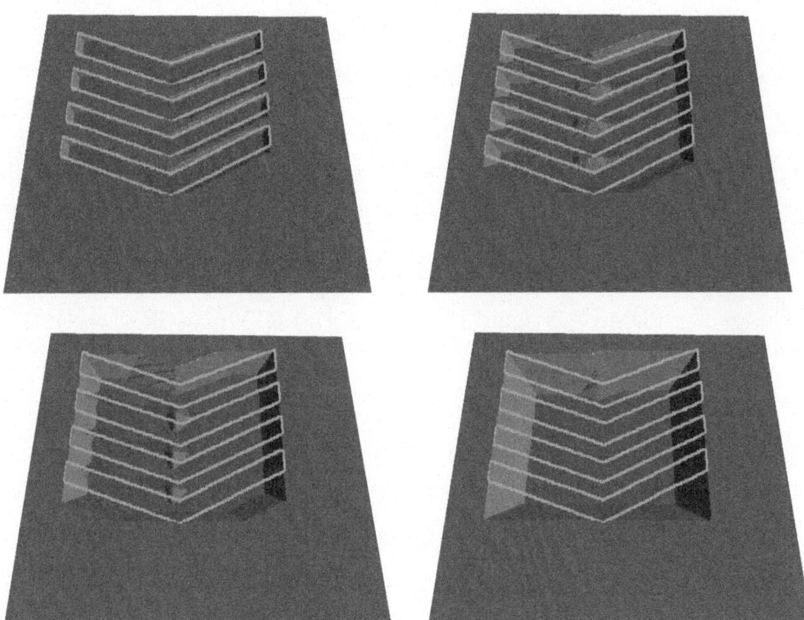

그림 13.12
식각의 전개.

식각한다(그림 13.11c). 의도된 채널 영역은 그림 13.11d에 나와 있는 바와 같이 갈매기 형태로 층을 통해 열린다. 비등방성 실리콘 식각이 도핑된 영역 아래의 재료를 언더컷하기 위해 수행된다. 갈매기 모양의 마스크 아래의 식각 윤곽은 그림 13.12에 나와 있다. 큰 언더컷은 상대적으로 큰 단면적을 갖는 채널을 만들기 위해 달성될 수 있다.

프로브 생크(shank)를 정의하기 위해 깊은 붕소 확산 과정이 수행된다(그림 13.11e). 전체적인 채널의 안쪽 면은 식각 정지 효과를 만들기에 필요한 농도에 이른다. 채널은 열 산화 작용과 LPCVD 증착을 이용하여 실링된다. 증착, 전극 패턴화와 유전체 실드(dielectric shield) 후에, 실리콘 웨이퍼는 비등방성 식각 용액에서 녹는다. 이는 실리콘 생크부를 떠 있게 만들고, 단지 배경 농도를 가지고 있는 벌크 실리콘을 선택적으로 제거한다(그림 13.11g).

큰 단면적을 가진 묻힌 그리고 닫힌 채널을 형성하기 위한 또 다른 공정은 다공성 실리콘과 같은 다공성 재료를 사용하는 것이다[66]. 마이크로 크기의 구멍을 가진 다공성의 재료가 밑에 놓인 기판이 식각되도록 한다. 연속인 멤브레인이 작은 구멍으로 크게 채워지기 때문에(75% 까지의 다공성), 열 산화물 또는 LPCVD 재료의 작은 양의 증착에 의해 밀봉될 수 있다[67].

사례 13.4 PDMS 마이크로 유체 채널

PDMS(polydimethylsiloxane)로 만들어진 채널은 재료의 접근성, 빠른 제조 시간, 바람직한 외관 형상의 특성으로 매우 인기가 있다. PDMS는 다우코닝사의 Sylgard Silicone Elastomer와 GE 실리콘사의 RTV 실리콘과 같은 다양한 상품명으로 많은 판매자로부터 점성 유체 전구체 형태로 얻어질 수 있다. 가장 일반적으로 사용되는 PDMS는 Sylgard 184(다우코닝)와 RTV 615(GE 실리콘)이다.

전구체 재료는 베이스와 경화제의 두 부분으로 구성된다. 이 두 부분은 혼합되고, 진공 상태에서 상온이거나 높은 온도(빠른 경화)에서 경화된다. 권장 혼합 비율하에서 이것은 열경화성, 투명한 탄성 중합체를 만든다. 예를 들어 Sylgard 184 실리콘 탄성 중합체는 다음과 같은 상태에서 경화될 것이다: 23°C에서 24시간, 65°C에서 4시간, 100°C에서 1시간, 150°C에서 15분.

PDMS는 액체와 분자들이 느린 속도로 확산하는 것을 허용하는 비교적 다공정 재료이다. 가스가 재료를 통해 확산할 수 있다. 경화된 PDMS는 일반적으로 소수성이다. 표면은 산소 플라즈마에 노출되거나, 화학적으로 처리되거나(예를 들면 염산 용액), 유기 폴리머로 코팅됨으로써 친수성으로 변한다. 많은 경우, 표면은 30분에서 몇 시간 내로 소수성의 상태로 돌아갈 것이다.

정확한 3차원 형상을 실현하기 위하여, 경화되지 않은 전구체는 다양한 방법(벌크 식각, 포토레지스트 패턴화 등)에 의해 만들어진 3차원 형상(그림 13.13)을 가진 표면 위에 부어질 수 있다(단계 a와 b). 일단 탄성 재료가 제거되면 표면은 함몰되거나 돌출된 영역으로 전환된다(단계 c). PDMS 재료는 밀폐된 채널을 형성하기 위해 다른 기판에 본딩될 수 있다(단계 d). 매칭 기판은 실리콘, 유리, 폴리이미드판, 또는 또 다른 PDMS 조각이 될 수 있다. 대부분의 경우에 그 본딩은 가역적이다. 다시 말하면, 두 조각은 수동으로 결합이 해체될 수 있고 다시 닫혀질 수도 있다. 두 조각의 PDMS 재료가 결합되면 그 결합은 표면이 산소 플라즈마에 노출될 때 아주 강해서 영구적일 수 있다. 두 개 이상으로 된 층을 통합하고 복잡한 3차원 채널 형상을 가지는 3차원 마이크로 유체 회로를 형성하는 것이 가능하다[68].

입구와 출구의 구멍은 펀칭 도구로 탄성체에 드릴링될 수 있다. 3차원 구조물(예를 들면 굽힌 금속 선) 주위에 PDMS 전구체를 붓는 것이 가능하다[69]. 금속 선은 경화 후에 3차원 채널이나 PDMS 고체 안에 입출구 포트를 남기기 위해 기계적으로 제거되거나 전기화학적으로 식각될 수 있다[70].

PDMS 재료는 몰드로부터 제거된 후 모든 방향으로 수축이 일어난다. 수축으로

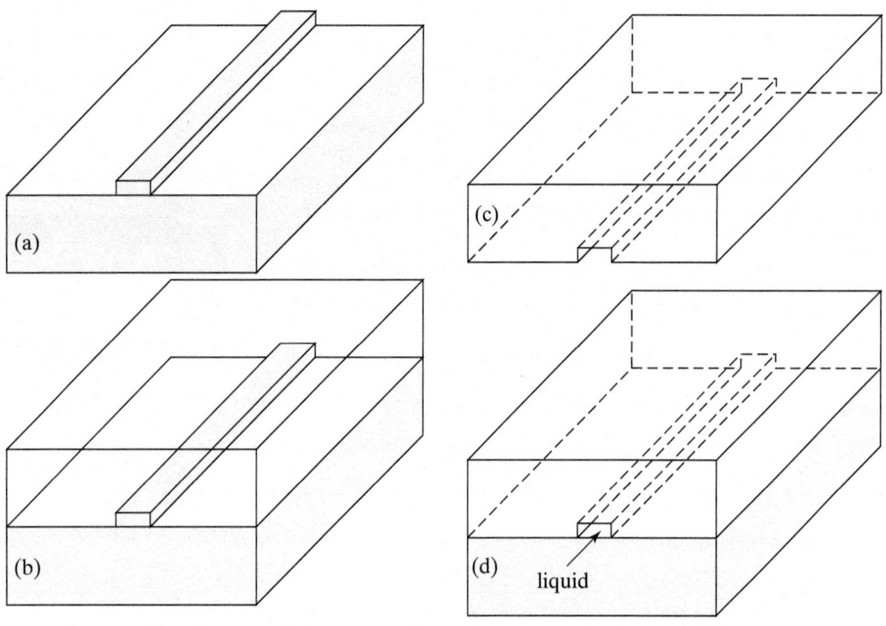

그림 13.13
PDMS 몰딩.

부터 오는 치수 변화는 재료, 재료의 양, 경화 방법에 영향을 받는다. 이 치수 변화는 사용할 때마다 주의 깊게 조정되어야 한다.

사례 13.5 파릴렌 표면 미세 가공된 마이크로채널

표면 미세 가공된 마이크로채널은 포토레지스트를 희생층으로, 화학 기상 증착된 파릴렌을 구조층으로 사용하여 만들어져 왔다. 파릴렌-포토레지스트 시스템의 사용은 고온 LPCVD 다결정 실리콘/산화물 시스템을 대체한다[71].

실리콘 기판에 유체 입출구 포트에 연결된 파릴렌 채널을 실현하기 위한 대표적인 제조 과정은 그림 13.14에 나와 있다. 공정은 얇은 실리콘 산화물층으로 코팅된 <100> 방향의 실리콘 웨이퍼로부터 시작한다(단계 a). 아랫면의 실리콘 산화물층은 포토리소그래피로 패턴화되며, 비등방성 실리콘 식각을 위한 마스크로 사용된다(단계 b). 포토레지스트층은 스핀 코팅되고 패턴화된다(단계 c). 웨이퍼의 윗면이 파릴렌 얇

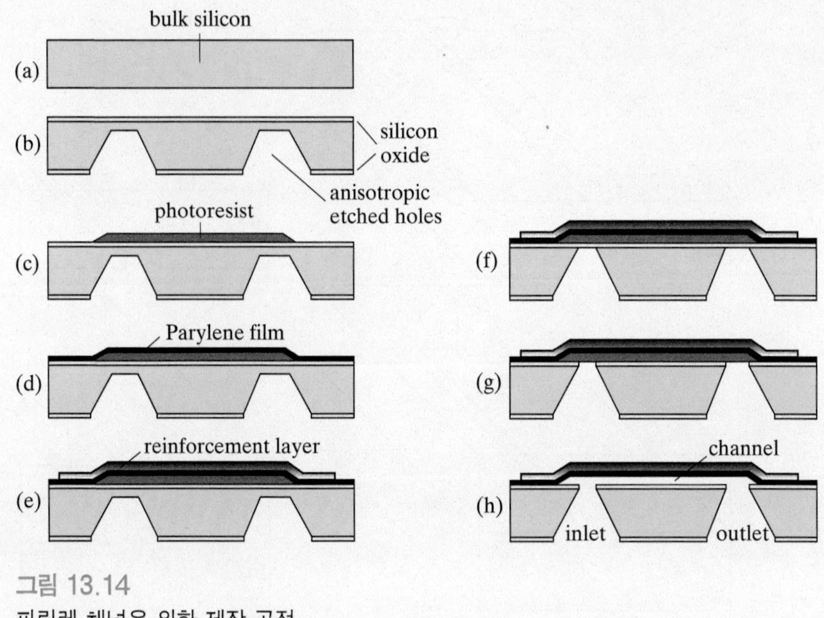

그림 13.14
파릴렌 채널을 위한 제작 공정.

은 필름층으로 코팅된다(단계 d). 폴리이미드층은 채널의 붕괴를 막기 위해 강성을 높이는 기계적인 방법으로 스핀코팅되고 패턴화된다(단계 e). 아랫면의 식각 구멍의 실리콘 잔해는 윗면의 실리콘 산화물이 도달할 때까지 제거된다(단계 f). 이것은 비등방성 습식 식각이나 플라즈마 식각을 통해서 제거할 수 있다. 공동(空洞)부 아래의 산화물층은 HF 조(bath)에서 제거된다(단계 g). 희생층인 포토레지스트는 입출구 포트를 통해 열린 채널을 형성하기 위해 아세톤을 사용하여 제거된다(단계 h).

많은 요소들이 이러한 시스템들에 통합되어 왔다.

일회용 밸브[72]
온칩 열공압 원(source)[47]
전기 삼투압 펌프[56]

13.4.2 밸브

밸브는 마이크로 유체 시스템에서 중요한 요소이다. 밸브는 랩온어칩 시스템을 위한 복잡한 시스템 수준의 기능을 제공한다. 미세 가공된 밸브를 선택하거나 개발할 때 일반적으로 다음 요소를 고려한다.

밸브 작동의 신뢰도. 이상적으로 밸브는 'off' 상태에서 누설이 없어야 하며, 'on' 상태에서 개방되어야 한다.
밸브 작동의 반복 가능성
큰 압력에 버틸 수 있는 능력
밸브 구성의 단순성
밸브 작동과 제어의 단순성
유체와 생물학적인 입자와의 생적합성

작동 방식에 따라 밸브는 몇 개의 부류로 나눌 수 있다.

순환 밸브(cyclic valve)는 여러 번 작동될 수 있다. 이 밸브는 능동적인 전력 입력 없이 항상 열린 상태를 유지하는 'on' 일 수 있고, 능동적 전력 없이 항상 닫힌 상태를 유지하는 'off' 일 수 있다.
일회용 밸브는 단지 작동 수명 동안 한 번만 작동한다. 항상 'on' 인 밸브는 활성화되었을 때 채널을 영구히 덮을 것이다. 항상 'off' 인 밸브는 활성화되었을 때만 열린다. 그래서 환경 샘플의 수집 같은 응용에 사용될 수 있다.

밸브가 마이크로 유체 시스템의 성능과 소형화를 실현하기 위해 중요하기 때문에 많은 밸브 설계가 과거에 개발되어 왔다. 일반적으로 밸브 구조는 다음과 같이 나눌 수 있다.

하드 멤브레인 밸브(hard-membrane valve)
소프트 멤브레인 밸브(soft-membrane valve)
플러그 밸브(Plug valve)
임계 밸브(threshold valve)

하드 멤브레인 밸브는 다음 재료 중 하나의 멤브레인을 사용한다: 단결정 실리콘, 다결정 실리콘[73], LPCVD 실리콘 질화물, 피에조 박막, 금속 박막, 또는 비탄성 유기 폴리머(예를 들면 파릴렌, 폴리카보네이트). 하드 멤브레인 밸브는 다양한 원리에 의하여 작동될 수 있다. 가장 일반적인 원리는 피에조 전기[74], 정전기(electrostatic)[73, 75, 76], 전자기(electromagnetic)[1, 77], 열 바이메탈, 공압[17, 20], 열공압 액추에이터[78, 79] 등에 기초를 두고 있다. 밸브는 이러한 원리들의 조합에 기초를 둘 수 있다. 예를 들어 공압 밸브는 닫혀진 갭 위치를 유지하기 위하여 정전기의 힘을 사용할 수 있다[17]. 일반적으로 하드 멤브레인은 'off' 상태에서 밸브를 조절하기 위해 좋은 실링 역할을 할 수 없다.

소프트 멤브레인 밸브는 PDMS 같은 탄성 중합체로 만들어진 밸브를 사용한다[80]. 탄성 멤브레인의 작동 원리는 하드 멤브레인에 비해 한정된다. 멤브레인이 부드러워진 이유로 전극 같은 요소를 통합하기가 어려워진다. 그러나 소프트 멤브레인은 실링이 매우 잘 되며, 일반적인 밸브를 위한 선택 재료이다.

플러그 밸브는 다양한 원리에 근거한다. 예를 들면 밸브는 화학 농도, pH, 온도, 전기장에 반응하여 이온 히드로겔(hydrogel)의 큰 팽창과 수축하는 특성을 이용하거나[81~84], 자석으로나 화학적으로 변경된 입자를 모음으로써 개발될 수 있다.

임계 밸브는 압력이나 유량에 따라 'on/off' 상태를 변화시킨다. 임계 밸브는 종종 표면 장력의 원리를 이용한다. 버스트 밸브(burst valve)는 특별한 종류의 임계 밸브이다. 그것의 상태는 그것의 압력 수두가 일정 수준에 도달할 때 폐쇄된 상태에서 개방된 상태로 변한다.

사례 13.6 PDMS 공압 밸브

탄성 중합체 폴리머를 사용하는 소프트 멤브레인 밸브는 거의 독점적으로 마이크로 밸브와 펌프에 사용된다. 그들의 이점은 'off' 상태에서 액체와 공기를 막아 주는 좋은 실링을 가지고 있는 것이다. 하지만 소프트 멤브레인과 매칭되는 시트가 하나의 마이크로시스템에 통합될 때, 소프트 멤브레인은 설계와 제조의 관점에서 더 도전적이 된다. PDMS는 간단한 공정과 바람직한 부드러움 때문에 흔히 사용되는 소프트 멤브레인 재료이다. 공기를 포함한 유체의 다양한 작동 유체에 대해 100 mW 정도의 압력 입력값에 의해 큰 변형(50~150 μm)이 멤브레인(1×1~2×2 mm^2)에 도달된다[79].

외부의 공압 제어를 사용하고 있는 기능적인 밸브를 만들기 위한 한 대표적인 방법이 여기에서 논의된다[85, 86]. 밸브는 두 개의 얇은 PDMS 필름층을 가지고 있다(그림 13.15). 첫 번째 층과 두 번째 층은 둘 다 앞의 사례에서 논의된 PDMS 몰딩 방법을 따른다. 첫 번째 층에서는 PDMS의 두께가 가능한 한 매우 얇다. 따라서 채널 바로 위의 천장은 매우 얇다(그림 13.15c). PDMS 전구체는 제거되기 전에 평탄화 작용을 거치며 정착된다.

두 번째 층은 공압 제어 라인으로 이루어져 있다(그림 13.15d). 첫 번째 층과 두 번째 층은 서로 횡단하는 채널과 함께 서로 접합된다. 산소 플라즈마 처리법으로 두 개의 층은 완전히 접합할 수 있다. 두 개의 PDMS 어셈블리는 기판에 접합한다. PDMS 첫째 층에 형성된 채널은 액체를 수송하는 데 쓰이는 반면, 두 번째 층 PDMS에 만들어진 채널은 기체나 액체의 압력을 전달하는 데 쓰인다.

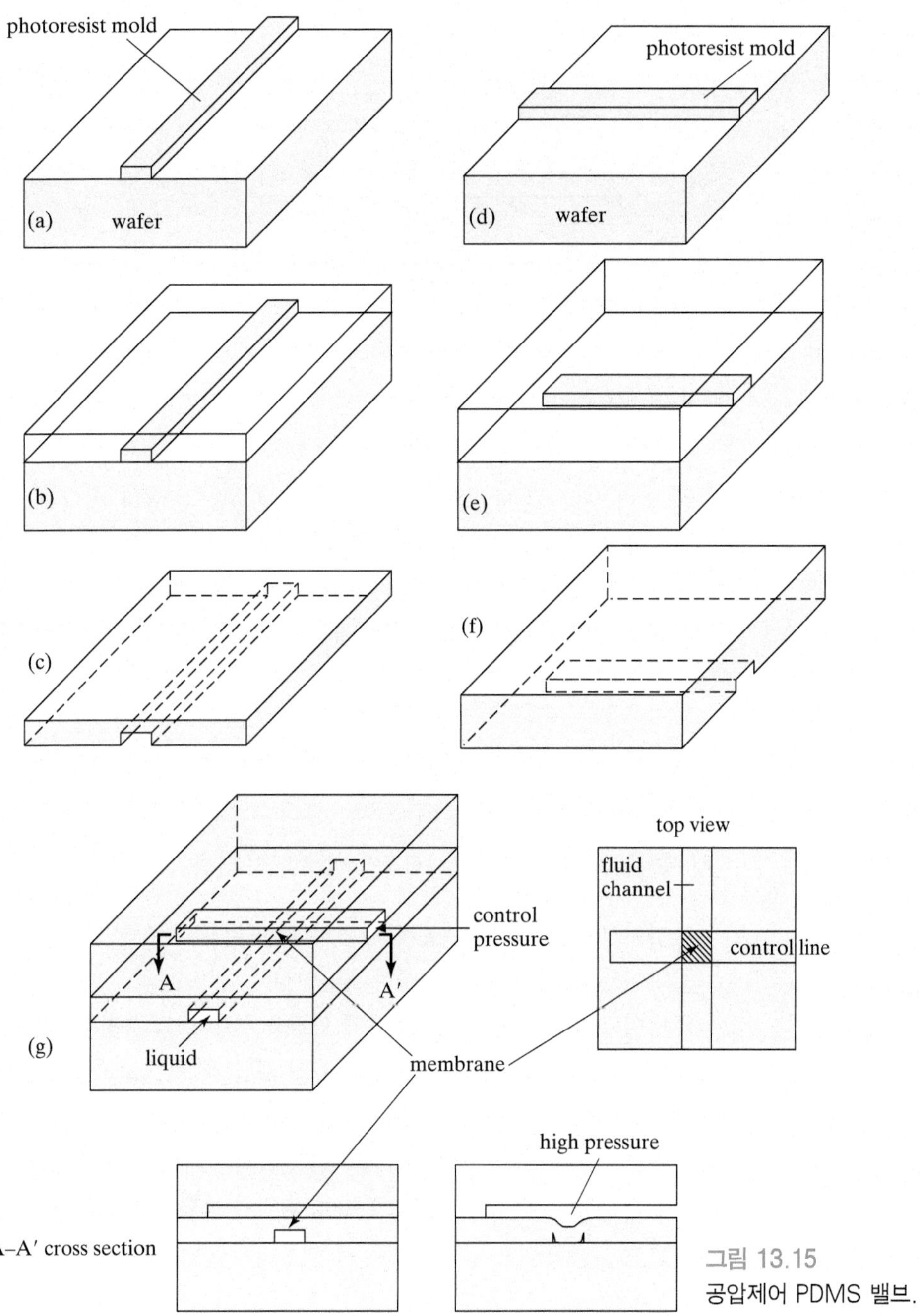

그림 13.15
공압제어 PDMS 밸브.

두 번째 층의 채널에 적용된 압력은 PDMS 멤브레인을 아래로 밀고 밑의 채널을 실링한다.

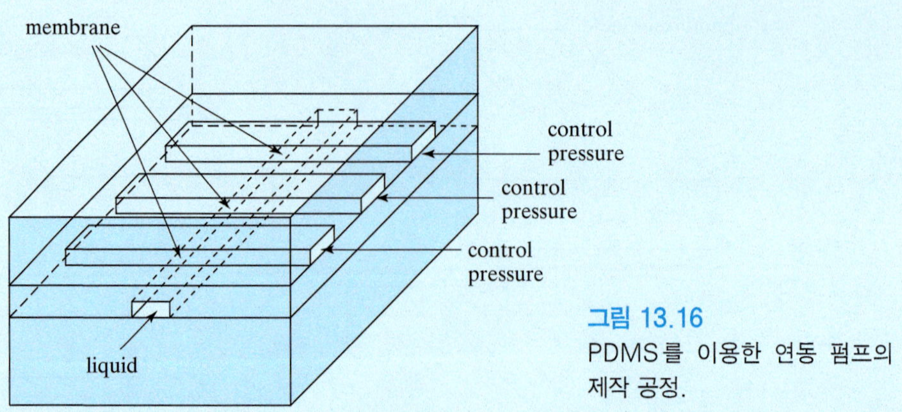

그림 13.16
PDMS를 이용한 연동 펌프의 제작 공정.

이 방법은 마이크로펌프를 제작하는 데 사용될 수 있다. 하나의 가능한 형태는 그림 13.16에서 볼 수 있다. 첫 번째 층의 채널은 세 상호 작용 면적의 위에 위치한 압력 라인을 가로지르며, 세 개의 명확한 PDMS 멤브레인을 형성한다. 연동 형태로 작동하는 세 개의 압력 라인은 두 개의 가능한 방향으로 유체를 연속적으로 밀어낼 것이다.

요약

이제 독자는 다음의 개념과 사실들을 이해할 수 있다.

- 마이크로채널의 기본 설계, 재료, 그리고 미세 제조 공정
- 마이크로채널 제조의 단순성과 유연성
- 마이크로 유체 채널에서의 유체 펌핑을 위한 주요한 방법과 원리
- 압력 유동 조건하에서 마이크로 유체 채널 세그먼트와 관련된 유동 저항 해석
- 실용적 마이크로밸브의 기본 설계
- 전기영동과 이전기영동의 기본 원리
- 실리콘 탄성 중합체 마이크로 유체 채널과 통합된 밸브의 설계

문제

문제 13.1: 설계

길이가 1 mm이고 단면적이 20 μm^2인 마이크로 유체 채널에서, 채널의 한 끝이 5 m 높

이의 물기둥에 구속되어 있을 경우 체적 유량과 평균 유동 속도를 구하라. 다른 끝은 대기압에 연결되어 있다.

문제 13.2: 제조

채널의 높이가 4 μm 일 때 문제 13.1 에 논의된 차원을 가지는 채널을 형성하는 3 가지의 실질적 방법을 알아보라. 채널 부분은 광학적 관찰을 위해 투명하여야 한다. 희생층 식각은 큰 채널 길이로 인하여 일반적으로 실제적이지 못하다.

문제 13.3: 설계

채널의 폭이 5 μm 일 때 문제 13.1 의 유동 환경에서 레이놀즈 수를 구하라.

문제 13.4: 검토

채널의 길이가 1~10 μm 이고 단면이 10 nm 인 유체 채널 어레이를 만드는 방법을 찾으라. 채널의 단면이 원형 또는 사각형 형태이어야 한다. 패턴화 방법에 대해서 논의해 보라. 실용성, 효율성, 정확성에 대해 언급하라.

문제 13.5: 설계

마이크로 유체 채널의 한 부분은 너비 30 μm, 높이가 1 μm 인 직사각형 단면을 가지며 길이가 10 mm 이다. 체적 유량 10 nl/min 를 달성하기 위해 필요한 압력은 얼마나 되는가?

문제 13.6: 검토

사례 13.1 의 가스 크로마토그래피 칩을 위한 제조 공정을 자세히 도시하라. 마스킹 층의 선택을 설명하라.

문제 13.7: 제조

사례 13.3[87]을 따라 통합된 유체 이송 채널을 가지는 신경 프로브의 제작 공정을 자세히 도시하라. 프로브를 따라 대표적인 단면에서의 공정을 도시하라.

문제 13.8: 설계

사례 13.6 에서 논의되었던 PDMS 공압 밸브는 유체와 제어 라인의 횡단으로 정의된 특정 영역에서 얇은 탄성 중합체 멤브레인을 활용한다. PDMS 표면의 접촉 때문에 신뢰할 만한 실링을 만들어 낸다. 밸브를 닫기 위해 필요한 문턱 전압을 줄이기 위한 최소한 3

가지 방법을 토론하라. 각각의 방법에서 제조 공정 효과를 토론하라.

문제 13.9: 제조

파릴렌 캔틸레버와 통합된 유체 운송 채널을 만드는 제조 과정을 설계하라. 채널은 캔틸레버의 끝에서 열린다. 프로브는 거의 벌크 실리콘 미세 가공된 핸들로 이루어져 있다. 핸들은 통합 채널과 기능적으로 소통하는 식각된 공동으로 이루어져 있다. 공동은 유체 저장소와 입구의 역할을 한다. 공동의 옆면과 핸들은 경사질 수도 수직일 수도 있음을 유의하라. 그림은 수직인 벽의 형태를 보여 준다. 자세한 리소그래피의 과정은 그림에서 무시될 수 있다. 공정에 사용된 재료의 모든 층을 명확히 표시하라.

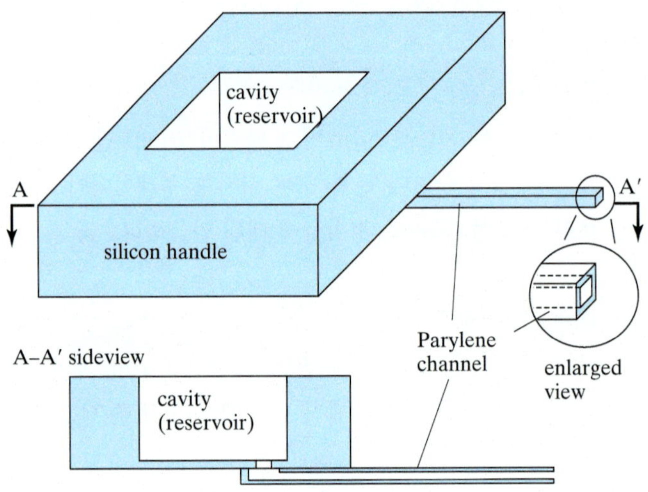

문제 13.10: 도전

접지면이 1 mm^{2}가 되지 않으며 전기에 의해 제어될 수 있는 마이크로밸브를 개발하라. 밸브는 역압이 30 kPa일 때 유체의 흐름을 완벽하게 멈출 수 있어야 한다. 밸브는 100 V 이하의 전압에서 작동된다. 접지면과 전압은 가능한 한 가장 작아야 한다. 밸브의 누설량은 없어야 한다. 칩 밖의 공압 소스를 사용하면 안 된다. 밸브는 반복적으로 작동될 수 있어야 한다.

참고문헌

1. Bae, B., et al., *Feasibility Test of an Electromagnetically Driven Valve Actuator for Glaucoma Treatment*, Microelectromechanical Systems, Journal of, 2002. **11**: p. 344–354.

2. Gwynne, P., and G. Heebner, *Drug Discovery and Biotechnology Trends—Laboratory Automation: Scientists' Little Helpers*, Science, 2004. **303**: p. 549–553.

3. Becker, T., et al., *Gas Mixture Analysis Using Silicon Microreactor Systems*, Microelectromechanical Systems, Journal of, 2000. **9**: p. 478–484.

4. Rusu, C., et al., *Direct Integration of Micromachined Pipettes in a Flow Channel for Single DNA Molecule Study by Optical Tweezers*, Microelectromechanical Systems, Journal of, 2001. **10**: p. 238–246.

5. Maharbiz, M.M., et al., *A Microfabricated Electrochemical Oxygen Generator for High-Density Cell Culture Arrays*, Microelectromechanical Systems, Journal of, 2003. **12**: p. 590–599.

6. Terry, S.C., J.H. Jerman, and J.B. Angell, *A Gas Chromatographic Air Analyzer Fabricated on a Silicon Wafer*, IEEE Transaction on Electron Devices. 1979. **ED 26**: p. 1880–1886.

7. Reston, R.R., and E.S. Kolesar, Jr., *Silicon-Micromachined Gas Chromatography System Used to Separate and Detect Ammonia and Nitrogen Dioxide. I. Design, Fabrication, and Integration of the Gas Chromatography System*, Microelectromechanical Systems, Journal of, 1994. **3**: p. 134–146.

8. Tian, W.-C., et al., *Microfabricated Preconcentrator-Focuser for a Microscale Gas Chromatograph*, Microelectromechanical Systems, Journal of, 2003. **12**: p. 264–272.

9. Harris, C., M. Despa, and K. Kelly, *Design and Fabrication of a Cross Flow Micro Heat Exchanger*, Microelectromechanical Systems, Journal of, 2000. **9**: p. 502–508.

10. Stephens, L.S., et al., *A Pin Fin Microheat Sink for Cooling Macroscale Conformal Surfaces Under the Influence of Thrust and Frictional Forces*, Microelectromechanical Systems, Journal of, 2001. **10**: p. 222–231.

11. Pattekar, A.V., and M.V. Kothare, *A Microreactor for Hydrogen Production in Micro Fuel Cell Applications*, Microelectromechanical Systems, Journal of, 2004. **13**: p. 7–18.

12. Peles, Y., et al., *Fluidic Packaging of Microengine and Microrocket Devices for High-Pressure and High-Temperature Operation*, Microelectromechanical Systems, Journal of, 2004. **13**: p. 31–40.

13. Arana, L.R., et al., *A Microfabricated Suspended-Tube Chemical Reactor for Thermally Efficient Fuel Processing*, Microelectromechanical Systems, Journal of, 2003. **12**: p. 600–612.

14. Lee, K.B., and L. Lin, *Electrolyte-Based On-Demand and Disposable Microbattery*, Microelectromechanical Systems, Journal of, 2003. **12**: p. 840–847.

15. Sammoura, F., K.B. Lee, and L. Lin, *Water-Activated Disposable and Long Shelf Life Microbatteries,* Sensors and Actuators A: Physical, 2004. **111**: p. 79–86.

16. Cattaneo, F., et al., *Digitally Tunable Microfluidic Optical Fiber Devices*, Microelectromechanical Systems, Journal of, 2003. **12**: p. 907–912.

17. Yobas, L., et al., *A Novel Integrable Microvalve for Refreshable Braille Display System*, Microelectromechanical Systems, Journal of, 2003. **12**: p. 252–263.

18. Ross, P.E., *Beat the Heat*, Spectrum, IEEE, 2004. **41**: p. 38–43.

19. Koo, J.-M., et al., *Integrated Microchannel Network for Cooling of 3D Circuit Architectures*. Presented at Proceedings of ASME International Mechanical Engineering Congress and Exposition (IMECS 03), Washington, DC: 2003.

20. Takao, H., and M. Ishida, *Microfluidic Integrated Circuits for Signal Processing using Analogous Relationship Between Pneumatic Microvalve and MOSFET*, Microelectromechanical Systems, Journal of, 2003. **12**: p. 497–505.

21. Thorsen, T., S.J. Maerkl, S.R. Quake, *Microfluidic Large-Scale Integration*, Science, 2002. **298**: p. 580–584.

22. Reyes, D.R., et al., *A Glow Discharge in Microfluidic Chips for Visible Analog Computing*, Lab on a Chip, 2002. **2**: p. 113–116.

23. Kenis, P.J.N.A., R.F. Ismagilov, and G.M. Whitesides, *Microfabrication Inside Capillaries Using Multiphase Laminar Flow Patterning*, Science, 1999. **285**: p. 83–85.

24. Goluch, E.D., et al., *Microfluidic Method for in-situ Deposition and Precision Patterning of Thin-Film Metals on Curved Surfaces*, Applied Physics Letters, 2004. **85**: p. 3629–3631.

25. Mirkin, C.A., *DNA-Based Methodology for Preparing Nanocluster Circuits, Arrays, and Diagnostic Materials*, MRS Bulletin, **25**: p. 43–54, 2000.

26. Pennisi, E., *Biotechnology: The Ultimate Gene Gizmo: Humanity on a Chip,*

Science, 2003. **302**: p. 211.

27. Li, J., and Y. Lu, *A Highly Sensitive and Selective Catalytic DNA Biosensor for Lead Ions*, Journal of American Chemical Society, 2000. **122**: p. 10466–10467.

28. Nam, J.-M., C.S. Thaxton, and C.A. Mirkin, *Nanoparticle-Based Bio-Bar Codes for the Ultrasensitive Detection of Proteins*, Science, 2003. **301**: p. 1884–1886.

29. Choi, J.-W., et al., *A New Magnetic Bead-Based, Filterless Bio-Separator with Planar Electromagnet Surfaces for Integrated Bio-Detection Systems*, Sensors and Actuators B, 2000. **68**: p. 34–39.

30. Taton, T.A., C.A. Mirkin, and R.L. Letsinger, *Scanometric DNA Array Detection with Nanoparticle Probes*, Science, 2000. **289**: p. 1757–1760.

31. Park, S.-J., T.A. Taton, and C.A. Mirkin, *Array-Based Electrical Detection of DNA with Nanoparticle Probes*, Science, 2002. **295**: p. 1503–1506.

32. White, F.M., *Fluid mechanics*, 4th ed. McGraw-Hill: 1999.

33. Jang, J., and S.S. Lee, *Theoretical and Experimental Study of MHD (Magnetohydrodynamic) Micro-pump*, Sensors and Actuators A: Physical, 2000. **80**: p. 84–89.

34. Darabi, J., et al., *Design, Fabrication, and Testing of an Electrohydrodynamic Ion-Drag Micropump*, Microelectromechanical Systems, Journal of, 2002. **11**: p. 684–690.

35. Richter, A., et al., *A Micromachined Electrohydrodynamic (EHD) Pump*, Sensors and Actuators A: Physical, 1991. **29**: p. 159–168.

36. Fuhr, G., et al., *Microfabricated Electrohydrodynamic (EHD) Pumps for Liquids of Higher Conductivity*, Microelectromechanical Systems, Journal of, 1992. **1**: p. 141–146.

37. Yang, L.-J., J.-M. Wang, and Y.-L. Huang, *The Micro Ion Drag Pump Using Indium-Tin-Oxide (ITO) Electrodes to Resist Aging,* Sensors and Actuators A: Physical, 2004. **111**: p. 118–122.

38. *fluidic Magnetic Micropump*, Microelectromechanical Systems, Journal of, 2001. **10**: p. 215–221.

39. Yun, K.-S., et al., *A Surface-Tension Driven Micropump for Low-Voltage and Low-Power Operations*, Microelectromechanical Systems, Journal of, 2002. **11**: p. 454–461.

40. Chiou, P.Y., et al., *Light Actuation of Liquid by Optoelectrowetting*, Sensors and Actuators A: Physical, 2003. **104**: p. 222–228.

41. Luginbuhl, P., et al., *Microfabricated Lamb Wave Device Based on PZT Sol-Gel Thin Film for Mechanical Transport of Solid Particles and Liquids*, Microelectromechanical Systems, Journal of, 1997. **6**: p. 337–346.

42. Benard, W.L., et al., *Thin-Film Shape-Memory Alloy Actuated Micropumps*, Microelectromechanical Systems, Journal of, 1998. **7**: p. 245–251.

43. Smits, J.G., *Piezoelectric Micropump with Three Valves Working Peristaltically*, Sensors and Actuators A: Physical, 1990. **21**: p. 203–206.

44. Olsson, A., et al., *Micromachined Flat-Walled Valveless Diffuser Pumps*, Microelectromechanical Systems, Journal of, 1997. **6**: p. 161–166.

45. Ahn, C.H., and M.G. Allen, *Fluid Micropumps Based on Rotary Magnetic Actuators*. Presented at Micro Electro Mechanical Systems, MEMS '95, Proceedings. IEEE. 1995.

46. Van de Pol, F.C.M., et al., *A Thermopneumatic Micropump Based on Microengineering Techniques*, Sensors and Actuators A: Physical, 1990. **21**: p. 198–202.

47. Handique, K., et al., *On-Chip Thermopneumatic Pressure for Discrete Drop Pumping*, Analytical Chemistry, 2001. **73**: p. 1831–1838.

48. Tsai, J.-H., and L. Lin, *Active Microfluidic Mixer and Gas Bubble Filter Driven by Thermal Bubble Micropump,* Sensors and Actuators A: Physical, 2002. **97–98**: p. 665–671.

49. Maxwell, R.B., et al., *A Microbubble-Powered Bioparticle Actuator*, Microelectromechanical Systems, Journal of, 2003. **12**: p. 630–640.

50. Tsai, J.-H., and L. Lin, *A Thermal-Bubble-Actuated Micronozzle-Diffuser Pump*, Microelectromechanical Systems, Journal of, 2002. **11**: p. 665–671.

51. Su, Y.-C., and L. Lin, *A Water-Powered Micro Drug Delivery System*, Microelectromechanical Systems, Journal of, 2004. **13**: p. 75–82.

52. Hong, C.-C., J.-W. Choi, and C.H. Ahn, *Disposable Air-Bursting Detonators as an Alternative On-Chip Power Source*. Presented at Micro Electro Mechanical Systems, 2002. The Fifteenth IEEE International Conference.

53. Madou, M.J., et al., *Design and Fabrication of CD-like Microfluidic Platforms for Diagnostics: Microfluidic Functions*, Biomedical Microdevices, 2001. **3**: p.

245–254.

54. Zeng, S., et al., *Fabrication and Characterization of Electroosmotic Micropumps*, Sensors and Actuators B: Chemical, 2001. **79**: p. 107–114.

55. Chen, C.-H., and J.G. Santiago, *A Planar Electroosmotic Micropump*, Microelectromechanical Systems, Journal of, 2002. **11**: p. 672–683.

56. Selvaganapathy, P., et al., *Bubble-Free Electrokinetic Pumping*, Microelectromechanical Systems, Journal of, 2002. **11**: p. 448–453.

57. Woolley, A.T., et al., *Functional Integration of PCR Amplification and Capillary Electrophoresis in a Microfabricated DNA Analysis Device*, Analytical Chemistry, 1996. **68**: p. 4083–4086.

58. Pohl, H.A., *Dielectrophoresis*. Cambridge University Press, 1978.

59. Mohanty, S.K., et al., *A Microsystem Using Dielectrophoresis and Electrical Impedance Spectroscopy for Cell Manipulation and Analysis*. Presented at Transducers, Solid-State Sensors, Actuators and Microsystems, 12th International Conference. 2003.

60. de Boer, M.J., et al., *Micromachining of Buried Micro Channels in Silicon*, Microelectromechanical Systems, Journal of, 2000. **9**: p. 94–103.

61. Papautsky, I., et al., *A Low-Temperature IC-Compatible Process for Fabricating Surface-Micromachined Metallic Microchannels*, Microelectromechanical Systems, Journal of, 1998. **7**: p. 267–273.

62. Lu, C.-J., et al., *Portable Gas Chromatograph with Tunable Retention and Sensor Array Detection for Determination of Complex Vapor Mixtures, Analytical Chemistry*, 2003. **75**: p. 1400–1409.

63. Hsieh, M.-D., and E.T. Zellers, *Limits of Recognition for Simple Vapor Mixtures Determined with a Microsensor Array*, Analytical Chemistry, 2004. **76**: p. 1885–1895.

64. Jacobson, S.C., et al., *Electrically Driven Deparations on a Microchip*. Presented at IEEE Solid-State Sensor and Actuator Workshop, Hilton Head Island, SC: 1994.

65. Chen, J., et al., *A Multichannel Neural Probe for Selective Chemical Delivery at the Cellular Level*, IEEE/ASME Journal of Microelectromechanical Systems (JMEMS), 1997. **44**: p. 760–769.

66. Kaltsas, G., and A.G. Nassiopoulou, *Frontside Bulk Silicon Micromachining*

Using Porous-Silicon Technology, Sensors and Actuators A: Physical, 1998. **65**: p. 175–179.

67. Kaltsas, G., D.N. Pagonis, and A.G. Nassiopoulou, *Planar CMOS Compatible Process for the Fabrication of Buried Microchannels in Silicon, Using Porous-Silicon Technology*, Microelectromechanical Systems, Journal of, 2003. **12**: p. 863–872.

68. Jo, B.H., et al., *Three-Dimensional Microchannel Fabrication in Polydimethylsiloxane (PDMS) Elastomer*, IEEE/ASME Journal of Microelectromechanical Systems (JMEMS), 2000. **9**: p. 76–81.

69. Jo, B.-H., et al., *Three-Dimensional Microchannel Fabrication in Polydimethylsiloxane (PDMS) Elastomer*, Microelectromechanical Systems, Journal of, 2000. **9**: p. 76–81.

70. Chiou, C.-H., et al., *Micro devices Integrated with Microchannels and Electrospray Nozzles using PDMS Casting Techniques*, Sensors and Actuators B, 2002. **86**: p. 280–286.

71. Burns, M.A., et al., *An Integrated Nanoliter DNA Analysis Device*, Science, 1998. **282**: p. 484–487.

72. Carlen, E.T., and C.H. Mastrangelo, *Surface Micromachined Paraffin-Actuated Microvalve*, Microelectromechanical Systems, Journal of, 2002. **11**: p. 408–420.

73. Vandelli, N., et al., *Development of a MEMS Microvalve Array for Fluid Flow Control*, Microelectromechanical Systems, Journal of, 1998. **7**: p. 395–403.

74. Li, H.Q., et al., *Fabrication of a High Frequency Piezoelectric Microvalve*, Sensors and Actuators A: Physical, 2004. **111**: p. 51–56.

75. Shikida, M., et al., *Electrostatically Driven Gas Valve with High Conductance*, Microelectromechanical Systems, Journal of, 1994. **3**: p. 76–80.

76. Yobas, L., et al., *A Novel Bulk Micromachined Electrostatic Microvalve with a Curved-Compliant Structure Applicable for a Pneumatic Tactile Display*, Microelectromechanical Systems, Journal of, 2001. **10**: p. 187–196.

77. Sadler, D.J., T.M. Liakapoulos, and C.H. Ahn, *A Universal Electromagnetic Microactuator Using Magnetic Interconnection Concepts*, Microelectromechanical Systems, Journal of, 2000. **9**: p. 460–468.

78. Rich, C.A., and K.D. Wise, *A High-Flow Thermopneumatic Microvalve with*

Improved Efficiency and Integrated State Sensing, Microelectromechanical Systems, Journal of, 2003. **12**: p. 201–208.

79. Yang, X., C. Grosjean, and Y.-C. Tai, *Design, Fabrication, and Testing of Micromachined Silicone Rubber Membrane Valves*, Microelectromechanical Systems, Journal of, 1999. **8**: p. 393–402.

80. Unger, M.A., et al., *Monolithic Microfabricated Valves and Pumps by Multilayer Soft Lithography*, Science, 2000. **288**: p. 113–116.

81. Lee, S., et al., *Control Mechanism of an Organic Self-Regulating Microfluidic System*, Microelectromechanical Systems, Journal of, 2003. **12**: p. 848–854.

82. Baldi, A., et al., *A Hydrogel-Actuated Environmentally Sensitive Microvalve for Active Flow Control*, Microelectromechanical Systems, Journal of, 2003. **12**: p. 613–621.

83. Richter, A., et al., *Electronically Controllable Microvalves Based on Smart Hydrogels: Magnitudes and Potential Applications*, Microelectromechanical Systems, Journal of, 2003. **12**: p. 748–753.

84. De, S.K., et al., *Equilibrium Swelling and Kinetics of pH-Responsive Hydrogels: Models, Experiments, and Simulations*, Microelectromechanical Systems, Journal of, 2002. **11**: p. 544–555.

85. Chou, H.-P., et al., *A Microfabricated Device for Sizing and Sorting of DNA Molecules*, Proc. Natl. Acad. Sci., 1999. **96**: p. 11–13.

86. Groisman, A., M. Enzelberger, and S.R. Quake, *Microfluidic Memory and Control Devices*, Science, 2003. **300**: p. 955–958.

87. Cheung, K.C., et al., *Implantable Multichannel Electrode Array Based on SOI Technology*, Microelectromechanical Systems, Journal of, 2003. **12**: p. 179–184.

CHAPTER 14

주사 프로브 현미경을 위한 기기

14.0 서론

주사 프로브 현미경(SPM: scanning probe microscope)은 표면의 특징과 변형을 알아보는 과학적인 도구들의 중요한 한 계열(family)이다. 스프링과 팁(tip)으로 이루어진 SPM 프로브는 SPM 장치의 핵심이다. 마이크로 공정을 통해 만들어진 SPM 프로브는 많은 SPM의 응용에 널리 사용되고 있다. 이 장에서는 우선 SPM 기술의 역사와 미래 잠재력에 대해 살펴볼 것이다(14.1절). 14.2절에서는 팁을 만드는 일반적인 방법들을 논의할 것이다. 다양한 물질로 이루어진 캔틸레버 스프링과 팁을 집적하는 설계와 공정 방법들은 14.3절에서 살펴볼 것이다. 통합된 센서와 액추에이터를 가진 능동 SPM 프로브는 그러한 장치들의 기능적 범위를 높여 준다. 통합된 위치 센서와 처짐 액추에이터를 가진 많은 SPM 프로브는 14.4절에서 살펴보겠다.

14.1 소개

14.1.1 SPM 기술

주사 프로브 현미경(SPM)들은 매우 높은 공간 해상도로 물질의 형상 및 표면 특성을 연구하는 데 사용되는 과학적 도구의 한 계열이다. SPM 계열의 기기들은 공통적으로 날카로운 팁과 샘플 표면 간의 다양한 범위의 물리적 상호 작용을 측정하는 데 사용된다. 더욱 폭넓게, 그것들은 인간이 원자, 나노, 또는 분자 크기의 물질과 상호 작용하기 위한 도구들이다.

일반적인 SPM 시스템은 다음의 필수 구성품으로 이루어져 있다(그림 14.1): 날카로운 팁, 샘플, 팁을 샘플 위에서 *X*, *Y*, *Z*축 방향의 공간으로 이동시키기 위한 정밀한 로

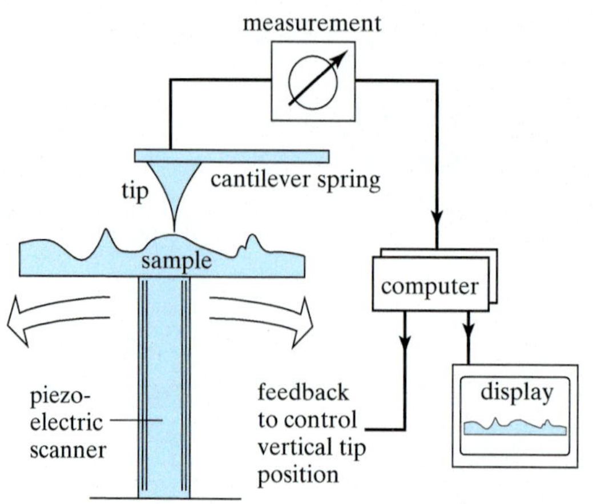

그림 14.1
SPM의 일반적인 개념도.

봇스테이지, 그리고 데이터 획득과 피드백 조절을 위한 전자 장치.

팁은 중요한 요소이다. 서로 다른 SPM 장치들은 서로 다른 설계와 물질로 만들어진 팁을 필요로 한다. 거의 모든 팁들은 끝이 날카롭다. 팁 끝단의 곡률은 20 nm 만큼 작아질 수 있다. 날카로운 팁은 샘플과 작용하는 공간적 범위를 국소화하고, 높은 공간 해상도에 기여한다.

팁은 전형적으로 캔틸레버 보의 형태를 가지는 스프링에 의해 지지된다. 캔틸레버는 3가지의 기능을 한다: (1) 팁의 변위를 알려 주는 센서 역할, (2) 팁의 위치나 온도를 제어하는 액추에이터 역할, 그리고 (3) 전기적 배선, 광학적 가이드를 전달해 주는 역할. 어떤 SPM 응용들은 높은 변위 민감도를 위해 아주 유연한 스프링(예를 들면 $k <= 0.1$ N/m)을 요구한다.

초기의 SPM 프로브는 수작업으로 만들었다. 이는 고된 일이었고, 반복성이 떨어졌다. 미세 가공 기술은 새로운 SPM 장치들의 개발에 도움이 되었다. 소형화와 마이크로 공정은 유연한 스프링, 팁 재료의 다양한 선택, 더 나은 반복 성능을 이끌어 내었다. 많은 예에서 MEMS는 기능적인 팁과 캔틸레버를 통합시키는 유일한 방법이다.

이 장에서는 설계와 공정, 그리고 성능 문제 간의 상호 작용을 설명하기 위해, 마이크로 공정으로 만들어진 SPM 프로브의 몇 가지 예를 살펴볼 것이다. 이 주제를 다루기 전에, SPM 장치에 대한 과거, 현재, 그리고 미래의 넓은 이해가 필요하다. 우선 SPM 계열의 초기 일원 중 두 개—주사 터널 현미경(STM: scanning tunneling microscope), 원자력 현미경(AFM: atomic force microscope)—를 간략히 검토하겠다.

STM은 SPM 장치의 가장 첫 번째 일원이다. 그것은 1981년에 IBM의 Gerd Binnig와 Heinrich Rohrer에 의해 발명되었다. 그리고 이들이 발명한 지 5년 뒤 노벨

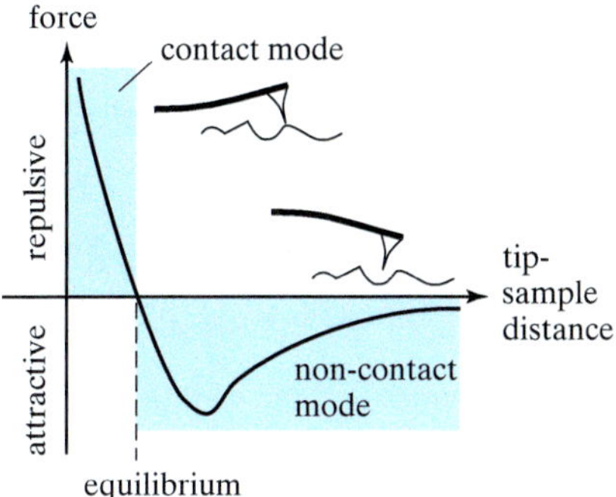

그림 14.2
원자력의 부호와 크기는 원자 간 간격의 함수이다.

물리학상을 받은 사실은, 과학과 기술에 STM의 직접적이고 심오한 영향을 설명해 준다. STM은 원자 해상도를 가지고 표면의 이미지를 만들어 내는 첫 번째 기기였다. 날카롭고, 전기적으로 전도성을 갖는 팁을 사용한다. 바이어스 전압이 팁과 전도성이 있는 샘플 사이에 적용된다. 팁이 샘플과 10 Å 이내에 놓이게 되면, 샘플의 전자들이 팁과 샘플의 가장 가까운 재료의 원자 간의 접합을 통해 터널링하기 시작한다. 터널링 전류는 어떤 영역 내에서 팁과 샘플 사이의 강한 함수 관계를 나타낸다.

일정한 높이의 스캐닝 모드에서, 터널링 전류의 크기가 기록되고 위상의 윤곽을 재구성하는 데 사용된다. 그러는 대신 터널링 전류가 일정하게 유지되는 동안, 팁과 기판 간의 거리가 점방식 스캐닝 중 폐회로 방식으로 제어될 수도 있다.

STM은 오직 전도성 표면을 분석하는 데 사용된다. 이러한 부족함을 보완하기 위해서 원자력 현미경(AFM)이 발명되었다. AFM은 비전도성 샘플 표면의 원자 해상도 위상 측정을 허용한다. AFM 기기에서는 팁과 샘플 간의 원자력이 캔틸레버의 처짐을 발생시킨다. 위상은 짐 스캔(raster scan)을 하면서 만들어지는 힘의 변위 맵으로부터 재구성된다. 힘의 몇 가지 종류는 일반적으로 AFM 캔틸레버의 처짐에 영향을 준다. 인력과 반력 모두 가능하다(그림 14.2).

AFM은 생물학적 물질을 포함한 비전도성 계열 물질들의 범위까지 원자 해상도 현미경의 능력을 확대할 수 있다. 오늘날 AFM 기기들은 기체나 액체 상태에서의 생물학적 구조의 규명과 생물학적 변화의 분석에 이용된다[1].

14.1.2 다기능의 SPM 계열

SPM 기기는 곧 터널링 전류를 측정하는 역할(STM)과 반데르발스 힘을 측정하는 역할(AFM) 이상으로 확대되었다. AFM 기기는 **힘 현미경**(force microscopy)이라고 불리는 일반적인 방식에 속한다. 힘 현미경 방식은 팁이 다양한 힘에 반응할 수 있게 확장되었다. SPM 기기들은 온도, 광도 등 다양한 물리적 요소들을 감지하는 데 사용된다. 다음으로 새로운 SPM 기기들의 대표적인 몇 가지 예를 알아보자.

LFM(lateral force microscopy)은 샘플의 평면과 평행한 방향의 힘으로부터 일어나는 캔틸레버의 측면 방향의 처짐(비틀림)을 측정한다(그림 14.3a). 캔틸레버의 측면 처짐은 대개 두 가지 이유로 발생한다: 표면 마찰의 변화와 기울기의 변화. LFM 연구는 표면의 에지가 향상된 이미지들을 획득하는 것뿐만 아니라 표면 물질에서의 이질성에서 오는 표면 마찰에서의 변화를 시각화하는 데 유용하다.

MFM(magnetic force microscope)이라고 불리는 SPM 기기 계열의 일원은 자연적인 혹은 가공된 물질의 표면에서의 자기장 영역을 형상화하는 데 이용된다. MFM 프로브에서 팁은 어떤 극성화된 자성을 가진 자성 박막으로 코팅되어 있다(그림 14.3b). 표면의 자성 영역(자석 디스크와 같은)은 자성화된 팁과 상호 작용을 하고, 반력 또는 인력을 형성한다.

SPM은 표면의 전하 분포를 측정하기 위해서 형성될 수 있다. EFM(electrostatic force microscopy)은 전기적 전하가 대전되어 있는 팁을 사용한다(그림 14.3c). 정전하 지역을 스캔하는 동안 캔틸레버는 처짐이 발생한다. EFM은 샘플의 표면에 국부적으로 대전된 영역을 매핑한다. 이것은 MFM이 샘플 표면의 자성 영역을 나타내는 방법과 비슷하다. 전하 밀도에 비례하는 처짐의 크기는 기본 빔 바운싱 방법(beam-bouncing

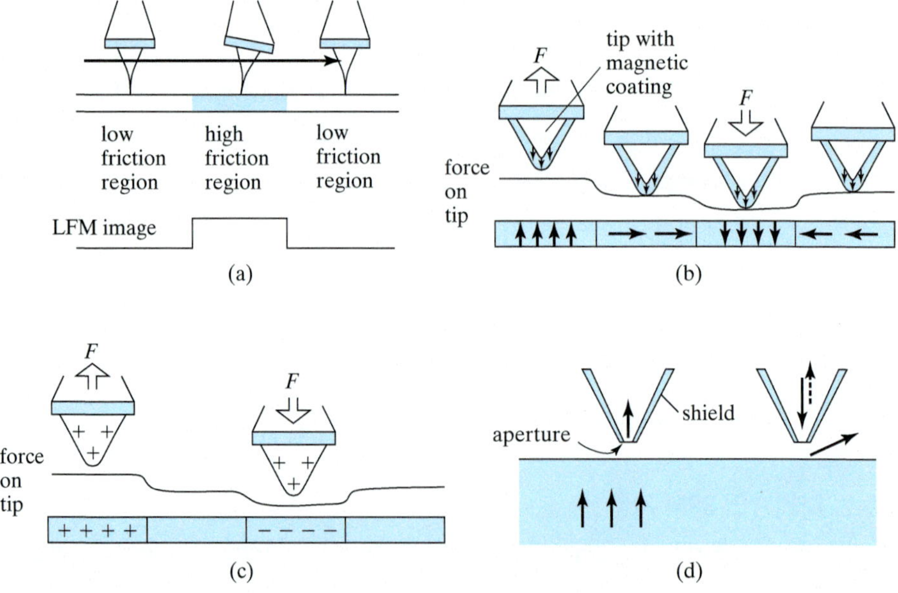

그림 14.3
스캐닝 측면 힘 현미경(LFM).

method)으로 측정될 수 있다. EFM은 표면 전하 밀도의 공간적 변화를 연구하는 데 이용된다. 예를 들어 EFM은 장치가 켜지거나 꺼질 때, 전자 회로의 정전기장을 나타낼 수 있다. 이 기술은 '전압 프로빙'으로 알려져 있으며, 마이크로미터 이하 스케일의 회로 거동을 규명하는 아주 유용한 도구이다.

모든 SPM 기기들이 힘의 측정과 해석을 포함하는 것은 아니다. 센싱 원리가 작게 된다면, 많은 기능적인 센서들의 공간 분해능은 센서들이 스캐닝 팁에 위치할 때 매우 향상될 수 있다. 다음의 3가지 예를 살펴보자.

SThM(scanning thermal microscopy)은 표면의 열전도도나 온도 분포를 측정한다. SThM의 핵심은 자기 가열(self-heating)이 되는 저항 요소가 있는 열 프로브이다. 팁의 온도는 국부적 온도, 열전도도, 위상을 해석하는 데 사용된다. 열 프로빙은 열전대[2, 3]와 줄 팽창(Joule expansion, 줄 팽창 현미경을 스캐닝하는 데서)에 의해 달성되었다[4].

SPM 기기는 광학 현미경(optical microscopy)과 분광학(spectroscopy)의 공간 분해능을 향상시키는 데 역시 이용된다. 전통적인 광학 현미경은 빛의 회절에 의한 분해능의 한계에 이르렀다(Abbé 회절 장벽). 근접 영역에서의 광학적 시각화는 샘플이 광원의 근접 영역 내에 위치하도록 하고, 파장 크기 이하의 조리개를 통해 샘플을 비추는 것을 포함한다. NSOM(near-field scanning optical microscope) 기술(그림 14.3d)은 단일 모드로 뽑힌 광섬유 끝단에서 형성된 마이크로미터 이하의 조리개를 통한 빛에 의해 샘플을 여기함(exciting)에 의해 작동한다. 전형적으로 조리개는 수십 나노미터의 지름을 갖는다. 통합된 웨이브 가이드와 정밀한 조리개를 가진 미세 가공된 NSOM 프로브가 과거에 개발되었다(예를 들면 [5]).

표면 자기장의 이미지화 역시 힘의 작용이 없는 방식으로 작동할 수 있다. 홀(Hall) 측정은 일반적으로 샘플의 도핑 농도를 분석하기 위해 반도체 회사에서 흔히 사용된다. 주사 홀 효과 현미경은 표면 자성 특성을 측정하는 데 있어서 MFM을 대체한다.

SPM으로 달성된 다른 인상적인 성능과 기능들은 다음과 같다.

- 초음파 주사 현미경(scanning acoustic microscope)은 생물학적 고체 상태의 재료를 분석하기 위해 표면 아래 특성을 감지하는 데 사용될 수 있다[6].
- SPM은 표면 아래에 있는 샘플 내에서의 국부적 에너지 손실을 조사하는 데 사용될 수 있다. 예를 들어 도핑 농도를 매핑하는 것과 같은 응용이다[7].
- 단분자 원자력 현미경은 100 pN 정도의 작은 힘을 분해함으로써 단백질 접힘의 경로를 연구하기 위해 시연되었다[8].
- 주사 힘 현미경은 원자들 안의 전하 분포를 매핑하기 위해 사용되었고[9], 단일 전자 스핀의 발생을 탐지하는 데도 사용되었다[10].

- 프로브들의 유연성과 굽힘 측정의 높은 민감도 때문에, 최근에 SPM 프로브는 생물학적, 화학적 센싱을 위한 도구로 사용되었다[11]. 프로브의 굽힘은 캔틸레버 표면의 화학적 침착[12, 13]이나 화학적 기능성을 가지는 팁과 관심 있는 화학적 기능성을 가지는 표면 간의 상호 작용[14]으로 인해 발생될 것이다. 마이크로 유체 채널이 통합되어 있는 캔틸레버를 사용하는 다중 생물학적 센싱이 시연되어 왔다[15].

14.1.3 SPM 기술의 확장

SPM 기기의 역할은 표면의 물리적 특성을 측정하는 것을 넘어 발전하였다. 오늘날 그 응용 사례들은 나노 패턴화와 데이터 저장이다. SPM 플랫폼은 전기적, 화학적, 기계적으로 분자 또는 원자 분해능으로 표면에 접근하거나 수정하는 요구를 충족시키는 데 이용된다. 나노리소그래피의 속도는 평행한, 때때로 독립적으로 접근할 수 있는 SPM 프로브나 프로브 어레이를 이용하여 향상시킬 수 있다[16, 17]. 원자 분해능 리소그래피는 다양한 원리들을 기반으로 할 수 있는데, 팁의 양극화[18], 단결정 또는 무정형 실리콘의 국소 산화[19], 유기 분해[20], 장 보조(field-assisted) 증발 작용[21], 원자의 장 보조 탈착[22, 23], 그리고 국부 자성화 등이 있다[24]. 이 기술들은 과학적 호기심을 넘어서, 마이크로미터 이하의 채널 길이를 가지는 반도체와 금속 산화물 장치를 만드는 것과 같은 응용에 사용된다[25, 26].

나노스케일 리소그래피에서 사용되는 대표적인 방법은 전도성이 있는 SPM 팁을 이용한, 실리콘이나 금속의 얇은 막의 국부적 표면 산화이다[18]. 실리콘 기판은 바이어스된 팁과 맞닿아 부분적으로 산화될 수 있다. 화학 반응을 위한 산화제는 팁과 샘플 사이에서 형성된 수분 접촉면에 있는 OH^- 이온에 의해 제공된다(그림 14.4). AFM 산화 과정에서의 측면 해상도는 주위의 습도에 강하게 의존한다.

DPN(dip pen nanolithography)은 생물화학적 분자들(DNA와 단백질을 포함하는)을 작은 선폭을 갖는 표면에 직접 증착시키는 데 아주 유용한 기술이다[27]. DPN 기술은 관심 있는 분자들을 코팅시킨 AFM 팁을 사용한다. 팁과 표면이 맞닿을 때, 접합점에

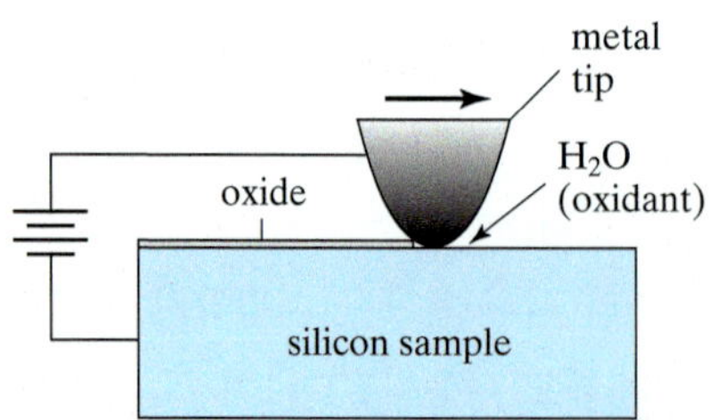

그림 14.4
실리콘의 국소 산화.

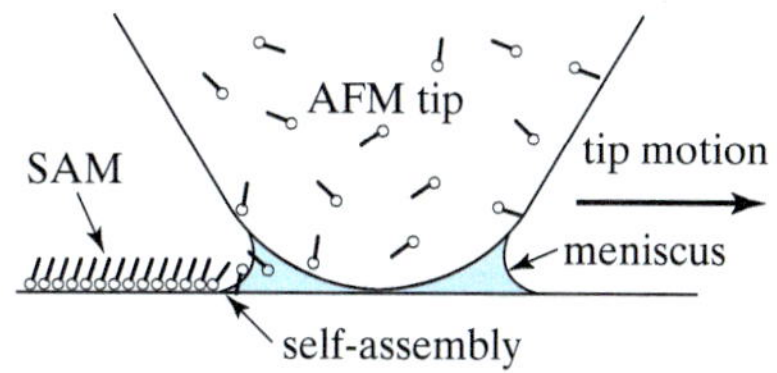

그림 14.5
딥펜 나노리소그래피(DPN).

서 액체의 메니스커스가 형성된다. 팁 위에 있는 분자들은 메니스커스 경계를 통하여 분자로 만들어진 미세한 형상을 이루면서 쓰는 표면에 확산한다(그림 14.5). SPM 팁이 매우 날카롭기 때문에, 50 nm 보다 작은 선폭이 실현되어 왔다.

디지털 전자공학과 인터넷의 확산은 메모리 저장에 대한 증가 요구를 가져왔다. SPM 은 고밀도의 데이터 저장소로 사용될 수 있다. 이러한 응용들에서, SPM 은 두 가지 역할을 한다—표면 수정하기(쓰기)와 그 다음에는 수정된 결과들을 측정하기(읽기).

현재 780 nm 의 다이오드 레이저를 사용하는 광학 디스크 드라이브(optical disk drive)에서는 정보 저장 밀도가 빛의 회절로 인해 약 80 Mbits/cm^2 까지 제한된다. 회절 한계 해상도는, 파장 이하 크기의 광원이 이미지를 생성하기 위해 샘플 근처에서 점 스캔되는 NSOM 에 의해 향상될 수 있다[5, 28]. 60 nm 만큼 작은 자기 광학 영역은 14 nm 두께의 Co/Pt 복합층을 갖는 자기 광학 필름에 의해 광학적으로 쓰기와 이미지화가 이루어졌다. 이 기술로 7 Gbits/cm^2 의 저장 밀도 가능성이 제시되었다.

고밀도 열전(thermoelectric) 데이터 저장은 IBM 과 스탠퍼드 대학[29~31] 그리고 그 밖의 다른 곳에서 연구되어 왔다[32]. 그것은 SPM 프로브의 어레이(array)를 사용하는 데, 각각 히터, 온도 센서, 그리고 제어/감지 전자 회로를 가지고 있다.

14.2 일반적인 팁 제조 방법

이 장에서는 SPM 프로브를 만드는 일반적인 마이크로 공정 방법에 대해서 살펴볼 것이다. 힘 현미경 프로브에 초점을 두어 살펴보겠다.

통합된 팁을 만들기 위해 재료와 공정 방법을 선택할 때, 가장 적절한 고려 요인은 다음과 같다.

1. 끝단의 날카로움
2. 팁(tip)의 가로세로비(aspect ratio)
3. 전도도
4. 내마모성

팁의 날카로움은 이미지 해상도를 결정한다. 날카로움의 요구는 팁과 캔틸레버의 재료와 공정 과정을 차례로 결정한다.

가로세로비는 팁의 날카로움과 자주 혼동된다. 하지만 실제로 분리된 관점이다. 높은 가로세로비(길이 대 팁의 지름)를 가지는 팁은 깊은 트렌치를 분석하는 데 쓰일 수 있다.

팁의 전도도는 STM 와 고전압 나노리소그래피 같은 어떤 SPM 장치나 나노리소그래피 작업에 있어서 아주 중요하다. AFM 프로브는 전도성이 있을 필요가 없다. 전도도 요구는 재료와 설계, 그리고 공정 기술의 선택에 영향을 준다.

내마모성은 넓은 스캐닝 지역의 접촉 모드 리소그래피 응용이나 산업적 응용들에서 아주 중요하다. 내마모성이 강한 팁은 금속, 실리콘, 또는 다이아몬드로 만들어질 것이다.

실리콘 비등방성 습식 식각은 통합된 팁을 실현하는 데 아마도 가장 널리 쓰이는 방법일 것이다. 실리콘 표면을 실리콘 산화물(열 산화법에 의해)이나 실리콘 질화물(화학 기상 증착법에 의해)과 같은 얇은 막의 층으로 코팅한다. 얇은 막 층은 포토리소그래피를 이용하여 패턴화되어 마스크 조각을 형성한다. 습식 비등방성 식각과 언더컷은 가파른 단면을 형성시키고, 그것이 날카로운 팁이 된다. 마스크 조각 밑에서 형성된 피라미드 형상의 팁은 그림 14.6 에 나와 있다.

이 기술은 아주 간단하며, 그 재료 역시 구하기가 아주 쉽다. 그렇지만 이 공정의 아주 중대한 결점은 팁의 윤곽이 불안정하고 변화하기 쉽기 때문에 팁의 날카로움을 제어하기가 아주 어렵다는 것이다. 일단 원자 크기로 날카로운 팁이 만들어지면, 마스크 조각은 떨어질 것이고, 팁은 빠르게 위로부터 공격받을 것이다. 팁의 날카로움을 제어하는 것은 공간적 비균등성과 식각률의 시간적 변화에 의해 더욱 복잡해진다.

비등방성으로 식각된 팁의 질과 공정 효율을 향상시키기 위한 일반적인 전략은, 원자 크기의 날카로운 팁이 형성되기 전에 식각 과정을 멈추고, 팁을 추가적인 과정 단계를 통해 날카롭게 하는 것이다. 납작한 끝을 갖는 팁의 SEM 현미경 사진은 그림 14.6a 에 나와 있다. 이러한 팁들은 산화로(oxidation furnace) 안에서 표면을 실리콘에서 실리콘 산화물로 대체하고, 산화된 것을 제거함으로써, 더욱 날카롭게 될 수 있다[33, 34]. 이렇게 날카롭게 하는 방법의 원리는 아래와 같다.

산화물 성장률은 표면 곡률(curvature)의 영향을 받는다. 정점(apex)에서의 산화물은 경사면에서보다 더 큰 응력을 받는다. 피라미드 형태 팁의 정점에서의 산화물의 성장률은 경사면보다 더 작다. 산화물 날카로움 사이클 후의 팁들은 더욱 날카로워진다(그림 14.7). 날카로움과 균등성은 몇 번의 이러한 과정을 반복함으로써 향상된다. 일상적인 공정은 15 nm 보다 작은 곡률 반경과 정점으로부터 1 μm 정도까지 약 30°의 원뿔각이 생기게 할 수 있다. 궁극적으로 이 방법은 곡률 반경이 1 nm 보다 작은 실리콘 팁을 만

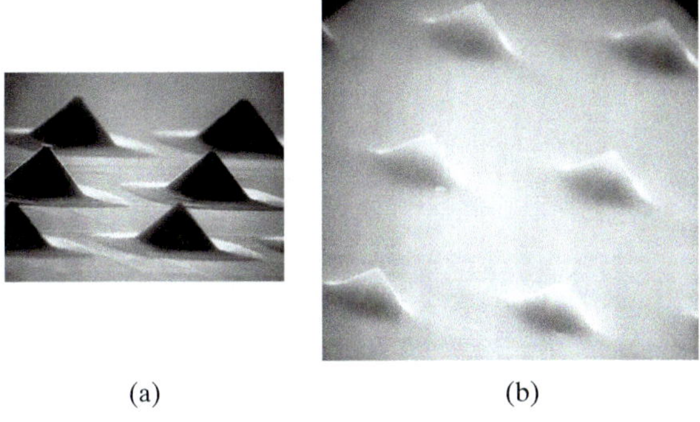

그림 14.6
날카롭게 하는 공정 전후의 프로브 어레이.

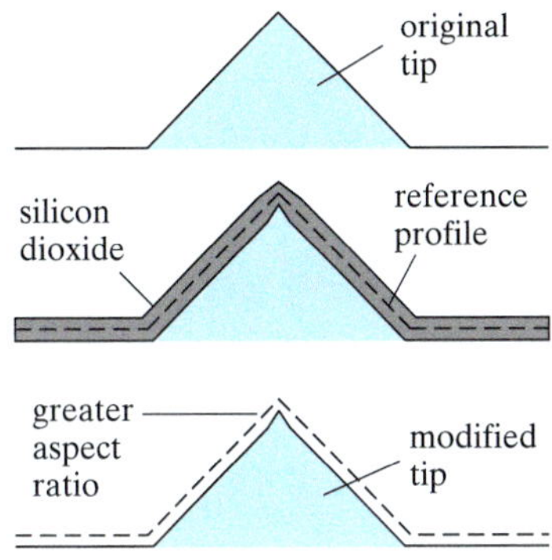

그림 14.7
팁을 날카롭게 하는 공정.

들 수 있다.

높은 가로세로비, 돌출형 실리콘 팁을 형성하는 또 다른 방법은 비등방성 습식 식각 대신에 플라즈마 식각을 사용하는 것이다. 플라즈마 식각은 비등방성 또는 등방성의 형상을 만들 수 있으며, 가스 혼합 비율, 압력, 전력, 전극 형상 등 여러 과정 변수에 달려 있다. 그것은 비등방성 실리콘 습식 식각을 사용해서 만든 것보다 더 높은 가로세로비를 갖는 팁을 만드는 경향이 있다. 비록 식각 과정이 놀라운 팁의 형상을 만들지만, 그것은 웨이퍼 전체에 균일하지 않고, 결과물을 재생하기 어렵다. 실제로 산화 작용을 통해 팁을 더욱 날카롭게 하기 위해서, 팁의 정점에 납작한 부분이 조금 남아 있을 때, 식각은 멈춰져야 한다.

팁은 비등방적으로 식각된 4개의 {111} 경사면을 가지는 SLSP 타입의 공동에 대해 몰딩에 의해 형성될 수 있다. 우리는 다음 절에서 몇 가지 예를 설명할 것이다. 산화 날카로움 기술 역시 역피라미드의 공동을 만든다. 그러므로 산화 날카로움 기술의 이점은 실리콘 질화물과 금속으로 만들어진 몰딩된 팁에 이전될 수 있다[35].

14.3 통합된 팁을 가진 캔틸레버

14.3.1 일반적인 디자인 고려 사항

하나의 SPM 프로브는 각각 하나의 캔틸레버와 팁으로 이루어진다. 이 두 가지 구성품들은 전체적으로 재료 선택, 설계, 그리고 공정 방법에 의해 고려된다. 캔틸레버에 해당하는 고려 사항의 가장 일반적인 요인들은 다음과 같다.

1. 캔틸레버의 스프링 상수
2. 캔틸레버의 고유 진동수
3. 캔틸레버의 고유 처짐
4. 캔틸레버의 표면 거칠기

많은 응용들은 일정 범위 내의 힘 상수를 필요로 한다. 예를 들어 높은 민감도의 AFM 측정기는 힘에 대한 민감도를 높이고, 접촉 모드에서의 표면에 대한 긁힘 손상을 피하기 위해서, 아주 유연한 캔틸레버(힘 상수가 0.1 N/m 아래)를 필요로 한다. 반면에 일부 응용들에서는 프로빙, 임프린팅, 그리고 스크래칭을 위해 강한 캔틸레버를 필요로 한다. 캔틸레버의 힘 상수를 계산하는 식은 3장에서 이미 다루었다. 길이, 너비, 그리고 두께 등의 모든 치수 요소 중에서 두께(t)는 설계에 있어서 가장 영향력이 큰 요소이다. 그것은 캔틸레버의 힘 상수가 t^3에 따라 변화하기 때문이다.

캔틸레버의 고유 진동수는 표면 이미지의 공간적 해상도뿐만 아니라 쓰기와 변위의 센싱을 위한 최대 밴드폭을 결정한다. 아주 큰 밴드폭을 갖는 SPM 센서는 빠른 속도로 표면을 스캔할 수 있다.

캔틸레버의 고유 처짐은 중요하다. 많은 응용들에서 캔틸레버의 고유 처짐은 시스템의 교정을 방해할 수도 있다. 더 나쁘게 보면, 고유 처짐은 성능에 영향을 줄 수도 있다. 예를 들어 만약 LFM 프로브가 구부러진다면, 횡방향 마찰력은 빔을 단순히 비틀리게 하기보다는 워핑(warping)이 일어나게 할 것이다.

캔틸레버의 표면 거칠기와 광학적 반사력 역시 중요하다. 많은 SPM 기기들은 처짐 측정을 위해 광학적 레버 방법을 사용한다. 만약 빔의 재료가 충분한 반사력을 제공하지 않거나 표면이 너무 거칠면, 캔틸레버는 SPM 기기에서 작동하지 않을 것이다. 광학적 반사를 향상시키기 위해서 추가적인 금속 코팅이 필요할 수도 있다. 그렇지만 추가적인 막은 원하지 않은 고유 처짐을 발생시킬 수도 있다.

14.3.2 일반적인 공정 방법

통합된 팁(통합된 센서나 액추에이터가 없는)을 가진 SPM 캔틸레버를 위한 일반적인

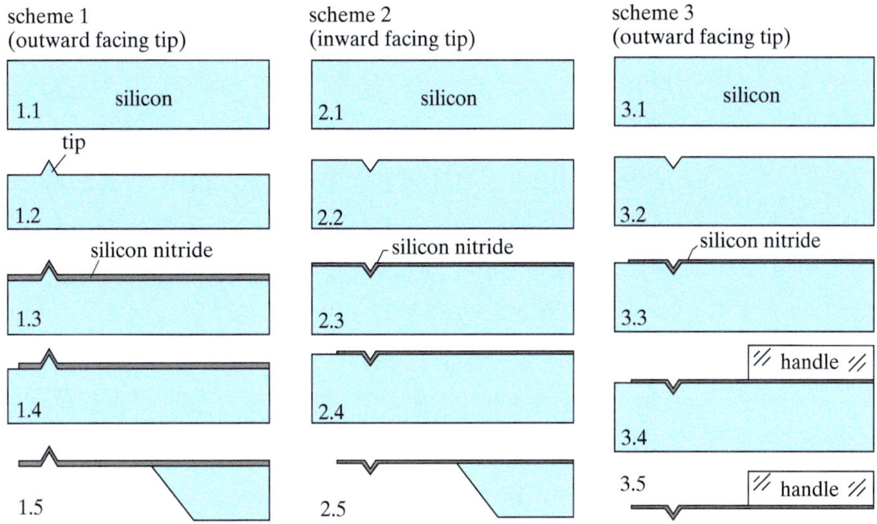

그림 17.8
통합된 팁을 가지는 실리콘 질화물 캔틸레버를 제작하는 방법.

공정방법이 이 절에서 논의된다.

단결정 실리콘과 실리콘 질화물로 만들어진 캔틸레버는 가장 보편적이다. 우리는 통합된 팁을 가지는 캔틸레버를 만들어 내는 7가지의 방법을 비교할 것이다. 방법 1에서 3까지는 실리콘 질화물 캔틸레버를 다루고, 반면에 방법 4에서 7까지는 실리콘 캔틸레버를 다루었다. 실리콘 캔틸레버를 다루면서 방법 4에서 5까지는 순수한 실리콘 웨이퍼를 사용한다. 반면에 방법 6에서 7까지는 매복층(높은 농도로 도핑된 실리톤 에치 스톱층이나 실리콘 산화물층)을 가지는 복합 실리콘 웨이퍼를 사용한다.

두 가지 형태의 캔틸레버가 가능하다. 하나는 팁의 끝이 기판의 전면으로부터 바깥으로 향해 있고, 다른 하나는 팁의 끝이 기판의 표면 안쪽을 향하는 것이다. 안쪽으로 향하는 팁은 사용하기가 힘들다. 그것은 기판이 방해할 수도 있고, 팁이 기판에 먼저 맞닿을 수도 있기 때문이다. 그렇지만 팁의 끝이 안쪽으로 향하고 있는 SPM 프로브의 공정과정은 더욱 간단하다(그림 14.8의 방법 2).

방법 1~3은 그림 14.8에 그림으로 나타내었다.

방법 1:

앞면이 {100} 면인 순수한 실리콘 웨이퍼가 사용된다(그림 14.8의 단계 1.1). 마스크층이 증착되고, 패턴화되며, 그것은 돌출된 피라미드 형태의 팁을 식각하는 데 사용된다

(1.2). 팁은 그 후에 산화 작용을 통해 날카롭게 된다. 마스크층과 산화물을 제거한 후에, 웨이퍼 전체를 실리콘 질화물로 원하는 두께까지 코팅한다(1.3).(간단히 하기 위해 웨이퍼 뒷면의 공정은 보여 주지 않는다.) 실리콘의 정면은 포토레지스트층으로 코팅되며, 리소그래피 방법으로 패턴화된다. 패턴화된 포토레지스트는 아래에 있는 실리콘 질화물을 식각하는 마스크로서의 역할을 한다(1.4). 그렇지만 포토레지스트의 스핀 코팅은 아주 쉽지는 않다. 팁의 정점에서의 포토레지스트 두께는 평면보다 작다. 만약 그 두께가 부족하다면, 팁의 정점을 보호하는 층은 아마도 완전히 제거될 것이다. 이러한 경우에는 비등방성 식각을 하는 동안 팁이 손상될 위험이 있다.

질화물층이 패턴화되어 통합된 실리콘 질화물 팁을 가진 캔틸레버를 형성한다. 웨이퍼 뒷면의 보호층은 패턴화되며, 그것들은 칩 핸들을 만들기 위해 비등방성 식각에 사용된다(1.5). 이 과정과 관련된 일부 불리한 점은 (1) 웨이퍼를 회전시키는 것과 단계 1.3 과 1.4 사이에서 팁을 보호하는 것의 어려움, (2) 실리콘 질화물의 증착이 이 두께에 동등한 양만큼 팁의 날카로움을 줄이고, 곡률 반경을 증가시키는 점이다.

방법 2:

{100} 실리콘 웨이퍼가 사용된다. 마스크층이 놓여지고, 패턴화되며, 피라미드 형태로 식각하는 데 사용된다(2.1). 실리콘 질화물층이 증착되고(2.3), 패턴화된다(2.4). 뒷면의 마스크층은 패턴화된다. 비등방성 식각은 핸들을 형성시킨다(2.5). 방법 1에 대한 방법 2의 가장 중요한 개선점은 실리콘 질화물의 두께에 의해 팁의 날카로움이 결정되지 않는다는 점이다. 역피라미드 형태의 식각이 갖는 다른 중요한 이점은, 이렇게 역공동 형상은 자체 한정적이며, 그 공정이 정확한 시간 제어에 의존하지 않는다는 점이다. 그렇지만 팁의 끝단이 안쪽을 향하고 있다. 그러므로 그것은 제한된 잠재적 응용을 제공한다.

방법 3:

팁 몰딩 공정은 날카로운 팁과 균일한 날카로움이 강건하게 실현되게 한다. 몰딩 과정을 통해 바깥쪽(outward)을 향하는 팁을 만들 수 있을까? 한 가지 방법을 제시한다. 다시 {100} 웨이퍼를 사용한다. 역피라미드의 형태는 비등방성 식각을 통해 정면의 표면에 형성된다(3.2). 캔틸레버를 만들기 위해 실리콘 질화물이 증착되고, 패턴화된다(3.3). 핸들 웨이퍼는 실리콘 기판에서 형성되는 것 대신에 실리콘 웨이퍼로 본딩된다(3.4). 추후 실리콘 웨이퍼는 등방성 실리콘 식각 용액에 의해 제거된다. 이 과정이 팁의 날카로움이 실리콘 질화물의 두께에 의해 결정되지 않는, 바깥쪽을 향하는 팁을 만든다. 사실 이 과정은 스탠퍼드 대학의 Quate 교수팀에 의해 만들어졌고, 상업적인 프로브를 만들기 위해 SPM 회사에 의해 가장 널리 쓰이고 있다[36, 37]. 이 과정에서 가장 큰 단점은 (1)

본딩 과정이 공정에 복잡성을 더한다는 것이며, (2) 실리콘 벌크를 제거하면서 비용과 시간이 많이 소요된다는 점이다.

실리콘으로 만든 SPM 프로브는 실리콘 질화물과 연관되어 있는 잔류 응력을 제거하며, 본질적으로 전도성이 있다. 방법 4와 5에 따르면, 실리콘으로 만든 캔틸레버는 순수한 실리콘 웨이퍼를 이용하여 만들 수 있다. 프로브를 만드는 이 과정은 실리콘 질화물을 이용해서 만드는 것보다 눈에 띄게 더 오래 걸린다.

방법 4:

{100} 실리콘 웨이퍼로 시작하여(그림 14.9, 단계 4.1), 피라미드 형태의 팁이 먼저 형

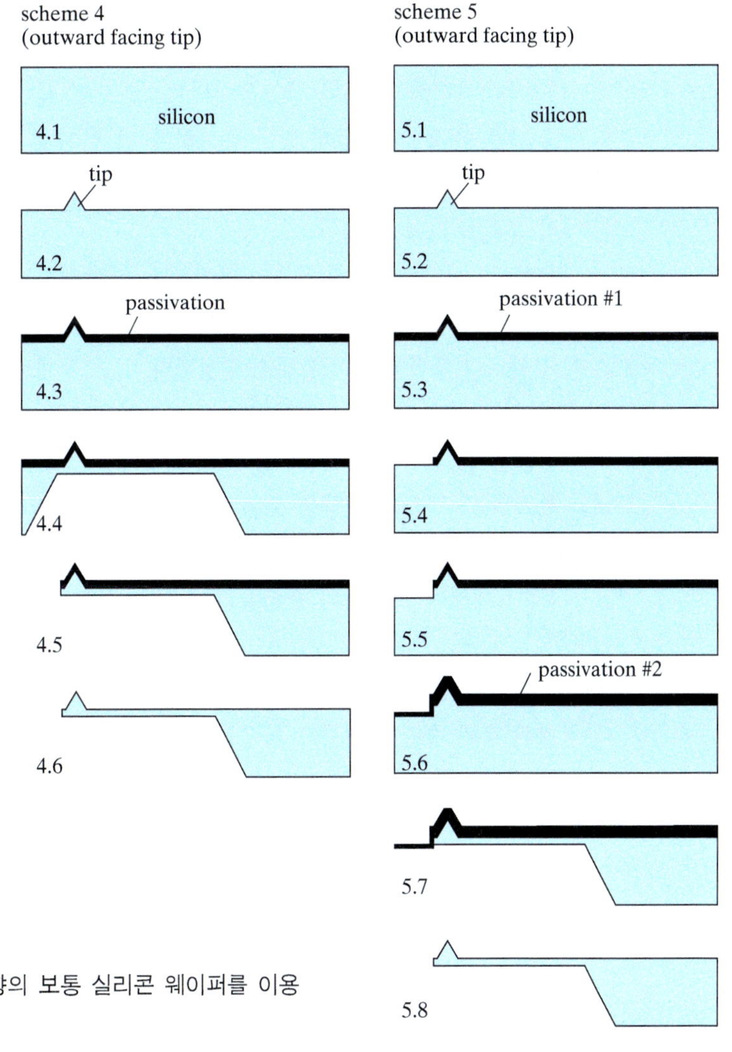

그림 14.9
〈100〉 방향의 보통 실리콘 웨이퍼를 이용한 공정.

성되고, 날카롭게 된다(4.2). 웨이퍼는 실리콘 산화물이나 실리콘 질화물 같은 등각(conformal) 보호층으로 코팅된다(4.3). 보호층이 실리콘 산화물이면 나중에 HF 용액을 사용하여 제거될 수 있다. 보호층이 실리콘 질화물이면, 뜨거운 인산(H_3PO_4)에 의해 나중에 제거될 수 있다. 뒷면에 있는 보호층이 패턴화되면, 비등방성 후면 식각에 필요한 마스크로서 사용된다(4.4). 후면 식각은 시간적으로 제어되며, 원하는 두께를 이루게 해준다(4.5). 그 다음에 장치를 완성하기 위해 정면의 층은 제거된다(4.6). 그렇지만 두께 조절은 실질적으로 어렵다.

방법 5:

대안이 되는 공정인 방법 5가 개발되었다. 처음의 몇 가지 단계들—5.1에서 5.3까지—은 방법 4와 동일하다. 플라즈마에 의한 정면 식각은 실리콘 빔의 두께를 결정한다(단계 5.4와 5.5). 웨이퍼의 정면은 보호막이 입혀지고, 뒷면의 비등방성 식각으로부터 보호된다. 식각이 정면에 거의 닿았을 때, 보호층으로 덮인 웨이퍼의 일부분은 투명하게 되고, 끝단을 측정할 수 있게 빛이 통과하게 될 것이다. 뒷면 식각의 시간을 주의 깊게 관찰해야 하는전략적 부담은 줄었다. 하지만 웨이퍼 스케일의 식각에서 불균일성 문제는 아직 풀리지 않았다.

방법 4를 이용하면, 4인치 웨이퍼에 있는 캔틸레버의 두께를 조절하기 위한 실질적인 정확도는 5~10 μm이다. 빔의 적당한 최소 두께는 대략 20 μm이다. 방법 5를 이용하면, 정확도는 방법 4에 비해 다소 향상된다. 최소 두께도 웨이퍼 스케일에서 5~10 μm로 향상된다.

더 얇은 캔틸레버는 더 원하는 스프링 상수를 얻을 수 있게 한다. 더욱 작은 캔틸레버의 두께와 더 견실한 공정을 갖는 실리콘 프로브를 실현시키기 위해서는 특별한 실리콘 웨이퍼가 사용된다. 두 가지 대표적인 공정이 방법 6과 7에서 설명된다(그림 14.10).

방법 6에서는 고농도의 불순물이 첨가된 실리콘 매복층이 있는 실리콘 웨이퍼를 사용한다. 불순물 첨가 농도는 식각을 멈출 수 있게 충분히 한다. 매복층은 저농도의 불순물이 첨가된 단결정의 실리콘 웨이퍼층에 덮어씌워진다[38]. 맨 위의 저농도 불순물이 첨가된 층과 중간의 고농도 불순물이 첨가된 층은 각 목표에 맞게 지정된다. 혼합된 층이 있는 웨이퍼는 본딩(bonding) 및 에치백(etch back)에 의해 형성된다. 혼합된 웨이퍼를 갖추는 과정은 두 웨이퍼를 본딩하는 것을 포함한다. 바닥의 층은 고농도의 불순물이 첨가된 위쪽 층을 가지고 있다. 맨 위의 웨이퍼가 에치백되고 폴리싱되어 원하는 정면의 불순물이 첨가되지 않은 실리콘의 두께를 남긴다.

피라미드 형태의 팁은 불순물이 첨가되지 않은 에피택시(epitaxy) 실리콘층을 통해서 형성된다(단계 6.2). 비등방성 습식 식각에 의해서 팁이 형성된다면, 식각은 매복층에

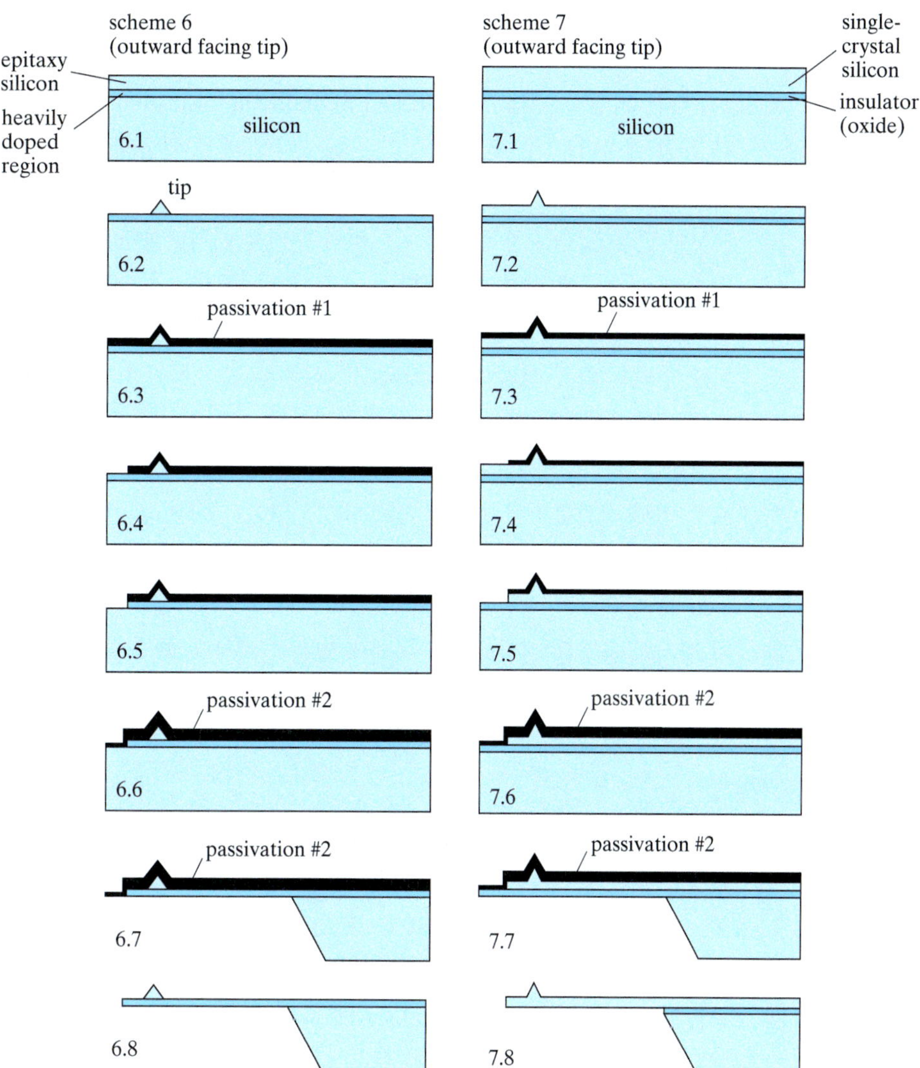

그림 14.10
복합 웨이퍼를 가지는 실리콘 캔틸레버.

도달했을 때 멈출 것이다. 그러고 나서 웨이퍼는 정면에 보호층(passivation #1)으로 코팅된다(6.3). 보호층은 패턴화되고 식각되며(6.4), 플라즈마 식각을 이용하여, 아래의 고농도 불순물이 첨가된 층을 식각하는 데 마스크로서 이용된다(6.5). 다른 보호층(passivation #2)은 노출된 실리콘을 코팅하기 위해 놓여진다(6.6). 후면 습식 식각이 수행된다. 식각이 고농도 불순물이 첨가된 매복층에 도달하자마자, 식각은 자동적으로 멈추게 된다(6.7). 그러고 나서 보호층들은 제거된다(6.8).

이 방법을 사용하면, 캔틸레버의 두께를 조절하는 정확도는 0.5 μm까지 높아진다.

다른 방법인 방법 7에 따르면, SOI(silicon-on-insulator) 웨이퍼를 가지고 시작한다. SOI 웨이퍼는 두 단결정 실리콘층 사이에 매복 인슐레이터(일반적으로 산화물) 끼여 있다. 웨이퍼는 두 가지 웨이퍼(순수한 실리콘 웨이퍼와 정면이 산화된 웨이퍼)를 본딩하여 만들고, 순수한 실리콘 웨이퍼의 두께를 에치백한다(7.1). 맨 위의 단결정 실리콘의 두께는 요구에 맞게 지정된다.

팁과 캔틸레버는 맨 위의 실리콘층에서 만들어질 수 있다. 처음의 몇 단계들은 피라미드 형태의 팁을 식각하고 날카롭게 하는 것(7.2), 정면을 보호층으로 덮는 것(7.3), 보호층을 패턴화하는 것(7.4), 그리고 플라즈마 식각을 이용하여 실리콘을 식각하는 것을 포함한다. 플라즈마 식각은 실리콘과 실리콘 산화물에서 아주 높은 식각 비율의 선택성으로 인해 산화물층에서 즉시 멈춘다(7.5)[39]. 전체의 웨이퍼 정면은 다시 보호층으로 덮이고(7.7), 웨이퍼 뒷면의 식각은 비등방성 습식 식각이나 DRIE(deep reactive ion etch)를 이용하여 수행된다. 둘 다 실리콘과 산화물 간의 아주 좋은 선택성을 제공한다. 이 장치의 공정은 캔틸레버의 아래에 있는 산화물을 따라 있는 보호층을 제거하는 것으로 마친다(7.8).

14.3.3 다른 방법들

14.3.2절에서 논의된 방법들은 반드시 실리콘 기판을 필요로 하고, 상대적으로 복잡한 과정을 갖는다. 그렇지만 대부분의 SPM 응용들이 반도체 특성들을 포함하지 않기 때문에, 실리콘 물질을 사용해서 SPM 프로브를 만들 필요는 없다. 실제로 구체적인 응용들을 보면, 금속이나 폴리머와 같은 대안적인 물질들은 성능이나 가격 면에서 충분하거나 바람직하다. SPM 프로브를 만드는 데 능률적인 방법은 사례 14.1에서 설명한다. 그 방법은 금속이나 폴리머를 이용한 팁을 실현하는 데 이용될 수 있다[40].

사례 14.1 SPM 제조를 위한 몰드-트랜스퍼 공정

단일 또는 배열을 이루는 SPM 프로브를 만드는 몰드-트랜스퍼 공정이 개발되어 왔다(그림 14.11). 비등방성 식각으로 만들어진 역피라미드 형태의 구멍이 있는 단결정 실리콘 기판은 SPM 프로브 팁을 만드는 데 '몰드'로서 사용된다. 역방향 구멍의 3차원 윤곽(네 개의 {111} 실리콘 결정면에 묶인)은 SPM 팁의 형상을 결정한다(그림 14.11a와 b)[41]. 희생층이 식각된 실리콘 기판 위에 놓인다(그림 14.11c). 그러고 나

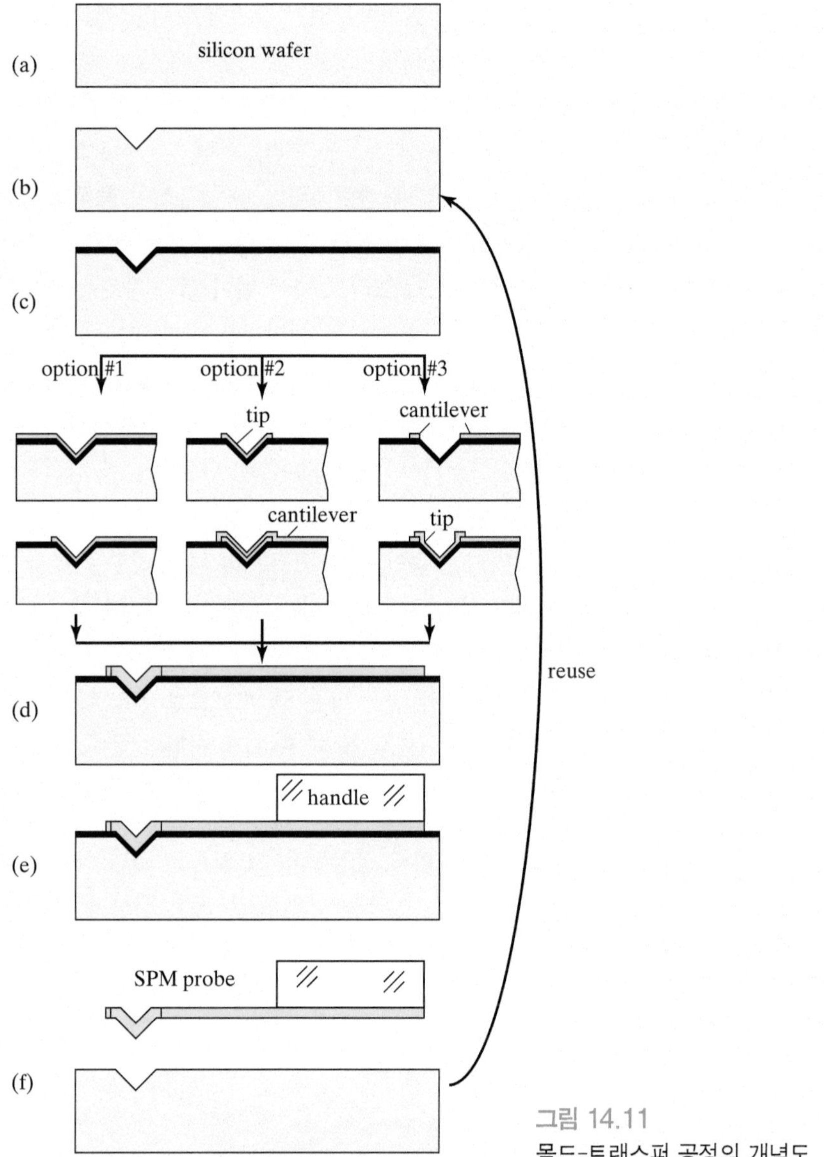

그림 14.11
몰드-트랜스퍼 공정의 개념도.

서 팁과 캔틸레버가 되는 물질들이 증착되고, 패턴화된다. 팁이 되는 층은 구멍의 부피만큼 채워지거나, 얇은 셸로 구성될 수도 있다. 팁과 캔틸레버는 같은 물질로 이루어질 필요는 없다는 것을 주의하라(그림 14.11d).

단계 (c)와 (d) 사이에 3가지의 공정 흐름 옵션이 있다. 만약 팁과 캔틸레버가 같은 물질로 만들어진다면, 옵션 1이 일어날 것이다. 팁과 캔틸레버를 위한 재료가 수도 있고(예를 들면 금속, 실리콘 질화물), 전기 도금이 되거나(예를 들면 금속), 스핀 코팅이 될 수도 있다(예를 들면 폴리이미드).

팁과 캔틸레버가 서로 다른 물질로 만들어졌을 때, 두 가지의 선택 가능한 접근 방법이 있다(그림 14.11의 옵션 2, 3을 보라). 옵션 2에 따르면, 팁이 되는 물질이 먼저 증착되고, 패턴화되며, 다음에 캔틸레버가 되는 물질이 증착되고, 패턴화된다. 옵션 3에 따르면, 먼저 박막의 물질을 입힌 다음, 캔틸레버를 만들기 위해 패턴화하고, 구멍과 겹쳐져 있는 부분을 열고, 그러고 나서 팁이 되는 물질을 증착하고, 패턴화한다. 공정 순서의 선택은 반드시 어떠한 공정 단계도 이미 기판에 존재하는 물질의 층에 불리하게 영향을 주어서는 안 된다는 점을 만족시켜야 한다.

다음으로 정교한 SPM 프로브의 취급을 쉽게 하기 위해, 핸들 칩을 프로브 캔틸레버 위에 붙인다(그림 14.11e). 마지막으로 SPM 프로브를 실리콘 '몰드'로부터 분리하기 위해 희생층이 완전히 식각된다(그림 14.11f). 희생층 물질과 식각용 시약 양쪽 모두, 희생층이 식각되는 동안 SPM 프로브와 팁이 영향을 받지 않기 위해서 신중하게 선택된다. 이 식각 과정은 실리콘 마스터 몰드를 재사용하기 위해 손상이 가도록 하면 안 된다.

방법 1에서 7까지 제시해 놓은 다른 SPM 프로브 공정 과정과 비교하면, 몰드-트랜스퍼 공정은 물질과 성능 면에서 볼 때 몇 가지 이점이 있다.

1. 프로브 팁의 외형은 SLSP 타입이면서 안정된 {111} 표면에 둘러싸인 역피라미드 형태의 구멍에 의해 결정된다. 그 외형은 초과 식각에 영향을 받지 않는다. SPM 프로브의 큰 배열을 위한 높은 공정 생산이 이루어질 수 있다(그림 14.12).
2. 이 공정은 실리콘 질화물, 금속(예를 들면 증착, 스퍼터링, 전기 도금, 무전극

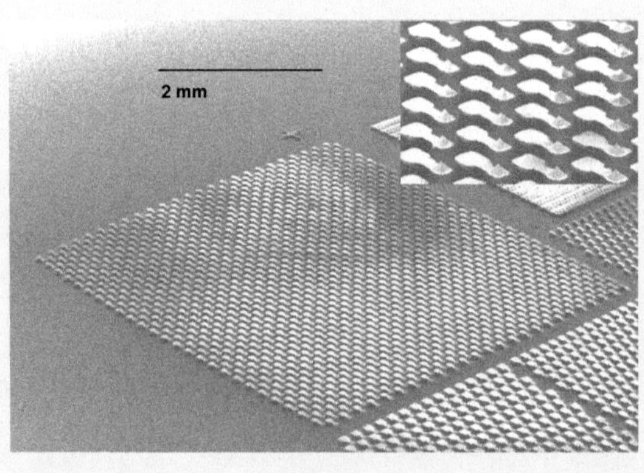

그림 14.12
몰드-트랜스퍼 기술로 제작된 SPM 프로브 어레이. 삽입 그림은 어레이를 확대한 것이다.

도금에 의한), 그리고 폴리머(예를 들면 폴리이미드, PDMS, 포토레지스트, 그리고 SU-8 레지스트) 등과 같은 물질의 다양한 선택을 가능하게 한다. 또한 프로브 팁과 캔틸레버는 서로 다른 물질로 만들어질 수 있다. SPM 응용을 위한 몇몇 알려진 또는 예측된 팁과 캔틸레버 재료의 조합이 표 14.1에 나열되어 있다.

3. 실리콘 몰드는 다시 사용될 수 있고, 공정 시간과 비용을 줄일 수 있다. 이것은 처음에 논했던 방법 3에 대한 하나의 이점이다.

식각된 실리콘 구멍은 이상적으로, 자동적으로 날카로운 끝을 갖는다. 그렇지만 팁의 곡률 반경은 희생층이 덮여짐으로써 손상을 입는다. 희생층의 두께가 더욱 두꺼워질수록, 곡률 반경도 커진다. 희생층의 두께는 일반적으로 100~200 nm이다.

이러한 날카로움의 정도는 일정한 상업적인 프로브만큼 좋지는 않다. 그렇지만 이러한 알맞게 날카로운 팁들은 SPM 프로브를 포함하는 많은 응용들에서 만족스러운 것으로 나타난다. 만약 더 날카로운 팁이 요구되면, 희생층의 두께를 줄이거나, 역피라미드 구멍의 산화물을 날카롭게 하거나[35], 탄소 나노튜브(carbon nanotube)를 붙이거나[42], 팁의 끝단에 in situ로 '슈퍼팁(super tip)'을 생성하는 등 많은 방법들이 이용될 수 있다.

표 14.1 가능한 팁과 캔틸레버 재료 리스트.

Tip material	Cantilever material	Comments
Metal (e.g., thin-film metal including Au, Al, Cu; electroplated metal such as Ni)	Metal (e.g., thin-film metal and electroplated metal)	Use another metal as a sacrificial layer
	Polymer (e.g., polyimide, SU-8)	
	LPCVD silicon nitride or polysilicon	Deposit LPCVD material first
Polymer (e.g., SU-8, polyimide, photoresist)	Metal (Au, Cu, Al, Ni, etc.)	
	Polymer (SU-8, polyimide)	
	LPCVD silicon nitride or polysilicon	Deposit LPCVD material first
Elastomer (e.g., polydimethylsiloxane)	Polymer (polyimide, etc.)	
	Metal	
	LPCVD silicon nitride or polysilicon	Deposit LPCVD material first
Silicon nitride tip	Metal	
	Polymer	
	LPCVD silicon nitride or polysilicon	

14.4 센서와 액추에이터를 가진 SPM 프로브

현재 대부분의 SPM 응용들은 오직 캔틸레버와 팁으로 이루어진 단일의 수동적인 SPM 프로브만을 포함한다. 그렇지만 많은 SPM 응용들은 센서와 액추에이터가 통합된 프로브를 필요로 한다. 데이터 저장과 나노리소그래피와 같은 앞으로의 많은 응용들은 높은 효율과 처리 능력을 달성하기 위해 어레이화된 SPM 프로브(1차원 또는 2차원의)를 요구한다[29, 43~45]. 어떤 응용들에서 프로브는 히터, 액추에이터, 그리고 센서와의 통합이 요구된다[46, 47].

비록 SPM 프로브가 높은 공간적 분해능을 가졌을지라도, 그것의 시야 범위는 일반적으로 매우 제한적이다. 그러므로 SPM 측정 기술은 넓은 표면의 이미지화로의 확대를 할 수 없다(예를 들어 반도체 마스크나 웨이퍼). SPM 프로브의 어레이는 이미지화하는 처리 능력을 높일 수 있다. 전체 배열에서 프로브의 변위를 동시에 감지하는 것이 필요하게 되었다.

센서와 액추에이터를 갖는 SPM 프로브의 설계와 공정 과정은 수동적인 SPM 프로브에서보다 더욱 복잡하다. 다음 절에서 몇 가지 대표적인 설계와 공정에 대해서 논하겠다.

14.4.1 센서를 가진 SPM 프로브

전통적인 SPM 기기들은 변위를 측정하기 위해 캔틸레버를 반사하는 레이저 빔을 사용한다. 이 방법은 간단하면서 비용이 적게 든다. 그렇지만 많은 변위를 빠른 속도로 신호로서 보내기 위해 다중 레이저를 사용하기에는 너무 비실용적이다. 어레이화된 SPM 센싱의 해결책은 센서가 각각의 프로브에 통합되는 것이다.

이 도전의 한 측면은 충분한 힘의 센싱 해상도를 달성하기 위한 이러한 센서들의 설계와 재료이다. 빔의 두께가 감도를 결정한다. 일반적으로 빔의 두께를 줄이게 되면 과정의 복잡도는 증가한다. 우리는 피에조 저항 센서를 갖는 세 가지 프로브에 대해 논의할 것이다. 대상 캔틸레버의 두께 값은 각각 4.5 μm(사례 14.2), 1 μm(사례 14.3), 그리고 0.1 μm(사례 14.4)이다. 이 세 가지 경우에서는 SOI 웨이퍼가 사용되었다.

사례 14.2 SPM 프로브용 실리콘 캔틸레버

첫 번째 예제는 캔틸레버의 전체 길이에 임베딩된 피에조 저항 센서를 가진 팁이 없는 AFM 프로브이다[48]. 캔틸레버는 피에조 저항 스트레인 게이지 역할을 하는 두

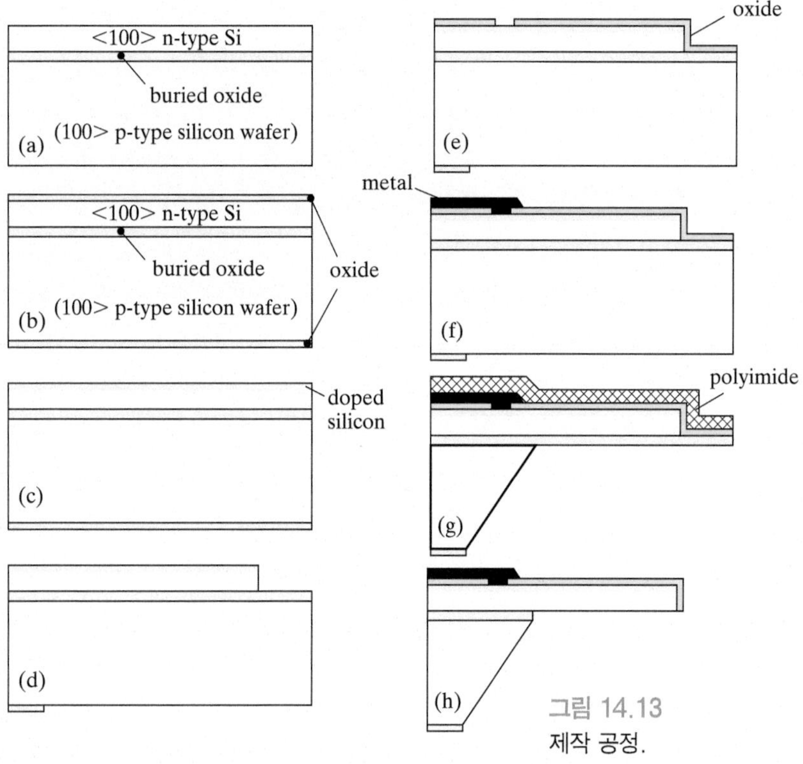

그림 14.13
제작 공정.

개의 층으로 구성되어 있다—고유의 실리콘층과 도핑된 실리콘층(220 Ω의 판 저항을 가진 p형). 캔틸레버는 4.5 μm의 두께를 갖고, 도핑된 영역의 평균 깊이가 0.5 μm이다. 캔틸레버의 길이와 두께는 각각 400에서 75 μm까지와 50에서 10 μm까지 변한다. 이는 스프링 상수 5~100 N/m에 해당한다. 측정된 고유 진동수는 대략 200~800의 공기 품질 계수(quality factor)를 가지고 40~800 kHz까지 다양하다. 다른 캔틸레버의 저항 범위는 2.5~70 kΩ이다.

저항은 가장 높은 응력을 가지는 지역을 차지하기 위해 정의된다. 하지만 이 논문에서 저항은 캔틸레버 전체에 덮여 있다. 이것은 도핑 방지층을 패턴화하기 위한 한 층의 마스크를 제거함으로써 공정을 단순화한다.

장치 공정 과정은 웨이퍼 본딩 기술을 이용하여 만들어진 SOI 웨이퍼로 시작된다. 꼭대기 층은 6±1 μm 두께와 15 Ω cm의 비저항을 가지는 n형 실리콘이다. 1 μm 두께의 중간 산화물층은 마지막 릴리스 단계(그림 14.13a)에서 벌크 실리콘 기판 식각 과정 동안 식각을 멈추는 데 이용된다. 먼저 맨 위 실리콘층은 2±1 μm 두께로 식각된다. 웨이퍼가 뒷면에 도핑 보호층을 제공하기 위해 산화된다(그림 14.13b). 연구자들은 웨이퍼의 앞면에서 산화물을 제거하기 위해 습식 식각을 사용하였다. 붕소가 10^{15} ions/cm^{2}의 선량(dose)으로 80 keV에서 전면에 주입된다. 도핑층의 두께는 정확히 제어된다(그림 14.13c). 캔틸레버를 정의하기 위해 포토레지스트를 사용하여 웨이퍼의 앞면을 패턴화한다. 앞면의 실리콘은 산화물층이 닿을 때까지 플라즈마를 사용하여 식각된다(그림 14.13d). 뒷면 또한 패턴화된다. 뒷면의 산화물은 감광 기법으로 패턴화되고 산화물은 HF를 사용하여 식각된다.

얇은 산화물은 증착되고, 보호층과 절연체층 역할을 한다. 산화물은 전기적인 접촉을 제공하기 위하여 캔틸레버의 끝에서 패턴화된다(그림 14.13e). 금속(알루미늄)은 스퍼터링되고, 패턴화되고, 리드선을 정의하기 위해 식각된다(그림 14.13f). 열적 풀림(thermal annealing)은 알루미늄이 도핑층과 옴 접촉을 하도록 수행된다. 폴리이미드층은 EDP에서 실리콘 이방성 식각이 되는 동안 보호되도록 웨이퍼의 앞면에 스핀 코팅된다(그림 14.13g). 이방성 식각은 묻힌 산화물층에 도달하는 구멍을 만든다. 과정 끝에서 폴리이미드는 제거(아세톤 또는 산소 플라즈마를 사용하여)되고, 원래 묻힌산화물은 AFM 프로브를 완벽하게 릴리스하기 위하여 HF를 이용하여 제거된다(그림 14.13h). 마지막으로 HF 용액은 마지막 장치를 만들기 위하여 남은 산화물을 제거한다.

캔틸레버의 최소 검출 굽힘은 민감도뿐만 아니라 측정 시스템의 잡음에도 의존한다. 저항 측정에서 기본 잡음 한계는 피에조 저항체에서 존슨 잡음에 의해 주어진다.

$$V_n = \sqrt{4k_B T R \Delta f} \tag{14.1}$$

V_n은 열-전기적 잡음, k_B는 볼츠만 상수, T는 온도, 그리고 Δf는 측정 대역폭이다. 게다가 잡음의 다른 소스가 있다. 예를 들어 1/f 잡음은 표면 결함과 접촉부에서 캐리어 트래핑과 같은 많은 원인으로부터 일어날 수 있다.

출력 신호는 휘트스톤 브리지에 적용된 전압에 따라 증가한다. 민감도를 증가시키기 위하여 전압 바이어스가 높아야만 한다. 하지만 최적의 바이어스 전압은 1/f 잡음의 성장을 돕지 말아야 한다. 사용되는 8 V의 바이어스 전압은 신호 대 잡음 비율의 최대화와 캔틸레버 상에서의 전력 소모를 수 mW로 감소시킨다. 10 Hz～1 kHz 대역폭의 최소 검출 굽힘은 0.7～0.1 $Å_{rms}$이다.

사례 14.3 SPM 프로브용 실리콘 캔틸레버

최근에 피에조 저항 센서가 있는 SPM 프로브가 1 μm 두께의 캔틸레버 위에 사례

14.2와 같은 그룹에서 만들어졌다. 이번에는 팁이 캔틸레버와 통합되었다[30]. 캔틸레버의 작은 두께와 팁의 결합은 (1) 도핑 프로파일의 정확한 제어, 그리고 (2) 매달린 캔틸레버가 만들어진 후 칩의 핸들링 등을 포함하는 이전의 경우와 비교할 때, 새로운 도전을 가져온다.

시작층은 5 μm의 실리콘층을 가진 SOI 웨이퍼이다(그림 14.14a). 산화물층이 증착되고 팁을 만들기 위한 마스크를 만들기 위해 패턴화된다. 플라즈마 식각은 마스크를 언더컷(undercut)하고, 무딘 팁을 만든다(그림 14.14b). 그러고 나서 무딘 팁은 산화 작용에 의해 날카롭게 된다(그림 14.14c). 팁의 식각과 산화 단계 동안 소실되고, 남아 있는 맨 위의 실리콘층의 두께는 대략 1 μm 정도가 되게 신중히 디자인된다. 캔틸레버 그 자체는 플라즈마 식각에 의해 패턴화된다(그림 14.14d). 100 nm 두께의 산화물이 도핑 마스크로서 이용되기 위해, 맨 위의 표면에 형성된다(그림 14.14e). 산화물은 불순물이 원하는 피에조 저항 위치에 도달하기 위해 선택적으로 식각된다(그림 14.14f). 저자는 5×10^{14}/cm^{2}의 선량으로 붕소를 이온 주입하여 얇은 도핑층을 만들었다. 이는 1000°C에서 10초 동안 빠른 열적 풀림과 40분 동안 800°C에서의 저온 화로 풀림에 의해 활성화된다(그림 14.14g). 옴 전기 접촉은 알루미늄의 금속화로 만

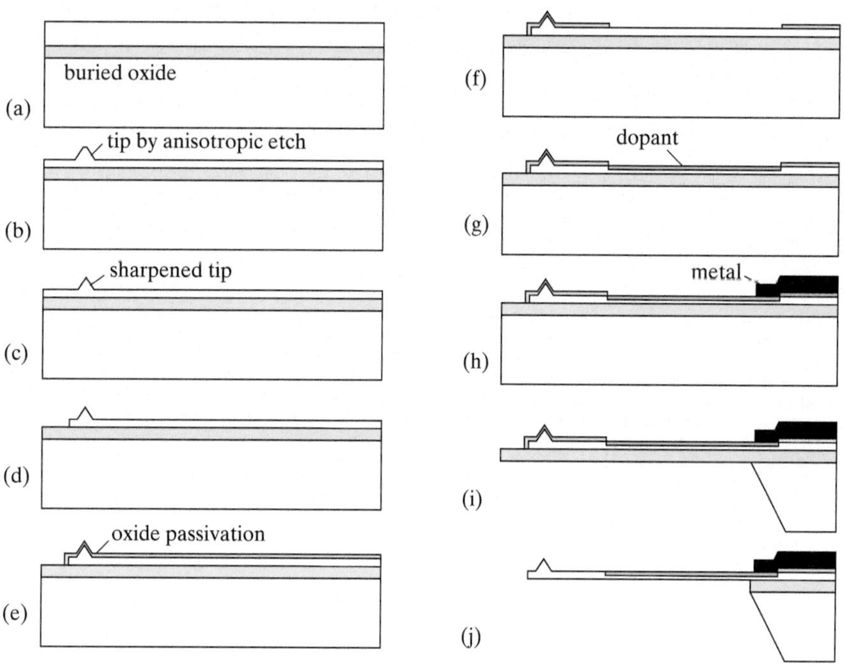

그림 14.14
두께가 1 μm인 빔의 제작.

들어진다(그림 14.14h). 웨이퍼의 정면은 보호된 상태에서, 뒷면의 식각이 행해진다(그림 14.14i). 과정의 나머지는 사례 14.2와 유사하다.

사례 14.2의 과정과는 다르게, 산화물 보호층을 놓는 단계는 이온 주입 후보다는 그 전에 행해진다. 이것은 산화 작용이 불순물이 널리 확산되게 하는 고온 과정이기 때문이다. 빔의 두께가 아주 작다면, 오차의 한계가 작아진다. 그러므로 산화 작용은 사례 14.2와 같이 이온 주입 후에 행해지면 안 된다. 이온 주입된 불순물 원자들은 도핑된 부분의 전체적인 확장을 제한하는 빠른 열적 풀림 방법을 이용하여 활성화된다.

사례 14.4 SPM 프로브를 위한 초박형 실리콘 캔틸레버

1000 Å 이하의 두께를 갖는 캔틸레버는 극히 높은 감도의 요구를 만족시키기 위해 만들어졌다(공기 중에서 8.6 fN/$\sqrt{\text{Hz}}$의 목표 최소 검출 힘을 가지는)[49]. 캔틸레버의 두께를 줄이는 데 있어서의 어려움은 도핑 윤곽을 정확하게 제어해야 하는 필요에서 생겨난다. 이전의 사례와 같이, 만약 두께를 통해 불순물들이 균일하게 확산된다면, 중립축에 대한 대칭성 때문에 감도는 0이 될 것이다. 도핑은 빔의 두께의 1/2 이상이 되어서는 안 된다. 캔틸레버와 비대칭적인 도핑을 만들기 위해 논의된 방법들은 이러한 작은 두께에서는 더 이상 충분한 정확도를 주지 못한다. 피에조 저항체를 만들기 위해 이온 주입으로 캔틸레버를 도핑하는 대신에, 피에조 저항체는 저압 화학 증착법을 이용하는, 붕소가 도핑된 실리콘의 'in situ' 증착에 의해 만들어진다. 우리는 어떻게 이 도핑 과정이 전체의 공정 흐름에 합쳐지는지 알아보겠다.

이 과정은 10 Ω cm의 백그라운드 도핑된 SOI 웨이퍼로 시작한다(그림 14.15). 정면의 실리콘 두께는 200 nm이고, 이는 SOI 웨이퍼 공정 기술의 한계에 가깝다(a). 정면의 실리콘은 선택적으로 얇게 된다. 기계적 폴리싱과 습식 실리콘 식각 등을 포함하는 몇 가지 옵션이 가능하다. 그렇지만 이러한 방법들은 이 응용에서 필요로 하는 높은 정밀함을 주지 못한다. 그 대신에 열 산화 작용 과정이 수행된다. 산화물은 실리콘과 산소가 반응하여 형성되는데, 그러므로 정면의 실리콘이 소모된다. 산화 작용 과정은 다소 느리고, 균일하며, 실리콘의 두께가 정확하게 제어될 수 있게 한다. 산화물은 나중에 제거되며, 정면의 실리콘 두께는 80 nm만큼 남는다(b). HCl 용액은 웨이퍼를 깨끗하게 하는 데 사용되었다. 비록 실리콘에 대한 HCl의 식각 속도는 유한하지만, 그것은 정면으로부터 10 nm만큼의 실리콘을 소멸시킨다.

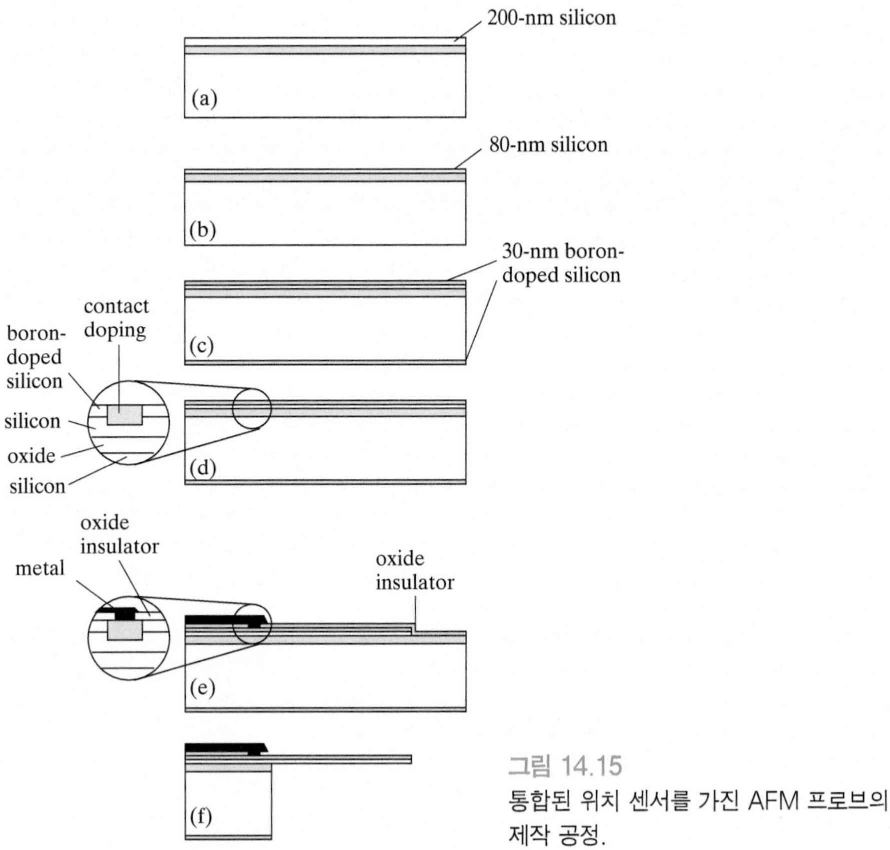

그림 14.15
통합된 위치 센서를 가진 AFM 프로브의 제작 공정.

붕소가 도핑된 실리콘층은 웨이퍼 전체에 걸쳐 30 nm 두께와 4×10^{19} cm^{-3}의 도핑 농도로 생성된다(c). 갠틸레비의 모양을 결정하는 데 사용하는 포토레지스트를 웨이퍼에 코팅시킨다. 도핑된 실리콘은 피에조 저항체를 형성한다. 그렇지만 금속과 피에조 저항체의 직접적인 접촉은 높은 저항력과 정류 접촉을 야기한다. 비정류 특징의 낮은 저항 접촉을 만들기 위해서, 붕소 주입은 국부적으로 30 keV 에너지와 1×10^{15} cm^{-2}의 조사량으로 수행된다. 주입 부분은 작은 접촉 패드 지역으로 제한되는데, 다른 지역은 주입되는 동안 이온을 멈추게 하기 위해 경화된 포토레지스트로 덮는다(d). 열풀림 과정은 산소가 있는 환경 속 700°C의 온도에서 3시간 동안 행해진다. 이것은 불순물의 활성화와 웨이퍼의 정면을 보호해 주는 산화물 자연체의 형성을 달성한다.

접촉 창(window)은 산화물에서 열린다. 다음은 알루미늄의 증착과 패턴화이다(e). 접촉 부분은 1시간 동안 400°C의 포밍 가스(forming gas)에서 풀림된다. 뒷면 산화물과 도핑이 된 실리콘은 릴리스 마스크를 사용하여 패턴화된다. 깊은 반응 이온 식각 단계는 매복된 산화물층이 도달될 때까지 비등방적으로 실리콘층을 제거한다(f). 비등방성 습식 식각은 보호층이 낮은 온도와 짧은 산화물 성장하에서 비교적 얇기 때문에 여기서는 사용될 수 없다. 산화물층이 매복된 것과 증착된 것 둘 다 완충 HF 용액을 사용하여 제거되며, 캔틸레버와 접촉 영역은 부착제로서의 포토레지스트를 가지는 일시적으로 접착된 실리콘 웨이퍼로 덮인다. 그러고 나서 마지막 과정으로 결합 웨이퍼는 아세톤(acetone)에 의해 제거된다.

14.4.2 액추에이터를 가진 SPM 프로브

액추에이터가 통합된 SPM 프로브는 능동 제어와 데이터 저장과 같은 새로운 응용 능력을 제공하기 위해 개발되어 왔다. 액추에이터들은 횡단 팁 변위를 제공하는 데 자주 사용된다. 이러한 액추에이터들은 피에조 전기, 정전용량, 또는 열 바이메탈 액추에이션 법칙들이 바탕이 된다. 서로 다른 액추에이션 법칙을 바탕으로 하는 두 가지 예는 다음 단락에서 논의된다. 첫 번째는 사례 14.5로 캔틸레버 위에 피에조 전기 센서와 액추에이터로 이루어진 SPM 프로브이다. 두 번째는 사례 14.6으로 캔틸레버와 팁을 대신하는 열 바이메탈 액추에이터를 포함한다.

사례 14.5 피에조 전기 센싱 및 액추에이션 기능을 가진 SPM 프로브

Calvin Quate 교수가 이끄는 스탠퍼드 대학교의 연구팀은 피에조 저항 센서와 피에조 전기 액추에이터를 통합한 원자힘 현미경(atomic force microscope)을 개발했다[47]. 이 장치의 공정은 100 μm 두께의 고유 실리콘층과 맨 위의 실리콘층과 기판 사이에 1 μm의 실리콘 산화물층을 갖는 <100> 방향의 SOI 웨이퍼로 시작한다(그림 14.16a). 이 공정의 초기 단계는 사례 14.2와 동일하다. 열적으로 자란 실리콘 산화물은 정면과 뒷면을 덮었다(b). 양면 리소그래피 단계는 정면과 뒷면에 적절한 정렬을 가지고 산화물을 정의하는 데 사용한다. 정면의 패턴화된 산화물은 비등방성 건식 식각을 위한 마스크를 형성하는 데, 이에 반해 웨이퍼 뒷면의 패턴화된 산화물은 벌크 실리콘의 공동을 식각하기 위한 마스크를 형성한다. 팁은 플라즈마 식각을 이용하여 맨 위층의 실리콘으로부터 만들어진다. 일단 팁들이 형성되면, 그것들은 950°C에서 2시간 동안 습식 산화 작용을 통해 날카롭게 된다. 80 keV와 5×10^{14} ions/cm^{2}의 조사량에서의 이온 주입은 피에조 저항체의 도핑된 층을 만들기 위해 사용된다(c).

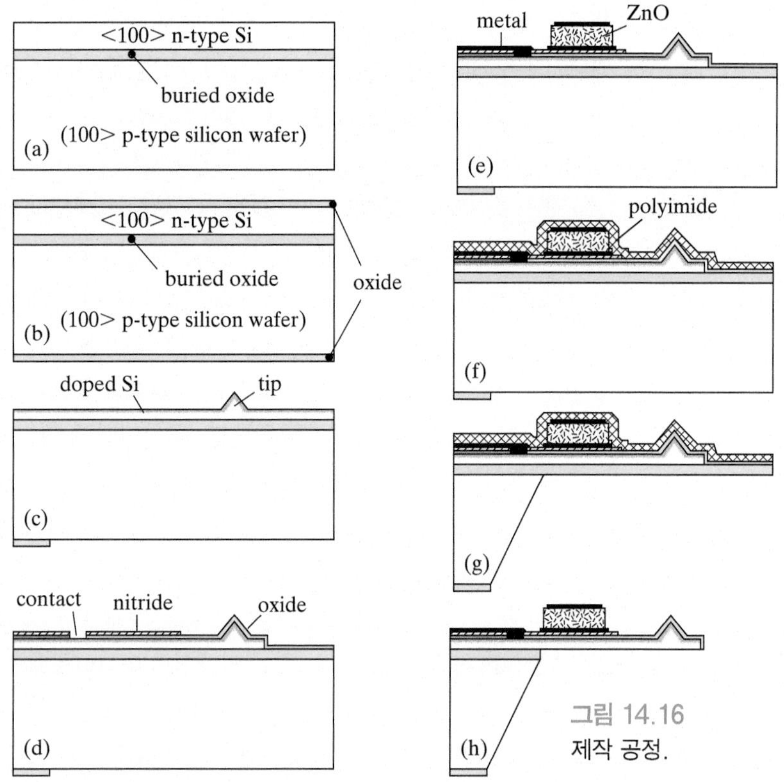

그림 14.16
제작 공정.

실제로 도핑 농도는 두께 방향으로 분포를 나타낼 것이다. 유효 게이지율은 각 층마다 다른 도핑 농도를 갖는, 층으로 놓이는 방식으로 저항을 근사화함으로써 획득될 수 있다. 정확한 해는 반도체 공정 시뮬레이션 툴(Technology CAD나 TCAD 툴로 불리는)을 써서 구할 수 있다. 크기 추정의 목적을 위해, 표면 선량을 유효 두께로 나누어 체적 밀도를 구하고 도핑 수준에 근거하여 피에조 저항 계수를 찾는 것은 허용 가능한 방법이다[50].

그러고 나서 캔틸레버는 포토리소그래피로 정의되고 식각된다. 100 nm 두께의 산화물은 캔틸레버의 맨 위에 생성된다. 그것은 보호층, 전기적 고립, 불순물의 활성화, 그리고 높은 에너지의 이온 충돌로 야기된 표면 손상을 고치는 것 등 많은 목적을 제공한다.

0.2 μm 두께의 LPCVD 질화물이 증착된다. 그것의 기능은 나중에 논하겠다. 캔틸레버의 베이스 부분에 접촉 구멍이 열려 있어서, 첫 번째 금속화(10 nm의 Ti과 500 nm의 금으로 이루어진)는 실리콘과 전기적 접촉을 일으킬 수 있다(d). 이러한 금속층은 피에조 저항체를 위해 금속 리드선 구실을 한다. 바닥 전극은 ZnO 피에조 전기 액추

에이터로 작용한다. ZnO는 DC 마그네트론 스퍼터링에 의해 금 표면 위에 3.5 μm의 두께로 증착된다. Cr과 Au 층은 ZnO 층 위에 다시 한 번 증착된다. ZnO가 포토리소그래피 화학 물질에 반응하기 때문에, 현상(development) 대신에 리프트오프(lift-off)가 이용된다. 금속은 맨 위의 전극 역할을 하고, 또한 ZnO 식각을 위한 마스크로서 역할을 한다. ZnO 식각은 15 g $NaNO_3$, 5 ml HNO_3, 그리고 600 ml H_2O로 이루어진 용액을 이용하여 수행된다(e).

전체 웨이퍼의 정면은 비등방성 식각액으로부터 보호하기 위해 폴리이미드층 보호막으로 씌워진다(f). 폴리이미드는 증착되는 낮은 온도와 도달할 수 있는 층 두께 때문에 보호층으로 이용된다. LPCVD 박막(질화물과 산화물 같은)은 ZnO의 퀴리 온도에 거의 가까운 증착 온도 때문에, 보호층으로의 좋은 대상이 아닐 것이다. 벌크 실리콘은 묻혀 있는 산화물층에 닿을 때까지 뒷면에 공동을 형성하며 식각이 된다(g). 산화물은 HF를 이용하여 제거된다(h). HF 용해제는 ZnO를 오히려 빠르게 손상시키기 때문에, ZnO 밑에 있는 LPCVD 질화물층은 식각 단계 동안 ZnO를 보호하는 아주 중요한 역할을 한다.

캔틸레버는 420 μm의 길이를 갖고, 총 길이에서 180 μm만큼은 ZnO 액추에이터로 되어 있다. 캔틸레버의 각 다리는 37 μm의 너비를 갖고, 캔틸레버의 전체 너비는 85 μm이다. 107 V/m의 전기장이 가해질 때 캔틸레버의 전체 처짐은 1 μm이다.

센서와 액추에이터가 통합된 프로브는 표면을 이미지화하는 데 이용된다. 피드백 루프는 피에조 저항체를 이용한 캔틸레버의 변위를 모니터하며, 팁과 샘플 기판 간의 일정한 공간을 유지시키기 위해 ZnO 액추에이터가 편향되도록 전압을 결정한다. 그렇지만 센서와 액추에이터가 완전하게 분리되지 않는다. ZnO 조각 밑에 있는 피에조 저항체의 부분은 팁에 적용되는 힘과 연관되지 않은 신호를 발생시킨다. 프로브는 커플링에 따른 보상을 해야 하기 때문에 전기적으로 계산이 되어야 할 필요가 있다. 나중에는 ZnO 액추에이터의 바로 밑의 영역은 그 영역과 연관된 피에조 저항체의 감도를 적어도 80% 정도 줄이기 위해 고농도로 도핑되어 있다[51].

나중에 ZnO는 피에조 저항체를 제거함으로써 간편한 설계의 이점과 함께, 액추에이터와 센서 둘 다로 사용되었다[52].

사례 14.6 열적 액추에이션을 가지는 SPM 나노리소그래피 프로브

전통적인 DPN 패턴화는 단일 AFM 프로브를 사용하여 수행된다. 0.1~5 μm/sec의 전형적인 기록 속도에서, 처리 능력은 공정의 직렬적인 특성에 의해 제한된다. DPN 기록의 처리 능력을 증가시키기 위해서는 어레이화된 병렬 프로브가 필요하다. DPN 프로브 어레이는 2가지로 분류된다. 수동적인 프로브와 능동적인 프로브. 수동적인 프로브 어레이에서 배열에 있는 모든 팁들이 조화롭게 움직이고, 같은 패턴을 그린다. 능동적인 어레이에서 각 프로브마다 액추에이터가 연결되어 있어, 기록 표면으로부터 각 프로브가 다른 프로브와는 독립적으로 떨어질 수 있다. 이는 각 프로브마다의 기록 공정이 뜻대로 켜지고 꺼지게 할 수 있도록 한다. 전형적인 수동적 프로브의 디자인과 공정은 다른 곳에서 검토된다[53].

액추에이션에는 몇 가지 후보 방법이 있다: 정전기력, 피에조 전기, 그리고 열적 굽힘. 열적 바이메탈 굽힘은 낮은 비용의 재료, 간편한 공정, 그리고 잠재적으로 큰 변위의 장점을 갖는다. 피에조 전기 액추에이션 방법은 복잡한 공정, 재료 가공의 전문성, 그리고 전용의 장비를 필요로 한다. 정전기력 액추에이션은 일반적으로 작은 변위를 나타낸다.

열 액추에이션이 작용하는 SPM의 도식적인 그림은 그림 14.17에 나와 있다. 각각의 프로브는 두 가지 층으로 구성되어 있다: 금속층과 실리콘 질화물층. 이 두 가지 층의 재료들은 서로 다른 열팽창 계수를 가지고 있다. 금속층은 열저항과 팽창 패치를 갖도록 패턴화된다. 뿌리 부분의 구불구불한 금 와이어는 금이 실리콘 질화물 보와 바이모프(bimorph) 액추에이터로 여전히 작용하는 동안, 저항 히터 역할을 한다. 열이 작용되지 않을 때, 팁은 기록 표면에 접촉한다. 그리고 가열 전류가 공급되면, 팁은 기록 표면으로부터 떨어져 나온다.

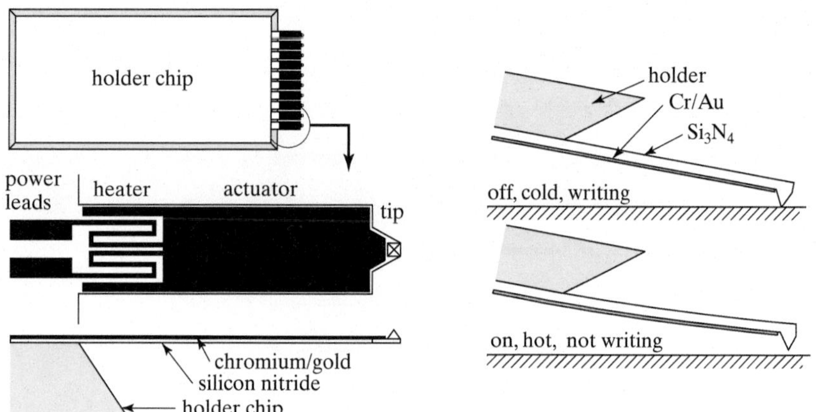

그림 14.17
열적으로 구동되는 DPM 프로브의 원리.

능동적인 DPN 프로브의 디자인은 반드시 몇 가지 상충되는 디자인 기준을 만족시켜야 한다. 예를 들어 각 프로브는 반드시 (1) 들어올릴 때에 표면 점착력을 극복할 수 있는 충분한 힘을 생성해야 하고, (2) 표면의 위상을 충분히 극복하는 변위가 발생해야 하며, (3) 어레이와 표면 간의 어긋난 정렬을 맞추기 위해 누를 때, 표면에 긁힘이 생겨서는 안 되며, (4) 기기 외형을 간단하게 하기 위한 고유의 박막 응력으로부터 생기는 릴리스 후 곡률을 최소화해야 한다. 중요한 기준을 만족시키는 성공적인 기하학적 설계는 수치 해석 과정을 통하여 구해졌다[54].

열 액추에이션이 작용하는 DPN(TA-DPN) 프로브를 만드는 공정 과정은 그림 14.18에서 나타내고 있다. 공정은 산화된 <100> 방향을 갖는 실리콘 웨이퍼로 시작한다(그림 14.18a). 돌출된 팁은 우선 비등방성 식각을 통해 만들어진다(그림 14.18b). 피라미드 형태의 끝단은 열 산화 작용과 산화물 제거 이 두 가지 반복을 통해 날카롭게 된다[55](그림 14.18c). 그러고 나서 실리콘 질화물층은 저압 화학 기상 증착(low-pressure chemical vapor deposition)을 통해 증착된다. 그것은 캔틸레버 빔을 형성하기 위해 반응성 이온 식각으로 패턴화된다(그림 14.18d). 크롬과 금을 포함하는 금속층이 금속 히터 리드와 액추에이터를 만들기 위해 증착되고 패턴화된다(그림 14.18e).

크롬층은 금과 실리콘 기판 간의 점착력을 향상시킨다. 크롬의 두께를 일반적으로 작게 하지만, 그럼에도 불구하고 그것은 고유 응력과 원치 않은 굽힘을 발생시킨다.

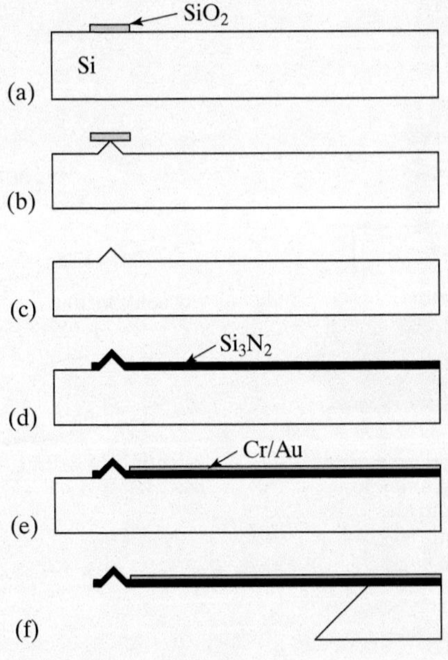

그림 14.18
TA-DPN 프로브의 미세 제작 공정.

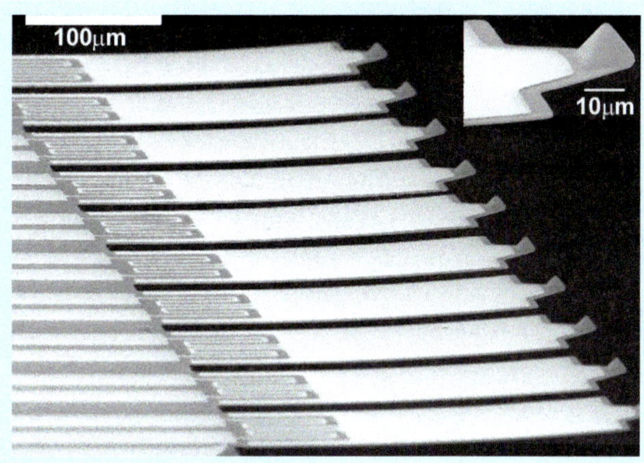

그림 14.19
능동 DPN 어레이의 SEM 현미경 사진.

마지막으로 빔은 실리콘 질화물층을 마스크로 사용하여 웨이퍼(그림 14.18f) 정면으로부터 비등방성 식각에 의해 기판으로부터 떨어진다.

어레이 디자인 결과의 SEM 현미경 사진은 그림 14.19에 나타내었다. 각각의 프로브 배열은 단일 실리콘 칩에 10개의 프로브로 이루어져 있다. 팁 간의 간격은 100 μm 이고, 각각의 프로브 간의 간격은 20 μm 이다. 각각의 프로브 길이는 300 μm 이고(프로브의 뿌리 부분부터 팁의 끝단까지는 295 μm), 너비는 80 μm 이며, 9650 Å 두께의 실리콘 질화물과 3650 Å 두께의 금, 그리고 이들 사이에 점착력을 갖는 250 Å 두께의 크롬층으로 만들어진다. 스프링 상수는 계산에 의해서 0.30 N/m 이다. 프로브 팁의 높이는 대략 5 μm 이다.

DPN 기록의 성능 특성치와 논증이 수행되고 보고되어 왔다[56].

요약

이 장은 설계, 재료의 선택, 그리고 공정 방법 등을 설명하기 위해 SPM을 하나의 예로 사용하였다. MEMS 프로브는 SPM 응용들에서 유일하게 자격이 있다. 그러므로 우리는 SPM 기술의 기본 원리들을 논의했다.

이 장을 마치면서 독자들은 다음 개념과 사실들을 이해해야 한다.

- STM과 AFM의 기본 작동 원리
- SPM 프로브의 기본 장치 구성과 설계 고려 사항—힘 상수와 공진 주파수

- 다양한 재료로 SPM 프로브를 실현시키는 8가지 일반적인 공정 방법
- 다양한 두께의 실리콘 캔틸레버를 이용하여 SPM 프로브를 만드는 방법들
- SPM 프로브에 센서와 액추에이터를 포함시키는 동기

문제

문제 14.1: 제조

같은 절차를 사용하여, 바깥쪽을 향하는 팁을 만드는 방법 2를 수정할 방법을 구하라. 수정한 것은 식각 피트(pit)에 의한 날카로움을 갖는 편리한 팁 위치를 만들 것이다.

문제 14.2: 설계

단결정 실리콘, 폴리이미드 및 금 박막(=0.5 μm)으로 0.5 N/m의 힘 상수와 100 kHz의 공진 주파수를 갖는 캔틸레버의 차원을 찾으라. 실리콘의 영률은 160 GPa로 가정한다.

문제 14.3: 제조

금으로 만든 팁과 폴리실리콘으로 만든 캔틸레버를 가지는 SPM 프로브를 만들기 위한 공정을 개발하라. 공정의 단면을 자세하게 도시하라. 각 단계마다 과정을 서술하고, 포함된 모든 층을 명확하게 규명하라. 팁의 형태는 피라미드 형태에 가깝고, 높이는 5 μm 이상이고 팁의 날카로움을 최대가 되게 한다.

문제 14.4: 제조

박막의 다이아몬드 팁과 폴리이미드 캔틸레버를 갖는 SPM 프로브를 만들기 위한 공정 과정을 개발하라. 공정의 단면을 자세하게 도시하라. 실리콘 웨이퍼에 다이아몬드를 증착할 수 있는 방법을 조사하라.

문제 14.5: 제조

두 가지 타입의 SPM 프로브를 갖는 SPM 프로브 어레이를 만드는 공정 과정을 개발하라. 하나의 프로브는 실리콘 질화물 팁과 캔틸레버로 구성되어 있다. 다른 하나는 전도성이 있는 백금 팁과 실리콘 질화물 캔틸레버로 구성되어 있다. 두 캔틸레버의 길이는 같다. 두 타입의 프로브는 두께가 같다.

문제 14.6: 제조

그림 14.10에 따라서 방법 7을 복습하고, 각 층마다의 식각액과 재료를 결정하라. 참고

문헌 [39]를 참조하고, 각 단계마다 다양하게 노출된 재료에 대한 식각액의 식각 선택성을 요약하라(7.2 ~7.8).

문제 14.7: 제조

사례 14.1에 따라서, 실리콘 질화물 팁을 갖는 SPM 프로브를 만들기 위해, 몰드-트랜스퍼 방법을 사용한 공정을 개발하라. 캔틸레버는 사례 14.6에서 논의했던 원리와 비슷한 금과 실리콘 질화물로 된 바이메탈 액추에이터로 이루어져 있다. 즉 금 층은 저항 히터로 이루어져 있다. 공정은 금 저항이 전압이나 전류 공급원과 연결되게 해야 한다.

문제 14.8: 설계

사례 14.2와 14.3 간의 확산 비교를 위해, 1000°C와 800°C에서 붕소의 단결정 실리콘으로의 확산 속도를 구하라. 동일한 표면 농도에 이온 주입을 한다고 가정하고, 0.5 μm의 깊이와 10분 시간에서 이 두 경우 간의 불순물의 농도 비를 구하라.

문제 14.9: 설계

사례 14.2에서 스프링 상수를 계산하는 식을 유도하라(참고문헌 [48]에서 식 1).

문제 14.10: 설계

사례 14.2에서 구조물의 공진 주파수를 구하는 올바른 식을 구하라. 알려진 치수에 근거하여[48], 실험적으로 측정한 공진 주파수와 해석이 일치하는지 결정하라. 불일치하는 원인에 대해 논의하라.

문제 14.11: 설계

사례 14.2에서 온도와 가속도에 대한 캔틸레버의 교차 민감도를 논의하고, 그것을 힘에 대한 감도와 비교하라.

문제 14.12: 제조

사례 14.4에서 100 nm 빔 두께를 갖는 SPM 프로브가 만들어졌다. 그렇지만 SOI 웨이퍼는 다소 비싸다. 실리콘 질화물과 같은 다른 물질로 만들어진 100 nm 빔을 실현시키기 위해, 대안이 되는 공정을 논의하라. 피에조 저항 원리에 근거한 적절한 변위 변화 물질을 찾으라. 공정 과정을 자세하게 도시하라. 변위 변환 물질과 더불어서 캔틸레버의 전체 두께는 150 nm를 넘어서는 안 된다. 사례 14.4에 나온 실리콘 보와 비교하였을 때, 감도를 포함하는 중요한 성능 면에 대해 논의하라. 이 경우 웨이퍼의 가격과 성능의

트레이드오프를 논의하라.

문제 14.13: 검토

사례 14.5에서의 참고문헌 [47]에 근거하여, 적용 전압의 함수로서 팁의 변위에 대한 표현을 구하라. 분석 결과를 논문의 실험 데이터와 비교하라. 여러분의 가정을 언급하라.

문제 14.14: 설계

사례 14.6에서 논의했던 열 바이메탈 능동 DPN 프로브를 위한 해석적인 표현을 유도하라. 참고문헌 [56]에 있는 차원 정보를 이용하라.

문제 14.15: 도전

열 바이메탈 액추에이션과 통합된 변위 감지 요소를 가진 SPM 프로브의 설계와 유사 공정을 개발하라. 프로브의 치수는 참고문헌 [56]의 것과 동일해야 한다. 센싱과 액추에이션 기능 간의 커플링 문제에 대해 논의하라.

참고문헌

1. Horber, J.K.H., and M.J. Miles, *Scanning Probe Evolution in Biology*. Science, 2003. **302**(5647): p. 1002–1005.
2. Li, M.-H., J.J. Wu, and Y.B. Gianchandani, *Surface Micromachined Polyimide Scanning Thermocouple Probes*. Microelectromechanical Systems, Journal of, 2001. **10**(1): p. 3–9.
3. Luo, K., et al., *Sensor Nanofabrication, Performance, and Conduction Mechanisms in Scanning Thermal Microscopy*. Journal of Vacuum Science & Technology B: Microelectronics and Nanometer Structures, 1997. **15**(2): p. 349–360.
4. Varesi, J., and A. Majumdar, *Scanning Joule Expansion Microscopy at Nanometer Scales*. Applied Physics Letters, 1998. **72**(1): p. 37–39.
5. Novotny, L., D.W. Pohl, and B. Hecht, *Scanning Near-Field Optical Probe with Ultra-Small Spot Size*. Optics Letters, 1995. **20**: p. 970–972.
6. Wickramasinghe, H.K., *Contrast and Imaging Performance in the Scanning Acoustic Microscope*. Journal of Applied Physics, 1979. **50**(2): p. 664–672.
7. Stowe, T.D., et al., *Silicon Dopant Imaging by Dissipation Force Microscopy*.

Applied Physics Letters, 1999. **75**(18): p. 2785–2787.

8. Fernandez, J.M., and H. Li, *Force-Clamp Spectroscopy Monitors the Folding Trajectory of a Single Protein.* Science, 2004. **303**(5664): p. 1674–1678.

9. Hembacher, S., F.J. Giessibl, and J. Mannhart, *Force Microscopy with Light-Atom Probes.* Science, 2004. **305**(5682): p. 380–383.

10. Rugar, D., et al., *Single Spin Detection by Magnetic Resonance Force Microscopy.* Nature, 2004. **430**: p. 329–332.

11. Su, M., S. Li, and V.P. Dravid, *Microcantilever Resonance-Based DNA Detection with Nanoparticle Probes.* Applied Physics Letters, 2003. **82**(20): p. 3562–3564.

12. Berger, R., et al., *Surface Stress in the Self-Assembly of Alkanethiols on Gold.* Science, 1997. **276**(5321): p. 2021–2024.

13. Wu, G., et al., *Bioassay of Prostate-Specific Antigen (PSA) Using Microcantilevers.* Nature Biotechnology, 2001. **19**(9): p. 856–860.

14. Raab, A., et al., *Antibody Recognition Imaging by Force Microscopy.* Nature Biotechnology, 1999. **17**(9): p. 901–905.

15. Yue, M., et al., *A 2-D Microcantilever Array for Multiplexed Biomolecular Analysis.* Microelectromechanical Systems, Journal of, 2004. **13**(2): p. 290–299.

16. Wilder, K., et al., *Cantilever Arrays for Lithography.* Naval Research Reviews, 1997. **VLIX**(1): p. 35–47.

17. Kramer, S., R.R. Fuierer, and C.B. Gorman, *Scanning Probe Lithography Using Self-Assembled Monolayers.* Chemical Reviews, 2003. **103**(11): p. 4367–4418.

18. Wang, D., et al., *Nanofabrication of Thin Chromium Film Deposited on Si(100) Surfaces by Tip Induced Anodization in Atomic Force Microscopy.* Applied Physics Letters, 1995. **67**(9): p. 1295–1297.

19. Minne, S.C., et al., *Atomic Force Microscope Lithography Using Amorphous Silicon as a Resist and Advanced in Parallel Operation.* Journal of Vacuum Science & Technology B: Microelectronics and Nanometer Structures, 1995. **13**(3): p. 1380–1385.

20. Park, S.W., et al., *Nanometer Scale Lithography at High Scanning Speeds with the Atomic Force Microscope Using Spin on Glass.* Applied Physics

Letters, 1995. **67**(16): p. 2415–2417.

21. Koyanagi, H., et al., *Field Evaporation of Gold Atoms onto a Silicon Dioxide Film by Using an Atomic Force Microscope*. Applied Physics Letters, 1995. **67**(18): p. 2609–2611.

22. Avouris, P., et al., *STM-Induced H Atom Desorption from Si (100): Isotope Effects and Site Selectivity*. Chemical Physics Letters, 1996. **257**: p. 148–154.

23. Lyding, J.W., *UHV STM Nanofabrication: Progress, Technology Spin-Offs, and Challenges*. Proceedings of the IEEE, 1997. **85**(4): p. 589–600.

24. Ahn, C.H., K.M. Rabe, and J.-M. Triscone, *Ferroelectricity at the Nanoscale: Local Polarization in Oxide Thin Films and Heterostructures*. Science, 2004. **303**(5657): p. 488–491.

25. Minne, S.C., et al., *Fabrication of Metal Oxide Semiconductor Field-Effect Transistors with the Atomic Force Microscope*. Applied Physics Letters, 1995. **66**(6): p. 703–705.

26. Snow, E.S., P.M. Campbell, and F.K. Perkins, *Nanofabrication with Proximal Probes*. Proceedings of the IEEE, 1997. **85**(4): p. 601–611.

27. Piner, R.D., et al., *"Dip-Pen" Nanolithography*. Science, 1999. **283**(5402): p. 661–663.

28. Terris, B.D., et al., *Near-Field Optical Data Storage Using a Solid Immersion Lens*. Applied Physics Letters, 1994. **65**(4): p. 388–390.

29. Vettiger, P., et al., *Ultrahigh Density, High-Data-Rate NEMS-Based AFM Storage System*. Microelectronic Engineering, 1999. **46**(1–4): p. 101–104.

30. Chui, B.W., et al., *Low-Stiffness Silicon Cantilevers for Thermal Writing and Piezoresistive Readback with the Atomic Force Microscope*. Applied Physics Letters, 1996. **69**(18): p. 2767–2769.

31. King, W.P., et al., *Design of Atomic Force Microscope Cantilevers for Combined Thermomechanical Writing and Thermal Reading in Array Operation*. Microelectromechanical Systems, Journal of, 2002. **11**(6): p. 765–774.

32. Lee, D.-W., et al., *Microprobe Array with Electrical Interconnection for Thermal Imaging and Data Storage*. Microelectromechanical Systems, Journal of, 2002. **11**(3): p. 215–221.

33. Marcus, R.B., et al., *Formation of Silicon Tips with* $<$ *1 nm Radius*. Applied

Physics Letters, 1990. **56**(3): p. 236–238.

34. Folch, A., M.S. Wrighton, and M.A. Schmidt, *Microfabrication of Oxidation-Sharpened Silicon Tips on Silicon Nitride Cantilevers for Atomic Force Microscopy*. Microelectromechanical Systems, Journal of, 1997. **6**(4): p. 303–306.

35. Akamine, S., and C.F. Quate, *Low Temperature Thermal Oxidation Sharpening of Microcast Tips*. Journal of Vacuum Science & Technology B, 1992. **10**(5): p. 2307–2310.

36. Albrecht, T.R., et al., *Microfabrication of Cantilever Styli for the Atomic Force Microscope*. Journal of Vacuum Science & Technology B, 1990. **8**(4): p. 3386–3396.

37. Albrecht, T.R., et al., *Method of Forming Microfabricated Cantilever Stylus with Integrated Pyramidal Tip*, in U.S. Patents and Trademarks Office. 1990, Board of Trustees of the Leland Stanford Junior University: USA.

38. Liu, C., and R. Gamble, *Mass Producible Monolithic Silicon Probes for Scanning Probe Microscopes*. Sensors and Actuators A: Physical, 1998. **71**(3): p. 233–237.

39. Williams, K.R., K. Gupta, and M. Wasilik, *Etch Rates for Micromachining Processing—Part II*. Microelectromechanical Systems, Journal of, 2003. **12**(6): p. 761–778.

40. Wang, X., et al., *Scanning Probe Contact Printing*. Langmuir, 2003. **19**(21): p. 8951–8955.

41. Petersen, K.E., *Silicon as a Mechanical Material*. Proceedings of the IEEE, 1982. **70**(5): p. 420–457.

42. Cooper, E.B., et al., *Terabit-per-Square-Inch Data Storage with the Atomic Force Microscope*. Applied Physics Letters, 1999. **75**: p. 3566–3568.

43. Lutwyche, M., et al., 5×5 *2D AFM Cantilever Arrays a First Step Towards a Terabit Storage Device*. Sensors and Actuators A: Physical, 1999. **73**(1–2): p. 89–94.

44. Zhang, M., et al., *A MEMS Nanoplotter with High-Density Parallel Dip-Pen Nanolithography Probe Arrays*. Journal of Nanotechnology, 2002. **13**: p. 212–217.

45. Chow, E.M., et al., *Characterization of a Two-Dimensional Cantilever Array* *with Through-Wafer Interconnects*. Applied Physics Letters, 2002. **80**(4): p. 664–666.

46. Bullen, D., et al. *Micromachined Arrayed Dip Pen Nanolithography (DPN) Probes for Sub-100 nm Direct Chemistry Patterning*. In 16th International Conference on Micro Electro Mechanical Systems (MEMS). 2003. Kyoto, Japan.

47. Minne, S.C., S.R. Manalis, and C.F. Quate, *Parallel Atomic Force Microscopy Using Cantilevers with Integrated Piezoresistive Sensors and Integrated Piezoelectric Actuators*. Applied Physics Letters, 1995. **67**(26): p. 3918–3920.

48. Tortonese, M., R.C. Barrett, and C.F. Quate, *Atomic Resolution with an Atomic Force Microscope Using Piezoresistive Detection*. Applied Physics Letters, 1992. **62**(8): p. 834–836.

49. Harley, J.A., and T.W. Kenny, *High-Sensitivity Piezoresistive Cantilevers Under 1000-Angstrom Thick*. Applied Physics Letters, 1999. **75**(2): p. 289–291.

50. Kanda, Y., *Piezoresistance Effect of Silicon*. Sensors and Actuators A: Physical, 1991. **28**(2): p. 83–91.

51. Minne, S.C., et al., *Independent Parallel Lithography Using the Atomic Force Microscope*. Journal of Vacuum Science and Technology, 1996. **B 14**(4): p. 2456–2459.

52. Minne, S.C., et al., *Contact Imaging in the Atomic Force Microscope Using a Higher Order Flexural Mode Combined with a New Sensor*. Applied Physics Letters, 1996. **68**(10): p. 1427–1429.

53. Zhang, M., et al., *A MEMS Nanoplotter with High-Density Parallel Dip-Pen Nanolithography Probe Arrays*. Nanotechnology, 2002. **13**(2): p. 212–217.

54. Rozhok, S., R.D. Piner, and C.A. Mirkin, *Dip-Pen Nanolithography: What Controls Ink Transport?* Journal of Physical Chemistry B, 2003. **107**(3): p. 751–757.

55. Liu, C., and R. Gamble, *Mass-Producible Monolithic Silicon Probes for Scanning Probe Microscopes*. Sensors and Actuators: A Physical, 1998. **71**(3): p. 233–237.

56. Bullen, D., et al., *Parallel Dip-Pen Nanolithography with Arrays of Individually Addressable Cantilevers*. Applied Physics Letters, 2004. **84**(5): p. 789–791.

광학 MEMS

CHAPTER 15

15.0 서론

광학(optics)은 MEMS 기술이 적용된 가장 오래되고 활발한 연구 영역 중 하나이다[1]. 디지털 라이트 프로젝션(DLP)[2], 컬러 디지털 디스플레이[3], 광학적 네트워킹을 위한 조정이 가능한 반사경[4], 생체광학 검출을 위한 통합 시스템[5], 조정이 가능한 광학적 소스들과 센서들[6~8], 적응 광학(adaptive optics)[9], 파이버 광학 스위치(fiber optics switch)[10], 필터링과 파장 튜닝[11~13], 자유 공간 통신[14], 망막 래스터 스캔 디스플레이[15, 16] 등이 광학의 대표적인 응용 예들이다.

광학 응용을 위한 MEMS의 이용은 몇몇 고유의 이점이 있다. 첫째, 실리콘 마이크로 공정으로 제조된 장치들은 질량이 매우 작고, 마이크로 구조물에 매우 작은 힘을 가하며, 광자들과만 상호 작용을 하기 때문에 광학적 응용을 위해서는 적절하게 튼튼하다. 둘째, 광학적 MEMS의 패키징은 상대적으로 간단하다. 광학적 MEMS 구성물들은 먼지나 액체, 직접적인 접촉과 같은 환경적인 요소로부터 그것들을 보호하기 위해 광학적으로 투명한 틀에 포장될 수 있다.

광학에 MEMS 기술을 적용하기 위한 확실한 도전들이 있다. 예를 들어 일반적으로 마이크로 기계 부품 위에 부드러운 거울 마감을 달성하는 것은 어렵다. 그래서 많은 광학 미소 거울은 덜 완벽하다. 매크로 광학에 널리 사용되는 곡선의 굴절 렌즈들은 일반적으로 마이크로 제조 공정 방법을 사용하여 만들기 어렵다. 또한 광학적 MEMS 장치들은 기계적으로 움직임 요소가 없는 고체 소자(solid-state)와 광전자를 이용한 장치의 경쟁에 직면한다. 비록 마이크로 기계 성분들이 상대적으로 높은 기계적인 공진 주파수를 가질지라도, 그것들의 응답 속도는 여전히 광학, 전기적인 조절 방법보다 여러 차수 정도 낮다.

광학적인 MEMS 영역은 1990년대 후반에 대규모의 상업화를 위한 노력을 겪었다. 2년여의 짧은 기간에, 많은 광학적 MEMS 회사들이 벤처 자금의 후원으로 광대역 광섬유 통신을 위해 예상되는 채널 스위칭 시장의 수요를 준비하기 위하여 생겨났다. 그 당시, 시장의 수요는 완전히 구체화되지 않았었다. 이것은 이 분야에서 상업화 노력의 후퇴에 공헌한 주요 요인 중 하나이다. 그럼에도 불구하고 혁신적인 많은 기술적 해결 방안들이 이 기간 동안 만들어졌다. 이들에 대해서는 이 장에서 검토할 것이다. 광학 MEMS 영역은 MEMS 액추에이터의 최첨단 기술을 진보시키는 데 중요한 역할을 하였다.

광학적 MEMS 시스템은 마이크로 기계의 설계, 마이크로 공정, 시스템 통합 분야에 도전을 제시한다. 15.1절에서 우리는 기술적인 장애물과 혁신적인 마이크로 제조 공정 방법의 좋은 예로, 수동적인(passive) MEMS 광학적 요소들의 설계에 대한 내용을 알아볼 것이다. 능동적인 전기기계 광학 장치는 액추에이터 설계와 공정의 관점에서 매우 흥미롭다. 15.2절에서는 능동적인 MEMS 광학 장치를 위해 통합된 액추에이터의 설계에 대해 알아볼 것이다.

15.1 수동 MEMS 광학 요소

광학에 적용하기 위해 마이크로 기계 구조물에 이용한 가장 오래된 방법 중 하나는 광섬유를 정렬하기 위해 비등방적으로 식각된 홈이다. 하나의 광섬유의 내부 중심으로 효과적으로 빛을 연결하기 위해서, 섬유의 끝은 다른 섬유와 광학 소스, 또는 탐지기에 관하여 측면 및 각도 면에서 모두 정확도가 매우 높아야만 한다. 섬유의 횡단면과 광학적 구성 요소들은 작기 때문에 자유 공간에서의 수동적인 정렬을 수행하는 것은 매우 어렵다.

비등방적으로 식각된 홈들은 파이버의 크기에 적절한 세밀하고 정확한 정렬 메커니즘을 제공한다. 캐리어(예를 들면 실리콘 웨이퍼) 위에 광섬유의 정확한 배치를 위해 마이크로 구조물을 사용한 개략도는 그림 15.1과 같다[17]. V자 모양의 SLSP 형태 홈은 비등방적 식각을 이용하여 실리콘 기판 위에 식각되었다. 홈의 경사면은 <111> 면들에 형성되었다. 홈의 길이에 따라 파이버의 끝 조각을 놓고 광섬유 위에 수직으로 클램핑함에 의해, 파이버의 위치는 웨이퍼 위의 표면 물체에 상대적으로 정확하게 고정된다. 이 기술은 특히 다중 파이버를 고정하는 데 유용하다. 덧붙여 말하면, 이것은 비등방적 실리콘 식각의 가장 오래된 응용 중 하나이다. 보조 클램핑 빔은 클램핑 공정을 간단하게 하기 위해 홈들과 통합되었다[18]. 후에 그림 15.1에 나와 있는 구성은 다른 응용들에서 찾을 수 있다. 예를 들어 홈들의 선형적인 배열에서 짧은 광섬유 부분들의 배열은 선형 위치 스테이지를 위한 롤러 베어링으로 사용하기 위해 연구되었다[19].

많은 수동 광학 MEMS 구성 요소들은 광학 디스플레이와 통신 응용 분야를 위해

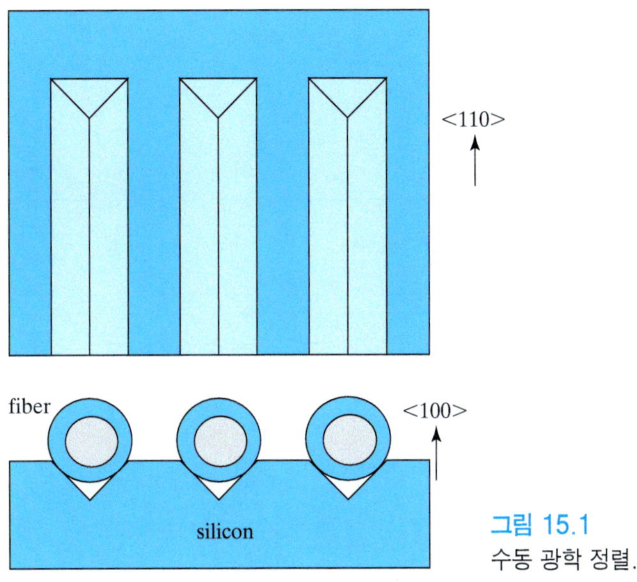

그림 15.1
수동 광학 정렬.

개발되었다. 대표적인 구성 요소들과 그것들의 응용 분야는 다음과 같다.

반사경(reflector): 디스플레이와 빔 조종

회절 격자(diffraction grating): 분광계(spectrometer)와 간섭계(interferometer)

렌즈 요소(lens element): 굴절 렌즈, 바이너리 렌즈, 프리즘

광학 전송선(optical transmission line): 광섬유와 온칩 광학 도파관(on-chip optical waveguide)

이 절에서 우리는 미세 가공된 광학 MEMS 장치에 포함된 유일한 설계와 공정 이슈들을 설명하기 위해 대표적인 2가지 수동 광학 장치—렌즈와 거울—들을 논의한다.

15.1.1 렌즈

렌즈는 광학 시스템의 구성 요소로 가장 잘 알려져 있다. 필요성에 의해, 마이크로 광학 시스템은 만족스런 성능으로 렌즈 요소들을 통합할 수 있어야 한다. 전통적인 광학 시스템에서 가장 일반적으로 사용되는 렌즈들은 2차원 혹은 1차원으로 휘어진 굴절 렌즈들이다. 원하는 광학적인 특성을 가지는 재료를 이용한 곡선과 매끄러운 표면의 미세 제조, 통합은 많은 장애물에 직면한다.

광학 마이크로시스템에서 통합된 굴절 렌즈를 실현하기 위한 여러 대표적인 제작 방법이 그림 15.2에 설명되어 있다.

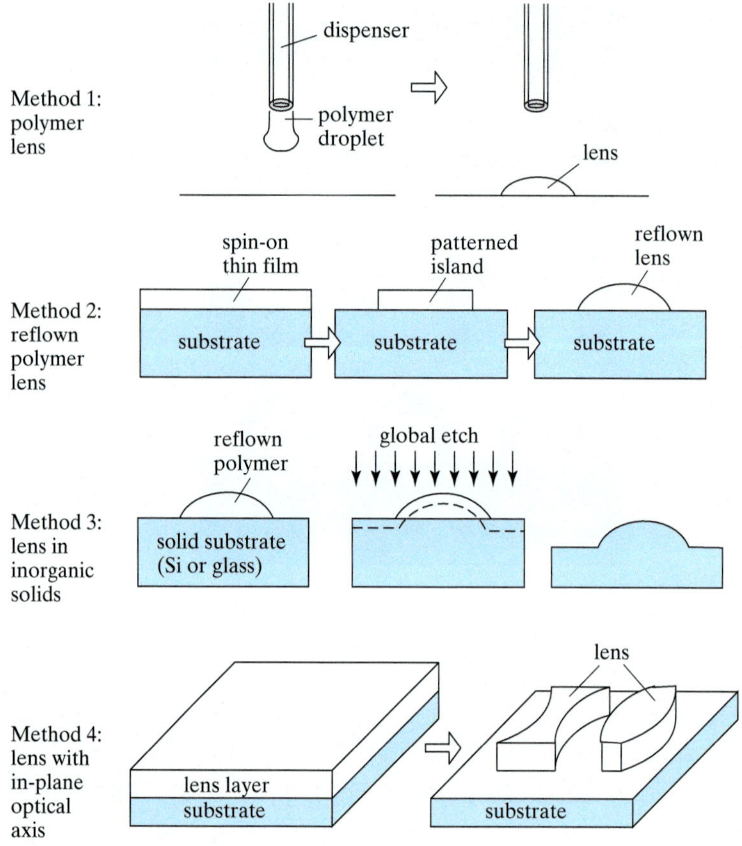

그림 15.2
마이크로렌즈를 성형하기 위한 네 가지 일반적인 방법.

그림 15.2의 방법 1에 따라, 곡선의 구형의 단면들은 정확한 양의 액체를 기판의 표면 위에 떨어뜨림으로써 실현할 수 있다. 액체 방울들은 표면에 퍼지고, 그런 다음 곡선의 표면을 형성하기 위해 건조시킨다.

반면에 곡선의 표면은 폴리머의 열적 리플로(reflow)에 의해 형성될 수 있다. 그림 15.2의 방법 2에 따라, 먼저 얇은 폴리머 박막이 놓여지고 정확한 범위와 높이를 갖는 섬을 형성시키기 위해 포토리소그래피로 패턴화된다. 기판이 가열되었을 때, 폴리머 섬은 리플로될 것이다. 윤곽은 표면 장력, 폴리머의 점도, 열적 취급 온도와 내구성, 폴리머 섬의 초기 자국과 부피에 의해 조정된다. 사례 15.1에서 이와 같은 렌즈들의 빛 집중 파워에 관한 대표적이고 정량적인 연구를 살펴본다.

사례 15.1 미세 제조 굴절 렌즈

스핀 포토레지스트를 이용한 리플로 렌즈들의 광학적인 특성과 기하학적인 윤곽에 대한 연구가 수행되었다[20]. 리플로 이전에, 패턴화된 포토레지스트 섬의 형태는 높이 t와 지름 D의 기둥 형태이다(그림 15.3). 기둥의 부피는 다음과 같다.

$$V_{initial} = \frac{\pi}{4}D^2t \tag{15.1}$$

곡률 반경이 R, 렌즈 처짐이 s인 레지스트 패턴이 자국 지름을 변화시키지 않는다고 가정한다. 리플로된 렌즈의 부피는 다음과 같다.

$$V_{reflown} = \frac{\pi s}{24}(3D^2 + 4s^2) \tag{15.2}$$

식 (15.1)과 (15.2)를 이용하여(용매의 손실 때문에 생길 수 있는 부피의 감소 무시), s의 값을 쉽게 알 수 있다.

$$s = A - \frac{1}{4}\frac{D^2}{A} \tag{15.3}$$

여기에서 A는 다음과 같다.

$$A = \left(\frac{3}{4}tD^2 + \frac{1}{8}\sqrt{D^6 + 36t^2D^4}\right)^{1/3} \tag{15.4}$$

평볼록(planoconvex) 렌즈의 초점 길이는 $R/(n-1)$이고, 여기서 R은 곡률 반경을, n은 굴절 정도를 말한다. R은 다음과 같이 표현된다.

$$R = \frac{s}{2} + \frac{D^2}{8s} \tag{15.5}$$

그래서 렌즈의 초점 길이에 대한 식은 다음과 같다.

$$f = \frac{1}{n-1}\left(\frac{s}{2} + \frac{D^2}{8s}\right) \tag{15.6}$$

다양한 기술들이 렌즈의 각도와 퍼짐의 제어에 사용될 수 있다[21]. 시연된 기술들로

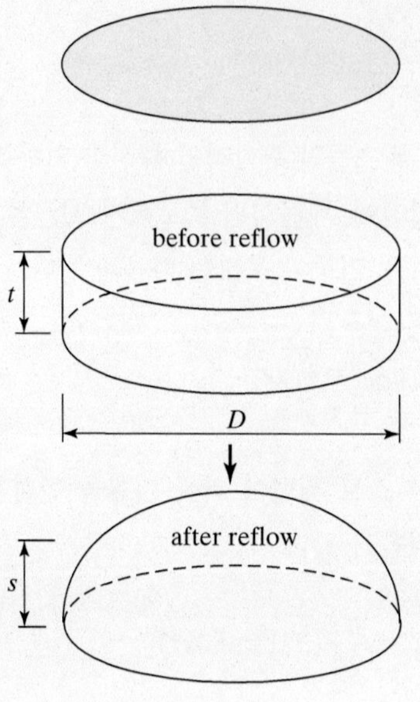

그림 15.3
렌즈 리플로.

retention wall과 리플로하는 동안 증기를 사용하는 기술 등이 있다.

만약 렌즈의 재료가 실리콘과 유리이어야 한다면, 다른 방법이 필요하다. 렌즈는 글로벌 식각을 사용하여 실리콘 또는 유리로 식각될 수 있다. 전통적인 리소그래피는 평평하고 얇은 필름 패턴을 마스크로 사용하였다. 대신에 마스크는 3차원 곡선의 프로파일을 나타낼 수도 있다. 이것은 폴리머 렌즈를 마스크로 사용함으로써 달성될 수 있다[22](그림 15.2의 방법 1). 폴리머와 기판의 재료 위에서 플라즈마 식각에 의해 식각률의 주의 깊은 매칭이, 마스크 층에서 3차원 곡선 프로파일의 무기 고체로의 충실한 트랜스퍼를 허락한다.

몇몇 응용에서 광학 경로(optical path)는 기판의 평면 내에 있을 수 있다. 이런 경우들에서, 2차원 렌즈 프로파일은 포토리소그래피(그림 15.2의 방법 4)로 달성될 수 있다. 렌즈의 곡선 프로파일은 평면의 패턴으로 크게 조정할 수 있다. 심지어 음의 렌즈들도 쉽게 만들 수 있다.

또한 곡면 렌즈는 몰딩을 이용해서도 만들 수 있다. 몰드된 렌즈는 폴리머 재료나 실리콘 질화물과 같은 고체 재료들을 사용하여 만들 수 있다. 렌즈 몰드는 다양한 방법으로 만들 수 있는데, 그 한 예로 비등방적으로 식각된 실리콘 공동으로 만들 수 있다[21].

탄성 폴리머는 렌즈 응용에 많이 사용되어 왔다[23](더불어 가변 회절 격자와 같

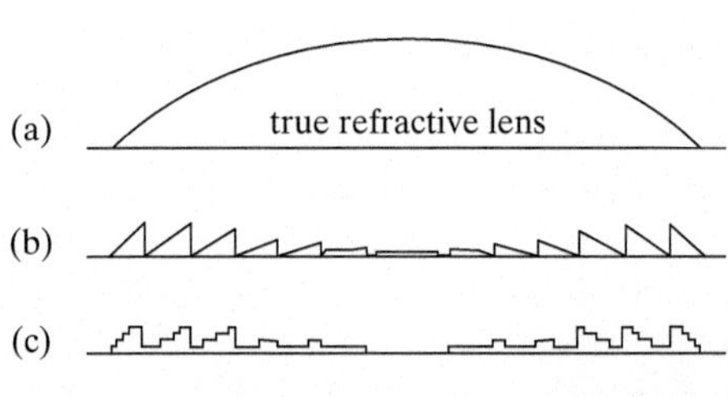

그림 15.4
곡면 굴절 렌즈를 근사화하기 위한 다양한 방법.

은 응용[24]). 곡선 프로파일을 가지는 미세 제조된 굴절 렌즈들은 액체로 채워진 실링된 방을 채용하여 만들어질 수 있다. 그 방은 투명하고 매끄러운 멤브레인으로 만들어진 최소 한 개의 평면을 가진다. 멤브레인은 렌즈 내부 액체의 압력을 증가시키거나 더 많은 액체의 주입으로 변형될 수 있다.

곡면 굴절 렌즈와 더불어, 평면 프로파일의 렌즈 또한 줄어든 질량과 제한된 두께 때문에 많이 사용된다. 또한 렌즈 요소의 평면성은 마이크로 공정에 매우 적합하다. 우리는 곡면 굴절 렌즈를 어떻게 평면 렌즈로 근사화할 수 있는지 간단하게 논의할 것이다.

굴절 렌즈는 렌즈-미디어 경계로부터 빛 굽힘 파워를 유도하기 때문에, 3차원 곡면 렌즈는 각 국부적 계단 형상을 보존하는 단면들에 의해 근사화될 수 있다(그림 15.4b). 이러한 렌즈의 형태는 몰딩으로 제조할 수 있다. 오래된 등대에서 찾아볼 수 있는 유리 프레넬(Fresnel) 렌즈 이외에, 플라스틱으로 몰드된 평면 렌즈는 확대경이나 고가의 프로젝터에 사용된다. 곡선 단면의 경계에서 굴절률 때문에 이미지화의 질은 연속 곡선의 렌즈만큼은 좋지 않다.

그림 15.4b에서와 같이 조각된 프로파일은 여전히 미세 제작 공정으로 만들기 힘든 곡선과 매끄러운 표면을 포함한다. 곡면의 단계적 근사법이 종종 layer-by-layer 미세 제작 공정과 호환되어 흔히 사용된다(그림 15.4c). 곡선 기울기는 다중 포토리소그래피 과정을 이용하거나, 그레이스케일 마스크를 이용함으로써 구현될 수 있다[25, 26]. 더욱 많은 과정을 거칠수록 더 좋은 광학적 효율을 갖는다. 반면에 더 많은 리소그래피 과정이 포함된다. 근사도에 따라, 전달 효율과 같은 광학적 성능이 감소한다. 반면에 제조 용이성은 높아진다. 투명한 재료(그림 15.4d)나 불투명한 재료(그림 15.4e)를 이용한 일차 근사는 궁극적으로 가장 간단한 프레넬 렌즈의 형태이다. 다결정 실리콘으로 만들어진 평면 렌즈는 그림 15.5와 같다.

그림 15.5
미세 제작 공정으로 만들어진 바이너리 (binary) 렌즈.

15.1.2 거울

광학 거울은 광학 구성 요소에서 또 다른 중요한 부류이다. MEMS에서 매끄럽고 평평한 굴절면은 일반적으로 다음 방법 중 하나를 통해서 얻어진다: (1) 1.2 nm의 제곱평균 제곱근 거칠기를 가지는 단결정 반도체 기판의 폴리시된 앞면을 이용, (2) 비등방적 식각으로 원자 크기만큼 매끄럽게 생성된 {111}[27, 28] 실리콘 표면을 이용[29], (3) 거울판의 곡률을 줄이거나[30, 31], (4) 다층의 반사 코팅을 이용[31].

많은 마이크로 광학 장치들은 표면 미세 가공 기술을 이용하여 만들어진다. 다결정 실리콘은 흔히 거울판의 재료로 사용된다. 하지만 다결정 실리콘은 한정된 표면 거칠기를 나타낸다(제곱평균제곱근 거칠기는 7~40 nm 정도이다, 그림 15.6). 비록 몇몇 적용 분야에는 만족할 수준이지만, 향상될 여지가 있다.

반사 거울의 공정 조건은 그것들의 성능에 영향을 준다(반사율). 대면적의 거울면을 언더컷하고 릴리스하는 것은 시간 소비적이다. 식각 구멍이 종종 사용된다(그림 15.8). 어레이화된 식각 구멍을 가지는 거울 표면은 같은 크기와 재료를 가지는 연속적인 표면과 다르게 거동한다. 식각 구멍은 에너지의 회절과 분해의 원인이 된다. 식각 구멍이 광

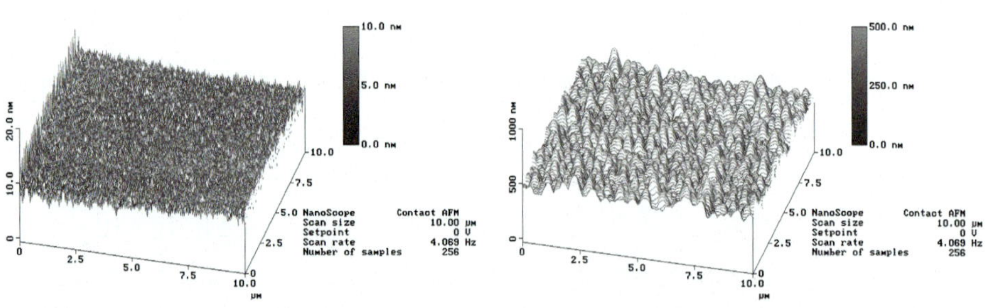

그림 15.6
다양한 반사 표면의 표면 프로파일(스캔 면적 = 10×10 μm^2).

학 거울의 성능에 미치는 영향에 대해 수행한 연구가 사례 15.2에 설명되어 있다.

사례 15.2 식각 구멍이 광학 거울 성능에 미치는 영향

반사판의 광학적 특성에 관한 식각 구멍의 영향이 연구되었다[32]. 2차원으로 배열된 식각 구멍에 의한 회절은 조준된 입사 광선하에서 프라운호퍼[Fraunhofer(far field)] 회절 이론을 이용함으로써 추정될 수 있다. 그림 15.7a는 회절 격자에 대한 기하학적인 변수들을 설명한다. 그림 15.7a에 나와 있는 바와 같이 d_1, d_2, l_1, l_2는 각각 x, y 방향으로 식각 구멍의 간격과 크기이다.

표준 입사 시 회절 패턴을 해석하기 위한 좌표 시스템은 그림 15.7b와 같다. 회절 패턴은 다음과 같이 정의될 수 있다.

$$I(\theta, \psi) = I_0\left[\frac{\sin\left(\frac{1}{2}N_1kd_1\sin\theta\right)}{\sin\left(\frac{1}{2}kd_1\sin\theta\right)}\frac{\sin\left(\frac{1}{2}N_2kd_2\sin\psi\right)}{\sin\left(\frac{1}{2}kd_2\sin\psi\right)}\right]^2$$

$$\sin c^2\left(\frac{1}{2}kl_1\sin\theta\right)\sin c^2\left(\frac{1}{2}kl_2\sin\psi\right), k = \frac{2\pi}{\lambda} \tag{15.7}$$

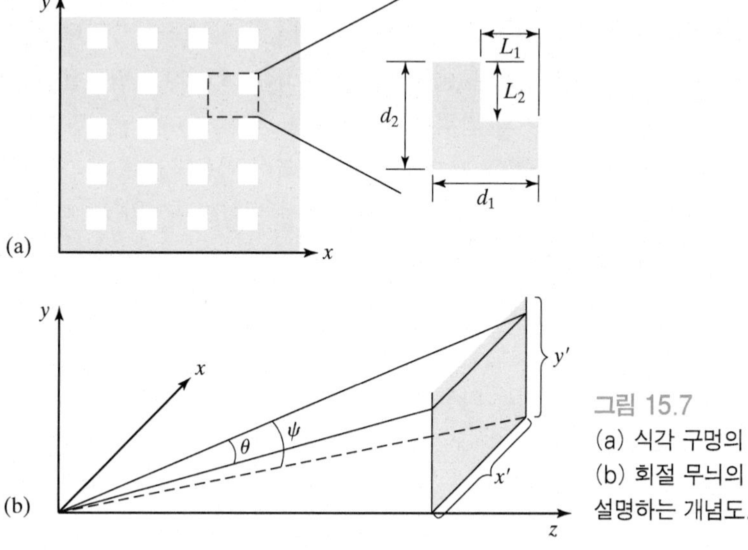

그림 15.7
(a) 식각 구멍의 기하학적 변수,
(b) 회절 무늬의 기하학적 변수를 설명하는 개념도.

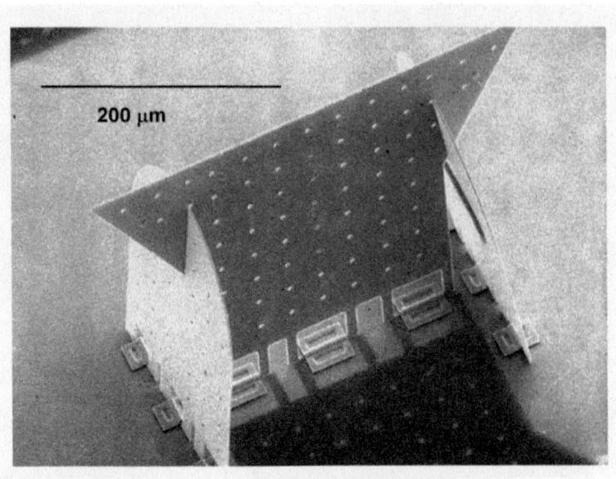

그림 15.8
식각 구멍을 가지는 수직 미세 거울.

여기에서 I_0는 식각 구멍의 영향이 없을 경우의 반사되는 강도이다. N_1, N_2는 각각 x, y 방향으로 있는 식각 구멍의 개수이다. θ, ψ는 그림 15.7b에 나와 있는 바와 같이 x, y 방향의 회절 각도이다. z가 x', y'에 비해 훨씬 클 때, 회절의 파워 강도의 주 최대(main maxima)의 위치는 다음의 식을 사용하여 회절 계수 m과 n으로 근사화할 수 있다 ($\theta_i=0°$에서).

$$\sin\theta = \frac{m\lambda}{d_1} \approx \frac{x'}{z} \tag{15.8}$$

$$\sin\psi = \frac{n\lambda}{d_2} \approx \frac{y'}{z} \tag{15.9}$$

회절은 2가지 방법에서 광학적 성능에 영향을 미친다. 첫 번째로 회절은 영의 차수 반사 빔에서 파워를 줄이고, 결과적으로 거울의 반사도를 줄인다. 둘째로 고차 회절 빔은 자유 공간의 광학 시스템에서 크로스토크(cross talk)를 일으킬 수 있다.

식각 구멍의 크기와 간격이 반사도에 미치는 영향을 연구하기 위해서, 폴리실리콘 거울 표면에 식각 구멍을 가지는 2개의 그룹이 이용되었다. 한 그룹(그룹 1)은 같은 간격(30 μm)의 식각 구멍을 가지지만 다양한 크기의 구멍(6×6, 8×8, 10×10, 14×14, 15×15, 16×16, 18×18, 21×21, 23×23 μm)을 갖는다. 또 다른 그룹(그룹 2)는 동일한 크기의 식각 구멍(지름=5 μm)에, 간격(10 μm, 15 μm, 20 μm)이 다른 식각 구멍을 갖는다.

식각 구멍의 크기는 거울로부터 반사되는 힘과 회절된 빔의 각도의 퍼짐에 영향을 미치는 회절 패턴의 감도 분산을 제어할 것이다. 그림 15.9는 그룹 1의 표면에서 얻어진 반사되는 영의 차수 빔의 정규화된 강도를 제시한다. 정규화는 식각 구멍이 있는 폴리실리콘 표면으로부터 반사된 영의 차수 빔의 강도를 식각 구멍이 없는 동일한 웨이퍼

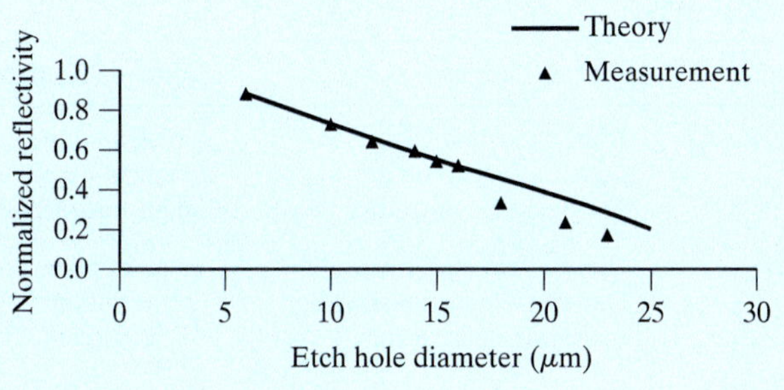

그림 15.9
632.8 nm에서 다른 크기의 식각 구멍을 가지는 폴리실리콘 미세 거울의 반사도(식각 구멍의 간격은 모두 30 μm).

의 면적으로부터 반사된 강도로 나눔으로써 수행되었다. 이것은 식각 구멍을 통해 더 많은 빛이 통과되고 식각 구멍이 커질수록 그만큼 더 많은 빛이 식각 구멍에 의해 회절된다는 사실에 기인한다. 또한 식각 구멍의 간격은 미세 제작 공정을 통해 만든 거울의 반사도에 영향을 미친다. 그림 15.10은 그룹 2에서 거울 표면의 반사도의 측정 결과를 보여 준다. 식각 구멍 간의 간격이 증가할수록 거울 표면의 반사도는 증가한다.

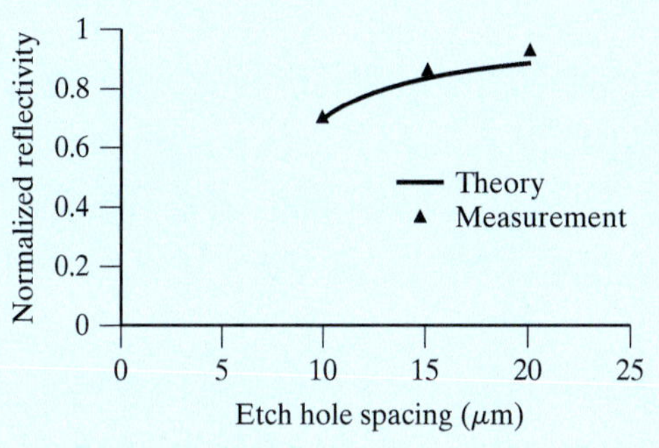

그림 15.10
632.8 nm에서 다른 간격의 식각 구멍을 가지는 폴리실리콘 미세 거울의 반사도. 식각 구멍의 크기는 5×5 μm^2.

15.2 능동 광학 MEMS를 위한 액추에이터

반사경, 셔터, 격자 등을 포함하는 능동 광학 MEMS 구성 요소들은 널리 사용되고 있다. 이러한 요소들은 칩 상의 미세 가공된 액추에이터를 필요로 한다. 광학 MEMS 응용을 위해 요구되는 두 개의 운동 부류가 있다: 회전 운동과 병진 운동. 회전 또는 병진 축은 기판 평면에 수직이거나 그 평면에 놓일 수 있다. 게다가 변위 범위는 크거나 작을 수 있다. 병진 액추에이터는 작은 거리(광학 파장보다 작은)로 움직이거나 크게(수 마이크로미터 ~ 수십 마이크로미터 정도) 움직인다. 마찬가지로 회전 액추에이터는 작은 각도(1

표 15.1 작은 병진 운동을 위한 액추에이터 원리와 설계.

Actuation principle	Specific designs	Common displacement mode
Electrostatic actuation	Transverse comb drive	Small, in-plane translation
	Longitudinal comb drive	Small, in-plane translation
	Parallel plate capacitive drive	Small, out-of-plane translation
Thermal actuation	Thermal bimetallic actuation	Small in-plane and out-of-plane translations
	Thermal expansion actuation with single material	Small, in-plane translation
Piezoelectric actuation	Piezoelectric beam actuators	Small, in-plane translation

도 이내)나 큰 각도(수십 도 정도)로 움직인다. 변위의 범위는 전혀 다른 설계와 제조 과정을 이끈다.

모든 가능한 액추에이션의 형태로부터, 작은 움직임을 위한 것이 설계하기에 가장 간단하다. 예를 들어 광학적 요소를 가지고 있는 마이크로 기계 구조물의 작은 평면 내에서의 변위는 콤 드라이브 액추에이터를 사용하여 만들어 낼 수 있다.

대표적인 액추에이터의 설계와 달성될 수 있는 변위의 형태를 표 15.1에 요약하였다.

15.2.1절에서 우리는 작은 평면의 밖에서 생겨나는 병진 운동을 위한 몇몇 대표적인 메커니즘을 검토할 것이다.

작은 각도의 변위는 작은 병진 움직임의 메커니즘을 이용함으로써, 그리고 회전하는 플랫폼에 병진 액추에이터를 연결함으로써 만들어 낼 수 있다. 더불어 작은 회전 변위는 마그네틱 액추에이션으로 만들어 낼 수 있다.

큰 평면 밖 회전과 큰 평면 내 병진을 위한 액추에이터는 가장 도전적이며, 특히 만약에 변위가 공진하 대신에 정상상태 조건에서 달성되어야 한다면, 공진하는 마이크로 액추에이터는 공진에서 운동 확대의 이점을 이용하여 큰 변위를 얻을 수 있다. 우리는 몇몇의 선택된 액추에이터 범주하에서, 즉 큰 평면 내 병진(15.2.2절)과 큰 평면 밖 회전(15.2.3절)에서 설계 전략과 사례들을 검토할 것이다.

15.2.1 작은 평면 외 병진을 위한 액추에이터

거울의 병진, 평면 외 움직임은 정전기학, 열적 액추에이션 등 여러 개의 액추에이션 원리를 이용하여 실현시킬 수 있다. 피스톤 운동 멤브레인(piston motion membrane) 또는 단단한 플레이트가 가장 흔히 등장한다(그림 15.11). 두 개의 피스톤 운동 마이크로 반사경에 대해 알아보자. 하나는 반사되는 파면의 위상을 수정하기 위해 사용되고(사례 15.3), 반면에 다른 하나는 화합물 반도체(compound semiconductor)의 얇은 필름을 이

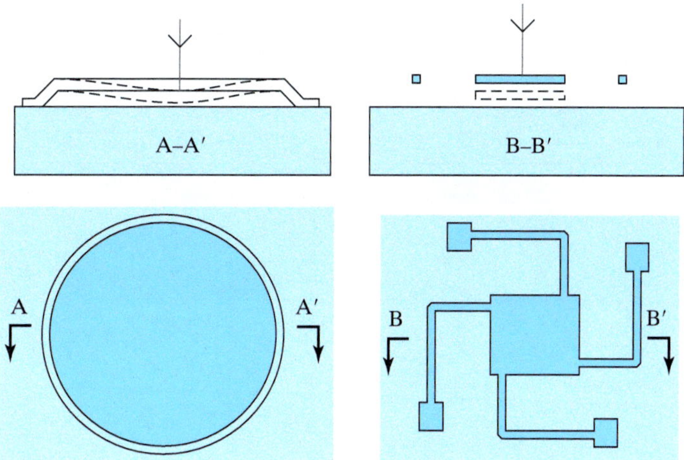

그림 15.11
두 가지 형태의 병진 거울.

용하여 만들어지고, 복합 반도체 기판 위에 통합된다(사례 15.4).

사례 15.3 멤브레인 형태의 병진 거울

적응광학(adaptive optics)은 실시간, 폐루프 방식하에서 광학 파면 위상의 제어를 언급한다. 진형적인 적응광학 시스템은 광 파면의 공간 위상을 조절하기 위해 사용되는 변형 거울, 파면 센서, 실시간 제어러로 구성된다. 보스턴 대학의 연구진은 이런 목적을 위해 멤브레인 타입의 미소 거울을 개발하였다[33]. 마이크로멤브레인은 거울로서 작동하는 연속 멤브레인에의 주기적인 기계적 부착을 가지는 유연 실리콘 멤브레인을 채택한다(그림 15.12). 10×10 배열의 정전기적 액추에이터들은 거울로 작동하는 연속 멤브레인을 지지한다. 연속적으로 반사하는 표면을 사용한 설계는 fill factor와 향상된 반사도를 증가시킨다.

각각의 액추에이터는 300 μm×300 μm의 다결정 실리콘 멤브레인으로 구성된다. 10 nm의 반복성/분해능을 갖는 스트로크 거리는 1.9 μm(241 V에서)이다. 액추에이터는 공기 중에서 DC와 7 kHz 사이에서 작동될 수 있다.

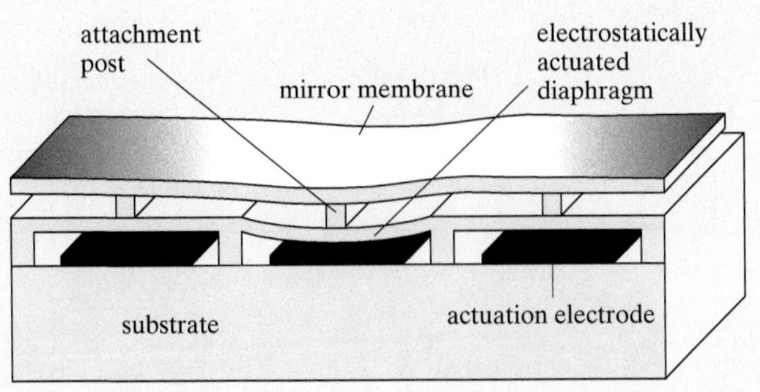

그림 15.12
적응 광학을 위한 미세 거울.

사례 15.4 고체상 광원과 통합된 미소 거울

공진 공동(resonant-cavity) 발광 다이오드는 파장 분할 다중 멀티플렉싱, 광섬유 통신, 자유 공간 광학 연결과 같은 응용 분야 등에 잠재적인 광원이다. 넓고 연속적인 파장 조정성은 이러한 응용 분야에 아주 매력적인 특징이다. 그러나 공진 파장은 굴절률과 고정된 층의 두께로서 결정되기 때문에 수 nm를 넘어서는 파장은 조정할 수 없다. 그러므로 마이크로 기계적인 해결책이 도입된다[13].

장치는 다이오드 활동 영역 위 에어 갭에 의해 매달려 있는 변형이 가능한 멤브레인 거울을 이용한다. 적용된 멤브레인-기판 바이어스(bias)는 에어 갭 두께와 공진 파장을 줄이는 정전기적 힘을 만들어 낸다.

장치는 중심 파장이 거의 960 nm(λ_0)인 22.5 주기 분산된 브래그 반사경(DBR)으로 만들어진 백미러로 구성된다. 공동은 하나의 핀 다이오드 내에 3개의 5 nm $In_{0.2}Ga_{0.8}As$/5 nm GaAs 양자 우물(quantum well)로 구성된다. 움직이는 멤브레인은 SiN_xH_y 위상 정합층 위에 반투명의 금 반사경/전극과, 정전기적으로 제어할 수 있는 에어 갭에 의해 반도체 공동 위에 매달린 GaAs 캡으로 구성된다. 탑미러는 갭 두께가 약 $3\lambda_0/4$일 때 약 95%의 총 반사율을 제공한다.

제조는 확립된 실리콘 미세 가공 제작법과 비교할 때 전통적이지 않은 재료와 공정들을 포함한다. 첫째로 백미러는 n^+(001) GaAs 기판 위에 분자 빔 에피택시를 사용하여 다양한 에피택셜층을 쌓아서 얻어진다. 다음의 층은 백미러(p-i-n 다이오드 영역, 10 nm GaAs p^+ 접촉층, $Al_{0.85}Ga_{0.15}As$ 희생층)의 위에 성장된다. 이 AlGaAs p^+ 희생층은 GaAs(10 nm 두께)에 의해 덮이고, 그런 다음 SiN_xH_y(0.228 μm 두께)에 PECVD 방법을 이용하여 쌓인다. PECVD 층의 고유 응력은 캘리브레이션된다(인장,

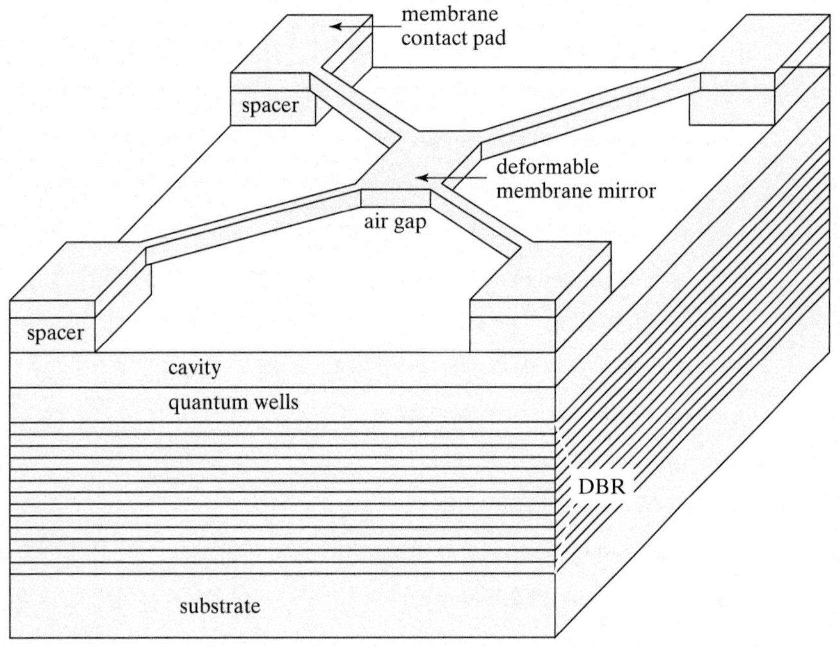

그림 15.13
개념도.

350 MPa). 옴 금속 접촉면은 AuGe-Ni-Au 접촉면의 뒷면에 증착된다. 멤브레인과 금 멤브레인 반사경 위의 Ti-Au 접촉 패드는 탑미러 위에 증착되고 리프트오프에 의해 패턴화된다. 그 다음으로 양자 주입법이 각 장치의 활동 영역을 정의하기 위해서 사용되었다. 멤브레인과 서스펜션 캔틸레버들은 SiN_xH_y으로 이루어진다. 희생층은 염산과 물의 혼합물에 의해 제거된다. 희생층이 제거되는 동안, 포토레지스트가 멤브레인 지지부에 점착을 방지하기 위한 지지 레일을 형성하기 위해 사용된다. 포토레지스트는 그 후 산소 플라즈마를 사용하여 제거된다.

이 장치를 분석하기 위해, 바이어스 전류(10 mA)가 활성 영역에 주입되었다. 빛은 분광계에 10°의 입체각(solid angle)으로 모아진다. 파장은 0~18 V 바이어스 동안 약 39 nm 정도 조정될 수 있다. 최소 스펙트럼 선폭은 에어 갭 두께 $3\lambda_0/4$에 상응하는 957 nm에서 약 1.9 nm이다.

15.2.2 큰 평면 내 병진 운동을 위한 액추에이터

기판의 평면과 평행한 광학적 축들을 갖는 광학 요소들(거울, 셔터, 렌즈와 같은)은 주로 평면 내(in-plane) 병진 스테이지에 장착된다. 만약 스테이지의 움직임이 작다면(수 마이크로미터 이하 정도), 정전기 콤 드라이브나 바이메탈 구동을 이용하여 얻을 수 있다.

정전기 액추에이터의 몇몇 예들은 4.5.2절에서 검토하였다. 만약 스테이지의 움직임이 크다면, 이송 거리가 긴 액추에이터를 이용하여 얻을 수 있다. 정전기적[34, 35] 또는 열적[36]으로 구동되는 마찰 패드를 갖는 자벌레(inchworm) 액추에이터, 개별적으로[37~39] 또는 전체적으로(공진선택을 가지는 음향 진동) [40] 구동되는 임팩트 드라이브(vibrometer), 스크래치 드라이브 액추에이터[41, 42], 셔플 모터[43] 등을 포함하여, 긴 거리의 평면 내 운동을 얻기 위한 많은 방법들이 있다. 임팩트 드라이브의 경우, 장기간 신뢰도가 다양한 충격 강도[44]에서 연구되었으며, 72시간 연속으로 작동이 실현되었다.

15.2.3 평면 밖 회전을 위한 액추에이터

회전 스캐닝 미소 거울은 빛을 반사하고 동역학적으로 빛의 경로를 바꾸기 위해서 사용되었다. 그런 거울들은 산업, 민간, 군사적인 응용 분야에서 응용되는 것을 볼 수 있다. 스캐닝 미소 거울을 포함한 가장 잘 알려진 장치 중 하나는 디지털 거울의 큰 2차원 배열을 이용하고, 축 중심으로 +/−7.5°로 회전이 가능한 디지털 라이트 프로세서(DLP: digital light processor)이다. 그러나 DLP 미소 거울은 쌍안정의(bistable) 포지셔닝으로만 얻을 수 있고, 회전 각도가 오히려 제한된다. 연속적인 포지셔닝이 가능하고 더 큰 회전각을 갖는 많은 MEMS 미소 거울들이 광섬유 통신에서부터 망막 프로젝션 시스템까지 다양한 범위와 다양한 분야에서 개발이 되고 사용되고 있다.

표면적이 DLP 거울보다 큰 광학 요소에서 더 큰 굽힘각을 얻는 것은 더 도전적이다(특히 실제 전압, 전류, 또는 전력 소비 상태하에서). 게다가 정적인 하중 상태에서의 굽힘이 공진 굽힘보다 더 도전적이다. 왜냐하면 공진에 의한 굽힘의 크기는 품질 계수와 동일한 인자에 의해 증폭될 수 있기 때문이다.

작은 각도의 회전을 위해 가장 일반적으로 사용되는 2가지의 회전 메커니즘은 그림 15.14에 나와 있는 바와 같이 정전기적 힘에 의해 휘어지는 캔틸레버나 비틀어지는 막대에 근거한다[45~47]. 표면 미세 가공은 얻을 수 있는 갭 크기와 최대 회전 변위를 제한한다. 거울의 회전 움직임을 위해 더 많은 틈을 마련하기 위해 기판의 일부를 제거하는 것이 가능하다. 그러나 거울과 반대 전극 사이의 틈은 구동 전압을 함께 증가시킨다.

콤 드라이브는 일반적으로 2개의 배치(축방향과 횡방향 콤 드라이브)에서 준비된다. 둘 다 평면 내 운동을 발생시키는 데 유용하다. 평면 밖과 회전 움직임을 만들어 내기 위해 이 중 하나를 콤 드라이브로 사용할 수 있을까? 훌륭한 예가 사례 15.5에 기술되어 있다. 정전기 액추에이터에서 구동 전압을 줄이는 것은 중요하다. 사례 15.6의 예

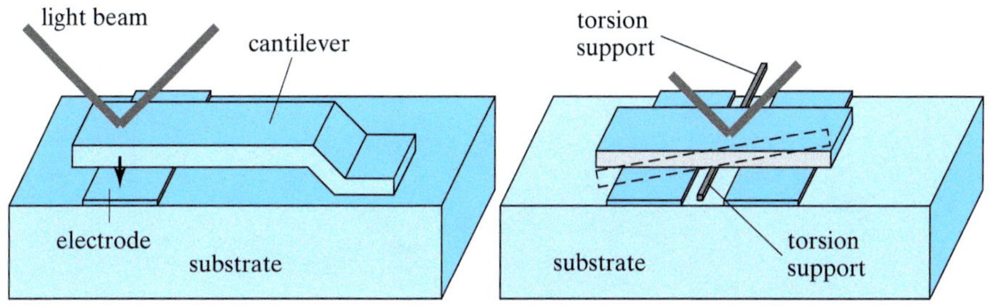

그림 15.14
굽힘 및 비틀림 지지.

에서는 적절한 또는 저전압 바이어스를 필요로 하며 큰 굽힘각을 얻었다.

사례 15.5 큰 각도 거울

한 가지 접근법은 콤 핑거(comb finger) 두 세트의 평면을 떨어뜨리는 것이다. 이 개념을 기초로 한 회전 거울이 그림 15.15[7]에 묘사되어 있다. 고정된 콤 핑거 세트와 움직일 수 있는 핑거는 각각의 평면 바깥으로 이동되었다. 두 콤 세트 사이의 전기장은 평면 밖 힘과 비틀림 축 주위의 토크를 발생시킨다. 각변위는 콤 핑거의 위치와 작동 주파수에 따라 크기가 만들어진다.

장치의 공정 과정은 그림 15.15에 묘사되어 있다. 공정은 실리콘 웨이퍼로부터 시작된다. 웨이퍼의 앞면은 패턴화되고 고정된 콤 티스(comb teeth)(단계 a)를 만들기 위해서 깊은 반응성 이온 식각을 사용하여 식각된다(단계 b). 두 번째 웨이퍼는 첫 번째 웨이퍼의 앞면에 부착되고(단계 c), 움직이는 핑거(단계 d)의 두께에 해당하는 일정한 두께로 폴리싱한다. 웨이퍼 조립은 뒤집어지고, 뒷면으로부터 패턴화된다. 깊은 반응성 이온 식각은 거울의 이동을 명확히 하기 위해 벌크 실리콘 부분을 제거하는 데 이용된다(단계 e). 부착된 웨이퍼는 콤 핑거를 정의하기 위해 위에서부터 패턴화된다(단계 f).

벌크 실리콘 식각과 부착을 포함한 복잡한 과정을 선택하는 데는 크게 두 가지 이유가 있다: (1) 거울은 매우 낮은 고유 응력과 휨을 가지는 단결정 실리콘 재질로 만들어진다. (2) 웨이퍼의 두께를 감소시키는 폴리싱 단계는 웨이퍼의 매끈한 마무리를 제공하는 단계이다.

앞서 논의된 공정은 벌크 식각과 웨이퍼 본딩을 포함하고 있다. 정확한 다층 레지

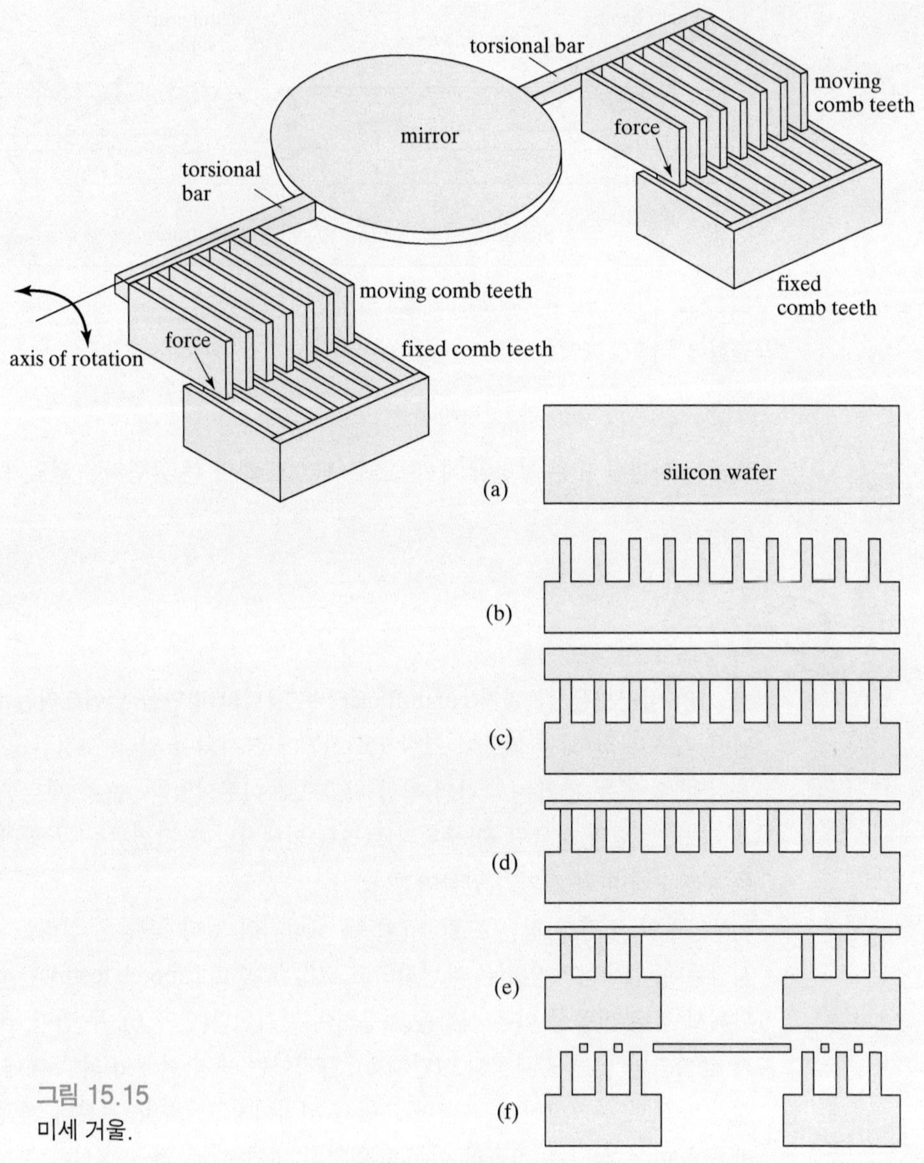

그림 15.15
미세 거울.

스트레이션을 가진 콤 핑거를 공간적으로 오프셋하는 과정은 특별한 장치가 필요하고, 제한된 정확도를 가진다. 수직의 콤 어레이를 실현하기 위해 벌크와 표면 미세 가공을 결합하는 대체 공정이 시연되었다[48]. TRiPs(trench-refilled-with-polysilicon)라 불리는 한 공정은 깊은 반응성 이온 식각과 희생층 공정이 결합된다[49]. 수직 콤 드라이브 장치를 설계하기 위한 모델 또한 개발되어 왔다[50].

두 층 콤 드라이브 핑거의 공정은 시간이 많이 소모된다. 또 다른 방법은 같은 평

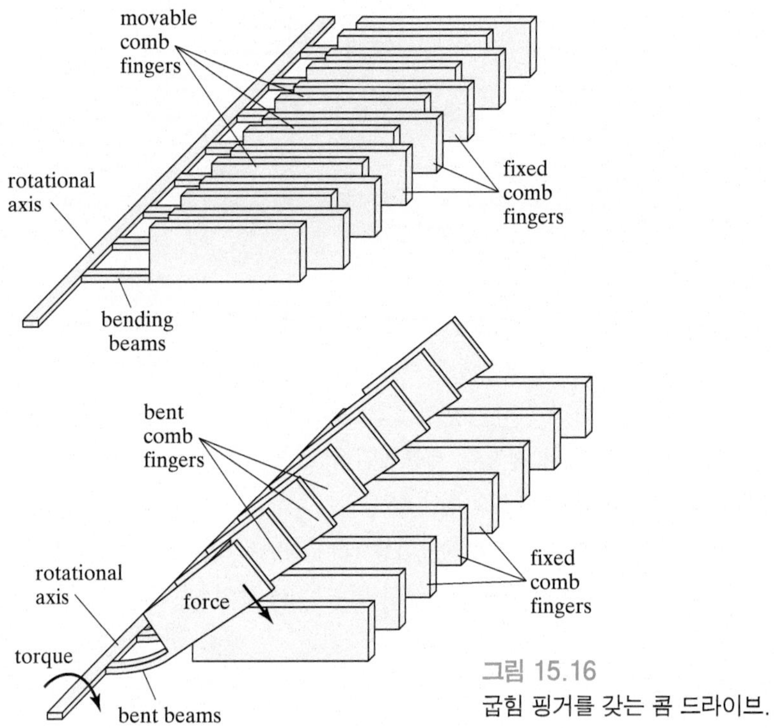

그림 15.16
굽힘 핑거를 갖는 콤 드라이브.

면 상에서 AVC(angular vertical comb drive)를 제조하고, 각 오프셋을 형성하기 위해 전략적으로 평면 밖으로 콤 핑거 세트를 굽힌다[51, 52]. 이 방법의 개략도는 그림 15.16에 나와 있는데 평면 밖에서 굽힘은 재료층에서의 내재 응력을 사용하여 달성한다.

사례 15.6 저전압, 큰 각도 회전

오직 표면 미세 가공만으로 만들어진 구조물을 이용하여 큰 정상상태 각변위를 얻는 것이 가능할까? 더 나아가 낮은 구동 전압(예를 들어 수십 볼트)을 갖는 이러한 형태의 구동을 달성하는 것이 가능할까? 이 질문들의 대답은 '예' 이다. 다음의 예제를 보자.

멤브레인과 고정-자유 캔틸레버와 같은 요소들은 정전기적인 힘에 의해 기판 쪽으로 당겨질 수 있다. 비록 수직 변위가 작다 하더라도, 그림 15.17과 같이 고정된 멤브레인의 주변부나, 캔틸레버의 앵커 가까이에서처럼, 구조물의 몇몇 영역에서 각변위가 발생한다. 만약 거울이 이러한 부분에 연결되었다면, 큰 각의 정상상태 거울 변

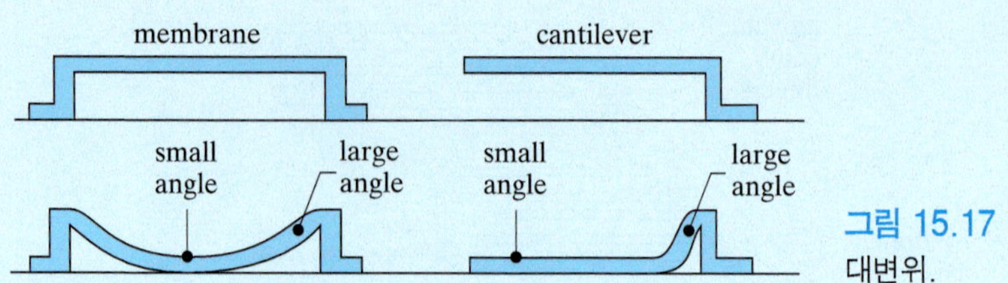

그림 15.17
대변위.

위가 얻어질 수 있다. 몇몇 구조물에서는 점 접촉이나 풀인(pull-in)을 야기하기 위해 필요한 전압을 초과하게 된다. 부유된 멤브레인 또는 캔틸레버와 아래 전극 사이의 접촉 영역은 가해진 전압과 함께 증가한다. 이런 현상을 지핑 운동(zipping motion)이라고 부른다. 보통의 정전기 액추에이터, 스크래치 드라이브 액추에이터(SDA)는 지핑 운동을 이용한다(4.3.5절 참조)[53].

양자택일로, 큰 각변위는 다중 레버 링크 각변위 증폭기를 사용하여 실현시킬 수 있다[54, 55]. 14 mm 정도의 끝단 변위는 35 V의 바이어스 전압으로 얻을 수 있다.

요약

광학 MEMS는 연구 영역을 점점 넓혀 가고 있다. 이것은 많은 형태의 요소를 포함하고 있다. 이 장에서 이런 모든 것들을 자세하게 검토하지는 않았다. 대신에 우리는 광학 장치들이 최신의 마이크로 구동에 유일한 도전을 제시하므로, 위치 광학 요소를 위한 액추에이터에 초점을 두었다. 게다가 우리는 기능적인 광학 시스템을 위해 매우 중요한 광학 거울과 렌즈를 실현하기 위한 대표적인 방법들을 기술하였다. 관심 있는 독자들은 이 장에 참조된 관련 논문과 책을 읽어 보기 바란다.

문제

문제 15.1: 검토

서너 명으로 구성된 그룹을 형성하여, 참고문헌 [16]에서 언급된 망막 디스플레이를 위한 두 가지 대체 기술에 대해 토론하라. 이러한 세 기술(하나는 MEMS 거울)을 비용, 성능, 시스템 단순성, 해상도, 신뢰성 관점에서 비교하라.

문제 15.2: 검토

Fabry-Perot 간섭계는 진동 선택 장치로 이용할 수 있다. MEMS 기술은 Fabry-Perot

필터를 조정하는 데 이용될 수 있다. 문헌을 검토하고, 필터링의 비선명성, 선택 범위 등을 포함한 Fabry-Perot 필터의 성능에 영향을 미치는 중요 원인에 대한 리스트를 준비하라. 이러한 성능 관점이 MEMS Fabry-Perot 간섭계의 제조 공정에 어떤 영향을 미치는지 토론하라.

문제 15.3: 설계

정전기 구동을 가지는 비틀림 거울이 주어졌을 때, 구동 전압의 함수로서 각변위에 대한 표현을 구하라. 거울판은 강체이고 변하지 않는다고 가정하라.

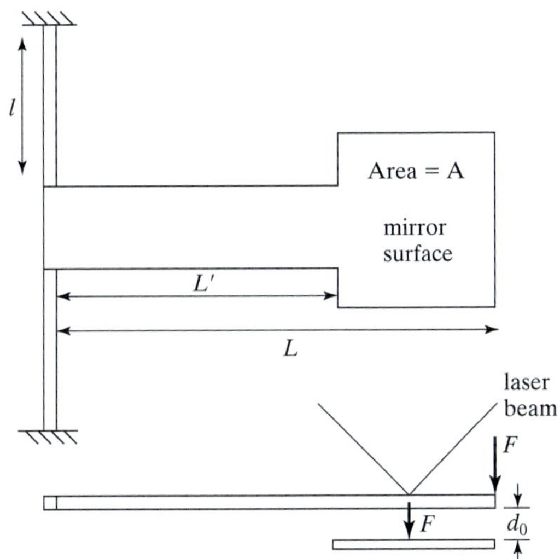

그림 15.18
정전기로 구동되는 미세 거울.

문제 15.4: 설계

서너 명이 한 팀을 만들고 평행판 커패시터를 이용하여 평면 상 작은 변위(2 μm까지)가 생기는 광학 미소 거울의 개념적 설계를 개발하라. 마이크로 제조 공정을 동반한 주요 공정 단계를 개발하라.

문제 15.5: 검토

사례 15.3에서 구동 전압하의 단일 멤브레인 변위에 대한 해석적 공식을 개발하라.

문제 15.6: 검토

사례 15.4에서 논의된 미소 거울은 캔틸레버의 길이가 대략 100 μm로 알려졌다. 서스펜션 빔의 두께는 공정 설명으로부터 알 수 있다—그것은 0.228 mm의 실리콘 질화물(SiN_xH_y)과 두께를 알 수 없는 금 전도층으로 이루어져 있다. 금의 두께가 20 nm이고,

가운데 판의 면적이 40×40 μm^{2}이라고 가정하자. 희생층은 갭의 크기를 결정한다. 바이어스 전압이 대략 17.5 V일 때 변위는 0.3 μm이다. 측정된 효율을 달성하기 위한 캔틸레버의 정확한 폭을 찾으라. 모든 과정을 언급하라.

문제 15.7: 설계

모든 마이크로 기계는 진동에 의한 영향을 받기 쉽다. 사례 15.4에서 수직 가속도(1 g)에 관한 파장 교차 민감도를 찾으라. 그것이 주요한 설계 관점을 구성하는가? 판의 한쪽 모서리를 따른 평면 가속도(1 g)에 관한 판 위치의 평면 내 가속도에 대한 교차 민감도를 구하라.

문제 15.8: 검토

사례 15.4에서 논의된 장치의 자세한 공정도를 도시하라. 리소그래피는 포함시키지 말라. 거울의 중심을 가로지르는 단면도를 도시하라. 공정표에 캔틸레버의 길이를 포함시키라.

문제 15.9: 검토

초기 응력 굽힘을 가진 바이메탈 액추에이터에 의한 대변위 평면 밖 거울의 설계를 검토하라[56]. 수직 변위에 관한 해석적 공식을 유도하고, 논문에 알려진 변수에 근거한 크기의 차수를 계산하라.

문제 15.10: 검토

충돌 드라이브 기술을 검토하고 동일한 재료(예를 들면 폴리실리콘)로 만들어졌을 때, 속도, 출력 힘, 장기간 신뢰성 관점에서 그것을 SDA와 비교하라.

문제 15.11: 설계

서너 명이 한 팀을 이루어, 평면에서 큰 회전각(기판의 수직 중심선을 회전하는)을 이룰 수 있는 액추에이터 설계를 개발하라. 적어도 세 개의 다른 메커니즘과 설계를 조사하라. 그들의 상대적인 이점과 단점을 비교하라.

문제 15.12: 설계

다중 자유도를 가지는 액추에이터에 대한 하나의 대표적 연구가 아래에 논의된다. 여기서 바이너리 렌즈가 병진과 회전 운동을 모두 할 수 있는 스테이지에 부착된다[58]. 렌즈의 그림은 그림 15.19에 나와 있다. 전체 장치는 표면 가공 기술을 이용하고 다결정

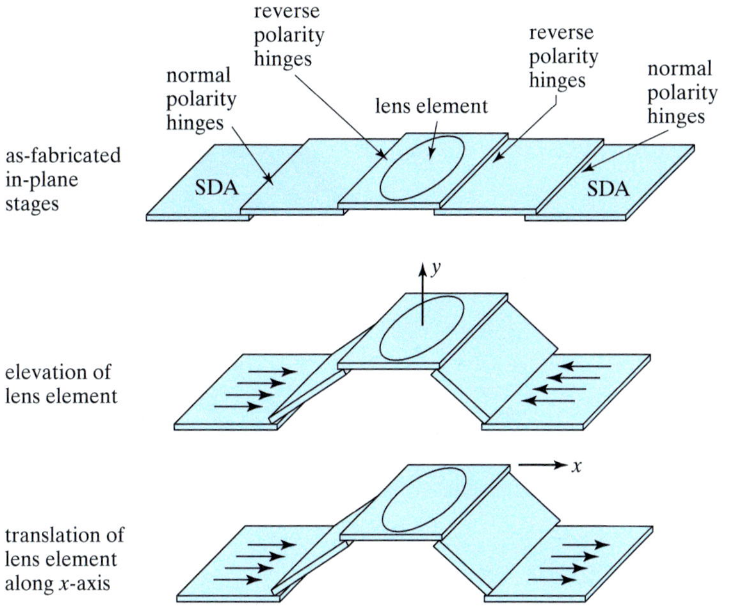

그림 15.19
평면 외 렌즈의 원리.

실리콘이 구조 재료로 만들어졌다. 렌즈 어셈블리는 회전 힌지로 연결된 5개의 폴리실리콘 조각으로 이루어져 있다. 가장 바깥의 조각은 두 방향으로 움직임이 가능한 스크래치 드라이브 액추에이터를 포함한다. 다중의 액추에이터에서 다음의 세 가지 움직임이 가능하다: (1) 만약 두 액추에이터가 같은 양만큼 반대 방향으로 움직인다면, 렌즈 조각의 높이는 바뀔 것이다. (2) 두 액추에이터가 다른 양만큼 반대 방향으로 운동한다면, 렌즈 조각은 회전할 것이다. (3) 두 액추에이터가 같은 양만큼 같은 방향으로 운동한다면, 렌즈 조각은 병진 운동할 것이다.

SDA 액추에이터에 연결된 힌지는 표준 극성인 것에 반해, 렌즈에 연결된 극성은 반대 극성이다. 표준과 반대 극성의 힌지에 관한 자세한 그림은 그림 15.20에 나와 있으며, 세 구조층을 포함한 표면 미세 가공 공정에 사용되고 있다.

다중의 자유도를 가지는 통합된 렌즈를 위한 마스크를 설계하라. 액추에이터와 부품 연결에 초점을 맞추라. 설계는 SDA 액추에이터와 두 가지 형태의 힌지를 자세하게 보여야 한다. 이 설계는 10장에서 논의된 MUMPS 공정을 사용하여 만들어질 수 있는가? 만약 그렇다면, MUMPS 설계 템플릿과 MUMPS 설계 규칙에 따른 마스크를 설계하라.

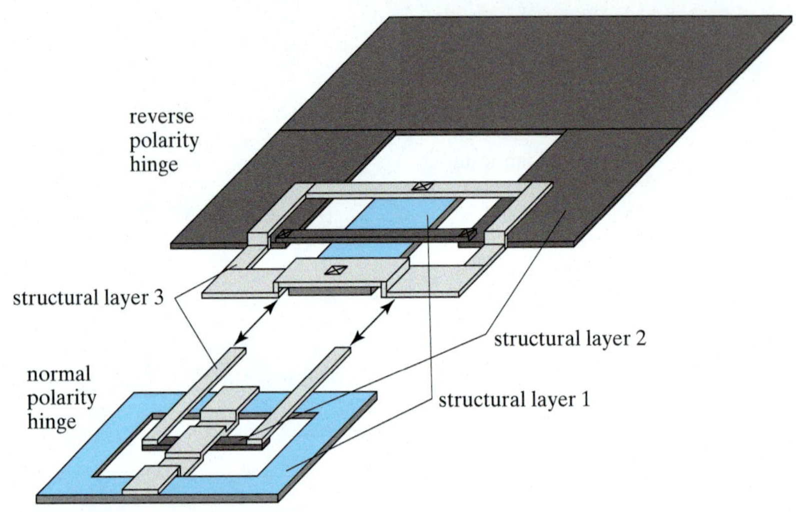

그림 15.20
정 및 반대 극성 힌지의 상세 그림.

문제 15.13: 도전

팁을 만들고 변위가 DC 바이어스에서 100 μm나 그보다 큰 미세 가공된 평면 밖 구동기를 설계하라. 변위는 반복될 수 있어야 한다. 그 변위는 병진 운동의 경로 안에서 부드럽게 광학 거울을 움직일 수 있어야 한다. 설계 목표는 (1) 구동 전압을 최소화하는 것, (2) 구동 파워를 최소화하는 것, (3) 가능하면 가장 단순한 설계를 사용하는 것이다.

참고문헌

1. Motamedi, M.E., *Micro-Opto-Electro-Mechanical Systems*, Optical Engineering, 1994. **33**: p. 3505–3517.
2. Van Kessel, P.F., et al., *A MEMS-Based Projection Display*, Proceedings of the IEEE, 1998. **86**: p. 1687–1704.
3. Bloom, D.M., *Grating Light Valves for High Resolution Displays*. Presented at Electron Devices Meeting, 1994. Technical Digest, International, 1994.
4. Grade, J.D., H. Jerman, and T.W. Kenny, *Design of Large Deflection Electrostatic Actuators*, Microelectromechanical Systems, Journal of, 2003. **12**: p. 335–343.
5. Yue, M., et al., *A 2-D Microcantilever Array for Multiplexed Biomolecular*

Analysis, Microelectromechanical Systems, Journal of, 2004. **13**: p. 290–299.

6. Syms, R.R.A., and A. Lohmann, *MOEMS Tuning Element for a Littrow External Cavity Laser*, Microelectromechanical Systems, Journal of, 2003. **12**: p. 921–928.

7. Conant, R., *Thermal and Electrostatic Microactuators*. In Electrical Engineering and Computer Sciences. Berkeley: University of California at Berkeley, 2002.

8. Lee, A.P., et al., *Vertical-Actuated Electrostatic Comb Drive with in situ Capacitive Position Correction for Application in Phase Shifting Diffraction Interferometry*, Microelectromechanical Systems, Journal of, 2003. **12**: p. 960–971.

9. Perreault, J.A., et al., *Adaptive Optic Correction Using Microelectromechanical Deformable Mirrors*, Optical Engineering, 2002. **41**: p. 561–566.

10. Chan, R.T., H. Nguyen, and M.C. Wu, *A High-Speed Low Voltage Stress-Induced Micromachined* 2×2 *Optical Switch*, IEEE Photonics Technology Letters, 1999. **11**: p. 1396–1398.

11. Vail, E.C., et al., *GaAs Micromachined Widely Tunable Fabry–Perot Filters*, Electronics Letters, 1995. **31**: p. 228–229.

12. Mateus, C.F.R., et al., *Widely Tunable Torsional Optical Filter*, IEEE Photonics Technology Letters, 2002. **14**: p. 819–821.

13. Larson, M.C., and J. S. Harris, *Broadly-Tunable Resonant-Cavity Light-Emitting Diode*, IEEE Photonics Technology Letters, 1995. **7**: p. 1267–1269.

14. Zhou, L., J.M. Kahn, and K.S.J. Pister, *Corner-Cube Retroreflectors Based on Structure-Assisted Assembly for Free-Space Optical Communication*, Microelectromechanical Systems, Journal of, 2003. **12**: p. 233–242.

15. Conant, R.A., et al., *A Raster-Scanning Full-Motion Video Display Using Polysilicon Micromachined Mirrors*, Sensors and Actuators A: Physical, 2000. **83**: p. 291–296.

16. Lewis, J.R., *In the Eye of the Beholder*, Spectrum, IEEE, 2004. **41**: p. 24–28.

17. Armiento, C.A., et al., *Passive Coupling of InGaAsP/InP Laser Array and Singlemode Fibres Using Silicon Waferboard*, Electronics Letters, 1991. **27**: p. 1109–1111.

18. Strandman, C., and Y. Backlund, *Bulk Silicon Holding Structures for*

Mounting of Optical Fibers in v-Grooves, Microelectromechanical Systems, Journal of, 1997. **6**: p. 35–40.

19. Feinerman, A.D., and S.R. Thodati, *Millimeter-Scale Actuator with Fiber-Optic Roller Bearings*, Microelectromechanical Systems, Journal of, 1995. **4**: p. 28–33.

20. Toshiyoshi, H., et al., *A Surface Micromachined Optical Scanning Array Using Photoresist Lenses Fabricated by a Thermal Reflow Process*, Journal of Lightwave Technology, 2003. **21**: p. 1700–1708.

21. Fletcher, D.A., et al., *Microfabricated Silicon Solid Immersion Lens*, Microelectromechanical Systems, Journal of, 2001. **10**: p. 450–459.

22. Savander, P., *Microlens Arrays Etched into Glass and Silicon*, Optics and Lasers in Engineering, 1994. **20**: p. 97–107.

23. Grzybowski, B., et al., *Elastomeric Optical Elements with Deformable Surface Topographies: Applications to Force Measurements, Tunable Light Transmission and Light Focusing*, Sensors and Actuators A: Physical, 2000. **86**: p. 81–85.

24. Schueller, O.J.A., et al., *Reconfigurable Diffraction Gratings Based on Elastomeric Microfluidic Devices*, Sensors and Actuators A: Physical, 1999. **78**: p. 149–159.

25. Morgan, B., et al., *Development of a Deep Silicon Phase Fresnel Lens Using Gray-Scale Lithography and Deep Reactive Ion Etching*, Microelectromechanical Systems, Journal of, 2004. **13**: p. 113–120.

26. Babin, S., M. Weber, and H.W.P. Koops, *Fabrication of a Refractive Microlens Integrated onto the Monomode Fiber*. Presented at The 40th International Conference on Electron, Ion, and Photon Beam Technology and Nanofabrication, Atlanta, Georgia (USA), 1996.

27. Strandman, C., et al., *Fabrication of 45-deg Mirrors Together with Well-Defined v-Grooves Using Wet Anisotropic Etching of Silicon*, Microelectromechanical Systems, Journal of, 1995. **4**: p. 213–219.

28. John, P.M.S., et al., *Diffraction-Based Cell Detection Using a Microcontact Printed Antibody Grating*, Analytical Chemistry, 1998. **70**: p. 1008–1111.

29. Tan, S.-S., et al., *Mechanisms of Etch Hillock Formation*, Microelectromechanical Systems, Journal of, 1996. **5**: p. 66–72.

30. Min, Y.-H., and Y.-K. Kim, *Modeling, Design, Fabrication and Measurement of a Single Layer Polysilicon Micromirror with Initial Curvature Compensation*, Sensors and Actuators A: Physical, 1999. **78**: p. 8–17.

31. Cao, K., W. Liu, and J.J. Talghader, *Curvature Compensation in Micromirrors with High-Reflectivity Optical Coatings*, Microelectromechanical Systems, Journal of, 2001. **10**: p. 409–417.

32. Zou, J., et al., *Effect of Etch Holes on the Optical Properties of Surface Micromachined Mirrors*, IEEE/ASME Journal of Microelectromechanical Systems (JMEMS), 1999. **8**: p. 506–513.

33. Perreault, J.A., et al., *Adaptive Optic Correction Using Microelectromechanical Deformable Mirrors*, Optical Engineering, 2002. **41**: p. 561–566.

34. deBoer, M.P., et al., *High-Performance Surface-Micromachined Inchworm Actuator*, Microelectromechanical Systems, Journal of, 2004. **13**: p. 63–74.

35. Yeh, R., S. Hollar, and K.S.J. Pister, *Single Mask, Large Force, and Large Displacement Electrostatic Linear Inchworm Motors*, Microelectromechanical Systems, Journal of, 2002. **11**: p. 330–336.

36. Maloney, J.M., D.S. Schrelber, and D.L. DeVoe, *Large-Force, Electrothermal Linear Micromotors*, Journal of Micromechanics and Microengineering, 2004. **14**: p. 226–234.

37. Daneman, M.J., et al., *Linear Microvibromotor for Positioning Optical Components*, Microelectromechanical Systems, Journal of, 1996. **5**: p. 159–165.

38. Mita, M., et al., *A Micromachined Impact Microactuator Driven by Electrostatic Force*, Microelectromechanical Systems, Journal of, 2003. **12**: p. 37–41.

39. Ohmichi, O., Y. Yamagata, and T. Higuchi, *Micro Impact Drive Mechanisms Using Optically Excited Thermal Expansion*, Microelectromechanical Systems, Journal of, 1997. **6**: p. 200–207.

40. Saitou, K., D.-A. Wang, and S.J. Wou, *Externally Resonated Linear Microvibromotor for Microassembly*, Microelectromechanical Systems, Journal of, 2000. **9**: p. 336–346.

41. Akiyama, T., and K. Shono, *Controlled Stepwise Motion in Polysilicon Microstructures*, Microelectromechanical Systems, Journal of, 1993. **2**: p.

106–110.

42. Akiyama, T., D. Collard, and H. Fujita, *Scratch Drive Actuator with Mechanical Links for Self-Assembly of Three-Dimensional MEMS*, Microelectromechanical Systems, Journal of, 1997. **6**: p. 10–17.

43. Lammerink, T., et al., *Modeling, Design, and Testing of the Electrostatic Shuffle Motor*, Sensors and Actuators A, 1998. **70**: p. 171–178.

44. Lee, A.P., and A.P. Pisano, *Repetitive Impact Testing of Micromechanical Structures*, Sensors and Actuators A: Physical, 1993. **39**: p. 73–82.

45. Toshiyoshi, H., and H. Fujita, *Electrostatic Micro Torsion Mirrors for an Optical Switch Matrix*, Microelectromechanical Systems, Journal of, 1996. **5**: p. 231–237.

46. Hao, Z., et al., *A Design Methodology for a Bulk-Micromachined Two-Dimensional Electrostatic Torsion Micromirror*, Microelectromechanical Systems, Journal of, 2003. **12**: p. 692–701.

47. Greywall, D.S., et al., *Crystalline Silicon Tilting Mirrors for Optical Cross-Connect Switches*, Microelectromechanical Systems, Journal of, 2003. **12**: p. 708–712.

48. Krishnamoorthy, U., D. Lee, and O. Solgaard, *Self-Aligned Vertical Electrostatic Combdrives for Micromirror Actuation*, Microelectromechanical Systems, Journal of, 2003. **12**: p. 458–464.

49. Selvakumar, A., and K. Najafi, *Vertical Comb Array Microactuators*, Microelectromechanical Systems, Journal of, 2003. **12**: p. 440–449.

50. Yeh, J.-L.A., C.-Y. Hui, and N.C. Tien, *Electrostatic Model for an Asymmetric Combdrive*, Microelectromechanical Systems, Journal of, 2000. **9**: p. 126–135.

51. Nguyen, H., et al., *A Novel MEMS Tunable Capacitor Based on Angular Vertical Comb Drive Actuators*. Presented at Solid-State Sensor, Actuator, and Microsystem Workshop, Hilton Head, SC: 2002.

52. Xie, H., Y. Pan, and G.K. Fedder, *A CMOS-MEMS Mirror with Curled-Hinge Comb Drives*, Microelectromechanical Systems, Journal of, 2003. **12**: p. 450–457.

53. Donald, B.R., et al., *Power Delivery and Locomotion of Untethered Microactuators*, Microelectromechanical Systems, Journal of, 2003. **12**: p.

947–959.

54. Lin, H.-Y., et al., *Micromachined Multi-Lever Linkage Angular Motion Amplifier*. Presented at The 11th International Conference on Solid-State Sensors and Actuators, Munich, Germany: 2001.

55. Lin, H.-Y., et al., *Electrostatically-Driven-Leverage Actuator as an Engine for Out-of-Plane Motion*. Presented at The 11th International Conference on Solid-State Sensors and Actuators, Munich, Germany: 2001.

56. Helmbrecht, M.A., et al., *Micromirrors for Adaptive-Optics Arrays*. Presented at The 11th International Conference on Solid-State Sensors and Actuators, Munich, Germany: 2001.

57. Chen, R.T., H. Nguyen, and M.C. Wu, *A High-Speed Low-Voltage Stress-Induced Micromachined* 2×2 *Optical Switch*, IEEE Photonics Technology Letters, 1999. **11**: p. 1396–1398.

58. Wu, M.C., and P.R. Patterson, *Free-Space Optical MEMS*. In MEMS Handbook, J. Korvink and O. Paul, Eds. New York: William Andrew Publishing, 2004.

MEMS 기술경영

CHAPTER 16

16.0 서론

새로운 MEMS 디바이스와 응용의 성공적인 개발은 상상력, 독창력, 경험, 세세한 것에 대한 계속적인 관심 등을 필요로 한다. 주어진 디바이스 개발 임무에 대해서 여러 가지 가능한 설계, 재료, 제작 방법이 있어 이에 따라 성능, 제작의 용이성, 비용 등도 다양하다. 도전해 볼 만한 MEMS 연구개발 과제를 경영하려면 넓은 지식의 토대—독자들이 이 책의 앞 장들을 읽으며 얻을 수 있는—와 조직적인 접근이 요구된다.

이 장에서는 완전한 연구개발 주기의 다양한 단계와 각 단계의 전략에 대해 다룬다. 이 장의 목적은 독자들이 전략에 대해 올바른 평가를 하고 이들을 이용해 저비용으로 성능을 향상시키며 미래의 값비싼 실수를 없애도록 돕는 것이다.

16.1 연구개발 전략

MEMS 과제에 접근하고 실행하기 위한 전형적인 순서도(flow chart)를 그림 16.1에 나타내었다. 완전한 연구개발 주기는 최소한 다음의 단계들을 포함한다: 개념화, 응용 가능성과 기술의 검토, 개념의 입증, 설계와 최적화, 제작, 시험.

각 단계에 관련되는 전략과 주안점을 상세히 알아보자.

1단계.

MEMS 과제나 그것에 관한 어떤 기술 연구개발 과제는 다음 두 개의 양식 중 하나로 실행된다: **기술 추동**(technology push) 또는 **응용 견인**(application pull). 기술 추동은 정해지지 않거나 넓게 정의된 응용에 대해 일반적인 기초 기술의 개발과 정화에 초점을

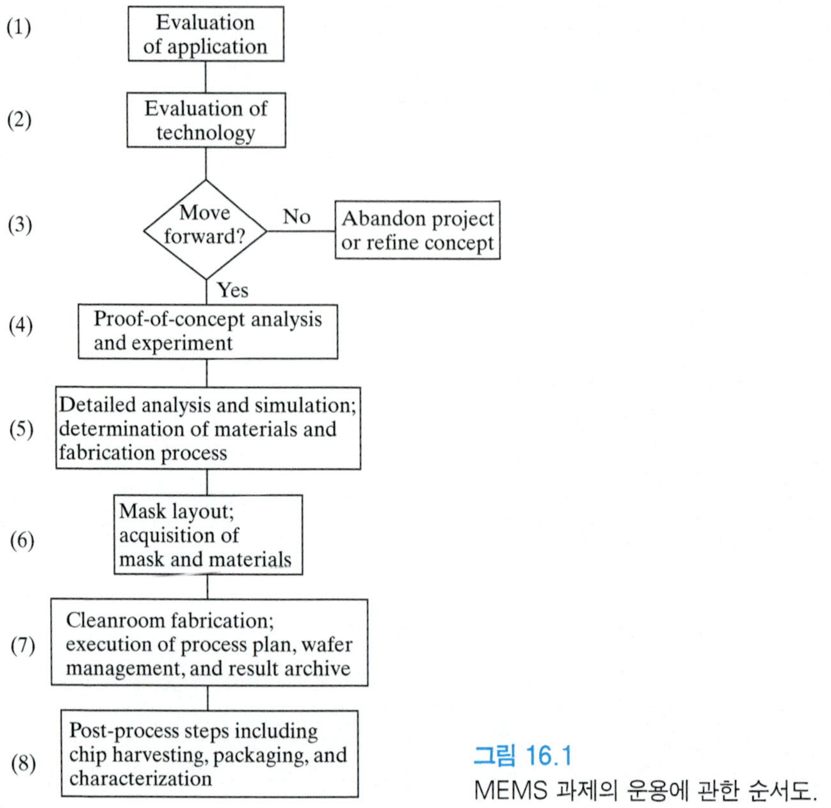

그림 16.1
MEMS 과제의 운용에 관한 순서도.

둔다. 응용 견인은 잘 정의된 시장의 요구를 만족시키기 위한 기술의 광범위한 선택과 개발을 포함한다.

간략하게 해석하면, 기술 추동 과제는 문제를 조사하는 기술이고 응용 견인 과제는 해답을 찾는 문제이다. 두 가지 형태의 활동 모두 중요하고 필요하다. 과학이나 기술의 어느 분야에서 성공하고자 하는 포부를 가진 사람은 균형된 사고방식을 가져야 한다.

기술적인 경향을 갖기 쉬운 이 책의 독자들은 응용을 지향하는 사고방식을 개발하는 것이 중요하다. 세세한 기술적인 해답의 개발을 시작하기 전에 새로운 개발 노력이 채워 주는 산업적, 사회적, 군사적, 또는 과학적인 요구에 관한 뚜렷한 통찰력을 다듬어야 한다. 비록 과학적인 발견과 기술 개발 자체가 흥미롭고 유용하다고 하더라도 개발 노력의 성과에 관계없이 그 기술이 중요하고 알맞은 문제를 유일하게 다룰 수 있고 연구개발 투자에 비해 큰 경제적 보답 또는 사회적인 혜택을 줄 수 있는 잠재력이 있다면 그것은 항상 더 가치가 있다.

시장 수요와 잠재적인 시장 규모에 관한 높은 수준의 실사(due diligence)를 수행하는 것이 매우 중요하다. 적절한 성능 명세와 원가 대상에 대한 교육적이고 편견 없으며 포괄적인 목록을 정의하고 다듬어야 한다. 중요한 교훈은 과거 실수로부터 배울 수 있다. 이 과업을 완전히 다른 사람들에게 위임하지 말라. 전문가의 분석을 맹신하지 말라. 독립적인 조사와 사고 과정을 거치지 않고 군중을 따르지 말라. 통상적이고 힘 든 시장 조사를 꼭 수행하라.

감도, 속도, 전력같이 명백한 면뿐 아니라 환경 변화에 대한 견고함, 소음, 드리프트(drift), 전력 공급 상자의 크기, 훈련받은 사용자의 용이함과 같이 미묘하면서 중요한 것들에 대한 성능을 고찰하여야 한다. 혁신 기술을 실현하는 상품의 소개와 증산에 영향을 주는 다른 많은 사회경제적인 인자들도 역시 고려해야 한다.

2단계.

일단 성능과 원가 대상이 정해지면, 이제 기술의 선택을 검토하고 MEMS 기술이 이 목적을 달성할 수 있는지(또는 경쟁적으로, 경제적으로 최소한 적소 부분을 다룰 수 있는지) 결정해야 한다. 여기에서 미세 가공 기술이 그저 제작과 조립 기술의 넓은 범위에서 선택된 공정과 제작 기술의 집합임을 명심하는 것이 중요하다. 정확하고 폭넓게 알려진 경쟁 기술과 대체 해결안이 매우 중요하다. 믿을 만하고 대체할 수 있으며 경쟁적인 기술을 주의 깊게 검토해야 한다. 기술 검토에는 '낮은 수준의 기술'과 '기존의 기술' 또한 포함되어야 한다. 규모의 법칙을 조사하고 다양한 기술 해법들의 성과를 평가하기 위해서 이 단계에서는 'back-of-envelope' 분석을 수행해야 한다. 이 분석은 이 단계에 적합한 정도의 정확함을 제공해야 한다.

이 책의 많은 독자들은 MEMS 기술과 미소 제작 기술을 어떤 문제에 대한 해법의 후보로 쉽게 고려하거나 의지하려고 할 것이다. 과제를 너무 단순화하거나, 혜택을 너무 강조하거나, 기술적인 복잡성을 과소평가하지 않도록 이 분야에 대한 포괄적이고 균형 있는 견해가 필요하다. MEMS 기술의 장점에 대한 몇 가지의 공통적인 오해와 포괄적인 주장들을 다음에 나열한다.

오해: '미소 제작 기술은 시스템을 소형화한다.'

진실: 미소 제작은 작은 선폭과 작은 칩을 가능하게 한다. 그러나 시스템의 크기는 컨트롤러, 전력 공급기, 센서 피드백, 관찰 장치, 통신 인터페이스 등의 크기를 포함한다. 미소 제작이 자동적으로 기능적인 시스템(functional system)의 소형화를 이끌지는 못한다. MEMS란 단어의 'S'가 시스템(system)을 의미한다고 하더라도 많은 MEMS 디바이스는 사실상 기능적인 시스템에서 오직 부품(component)일 뿐이다. 칩 제작 이상의 시스템을 만들기 위해서는 많은 일을 요구한다.

오해: '집적화가 저비용과 고성능 생산품을 만든다.'

진실: 이 주장의 지지자는 하나의 예로 미소 전자 산업체를 인용한다. 정말로 집적화는 잠재적으로 각 부품의 조립에 필요한 노동을 줄일 수 있다. 그러나 이런 혜택이 쉽게 MEMS 분야(최소한 현 단계의 개발)에 적용되지는 않는다.

모놀리식 집적화가 센서의 고감도 같은 고성능을 이끈다고 하는 것은 대체적으로 사실이다. 그러나 모놀리식 집적화는 전형적으로 지루하고 값비싼 개발 노력이 필요하다. 개발 유연성은 낮고, 개발 비용은 전형적으로 높다.

전자 회로와 기계 요소들의 집적화가 기계(instrument) 단계, 보드(board) 단계, 패키지(package) 단계, 칩(chip) 단계 등의 여러 단계에서 일어난다는 것 또한 주목해야 한다. 많은 단계 중에서 칩 단계의 모놀리식 집적화가 오직 선택할 수 있는 하나이다.

오해: '배치(batch) 제작은 MEMS의 비용을 줄인다.'

진실: MEMS 과제를 위한 장치 비용과 MEMS 제조 공정 장비를 유지하는 고정 비용이 상당하다. 배치 제작은 꽤 많은 양의 수요가 있을 때만 칩 또는 생산품의 비용을 줄여 준다.

마스크 제작을 위한 설계, 제조 공정의 세밀한 조정, 눈금 측정(calibration) 등을 포함해 배치 조업(batch run)을 준비하기 위한 비용은 과소평가되어서는 안 된다. 넓은 면적, 고해상도의 마스크 판은 생산하는 데 수천만 원의 비용이 들 수 있다. 미소 제조 공정 장비를 설치하는 데 청정도 필수 요건, 자동화 장비, 환경과 안전규약 등 때문에 수천억 원이 들 수도 있다. 환경을 안정화하기 위한 소모품(예를 들면 냉각수나 공기)과 제조 공정을 위한 소모품(예를 들면 박막 증착과 식각을 위한 고순도의 공정 가스)의 비용 때문에 청정실 장비를 매일 작동하는 데는 엄청난 투자를 필요로 한다. MEMS 디바이스의 비용은 기존의 기술로 만든 디바이스와 자동적으로 경쟁할 수 없다. 미래에 주문을 수용하기 위해 수지가 맞는 생산 수량을 줄이는 것이 필요하다. 이 목적을 달성하기 위해 MEMS의 새로운 설계와 새로운 제작 패러다임이 요구된다.

MEMS 칩을 포함하는 시스템의 개발에 관련된 모든 기술적인 활동과 시장 활동과 관련된 비용을 추정하는 것도 역시 중요하다. 기술 연구개발 이상의 개발 활동은 다음을 포함한다: 시제품화(prototyping), 시험적 생산, 지적재산권의 확보와 마케팅과 생산품의 분배.

3단계.

이 단계에서 과제를 더 진행해야 할지에 관한 결정은 철저한 분석과 (1) 응용과 시장 잠재성과 (2) 기술 경쟁과 현실주의의 검토를 토대로 신중하게 해야 한다. 과제를 계속해야 할 것인지, 만약 한다면 MEMS 접근법을 택해야 할 것인지를 결정해야 한다. 만약 결정이 '아니요'이면, 축하합니다! 당신은 실제로 숨겨진 장애물을 만나지 않고 깨닫는 것만으로 많은 시간과 돈을 절약했을 것입니다. 만약 결정이 '예' 이면, 축하합니다! 당신은 이제 흥미로운 혁신의 긴 여정을 시작합니다.

4단계.
MEMS 생산품을 개발하는 첫 번째 단계는 유일하고 설계, 재료, 제작을 가능하게 하는 인자들에 관한 주장과 가정이 사실상 명백하다는 것을 증명하는 것이다. 이는 분석적이고 실험적인 방법으로 행해진다. 디바이스 작동 이론과 핵심 성능 특성을 확인하기 위해서 기존의 제작 방법을 이용해 되도록이면 큰 규모의 모델을 만들어 개념을 증명하는 실험이 수행된다. 이 단계가 시간만 소비하는 것처럼 보이더라도 미래에 있을 수 있는 값비싼 조정과 포기를 없애게 함으로써 결국에 가서는 시간을 절약한다. 만약 미소 제작된 디바이스가 설계된 대로 작동하지 않으면 이 개념 증명 분석이 또한 진단적인 실마리를 제공한다.

5단계.
일단 설계, 재료, 제작에 관한 핵심 요소들이 명백해지면, 이제 설계 변수, 재료, 전체적인 제작 공정도의 완전한 세트를 인지할 수 있다.

상세한 설계를 위해서는 가끔 좀더 심도 깊은 분석을 수행하는 것이 필요하다. 규모의 법칙 분석, 해석적인 계산, 수치적 시뮬레이션 등이 모두 필요하다. 수치 해석이 가장 정확한 분석을 제공할 수 있다. 때때로 그러한 해석이 오히려 쉽게 수행될 수도 있다. 다른 경우에는 해석 과정이 시간만 소비하는 노력이 될 수도 있다. 영률, 내재 응력 등의 재료 성질에 관한 불확실성이 많다는 것을 고려해 보면 컴퓨터로 수행하는 분석의 유용성도 또한 제한된다.

MEMS 개발자는 연구실에서의 개념 증명 이상으로 제조(manufacturing)의 엄격함을 견디기 위한 제작 공정을 창조하려고 항상 애써야 한다. 제조는 반복성, 견고함, 신뢰성을 요구한다. 견고함, 수율, 높은 식각 선택성의 견지에서 MEMS 공정을 매 단계마다 최적화하여야 한다. 다양한 공정 방법에 재료가 반응하는 작업 데이터베이스를 축적하기 위해 시간과 연습이 필요하다. 시작하기 위해서 다수의 식각액(습식 또는 건식)에 대한 여러 재료의 포괄적인 특성을 발표한 문헌을 참고할 수 있다. Williams는 53종의 재료에 대한 35종의 다른 식각액의 식각률을 일관된 실험에서 발표했는데[1], 이것은 16종의 재료와 28종의 식각액 또는 식각 방법 사이의 반응 행렬이 발표[2]된 이후였다. 그러나 재료 공정의 특성은 실험실과 실험실, 배치와 배치, 웨이퍼와 웨이퍼, 웨이퍼의 한 부분과 다른 부분 사이에서도 변한다고 하는 것을 명심해야 한다.

6단계.
이 단계에서는 다음에 이어지는 패턴 전달(pattern transfer) 공정과 패턴 발생과 전달 장비의 성능을 완전히 이해한 후 마스크를 그린다. 달성할 수 있는 해상도, 마스크 크기, 마스크 제작 비용, 제작 시간에 특별한 주의를 기울여야 한다. 가장 높은 해상도를 제공하는 장비가 사용된다고 자동적으로 가정하지 말라. 그렇게 하면 결국에는 과제나 과제의 특정한 국면을 수행하는 데에 너무 비싼 값을 치르거나 시간만 낭비하게 된다.

탐구적인 디바이스를 위한 마스크를 그릴 때 목표 설계치의 어떤 설정값 주위에 한계를 정하는 것이 일반적인 관례이다. 칩 공간을 고려한다면, 5단계의 분석에서 설정된 정확한 목표 설계 이상으로 디바이스 설계를 짜 넣어야 한다. 이론적인 설계는 재료 성질의 불확실성, 공정 변수의 변화성, 해석 도구와 방법의 오차 때문에 가끔 전체적으로 정확하지 못하다. 한계를 정함으로써, 고효율을 달성할 수 있어 최적의 정확한 설계에 도달할 수 있다.

이 시점에서 시작할 기판을 축적해야 한다. 실리콘 웨이퍼가 보통 쓰인다. 상업적인 실리콘 웨이퍼를 지름, 두께(가끔 업체 표준에 따른 지름과 연관됨), 결정 방향, 도핑(doping) 수준, 도펀트(dopant)의 유형, 매끄러움(한쪽 또는 양쪽에 윤을 낸)에 따라 다양하게 구매할 수 있다. (산화물 또는 질화물 박막을 입힌) 웨이퍼뿐 아니라 (산화물이나 심하게 도핑된 부분이 묻힌) 다층 구조의 웨이퍼도 입수할 수 있다.

또한 유리, 석영, 사파이어, 화합물 반도체 재료(예를 들면 GaN, SiC, GaAs 등), 고분자 화합물(예를 들면 폴리이미드, 액정고분자) 등의 다른 물질로 만든 웨이퍼 또는 원형이 아닌 기판도 가능하다. 이런 재료들은 성질, 달성할 수 있는 분석표, 실리콘에는 불가능한 화학적 식각 특성 등을 제공한다. 예를 들면 유리 기판은 가끔 미소 유체 디바이스에 사용된다. 유리는 불화수소를 이용한 습식 식각, 레이저 가공, 블래스팅(blasting)[3], 분말 입자에 의한 미소 부식(microerosion)[4], 초음파 드릴링으로 패턴을 넣을 수가 있다.

이러한 웨이퍼와 기판들은 (반도체나 절연체 같은) 박막의 층을 가지고 수정할 수 있다. 예를 들면 앞 표면에 단결정 실리콘을 가진 사파이어(SOC: silicon on sapphire) 웨이퍼도 상업적으로 가능하다. SOC 웨이퍼는 산화시킨 실리콘 웨이퍼를 사파이어 웨이퍼와 접합시키고 뒷면에 윤을 냄으로써 만들 수 있다.

7단계.
청정실의 장비가 운용하는 데 비싸기 때문에 청정실에서의 실험은 잘 준비된 계획으로 수행되어야 하는데 이 계획에는 재료 특성을 진단하고, 각 단계의 성공을 입증하며, 다른 대안의 방책을 확립하기 위한 인자들이 포함되어야 한다. 청정실 안에서 연구자는 관찰력이 매우 예리해야 하고 성공과 실패의 분석에 대한 흥미를 가져야 하며 그 자리에서 문제를 해결하도록 준비되어 있어야 한다. 여러분은 다음을 반드시 염두에 두고 있어야 한다.

1. 청정실에 들어가기 전에 상세한 공정을 필기해서 준비하라. 웨이퍼의 세척, 건조, 라벨 붙이기, 저장 같은 통상적이지만 중요한 단계를 설명하라. 실험실에서 시행착오 절차를 최소화하도록 시도하라.
2. 청정실에서는 주의 깊은 관찰자가 되라. 공정 변수는 자주 장비와 장비, 조업(run)과 조업, 웨이퍼와 웨이퍼, 웨이퍼의 한 부분과 다른 부분 사이에서도 변한다. 한 조업 동안에는 공정과정을 매우 빈틈없이 주의해서 관찰하는 것이 매우 중요하다. 각 공정 단계 후에는 전체의 웨이퍼를 조사하는 연습을 추천한다. 측정과 특성 도구 등의 독립적이며 가능한 많은 수단을 이용해 개인적으로 모든 다이(die)를 증명하지 않았다면 그 조업이 성공적이라고 성급히 주장하지 말라. 예를 들면 식각된 옆면의 높이는 광학 프로파일러(profiler), 기계적인 스타일러스 프로파일러(stylus profiler), 전자 현미경(SEM), 원자 현미경(SPM) 등을 이용해 점검할 수 있다. 타당성이 있으며 유용하다면, 각 단계의 결과를 특징지을 수 있는 가능한 한 많은 수단을 사용하라. 서두르지 말라—어떤 문제들은 몇 단계 내려갈 때까지 또는 끝까지 발견되지 않고 진행됨을 명심하는 것이 항상 중요하다. 그렇게 발견되지 않은 문제들은 미래에 개선할 때 비싼 비용을 치러야 한다.
3. 결과와 공정 조건들을 주의 깊게 문서화하는 데 시간을 많이 들이라. 잘 보관된 과학 노트는 준비하는 데 시간을 요하지만 그것은 믿을 수 없고 때로는 불완전한 인간의 기억보다 나아서 미래에 중요한 자산이 될 수 있다. 재료 관리와 미래의 반복 사용을 위해 사용한 웨이퍼와 마스크를 저장하고 라벨을 붙이라.

초보자나 경험자들 모두에게 원인 분석적이고 확인하는 절차, 시험 구조물, 그리고, 시험 웨이퍼조차 같이 짜 넣는 것이 중요하다. 마스크는 목표 디바이스뿐 아니라 전기적, 기계적, 공정적 시험 구조물을 포함해야 한다. 이 구조물들은 재료들의 성공을 확신시켜 주고 잠재적인 실패 형태를 조사하는 데에 굉장히 중요하다. 많은 경우에 독특한 시험 특징이 고안되어 마스크의 통합적인 부분으로 삽입되어야 한다. 공통적인 시험 특징은 3가지 범주로 나누어진다.

1. 전기적인 시험 구조물은 전도성, 두께, 표면 거칠기 상의 연속성, 두 층 사이의 접촉 저항, 도핑 농도, 또는 전류 밀도 한계를 특징지을 수 있어야 한다.

2. 기계적인 시험 구조물은 내재 응력, 굽힘, 다른 재료의 성질을 특징짓는 데 사용된다.
3. 공정 시험 구조물은 복잡하거나 파괴적인 절차에 의지하지 않고 공정이 끝나는 조건을 직접적으로 인식하는 데에 사용된다.

이상하게도, 특히 연구개발 단계에서 공정 관리의 한 가지 중요한 부분은 공정을 시작하는 데 몇 장의 웨이퍼를 사용해야 하는가에 대한 결정이다. 너무 적은 웨이퍼는 사고가 나면 작업자가 지루한 개발 주기를 다시 시작한다는 것을 의미한다. 너무 많은 웨이퍼는 작업을 여러 번 반복해야 하기 때문에 많은 시간이 필요하다는 것을 의미한다. 공정의 위험, 공정 진행자의 경험, 계획한 수율(yield), 최종 다이의 수에 근거한 주의 깊은 균형이 요구된다.

공정 불확실성과 변화성은 예외가 아니라 일반적인 성질이다. 연구개발 작업의 전략을 짤 때, 경험을 바탕으로 한 방법은 계획했던 디바이스 웨이퍼가 잘 모르거나 불확실한 공징 단계에 결코 처해지지 않는다는 것을 확실하게 한다. 잘 특징지어진 재료 또는 공정 단계조차도 주위 환경이 변하면 다르게 거동한다. 예를 들면 반사되는 실리콘 웨이퍼가 아닌 유리 웨이퍼에서 리소그래피 공정이 수행되면 다른 해상도를 갖는다.

이러한 이유로 짝 웨이퍼가 디바이스를 위한 주 웨이퍼와 함께 사용된다. 이 웨이퍼가 공정 조건의 변화를 테스트하거나 주 웨이퍼를 위험하게 하지 않고 웨이퍼 공정 엔지니어들이 정확한 공정 조건을 특징짓도록 돕기 위해 공정 단계의 선택적인 부분만을 수행하는 웨이퍼이다. 짝 웨이퍼는 공정의 어떤 시점에서도 삽입될 수 있고 한 단계 또는 여러 단계를 거칠 수 있다. 그 진단이 전체의 공정 흐름에 미치는 것이 아니므로 시간과 노동을 절약할 수 있다.

8단계.
다이를 수확하고 그들을 패키징하며 그들의 기능을 확립하기 위한 전략과 방법은 평범하고 간단하게 보인다. 그러나 그들은 결코 하찮지 않다. 부적합한 패키징 기술이 공정 수율에 손상을 입히고 성능을 저하시키며 신뢰성을 위협한다. 다이를 수확하고 패키징하는 방법은 초창기에 공정의 통합된 부분으로 고려되어야 한다.

문제

문제 16.1: 검토

MEMS 거울은 광선 조종용으로 사용된다. 광섬유의 두 가닥 사이의 광신호 조종을 위한 N×N 광 스위치를 적어도 한 가지 이상 사용하면서 경쟁적인 기술을 가지고 토론하라. 각 기술에 대한 제품 설명서 또는 연구 문헌을 찾아보라. MEMS 광 스위치에 관련해 경쟁적인 기술의 비용과 성능, 신뢰성을 비교하라.

문제 16.2: 검토

MEMS 거울은 망막 스캐닝 디스플레이에 이용되어 왔다. 망막 안의 표시를 위한 직접 광선 투영법을 적어도 두 가지 이상의 기술(MEMS 이외에)을 가지고 토론하라. 또한 디스플레이 시스템에 근거한 MEMS 거울에 관련해 그 기술들의 비용과 성과, 신뢰성을 비교하라.

문제 16.3: 검토

위조된 약품들은 제약회사들에게 막대한 손실을 가져다 주었고, 지금의 엄격한 안전대책을 마련하게 하였다. 3~4명 학생이 그룹을 만들어 알약의 기원과 상표가 진짜임을 증명하기 위한 4개의 암호화 기술 목록을 개발하라. 그리고 그 비용과 성능, 신뢰성을 비교하라. MEMS 또는 나노 기술을 기초로 한 방법이 여기에 적용될 수 있는가?

문제 16.4: 제조

깊이가 1.6 μm이고 오차가 ±0.1 μm, 지름이 4인치인 웨이퍼 위에 구덩이를 정렬할 방법을 토론하라. 그 원형 구덩이의 지름은 2.5 μm이다. 각 구덩이의 바닥과 양 측면은 얇은 금박(두께 100 nm)으로 덮여 있다. 움푹한 곳 사이의 판 표면은 100 nm 두께의 산화물로 덮여 있는데 그 산화물은 어떠한 유기체 잔여물도 없어야 한다. 그 양 측면은 경사가 85도보다 작아야 한다.(하나의 구덩이가 아래 그림에 있다.) 그 구덩이는 박테리아의 부착을 위한 장소로 이용된다. 금 표면은 박테리아가 잘 부착하도록 하고, 산화물은 박테리아의 성장을 막는다. 기판은 어떠한 재료로도 만들 수 있나.

힌트:

이 문제를 간단하게 하기 위해서 몇 가지 해결해야 할 항목은 다음과 같다.

(1) 웨이퍼 표면에 정확한 구덩이 깊이를 만들어야 한다.
(2) 표면 위가 아닌 구덩이 바닥에는 금박을 입혀야 한다.
(3) 구덩이의 양측 벽까지 균일한 금박을 입혀야 한다.

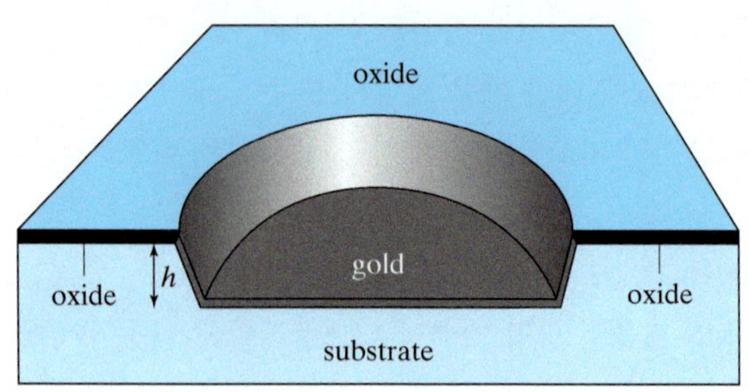

그림 16.2
단일 구덩이 그림.

문제 16.5: 검토

도체의 두 층 사이의 접촉 저항 측정을 위한 시험 구조물로 널리 사용될 설계와 원리를 적어도 하나 이상 토론하라.

문제 16.6: 검토

얇은 필름 안의 내재 응력(intrinsic stress)은 MEMS 개발에 있어서 매우 중요하다. 불행하게도 내재 응력은 공정 파라미터의 영향을 받는다. MEMS 기기 제작자들이 내재 응력 수준을 조절하는 것은 종종 중요하다. 내재 응력의 크기를 정량적, 정성적으로 확인할 수 있는 내재 응력 수준 표시기(indicator)를 가지는 것이 바람직하다. 이 시험 구조물들은 공정 엔지니어가 웨이퍼를 파괴하거나 비가역적 수행을 하거나, 웨이퍼에 다른 기기를 방해하는 절차를 거치지 않고 응력 수준을 측정할 수 있게 해 준다.

참고문헌으로부터 LPCVD 실리콘 질화물층의 내재 응력 측정을 위해서 3가지의 기계적인 시험 구조물을 찾아보라. 이 방법들을 간단히 실행할 수 있는지 비교하라.

문제 16.7: 설계

당신이 10장의 사례 1에서 설명된 것과 유사한, 실리콘 시험 질량을 기반으로 한 압저항(piezoresistive) 가속도계를 개발한다고 가정하라. 마스크 설계에 부가시킬 전기적, 기계적, 공정의 시험 구조 목록을 준비하라.[힌트: 게이지 계수(gauge factor)와 도핑 농도(doping concentration) 사이의 관계는 정확히 알지 못한다고 가정하라.]

문제 16.8: 도전

3~4명의 학생이 한 조를 이루어 손으로 들고 쓸 수 있는 전자공학적 게임 플레이어의 조작판을 위한 저가의 자이로(gyro)를 개발하라. 그 자이로는 3축에 대한 회전의 정보

를 받을 수 있어야 하고, 사용자가 손가락들의 미세한 움직임보다는 전체적인 손동작으로 스크린의 물체나 캐릭터의 움직임을 조작할 수 있어야 한다. 개발한 자이로의 시장성과 MEMS를 기반으로 한 기기의 가능성, 그리고 경쟁 제품들에 대하여 토의하라. 적절한 성능 명세를 작성하라. 만약 MEMS 제품이 시장에서 경쟁력이 있다는 결정이 난다면, 필요한 설계, 작동 원리, 제조 공정을 개발하고, MEMS 자이로의 성능을 분석하라.

여러분이 살고 있는 지역에서 현재의 시장 규모와 미래의 성장 가능성에 대해 필요한 시장 수요 연구를 수행하라. 제품 개발을 위한 다양한 요소의 비용 내역에 관해 필요한 연구를 수행하라.

문제 16.9: 도전

낮은 타이어 압력은 자동차와 트럭의 낮은 가스 효율의 가장 큰 요인이며, 과도한 타이어 마모와 사고 위험에 기여한다. 6~8명의 학생이 한 조를 이루어 운행 중인 자동차와 트럭의 타이어 압력을 관리하기 위한 저가의 압력 센서를 개발하라. 센서는 운전자에게 실시간으로 타이어 압력에 대한 정보를 제공하여야 한다. 그 시장과 MEMS의 기회와 경쟁 제품들에 대하여 논의하라. 만약 MEMS 제품이 시장에서 경쟁력이 있다는 결정이 난다면, 필요한 설계, 작동 원리, 제조 공정을 개발하고, MEMS 압력 센서의 성능을 분석하라.

여러분이 살고 있는 지역에서 현재의 시장 규모와 미래의 성장 가능성에 대해 필요한 시장 수요 연구를 수행하라. 제품 개발을 위한 다양한 요소의 비용 내역에 관해 필요한 연구를 수행하라.

문제 16.10: 도전

청각에 장애가 있는 수백만 명의 사람들이 보청기를 쓰고 있다. 보청기는 귓구멍에 보다 많은 기능을 추가하기 위해서 가능한 한 작고, 높은 효율이어야 한다. MEMS 기술은 작은 칩에 마이크로폰을 제작하는 데 이용되고, 작은 마이크로폰 시스템에도 기여한다. 당신이 건강관리 제품에 주력하는 회사의 최고 기술 경영자라고 가정하라. 보청기를 위한 마이크로폰의 시장과 기술에 대한 조사를 수행하라. MEMS 마이크로폰이 보유해야 할 핵심 성능과 가격 목표를 결정하라.

참고 문헌

1. Williams, K.R., K. Gupta, and M. Wasilik, *Etch Rates for Micromachining Processing–Part II*. Microelectromechanical Systems, Journal of, 2003. **12**(6):

p. 761–778.

2. Williams, K.R., and R.S. Muller, *Etch Rates for Micromachining Processing*. Microelectromechanical Systems, Journal of, 1996. **5**(4): p. 256–269.

3. Yagyu, H., S. Hayashi, and O. Tabata, *Application of Nanoparticles Dispersed Polymer to Micropowder Blasting Mask*. Microelectromechanical Systems, Journal of, 2004. **13**(1): p. 1–6.

4. Belloy, E., et al., *Microfabrication of High-Aspect Ratio and Complex Monolithic Structures in Glass*. Microelectromechanical Systems, Journal of, 2002. **11**(5): p. 521–527.

APPENDIX A

Material Properties

	Single-crystal silicon	PolySi LPCVD	SiN LPCVD	Si Oxide LPCVD[1]	Gold	Al	SiC	Stainless steel
E (GPa)	<100>130 <110>168 <111>187 [2, 3]	120–175 [4][2]	385 [1] 254 [5]	73 [1]	78[B] [6]	70 [1]	700 [1]	200 [1] 192–200 [6][3]
Density (kg/m^3)[4]	2300 [1]		3100 [1][5] 3000 [7]	2500 [1]	19,300	2700 [1]	3200 [1]	7900 [1]
Fracture strength (GPa)	0.6–7.7 [3, 8][6]	1–3 [9]	14 [1] 6.4 [5][7]	8.4 [1]	N/A	N/A	21 [1]	2.1 [1]
Yield strength (GPa)	N/A	N/A	N/A	N/A	0.25[8] [6]	0.17 [1]	N/A	N/A
Fracture toughness (MPa$\sqrt{m}$)	{100} 0.95 {110} 0.9 {111}0.82 [6]	1 [10]	5.3[9] [6]	0.79 [6][10]			4.4–4.7[B] [6][11]	80 [6][12]
Poisson ratio	0.055–0.36 [2][13] 0.25 for <100> [6] 0.36 for <111> [6]	0.15–0.36 [11]	0.28–0.3[B] [6]	0.17[14] [6]	0.42 [6]	0.33 [6]	0.16–0.24[B] [6]	0.30 [6]
Thermal conductivity (W/mK)[15]	157 [1] 141 [6]	34 [1]	19 [1] 3.2 ± 0.5 [7][16] 4.5 [12][17] 10–33 [6]	1.4 [1]	315 [6]	236 [1] 247 [6]	350 [1] 71–490[B] [6][18]	33 [1]
Linear thermal expansion coefficient (PPM/K)	2.33 [1] 2.5 [6]	2.33 [13]	0.8 [1] 2.7–3.7[B] [6]	0.55 [1]	14.2 [6]	25 [1] 23.6 [6]	3.3 [1] 4.2–5.6[B] [6]	17.3 [1] 14.4–27 [6][19]
Thermal capacity (J/kgK)	700 [6]		700 [7]	740[B] [6]	128 [6]	900 [6]	590–1000 [6]	420–500 [6]
Seebeck coefficient (μV/K)	500–1000 [14][20]	50–150 [15, 16][21]	N/A	N/A			N/A	
Electrical resistivity at R.T. (Ωm)			N/A	N/A	2.3×10^{-8} [6]	2.6×10^{-8} [6]	N/A	5.5×10^{-7} -10×10^{-7} [6]
Piezoresistive gauge factor	On the order of 100	10–30[22]	N/A	N/A	1–4	1–4	N/A	N/A

Material	Resistivity[23] (10^{-8} Ωm)	Thermal conductivity (W/mK)	TCR (ppm/^{0}C)	Linear thermal expansion coefficient (ppm/K)
Aluminum (Al)	2.83 [13] 2.73 [17]	237 [13]	3600 [13]	25 [13]; 23.6 [6]
Chromium (Cr)	12.9 [13] 12.7 [17]	94 [13]	3000 [13]	6.00 [13]
Copper (Cu)	1.72 [13, 17]	401 [13]	3900 [13]	16.5 [13]
Gold (Au)	2.40 [13] 2.35 [6] 2.27 [17]	318 [6]	8300 [13]	14.2 [6]
Nickel (Ni)	6.84 [13] 7.2 [17]	91 [13]	6900 [13]	13
Platinum (Pt)	10.9 [13, 17] 10.6 [6]	71 [24][6]	3927 [13]	8.8 [13]; 9.1 [6]
Silicon bulk	Doping	157 [1]; 141 [6]	Doping	2.33 [1] 2.5 [6]
Polysilicon	Doping	34 [13]	Doping	2.33 [13]
Silicon oxide	N/A	1.4 [1]	N/A	0.55 [1]; 0.4[25] [6]
Silicon nitride	N/A	19 [1] 3.2 ± 0.5 [7][26] 4.5 [12][27] 10–33 [6]	N/A	0.8 [1] 2.7–3.7[B] [6]

[1] Numbers quoted in Reference [1] are for silicon oxide fibers.
[2] Value depends strongly on sample preparation technique and growth techniques.
[3] Value depends on phase of steel: ferritic, austerritic, martensitic.
[4] The density can be calculated by knowing the atomic weight of constituent atoms and the atom packing density.
[5] Exact value may depend on the specific composition of Si_xN_y.
[6] The fracture strength is very dependent on the specimen size. The values quoted are for micrometer-sized samples. Further reduction of sample sizes will further increase the fracture strength.
[7] Value depends on temperature and specimen size.
[8] Cold worked, 60% reduction.
[9] Bulk material, sintered.
[10] Value for fused silica.
[11] Value depends on preparation method.
[12] The exact value depends on the treatment process and may vary from one brand to another.
[13] The value of Poission's ratio depends on crystal orientation.
[14] Bulk material, fused silica.
[15] Value may be influenced by sample sizes, i.e., bulk vs. thin film.
[16] Measurement made on microscale samples of low stress nitride with $Si_{1.0}N_{1.1}$.
[17] Measurement obtained on thin-film silicon nitride membrane.
[18] Value depends on preparation method.
[19] Value depends on preparation method.
[20] Actual value depends on dopant type and concentration.
[21] Actual value depends on doping concentrations and operation temperature.
[22] See Chapter 5.
[23] At room temperature, 27°C.
[24] At °C.
[25] Fused silica.
[26] Measurement made on microscale samples of low-stress nitride with $Si_{1.0}N_{1.1}$.
[27] Measurement obtained on thin-film silicon nitride membrane.

참고 문헌

1. Petersen, K.E., *Silicon as a Mechanical Material*, Proceedings of the IEEE, 1982. **70**: p. 420–457.
2. Wortman, J.J., and R.A. Evans, *Young's Modulus, Shear Modulus, and Poisson's Ratio in Silicon and Germanium*, Journal of Applied Physics, 1965. **36**: p. 153–156.
3. Yi, T., L. Li, and C.-J. Kim, *Microscale Material Testing of Single Crystalline Silicon: Process Effects on Surface Morphology and Tensile Strength*, Sensors and Actuators A: Physical, 2000. **83**: p. 172–178.
4. Sharpe, W.N., et al., *Effect of Specimen Size on Young's Modulus and Fracture Strength of Polysilicon*, Microelectromechanical Systems, Journal of, 2001. **10**: p. 317–326.
5. Sharpe, W.N., *Tensile Testing at the Micrometer Scale (Opportunities in Experimental Mechanics)*, Experimental Mechanics, 2003. **43**: p. 228–237.
6. Callister, W.D., *Materials Science and Engineering, An Introduction*, 4th ed. New York: John Wiley and Sons, 1997.
7. Mastrangelo, C.H., Y.-C. Tai, and R.S. Muller, *Thermophysical Properties of Low-Residual Stress, Silicon-Rich, LPCVD Silicon Nitride Films*, Sensors and Actuators A: Physical, 1990. **23**: p. 856–860.
8. Namazu, T., Y. Isono, and T. Tanaka, *Evaluation of Size Effect on Mechanical Properties of Single Crystal Silicon by Nanoscale Bending Test Using AFM*, Microelectromechanical Systems, Journal of, 2000. **9**: p. 450–459.
9. Bagdahn, J., W.N. Sharpe, Jr., and O. Jadaan, *Fracture Strength of Polysilicon at Stress Concentrations*, Microelectromechanical Systems, Journal of, 2003. **12**: p. 302–312.
10. Chasiotis, I., et al., *Fracture Toughness of Polycrystalline Silicon and Tetrahedral Amorphous Diamond-Like Carbon (ta-C) MEMS*. Presented at Society for Experimental Mechanics X International Congress, Costa Mesa, CA: 2004.
11. Chasiotis, I., and W.G. Knauss, *Experimentation at the Micron and Submicron Scale*, In Interfacial and Nanoscale Fracture, vol. 8, Comprehensive Structural Integrity, W. Gerberich and W. Yang, Eds. Elsevier, 2003, p. 41–87.
12. Eriksson, P., J.Y. Andersson, and G. Stemme, *Thermal Characterization of Surface-Micromachined Silicon Nitride Membranes for Thermal Infrared Detectors*, Microelectromechanical Systems, Journal of, 1997. **6**: p. 55–61.
13. Kovacs, G.T.A., *Micromachined Transducers Sourcebook*. New York: McGraw-Hill, 1998.
14. Geballe, T.H., and G.W. Hull, *Seebeck Effect in Silicon*, Physical Review, 1955. **98**: p. 940–947.
15. Von Arx, M., O. Paul, and H. Baltes, *Test Structures to Measure the Seebeck Coefficient of CMOS IC Polysilicon*, Semiconductor Manufacturing, IEEE Transactions on, 1997. **10**: p. 201–208.
16. van Herwaarden, A.W., et al., *Integrated Thermopile Sensors*, Sensors and Actuators: A Physical, 1990. **A22**: p. 621–630.
17. Lide, D.R., *Handbook of Chemistry and Physics*, CRC Press, 1994.

A P P E N D I X   B

Frequently Used Formulas for Beams and Membranes

End constraints and loading conditions	Maximum values of stress and displacement
Fixed–free beam under point loading at the free end.	Maximum θ occurs at the free end Max value of $\theta = \dfrac{Fl^2}{2EI}$ Maximum vertical displacement occurs at the free end Max value $d = \dfrac{Fl^3}{3EI}$
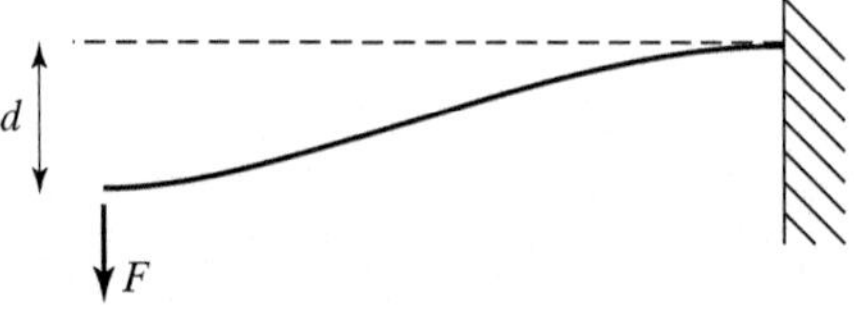 Fixed–guided beam under point loading at the free end.	θ at the free end equals zero due to guided boundary condition Maximum vertical displacement occurs at the free end Max value $d = \dfrac{Fl^3}{12EI}$
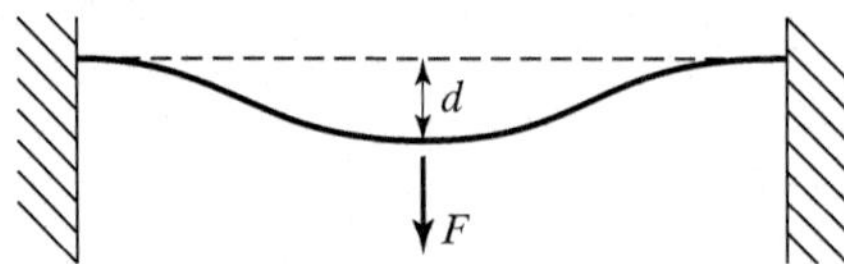 Fixed–fixed beam with point loading applied at the center.	Maximum vertical displacement occurs in the middle Max value $d = \dfrac{Wl^3}{192EI}$
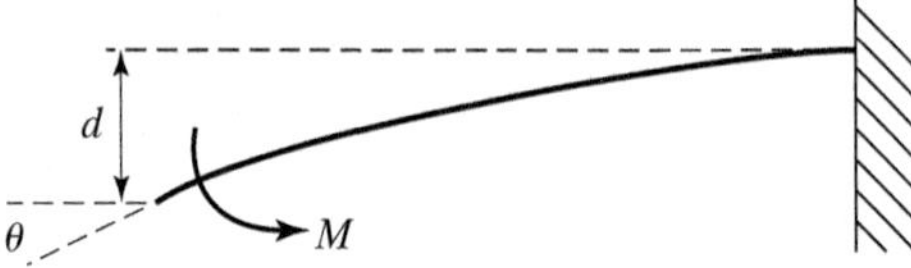 Fixed–free beam under a torque loading. The position of the torque along the length is not relevant.	Maximum θ occurs at the end of the beam Max $\theta = \dfrac{Ml}{EI}$ Maximum vertical displacement occurs at the free end Max $d = \dfrac{Ml^2}{2EI}$

몇 개의 대표적인 공진 주파수의 형태가 다음의 표에 실려 있다.

Case and description		Natural frequency (f_n; $n = 1, 2, \ldots$)
Uniform beam cross section, both ends fixed	Center load F, beam weight negligible	$f_1 = \frac{13.86}{2\pi}\sqrt{\frac{EIg}{Fl^3}}$
	Uniform load w per unit length including beam weight (unit of w = N/m)	$f_n = \frac{k_n}{2\pi}\sqrt{\frac{EIg}{wl^4}}(k_1 = 22.4, k_2 = 61.7)$
Uniform beam cross section, one end fixed, another end free	Load F on free end, beam weight negligible	$f_1 = \frac{1.732}{2\pi}\sqrt{\frac{EIg}{Fl^3}}$
	Uniform load w per unit length including beam weight (unit of w = N/m)	$f_n = \frac{k_n}{2\pi}\sqrt{\frac{EIg}{wl^4}}(k_1 = 3.52, k_2 = 22.0)$
Uniform beam cross section, one end fixed, another end guided	Uniform load w per unit length including beam weight (unit of w = N/m)	$f_b = \frac{k_n}{2\pi}\sqrt{\frac{EIg}{wl^4}}(k_1 = 15.4, k_2 = 50.0)$
Circular flat plate or membrane of uniform thickness t and radius r, edge fixed	Uniform load w per unit area including own weight	$f_n = \frac{k_n}{2\pi}\sqrt{\frac{Dg}{wr^4}}(K_1 = 10.2, D = Et^3/12(1 - \gamma^2)$
Rectangular flat plate or membrane with short edge a, long edge b, and thickness t; all edges fixed	Uniform load w per unit area including own weight	$f_1 = \frac{k_1}{2\pi}\sqrt{\frac{Dg}{wa^4}}$ (D is defined above) K_1 is tabulated for various ratios of a/b a/b: 1, 0.9, 0.8, 0.6, 0.4, 0.2 K_1: 36, 32.7, 29.9, 25.9, 23.6, 22.6

Notation:
F: point loading force [N, Newton]
w: distributed force per unit length [N/m] or per area [N/m^2]
l: length of beam [m]
E: Young's modulus of beam material [N/m^2]
d: vertical displacement [m]
θ: angular displacement [arc angle]

자주 사용되지 않는 경우에 대한 공식을 알기 위해서는 Young, W.C., *Roark's Formulas for Stress and Strain*, 6th ed., McGraw-Hill: 1989를 보라.

찾아보기

기호

나

다

라

마

바

사

아

자

차

카

타

파

하